Gesamtverzeichnis des deutschsprachigen Schrifttums (GV) 1700 – 1910

Bearbeitet unter der Leitung von
Hilmar Schmuck und Willi Gorzny

Bibliographische und redaktionelle Beratung:
Hans Popst und Rainer Schöller

70

Jol - Juk

K · G · Saur München · New York · London · Paris 1982

CIP-Kurztitelaufnahme der Deutschen Bibliothek

Gesamtverzeichnis des deutschsprachigen Schrifttums :
(GV). – München, New York, London, Paris : Saur.
Bd. 1 – 6 bearb. unter d. Leitung von Peter Geils
u. Willi Gorzny.
ISBN 3-598-30000-X

1700 – 1910 / bearb. unter d. Leitung von Hilmar
Schmuck u. Willi Gorzny. Bibliograph. u. red.
Beratung: Hans Popst u. Rainer Schöller

NE: Schmuck, Hilmar [Bearb.]

70. Jol – Juk. – 1982.

Techn. Realisierung und Druck: Norbert Gärtner, Mainz-Kastel
Binden: Karl Schaumann, Darmstadt
Printed in the Federal Republic of Germany
ISBN 3-598-30000-X (Gesamtwerk)

Jolanda, P., Stolz u. Schön. Erzählung f. die Mädchenwelt. Aus dem Ital. v. C. Burtenbach. Mit 2 Photograv. nach Originalen v. W. Zweigle. gr. 8. (III, 247 S.) Regensburg 900. Verlagsanstalt vorm. G. J. Manz. n. 3. —; geb. in Leinw. n. 4. —

Jolantha, Königin v. Jerusalem; ein Originaltrauersp in 4 Aufz. v. Ziegler. 2te Aufl. 8. Wien, Rehm.

Jolas, C., Amoretten. 8 Bl. Amoretten f. Ballsaal passend, nebst Details in natürl. Grösse. Im Atelier v. R. Hesse entworfen. gr. Fol. Leipzig (901). Jüstel & Göttel. In Mappe 6. —

Jolas, Heinr., Militärdienstgesetzgebung des Deutschen Reiches, s.: Meyer, A.

Jolberg, Julie-Régina, fondatrice des écoles enfantines évangéliques de l'Allemagne méridionale. in-8. Neuchâtel, J. Sandoz. 1874 2. 50

Jolberg, Mutter, Immortellen. Gedanken und Aussprüche. Nebst Ansicht ihrer Ruhestätte (in Holzschn.). gr. 8. (V, 69 S.) Barmen 873, Klein. 1 —

Jole. Tragödie in 5 Aufzügen (v. Xanthippus [Frz. Sandvoß]). 8. (62 S.) Dresden 893. E. Pierson. n. 1. —

Joli, Claud., seeleneifriger Bußprediger; aus d. Französ. 4. Augsb. 756. Veith. 1 ℛ 2 𝒦

— dominicale oder Sonntagspredigten. 4. Augsb. 755. Veith. 1 ℛ 2 𝒦

— vermischte Predigten; aus d. Französ. 4. Augsb. 756. Veith. 8 𝒦

Jolie, ..., der Ehedoktor. Farce mit Gesang in 3 Aufz. Wien 808. Wallishausser. 6 𝒦

Joliet, Charles, l'esprit de Diderot. Maximes, pensées, fragments. Extraits de ses oeuvres, précédé de l'histoire de Diderot par Me. de Vandeul, sa fille, et suivi des jugements portés sur Diderot par divers. 16. (190 S.) Leipzig 860, A. Dürr. Thlr. *

Joliet, Charles, gesprengte Fesseln. Histor. Roman. Autoris. deutsche Übersetzg. v. Dietze-Didier. 8. (128 S.) Leipzig (902). C. F. Tiefenbach. Sep.-Cto. n. 1. —

Joliet, Charles, le train des maris. Papiers de famille. Le mariage à la roulette. Édit. autorisée. 2 vol. 16. (160; 149 S.) Naumburg 873, Paetz. 2 —

Joliet Wöchentlicher Herold: Feb.?, 1875 –1877?

Republican weekly; later Democratic. Supported Tilden. Circulation 1876, 600. Edited & published by Roos & Rohn, 1875; by Roos & Ernst Schmidt, 1876; by Gallus Thomann, 1877.

Joliet, IL

Joliffe, T. R., Reise in Palästina, Syrien und Aegypten im J. 1817. Mit vielen Zusätzen aus ausländischen Reisebeschreibungen übersetzt. Zum Behuf für Bibelleser. Mit einer Vorrede von D. E. F. K. Rosenmüller. Mit 1 Kpfr. gr. 8. Leipzig, Industrie-Comt. 821.

Jolig, Kurt: Niederländische Einflüsse in der deutschen Kartographie besonders des 18. Jahrhunderts. o. O. [1904]. (82 S.) 8°

Leipzig, Phil. Fak., Ref. Ratzel u. Friedrich, Diss. v. 16. Okt. 1904

[Geb. 5. Okt. 77 Stötteritz b. Leipzig; Wohnort: Leipzig; Staatsangeh.: Sachsen; Vorbildung: Seminar Grimma u Rochlitz Wahlfähigkeitsprüfung M. 99; Studium: Leipzig 6 S.; Rig. 25. Mai 03.]

Jolig, Kurt, deutsches Lesebuch, s.: Gaudig, H.

Jolitz, Rudolf, Referendar: Das Prozeßführungsrecht der Ehegatten beim Güterstande der Verwaltung und Nutznießung des Bürgerlichen Gesetzbuchs. Greifswald 1904: J. Abel. (91 S.) 8°

Greifswald, Jur. Fak., Ref. Weismann, Diss. v. 2. Jan. 1905

[Geb. 22. Aug. 80 Frankfurt a./O.; Wohnort: Hammerstein i. Westpr.; Staatsangeh. Preußen; Vorbildung: Gymn. Frankfurt a./O. Reife O. 00; Studium: Freiburg i. B. 3, Greifswald 4 S.; Rig. 4. Febr. 04.

Jolivet, A., Fantaisie-Album. Compositions. Fol. (20 planches in Lichtdr.). Berlin 886, Claesen und Comp. In Mappe *

Jolivet, Louis Pelet-
s. Pelet-Jolivet. [1o. 1495] 11

Jolivet, C., manuel pratique du recrutement de l'armée selon la loi du 27. Juillet 1872. 2 Tomes. 8. (IV, 498 u. VIII, 544 S.) Paris 873. Berger, Levrault & Co. n. 10. 25

Jolizza, W. K. v., das Lied u. seine Geschichte. Mit 122 Notenbeispielen u. Liedern der früheren Epochen bis z. Ende des 18. Jahrh. (XII, 692 S.) 8. Wien 910. A. Hartleben. Geb. in Leinw. 10. —

— Die Schule des Tanzes. Leichtfaßliche Anleitg. zur Selbsterlerng. mod. u. alter Gesellschaftstänze. Kurze Darstellung der histor. Entwicklg. des Tanzes u. der gebräuchlicheren Nationaltänze. Die Umgangsformen im Ballsaale u. prakt. Ratschläge z. Veranstaltg. v. Hausbällen, Kostüm- u. Kinderfesten. Mit zahlr. Illustr., Figurenzeichngn. u. Notenbeispielen. (VIII, 400 S.) 8. Ebd. (907). Geb. in Leinw. 4. —

Jolk, Ernst, Gerichtsreferendar in Kiel: Die Voraussetzungen des Anspruchs dessen, der zur Erfüllung einer nicht bestehenden Verbindlichkeit geleistet hat, nach gemeinem Recht und nach Bürgerlichem Gesetzbuche. Borna-Leipzig 1905: R. Noske. (IX, 59 S.) 8° [F.]

Rostock, Jur. Fak., Ref. Matthiaß, Diss. v. 3. Nov. 1905

[Geb. 13. Nov. 78 Wattenscheid; Wohnort: Kiel; Staatsangeh.: Preußen; Vorbildung: Gymn. Norden, Ostfriesland, Reife O. 00; Studium: München 1, Göttingen 1, Kiel 4 S.; Rig. 18. März 05.]

Der Schreckenskampf am Roten Fluß. Eine Erzählung f. d. Jugend von Friedrich Jolle. *Berlin: A. Weichert [1901].* (32 S.) 8° [F.]
= Indianer- u. Volksbibliothek. 300. [o3. 14008

Joller, P. Franz s. Lütolf, Alois, und Joller, P. Franz.

Joller, M[elchior]. Darstellung selbsterlebter mystischer Erscheinungen. 8. Zürich 1863.

Jolles, Brüder, aus dem schriftl. Nachlasse. (In hebr. Sprache.) (XII, 48 S.) gr. 8. Berlin 909. L. Lamm. 2. —

Jolles, A., zur Deutung des Begriffes Naturwahrheit in der bild. Kunst. Ein Vortrag. (52 S. m. 13 Abb. auf 12 Taf.) gr. 8. Freiburg i/B. 905. C. Troemer. n. 3. —

Jolles, A., Spielzeug aus eigener Hand, s.: Handarbeit f. Knaben u. Mädchen.

Jolles, Adolf F.

– Beiträge zur quantitativen Bestimmung der Harnsäure mit besonderer Berücksichtigung der Harnsäurebestimmung im Harne. S. 109. Hb. 28 . . . . ngr.
Separatabdruck

und Neurath Friedrich, Dr.: Beiträge zur quantitativen Bestimmung sehr geringer Phosphorsäuremengen. S. 107. Hb. 12 . . . . ngr.
Separatabdruck

- Beiträge zur Kenntnis der Eiweißkörper. 1. Mitteilung. S. 110. IIb. 467 . . . . . vgr.
— 2. Mitteilung. S. 110. IIb. 823 . . . . vgr.
Separatabdruck

Jolles, Adolph F.: Beiträge zur Kenntniss der Manganate und Manganite . . . . Breslau (1887); 8 Bl. + 70 S. + 2 Bl. 8°.
Breslau, Phil. Fak., Inaug.-Diss. v. 16. Apr. 1887.

Jolles, Adph. F., Beiträge zur Kenntniss der Manganate und Manganite. Inaugural-Dissertation. gr. 8. (70 S.) Breslau 887, (Köhler.) *

— Über eine neue Bildungsweise der Glukuronsäure. S. 120. IIb. 817 . . . . vgr.
Separatabdruck

— Über die Einwirkung von Jodlösungen auf Bilirubin und über eine quantitative Methode zur Bestimmung desselben im Harn. S. 108. IIb. 23 . . . . vgr.
Separatabdruck

Jolles, Adf., die Fette vom physiologisch-chemischen Standpunkte. (71 S.) gr. 8. Strassburg 907. K. J. Trübner. 1. 60

Jolles, Adph., üb. Margarin. Eine hygien. Studie. Vortrag, geh. in d. VII. Section d. internat. hygien. Congresses in Budapest, Septbr. 1894. gr. 8. (30 S.) Bonn 895. E. Strauss. n. 1. —

Jolles, Adf., das Margarin, seine Verdaulichkeit u. sein Nährwerth im Vergleich zur reinen Naturbutter. [Aus: „Sitzungsber. d. k. Akad. d. Wiss."] Lex.-8. (17 S.) Wien 894. (F. Tempsky.) n. — 40

— Über eine einfache und empfindliche Methode zum qualitativen und quantitativen Nachweis von Quecksilber im Harn. S. 104. IIb. 583 . . . . vgr.
Separatabdruck

— Über eine neue Methode zur quantitativen Bestimmung der Saccharose neben anderen Zuckerarten. Vorläufige Mitteilung. S. 119. IIb. 1971 . . . . vgr.
Separatabdruck

Jolles Adolf: Über eine neue quantitative Methode zur Bestimmung der freien Salzsäure des Magensaftes. S. 99. IIb. 482 . . . . vgr.
Separatabdruck

— Über eine quantitative Methode zur Bestimmung des Bluteisens zu klinischen Zwecken. S. 105. IIb. 671 . . . . vgr.
Separatabdruck

— Über eine schnelle und exakte Methode zum Nachweis von Quecksilber im Harne. S. 109. IIb. 27 . . . . vgr.
Separatabdruck

— Die Nahrungs- u. Genussmittel, ihre Herstellung u. Verfälschung. In gemeinfassl. Darstellg. Mit e. Pilzmerkblatt. (VIII, 209 S.) 8. Wien 909. F. Deuticke. 3. —

Jolles, Adf., s.: Pathologie, die chem., der Tuberculose.

— über den gegenwärtigen Stand der hygienischen Wasserbegutachtung. Ein Vortrag. [Aus: „Wiener medicin. Presse".] gr. 8. (18 S.) Wien 892. Urban & Schwarzenberg. n. 1. —

— Über ein neues Verfahren zur quantitativen Bestimmung der Pentosen. S. 114. IIb. 1191 . . . . vgr.
Separatabdruck

Ein vereinfachtes Verfahren zur quantitativen Eiweißbestimmung. S. 111. IIb. 411 vgr.
Separatabdruck

— die Verfälschung der Nahrungs- u. Genussmittel. Ein Vortrag. gr. 8. (23 S.) Wien 889. Perles. n. — 60

— über Wasserbegutachtung. Ein Vortrag. (29 S.) gr. 8. Wien 903. F. Deuticke. n. 1. —

Jolles, André, s. a. Andres, Karl.

Alkestis. Antikes Märchen in 3 Aufz. von Karl Andres [d. i. André Jolles & Karl Mönckeberg]. Hamburg: A. Janssen 1907. (106 S.) 8° [F.] [08. 12235

Vielliebchen. Schwank in Versen von Karl Andres [d. i. André Jolles u. Karl Mönckeberg]. Hamburg: A. Janssen 1906. (37 S.) 8° [F.] [07. 7011

Jolles, A[ndré]: Ägyptisch-mykenische Prunkgefässe. Berlin (1908): G. Reimer. S. 209—250. 4° [Umschlagt.] ¶(Aus: Jahrbuch d. Kais. Deutschen Archäol. Instituts. Bd 23, H. 4.)
Freiburg i. B., Phil. Hab.-Schr. v. 1908 [U 09. 1066

Jolles, Herm., die neue Advocaten-Praxis. Entwürfe zu allen Arten gerichtl. Eingaben im Process- u. Executionsverfahren. Mit e. Anh., enth. d. Vorschriften üb. Inhalt, Einrichtg. u. äussere Ausstattg. d. Schriftsätze, Actenbezeichng., Gerichts- u. Advocatengebühren u. Expensenbestimmg. 1. u. 2. Aufl. gr. 8. (à XII, 179 S.) Wien 898. M. Perles. n. 4. —; geb. n. 5. —

Jolles, Herm., die neue Advocaten-Praxis. 3., verb. u. verm. Aufl. gr. 8. (XIII, 214 S.) Ebd. 898. n. 4. 80; geb. n. 5. 80

Jolles, Dr. Hermann, Hof- und Gerichts-Advocat in Wien. Formularienbuch. Die neue Advocaten-Praxis. Entwürfe zu allen Arten gerichtlichen Eingaben im Process- und Executions-Verfahren. Gr.-8. (XII. 178 S.) 2 —
Dasselbe, elegant geb. 2 50
Wien: Perles 1898.

Jolles, H., s. Geller, L., Die Praxis des obersten Gerichtshofes, Bd. 10.

Judikatenbuch und Spruchrepertorium des Obersten Gerichtshof-Sammlung sämtl. in dieselben seit deren Anlegung bis Ende 1909 eingetragenen Entscheidungen u. Beschlüsse. Veranst. von Dr Hermann Jolles u. Dr. Jos. P[eter] Geller. Wien: Perles 1910. 83 S. 8° [illegible]

Jolles, Herm., s.: Juristen-Kalender, österreichischer.

Jolles, Dr. Heřman, dvorní a soudní advokát ve Vídni, Nová praxe advokátní. Nástiny ke všem druhům soudních podání v řízení sporném a exekučním. S dodatkem obsahujícím předpisy o obsahu a zevnější úpravě podání, označení spisů, poplatcích soudních a advokátových a určení poplatků advokátům za právné zastoupení příslušících. Se svolením autora. III. vydání díla tohoto z němčiny přeložil Dr. Bedřich Weil. (Die neue Advocaten-Praxis.) Gr.-Br.-8. (XII u. 206 S.)
Wien: Perles 1898. 2.70

— Die Praxis des Obersten Gerichtshofes, s.: Geller, Leo.

Jolles, Herm. Die Praxis des Verwaltungsgerichtshofes. Periodische Uebersicht über d. gesammte verwaltungsgerichtl. Rechtsprechg., nach e. Grundrisse v. Dr. Leo Geller systematisch dargest. 1. Bd. [1884—1887.] gr. 8. (XVI, 400 S.) Wien 889, Perles. * 8 —

— d. Praxis des Verwaltungsgerichtshofs. Periód. Uebersicht üb. d. ges. verwaltungsgerichtl. Rechtsprechg., systemat. dargest. 2. Bd. (1888—1893). gr. 8. (XVI, 623 S.) Wien 896. M. Perles. n. 10. —
(1. u. 2.: n. 18. —)

Jolles, Herm., die Rechtsprechung d. Verwaltungsgerichtshofs in Steuer- u. Gebürensachen seit dem Beginne seiner Wirksamkeit bis zum Schluss d. J.

1887. Systematisch zusammengestellt. gr. 8. (XII, 202 S.) Wien 891. M. Perles. Kart. n. 4. —

— s.: Zentralblatt, österreichisches, f. die jurist. Praxis.

Jolles, Jac. Zebi, Melo Ha-Roim de ritibus talmudicis et interpretatione talmudica opus tripartitum. 4. (X und 559 S.) Berlin 860, Adolf und Comp. * *

Jolles, J[ohannes] A[ndreas], a. Holland: Vitruvs Aesthetik. Freiburg i. B.: C. A. Wagner o. J. (101 S.) 8°
Freiburg i. B., Phil. Fak., Ref. Puchstein, Diss. v. 1906
[Geb. 7. Aug. 74 Miswediep (Helden, Prov. Noord-Holland); Wohnort: Freiburg i. B.; Staatsangeh.: Holland; Vorbildung: Dispens d. Minist. Juli 05; Studium: Freiburg i. B. 6 S.; Rig. 3. Aug. 05.]

Jolles, M.
Untersuchung (Die) des Trinkwassers. Die bacteriologische und mikroscopische Wasseruntersuchung. Wien, 1893. 4to.

Jolles, M., die bacteriologische u. mikroskopische Wasseruntersuchung, s.: Untersuchung, die, d. Trinkwassers.

Jolles, Maximilian H. [approb. Arzt]: Untersuchungen über die Sublimatvergiftung und deren Beziehungen zur Fermentintoxikation .... (Sep.-Abdr. aus Dr. Wittelshöfer's „Wiener Mediz. Wochenschrift" Nr. 44 u. 45, 1886.) Wien, Selbstverl., 1886; 38 S. 8°.
Erlangen, Med. Fak., Inaug.-Diss. v. Mai 1886.

Jolles, Oscar [Chemiker]: Über α und β Naphtylglycin und deren Derivate ... Königsberg, Hartungsche Buchdr., *1891;* 41 S. 8.
Erlangen, Phil. Fak., Inaug.-Diss. v. Juni 1891

Jolles, Oscar [aus Berlin]: Die Ansichten der deutschen nationalökonomischen Schriftsteller des sechzehnten u. siebzehnten Jahrhunderts über Bevölkerungswesen .... Jena, Gustav Fischer, 1886; 2 Bl. + 82 S. + 1 Bl. 8°.
Jena. Phil. Fak., Inaug.-Diss. v. 1886.

Jolles, Stanislaus (aus Berlin): Die Raumcurve IV. Ordnung II. Species synthetisch behandelt. Dresden, Buchdruckerei von Carl Engelmann 1883. 4. IV, 19 S.

Jolles, Stanisl., die Theorie der Osculanten u. das Sehnensystem der Raumcurve IV. Ordnung II. Species. Ein Beitrag zur Theorie der rationalen Ebenenbüschel. gr. 4. (24 S.) Aachen 886. Mayer. n. 2. —

Jolliveti Aurelianensis, Evertii, Fulmen in Aquilam, seu Gustavi Magni, Serenissimi Suecor., Gotthor., Vandalor. Regis, etc. Bellum Sueco-Germanicum. Heroico-politicum Poema. Editum Parisiis apud Matth. Guillemot. a. MDCXXXVI. 8 maj. (15 B. u. 2 Stndr.) Lipsiae 832, (Kayser.)
Angedruckt ist: Eigentl. u. wahrhafte Beschreibung d. siegreichen Victori, welche Königl. Majestät zu Schweden z. andern Mal bei Lützen, zwei Meil Wegs v. Leipzig, wider d. Ligistische Armee, mit grosser Verwundrung u. Darsetzung Ihrer Kgl. Maj. Leibs u. Lebens erhalten: Geschehen d. 6. Novemb. im J. 1632. — Leipzig, gedr. b. Gregorio Ritzsch.

Jolliveti, C., Aurelianensis Fulmen in Aquilam, seu Gustavi Magni, Serenissimi Suecorum-Germanicum etc., in 12 Gesängen, mit den nöthigen Verbesserungen u. 1 Titelkpfr. 8. Leipzig 832. (Melzer.) 1 ℛ

Jolliveti Aurelianensis, Evertii, Fulmen in Aquilam, seu Gustavi Magni, Serenissimi Suecorum, Gothorum, Vandalorum Regis etc. Bellum Sueco-Germanicum. Heroico-politicum Poema. Editum Parisiis apud Matth. Guillemot. a. MDCXXXVI. Mit 2 Steindr. 8maj. Leipz. 832. Wolbrecht. 1 ℛ (Angedruckt ist: Eigentliche u. wahrhafte Beschreib. d. siegreichen Victori, welche Königl. Majestät zu Schweden zum andern Mal bei Lützen, zwei Meil Wegs von Leipzig, wider d. Ligistische Armee, mit großer Verwundrung u. Darsetzung Ihrer Königl. Majestäts Leibs u. Lebens erhalten: Geschehen d. 6. Novbr. im J. 1632. Leipz., gedruckt bei Gregorio Ritzsch).

Jollos, Alexander, a. Odessa, Rußland: Über Hochfrequenzladung. Leipzig 1907: J. A. Barth. (33 S.) 8°
Straßburg, Math.-naturw. Fak., Ref. Braun, Diss. v. 1907
[Geb. 31. März (19. März a. St.) 83 Odessa, Rußland; Wohnort: Moskau; Staatsangeh.: Rußland; Vorbildung: Gymn. Heidelberg, Wilhelms-Gymn. Berlin Reife M. 01; Studium: Berlin 2, Heidelberg 1, Berlin 3, Straßburg 4 S.]

Jollos, Victor: Dinoflagellatenstudien. München 1910: (Lippert, Naumburg a. S.). 29 S. 8° ¶(Aus: Archiv f. Protistenkunde. Bd 19, H. 2.)
München, Phil. Diss. v. 25. Juli 1910, Ref. Hertwig
[Geb. 12. Aug. 87 Odessa; Wohnort: Moskau; Staatsangeh.: Rußland; Vorbildung: Wilhelms-Gymn. Berlin Reife M. 05; Studium: Berlin 1, München 2, Berlin 4 S.; Rig. 25. Juli 10.] [U 10. 3664

Jollos, Waldemar

— Untersuchungen über die wirtschaftliche u. sociale Lage der Berliner Metallarbeiter. Diss. 8°. Berlin 1910.

Jolly, der Kirchenstreit in Preußen. gr. 8. (58 S.) Berlin 882. G. Reimer. n. — 80

— der Reichstag u. die Partheien. gr. 8. (III, 186 S.) Ebend. 880. n. 3. —

Jolly, A. E. Monographie de la chapelle de Bourgogne à Anvers. Wien 1858. Fol.

Jolly, E., colonel Dacre, s.: Collection of british authors.

Jolly, Friedrich

Jolly, F., s.: Archiv f. Psychiatrie u. Nervenkrankheiten.

Jolly, Friedr., Bericht über die Irren-Abtheilung des Juliusspitals zu Würzburg für die J. 1870, 1871 und 1872. gr. 8. (87 S.) Würzburg 873, Stahel'sche Buchh. * 1 80

JOLLY, Friedrich (München): Über die Ganglienzellen des Rückenmarks. Mit 1 Kupfertaf.- Leipzig: Engelmann 1867. 20 S.,Taf.- S.-Abdr.aus: Zeitschrift für wiss. Zoologie. Bd.17. 20.6.1867 - Urk (Titel: De medullae spinalis cellulis nervis.); F 71
Diss. Ingolst.-Landsh.-Mchn.

Jolly, F., Handbuch der Krankheiten des Nervensystems, s.: Handbuch der speciellen Pathologie u. Therapie.

Jolly, F., üb. Irrthum u. Irrsinn. Rede, geh. zur Feier d. Stiftungstages der militärärztl. Bildungsanstalten am 2. Aug. 1893. gr. 8. (32 S.) Berlin 893. A. Hirschwald. n. — 80

— s.: Krankheiten, die, des Nervensystems.

— s.: Medizin, gerichtliche.

Jolly, F. Ueber Trunksucht in Bezug auf Zurechnungsfähigkeit. Vortrag. Weimar 1891.

Jolly, Friedr., Untersuchungen über den elektrischen Leitungswiderstand des menschlichen Körpers. Festschrift, dargebracht zur Feier des 50jähr. Doctor- und Docenten-Jubiläums seines Vaters. Imp.-4. (42 S.) Strassburg 884, Trübner. *

Jolly, F., Vorgeschichte und gegenwärtige Einrichtung der psychiatrischen Klinik in Strassburg. Rede, zur Feier der Eröffnung des Neubaus der Klinik gehalten am 29. Oktbr. 1886. Lex.-8. (24 S. mit 2 Plänen.) Strassburg 887, Trübner. *

Jolly, Gustav, Rechtspraktikant in Karlsruhe: Die Duldungspflicht des Ehemanns gemäß §§ 739, 741 C.P.O. *Tübingen (& Leipzig: J. C. B. Mohr) 1902.* (S. 433—477.) 8° [3.]
¶Aus: Archiv f. d. civilist. Praxis, Bd 93.
Tübingen, Jur. Diss. v. 1902

Jolly, J., die Lehre vom Nachdruck, s.a. Archiv für die civilistische Praxis.

Jolly J, d.Lehre v. Nachdruck,nach d.Beschlüssen d.deutschen Bundes. Heidelberg 1852

Jolly, J., und Aug. Eisenlohr, das Polizeistrafgesetzbuch, s.a. Polizeistrafgesetzbuch.

Jolly-Eisenlohr, Polizeistrafgesetzb. u. Gesetz üb. Gerichtsbarkeit u. Verfahren in Polizeistrafsachen f. Baden. 2 Thle. Heidelb. 867.

Jolly, Julius, Dr., o. ö. Prof. d. Sanskr. u. d. vgl. Sprachwiss., z. Z. Rektor d. Univ.: Die Adoption in Indien. (Enthält außerdem: Chronik.) Würzburg 1910: Stürtz. 47 S. 4°(8°)
Würzburg, Festrede z. Feier d. 328j. Bestehens d. Univ. 1910 [U 10. 4415

Jolly, Jul., üb. das Beweisverfahren nach dem Rechte d. Sachsenspiegels. gr. 8. (3½ B.) Heidelberg 846, C. F. Winter. *

Jolly, Jul., Georg Bühler, s.a. Grundriss der indo-arischen Philologie. I. 1a.

Georg Bühler 1837–1898. Von Julius Jolly. Mit e. Bildn. Bühler's. *Strassburg: K. J. Trübner 1899.* (23 S.) 4°(8°)
= Grundriss der indo-arischen Philologie u. Altertumskunde. Bd 1, H. 1, A.

Jolly, Jul., Geschichte des Infinitivs im Indogermanischen. gr. 8. (XV, 284 S.) München 873, Th. Ackermann. * 6 —

Jolly, Jul., die badischen Gesetzentwürfe über die kirchlichen Verhältnisse. gr. 8. (43 S.) Heidelberg 860, K. Groos.

Jolly, Jul., üb. e. Handschrift d. Dattârka, s.a. Sitzungsberichte der königl. bayerischen Akademie d. Wissenschaften. Philos.-philol. u. histor. Kl. 1908 Nr. 9.

Über eine Handschrift des Dattarka. Von Julius Jolly. München: Akad. d. Wiss. 1908. 33 S. 8°
(Sitzungsberichte d. Kgl. Bayer. Akad. d. Wiss. Philos.-philol. u. hist. Kl. Jg. 1908 Abh. 9)

—— ein Kapitel vergleichender Syntax. Der Conjunctiv und Optativ und die Nebensätze im Zend und Altpersischen in Vergleich mit dem Sanskrit und Griechischen. gr. 8. (IV, 127 S.) Ebendas. 872. * 2 40

Jolly, Jul., Medicin, s.a. Grundriss der indo-arischen Philologie. III. 10.

Medicin von Julius Jolly. *Strassburg: K. J. Trübner 1901.* (140 S.) 4°(8°)
= Grundriss der indo-arischen Philologie u. Altertumskunde. Bd 3, H. 10.

Jolly, J. Die Moduslehre in den altiranischen Dialekten in ihrer Bedeutung für die Classification des arischen Sprachzweigs. I. Allgemeine Ausführungen. Diss. München 1871. 40 S.

Jolly, Jul., Notizen über einige Dharmaçâstra-Handschriften, s. Festgruss an Otto v. Böhtlingk.

— Zur Quellenkunde d. indischen Medizin. (56 S.) 8. Leipzig 906. (F. A. Brockhaus' Sort.) nn 1. 75
Sonderabdr. a.: „Ztschr. d. deut. morgenländ. Gesellsch."

Jolly, Jul., Recht u. Sitte (einschliessl. d. einheim. Litteratur), s.a. Grundriss der indo-arischen Philologie u. Alterthumswissenschaft.

Recht und Sitte (einschliessl. d. einheim. Litteratur) von Julius Jolly. (Abgeschlossen März 1895.) *Strassburg: K. J. Trübner 1896.* (160 S.) 8°
= Grundriss d. indo-arischen Philologie u. Altertumskunde. Bd 2, H. 8.

—— Schulgrammatik und Sprachwissenschaft. Studien über die Neugestaltung des grammat. Unterrichts. Nach den Ergebnissen und der Methode der vergleich. Sprachwissenschaft. gr. 8. (VI, 92 S.) Ebendas. 874. * 1 60

— über die rechtliche Stellung der Frauen bei den alten Indern nach den Dharmaçâstra. [Aus: „Sitzungsber. d. k. b. Akad. d. Wiss."] gr. 8. (59 S.) München 876. Franz in Comm. n. 1. —

Jolly, J. Der vyavahârâdhyâya, aus Hârita's Dharmaçâstra nach Citaten zusammengestellt. gr. 4. (20 S.) Münch. 889, (Franz' Verlag). ** 1 —
Aus: Abhandlgn. d. k. bayer. Akad. d. Wiss., besonders abgedruckt.

Jolly, Ludwig

Jolly L, die Ausbildung der Verwaltungskandidaten. Tubingen 1874

Jolly, Ludw. Die neueste Geschichte der Universität Tübingen. Rede, zum Geburtsfest Sr. Maj. d. Königs am 6. März 1891 geh. gr. 8. (28 S.) Tüb. 891, Laupp. * — 60

Jolly, Ludw., Staatsminister Jolly, s.: Baumgarten, Herm.

JOLLY, Ludwig (München): De tributo militari, quod dicitur "Wehrgeld". (Titel nach der Urkunde) 22.7.1869 - Urk; F 77 (Philos.Fak.); Chr 1869/70,11
Diss. Ingolst.-Landsh.-Mchn.

Jolly, Ludw., die französische Volksschule unter der dritten Republik. gr. 8. (84 S.) Tübingen 884, Laupp'sche Buchh. *

Jolly, Ph., Anleitg. z. Differential- u. Integralrechnung. gr. 8. (24 B.) Heidelberg 846, C. F. Winter. *

Jolly, Ph. v., die Anwendung der Waage auf Probleme der Gravitation. gr. 4. (22 S.) München 878, (Franz'sche Buchh.) **

Jolly, Ph. v., die Anwendung der Waage auf Probleme der Gravitation. 2. Abhandlung. gr. 4. (26 S.) München 881, (Franz'sche Buchh.) **
1. Abhandlung. (Ebendas.) 1878. ** 60 Pf.
Aus: Abhandlungen der k. bayr. Akademie der Wissenschaften, besonders abgedruckt.

Jolly, Ph. v., wissenschaftliche Instrumente, s.a. Bericht, amtlicher, über die Wiener Weltausstellung im J. 1873.

Jolly, Ph. von, Listing, Frick, Gurlt, Wissenschaftliche Instrumente. (Autoris. Abdruck aus dem „Amtl. Ber. über die Wiener Weltausstell. im Jahre 1873." Bd. II, Heft 4.) Braunschweig 1874.

Jolly, Ph., das Leben Frauenhofers. Rede an die Studirenden der königl. Ludwig-Maximilians-Universität zu München, gehalten am 2. Decbr. 1865. Lex.-8. (32 S.) München 866, Literarisch-artistische Anstalt. *

Jolly's, Ph. v., Lebens- und Charakterbild, s. Böhm, G.

Jolly, Ph. De [illegible] Heidelberg 1834. 4.

Jolly, Ph., über die Physik der Molecularkräfte. Rede in der öffentl. Sitzung der königl. Akademie der Wissenschaften am 28. März 1857 zu ihrer 98. Stiftungsfeier, vorgetragen. gr. 4. (18 S.) München 857, (Franz.) *

Jolly, Ph., die Prinzipien der Mechanik gemeinfaßlich dargestellt. Lex.-8. (IV und 174 S. mit 102 eingedr. Holzschn.) Stuttgart 852, Franckh'sche Vrlgsh.
Aus: Neue Encyklopädie für Wissenschaften und Künste, besonders abgedruckt.

—— über die Reorganisation der technischen Lehranstalten in Bayern. gr. 8. (27 S.) München 861, Literarisch-artistische Anstalt. *

Jolly, Ph., Specimen primum ad doctrinam de machinar. effectu pertinens. Smaj. (1¼ B.) Heidelbergae 811, C. F. Winter. *

— die Veränderlichkeit in der Zusammensetzung der atmosphärischen Luft. [Aus: „Abhandlungen der k. b. Akad. d. Wiss."] gr. 4. (26 S. mit 1 Steintaf.) Ebend. 878. n.n. 1. —

Jolly, Ph(ilipp), cand. med.: Die Einwirkung des Mutterkorns auf die Circulation. Göttingen 1905: Dieterich. (102, XXIX S.) 8° ¶(Gekr. Preisschr.)
Göttingen, Med. Fak., Ref. Jacobj, Diss. v. 4. Aug. 1905
[Geb. 26. Aug. 80 Würzburg; Wohnort: Würzburg; Staatsangeh.: Bayern; Vorbildung: Altes Gymn. Würzburg Reife M. 98; Studium: Würzburg 1, Leipzig 1, Würzburg 2, Göttingen 1, München 1, Würzburg 1, Leipzig 1, Göttingen 4 S.; Coll. 1. Aug. 04; Approb. 15. Juli 04.]

Jolly, Rud., Atlas zur mikroskopischen Diagnostik der Gynäkologie nebst e. Anleitg. u. erläuterndem Text. (VIII, 86 S. m. 2 Abb. u. 52 eingeklebten farb. Lith. auf 26 Taf.) Lex. 8. Wien 910. Urban & Schwarzenberg. 17.50; geb. n 20. —

Jolly, Rudolf, prakt. Arzt aus Strassburg i. E.: Über die Prognose der Steisslage. *Berlin (1902): G. Schade.* (46 S.) 8°
Berlin, Med. Diss. v. 20. Juni 1902

— Ureterenkompression beim Weibe, s.a. Sammlung klin. Vorträge.

Ureterenkompression beim Weibe. Von Privatd. Dr. R[udolf] Jolly, Oberarzt, Berlin. Mit 5 Abb. Leipzig: Barth 1909. 56 S. 8° [Umschlagt.]
(Sammlung klinischer Vorträge. Nr 547/548.) 109. 15049

Jolowicz, Ernst: Ueber Cholecystitis typhosa. Leipzig: G. Fock 1907. (28 S.) 8°
Leipzig, Med. Fak., Ref. Curschmann, Diss. v. 22. April 1907
[Geb. 16. Aug. 83 Posen; Wohnort: Alt-Scherbitz; Staatsangeh.: Preußen; Vorbildung: Gymn. Posen Reife O. 01; Studium: München 4, Berlin 1, Leipzig 4 S.; Coll. 26. Apr. 07; Approb. März 06.]

Jolowicz, Heimann

Jolowicz, H., die merkwürdigsten Begebenheiten der allgemeinen Weltgeschichte in Darstellungen deutscher Dichter für Gymnasien und Bürgerschulen gesammelt und mit geschichtl. Bemerkungen versehen. Mit einem Vorworte von Cäsar v. Lengerke. 8. (XX und 331 S.) Leipzig 852, Brockhaus. *

Jolowicz, Heimann, Israel's Beruf. Predigt, gehalt. am 1. Pfingsttage 5606 (31. Mai 1846.) gr. 8. (1 B.) Cöslin, Hendeß. Thlr. *

Jolowicz, Heimann, der segenvolle Beruf israelit. Geistlichen u. die Pflichten der Gemeinden gegen sie. Antrittspredigt, gehalten am Sabbath Reeh 5603 (26. Aug. 1843). 8. (1½ B.) Marienwerder, Levysohn. *

Jolowicz, Heinr., Bibliotheca aegyptiaca, s.a. Bibliotheca aegyptiaca.

Jolowicz, H., Bibliotheca aegyptiaca. Repertorium über die bis zum J. 1857 in Bezug auf Aegypten, seine Geographie, Landeskunde, Naturgeschichte, Denkmäler, Sprache, Schrift, Religion etc. erschienenen Schriften, academ. Abhandlungen u. Aufsätze in wissenschaftlichen u. anderen Zeitschriften. Nebst einem alphabet. Namen-Register. Leipzig 858. Engelmann. gr. 8. (VIII, 244 S.) n. 2 ℛ︎.

Jolowicz, H., Bibliotheca aegyptiaca. Repertorium über die bis zum Jahre 1861 in Bezug auf Ägypten, seine Geographie, Landeskunde, Naturgeschichte etc. erschienenen Schriften, academischen Abhandlungen u. Aufsätze in wissenschaftlichen u. anderen Zeitschriften. Nebst einem alphabetischen Register. Supplem. I. Leipzig 861. Engelmann. gr. 8. (IV, 75 S.) n. 10 ngr.

Jolowicz, H., zwei Bücher Blüthen rabbinischer Weisheit. 2. Ausg. 8. (III und 192 S.) Thorn 849, Lambeck. *

—— Blüthen rabbinischer Weisheit nach den besten Bearbeitungen zu ein. volksthüml. deutschen Lesebuche für Schule u. Haus gesammelt. 2 Bdchn. 8. Thorn, Lambeck. [1. (5½ B.) 845, 2. (6½ B.) 46. à 7½ Ngr.]

—— **Blüthenkranz morgenländischer Dichtung. 16. (XXIII und 400 S.) Breslau 860, E. Trewendt. geb.**

Jolowicz, H., ein Bruchstück aus dem Bibel-Commentar des Rabbi Salomo ben Isaak gen. Raschi über Daniel XI, 12—19, 20—25, XII, 8—13 und Esra I, 1 aufgefunden in der königl. Bibliothek zu Königsberg i. Pr. 4. (10 S. mit 2 photogr Taf.) Königsberg 864, (Koch.) cart. * *

Jolowicz, Heimann, die fortschreit. Entwickelung d. Cultur d. Juden in Deutschland u. d. wissenschaftl. Ausbildung d. Judenthums v. Mendelssohn bis auf uns. Zeit, dargestellt. gr. 8. (2¼ B.) Berlin 841, Stuhr'sche Buchh. *

Jolowicz, H., Geschichte der Juden in Königsberg i. Pr. Ein Beitrag zur Sittengeschichte des preuß. Staates. Nach urkundl. Quellen bearb. gr. 8. (VII und 210 S.) Posen 867, Jolowicz. *

—— das Gesetz vom 23. Juli 1847 über die Verhältnisse der Juden im preuß. Staate, s. a. Gesetz.

Jolowicz, d. Gesetz v. 23./7. 1847 üb. d. Verhältnisse d. Juden im preuss. Staat erläut. Cöslin 847.

—— Harfenklänge der heil. Vorzeit. Ein Schul- u. Haus-Lesebuch über alle Theile der heil. Schrift alten Testaments. Aus den besten Bearbeitungen der deutschen Classiker gesammelt. gr. 8. (15 B.) Leipzig 846, Baumgärtners Buchh. 52 *

—— die Himmelfahrt und Vision des Propheten Jesaia, s. Himmelfahrt.

—— Confirmanden-Büchlein für Israeliten beiderlei Geschlechts. Eine Mitgabe fürs Leben. 8. (1 B.) Hamburg 841, Berendsohn. *

— s. Kusari, das Buch.

— über das Leben und die Schriften Musa ben Maimun's (Maimonides). Vorlesung. Königsberg 857. Koch. 8. (1 Bl., 27 S.) n. 4 ngr.

—— Polyglotte der orientalischen Poesie. In metrischen Uebersetzungen deutscher Dichter mit Einleitungen und Anmerkungen. 2., veränd. Ausg. A. u. d. T.: Der poetische Orient enthaltend die vorzüglichsten Dichtungen der Afghanen, Araber, Armenier, Chinesen, Hebräer etc. 1. Ausg. 1853 und 2., veränd. Ausg. 4. (XXIV und 638 S.) Leipzig 855, O. Wigand. *

—— ausführliches Sach- u. Namenregister zu De Rossi's „histor. Wörterbuch der jüdischen Schriftsteller u. ihrer Werke." Mit onomatolog. Bemerkgn. hrsg. v. Ad. Jellinek. 8. (2 B.) Leipzig 846, Hunger.

—— Was lehrt uns der Hinblick auf das Erntefeld? Predigt gehalten am Schemini Azeretfeste des Weltjahres 5614 (den 24. Octbr. 1853) zu Posen. gr. 8. (15 S.) Leipzig 853, Friese.

—— die germanische Welt seit ihrer Berührung mit dem Christenthume bis zum J. 1831 dargestellt. gr. 8. (66 S.) Leipzig 854, Friese.

Jolowicz, Henry, British diamonds. A standard selection from the modern English poets, chiefly living. 1. edit. 1863. and 2. edit. gr. 8. (XXXI und 288 S.) Dresden 865, Ehlermann. * 22⅓ Ngr.; geb. *

Jolowicz, J., Israels Beruf. Predigt, gehalten am 1. Pfingsttage 5606. gr. 8. (15 S.) Cöslin 847, Hendeß. *

Jolowicz, J., Getreidepreis u. Brodpreis. Vortrag. gr. 8. (24 S.) Posen 889. Jolowicz. n. — 50

Jolowicz, J., Agrarische Irrtümer. 8°. Berlin, M. Neufeld, 1894.

—— Zur Reform der Berliner Produktenbörse. gr. 8. (15 S.) Lpz. 892, Schäfer. — 30

Jacques Jolowicz. Moses' v. Trottwitz seltsame Gedanken und Fahrten. Berlin: Hermes 1905. (176 S.) 8° [F.] [05. 13887]

Jolowicz, Jacques, der Kampf gegen die Unzucht in Schrift u. Bild. §§ 184 u. 184a R.St.G.B. Ein ernstes Wort an denk. Leser. (86 S.) 8. Leipzig 904. Berlin, Verlag Hermes. n. — 50

Jolowicz, Julie, Menschen gegeneinander. Novellen. (115 S.) kl. 8. Berlin (909). Concordia. 1. —

Jolowicz, Julius, Arzt aus Posen: Über das Vorkommen von Albumosen bei Nephritis. *Greifswald 1902: H. Adler.* (26 S.) 8°
Würzburg, Med. Diss. v. 1902

Jolowicz, S., s.: Germania-Kinder-Kalender.

Jölsen, Ragnhild, Rikka Gan. Roman. Die autoris. Uebertragg. aus dem Norweg. v. A. Rothenburg. Den Titel zeichnete Walt. Tiemann. (133 S.) 8. Leipzig 905. Insel-Verlag. n. 2. 50; geb. in Leinw. n. 3. 50
Ladenpreis aufgehoben.

Joelson, Alfred Freiherr v., k. u. k. Feldmarschall-Lieutenant d. R. Erfahrungen und Betrachtungen über Soldatenreiterei.
8. Wien 1902.

Joelson, A. Frhr v. Erfahrungen und Betrachtungen über Soldatenreiterei und das Fahren der Artillerie. 2. Aufl. Wien 1904. 8°.

Joelson, A. Freih. v., Erfahrungen und Betrachtungen über Soldatenreiterei und das Fahren der Artillerie. 4. Aufl. Gr.-8°. (95 S.) † K 3.—
Wien: Seidel 1908.

Joltrain, A. s. Pietra Santa, Prosper de, et Joltrain, A.

Joly, Ch., der landwirthschaftliche Unterricht in Frankreich und anderen Ländern. Autoris. Uebersetzung von Ernst Bohnhof. gr. 8. (64 S.) Leipzig 887, H. Voigt. * 1 20

Joly, F., die Beleuchtung u. Wasserversorgung d. Stadt Köln. E. geschichtl., techn. u. wirtschaftl. Darstellg. d. öffentl. Beleuchtungs- u. Wasserversorgungswesens in Köln. Hrsg. unt. Mitwirkg. v. E. Froitzheim, Hansen u. W. Tellmann. Mit 3 Uebersichtsplänen, 1 Lageplan u. 59 Textfig. gr. 4. (139 S.) Köln (895). (J. P. Bachem.) Geb. n. 6. —

Joly, F., die Spiritus-Fabrikation von Melasse mit genauer Maisch- und Gährungs-Methode nach den neuesten darin gemachten Erfahrungen um die höchst möglichen Resultate zu erzielen. gr. 8. Brieg 855, Schwartz. *

Joly, Henry, Psychologie der Heiligen. Nach der 8. Aufl. des franz. Originals übers. v. G. Pletl. (XII, 207 S.) 8. Regensburg 904. Verlagsanstalt vorm. G. J. Manz. n. 2. 40

Joly, Hub., technisches Auskunftsbuch f. d. J. 1894. Notizen, Tabellen, Regeln, Formeln, Gesetze, Verordnungen, Preise u. Bezugsquellen auf dem Gebiete d. Bau- u. Ingenieurwesens. 8. (VI, 882 S. m. 134 Fig.) Berlin 894. (J. Springer.) Geb. in Leinw. n. 8. —

Joly, H. Technisches Auskunftsbuch. Wittenberg. Jgg. 1895.

Joly, Hub., technisches Auskunftsbuch f. d. J. 1899. Notizen, Tabellen, Regeln, Formeln, Gesetze, Verordnungen, Preise u. Bezugsquellen auf d. Gebiete d. Bau- u. Ingenieurwesens in alphabet. Anordng. 6. Jahrg. 8. (VIII, 1035 S., Schreibkal. u. LV S. m. 146 Fig. u. 1 Karte.) Leipzig 898. K. F. Koehler. Geb. in Leinw. n. 8. —

Joly, Hub., technisches Auskunftsbuch f. d. J. 1903. Notizen, Tabellen, Regeln, Formeln, Gesetze, Verordnungen, Preise u. Bezugsquellen auf dem Gebiete des Bau- u. Ingenieurwesens in alphabet. Anordnung. 10. Jahrg. 8. (XIII, 1099 S., S. 1099b—e. Schreibkalender u. LV S. m. 126 Fig. u. 1 Karte.) Leipzig, K. F. Koehler. Geb. in Leinw. n. 8. —

Joly, Hub., technisches Auskunftsbuch f. d. J. 1907. Notizen, Tabellen, Regeln, Formeln, Gesetze, Verordngn., Preise u. Bezugsquellen auf dem Gebiete des Bau- u. Ingenieurwesens in alphabet. Anordnung. 14. Jahrg. (X, 1239 S., S. 1239^{1-48} u. LV S. m. 121 Fig. u. 1 Karte.) 8. Leipzig, K. F. Koehler. Geb. in Leinw. n. 8. —

Joly, Hub., Technisches Auskunftsbuch f. d. J. 1908. Notizen, Tabellen ... auf d. Gebiete d. Bau- u. Ingenieurwesens in alphabet. Anordn. Jg 15. Leipzig (1908). 8°.

Joly, Hub., techn. Auskunftsbuch f. d. J. 1911. Notizen, Tabellen, Regeln, Formeln, Gesetze, Verordnungen, Preise u. Bezugsquellen auf dem Gebiete des Bau- u. Ingenieurwesens in alphabet. Anordng. 18. Jahrg. (XVIII, 1859 S., S. 1859^{1-89}, LVIII u. III S. m. Fig. u. 1 Karte.) 8. Leipzig (910). K. F. Koehler. Geb. in Leinw. 8. —

— Meisterwerke d. Baukunst u. d. Kunstgewerbes aller Länder u. Zeiten. 1. u. 2. Lfg. 4. (à 23 Lichtdr.-Taf.) Ebd. 898. à n. 2. —
1. Italien I, — 2. Deutschland I.

— Meisterwerke der Baukunst u. des Kunstgewerbes u. ihre Schöpfer. 3.—14. Lfg. 4. Ebd. 899. à n. 2.—
3. Türkei I. (23 Taf.)
4. 6. 9. 11. 13. Italien II—VI. (108 Taf. m. XII, XIII u. II S. Text.) (1. Bd. kplt. geb. in Leinw. m. Goldschn. n. 14.—.)
5. 8. 10. 12. 14. Deutschland II—VI. (115 Taf. m. XVII, XI u. II S. Text.) (1. Bd. kplt. geb. in Leinw. m. Goldschn. n. 14.—.)
7. Aegypten I. (23 Taf.)

— Meisterwerke der Baukunst u. des Kunstgewerbes aller Länder u. Zeiten. Alphabetisch nach Orten hrsg. Spanien. 1. Bd. Alcala de Henares. Archena. Argentona. Avila. Barcelona. Burgos. (X S. Text u. 118 Bl. Abbildgn.) gr. 8. Wittenberg (906). H. Joly. Geb. in Leinw. n. 5. —

— Meisterwerke der Baukunst u. d. Kunstgewerbes aller Länder u. Zeiten. Alphabet. nach Orten hrsg. Spanien. 2. Bd. Calahorra (Logroño), Cordoba, Elche (Alicante), Escorial, Gerona, Granada, La Granja, Guadalajara, Las Huelgas (Burgos), Jaën, Leon, Madrid, Malaga. (VIII S. Text u. 120 Bl. Abb.) gr. 8. Wittenberg (907). H. Joly. Geb. in Leinw. 5. —
Bd. I. Ebd. 905. Geb. 5.—.

Joly, N., der Mensch vor der Zeit der Metalle, s.a. Bibliothek, internationale wissenschaftl.

Joly (N.). Der Mensch vor der Zeit der Metalle. (Internationale wissenschaftliche Bibliothek. Bd. 46.) Leipzig 1880. 8. Mit Abb.

Joly, Paul, Vroni od. die Aufforderung zum Tanz, s.: Universal-Bibliothek.

BEGEBENHEITEN des Mathurin Bonice, ersten Bewohners der Sclaveninsel, ehemaligen Ministers des Königs von Zanfara, aus seinen Berichten gezogen. Aus dem Französischen (des *Romain Joly*) übersetzt. 2 Bde. Mit Vign. Frankfurt am Mayn, bey den Gebrüdern von Düren, 1783. 8°. 285 u. 270 Seiten. (3 Mk. 50 Pfg. Julius Neumann, Magdeb., 1906; 7 Mk. 50 Pfg. Ad. Weigel, Lpz., 1908.)
Anon.-Lex. I. p. 148 (nach Ullrich, Robinsonaden, S. 175).

Joly, Timoth., s. Fluch, der väterliche.

Joly, V. Mensonges et réalites de la guerre d'Orient. (319.) 8. Bruxelles et Leipzig 1855.

Joly, Vict., die Jesuitenfresser, s. Jesuitenfresser.

Joly v. Maizeroy, P. G. Theoretisch-praktische Einleitung in die Taktik, durch historische Beispiele erläut. A. d. Französ. übs. v. M. Grf v. Brühl. Mit Kpf. Bd 1—3. Straßburg 1771. 1772.

Joly de St. Valler. Histoire raisonnée des opérations militaires et politiques de la dernière guerre. Lüttich 1783. 8°.

Joma, der Mischnatractat „Versöhnungstag", übers. v. Paul Fiebig, s.a. Mischnatractate, ausgewählte, in deut. Uebersetzung.

Joma. Der Mischnatractat 'Versöhnungstag' ins Deutsche übers. u. unter besond. Berücks. d. Verhältnisses z. Neuen Testament mit Anm. versehen von Lic. Paul Fiebig. Tübingen: J. C. B. Mohr 1905. (VII, 34 S.) 8°
— Mischnatractate, Ausgewählte, in deutscher Übersetzung. 1. [illegible]

Jombert, sur la Langue et la littérature allem. 8. Danzig, Flörke. 781.

Jomini, Henri Bar. v., analyt. Abriss d. vorzügl. Combinationen d. Krieges u. ihrer Beziehungen auf d. Politik d. Staaten, als Einleit. zu d. Abhandl. v. d. grossen militair. Operationen. A. d. Franz. übertr., nach d. 2. Aufl. Mit Anmerkn. u. Zusätzen v. A. Wagner. M. 2 Tab. in Stndr. (gr. Fol.) 8. (19 B.) Berlin 831, Schlesinger.

Jomini, (Henri) Bar. v., analyt. Abriss d. vorzüglichsten Combinationen d. Krieges u. ihrer Beziehungen auf d. Politik der Staaten. A. d. Franz. übertragen nach d. 2. Aufl. Mit Anmerkn. u. Zusätzen v. A. Wagner. Neue, mit Zusätzen verm. Aufl. 8. (20¾ B. u. 2 Stnt., ½ gr. Fol.) Berlin 836, Schlesinger'sche Buchh.

Jomini, H[r], Obrist Baron, im Generalstab Sr. Majestät des Kaisers der Franzosen. Analytischer Abriss der vorzüglichsten Kombinationen des Krieges etc. Neue, mit Zusätzen verm. Auflage.
8. Bruxelles 1836.

Jomini, Abriss der Kriegskunst, s. Klassiker, militärische, des In- und Auslandes.

Jomini, H. Kurzer Abriss der Kriegskunst, Strategie u. s. w. [Russische Uebers.] 2 Bde. 8. St Pjetjerburg 1840.

de Jomini. L'Art de la guerre. 8. Stoutgart 1815.

— Auszug aus d. Memoiren über den Feldzug 1813. gr. 8. Leipz. 813. Brockhaus. 3 gr In französ. Sprache. gr. 8. Ebd. 3 gr

Jomini, General Bar. v., Auszug aus d. Memoiren über den Feldzug von 1813. gr. 8. Leipz. (Kunst- u. Indust. Comt. in Amsterdam.) 813.

Jomini, général. Extrait d'une brochure intitulée: Mémoires sur la campagne de 1813. 8. Leipzig 1813.

de Jomini, Baron, General, kritische u. militairische Geschichte d. Feldzüge Friedrichs d. Zweiten, verglichen mit denen des Kaisers Napoleon u. d. neuen Systeme. Aus d. Französ. ins Deutsche übersetzt v. C. v. Völderndorf. 4 Thle. 2e Aufl. gr. 8. Tübingen 811 u. 12. v. Cotta. 6 rf (NB. Dieses u. d. untenstehende: „über große militair. Operationen," scheinen eins u. dasselbe unter verschied. Titeln zu seyn, u. letzteres eher eine 2e Aufl. von diesem, das d. Verleger nicht in seinem Kataloge aufführt).

Jomini, Général, Histoire critique et militaire des guerres de la révolution de 1792 à 1794. nouv. édit. 6 vol. in 8. et Atlas in Fol. Paris, 820. 2

Jomini. Karte des Kriegstheaters in den Alpen, in der Schweiz, in Italien und Süd-Deutschland, zur Geschichte des Revolutions-Krieges. 1:512 000. Paris. 4 Bl. K. Ff.

— s.a. Napoleons polit. u. Leben.

v. Jomini, General. Napoleons politisches und militärisches Leben; von ihm selbst erzählt vor dem Richterstuhle Cäsars, Alexanders und Friedrichs des Grossen. A. d. Französ. 3 Bde. in 4 Tln. Stuttgart 1827. 28. — Deutsch von F. Batz. 4 Bde. 8. Tübingen 1828. 29.

—— Napoleon's polit. u. militair. Leben, von ihm selbst erzählt vor d. Richterstuhle Cäsar's, Alexander's u. Friedrich's d. Zweyten. A. d. Franz. (von v. Batz). 4 Bde. gr. 8. (121½ B., 1 Tab. u. 1 Stnt.) Tübingen 828, 29, Osiander.

— Napoleon vor d. Richterstuhle Alexander's, Cäsar's u. Friedrich's d. Großen. 3 Thle. in 4 Abtheill. (Aus d. Französ.) 8. Stuttg. 827 u. 28. Brodhag. 5 rf 6 gr

Jomini, (General) Napoleon vor d. Richterstuhle Alexanders, Cäsars u. Friedrich d. Großen. 1r u. 2r Bd. 8. Stuttg. 827, Frankh.

— über große militärische Operationen, aus d. Frzös. v. C. v. Völdernsdorf. 1r—4r Bd. gr. 8. Stuttg. 811 u. 12. v. Cotta. 6 ₰ Atlas dazu. 1e Liefer. gr. Fol. 2 ₰ 8 gr (Vergl. oben krit. u. militär. Geschichte rc.)

(Jomini, H. Baron.) Observations sur la dernière campagne de Turquie. Paris 1829. 8°.

—— Précis de l'art de la guerre, ou nouv. tableau analyt. des principales combinaisons de la stratégie, de la grande tactique et de la politique militaire. Nouv. (5.) édit., considérabl. augm. II Vol. gr. in-8. (42¾ B. u. 4 Kpfrt.) ½ gr. Fol.) Paris 837. (Leipzig, Voss.) *

—— Tableau analytique des principales combinations de la guerre, et de leurs rapports avec la politique des états, pour servir d'introduction au traité des grandes operations militaires. gr. in-8. (15½ B. u. 2 Kpfr. Fol.) St. Pétersbourg 830. (Hambourg, Perthes et Besser.)

—— Tableau analyt. des princip. combinaisons de la guerre, et de leurs rapports, avec la polit. des états. IV. édit., considerabl. augm. Lex.-8. (42 B. u. 2 Kpfrt., ½ Fol.) St. Petersbourg 836. (Leipzig, Voss.) *

— — Das Wesen der Kriegskunst oder neue analytische Darstellung der Hauptkombinationen der Strategie rc. Nach der letzten in diesem Jahre in Paris erschienenen Ausg. übs. von v. Bilderling. Mit Krt. rc. Bd 1. 2. Ludwigsburg 1838.

— — Nach d. neuesten Ausg. übs. von v. Bilderling. Leipzig 1839.

—— das Wesen d. Kriegskunst, od. neue analyt. Darstell. d. Haupt-Combinationen d. Strategie, d. höhern Taktik u. d. Militär-Politik. N. d. neuen Ausg. übers. von v. Bilderling. 2 Bde. gr. 8. (38 B. u. 5 lith. Karten u. Pläne, ½ Fol.) Leipzig 839, 38, Voß. *

Jomini, P. F., prof. de langue et de littérature franç. à l'école milit. imp. et roy. d'application (Kriegsschule) pour messieurs les officiers de l'état-mayor. Abrégé du cours de droit international dans ses rapports avec la guerre. (Lithographirt.) Fol. Vienne 1867.

Jom-kippur Katan, das ist das am Vorabend d. Neumondstages übliche Abend-Gebet. Ins Deutsche übers. u. m. Anmerk. begleit. v. Wolfg. Wessely. gr. 8. (2½ B.) Prag 845, Haase Söhne Verl.-Exp. Nr. 1. * 5 Ngr. — Nr. 2. 3 Ngr. — Nr. 3. 3 Ngr. — Nr. 4. *

Nicolo Jommelli. Fetonte. Dramma per musica. Text von Mattia Verazi. Hrsg. von Hermann Abert. Leipzig: Breitkopf & Härtel 1907. (XXII, 310 S.) 2°(4°)
— Denkmäler deutscher Tonkunst. Folge 1, Bd 32. 33. (07. 16097

Jomsvikinga - *Sagan* eller Historia om Kämporna från Jomsborg, på Isländska og Swenska, redigerad og öfwersatt of M. Adlerstamm og utgifven of L. Hammarsköld. 4. Stockholm 815. (Kopenh., Gyldendal). 2 ₰ 12 gr

Jomtob b. Abraham, Novellae in tractatum talmudicum Joma, s.a. Chiddusche ha Ritba. — Ritba al Rosch ha-schana.

(Jomtob.) Ritba al Rosch ha-schana, i. e. R. Jomtob b. Abraham, Novellae in tractatum talmudicum Rosch haschana (de noviennio) e cod. msc. nunc primum edid. Zebi Hirsch Lepidoth. Berolini 5619 (858.) Adolf u. Co. 4. (55 Bl.) n. 1 ₰. 5 ngr.

Jon. Schsp. v. A. W. Schlegel. gr. 8. Hamb. Perthes. 803. Velinp.

— Tragöd. a. d. Griech. d. Euripides übersetzt u. erläutert v. Wieland. gr. 8. Lpz. Schmidt. 804.

Ion [Pseud.], s. Günderode, Karoline von

Jon, s. Melete.

Jona ben Gannach, R.

Jona, R., s.a. Abulwalid Merwân Ibn Ganâh.

Jona, R., gaonäische Gutachten und Ritual-Vorschriften. Nach einer Handschrift in Hebron hrsg. von Rabb. N. Coronel. gr. 8. (IV, 55 S.) Wien 871, (Herzfeld und Bauer.) [Brüder Winter.] 2 —

Jona ben Gannach, (Aboul-Walid Merwan Ibn-Djanah.) Sefer Harikma. Grammaire hébraïque. Traduite de l'arabe en hébreu par Jehuda Ibn Tabbon. Publiée pour la première fois d'après les deux manuscrits de la bibl. imp. de Paris par B. Goldberg. Revue et corrigée par Raphaël Kirchheim. gr. 8. (XXXVI und 252 S.) Francfort s. l. M. 856. (Leipzig, C. L. Fritzsche.) *

Sepher Haschoraschim. Wurzelwörterbuch der hebräischen Sprache von Abulwalid Merwân Ibn Ganâḥ '(R. Jona)'. Aus d. Arab. in's Hebr. übs. v. Jehuda Ibn Tibbon. Aus d. Hss. der Vaticana u. d. Escurial z. ersten Male hrsg. . . . m. e. Einl. üb. d. Leben u. d. Schriften Abulwalid's u. m. Reg. . . . vers. v. Dr. Wilhelm Bacher, Prof. . . . Budapest. (In 4 Heften.) *Berlin: Dr. u. H. Itzkowsk. 18(93—)96.* [A.T.:] [Hebr.] Sefer haš-šorāšim . . . hibberō . . . R. Jōna Ben Ganāḥ . . . (XLII S., 2 Bl., 144 S., 1 Bl., 145—272 S., 1 Bl., 273—596 S., 1 Bl.) 1 Bd 8.
— Sefârim haj-jōṣāim lā-ōr . . . 'al jedē Hebrat Mekiṣē Nirdāmim. Šāna 9—12.

JONA, Josephus: De ortu et progressu reformationis Lutheranae et Calvinianae in Hungaria usque ad tempus Leopoldi I. imperatoris et regis. (1896) 111 S. 4° (Handschr.) Diss. 520
Diss. Wien, Univ.

Jonä, Christian Friedrich

— — De utilitate ex eruditorum dissensionibus juveni ad eruditionis laudem contendenti capienda disserit bonisque litteris faventes ut exercitationi declamatoriae in coenobio Bergensi April 1773. instit. interesse velint rogat. Magdeburg (Pansa). 12 S. mit Namen. (4.—) 16988

Jonadab. Kinder-Bericht aus dem Kampfe gegen den Alkohol, s. Mancherlei gegen den Branntwein.

Jonah, s. Jonas Propheta

Jonák, Eberh. A., Bericht über die allgemeine Agricultur- und Industrie-Ausstellung zu Paris im J. 1855, s.a. Bericht.

Jonák, Dr. Ebrh. A. —. Bericht über die allgemeine Agrikultur- und Industrie-Ausstellung zu Paris im Jahre 1855. Nach den Arbeiten u. Materialien der österr. Berichterstatter und Jury-Mitglieder, im Auftrage des Ministeriums für Handel, Gewerbe und öffentliche Bauten, herausgegeben unter der Redaktion von — —. 5. u. 6. Heft. Wien, 1856/57. Aus der k. k. Hof- und Staatsdruckerei. (77, 74 S. 8.)
Inhalt: (5. Heft.) 17. Klasse. Gold-, Silber-, Juwelier- und Kunstbronze-Arbeiten. — (6 Heft.) 24. Klasse. Industriezweige zur Möblirung und Dekoration.

Jonák, Eberhard II., *Dr., k. k. Prof. a. d. Universit. zu Prag.* Bericht über die allgemeine Agricultur- und Industrie-Ausstellung zu Paris im J. 1855. Nach den Arbeiten und Materialien der österr. Berichterstatter und Jury-Mitglieder im Auftrage des k. k. Ministeriums für Handel, Gewerbe u. s. w. XIV—XX Hefte. *Wien* 1857. *K. k. Hof- u. Staatsdr.* 66, 105, 84, 82, 87, 54, 162 S. 8°.
XIV. Hft. 20 kr. — XV. Hft. 30 kr.
XVI.—XX. Hft. à 24 kr.

XIV. Hoft. XIX. Classe: Baumwollwaaren. **XV. Heft.** V. Cl.: Eisenb.-Betriebsmaterial u. andere Transportmittel. — VI. Classe: Arbeitsmaschinen. — VII. Cl.: Maschinen für die Spinnerei u. Weberei. — **XVI. Heft.** XXIII. Cl: Teppiche, Wirkwaaren, Posamentirarbeiten, Stickereien und Spitzen — **XVII. Heft.** XXI. Cl.: Seidenindustrie. — **XVIII. Heft.** II. Cl.: Forst- und Waldwirthschaft, Jagd, Fischerei und Produkte, die ohne Cultur gewonnen werden. — **XIX. Heft.** XXVI. Cl.: Zeichnungen und plastische Arbeiten für Industriezwecke, Lettern- und Plattendruck, Photographie. — **XX. Heft.** X. Cl.: Chemische Producte, Färberei u. Druckerei, Kautschuk-, Leder-, Tabakfabrikate.

Jonák, Eberhard, A., *Dr., k. k. Prof. a. d. Univ. zu Prag.* Bericht über die allgemeine Agricultur- und Industrie-Ausstellung zu Paris im J. 1855 nach den Arbeiten und Materialien der österreich. Berichterstatter und Jury-Mitglieder im Auftrage d. k. k. Min. für Handel, Gew. u. öff. Bauten, herausgeg. unter der Redaktion v. —. *Wien* 1858. *K. k. Hof- u. Staatsdr.* XXI.—XXIV. Heft. 8., 18., 31. und 13. Classe. 153, 74, 74 und 115 S., 8°.

INHALT. **XXI. Heft. 8. Classe.** Uhren, mathemat., physical. und optische Instrumente, Apparate für Wissenschaft und Unterricht. — **XXII. Hoft. 18. Classe.** Glas- und Thonwaaren. — **XXIII. Hoft. 31. Classe.** Gegenstände des Hausbedarfes. — **XXIV. Hoft. 13. Classe.** Kriegswesen u. Marine.

Jonák, Eberhard, A., *Dr., k. k. Prof. a. d. Univ. zu Prag.* Bericht über die allgemeine Agricultur- und Industrie-Ausstellung zu Paris im J. 1855. Nach den Arbeiten und Materialien der österr. Berichterstatter und Jury-Mitglieder, im Auftrage des k. k. Ministeriums für Handel, Gewerbe u. öffentl. Bauten, herausgeg. unter der Redaction von Dr. Eberhard A. Jonák. *Wien* 1858. *K. k. Hof- u. Staatsdr.* XXV.—XXVIII. Heft. 109, 131, 93, 200, XIV, XII, VIII. S. 8°. Mit 4 Taf.

INHALT. **XXV. Hft.** III. Classe: Landwirthschaft. — **XXVI. Hft.** XXVII. Classe: Musikinstrumente. — **XXVII. Hft.** XXVIII., XXX. Classe: Briefe über die moderne Kunst Frankreichs bei Gelegenheit der Pariser Ausstellung. — **XXVIII. Hft.** Geschichtliches über die allgemeine Industrie-Ausstellung zu Paris und die Betheiligung Oesterreichs an derselben.

NB. Classe I bis XI bilden den I. Band, Classe XII bis XXIII den II. Band, Classe XXIV bis XXXI und das Schlussheft den III. Band.; Titel und Inhalt für einen jeden Band sind im Schlusshefte. (XXVIII. Hft.) Im letzteren befindet sich auch das alphabetische Namensverzeichniss.

Jonák, Dr. Eberhard A. — Professor. Bericht über die allgemeine deutsche Industrie-Ausstellung in München im Jahre 1854, erstattet an die Handels- und Gewerbekammer in Prag, von — —. Prag, 1855. Druck von Gottlieb Haase Söhne. J. G. Calve'sche Buchhandlung. F. Tempsky. (IV, 234 S. gr. 8) geh.

Jonak. Dr. E., Grundbesitz; s. Grundbesitz.

Jonák, Eberh., der land- und lehentäfliche Grundbesitz im Königr. Böhmen. Statistische Tafeln, im Auftrage des Central-Comité für die land- und forstwirthschaftl. Statistik Böhmens auf Grundlage amtl. Quellen bearb. gr. 4. (IV und 123 S.) Prag 865, (Credner.) * *

Jonák, Eberh., der land- u. lehentäfliche Grundbesitz im Königr. Böhmen. Statistische Tafeln, im Auftrage des Central-Comité für die land- u. forstwirthschaftliche Statistik Böhmens auf Grundlage amtl. Quellen bearb. Prag 865. (Ign. Fuchs.) gr. 4. (IV, 123 S.) n.n. 2 ₰

Jonák, Eberh., der landgräfliche Grundbesitz im Königreich Böhmen. Statistische Tafeln nach amtl. Quellen bearb. 2., vollständig neue Aufl. gr. 4. (VIII, 136 S.) Prag 878. Fuchs. n. 6. —

— Theorie der Statistik in Grundzügen. Wien 856. Braumüller. Lex.-8. (VIII, 210 S.) n. 1 ₰. 10 ngr.

Jonas. Lustspiel in fünf Aufzügen nach dem Französischen. Wien 1767. V: *Heufeld, Franz von.* (Ky)

Jonas im Fasse; ein Lustspiel in fünf Aufzügen. O. O. 1755. V: *Eichholz, Friedrich Wilhelm.* (Ky) (ML) (MGT)

Jonas im Fasse. Lstspl. (v. Jh. Fr. Eichholz). 8. Halberst. 755. 2 gr.

Jonas, Mary, u. ihre Bibel od. „Das Himmelreich ist gleich e. Senfkorn". Eine wahre Geschichte. In-12°. Basel, C. F. Spittler. 1854. — 85

Jonas, Bruder, der Mennonit... Rom [Erfurt] 1805. V: *Schiede, H. C.* (Wr)

Jonas, Bruder, die Mennoniten. 2 Bde. 8. Erfurt u. Gotha 805. Hennings. 1 ₰ 16 gr

—, der schwarze, Räuber, Kapuziner u. Mordbrenner, (v. Th. F. Arnold), 1r Bd. 8. Erfurt (u. Gotha) 804. Hennings. 1 ₰

Jonas, Der schwarze, Kapuziner, Räuber, und Mordbrenner ... [Erfurt] 1805. V: *Arnold, Theod. Ferd. Cajet. (Ignaz Ferd.)* (BGE) (MGT) »1804« (Ky)

Ionas. Jonae Vitae sanctorum Columbani, Vedastis, Iohannis, recognovit Bruno Krusch, s. Scriptores rerum germanicarum.

Ionae [abbatis Bobbiensis] Vitae Sanctorum Columbani, Vedastis, Iohannis. Recogn. Bruno Krusch. Hannoverae & Lipsiae: Hahn 1905. (XII, 360 S.) 8°
(Scriptores rer. German. ... ex Mon. Germ. hist. separatim editi.) 1905, 3601

Jonas, Bischof von Orleans, s. Amelung, Karl.

Jonas [v. Orleans]. Ausgewählte Schriften, s. Bibliothek d. kathol. Pädagogik.

Jonas Propheta

— s. auch Propheten.

— Jonas vates Aethiopicè & Latinè, cum glossario Aethiopico-harmonico in eundem & IV. Geneseos capita priora editus a Benedicto Andrea Staudachero. Francofurti ad Moenum 1706.

Jonas, der Prophet, neu übers. u. mit erklärenden Anmerkk. herausg. v. H. A. Grimm. 8. Düsseld. 789. Dänzer. (Barth in Lpz.) 12 ℊℊ.

Jona. The Book of Jonah in four Oriental Versions, namely Chaldee, Syriac, Aethiopic and Arabic, with Glossaries. Edited by W. Wright. London. Leipzig 1857.

Jonah, the book of, in four oriental versions, namely chaldee, syriac, aethiopic and arabic, with glossaries. Edited by W. Wright. Leipzig 857. Brockhaus. gr. 8. (VIII, 148 S.) n. 2 ℛ. 15 ngr.

Jonae et Obadjae oracula, Syriace. Notas philolog. et crit. addidit etc. H. A. Grimm. 8. Duisb. 805. Bädeker. 9 ℊℊ.

Jonas, d. Prophet, Orakel über Moab, krit. vindicirt etc., s. Hitzig, Ferd.

— Versuch e. metr. Uebersetzung etc., s. Grangaard.

Jonas und E. Simon. Ansprache an unsere Mitbürger. Druck von H. S. Herman. 1 Bl. Fol.
Flugblatt. Berlin, 10. Jan. 1849.

(JONAS). Bemerkungen ueber das Civilspital und die Vieharzneischule nebst eingestreuten Reflexionen ueber Mediziner und Medizinalanstalten in Wien. Von ...s (-) o. V. o. O. 1788. 1 vol. 2 Bl. + 175 S.

Jonas, (Act.,) Handbuch f. Oekonomie-Commissarien, oder materielle Zusammenstellung aller Gesetze die Dienste, Gutsherrl. u. Bäuerl. Regulirungen, die Gemeinheits-Theile u. die Auflösungen e. Natural- u. Geldleistungen betreffend. 8. Berlin 827, Rücker.

Jonas, Handbuch f. Oekonomie-Commissarien in d. Kgl. Preuß. Staate. 2. Thl. — A. u. d. T.: Materielle Zusammenstellung aller Gesetze, betreff.: die gutsherrl.-bäuerl. Verhältnisse u. d. Ablösung v. Diensten, Natural- u. Geldleistungen in d. Kgl. Preuß. Provinzen, welche ehedem z. Königr. Westphalen, z. Großherz. Berg u. zu d. ehemal. franz.-hanseat. Departements gehört haben, desgl. im Großhrzgth. Posen. 8. (18 B.) Berlin 829, Rücker.
1. Thl. Ebendas. 1827. 1. Thlr.

Jonas, ..., die wandelnde Jungfrau mit dem blutigen Dolch, oder: Die Geisterbeschwörung. Ritter- u. Geistergeschichte aus der Mitte des 12. Jahrh. 3 Thle. Mit 1 lith. Abbild. kl. 8. Nordhausen 842, Fürst. 2 1/3 ℛ

Jonas, die wandelnde Jungfrau mit dem blutigen Dolch, od.: Die Geisterbeschwörung. Ritter- u. Geistergeschichte aus der Mitte d. 12. Jahrh. 3 Thle. 8. (39 B. u. 1 Stnt.) Nordhausen 842. [Leipzig, Literarisches Museum.]

Jonas, die Lehrer-Umzugskosten in Schlesien. Darstellung e. diese Frage entscheid. Rechtsstreites. (14 S.) 8. Gleiwitz 908. A. Jaeger. n. — 40

Jonas, Leitfaden zur Instruction der Unteroffiziere der preußischen Armee, behufs Erlernung des Fahrdienstes auf Eisenbahnen verf. 8. (VIII und 64 S. mit eingedr. Holzschn.) Berlin 867, Bath. *

Jonas, s. Römmler: Monumente des Mittelalters und der Renaissance ...

Jonas, über die Stellung der Preise für die Leistungen der Eisenbahnen. Vortrag, gehalten im Verein für Eisenbahnkunde. Am 10. März 1874. Lex.-8. (24 S.) Berlin 874, Ernst und Korn. * — 80

Jonas, s Studien, Münch.

Jonas. Studien aus d. Gebiete d. französ. Civilrechts u. Civilprozessrechts.

Brůderliche Weihe! Am freudigen Bundes- und Lebens-Feste dem Br. Kuh achtungsvoll gewidmet von sämmtlichen Brüdern der Loge. Ratibor, den vierundzwanzigsten Juni 1835. Text vom Br. [Karl Imman.] Kudrass. Comp. vom Br. Jonas. Breslau [1835]: Grass, Barth & Co. 2 Bl. 4° [Umschlagtit.]
Ohne Noten: „Heil Theurer Dir! Heil dieser schönen Stunde!“

Jonas, Adolf [aus Schermbeck]: Aus d. medicin. Klinik in Bonn. Zwei Fälle von Sclerodermie mit anatomischer Untersuchung eines Muskelstückes bei einem derselben ... Bonn, Druck v. K. Drobnig, *1896*; 39 S. 8.
Bonn, Med. Fak., Inaug.-Diss. v. [7.] März 1896

Jonas, Adolph (Berlin), De interversionis natura et consummatione. Diss. jur. Halle März 1847. Lpz. (Oscar Leiner). 52 S. (6.—) 16989

Jonas, Alb., organisches Rechtssystem in anderthalb Capiteln der heiligen Schrift. Mit einer Einleitung über den Dekalog. 8. (64 S.) Hamburg 863, O. Meißner. *

Jonas, Alexander, Der achtstündige Normalarbeitstag. 8°. New York 1886.

— Reporter und Socialist. Ein Gespräch über Ziele und Wege des Socialismus. 8°. New York 1884.

Jonas, Alonzo, der große Räuberhauptmann in Spaniens Gebirgen. 2 Bde. 8. (24 B.) Nordhausen 840, Fürst.

Jonas, Ant., deutsche Aufsätze f. d. Mittelklassen höh. Schulen. gr. 8. (IV, 143 S.) Berlin 895. R. Gaertner. n. 2. —

Jonas, Ant., deutsche Aufsätze f. die Mittelklassen höherer Schulen. 2. verb. u. verm. Aufl. (IV, 168 S.) gr. 8. Berlin 905. Weidmann. n. 2. —

[J.] Deutsche Aufsätze f. d. Oberklassen höherer Schulen entworfen v. Dr. Anton Jonas, Prof. ... zu Stettin. *Berlin: R. Gaertner 1896.* (VII, 168 S.) 1 Bd 8. [96. 443]

Jonas, Ant.: Die deutschen Aufsätze in den beiden Tertien unserer Schule. 26 S. – Stettin St. G., Progr. 1871.

Jonas, Anton, Prof. Dr.: Ein ungedruckter Brief Lessing's. *Stettin 1901: Herrcke & Lebeling.* (S. 3—6.) 4° [Ant. u. J.]
Stettin, Stadt-G, ehem. Rats-L, OP 1901 (158)

Jonas, Ant. Mitteilungen aus dem deutschen Unterricht in Prima. 35 S. Progr. St. G. *Stettin* 1878.

Jonas, August [aus Roppe, Rheinprov. Assist. am chem. Laborat. d. k. b. Akad. d. Wiss. zu München]: Beiträge zur Kenntniss fünfgliedriger Kohlenstoff-Stickstoffringe. . . . München, Buchdr. v. M. Ernst, 1890; 52 S. 8°
Erlangen, Phil. Fak., Inaug.-Diss. v. 1890

JONAS, August F. (Madison): Ueber Totalexstirpation des Uterus.- München: Wolf 1884. 29 S. 6.3.1884 - Urk (Titel: De uteri totius excisione.); Chr 1883/84,14
Diss.Ingolst.-Landsh.-Mchn.

Jónás, B., zur Reform des Hypotheken-Kreditwesens in Ungarn. gr. 8. (29 S.) Wien 883, Perles. *
Aus: Pester Lloyd, besonders abgedruckt.

Jonas, B. T., Erzählungen und Bilder aus dem Baselbiet. 8. (III und 380 S.) Basel 860, [Bahnmaier's Verlagsh.] *

Jonas, B. T., Erzählungen und Bilder aus dem Baselbiet. Basel 860. Schweighauser's Sortbdlg. (Amberger.) 8. (2 Bl., 380 S.) n. 1 ₰

Jonas, Bernhard [aus Frankfurt a. M.]: **Die Widerklage im Strafprozess ... Göttingen, Druck d. Dieterich'schen Univ.-Buchdr., 1893;** 38 S. 8.
Göttingen, Jur. Fak., Inaug.-Diss. v. [1. Sept.] 1893

Jonas, Charles, Dictionary of the Bohemian and English Languages. 2 parts, with suppl. to the 1st part. 8. (XXX, 520; 626 S.) Racine 876, Wis. (Prag, Grégr und Dattel.) geb. *

Jonas, D. T., der schnelle Banco-Berechner oder Reductions-Tabellen des hamburger Banco zu mecklenburg. neuem Courant in Thalern, Schillingen und Pfennigen von 1/4 Pfennig bis zu 3000 Mark Banco von 48 % bis 53 %, immer mit 1/8 % steigend. br. 8. (41 S.) Schwerin 848, [Hildebrand.] *

Jonas, D. T., Lehrbuch d. Rechenkunst f. alle Geschäftszweige, nach d. besten Methoden f. Schulen u. z. Selbstunterr. faßl. bearb. 8. (15 1/2 B.) Wismar 840, Schmidt u. v. Cossel's Rathsbuchh.

—— Lehrbuch der Rechenkunst für alle Geschäftszweige, nach den besten Methoden für Schulen und zum Selbstunterricht faßlich dargestellt. Neue (Titel-)Ausg. 8. (VIII und 240 S.) Schwerin 851, [Hildebrand.]

—— Tabelle zur Vergleichung des Yard-Preises in s. und d. gegen den Preis der brabanter und hamburger Elle in Landesmünze, den engl. s. zu 18 ßl. 1 Bl. in qu. gr. 4. Schwerin 848, [Hildebrand.]

—— tabellarische Vergleichung der verschied. im Tuch- und Manufactur-Geschäft vorkomm. Ellenmaße, als Yard's mit brabanter, berliner und hamburger sowie Aunes mit Meter, brabanter, berliner und hamburger Ellen, wobei in beiden Fällen der berliner Ellen-Preis auch in pr. Cour. zum festen Cours à 16 2/3 % angegeben. Nebst Anhang als Anleitung die verschied. Ellenmaße schnell in andere zu reduciren, so wie zur schnellen Berechnung des engl. Geldes und des preuß. Geldes à 16 2/3 % zu N 2/3 und N 2/3 zu pr. Cour. 8. (19 S.) Schwerin 847, [Hildebrand.]

Jonas, D. T., tabellarische Vergleichung der verschied. Kornmaaße Mecklenburgs mit dem Hamburger, Lübecker und Englischen. 8. (8 S.) Schwerin 847, [Hildebrand.] Thlr. *

—— Vergleichungs-Tabelle der Neuen 2/3 zur neuen (mecklenburgschen) Landesmünze, so wie der neuen Landesmünze zu Neuen 2/3 zum Pari oder 16 2/3 % Cours. 1 Bl. in gr. 4. Schwerin 848, [Hildebrand.]

—— Vergleichungs-Tabelle der ausländ. Neuen 2/3 zur neuen Landesmünze, sowie der neuen Landesmünze zu ausländ. Neuen 2/3, den Gulden zu 36 ßl. neue Landesmünze gerechnet. 1 Bl. in gr. 4. Schwerin 848, [Hildebrand.]

—— Vergleichungs-Tabelle des mecklenb. Valeur zur neuen Landesmünze, so wie der neuen Landesmünze zu mecklenb. Valeur zum festgesetzten Cours à 20 %. 1 Bl. in gr. 4. Schwerin 848, [Hildebrand.]

Jonas, Edward: Die experimentelle Untersuchung eines Wechselstromserienmotors mit besonderer Berücksichtigung der Wendepole. Berlin: Springer 1908. 37 S. 8⁰ ¶ Auch in: **Arbeiten aus d. Elektrotechn. Institut d. Großherzogl. Technischen Hochschule Fridericiana zu Karlsruhe 1908—1909. 1909** [Nr 2012].
Karlsruhe, Dr.-Ing.-Diss. v. 10. 11. 1908

Jonas, E. J., ein Berliner Don Juan, Jehe: Novellen-Sammlung, 40 u. 41. Bdchn.

Jonas, Emil [Pseud.], s.a. Loy, Arthur

— s. Andersen's, H. C., Werke.

Jonas, Emil, lyrische Anthologie (Nordischer Musenalmanach) hervorrag. skandinav. Dichter. In den Versmaßen der Originale übers., u. m. e. literarhistor. Einführg. v. C. Beyer hrsg. 8. (XXVI, 283 S.) Breslau 903. Schles. Buchdruckerei usw. n. 4. —; geb. n. 5. —

Jonas, Emil J [Übers.]
s. Bjørnson, Bjørnstjerne Martinius: Das Fischermädchen. 1868.

Jonas, Emil J [Übers.]
s. Bjørnson, Bjørnstjerne Martinius: Staub. (Um 1860).

Jonas, Emil, ein englischer Chorinsky — die Industrieritter von London — ein Freier, s. Reise-Novellen.

Jonas, E., nordische Diamanten. Denksprüche aus der Schatzkammer der skandinav. Litteraturen. Gesammelt u. hrsg. 12. (136 S.) Neuwied 890. Heuser's Verl. n. 2. —; geb. n. 3. —

Jonas, Emil. Nordische Diamanten. Denksprüche aus d. Schatzkammer der skandinav. Litteraturen. 12. (136 S.) Neuwied 891, Heuser's Verlag. * 2 —; geb. * 3 —

Jonas, Emil, Erinnerungsblätter an die Vermählungs-Feierlichkeiten Ihrer k. Hoheiten der Kronprinzessin Victoria und des Kronprinzen Gustaf von Schweden und Norwegen und die silberne Hochzeitsfeier Ihrer k. Hoheiten der Grossherzogin Louise und des Grossherzogs Friedrich von Baden. Mit (Holzschn.-)Illustr. von Ander, Frölich, Gamborg etc. Fol. (227 S.) Breslau 882, Schottländer. geb. mit Goldschn. *

Jonas, E., das Grossfürstenth. Finland, s.: Grieben's Reise-Bibliothek.

Jonas, Emil J., Italien, s. Grieben's Reise-Bibliothek.
——

Jonas, E., die Kanzelberedsamkeit Luthers nach ihrer Genesis, ihrem Charakter, Inhalt und ihrer Form. gr. 8. (XVI und 515 S.) Berlin 852, Nicolaische Buchh.

Jonas, Emil, s.: Königin, e.

—— Kopenhagen und Umgebungen, s. Grieben's Reise-Bibliothek.

— Schloß Kronborg, s.: Oscar II.

Jonas, Emil, s. Methode Toussaint-Langenscheidt, Schwedisch.

Methode Toussaint-Langenscheidt. Original. Brieflicher Sprach- u. Sprech-Unterricht f. d. Selbststudium Erwachsener. Schwedisch von Emil Jonas, Dän. Wirkl. Kammerrat, unter Mitw. von Dr. Ebbe Tuneld u. Oberl. C. G. Moren. Als Ms. gedr. (36 Briefe, 6 Beil., Sachreg.) Berlin-Schöneberg: Langenscheidt 1906. (Getr. Pag.) 4°(8°) 116. 6014

— Norwegen u. seine Entwickelung in volkswirthschaftlicher Beziehung während d. letzten Jahrzehnts. Ein Beitrag zur Statistik. 8. (38 S.) Berlin 876. Bichteler & Co — 75

— Norwegen und seine Entwickelung in volkswirthschaftlicher Beziehung während des letzten Jahrzehnts. Ein Beitrag zur Statistik. 8. (38 S.) [Berlin 876, Imme.] Strassburg, Schultz und Comp.

Jonas, Emil, reise i Danmark og Norge. Sprachführer f. Deutsche in Dänemark u. Norwegen. Prakt Handbuch der dänisch-norweg. Umgangssprache. 12. (VIII, 152 S.) Berlin 893. F. A. Herbig. n. 1. 60; geb. n. 2. —

— illustrirtes Reise- u. Skizzenbuch f. Norwegen. Mit 14 (chromolith.) Karten u. Plänen (in 4.) u. 32 (eingedr. Holzschn.-)Illustr. 8. (XII, 135 u. 288 S.) Berlin 876. Bichteler & Co. geb 8. —

—— illustrirtes Reise- und Skizzen-Buch für Schweden. Mit 1 (chromolithogr.) Reisekarte von Schweden (in qu. 4.) und (chromolithogr.) Special-Karte von Stockholm (in gr. 4.). br. 8. (261 S. mit 8 Stnt.) Berlin 869, Allgem. deutsche Verlags-Anstalt. cart. * 4 50

—— dass. — 2. vollständig umgearb. und verm. Aufl. 8. (XIV, 479 S. mit 9 chromolithogr. Karten und Plänen in 8., qu. 4. und gr. Fol. und 20 Illustr. in eingedr. Holzschn. und Holzschntaf.) Berlin 875, Imme's Verlag. geb. 8 —

—— Reise- und Skizzenbuch für ganz Italien. 2. verb. Ausg. Mit Karte und Plänen (lithogr. und color. in qu. 4. und qu. gr. 4.). 2 Thle. 8. (V, 176; VI, 246 S.) Leipzig 874, R. Schäfer. geb. * 6 —

—— Stangen'sches Reise- und Skizzenbuch von Dänemark. gr. 8. (VII, 408 S. mit chromolithogr. Karte und 2 lithogr. Plänen, wovon 1 in Farbendr., in 4. und gr. 4.) Leipzig 870, R. Schäfer. geb. * 7 —

—— Stangen'sches Reise- und Skizzenbuch für Italien. 8. (128 S. mit lithogr. und color. Karte in 4. und 7 lithogr. Plänen in qu. 4.) Leipzig 870, R. Schaefer. [Hauptmann.] geb. (*M. 6.) 3 —

— resa i Sverige. Sprachführer f. Deutsche in Schweden. Praktisches Handbuch der schwed. Umgangssprache. 12. (X, 180 S.) Ebd. 893. n. 1. 60; geb. n. 2. —

Jonas, Emil J [Übers.]

s. Schwartz, Marie Sophie: Anna's Geheimniß. 1874.

Jonas, Emil J

s. Schwartz, Marie Sophie: Novellen. 1875.

Jonas, E., s. Grieben's
—— Schweden, Norwegen und Dänemark, Reise-Bibliothek.

—— Schweden und seine Entwicklung in volkswirthschaftl. und geist. Beziehung während des letzten Jahrzehnts. Ein Beitrag zur Statistik. 8. (88 S.) Ebendas. 875. * 1 25

— Viola, s. Weichert's Wochenbibliothek.

Viola. Ein modernes Lebensbild frei nach d. Schwedischen von Emil Jonas. Mit 3 Vollbildern. Berlin: A. Weichert [1901]. 96 S.; 8° [Ö.]
— Wochen-Bibliothek, Weicherts. Bd 109.

—— ein wahres freies Volk. Eine Studie über die Republik San Marino. 8. (VIII, 86 S. mit 1 lithogr. Karte.) Wien 878, Hartleben's Verlagsh.

Dies kleine Büchlein gehört der Gemalin seiner Majestät. Eine Volksstimme aus den Herzogthümern in Veranlassung der Reise des hohen Königspaares im October und November 1854 [v. Emil Jacob Jonas]. Flensburg. (1854.) 8°

Jonas, Erich, s. Sagan: Chamberlains Handelspolitische Reformprojekte, ihre Grundlagen und ihre Grenzen. Sagan 1906: A. Menzel. (122 S.) 8°
Heidelberg, Phil. Fak., Ref. Rathgen, Diss. v. 23. April 1906
[Geb. 23. Aug. 83 Sagan; Wohnort: Sagan; Staatsangeh.: Preußen; Vorbildung: Gymn. Sagan Reife O. 02; Studium: Berlin 5, Heidelberg 2 S.; Rig. 12. Dez. 05.]

Jonas, Ernst [pr. Arzt aus Treptow a. R.]: Über Lähmungen des Plexus brachialis nach Narcosen ... Berlin, Buchdr. v. H. Larsen, *1895*; 29 S., 1 Bl. 8.
Berlin, Med. Fak., Inaug.-Diss. v. 18. Sept. 1895

Ärztestreik ein Zeichen der Zeit. Von San.R. Dr. [Eugen] Jonas, Liegnitz. Liegnitz: Th. Kaulfuß 1907. (72 S.) 8° [Ö.] 68. 7291 2

Ärztestreik ein Zeichen der Zeit. Von San.R. Dr. [Eugen] Jonas, Liegnitz. 2. Aufl. Liegnitz: Th. Kaulfuß 1907. (72 S.) 8° [Ö.] 68. 7291 2

Jonas, Eug., Heilbarkeit d. Kurzsichtigkeit u. ihre Behandlg. gr. 8. (16 S.) Liegnitz 900. C Seyffarth. n. — 50

Die zweiseitige (getrennte) Nasen-Lungenathmung, deren Einfluss auf die Thoraxbildung u. die Erkrankungen d. Lunge u. die oro-nasale Athmung. Von San.-R. Dr. Eugen Jonas, Liegnitz. *Liegnitz: C. Seyffarth 1902.* (40 S.) 8° [65. 6116 2]

— Symptomatologie u. Therapie der nasogenen Reflexneurosen u. Organerkrankungen, ihre Wichtigkeit f. den prakt. Arzt u. ihre soziale u. forens. Bedeutg. gr. 8. (XI, 242 S.) Ebd. 900. n. 5. —

Jonas, F.

—— Friedrich Eberhard von Rochow. Rede, gehalten in der Singakademie zu Berlin am 11. Oktbr. 1884. 8. (32 S. mit 1 Portr.) Berlin 885, Oehmigke's Verlag. * — 40

Jonas, F., Geschäfts-Anleitung oder Normativ-Grundsätze für die städtische Kassen-Verwaltung [analog auch Kreisständische] mit einem Formularenanhange und einem Anh. betr. die Buchführung bei Einziehung der Staatssteuer in den Gemeindebezirken. gr. 8. (121 S.) Leipzig 874, Streller. *

Jonas, F., Handbuch für Ortsschulzen u. Schöppen. 2. Aufl. Tilsit 856, (Gräfe u. Unzer.) 8. (X, 86 S.) 7½ ngr.

Jonas, F., Handbuch für Ortsschulzen und Schöppen. 2. Aufl. 8. (X und 86 S.) Tilsit 856,58, (Stauffer.)

— s.: Humboldt. Gebr. v.. 5 Briefe an J. R. Forster.

— s.: Kalender, Weidmann'scher, f. d. höh. Lehranstalten Preussens.

F. Jonas, Das Kassen- u. Rechnungswesen. Eine geordnete Sammlung der hierauf bezügl. Gesetze, Verordnungen u. Rescripte. Oder prakt. Handbuch f. Kassen-, Kalkulatur- u. Verwaltungs-Beamte. Gumbinnen. Berlin, Grieben. 1864. gr. 8. (XXII u. 251 S.).

Jonas, F., das Kassen- und Rechnungswesen. Eine geordnete Sammlung der hierauf bezügl. Gesetze, Verordnungen und Rescripte. Oder prakt. Handbuch für Kassen-, Kalkulatur- und Verwaltungs-Beamte, Kassenkuratoren und Revisoren rc. gr. 8. (XXII und 254 S.) Gumbinnen 864, (Sterzel.) *

Jonas, F., Kommunal-Kassen-Instruktion oder die Verwaltung des Kreis-Korporations-Vermögens, sowie das der Kreiseinrichtungen und Anstalten betr., für Mitglieder des Kreistages, Kreis-Ausschusses, Amts-Ausschusses rc., sowie überhaupt für Jeden, der sich für die kommunale Selbstverwaltung interessirt; bearb. auf Grund der Kreis-Ordnung und der sonst hierauf einschlägl. Gesetze und Verordnungen, mit einem Formularen-Anhange. gr. 8. (VI, 196 S.) Ragnit 878. (Gumbinnen, Sterzel's Buchh.)

Jonas, F. H., Gut Heil! Ein Festgeschenk für Deutschlands turnende Jugend. gr. 4. (12 ill. Stnt. mit Text.) Leipzig 856, Friese.

Jonas, F. H., Gut Heil! Ein Festgeschenk für Deutschlands turnende Jugend. gr. 4. (12 Stnt. mit Text und lithogr. Titel.) Leipzig 860, Friese.

Jonas, Fritz (Hesaia) geb. Berlin 24. 6. 1851: De ordine librorum L. Annaei Senecae philosophi. Berolini (1870). (72 S.) 8°
Berlin, Phil. Diss. v. 17. Dez. 1870.

Jonas, Fritz

—— s. Abriß der deutschen Grammatik.

Jonas, Fritz, Abriß der deutschen Grammatik, s.: Bellermann, L.

Jonas, Fritz (Hrsg.), s. Arndt, Ernst Moritz: Gedichte.

Jonas, Fritz (Hrsg.), s. Arndt, Ernst Moritz: Kleine Schriften

— Erläuterungen der Jugendgeschichte Schillers. 8. (VI, 176 S.) Berlin 900 G. Reimer. n. 2. 40

— Erinnerungsblätter aus der Zeit der Erhebung Preußens 1812/1813, s.: Volksschriften.

— 200 Jahre preußischer Geschichte. Eine kurz gefaßte Darstellg. der Entwickelg. Preußens von Friedrich I. bis zu Kaiser Wilhelm II. Gedenkschrift zum 18. I. 1901. Mit 26 aus den jeweil. Zeitepochen stamm. bildl. Darstellgn. gr. 4. (70 S.) Berlin 901. A. Hofmann & Co. n. — 60

Jonas, Fritz, Christian Gottfried Körner. Biograph. Nachrichten über ihn und sein Haus. Aus den Quellen zusammengestellt. gr. 8. (406 S.) Berlin 882, Weidmann'sche Buchh. *
geb. *

— deutsches Lesebuch für höhere Lehranstalten, s.: Bellermann, L.

— s.: Lutherdenkmal.

– s. Nettelbeck, Joachim: Lebensbeschreibung.

– (Hrsg.), s. Salzmann, Christian Gotthilf: Ameisenbüchlein.

– (Hrsg.), s. Schiller, Friedrich: Briefe.

— s.: Schillerbuch f. Deutschlands Jugend.

— Schillers Seelenadel. Mit e. Abbildg. der Danneckerschen Schillerbüste. (VII, 231 S.) 8. Berlin 904. E. S. Mittler & Sohn. n. 3. —; geb. n. 4. —

— s.: Volksschriften.

Jonas, G., Kunstsinn im Volke. Dem Volke gewidmet. gr. 8. (42 S.) Leipzig 902. H. Seemann Nachf. n. — 75

Jonas, Georg, a. Dürkheim: Die Berechnung der Stromkurve eines Kondensatorkreises aus der Resonanzkurve eines mit ihm lose gekoppelten Sekundärkreises. Leipzig: J. A. Barth 1907. (31 S.) 8°
Straßburg, Math.-naturw. Fak., Ref. Braun, Diss. v. 1907
[Geb. 3. Dez. 80 Dürkheim a. d. Haardt; Wohnort: Straßburg i. E.; Staatsangeh.: Bayern; Vorbildung: Progymn. Dürkheim, Gymn. Speyer Reife Sommer 99; Studium: München 2, Straßburg 9 S.]

Jonas, Georg, Gerichtsreferendar am Kgl. Landgericht II Berlin: Das Inkassoindossament und seine Wirkungen. Heidelberg 1905: J. Hörning. (VII, 45 S.) 8°
Heidelberg, Jur. Fak., Ref. Schröder, Diss. v. 8. Aug. 1905
[Geb. 16. Juni 81 Berlin; Wohnort: Berlin; Staatsangeh.: Preußen; Vorbildung: Friedr. Wendersch. Gymn. Berlin Reife M. 99; Studium: Berlin 7 S.; Rig. 4. Juli 05.]

— **Gustav Adolph** (Rötgen b. Montjoie/Rhld.), Nonnulla de delirio tremente, adjecta morbi historia. Diss. med. Bln. (Nietack) 27. V. 1835. 32 S. mit Biogr. (M.: W. Cramer.) (6.50) 16990
Oppon.: F. Schramm, L. W. Kegel, J. Barth. — Gew.: Christian Jonas (Vater). — Krankengeschichte des Andreas Hamann

Jonas, H., Höret ihr Länder! Rede gehalten am 1. Tage des Wochenfestes 5630 im israelit. Tempel zu Hamburg. gr. 8. (16 S.) Hamburg 870, (Gaßmann's Sortiment.) *

—— Nib Sefataim. Dreißig Predigten gehalten während des jüd. Kalenderj. 5629, im israelit. Tempel zu Hamburg. gr. 8. (IV, 244 S.) (Ebendas.) 870. *

Jonas, Hans, Referendar: Bricht in Preußen oder Bayern Kauf Jagdpacht? Schönberg i. Meckl. 1910: Lehmann & Bernhard. VIII, 39 S. 8°
Erlangen, Jur. Diss. v. 22. Okt. 1910, Ref. Siber
[Geb. 7. Okt. 87 Berlin; Wohnort: Charlottenburg; Staatsangeh.: Preußen; Vorbildung: Gymn. z. grauen Kloster Berlin Reife M. 05; Studium: Berlin 5, Erlangen 1 S.; Rig. 26. Jan. 10.] [U 11. 823

Jonas, Hans Justus, Oberl.: Über W-Strahlensysteme, Flächendeformation und äquidistante Kurvenscharen. Halle a. S. 1908: Kaemmerer. VII, 73 S. 8°
Halle, Phil. Diss. v. 8. Okt. 1908, Ref. Wangerin
[Geb. 30. Dez. 82 Stettin; Wohnort: Rixdorf; Staatsangeh.: Preußen; Vorbildung: König-Wilhelms-Gymn. Stettin Reife O. 01; Studium: Göttingen 3, Lausanne 2, Halle 4 S.; Rig. 21 Mai 08.] [U 09. 1665

Jonas, Heinr., aus dem Festjubel der Hundertjahrfeier des Kasseler „Lyceum Fridericianum". Erzählg. in Kasseler Mundart. (36 S.) 16. Kassel (908). C. Vietor. — 30

Jonas, Heinr., fimf Geschichderchen vun Kasseläneren, die de in d'r Wulle gefärwed sin. 8. (VII, 128 S.) Cassel 899. L. Döll. Geb. in Leinw. n. 1. 50

Heinrich Jonas. Fimf Geschichderchen vun Kasseläneren die de in d'r Wulle gefärwed sinn. 2. Aufl. Kassel: C. Vietor 1904. (V, 128 S.) 8°
[F.] (08. 1688

— **Heinr. David** (Königsberg/Pr.), De chirurgia infusoria. Diss. chir.-med. Bln. (Johann Friedrich Starck) 10. III. 1825. 42 S. mit Biogr. (M.: Herz.) (6.50) 16991
Oppon.: I. Schlötzer, S. Fraenkel, S. I. Liebinger. — Gew.: Heinr. Friedrich Link, Carl Unger.

Jonas, Herb., allerneuest. kathol. Katechismusbüchlein. 8. Rom. (Gebhardt, Frankf.) 791.

Jonas, J.: „Vier Cours-Tabellen, wodurch entweder durch Addition oder Subtraction alle Rechnungen des hamburger Geldcourses hervorgebracht werden", Flensburg 1846. — Vorh.: Com. Bibl. Hamburg.

Jonas, J: Über Mehrphasen-Kollektormaschinen. Frankfurt a. M. 1910

Jonas, (J.) vier Predigten. gr. 8. Neubrandenburg 826, L. Dümmler.

Jonas, J, De Solone Atheniensi. Diss. 1884. 76 S.

Jonas, J., Taschenbuch für Comptoiristen, Handlungsdiener und Handlungslehrlinge. Enth.: die Münz-, Maaß-, Gewichts- und Wechselkunde, sowie die Vergleichung der Maaße und Gewichte aller Handelsplätze zu einander. Als Anhang: Kurze Erläuterungen aller beim Wechselgeschäft vorkommenden Fremdwörter, mit Hinzufügung der dän. Worte dafür. 16. (VIII und 166 S.) Kopenhagen 847, Klein.

—— Taschenbuch für See- und Kaufleute. Enth.: die Münz-, Maß-, Gewichts- und Wechsel-Kunde, sowie die Vergleichung der Maaße und Gewichte aller Handelsplätze zu einander. Als Anhang: Kurze Erläuterungen aller beim Wechselgeschäft vorkommenden Fremdwörter, mit Hinzufügung der dänischen Worte dafür. Neue Ausg. 16. (XXXIV und 166 S.) Kopenhagen 850, Host. *

Jonas, J., der Zeichenunterricht in d. Volksschule im Anschluß an d. Ministerialerlaß vom 20. V. 1887. gr. 8. (41 S.) Stuttgart 897. Union. n. — 50

Jonas, J: Zusatzmaschinen mit Strombegrenzung in Pufferanlagen. Frankfurt a. M. 1910 (Aus: Elektrische Kraftbetriebe u. Bahnen. 1910 H. 22)

Jonas, J. Chr., Leitfaden der brandenburgisch-preußischen Geschichte. Mit Anhang: Krieg 1870/71. 8. (IV, 108 S.) Schrimm 877, Schreiber. *

Die Bibel, das grosse Licht der Frei-Maurerei. Ein Vortrag von J. F. Jonas. Publicirt zufolge eines Beschlusses der Loge. Saint Louis 1882: Ungar & Co. 15 S. 8° [Umschlagtit.]
Tt. 2081.

JONAS, J. H., De hydrope acuto ventriculorum cerebri. Specimen inaug. Kiliae. 1822. 4. P. (U. B.).

Jonas, Johann A.

Jonas, J. A., Erfahrung u. Anschauung als Grundlage d. religiösen, sittl., vaterländ. u. bürgerl. Erziehg. Eine Mahng. z. Reform d. Unterrichts. gr. 8. (VII, 247 S.) Essen 896. G. D. Baedeker. n. 2. 80

Jonas, Joh. A., darstellender, zerlegender, lehrend. Unterricht. Zur Klärg. der Unterrichtsform u. der Ziele des Unterrichts. (X, 487 S.) gr. 8. Leipzig 910. Dürr'sche Buchh. 5.—; geb. 6. 20

Jonas, J. A., kurzer Unterricht in der deutschen Rechtschreibung f. die Hand der Schüler u. zum Gebrauch d. Lehrers. gr. 8. (IV, 28 S.) Essen 892. G. D. Bcd. n. — 30

Jonas, Johann Chr.

— s. W. X. Jansen, Abhandl.

Jonas, Jh. Chr. u. W. X. Jansen, Magazin d. neuest. medizin.-holländ. Literatur. 16 Stck. Mit Kpf. gr. 8. Marb. 790. Krieger. 10 ǵ

Jónás, Johs., über die sociale Frage. Vorlesung. gr. 8. (26 S.) Budapest 885, Aigner. * — 50

Jónás, Johs., s.: Jahresbericht der staatlich subventionierten Pressburger Handels-Akademie.

Jónás, Johs., Studien und Vorschläge auf dem Gebiete des Lebensversicherungs-Geschäftes. gr. 8. (83 S.) Berlin 883, Puttkammer und Mühlbrecht. *

Geschichte der kath. Unterrichts- und Erziehungs-Anstalten im Kemperhof bei Coblenz. Fest-Schrift z. Feier d. 50jähr. Bestehens d. Knaben-Waisenhauses von Dir. Dr. J[os.] Jonas. *Coblenz: F. Hoelscher in Komm. 1901.* (VIII, 130 S.) 8° [Ä.] loz. 113 5

Jonas, Jos., († d. 1. Febr. 1821.) physio-technographisches Magazin über d. anorganischen Naturen des österreich. Kaiserstaates. 1r Jahrg. gr. 8. Pesth 820. Hartleben. 2 ₰ 18 ǵ
A. u. d. T.: Ungerns Mineralreich oryctognostisch u. topographisch dargestellt.

Jonas, Julius: Begriff und Bedeutung der bona fides bei der Ersitzung und Klagenverjährung. *Kiel 1897: H. Fiencke.* (VIII, 58 S.) 8°
8. Erlangen, Jur. Diss. v. 25. Okt. 1897

Jonas, Jul., der Phönix. Ein Schauspiel in 4 Akten. (75 S.) 8. Berlin-Friedenau 910. Bureau Fischer. 2.—

Jonas, Justus (Mitarb.), s. Abschied, vom christlichen, aus diesem tödlichen Leben des Ehrwirdigen Herrn Martin Luther.

Jonas, Just., Bericht von Luther's Absterben, s. John, G. A.

Jonas', Justus, Briefwechsel, s. a. Kawerau, G.

Jonas, Just., Briefwechsel. Gesamm. u. bearb. von Gust. *Kawerau.* Hrsg. von d. Hist. Comm. d. Prov. Sachsen. Hälfte 1. 2. Halle 1884. 1885. 8°.
1: 1884.
2: M. Portr. u. Facs. 1885.
(Geschichtsquellen d. Prov. Sachsen u. angrenz. Gebiete. Bd 17.)

Jonas, Just., Schreiben an Johann Friedrich, Churfürst von Sachsen über Dr. Mart. Luthers letzte Krankheit und Lebensende nach dem Originalconcept hrsg. von J. G. Kreyßig. gr. 8. (30 S. und 1 lithogr. Facsim.) Meißen 847. (Leipzig, H. Fritzsche.) *

Jonas, L., Bericht über die dritte Jahres-Versammlung des märkischen Pastoral-Vereines zu Neustadt-Eberswalde am 13. Mai 1845. Als Anhang: Eine Erklärung des Prediger Rütenik über eine in derselben Versamml. von ihm gethane Aeußerung. gr. 8. Berlin 845, Müller. n. 1/6 ₰

Jonas, L., Denkschrift über die Schrift „Allerhöchster Erlaß vom 29. Juni 1850, betreff. die Grundzüge einer Gemeindeordnung für die evangel. Kirchengemeinden &c., s. Zuschriften, zwei.

Jonas, L., Gesänge u. Lieder, mit Musikbegl. qu. 4. Tilsit ... Hartwig. 20 ǵ

— s. Monatsschrift für die unirte evangel. Kirche.

Jonas, L., gegen d. Rechtfertigung d. Sendschreibens üb. Schleiermacher. Einige Bemerkn. 8. (1 B.) Berlin 831, Reimer.

— s. a. Sendschreiben.

(——) Sendschreiben an d. Hrn. Vrf. d. in d. „Evangel. Kirchenzeitung" No. 97 sqq. 1829 enthalt. Sendschreibens üb. Schleiermacher. 8. (2¼ B.) Berlin 830, Reimer.

— s. Schleiermacher, Fr.: Sämmtliche Werke. I. Abthl.

Jonas, L., Worte am Sarge Peter Christoph Wilhelm Beuth's. Gesprochen am 30. Septbr. 1853. gr. 8. (13 S.) Berlin 853, Ernst und Korn. *

Jonas, L. E., das Apothekergewerbe und dessen nöthige Reform, zu Folge einer in Aussicht stehenden Umgestaltung des Arzneiwesens. gr. 8. (38 S.) Eilenburg 848, (Schreiber.)

—— das Apothekergewerbe und dessen nöthige Reform zu Folge einer in Aussicht stehenden Umgestaltung des Arzneiwesens. 1847. Drei Jahre später ein Rückblick auf: a. den Apotheker-Congreß zu Leipzig am 12. und 13. Septbr. 1848, die Reform des Apothekerfaches behandelnd, und b. die moderne Pharmacie, in ihrem Einflusse auf die Ausübung der Apothekerkunst. gr. 8. (45 S.) Eilenburg 851, Schreiber.

Jonas, L. E., Fortsetzung von: Das Apothekergewerbe und dessen nöthige Reform. Fragmente der moderneren Pharmacie in Bezug auf 1. die künstl. Darstellung flüchtiger organ. Basen, 2. die destillirten Wässer, namentlich das der Brechnuss, der Quassia, der Eicheln und des Tabaks, 3. die sogenannten Urtincturen, und ihre medicin. Wirksamkeit. gr. 8. (49 S.) Eilenburg 853, Schreiber. Thlr.

—— dass. — (Fortsetzung:) Ein Entwurf über die Heranbildung der Apothekerlehrlinge. gr. 8. (28 S.) Eilenburg 855, Offenhauer. *

Jonas, L. E., das Apothekergewerbe und dessen nöthige Reform. (4. Fortsetzung.) Die Candidatur der Apothekerkunst. gr. 8. (VIII und 100 S.) Eilenburg 857, Offenhauer. -
1—3. (Ebendas.) 1848—55. 1 Thlr. 14 Ngr.

Jonas, L.: Entwurf über Heranbildung v. Apothekerlehrlingen. 1855.

Jonas, L.: Fragmente d. modernen Pharmacie. 1853.

Jonas, L. E., Handbuch der Chemie, in welchem die anorganischen, organ. u. organisirten Verbindungen, dem neuesten Standpunkt der Wissenschaft entsprechend u. nach den Grundsätzen der dualistischen Ansicht, in zwei neben einander verlaufenden Rubriken, deren eine die basischen, die andere die sauren Verbindungen enthält, abgehandelt sind. gr. 8. (32 B.) Leipzig 846, Baumgärtners Buchh.

Jonas, L.: Die Candidatur d. Apothekerkunst. 1857.

Katechismus der Chemie. Dritte gänzlich umgearbeitete dem gegenwärtigen Standpunkt der Wissenschaft entsprechende stark vermehrte Auflage. Leipzig, 1840. 8vo.
Also under the title: Lehrbuch der Chemie, in katechetischer Form methodisch-systematisch abgefasst.

Jonas, L. E., Lehrbuch d. Chemie, s. Katechismus.

—— Vorschule d. Apothekerkunst, od. Einführ. in d. empir., prakt. u. gewerbl. pharmaceut. Lehre, z. Gebr. f. angeh. Apotheker. 3 Abthln. gr. 12. (27½ B.) Leipzig 835, Baumgärtners Bh.

Jonas, Ludwig (Hrsg.), s. Aus Schleiermacher's Leben.

Jonas, Ludwig: Die eingetragenen Genossenschaften mit unbeschränkter Haftpflicht und mit unbeschränkter Nachschusspflicht in ihren Unterschieden beleuchtet. *Sagan 1898: Menzel.* (60 S.) 8°
Erlangen, Jur. Diss. v. 9. Apr. 1898

Jonas, Ludwig (Hrsg.), s. Schleiermacher: Leben.

Jonas, M., Studien aus dem Gebiete des französischen Civilrechts und Civilproceßrechts. gr. 8. (X, 462 S.) Berlin 870, Weidmann'sche Buchh. *

Jonas, M. v., Vortragsstücke f. Mädchen u. Knaben von 8 bis 15 Jahren, s. a Esser's Sammlung leicht aufführbarer Theaterstücke.

Vortragsstücke f. Mädchen u. Knaben von 8 bis 15 Jahren. Für d. deutsche Jugend bearb. von M. v. Jonas. Paderborn: J. Esser [1905]. (88 S.) 8° [F.]
= Sammlung, J. Esser's, leicht aufführbarer Theaterstücke. II. 90. (07. 4908)

Jonas, Martin, Referendar zu Stettin: Die Konkursfeststellung in ihrer prozessualen Durchführung. Berlin: F. Vahlen 1907. (VI, 95 S.) 8° [F.]
Halle, Jur. Fak., Ref. Stein, Diss. v. 12. Aug. 1907
[Geb. 8. Nov. 84 Stettin; Wohnort: Stettin; Staatsangeh.: Preußen; Vorbildung: König-Wilhelms-Gymn. Stettin Reife O. 03; Studium: Lausanne 1, Berlin 1, Halle 4 S.; Rig. 17. Mai 07.]

Jonas, Max, Tierarzt a. Borken: (Aus d. pharmakol. Institute d. Tierärztl. Hochschule zu Hannover.) Untersuchungen über die Allgemeinnarkose beim Hunde. Gelsenkirchen [1907]: Stück & Lohde. (60 S.) 8°
Gießen, Veterinär-Med. Kol'., Ref. Geppert, Diss. v. 8. Okt. 1907
[Geb. 5. Juli 84 Borken (Westfalen); Wohnort: Gelsenkirchen (Westfalen); Staatsangeh.: Preußen; Vorbildung: Gymn. Coesfeld Reife O. 03; Studium: Tierärztl. Hochsch. München 3, Hannover 4 S.; Rig. 3. Juli 07.]

Jonas, Mich. (geb. Berlin 1819): De phlebitide uterina quae autumno a. 1840 in instituto obstetricio regio observata est. Berolini (1841). (30 S.) 8°
Berlin, Med. Diss. v. 11. Febr. 1841

Jonas, Oscar *Conrad Friedrich Albrecht* [aus Laasphe (Westf.)]: Beitrag zur Kenntnis der Orthodiamine und Orthoamidophenole ... Erlangen, k. b. Hof- u. Univ.-Buchdr. v. F. Junge, 1894; 29 S., 1 Bl. 8.
Erlangen, Phil. Fak., Inaug.-Diss. v. [2. Mai] 1894

Jonas, Oskar, Referendar: Die strafrechtliche Haftung des verantwortlichen Redakteurs nach heutigem deutschen Recht. *Berlin 1901: Merkur.* (VIII, 117 S.) 8°
Göttingen, Jur. Diss. v. [17. Dez.] 1901

Jonas, Osk., die strafrechtliche Haftung des verantwortlichen Redakteurs nach heutigem deutsch. Recht. Diss. gr. 8. (VIII, 117 S.) Berlin 901. (Göttingen, Vandenhoeck & Ruprecht.) n. 2. 80

Jonas, Otto: Über Trophoneurosen, mit besonderer Berücksichtigung des Malum perforans pedis. *M.Gladbach (1897): W. Faust.* (32 S.) 8°
München, Med. Diss. v. 1897

Jonas, Paulus *(geb. Oppeln 9. 11. 1845)*: Vita Charetis Atheniensis. P. 1. Vratislaviae (1870). (30 S.) 8° *[Im Buchhandel 1870 bei Maruschke & Berendt in Breslau.]*
Breslau, Phil. Diss. v. 11. Apr. 1870

Jonas, Pauline, geb. Ewald, s. Blumensprache, neueste, vollständige.

Jonas, Pauline, geb. Ewald, Charaden und Räthsel für die Jugend und ihre Freunde. gr. 16. (IX und 142 S.) Stettin 858, [v. der Nahmer.]

Jonas, geb. Ewald, Pauline, Dichtungen, s. Blumensprache, neueste vollst.

Jonas, Pauline, geb. Ewald, Goldkörner aus Tausendschön's Schatzkästlein, eine Sammlung von Gedichten und Märchen für gute Kinder von 6—12 Jahren. 8. (IV und 58 S. mit eingedr. ill. Stnt. und lithogr. Titel in Golddr.) Stettin 851, (Berlin, Springer.) *

— der Großvater. Erzählung, siehe: Bläß, der kluge.

—— geprüftes Kochbuch, od. 1577 Recepte z. Zubereit. aller Arten v. Suppen, Saucen, Klößen, Gemüse, Fleischspeisen, Fischen, ꝛc. Ein vollständ. u. faßl. Hülfsb. f. Haushaltungen aller Stände. 8. (25 B.) Königsberg 840, Bon.

—— dass. — od. 1682 Recepte z. Zubereit. aller Arten v. Suppen, Saucen ꝛc. 2., verb. u. verm. Aufl. 8. (26 B.) Ebds. 842.

—— geprüftes Kochbuch, oder 1716 Recepte zur Zubereitung aller Arten von Suppen, Saucen, Klößen, Gemüsen, Fleischspeisen ꝛc. (1. Thl.) 3., verm. und verb. Aufl. 8. (XXVI und 422 S.) Königsberg 818, Bon, Brlgsh.

Jonas, Pauline, geb. Ewald, geprüftes Kochbuch. 2. Thl. Enth. 855 Recepte zur Bereitung aller Arten von feinen Kuchen und Zuckerbackwerken, Confect, Marzipan ꝛc. Mit vollständ. Speisezetteln für die Jahreszeiten geordnet und einer Anleitung zum Tranchiren des Fleisches ꝛc. 8. (XVI und 368 S.) Königsberg 818, Bon, Brlgsh. Thlr.

Jonas, Pauline, geb. Ewald, geprüftes Kochbuch. Anweisung zur Zubereitung aller Arten von Speisen, Backwerken und Getränken in 2086 Recepten. Ein vollständ. faßl. Hülfsbuch für Haushaltungen aller Stände. 8. verm. und verb. Aufl. gr. 8. (VIII, 464 S.) Königsberg 873, Bon's Verlag.

Jonas, Pauline, geprüftes Kochbuch. Anweisung zur Zubereitung aller Arten von Speisen, Backwerken und Getränken in 2165 Rezepten. Ein vollständ. und faßl. Hilfsbuch für Haushaltungen aller Stände. 9. verm. und durch viele prakt. Hausfrauen durchges. Aufl. gr. 8. (488 S.) Königsberg 885, Bon's Verlag. geb. * 4 —

Jonas, Pauline, geb. Ewald, Liebesgabe. Enthalt. Erzählungen, Märchen, Gedichte u. kleine Schauspiele, f. Knaben u. Mädchen v. 6 bis 10 Jahren. 8. (9½ B. u. 8 ill. Bild.) Berlin 843, Winckelmann u. Söhne.

Jonas, Pauline, geb. Ewald, Polterabend-Scenen. Ernst und Scherz. Nebst einem Anhang, enth. Gedichte zu lebenden Bildern, nach bekannten Kunstwerken darzustellen. 8. (VI und 148 S.) Stettin 856, Müller'sche Buchh. *

—— Polterabend-Scenen. Ernst und Scherz. 2. Sammlung. 8. (IV und 192 S.) Stettin 861, [v. der Nahmer.] *
1. Sammlung. Ebendas. 1856. * 16 Ngr.

—— der arme Tom. Eine Erzählung für die Jugend. 8. (40 S. mit 8 ill. Stnt.) Erfurt 852, Bartholomäus.

—— Veilchen. Enthalt. Erzählungen, Märchen, Gedichte u. kleine Schauspiele f. Kinder v. 8 bis 12 Jahren. 8. (9⅝ B. u. 8 ill. Bild.) Berlin 843, Winckelmann u. Söhne.

—— allgemeines Wirthschaftsbuch od. die erfahrene Hausfrau in d. Stadt u. auf d. Lande beim Einkauf v. grünen Gemüsen, allerlei Fleischwerk u. Fischen, beim Aufbewahren d. grünen Gemüse, dem Trocknen ders. ꝛc. Ein vollständ. u. faßl. Hülfsb. f. Haushaltungen aller Stände. 8. (17 B.) Königsberg 846, Bon'sche Sort.-Buchh. *

Jonas, Phpp. Wilh., Revolutionär oder Reformator? Was war Luther? Eine Jubiläumsschrift. gr. 8. (III, 99 S.) Eberswalde 883, Rust's Nachf. *

—— dass. — Ein Beitrag zur Reformationsgeschichte. 2. vielfach umgearb. und erweit. Aufl. gr. 8. (VII, 205 S.) Ebendas. 884. *

Jonas, R., De verbis frequentativis et intensivis apud comoediae latinae scriptores. I. Diss. 1871. 20 S. 4°. 2.—
— — II. Pr. 1872. 18 S. 4°. 2.—

Jonas: De verbis frequentativis et intensivis apud comoediae latinae scriptores. P.II. (Prior huius dissertationis pars, quae de suffixis et etymologia verborum frequentativorum agit, anno 1871 Posnaniae edita est.) 16 S.– Meseritz, Progr. 1872.

[Ant. u. J.] Jonas, Richard [Dir. Prof. Dr.]: Ansprache bei Entlassung der 21 für reif erklärten Oberprimaner am 16. März 1893. (Umschlagt.: Zwei Schulreden … 2. …) *Krotoschin, Druck v. Kosmäls Druckerei, 1894;* 12—18 S. 8.
Krotoschin, k. Wilhelms-G, OP 1894 (157)

Jonas, R[ichard], Dir. Prof. Dr.: Antrittsrede. (Umschlagt.: Reden, gehalten bei der Einführung des Gymnasialdirektors Prof. Dr. Jonas in das Amt des Direktors des Gymnasiums am 6. Aug. 1901 … 2.) *Köslin 1902: C. G. Hendeß.* (S. 9—15.) 4°
Köslin, k. G, OP 1902 (153)

[J.] Jonas, Richard [Dir. Prof. Dr.]: Einige Bemerkungen zum deutschen Unterricht auf den höheren Lehranstalten in den letzten Jahrzehnten. Krotoschin, Kosmäls Buchdr., *1897;* 28 S. 8.
Krotoschin, k. Wilhelms-G, OP 1897 (163)

Jonas, Rich., über die neuesten Bestrebungen um Reinerhaltung der deutschen Sprache. Vortrag, am 12. Jan. 1886 gehalten. gr. 8. (24 S.) Posen 886, Merzbach. * — 50

Jonas, Rich., ein Blick auf die Entwickelung Köslins. Vortrag, geh. gelegentlich des Städtetages der Prov. Pommern am 20. VI. 1904 im Rathause zu Köslin. (11 S.) gr. 8. Köslin (904). C. G. Hendeß. n. — 20

Jonas, Rich., ein Blick auf den siegreichen Kampf des christlichen Theismus mit pantheistischen Anschauungen. Vortrag, gehalten am 9. Jan. 1883. gr. 8. (16 S.) Posen 883, (Merzbach.) *

—— über den Gebrauch der verba frequentativa und intensiva bei Livius. gr. 4. (24 S.) Posen 884, Jolowicz. *

Jonas, Rich., zum Gebrauch der verba frequentativa und intensiva in der älteren lateinischen Prosa [Cato, Varro, Sallust]. 4. (16 S.) Posen 879, (Jolowicz.) *

— Grundzüge der philosophischen Propädeutik. Für den Gebrauch an höheren Lehranstalten zusammengestellt. 2. Aufl. gr. 8. (27 S.) Berlin 882. Gaertner. cart. n. — 40

— Grundzüge der philosophischen Propädeutik. Für den Gebrauch an höheren Lehranstalten zusammengestellt. 3. Aufl. 8. (27 S.) Berlin 886. Gaertner. n. — 40

Jonas, R., Grundzüge der philosophischen Propädeutik. Für den Gebrauch an höheren Lehranstalten zusammengestellt. 4. Aufl. gr. 8. (28 S.) Berlin 888. Gaertner. cart. n. — 40

Jonas, Rich. Grundzüge der philosophischen Propädeutik. Für d. Gebrauch an höheren Lehranstalten zusammengestellt. 5. Aufl. 8. (28 S.) Berl. 891, Gaertner. * — 40

Jonas, Rich., Grundzüge d. philosoph. Propädeutik. Für d. Gebrauch an höh. Lehranst. zusammengest. 6. Aufl. gr. 8. (28 S.) Berlin 895. R. Gaertner. n. — 40

Jonas, Rich., Grundzüge der philosophischen Propädeutik. Für den Gebrauch an höh. Lehranstalten zusammengestellt. 7. Aufl. gr. 8. (28 S.) Berlin 900. [R. Gaertner.] Weidmann. n. — 40

— Grundzüge der philosophischen Propädeutik. Für den Gebrauch an höheren Lehranstalten zusammengestellt. 9. Aufl. (28 S.) 8. Berlin 906. Weidmann. n. — 40

—— ein deutsches Handwerker-Spiel, nach einer handschriftl. Ueberlieferung aus dem königl. Staatsarchiv zu Posen hrsg. gr. 8. (53 S.) Posen 885, Jolowicz. * 1 50
Aus: Zeitschrift der historischen Gesellschaft zu Posen, besonders abgedruckt.

Henriette Hendel-Schütz, e. einstmalige berühmte Köslinerin. Vortrag, geh. zu Köslin 1907, von Prof. Dr. [Richard] **Jonas**, Gymn.Dir. Köslin 1908: C. G. Hendess. (22 S.) 8° [F.] [08. 1689 9

— G. Sachse u. O. **Knoop**, Lehrbuch f. den evangelischen Religionsunterricht an höheren Schulen. In 3 Tln. gr. 8. (Mit je 1 Karte v. Palästina.) Ebd. 887. n. 4. 80
1. Für die unteren Klassen. Bearb. v. O. Knoop. (VIII, 149 S.) cart. n. 1. 40
2. Für die mittleren Klassen. Bearb. v. G. Sachse. (VIII, 140 S.) cart. n. 1. 40
3. Für die oberen Klassen. Bearb. v. R. Jonas. (VIII, 196 S.) cart. n. 2. —

— Lehrbuch f. den evangelischen Religionsunterricht in den Oberklassen höherer Schulen. 2., nach den Lehrplänen v. 1892 umgestalt. Aufl. Mit 1 (farb.) Karte v. Palästina. gr. 8. (VIII, 148 S.) Ebd. 894. Kart. n. 1.60

— Lehrbuch f. d. evang. Religionsunterricht in d. unt. u. mittl. Klassen höh. Lehranst. (Sexta bis Obertertia). Auf Grund d. preuß. Lehrpläne v. 1892 bearb. M. 2 Karten v. Palästina. gr. 8. (186 S. m. 1 Abb.) Königsberg 896. J. H. Bon's Verl. n. 1. 60

— Musterstücke deutscher Prosa. Ein Lesebuch für die oberen Klassen höherer Lehranstalten. gr. 8. (VIII, 225 S.) Ebend. 882. n. 2. 80

—— Musterstücke deutscher Prosa. Ein Lesebuch für die oberen Klassen höherer Lehranstalten. 2. durchges. u. erweit. Aufl. gr. 8. (VIII, 285 S.) Ebd. 891. * 2 60; geb * * 3 —

— deutsche Poetik, s.: Lange, Otto.

Die Philosophie in der höheren Schule. Von Prof. Dr. Richard **Jonas**, Dir. d. Gymn. zu Köslin. *Berlin: Weidmann 1903.* (29 S.) 8° [F.] [03. 14955

—— Proben altdeutscher Dichtung im Original und in Uebertragungen, für Freunde der mittelalterl. deutschen Litteratur ausgewählt. gr. 8. (VII, 123 S.) Ebendas. 883. cart.

Jonas, Rich., Karl Rosenkranz, s.a. Männer d. Wissensch.

Karl Rosenkranz. Von Prof. Dr. Richard **Jonas** in Köslin. Leipzig: W. Weicher 1906. (50 S.) 8°
— Männer d. Wissenschaft. H. 10. [07. 1873

— Stoffe zum Übersetzen aus dem Deutschen ins Lateinische im Anschluß an Cicero u. Livius f. die oberen Klassen höh. Lehranstalten. 8. (74 S.) Berlin 900. [R. Gaertner.] Weidmann. Kart. n. 1. —

[F.] **Jonas**, Richard [Dir. Prof. Dr.]: **Stoffe zum Uebersetzen aus dem Deutschen ins Lateinische in Obersekunda.** Krotoschin, Kosmäl's Druckerei, *1895;* 20 S. 8.
Krotoschin, k. Wilhelms-G, OP 1895 (159)

Jonas, Richard: **Stoffe zum Uebersetzen aus dem Deutschen ins Lateinische in Obersekunda, zweite Reihe.** *Krotoschin (1898): Kosmäl.* (20 S.) 8° ¶(Fortsetzung d. P-Beilage 1895.) [F.]
Krotoschin, k. Wilhelms-G, OP 1898 (166)

Jonas, Richard, Dir. Prof. Dr.: **Stoffe zum Uebersetzen aus dem Deutschen ins Lateinische in Obersekunda,** Reihe 3. *Krotoschin (1899): Kosmäl.* (19 S.) 8° [F.] ¶[Forts. d. P-Beil. 1895 u. 98.]
Krotoschin, k. Wilhelms-G, OP 1899 (166)

Jonas, Richard, Dir. Prof. Dr.: **Stoffe zum Uebersetzen aus dem Deutschen ins Lateinische in Obersekunda.** Reihe 4. *Krotoschin (1900): Kosmäl.* (15 S.) 8° [F.] ¶[Forts. d. P-Beil. 1895. 98. 99.]
Krotoschin, k. Wilhelms-G, OP 1900 (168)

— Übungsbuch zum Übersetzen aus dem Deutschen ins Lateinische. s.: Brandt, Karl.

Jonas, Rob.

Jonas, R., Austerlitz od. Waterloo? s.: Haus-Theater.

Jonas, R., Austerlitz od. Waterloo. s.: Kühling's, A., Album f. Liebhaber-Bühnen.

Jonas, Rob. Gift. s.a. Bloch's, Ed., Theater-Korrespondenz.

Jonas, R., Gift, s.a. Haus-Theater.

– Gift, s.a. Kühling's, A., Album f. Liebhaber-Bühnen.

Jonas. Rob., Gift, s.a. Thalia.

Gift. Lustspiel in 1 Akt von Robert **Jonas**. *Mühlhausen i. Th.: G. Danner [1900].* (36 S.) 8° [F.]
— Thalia. 55. [00. 9804

—— Vater Kurmärker und Mutter Pikarde, s. Bloch's, E., Dilettanten-Bühne.

— 7½ %, s. Kühling's, A., Album für Liebhaber-Bühnen Nr. 44.

—— im Regen, s. Wallner's allgemeine Schaubühne.

Jonas, Rob.,
— eine Reise wider Willen, s. Haus-Theater.

– Eine Reise wider Willen, s. Kühling's, A., Album für Liebhaber-Bühnen.

—— Tageblatt Nr. 367, Beilage Nr. 3, s. Haus-Theater.

— Tageblatt Nr. 367, Beilage Nr. 3. s.: Kühling's, A., Album f. Liebhaber-Bühnen.

—— Vermischtes, s. Bloch's, E., Theater-Gartenlaube.

— Vielliebchen. s.: Haus-Theater.

– Vielliebchen, s. Kühling's, A., Album für Liebhaber-Bühnen.

—— unter dem Weihnachtsbaum, s.a. Haus-Theater.

– Unter dem Weihnachtsbaum, s.a. Kühling's, A., Album für Liebhaber-Bühnen.

Unter dem Weihnachtsbaum. Genrebild in 1 Aufz. von Robert **Jonas**. *Berlin: M. Böhm [1901].* (16 S.) 8° [F.] [04. 11690

– Wer, s.a. Bloch's, Ed., Theater-Korrespondenz.

— Wer?, s.a. Kühling's, A., Album für Liebhaber-Bühnen Nr. 49.

– Wer, s.a. Thalia.

Wer? Orig.-Lustspiel in 1 Akt von Robert **Jonas**. *Mühlhausen i. Th.: G. Danner [1900].* (39 S.) 8° [F.]
— Thalia. 61. [00. 9810

Jonas, Rud., zu einer Reform des Zeichenunterrichtes,
—— Wandtafeln zur Zeichenmethode, s. Hertzer.
—— Zeichenhefte,

Jonas, S., die radiologische Diagnostik der intra- u. extraventrikulären Tumoren. s.: Holzknecht, G.

Jonas, S. F., † (M. Sanoi's,) populäre Anleitung z. prakt. u. theoret. Astronomie f. Liebhaber dies. Wissenschaft u. z. Verbreit. gemeinnütz. Kenntnisse. gr. 8. (16 B. u. 12 Stnt.) Leipzig 835, [Melzer.]

Jonas, S. F., der Geist im Universum. Grundriß der praktischen Naturkunde. gr. 8. (VIII und 258 S. mit 3 Stnt. in gr. 8. und qu. Fol.) Amsterdam 858. (Leipzig, Thomas.) *

—— Grundzüge der Astronomie. Kometenlehre. gr. 8. (VII und 87 S. mit 8 Stnt. in gr. 8. und qu. 4.) Amsterdam 857. (Leipzig, Thomas.) *

—— die Kräfte d. Erde u. der sie umgeb. Weltkörper, od. allgem. faßl. Betrachtn. aus d. Gebiete d. phys. u. astronom. Geographie f. Gebildete aller Stände, zunächst f. d. höh. Klassen d. Gymnasial- u. Bürgerschulen. Nebst e. Vorw. v. Metz. gr. 8. (15 B. u. 6 Stnt.) Lüneburg 838, Herold u. Wahlstab.

Jonas, S. F., neuestes und vollständiges Naturgemälde aller vier Bücher des populären Wunder-Kosmos nebst Alex. v. Humboldt's interessantesten Reisen und Leistungen. 2 Thle. 6., bedeutend verm. Aufl. gr. 8. (IX und 616 S. mit vielen [16 lithogr.] Abbild., wovon 4 in Buntdr., und 3 lithogr. Karten in gr. 8. und 4.) Hamburg 865, Schardius. *

Die Seele ist unsterblich! Bewiesen aus der Weltweisheit, den Wunderwerken des Schöpfers . . . Die beste Beruhigung für unsere Fortdauer und unser Wiedersehen v. S. F. Jonas. 3 Theile mit Kupfern. 8. bedeutend verm. Aufl. Kiel. 1848. 8°

Jonas S. F.: Die Wunder d. Geisterwelt. Allgemein erkennbarer Einblick in die Geheimnisse d. Naturkräfte u. d. Himmelserscheinungen, so wie derer Anwendung f. das prakt. Leben. 4. bedeutend verm. Aufl. Kopenh. 1857. 316 S. 7 Tvl.

Jonas, Sophie. Sagen d. Altertums, Kindern erzählt. 8. (VII, 125 S.) Gotha 890, F. A. Perthes. geb. * 2 80

Jonas, Steph., handelspolit. Interessen d. deutsch. Ostseestädte 1890—1900, s. Studien, Münch. volkswirtschaftl.

Jonas, Stephan: Handelspolitische **Interessen** der **deutschen** Ostseestädte 1890–1900. Eine Untersuchung üb. d. Wirkungen d. deutschen Handels- u. Verkehrspolitik auf Getreidehandel, Mühlenindustrie, Holzhandel u. Reederei in d. größten deutschen Ostseestädten. *Stuttgart 1902: Union.* (92 S.) 8° ¶ [= Münchener volkswirtsch. Studien, Stück 53.]
München, Staatswirtsch. Diss. v. 1902

Jonas, T., der unentbehrliche Geschwindrechner. Enth. Zinsen-Berechnungen v. 1 Schill. bis 5000 Thlr. Capital, in Thlrn. zu 48 Schill. à 12 Pf., sowie Agio Berechnungen v. 1 Thlr. bis 1000 Thlr. Ferner Disconto, od. Verlust-Berechnungen v. 1 Thlr. bis 1000 Thlr., nebst e. Tab. zur leichtesten Berechnung zweier Faktoren 2c. Ein Hülfsb. für Juristen, Capitalisten u. s. w. Als Anh. 4 Courstab. 8. (5⅝ B.) Schwerin 846, Kürschner'sche Buchh. *

— Lehrbuch der Rechenkunst für alle Geschäftszweige, nach den besten Methoden für Schulen u. zum Selbstunterricht faßlich bearbeitet. 8. Wismar 840, Schmidt u. v. Cossel's Rathsbuchh. ¾ ℛ

Jonas, Th., Richardo Orvinedo der gefürchtete Räuberchef in den Gebirgen unweit Neapel. Romantische Räubergeschichte aus dem letzten Viertel des vorigen Jahrhunderts. 3 Bde. 8. (562 S.) Leipzig 855, (Colditz.) **

Jonas, Th., die Zerstörung d. Bodensteins, od.: Der Fluch d. Vaters. Romant. Rittergesch. aus d. Zeiten d. Kreuzzüge. 2 Thle. 8. (22 B.) Nordhausen 840, Fürst.

Jonas, Victor [aus Krappitz, Schlesien]: **Photometrische Bestimmung der Absorptionsspektra roter und blauer Blütenfarbstoffe ....** Ratibor, Druck v. F. Schmeer & Söhne, 1887; 61 S. + 2 Bl. u. 1 Taf. 8°.
Kiel, Phil. Fak., Inaug.-Diss. v. 18. Febr. 1887

Jonas, Victor [Hilfsl. Dr.]: **Induktive Heimatkunde als Grundlage des geographischen Unterrichts. M. Berücks. d. preuss. Lehrpläne v. 1892 erl. am Beispiele Oppeln. Oppeln, Druck v. E. Raabe, 1892;** 1—31 S. 4.
Oppeln, k. kath. G, OP 1892 (190)

Jonas, Victor [aus Patschkau i. Schl.]: Ueber die Inflorescenz und Blüte von Gunnera manicata Linden ... Breslau, Buchdr. H. Proskauer jr., *1892;* 29 S., 1 Bl., 4 Taf. 8.
Erlangen, Phil. Fak., Inaug.-Diss. v. 1892

Jonas, Victor [Krappitzensis]: Theses .... Kiliae, ex offic. Schmidt & Klaunig, 1887; 2 Bl. 4°.
Kiel, Phil. Fak., Theses v. 18. Febr. 1887.
(Nicht für den Austausch.)

Jonas, W., 25 deutsche Dichtungen im Gewande französischer Prosa. Hilfsbuch f. den französ. Unterricht in mittleren u. höheren Schulen. (44 S.) gr. 8. Leipzig (904). E. Haberland. n. — 75

Ⓑ **Jonas,** W., **25 deutsche Dichtungen** im Gewande französ. Prosa. 904. (KBL33.) **Jetzt: Berlin-Schöneberg, Mentor-Verl.**

Jonas, W., Vortrag über die durch den Beschluß der fünften Hauptversammlung des Gustav-Adolf-Vereins erfolgte Ausschließung des Dr. Rupp, gehalten in der Versammlung des berliner Orts-Vereins am 11. Decbr. 1846. gr. 8. (20 S.) Berlin 847, G. Reimer.

Jonas, W., das gute Werk der Union 2c., s. Eylert, R. F.

Jonas-Be..n, Willi: Beiträge zur weiblichen Genital-Tuberkulose, speziell zur Frage ihrer Genese. Berlin 1909: Labisch. 40 S. 8°
Heidelberg, Med. Diss. v. 30. Juli 1909, Ref. Menge
[Geb. 14. Okt. 84 Dresden; Wohnort: Tiefenbronn; Staatsangeh.: Preußen; Vorbildung: Friedrich-Wilhelms-Gymn. Berlin Reife O. 03; Studium: Berlin 10 S.; Coll. 2. März 09; Approb. 19. Juli 09.] [U 09. 1959

Jonas, Willy [pr. Arzt aus Greifswald]: **Typhus, Diphtherie, Scharlach, Masern und Keuchhusten in Greifswald während der Jahre 1886—1894 ... Greifswald, Druck v. F. W. Kunike,** *1896;* 16 S., 14 Tab. 8.
Greifswald, Med. Fak., Inaug.-Diss. v. 29. Apr. 1896

Jonasch J.: Über die Anwendung der Algebra auf die Geometrie mit besonderer Berücksichtigung des Unterrichts in der IV. Cl. der Realschule. 15 mit einer Tafel. Marburg R. 75. **Progr.**

Jonasch J.: Einiges über das Ornament. 12. Marburg R. 98. Progr.

Jonasch, J.: Über Gewerbeschulen. 10 S. 8°.– Czernowitz OR., Progr. 1865.

Jonasch, J.: Über die Stellung und Behandlung der darstellenden Geometrie an der Realschule. 4 S. – Marburg, Progr. 1879.

Jónasson, Jónas, ein Eid, s. Volksbücher, neue, 79. Bdchn.

Ein Eid. Erzählung von Jónas **Jónasson.** (Aus d. Isländ. übers. von M[argarete] Lehmann-Filhés.) Auf dem Edelhofe. Nach d. Dän. von Friedrich v. Känel. Gold unterm Heidekraut. Nach d. Dän. von Friedrich v. Känel. Berlin: Schriftenvertriebsanst. [1903]. (90 S.) 8° [F.]
— **Volksbücher,** Neue. Bdch. 79. [03. 1364

— **Lebensfragen. s.: Universal-Bibliothek.**

Pseudo-Jonathan ⟨Thargum [Targūm] Jonathan ben Usiël [Jōnatān Ben-'Uzziēl] zum Pentateuch⟩. Nach der Londoner Hs. ⟨Brit. Mus. add. 27031⟩ hrsg. von Dr. M[oses] Ginsburger. *Berlin: S. Calvary & Co. 1903.* (XXI, 366 S.) 8° (•B 7673

Jonathan, wegen ein bisschen Näscherei in Todesgefahr kommend. Ein Schauspiel. Amberg 1706. V: *Wagner, Simon.* (Jes)

Jonathan Slick, s. Slick, Jonathan.

Jonathan Slick od. Leben u. Treiben der vornehmen Welt in New-York. A. d. Engl. v. F. Gerstäcker. 2 Bde. 8. (28⅛ B.) Leipzig 845, Otto Wigand.

Jonathan, die drei Schwestern, s.: David.

Jonathan (Johs. Petrus Hasebroek), Wahrheit u. Träume. Aus d. Holl. übers. v. O. Kohlschmidt. 8. (XV, 214 S) Leipzig 897. F. Jansa. Geb. in Leinw. n. 3. 60

Jonathas, (eigentl. Ant. John) († d. 19. Aug. 1804.) Dankpredigt, wegen des durch d. Preußen bei Pirmasens erfochtenen Sieges, gehalten am 6. Oct. 1793. 8. Bresl. 793. W. G. Korn. 2 K

— Jubelrede bei d. 100jähr. Daseyn d. Ursellner-Ordens zu Breslau. 4. Bresl. 787. J. F. Korn. 2 K

— Lobrede an dem Festtage d. heil. Johannes. 4. Bresl. 782. W. G. Korn. 2 K

— Lobrede auf d. von Pius VI. seelig gesprochenen Laurentius. 4. Bresl. 783. W. G. Korn. 3 K

— Lobrede auf d. heil. Johannes von Gott. 4. Bresl. 782. J. F. Korn. 2 K

Jonathas, P., Lob- und Trauerrede auf den Allerdurchlauchtigsten, Grossmächtigsten Fürsten, und Herrn Friedrich den Zweiten König in Preussen, vor einer Hochadelichen, zahlreichen Versammlung in der Hohen Dom-Stiftskirche zu Breslau den 10. September 1786. Breslau 1786. 8.

— Predigt am Buß- u. Bettage, am 24. Aug. 1793 in d. Domstiftskirche zu Breslau. 8. Bresl. 793. W. G. Korn. 2 K

Jonathas, (eigentl. Ant. John) Predigt auf d. Fest d. Erhöhung d. heil. Kreuzes. 8. Augsb. 780. (Bresl., J. F. Korn.) 3 K

— Predigt auf das Grab Christi. 4. Augsb. 780. (J. F. Korn in Bresl.) 2 K

— Predigten auf verschied. Festtage d. Heiligen. 8. Bresl. 788. W. G. Korn. 1 ℛ 12 K

— — dieselben. 8. Augsb. Wolf. 788.

— Predigten auf d. vornehmsten Festtage d. Herrn u. d. heil. Jungfrau Maria. gr. 8. Bresl. 785. W. G. Korn. 20 K

— Rede bei d. Ablegung d. Klostergelübdes d. Jungfr. Helene Engelin. 4. Bresl. 785. W. G. Korn. 4 K

— Rede bei Ablegung d. Klostergelübdes d. Clara Mauritia ꝛc. 4. Berl. 781. (Bresl. J. F. Korn). 2 K

— Rede bei d. öffentl. Dankfeste wegen d. zwischen Preußen u. Oesterreich am 13. Mai 1770 geschloss. Friedens. 8. Bresl. 779. J. F. Korn. 2 K

— Rede bei Gelegenheit, als Hr. A. v. Rothkirch u. Panthen zum Bischof consecrirt worden. 4. Augsb. 781. (Bresl. J. F. Korn). 3 K

— Rede bei Gelegenh. d. 50jähr. Jubelfeier d. Paters Ephrem. 8. Bresl. 787. W. G. Korn. 4 K

— Rede bei Gelegenheit d. 50jähr. Jubelfeier d. geistl. Jungfrau Maria Franziska. 8. Bresl. 788. W. G. Korn. 4 K

— Rede bei d. Installationsfeier d. Hochw. Hrn. Karl John, Dechant zu Brür. R. A. 8. Bresl. 777. W. G. Korn. 4 K

— Rede bei d. Jubelfeier d. 50jähr. Priesterthums d. Hochw. Hrn. Franz Niklas von Troilo u. Roveredo. gr. 8. Bresl. 788. W. G. Korn. 4 K

— Rede beim Schlusse d. allgem. Jubelfeier in d. Domstiftskirche zu Breslau. 8. Bresl. 777. W. G. Korn. 4 K

— zwo heil. Reden. 8. Bresl. 771. W. G. Korn. 5 K

— zwo heil. Reden. 8. Ebend. 777.

Jonaeus, Jonas, Orkneyinga Saga s. histor. Orcadensium a prima Orcadum p. Norvegas occupatione ad exit. sec. XII. 4 maj. Kopenh. 780. (Göthe in Leipz.) 3 ℛ 16 K

Jonchere, fables, traduites ou imitées de l'Allemand et mises en vers. 8. Hamb. 812. Perthes u. B. 16 K

Jonckbloet, M. W. J. A., Étude sur le Roman de Renart. gr. 8. (III und 405 S.) Groningue 863. (Leipzig, Engelmann.) cart. *

Jonckbloet's, W. J. A., Geschichte der niederländischen Literatur. Von Verf. und Verleger des Orig.-Werkes autorisirte deutsche Ausg. von Wilh. Berg. Mit einem Vorwort und einem Verzeichniss der niederländ. Schriftsteller und ihrer Werke von Ernst Martin. 2 Bde. gr. 8. Leipzig, F. C. W. Vogel. [1. Bd. (XVI, 468 S.) 870. ℳ 8.; 2. Bd. (700 S.) 872. ℳ 13.] *

Jonckbloet, W. J. A., Guillaume d'Orange. Chansons de geste des XI. et XII. siècles, publiées pour la première fois. 2 tomes. La Haye 854. (Leipzig, T. O. Weigel.) gr. 8. (4 Bl., 427; 2 Bl., 322 S.) nn. 6 ℛ 15 ngr.

— Vanden Vos Reinaerde, uitgegeven en toegelicht. Groningen 856. (Leer, Bock.) gr. 8. (CLV, 180 S. u. 1 lith. Schrifttaf.) n. 2 ℛ 15 ngr.

Jöndl, G., Wallenstein, s. Volks- und Jugend-Bibliothek.

Jöndl, Guido, geographische Kartenskizzen. Anleitung zum Entwurf derselben nebst aphorist. Behandlg. des geograph. Stoffes. Für die Schulpraxis u. zum Selbststudium f. Prüfungs-Candidaten. 2 Thle. qu. 8. Wien 899. G. Freytag & Berndt. Kart. à n. 1. 20
1. Oesterreich-Ungarn. (17 Bl. m. 32 S. Text.)
2. Die Länder u. Staaten der Erde. (IV, 8 S. u. 28 Bl.)

Joendl, J. P., die landwirthschaftl. Baukunst. 3 Thle. gr. 8. Prag, Verf. (Kronberger u. Weber.) [1. (34½ B. u. 21 Kpfrt. Fol.) 826., 2. (43¾ B. u. 24 Kpfrt. Fol.) 828., 3. (44¼ B., 3 Tab. u. 25 Kpfrt. Fol.) 829.]

Joendl, J. P., die landwirthschaftliche Baukunst, in drei Bänden u. ein. Atlasse m. 73 Folio-Kpfr.-Taf. 3 Bde. 2., verb. u. verm. Aufl. gr. 8. Wien 842, Wallishausser. [1. (24½ B. u. 31 Kpfrt.) 2. (33 B. u. 25 Kpfrt.) 3. (38½ B. u. 17 Kpfrt.)

Jöndl, J. P., praktische Erfahrungen im Baufache, besonders in krit. Fällen. Sowohl als selbständ. Werk sich darstellend, wie auch als Fortsetzung und Supplementirung der früheren bauwissenschaftl. Werke des Verf. geltend. gr. 8. (VIII und 227 S. mit 14 Kpfrt., Pläne nach Theilzeichnungen in Fol.) Wien 851, Wallishausser. *

— über Park-Anlagen und Verschönerung der Landschaften, nebst einer kurzen, vorbereitenden Abhandlung über Pflanzenphysiologie. Lex.-8. (X und 344 S. mit 13 in Kpfr. gest. Plänen und Detail-Zeichnungen in Fol.) Wien 850, Wallishausser. *
Mün *

— Poučenj o stawitelstwj pozemnjm wůbec a zwlásstě wzhledem na priwátnj a obecnj stawenj we wenkowských městech, městečkách a wesnicjch. Ponaučnǐ a wǐkonnǐ djl s 30 kamenotisštownjmi tabulkami. W češtině od Jana Nep. Štěpánka. gr. 8. (XXIX und 526 S.) Prag 840. (Wien, Wallishausser.)

Jöndlovo, J. P., poučení o stavitelství pozemním. 2. vydání dle potřeby času a pokroku vědy uspořádali a rozmnožili Jos. Niklas a Frant. Sauda. Prag 864. Kober. gr. 8. (VIII, 479 S. m. Holzschn. u. 6 color. Lithogr.) n. 3 ℛ 12 ngr

— Unterricht in der Land-Baukunst überhaupt und bezüglich auf Privat- und Gemeindegebäude in Landstädten, Marktflecken und Dörfern. Anweisender und angewandter Theil. gr. 8. (XXVII und 455 S. mit 30 lithogr. Foliotaf. von Bauplänen und Theilzeichnungen.) Prag 840. (Wien, Wallishausser.)

Jone, Frau L., der Harzer Kanarienvogel v. St. Andreasberg. Beitrag z. f. Kenntniß, Pflege u. Zucht. 6., verb. Aufl. 12. (85 S.) St. Andreasberg 898. (Leipzig, R. Bauer.) n. — 60

Joneli, A[rnold]. Johannes Chrysostomus, Bischof zu Constantinopel. [Biographische Studie.] (SA.) 8. Basel 1873.

Arbeitslosenfürsorge im alten Basel. Von Hans **Joneli**. (Basel [1906].) (S. 181–283.) 8° [J.]
Aus: Basler Zeitschrift f. Gesch. u. Altertumskunde. Bd. 6. [illegible] 11

Joneli, Hans. Die ersten Konsumvereine in Basel. Sonderdruck aus Schweiz. Konsumverein. Jahrg. 7, No. 24 und 25. 23 S. 8. (Basel, G. Krebs, 1907.)

[J. u. Ant.] **Jonen**, Peter (geb. am 2 Apr. 1855 in Köln): Die Theorie der Querela inofficiosi testamenti ... Bonn, Univ.-Buchdr. v. C. Georgi 1877. 74 S., 1 Bl. 8.
Bonn, Jur. Fak., Diss. v. 12 [nach d. Akten v. 15] Mai 1877

Joner's Joh. Notanda. Tägliche Notizen eines Stettmeisters von Colmar, s. Chroniques, les, d'Alsace.

(Joner, Wolfgang J., Abt von Cappel. 1471–1531.) Njbl. s. [Vögelin, Salomon].

Joner-Tettenweis, Clement Graf v., kurzer Abriß der Geschichte des königl. bayer. 10. Infanterie-Regimentes „Prinz Ludwig". 8. (VIII, 112 S. mit 2 Tab. in qu. und qu. gr. Fol. und 1 lithogr. Karte in Imp.-Fol.) Ingolstadt 868, Krüll'sche Buchh. *
Ausg. ohne Karte *

Jones, Mary, und ihre Bibel oder „Das Himmelreich ist gleich einem Senfkorn". Eine wahre Geschichte. Nach den besten Quellen wieder erzählt von M. E. R. Aus dem Engl. 12. (133 S. mit 12 eingedr. Holzschn.-Bildern.) Basel 883, Spittler. **

Jones, Mary, u. ihre Bibel od. d. Himmelreich ist gleich einem Senfkorn. E. wahre Geschichte. A. d. Engl. 2. Aufl. 12. (130 S. m. 12 Bildern.) Basel 895. Kober. n. — 70; geb. n. 1. 40

Jones, Mary, u. ihre Bibel od. das Himmelreich ist gleich e. Senfkorn. Eine wahre Geschichte. Aus dem Engl. 3. Aufl. (130 S. m. 12 Abbildgn.) 12. Basel 903. Kober. n. — 70; geb. in Leinw. n. 1. 40

Jones, Paul, der kühne Seemann, s. Paul.

Jones, Paul, der kühne Seemann und Gründer der amerikanischen Marine . . . A. d. Engl. . . . Leipzig 1826. V: *Becker, Gottfried Wilhelm.* (Ky) (MGT) (Pr)

Jones, Paul, d. kühne Seemann u. Gründer d. amerikan. Marine. Nach Originalpapieren geschildert. Aus d. Engl. v. **r (G. W. Becker.) 8. Leipz. 826. N. A. 828. Wienbrack. 21 gr

Jones, Thomas, s. Jones, Tom.

Jones, Tom.

— Histoire de, ou l'Enfant trouvé, traduction de l'Anglois de Mr. Fielding, enrichie de fig. IV Vol. 8. ibid. 750.

— — le même. 18. Berne, Typ. Soc.

Jones, Thomas, Lustsp. v. Steffe. 8. Zelle, Schulze. 765.

— — Comédie, imitée du Roman anglois de Mr. Fielding, par Poinsinet. 8. Dresd. Walther. 766.

Jones, Thomas, ein Lustspiel in fünf Aufzügen nach dem Englischen Roman. Wien 1767. V: *Heufeld, Frz v.* (ML)

— Thomas, eines Fündlings, Historie des menschlichen Herzens, in dessen Begebenheiten. 4 Thle. 8. Hamburg. (Gleditsch in Leipz.) 771.

Jones, Thomas, eines Fündlings Geschichte, aus dem Engl. des Fielding, 4 Theile, 8. Hamburg, 771. Hoffmann. 2 Rthl.
Dasselbe Buch von Fielding, neu übersetzt 4 Theile, 8. Nürnberg, 780. Grattenauer. Schreibpap. mit Kupf. 4 Rthl.
Ebendasselbe Druckpap. ohne Kupf. 2 Rthl.

Jones, Tom; e. Operette (von F. W. Gotter). 8. Manh. 771. Schwan u. G. 6 gr

Jones, Tom. Operette in drei Aufz. a. d. Franz. [des Poinsinet]. Mannh. 1772. V: *Gotter, Friedrich Wilhelm.* (GGr) (VLBS VI, 301) (Ky) (ML) (MGT)

— — Oper. 8. Mannheim, Schwan. 772.

Jones, Tom., History of a Foundling, by Fielding with Cuts. 3 Vol. 8. Dresden, Walther. (a. Ettinger in Gotha.) 773.

Jones, Thomas. Sgspl. mit Musik. Aus d. Französ. 8. Frankf. 773. Andreä (Gebhardt u. K.) 6 gr

— dasselbe deutsch. 4 Theile. Mit Kupf. 8. Nürnberg. 780. In jetzt Verlag von Eichhorn.

— dasselbe ohne Kupf. Ebend.

— Tom, v. Fielding, aus d. Engl. neu übers. von Schmidt, m. K. 4 Thle, 8. Liegnitz, Siegert. 780.
ohne Kupf.

— ein. Fündlings Gesch. v. Fielding, a. d. Engl. v. Bode. 6 Bde. 8. Leipz. Göschen. 788.

— ein. Fündlings Gesch. a. d. Engl. d. Fielding, m. Portr. u. Titelvign. 8. Wien, Sammer. 788.
Schreibp.

Jones, Tom, Lustsp. a. d. Franz. 8. Oels. (Gehr, Br.) 796.
Rthlr.

Jones, Tom., the history of, by Fielding, ed. Wagner. 4 Tomes. 8. Marburg, Krieger. 8tgs. à 1 Thlr

Jones, Poems consisting chiefly of Translation from de eastern languages. gr. 8. Jena, Academ. Buchh. 774.

Jones, poems consisting chiefly of translation from the eastern languages. gr. 8. Jena 774. (Hennings in Neisse.) 18 gr

Jones, Abel John, a. Tonypandy ⟨Wales⟩: Charakterbildung in den englischen Schulen in Theorie und Praxis. Borna-Leipzig 1906: R. Noske. (VIII, 77 S.) 8°

Jena, Phil. Fak., Ref. Rein, Diss. v. 10. Okt. 1906

[Geb. 26. Mai 78 Rhymney (England); Wohnort: Tonypandy, Wales; Staatsangeh.: England; Vorbildung: Sekundärsch. Ystrad, Porth bis O. 98; Studium: University of Wales 6, Jena 6 S.; Rig. 30. Juli 06.]

Jones, *Alfred Clemens* [B. A. '(Oxon)' aus Cheltenham '(Engl.)']: Ueber einige Emissionsspectra des Cadmiums, Zinks und der Haloidverbindungen des Quecksilbers und einiger anderen Metalle ... Leipzig, J. A. Barth, 1896; 29 S. 8.
Erlangen, Phil. Fak., Inaug.-Diss. v. [29. Juli] 1896

Jones, Dan., Intonation curves. A collection of phonetic texts, in which intonation is marked throughout by means of curved lines on a musical stewe. (XVI, 80 S.) kl. 8. Leipzig 909. B. G. Teubner. 2. 60

— 100 poésies enfantines (avec maximes et proverbes). Recueillies et mises en transcription phonétique. Illustrations par Elinor M. Pugh. (VI, 106 S.) kl. 8. Ebd. 907. 1.80; geb. 2. 20

Jones, David, Leibrenten und Lebens-Versicherungen. Deutsch bearb. u. mit Tabellen versehen von Karl Hattendorff. Hannover 859. Hahn. gr. 8. (VIII, 317 S.) n. 2 Thlr

Jones, E. Ch., infantine Effusions. (Poems.) Written by him, between the 8 and 9 Years of his age. gr. 8. (4¼ B.) Hamburg 830, [Nestler and Melle.]

Jones, E. G., um einen Juwel, s.: Familien-Bibliothek.

Jones, E. R., Englisch f. Kaufleute u. Gewerbetreib., s.: Knörk, Otto.

Jones, Eduard T.

Jones, Ed. T., neuerfundene einfache u. doppelte engl. Buchhalterei. Mit Anmerkk. u. Zusätzen von Andr. Wagner. gr. 4. Leipz. 801. (W. Rauck.) 3 Thlr 8 gr

* Jones, E. T., neuerfundene einfache u. doppelte engl. Buchhalterei. Mit Anmerkung. u. Zusätzen, von A. Wagner. gr. 4. Leipz. Sommer. 807.

— metodo nuovo inglese di tenere i registri mercantili a scrittura doppia e semplice. Tradotta prima dalla inglese nella favella tedesca da A. Wagner et ora trasportata dalla tedesca nella ling. italiana da F. Calderoni. 8maj. Wien 816. Geistinger. 1 Thlr 16 gr

Jones (E. T.): „Englisches System vom einfachen und doppelten Buchhalten, nach welchem es unmöglich ist, daß ein noch so unbedeutender Irrthum in einer Summe unbemerkt entschlüpfen kann"; aus dem Englischen von Thomas Martens, Weimar 1800.

Jones, E. T., englisches System v. einfachen u. doppelten Buchhalten 2c. a. d. Engl. v. Th. Martens. gr. 4. Frankf. Willmanns. 802.

— englisches System vom einfachen u. doppelten Buchhalten 2c. Aus d. Engl. von Thom. Martens. gr. 4. Frankf. a. M. ... 3e A. 802. Fr. Wilmans. 1 Thlr 8 gr

— — dasselbe von J. A. Wagner. gr. 4. Leipzig, Sommer. 802.

Jones, Emrys E(dward): John Bale's Drama God's Promises. Erlangen 1909: Junge. XX, 40 S. 8°

Erlangen, Phil. Diss. v. 23. März 1909, Ref. Varnhagen

[Geb. 26. Dez. 82 Whitehall (Glamorgan, England); Wohnort: Erlangen; Staatsangeh.: Großbritannien; Vorbildung: Board School, Pupils teachers centre Univ. Cardiff (Wales) B. A. 05; Studium: Erlangen 4, Univ. Cardiff (Wales) 4 S.; Rig. 26. Juli 07.] [U 09. 833

Jones, F., internationaler Bergarbeiter-Kongreß in Berlin. M. d. Porträts d. Delegirten. gr. 8. (24 S.) Berlin 894. Berlin-Wilhelmshagen, C. Teistler & Co. n. — 25

Jones, F. R., Fort Wayne, s. Bibliothek, amerikanische.

Jones, Francis Arth., Thomas Alva Edison. 60 Jahre aus dem Leben e. Erfinders. Einzig autoris. Uebertragg. v. Erno Groedel. (VIII, 376 S. m. 16 Vollbild.) 8. Frankfurt a/M. 909. Dresden, O. Brandner. 6.—; geb. 7. —

Jones, Frank Leslie, s. Seymour-Jones

Jones, G., Geschichte d. Tonkunst. Aus d. Engl. übers. u. mit Anmerkk. begleitet von J. F. Edlen v. d. Mosel. gr. 8. Wien 821. Steiner. 1 Thlr 8 gr

Jones, Gilbert H[aven]: Lotze und Bowne. Eine Vergleichung ihrer philosophischen Arbeit. Weida i. Th. 1909: Thomas & Hubert. 117 S. 8°

Jena, Phil. Diss. v. 19. Mai 1909, Ref. Eucken

[Geb. 21. Aug. 81 Fort Mott, South Carolina; Wohnort: Wilberforce, Ohio; Staatsangeh.: Vereinigte Staaten; Vorbildung: Central High School Columbus, Ohio Reife O. 00; Studium: Ohio State Univ. 6, Wilberforce 4, Dickinson 4, Jena 3 S.; Rig. 27. Febr. 09.] [U 09. 2187

Jones, Guernsey [Instructor in European history in the Univ. of Nebraska]: The diplomatic Relations between Cromwell and Charles x. Gustavus of Sweden ... Lincoln, Neb., State Journ. Comp., print., 1897; 89 S., 1 Bl. 8.
Heidelberg, Phil. Fak., Inaug.-Diss. v. [7. Aug.] 1897

Jones, H. Bence, über Gries, Gicht u. Stein. Zunächst eine Anwendung von Liebig's Thier-Chemie auf die Verhütung u. Behandlung dieser Krankheiten. Uebers. v. Herm. Hoffmann. gr. 8. (9¼ B.) Braunschweig 843, Vieweg u. Sohn. *

Jones, Henry Bence (St. John's)
Ueber Zusammensetzung von Pflanzenfibrin, Albumin ...
[In: Liebigs Annalen, Bd 40, S. 65 ff.]
Dr. phil. Giessen 28.2.1843.

Jones, Hugh David, John Balguy, an English moralist of the 18th century, s.: Abhandlungen zur Philosophie u. ihrer Geschichte. 4. Heft.

Jones, Hugh David, a. Chwilog: The writings of John Balguy. Leipzig 1907: Quelle & Meyer. (25 S.) 8° ¶ (Erschien vollst. u. d. T.: „John Balguy an English moralist of the 18th century" in: „Abhandlungen z. Philosophie u. ihrer Geschichte hrsg. v. Falckenberg" H. 2.) 4
Erlangen, Phil. Fak., Ref. Falckenberg, Diss. v. 21. Dez. 1907
[Geb. 22. Nov. 77 Chwilog (Wales in England); Wohnort: Erlangen; Staatsangeh.: England; Vorbildung: Welsh Presbyterian Denominational School Clynnog Fawr 99; Studium: Coll. (Wales) Cardiff 4, Aberystwyth 2, Univ. Marburg 1, Erlangen 4 S.; Rig. 22. Juli 07.]

Jones, J. B.

—— Ned Lorn's Abenteuer, s. Bibliothek, amerikanische.

Jones, J. B., der Kriegspfad, s. **Bibliothek,** amerikanische.

Jones, J. B., Leben und Abenteuer eines Landkrämers, s. Lese-Cabinet, amerikanisches.

—— wilde Scenen und Abenteuer im westl. Amerika, s. Bibliothek, amerikanische.

— Schicksalslaunen, s. Bibliothek, amerikanische.

—— Schicksalslaunen und Schicksalswechsel, s. Lese-Cabinet, amerikanisches.

Jones, J. Et. Von dem Glauben, der selig macht, s. Gannet, W. E.

Jones, James Athearn. Sagen der nanischen Indianer. Altenburg. 1837.

Jones's, John, practical phonography (1701), ed. by Eilert Ekwall, s. a. **Neudrucke** frühneuengl. Grammatiken. II.

Dr. John Jones's Practical Phonography (: or, the new art of rightly speling and writing words by the sound thereof ... applied to the English tongue) (1701), ed. by Eilert Ekwall. Halle a. S.: M. Niemeyer 1907. (CCCV, 201 S.) 8°
= **Neudrucke** frühneuenglischer Grammatiken. Bd 2. 07. 13,80

Jones, John F.

Jones, J. F. D., Abhandl. über d. Proceß, den d. Natur einschlägt, Blutungen aus zerschnittenen u. angestochenen Arterien zu stillen u. über d. Nutzen d. Unterbindung, mit Bemerk. über Nachblutung; aus d. Engl. von Geo. Spangenberg, mit 11 Kpft. 8. Hannov. 813. Helwing. 2 ℛ 8 ℊ

Jones, J. F., Geschichte d. Kriegs in Spanien, Portugal u. dem südl. Frankreich in d. J. v. 1808 bis 1814. Aus d. Engl. Mit 1 Karte u. 3 Plänen. gr. 8. Braunschw. 818. Meyer. 2 ℛ 16 ℊ

— dass. Aus d. Engl. von F. A. v. H. 2 Bde. Mit 1 Karte. gr. 8. Wien 818. (Schaumburg u. Comp.) 2 ℛ

Jones, John F., Geschichte d. Krieges in Spanien, Portugal u. dem südl. Frankreich, in d. J. 1808 bis 1814. A. d. Engl. übers. v. L. v. Wachholtz. 2., wohlf. Ausg. gr. 8. (28 B., 1 Karte u. 3 Pläne) Braunschweig 844, G. C. E. Meyer sen.-

— Tagebuch d. in d. Jahren 1811 u. 12 von den Verbündeten in Spanien unternommenen Belagerungen, nebst einem Anhange. Aus d. Engl. übers. v. F. G. Mit 9 ausgef. Plänen. gr. 8. Berl. 818. Amelang. 3 ℛ 12 ℊ Hbg. Pr. 1 ℛ 12 ℊ

Jones, John Harris, Ibn Abd-el-Hakem's history of the conquest of Spain translated from the Arabic with a historical introduction. Inaugural dissertation. gr. 8. (IV und 28 S.) Göttingen 858, (Vandenhoeck und Ruprecht's Verlagsh.) *

Jones, John Paul. Geographisch-historisch-statistisches Handbuch . . . A. d. Engl. . . . Leipzig 1789—90. Ü: *Olshausen, Detlev Joh. Wilhelm.* (Ky) (MGT)

Jones, L. E., the american catalogue of books, s.: Leypoldt, F.

Jones, Lloyd, und Ludlow, die arbeitenden Klassen Englands, s. Ludlow, J. M.

Jones, Louise, Rosina, siehe: Bibliothek, Europäische. 226—228 Bd.

Jones, Marie M.

Jones, M. M., die weibliche Kleidung u. ihre sittlichen u. leiblichen Beziehungen, s. a. Gesundheit, Wohlstand u. Glück. — Gut, das höchste.

Jones, Marie M., die weibliche Kleidung und ihre sittlichen und leiblichen Beziehungen. Ein in New-York gehaltener Vortrag. Nach der 2. Ausg. gr. 8. (32 S. mit Abbild. in eingedr. Holzschn.) Berlin 870, Grieben. *

Jones, M. M., Die weibliche Kleidung u. ihre sittl. u. leibl. Beziehungen. »Gesundheit, Wohlstand u. Glück.« (32 S.) Berlin 1874. Grieben.

Jones, Owen, 1001 Anfangsbuchstaben. Fol. (28 Chromolithogr.) London 864. Leipzig, [Dürr.] geb. mit Goldschn. *

Jones, Owen, Details and Ornaments from the Alhambra. Part. I. — Auch m. d. Umschlags-Titel: La Alhambra. Vol. II. gr. Roy.-Fol. (25 artist. Bl., wovon 16 in Farben u. Gold.) London 840, 42. (Leipzig, O. A. Schulz.) baar 30 ℛ — In gr. Imp.-Fol. baar 36⅔ ℛ

– The grammar of ornament.

— — Manuscript von P W Göriz. (315 S) 3 Handzeichnungen. Stuttgart 1856

— Grammatik der Ornamente. (164 S 112 T) fol London und Leipzig (1856)

—— Grammatik der Ornamente. Illustrirt mit Mustern von den verschied. Stylarten der Ornamente, in 112 (chromolithogr.) Taf. Fol. (164 S. mit eingedr. Holzschn.) London 865. Leipzig, [Dürr.] geb. mit Goldschn. *

— Plans, Elevations, Sections, and Details of the Alhambra, s. Goury, Jul.

Jones, P., geogr. stat. hist. Handbuch. 2 Thle. a. d. Engl. 8. Leipz. Schneider. 750.

Jones, P., geograph.-statist.-histor. Handbuch zur Kenntniß der gegenwärt. u. vergangenen Zeit. Aus d. Engl. (v. D. J. W. Olshausen). 8. Leipz. 789—90. Schneider. 1 ℛ 8 ℊ

Jones, Paul, Caroline Bauer. Drei Briefe an eine Dame. 16. Dresden 844, Sillig. n. 1/6 ℛ

—— Marie Bayer. 12. (1 B.) Dresden 845. (Grimm.) *

—— Emil Devrient u. das deutsche Schauspiel in Dresden. 32. (40 S.) Dresden 844, Sillig. *

Jones, R., Ricerche sullo stato della medecina secondo i principi della filosofia induttiva. trad. 2 Vol. gr. 8. Pavia. (Wolf, Leips.) 796.

Jones, R. Harries, the Japhetic races. A historical and ethnological inquiry into the consanguinity of various european races. Inaugural-dissertation. gr. 8. (52 S.) Göttingen 857, (Vandenhoeck und Ruprecht's Verlagsh.) **

Jones, Richard. Freundschaft mit Gott; a. d. Engl. Berlin 1767. Ü: *Grynaeus, Simon.* (Ky) (MGT)

Jones, Rich., Freundschaft mit Gott. Aus d. Engl. (v. J. Grynäus). 8. Berl. 767. Rottmann. 12 gr. Dasselbe ins Französ. übers. (v. Elisabeth.) 8. Ebd. 20 gr.

— Freundschaft mit Gott, aus d. Engl. 8. Ebendas. 777.

— Freundschaft mit Gott. Ein Versuch zur Erweckung d. religiösen Gefühls; nach d. Engl. von E. F. C. Netto. gr. 8. Leipz. 810. 2e A. 810. Baumgärtner. 1 gr.

Jones, Richard [M. A. Prof. of Engl. Literat. in Swarthmore College]: The growth of the Idylls of the King ... Philadelphia, J. B. Lippincott Company, 1895; 161 S., 1 Bl. 8.
Heidelberg, Phil. Fak., Inaug.-Diss. v. [15. Jan.] 1895

Jones, Richard. L'Homme, ami de Dieu; traduit de l'Anglois. Berlin 1778. Ü: *Elisabeth Königin von Preussen.* (MGT) (ML)

J o n e s, Rich., l'homme, ami de Dieu, trad. de l'angl. 8. Berl. Rottmann. 780.

Jones, Richard: S o n a t e (A moll). Bearb. von A(lfr.) M o l l a t. (Berlin:Simrock 1899.) (11 S.) 4°(Kopft.) = M e i s t e r s c h u l e d. alten Zeit. No. 12.

Jones, Samuel Mansfield, aus North Adams, Mass., U.S.A.: Derivate des Fluorens. Einige Versuche über die Peri-Derivate des Naphtalines. Basel, Emil Birkhäuser, 1911. 48 S. 8°. [2. XI. 10.]
Basel. Phil. Diss. 1910 11.

Die Geisha. Eine japan. Theehausgeschichte mit Musik in 2 Akten von Owen H a l l u. Harry G r e e n b a n k. Musik von S i d n e y **Jones**. Deutsch von C. M. R o e h r u. Julius F r e u n d. Klav.Ausz. mit deutschem Text. *London: Hopwood & Crew; Berlin: E. Bote & G. Bock 1896.* (141 S.) 4°
[ov. 3331

San Toy. Chines. Operette in 2 Acten von Edw. M o r t o n. Für d. deutsche Bühne eingerichtet von Carl Lindau. Uebertragung d. Verse von Hugo F e l i x [d. i. Felix Hugo M o s e r]. Musik von Sidney **Jones**. [Textbuch.] Leipzig, Wien: J. Weinberger [1901]. (41 S.) 8° [S.]
[o. 1003

Jones, Spencer, England u. der hl. Stuhl. Ein Beitrag zur Wiedervereinigg. m. Rom. Mit e. Geleitwort v. Viscount Halifax. Uebersetzt v. e. Mitglied der Beuroner Benediktiner-Kongregation. Autoris. Ausg. (29, 307 S.) 8. Graz 904. U. Moser. n. 8.—

Jones, St., s. Life, the, and exploits of Don Quixote.

[S.] Die bahnbrechende Bedeutung der Verhandlung der Ersten Kammer der badischen Ständeversammlung über die Einführung der Stenographie in die höheren Schulen. '(E. Beitr. z. Lösg d. Stenographiefrage.)' Vortrag, geh. in d. Monatsvers. d. Gabelsb.-Stenographenver. Karlsruhe ... 1892 v. W. **Jones**, Stenogr. d. Kammer ... *Karlsruhe: A. Bielefeld 1892.* (24 S.) 1 Bd 8.
[92. 3690

Jones, W. Ein Beitrag zur Lösg. der Stenographiefrage. Die bahnbrech. Bedeutg. der Verhandlg. der 1. Kammer der bad. Ständeversammlg. über die Einführg. der Stenographie in d. höheren Schulen. Vortrag. gr. 8. (24 S.) Karlsr. 892, (Bielefeld's Hofbuchh.) * — 40

Jones, W. D. Jagd-Karikaturen. Cambridge, publ. ... 1813 by W. D. Jones.
8 Taf. in kol. Rad. 4°

Jones, W. H., telegraphic connections, s.: Thom, Ch.

Jones, Wilhelm

— s. Abhandll. über d. Geschichte u. Alterthümer ꝛc.

Jones, W., u. a. Mitgl. d. 1784. zu Calcutta erricht. Gesellsch. — Ueb. Gesch. Alterth. Künste, Wissensch. u. Lit. Asiens, a. d. Engl. 4 Thle. 8. Riga. (Hartknoch in Lpz.) 795—97. (1r 1 Rthlr. 8 gr. 2r 1 Rthlr. 4 gr. 3r 1 Rthlr. 8 gr. 4r (a. unt. d. Tit.: das Brahmanische Religionssyst. in Zusammenhange, v. d. verschiedenen Ständen Indiens. m. K.) 2 Rthlr.)

— üb. d. Musik d. Indianer a. d. Engl. m. Erläuter. und Zus. v. F. H. v. Dalberg., nebst ein. Samml. indischer u. a. Volksgesänge u. 30 K. 4. Erf. Beyer u. Mar. 802.

Jones, Wlh., über die Musik d. Indier. Aus d. Engl. mit Erläutt. u. Zusätzen v. J. F. H. v. Dalberg, nebst e. Samml. indischer u. and. Volksgesänge. Mit 30 Kpf. 4. Erf. 802. (Otto). 2 rß 6 gr.

Jones, Guilielmus, Poeseos Asiaticae commentariorum libri sex cum appendice ... recudi curavit Jo. Gottfried Eichhorn. Lipsiae 1777.

— P o e s e o s asiaticae comm. libri VI. recudi cur. I. G. Eichhorn. 8. maj. Lips. Weidmann. 777.

Jones, William

J o n e s, Will., engl. and danish dialogues, s. B r e s e m a n n, Friedr.

Jones, Will., der englische und amerikanische Dolmetscher. Ein Handbuch für Jeden, der in der allerkürzesten Zeit ohne Lehrer und ohne alle Mühe richtig englisch lernen und sprechen will. gr. 16. (112 S.) London 856(62), Thimm. Thlr.

Jones, William Tudor, Swansea (England): Die Idee der Persönlichkeit bei den englischen Denkern der Gegenwart. Jena 1906: Frommann. (151 S.) 8°
Jena, Phil. Fak., Ref. Eucken, Diss. v. 23. Jan. 1906
[Geb. 8. Sept. 65 Strata Florida, Grafsch. Cardignan, Wales; Wohnort: Swansea; Staatsangeh.: England; Vorbildung: Strata Florida Board Schools bis Jan. 85; Studium: Cardiff 8, Jena 3 S.; Rig. 29. Juli 05.]

Jonescu, C[onstantin] N.: Vergleichende Untersuchungen über das Gehirn der Honigbiene. Mit 1 Taf. u. 13 Fig. im Text. Jena: Fischer 1909. 68 S. 8° ¶(Aus: Jenaische Zeitschr. f. Naturwiss. Bd 45. N. F. 38, H. 1.)
Jena, Phil. Diss. v. 21. Juni 1909, Ref. Ziegler
[Geb. 29. Okt. 78 Jassy; Wohnort: Jassy; Staatsangeh.: Rumänien; Vorbildung: Realgymn. Jassy; Studium: Jassy 6, Jena 6 S.; Rig. 30. Jan. 09.] [U 09. 3188

Ionescu, Dimitrie, a. Rumänien: Die Agrarverfassung Rumäniens, ihre Geschichte und ihre Reform. Kap. 1, 2, 3 u. 4. (Altenburg 1908: Pierer.) (32 S.) 8° ¶(Erscheint vollst. als „Staats- u. sozialwissensch. Forschungen" H. 136.)
Berlin, Phil. Fak., Ref. Sering, Diss. v. 12. Aug. 1908
[Geb. 12. Febr. 83 Campulung, Rumänien; Wohnort: Pitești, Rum.; Staatsangeh.: Rumänien; Vorbildung; Lyzeum Pitești Reife Juni 03; Studium: Berlin 3, München 1, Berlin 3 S.; Rig. 9. Juli 08.]

Die Agrarverfassung Rumäniens, ihre Geschichte u. ihre Reform. Von Dr. Dimitrie B. **Ionescu**. Leipzig: Duncker & Humblot 1909. 132 S. 8°
Ein Teil erschien als Inaug.-Diss. Berlin 1908.
(Staats- u. sozialwissenschaftliche Forschungen. H. 136.)
[09. 10494

Rumänisches Schulwesen. Von Prof. Constantin G. **Jonescu**. Langensalza: Beyer 1910. 133 S. 8°
(Pädagogisches Magazin. H. 417.)
[11. 9333

Jonescu, Dimitrie B., die Agrarverfassung Rumäniens, s.: F o r s c h u n g e n, staats- u. sozialwissenschaftl. 136. Heft.

Jonetz, Arthur: Herders Deutschtum. ([Umschlagt.:] Über Herders nationale Gesinnung. '(II. Tl)'.) [Forts. d. P-Beil. 1895.] *Brieg, Buchdr.: Dr. A. Rühl, 1896;* 3—25 S. 4.
Brieg, k. G, P 1896 (183)

Jonetz, Arthur: Über Herders nationale Gesinnung. (Th. 1.) *Brieg, Buchdr.: Dr. A. Rühl, 1895;* 3—24 S. 4.
Brieg, k. G, P 1895 (182)

Jonenr; Lstspl. in 5 A. in Versen. 8. Prag 709. Widtmann. 3 K

Jonewelt, Anleitung zur Aufstellung der Steuer-Erklärung f. das Einkommen aus der Landwirtschaft, dem Gewerbebetriebe u. aus gewinnbring. Beschäftigung, unter Berücksicht. der abänd. Bestimmungen des Einkommensteuergesetzes vom 19. 6. 1906, m. Musterbeispielen f. Landwirte, Kaufleute u. Handwerker etc. (32 S.) 8. Neumark Wpr. 906. F. Koepke. n. 1. —

Jong, Geschäftsführung nach dem B. G. B. Jena 900.

de Jong, Reise nach d. Vorgebirge d. guten Hoffnung, nach Irland u. Norwegen, s. Geschichte d. See- u. Landreisen. 17r Bd.

de Jong, Arie [Arts, Off. van Gez. 2e Kl. O. I. L. geb. zu Batavia]: Über Diuretin ... Leiden, P. J. Mulder, 1891; 4 Bl., 48 S., 4 Bl. 8.
Freiburg i. B., Med. Fak., Inaug.-Diss. v. 1891

de Jong, J. H. [Dr. Arzt im Haag '(Holland)']: Der Nachweis der Milchsäure und ihre klinische Bedeutung ... (Aus: Arch. f. Verdauungskrankh., Bd. II Heft 1.) Berlin, S. Karger, 1896; 4 Bl., 32 S. 8.
Freiburg i. B., Med. Fak., Inaug.-Diss. v. 1896

de Jong, Jan Victor [App. Arzt]: Beschreibung eines Falles von Hemiatrophia Cerebri mit Atrophie der gekreuzten Kleinhirn-Hemisphäre ... Utrecht, J. Nikerk, 1896; 5 Bl., 109 S., 3 Taf. 8.
Freiburg i. B., Med. Fak., Inaug.-Diss. v. 1896

Jong, Karel Hendrik Eduard de

Jong, K. H. E. de, De Apuleio Isiacorum mysteriorum teste. Diss. 1900. 152 S.

Jong, K. H. E. de, das antike Mysterienwesen in religionsgeschichtlicher, ethnologischer u. psycholog. Beleuchtg. (X, 362 S.) gr. 8. Leiden 909. Buchh. u. Druckerei vorm. E. J. Brill. nn 9. —

Jong. K. H. E. de, Plutarchus en het antieke Christendom. S.-A. O. J. 32 S. 1.20

Jong, Karl de, aus Emmelsum b. Wesel: Die Relativ- und Interrogativpronomina qui und qualis im Altfranzösischen. *Marburg 1900: C. L. Pfeil.* (116 S.) 8°
Marburg. Phil. Diss. v. [8. Dez.] 1900

Jong, P. de, s. Ad-Dhahabí, Schamso' d-dín Abu Abdallah Mohammed ibn Ahmed, Ab-Moschtabih.

Jong, P. de, Catalogus codicum orientalium bibliothecae academiae Lugduno Batavae, s. Catalogus.

Jong, P. de, s. Fragmenta historicorum Arabicorum.

Jong, Pet. de, Disquisitio de psalmis Maccabaicis. gr. 8. (VIII und 80 S.) Leyden 857, Brill. **

de Jong, Pieter [app. Arzt geb. zu Haarlem]: Über einen unter dem Bilde der progressiven Bulbärparalyse verlaufenen Fall von Syringomyelie. ... Leiden, P. W. M. Trap, 1889; 69 S. + 1 Bl. u. 1 Taf. 8°
Freiburg i. B., Med. Fak., Inaug.-Diss. v. 1889

Jong, Servaas de, Bijdrage tot de Kennis der gothische Bouwkunst af Spitzbogenstijl in Nederland. 1—4. Aflevering. A. u. d. T.: Beitrag zur Kenntniss der gothischen Baukunst oder des Spietzbogenstils in den Niederlanden. (Mit holländ., deutschen, engl. und französ. Text.) 1—4. Lfg. Imp.-Fol. (24 S. und 13 Kpfrt.) Amsterdam 847—52. Leipzig, Hartknoch. à Lfg. * 4 Thlr. 7½ Ngr. *

de Jong, Willem [app. holländ. Arzt, aus Haarlem]: Beitrag zur Entwicklungsgeschichte der Myopie. Gestützt auf Untersuchung der Augen von 2890 Schülern und Schülerinnen. ... Leiden, J. J. Groen, 1889; 4 Bl. + 72 S. + 1 Bl. 8°
Freiburg i. B., Med. Fak., Inaug.-Diss. v. 1889

Jong van Beek en Donk, C[écile] de: Es kommt der Tag ... [Lilia; 1907.] Deutsch v. Else Otten. 2. Aufl. — Berlin: Concordia [1907]. 393 S. 8°

Jong van Beek en Donk, C. de, Frauen, die den Ruf vernommen ..... Roman. Aus dem Holl. übers. u. bearb. v. Else Otten. Autoris. Ausg. (379 S.) 8. Berlin (906). Concordia. n. 3. —; geb. n. 4. —

Jong van Beek en Donk, C. de, Frauen, die den Ruf vernommen ... Roman. Aus dem Holl. übers. u. bearb. v. Else Otten. Autoris. Ausg. 3. Aufl. (379 S.) 8. Berlin (907). Concordia. 3.—; geb. 4. —

Frauen, die den Ruf vernommen ... Roman von C. de Jong van Beek en Donk. Aus d. Holländ. übers. u. bearb. von Else Otten. Autor. Ausg. 4. Aufl. Berlin: Concordia [1908]. (379 S.) 8° [F.] 08. 8139 II

Jong Jzn, D[irk] A[art] de, Thierarzt in Leiden: Untersuchungen über Botryomyces. *Leiden: E. J. Brill 1899.* (89 S.) 8°
Giessen, Veterinär-med. Diss. v. 1899

Jonge, de, s.: Bauweise, bergische.

de Jonge, Dav. (geb. Cöln a. Rh. 19. 1. 1858): Ueber das Secret der Talgdrüsen der Vögel und sein Verhältniss zu den fetthaltigen Hautsecreten der Säugethiere, insbesondere der Milch Berlin (1879). (20 S.) 8°
Berlin, Med. Diss. v. 30. Mai 1879

Jonge, Moritz (Morris) de

Jonge, M. de, e. Akt moderner Tortur. I. Die Wahnbriefe. gr. 8. (116 S.) Berlin 890. Vaterländ. Verlags-Anstalt, H. Oberwinder. n. 1. 60

Julius Cäsar. Drama in 5 Akten u. e. Vorspiel von Moritz de Jonge. Berlin-Leipzig: C. Wigand 1910. 194 S. 8° 10. 14094

Höret Rathenau und Genossen! Kritik d. Dogma's von d. assimilatio gojica. Von M(orris) de Jonge, Dr. jur. Berlin: H. Schildberger 1903. (VI, 56 S.) 8°
— Jonge: Jüdische Schriften. 1. 03. 801

Jerusalem oder Mombassa? Eine ungehaltene Rede z. 6. Zionistenkongreß. Von M(orris) de Jonge, Dr. jur. Berlin: H. Schildberger 1903. (VI, 63 S.) 8°
— Jonge: Jüdische Schriften. 2. 03. 802

Jonge, M. de, Rudolf v. Ihering. Eine Skizze, nach seinen Werken gezeichnet. gr. 8. (50 S.) Berlin 888, Siemenroth und Worms. * 1 —

— Der Grosse Kurfürst u. sein Sohn. Drama in 5 Akten. (132 S.) 8. Ebd. 909. 2. —

Messias, der kommende jüdische Mann. Sturz d. kirchl., Stabilierung d. jüd. Messias-Lehre. Von M(orris) de Jonge, Dr. jur. Berlin: H. Schildberger 1904. (200 S.) 8°
— Jonge: Jüdische Schriften. 3/4. 04. 601

— Napoleon-Trilogie. 3 Tle. 8. Ebd. 909. à 2. —
I. Napoleons Sonnenwende (1813). Drama in 5 Akt. (84 S.)
II. Napoleons Sturz (1814). Drama in 5 Akten. (63 S.)
III. Napoleons Rückkehr (1815). Drama in 3 Akten. (71 S.)

— das stille Prokuraindossament. Eine neue Wechselrechtsbildung. gr. 8. (32 S.) Ebendas. 888. * — 80

—— Retourbillets u. kein Ende! Erwiderung gegen Professor L. v. Bar. Anh.: Die Unübertragbarkeit d. Rechts auf Freigepäck. gr. 8. (IV, 48 S.) Berl. 889, Siemenroth u. Worms. * 1 —
Der Anh. ist aus: Archiv f. Eisenbahnwesen, besonders abgedruckt.

Jonge, Moritz de: Napoleons Rückkehr. (1815). Drama in 3 Akten. Berlin–Leipzig: C. Wigand 1909. 71 S. 8⁰
(de Jonge: Napoleon–Trilogie. 3.)

Jonge, M. de, jüdische Schriften. I.—V. gr. 8. Berlin, H. Schildberger. n. 7. —
I. Höret Rathenau u. Genossen! Kritik des Dogma's v. der assimilatio gojica. (56 S.) 903. n. 1. —
II. Jerusalem od. Mombassa? Eine ungeh. Rede zum 6. Zionistenkongress. (43 S.) 903. n. 1. —
III. IV. Messias, der kommende jüd. Mann. Sturz der kirchl., Stabilierg. der jüd. Messias-Lehre. (200 S.) 904. n. 3.—
V. Jeschuah, der klass. jüdische Mann. Zerstörung des kirchl., Enthüllg. des jüd. Jesus-Bildes. (112 S.) 904. n. 2. —

Jonge, Moritz de.: Napoleons Sonnenwende. (1813). Drama in 5 Akten. Berlin–Leipzig: C. Wigand 1909. 83 S. 8⁰
(de Jonge: Napoleon–Trilogie. 1.)

Jonge, Moritz de: Napoleons Sturz. (1814.) Drama in 5 Akten. Berlin–Leipzig: C. Wigand 1909. 63 S. 8⁰
(de Jonge: Napoleon–Trilogie. 2.)

—— die Unübertragbarkeit der Retourbillets. gr. 8. (26 S.) Köln 887. (Freiburg i. Br., Mohr.) * — 50

Jüdisches Volksbürgertum und europäisches Staatsbürgertum. 9 Normen über die Stellung des Zionisten z. Staatsleben. Von M(orris) de Jonge, Dr. jur. Berlin: Schildberger 1905. 53 S. 8⁰
(Jonge: Jüdische Schriften. [6.]) (10. 9534 II

Jonge, Nic, Breviarium geographicum puerili captui accommodatum. 8. Kopenh. 781. Rothe. 2 ℳ

— synopsis geograph. univ. in us. juventutis, c. mappis geograph. 8. Kopenh. 758. Pelt. 5 ℳ

Jonge, W. de, Adnotationes criticae in saturas D. Junii Juvenalis. Diss. 1879. 100 S 2.50

Jongeneel, Jac., neue Entdeckungen auf dem Gebiete der biblischen Textkritik. Proben und Hypothesen. gr. 8. (60 S. mit 4 Taf. in 4.) Leiden 868, Steenhoff. **

Jongh, A. de, De Herodoti philosophia. Diss. 1888. 158 S.

Jongh, A. de, Pindarica, s. Pindarica.

Jongh, Johanna de, aus Haag (Holland): Holland und die Landschaft. *Berlin (1903): E. Ebering.* (42 S.) 8⁰ ¶(Teil d. eingereichten Arbeit.)
Berlin, Phil. Diss. v. 17. Jan. 1903

Jongh, Johanna de, die holländische Landschaftsmalerei. Ihre Entstehg. u. Entwicklg. Aus dem Holl. übers. v. H. F. W. Jelles. (110 S. m. 40 Taf.) gr. 8. Berlin 905. B. Cassirer. n. 4. 50; geb. n.n. 5. 50

Jongh, Levy Josephus de (Amsterdam)
De Haemorrhoidibus vesicae urinariae.
Giessen 1837. 76 S.
Diss. med. 11. Juni 1837. vorh. 26.△

Jongh, L. J. de. Die drei Sorten des Leberthrans . . . A. d. Latein. . . . Leipz. 1844. Ü: *Weinlig, Chn Albert.* (Biblchem)

— die drei Sorten des Leberthrans in chemischer u. therapeut. Beziehung vergleichend untersucht. Aus dem Latein. übers. u. mit Zusätzen verm. gr. 8. Leipzig 844, Voß. n. 24 ngl

de Jongh, L. J., disquisitio comparativa chemico- medica de tribus olei jecoris aselli speciebus. 8maj. Lugduni Batavorum 843, S. et J. Luchtmans. n. 2 ℳ

Jongh, M. A. de, De T. Quinctio Flaminino. Diss. 1848. 159 S. 1.50

Jongh, Pennington D. de, Die Tarifverträge der Schweiz. Diss. 8⁰. Basel 1910.

Jonghaus, J., Beschreibung u. Abbildung einer neuerfundenen, eigenthümlich construirten lithograph. Presse, welche vor allen bis jetzt bekannten höchst wesentliche Vorzüge hat. Ein verklebtes Couvert. Barmen 842, Langewiesche. n. 4 ℳ

Hinter grünen Fensterläden. Gedichte von Marie Jonghaus. Elberfeld: Lucas [1910]. 113 S. 8⁰ (11. 4575

Jonghaus, Paul [aus Barmen]: Aus d. med. Klinik zu Bonn. Über Muskelatrophie bei Tabes dorsalis. . . . Bonn, Buchdr. J. Bach Wwe., 1891; 32 S., 1 Bl. 8⁰
Bonn, Med. Fak., Inaug.-Diss. v. 24. Jun. 1891

Jonghe, J. de, practische Grundlehren der Cultur von Camellien. Deutsch nach der 2., verb. französ. Aufl. von Ferd. v. Biedenfeld. 8. (XVI und 129 S.) Weimar 856, Voigt.

de Jonghe, (J. B. Th.,) Dissert. inaug. juridica de matrimonio ejusque impedimentis. 4 maj. Leodii 824, (Bonnae, Marcus.)

Jongmans, W[illem] J[oseph], a. Leiden: Ueber Brutkörper bildende Laubmoose. Nijmegen [1906]: F. E. Macdonald. (96 S.) 8⁰ ¶[Aus: Recueil d. trav. botan. Néerlandais Vol. 3. 1907.]
München, Phil. Fak., Ref. Goebel, Diss. v. 13. März 1906
[Geb. 13. Aug. 78 Leiden; Wohnort: Leiden; Staatsangeh.: Holland; Vorbildung: Gymn. Utrecht Reife M. 01; Studium: Leiden 12, München 4 S.; Rig. 13. März 06.]

Jongmans, W. J., contributions on the fossil flora, s.: Waterschoot van der Gracht, W. A. J. M. van, the deeper geology of the Netherlands and adjacent regions.

— Die palaeobotanische Literatur. Bibliograph. Übersicht üb. die Arbeiten aus dem Gebiete der Palaeobotanik. 1. Bd.: Die Erscheingn. des J. 1908. (IV, 217 S.) gr. 8. Jena 910. G. Fischer. 7.—

Joniak, Nicol., das Arbeiter-Wohnungselend im rheinisch-westfäl. Industriebezirk. (34 S.) gr. 8. Frankfurt a/M. 908. Neuer Frankfurter Verl. —50

— Moderner Wucher. (29 S.) 8. Leipzig 909. Reform-Verlag. (Urspr. Pr. — 50)

Jonin, Alex., durch Süd-Amerika. Reise- u. kulturhistor. Bilder. 1. Bd. Die Pampa-Länder. Autoris. u. vom Autor bis auf die neueste Zeit vervollständ. Ausgabe des russ. Originals, übers. von M. v. Pezold. gr. 8. (XI, 943 S.) Berlin 895. S. Cronbach. n. 15. —

Jonin, Alex., durch Süd-Amerika. Reise u. kulturhistor. Bilder. 2. Bd. D. Magelhaensstrasse u. d. Republik Chili. Autor. Ausg. d. russ. Originals, übers. von M. v. Petzold. gr. 8. (VIII, 743 S.) Berlin 896. S. Cronbach. n. 12. —; geb. n. 15. — (1. u. 2.: 27. —; geb. n. 33. —)

Jonisch, Aug. Armin. Frid. (geb. Königsberg i. Pr. 2. 3. 1821): De angina pectoris. Berolini (1851). (26 S.) 8⁰
Berlin, Med. Diss. v. 13. Dez. 1851

Jonisch, Gileb Enoch, Dissertatio juris Germanici de judicio duellico vulgo, vom Kampf und Kolben-Gerichte, quam . . . praes. E. Gerhardo examini submittit. Jenae 1711. 4. . . . . (0.)

—— Tractatio juridica de judicio duellico vulgo, vom Kampf und Kolben-Gerichte . . . Francofurti et Lipsiae 1732. 4. . . . . (0.)

Jonische Inseln [Schlagwort]

Jonische Inseln, s.: Hand- u. Reisekarten. 49.

Jonke, Christl. Der realistische Wachtmeister u. die Klosternonne. Villach, Gitschthaler, (1910). 223 S.

Jonke, Geo., Anleitung z. prakt. Behandl. d. Bienenzucht. Aus eigenen Erfahrn. gesammelt u. hrsg. 8. (6½ B.) Laibach 836, (Giontini.) *

Jonke, Georg, Anleitung zur prakt. Behandlung der Bienenzucht. 8. Laibach 836. (Paternolli.) n. 7 ℊ

Jonke, Geo., theoretische u. pract. Anleitung z. Behandlung u. Pflege der Bienen. Aus 39jähr. Erfahrung gesammelt. 2., berichtigte u. verm. Aufl. 8. (8 B.) Laibach 844, v. Kleinmayr.* –

Jonke, Geo., Krajnski Zhbelarzhik, to je: kratko poduzhenje zhbele rediti in s'njimi prav ravnati. Drugi, popravljen pin slo omnoshen natif. 8. Laibach 844, Edler v. Kleinmayr. n. 3/8 ℊ

Besser denn Perlen. Von Dr. A[art] J[an] Th[eodorus] Jonker. Übers. von Dora Hagmann. *Elberfeld: Ev. Gesellsch. 1902.* (100 S.) 8° [G.] [illegible] 5

Jonker, A. J. Th., eins aber! Aufmunterungen im Laufe z. Ziel. Aus d. Holl. v. Dora Hagmann. (183 S.) 8. Elberfeld 910. Buchh. der ev. Gesellschaft f. Deutschland. Geb. in Leinw. 2. 50

Jonker, A. J. Th., ein apostolischer Haussegen. Aus dem Holl. v. Dora Hagmann. (230 S.) 8. Elberfeld 905. Buchh. der ev. Gesellschaft. Geb. in Leinw. n. 3. —; m. Goldschn. n. 3. 50

Das Kapitel von der Liebe. ⟨1. Kor. 13.⟩ Von Dr. A[art] J[an] Th[eodorus] Jonker, Prof. in Groningen. Aus d. Holl. von Dora Hagmann. Elberfeld: Ev. Gesellsch. f. Deutschl. 1907. (130 S.) 8° [G.] [illegible]

— für dunkle Tage. Aus dem Holl. übers. v. Dora Hagmann. 8. (157 S.) Ebd. 903. n. 1. 50; geb. n. 2. 25

— Für dunkle Tage. Aus dem Holl. v. Dora Hagmann. 2. Aufl. (157 S.) 8. Ebd. 908. Geb. 2. —

Jonquière, Alfr., Grundriss d. musikal. Akustik. E. Leitfaden f. Musiker u. Kunstfreunde. M. 63 Text-Abb., 1 Taf. u. zahlr. Notenbeispielen. gr. 8. (XVI, 388 S.) Leipzig 898. Th. Grieben. n. 6. —; geb. n. 7. —

Jonquière, A., üb. einige Transcendente, welche bei der wiederholten Integration rationaler Funktionen auftreten. Inaug.-Diss. gr. 8. (50 S.) Stockholm 889. (Bern, Huber & Co.) n. 1. —

Jonquière, Alfr. Über einige Transcendente, welche bei d. wiederholten Integration rationaler Funktionen auftreten. Diss. gr. 8. (50 S.) Stockh. 889. (Bern, Körber). * 1 —

(Jonquière, [Daniel].) Bericht über die in der Kaltwasserheilanstalt ... zu Brütelen. Kantons Bern.... 1849 gewonnenen Kur-Resultate. 8. *o. O.* (1849).

Jonquière, D[aniel]. Neuer Prospect über die Kaltwasserheilanstalt ... zu Brütelen im Kanton Bern, nebst einer Generalübersicht über die vom Jahre 1843 bis und mit 1850 daselbst erlangten Kurresultate und ... Erzählung der interessantesten Krankheitsfälle. [Mit 1 Tafel und 1 Panorama.] 8. Zürich 1851.

Jonquière. D[aniel]. Versuch über die Wirkungen des Mineralwassers zu Weissenburg im Nieder-Simmenthal..., nebst einer Anleitung zu dessen Gebrauche. Diss. Med. Bern. 8. Bern 1848.

Jonquière, G., s. Vergiftung durch die Speiselorchel [Helvella esculenta] in Folge von Ptomainbildung.

Jonquière. Georg. Die Analysen des erdigen Mineralwassers von Faulenseebad ⟨Berner Oberland...⟩ und allgemeine Übersicht über die Wirkung derselben. [Umschlag illustriert.] 8. Bern 1882.

Jonquière, Geo., d. Behandlg. d. phonischen Stimmritzenkrampfes. [Aus: „Monatsschr. f. Ohrenheilkunde".] gr. 8. (8 S.) Berlin 896. O. Coblentz. n. 1. —

Jonquière. Georg. Aerztlicher Bericht über das Bad Faulensee im Berner-Oberland..., während der Saisons 1879 & 1880. [Umschlag illustriert.] 8. Bern 1881.

Jonquière, Georg. Biographie [von] Daniel Jonquière 1821—1899. [Mit Porträt.] Separatabdruck aus der »Sammlung bern. Biographien«, Band 5, Liefg. 2. II + 12 S. 8. [Bern, A. Francke, 1903.]

Jonquière. Georg. Das Bad Faulensee im Berner-Oberland.... als erdige Mineralquelle. Aerztlicher Bericht über die Saisons 1877 & 1878. [Umschlag illustriert.] 8. Bern 1879.

Jonquière, Georg. Das Schwefelbad (**Aufl. 2:* Schwefel-Bad) und der klimatische Kurort an der Lenk ⟨1105 M. = 3680' ü. M.⟩ im Berner Oberland, [Saison] 10. Juni bis 15. September, von Dr. med. G' J',... Badearzt. 8.

[Aufl. 1:] [Mit 1 Uebersichtskarte auf dem Umschlag. 1 Ansichts-Tafel und 1 Karte der Lenk.] II + 47 S. Zürich, Gebr. Fretz, 1901.

[Aufl. 2:] [Mit 1 Karte der Lenk.] 40 S. Wimmis und Zweisimmen, W. Ilg-Ith. [1902].

Jonquière. Georg. Die Schwefelbäder und der Kurort an der Lenk... im Berner-Oberland. [Mit 2 Karten.] 8. Zürich 1888.

Jonquière. Georg. Die Schwefelbäder und der Kurort an der Lenk... im Berner-Oberland. Kurbericht von 1884–1893 ⟨1888–1893 als Ergänzungsbericht.⟩ [Mit 1 Tafel und 2 Karten.] 8. Zürich 1893.

Jonquière. Georg. Die Schwefelbäder und der Kurort an der Lenk... im Berner-Oberland. Provisorischer Orientierungsbericht über eingreifende Neuerungen seit 1895. 8. Zürich 1897.

Jonquières, H. de, die dänische Artillerie und ihre Theilnahme am Kriege 1864. Uebersetzung aus dem Dän. gr. 8. (64 S.) Berlin 866, Schlesier. *

Jonscher, Albert [aus Nieder-Stephansdorf (Preussen)]: Beiträge zur Kenntnis der Triaethylbenzole .... Rostock, Univ. Buchh. v. Adler's Erben, 1891; 37 S. 8°
Rostock, Phil. Fak., Inaug. Diss. v. [28. Febr.] 1891

Jönsen, Joannes Nicolaus: Viro amplissimo atque doctissimo Casparo Friederico Lange ... [Hochzeitsgedicht auf Kaspar Friedrich **Lange**, Subrektor, 28. Dez. 1753.] — Kilonii (1753): Bartsch. 2 Bl. 4°

Jonsius, Georg Frid., Disp. solennis medico-chirurgica sistens ægrotam spina ventosa laborantem. Kiliæ. 1718. 4. P. [Præs. Wilh. Huld. Waldschmiedt]. (M. Progr.).

Jonsii, Joa., de scriptoribus historiæ philosophicæ libri IV. Francof. 1659. 4. — Nunc denuo recogniti atque ad præsentem ætatem usque perducti cura Jo. Cph. Dornii cum præfatione Burc. Gotth. Struvii. Jenæ. 1716. 4.

Jonske. Waldemar. aus Bartenstein, Kreis Friedland. Provinz Ostpreussen. Untersuchungen zur Frage des Vorkommens latenter Tuberkelbazillen in den intermuskulären Lymphdrüsen ... tuberkulöser Rinder. (Aus dem path... ...hen Institut der königl. Albertus-Universität zu Königsberg in Pr. Professor Henke.) Berlin 1909. 13 S. 8°. S.-A. aus Virchows Archiv Band 198. [17. VII. 08.]
Bern. Vet.med. Diss. 1909 10.

Jonson, Ben, s. Schmidt, Alex.

Jonson, Ben, u. seine Schule, dargest. in e. Auswahl v. Lustspielen u. Tragödien, übers. u. erläut. durch Wolf Grafen v. Baudissin. 2 Thle. gr. 8. (62¾ B. u. 2 Kpfrt.) Leipzig 836, Brockhaus. Thlr.

Jonson, Ben, s. Ben Jonson.

Jonson, Ben, Dramen, s.: **Materialien zur Kunde des älteren engl. Dramas.**

— The fountaine of self-lone or Cynthias revels, s.a. Materialien zur Kunde des älteren engl. Dramas.

Ben Jonson's The fountaine of self-loue or Cynthias revels. Nach d. Quarto 1601 in Neudr. hrsg. von W[illy] Bang u. L. Krebs. Louvain: A. Uystpruyst; Leipzig: O. Harrassowitz 1908. (92 S.) 8°
= **Materialien** z. Kunde d. älteren Englischen Dramas. Bd 22. (08. 10829

Jonson, Ben, every Man in his Humour, s.a. **Library, English.**

— Every man out of his humor, s.a. **Materialien zur Kunde des älteren engl. Dramas.**

Ben **Jonson's** Every man in his humor. Reprinted from the quarto 1601 by W[illy] Bang and W[alter] W[ilson] Greg. Louvain: A. Uystpruyst; Leipzig: O. Harrassowitz 1905. (88 S.) 8°
= **Materialien** z. Kunde d. älteren engl. Dramas. Bd 10. (0. 6,30

Jonson's, Ben, Sejanus, hrsg. und erklärt von Carl Sachs. 8. (VIII und 148 S.) Leipzig 862, Violet. *

— **Sad Shepherd with Waldron's continuation, ed. by W. W. Greg,** s.a. **Materialien zur Kunde des älteren engl. Dramas. XI.**

Ben Jonson's Sad Shepherd with (F[rancis] G[odolphin]) Waldron's continuation, ed. by W[alter] W[ilson] Greg. Louvain: A. Uystpruyst; Leipzig: O. Harrassowitz 1905. (XXV, 99 S.) 4°
= **Materialien** z. Kunde d. älteren engl. Dramas. Bd 11. (05. 10830

— **Volpone. Mit Initialen, e. Titelblatt u. Deckel v. Aubrey Beardsley. Autoris. deut. Ausg. v. Margar. Mauthner. (XXI, 163 S. m. 5 Taf.) Lex. 8. Berlin 910. B. Cassirer. Geb. in Leinw. nn 15. —**

Jónsson, Finnur, s.: **Abhandlungen, germanistische, zum LXX. Geburtstag Konrad v. Maurers.**

Jónsson, Finnur, Eddalieder, s. **Textbibliothek, altnordische.**

– s. Egil's Saga Skallagrímssonar.

Jónsson, Finnur, s.: Festschrift zur 60jähr. Doktorjubelfeier Karl Weinholds.

Jónsson, Finnur, s.: Gísla saga Súrssonar.

Jónsson, Finnur, s.: **Saga-Bibliothek,** altnordische. 13. Heft. (Brennu-Njálssaga [Njála].)

Jonsson, Jos., d. prakt. Schildermaler. E. Sammlg. v. ausgef. Firmenschildern u. Alphabeten in reichstem Farbendr. z. Anleitg. f. Maler, gleichzeitig e. prachtvolles u. prakt. Musterbuch f. d. Kunden. (In 8 Lfgn.) 1. u. 2. Lfg. gr. Fol. (à 10 Doppelfol.-Taf.) Stockholm 895—896. G. Chelius. In Mappe à n. 15, —

Jonsson, Jos., der prakt. Schildermaler. Eine Sammlg. von ausgeführten Firmaschildern u. Alphabeten in reichstem Farbendr. zur Anleitg. f. Maler, gleichzeitig e. prachtvolles u. prakt. Musterbuch f. die Kunden. 3. Lfg. gr. Fol. (5 Doppelfol.-Taf. m. III S. Text.) Stockholm 899. Chelius & Co. n. 7.50; (kplt. n. 37.50)

Jonsson, S.

— **Hausthierzucht u. Hausthierkrankheiten in Island. Ubersetzung aus d. Dän. v. Krabbe. [M. Nachtrag. v. do.: Das Veterinärwesen in Island]. [Leipz. 1879]. (35) S. (Særtr.). P.**

Jönsson B.: Der richtende Einfluss strömenden Wassers auf wachsende Pflanzen u. Pflanzenteile (Rheotropismus). 1883. [Rostr. Saml.].

Die ersten **Entwicklungsstadien** der Keimpflanze bei den Succulenten. Von B[engt] **Jönsson**. *Lund 1902: E. Malmström.* (34 S.) 4°
= **Acta Universitatis Lundensis.** Bd 38, Afd. 2, No 1. (04. 11...

Zur **Kenntniss** des anatomischen Baues des Blattes v. B[engt] **Jönsson.** *Lund: E. Malmströms boktr. 1896.* (1 Bl., 20 S., 2 Bl., 2 Taf.) 4.
= **Acta Universitatis Lundensis.** Lunds Universitets års-skrift. T. 32. (Afd. 2. [No] III.) (97. 4783

Zur **Kenntnis** des anatomischen Baues der Wüstenpflanzen. Von B[engt] **Jönsson.** *Lund 1902: E. Malmström.* (61 S.) 4°
= **Acta Universitatis Lundensis.** B. 38, Afd. 2, No 6.

Zur **Kenntniss** des Baues und der Entwicklung des Thallus bei den Desmarestieen. Von B[engt] **Jönsson**. *Lund 1901: E. Malmström.* (38 S.) 4°
= **Acta Universitatis Lundensis.** Bd 37, Afd. 2, No 6. (03. 8905

Jonston, John

JONSTON, John: **Dendrographias sive historiae naturalis de arboribus et fructibus tam nostri quam peregrini orbis libri 10, figuris aeneis adornati. - Francofurti a. M. 1662. 477 S., 137 Kupf. - Nachdruck u. Nachstich u. d. T.: Historiae naturalis de arboribus et plantis libri 10 quos ob raritatem denuo imprimendos. A Matthia Merian sculptae. - Heilbrunnensis 1767. 2 Tl. - Vol. 1: 214 S., 58 Tab. - Vol. 2: 265 S., 79 Tab.**

Jonston J.: Historiae naturalis de exangvibus aqvaticis libri 4 ... (Heilbr.) 1767. 78 S. 20 Tvl. Fol.

— histor. naturalis de exsanguibus aquaticis. Lib. IV. Cum tabb. Fol. Heilbr. 767. Class. 2 ₰ ch. script. 3 ₰

—, — Ed. 2. Historiae naturalis de arboribus et plantis libri 10, quos ob raritatem denuo imprimendas suscepit F. J. Eckebrecht. Vol. 1. 2. Mit 28 resp. 79 Taff. Heilbronn 1768. Fol.

Jonston J.: Historiæ naturalis de arboribus et plantis libri 10, ... Tom. 2. (Heilbronn) 1769. 265 S. 74 Tvl. Fol.

John Jonston
1603-1675

Ioannis Ionstoni ([Jonston] : Historiae naturalis de avibus libri 6 [Theatrum universale de avibus ... ob raritatem denuo imprimendum suscepit. Heilbrunnensis : Eckebrecht 1756. 233 S. 2°
(Kupfert.:) [Jonston] Jonstonus: Historiae naturalis de avibus libri 6. 1650.

John Jonston
1603-1675

(Joannis Jonstoni [Jonston] Historia naturalis de quadrupedibus.- Heilbrunnae: Eckebrecht 1755.) 236 S. LXXX Kupfertaf. 2°

John Jonston
1603-1625

Historiae naturalis de serpentibus libri 2. Johannes Jonstonus [Jonston] concinnavit. Heilbronnae: Eckebrecht 1757. 55 S. 2°

Ionstonius, I., syntagma universae medicinae pract. libri XIV. 8. Lips. 722.

Jonston J.: Theatrum universale omnium animalium quadrupedum ... (Heilbr.) 1755. 236 S. 80 Tvl. Fol.
(1. Udg. 1650 i J.s Historia naturalis ...).

— Theatrum universale hist. natur. omnium animal, quatruped. c. tab. a Merian aeri incis. fol. Heilbronn. Class. 756.
Schreibp.,

— Theatrum univers. omnium animalium etc. c. tab. VII Vol. fol. Lips. Sommer.

— — — de exsanguibus aquaticis. lib. IV. c. tab. fol. ibid. 767.
Schreibp.

Jonstonius, J., theatrum universal. de arboribus. II T. Cum tabb. Fol. Heilbr. 1768—70. Class. 13. 5

Jonston J.: Theatrum universale de avibus ... (Heilbr.) 1756. 238 S. 62 Tvl. Fol.
(1. Udg. 1650 i J.s Historia naturalis ...).

— — — de Insectis. c. tab. fol. ibid. 757.
Schreibp.

— theatrum univers. de piscibus. Cum tab. Fol. Heilbr. 762. Class. 4 ℳ ch. script. 6 ℳ Zusammen VII Voll. (a. W. Nauck in Lpz.) 46 ℳ

— — — de Piscibus. c. tab. fol. ibid. 767.
Schreibp.

Jonstorff, s. Jüptner v. Jonstorff, Ant. Ritter v.

Jonstorff, s. Jüptner v. Jonstorff, Hanns Frhr. v.

Jony, die Vestalin, s. Mode's Opern-Text-Bibliothek.

Jony, Johann

— — De auspicio regio Stephani Primi Hungarorum apostoli. Schediasma histor.-jurid. Jena (Müller) 6. XI. 1717. 20 S. (6.—) 16998
Gew.: Nicolaus Ludwig Grf. v. Zinzendorff & Pottendorff.

Jony, Johann (Iglo/Ungarn), Facies juris publici Hungariae a clarissimis viris Joanne Gravio JC. et prof. publ. et Jo. Andr. Lochnero (Sempron-Hungaro) anno 1666 in academia Tubingensi publ. proposita, nunc. . . locupletata. Jena (Jo. Mich. Gollner) 1717. 63 S. (7.—) 16995
Gew.: Johann Grodkouszky.

— — Dasselbe. Jena (Marggraf) 1756. 68 Seiten. (7.—) 16996

— — (Ungar. Adel), Dissertat. de usu et auctoritate juris Romani in Hungaria circa doctrinam de patria potestate. Präs. Caspar Achaz Beck. Jena (Werther) 24. VII. 1717. 40 Seiten. (6.80) 16997
Gew.: Georg Görgey, Paul Lanyi.

Jönzen, G., neues ABC oder vollständ. Buchstabir-Maschine. Brem. 809. Müller. 2 ℳ Hbg. Pr. 1 ℳ 12 K

— neue Buchstabentafel. Fol. Brem. 809. Müller. 8 K

Joop, Richard, appr. Tierarzt: Aus d. hyg. Inst. d. Tierärztl. Hochsch. in Berlin. Leiter: Frosch. Kann man bei der bakteriologischen Diagnose des Rotlaufs die Einsendung der Organe entbehren? Leipzig 1909: Hoffmann. 42 S. 8°
Gießen, Veterinär-Med. Diss. v. 16. Aug. 1909, Ref. Olt
[Geb. 3. Aug. 83 Penchowo; Wohnort: Berlin; Staatsangeh.: Preußen; Vorbildung: Gymn. Bromberg Reife O. 04; Studium: Berlin Tierärztl. Hochsch. 8 S.; Rig. 30. April 09.] [U 10. 1312

Joos, Albert: Das Einigungsamt. Geschichte, Wesen, Bedeutung und die Gesetzgebung über Einigungsämter. Basel 1907. VIII + 140 S. 8°.
Bern. Jur. Diss 1906, 1907.

Joos, Albert, Das Einigungsamt. Geschichte, Wesen, Bedeutung und Gesetzgebung über Einigungsämter. 8°. Basel, Buchdr. Basler Volksblatt, 1907.

Joos, A., s.: Monatsschrift f. christl. Sozialreform.

Joos, Aug., das badische Gesetz vom 8. März 1868 über den Elementarunterricht, sammt den dazu gehör. Verordnungen. Mit Benützung amtl. Quellen erläut. gr. 8. (IV, 232 S.) Heidelberg 868—72, Emmerling. *

Joos, Aug., die Gesetze und Verordnungen über Elementarunterricht, Fortbildungsunterricht und Mittelschulen für die weibliche Jugend im Großherzogth. Baden, gesammelt und erläutert. gr. 8. (VIII, 517 S.) Heidelberg 879. Emmerling und Sohn. *
geb. *

Joos, Gesetze u. Verordngn. üb. Elementarunterricht, Fortbildungsunterricht u. Mittelschulen f. d. weibl. Jugend in Baden. 2. Aufl. Heidelb. 879.

Joos, Aug., Gesetze u. Verordnungen üb. Elementarunterricht u. Fortbildungsunterricht im Großherzogt. Baden. Gesammelt u. erläutert. 8., neu bearb. Aufl. gr. 8. (X, 785 S.) Heidelberg 902. A. Emmerling & Sohn.
n. 12.—; geb. n.n. 13.20

Die Mittelschulen im Großherzogtum Baden. Eine Sammlung der auf dieselben bezügl. gesetzl. Bestimmungen, Verordnungen u. Instruktionen, bearb. (2: Entwicklungsgang, Einrichtung ... aus amtl. Quellen dargest.) von August **Joos**. T. 1. 2. Tauberbischofsheim (2: Karlsruhe): Lang 1882–1909. 8°
1. 1882.
2. (Erg.Bd): Lehramt an Mittelschulen; Berechtigungen d. Mittelschulen. 1909 [09. 12192

Joos, Aug., die Mittelschulen im Großherzogt. Baden. Entwickelungsgang, Organisation, Lehrpläne, Leitg. u. Verwaltg. derselben, aus amtl. Quellen dargest. 2., neu bearb. Ausg. gr. 8. (XI, 536 S.) Karlsruhe 898. Tauberbischofsheim, J. Lang. n. 7.—; geb. n.n. 8.—

Joos, Aug., die Mittelschulen im Großherzogt. Baden. Entwicklungsgang, Einrichtg., Leitg. u. Verwaltg. derselben, aus amtl. Quellen dargestellt. 2. Tl. (Ergänzungsband): Lehramt an Mittelschulen; Berechtigg. der Mittelschulen. (VII, 160 S.) 8. Karlsruhe 909. J. Lang. 2.50
1. Tl. (Hauptwerk.) Ebd. 898. 7.—; geb. n 8.—.

— s.: Rechtsprechung, die, d. großherzogl. bad. Verwaltungsgerichtshofes.

Joos, B[ernhard]. Über die Anwendung und Wirkung des Histosan bei Lungentuberkulose, chirurgischer Tuberkulose, Bronchitis und Darmkatarrh. 7 S. 8. Schaffhausen, Joos-Bäschlin, 1905.

Joos, Bernhard, med. pract. von Schaffhausen z. Z. Assistenzarzt am Kantonsspital in Winterthur: Die engen Becken der Frauenklinik Zürich in den Jahren 1881—1890. Zür. C. Aschmann Dr. 1892. 52 S. 8°.
Zürich, Med. Diss. [v. 12. März 1892].

Joos, Bernhard. Rede am Tage der Vorstellung des neuen Pfarrers zu St. Johann in Schaffhausen, Herrn David Spleiss, Dekan. Gehalten den 3ten Oktober 1841. 8. Schaffhausen 1841.

Joos, Bernh., Vortrag das Entlassungsbegehren d. Hrn. Antistes Hurter betreff. Gehalten im Gr. Rath zu Schaffhausen d. 31. März 1841. gr. 8. (1¼ B.) Schaffhausen 841, Hurter'sche Buchh.

Joos, Bernhard. Ein Wort über Sogenannte und Verunglimpfte. Zur Würdigung von Jedermann. 8. Schaffhausen 1840.

Joos, Eugen, Finanzassessor: Die landwirtschaftlichen Verhältnisse der Gemeinden Zell-Weierbach und Schutterwald im Großh. badischen Amtsbezirk Offenburg. Eine agrarstatist. Studie. Lahr 1910: Schauenburg. 96 S. 8°

Heidelberg, Phil. Diss. v. 29. Juli 1910, Ref. Gothein

[Geb. 21. April 81 Karlsruhe i. B.; Wohnort: Karlsruhe; Staatsangeh.: Baden; Vorbildung: Gymn. Karlsruhe Reife Juli 00; Studium: Heidelberg 3, Berlin 1, Heidelberg 2, Freiburg i. B. 2 S.; Rig. 17. Juli 09.] [U 10. 2141

Joos, F., Lesebüchlein für die untere Klasse der Elementarschule. Nach der Rabholz'schen Schreiblesemethode bearb. 8. Aufl. 8. (47 S.) Konstanz 851, Meck. *

Joos, Johanna. Kärntnerlieder für Zither. Klgft., Leon, (typ. Eberle in Wien), (1892). Folio. 4 Hefte.

Joos, Lorenz. Die politische Stellung Genfs zu Frankreich und zu Bern und Zürich in den Jahren 1690—1697. Diss. Phil. Bern. IV + 160 S. 8. Teufen, G. Theurer, 1906.

Joos, Oswald, landwirtschaftliche Buchführung zum Gebrauche in Sonntags-, Winterabend- und Haushaltungsschulen. 2 Hefte. 4. Leutkirch 885, Roth. * 1 2

Inhalt:
Heft 1. Lehrerheft. (35 S.) * 80 Pf.
" 2. Schülerheft. (35 S.) * 40 Pf.

Joos, Osw., Denksprüche und Gedichte zum Religionsunterricht in allen Klassen katholischer Volksschulen. 2. verb. und verm. Aufl. 8. (88 S.) Tübingen 874, Fues'sche Sortimentsb. *

Joos, O., Siebzehn lateinische Gesänge zum Gebrauche in der heiligen Karwoche und teilweise während des Jahres für Sopran. Alt, Tenor, Baß. Gr.-8°. (18 S.) K 2.40
Graz: Styria 1906.

Joos, Osw., Gespräche in Poesie u. Prosa f. Schulen. Zum Vortrage bei Prüfgn. u. anderen feierl. Anlässen. 12. (131 S.) Ravensburg 893. O. Maier. n. 1.25

Joos, Osw., nimm mich mit! Neues Glückwunschbüchlein in Poesie u. Prosa f. Schule u. Haus, enth. 468 Neujahrs-, Geburts- u. Namenstagswünsche, Gelegenheitswünsche u. -Gedichte u. 100 Albumsprüche. (VI, 232 S.) kl. 8. Ravensburg 904. F. Alber. 1, 80;
geb. in Leinw. 2. 25

Joos, Osw. Der Rubricist in d. kathol. Kirche bei dem Altar-, Chorgesang u. Orgelspiel sämtlicher Gottesdienste, Weisungen und Verrichtungen des ganzen Kirchenjahres, nebst vollständ. Belehrung über Recitation. Zum Gebrauche für Priester, Chorregenten, Organisten, Kantoren u. Lehrer. 12. (VI, 398 S.) Kempten 890, Kösel. * 2 40

Joos, Oswald, Vesperae de dominica resurrectionis Domini nostri Jesu Christi. — Liturgische Vesper am hohen Osterfeste für Sopran, Alt, Tenor, Bass und Orgel. Op. IV. Partitur und Stimmen. gr. 4. (26, 64 S.) Einsiedeln 878, Gebr. Benziger.

Stimmen à

Joos, W. Bericht des Finanzreferates über die Motion Joos, Reduktion des Salzpreises betreffend. Schaffhausen 1866. 4.

Joos, Wilh., Anatomie der Messe. Ein Kommentar zum österreichischen Konkordat vom J. 1855. 3. Aufl. Schaffhausen 858. Schalch. gr. 8. (X, 96 S. u. 1 Holzschn. in Fol.) 9 *ngr.*
1. u. 2. Aufl. (anonym erschienen), s. Anatomie.

Joos, Wilh., Anatomie der Messe. Ein Kommentar zum österreichischen Konkordat vom J. 1855. 3. Aufl. (X und 96 S. mit 1 Holzschnt.) 1858. und 5. Aufl. gr. 8. (XII und 164 S. mit 1 Holzschnt. in qu. gr. Fol.) Schaffhausen 859, (Schalch.)

Joos, Wilh., Anatomie der Messe. Ein Kommentar zum österreichischen Konkordat vom Jahre 1855. 5. Aufl. Schaffhausen 859. (Schalch.) gr. 8. (XII, 164 S. u. 1 Holzschn. in Fol.) 9 *ngr.*

Joos, Wilh., Anatomie der Messe. Ein Kommentar zum österreich. Konkordat vom J. 1855. 9. Aufl. gr. 8. (XVII und 299 S. mit 1 Holzschntaf. in Fol.) Schaffhausen 865, (Schoch.)

Joos, Wilh. Anatomie der Messe. 14. Aufl. gr. 8. (LII, 560 S.) Schaffh. 891, (Kober). *+ 2 50

Joos, Wilh., in Coena Domini und Messe. 5. und 6. Aufl. gr. 8. (37 S.) Schaffhausen 883,84, (Schoch.)

Joos, Wilh., in Coena Domini und Messe. 7. und 8. Aufl. gr. 8. (37 S.) Schaffhauseu 885,86, (Schoch.) — 30

—— In coena domini u. römisch-katholische Messe. 20. Aufl. gr. 8. (17 S.) Schaffh. 892, (Schoch). — 30

— einige Gedanken üb. kolonisatorische Auswanderung nebst Aufschluss üb. zwei Angebote v. Landschenkungen. gr. 8. (30 S. m. 1 Taf.) Ebd. 899. n. — 20

Joos, W. Katechismus der Unterscheidungslehren der evangelisch- und römisch-katholischen Kirche. 2. A. Schaffhausen 1852.

Die römische Messe. Von Dr. Wilhelm **Joos**. Schaffhausen: Selbstverl. 1896. (40 S.) 8° [F.] [05. 10853 10

Joos, Wilh., der naßgemachte Pelz. Waschseife f. die Zunft der Gleichgültigen u. Nichtswisser. 1. Aufl. gr. 8. (51 S.) Schaffhausen 894. (C. Schoch.) — 30

Der nassgemachte Pelz. Waschseife f. d. Zunft d. Gleichgültigen u. Nichtwisser. Beitrag z. vergleich. Konfessionskunde. Von Dr. Wilhelm Joos. 7. verm. Aufl. *Schaffhausen: C. Schoch in Komm. 1858.* (62 S.) 8° [F.]
[02 2736

— der naßgemachte Pelz. Beitrag zur vergleich. Konfessionskunde. 8. verm. Aufl. gr. 8. (IV, 72 S.) Schaffhausen 900. (C. Schoch.) — 25

— s.: Rettig, Geo., Ferd., die Krankheit der Messe.

—— über Schutzaufsicht, Organisation und Leitung der schweizerischen Auswanderung. Offenes Sendschreiben an die schweizer. gemeinnütz. Gesellschaft. 3. Aufl. Lex.-8. (39 S.) Schaffhausen 862, (Brodtmann'sche Buchh.)

— — dass. — 10. Aufl. Lex.-8. (102 S. mit 1 lithogr. Karte.) Schaffhausen 865, (Schoch.)

Joos, Wilh., die Bulle „Unam sanctam" u. d. vatikan. Autoritätsprinzip. Einleitung zu e. neuen Aufl. d. Buches, welches obigen Titel trägt. gr. 8. (65 S.) Schaffhausen 896. (C. Schoch.) n. — 50

— dasselbe. 2. Aufl. gr. 8. (74 u. 1109 S.) Basel 897. Ebd. n. 6. —

Joos, Wilh., die Bulle „Unam sanctam" u. das vatikanische Autoritätsprinzip. Sep.-Abdr. des Vorwortes. gr. 8. (90 S.) Schaffhausen 900. (C. Schoch.) n. — 40

Jooss, Arthur A. [cand. med.]: Luxatio coxae congenita, operative Behandlung nach Hoffa ... München, kgl. Hof- u. Univ.-Buchdr. v. Dr. C. Wolf & Sohn, 1894; 28 S., 1 Bl. 8.
München, Med. Fak., Inaug.-Diss. v. 1894

Jooß, Emil, Festschrift zur 50jährigen Jubelfeier der Turngemeinde Heilbronn. Heilbronn 1895. 116 S., 8°.

Jooß, Gfried., das preußische Volksschulwesen und die preußische Waffenehre dargestellt für Freunde des Volksschulwesens. 8. (16 S.) Elberfeld 867, Bädeker'sche Buchh. *

Jooss, Karl, Keratosis der Harnröhre. (7 S. m. 1 Abbildg.) gr. 8. Leipzig 905. Verlag der Monatsschrift f. Harnkrankh. n. — 60

Jooss, Karl, üb. den Ursprung des Pigments in melanotischen Tumoren, s. a. Abhandlungen, Münchener medicinische.

— zur Therapie des Ulcus molle. (7 S.) gr. 8. Ebd. 904. n. — 60
Sonderabdruck aus: „Monatsschr. f. Harnkrankh."

Jooss, Karl [app. Arzt aus Landau (Pfalz)]: Ueber den Ursprung des Pigments in melanotischen Tumoren. M. Abbildgn ... München, J. F. Lehmann, 1894; 44 S., 1 Taf. 8.
München, Med. Fak., Inaug.-Diss. v. 1894

Jooss, Walther *Gottfried* [aus Hochdahl (Rheinprov.)]: Lues und Carcinom ... Berlin, Buchdr. v. G. Schade, *1893*; 29 S., 1 Bl. 8.
Berlin, Med. Fak., Inaug.-Diss. v. 3. Nov. 1893

Joost, Arthur

Joost, A. De Luciano φιλομήρῳ. 28 S. Progr. *Lötzen* 1883.

Joost, Arthur, (Prof.): Schillers Persönlichkeit in seinen Briefen. Lyck 1905: A. Glanert. (41 S.) 8° [F.]
Lyck, k. G P 1905 (11)

Joost, Artur [Prof.]: Der griechische Vokabelschatz, festgestellt nach dem Sprachgebrauch der Schulschriftsteller und verteilt auf die Mittel- und Oberstufe. Kap. 1. Erste Deklination. Königsberg i. Pr., Hartungsche Buchdr., 1897; 15 S. 4.
Lötzen, st. PG, OP 1897 (10)

Joost, Arthur Was ergiebt sich aus dem Sprachgebrauch Xenophons in der Anabasis für die Behandlung der griechischen Syntax in der Schule? Cap. I. Gebrauch der Casus (Accusativ und Genetiv). 4 (28 S.). Progr. Prg. *Lötzen* 1888 (12).
Vgl. des Verf. gleichbetitelten Buch. Berlin 1892, Weidmann. gr. 8 (X, 340 S.). ℳ 8,—.

Joost, Art. Was ergiebt sich aus dem Sprachgebrauch Xenophons in der Anabasis f. die Behandlung der griechischen Syntax in der Schule? Ein Beitrag zur Methodik des griech. Unterrichts. gr. 8. (X, 340 S.) Berl. 892, Weidmann. 8 —

Joost, Kurt: Beiträge zur Kenntnis der elektrolytischen Sauerstoffentwicklung an Kohleanoden. 1910. 73 S. 8°
Dresden, Dr.-Ing.-Diss. v. 13. 5. 1910

Jooß, Wilh., Adreßbuch von Wiesbaden, s. Adreßbuch.

Jooß, Wilh., religiöse Gedanken eines Deutschkatholiken in einer Reihe von Aufsätzen, Abhandlungen, Ansprachen rc. aus älterer und neuerer Zeit. gr. 8. (III, 56 S.) Wiesbaden 883, (Limbarth.)

— s.: Klerus, der niedere, u. das Cölibat rc.

— d. römisch-kathol. Meßbuch, s.: Eisenschmid, L. M.

Aus der zweiten Heimat. Reisen u. Eindrücke e. Buren in Deutschland. Von J(akobus) P(etrus) **Jooste** ⟨Pretoria⟩, ehemal. Buren-Kommandant. Berlin: Vaterl. Verl.- u. Kunstanst. in Komm. 1904. (VIII, 100, 2 S.) 8° [F.] 11

Aus der zweiten Heimat. Reisen u. Eindrücke e. Buren in Deutschland. Von J(akobus) P(etrus) **Jooste** ⟨Pretoria⟩, ehemal. Buren-Kommandant. 2. Aufl. Berlin: Vaterländ. Verl.- u. Kunstanst. in Komm. 1904. (160 S.) 8° [F.]

Joosten, Fr., Kriegserinnerungen der 6. Batterie des ostasiatischen Feldartillerie-Regiments aus dem Feldzug nach China 1900/01. Mit e. Anh.: Reise nach Neu-Seeland u. Rückfahrt üb. Amerika nach Deutschland. gr. 8. (VIII, 136 S. m. 55 Abbildgn. u. 1 Karte.) Schwerin 902. E. Herberger. n. 2. —

Joosten, Fr., kurze Worte üb. die Stellg. u. Dienstauffassg. der Feldwebel u. Wachtmeister in der deutschen Armee. (89 S.) 8. Berlin 907. R. Eisenschmidt. 1. —

Joosten, H., s.: Bücherschatz, stenographischer.

Joosten, H. (Hrsg.), s. Praxis des stenogr. Unterrichts ...

Joosten, H. J., Die Anwendung des Gefrierverfahrens beim Abteufen zweier Schächte auf der holländischen Staatsgrube B (Grube Wilhelmina) in der Provinz Limburg. Essen-Ruhr, 1906. 7 S. mit 3 Abb.

Joosten, H. J., Die Entwicklung des Gefrierverfahrens seit seiner ersten Anwendung im Jahre 1883. Essen-Ruhr, 1906. 23 S.

Jopke, Arthur, Oberlehrer: Synthetische Untersuchungen über lineare Kegelschnittsysteme erster, zweiter und dritter Stufe. Breslau 1908: Fleischmann. 50 S. 8°
Breslau, Phil. Diss. v. 11. Sept. 1908, Ref. Sturm
[Geb. 13. Aug. 80 Breslau; Wohnort: Breslau; Staatsangeh.: Preußen; Vorbildung: Realgymn. Neiße Reife O. 00. Studium: Breslau 9 S.; Rig. 24. Juni 08.]

Jopling, Jos., die Anwendung d. isómetr. Perspective. A. d. Engl. v. Carl v. König. gr. 8. (3½ B., 33 Stnt. u. lith. Ttl.) Wien 840, Heubner.

Selbstunterricht im Richtigsprechen durch mündliche Übung. Lehr- u. Übungsbuch f. Deutsche u. Ausländer, um ohne Lehrer richtig deutsch sprechen u. schreiben zu lernen, von M[ax] **Jopp**, Lehrer. Berlin: H. Spamer (1906). (VI, 276 S.) 8° [F.]

Jopp, M., Selbstunterricht im Richtigsprechen durch mündliche Übg. Ein Lehr- u. Übungsbuch f. Deutsche u. Ausländer, die richtig deutsch sprechen u. schreiben lernen wollen. Ein Hilfsbuch f. den deutschen Unterricht an Kapitulanten- u. Fortbildungsschulen. 2., verb. u. verm. Aufl. (VI, 264 S. m. 2 Deckblättern.) 8. Berlin (909). Kameradschaft. Geb. 2. 80

Joppen, Th. Zur Aufklärung einiger Differenzpunkte zwischen den beiden Schriften: „Studien über Katasterfragen", u. „Zur Regelung der Grundsteuer in Elsass-Lothringen. 8°. Strassburg 1878.

Joppen, Th., zur Regelung der Grundsteuer in Elsaß-Lothringen. 8. (135 S.) [Straßburg 878.] Mannheim, Schneider. *
Aus: Straßburger Zeitung, besonders abgedruckt.

Joppen, H. [Dr., Repetent im Bischöfl. Priester-Sem. zu Münster i/W.]: Die sittliche Erlaubtheit des Eides .... Mainz, Druck v. Fl. Kupferberg, 1887; 114 S. 8°
München, Theol. Fak., Inaug.-Diss. v. 1887

Joppert, s. Rolf Krage.

Joppert, Peter Friedrich (Otterndorf/Hadeln), De mutuo a filiofamilias sui juris facto tacite agnito. Diss. jur. Götting. (F. A. Rosenbusch) 17. VIII. 1771. 28 S. (6.20) 16999

Joppert, P. F., de mutuo a filio familias sui jur. fact. tacite agnito. 4. Gött. Dieterich. 771.

— — Dasselbe. Giessen (Braun) 1775. 28 Seiten. (6.—) 17000

Joppich, Joseph [aus Schlesien]: Beitrag zur Kenntnis der angeborenen Luxation des Capitulum radii . . . . Greifswald, Druck v. Julius Abel, 1888; 30 S. u. 1 Taf. 8°
Greifswald, Med. Fak., Inaug.-Diss. v. 17. Mai 1888

Joppich, Julius [pr. Arzt, aus Lüben in Schles.]: Ein Fall von Sclerodermie . . . Lüben, Schles., Stadtbuchdr., 1894; 20 S. 8.
Würzburg, Med. Fak., Inaug.-Diss. v. 1894

Joppich, Oswald, approb. Arzt aus Pilzen b. Moschin: Aus d. pathol. Institut Greifswald. Über einen Fall von primärem Angiosarkom des Rückenmarks. *Greifswald 1903: F. W. Kunike.* (55 S.) 8°
Greifswald, Med. Diss. v. 19. Okt. 1903

Jorban, Nicolai. Vergleichende Untersuchungen der wichtigeren z. Nachweise v. Arsen in Tapeten u. Gespinnsten empfohlenen Methoden. Diss. gr. 8. (71 S.) Dorpat 889, (Karow). * 1 50

Jorck, Gustav [app. Arzt aus Landsberg a. d. W.]: Statistik der akuten Entzündungen . . . Kiel, Druck v. L. Handorff, 1893; 16 S. 8.
Kiel, Med. Fak., Inaug.-Diss. v. [23. Nov.] 1893

Jorcke, Alfr., die Grundlagen d. kaufmänn. Wissens, s.: Kaul, Rich.

— Handelslehre. Das Wichtigste aus dem Handels- u. Wechselrecht nebst den einschläg. Bestimmgn. des bürgerl. Gesetzbuches u. der Ergänzungsgesetze. (78 S.) gr. 8. Dresden 908. W. Reuter. 1.50

-- Kaufmännisches Rechnen, s.a. Just, Rich.

Jorcke, Alfr., das kaufmännische Rechnen. (128 S.) gr. 8. Dresden 908. W. Reuter. 2.40

Jorcke, Fr.: Die Begriffe von Kraft und Stoff in der Physik. 12 S. – Fraustadt, R., Progr. 1871.

Jorcke, Franz Über Zahlenkongruenzen und einige Anwendungen derselben. 37 S. *Progr. Fraustadt* 1878.

Jörcke, Johann Joachim

— — De operis uxorum. Disp. jur. Präs. Samuel Stryk. Halle (Christ. Henckel) Dez. 1706. 96 S. (8.50) 16945

— — Dasselbe. Von Diensten und Gewerbe derer Eheweiber. Neudruck o. O. u. J. 1741. 96 Seiten. (8.—) 16946

Jörcke, Johann Joachim (Wismar), De pulmone infantis natante vel submergente. Disp. jur. Präs. Johann Joach. Schoepffer. Rostock (Joh. Weppling) April 1705. 36 S., tlws. dtsch. (6.80) 16940

— — Dasselbe. Halle (Christian Henckel) April 1710. 36 S. (6.80) 16941

— — Dasselbe. Rostock (Joh. Jac. Adler) 1733. 40 S. (5.—) 16942

— — Dasselbe. Germanis: Gesetz= und Artzeney=Kunst=mäßige Untersuchung, Wie ferne das Schwimmen und Untersincken der Lungen von todten Kindern die Mutter zur Tortur graviren könne. Jena (Jo. Bernhard Heller) 1743. 48 S. (6.80) 16943

— — Dasselbe. Von der Oberschwimmung und Untersinckung der Lunge todter Kinder. Halle (Johann Christian Hendel) 1747. 48 S. (6.80) 16944

Jordan, Jos., Vaterländische Romanzen. 8. (97 S.) — .60, geb. — .80, i. Leinwd. m. Goldschn. 1.35
Oberhollabrunn: Wais 1889.

Jordan und Dingelstedt. Zeitstimmen aus Hessen 1840—1848. 8°. Kassel 1848.

Jordan, Oberschwabens Mineralbad, bei Biberach. Biberach [1863]. V: *Renz, Gust. Adolph.* (Heyd)

Jordan: Adnotationes criticae in orationem Ciceronis pro Flacco. 9 S. – Soest, Progr. 1868.

Jordan, Begriff u. Strafe d. Kindesmordes. Heidelb. 844. (2. 50)

Jordan. s.: Chirurgie des Halses etc.

Iordan, pacis elucubrationes diversae de re sacra. III Tmi. fol. Conf. 729.

Jordan. Entwurf zu den beiden, für den Silbersegener Kreitschacht projektirten Wassersäulen-Maschinen. 1 Blatt. Clausthal, 1820.

Jordan Ananiensis, Feyertagspredigten. 8. Augsb. Wolf. 79¹.

Jordan, Gesch. d. brandenb. preuss. Kriegsmarine Berlin 856.

(Jordan.) Zur Geschichte des ehemaligen ostpreuß. National-Kav. Regiments. 1813/14. Leipzig 1846. 8°.

Jordan, Goethe und noch immer kein Ende. (S. wiss. Vortr. N F 52) Hamburg 1888

– (Hrsg.), s. Magazin für Eisenberg- u. Hüttenkunde.

Jordan-Eisleben, die Predigt in der Strafanstalt. [Aus: „8. Jahrb. d. Gefängnis-Gesellsch. f. d. Prov. Sachsen u. d. Herzogt. Anhalt".] gr. 8. (20 S.) Halle a/S. 893. (A. Kegel.) n. — 25

Preis-Courant der k. k. privil. Chokoladen-Fabrik von Jordan und Timäus in Bodenbach a. d. Elbe. Prag, 1855. Druck der k. k. Hofbuchdruckerei von Gottlieb Haase Söhne. (15 S. 8.)

v. Jordan, Geheimer Finanzrath, Abgeordneter zur Ersten Preußischen Kammer und zum Staatenhause des deutschen Parlaments, Erfurt. Rede gehalten in der vaterländischen Bürgergesellschaft des Stadt-Bezirks 48 b. Berlin, 1850. Gedruckt nach Beschluß vom 10. Mai 1850. 14 S. 8°.

Jordan, Speisezimmer, s. Mobilien-Entwürfe.

Jordan. Vorträge über Chemie. Handschrift. 2 Bde. Clausthal, 1839.

Jordan. Vorträge über Hüttenkunde. Handschrift. Clausthal, 1839.

Jordan, Wichern-Abend, s.: Familienabend, der.

Jordan und Schadwill: Sachliche Würdigung der in Deutschland ertheilten Patente. Klasse 64. Flaschenverschlüsse. Berlin (1892 ?)

Jordan, A., Blätter aus dem Tagebuche eines wandernden Poeten. 8. (VIII und 140 S.) Berlin 854, Hayn.

Jordan, A., Brandenburger in Turin. Ein Drama. 8. (53 S.) Berlin 882, F. Luckhardt. *

Jordan, A., moderne Dioskuren. Humoreske. 8. (48 S.) Cannstatt 885, Stehn's Verlag. * 1 —

—— Gedichte. 2., verm. Aufl. 16. (230 S.) Berlin 853, Hayn.

—— Geschichte der brandenburgisch-preußischen Kriegs-Marine. In ihren Entwickelungsstufen dargestellt. Mit Benutzung archival. Quellen und ungedruckter Manuscripte. Lex.-8. (VII und 248 S.) Berlin 856, Heinicke. *

— Die Handschriften des Timaeus. S.-A. 1877. 15 S. —.75

—— Borussia's Helden-Manen. gr. 8. (27 S. mit 1 Stnt.) Berlin 853, Hayn. *

—— Wilhelm v. Katt. 16. (150 S.) Berlin 854, Schroeder's Verlag. *

—— Kunersdorf. 8. (24 S.) Berlin 854, Hempel. *

—— des großen Churfürsten Schlittenfahrt. Ein Gedicht. gr. 8. (28 S.) Berlin 856, [Schneider.] *

—— dass. — 2. Aufl. gr. 8. (31 S.) Berlin 856, Schroeder's Verlag. *

—— Schloß und Wald. (Gedicht.) 16. (138 S.) Berlin 852, Schroeder's Verlag.

— — 2. Aufl. Berlin 856. Schröder. gr. 8. (31 S.) n. 10 ngr.

Das Serviettenbrechen. Eine leicht verständl. Anleitung mit 125 Abb. von A. Jordan. Mülheim a. d. Ruhr: J. Bagel [1904]. (47 S.) 8° [J.] [04. 9167]

Jordan, A., das Serviettenbrechen. Eine leicht verständl. Anleitg. m. 125 Abbildgn. (48 S.) kl. 8. Mülheim a/R. (906). J. Bagel. — 25

Jordan, A. Ch., de origine et indole poenae. 8 maj. Dorpat 837. Kluge. 1/4 ₰

Jordan, A. G. Th., Reform der Eisenbahntarife. Ein kleiner Beitrag zu derselben. gr. 8. (44 S.) Leipzig (902). (Amthor.) n. 1. —

Jordan, Adolf [cand. med. aus München]: Ein Beitrag zur Lehre von den inguinalen Blasenbrüchen ... München, Buchdr. v. M. Ernst, 1894; 50 S. 8.
München, Med. Fak., Inaug.-Diss. v. 1895

Jordan, Albr., de codicum Platonicorum auctoritate. gr. 8. (86 S.) Leipzig 874, Teubner. *
Aus: Jahrbücher für classische Philologie, besonders abgedruckt.

—— dass. — Dissertatio. gr. 8. (36 S.) Leipzig 874. (Göttingen, Vandenhoeck und Ruprecht's Verlag.) *

Jordan, Albrecht De Eunapii codice Laurentiano. 4 (S. 3—4). Progr. G. Lemgo 1888 (668).
„Insertum erat hoc commentariolum epistulae [4 (5 Pag.)], quam ad L. Hoelscher . . . philosophiae doctorem semisaecularem [a. d. VIII. Kal. Iul. MDCCCLXXXVIII] miserunt gymnasii Lemgoviensis collegae."

– F o r m a urbis Romae regionum XIV, s. J o r d a n , Heinrich

Jordan, Albr. Eunapii sardiani fragmenta nonnulla e palimpsesto vaticano emendata. 7 S. Progr. *Wernigerode* 1880.

Jordan, A., Commentariolum de Eunapii Sardiani fragm. Pr. 1836. 7 S. 4°. 150

Jordan, Albrecht [Dir. Dr.]: Die Subscription des Clarkianus 39. (Umschl.-Tit.: Die zweite Subscr. . . .) Lemgo, Druck v. F. L. Wagener, 1890; S. 3–4; 4°
Lemgo, G, P 1890 (626)

– T o p o g r a p h i e der Stadt Rom im Altertum, s. J o r d a n , Heinrich

Jordan, Alex., Observations sur plusieurs Plantes nouvelles rares ou critiques de la France. 1. et 2. Fragment. Mai et Juillet 1846. gr. in-8. (5½ B. u. 7 Kpfrt.) Paris 846. Leipzig, T. O. Weigel. à *

—— le même. 3. et 4. Fragm. Sept. et Nov. 1846. Lex.-8. (18¾ B. u. 15 Kpfrt.) Paris 846. (Le même.) *

Jordan, Alexis, Observations sur plusieurs plantes nouvelles rares ou critiques de la France. 5. Fragment. Février 1847. gr. Lex.-8. (77 S. mit 5 Kpfrt. in Lex.-8. und Imp.-4.) Leipzig 847, T. O. Weigel. *

—— le même. 6. Fragment. Avril 1847. gr. Lex.-8. (88 S. und 2 Kpfrt.) Le Même 847. *
Fragment 1—4. Le Même 1846. * 6 Thlr. 27 Ngr.

[J.] Zur Bewegung der Frauen. '(Die modernen Ekklesiazusen.)' [Vf.: Frau Anna Jordan.] [*Königsberg: W. Koch 1898.*] (15 S.) 1 Bd 8. [98. 10706]

Jordan, Arth. Über d. Wirkungsweise zweier Derivate d. Guanidins. Diss. gr. 8. (61 S. m. 1 Taf.) Dorpat 892, (Karow). 1 50

Jordan, Aug., das Anilin und die Anilin-Farben. Bericht über die neueren und vortheilhafteren Darstellungsmethoden, nebst Angabe, wie die Anilinfarben in der Seiden-, Wollen-, Baumwollen- und Leinenfärberei, im sogen. Zeugdruck, in der Oelmalerei etc. am zweckmäßigsten anzuwenden sind. Für Chemiker, Techniker, Fabrikanten etc. 8. (X und 230 S. mit 1 Stnt. Abbild.) Weimar 866, Voigt.

Jordan, Augustus: De morae indole atque natura. Halis Saxonum (1854) Gebauer-Schwetschke. 43 S. 8°
Halle-Wittenberg, Jur. Diss. v. 21. März 1854
Geb. [Berlin 13. 5. 1831]

Jordan, Aug. Chr.

Iordan, A. C., de propriis leg. poenal. interpret. princip. et specia an extens. interpret. in iis loc. habeat Comment. 4. maj. Gött. Dieterich. 799.

Jordan, B., die Absatzverhältnisse der kgl. Saarbrücker Steinkohlengruben in den letzten 30 Jahren, s. Steinkohlenbergbau, der.

Jordan, B., der Saarkanal und seine Verkehrsentwickelung gr. 8. (IV, 72 S. mit 5 Tab. und 2 lithogr. und color Karten.) Saarbrücken 878, Moellinger's Sortiment. *

Jordan, B., der Saarkanal und seine Verkehrsentwickelung. 2. umgearb. und verm. Aufl. gr. 8. (VIII, 85 S. mit 5 Tab. und 1 graph. Taf.) Saarbrücken 888, Klingebeil. ** 2 —

Jordan, B., s. Steinkohlenbergbau, der, d. preussischen Staates in der Umgebung v. Saarbrücken.

Jordan, Botho [Referendar aus Magdeburg]: Die Staatsgewalt des deutschen Reiches in den Schutzgebieten ... Halle a. S., Hofbuchdr. v. C. A. Kaemmerer & C., 1895; 51 S., 1 Bl. 8.
Halle, Jur. Fak., Inaug.-Diss. v. 16. Jan. 1895

Jordan, Bruno, Kants Stellg. zur Metaphysik bis zum Ende der sechziger Jahre, s.a Abhandlungen zur Philosophie u. ihrer Geschichte. 7. Heft.

Jordan, Bruno: Kants Stellung zur Metaphysik in den vorkritischen Schriften. Leipzig: Quelle & Meyer 1909. 58 S. 8° ¶(Ersch. vollst. als: Abhandlungen z. Philos. u. ihrer Geschichte hrsg. v. Falckenberg. H. 7.)
Jena, Phil. Diss. v. 3. März 1909, Ref. Eucken
[Geb. 26. Juli 85 Bremen; Wohnort: Bremen; Staatsangeb.: Bremen; Vorbildung: Gymn. Bremen Reife O. 05; Studium: Heidelberg 2, Berlin 1, Jena 4 S.; Rig. 31. Okt. 08.] [U 09. 2189

Jordan, Carl..., s. Jordan, Karl...

Jordan, C., die erleichterte Steinkohlenauffsuchung, nach Grundsätzen d. vorhergegangenen Entstehung u. Ereignisse, nebst dem regulären Bergbaue rc. 8. Wien 816. Volke. 16 K

Jordan, Ed., s.: Hölzel's Bilderbuch.

Jordan, Ed., die Irrfahrten des Odysseus, s. Volks- und Jugend-Bibliothek, österreichische.

Jordan, Eduard

Jordan, E., Materialien für den Anschauungs-Unterricht in der Elementarclasse. Mit Rücksicht auf die Hölzel'schen Anschauungsbilder zusammengestellt. 4 Hefte: Frühling, Sommer, Herbst und Winter. gr. 8. (XIV, 52; VI, 59; V, 47; VI, 61 S.) Wien 886, Hölzel. à Heft * — 80

Jordan, E. Materialien f. den Anschauungs-Unterricht in d. Elementarclassen. Mit Rücksicht auf die Hölzel'schen Anschauungsbilder zusammengest. 2. durchgeseh. Aufl. 4 Hefte. Frühling, Sommer, Herbst u. Winter. gr. 8. (XVI, 52; VI, 59; V, 50; VI, 63 S. m. Abbildgn.) Wien 889, Hölzel. à Heft * — 70; — 2 80

Jordan, E., Materialien für den Anschauungs-Unterricht in den Elementar-Classen. Mit Rücksicht auf die Hölzel'schen Anschauungsbilder. 3., durchgesehene und vermehrte Auflage. I. Heft: Der Frühling. 8. (55 S.) —.40
— — II. Heft: Der Sommer. 8. (64 S.) —.40
— — III. Heft: Der Herbst. 8. (56 S.) —.40
— — IV. Heft: Der Winter. 8. (64 S.) —.40
Wien: Hölzel 1895.

Jordan, E., Materialien f. d. Anschauungs-Unterricht in d. Elementarclassen. M. Rücksicht auf d. Hölzel'schen Anschauungsbilder zusammengest. 4 Hfte. gr. 8. (Mit Abb.) Wien, E. Hölzel's Verl. à n. — 70
1. D. Frühling. (D. Bauernhof.) 4., durchgeseh. Aufl. (XVI, 55 S.) 898.
2. D. Sommer. (D. Wald.) 4., durchgeseh. Aufl. (VI, 64 S.) 898.
3. D. Herbst. (D. Gebirge.) 3., durchgesch. u. verm. Aufl. (V, 56 S.) 894.
4. D. Winter. (D. Stadt.) 3., durchgeseh. u. verm. Aufl. (VI, 64 S.) 894.

JORDAN, E.
(F) Materialien für den Anschauungs-Unterricht in den Elementarclassen. (Erste und zweite Unterrichtsstufe.) Mit Rücksicht auf die Hölzel'schen Anschauungsbilder zusammengestellt von E. Jordan. 4. durchgesehene Auflage. III. Heft: Der Herbst. (Das Gebirge.) IV. Heft: Der Winter. (Die Stadt.) Wien. 1898. Hölzel. 8°. III. Heft: V, 56 S. IV. Heft: VI, 61 S. à fl. —.40

Jordan, E., Materialien f. den Anschauungs-Unterricht in den Elementarclassen. (1. u. 2. Unterrichtsstufe.) Mit Rücksicht auf die Hölzel'schen Anschauungsbilder zusammengestellt. 4 Hfte. gr. 8. Wien, E. Hölzel. à n. — 70
I. Der Frühling. (Der Bauernhof.) 5., durchgeseh. Aufl. (XVI, 55 S. m. Abbildgn.) 901.
II. Der Sommer. (Der Wald.) 5., verm. Aufl. (VI, 68 S. m. Abbildgn.) 901.
III. Der Herbst. (Das Gebirge.) 4., durchgeseh. Aufl. (V, 56 S. m. Abbildgn.) 898.
IV. Der Winter. (Die Stadt.) 5., verm. Aufl. (VI, 64 S. m. Abbildgn.) 901.

Jordan, Eduard, Materialien f. den Anschauungsunterricht in den Elementarklassen. (1. u. 2. Unterrichtsstufe.) Mit Rücksicht auf die Hölzel'schen Anschauungsbilder zusammengestellt. 4 Hefte. 8. Wien, E. Hölzel. à. n. — 70
I. Der Frühling. (Der Bauernhof.) 6. durchgeseh. Aufl. (XVI, 56 S. m. Abbildgn.) 904.
II. Der Sommer. (Der Wald.) 6. verm. Aufl. (VI, 72 S. m. Abbildgn.) 905.
III. Der Herbst. (Das Gebirge.) 5., durchgeseh. Aufl. (VI, 59 S. m. Abbildgn.) 901.
IV. Der Winter. (Die Stadt.) 6., durchgeseh. Aufl. (VI, 64 S. m. Abbildgn.) 905.

Jordan, E., Materialien für den Anschauungsunterricht in den Elementarklassen. 6. Aufl. 3. Heft. Der Herbst. (Das Gebirge.) Gr.-8°. (63 S.) K —.80
Wien: Hölzel 1905.

Jordan (Eduard), Materialien f. den Anschauungs-Unterricht in den Elementarklassen. (1. u. 2. Unterrichtsstufe.) Mit Rücksicht auf die Hölzelschen Anschauungsbilder zusammengestellt. 7., verm. Aufl. 4 Hefte. 8. Wien, E. Hölzel. à — 90
I. Der Frühling. (Der Bauernhof.) (XII, 60 S. m. Abb.) 907.
II. Der Sommer. (Der Wald.) (VI, 72 S. m. Abb.) 908.
III. Der Herbst. (Das Gebirge.) (VI, 63 S. m. Abb.) 908.
IV. Der Winter. (Die Stadt.) (VI, 71 S. m. Abb.) 908.

— Materialien f. die unterrichtl. Behandlung der Hölzelschen Wandbilder f. den Anschauungs- u. Sprachunterricht. IV. Serie. gr. 8. Ebd. 902. n. 1. 20
Hausbau, Wohnung, Hafen, Berg- u. Hüttenwerk. (VIII, 87 S.)

— die Schule in der Gegenwart. Vortrag, geh. am 15. Juni 1893. 12. (16 S.) Wien 894. (Sallmayer'sche Buchh.) n.n. — 80

— s.: Schule u. Haus.

Jordan, Ed., die körperliche Züchtigung. Ein Wort zur Zeit gegen ein Zuchtmittel, das nicht mehr in die Zeit paßt. gr. 8. (24 S.) Wien 881. Sallmayer'sche Buchh. *

Jordan, Eduard Rich., Novelle u. Gedichte. (48 S.) 8. Straßburg 906. J. Singer. n. 1. —

Jordan, Elsa, aus Straßburgs Vergangenheit, s.: Volksschriften, elsässische. Nr. 85.

Jordan, Emilie, zwei Wochen im Haushalt, s.: Deffner's Nickelbibliothek. Nr. 1.

Jordan, Erich, Friedrich Wilhelm IV. u. der preuss. Adel bei Umwandlg. der ersten Kammer in das Herrenhaus, 1850—1854, s.a Studien, histor. 71.

Jordan, Erich: Friedrich Wilhelm IV. und der preussische Adel bei Umwandlung der ersten Kammer in das Herrenhaus. 1850 bis 1854. ⟨T. 1, Abschn. 2.⟩ (Berlin 1909: Ebering.) S. 69—158. 8° ¶(Ersch. vollst. in: Histor. Studien.)*)
Berlin, Phil. Diss. v. 24. Juli 1909, Ref. Lenz
[Geb. 3. März 84 Berleburg; Wohnort: Magdeburg; Staatsangeh.: Preußen; Vorbildung: Wilhelms-Gymn. Magdeburg Reife M. 03; Studium: Marburg 1, München 3, Berlin 6 S.; Rig. 1. März 09.] [U 09. 304

Jordan, Ernst, Gedichte. 12. (XIV und 359 S.) Carlsbad 860. (Lüneburg, Engel's Buchh.) * 1 Thlr. 10 Ngr.; geb.

Jordan, F., Fides, eine Erzählung aus der Zeit des dreißigjährigen Krieges. 8. (XI, 284 S.) Hannover 870, Rümpler.

Jordan, F., nützliches Lehr- u. Handbuch f. Damen. Zur gründl. Selbst-Erlernung d. Damenkleidermachens, Maaßnehmens u. Zuschneidens; nebst e. Anh. v. Zeichnungen d. Oberröcke, Kleider rc., um jede Breite d. Zeuges darnach zuzuschneiden. 8. (2¼ B. u. 7 Stnt.) Berlin 824, (Trautwein.)

Jordan, Frz., Erfahrungen üb. die Aufsaugung pleuritischer Exsudate. [Aus: „Allg. med. Centralzeitg."] gr. 8. (6 S.) Berlin 894. O. Coblentz. n. 1. —

Jordan, Franz: Die Verwendung von Druckluft bei elektrisch betriebenen Hebezeugen. 1903. 24 S., 2 Taf. 8⁰ ¶ Auch in: Dinglers Polytechn. Journal. Jg. 84. Bd 318.
Berlin, Dr.-Ing.-Diss. v. 22. 5. 1903

Jordan, Friedrich: Experimentelle Untersuchung der Kommutation mit besonderer Berücksichtigung der Änderung der Übergangsspannung und der Verteilung des Energieverlustes zwischen Kommutator und Bürste. Berlin: Springer 1909. 66 S. 8⁰ ¶ Auch in: Arbeiten aus d. Elektrotechn. Institut d. Großherzogl. Technischen Hochschule Fridericiana zu Karlsruhe 1908—1909. 1909 [Nr 2012].
Karlsruhe, Dr.-Ing.-Diss. v. 14. 6. 1909

Jordan, Friedrich Georg

— s. Anakreon's Lieder

Jordan, Friedr. Geo., Bilder nach d. Schrift. Eine Christfestgabe. gr. 8. (7⅛ B.) Göttingen 837, Vandenhoeck u. Ruprecht.

Jordan, G. H. H., De publicis urbium Romae et Constantinopolis aquaeductibus et de aqua inqetrata. Diss. 1844. 90 S. 1.60

Jordan, Gerhard, Referendar a. Eisleben: **Die Geschichte des Knappschaftswesens im Mansfelder Bergrevier. Halle a. S.** 1905: C. A. Kaemmerer. (90 S.) 8°
Halle, Phil. Fak., Ref. Conrad, Diss. v. 28. Aug. 1905
[Geb. 8. Okt. 80 Eisleben; Wohnort: Eisleben; Staatsangeh.: Preußen; Vorbildung: Gymn. Eisleben Reife M. 00; Studium: Jur. u. Phil. Halle 1, München 1, Halle 5 S.; Rig. 1. Aug. 05.]

Jordan, Gibbes Walker, Entdeckungen in der Lehre von der Beugung des Lichts. (Ann. der Phys., Jahrg. 1801, 9. St.)

Jordan, Gibbes Walker, Erklärung der Höfe oder der farbigen Kreise, welche dicht um die Sonne, den Mond und andere leuchtende Gegenstände erscheinen. (Annalen der Physik, Jahrgang 1804. Neuntes Stück.)

Jordan, Gtthlf. Fr., dissert. de prolapsu ex ano. 8maj. Götting. 793. Dieterich. 4 gl.

Jordan, Glieb., Erinnerungen an Roßstalls Geschichten und Sagen. gr. 8. (16 S.) Ansbach 847, Gummi.

Chronik der Familie Jordan. Hrsg. von Gustav v. Jordan-Strassburg i. E. u. Louis Jordan-Berlin. Mit 24 Taf., Text-Ill. u. 1 Stammtaf. *Zossen-Berlin: Deutsche Buch- u. Kunstdr. 1902.* (VIII, 161 S.) 4°

Jordan, Gust., es muß auch solche Käuze geben. Heiteres u. Ernstes. Gesammelte kleinere Erzählgn. (X, 305 S.) kl. 8. Leipzig 909. Verl. f. Literatur, Kunst u. Musik. 3.—

Jordan, Gust., Ragewins Gesta Friderici Imperatoris. Eine quellenkrit. Untersuchung. gr. 8. (89 S.) Strassburg 881, Trübner. *

Jordan, (Aemil.) Gust. (geb. Berlin 28. 12. 1838): De praedibus litis et vindiciarum et stipulatione pro praede litis et vindiciarum. Berolini (1860). (82 S.) 8°
Berlin, Jur. Diss. v. 24. Aug. 1860

Jordan, Gust., Tod u. Winter bei Griechen u. Germanen, s. a. Beiträge zur Volkskunde.

Jordan, Gustav, Dr.: **Tod** und **Winter** bei Griechen und Germanen. Eine populär-wissenschaftl. Abhandlung. *Leipzig 1900: B. G. Teubner.* (37 S.) 8° [ℨ.] ¶ [Erschien auch in: Beiträge zur Volkskunde. Leipzig 1900.]
Bischweiler, PG, MP 1900 (543)

— Die Todeshochzeit. Drama in 5 Aufzügen. (104 S.) 8. Straßburg 907. J. H. E. Heitz. 1.50

Jordan, Gust. v., alphabetisches Verzeichniß der Personennamen, s.: Colonie, die französische.

Jordan, Gust., wiedergefunden, s.: Hoffmann's, Frz., Volks- u. Jugendbibliothek.

— Wiedergefunden, s.: Sammlung beliebter Jugendschriften. (Hoffmann, Frz., gut Wort findet gute Statt.)

Ernst a Albert, rubjenaj saksonskaj prynzaj. Wěrny podawk s lěta 1455. Po F. SCHMIDTU sserbszy napissal H. JÓRDAN. (Die beiden geraubten sächsischen Prinzen Ernst und Albert. Wahrhaftes Ereigniss aus dem Jahre 1455. Nach F. SCHMIDT wendisch verfasst von H. JORDAN.) ib. 1875. — 8⁰.

Jordan, H. Krystallisirtes Zinkoxyd aus einem Hochofen. Schabus J. Krystallform des Zinkoxyd's. (Aus d. Sitzungsber. d. k. Akad.) Wien. 1853. 8.

Jordan, Hans, a. Königsberg i. Pr.: **Zur Kenntnis der elastischen Nachwirkung bei kleinen gleichförmigen Biegungen homogener Metallstäbe.** Mit einer Tafel. Leipzig: J. A. Barth 1907. (86 S.) 8°
Göttingen, Phil. Fak., Ref. Voigt-Wiechert, Diss. v. 15. Juni 1907
[Geb. 6. Juni 75 Königsberg i. Pr.; Wohnort: Königsberg; Staatsangeh.: Preußen; Vorbildung: Altstadt. Gymn. Königsberg Reife M. 94; Studium: Königsberg 5, Göttingen 9 S.; Rig. 22. Nov. 06.]

Jordan, Hedwig, der Erzählungsstil in den Kampfscenen der Ilias. (Diss.) (141 S.) 8. Breslau 905. (M. Woywod.) n. 4 —

Jordan, Heinrich

Index lectionum in regia academia Albertina . . . per hiem. a. 1886/87 a. [sic!] d. XV. m. Oct. hab. — **Insunt H. Iordani analecta epigraphica latina.** Regimontii, ex offic. Hartungiana (1886); 25 S. 4°.

Jordan, Heinr., analecta epigraphica latina. gr. 4. (9 S.) Königsberg 886, (Akad. Buchh. von Schubert und Seidel.) * — 20

Jordan, H[enri], kritische Beiträge zur Geschichte der lateinischen Sprache. gr. 8. (VIII, 364 S.) Berlin 879, Weidmann'sche Buchh. *

— Vierter Bericht üb. d. neuesten Erscheinungen auf d. Gebiete der römischen Topographie. S.-A. 1883. 25 S. —.90

—— Ludw. Friedländer, Gust. Hirschfeld, Commentationes. gr. 4. (12 S.) Königsberg 879, (Hartung'sche Verlagsdruckerei.) *

Jordan, H., De commentatore Horatii Cruquiano prolusio. Pr. 1883. 8 S. 4°. 1.—

Jordan, Henr., Forma urbis Romae regionum XIIII. gr. Fol. (VII, 70 S. mit 37 lithogr. und chromolithogr. Taf. in gr. Fol. und Imp.-Fol.) Berlin 875, Weidmann'sche Buchh. *

—— de formae urbis Romae fragmento novo disputatio. gr. 4. (10 S. mit 1 Stnt.) Romae 883. (Berlin, Asher und Comp.) **

Jordan, Heinrich, aus Köln: Ueber das **Hydrazid** und **Azid** der **Phenylpropionsäure.** *Bonn 1899: A. Henry.* (43 S.) 8°
Heidelberg, Naturw.-math. Diss. v. [4. März] 1899

—— die Kaiserpaläste in Rom, s.a. Sammlung gemeinverständl. wissenschaftl. Vorträge.

Jordan H, die Kaiserpaläste in Rom. (Sammlg wiss. Vorträge 65) Berlin 1868

Jordan, Heinr., Capitol, Forum und Sacra Via in Rom. gr. 8. (62 S. mit 1 lithogr. Taf.) Berlin 881, Weidmann'sche Buchh. *

—— die Könige im alten Italien. Ein Fragment. gr. 8. (XI, 47 S.) Berlin 887, Weidmann'sche Buchh. * 2 —

Jordan, H., Die Küste von Puteoli auf einem römischen Glasgefäss nebst einigen Reliefs von Capua. S.-A. 1868. 7 S. u. 1 Taf. 4°. —.80

—— **Marsyas auf dem Forum in Rom.** gr. 8. (30 S. mit 3 lithogr. Taf.) Berlin 883, Weidmann'sche Buchh. *

— Observationes romanae subsicivae. Pr. 1883. 14 S. 4°.

—— der capitolinische Plan der Stadt Rom. gr. 8. (23 S. mit eingedr. Holzschn.) Berlin 867. (Königsberg, Hübner und Matz.) *
Aus: Monatsbericht der k. Akademie der Wissenschaften zu Berlin, besonders abgedruckt.

—— s. Preller, L., römische Mythologie.

— Quaestiones Archaeicae. Pr. 1884. 13 S. 4°.

—— **Quaestiones archaeicae.** gr. 4. (13 S.) Königsberg 884, Hartung'sche Verlagsdruckerei. *

Jordan, Henr. (geb. Berlin 30. 9. 1833): Quaestionum Catonianarum capita duo. Berolini (1856). (85 S.) 8° * Fortsetzung erschien in: Jahrb. f. class. Philol. Bd 73. 1856.
Berlin, Phil. Diss. v. 6. Febr. 1856

Index lectionum in regia academia Albertina ... per aestatem a. 1886 a. d. XXVII. m. Apr. hab. — Insunt Henrici **Jordani** quaestiones criticae (S. 3—11). Regimontii, ex offic. Hartungiana (1886); 27 S. 4°.

Jordan, H., Quaestt. Ennianae. Pr. 1885. 8 S. 4°.

—— quaestiones Theognideae. gr. 4. (16 S.) (Ebendas.) 885. * 1 50

Index lectionum in regia academia Albertina ... per hiemem a. 1885/86 a d. XV. m. Oct. hab. — Insunt Henrici **Jordani** quaestiones Theognideae. Regimontii, ex offic. Hartungiana (1885); 31 S. 4°.

— H., Quaestt Tullianae. Pr. 1874. 8 S. 4°.

Jordan, H., Quaestt. Tullianae. Pr. 1884. 8 S. 4°.

Jordan, H., Quaestt. Umbricae cum appendicula praetermissorum. Pr. 1882. 30 S. 4°.

Jordan, Heinr., quaestiones umbricae cum appendicula praetermissorum. gr. 4. (30 S.) Königsberg 882. Hartung. n. 2. —

Index lectionum ... per aest. a. 1887 a. [sic!] d. XVIII m. Apr. hab. — Insunt Henrici **Iordani** commentationis fragmentum de Sallustii historiarum libri II reliquiis quae ad bellum piraticum Servilianum pertinent. Regimontii, ex offic. Hartungiana (1887); 25 S. 4°.

Jordan, H., Retractationes criticae (Varro de ling. lat. Gracchus ap. Charis). Pr. 1886. 8 S. 4°. 1.—

Retractiones criticae **H. Jordani** dissertatio edita ad celebrandum diebus XXVI. m. Junii III. m. Julii piam memoriam virorum inlustrium von der Groeben, von Kospoth, Oelmann, von Rhod, von Tettau et clarissimae feminae Geelhaar e gente Wulff. Regimontii prostat in aedibus Hartungianis, 1886; 8 S 4°.

Jordan, Heinr., die Strafbarkeit d. Stimmenkaufes im Aktienrecht, s.a. Abhandlungen, strafrechtliche.

Jordan, Heinrich: Die Strafbarkeit des Stimmenkaufes im Aktienrecht. '(Art. 249e H. G. B's.)' ... Halle a. S., *Druck d. Schles. Volkszeitg, Breslau,* 1897; 2 Bl., VI, 59 S., 1 kl. Bl. 8.
Halle, Jur. Fak., Inaug.-Diss. v. 26. Juni 1897

Jordan, H., De suasoriis ad Caesarem senem de re publica inscriptis commentatio. Hab. 1868. 32 S. 1.—

—— de suasoriis ad Caesarem senem de re publica inscriptis commentatio. gr. 8. (32 S.) Berlin 868, Weidmann'sche Buchh. (* 80 Pf.) *

Jordan, Heinr., **Symbolae ad historiam religionum italicarum.** gr. 4. (27 S.) Königsberg 883, (Hartung'sche Verlagsdruckerei.) *

—— symbolae ad historiam religionum italicarum alterae. gr. 4. (16 S.) (Ebendas.) 885. * 2 —
1. Publ. (Ebendas.) 1883. *M 2.—

—— der Tempel der Vesta und das Haus der Vestalinnen. gr. 4. (XI, 85 S. mit Aufnahmen und Zeichnungen von F. O. Schulze und E. Eichler und 13 Taf.) Berlin 886, Weidmann'sche Buchh. cart. * 12 —

—— **Topographie** der Stadt Rom im Alterthum, s.a. Handbibliothek, philologische.

—— Topographie der Stadt Rom im Alterthum. 1. Bd. 1. Abthl. gr. 8. (IX, 551 S. mit 2 lithogr. Taf.-Abbild.) Ebendas. 878. *

– Topographie der Stadt Rom im Altertum. 1. Bd. 2. Abth. Mit 5 Taf. Abbildgn. u. 1 Plan. gr. 8. (V, 487 S.) Ebend. 885. n. 8. — (I, 1. u. 2.: n. 14. —)

Jordan, H., Topographie der Stadt Rom im Alterthum. I. Bd. 3. Abth. Bearb. v. Ch. Huelsen. (XXIV, 709 S. m. 11 Taf.) 8. Berlin 907. Weidmann. n. 16. —
I. Bd. 1. u. 2. Abt. u. II. Bd. Ebd. 871–885. n. 20. —.

—— **Topographie** der Stadt Rom im Alterthum. 2. Bd. gr. 8. (XVIII, 680 S.) Ebendas. 871. (*M 5,50.) *
Der 1. Bd. noch nicht erschienen.

Jordan, Henricus: De pronominalium quae dicuntur interrogationum usu Homerico. Halis Saxonum 1879: Karras. 67 S. 8°
Halle-Wittenberg, Phil. Diss. v. 30. Mai 1879
Geb. Odenkirchen (Rheinprov.) 23. 9. 1853. V.
Verf. erlebte die nachträgliche Diplomerneuerung 1930 als Gymnasial-Professor a. D. in Halle a. d. S., vgl. Anh. Nr. 724.

—— Vesta und die Laren auf einem Pompejanischen Wandgemälde. 4. (20 S. nebst 1 lithogr. Abbild.) Berlin 865, (Hertz.) *

Jordan, H., De vicis urbis Romae. S.-A. 1865. 31 S.

Jordan, H., Vindiciae sermonis latini antiquissimi. Pr. 1882. 20 S. 4°.

—— **Vindiciae sermonis latini antiquissimi.** 4. (20 S.) Königsberg 882, Hartung'sche Verlagsdruckerei. *

— Tessa Volcente con iscrizione Latina arcaica S. A. 1884. 20 S. m. 2 Tfln.

Jordan, Herm., das Alter u. die Herkunft der lateinischen Übersetzung des Hauptwerkes des Irenaeus, s.: Studien. theologische.

Jordan, Hermann. Beiträge zur vergleichenden Physiologie der Verdauung: Die Verdauung und der Verdauungsapparat des Flusskrebses ⟨Astacus fluviatilis⟩. [Habilitationsschr.] Phil. II. Univ. Zürich. (Mit 6 Textfiguren und Tafel VII. [Sep.-Abdr. aus] Archiv für die ges. Physiologie. Bd. 101.) II + 48 S. 8. (Bonn, Martin Hager,) 1904.

Jordan. Herm. Ergänzende Beobachtungen zu der Abhandlung von Goldfuss, über die Gattung Archegosaurus. Mit einer Anmerkung von Prof. J. Müller in Berlin. (Aus den Schr. des naturf. Ver. für die Rheinl. Jahrg. VI.) Bonn. 8.

Jordan, Hermann, Reg.-Baumeister: Über die Berechnung von Nebenspannungen in Fachwerken mit steifen Knotenverbindungen. 1904. 125 S. 8°
Hannover, Dr.-Ing.-Diss. v. 30. 3. 1903

Jordan, Herm., s.: Bibliographia physiologica.

Jordan, Herm., die Binnenmollusken der nördlich gemässigten Länder von Europa und Asien und der arktischen Länder. Mit 1 Verbreitungstab., 8 (lithogr.) Taf. und 2 (chromolithogr.) Karten. gr. 4. (208 S.) Halle 883. (Leipzig, Engelmann.) *
Aus: Nova Acta der k. Leop.-Carol. deutschen Akademie der Naturforscher, besonders abgedruckt.

Jordan, Hermann [Apotheker aus Stuttgart]: Über das Dihydrür des Cinons nebst einigen damit zusammenhängenden Verbindungen. . . . Stuttgart, Druck v. Chr. Scheufele, 1891; 39 S. 8°
Erlangen, Phil. Fak., Inaug.-Diss. v. 1891

— Das Frauenideal des Neuen Testaments u. der ältesten Christenheit. (III, 57 S.) 8. Leipzig 909. A. Deichert Nachf. 1. 20

— Jesus u. die modernen Jesusbilder, s. a. Zeit- u. Streitfragen, biblische. V, 5. 6.

Jesus und die modernen Jesusbilder. Von Lic. Hermann **Jordan**, Prof. Gr.Lichterfelde-Berlin: Runge 1909. 115 S. 8°
(Biblische Zeit- u. Streitfragen. Ser. 5. H. 5/6.) [10. 718

— Jesus im Kampfe der Parteien der Gegenwart, s. a. Zeitfragen des christl. Volkslebens.

Jesus im Kampfe der Parteien der Gegenwart. Von Hermann **Jordan**, Privatd. in Greifswald. Stuttgart: Ch. Belser 1907. (53 S.) 8° [F.]
— **Zeitfragen** d. christl. Volkslebens. Bd 32, H. 1. [07. 4310

Jordan, Hermann: Die Physiologie der Locomotion bei **Aplysia** limacina. *München 1901: R. Oldenbourg.* (2 Bl.) 8°
¶[Nur Titelblatt, Vita u. Thesen. — Vgl. die folgende Nummer.]
Bonn, Phil. Diss. v. 25. Febr. 1901
(Nicht für den Austausch)

Jordan, Hermann: Die Physiologie der Locomotion bei **Aplysia** limacina. *München 1901: R. Oldenbourg.* (51 S.) 8°
¶[Vgl. die vorhergehende Nummer.]
Bonn, Phil. Diss. v. 25. Febr. 1901

Jordan, Herm., rhythmische Prosa in der altchristl. lateinischen Literatur. Ein Beitrag zur altchristlichen Literaturgeschichte. (79 S. m. 1 Tab.) gr. 8. Leipzig 905. Dieterich. n. 2. —

— rhythmische Prosatexte aus der ältesten Christenheit (das apostolische Symbol, Novatian de Trinitate I u. Novatianpredigt I) f. Seminarübungen. Mit Angabe der Rhythmen hrsg. (22 S.) gr. 8. Ebd. 905. — 60
Sonderabdr. a.: „J., rhythm. Prosa in der altchristl. lat. Lit."

Jordan, Herm. (geb. Wetzlar 1808): De tunicae dartos textu cum aliis comparato. Berolini (1834). (40 S.) 8°
Berlin, Med. Diss. v. 10. Juli 1834

Jordan, Hermann, Predigtamtskand. aus Deyelsdorf: Die Theologie der neuentdeckten Predigten Novatians. *Naumburg a. S. 1902: Lippert & Co.* (40 S.) 8° ¶[Erschien vollst. 1902 bei Deichert in Leipzig.]
Greifswald, Theol. Diss. v. 14. Juni 1902

Jordan, Herm., die Theologie der neuentdeckten Predigten Novatians. Eine dogmengeschichtl. Untersuchg. gr. 8. (X, 224 S.) Leipzig 902. A. Deichert Nachf. n. 4. 50

— Verzeichnis d. literar. Veröffentlichgn. Otto Zöcklers (geb. 27. V. 1833, gest. 9. II. 1906). (32 S.) gr. 8. Gütersloh 907. C. Bertelsmann. — 60

Jordan, Herm., was weinest du? Trost-Predigten für Trauernde. gr. 8. (82 S.) Quedlinburg 885, (Vieweg.) * 1 —
geb. 1 80

Iordan, Hermannus Gustavus: De empyemate. Halis (1856): Orphanotropheum. 31 S. 8°
Halle-Wittenberg, Med. Diss. v. 26. März 1856
Geb. Halberstadt 12. 4. 1831. V.

Jordan, J. (Hrsg.), s. Weckstimmen-Kalender, Österreichischer, für das katholische Volk auf das Jahr 1890.

Jordan, J. B., allgem. Arithmetik in steter Begleitung der besonderen. Versuch e. Lehrbuches f. die beiden höheren Klassen des Untergymnasiums, zur Einleitung u. Begründung des wissenschaftl. Unterrichtes in der Mathematik im Obergymnasium. 1. Abthlg.: Operationen der Veränderung. gr. 8. (X u. 152 S.) Wien 850, Gerold. n. ½ ₰

— die Erdkörper in drei Reichen. Naturgeschichtliche Vorträge f. Gymnasien. 1. Semester: Unorganisches im Allgemeinen. gr. 12. (XVI u. 260 S. mit 3 lith. Taf. u. eingedr. Holzschn.) Ebd. 849. n. 24 ₰

Jordan, J. C., Anleitung zur Anfertigung von Oellampen, insbesond. der neu erfundenen Oelgaslampen. Mit 9 erläut. Figuren. gr. 8. Darmstadt 841, Jonghaus. ¼ ₰

— prakt. Anweisungen zu den Projections-, Nivellements-, Plan- u. Erdarbeiten von Eisenbahnen, Canälen und gewöhnlichen Straßen. Nach dem Vorbilde ausgezeichneter Ingenieure gesammelt. Mit 6 Kupfertaf. gr. 8. Darmstadt 840. Jonghaus. 1⅓ ₰

Jordan, J. C., Beschreibung d. Wassersäulen-Maschinen im Silberseegener Richtschacht bei Clausthal. gr. 8. (5¾ B. u. 2 Stnt.) Berlin 837, Reimer.
Aus: Archiv f. Mineralogie, Geognosie, Bergbau u. Hüttenkunde, besond. abgedruckt.

Jordan, J. P., Oesterreichs Actien-Gesellschaften. Statuten. Gebahrungsresultate, Coursschwankungen. I. K. k. privilegirte österreichische Creditanstalt für Handel und Gewerbe in Wien. gr. 8. (V und 62 S.) Prag 866, Kober. *

Jordan, J. P., aktenmäßiger Bericht über die Verhandlungen d. ersten Slavenkongresses in Prag gr. 8. (59 S.) Prag 848. (Leipzig, Leiner.) ¼ ₰

Jordan, J. P., Boehmen. Geschichte des Landes u. seines Volkes von der frühesten bis auf die neuste Zeit. 1.—11. Hft. gr. 16. (Mit Stahlst.) Leipzig 844, 45, Naumburg. à n. ¼ ₰

— dass. 1. u. 2. Bd. Mit 13 Stahlst. Ebend. 845. n. 3 ₰

— s. Czaykowski's ausgewählte Romane.

— s. F e r i n a Lisák z Kuliferdy ...

— **Geschichte der russ. Literatur. Nach russ. Quellen bearb. gr. 8. Leipzig 846, Slaw. Buchh. (Keil u. Comp.) n. 5/6 ℛ**

— Geschichte des böhmischen Volkes u. Landes von der frühesten bis auf die neueste Zeit. 2. wohlfeile (Titel-)Ausg. Mit 10 Stahlst. 3 Bde. in 10 Lfgn. gr. 16. (131. 161 u. 460 S.) Leipzig 817, Slawische Buchhandlung. (a Lfg. n. 1/3 ℛ) n. 3 1/3 ℛ

Jordan, J. P., Grammatik d. wend.-serb. Sprache in d. Oberlausitz. Im Systeme Dobrowsky's abgefaßt. gr. 8. (13 1/4 B.) Prag 841, (Ehrlich.) *

— Grammatik der wendisch-serbischen Sprache in d. Oberlausitz. Im Systeme Dobrowsky's abgefaßt. gr. 8. (13 1/4 B.) Prag 842. (Ehrlich.) *

— Hand-Wörterbuch der böhmischen und deutschen Sprache. — Přiručni slovník jazyka českého i německého. 2 Thle. gr. 16. Prag, Kober. à Thl. * 1 Thlr. 6 Ngr. *
geb. à Thl. * * 1 Thlr. 14 Ngr. * *
Inhalt:
(1.) Böhmisch-deutscher Thl. 2., verm. Aufl. (VI und 541 S.) 865.
(2.) Deutsch-böhmischer Thl. 2., verm. Aufl. (559 S.) 866.

Jordan, J. P., Handwörterbuch der böhmischen und deutschen Sprache. 3. Aufl. Deutsch-böhm. Thl. gr. 16. (559 S.) Prag 875, Kober. *

Jordán, J. P., Hand-Wörterbuch der böhmischen und deutschen Sprache. 3. Aufl. Böhmisch-deutscher Theil. 12. (VII, 543 S.) Prag 880, Kober. *
Deutsch-böhmischer Theil. Ebendas. 1875. * ℳ 3,60.

Jordán, J. P., Hand-Wörterbuch der böhmischen und deutschen Sprache. 4. Aufl. Böhmisch-Deutscher Thl. 12. (VII, 543 S.) Prag 887, Kober. * 3 20
Deutsch böhmischer Thl. Ebendas. 1875. * ℳ 3.60.

— s. J a h r b ü c h e r , Slawische, der Literatur.

— nicht Deutsch! Nicht Russisch! Nur Oesterreichisch! Offenes Sendschreiben an Hrn. Frz. Schuselka. 8. (39 S.) Prag 849, Calve'sche Vrlgsh. *

— dokładny Słowniczek Polsko-Niemiecki i Niemiecko-Polski. — Vollständ. Taschenwörterbuch der polnischen u. deutschen Sprache. Stereotypausg. 16. (40 1/4 B.) Leipzig 845, Karl Tauchnitz.

— die slawischen Sprachdialekte in kurzer Grammatik, Chrestomathie u. dem nöthigen Wörterverzeichniß. 1. u. 2. Thl. gr. 8. Leipzig, [Carl Engelmann jun.] *
Thl. 1. Die polnische Sprache. (11 1/4 B.) 845. * 20 Ngr.
» 2. Die polnische Sprache f. Böhmen. T. u. d. T.: Kratká mluvnice jazyka polského a vybor puvodnich clancu polskych s pripojenym precladem ceskym k usnadeni ozajemnosti polaku a cechu sepsal. (7 1/4 B.) 846. * 15 Ngr.

— vollständiges Taschenwörterbuch der böhmischen und deutschen Sprache. Ster.-Ausg. A. u. d. T.: Auplny slowníček českého i německého jazyka. 16. (IX und 722 S.) Leipzig 847, C. Tauchnitz.

— vollständiges Taschen-Wörterbuch der böhmischen und deutschen Sprache. Karl Tauchnitz'sche Ster.-Ausg. Neuer Abdr. 1868. ℳ 3., und Neuer Abdr. 16. (IX, 722 S.) Leipzig 872, Holtze.

— vollständiges Taschenwörterbuch der böhmischen und deutschen Sprache. Karl Tauchnitz'sche Ster.-Ausg. Neuer Abdr. — Auplný slowníček českého i německého. 16. (VIII, 723 S.) Leipzig 883, Holtze.

— vollständiges Taschen-Wörterbuch der polnischen und deutschen Sprache. Ster.-Ausg. Neuer Abdr. 16. (XI und 711 S.) Leipzig 866, Holtze.

— **vollständiges Taschen-Wörterbuch der polnischen u. deutschen Sprache. Ster.-Ausg. Neuer Abdr. Leipzig 868. Holtze. 16. (XI, 711 S.) 1 ℛ**

— vollständiges Taschen-Wörterbuch der polnischen und deutschen Sprache. Karl Tauchnitz'sche Ster.-Ausg. Neuer Abdr. 1870. ℳ 3., und Neuer Abdr. gr. 16. (X, 711 S.) Ebendas. 873.

— vollständiges Taschenwörterbuch der polnischen und deutschen Sprache. Karl Tauchnitz'sche Ster.-Ausg. Neuer Abdr. — Dokładny słowniczek polsko-niemiecki i niemiecko-polski. 16. (XII, 711 S.) Ebendas. 884.

Jordan, J. P., vollständiges Taschen-Wörterbuch der polnischen u. deutschen Sprache. Karl Tauchnitz'sche Ster.-Ausg. Neuer Abdr. 2 Thle. in 1 Bde. gr. 16. (X, 711 S.) Leipzig 893. O. Holtze's Nachf. 3. 50; geb. n. 4. 25

Jordan, J. P., vollständiges Taschen-Wörterbuch der polnischen u. deutschen Sprache. Karl Tauchnitz'sche Ster.-Ausg. Neuer Abdr. 12. (X, 711 S.) Leipzig 899. O. Holtze's Nachf. 3. 50; geb. in Halbfrz. n. 4.25

— Uebersicht, chronologische, der Geschichte Böhmens. Die zweckmäßigste Anleitung für Schulen und Alle, welche die Geschichte ihres Vaterlandes studiren wollen. gr. 16. (VI und S. 347—451 des 3. Bds. der „Geschichte des böhmischen Volkes" mit 1 Kpfr.) Leipzig 847, Slawische Buchh.

(J o r d a n, Dr. J. P. —) Neues Verfahren, Eisenbahnschwellen, Bergbau- und anderes Holz vor Verwitterung und Fäulniss zu conserviren. Prag, 1856. Druck von Carl Bellmann. (2 Bl. 4.)

— die Vorläufer des Hussitenthums in Böhmen. Aus den Quellen bearb. u. hrsg. gr. 8. (5 3/4 B.) Leipzig 846, Keil u. Comp. *

Jordán, Dr. J. S., Příruční slovník jazyka českého i německého. Handwörterbuch der böhm. und deutsch. Sprache. Deutsch-böhm. Theil. 4. Aufl. kl. 8. (559 S.) Prag, J. L. Kober. 1 fl. 60 kr. geb. 2 fl. 20 kr.
1883

Jordan, J. W. H.

— wjetscha czitanka, s. Czitanka.

Jordan, J. W. H., nowa mera a nowa waha a najnusnische wo dezimalach. Podawa serbski a nennski schulskim dzeczom prusskich a sakskich schulow a kozdemu kiz wo to rodzi. gr. 16. (16 S.) Leipzig 870, (Schmaler und Pech.) **

— **Immanuel Gottfried,** De vera natura juris repraesentationis in successione collateralium ab intestato ejusque effectibus. Exercit. jurid. Berlin (Georg Ludw. Winter) 1763. 28 S. (6.20) 17002
Gew.: Johann Georg Buchholtz.

Jordan, Johann

In aliquot Plutarchi vitae Ciceronianae capita commentarius. Scrips. Dr. Joan. J o r d a n u s, P. — 1837. Ibid. — S. 3—32.
Progr. Ansbach

Novi in Plutarchi vitam Ciceronis commentarii juventutis literarum studiosae usibus accommodati specimen. Scrips. Dr. Joannes J o r d a n u s, P. — 1833. Ibid. — S. 3—30.
Progr. Ansbach

Commentatio in Plutarchi vitae Alexandri capita aliquot, enarrandi in scholis ejusdem scriptoris specimen tertium. Scrips. Dr. J. Jordanus, G. P. — 1818. Ibid. — S. 3—23.
Progr. Ansbach

JOHANN JORDAN, Denkmal der Freundschaft dem verewigten Herrn Johann Wolf, der Philosophie Doctor, Professor und Inspector des k. Schullehrer-Seminariums, mehrerer gelehrter Gesellschaften, wie auch des pegnesischen Blumenordens Mitglied errichtet im Namen dieses Ordens. Nürnberg 1824. 4o.

Jordanus' Leben und Schriften nebst Probe einer deutschen Uebersetzung seiner Geschichte der Gothen mit Anmerkungen. Von Prof. Dr. Johann Jordan. — 1843. Ebend. — S. 1—28.
Progr. Ansbach

Jordan, Jh., Magazin f. Schlosser u. Freunde d. Schlosserkunst. 1e Abtheil. Mit 10 Steindr. Fol. Darmst. 826. Leske.

Observationes aliquot de scriptorum veterum in scholis lectione eorumque interpretationibus lingua vernacula per discipulos recte conficiendis conscribendisque. Scrips. Dr. Joan. Jordanus, P. — 1828. Ex off. typogr. Bruegeliana. — S. 3—20.
Progr. Ansbach

Jordan, Jh. Cph., Anweis. zum kunstmäßigen Brauen d. Weißbiers, Mit 2 Kpft. 8. Hannov. 799. Hahn. 16 gr

— **Jo. Christoph von,** De archi-pincernatu et connexione regni Bohemiae cum Imperio Romano-Germanico. Commentat. histor.-polit.-jurid. Edita primum dissertat. inaug. Prag 17. VIII. 1716. Lpz. (Jo. Christian Langenheim) 1740. 190 S. 8 Bl. (15.—) 17005

— de originibus Slavicis, opus chronol.-geogr.-historicum. II Tmi. fol. Viennae, Beck. 745.

Jordan, Jh. Grhrd., diss. de struma. 8maj. Gotting. 793. Dieterich. 5 gr

Jordan, Johann Heinrich

— Bemerkungen üb. die Trennung der Volksschule v. der Kirche. gr. 8. (26 S.) Nördlingen 848, Beck. 3 ngr

Jordan, Jh. Hnr., Bericht über die Feier des 18. u. 22. Febr. 1846 in Nördlingen nebst der am 22. Febr. gehalt. Predigt. gr. 8. Nördlingen 846, Beck. 1/12 ß

— Festgruß an die K. Bayer. Friedrich-Alexanders-Universität in Erlangen zu ihrer ersten Säcularfeier im J. 1843. gr. 8. Ebend. 843. n. 1/2 ß

Jordan, Joh. Heinr., der Hauptmann von Kapernaum als Ermunterung für uns zum Wirken für kirchlich bedrängte Glaubensbrüder. Predigt über Luc. 7, 1—6. mit Beziehung auf den Gustav-Adolph-Verein gehalten zu Nördlingen am 1. Juli 1852. gr. 8. (16 S.) Ansbach 852, Gummi's Buchh. Thlr.

Jordan, Joh. Heinr., In welcher Weise wir für das gedeihliche Bestehen unserer evangelischen Kirche sorgen sollen? Predigt über 1. Kor. 16, 13. 14. mit Beziehung auf den Gustav-Adolf-Verein gehalten zu Nördlingen am 14. Juli 1853. gr. 8. (14 S.) Ansbach 853, Gummi's Buchh. Thlr.

—— einige Kapitel über die Beichte. gr. 8. (43 S.) Ansbach 847, Dollfuß'sche Buchh.

— von der Noth leidender Glieder der evangel. Kirche. Predigt üb. 1. Kor. 12, 26. 27. m. Beziehung auf den Gustav-Adolph-Verein gehalt. zu Nördlingen am 10. Jul. 1851. gr. 8. (15 S.) Nördlingen 851, Beck. 2 ngr

Jordan, Joh. Heinr., Predigt im Trauergottesdienste wegen d. Ablebens d. Königin-Wittwe Friederike Wilhelmine Karoline v. Bayern. gr. 8. (1½ B.) Nördlingen 841, Beck'sche Bh.

— Predigt im Trauergottesdienste für Ihre Maj. die am 26. Oktbr. 1854 entschlafene Königin Therese von Bayern, geh. zu Nördlingen am 9. Novbr. 1854. Ebend. 854. gr. 8. (15 S.) 2 ngr.

—— Rede, gehalten bei der Erinnerungsfeier des Veteranenvereins zu Nördlingen. gr. 8. (1⅛ B.) Nördlingen 842, Beck'sche Buchh.

—— Rede am Grabe d. weil. k. bayer. Dekans rc. zu Nördlingen, Hrn. M. Joh. Phil. Beck, am 2. April 1840. gr. 8. (1¼ B.) Nördlingen, Beck'sche Buchh.

Jordan, Joh. Heinr., unter welchen Bedingungen kann die bürgerl. Freiheit wahrhaft heilsame Wirkungen haben? Predigt gehalt. zu Nördlingen am 19. März 1848. gr. 8. (14 S.) Ansbach 848, Gummi. 2 ngr

—— die hohe Würde d. christl. Predigtamtes. Antrittspred. gr. 8. (1½ B.) Nördlingen 837, Beck'sche Buchh.

Jordan, Jh. Ldw., mineralog. u. chem. Beobachtt. u. Erfahrr. Mit 1 Kpf. gr. 8. Götting. 800. Dieterich. 1 ß

Jordan. J. L. Mineralogische und chemische Beobachtungen und Erfahrungen. Göttingen. 1808. 8.

Jordan, Johann Ludwig: Disquisitio chemica evictorum regni animalis ac vegetabilis elementorum. 88 S., gbd., Tab.

Gottingae: typ.Dieterich 1799

JB 6.691

— u. Tr. L. Hasse, Magazin d. Eisen-, Berg- u. Hüttenkunde. 1r Jahrg. 1s Hft. gr. 8. Schöning. u. Quedlinb. 806.

Jordan. Reisebemerkungen, betreffend die Friedrichshütte bei Tarnowitz in Oberschlesien. Handschrift. Clausthal. 1819.

Jordan. Reisebemerkungen, betreffend die Messinghütte zu Hegersmühle bei Eberswalde. Handschrift. Clausthal. 1824.

— mineral. Berg- u. Hüttenmännische Reisebemerkk., vorzügl. in Hessen, Thüringen, am Rheine u. im Sayn-Altenkirchnerischen Gebiete. Mit Kpf. 8. Götting. 803. Dieterich. 1 ß 8 gr Pbg. Pr. 8 gr

Jordan, Johann Peter

Jordan, J. P. General-Schematismus der gesammten katholischen Kirche Oesterreich-Ungarns. Nach amtl. Quellen bearb. 2. Aufl. 1. Bd. West-Oesterreich. Lex.-8.. (IV, 428 S.) Wien 890. (Lpz., Rust.) * 6 —; cart. * 7 —

—— Schematismus der gesammten katholischen Kirche Oesterreich-Ungarns. Nach amtl. Quellen zusammengestellt. 1. Bd. 2 Abthlgn. gr. 8. (352; 448 S.) Wien 880,82, Expedition der „Weckstimmen für das kathol. Volk". à Abthl. * M 8. *

JORDAN, J(OHANN) P(ETER): Schematismus der gesamten Katholischen Kirche Oesterreich-Ungarns. Nach amtlichen Quellen zusammengestellt von Dr. J. P. Jordan, Ritter des Ordens vom Heiligen Gregor dem Großen. II. Band. Der römisch-katholische und griechisch-katholische Clerus von Ungarn mit Siebenbürgen, Croatien und Bosnien. Wien 1887: Selbstverlag. o. Dr. (Druck von Johann Nep. Vermay). 370 S. - 255 mm

—— Schematismus der gesammten katholischen Kirche Oesterreich-Ungarns. Nach amtl. Quellen zusammengestellt. 2. Bd.: Der römisch-kathol. und griechisch-kathol. Clerus von Ungarn mit Siebenbürgen, Croatien und Bosnien. Lex.-8. (IV, 370 S.) Wien 887, Administration des „Schematismus", I. Sonnenfelsgasse 17. * 8 —
1. Bd. 2 Abthlgn. Wien 1880,82, Exped. der „Weckstimme für das katholische Volk". * M 16.—.

Jordan, John, Spuren u. Andeutungen der uranfänglichen Sabbathfeier, in mehreren Einrichtungen u. Gebräuchen der alten Welt. Ein Wort an unsere Zeit. 8. (38 S.) Basel 848, Bahnmaier. 3 ngr

JORDAN, Jos.: Systemat. Darstell. des bürgerl. Rechts von Böhmen. 2 Thle. *Prag*, Barth. 796. 97. gr. 8. (1 Thl. 18 Gr.)

v. Jordan, Ritter Jos., Grundsätze über d. Abschätzung d. Landgüter rc. gr. 8. Prag 800. Widtmann. 1 fl 8 kr

Jordan, Jos. v., Grundsätze üb. d. Abschätzung d. Landgüter. Zur Prüfung d. Oeconomen, Forstverständigen u. Rechtsgelehrten. 2., nach ration. u. pract. Principien gänzl. umgearb. Aufl. v. Phil. Rethkögel. gr. 8. (21 ½ B.) Wien 839, Wallishausser.

— die Würde des Richteramtes. 8. Prag 814. Enders. 6 kr

Jordan, Jul., Konstruktions-Elemente assyrischer Monumental-Bauten, s. Beiträge zur Bauwissensch. 18. Heft.

Dr.-Ing. Julius **Jordan**. Konstruktions-Elemente assyrischer Monumentalbauten. Berlin: Wasmuth 1910. IV, 42 S. 4°(8°)
Dr.-Ing.-Diss. Dresden.
(Beiträge z. Bauwissenschaft. H. 18.) A 10.10937

Jordan, Jul., s.: Litteratur-Bericht, theologischer.

— s.: Vierteljahrsbericht aus dem Gebiet der schönen Literatur u. verwandten Gebieten.

Jordan, K., die Polizeiverordnungen u. sonstige polizeil. Vorschriften f. den Reg.-Bez. Oppeln, s.: Lenz, A.

Jordan, K. A., Blücher u. Wellington, ein Erinnerungswort. An Napoleons neuere deutsche Lobredner. gr. 8. (15 S.) Gumbinnen 852, Sterzel in Comm. n. 2 ngr

Jordan, Karl: Die Entwicklung der bayrischen Aktiengesellschaften nach ihren Geschäftsgrundlagen und Geschäftsergebnissen in den Jahren 1884—1905. Tübingen: Kloeres 1909. VII, 87 S. 8°
Tübingen, Staatsw. Diss. v. 4. Aug. 1909, Ref. Fuchs
(Nur in beschränkter Anzahl für den Austausch)
[Geb. 9. Mai 79 Darmstadt; Wohnort: Darmstadt; Staatsangeh.: Hessen; Vorbildung: Realsch. Darmstadt; Studium: Leipzig Handelshochsch. 4, Tübingen 9 S.; Coll. 9. Juli 08.] [U 09. 3979

Jordan, Carl, praktisches Handbuch der Rindviehzucht, oder vollständ. Anleitung zur Zucht, Pflege und Nutzung des Rindes. Für Landwirthe des nördl. Rußlands, besonders aber der St. Petersburg zunächst liegenden Gouvernements. (Von dem kaiserl.-russ. Ministerio der Reichsdomainen gekrönte Preisschrift.) gr. 8. (X und 388 S. mit 47 in den Text gedr. Fig. in Holzschn. und 11 lithogr. Taf. in gr. 8., qu. gr. 4. und qu. Fol. mit 111 Abbild.) Dorpat 852, (Glaeser's Verlag.) *

Bad Harzburg und Umgebung. Gez. von Carl **Jordan** u. Ferd. Rössler 1894/95. Herzogl. Braunschweig. Landesaufnahme, 1897. Maasst 1: 10,000. *Hildburghausen & Stuttgart 1897: H. Petters.* (1 Kartenbl. 75 × 90 cm.) gr. 2° [kol.] [illegible] 3

Reliefkarte **Harzburg-Brocken**. Bearb. nach amtl. Material durch Herzogl. Landesaufnahme. (Gez. 1896–97 von C. **Jordan** u. Ferd. Rösler). Hrsg. auf Veranl. d. Herzogl. Badecommissariats in Bad Harzburg. Maassst. 1: 25,000. *Harzburg: H. Wolday in Comm. [1900].* (1 Kartenbl. 42 × 51 cm.) 8° [Umschlagt.] [Farbig] [illegible]

Jordan, Carl, den Helden der Barrikaden. 3 Gedichte. gr. 8. (8 S.) Halberstadt 848, Frantz.

Jordan, Karl [aus Ahlstedt in Hannover]: **Die Schmetterlingsfauna Göttingens** .... Alfeld, Buchdr. F. Stegen, 1885: VI + 58 S. 8°.
Göttingen, Phil. Fak., Inaug. Diss. v. 1885.

Jordan, K., die Schmetterlingsfauna Nordwest-Deutschlands, s. Jahrbücher, zoologische.

Jordan, Karl Adolph

— Annotationes criticae in orationem Ciceronis pro Flacco. Pr. 1868. 9 S. 4°.

— Commentatio de codice Tegernseensi orationis Tullianae pro Caecina. Pr. 1848. 23 S. 1.—

Jordan, C. Ad. De Codicibus scr. lib. IV. et V. orationum Verrinarum. 7 S. Halberstadt, Progr. 1850

Jordan, Carolus Adolphus: Commentarii in Ciceronis orationem pro Caecina.
Halle-Wittenberg, Phil. Diss. v. 30. Aug. 1830
Geb. [Wernigerode 13. 6. 1808]
Ms. fehlt. — Vom Verf. ersch.: Specimen quaestionum Tullianarum. [Von d. Rede pro A. Caecina.] Halberstadt 1834: Schönrock. 15 S. 8° (4°) Domgymn., Progr. Commentatio de codice Tegernseensi orationis Tullianae pro Caecina. Lipsiae: Koehler 1848. 23 S. 8° Halberstadt, Domgymn., Progr. — Verf. gab heraus: Cicero, M. Tullius: Oratio pro A. Caecina. rec. Car. Ad. Jordan. Lipsiae: Koehler 1847. X, 304 S. 8° (Cicero: Orationes ed. Car. Halm. vol. 2, 1.)

Jordan, C. A., Specimen quaestionum Tullianarum. Pr. 1834. 15 S. 4°.

Jordan, C. A., Specimen quaestionum Tullianarum. 4 maj. (2 B.) Halberstadii 834, Schönrock. Thlr.

Jordan, C. A., Quaestionum Tullianarum particula. Pr. 1864. 14 S. 4°

Jordan, C. A., quaestionum Tullianarum particula. 4. (14 S.) Soest 866. (Berlin, Calvary und Comp.) *

Jordan, Karl Friedrich

Jordan, Karl F., Arithmetik u. Algebra, s.: Wie bestehe ich — Planimetrie, meine Prüfung?

Jordan, Karl Friedr., Dr.: Die Bedeutung der Ätherhypothese für die magnetisch-elektrischen Erscheinungen. Mit 17 Abb. *Berlin: R. Gaertner 1901.* (22 S.) 4° ¶ (Soll fortgesetzt werden.)
Berlin, Luisen-S, OP 1901**

Jordan, Karl Friedr., die Bedeutung der Atherhypothese f. die magnetisch-elektrischen Erscheinungen. Progr. 4. (22 S. m. 17 Abbildgn.) Berlin 901. [R. Gaertner.] Weidmann. n. 1.—

Jordan, Karl Frdr., die moderne Bühne u. die Sittlichkeit. 2. Aufl. gr. 8. (63 S.) Berlin 891. (Leipzig, R. Werther.) n. — 60

Jordan, Karl Friedr. Die moderne Bühne u. die Sittlichkeit. 1.—3. Aufl. gr. 8. (63 S.) Berl. 891, Rehtwisch u. Seeler. * 1 —

— Röntgens Entdeckung, s. a. Fragen d. öffentl. Lebens.

[J.] Röntgens Entdeckung. Von Dr. K[arl] F[riedrich] **Jordan**. (4. Taus.) *Berlin: Kritik-Verl. 1896.* (SA. a. d. 'Kritik'. H. 81. 82.) (10 S.) 1 Bd 8.
— Fragen d. öffentlichen Lebens. H. 4. [96. [illegible]

Jordan, K. F., Goethe — und noch immer kein Ende, s. Sammlung gemeinverständlicher wissenschaftlicher Vorträge.

Jordan, K. F., Grundriss d. Physik nach d. neuesten Stande d. Wissenschaft. Zum Gebr. an höh. Lehranst. u. z. Selbststudium. gr. 8. (V, 265 S. m. 142 Abb.) Berlin 898. J. Springer. Geb. in Leinw. n. 4.—

Heil der Jugend! Festspiel in 1 Akt von Karl Friedr. **Jordan**. (Berlin: Selbstverl. [1899].) (16 S.) 8° [08. 11363

— **Ulrich v. Hutton, e. Vorläufer unserer Zeit,** s.a **Kulturträger**.

Jordan, C[arl] F[riedrich]. Ulrich von Hutten, ein Vorläufer unserer Zeit, von Prof. Dr. K. F. J'. [Mit 2 Porträts.] 86 S. 8. Berlin und Leipzig, Hermann Seemann Nachfolger, [1908]. (M. 1.—, geb. 1.60)

(Kulturträger. Schilderungen bedeutender Männer von heute und einst, in allgemein verständlicher Darstellung. Bd. 20.)

— **Morgenglühen!** Oden u. Lieder e. Antimodernen. 12. (VIII, 75 S.) Berlin 893. Rehtwisch & Langewort. n. 1.—; geb. m. Goldschn. n. 2.—

—— Das Rätsel d. Hypnotismus u. seine Lösung. 2. umgearb. u. stark verm. Aufl. der Schrift: „Das Rätsel d. Hypnotismus". gr. 8. (79 S.) Berl. 892, Dümmler's Verlag. * 1 20

—— dass. — s.a **Abhandlungen**, allgemeinverst. naturwissensch.

— s.: **Schule der Pharmacie.**

Jordan, Karl Friedr. [aus Berlin]: Die Stellung der Honigbehälter und der Befruchtungswerkzeuge in den Blumen. Organographisch-physiologische Untersuchungen .... (Sep.-Abdr. aus „Flora", Jg. 1886.) Halle a. S., 1886; 58 S. u. 2 Taf. 8°.

Halle. Phil. Fak., Inaug. Diss. v. [17. Mai] 1886.

— **Untersuchgn. üb. d. Theorie d. Magnetismus etc.,** s.: **Dreher, Eug.**

— **das Verhältnis v. Naturwissenschaft u. Religion im Unterricht** Progr. 4. (29 S) Berlin 893. R. Gaertner. n. 1.—

Jordan, Carl Samuel von (Schles. Adel), **De jure nobilium ducatus Oppoliensis et Rattiboriensis.** Disp. jur. Präs. Samuel Friedrich Willenberg. Frankfurt a. O. (Tobias Schwartz) 1. X. 1700. 36 S. (6.80) 17001

Widm. v.: J. C. Frh. v. Willich & Lottum, Präs., Georg Matthiasch, J. G. v. Geuder gen. Rabensteiner.

Jordan, Konrad [aus Falkendorf]: Über Abkömmlinge der Parasalicylaldehydsäure, der Meta- und Paramidobenzoësäure. . . . Erlangen, Druck d. Universitätsbuchdr. v. Junge & Sohn, 1889; 30 S. 8°

Erlangen, Phil. Fak., Inaug.-Diss. v. 1889

Jordan, L., Meeresgrüße, s.a **Bevensee, H.**

[F.] (Deckelt.: Meeresgrüsse.) Liedersammlung z. Gebr. f. Marine-Vereine u. deutsche Seeleute. [1. Aufl.] Ges. u. hrsg. v. L. **Jordan** u. H. Bevensee-Hohenwestedt ... Selbstv. *Kiel: Dr. v. C. Jansen 1895.* (XVI, 264 S.) 1 Bd 8. [95. 5710

[F.] 'Meeresgrüsse!' Liedersammlg f. d. Deutsche Marine u. d. Deutschen Marine-Vereine. Ges. v. H. Bevensee-Hohenwestedt u. L. **Jordan**-Berlin. 3. Aufl. *Kiel: C. Jansen [1898].* (XV, 216 S., 1 Portr.) 1 Bd 8. [98 5011

Jordan, L. A. v., Erinnerungsblatt an das Passions-Spiel in Oberammergau und Mahnung zu dessen Besuch im J. 1890. Lex.-8. (III, 40 S.) Magdeburg 880, (E. Baensch jun.)

Jordan, L. A. v.: Zur Steuerbewilligungs- u. Steuerverweigerungs-Frage. Berlin 1849. 8°

Jordan, L. A. v.: Die Verwaltung der indirekten Steuern in der Prov. Sachsen in den fünfzig Jahren von 1825–1875. Gedenkblatt an den 25. Jan. 1875 als der fünfzigjährigen Jubelfeier der Provinzial-Steuerdirection in Magdeburg. Als Manuscript gedruckt. Magdeburg: Friese 1875.

Jordan, Leo: Über den altfranzösischen Abenteuerroman **'Cristal et Clarie'.** *Bonn 1899: C. Georgi.* (66 S.) 8°

Bonn, Phil. Diss. v. 7. März 1899

Jordan, Leo, über Boeve de Hanstone, s.a **Zeitschrift f. roman. Philologie. 14. Beiheft.**

Über Boeve de Hanstone von Leo **Jordan**. Halle a. S.: M. Niemeyer 1908. (VIII, 107 S.) 8°
= **Zeitschrift** f. romanische Philologie. Beih. 14. [08. 7734 3

Jordan, Leo (Hrsg.), s. Gedichte eines Lombardischen Edelmannes des Quattrocento.

Jordan, Leo: Die Sage von den vier Haimonskindern. Erlangen 1905: Junge & Sohn. (X, 190 S.) 8° ¶ [Erschien auch selbständig 1905 im Verlag von Fr. Junge in Erlangen (X, 198 S.).]

München, Phil. Hab.-Schr. v. 1905

(Nicht für den Austausch)

Jordan, Leo: Verkehrsdichte auf der Ostsee im Jahre 1905. Königsberg i. P.: Schwarz 1909. 72 S. 8°

Königsberg, Phil. Diss. v. 18. Mai 1909, Ref. Hahn

[Geb. 26. Jan. 85 Gumbinnen; Wohnort: Königsberg i. P.; Staatsangeh.: Preußen; Vorbildung: Gymn. Gumbinnen Reife O. 03; Studium: Königsberg 11 S.; Rig. 1. März 09.] [U 09. 2403

Verhütung und Heilung des Stotterns. Nebst e. Einleitung d. Hrsg. über Sprache u. Sprachstörungen mit 5 Text-Ill. Von Louis **Jordan**-Leipzig. Berlin: Vorwärts 1907. (16 S.) 8° [F.]
= **Arbeiter-Gesundheits-Bibliothek**. H. 14. [08. 1691

— dasselbe, s.a **Arbeiter-Gesundheits-Bibliothek**.

Jordan, Louis, Verhütg. u. Heilg. des Stotterns. Nebst e. Einleitg. d. Hrsgs. üb. Stimme, Sprache u. Sprachstörgn. 2. Aufl. (16 S. m. 5 Abb.) 8. Berlin 910. Buchh. Vorwärts. —50

Jordan, Ldw., über den Begriff u. die Strafe des Kindesmordes nach der peinlichen Gerichtsordnung Karls V. mit Rücksicht auf das römische u. altgerman. Recht. Ein Beitrag zur Interpretation der Artikel 35, 36 u. 131 der Carolina. gr. 8. Heidelberg 844, Mohr. 5/6 ℔

Jordan, Ludwig: Metrik und Sprache Rutebeufs. . . . Wolfenbüttel, Druck v. Otto Wollermann, 1888; 1 Bl. + 72 S. + 1 Bl. 8°

Göttingen, Phil. Fak., Inaug.-Diss. v. 7. März 1888

Jordan, Edw. Hnr., über d. Billigkeit bei Entscheidung d. Rechtsfälle. 2 Theile. 8. Götting. 804—14. Dieterich. 2 ℔ 8 gr

— **Miscellen.** Zunächst richterl. Behörden u. Sachwaltern gewidmet. gr. 8. Halle 826. Renger. 21 gr

Jordan, Edw. Hnr., Miscellen etc. 1826. Jetzt Heymann in Berlin. 7/8 ℔

Jordan, M.

— Der Erzählungsstil in den Kampfszenen der Ilias. Diss. 1905. 141 S.

Jordan, M., s. Richter u. Traenka.

Jordan, M. S., die Darstellung des Guss-Stahls durch Frischen von Roheisen mittelst Erhitzung durch intermoleculare Verbrennung. Mitgetheilt aus den Memoiren der Société des Ingenieurs civiles von Frz. Kupelwieser. gr. 4. (8 S.) Wien 870, Manz. *

Aus: Zeitschrift für Berg- und Hüttenwesen, besonders abgedruckt.

Jordan, M. Th. L., Beschr. mehr. v. ihm erf. Rechenmaschinen. 1r Thl. gr. 8. Stuttg. Ehrhard. 798.

Jordan, Max, Anleitung zur Einführung der neuen Geschäftsordng. f. Bürgermeisterämter, s.: Richter, Ant.

—— s. Crowe, J. A., und G. B. Cavalcaselle, Geschichte der italien. Malerei.

—— s. Crowe, J. A., und G. B. Cavalcaselle, Tizian.

Einladung zur öffentlichen Probe-Vorlesung, welche Dr. Max **Jordan** zur Erlangung der Venia legendi bei der medicinischen Facultät der Ruprecht-Carls-Universität zu Heidelberg Freitag, d. 5. Mai 1893 ... abhalten wird. Thema: Die Entwickelung der modernen Wundbehandlung. *Heidelberg*, Druck v. J. Hörning, *1893*; 1 Bl. 8.
(Nicht für den Austausch)

Jordan, Max. Gedächtnissrede auf Gustav Jäger, gehalten am 26. November 1871. (Die Königl. Kunstakademie und Kunstgewerbeschule in Leipzig, Amtl. Bericht des Directors der Akademie Ph. L. Nieper.)

Jordan, Max, Geselschap, s. a. Künstler-Monographien. 86. Bd.

Geselschap. Von Max **Jordan**. Mit 92 Abb. nach Gemälden u. Zeichnungen. Bielefeld & Leipzig: Velhagen & Klasing 1906. (86 S.) 4°(8°) [F.]
= **Künstler-Monographien**. 86. [07. 4344

Jordan, Max, die alte Kaiserstadt Goslar, s.: Hertel, Alb.

—— **s. Grosse's, Thdr., Fresco-Malereien.**

Kartons zu den Fresken der Fürstengruft in Berlin (Campo Santo). Siebzehn Photographien nach den Originalen. Text von Dr. Max Jordan. Berlin. gr. Fol.

Jordan, Max. Kataloge der K. National-Galerie. Berlin. 8°. 1876; 1885; 1891.

Jordan, Max, Katalog der königlichen National-Gallerie zu Berlin. 9., vervollständ. Aufl. Beschreibender Theil: Das Gebäude. — Geschichte der Sammlung. — Verzeichniss sämtl. Kunstwerke. 8. (LV, 316 S. m. 3 Grundrissen u. 113 S. Abbildgn.) Berlin 891. National-Gallerie. Nicht im Handel.

Katalog der Königlichen National-Galerie zu Berlin v. Dr. Max **Jordan**. 10. vervollst. Aufl. ... M. 3 Grundrissen. *[Berlin]: E. S. Mittler & Sohn 1897.* (LVIII, 355 S., 1 Taf.) 1 Bd 8. 98. 4466

Katalog der Königlichen National-Galerie zu Berlin. Von Dr. Max Jordan. 11. vervollst. Aufl. ... Mit 3 Grundrissen. (Berlin): Mittler 1898. LVI, 374 S. 8° A 12.2119

— Koner, s. a. Künstler-Monographien.

Koner. Von Max Jordan. Mit 75 Abb. *Bielefeld & Leipzig: Velhagen & Klasing 1901.* (80 S.) 4°(8°) [F.]
= Künstler-Monographien. 56. [02. 8766

Jordan, Max, das Königthum Georg's von Podebrad. Ein Beitrag zur Geschichte der Entwickelung des Staates gegenüber der kathol. Kirche, zumeist nach bisher unbekannten und in Auswahl mitgetheilten Urkunden dargestellt. gr. 8. (XXIV und 586 S.) Leipzig 861, Breitkopf und Härtel.

—— das Malerbuch des Lionardo da Vinci. Untersuchung der Ausgaben und Handschriften. Lex.-8. (VI, 106 S. mit eingedr. Holzschn.) Leipzig 873, Seemann.
Aus: Jahrbücher für Kunstwissenschaft, besonders abgedruckt.

Jordan, M(ax): *De membrana vegetabili. 73 S. 4° und [deutsch] Ueber den vegetabilischen Membranstoff. 83 S. 4°
Halle-Wittenberg, Phil. Diss. v. 26. März 1850
Geb. Berlin [26. 10.] 1818. V.

— s.: Menzel, Adolf. Das Werk A. M's.

Jordan, **Max.** Ode zum Gedächtniss Ihrer Maj. der hochseligen Kaiserin u. Königin Augusta, vorgetragen bei der Trauerfeier der königl. Akademie der Künste zu Berlin am 12. Febr. 1890. gr. 4. (7 S.) Berl. 890, (Mittler u. Sohn). * — 75

— M., Die Odyssee in Preller's Darstellung. Gel. 1873. 22 S. 4°.

Jordan, Max [Dr. med., 1. Assist. d. chir. Universitätsklinik]: Die akute Osteomyelitis m. bes. Berücks. ihres Verhältnisses zu d. pyogenen Infektionen auf Grund klinisch-bakteriologischer Beobachtgn, sowie d. jetzigen Standes d. Bakteriologie bearb. ... (Aus: Beitr. z. klin. Chir., Bd. X Heft III.) Tübingen, H. Laupp, 1893; 1 Bl., 168 S. 8.
Heidelberg, Med. Fak., Hab.-Schr. v. [5. Mai] 1893

Jordan, M. Pietro Perugino. (Dohme, Kunst und Künstler. Abth. 2, Bd. I.)
Gutbier. Museum d. ital. Malerei in Original-Photogr. XV.

— s.: Preller, Friedrich, der Jüngere.

– (Hrsg.), s. Preller, Friedrich: Figuren–Fries zur Odyssee.

—— s. Preller, **Friedr., italienisches Landschaftsbuch.**

Jordan, Max. Rede bei der Trauerfeier der Königl. Akademie der Künste zum Gedächtniss weiland Seiner Majestät des Kaisers Friedrich. Berlin 1888.

Jordan, Max. Rede bei der Trauerfeier der Königl. Akademie der Künste zum Gedächtniss weiland Sr. Majestät des Kaisers Wilhelm I. am 22. März 1888. Berlin 1888. 4°.

– (Hrsg.), s. Stammbuch der National-Galerie.

Jordan, M., Tizian, s.: Kunst u. Künstler d. Mittelalters u. der Neuzeit.

Tizian-Ausstellung. Katalog von Dr. M. Jordan. Berlin 1878. Ausstellung des Vereins Berliner Künstler.

Jordan, Max, —— Pietro Vanucci gen. Perugino und die älteren Umbrier, s. Kunst und Künstler des Mittelalters und der Neuzeit.

Jordan, Max. Die Verbindung für historische Kunst. (Mit Abbildungen von Gemälden, die von derselben erworben sind.) Oldenburg, Berlin und Barmen 1891. Fol.

—— beschreibendes Verzeichniss der Kunstwerke in der königl. National-Gallerie zu Berlin. Mit 2 Grundrissen (Holzschntaf.). 1. und 2. Aufl. 8. (VIII, 329 S.) Berlin 876, Mittler und Sohn.

Jordan, M. Beschreibendes Verzeichniss d. Kunstwerke in der Königl. National-Gallerie zu Berlin. 3. Aufl. Berlin 1877. 8.

Beschreibendes Verzeichniss der Kunstwerke in der Königl. National-Galerie zu Berlin v. **Max Jordan.** Mit 3 Grundrissen. 4. Aufl. (Berlin.) 1878. 8°.

—— s. Wach, Karl Wilh., die Musen im königl. Schauspielhause zu Berlin.

— die Wandgemälde im Kaiserhaus zu Goslar. s.: Wislicenus, H.

Jordan, Max, das Werk Adph. Menzels, s.a. Monzol, Adolph.

—— s.a. Werk, das, Adolf Menzel's.

Das Werk Adolf Menzels 1815–1905. Mit e. Biographie d. Künstlers von Max **Jordan**. München: F. Bruckmann 1905. (VII, 104 S., 21 Taf.) 4°
[05. 11329 4

— s.: Wislicenus, Herm., die Wandgemälde im Kaiserhaus zu Goslar.

Jordan, Max, Referendar: Freigebige Zuwendungen von Todes wegen nach dem Rechte des Bürgerlichen Gesetzbuchs und nach gemeinem Recht. Borna-Leipzig 1909: Noske. VI, 106 S. 8°
Leipzig, Jur. Diss. v. 5. Juli 1909
[Geb. 26. April 83 Magdeburg; Wohnort: Berlin; Staatsangeh.: Preußen; Vorbildung: Gymn. Mühlhausen i. Th. Reife O. 01; Studium: Leipzig 1, Genf 1, Berlin 1, Genf 1, Berlin 1, Paris 1, Berlin 3 S.; Rig. 2. Aug. 06.]
[U 09. 2557

Jordan, Michael [app. Arzt aus Falkendorf]: Baktereoscopische Untersuchungen bei Urethritis, Colpitis und Cervicalkatarrh ... Würzburg, Druck v. F. Fromme. 1894; 35 S. 8.
Würzburg, Med. Fak., Inaug.-Diss. v. 1894

Jordan, Otto

Jordan, O. (Hrsg.), s. Anzeiger, Evangelisch-Kirchlicher, v. Berlin. Jge. 19-22.

JORDAN, OTTO. Ueber Azoverbindungen der Metasulfobenzosäure. Greifswald, 1880.

— Von und für Diakonissen. Aus 25j. Arbeit im Halle'schen Diakonissenhause. (180 S.) Ebd. 1897.

[J.] Von und für Diakonissen. Aus fünfundzwanzigjähr. Arbeit im Halleschen Diakonissenhause v. O[tto] Jordan, Pastor ... in Halle. 2. Aufl. *Halle a. S.: E. Strien 1897.* (2 Bl., 180 S.) 1 Bd 8. [98. 1063

Jordan, O., von u. für Diakonissen. Lose Blätter v. Lebensbaum e. Siebzigers. 3. überarb. u. erweit. Aufl. (IV, 217 S.) 8. Halle (909). Gr. Salze, E. Strien. 2.20; kart. 2.50; geb. in Leinw. 2. 80

Das Diakonissenhaus für die Provinz Sachsen zu Halle a. S. 1857–1907. Eine Denkschrift zu der am 3. Juli stattfind. Jubelfeier d. Anstalt v. Pastor [Otto] **Jordan**. Halle a. S. 1907: Plötz. 115 S. 4°(8°) [09. 13160

Jordan, O., Heimaths-Grüsse an Freunde der inneren Mission. 8. (76 S.) Halle 886, Mühlmann's Verlag. * 1 —

Jordan, O., a. d. Leben in e. Diakonissenhause. 8. (127 S.) Halle 895. E. Strien. n. 1. 50

Jordan, O., ein Leben in Liedern. 2. verm. Aufl. der Schlichten Lieder aus Freud u. Leid. (187 S.) 8. Halle (905). E. Strien. Geb. in Leinw. n. 2. 50

— schlichte Lieder aus Freud u. Leid. 8. (91 S.) Ebd. 896. Geb. n. 1. 40

Jordan, O., die Innere Mission unter der männlichen Jugend. Verhandlungen der 7. internationalen Conferenz der Jünglingsvereine von Deutschland, Holland, Belgien, Schweiz, Frankreich und Amerika. Im Auftrage der Conferenz hrsg. 8. (VI, 134 S.) Halle 875, Fricke.

Jordan, Otto, a. Werden: Johan du Vingnai und sein Kirchenspiegel. Halle a. S. 1905: C. A. Kaemmerer. (75 S.) 8°
Halle, Phil. Fak., Ref. Suchier, Diss. v. 13. Dez. 1905
[Geb. 11. Febr. 71 Werden a. Ruhr; Wohnort: Bochum; Staatsangeh.: Preußen; Vorbildung: Gymn. Eisleben Reife M. 90; Studium: Berlin 1, Lausanne 1, Halle 10 S.; Rig. 10. März 05.]

Jordan, P., pro domo. Erwiderung auf die Broschüre des Gymn.-Dir. Dr. Pilger: Ueber das Verbindungswesen auf norddeutschen Gymnasien. gr. 8. (21 S.) Luckau 880. (Berlin, Gaertner's Verlag.)

Jordan's, Paul, Bedenken üb. d. zu fürchtenden traur. Folgen d. Mysticismus. In e. Sendschreiben an e. angeseh. jungen mystischen Geistlichen im Hrzgth. Sachsen. gr. 8. (4¼ B.) Altenburg 830. (Leipzig, Nauck.)

Jordan, Paul: Beiträge zur Geographie und Statistik des Gouvernements Ehstland nebst einem Anhang: „Ueber die Bauerburgen". -- Reval 1889: „Revaler Beobachter". 96 S.

Jordan, Paul. Beiträge zur Geographie u. Statistik d. Gouvernements Ehstland, nebst e. Anh.: „Ueber die Bauerburgen". 8. (IV, (96 S.) Reval 889, (Wassermann). * 4 —

Jordan, Paul (Hrsg.), s. Beiträge zur Statistik des Gouvernements Ehstland.

Jordan, Paul [aus Birkigt in Böhmen]: Die Entwickelung der vorderen Extremität der anuren Batrachier .... Leipzig, Druck v. Alexander Edelmann, Univ.-Buchdr., 1888; 56 + 1 S. u. 2 Taf. 8°
Leipzig, Phil. Fak., Inaug.-Diss. v. 18. Jul. 1888

Jordan, Paul (I.), die Entwickelung der vorderen Extremität der anuren Batrachier. Inaugural-Dissertation. gr. 8. (55 S. mit 2 Taf.) Leipzig 885, (Fock.) * 2 50

Jordan, P., die Entwickelung der vorderen Extremität der anuren Batrachier. Inaug.-Diss. gr. 8. (55 S. m. 2 Taf.) Leipzig 888. (Fock.) n. 2. 50

Jordan. Paul. s.: Ergebnisse d. Revaler Handelsstatistik.

—— s. Ergebnisse der ehstländischen Volkszählung.

Jordan, Paul, Geschichte der ehstländischen literarischen Gesellschaft f. die Zeit von 1842 bis 1892. Zu der am 10. Juni 1892 stattfind. Feier des 50jähr. Bestehens der Gesellschaft verf. u. in deren Namen hrsg. gr. 8. (92 S.) Reval 892. (F. Kluge.) n. 2. 50

Jordan, Paul: Ueber Colonisation in Paraguay. — Wien: Kreisel & Gröger 1894. 24 S. Aus: „Export".

Jordan, Paul: Der cimbrische Küstentypus in seiner Erstreckung von Kap Skagen bis Kiel. *Leipzig 1903: Deutsche Verlagsdr.* (64 S.) 8°
Leipzig, Phil. Diss. v. 1903

Jordan, Paul (II.), die Resultate der ehstländischen Volkszählung vom 29. Decbr. 1881 in textlicher Beleuchtung. gr. 8. (160 S. mit 4 graph. Darstellungen.) Reval 886, Lindfors' Erben. * 6 —

Jordan, P., die Resultate d. Volkszählung d. Stadt Reval am 16. Novbr. 1871, s.a. Beiträge zur Statistik des Gouvernements Esthland.

Jordan, Paul: Die Resultate der Volkszählung der Stadt Reval am 16. Nov. 1871. — Reval: Kluge & Ströhm in Comm. 1874. VIII, 151, XVIII S. mit 8 graph. Darst. (Beiträge zur Statistik des Gouvernements Ehstland. Bd 3.)

Jordan, Paul, Rechtsprakt.: Die Vertretungsmacht des gesetzlichen Vertreters nach bürgerlichem Recht und Handelsrecht. Mannheim 1909: Katz. 112 S. 8°
Heidelberg, Jur. Diss. v. 13. Juli 1909, Ref. Schröder
[Geb. 20. März 83 Mannheim; Wohnort: Mannheim; Staatsangeh.: Baden; Vorbildung: Gymn. Mannheim Reife Sommer 01; Studium: München 2, Berlin 2, Freiburg i. B. 1, Heidelberg 2 S.; Rig. 18. Dez. 08.] [U 09. 1819

Jordan, Paul, die Zählung in Reval, s. Ergebnisse der baltischen Volkszählung vom 29. Decbr. 1881.

(Jordan.) Кратное руководство въ географiи Россiйской имперiи въ Физическомъ и Политическомъ отношенiи. Составилъ Павелъ Iорданъ. перевелъ съ Нѣмецкаго И. П. Reval 857. Kluge. gr. 8. (VIII, 112 S.) n. 16 *мр.*

Jordan, Peter, die Leyenschul, s. Schriften, vier seltene, des 16. Jahrh.

Jordan, Reinhard

Jordan, Reinh. De fontibus Appiani in bellis Mithridaticis enarrandis. (112) 8 Gottingae 1872

[Die Abschiedsfeier für den ausscheidenden Direktor Drenckhahn.] [Aus dem „Mühlhäuser Anzeiger".] S. 7—10 der Schuln. 4. *Progr.*

Jordan, Reinhard (Hrsg.), s. Altenburg, Ernst Gottlieb: Geschichte des Streites. . .

Jordan, Reinhard (Hrsg.), s. Bader, Wilhelm: Inscriptionis Mulhusinae.

Jordan, R*einhard* [Prof. Dr.]: Beiträge zur Geschichte des städtischen Gymnasiums in Mühlhausen i. Thür. Mühlhausen i. Thür., Druck v. G. Danner, 1895; 39 S. 8.
Mühlhausen i. Thür., G u. RPG, OP 1895 (245)

Jordan, R*einhard* [Prof. Dr.]: Beiträge zur Geschichte des städtischen Gymnasiums in Mühlhausen i. Thür. II. [Forts. d. P-Beil. 1895.] Mühlhausen i. Thür., Druck v. E. W. Röbling, *1896;* 43 S. 8.
Mühlhausen i. Thür., G u. RPG, OP 1896 (240)

Jordan, R*einhard* [Prof. Dr.]: Beiträge zur Geschichte des städtischen Gymnasiums in Mühlhausen i. Thür. III. [Forts. d. P-Beil. 1895. 96.] Mühlhausen i. Thür., Druck v. G. Danner, *1897;* 48 S. 8.
Mühlhausen i. Thür., G u. RPG, OP 1897 (240)

Jordan, R[einhard], Prof. Dr.: **Beiträge** zur Geschichte des städtischen Gymnasiums in Mühlhausen i. Thür. 4. *Mühlhausen i. Thür. (1899): Danner.* (48 S.) 8° ¶[Forts. d. P-Beil. 1895—97.]
Mühlhausen i. Thür., G u. RPG, OP 1899 (253)

Jordan, R[einhard], (Prof. Dr.): **Beiträge** zur Geschichte des städtischen Gymnasiums in Mühlhausen i. Thür. 5. *Mühlhausen i. Th. (1900): Danner.* (48 S.) 8° ¶[Forts. d. P-Beil. 1895—97. 99.]
Mühlhausen i. Th., G u. RPG, OP 1900 (257)

Jordan, Reinhard: Kleine Beiträge zur Geschichte des Gymnasiums. Mühlhausen i. Th.: Danner (1909). S. 3—7. 8°
Mühlhausen i. Th., G OP 1909 (332) [S 09. 230

[Bericht über die Einführung des Direktors Bruno Hebestreit.] [Aus dem „Mühlhäuser Anzeiger".] S. 10—11 der Schuln. 4. **Progr.** Gymn. *Mühlhausen i. Thür.* 1909 (332).

Jordan, R., Chronik der Stadt Mühlhausen in Thüringen. 1. Bd. (—1525) m. Abbildgn. u. Plänen. gr. 8. (XII, 228 S.) Mühlhausen i/Th. 900. (C. Albrecht. — Heinrichshofen.) n.n. 5. —; geb. n.n. 6. —

Jordan, R., Chronik der Stadt Mühlhausen in Thüringen. II. u. III. Bd. gr. 8. Mühlhausen i/Th., (Heinrichshofen.) n.n. 8. 50; geb. n.n. 10. 50
II. 1526—1599 (1604). m. 4 Abbildgn. u. 1 Plane. (VII, 200 S.) 903. n.n. 4. —; geb. n.n. 5. —
III. 1600—1770. (V, 231 S. m. 1 farb. Taf.) 906. n.n. 4. 50; geb. n.n. 5. 50

Jordan, R., Chronik der Stadt Mühlhausen i. Thür. 4. Bd., 1770—1890, m. Abb. (175 S. m. 4 [1 farb.] Taf.) gr. 8. Mühlhausen i/Th. 908. Danner'sche Buchdr. 4.50; geb. 5. 50
Bd. 1—3. Jetzt: Ebd. 900—06. à 4.50; geb. 5.50.

— Außgetrückte emplössung des falschen Glaubens der vngetrewen welt usw., s.: Muntzer, Thom.

— Aus der Franzosenzeit (1800—1807), s. a. Aus alter Zeit. 2. Heft.

Aus der Franzosenzeit ⟨1800—1807⟩ von Prof. Dr. R[einhard] Jordan. Mühlhausen i. Th.: Danner 1908. (51 S.) 4°(2°) [F.]
= **Zeit**, Aus alter. N. F. H. 1. [08. 14197

— zur Geschichte der Stadt Mühlhausen in Thür. I.—IV. Heft. 8. Ebd. n.n. 3. 40
I. (1523—1525.) 1. Zur Erinnerung an Friedrich Stephan. 2. Die Empörung in Mühlhausen im Zusammenhange m. dem Bauernkriege, v. Friedrich Stephan. 3. Miscellen zur Geschichte Heinrich Pfeiffers. 4. Johannes Laue, Prediger zu Mühlhausen, 1524—25. 5. Matthaeus Hisolidus, Prediger zu Mühlhausen, 1523. 6. Johann v. Ottera. 7. Das Schwert Thomas Münzers. 8. Münzers hinterlassene Bücher. 9. Schreiben der Gemeinde zu Mühlhausen an die Bauern zu Melrichstadt. Progr. (48 S.) 901. n.n. — 80
II. B. C. Grasshof, von dem eigentlichen Alter der ältesten Statutorum der Reichsstadt Mühlhausen, hrsg. v. Jordan. 2. Zur Geschichte der städt. Bibliothek. 3. Verzeichnis der Inkunabeln der Ratsbibliothek. 4. Thomas Münzers Witwe. 5. Zur Geschichte der Unruhen 1523—25. 6. Caspar Federwisch u. die entwichenen Bürger, 1526. Progr. (48 S.) 902. n.n. — 80
III. 1. Schulfeier am 2. VIII. 1902. 2. Zur Verfassungsgeschichte der Stadt Mühlhausen in Thüringen. Progr. (48 S.) 903. n.n. — 80
IV. Zur Schlacht bei Frankenhausen. Hierzu 1 Plan v. Frankenhausen u. Umgegend. (52 S.) (904.) n.n. 1. —

— dasselbe, 5. Heft. Aus der Geschichte der Musik in Mühlhausen. (39 S.) gr. 8. Mühlhausen i/Th. 905. (Danner'sche Buchdr.) (Nur direkt.) n.n. — 80

— Zur Geschichte der Stadt Mühlhausen i. Thür. 1.—8. Heft. 8. Mühlhausen i/Th., Danner'sche Buchdr. 10. —
1. 1901. (1523—1525.) 2. Aufl. (48 S.) 908. 1. 20
2. 1902. 2. Aufl. (48 S.) 908. 1. 20
3. 1903. 2. Aufl. (48 S.) 908. 1. 20
4. 1904. Zur Schlacht bei Frankenhausen. Hierzu e. Plan von Frankenhausen u. Umgegend. 2. Aufl. (52 S.) 908. 1. 60
5. 1905. Aus der Geschichte der Musik in Mühlhausen. 2. Aufl. (39 S.) 908. 1. 20
6. 1907. (40 S.) 908. 1. 20
7. 1908. (40 S.) 908. 1. 20
8. Michael Koch. Ein Beitrag zur Geschichte d. bürgerl. Unruhen in Mühlhausen i. Thür. 1523—25. (44 S.) 910. 1. 20

Jordan, R.: Aus der Geschichte der Mühlhäuser Bürger-Schützen-Kompagnie. Festzeitung zum 21. Mitteld. Bundesschießen 1904, Nr. 1, Juni 18.

Aus der Geschichte der Musik in Mühlhausen von Prof. Dr. (R[einhard]) **Jordan**. Mühlhausen i. Th.: Danner 1905. (39 S.) 8° [F.]
= **Jordan**: Zur Geschichte d. Stadt Mühlhausen i. Th. 5. [07. 1830

— Vor hundert Jahren. Zur Erinnerung an den 14. X. 1806. Die Freiwilligen der Stadt Mühlhausen in den J. 1813/15. — Der Übergang Mühlhausens an die Herrschaft Preußens. Beiträge zur Mädchenschule in Mühlhausen. — Aus der Zeit des siebenjährigen Krieges. Herzog Wilhelm v. Weimar, die Stadt Mühlhausen u. das Eichsfeld 1632, s. a. Aus alter Zeit.

Vor hundert Jahren. Zur Erinnerung an d. 14. Okt. 1806. – Die Freiwilligen der Stadt Mühlhausen in den Jahren 1813/15. Mit Abb. Von Prof. Dr. R[einhard] **Jordan**. Mühlhausen i. Th.: Danner 1908. (53 S.) 4°(2°) [F.]
= **Zeit**, Aus alter. N. F. H. 3. [08 14199

Jordan, Reinhard: Michael Koch. Ein Beitr. z. Geschichte d. bürgerl. Unruhen in Mühlhausen i. Thür. 1523—25. Mühlhausen i. Thür.: Danner (1910). 28 S. 8° ¶(Ersch. vollst. als: Jordan: Zur Gesch. d. Stadt Mühlhausen. H. 8.)
Mühlhausen i. Thür., G OP 1910 (338) [S 10. 207

Jordan, R., s.: Munter, Thom., außgetrückte emplössung des falschen Glaubens.

Zur Schlacht bei Frankenhausen von Prof. Dr. (R[einhard]) **Jordan**. Hierzu 1 Pl. Mühlhausen i. Th.: Danner [1904]. (52 S.) 8° [F.]
— **Jordan**: Zur Geschichte d. Stadt Mühlhausen i. Th. H. 4. [07. 1831

Jordan, (R[einhard]), Prof. Dr.: **Schulfeier** am 2. August 1902. *Mühlhausen i. Th. 1903: (Danner).* (S. 3—14.) 8° [F.] [Kopft.]
Mühlhausen i. Th., G, OP 1903 (283)

– (Hrsg.), s. T h o m a s , Christian: Chronik der Stadt Mühlhausen in Thür.

Der Übergang Mühlhausens an die Herrschaft Preussens. Beiträge z. Gesch. d. Mädchen-Schule in Mühlhausen. Von Prof. Dr. R[einhard] **Jordan**. *Mühlhausen i. Th.: Danner 1897/98.* (10, 18 S.) 4°(8°) [F.]
Aus: Aus alter Zeit. Beibl. z. Mühlhäuser Anzeiger. Jg. 1897/98. [01. 3344 3

Der Übergang Mühlhausens an die Herrschaft Preußens. Beiträge z. Geschichte d. Mädchenschule in Mühlhausen. Von Prof. Dr. R[einhard] **Jordan**. 2. Aufl. Mühlhausen i. Th.: Danner 1908. (51 S.) 8° [F.]
= **Zeit**, Aus alter. H. 2. [08. 16165

— der Übergang der kaiserl. freien Reichsstadt Mühlhausen in Thüringen an das Königr. Preußen 1802. Festschrift der Stadt Mühlhausen zur Jubelfeier 1902, im Auftrage der städt. Behörden verf. Lex.-8. (IV, 124 S. m. Abbildgn., 3 [2 farb.] Taf. u. 1 Karte.) Mühlhausen i/Th. (902). (C. Albrecht.) n.n. 1.30; geb. in Leinw. n.n. 2.—

Jordan, R., der Übergang der Stadt Mühlhausen an das Königr. Westfalen. Ein Gang durch Mühlhausen u. seine Vorstädte, s.: Aus alter Zeit.

Aus der Zeit des siebenjährigen Krieges. Herzog Wilhelm von Weimar, die Stadt Mülhausen und das Eichsfeld 1632. T. 1. Von Prof. Dr. R[einhard] **Jordan**. Mühlhausen i. Th.: Danner 1908. (60 S.) 4°(2°) [F.]
— **Zeit**, Aus alter. N. F. H. 2. [08. 11198

Jordan, Rich., Eigentümlichkeiten des anglischen Wortschatzes, s.a. Forschungen, anglistische.

Jordan, Richard, Dr. phil.: Eigentümlichkeiten des anglischen Wortschatzes. Eine wortgeographische Untersuchung mit etymologischen Anmerkungen. Teil 1: Spezifisch anglische Worte. Heidelberg: C. Winter 1905. (IV, 87 S.) 8° ¶(Erschien vollst. als: Anglistische|Forschungen H. 17.)
Mit: Einladung zur .. Probe-Vorlesung .. d. 25. Nov. 1905 .. Thema: Die Heimat der Angelsachsen. Heidelberg: J. Hörning. (1 Bl.) 8°
Heidelberg, Phil. Fak., Hab.-Schrift v. 1905

Eigentümlichkeiten des anglischen Wortschatzes. Eine wortgeogr. Untersuchung mit etymol. Anm. von Richard **Jordan**. Heidelberg: C. Winter 1906. (VIII, 131 S.) 8°
— **Forschungen**, Anglistische. H. 17. [06. 1788

Jordan, Rich., die Erziehg. durch Haus u. Schule in ihrem Verhältnis zu einander, s.a. Abhandlungen, pädagog.

[F.] Die Erziehung durch Haus und Schule in ihrem Verhältnis zu einander. Von Richard **Jordan**, Lehrer ... in Dortmund ... *Bielefeld: A. Helmich [1897].* (22 S.) 8.
— **Abhandlungen**, Pädagogische. N. F. Bd 1. H. 9. [98. 8117

Jordan, Rich., Farbenscalen m. Holz- u. Marmormuster. gr. 16. (18 Taf.) Fürth 892. (Leipzig, Jüstel & Göttel.) In Leinw.-Decke. n.n. 7.—

Ein modernes Glaubensbekenntnis von Ed. Richard **Jordan**. Cassel: Selbstverl. 1906. (14 S.) 8° [F.] [07. 8379 4

Jordan, Rich., u. A. C. Totzke, Gustav Adolf. Der Held des 30jähr. Krieges u. Befreier des protestant. Glaubens. Festschrift zu seinem 300jähr. Geburtstage. Für Schule u. Haus. gr. 8. (VII, 96 S. m. Titelbild.) Neuwied 894. Heuser's Verl. n. 1.—

— Leitfaden der deutschen Litteraturgeschichte, } s.: Diet-
— Lesebuch z. Unterricht in d. Litteraturkunde, } lein, W.

— Philipp Melanchthon, d. Lehrer Deutschlands. E. Lebensbild z. 400jähr. Geburtstage d. Reformators. Für Schule u. Haus. 8. (94 S. m. Abb.) Dortmund 896. F. W. Ruhfus. Kart. n. —40

Jordan, Rich., vom Stillen Ocean. Gedichte. 8. (VIII, 128 S. m. Bildnis.) Halle 894. O. Hendel. 1.50; geb. in Leinw. 3.—

Jordan, Richard [app. Arzt aus Werden a. Ruhr]: Über Sacraltumoren mit foetalem Inhalt ... Eisleben, Druck v. E. Schneider, 1895; 32 S., 1 Taf. 8.
Leipzig, Med. Fak., Inaug.-Diss. v. [21. März] 1895

— die altenglischen Säugetiernamen, s.a. Forschungen, anglist.

Jordan, Richard, aus Karlsruhe: Die altenglischen Säugetiernamen. *Heidelberg: C. Winter 1902.* (VII, 79 S.) 8° ¶[Erschien vollst. 1903 als: Anglistische| Forschungen, H. 12.]
Heidelberg, Phil. Diss. v. 1902

Die altenglischen Säugetiernamen zsgest. u. erl. von Richard **Jordan**. *Heidelberg: C. Winter 1903.* (XII, 212 S.) 8°
— **Forschungen**, Anglistische. H. 12. [03. 2700

Jordan, Rich., Liturg. Wandtafeln, s.: Swoboda, Heinr.

Jordan, Rob., historische Arabesken. (III, 121 S.) 8. Braunschweig 910. E. Appelhans & Co. 2.—

— Gedichte. (42 S.) 8. Leipzig 907. Modernes Verlagsbureau. 1.—

— Kyzikos. Eine Komödie in 1 Akt. (40 S.) 8. Leipzig-Gohlis 908. B. Volger. 1.—

Jordan Rudolf: Das Sterzinger Weihnachtsspiel vom Jahre 1511 und das hessische Weihnachtsspiel. 30. (80). Krumau 02. 03. **Prag.**

Jordan, Sal., Diss. inaug. philos. de essentia Dei, quae ex eo, quod aliquod, est efficitur. Unicaj. Götting. 709. Dieterich. 2 K

Jordan, Samuel Alexander [Stadt- u. Komitatsrabbiner zu Fogarasch '(Siebenbürgen)']: Rabbi Jochanan Bar Nappacha. Lebensbild e. talmud. Weisen d. dritten Jhs nach d. Quellen dargest. Th. 1 ... (Soll vollst. erscheinen.) Budapest, Druck v. W. Kunosy & Sohn, 1895; 94 S., 1 Bl. 8.
Strassburg, Phil. Fak., Inaug.-Diss. v. 1894

Jordan, Sebastian, Rechtsprakt.: Die Rechtsverhältnisse der Apotheker in Bayern. München 1909: Höfling. 72 S. 8°
Erlangen, Jur. Diss. v. 7. Juni 1909, Ref. Rieker
[Geb. 24. Sept. 81 München; Wohnort: München; Staatsangeh.: Bayern; Vorbildung: Theresien-Gymn. München Reife 01; Studium: München 8 S.; Rig. 30. Juli 08.] [U 09. 701

Jordan, Seth N. [aus Columbus, Georgia, U. S. A.]: Beiträge zur Kenntniss der pharmakologischen Gruppe des Muscarins. Leipzig, Druck von J. B. Hirschfeld, 1877. 8. II, 16 S.

Jordan, Silv., Actenstücke, zum Theil mit Anmerkk. über die Frage: ob der §. 71. der kurhess. Verfassungs-Urkunde auch auf den Abgeordneten d. Landes-Universität anwendbar sei? Nebst einer Einleitung geschichtl. u. rechtl. Inhalts u. e. Vorworte, sammt Bemerkung über die rechtliche Erörterung der obigen Frage von einem rheinpreuß. Rechtsgelehrten (Bonn 833). gr. 8. Offenbach 833. Brede. 1/2 ₰

Jordan's, (Silv.,) Ankunft u. d. Feier d. 15. Sept. od. Marburgs feierl. Woche in d. Tagen d. 11., 13. u. 15. Sept. 1832. gr. 8. (1 B.) Marburg, Elwert.
Vgl. Jourdan.

Jordan, Silv., über d. Auslegung d. Strafgesetze mit Rücksicht auf d. gemeine Recht. gr. 8. Landshut 818. (Weber in Münch.) 14 ℊ

JORDAN, Sylv.: Ueber d. Ausleg. d. Strafgesetze mit Rücks. auf d. gem. Recht. *Landshut*, (*München.*) Weber. 819. gr. 8. (14 Gr.)

Jordan's, Sylv., Bewußtsein über seine Schuld oder Unschuld. Mit einem Nachwort. Durch oberzensurgerichtliches Erkenntniß vom 21. Octbr. 1845 zum Druck verstattet. gr. 8. Siegen 845, Friedrich'sche Verlagsbuchh. 1/8 ℛ

— dass. Nachtrag dazu. gr. 8. Ebend. 846. 1/24 ℛ

— Vide: Criminal-Untersuchung d. S. Jordan.

Jordan, Prof. Dr. Sylvester, Erkenntnisse zweiter Instanz in der Untersuchungssache gegen den Bürgermeister Dr. Scheffer u. Genossen wegen versuchten Hochverraths, beziehungsweise Beihülfe zu hochverräth. Unternehmungen und sonstigen Vergehen, ertheilt von dem Criminalsenat des Oberappellationsgerichts zu Cassel, auf die von den Mitangeklagten Prof. Dr. Jordan, Dr. Hoch etc. erhobene Berufung gegen das Urtheil des Criminalsenats des Obergerichts zu Marburg vom 14. Juli 1843. Mit Anmerkungen von H. F. Eggena. gr.-8°. Marburg, Elwert. 1846.

Jordan, Sylv., Freigesprochen ꝛc., s. Urtheil.

Jordan. Sylv.: Drei Gutachten, den Regierungssuccessionsfall in der Herrschaft Kniphausen betr. (Marburg 1845.)

Jordan, Sylv., die Jesuiten u. d. Jesuitismus. gr. 8. (11½ B.) Altona 839, Hammerich.

Aus dem: Staatslexikon von v. Rotteck u. Welcker, m. Zusätzen vermehrt, abgedruckt.

Jordan, Sylv., die Jesuiten und der Jesuitismus. Neue (Titel-) Ausg. gr. 8. (IV und 180 S.) Altona 851, Hammerich.

'Jesuiten, Die, in Tirol. Von einem Tiroler *(Silvester Jordan)*. Heidelberg 1845. 8°. Rarl (6 Kr. A. H. Huber, Salzburg, 1908.)

—— Lehrbuch d. allgem. u. deutschen Staatsrechts. 1. Abthl. d. Grundzüge d. allgem. Staatsrechts, d. geschichtl. u. allgem. Einleit. in d. deutsche Staatsrecht u. d. deutsche Bundesrecht enthalt. gr. 8. (31 B.) Cassel 831, Krieger.

— — Observationes quaedam in Doctrinam de Morgengaba Germanica etc. 8maj. Heidelberg, Groos. 820.

JORDAN, Sylv.: Observv. quaed. ad doctr. de Morgengaba germ. *Heidelb.*, Groos. 821. gr. 8. (3 Gr.)

— u. (Mackeldey), über den §. 71. der kurhess. Verfassungs-Urkunde. Actenstücke u. Erläut. gr. 8. Marb. 833. Garthe. 1/3 ℛ

—— Selbstvertheidigung, s. Selbstvertheidigung.

— Selbstvertheidigung in der wider ihn geführten Criminaluntersuchung, Theilnahme an Hochverrath betreffend. Nebst der Appellationsschrift seines Vertheidigers, Ober-Gerichts-Anwalt C. F. Schantz, u. einer Denkschrift, die Rechtfertigung der Beschwerden u. zugleich einen Beitrag z. Lehre vom Indicienbeweise enth. v. S. Jordan selbst. gr. 8. Mannheim 844, Bassermann. n. 1 ℛ

— Selbstvertheidigung in der wider ihn geführten Criminal-Untersuchung. Theilnahme an Hochverrath betreffend. Nebst der Appellationsschrift seines Vertheidigers, Obergerichts-Anwalt C. F. Schantz, und einer Denkschrift, die Lehre vom Indicienbeweise enth., von S. Jordan selbst. gr.-8°. Mannheim, Bassermann. 1844. 2. unveränd. Aufl. gr.-8°. Ebd. 1845.

— s.a. Urtheil in der Untersuchungssache

— Urtheil des Oberappellations-Gerichts zu Cassel in der Untersuchungssache gegen den Prof. Dr. Sylvester Jordan wegen verursachten Hochverraths. Nebst den Entscheidungsgründen. gr.-8°. Marburg, Elwert. 1846. (Auch mit dem Umschlagstitel: Sylvester Jordan Freigesprochen von dem Oberappellations-Gericht zu Cassel. 2. Aufl.)

Sylv. Jordan's Vers. üb. d. Frage: Ist d. Eintheil. d. Philos. in e. theor. u. prakt. gültig, wenn d. Philos. in ihrem tiefsten Grunde aufgefasst wird? e. gekr. Preisschr. Nebst e. Abhandl. üb. d. Nothwend. d. Philos. *Münch.*, Fleischmann. 816. 8° 9 gl

Sylv. Jordan's Versuche üb. allgem. Staatsrecht, in systemat. Ordn. u. in Bezug auf Politik vorgetragen. *Marb.*, Garthe. 828. gr 8° 2 ℛ 6 gl

— Wanderungen aus meinem Gefängnisse am Ende des Sommers u. im Herbste 1839. gr. 8. Frankfurt a/M. 846, Meidinger. n. 1¾ ℛ

— s. Wigand, P.: Vertheidigung Jordans.

—— und Dingelstedt. Zeitstimmen aus Hessen. 1840—1848. (Gedichte.) 8. (24 S.) Kassel 848, Hotop. *

Jordan, T. B. Pneumatische Hand-Gesteins-Bohrmaschine (Prospect). ca. 1870.

Jordan, Th. (Hrsg.), s. Ansiedler, Der, im Westen. Jg. 9 (1871)-19 (1881).

Jordan, Thdr., Ist Gott für uns, wer mag wider uns sein! Gedenkblätter aus der Geschichte der 2. Garde-Infanterie-Division während des Feldzuges 1870—71. gr. 8. (VI, 145 S.) Berlin 871, Wiegandt und Grieben. *

Jordan, Th., und G. Schaeffer, Lehrbuch der Geographie für höhere Schulen. Hrsg. von W. Schaeffer. 8. (IV, 132 S.) Berlin 872, Gebr. Paetel. [Prenzlau, Mieck.] *

Jordan, Th., u. W. Schaeffer, Lehrbuch der Geographie für höhere Schulen. Hrsg. von W. Schaeffer. 2., verm. u. verb. Aufl. gr. 8. (XII, 140 S.) Prenzlau 881. Mieck. n. 1. 20

Jordan, Thdr. Edw., († d. 21. Juli 1811.) Beschreib. üb. mehrere von ihm erfund. Rechenmaschinen. Mit 3 Tabb. u. 4 Fig. 1r Thl. gr. 8. Stuttg. 798. Erhard. (Sattler). 15 gr

— V. u. S., Die Beleuchtung mit Gas aus Stein- und Braunkohlen, Torf, Oel, Fett etc. Mit vorgängigen Untersuchungen über den Gehalt dieser Brennmaterialien an Wasser- und Kohlenstoff etc. Deutsch von Bruhn. Mit 24 Steintfln. Chemnitz 1839. 8°.

Jordan, Wilh. (I.), Andachten. gr. 8. (237 S.) Frankfurt a. M. 877, Jordan's Selbstverlag. *

Jordan, Wilh. (I.), Arthur Arden. Schauspiel. 8. (VII, 163 S.) Frankfurt a. M. 872. Jordan's Selbstverlag. *

Jordan, Wilh. (II.), geographische Aufnahmen in der libyschen Wüste auf der Rohlfs'schen Expedition im Winter 1873—74 ausgeführt. gr. 8. (37 S. mit 1 lithogr. und color. Uebersichtskarte.) Carlsruhe 874. (Stuttgart, Wittwer.) 1 —
Aus: Zeitschrift für Vermessungswesen, besonders abgedruckt.

Jordan, W., topographische und geographische Aufnahmen, s. Anleitung zu wissenschaftlichen Beobachtungen auf Reisen.

Jordan's, Wilhelm, Bedeutung für den Jugend-Unterricht, s. Bünger, Georg, im Nachtrag.

—— epische Briefe. gr. 8. (270 S.) Ebendas. 876. *

Jordan, W., siehe: *Chronik.*

Jordan, Wilh., Demiurgos. Ein Mysterium. 3 Thle. gr. 8. (1. Thl. 16 S. und 2. und 3. Thl. 552 S.) Leipzig 852—54, Brockhaus. *
Der 1. Theil erschien ohne Angabe des Verfassers.

Jordan, W. (I.), Anton Franz Dernes. Heuchler, Giftmischer und Mörder. 2. Aufl. 16. (208 S.) Leipzig 858, O. Wigand.

Jordan, Wilhelm [Hrsg.]
s. Diezmann, Johann August: Nachtseiten der Gesellschaft. 1844.

—— Feli Dora. 8. (XIII, 181 S.) Ebd. 889. * 3 —; geb. * 4 —

Jordan, Wilh., Graf Dronte. Schauspiel in 5 Aufzügen. Bühnen-Mscr. gr. 8. (95 S.) Frankfurt a. M. 856, Wilh. Kilchler.
Nicht im Handel.

Jordan, Wilh., s.: Edda, die.

Jordan, Wilh. (I.). Episteln u. Vorträge. 8. (V, 480 S.) Frankf. a. M. 891, Jordan's Selbstverlag. * 4 —; geb. * 5 —

—— die Erfüllung des Christenthums. gr. 8. (VI, 331 S.) Ebendas. 879. *

Jordan, Wilh., Festspiel zur Eröffnung des neuen Theaters in Frankfurt a. M. 1.—3. Aufl. gr. 8. (20 S.) Frankfurt a. M. 880, Jordan's Selbstverlag.

—— Festspiel zur hundertjährigen Feier der Brüder Jakob und Wilhelm Grimm. 8. (31 S.) Frankfurt a. M. 885, Jordan's Selbstverlag. *

– (Hrsg.), s. Geodäsie, Höhere, u. Topographie d. deutschen Reichs.

Jordan, Wilh. (II.), physische Geographie und Meteorologie der libyschen Wüste, s. Rohlfs, G., Expedition zur Erforschung der libyschen Wüste.

Jordan, Wilhelm: Physische Geographie und Meteorologie der Libyschen Wüste nach Beobachtungen, ausgeführt im Winter 1873–74 auf der Rohlfs'schen Expedition. Mit 4 geographischen Karten und 5 meteorologischen Tafeln. (Expedition zur Erforschung der Libyschen Wüste unter den Auspicien Sr. Hoheit des Chedive von Aegypten Ismail im Winter 1873–74 ausgeführt von Gerhard Rohlfs [Bd. 2.] Cassel 1876. XXX, 216 S. 4°

Jordan W, deutscher Geometerkalender für 1875. Stuttgart 1875

Jordan, Wilh., Geschichte d. Insel Hayti u. ihres Negerstaats. 1. Thl. Mit d. Bildn. Toussaint Louvertures. gr. 8. (26½ B.) Leipzig 846, Jurany.

Jordan, Wilh., Geschichte der Insel Hayti und ihres Negerstaats. 2. Thl. 1. Abthl. gr. 8. (158 S.) Leipzig 849. [Hall, Ritzschke.]
1. Thl. Ebendas. 1846. 2 Thlr. 5 Ngr.

Jordan, Wilhelm: Grundzüge der astronomischen Zeit- und Ortsbestimmung. Berlin 1885. VII, 364, (26) S. 8°.

—— Grundzüge der astronomischen Zeit- und Ortsbestimmung. gr. 8. (VII, 390 S. mit zahlr. in den Text gedr. Holzschn.) Berlin 888, Springer. *M 10.—.; geb. 11 20

—— Handbuch der Vermessungskunde. 2. umgearb. und verm. Aufl. des „Taschenbuchs der prakt. Geometrie". 1. und 2. Bd. gr. 8. Stuttgart, Metzler'sche Buchh. *
Inhalt:
Bd. 1. Methode der kleinsten Quadrate und niedere Geodäsie. (XIV, 717 S.) 877. *M 14.
» 2. Höhere Geodäsie. (IX, 492 S.) 879. *M 10.

— Handbuch der Vermessungskunde. 3 Bde. 3., verb. Aufl. gr. 8. Stuttgart, Metzler's Verl. n. 35. —
1. Ausgleichungsrechnung nach der Methode der kleinsten Quadrate. (VIII, 362 u. 11 S.) 888. n. 7. 30
2. Feld- u. Land-Messung. (X, 698 u. 56 S.) 888. n. 14. 70
3. Landes-Vermessung u. Grundaufgaben der Erd-Messung. (VIII, 549 u. 48 S. m. eingedr. Fig.) 890. n. 13. —

Jordan, W., Handbuch d. Vermessungskunde. 1. Bd. Ausgleichungs-Rechng. nach der Methode der kleinsten Quadrate. 4., verb. u. erweit. Aufl. (In 2 Lfgn.) 1. Lfg. gr. 8. (352 S. m. Fig.) Stuttgart 894. J. B. Metzler's Verl. n. 6. 60

Jordan, W., Handbuch der Vermessungskunde. 1. Bd. Ausgleichungs-Rechng. n. d. Methode d. kleinsten Quadrate. 4., erweit. Aufl. 2. (Schluss-) Lfg. gr. 8. (X, S. 353—674 u. 21 S. m. Fig. u. 1 Bildnis.) Ebd. 895. n. 5. 40 (1. Bd. kplt.: n. 12. —)

— dasselbe. 2. Bd. Feld- u. Land-Messg. 4., verb. u. erweit. Aufl. 2 Lfgn. gr. 8. Ebd. 893. n. 20. —
1. (480 S. m. Fig.) n. 11. —. — 2. (X, S. 481—754 u. Anh. 56 S. m. Fig.) n. 9. —.

— dasselbe. 3. Bd. Landes-Vermessg. u. Grundaufgaben d. Erdmessg. 4., verb. u. erweit. Aufl. gr. 8. (XX, 593 u. 64 S. m. Fig.) Ebd. 896. n. 12. 80

Jordan, W., Handbuch der Vermessungskunde. 1. Bd. Ausgleichungs-Rechng. nach der Methode der kleinsten Quadrate. Mit zahlreichen in den Text gedr. Holzschnitten. 5. Aufl., hrsg. v. C. Reinhertz. (XI, 582 u. 21 S.) gr. 8. Stuttgart 904. J. B. Metzler. n. 13. 60

— dasselbe. 2. Bd. Feld- u. Landmessung. 5., verb. u. erweit. Aufl. M. 635 Zeichngn. im Text. 2 Lfgn. gr. 8. (XII, 785 S. u. Anh. 47 S.) Ebd. 897. n. 16. 20

— dasselbe. 2. Bd. Feld- u. Land-Messung. 6. erweit. Aufl., bearb. v. C. Reinhertz. (XIV, 863 u. 47 S. m. Holzschn.) gr. 8. Ebd. 904. n. 17. 80

Jordan, W., Handbuch der Vermessungskunde, fortgesetzt v. C. Reinhertz. 3 Bde. gr. 8. Stuttgart, J. B. Metzler. 46. 40
I. Ausgleichungs-Rechnung nach der Methode der kleinsten Quadrate. Mit zahlr. in den Text gedr. Fig. 6. erweit. Aufl. Bearb. v. O. Eggert. (XI, 596 u. 21 S.) 910. 14. —
II. Feld- u. Landmessung. 7. erweit. Aufl. Bearb. v. O. Eggert. (XVI, 911 u. 47 S. m. Abb.) 908. 20. —
III. Landesvermessung u. Grundaufgaben der Erd-Messg. 5. erweit. Aufl. Mit Vorwort v. E. Hammer. (VIII, 678 u. 72 S. m. Holzschn.) 907. 15. —

Jordan, W., die grossh. Badischen Haupt-Nivellements mit den Anschlüssen an die Nachbarstaaten. Herausg. von der Gr. Oberdirection des Wasser- und Strassenbaues. Karlsruhe 1885.

—— Deutsche Hiebe. 1.—3. Aufl. gr. 16. (31 S.) Ebd. 891,92. * — 60
Vgl.: Bahn frei!

—— Hülfstafeln für barometrische Höhenmessung. gr. 8. (10 S.) Stuttgart 874, Wittwer. * 2 —

—— mathematische und geodätische Hülfstafeln, mit Kalendarium für das J. 1879. 6. Aufl. des Kalenders für Vermessungskunde. 8. (106 S.) Stuttgart 878, Wittwer. *

—— dass. — für das J. 1880. 7. Aufl. 8. (130 S.) Ebendas. 879.

Jordan, W. (I.), mathematische und geodätische Hülfstafeln mit Kalendarium für das J. 1881. 8. Jahrg. 8. (132 S. mit 1 Stnt.) Stuttgart, Wittwer.
Nicht weiter erschienen.
Den Anschluss bildet: Kalender für Geometer und Culturtechniker.

— mathematische u. geodätische Hülfstafeln. 9. Aufl. 8. (120 S.) Hannover 895. Helwing's Verl. n. 1. —

— Hülfstafeln für Tachymetrie. gr. 8. (IV, 244 S.) Stuttgart 880. Metzler's Verl. n. 8. —

Jordan, W., Hülfstafeln f. Tachymetrie. 2., verb. u. erweit. Aufl. gr. 8. (XV, 246 S. m. 5 Fig.) Stuttgart 899. J. B. Metzler. n. 8. —: geb. in Halbldr. n. 8. 50

— Hilfstafeln f. Tachymetrie. 3. Aufl. (XV, 246 S. m. Fig.) gr. 8. Ebd. 904. n. 8. —; geb. n. 8. 50

Hilfstafeln für Tachymetrie von Dr. W[ilhelm] **Jordan**, Prof. in Hannover. 4. Aufl. Stuttgart: J. B. Metzler 1908. (XV, 240 S.) 8° (os. 17933

Jordan, Wilh. (II.), barometrische Höhentafeln. Mit einem Anhang, Stationsausgleichung von Richtungsbeobachtungen. gr. 8. (III, 80 S.) Stuttgart 879, Metzler'sche Buchh. *

Jordan, W. (I.), die trigonometrische Höhenmessung und die Ausgleichung ihrer Resultate nach den Grundsätzen der Wahrscheinlichkeitsrechnung an einem ausgeführten Höhennetz dargestellt. Lex.-8. (55 S. mit eingedr. Holzschn.) Stuttgart 866, Lindemann. *

— barometrische Höhentafeln. 2., bis 35° erweit. Aufl. gr. 8. (III, 96 S.) Stuttgart 886. Metzler's Verl. n. 2. 40

— barometr. Höhentafeln f. Tiefland u. grosse Höhen. gr. 8. (VIII, 48 S.) Hannover 896. Helwing. n. 2. —

— s.: Homer's Ilias.

— s.: Homers' Odyssee.

—— Ihr träumt! Weckruf an das Ronge berauschte Deutschland. gr. 8. (2¼ B.) Leipzig 845, Naumburg. *

—— das Interim. Prolog-Scene. gr. 8. (VIII und 44 S.) Frankfurt a. M. 855, Sauerländer's Verlag. *

— Kreis-Coordinaten für 200 Radien. 16. (IV, 48 S.) Leipzig 881. Teubner. geb. n. 1. 20

Jordan, Wilh., das Kunstgesetz Homers u. die Rhapsodik. Frankfurt a. M. 869. Jordan's Selbstverl. gr. 8. (VII, 95 S.) n. 18 ngr.

— s.: Landes-Vermessung, grossherzogl. mecklenburgische.

—— Lebensbild, s. Schiffner, K.

—— Liebe was Du lieben darfst. Schauspiel in 8 Aufzügen. 12. (90 S.) Ebd. 892. * 2 —

—— die Liebesleugner. Lyrisches Lustspiel. 16. (150 S.) Frankfurt a. M. 855, Sauerländer's Verlag.

[F.] Letzte Lieder v. Wilhelm Jordan ... *Frankfurt: Selbstv.; Leipzig: F. Volkmar 1892.* (247 S.) 1 Bd S.

Jordan W.: Mercel vom [illegible] in der Gesan. S. 9. 37 . . . —01
Separatabdruck

—— Nachtseiten d. Gesellschaft, s. Diezmann, A.

—— Nachtseiten der Gesellschaft, s. Nachtseiten.

Jordan's, W. (II.), Nibelunge. 1. Lied: Sigfridsage in 24 Gesängen. 12 Lfgn. gr. 8. (391 S.) Frankfurt a. M. 867,68, Jordan's Selbstverlag. à Lfg. 10 Ngr.

Jordan, Wilh. (I.), Nibelunge. 1. Lied. Sigfridsage. 2 Thle. 2. Aufl. gr. 16. (256; 260 S.) Frankfurt a. M. 869, Jordan's Selbstverlag. * 6 —
—— dass. — 2 Thle. 4.—6. [3.—5. europäische] Aufl. gr. 8. (279; 286 S.) Ebendas. 872—74. * 6 —
—— dass. — 7. Aufl. gr. 8. (379; 386 S.) Ebendas. 875. * 12 —

—— dass. — 2. Lied. Hildebrant's Heimkehr. 2 Thle. gr. 8. (367; 403 S.) Ebendas. 874. * 12 —
—— dass. — 2 Thle. in 1 Bde. 2. Aufl. 8. (279; 309 S.) Ebendas. 875. * 6 —

—— Nibelunge. 1. Lied. Siegfriedsage. 2 Thle. in 1 Bd. 8. und 9. Aufl. 8. (291; 296 S.) Ebendas. 877. *
—— dass. — 2. Lied. Hildebrants Heimkehr. 2 Thle. 3. und 4. Aufl. 8. (279; 315 S.) Ebendas. 877,79. *

—— Nibelunge. Erstes Lied: Sigfriedsage. 2 Thle. in 1 Bd. 10.—12. Aufl. 8. (291; 296 S.) Ebendas. 880—84. *
geb. *
—— dass. — Zweites Lied: Hildebrants Heimkehr. 2 Thle. in 1 Bd. 5.—7. Aufl. 8. (279; 315 S.) Ebendas. 881—85. *
geb. *

—— Nibelunge. Zweites Lied: Hildebrants Heimkehr. (Wohlf. Ausg.) 2 Thle. 8. Aufl. 8. (279; 315 S.) Ebendas. 886. *
geb. in 1 Bd.
Erstes Lied: Sigfriedsage. 2 Thle. in 1 Bd. Ebendas. 1880—84. *ℳ 6.—; geb. *ℳ 7.—.

— **Nibelunge. 2. Lied Hildebrants Heimkehr. 2 Tle. in 1 Bde. 9. Aufl. 8. (279 u. 315 S.) Ebd. 892. n. 6. —; geb. in Leinw. n. 7. —**

W. Jordan's Nibelunge. Frankfurt a. M. 1893—96. 2 Bde
1. Sigfridsage. 14. Aufl. 1896.
2. Hildebrants Heimkehr. 10. Aufl. 1893.

— Nibelunge. 2. Lied. Hildebrants Heimkehr. 2 Thle. in 1 Bd. 11. Aufl. 8. (279 u. 315 S.) Ebd. 899. n. 6. —; geb. n. 7. —

W[ilhelm] **Jordan's Nibelunge.** Lied 1. 2. *Frankfurt a. M.: Selbstverl. 1896–99.* 4 Bde 8° [F.]
1. Sigfridsage. 14. Aufl. Th. 1. 2. 1896.
2. Hildebrants Heimkehr. 12. Aufl. Th. 1. 2. 1899. (o. 3308 11

Jordan's, Wilh., Nibelunge. 2 Lieder. Neue wohlfeile Ausg. 8. Frankfurt a/M. 904. [W. Jordan's Selbstverlag.] M. Diesterweg. à n. 5. —; geb. à n. 6. —
I. Sigfridsage. 2 Tle. in 1 Bde. 15. Aufl. (291 u. 296 S.)
II. Hildebrants Heimkehr. 2 Tle. in 1 Bde. 13. Aufl. (279 u. 315 S.)

— dasselbe. Sigfridsage, hrsg. v. E. Prigge, s.a. Diesterweg's deutsche Volksausgaben.

-- dasselbe. 2. Lied. Hildebrants Heimkehr, hrsg. v. E. Prigge, s.a. Diesterweg's deutsche Schulausgaben.

— dasselbe. 1. Lied. Sigfridsage. Schulausg. Hrsg. von Ed. Prigge. (XXXI, 197 S. m. Bildnis. 8. Ebd. 906. Geb. n. 1. 25
Auch die übrigen Schriften Jordan's aus seinem Selbstverlag (z. Tl. im Preise ermäßigt) sind an die Firma M. Diesterweg übergegangen.

— Nibelunge. Erstes Lied: Sigfridsage. Schulausg. Hrsg. v. Ed. Prigge. 2. Aufl. (XXXI, 197 S. m. Bildnis.) 8. Frankfurt a/M. 907. M. Diesterweg. Geb. 1. 25

—— durch's Ohr. Lustspiel. 2. Aufl. gr. 16. (VII, 128 S.) Ebendas. 870. * 1 80

—— Durch's Ohr. Lustspiel. 3. Aufl. gr. 16. (XV, 128 S.) Ebendas. 878. *

—— durch's Ohr. Lustspiel. 4. Aufl. (XV, 128 S.) 1880; 5. Aufl. 8. (XV, 107 S.) Ebendas. 884. * geb. *

— durch's Ohr. Lustspiel. 7. Aufl. 8. (XV, 107 S.) Frankfurt a/M. 901. W. Jordan. n. 2. —; geb. n. 3. —

— s.: **Opus palatinum.**

—— irdische Phantasien. gr. 8. (7¼ B.) Königsberg 812, Theile. *

—— die geographischen Resultate der von G. Rohlfs geführten Expedition in die libysche Wüste, s.a. Sammlung gemeinverständl. wissenschaftl. Vorträge.

Jordan W, die geographischen Resultate der von Rohlfs geführten Expedition in die libysche Wüste. (Sammlung wissenschaftlicher Vorträge 218) Berlin 1875

---- Schaum. Dichtungen. br. 8. (25¾ B.) Leipzig 846, Keil u. Comp.

--- Schlachtruf. Gedicht. gr. 8. (4 S.) Berlin 848, Springer.

—— die Sebalds. Roman aus der Gegenwart. 1. und 2. durchges. Aufl. [4. und 5. Tausend.] 2 Bde. 8. (303; 316 S.) Stuttgart 885,86, Deutsche Verlags-Anstalt. * geb. *

— die Sebalds. Roman aus d. Gegenwart. 3. Aufl. 2 Bde. 8. (XX, 303 u. 316 S.) Stuttgart 897. Deutsche Verlags-Anstalt. n. 10. —; geb. n.n. 12. —

— die Sebalds. Roman aus der Gegenwart. 3. Aufl. Wohlfeile [Titel-]Ausg. 2 Bde. (XX, 303 u. 316 S.) 8. Stuttgart [897.] 904. Deutsche Verlags-Anstalt. n. 5. —; geb. n n. 7. —

W[ilhelm] **Jordan**: Sigfridsage. Gekürzte Ausg. (Nibelunge [Ausz.]) Hrsg. von Ed(uard) Prigge. 3. Aufl. Frankfurt a. M. & Berlin: M. Diesterweg 1908. (XXX, 197 S.) 8° [F.]
= **Volksausgaben**, Diesterwegs Deutsche. Bd 3. (o. 4.55

Jordan, W., Dr., Sinus- und Kosinus-Tafeln von 10" zu 10". (Opus Palatinum.) Hannover und Leipzig 1897.

—— Strophen und Stäbe. gr. 8. (344 S.) Ebendas. 871. 6 —

Jordan, W. (IL), ausgewählte Stücke aus Cicero in biographischer Folge. Mit Anmerkungen für den Schulgebrauch. gr. 8. (XII und 200 S.) Stuttgart (861)62, Metzler'sche Buchh. Verlags-Conto. *

Jordan, Wilh. (III.), ausgewählte Stücke aus Cicero in biographischer Folge. Mit Anmerkungen für den Schulgebrauch. 2. neu bearb. Aufl. gr. 8. (XIV, 209 S.) Stuttgart 874, Metzler's Verlag. * 2 —

Jordan, W., ausgewählte Stücke aus Cicero in biographischer Folge. Mit Anmerkungen für den Schulgebrauch. 3. Aufl. gr. 8. (XIV, 209 S.) Stuttgart 882. Metzler's Verl. n. 2.

Jordan, Wilh. (II.). Ausgewählte Stücke aus Cicero in biographischer Folge. Mit Anmerkgn. f. den Schulgebrauch. 4. Aufl. gr. 8. (XIV, 209 S.) Stuttg. 892, Metzler's Verlag. * 2 —

Jordan's, W., ausgew. Stücke aus Cicero in biograph. Folge. Mit Anmerkgn. f. d. Schulgebr. neu bearb. v. R. Graf. 5. Aufl. gr. 8. (XIII, 185 S.) Stuttgart 898. J. B. Metzler's Verl. n. 2. —

Jordan's, W., ausgewählte Stücke aus Cicero in biographischer Folge. Mit Anmerkgn. f. den Schulgebrauch v. W. Jordan u. R. Graf. 6. Aufl., besorgt v. Herm. Schöttle. Mit Ciceros Bildnis u. 2 Anhängen. (XVI, 192 S.) gr. 8. Stuttgart 904. J. B. Metzler. n. 2. —

Jordan's, W., ausgewählte Stücke aus Cicero in biograph. Folge. Mit Anmerkgn. f. den Schulgebrauch. 7. verb. Aufl., besorgt v. Herm. Schöttle. Mit Ciceros Bildnis u. 2 Anhängen. (XVI, 192 S.) 8. Stuttgart 908. J. B. Metzler. Geb. 2. 60

—— s. Livius. Ausgewählte Stücke aus d. 3. Dekade.

—— ausgewählte Stücke aus der dritten Decade des Livius mit Anmerkungen für den Schulgebrauch. 8. (XVI und 174 S.) Stuttgart 860, Neff.

— dasselbe, aus der 3. Dekade des Livius. Mit Anmerkgn. f. den Schulgebrauch. 6. Aufl. Neu bearb. v. C. Minner u. Planck. (XII, 199 S.) 8. Stuttgart 904. A. Bonz & Co. n. 1. 50; geb. in Leinw. n. 1. 70

— **tables tachymétriques.** gr. 8. (IV, 244 S.) Stuttgart 880. Metzler's Verl. n. 8. —

— **logarithmisch-trigonometrische Tafeln f. neue (centesimale) Teilung m. 6 Decimalstellen.** Lex.-8. (VIII, 420 S.) Stuttgart 894. K. Wittwer's Verl. n. 10. —; geb. in Halbfrz. n. 12. —

In Talar und Harnisch. Von Wilhelm Jordan. Frankfurt a. M.: Selbstverl.; Leipzig: Volckmar 1899. VII, 219 S. 8° [11. 17895 5

— Taschenbuch der praktischen Geometrie. Eine Sammlung von Resultaten der niederen und höheren Vermessungskunde. gr. 8. (XI, 416 S. mit 161 eingedr. Holzschn.) Stuttgart 873. Metzler's Verlag. * 9 30

— Tausch enttäuscht. Lustspiel in 5 Aufzügen. 2. Aufl. 8. (117 S.) Ebendas. 884. *M 2.; geb. *

Jordan, W. Triangulirung des Grossherzogthums Baden, 1823–52 ausgeführt von Oberst Klose und Obergeometer Rheiner. Carlsruhe 1873. Aufl. 4.

Jordan, Wilh., Uebersichts-Höhen-Karte von Baden und Württemberg nebst Hohenzollern auf Grundlage der topograph. Atlasse dieser Länder bearb. 1:400,000. Fol. Stuttgart 871, Metzler's Verlag. *

Jordan, W., Uebersichts-Höhenkarte von Baden und Württemberg nebst Hohenzollern. Auf Grundlage der topograph. Atlasse dieser Länder und der officiellen Einsenbahn-Nivellements mit 8 Höhenschichten in Farbendr. 1:400,000. 2. Aufl. Mit 1 Bog. Erläuterungstext. Kartographie und Klimatologie von Baden und Württemberg. Elementare Anleitung zur barometr. Höhenmessung mit 1 barometr. Hilfstab. Chromolithogr. Imp.-Fol. Karlsruhe 878, (Braun'sche Hofbichh.)

— Vermessungskunde. 2 Bde. Stuttgart 1877. 78

— u. K. Steppes, das deutsche Vermessungswesen. Historisch-kritische Darstellung. Auf Veranlassung des deutschen Geometervereins unter Mitwirkung von Fachgenossen hrsg. Mit 1 (chromolith.) Übersichtskarte der Haupttriangulationen des Deutschen Reiches. gr. 8. (1. Bd. 176 u. 2. Bd. 132 S.) Stuttgart 880. Wittwer. n. 16. —

Jordan, W., und K. Steppes. Das deutsche Vermessungswesen. Stuttgart 1882. 2 Bde.

— der epische Vers der Germanen und sein Stabreim. gr. 8. (III, 67 S. mit 1 Tab. in 4.) Ebendas. 868. * 1 50

— litthauische Volkslieder u. Sagen. 8. (7 B.) Berlin 844, Springer. *

— s. Welt, die begriffene.

— zwei Wiegen. Roman. 2 Bde. 1.—4. Tausend. 8. (407; 395 S.) Berlin 887,88, Grote'sche Verlagsh. * geb. *

— zwei Wiegen. Roman. Neue Ausg. 2 Bde. 5. Taus. 8. (407 u. 395 S.) Berlin 895. G. Grote. n. 6. —; geb. n. 7. —

— Kaiser Wilhelm I. Epilog zur Enthüllg. s. Standbildes am 25. Jahrestage d. Frankfurter Friedens. 2. Aufl. Lex.-8. (25 S.) Frankfurt a/M. 896. W. Jordan's Selbstverl. n. — 50

Jordan, Wilh., die Wittwe des Agis. Tragödie. (Preisstück.) 8. (XX und 111 S.) Frankfurt a. M. 858, Literarische Anstalt. *

— s.: Zeitschrift f. d. Vermessungswesen.

— die Zweideutigkeit der Copula bei Stuart Mill. 4. (34 S.) Stuttgart 870. (Tübingen, Fues'sche Sortimentsh.) 1 20

— sein Zwillingsbruder. Lustspiel in 5 Aufzügen. 8. (140 S.) Ebendas. 883. *M 2.; geb. *

Also sang Zarathustra, Dichtgn v. Friedrich Nietzsche. F. e. Singst. m. Klavierbegleitg v. Wolfgang Jordan ... *Berlin: A. Deneke [1898].* (45 S.) 1 Bd 4. [98. 10116

— Richard Strauß' Guntram, s. a. Opernführer.

Guntram. Musikdrama in 3 Akten von Richard Strauss. Textl. u. musikal. erl. von Wolfgang Jordan. *Leipzig: H. Seemann Nachf. [1902].* (47 S.) 8° [F.]
= Opernführer. No 58. [03. 5474

Fünf Lieder f. e. Singst. m. Begl. d. Pianof. v. Wolfgang Jordan ... *Berlin: A. Deneke [1898].* (19 S.) 1 Bd 4. [98. 10117

Jordan, Wolfg., Franz Liszt's Christus, s. a. Musikführer, der.

Franz Liszt. Christus. Oratorium. Erl. von Wolfgang Jordan. *Leipzig: H. Seemann Nachf. [1901].* (28 S.) 8°
= Musikführer. No 189/90. [03. 12758

— Franz Liszt's Graner Festmesse, s. a. Musikführer, Der.

Franz Liszt. Graner Festmesse. Erl. von Wolfgang Jordan. *Leipzig: H. Seemann Nachf. [1901].* (24 S.) 8°
= Musikführer. No 200. [03. 12763

Jordan, W., Arth. Smolian, A. Schattmann, G. Gräner, Richard Strauß' Musikdramen, erläutert, s.: Meisterführer.

Auf blühenden Pfaden. 30 Lieder f. 1 Singstimme mit Klavierbegl. von Wolfgang Jordan. No 1–30. Magdeburg: Heinrichshofen [1905]. 30 Bde 4° [05. 7567

Jordan, Wolf. Arth., Anklänge und Reime. Gedichte. gr. 16. (108 S.) Königsberg 875, Hübner und Matz. *

Jordan, Wolfg. Arth., Dichtungen. 2., gesicht. u. verm. Aufl. 12. (175 S.) Weimar 894. A. Zuckschwerdt. n. 2. 50; geb. in Leinw. m. Goldschn. n. 3. 50

— dasselbe. 3. unveränd. Aufl. Wohlfeilere Ausg. 12. (175 S.) Ebd. 894. n. 1. 80

Jordan, Wolfg. Arth., das Gebet des Herrn. Eine Pfingstgabe. 8. (14 S.) Gumbinnen 881, (Sterzel's Buchh.) *

Jordan, Wolfg. Arth., das Gebet des Herrn. Dichtung. 2. veränd. Aufl. (16 S.) 16. Weimar (906). A. Zuckschwerdt. n. — 20

— das fünfzigjährige Jubelfest. Eine Dichtung in Stabreimen. 8. (68 S.) Leipzig 882, Ehrlich. *

— leibeigene Lieder. Dichtungen. gr. 16. (163 S.) Rastenburg 875. (Königsberg, Hübner und Matz.) *

Jordan, Wolfg. Arth. Psalmen. 8. (144 S.) Goslar 891, Koch. * 2 40; geb. * 3 —; m. Goldschn. * 3 20

— Der Sieg der Liebe. Schauspiel in 3 Akten. gr. 8. (III, 52 S.) Ebd. 892. * — 80

— Student und Dichter. Eine Dichtung. gr. 16. (IV, 55 S.) Rastenburg 875, (Schlemm.) *

Jordanes

— Gothengeschichte, nebst Auszügen aus seiner römischen Geschichte, s. Geschichtschreiber, die, der deutschen Vorzeit in deutscher Bearbeitung.

Jordanes. Gothengeschichte, nebst Auszügen aus seiner römischen Geschichte. Übersetzt von Dr. Wilhelm Wartens. 8. Leipzig 1884.
Die Geschichtschreiber der deutschen Vorzeit... VI. Jahrhundert. Band 1.

Jordanis, de origine actibusque Getarum, s.: Bücherschatz, germanischer.

Jordanis de Getarum sive Gothorum origine et rebus gestis. Recognovit, adnotatione critica instruxit et cum varietate lectionis ed. Carl Aug. Closs. 2 Hefte. 8. Stuttgart 861, Fischhaber. [1.Heft. (S. 1—64.) 2. (XII und S. 65—226.)] *

Jordanis de Getarum sive Gothorum origine et rebus gestis. Recognovit, adnotatione critica instruxit et cum varietate lectionis ed. Carol. Aug. Closs. Editio II. (Titel-Ausg.) 8. (XII und 226 S.) Stuttgart (861)66, Fischhaber.

Jordanis de Getarum sive Gothorum origine et rebus gestis. Recognovit, annotatione critica instruxit et cum varietate lectionis edidit Carol. Aug. Closs. Edit. III. (titulata). 8. (XII, 224 S.) Reutlingen (866)888, Fischhaber. *

Jordanis seu Jornandis de rebus Geticis libr. cap. 1—8. ed. C. Stahlberg. gr. 4. (24 S.) Hagen 859, (Butz.) *

Jordanis, s. Jordanes

Jordann, J. H., s. Joh. Heinr. Jordan, Rede am Grabe rc.

Jordanoff, Christo [aus Wratza in Bulgarien]: Über neue Derivate der Palmitinsäure ... Rostock, Univ.-Buchdr. v. Adler's Erben, 1891; 38 S., 1 Bl. 8.
Rostock, Phil. Fak., Inaug.-Diss. v. [28. Juli] 1891

Jordan's Ankunft und die Feier des 15. Sept. oder Marburgs feierliche Woche vom 11.—15. Sept. 1832. 8°. Marburg s. a.

Iordans, Godesch. Herm. Henr. (geb. 1812 in Krefeld): De pvblicis vrbivm Romae et Constantinopolis aqvaedvctibvs et de aqva impetrata ex ivre Romano ... Bonnae, typ. C. Georgii 1844. 4 Bl., 90 S., 2 Bl. 8.
Bonn, Jur. Fak., Diss. v. 20 März 1844

Jordans, H., Sammlung dreistimmiger Lieder. Eine Auswahl von 73 der schönsten und bewährtesten dreistimm. Lieder, mit den nöthigen Vorübungen zum Gesange. 8. (IV und 148 S.) Gladbach 852. (Köln und Neuß, Schwann'sche Vrlgsh.) *

Heilserum für die Jugend nach dem bewährten Rezept eines Seelenarztes. Der Jugend dargeboten von P. Jos. Jordans, Priester. *Kevelaer: Butzon & Bercker 1899.* (96 S.) 8° [F.]
[oo. 1126]

Jordans, Jos., S. J., Heilserum f. die Jugend nach dem bewährten Recept e. Seelenarztes. Der Jugend, namentlich den studier. Jünglingen dargeboten. 2. verm. Aufl. 16. (133 S.) Kevelaer 899. Butzon & Bercker. — 30

Glückwünsche und Gelegenheits-Gedichte für Kinder. Gesammelt u. hrsg. von Hans Jordaens. 2. verm. Aufl. *Paderborn: F. Schöningh [1902].* (88 S.) 8° [F.]
[03. 9730]

Jordans, Jos., S. J., durch die Klippen der Jugend od. P. Nikolaus Zucchi u. sein Rat an d. gefährdete Jugend. 3. umgearb. Aufl. d. „Heilserum f. d. Jugend". (126 S. m. 1 Abb.) 16. Kevelaer (909). Butzon & Bercker. — 30

— Rezept f. die Jugend gegen Seelenpest. 2. Aufl. 16. (16 S.) Ebd. 900. n. — 05

Jordans, Josef [aus Marienbaum]: Aus d. med. Klinik zu Bonn. **Ueber Rumination** beim Menschen mit Beobachtungen über einen **Fall derselben.** . . . Bonn, Hauptmann'sche Buchdr. (1890); 36 + 1 S. + 1 Bl. 8°
Bonn, Med. Fak., Inaug.-Diss. v. 16. Jul. 1890

Jordaens, Hans, Glückwünsche u. Gelegenheits-Gedichte f. Kinder. Gesammelt u. hrsg. 2., verm. Aufl. 12. (88 S.) Paderborn (902). F. Schöningh. Kart. n. — 50

Jordaens, Hans. Der heilige Kreuzweg in 14 Gesängen. 8. (114 S.) m. 1 Stahlst.) Düsseld. 890, Schulgen. * 1 50; geb. ** 2 50

—— Licht u. Schatten. Novelle. 8. (333 S.) Bonn 891, Hauptmann. * 3 —

Jordaens, Hans, Sammlung von Gelegenheits-Gedichten zum Gebrauche für Kinder bis zu 10 Jahren. 8. (71 S.) Aachen 886, Barth. * 50 Pf.; geb. *

Jordaens, Hans, in der Schule des Lebens. Novelle. gr. 8. (329 S.) Bonn 880, Hauptmann. *

Jordaens, Hans, im Wirtshaus „Zum schwarzen Schaf", s.: Dilettanten-Theater.

Jordaens, Hans, vergangene Zeiten. Erzählung aus den Niederlanden. gr. 8. (VII, 327 S) Aachen 887. (Cremer.) n. 4. —

JORDÁNSZKY, ALEXIUS: Anrede bei dem von 4-ten bis 17-ten Februar 1828 in der Kirche St. Elisabeth in Pressburg ruhenden Körper des heiligen Neiti Martyrers in derselben Kirche den 14. Februar 1836 gehalten. Preßburg 1836: A. Schmidt. 7 S. - 240 mm

Iordansky, Alexius, De haeresi abiuranda quid statuat Ecclesia catholica? Adversus paschale a. 1821. academiae Regiomontanae in Prussia programma disquiritur et s. synodo nationali Posoniensi substernitur. Gran u. Preßburg, 1822, 219 S.

Jordanszky, (A..) de haeresi abjuranda quid statuat ecclesia catholica? 8 maj. Strigonii 824, (Vienne, Wimmer.)

JORDANSZKY, ALEXIUS: Rede, welche in der Kirche der allerheiligsten Dreifaltigkeit in Preßburg am 1-sten Sonntage und 1-sten Tage Octobris 1815, als der Wohlehrwürdige Herr Hyacinth Desidor Administrator derselben Kirche, das 50-ste Jahr seines Priester- und Priesteramtes mit einem heiligen Dankopfer daselbst feierte, gehalten wurde. Preßburg 1815: Druck Belnay. 16 S. - 220 mm

Jordanus Brunus, s.a. Bruno, Giordano

Jordanus Brunus, Nolanus, de umbris idearum. Editio nova. Curavit Salvator Tugini. gr. 8. (XXVI, 178 S. mit eingedr. Holzschn.) Berlin 868, Mittler und Sohn. * 4 50

Jordani Nemorarii geometria, s.: Mittheilungen d. Coppernicus-Vereins f. Wissenschaft u. Kunst zu Thorn.

Jordanus von Osnabrück Buch über das römische Reich hrsg. von G. Waitz. gr. 4. (92 S.) Göttingen 868, Dieterich's Verlag. * 3 —
Aus: Abhandlungen der k. Gesellschaft der Wissenschaften zu Göttingen, besonders abgedruckt.

Jordanis de Saxonia, alterius Praedicatorum magistri, opera ad res Ordinis Praedicatorum spectantia quae exstant. Collecta ac denuo edita cura J.-J. Berthier. Lex.-8. (XVI, 121 S. m. 1 Bildnis.) Freiburg (Schweiz) 891. (Universitätsbuchh. [P. Friesenhahn].) n. 3. 50

Jordani v. Wasserburg, S.: Fepert. Fast.: Oelbergs: u. a. Predigten. 2 Thle. Fol. Augsb. Wolf. 745.

Jordanus, Johannes, s. Jordan, Johann

Holsatiae Descriptio. Marcus Jordanus Holsatus describebat. o. O. u. J. Kupferstich, kol. 1 Bl. Fol., 34 25 cm (beschn.). Aufgez. a. Carton.

Jorde, Fritz, Bilder aus d. alten Elberfeld. Nach Quellen entworfen. gr. 8. (IV, 260 S. m. 2 Vollbildern u. 4 Plänen.) Elberfeld 900. Baedeker. n. 2. 80; geb. in Leinw. n. 3. 60

Jorde, Fritz, Bilder aus dem alten Elberfeld. Nach den Quellen entworfen. 2. verm. Aufl. Mit 9 Vollbildern u. 3 Plänen. (IV, 278 S.) gr. 8. Elberfeld 907. A. Martini & Grüttefien. 3.50; geb. 4. —

Jorde, Fritz, Johann Gregor Breuer. Ein Lebensbild. gr. 8. (48 S. m. Bildn.) Elberfeld 897. J. J. Koller. n. — 40

Offizielle Festwoche zur Dreijahrhundert-Feier der Stadt Elberfeld. 25.–31. Juli 1910. Hrsg. im Auftr. d. Stadt Elberfeld. Bearb. von Fritz Jorde. H. 1–3. Elberfeld: Born 1910. 4° [H. 13879

— Führer durch Elberfeld u. seine Umgebung. Hrsg. im Auftrage des Verkehrsvereins. Mit e. Kartenskizze u. m. 10 Ansichtspostkarten in Lichtdr. gr. 16. (46 S.) Ebd. 902. n. 1. —

Jorde, Fritz, Geschichte d. Schulen v. Elberfeld m. besond. Berücksicht. des ältesten Schulwesens. Nach Quellen bearb. (VIII, 513 S.) gr. 8. Elberfeld 903. A. Martini & Grüttefien. n. 5. —; geb. in Leinw. n. 6. —

— der kath. Gesellen-Verein zu Elberfeld. Seine Gründg. u. weit. Geschichte. Festschrift z. gold. Jubelfeier d. Vereins am 23. u. 24. Aug. 1896. 8. (54 S. m. 2 Bildn.) Ebd. 896. n. — 30

Jorden, Frz., der Krieg ist erklärt! Lustsp. in 4 Akten. gr. 8. (74 S.) München (898). Rubinverlag. n. 1. —

*Joerden, E. Dänisches Gesetz über die Lebensversicherungs-Tätigkeit vom 29. III. 1904. Berlin s. a.

Jördens, C. H., s. Jördens, Karl Heinrich

Jördens, Chr. Fr. L., (†...) Kern d. Chirurgie. 8. Hof 739. 2e umgearb. Aufl. u. d. T.: Kern der Chirurgie, oder gründl. rc. Anweisung zur Wundarzneikunst, von dessen Sohne Chr. Fr. Jördens. 4 Thle. 8. Ebd. 786—89. Grau. 1 ℛ 8 ℊ

Christian Friedrich Joerdens

Christian Friederich Jördens, Kern der Chirurgie oder Grundlich, deutliche und vollständige Anweisung zur Wundarzneykunst. Neue verm. u. verb. Aufl. Bdch. 1-3. Hof: Vierling 1786 - 88. 1 Bd 8°

Bdch. 1: 1786.
Bdch. 2: 1787.
Bdch. 3: 1788.

Joerdens, Christian Friedrich (Curia Variscus [= Hof/Vogtl.]), Pathologiam dolorum gravidarum parturientium et puerperarum. Diss. med. Curator Adam Anton v. Meyern. Präs. D. Casimir Christoph Schmiedel. Erlangen (I. D. M. Camerarius) Sept. 1750. 34 S. (6.20) 16947

[Joerdens, Ernestus Carolus Ludolphus]: 1. *De judiciis dei. Sectio 1. Historiam judiciorum dei complectens. 71 S. 8° (4°) 2. *Über die Gottesurtheile. Abschnitt 2. Von dem inneren Wesen der Gottesurtheile. 27 S. 8° (4°)
Halle-Wittenberg, Phil. Diss. v. 30. Juni 1831
Geb. [Salzliebenhall b. Salzgitter a. Harz (Hannover) 2. 12. 1802]

Joerdens, Fel., s.: Worte für's Leben.

Jördens, G., Altona, s. Altona.

Jördens, G., s. Clauren, A.

— s. Kora.

— s. Lirta.

— s. Meta.

Jördens, Gust., der Adjunktus des Pfarrers zu Friedau. Ein Gemälde nach dem Leben. 8. Leipz. 825. Kollmann. 21 ℊ

Jördens, Gust., Amalfried d. Thüringer. Histor. Novelle aus d. 6. Jahrh. 8. (14 B.) Leipzig 828, Kollmann.

— Bella und Beata, s. Bibliothek, wohlf., v. Unterhaltungsschriften, 12. Bdchn.

— Bella u. Beata. Eine Geschichte. 8. Leipz. 826, E. Klein.

— bunte Bilder; Erzähll. u. Skizzen von einigen theils melanchol., theils lustigen Freunden. 2 Bdchn. 8. Leipz. 823 u. 24, Kollmann. 1s Bdchn. 1 Rthl. 6 gr. 2s B. 1 Rthl. 8 gr.

Joerdens, Gustav [Bearb.]
s. Byron, Georg Gordon: Irner. 1823.

— Gustav (Berlin), Selecta juris controversi capita. Präs. D. Jacob Friedrich Kees. Lpz. (Klaubarth) 11. X. 1814. 2 Bl. (3.50) 16948

— sinnreiche u. unterhalt. Geschichten, s. Geschichten.

— die Jahreszeiten der Ehe; eine Erzählung. 8. Leipz. 822, Kollmann.

Joerdens, Gustav: Zur Casuistik und Statistik der Hodentumoren. Würzburg 1908: Boegler. 44 S. 8°
Würzburg, Med. Diss. v. 29. Jan. 1909, Ref. Borst
[Geb. 17. Jan. 83 Hof a. S.; Wohnort: Würzburg; Staatsangeh.: Preußen; Vorbildung: Gymn. Hof Reife Juli 02; Studium: Erlangen 5, Berlin 1, Würzburg 4 S.; Coll. 22. Juli 08; Approb. 18. Jan. 08.] [U 09. 4119

— das Labyrinth der Liebe. 2 Thle. 8. Leipz. 825, Kollmann.

Joerdens, Gustav

Lanzelot vom See. Rittergeschichte. Aus den Zeiten der Tafelrunde. Nebst einem Anhang. Mit 1 Kupfer.
Leipzig: Kollmann 1822. 270 S. 8°

Kupferst. fehlt.

Jördens, (G.,) Lichtenbergs Maximen rc., s. Lichtenberg.

— Morgana. Erzählungen u. Mährchen. 8. Leipz. 820. Voß. 1 ℛ 16 ℊ

— s. Nodier, E.: Lothario.

— die Vermählung; ein Nachstück, mit e. Musikbl. 8. Leipz. 822, Kollmann.

Jördens, Johann Heinrich

— s. literar. Briefwechsel.

— descriptio nervi ischiadici, icon. illustr. Fol. maj. Erlang. 788. (Heyder). 2 Rthlr.

Joerdens, Johann Heinrich: Descriptio nervi ischiadici. 18 S., gbd., Abb.(fehlen!)

Erlangae: Walther 1788

JB 845

— descriptio nervi ischiatici, icon. illustr. fol. maj. Erlang Walther. (a. Breuning.) 788.

Jördens, Jh. Hnr, († d. 24. Dec. 1813.) Entomologie u. Helminthologie d. menschl. Körpers. 2 Bde. Mit 22 Kpf. gr. 4. Hof 801 u. 2. Grau. 10 Rthlr. Hdg. Pr. 8 Rthlr. illum. 21 Rthlr. Hdg. Pr. 12 Rthlr. bei Hennings in Gotha. 16 Rthlr. ill. 21 Rthlr.

— de fasciis ad artem obstetriciam pertinentibus. 4. Erlang. 788. Heyder. 2 gr.

— Geschichte von d. kleinen Fichtenraupe oder der Larve von der Phalaena Monacha Linn. Mit ill. Kpf. gr. 4. Hof 798. Grau. 16 gr.

— d. Hausarzt in gefahrvollen u. schmerzhaften Zufällen. 8. Hof 789. (Grau). 6 gr.

— über d. menschl. Natur, oder die Mittel, ein hohes Alter zu erreichen. 2 Theile. Mit Kpf. gr. 8. Leipz. 797. Göschen. 3 Rthlr.

— Selbstbelehr. f. Hebammen rc. m. K. gr. 8. Berl. Pauli. 797.

— Selbstbelehrung für Hebammen, für Schwangere u. Mütter. Mit 8 Kpf. gr. 8. Berl. 788. N. A. 797. (Schlesinger). 2 Rthlr. 16 gr.

— de vitiis pelvis muliebris ratione partus. 4. Erlang. 787. Palm. 6 gr.

Jördens, Karl Heinrich

– s. Anakreons Lieder.

Jördens, Karl Heinrich (Hrsg.), s. Apollodorus

– s. Appollodori bibliotheca.

Jördens, K. H., Blumenlese deutscher Sinngedichte. Thle. 8. Berl. Realschulbuchh. 789–90.

Jördens, Karl Hnr., Blumenlese deutscher Sinngedichte. 2 Thle. 8. Berl. 789 u. 90. Reimer. 1 Rthlr. 4 gr.

– s. Cicero, Paradoxa - de officiis - Catilinar. Reden.

Jördens, K. H., Denkwürdigkeiten, Charakterzüge u. Anecdoten aus d. Leben d. vorzügl. deutschen Dichter u. Prosaisten. 2 Bde. 8. Leipz. Kummer. 812 u. 13. (à 1 Rthlr. 6 gr.)

– s. a. Epigrammenlese.

— Epigrammenlese. 8. Berl. Vieweg.

– s. Eutropii breviar.

– s. Ewald, J. J.: Sinngedichte.

– s. Fabeln von Gellert, Gleim u. Hagedorn.

– s. Gedike, Fr.: Latein. Chrestomathie.

– s. Hierocles, Asteia u. Schnurren.

– s. Holberg's v.: Weltgeschichte.

– s. Horaz: Oden u. dessen zweite Epode.

— Lexikon deutscher Dichter und Prosaisten rc. 4 Bde. 8. Leipz. Weidmann. 806—809. (1r 1 Rthlr. 18 gr. 2r 2 Rthlr. 8 gr. 3r 2 Rthlr. 18 gr. 4r 2 Rthlr. 16 gr.)
Schreibp. (1r 2 Rthlr. 12 gr. 2r 3 Rthlr. 3r 3 Rthlr 12 gr. 4r 3 Rthlr. 8 gr.)

— Lexikon deutscher Dichter u. Prosaisten. 5r u. 6r Bd. gr. 8. Leipz. Weidmann. 810—11. (5r 2 Rthlr. 21 gr. 6r Supplemente 3 Rthlr.)
Schreibp. (5r 3 Rthlr. 16 gr. 6r 3 Rthlr. 20 gr.)

– s. a. Musenalmanach, Berliner, f. 1791 u. 1792.

— Berlin. Musenalmanach für 1791 u. 92. 16. Berlin, Maurer.

– s. Originaldialogen.

Jördens, C. H. (Hrsg.), s. Oweni Epigrammata selecta.

– s. Phaedri fabulae.

– s. Plutarchi Chaer. vita.

Jördens, Karl Heinr., Rede am Geburtstage des Königs in der Gesellschaft patriotischer Freunde gehalten. Den 24. Jenner 1786. Berlin. 8.

– s. Samml. von Uebersetz. d. Griechen u. Römer.

— Laubanische Schulsachen. 16—106 Stck. 4. Lauban 804—23.

– s. Tacitus de sitn.

– s. Virgilii Bucolica – u. Erlogen.

– s. Willamov: Dialog. Fabeln.

— vollständ. Wörterb. zu Büschings liber latinus. 8. Berl. 788. Lange. 6 gr.

Versuch einer Geschichte der Loge Georg zum silbernen Einhorn im Or. von Nienburg a. W. Vom Br. L. Jördens. Als Ms. f. Frmr. Hannover 1846: Jänecke. 52 S. 8⁰ [Umschlagtit.]
cf. L. 9 (1847) S. 127—128
Tt. 535.

Jördens, Pt. Gf., († d. 9. Oct. 1820.) Apologie d. Schutzblattern. 8. Altenb. 802. Lit. Compt. 6 gr. 2e A. 8. Leipz. 816. Brockhaus. 8 gr.

— von d. Eigenschaften e. ächten Geburtshelfers; e. Skizze. 8. Leipz. 789. Dyck. 4 gr.

— s. [illegible], Abhandl.

— über die Möglichkeit e. physischen Menschenveredlung. gr. 8. Leipz. 800. Dyck. 18 K

— worin besteht d. größte Reichthum eines Staats? e. medicin. Fragment. 8. Hof 798. Grau. 8 K

* **JORDENSEN**, Joh. Geo. (Pfarrer zu Gailsdorf im Voigtlande), Die Sündliche Ammen-Miethe, Dadurch denen leiblichen Kindern, die ihnen von GOtt und der Natur weißlich bereitete Nahrung entzogen, und dahero das ihnen offt angebohrne gute Temperament verderbet, hergegen viel Böses, durch die meistens lasterhaffte Ammen, eingeflösset wird; ... auf vieles Anregen zum Druck befördert von —. Leipzig, Bey Johann Friedrich Gleditsch. 1709. 8⁰.
56 S. (incl. Tit. u. 1 Bl.). Sehr rar!

Iordensii, G. D., Iosephus, carm. heroico celebr. 8. maj Daventr. (Iülicher, Lingen.) 795.

Jordensii, G. D., Josephus, carm. heroico celebr. 8maj. Daventr. 793. (Jülicher in Lingen). 1 ℳ

Jordi, Ernst. Beiträge zur Kenntnis der Papilionaceen bewohnenden Uromyces-Arten. Diss. Phil. Bern. [Mit Figuren.] (Abdruck aus dem Centralblatt f. Bakteriologie, Parasitenkunde u. Infektionskrankheiten. Abteilung II.... Band 11. 1904. No. 24/25.) VI + 34 S. 8. Jena, Gustav Fischer, 1904.

Jordi, Ernst. Der Elektromotor in der Landwirtschaft. Erfahrungen und Kosten mit in landwirtschaftlichen Betrieben installierten Elektromotoren in der Schweiz. Mit [3 Tabellen und] 36 in den Text gedruckten Figuren. Im Auftrage des schweizerischen landw' Vereins verfasst. 80 S. 8. Bern, Hans Koerber, 1910. [fr. 1.50]

Jordi, Ernst, der Elektromotor in der Landwirtschaft. Erfahrungen u. Kosten m. landwirtschaftlich verwendeten Elektromotoren in der Schweiz. Mit e. Vorrede v. C. Moser. 2. Aufl. (80 S. m. 41 Fig. u. 3 Tab.) gr. 8. Bern 910. Raillard & Co. 1.40

Jordi, Ernst. Kulturversuche mit Papilionaceen bewohnenden Rostpilzen. ⟨Aus dem Botanischen Institut Bern.⟩ ⟨Vorläufige Mitteilung.⟩ Abdruck aus dem Centralblatt f. Bakteriologie, Parasitenkunde u. Infektionskrankheiten. Abteilung II. Hrg. von Dr. O[scar] Uhlworm.... Band 10. 1903. No. 24/25. S. 777—779. 8. Jena, Gustav Fischer.

Jordi, E[rnst]. Weitere Untersuchungen über Uromyces Pisi ⟨Pers.⟩. ⟨Aus dem botanischen Institut Bern.⟩ (Abdruck aus dem Centralblatt f. Bakteriologie, Parasitenkunde u. Infektionskrankheiten. Abteilung II.... Band 13. 1904. No. 1/3.) III S. + S. 64—72. 8. (Jena, Gustav Fischer.)

Jording, Stadtbaurat: Bau-Beschreibung der neuen städtischen höheren Mädchenschule zu Duisburg-Ruhrort. ⟨Kaiserin Auguste Viktoria-Schule.⟩ Duisburg-Ruhrort 1908: Brendow. S. 3—6. 4°
Duisburg-Ruhrort, Kaiserin Auguste Viktoria-S OP 1908 [225] [S 08. 216

Jordis, Eduard, Dr.: Über die Elektrolyse wässriger Metallsalzlösungen mit besonderer Berücksichtigung der in der Galvanotechnik üblichen Arbeitsweisen. *Halle a. S.: W. Knapp 1901.* (127 S.) 8°
Erlangen, Phil. Hab.-Schr. v. [6. März] 1901
(Nicht für den Austausch)

Jordis, Eduard, Dr.: Über die Elektrolyse wässriger Metallsalzlösungen mit besonderer Berücksichtigung der in der Galvanotechnik üblichen Arbeitsweisen. *Halle a. S.: W. Knapp 1901.* (VI, 127 S.) 8° ¶ [Erschien mit Registern in gleichem Verlage.]
Erlangen, Phil. Hab.-Schr. v. [6. März] 1901
(Nur in beschränkter Zahl für den Austausch)

Jordis, Ed., die Elektrolyse wässriger Metallsalzlösgn. Mit besond. Berücksicht. der in der Galvanotechnik übl. Arbeitsweisen. gr. 8. (VI, 137 S. m. 11 Fig. u. 2 Taf.) Halle 901. W. Knapp. n. 4.—

Jordis, Eduard, Generalregister, s.: Zeitschrift f. Elektrochemie u. angewandte physikalische Chemie.

Jordis, Eduard *Friedrich Alexander*: Über Milchanalyse ... Erlangen, k. b. Hofbuchdr. v. A. Vollrath, 1894; 2 Bl., 32 S., 1 Bl., 1 Taf. 8.
Erlangen, Phil. Fak., Inaug.-Diss. v. 1894

Jordt, Hans, a. Flensburg ⟨Schleswig-Holstein⟩: Untersuchungen über Silikat und Carbonatbildung in antiken Mörteln. Borna-Leipzig 1906: R. Noske. (89 S.) 8°
Tübingen, Naturw. Fak., Ref. Wislicenus, Diss. v. 5. März 1906
[Geb. 17. Aug. 78 Katharinenhof b. Flensburg; Wohnort: Tübingen; Staatsangeh.: Preußen; Vorbildung: Oberrealsch. Flensburg Reife M. 99; Studium: Tübingen 1, Kiel 4, T.H. München 4 S.; Coll. 5. März 06.]

Jordy, [Emil]. Die erste Hülfe bei Vergiftungen s. Stucki, G[ottlieb]. Die wichtigsten einheimischen Giftpflanzen. St. Gallen 1896.

Jordy, [Emil]. Ueber das Leben und Wirken von Henri Dunant [geb. 1828], dem Begründer der Genfer Konvention und des Roten Kreuzes, und über die Beziehungen, welche Frauen zu diesen Werken gehabt haben. Vortrag, gehalten von Dr. J... den 24. November [1896]... [zu Bern].... [Mit 2 Porträts.] 8. Bern 1896.

Jordy, [Emil]. † Dr. L[aurenz] Sonderegger [1825–1896], ⟨St. Gallen.⟩ Der schweizerische Pionier für Gesundheitspflege. Ein Nachruf. SA. 8. (Stuttgart [1896].)

Jordy, E[mil]. Dr. L[aurenz] Sonderegger [1825–1896] ⟨St. Gallen⟩ †, ein schweizerischer Förderer der Krankenpflege durch Wort, Schrift und Gesinnung. [Necrolog.] SA. 8. (Berlin 1896.)

Jordy, E. Thatsachen contra Alkohol. St. Gallen 1894. 24 S.

Joreh Deah-Lexicon des Rabbi Israel Samuel Rofe nebst dem Commentar Chuke Daath von Rabbi Moses Jekutiel Hakohen. Hrsg. mit vielen Erläuterungen und Zusätzen von M. H. Friedländer. 8. (247 S.) Wien 865, (Knöpflmacher und Söhne.) *

Jores, e seltener Fall v. Zwillingen. [Aus: „Allg. medicin. Centralzeitg."] gr. 8 (3 S.) Berlin 893. O. Coblentz. n. 1.—

Jores, C., das Geld-, Wechsel-, Credit- u. Bankwesen. Ein prakt. Handbuch f. den Unterricht an kaufmännischen u. Handels-Schulen, sowie zum Selbstunterricht. gr. 8. (VI, 136 S.) Leipzig 890. Gloeckner. n. 2.—

Jores, Karl

Jores, Carl. Das Geld-, Wechsel-, Credit- u. Bankwesen. Ein prakt. Handbuch f. den Unterricht an kaufmänn. u. Handels-Schulen, sowie zum Selbstunterricht. gr. 8. (VI, 136 S.) Lpz. 890, Gloeckner. * 2 —

Jores, Carl, das Geld-, Wechsel-, Credit- u. Bankwesen. Ein prakt. Handbuch f. d. Unterricht an kaufmänn. u. Handels-Schulen, sow. f. d. Selbstunterricht. 2. Aufl. gr. 8. (IV, 140 S.) Leipzig 897. G. A. Gloeckner. n. 2.—; geb. n. 2. 50

Jores, Carl, das Geld-, Wechsel-, Kredit- u. Bankwesen. Ein prakt. Handbuch f. den Unterricht an kaufmänn. u. Handelsschulen, sowie f. d. Selbstunterricht. 3. verm. u. verb. Aufl., besorgt v. Geo. Tischert. (VI, 156 S.) 8. Leipzig 907. G. A. Gloeckner. Geb. in Leinw. 2. 50

Jores, Leonhard [aus Crefeld]: Über das Auftreten von Blei im Harn bei Nervenkrankheiten. ... Bonn, Univ.-Buchdr. v. Carl Georgi. 1889; 21 1 S. + 1 Bl. 8°
Bonn, Med. Fak., Inaug.-Diss. v. [9. Jul.] 1889

Wesen und Entwickelung der Arteriosklerose auf Grund anatomischer und experimenteller Untersuchungen dargest. von Prof. Dr. L[eonhard] **Jores** in Bonn. Mit 18 Abb. auf d. Taf. 1–4. *Wiesbaden: J. F. Bergmann 1903.* (172 S.) 4°(8°) [03. 3019

Jorot, Ch., la littérature allemande ou XVIIIme. siècle dans ses rapports avec la littérature française avec la littérature anglaisie. gr. 8. (47 S.) Paris 875. Vieweg. n. 1. 50

Jörg, Edm., s.: **Blätter, historisch-politische, f. d. kathol. Deutschland.**

Jörg, Eduard

Jörg, Ed., **Anweisung die Tropenkrankheiten: die asiatische Cholera und das gelbe Fieber zu verhüten oder sicher zu heilen nebst einem kurzen Anhange über die Behandlung der Ruhr, des Gallen- und Wechselfiebers, der Sommerkrankheit und des Croup, besonders für Reisende und Auswanderer in heisse Gegenden gemeinverständlich abgefasst.** gr. 8. (VIII und 220 S.) Leipzig 854, Dürr'sche Buchh.

— s.a. Briefe aus den Vereiniaten v. Nord-Amerika.

Joerg, Eduard. Briefe aus d VS v NA. 2v. Lpz. 1853.

Jörg, Ed., Darstellung des nachtheiligen Einflusses des Tropenklima's auf Bewohner gemässigter Zonen u. des Verlaufes u. der Behandlung der Tropenkrankheiten: des gelben Fiebers u. der asiat. Cholera, in 2 Abthl. gr. 8. (XVI u. 576 S.) Leipzig 851, Arnold. n. $3^1/_3$ ℛ

Jörg, Ed., die Fötuslunge im gebornen Kinde, für Pathologie, Therapie u. gerichtl. Arzneiwissenschaft geschildert. Mit 1 ill Kpfrtaf. gr. 8. Grimma 835, Gebhardt. $1^1/_2$ ℛ

—— Mittheilungen über das Wesen und die Behandlung der Cholera, s. Mittheilungen.

Joerg, Eduard (Leipzig), De morbo pulmonum organico ex respiratione neonatorum imperfecta orto. Diss. med. Lpz. (Friedrich Nies) 26. X. 1832. 60 S. (6.50) 16949
Krankengeschichten v.: M. S. Rauchfuss, Fr. W. Schmidt, Ch. E. Feustel, M. S. Baumann, J. Ch. Gulemann, H. Neben, J. R. S. Winter, F. I. Frohn, Chr. Fr. Faulke.

– De morbo ..., s.a. Jörg, Johann Christian Gottfried

Joerg, **Dr. Ed., de morbo pulmonum organico ex respiratiune neonatorum imperfecta ortu. 8maj. Leipz. 832. Barth. 9 ℊ**

—— die gänzliche Unterdrückung der asiatischen Cholera den europäischen Staatsregierungen als ausführbar dargethan und eine sichere Heilmethode dieser Seuche Aerzten und gebildeten Laien anempfohlen. Mit einem Vorworte von Joh. Chrn. Gfried. Jörg. 8. (XVI und 72 S.) Leipzig 855, Dürr'sche Buchh.

Jörg, Ed., die gänzliche Unterdrückung der Cholera den europäischen Staatsregierungen als ausführbar dargethan und eine sichere Heilmethode dieser Seuche Aerzten und gebildeten Laien anempfohlen. 3. Aufl. 8. (72 S.) Leipzig 865, Dürr'sche Buchh.

[Jörg, Hans.] Führer für den Kurort Lenk im Obersimmental, Berner Oberland, 1105 Meter über Meer. Hrg. vom Verkehrsverein Lenk. [Mit Illustrationen und 1 Karte.] II + 36 S. 8. (Bern, Typ. A. Benteli, [1905].) [fr. —. 50]

Jörg, Johann Christian Gottfried

— Abbildung d. Organe d. thier. Körpers. 1r Thl. die weibl. Organe d. Zeugung u. das Ei in d. Thierklassen. Mit Kpf. gr. Fol. Leipz. 815. Kummer. 3 ℛ 12 ℊ

Jörg, Jh. Chr. Gf., Ahndungen für Deutsche bei Eröffnung des Feldzugs v. 1813. 8. Leipz. 814. Baumgärtner. 12 ℊ

— Anleit. zu e. rationellen Geburtshülfe d. landwirthschaftl. Thiere. Mit 1 Kpft. gr. 8. Leipz. 808. 2e verm. Aufl. Mit 14 Kpf. 818. Baumgärtner. 3 ℛ Dasselbe ohne Kpf. 1 ℛ

— Aphorismen über d. Krankheiten des Uterus u. d. Ovarien, zur Würdigung zweier von Hrn. Hofrath Osiander in Leipzig unternommenen Operationen. 8. Leipz. 820. Mag. f. Ind. 20 ℊ

Johann Christian Gottfried Joerg

Aphorismen über die Krankheiten des uterus und der Ovarien,... Von Johann Christian Gottfried Jörg. Leipzig: Industrie- Compt. 1820. VIII, 144 S. 3°

— Beitr. zur Diätetik neugeborener, unehelicher kleiner Kinder. 8. Leipz. ... Wienbrack. 8 ℊ

— diätetische Belehr. f. Schwangere etc. in 10 Vorles. 8. Leipz. Cnobloch. 809.

— diätische Belehrungen f. Schwangere, Gebärende u. Wöchnerinnen, welche sich als solche wohl befinden wollen. In 10 Vorlesungen. 2te verb. u. mit ein. Anleitung z. ersten phys. Erziehung d. Kinder verm. Aufl. m. 1 K. K. Leipz. Cnobloch. 812.

Jörg, (J. C. G.,) diätet. Belehrungen f. Schwangere, Gebährende u. Wöchnerinnen, welche sich als solche wohl befinden wollen. In zehn an gebild. Frauen gehalt. Vorlesungen. 3e mit e. Anleit. z. ersten physischen Erziehung d. Kinder verm. Aufl. Mit 1 Kupfrt. gr. 12. Lpz. 826. Cnobloch.

Jörg, Joh. Chrstn. Gottfr., **Belehrungen** üb. die von Schwangern, Gebärenden u. Wöchnerinnen zu befolgenden Lebensregeln. 4., verb. u. m. ein. Einleitung zur ersten körperl. Erziehung der Kinder verm. Aufl. 8. ($18^1/_2$ B. u. 1 Kpfr.) Leipzig 842, Cnobloch.

—— **Beleuchtung** der f. das Königr. Sachsen beantragten Reform d. Medicinalverfassung. Vorausgestellt ist eine Kritik d. Broschüre des Dr. Neubert: „Darstellung d. ärztl. Bildung d. Militairärzte d. kgl. sächs. Armee" etc. gr. 8. ($5^1/_4$ B.) Leipzig 846, Brockhaus.

— — Daß der Gebrauch innerer Reizmittel zur Beförderung der Geburt des Kindes unnöthig, fruchtlos und gesunden Frauen sogar schädlich sei; nachgewiesen. Zeitz (Immanuel Webel) 1833. 86 S. (7.—) 16955
Herrn Dr. Carl Gottlob Kühn, Professor d. Physiologie u. Pathologie zu Leipzig am Tage seines 50jähr. Promotionsjubiläum d. 29. VIII. 1833 gewidm.

—— dass der **Gebrauch** innerer Reizmittel zur Beförderung der Geburt des Kindes unnöthig, fruchtlos u. gesunden Frauen sogar schädlich sei. (1833.) 2. Ausg. gr. 8. (6 B.) Bautzen 845, Reichel.

Iörg, I. C. G., de **funiculi** umbilic. delegat. haud. neglig. 8. Lips. Cnobloch.' 810.

— — **De funiculi umbilicalis deligatione haud negligenda. Commentatio qua munus professoris artis obstetriciae ordinarii. Lpz. (Hirschfeld) 1810. 20 S. (5.50) 16952**

Jörg's, Joh. Christ. Gottfr., Diätetik für Schwangere, Gebärende und Wöchnerinnen. 5., neu bearb. und verm. Aufl. von Ernst Thdr. Kirsten. 8. (XII und 244 S. mit 1 Kpfr.) Leipzig 867, Cnobloch. 1 Thlr.; geb.

— u. G. H. Tzschirner, über d. Ehe, aus dem Gesichtspunkte d. Natur, d. Moral u. d. Kirche. gr. 8. Leipz. 818. Baumgärtner. 1 ₰ 12 gr

J. Gf. Jörg u. H. Gli. **Tzschirner:** d. Ehe, a. d. Gesichtspuncte d. Natur, d. Moral u. d. Kirche betrachtet. *Lpz.*, Baumgärtner. 819. 8° 1 ß 12 gr

— Eileithyia, oder diätet. Belehrungen für Schwangere, Gebärende u. Wöchnerinnen 2c. In 10 Vorlesungen. 8. Leipz. 806. 2e Aufl. 812. 3e mit e. Anleit. z. ersten physischen Erziehung d. Kinder verm. Aufl. Mit Kpfr. gr. 12. Leipz. 826. Cnobloch. 1 ß

Jörg, Joh. Chrn. Gfried., die Erziehung des Menschen zur Selbstbeherrschung so wie zur Führung eines gesunden, langen und weniger kostspieligen Lebens. 1. und 2., unveränd. Aufl. (80 S.) 1850. und 3., verm. Aufl. 8. (XII und 76 S.) Leipzig 851, Teubner.

Jörg, Joh. Chrn. Gfried., die Erziehung des Menschen zur Selbstbeherrschung so wie zur Führung eines gesunden, langen und weniger kostspieligen Lebens. 4. Aufl. 8. (80 S.) Leipzig 853, Teubner.

— Etwas über ärztliche u. chirurg. Praxis. 8. Leipz. 820. Mag. f. Ind. u. Litt. 3 gr

— über d. vier Facultäten in den Universitäten Deutschlands; als zweiter Theil d. aphoristischen Winke zur richtigen Beurtheilung deutscher Universitäten 2c. 8. Leipz. 819. Mag. f. Ind. u. Litt. 8 gr Hbg. Pr. 4 gr

— — **Fragmentorum ad artem obstetriciam forensem spectantium. Pars I. De impedimentis, quae veritati eruendae obstant, si delictum contra parturientem ab obstetrice vel a medico obstetricio commissum a judice inquiri punirique debeat. Lpz. (Wilh. Staritz) 8. IX. 1840. 12 S. mit Biogr. v. Gustav Ferdinand Nitzsche (Leipzig; M.: M. D. Bereuther.) (4.50)** **16956**

— — **Dasselbe. II. Responsum de obstetrice et medico, qui in curanda parturiente contra artis praecepta peccasse accusati erant. Lpz. (Wilh. Staritz) 29. IX. 1840. 16 S. (dtsch.) mit Biogr. v. August Bruno Witzendorf (Leipzig; M.: Arnold.) (4.50)** **16957**

— — **Dasselbe. III. Responsum de medico et chirurgo, qui in curanda parturiente contra artis praecepta peccasse accusati erant. Lpz. (Wilh. Staritz) 6. VII. 1841. 14 S., tlws. dtsch., mit Biogr. v. Carl Alfred Krug (Leipzig; M.: Ch. W. v. Zenge.) (4.50)** **16958**

— — **Dasselbe. IV. Responsum de obstetrice, quae parturientem contra artis praecepta tractasse accusata erat. Lpz. (Wilh. Staritz) 24. IX. 1841. 14 S. (dtsch.). mit Biogr. v. Franz Wilhelm Koerner (Spaaro-Misnicus; M.: C. E. Fleischer). (4.50)** **16959**

— — **Dasselbe. V. Responsa duo de obstetricibus, quae in extrahendis secundis contra artis praecepta peccasse accusatae erant. Lpz. (Staritz) 30. XI. 1841. 16 S. (dtsch.) mit Biogr. v. Johann Adolph Winter (Leipzig; M.: F. Bracht). (4.50)** **16960**

— — **Dasselbe. VII. De via ac ratione, delicta in tractandis parturientibus ab obstetricibus vel medicis patrata eruendi. Lpz. (Wilh. Staritz) 23. VI. 1842. 14 S. mit Biogr. v. Paul Hermann Gerhard (Eisenberg; M.: E. M. Fuchs). (4.50)** **16961**

— — **Dasselbe. VIII. (Ftsg. v. Tl. VII.) Leipzig (Wilh. Staritz) 23. VIII. 1842. 15 S. (4.50)** **16962**
Biographien von: Friedrich Wilhelm Hesse (Grossröhrsdorf; M.: J. Ch. Schoen), Friedr. Moritz Herrmann Klaunig (Wellerswalda b. Oschatz; M.: J. R. Roth).

— — **Dasselbe. IX. Exemplo demonstratur, quibus quaestionibus judex accuratiorem cum quoad decursum partus ejusque impedimenta, tum de ratione curandi a medico obstetricio adhibita cognitionem sibi comparare possit. Lpz. (Wilh. Staritz) 27. u. 30. VI. 1843. 16 S. (4.50)** **16963**
Biographien von: Christian Robert Hammer (Leipzig); M.: Ch. F. Wagner), Ferdinand Moritz Leonhardi (Wilsdruff; M.: W. T. Flemming).

— — **Dasselbe. X. Obstetricibus, quae in curandis parturientibus nasciturisve contra artis obstetricandi praecepta peccant, praeter poenas criminales jam jussas poenas disciplinares lege constituendas esse. Lpz. 22. XII. 1843. 16 S. (4.50)** **16964**
Biographien von Gustav Otto Goebel (Kitzscher b. Borna; M.: J. Ch. Brunnemann), Theodor Schroeder (Sandersleben. Dessau; M.: S. Schwabe), Friedr. Ludw. Alex. Baumgarten (Arnsdorf b. Bautzen. Dresden; M.: F. W. Hering).

— über d. Gebär-Organ d. Menschen u. d. Säugthiere im schwangern u. nichtschwangern Zustande. 1s Hft. Mit 4 Kpft. Fol. 803. (Fr. Fleischer). 5 ß 8 gr

* — üb. das Gebär-Organ. 1s Heft mit K. gr. 4. Leipz. Jacobäer. 808.

— üb. d. Gebär-Organ. m. K. 1stes Heft. gr. 4. Leipz. Mittler. 810.

— zehn Gebote der Diätetik aufgestellt. gr. 8. (XVI und 327 S.) Leipzig 847, Brockhaus.

Jörg, Joh. Chrn. Gfried., zehn Gebote der Diätetik. 2. (Titel-) Ausg. gr. 8. (XVI und 327 S.) Leipzig (847)58, Brockhaus. *

— die Geburt als gesundheitsgemässer Entwickelungsact für Mütter und Kinder in einer am 1. Aug. 1853 zur Einweihung des neuen Hörsaales der königl. Enbindungsschule im Trierschen Institute zu Leipzig gehaltenen Rede dargestellt. gr. 8. (82 S.) Leipzig 854, Dürr'sche Buchh. *

— tabellarisches Geburtsverzeichniß. (Schema.) 1 Bog. in gr. Fol. Leipzig 848, Hunger. **

— tabellarisches Geburtsverzeichniß. 1 Bog. in gr. Fol. Leipzig 855, Hunger. **

— tabellarische Geburtsverzeichnisse für Hebammen, auf ganzen Bogen. Fol. Leipz. 814. Mag. f. Ind. Das Buch à 16 Gr.

—— Gesundheitskatechismus für die Jugend und für Erwachsene oder Anleitung, gesund, lange und weniger kostspielig zu leben. 8. (X und 213 S. mit 1 Tab. in gr. Fol.) Leipzig 850, Teubner. *

—— Gesundheitskatechismus für die Jugend und für Erwachsene oder Anleitung gesund, lange und weniger kostspielig zu leben. 2. (Titel-)Aufl. 8. (X und 213 S. mit 1 Tab. in gr. Fol.) Leipzig 853, Teubner.

— Grundlinien z. Physiologie des Menschen. 1r Bd. gr. 8. Ebend. 815.

— Grundlinien zur Physiologie des Menschen. 1r Bd. A. u. d. T.: die Zeugung des Menschen u. d. Thiere; nebst Abbildd. der weibl. Zeugungsorgane u. d. Eies aus den sämmtl. Thierklassen auf 10 Kupfertafeln. gr. 8. Leipz. 816. Kummer. 5 Thlr. ohne Kpf. 1 Thlr. 12 Gr.

Johann Christian Gottfried Joerg

Handbuch zum Erkennen und Heilen der Kinderkrankheiten nebst der Physiologie, Psychologie und diätetischen Behandlung des Kindes. Von Johann Christian Gottfried Jörg. Leipzig: Cnobloch 1826. XVIII, 976 S. 8°

[Nebent.:] Jörg: Ueber das physiologische und pathologische Leben des Kindes.

— Handbuch zum Erkennen und Heilen der Kinderkrankheiten, nebst der Physiologie, Psychologie u. diätetischen Behandlung des Kindes. A. u. d. T.: Ueber das physiolog. u. patholog. Leben des Kindes. 2e verb. u. verm. Aufl. gr. 8. Leipzig 836. Cnobloch. 4½ Thlr.

Jörg, Johann Christian Gottfried: Handbuch der Geburtshülfe für Ärzte und Geburtshelfer. 2.ganz umgearb.Aufl. 522 S., gbd., 1 Taf.

Leipzig: Hinrichs 1820
(Jörg, J.Ch.G.: Über das physiologische und pathologische Leben des Weibes. Th.1)

JB 3.954/1

— Handbuch d. Krankheiten d. Weibes. Mit 1 Kpft. gr. 8. Lpz. 809. 2e A. 821. 3e A. 831. Cnobloch. 3 Thlr. 18 Gr. A. u. d. T.: über das physiologische u. pathologische Leben des Weibes. 2r Theil.

Jörg, Johann Christian Gottfried: Handbuch der Krankheiten des Weibes. 2.ganz umgearb. und sehr verm.Aufl. 912 S., gbd., 1 Taf.

Leipzig: Cnobloch 1821
(Jörg, J.Ch.G.: Über das physiologische und pathologische Leben des Weibes. Th.2)

JB 3.954/2

— systemat. Handbuch d. Geburtshülfe für Geburtshelfer rc. Mit Kpf. gr. 8. Leipz. 807. Hinrichs. 1 Thlr. 16 Gr.; Schrbp. 2 Thlr. Velinp. 2 Thlr. 16 Gr. 2e umgearb. Aufl. auch u. d. T.: über d. physiolog. u. patholog. Leben des Weibes. 1r Thl. gr. 8. Ebd. 820. 2 Thlr. Velinp. 2 Thlr. 16 Gr. 2r Thl., s. unten Handbuch d. Krankheiten d. Weibes.

Jörg, Johann Christian Gottfried: Handbuch der speciellen Therapie für Aerzte am Geburtsbette. 478 S., gbd.

Leipzig: Weygand (Gebhardt) 1835

JB 3.955

— vier Hauptfragen über d. Wesen u. d. Behandlung d. ostindischen Cholera, fleißigen Beobachtern dieser Krankheit zum Beantworten vorgelegt. gr. 8. Leipz. 832. Barth. 21 Gr.

— kritische Hefte für Aerzte u. Wundärzte. 1s Hft. Wie sollen wir als Aerzte prüfen, um das Gute zu erhalten? 10 Gr. 2s Hft. A. u. d. Tit.: S. Hahnemanns Homöopathie. 21 Gr. 3s Hft. 12 Gr. gr. 8. Leipz. 822—24. Cnobloch. 1 Thlr. 19 Gr.

— **Johann Christian Gottfried** (Predel/Misnicus) u. **Adolph Gottlob Ferdinand Kraus** (Rathendorf/Misnico). Brevis partus humani historia. Specim. I. partum naturalem obstetricio-physiologice consid. Lpz. (Hirschfeld) 9. II. 1805. 60 S. u. 3 Tfl. Abb. (Keck delin. Frentzel sc.) (6.50) 16950
Gew.: Carl Christ. Fried. Mentz.

— specimen secundum, partum artificialem obstetricio-pathologice considerans. 4maj. Gera 805.

— — Dasselbe. II. partum artificialem obstetricio-pathologice consid. Lpz. (Hirschfeld) 23. VIII. 1805. 64 S. (6.—) 16951
Gew.: Johann Friedrich August Elsfeld.

— brevis partus hum. hist. c. tab. aen. 4.maj. Gerae, Heinsius. 806.

— — brevis partus humani hist. 4maj. Gerae. 806. Ist Verl. v. Mag. f. Industrie in Leipzig.

— — De medici obstetricii institutione atque informatione part. I. Lpz. (Staritz) 7. u. 10. V. (1844). 16 S. (4.50) 16966
Biographien von: Christian Ludwig Manke (Leipzig; M.: H. L. Kneiper), Heinrich Eduard Weickert (Chemnitz; M.: H. W. Weickert!)

— — Dasselbe II. Lpz. (Wilh. Staritz) 20. XI. 1844. 18 S. (4.50) 16967
Biographien von: Moritz Otto Koerner (Hermsdorf b. Frauenstein; M.: A. W. Flemming), Robert Ringelhardt (Köln; M.: V. E. Weyrauch).

— — Dasselbe. III. Lpz. (Wilh. Staritz) 7. I. 1845. 16 S. (4.50) 16968
Biographien von: Heinrich Hugo Billig (Lisniensis; M.: Ch. Zimmermann), Rudolph Buchheim (Bautzen; M.: A. Bruchmann).

— — Dasselbe. IV. Lpz. (Staritz) 17. VI. 1845. 19 Seiten. (4.50) 16969
Biographien von: Gottlob Friedrich Heinrich Kuechenmeister (Buchheim b. Lausigk; M.: H. M. Peters), Bernhard Leonhardi (Dresden; M.: J. Ch. Hauff), Friedrich Hugo Seiler (Dresden; M.: H. Stark).

—— zwei Jubelreden für die Vervollkommnung und gründliche Verbreitung der Geburtshilfe unter den Studirenden der Medicin. gr. 8. (37 S.) Leipzig 855, Dürr'sche Buchh.

—— Kann die Geburtshilfe auch in einer Poliklinik gründlich erlernt werden? Beantwortet. gr. 8. (52 S. mit 1 Holzschnt.) Leipzig 853, Weber. *

—— Katechismus der diätetischen Geburtshilfe für Schwangere, Gebärende und Wöchnerinnen. Nebst einer Anleitung zur körperl. Erziehung der Kinder in den ersten sieben Lebensjahren. 8. (VIII und 182 S. mit 15 in den Text gedr. Abbild. in Holzschn.) Leipzig 853, Weber. * —

— über Klumpfüße. 4. Leipz., (Wienbrack). 2 Gr

Jörg, Johann Christian Gottfried: Über Klumpfüße und eine leichte und zweckmäßige Heilart derselben. 82 S., gbd., 3 Taf.

Leipzig u.Marburg: Krieger 1806

JB 3.678

— — über Klumpfüße und eine leichte und zweckmäßige Heilart ders.lben. gr. 4. Marburg. 806. N. A. Ist jetzt Verlag v. Mag. f. Industrie in Leipzig 818.

— Kunst, die Verkrümmungen der Kinder zu verhüten u. die entstandenen leicht u. sicher zu heben. Mit 1 Kpf. 8. Leipz. 816. Mag. f. Ind. 16 Gr

Jörg, Johann Christian Gottfried: Ueber das physiologische und pathologische Leben des Kindes. Leipzig: 1826

s.: Jörg, J.Ch.G.: Handbuch zum Erkennen und Heilen der Kinderkrankheiten nebst der Physiologie, Psychologie und diätetischen Behandlung des Kindes.

JB 4.105

Jörg, Johann Christian Gottfried: Über das physiologische und pathologische Leben des Weibes. 2...Aufl.

Leipzig: Hinrichs u.Cnobloch 1820 - 1821
Th.1: Jörg, J.Ch.G.: Handbuch der Geburtshülfe für Ärzte und Geburtshelfer. 1820
Th.2: Jörg, J.Ch.G.: Handbuch der Krankheiten des Weibes. 1821

JB 3.954

— über das physiolog. u. patholog. Leben des Weibes. 1r Thl. A. u. d. T.: Handbuch der Geburtshülfe für Aerzte u. Geburtshelfer. Mit 1 lithogr. Taf. 3e ganz umgearb. Aufl. gr. 8. Leipzig 833. Hinrichs. 2 Thlr. Velp. 3 Thlr

—— dass. 2. Thl. — A. u. d. T.: Handbuch d. Krankheiten d. Weibes, nebst e. Einleit. in d. Physiologie u. Psychologie d. weibl. Organismus. M. 1 Kpfrt. 3., umgearb. u. verm. Aufl. gr. 8. (56½ B.) Leipzig 831, Cnobloch.

Jörg, Johann Christian Gottfried: Lehrbuch der Hebammenkunst. 306 S., gbd., 9 Taf.

Leipzig: Industrie-Comptoir 1814

JB 3.953

— Lehrbuch d. Hebammenkunst. Mit 9 Kpf. gr. 8. Leipz. 814. 2e verm. Aufl. 820. 3e A. 829. Mag. f. Ind. 2 Thlr

— Lehrbuch der Hebammenkunst. 4. verb. u. verm. Aufl. Mit 10 Kupf. gr. 8. (Mit 1 Tab.) Leipzig 841, Hunger. 2 Thlr

Jörg, J. C. G., Lehrbuch der Hebammenkunst. (408 S.) Leipzig 1855. Fleischer.

—— Lehrbuch der Hebammenkunst. 5., verb. und verm. Aufl. gr. 8. (XVI und 408 S. mit 27 Fig. auf 10 Kpfrt.) Leipzig 855, Hunger.

Jörg, (J. C. G.,) Materialien zu e. künftigen Heilmittellehre durch Versuche d. Arzneien an gesunden Menschen gewonnen u. gesammelt. 1r Bd. gr. 8. Leipz. 824, Cnobloch.

Jörg, Johann Christian Gottfried: Materialien zu einer künftigen Heilmittellehre durch Versuche der Arzneyen an gesunden Menschen. 500 S., gbd.

Leipzig: Cnobloch 1825

JB 1.494

— s. J. L. Meißner, über d. Polypen.

— d. Mensch auf seinen körperl., gemüthl. u. geistlichen Entwickelungsstufen geschildert. 8. Leipz. 829. Barth. 2 Thlr 6 Gr

—— de morbo pulmonum organico ex respiratione neonator. imperfecta orto. 8 maj: (4 B.) Lipsiae 832, Barth.

– Dass., s.a. Jörg, Eduard

—— de necessitate ac ratione studium medicinae amplificandi et moderandi disseruit. 8 maj. (4 B.) Lipsiae 830, Cnobloch.

— — u. (Sohn) **Eduard Joerg** (Leipzig), De necessitate ac ratione studium medicinae amplificandi et moderandi dissertatio. Lpz. (C. P. Melzer) 23. VIII. 1830. 61 S. (7.—) 16954

Johann Christian Gottfried Joerg

Das Nervenfieber im Jahre 1813 und eine zweckmäßige Behandlung desselben... von Johann Christian Gottfried Joerg. Leipzig & Berlin: Kunst-u. Industrie-Compt. 1814. VI, 106 S. 8°

— das Nervenfieber im J. 1813 u. eine zweckmäßige Behandlung desselben, für Privat- u. Militairärzte. gr. 8. Berl. 814. (Schlesinger). 14 Gr

— über d. Nutzen d. Holzsäure in der Oekonomie. 8. Dresd. 819. Walther. (a. Arnold). 3 Gr

Jörg, Johan(n) Christ(ian) Gottfr(ied): Judicibus medicisque forensibus viam ac rationem peccata ab obstetricibus vel medicis in curandis gravidis, parturientibus et puerperis contra artis obstetriciae praecepta commissa eruendi. 94 S., gbd.

Lipsiae: Gebhardt & Reisland 1844

JB 5.346

— — Praxin obstetriciam in posterum non chirurgis sed medicis universae artis salutaris peritis esse concedendam. Lpz. (Staritz) 21. III. 1843. 16 S. (4.50) 16965
Biographien von: Nicolaus Robert Fedotoff (Dresden; M.: J. E. Sachs), Mylord Victor Schimpf (Annaberg; M.: F. S. Kell), Martin Gustav Adolph Mueller (Prausitz b. Oschatz; M.: H. W. Laue).

— Progr. üb. d. Wichtigkeit d. jetz. griech.-türkischen Kampfes f. d. physische Wohl d. Bewohner d. europ. Continents dargestellt. gr. 8. Leipz. 822. Brockhaus. 8 Gr

— diätetisch-medicin. Rath f. Nichtärzte, die ostindische Cholera betreffend. 8. Leipz. 831. Barth. 4½ Gr

— Schriften zur Beförderung d. Kenntniß des menschl. Weibes im Allgemeinen, und zur Bereicherung d. Geburtshülfe insbesondere. 1r Thl. Mit 2 Kpft. gr. 8. Nürnb. 812. Schrag. 1 ₰ 12 gr 2r Thl. Mit 2 Kpf. gr. 8. Leipz. 819. Mag. f. Ind. 2 ₰ 8 gr

— s. Sickel, Carl, die Pflicht des Selbststillens.

—— über den Stand der Geburtshülfe in Leipzig von der Mitte des vorigen Jahrhunderts bis jetzt. Geschichtliche Andeutungen bei der feierlichen Grundsteinlegung zu dem neuen Gebäude in der königl. Entbindungsschule zu Leipzig am 18. Mai 1852 gesprochen. gr. 8. (16 S.) Leipzig 852, Arnoldische Buchh. Thlr. *

—— über d. Stellung d. Geburtshülfe z. Arzneikunst. Aus dess. „Nachweisungen f. d. theoret. u. prakt. Geburtshülfe" abgedr. gr. 8. (3¼ B.) Leipzig 831, Hinrichs.

Johann Christian Gottfried Joerg

Taschenbuch für gerichtliche Aerzte und Geburtshelfer bey gesetzmäßigen Untersuchungen des Weibes. Von Johann Christian Gottfried Jorg. Leipzig: Baumgartner 1814. X, 190 S. 8°

— üb. Verkrümmungen d. menschl. Körpers ꝛc. m. K. gr. 4. Leipz. Mitzky.

— über d. Verkrümmungen d. menschl. Körpers u. eine rationelle u. sichere Heilart derselben. Mit 6 Kpft. gr. 4. Leipz. 810. Mit n. Tit. 816. Barth. 3 ₰ 3 gr

— Versuche u. Beiträge geburtshülflichen Inhalts ꝛc. 8. Leipz. 806. Tauchnitz. 18 gr

—— Dr. H. F. Germann's ohnmächtige Vertheidigung seiner geburtshilflichen Poliklinik in Leipzig für etwaige Leser verständlich gemacht. Lex.-8. (50 S.) Leipzig 854, Dürr'sche Buchh.

— der Vervollkommnungstrieb d. Völker, für Gesetzgeber u. Politiker aphoristisch geschildert. gr. 8. Leipz. 831. Barth. 8 gr

— was hat eine Entbindungsschule zu leisten u. wie muß sie organisirt seyn? Auseinandergesetzt. 4. Leipz. 829. Cnobloch. 6 gr

— — Was hat eine Entbindungsschule zu leisten und wie muss sie organisirt seyn? um damit zur feyerlichen Eröffnung des Unterrichts im neuen Locale der Entbindungsschule höfl. einzuladen auseinandergesetzt. Lpz. (Carl Philipp Melzer) 20. X. 1828. 27 S. (6.—) 16953

— Wegweiser durch d. Schlachtfelder um Leipzig. Mit 1 Karte. 12. Leipz. 816. Baumgärtner. 8 gr (Aus d. Beschreibung von Leipzig apart abgedruckt.)

Jörg, Johann Christian Gottfried: Welche Reform der Medicinalverfassung des Königreichs Sachsen fordern die Humanität und der jetzige Standpunkt der Arzneiwissenschaft? 37 S., gbd.

Leipzig: Brockhaus 1845

JB 5.485

— die Wichtigkeit, des jetz. griech.-türkischen Kampfes f. d. physische Wohl d. Bewohner d. europ. Continents dargestellt. gr. 8. Lpz. 822, Brockhaus. Rthlr.

—— wie u. wo müssen nach den Anforderungen d. Heilwissenschaft u. Humanität die Aerzte gebildet u. examinirt werden? gr. 8. (5⅛ B.) Leipzig 816, Weidmann'sche Buchh.

— aphoristische Winke zur Beurtheilung deutscher Universitäten. 8. Leipz. 819. Mag. f. Ind. 8 gr Hbg. Pr. 4 gr

—— Wünsche f. d. Vervollkommung d. Arzneiwissenschaft etc. gr. 8. (3½ B.) Leipzig 838, Gebhardt u. Reisland. *

— die Zeugung des Menschen u. d. Thiere, s. oben Grundlinien d. Physiologie.

Jörg, Johann Christian Gottfried: Die Zeugung des Menschen und der Thiere, nebst Abb. d. weiblichen Zeugungsorgane u. d. Eyes aus d. sämmtlichen Thierclassen auf 10 Kupfertaf. Leipzig 1815. XVI, 356 S. 8° (Taf.: 2°)

Jörg, Johann Christian Gottfried: Die Zurechnungsfähigkeit der Schwangern und Gebärenden. 419 S., gbd.

Leipzig: Eygand (Gebhardt) 1837

JB 5.345

— abgenöthigte Zusätze zu meinen Aphorismen über d. Krankheiten des Uterus ꝛc. 8. Ebd. 820. 8 gr

Jörg, Joh. Chrn. Gfried., die Zwangsmittel gegen die Natur zur angeblichen Erleichterung und Abkürzung der Geburt, gewürdigt. Nach Mittheilungen aus der geburtshilflichen Praxis und Poliklinik des Dr. Friedr. Germann in Leipzig und nach Angaben aus Wien. gr. 8. (III und 68 S. mit 1 Stnt.) Leipzig 852, Weber. Thlr. *

JOERG, Josef: Die Edelherren von Pettau von Friedrich I. von Pettau bis zur Übernahme des Marschallamtes in Steiermark 1385. — 1902. 3, 83, VI S. Diss. Graz, Univ.

Jörg, Jos., s.: Keiter's, Heinr., kathol. Literaturkalender.

— Wesen d. pressrechtlichen Fahrlässigkeit nach § 21 des Reichspressgesetzes. gr. 8. (116 S.) Fulda 899. Fuldaer Actiendruckerei. n. 1. 50

Jörg, Jos. Edm., die neue Aera in Preußen. gr. 8. (197 S.) Regensburg 860, Manz.

Jörg, Jos. Edm., Deutschland in der Revolutions-Periode von 1522 bis 1526, aus den diplomat. Correspondenzen und Original-Akten bayrischer Archive dargestellt. gr. 8. (XII und 747 S.) Freiburg im Br. 851, Herder'sche Vrlgsh. Thlr.

Joerg, Jos. Edm., Geschichte der social-politischen Parteien in Deutschland. gr. 8. (VIII und 236 S.) Freiburg im Br. 867, Herder'sche Verlagsh.

—— Geschichte des Protestantismus in seiner neuesten Entwicklung. 2 Bde. gr. 8. (XIX und 1158 S.) Freiburg im Br. 858, Herder'sche Verlagsh.

Jörg, Jos. Edm., der Irvingianismus. gr. 8. (IV und 176 S.) München 856, (Rieger'sche Buchh.) *
Aus: Historisch-politische Blätter, besonders abgedruckt.

Jörg, Josephine, Literaturblüthen. Gesammelt zu Lese- und Gedächtnißübungen in Oberklassen weibl. Lehr- und Erziehungsanstalten. gr. 16. (X und 156 S.) Augsburg 862, Kranzfelder'sche Buchh.

Jörg, L. W., Taschen-Kochbüchlein. Enthaltend vielerlei Rezepte zur Bereitung von guter, geschmackhafter und gesunder Hausmannskost, über Zurichtung geistiger Getränke, die Benützung der Essige, Einsiedung von Früchten rc. Nothwendig für jede sorgfältige Hausfrau und Köchin. (Aus den Notizen eines in der Küche 62 Jahre altgewordenen Koches.) 82. (XXII und 290 S.) Augsburg 858, Rieger'sche Buchh.

Jörg, L. W., Taschen-Kochbüchlein. Enth. vielerlei Rezepte zur Bereitung von guter, geschmackhafter und gesunder Hausmannskost rc. 2. nach dem neuen Maß und Gewicht bearb. Aufl. 16. (XXII, 290 S.) Augsburg 876, Rieger'sche Buchh. cart.

Jörg, L. W. Taschen-Kochbüchlein. 3. neu bearb. Aufl. 16. (XXII, 290 S.) Augsb. 892, Rieger. geb. in Leinw. 1 —

Jörg, Leonhard Dr. „Ueber die Aufgabe der technischen Bildungsanstalten, insbesondere der Landwirthschafts- und Gewerbsschulen". pg. 1—9. 4°. J. B. Rindfleisch.
Neuburg a. D., Progr. 1859/60

Jörg, L. Dr. „Electricität als alleinige Ursache aller Naturerscheinungen". pg. 3—10 4°. J. Rindfleisch.
Neuburg a. D., Progr. 1863/64

Jörg, Leonh., Fraunhofer und seine Verdienste um die Optik. Eine literarhistor. Abhandlung als Inaugural-Dissertation. gr. 8. (86 S.) München 859, (Franz.) *

Jörg, Leonhard. Die Naturwissenschaft des Paracelsus. Programm der K. Studienanstalt zu Landau am Schlusse des Studienjahres 1881–82. Landau, 1882. pp. 30, 8vo.

Die Relationen zwischen den Wurzeln und Coëfficienten der algebraischen Gleichungen. — Von Dr. Leonhard Jörg, G. P. — 1884, Landau, ibid. — S. 3–30°.
Progr. Landau (Pfalz), K. Gymn.

Jörg, L. Dr. „Ursprung und Entwicklung der Dampfmaschine". pg. 3—10. 4°. J. Rindfleisch.
Neuburg a. D., Progr. 1861/62

Jörg, Paul. [illegible] [Pseud.]
s. Boeddinghaus, Paul. [illegible]

Jörg, Paul, Chrysanthemenblätter. Dichtungen. 12. (55 S.) Berlin 903. (U. Meyer). Geb. in Leinw. n. 3.—

Jörg, Paul (Paul Boeddinghaus). Spielmannsträume. (83 S.) 8. Elberfeld 909. B. Hartmann. Geb. in Lw. 4.—; auf Büttenpap., geb. in Ldr. 7.50

Jörg, Paul: Untersuchungen über p-Aminothiophenol. Marburg 1910: Friedrich. 56 S. 8°
Marburg, Phil. Diss. v. 28. April 1910, Ref. Zincke
[Geb. 10. Nov. 85 Frankfurt a. M.; Wohnort: Marburg; Staatsangeh.: Preußen; Vorbildung: Oberrealsch. Offenbach Reife O. 04; Studium: Heidelberg 1, Marburg 3, München Techn. Hochsch. 3, Marburg 4 S.; Rig. 23. Febr. 10.] [U 10.3364

Jörg, Peter Joseph, aus Gross-Auheim: **Wesen der Pressrechtlichen Fahrlässigkeit nach § 21 des Reichspressgesetzes.** *Fulda 1899: Fuldaer Actiendruckerei.* (115 S.) 8°
Würzburg, Jur. Diss. v. 1899

Jorga, Neculai

—: Kurze Geschichte Stefans des Großen (1457–1504). Gotha: Perthes 1904.

Jorga, N., Gesch. des Osmanischen Reiches, s. a. Staatengeschichte, allgemeine.

Geschichte des Osmanischen Reiches. Nach d. Quellen dargest. von N[eculai] **Iorga,** Prof. Bd 1–5. Gotha: F. A. Perthes 1908–13. 8°
1. (Bis 1451.) 1908. 2. (Bis 1538.) 1909. 3. (Bis 1640.) 1910. 4. (Bis 1774.) 1911. 5. (Bis 1912.) 1913.
(Geschichte d. europäischen Staaten. 37, Bd 1–5.)
(Allgemeine Staatengeschichte. Abt. 1, 37, Bd 1–5.) [illegible]

Jorga, N., Geschichte des rumänischen Volkes im Rahmen seiner Staatsbildungen, s. a. Staatengeschichte, allgemeine. 34.

Geschichte des rumänischen Volkes im Rahmen seiner Staatsbildungen von N[eculai] Jorga. Bd 1. 2. Gotha: F. A. Perthes 1905. 2 Bde 8°
1. (Bis z. Mitte d. 16. Jhs.) 2. (Bis z. Gegenwart.)
— Staatengeschichte, Allgemeine. Abt. 1, Werk 34. [illegible]

Jorga, *Nicolas:* Thomas III marquis de Saluces. Etude hist. et littér. avec une introd. sur la politique de ses prédécesseurs et un append. de textes ... Saint-Denis, impr. H. Bouillant, 1893; VIII, 221 S., 2 Bl. 8.
Leipzig, Phil. Fak., Inaug.-Diss. v. [27. Dez.] 1893

Joergel von Speising, Hans [Pseud.], s. Weiss, Joh. B.

Jörgen Krabbe, s. Krabbe, Jörgen.

Jörgen, Ph. Jac., Antw. a. Isserstadts alt. röm. Sauerteig 8. Jena. 726.

Jörgena, Matth. Js.

— Beweis d. Wirklichkeit d. göttl. Gnadenwirkungen. 8 Ebend. 764.

Jörgena, Matth. Js., einige zum christl. Leben dienende Regeln. 8. Aurich, Luischky. 764.

— d. Vertrauen z. Gott in s. Natur, 8. Ebend. 761.

— Vorstell. d. Untreue der.; w. falsche Begr. v. Christenthum hegen. 8. Ebend. 759.

Jörgenberg, aus der Schweiz, s. Caduff, Jul.

Jörgens, F. L., Zeiten d. Erquickung vor d. Angesichte d. Herrn. Lieder, niedergeschrieben in d. Jahren 1824—1832. 2. Bdchn. 8. (9 B.) Elberfeld 833, Hassel.
Das 1. Bdchn. scheint noch nicht herausgekommen zu sein.

Jörgens, Max, finanzielle Trustgesellschaften, s. a. Studien, Münchener volkswirtschaftliche.

Jörgens, Max: Finanzielle Trustgesellschaften. *Stuttgart 1902: Union.* (VIII, 100 S.) 8° ¶ [— Münchener volkswirtsch. Studien, Stück 54.]
München, Staatswirtsch. Diss. v. 1902

Finanzielle Trustgesellschaften. Von Max Jörgens. *Stuttgart & Berlin: J. G. Cotta Nachf. 1902.* (XII, 100 S.) 8°
— Studien, Münchener Volkswirtschaftliche. St. 54. [illegible]

Die dänisch-deutsche Frage. Eine Abhandl. von K. Reichsarchivar A[dolf] D[itler] Jörgensen. *Kopenhagen: H. Hagerup 1899.* (120 S.) 8° [illegible]

Jörgensen, Alfr., die Hefe in der Praxis. Anwendung u. Untersuchg. der Brauerei-, Brennerei- u. Weinhefe. 8. (VIII, 104 S. m. 11 Abbildgn.) Berlin 901. P. Parey. Geb. in Leinw. n. 2.50

Jörgensen, Alfr., die Mikroorganismen der Gärungsindustrie. gr. 8. (VII, 138 S. mit 36 Textabbild.) Berlin 886, Parey. *

Jörgensen, A., die Mikroorganismen der Gärungsindustrie. 2., verm. Aufl. gr. 8. (XI, 186 S. m. 41 Textabbildgn.) Berlin 890. Parey. n. 5.—

Jörgensen, Alfr., die Mikroorganismen der Gärungsindustrie. 3., neubearb. u. verm. Aufl. gr. 8. (XVI, 230 S. m. 56 Abbildgn.) Berlin 892. P. Parey. Geb. in Leinw. n. 6. —

Die Mikroorganismen der Gärungsindustrie. Von Alfred Jörgensen, Dir. d. gärungsphysiol. Laborat., Kopenhagen. 4., neubearb. u. verm. Aufl. M. 79 Textabb. *Berlin: P. Parey 1898.* (VIII, 349 S.) 1 Bd 8.

Jörgensen, Alfr., die Mikroorganismen der Gärnngsindustrie. 5., neubearb. u. verm. Aufl. (XI, 485 S. m. 101 Abb.) gr. 8. Berlin 909. P. Parey. Geb. in Lw. 12.—

Jorgensen A.: Ueber den Ursprung d. Alkoholhefen. 1895. [Rostr. Saml.].
(Berichte d. gährungsphysiolog. Laboratoriums. 1).
[Vedlagt tre Avisudklip vedr. Alkoholgærens Oprindelse].

Jørgensen A.: Der Ursprung d. Weinhefen. Jena 1895. 8 S. (Særtr.). P.

Jörgensen, E., die Ceratien. Eine kurze Monographie der Gattg. Ceratium Schrank. (III, 124 S. m. 184 Fig. auf 10 lith. Taf.) Lex. 8. Leipzig 911. Dr. W. Klinkhardt. 7. —
Sonderabdruck aus: „Internat. Revue d. ges. Hydrobiol. u. Hydrogr."

Jörgensen, Einar, s. Geert - Jörgensen

Jörgensen G.: [Særtryk]. P.
(Ueber die Entwickelungsbedingungen u. die Zusammensetzung d. aus Cruciferensamen, hauptsächlich in Form v. Futterkuchen, gewonnenen flüchtigen Senföle. (Berl. 1899). (23) S. — Weitere Untersuchungen üb. die aus mehreren käuflichen Rapskuchen gewonnenen flüchtigen Senföle. (Berl. 1899). (22) S.).

Jörgensen, Geo., Aufruf an die Lehrer und Freunde der Taubstummen. gr. 8. (78 S.) Kopenhagen 876. (Leipzig, Opetz.)

—— zwei deutsche Taubstummen-Anstalten. Reisebericht. 8. (46 S.) Berlin 875, Nicolai'sche Verlagsh.

Jorgensen, Gunner, über die Bestimmung der Phosphorsäure als Magnesiumammoniumphosphat u. als Ammoniumphosphomolybdat. (D. kgl. danske vidensk. selsk. skrifter, 7. raekke, naturvidensk og mathem. afd. II. 4.) (100 S.) Lex.-8. Kopenhagen 905. (A. F. Høst & Søn.) n.n. 3. 60

Joergensen, J. P. De municipiis et coloniis aetate imperatorum Romanorum ex canabis legionum ortis. Diss. 1871. 84 S. 1.—

Jörgensen, Johs., Beuron. Autoris. Uebersetzg. v. Johs. Mayrhofer. (134 S.) 8. Hamm (909). Breer & Thiemann. 1.50; geb. n 2. —

Jörgensen, Johannes. Bücher aus Rom. Autorisierte Uebersetzung aus dem Dänischen. [2 Bände.] 8. Einsiedeln *etc.*, Benziger & Co. A. G., 1906.
[Band 1:] Römische Heiligenbilder. Mit einer literarischen Studie über den Autor von [Frl.] E[lisabeth] M[argaretha] Hamann, dem Porträt des Autors [Tafel] und mehreren Illustrationen [5 Tafeln]. 261 S. [fr. 4. —, geb. 5. 25]
[Band 2:] Römische Mosaik. Mit einer Selbstbiographie und dem Porträt des Autors [Tafel] und mehreren Illustrationen [9 Tafeln]. 301 S. [fr. 4. 50, geb. 6. —]

— **Eva.** Autoris. Uebersetzg. aus dem Dän. v. Henriette Gräfin Holstein-Ledreborg. (179 S.) 8. Mainz 903. Kirchheim & Co. n. 2. —; geb. n. 3. —

— **In excelsis.** Autoris. Übersetzg. v. Johs. Mayrhofer. (VIII, 311 S. m. 1 Stammtaf.) 8. Kempten 910. J. Kösel. 3.—; geb. in Leinw. 4. —

— **das heilige Feuer.** Eine Legende aus dem alten Siena. Autoris. Uebersetzg. aus dem Dän. v. Henriette Gräfin Holstein-Ledreborg. (155 S.) 8. Ebd. 903. n. 2. —; geb. in Leinw. n. 3. —

— **Der hl. Franz v. Assisi.** Eine Lebensbeschreibg. Autoris. Übersetzg. aus dem Dän. v. Henriette Gräfin Holstein-Ledreborg. Die Einltg. übers. v. A. Hesse. (XVIII, 675 S. m. 7 Taf.) 8. Kempten 908. J. Kösel. 5.—; geb. 6.—

Jörgensen, Johs., U. L. **Frau v. Dänemark.** Autoris. Übersetzg. v. Johs. Mayrhofer. (351 S.) 8. Kempten 908. J. Kösel. 3.50; geb. 4. 50

— Geschichte der dänischen Literatur, s. a. Sammlung Kösel.

Geschichte der dänischen Literatur. Von Johannes Jörgensen. Kempten & München: J. Kösel 1908. (IV, 157 S.) 8° [F.]
(Sammlung Kösel. Bd 19.)

— Graf, s.: „Aus fremden Zungen". 2.

— J. K. Huysmans, s. a. Kultur u. Katholizismus.

J. K. Huysmans von Joh. Jörgensen. Mainz & München: Kirchheim 1905. [illegible] 8°
(Kultur u. Katholizismus. Bd [illegible])

Jörgensen, Johs., **Lebenslüge u. Lebenswahrheit.** Aus d. Dän. übers. v. H. H.-L. 8. (IV, 74 S.) Mainz 897. F. Kirchheim. n. — 80; geb. n. 1. 50

— **Lebenslüge u. Lebenswahrheit.** Autoris. Uebersetzg. aus dem Dän. v. Henriette Gräfin Holstein-Ledreborg. 2. Aufl. (IV, 68 S.) 8. Ebd 903. n. 1. —; geb. n. 1.60

Jörgensen, Johs., **Parabeln.** Autoris. Übersetzg. aus dem Dän. v. Henriette Gräfin Holstein-Ledreborg. 8. (63 S.) Mainz 899. F. Kirchheim. n. — 65; geb. n. 1. —

— **Parabeln.** Autoris. Uebersetzg. aus dem Dän. von Henriette Gräfin Holstein-Ledreborg. 2. Aufl. (119 S.) kl. 8. Ebd. 905. n. 1. —; geb. n. 1. 60

— **das Pilgerbuch.** Aus dem franziskan. Italien. Autoris. Uebersetzg. aus dem Dän. v. Henriette Gräfin Holstein-Ledreborg. (XV, 351 S.) 8. Kempten 905. J. Kösel. n. 3. —; geb. in Leinw. n. 4. -

— **Reisebilder aus Nord u. Süd.** Autoris. Übersetzg. v. Johs. Mayrhofer. (VIII, 250 S. m. Bildnis.) kl. 8. Münster 907. Alphonsus-Buchh. 1. 50

— **das Reisebuch.** Licht u. Dunkel in Natur u. Geist. Autor. Übersetzg. aus d. Dän. v. Henriette Gräfin Holstein-Ledreborg. Mit 2 Orig.-Zeichngn. v. Francesco Mogens Ballin. 8. (XIII, 299 S.) Ebd. 898. n. 2. 80 geb. n. 3. 80

— **Das Reisebuch.** Licht u. Dunkel in Natur u. Geist. Autoris. Übersetzg. aus dem Dän. v. Henriette Gräfin Holstein-Ledreborg. Mit 2 Orig.-Zeichngn. v. Francesco Mogens-Ballin u. div. Illustr. (auf 9 Taf.). 2. Aufl. (X, 296 S.) 8. Mainz 910. Kirchheim & Co. 2.80; geb. in Leinw. 3. 80

— **Die lieblichste Rose.** Aus dem Dän. übertr. von Rich. v. Kralik. (158 S.) 8. Ravensburg (909). F. Alber. Geb. in Leinw. 3. 50

— **der jüngste Tag.** Autor. Uebersetzg. v. Bernh. Mann. 12. (III, 150 S.) Ebd. 898. n. 2. —

— **der jüngste Tag.** Autoris. Uebersetzg. v. Bernh. Mann. 2. Aufl. (178 S.) 8. Ebd. 905. n. 2. 60; geb. in Leinw. n. 3. 60

— Vom Vesuv nach Skagen. Autoris. Übersetzg. aus dem Dän. v. Henriette Gräfin Holstein-Ledreborg. (VII, 162 S.) 8. Freiburg i/B. (910). Herder. 2.—; geb. in Leinw. 3.—

Jörgensen, Julius [aus Bangkok in Siam]: Über die Einwirkung von Thionylchlorid auf einige Amine der Kampherreihe ... Rostock, C. Boldt'sche Hof-Buchdr., 1896; 45 S. 8.
Rostock, Phil. Fak., Inaug.-Diss. v. [11. Dez.] 1896

Jörgensen I. M. Siemens und Halske's Alkohol-Messaparate. Berlin 1872

Jörgensen, Max: Untersuchungen über die Eibildung bei Nephelis vulgaris Moquin Tandon (Herpobdella atomaria Carena). Mit 4 Taf. u. 4 Textfig. Leipzig: W. Engelmann 1908. 71 S. 8° [Tafeln werden nicht geliefert.] ¶ (Aus: Archiv f. Zellforschung. Bd 2.)
Heidelberg, Naturw.-math. Diss. v. 28. Dez. 1908, Ref. Bütschli
(Geb. 6. Febr. 85 Marburg a. L.; Wohnort: München; Staatsangeh.: Preußen; Vorbildung: Gymn. Dessau Reife O. 04; Studium: Jura München 1, Naturw. München 2, Heidelberg 5 S.; Rig. 28. Jan. 08.) [U 09. 2048

Jörgensen, Otto, s. Kaalund-Jörgensen

Jörgensen, Paul [Prof. Dr.]: Der Geschichtsunterricht auf dem Realgymnasium. Beiträge z. Methodik. Berlin, R. Gaertner, 1894; 23 S. 4.
Berlin, Friedrichs-RG, OP 1894 [illegible]

Jörgensen. Sophus Mads

Jörgensen, S. M., Siemens und Halske's Alkohol-Messapparat. gr. 8. (24 S. mit 3 lithogr. Taf. in qu. Fol.) Berlin 872, Bittkow. 1. 20

Jörgensen, S. M., die Entdeckung des Sauerstoffes. Aus dem Dän. v. Vilhelm Ortwed u. Max Speter. (52 S. m. 3 Abb.) Lex. 8. Stuttgart 909. F. Enke. 1. 20
Sonderabdr. a.: „Sammlg. chem. u. chem.-techn. Vortr."

Jörgensen, S. M., s.: Gmelin-Kraut's Handbuch d. Chemie.

Jörgensen, S. M., Grundbegriffe der Chemie, an Beispielen u. einfachen Versuchen erläutert. (IV, 193 S. m. 13 Fig.) 8. Hamburg 903. L. Voss. n. 2.—

JÖRGENSEN, S. M.
Zur Konstitution der Kobalt-Chrom- und Rhodiumbasen. Hamburg, 1892. 8vo.

Jørgensen S. M.: [Særtryk]. P.
Ueber Metalldiamminverbindungen. Leipz. 1886. 40 S. — Beiträge z. Chemie d. Chromammoniakverbindungen. 10. Ueber die Rhodosochromsalze. Sst. 1892. (15 S.) — Zur Constitution d. Kobalt-, Chrom- u. Rhodiumbasen. [illegible] Leipz. u. Hamb. 1892. [illegible] S. (udb. m. foregaaende). — Recherches s. la constitution des sels cobaltammoniques. (Kbh. 1893. 31 S.).

— das Thallium. Eine Zusammenstellung der vorhandenen Beobachtungen. gr. 8. (IX, 63 S.) Heidelberg 871, C. Winter's Universitäts-Buchh. 2 —

Jörgensen, W., die Brüder, Trspl. 8. Schleswig. 821. (Knobloch in Leipz.) 10 ℛ

Jörger, [Joseph]. Über die Gründung einer neuen bündnerischen Versorgungsanstalt. Vortrag von Dr. J', gehalten in der Gemeinnützigen Gesellschaft. 15 S. 8. Chur, Bischofberger & Hotzenköcherle, 1903.

(Jörger. [Joseph].) Kur- & Badanstalt Therme in Vals.... [Illustrierter Prospekt.] S. Aarau & Lausanne (1893).

Jörger, M. J. Waldveilchen, Gedichte. Baltimore. 1872.
UC

Joerges, Ernst, Gerichtsass., aus Kl. Kiesow: Zur Lehre vom Miteigentum und der gesamten Hand nach deutschem Reichsrecht. *Stuttgart 1900: Union.* (89 S.) 8° [J.] ¶ (T. 1 d. eingereichten Arbeit.)
Rostock, Jur. Diss. v. [24. Jan.] 1900

Jörges, Rud., psycholog. Erörterungen z. Begründg. e. wissenschaftl. Unterrichtsverfahrens. (XI, 144 S.) gr. 8. Leipzig 908. Dieterich. 3.80; geb. n 4. 50

Jörges, Rudolf, aus Düsseldorf: Die Lehre von den Empfindungen bei Descartes. *Düsseldorf 1901: L. Schwann.* (68 S.) 8°
Bonn, Phil. Diss. v. 10. Aug. 1901

Joerges, Rudolf, Dr phil.: Die rechtliche Natur des Spendungsgeschäfts bei der Sammlung von Vermögen für einen vorübergehenden Zweck. Halle a. S. 1909: Waisenhaus. 40 S. 8° ¶ (Ersch. vollst. als Buch ebd. 1910 u. d. T.: Spendungsgeschäft u. Sammelvermögen bei d. Sammlung ...)
Halle, Jur. Diss. v. 18. Dez. 1909, Ref. Stammler
(Geb. 19. Juni 68 Altenkirchen, Bez. Koblenz; Wohnort: Halle a. S.; Staatsangeh.: Preußen; Vorbildung: Realgymn. Elberfeld Reife O. 87; Studium: Phil. Bonn, Straßburg, Marburg zus. 15, Jura Bonn 1, Halle 5 S.; Rig. 18. Nov. 09.) [U 10. 1668

— Spendungsgeschäft u. Sammelvermögen bei der Sammlg. v. Vermögen f. e. vorübergehend. Zweck. (98 S.) gr. 8. Halle 910. Buchh. des Waisenhauses. 2. 80

Jörges, Wilh. Der Unterricht im Französischen. 5 S. Oberhausen 1882.
Progr.

Jörgle unter der Miliz. [Stuttg. 1794.] V: *Schotterbeck, Joh. Frdr.* (Kat. der ständ. Bibl. Stuttg. 1907. S. 393.)

Jörich, *Hermann* Franz [Dr. med., Lübben]: Zur Casuistik der occulten Pyaemie ... Halle a. S., Druck v. Wischan & Wettengel, 1895; 28 S., 1 Bl. 8.
Halle, Med. Fak., Inaug.-Diss. v. [2. Juli] 1895

Jorio, Gius., codici ignorati nelle biblioteche di Napoli. Fasc. I. Un codice ignorato delle Elleniche: *Ξενοφῶντος τὰ παραλειπόμενα· ἅπερ καὶ Ἑλληνικὰ ἐπιλέγεται· εἰς ἑπτὰ βιβλία διαιρούμενα.* gr. 8. (60 S.) Leipzig 892. O. Harrassowitz. n.n. 3. 60

Joris, Catania als klimatischer Winter-Curort. 8. (44 S.) Wien 873, Braumüller. * — 60

Joris, Cornelio, u. Otto **Sedlmayr,** Geschichte u. Katalog der Postwertzeichen des Königr. Bayern. 1. Tl. Lex.-8. (III, 164 S.) München 893. (A. Larisch.) n.n. 2.—

Joris, Louis [Médecin vétérinaire à Orsières-Valais]: De la galactophorite traumatique et de la mastite par métastase pyémique chez les animaux domestiques. Avec 6 figures dans le texte. Lyon 1903. 24 p. 8°.
Bern. Vet.-med. Diss. 1902/1903.

Joris, Martin: Antigone Tragödie von Sophokles. Zur Einweihung des neuen Gymnasiums in Limburg a. d. Lahn übersetzt und für die Aufführung bearbeitet von M. J. 47 S. 8.
Progr. Gymn. nebst Realprogymn. *Limburg a. d. Lahn* 1905 (172).

Joris, Mart., Erzählungen für den ersten Geschichtsunterricht. Für deutsche höh. Mädchenschulen bearb. Ausg. A: Aus der alten u. deutschen Geschichte. Mit 66 Abbildgn. im Text, 1 Farbendr.-Taf. u. 2 Karten. gr. 8. (IV, 116 S.) Leipzig 901. G. Freytag. Geb. n. 1. 80

Jöris, Mart., Erzählungen f. d. ersten Geschichtsunterricht. Für deutsche höh. Mädchenschulen bearb. Ausg. A: Aus der alten u. deutschen Geschichte. Mit 66 Abb. im Text, 1 Farbendr.-Taf. u. 2 Karten. 2. Aufl. (IV, 115 S.) gr. 8. Leipzig 907. G. Freytag. Geb. 2. —

— dasselbe. Auf Grund der preuß. Bestimmgn. f. höhere Mädchenschulen bearb. Ausg. B: Aus der deutschen Geschichte. Mit 1 Karte von Deutschland u. 58 Abbildgn. gr. 8. (III, 91 S.) Ebd. 901. Geb. n. 1.50

— dasselbe. Ausg. B: Aus der deutschen Geschichte. Mit 1 Karte v. Deutschland u. 58 Abb. 2. Aufl. (III, 91 S.) gr. 8. Ebd. 907. Geb. 1.50

Jöris, Martin, Dr.: Über Homerübertragung mit neuen Proben. *Leipzig: G. Fock in Komm. 1902.* (70 S.) 8°
Limburg a. d. Lahn, PG nebst RPG, i. E. zum G, P 1902 (442)

— Lebensbilder aus allen Teilen d. Weltgeschichte, besonders aus d. deutschen Geschichte, f. die VI. Klasse höh. Mädchenschulen. Nach d. Ausführungsbestimmgn. üb. die Neuordng. des höh. Mädchenschulwesens in Preußen v. J. 1908 bearb. (111 S. m. 108 Abb.) 8. Ebd. 910. Geb. 1.50

— Sagen u. Lebensbilder f. d. ersten Geschichtsunterricht. Für die VII. Klasse höh. Mädchenschulen. Nach. d. Ausführungsbestimmungen üb. die Neuordng. des höheren Mädchenschulwesens in Preußen v. J. 1908 bearb. (60 S. m. 37 Abb.) 8. Ebd. 910. Geb. 1. —

Jöris, Martin [aus Palenberg]: Untersuchungen über die Werken van Zuster Hadewijch '(I. Gedichten)' ... Strassburg, Univ.-Buchdr. v. J. H. E. Heitz, 1894; 86 S. 8.
Strassburg, Phil. Fak., Inaug.-Diss. v. 1894

Jorissen, E. J. P., Erinnorungen an Transvaal 1876—1896. Aus d. Holl. übers. v. A. Seidel. Lex.-8. (IV, 144 S. m. Bildn.) Berlin 898. D. Reimer. n. 4. —; geb. in Leinw. n. 5. —

Jorissen, Felix, prakt. Arzt zu Stolberg (Rhld.): Aus dem Pathologischen Institut zu Bonn. Über einen primären, in einer syphilitischen Narbe entstandenen Leberkrebs. Bonn 1906: C. Georgi. (54 S.) 8°
Bonn, Med. Fak., Ref. Ribbert, Diss. v. 15. Febr. 1900
[Geb. 1. Jan. 62 Allesheim, Kr. Düren; Wohnort: Stolberg; Staatsangeh.: Preußen; Vorbildung: Gymn. Düren Reife O. 83; Studium: Greifswald 6, Würzburg 6 S.; Rig. 7. Febr. 91; Approb. 2. April 90.]

Jorissen, Jo. (Resp.): Diss. sistens novae methodi... med. rationes, s. B u e c h n e r, Andr. El. v. (Praes.)

Jorissen, Matthias

Jorissen, M., der Charfreitag, oder kurze Uebersicht u. Betracht. des Leidens u. Sterbens unsers Herrn Jesu Christi. Aus d. Holländ. übers. von einem Freunde (J. W. Berger.) 8. Elberf. 821. Schönian. 10 gr

Jorissen, Matth., die Psalmen Davids, übers. u. in Reime gebracht. Vierstimm. f. gem. Chor bearb. v. Rich. Lindner. 12. (XII, 339 S.) Elberfeld 897. (Reform. Schriftenverein.) n. 1.20

Jörissen, Albert [Referendar aus Aachen]: Das Oralfideikommiss unter der Herrschaft der Reichszivilprozessordnung ... *Aachen, Druck v. Victor & Mindel, 1896;* 32 S. 8.
Erlangen, Jur. Fak., Inaug.-Diss. v. 1896

Jörissen, Franz. Beiträge zur Kenntniss der Oxymethylenketone. (Basel) Aachen, 1893.

Jörissen, Frz., d. dtsch. Leder- u. Lederwaren-Industrie. Die Hilfs- u. Nebenindustriezweige derselben, sowie die einschläg. Handelsgebiete in ihrer Entwickelg. u. heut. Bedeutg. Text dreisprachig: deutsch, englisch, französisch; m. zahlr. Abb., Tab. u. graph. Darstellgn. (XV, 394; LXIX u. 106 S.) 39,5×29 cm. Berlin 909. Verein. Verlagsanstalten G. Braunbeck u. Gutenberg-Druckerei. 37.—; geb. 40. —

-- Dass., s.a. J ö r r i s s e n , Franz

Jörissen, Hermann, approb. Arzt aus Aachen: Über die heutigen Indikationen für den Kaiserschnitt. *Bonn 1901: C. Georgi.* (42 S.) 8°
Bonn, Med. Diss. v. [22.] Apr. 1901

Jörissen, Jean, zur Nothlage des Kölner Carnevals. Ein mahnend Wort an Freund und Feind. gr. 8. (12 S.) Köln 887, Simons und Comp.

Jork, Otto, Brandenburg in der Vergangenheit und Gegenwart. Ein Wegweiser durch die Stadt und ihre Alterthümer. gr. 16. (164 S. mit 1 Taf. in Aubeldr.) Brandenburg 880, Müller. *

Jork, Otto, Brandenburg in der Vergangenheit u. Gegenwart. Ein Wegweiser durch d. Stadt u. ihre Altertümer. 2. Aufl. (IV, 179 S.) 8. Brandenburg (903). M. Evenius. n. 1.60

Jork, Otto, Liederbuch der Brandenburger Turner-Feuerwehr. 16. (44 S.) Brandenburg 874, Wiesike. cart. * — 50

Jorke, Abraham Gottwert, Dissertatio sistens coniecturas criticas de aetate cenis Alexandrini. Halae Magdeburgicae 1759.

Jorke, Abrah. Gottwert, Einladung zu geneigter Gegenwart bey der Feierlichkeit wegen des am 15. Febr. d. J. zu Hubertsburg geschlossenen Friedens. Freistadt 1763. 4.

Jorke, A. G., de ironia sacra. Hal. 1759 4.

Jörling, Fr. Über den Gebrauch des Gerundiums und Gerundivums bei Tacitus. 16 S. **Progr.** *Gnesen* 1879.

Jormann, Johann Albrecht

— — Aufgefangene / Grillen / Bey der / Brunnen-Cur / Zu / Langen-Schwalbach. / 1737. 4°. 8 Bll.

Johann Albr. Jormann

Das Schwalbacher sommer-wehrende Perpetuum mobile, Das ist, Die wahre Abbildungen des Apolinis traumende Betrachtungen, was neulichen vor wunderbarliche Grillen daselbsten Zeit-wehrender vieler Menschen brauchender Cur, sich regen, bewegen, zu sehen und zu passiren pflegt. [Verf.: Johann Albr. Jormann.] o.O. 1701. 8 Bl. 8°

Jormann, Wilhelm (Loikum/Düsseldorf), Ueber Knochenabscesse. Diss. med.-chir. Halle (Plötz [R. Nietschmann]) 31. V. 1884. 36 S. mit Biogr. (5.50) 17010
Referent: Volkmann. — Oppon.: R. Hartwich, H. Müller. — Imprim.: H. Welcker. — Krankengeschichten v.: Joh. Ochsenknecht, Michael Bohn, Alexander Joachimsthal, Friedrich Kähler, Wilhelmine Schrödter, Bruno Fix, Ernst Spillmann, Hermann Heklau.

Jormescu, Constantin: Die geschichtliche **Entwickelung und der gegenwärtige Zustand der rumänischen Landwirtschaft.** *Bonn 1901: C. Georgi.* (3 Bl.) 8° ¶ [Nur Titelblatt, Vita u. Thesen. — Vgl. die folgende Nummer.]
Bonn, Phil. Diss. v. 20 Dez. 1901
(Nicht für den Austausch)

Jörn, W., Samuel Hebich, der große Seelengewinner. Züge aus seinem Leben u. Wirken. (171 S. m. 20 Abb.) kl. 8. Friedrichshagen b/Berlin 910. Jugendbund-Buchh. — 80; geb. 1. 20

— Licht auf deinem Weg! I—IV. kl. 8. Stuttgart 909. Christl. Verlagshaus. à — 05
I. Für Menschen ohne Frieden. (16 S.)
II. Dicht vor der engen Pforte. (15 S.)
III. „Eine, die Frieden findet!" (16 S.)
IV. Ein freundliches Wort an Anfänger auf d. schmalen Wege. (16 S.)

— Sir George Williams, der Begründer d. christl. Vereine junger Männer. Ein Charakterbild zum Charakterbilden. (Mit e. Vorwort v. Helbing.) (63 S. m. 1 eingedr. Bildnis.) kl. 8. Ebd. (909). —.50; geb. in Leinw. 1. —

Jorna, Bernhard (Frisius [=Friesland]), De quatuor fictis simplicium speciebus, ex quibus ill. Leibnizius cum cl. Wolfio derivare voluit omnia mundi corpora, animas brutorum, et hominum, ut et ipsum intellectum divinum. Disp. philos. Präs. Ruard Andala. Franeker (Heinrich Halma) 26. II. 1727. Neudruck Halle o. J. 28 S. (6.—) 17011

Jornandes, s. Jordanes

Jorns, Alexander [app. Arzt aus Eisenach]: **Ueber das Verhalten der Magensecretion bei Herzkranken ... Würzburg,** Druck d. Bonitas-Bauer'schen k. b. Hofbuchdr., 1893; 30 S., 2 Tab. 8.
Würzburg, Med. Fak., Inaug.-Diss. v. 1893

Jorns, August, approb. Arzt aus Cassel: **Beiträge zur Lehre von der Entstehung und Ausscheidung des Acetons.** *Würzburg 1903: P. Scheiner.* (62 S.) 8°
Göttingen, Med. Diss. v. [30. Mai] 1903

Jorns, Aug., Beiträge zur Lehre v. der Entstehung u. Ausscheidung des Acetons. Diss. (61 S.) gr. 8. Würzburg 903. (Göttingen, Vandenhoeck & Ruprecht.) n. 1. 20

Jorns, Chr. H., das Gebet des Apostels Paulus ein Vorbild für alle christlichen Beter. Predigt über Ephes. 3, 13—21. gehalten am 16. Sonnt. nach Trinit. zu Hersbruck. gr. 8. (16 S.) Nürnberg 855, Raw'sche Buchh.

Jorns, Ch. H., was will das werden, wenn die Verhöhnung d. wahren Christenglaubens noch allgemeiner wird? Predigt am ersten Pfingstfeste 1849, gehalten. Mit e. Zugabe als erste u. letzte Antwort auf H. Päthig's offenes Sendschreiben. gr. 8. (24 S.) Nürnberg 849, Raw in Comm. 2 ngr.

Jorns, Christian *Franz Johannes August:* The London School Board. Lübeck, Druck v. M. Schmidt, 1894; 2 23 S. 4.
Lübeck, R, OP 1894 (7 10)

Jorns, Chr., d. Hauptsachen d. englischen Formen- u. Satzlehre. gr. 8. (III, 78 S.) Lübeck 898. Lübcke & Hartmann. Kart. n. 1. 50

Jorns, C., the young Lady's Vocabulary with Conversations. Für höhere Töchterschulen, Seminarien und zum Selbststudium. 12. (IV, 52 S.) Berlin 882, Herbig. *

Jorns, C., the young lady's vocabulary with conversations. Für höhere Mädchenschulen, Seminarien u. zum Selbststudium. 2. Aufl. 12. (59 S.) Berlin 890. Herbig. n. — 50

Jorns, C., the young lady's vocabulary with conversations. Für höhere Mädchenschulen, Seminarien u. zum Selbststudium. 2., verb. Aufl. 12. (IV, 59 S.) Berlin 891. Herbig. n. — 50

— the young lady's vocabulary with conversations. Für höh. Mädchenschulen, Seminarien u. z. Selbststudium. 3., verb. Aufl. 12. (IV, 56 S.) Berlin 898. F. A. Herbig. n. — 50

Jorns, Frdr., es werde Licht! Bibel-Übertraggn. (39 S.) 8. Wolfenbüttel 908. J. Zwißler. — 50

Jorns, Friedrich, aus [illegible] bei Warburg in Westfalen: (Aus d. medizin. Klinik zu Jena.) **Versuche mit Glutoidkapseln.** *Wolfenbüttel 1899: Heckner.* (24 S.) 8°
Jena, Med. Diss. v. 14. Mai 1899

Jorns, Gerald, approb. Arzt aus Lübeck: **Aus d. Klinik d. Herrn Geh. Med.-Rates** Prof. Dr. Gusserow. **Über den Geburtsverlauf** bei Hydrocephalus. *Berlin (1903): G. Schade.* (33 S.) 8°
Berlin, Med. Diss. v. 28. Juli 1903

Jorns, Gustav *Hermann* [aus Ottleben '(Prov. Sachsen)']: Aus d. pharmakolog. Institut d. Univ. **Greifswald. Beiträge** zur Kenntnis der Colchicumwirkung ... **Greifswald, Druck v.** J. **Abel,** 1897; 44 S. 8.
Greifswald, Med. Fak., Inaug.-Diss. v. 12. März 1897

Jörns, *Carl* [aus Rostock]: Ueber Pseudocumyl-aethyl- und Pseudocumyl-propyl-keton. . . . Freiburg i. B., Univ.-Buchdr. v. H. M. Poppen & Sohn, 1891; 68 S., 1 Bl. 8°
Freiburg i. B., Phil. Fak., Inaug.-Diss. v. 1891

Jorre, Friedrich: Synthese von 2,3-Dimethylpyrazin. *Kiel 1897: C. Bohnstorff.* (45 S.) 8°
Kiel, Phil. Diss. v. [4. Dez.] 1897

Jörrens, Hubert Theodor

Jörrens, H. Th., Der Charakter des Sechstagewerkes. Düren, 1877. 104 S.

Joerrens, Hub. Thdr., das Buch Judith. Dem christl. Volke im Lichte des Christenthums dargestellt. gr. 16. (31 S.) Dülmen 879, Laumann'sche Verlagsh.

— die Todesstrafe vom naturrechtlichen Standpunkte aus betrachtet, nebst einigen aus der Erfahrung hergenommenen Bemerkungen über Sträflinge und die Art, sie zu bessern. 16. (45 S.) Ebendas. 879.

Ioerrens, Hvgo (geb. am 19 Dez. 1841 in Lindlar Rgbz. Köln): De nevrotomia in prosopalgia institvenda ... Bonnae, form. F. Krvegeri [1866]. 27 S. 8.
Bonn, Med. Fak., Diss. v. [30 Mai 1866]

Jörres, Peter

Joerres, Petrus, scholae puerorum super. oppidi Ahrweiler rector (geb. am 29 Juli 1837 in Weiden bei Aachen): De diametris coniugatis curvarum algebraicarum, III et IV ordinis curvarum speciali habita ratione ... Bonnae, typ. expr. P. Neusser 1862. 2 Bl., 26 S., 1 Bl. 8.
Bonn, Phil. Fak., Diss. v. 24 März 1862

Festschrift zur 500jährigen Jubelfeier der St. Sebastianus Bürgerschützen-Gesellschaft zu Ahrweiler. Von Dr. P. **Joerres**. Ahrweiler: Gesellsch. 1903. 77, 10 S. 8° [Umschlagt.] [10. 1775] 6

Joerres, Peter: Geschichte der St.-Sebastianus-Sch.-Ges. zu Ahrweiler verf. als Festschrift der 500jährigen Jubelfeier der Ges. i. J. 1903. Ahrweiler, 1903. 425

Joerres, P., die Curven des 3. Grades als Kegelschnitte betrachtet. gr. 8. (III und 44 S. mit eingedr. Holzschn.) Bonn 863, Henry. *

Joerres, P., Sparren, Spähne und Splitter von Sprache, Sprüchen und Spielen, aufgelesen im Ahrthal. 8. (42 S.) Ahrweiler 888. (Bonn, Hanstein.) *

Joerres, P., s.: Urkunden-Buch des Stiftes St. Gereon zu Köln.

Jorrissen & Co. in Düsseldorf-Grafenberg.
Maschinelle Streckenförderungen.

Katalog der Gemälde-Sammlung des Herrn Rentners Franz **Joerrissen**, † zu Berlin. Hervorragende Gemälde erster moderner Meister. Versteig. zu Köln 1900 bei J. M. Heberle (H. Lempertz' Söhne). *Köln 1900: M. Du Mont Schauberg.* (13 S.) 4° [10. 6,41] 6

Die deutsche Leder- und Lederwaren-Industrie. Die Hilfs- u. Neben-Industriezweige derselben, sowie die einschläg. Handelsgebiete in ihrer Entwickelung u. heutigen Bedeutung. Bearb. von Dr. Franz **Jörrissen**. Text dreisprachig: deutsch, engl., franz.; mit zahlr. Abb., Tab. u. graph. Darstellungen. Berlin: Braunbeck & Gutenberg-Dr. 1909. Getr. Pag. 2° [10. 4709]

– Dass., s.a. Jörissen, Franz

Jörrissen, Jean, ernste u. heitere Dichtungen. Von J., Präsident der Großen Karnevals-Gesellschaft, Köln. (93 S. m. Bildnis.) 8. Köln (906). Hoursch & Bechstedt. n. 1.60; geb. n. 2.—

Jörs, Ludov. Frid. Guil. (geb. Herzberg in Meckl. 20. 2. 1817): De febri puerperali. Berolini (1840). (32 S.) 8°
Berlin, Med. Diss. v. 9. Apr. 1840

Jörs, Paul, die Ehegesetze des Augustus. [Aus: „Festschrift f. Th. Mommsen".] gr. 8. (65 S.) Marburg 894. N. G. Elwert's Verl. n. 1.60

— dasselbe, s.a. Mommsen, Thdr. Festschrift zum 50jährigen Doctorjubiläum.

Jörs, Paul, römische Rechtswissenschaft zur Zeit der Republik. 1. Tl.: Bis auf die Catonen. gr. 8. (XII, 313 S.) Berlin 888, Vahlen. *

Die Reichspolitik Kaiser Justinians. Akad. Festrede z. Feier d. Stiftungsfestes d. Grossh. Hess. Ludewigs Univ. am 1 Juli 1893 geh. v. d. derz. Rector Paul **Jörs**, D. I. U. o. Prof. d. röm. Rechts. Giessen, Univ.-Dr. C. v. Münchow, 1893; 28 S. 4.

— die Reichspolitik Kaiser Justinians. Akademische Festrede, zur Feier des Stiftungsfestes der grossh. hess. Ludewigs-Universität am 1. Juli 1893 geh. gr. 4. (23 S.) Giessen 893. (C. v. Münchow.) n. 1.—

Jörs, Paul, Untersuchungen zur Gerichtsverfassung der römischen Kaiserzeit. [Aus: „Jhering, R. v. Festgabe der Giess. jurist. Facult."] gr. 8. (72 S.) Leipzig 892. C. L. Hirschfeld. n. 2.40

Jörs, Paul (geb. am 8 Okt. 1856 in Demmin Pomm.): Ueber das Verhältnis der Lex Iulia de maritandis ordinibus zur Lex Papia Poppaea ... Bonn, Univ.-Buchdr. v. C. Georgi 1882. 2 Bl., 70 S., 1 Bl. 8.
Bonn, Jur. Fak., Diss. v. 1 Juli 1882

Joerss, K., Beiträge zur normalen u. patholog. Histologie d. Thränenschlauches, s.: Beiträge z. Augenheilkunde.

Joerss, Karl *Ernst Johannes* [aus Arnswalde]: Ueber die hentige[!] Prognose der amputatio mammae carcinomatosae ... (Aus: Deutsche Zeitschr. f. Chir., Bd XLIV.) Greifswald, Druck v. J. Abel, 1896; 1 Bl., 36 S. 8.
Greifswald, Med. Fak., Inaug.-Diss. v. 4. Aug. 1896

Jörß, Paul, Einführung ins Französische auf lateinischer Grundlage. (168 S.) 8. Leipzig 909. Quelle & Meyer. Geb. in Leinw. 2.—

Jörß, Paul: Einführung ins Französische auf lateinischer Grundlage. Ratzeburg 1909: Freystatzky. 168 S. 8°
Ratzeburg, Lauenburgische Gelehrten-S, G OP 1909 (383) [S 09. 225

[F.] **Jörss**, Paul [Dr.]: Über den Genuswechsel lateinischer Maskulina und Feminina im Französischen. Ratzeburg, H. H. C. Freystatzky's Buchdr., 1892; 3 – 32 S. 4.
Ratzeburg, G, OP 1892 (281)

Jörß, Paul, üb. den Genuswechsel lateinischer Maskulina u. Feminina im Französischen. Progr. gr. 4. (32 S.) Leipzig 892. G. Fock. n. 1.20

— Grammatisches u. Stilistisches aus Milton's Areopagitica. Diss. gr. 8. (31 S.) Ratzeburg 890. Lpz., Fock. * — 75

Jörß, Paul, Theorie u. Praxis der Melassefütterung. (3. erweit. Aufl. 6. Taus.) gr. 8. (62 S.) Berlin 900. (A. W. Hayn's Erben). n. 1.50

BONN. — Joerten, Zur Geschichte der Hexen und Juden in Bonn. Bonn 1900. 8°. (1 Kr. Gilhofer & Ranschburg, 1908.)

Jortin, Johann

— Abhandl. über d. Wahrheit d. christl. Religion. Aus d. Engl. v. Jh. Arn. Ebert. 8. Hamb. 769. Bohn. (Schmidt in Leipz.) 12 gr

Jortin, John. Anmerkungen über die Kirchengeschichte; a. d. Engl. Bremen u. Magdeb. 1755—56. V: *Cassel, Johann Philipp.* (Ky) (ML) (Roterm)

Jortin, Jh., Anmerkk. über die Kirchenhistorie. 3 Thle. Aus d. Engl. (v. J. Ph. Cassel.) 8. Bremen 755 u. 58. Cramer. 1 Rthlr

— über d. Lehre von e. künftigen Leben. 8. Frankfurt a. M. 770. Eichenberg. 5 gr

— Predigten. 6 Thle. Aus d. Engl. 8. Hannov. 775. Helwing. 3 Rthlr 4 gr

— Reden über d. Nutzen u. d. Wichtigkeit d. Kirchengeschichte. Aus d. Engl. 8. Leipz. 774. Weygand. 6 gr

Jos, Eberhard Friedrich (Heilbronn/Schwaben), De jure patronorum honorifico primario nimirum jure praesentandi. Diss. jur. Präs. Jo. Salom. Brunnquell. Jena (Ritter) Juli 1733. 50 Seiten. (6.80) 17012

Jósa, Cornel v., Katechismus der Landwirthschaft. Kurzgefaßte, allgemeine landwirthschaftl. Encyklopädie für Volksschulen und für Landwirthe. 8. (XV, 300 S. mit 67 eingedr. Illustr.) Wien 880, Hartleben's Verlag. cart.

Jósa, Cornel: Electro-homöopathische Thier-Heil-Methode neue Wissenschaft. (Graz 1883). 52 S. P.

Josaphat, ou le prince indien. Histoire des premiers temps du christianisme, rajeunie par l'auteur des Oeufs de pâques. Trad. par l'Abbé Macker. (Mit Titelbild u. Titelvign.) 12. Strasbourg 840 Levrault. 7 gr, color. ¼ Rthlr

Josaphat, Königssohn von Indien. Eine Geschichte aus dem christlichen Alterthume, neuerzählt von dem Verfasser der Ostereier. Neue Aufl. Regensburg 1880. V: *Schmid, Christoph.* (Russell IX, 563)

Josaphet, Don (Hrsg.), s. Antonius v. Padua. Ill. Monatsschrift ... Jg. 1 (1894).

Josaphet, Don, Bibel u. Judenthum. Ein Blick auf Israels Vergangenheit, Gegenwart u. Zukunft. gr. 8 (VIII, 155 S.) Passau 893. M. Waldbauer. n. 2. —

— der hl. Papst Cölestin V. (Peter v. Morrone), unter dessen Regierung das Haus der hl. Familie v. Nazareth nach Loreto wunderbar übertragen wurde. 1294—1894. Ein kurzes Lebensbild zur 600jähr. Gedächtnißfeier. 8. (IV, 71 S.) Fulda 894. Fuldaer Actiendruckerei. n. — 50

— Papst Leo XIII. u. seine Namensvorgänger auf dem Stuhle d. hl. Petrus. Kurze Lebensbilder zum goldenen Bischofsjubiläum Unseres hl. Vaters. 12. (63 S. m. 2 Bildern.) Regensburg 893. Nationale Verlags-Anstalt. n.n. — 25

— dasselbe, s. a. Zehnpfennigbibliothek, Regensburger.

— (Hrsg.), s. Sendbote, Der, des heiligen Antonius von Padua.

Josch, Christof. Anleitung zum Betrieb der bäuerlichen Pferdezucht. Klgft., v. Kleinmayr, 1877. 38 S.

Jösch, Chrstph., Beiträge z. Kenntniß u. Beurtheil. d. Pferde-Raçen in Asien, Afrika u. Europa; systemat. geordnet. 8. (17¼ B.) Wien 837, Heubner.

Josch, Chrf., die Pferdezucht in Oesterreich-Ungarn nach ihren Haupt-Typen dargestellt. gr. 8. (IV, 82 S. mit VI Tab.) Klagenfurt 878, v. Kleinmayr.

Josch, Ed., die Flora von Kärnten. gr. 8. (182 S.) Klagenfurt 858(59), (Liegel's Buchh.) *

Aus: Jahrbuch des naturhistor. Museums in Kärnten, besonders abgedruckt.

Joscht, Ludw., vor u. nach den Flitterwochen. Ehestandspredigten f. junge Eheleute u. d. es werden wollen. (82 S.) 8. Pilsen (904). Volksschriften-Verlag. n. — 60

Joscht, Ludw., d. Geschlechtskrankheiten u. deren Heilung, s. Ratgeber, ärztl., f. Gesunde u. Kranke.
— d. Gesundheitspflege im Hause, s.

Joscht, L., Die Gesundheitspflege im Hause. (66 S.) Wien 1896. Angor.

— erste Hilfe bei allen geheimen Krankheiten u. Frauenleiden, m. Angabe aller Medikamente u. Diätvorschriften. (Umschlag: 10.—15. Tausend) (60 S.) 8. Ebd. (904). n. — 60

Seder olam rabba, die grosse Weltchronik. (Vf.: Jose Ben-Chalafta.) Nach Hss. u. Druckwerken hrsg. m. krit. Noten u. Erkl. vers. v. B(är) Ratner ... *Wilna: Buchdr. v. W-we & Gebr. Romm 1897.* [A. T.:] [Hebr.] Sêder 'ôlām rabbā 'im be'ārôt ... mimmennî Be'er Ratner ... *Wilna ... 657 l. p. k.* [Russ.] Seder olam ... (3 Bl., 150 S., 1 Bl.). 1 Bd 8.[illegible]

José de Carvalho, Marquis v. Pombal, s. Bibliothek, europäische.

José-Herrig, P., die Stärkung des Auges und die Wiederherstellung des richtigen Sehvermögens. Ein unentbehrl. Rathgeber für Alle, welche an Schwäche der Augen, Entzündung der Augenlider und Hitze in den Augenrändern leiden 2c. Nebst Angabe der Heilmethode zur schnellen und vollständ. Beseitigung der erwähnten Augenleiden. 16. (29 S.) Altona 865, Verlags-Bureau. *

Joseephy, Kurt: Vom Zugehen der empfangsbedürftigen Willenserklärung (BGB. § 130). Berlin 1909: Liebheit & Thiesen. 64 S. 8°

Heidelberg, Jur. Diss. v. 22. Juli 1909, Ref. Gradenwitz

[Geb. 6. Mai 86 Berlin; Wohnort: Charlottenburg; Staatsangeh.: Preußen; Vorbildung: Wilhelms-Gymn. Berlin Reife M. 04; Studium: Berlin 7 S.; Rig. 17. Juni 09.] [U 09. 1830

Josef [sachl. OW]

– s.a. Joseph

Josef, Kaiser, und sein Freund Blumauer. Eine Volksschrift. Redig. von A. Much. 1. Jahrg. 1848. Juli und August. 12 Nrn. (à ½ Bog. mit eingedr. Holzschn.) gr. 8. Wien, Benedikt. *

Josef, der heilige, als Vorbild und Schutzpatron der christlichen Ehemänner. Ein Lehr-, Gebet- und Erbauungsbuch für Bräutigame, Ehemänner und Witwer. Vom Verf. des Anna-Buches. 1. Aufl. 1865. und 2. Aufl. gr. 16. (XV und 544 S. mit chromolithogr. Titel und 1 Stahlst.) Innsbruck 866, Vereinsbuchh.

Josef II., Kaiser v. Oesterreich, s. Böhm, Frz. — Kohut, Adf.

Josef II., Kaiser, und die Mucker in Wien. Historischer Roman. 2 Bde. in 24 Lfgn. gr. 8. (IV, 503 S. mit 10 Holzschntaf.; 592 S. mit 13 Holzschntaf.) Wien 869, v. Waldheim. à Lfg. 50 Pf.; M 12.; geb. 16 —

Kaiser Josef II. als Reformator auf kirchlichem Gebiete. Eine Festschrift zur Feier des 100. Jahrestages des Toleranzpatentes vom 13. October 1781 von J.U.Dr. Ant. Riehl u. D. d. Rainer von Reinöhl. 8. (160 S.) 1 fl. 20 kr. Wien: Rosner 1881.

Kaiser Josef II. vor Minos Richterstuhl. Frankfurt u. Leipzig 1791. 8⁰. (In Wien, Stadtbibl.)

Dass., s.a. Joseph

— und seine Zeit, nach dem Urtheile seiner Freunde und Feinde von einem Geschichtsfreunde. 8. (223 S. mit eingedr. Holzschn.) Amberg 874, Habbel. 1 50

Dass., s.a. Joseph

Josef [persönlicher Name]

Josef Augustinus, s.a. Agostini, Giuseppe

Josef Augustinus. Brevis notitia Eorum, Quae scitu, vel necessaria, vel valdé utilia sunt Confessarijs in primo ingressu ad audiendas Confessiones. Clagenfurti, Kleinmayr, 1711. 581 S.

Josef II., Römisch-deutscher Kaiser, s. Joseph II.

Josef Qaro, s.a. Qaro, Josef

Schulchan Aruch oder Die vier jüdischen Gesetzbücher. [Vf.: Josef Karo.] Uebs. v. Heinrich Georg F. Löwe sen. 2. Aufl. Bd I. II. *Wien: Verl. d. Mechitharisten-Buchdr. 1896.* 2 Bde 8.
I. Orach Chajim — Jore Dea ... (XXXXIV, 402 S., 1 Bl.)
II. Choschen hamischpat. — Eben haezer. (2 Bl., 754 S., 1 Bl.)

Josef, Erzherzog v. Oesterreich, K. Prinz v. Ungarn u. Böhmen, Atlas d. Heilpflanzen. Bildlich dargestellt v. Margarethe Clementine Fürstin v. Thurn u. Taxis, Erzherzogin v. Oesterreich. Sämtl. in Prälat Kneipps Schriften vorkomm. Heilpflanzen auf 230 Taf. in Vielfarbendr. m. untergedr. Text. 60 Lfgn. (à 4 Taf.) 4. Regensburg (904—906). W. Wunderling. n. 30. —; geb. in Leinw. n. 36. —

Josef, Erzherzog v. Österreich, in den Wildnissen Afrikas. Jagdschilderungen aus dem Sudan. Mit 22 Abb. nach photograph. Orig.-Aufnahmen des Erzherzogs Josef u. seiner Gemahlin Erzherzogin Auguste v. Österreich, geb. königl. Prinzessin v. Bayern. Mit höchster Genehmigg. nach e. in ungar. Sprache in dem zu Budapest erschein. Jagdblatte „Vadász-Lap" veröffentlichten Orig.-Artikel-Serie, sowie frei bearb. v. Camillo Morgan. (43 S.) gr. 8. Neudamm 908. J. Neumann. 1. 50

Josef ben Abraham Ibn Wakkar, Rosch-Menasche. Responsen m. e. Anh.: Sefer Hajichud in arab. Sprache. Nach e. Handschrift aus d. kgl. Hof- u. Staats-Bibliothek zu München. Hrsg. v. M. Grossberg. (In hebr. Sprache.) 12. (17 u. 5 S.) Wien 897. (Leipzig, M. W. Kaufmann.) n. 2. —

Josef Ibn Kaspi, R., zehn Schriften. Nach den Handschriften in Oxford, Paris u. München. Mit textkrit. u. erläut. Anmerkgn. Zum ersten Male hrsg. v. Isaac Last. (In hebr. Sprache.) Nebst e. Einleitg. v. Ludw. Blau. 2 Bde. (XX, XXIV, 216 u. IV, 198 S.) gr. 8. Pressburg 903. (Berlin, M. Poppelauer.) n.n. 10. —

— weitere zwei Schriften. Die beiden Pentateuch-Kommentare Tirath Keseph (od. Sefer Hassod) u. Mazref la-Keseph. Nach Handschriften zum erstenmale hrsg. u. m. textkrit. u. erläut. Anmerkgn. versehen v. Isaac Last. (In hebr. Sprache.) 2 Hefte. (Berlin, M. Poppelauer) n.n. 10. —
1. (X, 176 S.) 8. Pressburg 905.
2. (IX, 331 S.) gr. 8. Krakau 905.

Josef Ibn Zadik, s. Joseph Ibn Zadik

Josef [Familienname]

Josef, Eug., d. Einzelrichterthum, s.a. Fragen d. öffentl. Lebens.

[F.] Das Einzelrichterthum. Von Dr. Eugen Josef, Notar. (i. Laus.) *Berlin: Kritik Verl. 1897.* (13 S.) 1 Bd 8.
— Fragen des öffentlichen Lebens. Jg. II. H. 3.

**Josef, E.* Kommentar zum V. V. G. Berlin 1908.

Josef, Eug., Lehrbuch des Verfahrens der freiwilligen Gerichtsbarkeit im Deutschen Reich u. in Preußen. Auf Grund der neuesten Rechtsprechg. u. Rechtslehre bearb. 8. (XVI, 496 S.) Berlin 902. F. Vahlen. n. 5. 50; geb. n.n. 6. 50

[F.] Rechtsfälle zum Bürgerlichen Gesetzbuch. Von Dr. Eugen Josef, Notar a. D. in Freiburg i. Br. *Berlin: F. Vahlen 1897.* (VI S., 1 Bl., 182 S.) 1 Bd 8.

— Rechtsfälle z. bürgerlichen Gesetzbuch. 2. auf Grund der neuen Rechtsprechg. u. Litteratur verm. u. verb. Aufl. 8. (VIII, 209 S.) Ebd. 902. Kart. n. 2. 50

Josef, Eugen, Rechtsfälle zum bürgerl. Gesetzbuch. 3. auf Grund der neuen Rechtsprechg. u. Rechtslehre verm. u. verb. Aufl. (VIII, 224 S.) 8. Berlin 910. F. Vahlen. Geb. 3. —

— dasselbe z. Handelsgesetzbuch unter Berücksicht. d. Vorschriften des sonst. bürgerl. Reichsrechts. 8. (IV, 163 S.) Ebd. 901. n. 2.—

Rechtsfälle zu den gewerblichen Schutzrechten. Von Dr. Eugen Josef, Rechtsanw., Freiburg. Berlin: F.Vahlen 1906. (IV, 118 S.) 8° [F.]

— dasselbe zum Zwangsversteigerungsgesetz, zur Grundbuchordnung, zum Liegenschaftsrecht, zum Reichsgesetz üb. die freiwillige Gerichtsbarkeit unter Berücksicht. anderer Reichsgesetze privatrechtl. Inhalts. 8. (IV, 98 S.) Ebd. 901. n. 1. 50

— das Reichsgesetz über die Angelegenheiten der freiwilligen Gerichtsbarkeit vom 17. V. 1898 u. das preuß. Gesetz üb. die freiwill. Gerichtsbarkeit v. 21. IX. 1899. Mit Kommentar in Anmerkgn. gr. 8. (466 S.) Freiburg i/B. 900. (F. P. Lorenz). n. 3. 50

— das Reichsgesetz über die Angelegenheiten der freiwilligen Gerichtsbarkeit vom 17. V. 1898 u. das preuß. Gesetz üb. d. freiwill. Gerichtsbarkeit vom 21. IX. 1899. Mit Kommentar in Anmerkgn. 2., nach den Ergebnissen d. neuesten Rechtsprechg. u. Rechtslehre umgearb. Aufl. (VII, 384 S.) gr. 8. Ebd. 906. n. 7.—; geb. n.n. 8. —

— Das Reichsgesetz üb. den Versicherungsvertrag nebst d. dazu gehörigen Einführungsgesetze u. d. Gesetz betr. Abänderung v. Bestimmgn. des Seeversicherungsrechts, m. Kommentar in Anmerkgn. (XII, 379 S.) 8. Ebd. 908. Geb. in Leinw. 7. —

Josef, K., Weltgericht d. Philosophen v. Thales bis Fichte. 8. Leipz. Sommer. 801.

Josef, W. A. Ch., politische Geheimnisse. Kritik der Aehnlichkeit und Unähnlichkeit der polit. Regierungs-Maximen der Minister Clem. Loth. Metternich, Bismarck, Stein und Beust. 1.—3. Aufl. gr. 8. (31 S.) Freiburg i. B. 867, G. Mayer.

Grosswardein, gesungen von Gebr. *Joseffi*, Original-Gesangs-Duettisten. Druck von Jos. Fischer in Krakau. Verboten v. L.-G. Krakau, 13. März 1893. § 516.

Joseffy, Rafael. Wien 1877.
H: *Kugel, Ignaz.* (FB)

Joseffy, Hamburgs Befreiung; Schspl. in 5 A. nach Rambach. 8. Wien 817. Wallishausser. 12 kr.

Jóseffy, B. W., das Hohelied oder Wettgesang zwischen dem Friedefürsten [Salomo] u. der Brautgemeinde [Sulamit], welche den Frieden sucht u. findet. Aus der Urschrift von neuem übers. u. nach den ältesten Ueberlieferungen erklärt. 8. (96 S.) Basel 877. Spittler in Comm. n. 1. —

Jóseffy, W., Moriah. Israelitischer Haus- und Familientempel für denkende Bibelfreunde. 1. Lfg. gr. 8. (92 S.) Leipzig 870, (Kormann.) * 1 —

Jóseffy, Wm., Gott u. Götter. Kreislauf d. Religionsideen u. Mythen bei allen Völkern d. Erdballes. I. Cyclus. gr. 8. (64 S.) Budapest 897. (S. Deutsch & Co.) n. 1. —

Josefi, D., der wilde Kaspar, s.: **Meißner's** Vereinsbühne.

Josefibuch d. i. Lebensbeschreibung des hl. Josef, m. Lehrstücken u. Nachfolge, vorzüglich zum Gebrauche f. Braut- u. Eheleute. Im Anh. die gewöhnl. Gebete u. besondere zur Verehrg. des Heiligen. Hrsg. vom Verf. d. Gertrudenbuches. 16. (656 S. m. Titelbild.) Linz-Urfahr (901). Verlag d. kathol. Preßvereines. Geb. in Leinw. n. 1.90; in Ldr. n. 2.70; m. Goldschn. n. 3.20

Josefine, s.: **Mehlspeiseköchin**, die.

Josefini, Jos., eine Schlacht im J. 2002. Sämtlichen Friedensengeln gewidmet. 8. (229 S.) Dresden 901. E. Pierson. n. 2.50; geb. n. 3.50

Josefowitz, H., Cromwell. Drama in 5 Aufzügen. gr. 8. (III, 89 S.) Berlin 880, Stuhr'sche Buchh. *

Josefsky, Karl, Rosenkultur, s.: **Miniatur-Bibliothek**.

Josenhans, Inspektor (Joseph Friedrich) J. Charakteristik und Lebensabriss.... Basel 1885 s.a. Hesse, Johann].

Josenhans, Inspektor Jos., Charakteristik u. Lebensabriß, v. e. seiner Schüler. Mit (autotyp.) Bildniß. 8. (46 S.) Basel 885. Missionsbuchh. n. — 25

Josenhans, C., das Wildbad im württemberg. Schwarzwald, s.: **Wächter**, C.

Josenhans, Friedr. Jos., über Frauen-Vereine zu leibl. u. geistiger Versorgung armer, verlassener u. berufloser Jungfrauen u. Wittwen. Ein Aufruf. gr. 8. (1½ B.) Stuttgart 844. (J. F. Steinkopf.)

—— die Herrlichkeit Jesu Christi, des Sohnes Gottes. Biblische Betrachtungen. Eine Samml. zerstreuter Gedenkblätter. gr. 8. (16¼ B.) Stuttgart 846, Liesching u. Comp.

Josenhans, Jos.

Josenhans, J., Atlas der evangelischen Missions-Gesellschaft zu Basel. Nach den Angaben der Missionare Locher, Plessing, Kies, Albrecht, Weigle, Gundert, Lechler und Winnes unter Mitwirkung von Rud. Gross bearb. 1. Aufl. 1858. 2 Thlr. und 2. Aufl. qu. Fol. (11 chromolithogr. Karten in qu. Fol., gr. Fol. und qu. gr. Fol. mit 12 S. Text und Titel in Stahlst.) Basel 860, (Bahnmaier's Verlagsh.) *

JOSENHANS. *Bilder aus der Missionswelt* etc. [Nur erste Serie.] [1852]. 27 S. und 20 prachtvolle handkolor. Lithographien. Querkleinfol. Typograph. verzierter Or.-Kartonbd. m. Leinenrücken. 48.—
Hervorragendes Bilderbuch mit Darstellungen aus dem Volks- und Missionsleben Westafrikas (Weibergarde d. Königs v. Dahome, Sklavenfang etc.), Indien (Hindu-Heilige, Standhaftigkeit e. jungen Hinduchristen etc.) Neuseeland, Nordwestamerika (alter Indianer, Kriegszug der Kri-Indianer, Missionar v. Indianern über Stromschnellen gerudert etc.) und China (Kindermord, Buddhistenpriester etc.). Kurze, ziemlich sachliche Erläuterungen. — Dieses prachtvoll illustrierte Kinderbuch ist sehr selten geworden. — Einband mit einzelnen Fleckchen.

— **Bilder aus der Missionswelt. Für die deutsche Jugend nach engl. Originalen bearb. u. mit kurzen Erklärungen versehen. 1. Heft. 856. — 2. Folge. Basel 858. (Bahnmaier.) gr. 8. Jedes Heft (à 20 Bl. m. Holzschn. im Text.) n. 4 ngr.**
1. Heft erschien anonym.

Josenhans, J., **Bilder aus der Missionswelt. Für die deutsche Jugend nach Originalien bearb. und mit kurzen Erklärungen versehen. 1. Folge. 3. Aufl. 8. (41 S. mit eingedr. Holzschn.) Basel 879, Missionsbuchh.**

—— s. Blätter der Erinnerung.

—— **Missionsliederbuch. Für die Missionsgemeinde und die Arbeiter auf dem Missionsfelde gesammelt und hrsg.** 2. neu bearb. und verm. Ausg. der „Sammlung von Missionsliedern". 8. (XII, 346 S.) Ebendas. 879. *M. 2.; geb. geb. mit Goldschn. *

Josenhans, Jos., **ausgewählte Reden, bei verschiedenen Anlässen gehalten. Hrsg. von Cornelius Josenhans und Glob. Gutbrod. 8. (VII, 242 S.) Basel 886, Missions-Buchhandlung. *M 1.60.; geb. ***

Josenhans, M., s.: **Freunde**, meine kleinen.

— s.: **Weiblein**, meine alten.

Josenhans, Wilhelm

— the baths of Wildbad and means of cure. A short treatise, intelligible to everybody. Translated by W. Honold. 12. (VIII, 80 S.) Ebd. 897. n. 1. —

Josenhans, Wilhelm [approb. Arzt aus Blaubeuren]: **Beitrag zum** Nachweis der Salzsäure im Magen .... **München, Druck v. M. Ernst** (vorm. G. Pollner), 1888; 30 S. 8°
München, Med. Fak., Inaug.-Diss. v. 1888

La Cure de Wildbad. Guide pratique et médical p. Dr Wilh. Josenhans, méd. à Wildbad. Trad. de l'allemand. *Minden, W.: J. C. C. Bruns 1897.* (4 Bl., 96 S.) 1 Bd 8. [98. 2417

Josenhans, W., Wildbad im württemberg. Schwarzwald. Ein Führer f. Kurgäste. 12. (128 S. m. Abbildgn. u. 1 Karte.) Stuttgart 901. Holland & Josenhans. Geb. in Leinw. n. 2. —

Josenhans, Wilh., die **Wildbad-Kur**. In gemeinverständl., gedrängter Darstellg. 12. (VIII, 96 S.) Minden 896. J. C. C. Bruns. n. 1. —

Die Wildbad-Kur. In gemeinverständl. gedrängter Darstellung von Dr. Wilh. Josenhans in Wildbad. 2. Aufl. *Minden i. W.: J. C. C. Bruns 1902.* (VI, 94 S.) 8° [03. 2711

Joseph [sachl. OW]

— s.a. Josef

Joseph. Trag. v. Genest, franz. u. deutsch. 8. Frkf. 752.

— — a. d. Franz. des Bitaubé, m. K. Berl. Winter. 768.

— Dass. 8. Wien 778. Trattner. 2 gr.

Joseph; ein Drama. gr. 8. Frankf. 782. Eichenberg. 4 gr.

Joseph, ein Gemälde der Welt. 2 Thle. 8. Leipz. 782. Weygand. 1 ß 8 gr.

Joseph ein Gemählde aus der großen Welt, 2 Theile mit 1 Kupf. 8. Daselbst, 782. Weygand. 1 Rthl. 10 sgl.

Joseph, e. Ged. frey bearb. v. Heydenreich, aus d. Franz. d. Bitaubé. gr. 8. Leipz. Martini. 800.
Holl. Pap.

Joseph. Israelitische Jugend-Zeitung. Hrsgbr. und Redact.: S. Freuthal. 1. Jahrg. 1879. 24 Nrn. (Bog.) gr. 8. Kattowitz, Expedition. *

Joseph. Israelitische Jugend-Zeitung. Redact.: S. Freuthal. 2. Jahrg. 1880. 6 Nrn. (Bog.) gr. 8. Breslau, Hepner's Verlag.
Nicht weiter erschienen.

Joseph agnitus; tragoedia. Coloniae 1704. V: *Aler, Paul.* (Jes)

Joseph in Ägypten od. der Triumph der Unschuld, s. a. Theater, kleines.

Joseph in Aegypten oder die verfolgte Unschuld in ihrem Triumphe. Schauspiel in 5 Aufzügen. gr. 16. (48 S.) Paderborn 875, Bonifacius-Druckerei.

Joseph in Ägypten oder die verfolgte Unschuld in ihrem Triumphe. Schauspiel in 5 Aufzügen. Von Joh. Clericus. 2. verb. Aufl. 12. (55 S.) Paderborn 887, Bonifacius-Druckerei.

Joseph, der ägyptische. Eine der rührendsten Geschichten der grauen Vorzeit. Für Jugend u. Alter. Nach der Urquelle der bibl. Geschichte bearb. von dem Verf. der Glocke der Andacht. (Neue Titelausg.) Mit 1 Kpfr. 8. (IV u. 84 S.) München (837) 849, Fleischmann. n. 1/6 ß

Joseph, der egyptische, als Cameralist u. Plusmacher dargestellt. Poesie u. Prosa. 8. Heilbronn, Rausch in Commiss. (a. Sommer in Leipz.) 803.

Joseph, der egyptische, als Cameralist u. Plusmacher dargestellt. Poesie u. Prosa. 8. Kairo 803. (Joachim in Leipz.) (a. W. Rauck). 10 gr.

Joseph, der Aegyptische, d. Vorbild d. erhabensten Tugenden. Für d. Jugend u. f. Erwachsene neu erzählt v. e. kathol. Geistlichen. Mit Titlkpfr. 8. (12 B.) Augsburg 831, Wolff. (Kollmann.)
Thlr.

Joseph von Arimathia in sieben Gesängen. Hamb. 1794. V: *Lavater, Johann Caspar.* (JL)

Joseph v. Arimathia, e. Gedicht (v. J. C. Lavater.) gr. 8. Hamburg, Gundermann. 794.

Joseph, der arme. Erzählung f. d. reifere Jugend. Frei nach d. Französ. der Mad. Guizot, v. Verf. des Conrad Haselbaum. 8. (6½ B.) Wien 846, (47,) Klang.

Joseph le berger, Imité de l'allemand. 12. (Mit 2 Bildern.) Strasbourg et Paris 842, Ve. Levrault. geb. 6¼ ngr — color. ¼ ß

— u. dessen Brüder. Trsp. v. Holl. 8. Würzb. Rienner. 777.

Joseph u. seine Brüder, eine moral. Erzählung für die Jugend mit 15 Bign. Augsburg ... Schlosser. 1 gr

Joseph und seine Brüder. Ein Drama nach Metastasio. Berlin 1782. V: *Boguslawski, Carl Andr. von.* (Ky) (MGT) (GGr)

— u. seine Brüder; Drama (von Karl Andr. v. Boguslawsky). 8. Berl. 782. Maurers B. 2 gr.

Joseph und seine Brüder. Ein histor. Drama mit Musik in 3 Aufz. Frey nach d. Franz. des Alex. Duval von F. J. Haßaureck. 3te Aufl. 12. Wien, Wallishauser. 820.

Joseph und seine Brüder, ein Trauerspiel in 5 Akten. Pneumaphaneron oder der Schatz um Mitternacht, ein Lustspiel in drei Akten. Aufgeführt von der studierenden Jugend zu Brig in Wallis, den 13. und 16. August 1840. Brig 1840. V: *Odermatt, Jakob.* (BSCHWL V, 5, S. 415)

—— und seine Brüder. 16. (7 Chromolithogr. mit Text.) Wien 877, Erstes Wiener Depot evangel. Druckschriften. *

— u. Caroline, od. d. Hirt in d. Sologne, a. d. Franz. 8. Hannov. Helwing. 797.

Joseph u. Caroline, od. der Hirt in der Sologne; aus d. Französ. 8. Hannov. 798. Helwing. 12 gr

Joseph Clemens, Kurfürst, von Köln und das Projekt einer Abtretung Bayerns an Österreich, 1712—1715. München 1883. V: *Heigel, Karl.* (StBKöln I, 67)

Joseph, Der erkannte, und der keusche Joseph, zwei tragische Stücke in fünf Aufzügen . . . Zürich 1754. V: *Bodmer, Joh. Jac.* (Vetter) (GGr) (JL)

Joseph patrem excipiens; tragoedia. Coloniae 1705. V: *Aler, Paul.* (Jes)

Joseph der Flüchtling oder die Folgen böser Gesellschaft. Eine Erzählung für die Jugend. 16. (III, 144 S.) Bremen 881, Verlag des Tractathauses. * 40 Pf.; cart. *

Joseph, der heilige. Ein Gebet- und Betrachtungs-Buch für Verehrer des heil. Joseph, Nährvaters unsers Herrn Jesu Christi. Mit Morgen-, Abend- und Meß-Gebeten rc. Von einem kathol. Priester. 32. (193 S. mit 1 Stahlst.) Münster 863, (Mitsdörffer.)

Joseph, der Heilige, der Schutzpatron der kathol. Kirche. Sein Leben und seine Verehrung, nach einer Anrede des höchstsel. Kardinals und Fürst-Erzbischof von Wien Jos. O. Ritter v. Rauscher, für's Volk bearb. und allen Verehrern dieses großen Heiligen gewidmet von einem Weltpriester der Erzdiöcese Wien. Nebst einem Anhang von kirchlich approbirten Gebeten und Gesängen. 16. (64 S.) Wien 876, (Scheuble.)

Joseph, der heilige, während eines ganzen Monats verehrt als Schutzpatron der kathol. Kirche. Aus dem Französ. übersetzt. 16. (120 S.) Regensburg 872, Pustet. — 30

—— heiliger, bitt für uns! Gebete und Betrachtungen zur Ehre des heil. Joseph, des Nährvaters unsers Herrn Jesu Christi. Nebst den gewöhnl. Andachtsübungen für kirchl. und häusl. Erbauung. 1. Aufl. (216 S. und 1 Stnt.) 1849. und 2., verm. Aufl. 12. (224 S. und 1 Stnt.) Einsiedeln 850, (Gebr. Benziger.

Joseph, hl., bitt f. uns! Betrachtungen u. Gebete zur Verehrung des hl. Joseph auf alle Tage im Monat März, nebst e. vollständ. Andachtsbuch. Bearb. v. e. Priester der Erzdiöcese Cincinnati. 16. (384 S. m. 1 Stahlst.) Einsiedeln 900. Verlagsanstalt Benziger & Co. Geb. in Leinw. n. 1.20

—— heiliger, du Mann nach dem Herzen Gottes bitte für uns! Gebetbüchlein zur Verehrung des heil. Joseph für alle Stände. 12. (24 S.) Dülmen 849. (Coesfeld, Wittneven, Joh.)

— u. Josephe, od. d. Graumantel. v. G. Müller. 2 Thle. 8. Wien, Redm. 806.

Joseph, Der keusche. Dramatisch bearbeitet . . . Dresden 1792. V: *Albrecht, Johann Frdr. Ernst.* (Ky) (GGr) (BGE)

Joseph, der keusche, vom Verf. der Familie Eboli (v. Albrecht). 2 Thle. 8. Dresd. 792. (Kühn in Leipz.) 2 ₰ 16 g

— der keusche, dramat. bearb. v. Verf. d. Laurette Pisane (J. F. E. Albrecht), m. Kpf. 3 Thle. 8. Leipzig, Seeger. 792—96.

Joseph und Luther. Nürnberg 1782. V: *Waldau, Georg Ernst.* (Ky) (MGT)

— Kaiser, auf d. Reise im Amthause. 8. Coburg, Ahl. 799.

— (II.) Kaiser, auf d. Reise im Amthause. 8. Coburg 799. (Niemann). 5 g

Joseph, des Bettlers, Reisen u. Wallfahrten während den Staatsumwälzungen in Deutschland. 8. Hamb. 803. (Herold jun.) 1 ₰ 4 g

— des Bettlers, Reisen u. Wallfahrten, Kreuz- und Querzüge während d. Staatsumwälzung in Deutschland. 8. Hamburg, Vollmer. 803.

Aus der g. u. v. St. Joh. □ Joseph zur Einigkeit O. Nürnberg, am 24. Juni 1850. [Nürnberg 1850.] 2 Bl. 4° [Kopftit.]
Abgedr. in: FZ. 4 (1850) S. 399—400.
Rundschreiben. Über das Bleibende im Mrtum

Aus der g. u. v. St. Joh. Loge **Joseph zur Einigkeit** O. Nürnberg, am 24. Juni 1857. [Nürnberg 1857: Campe.] 2 Bl. 4° [Kopftit.]
Abgedr. in: FZ. 11 (1857) S. 366—368; T. 3 (1857—1858) S. 155—157.
Rundschreiben. Üb. Wesen u. Aufgabe des Bundes.

Joseph der Menschheit Segen. Eine Kantate abgehalten 57. I./983 bei der St. Johannis-Feier der sehr ehrw. Loge zur gekrönten Hoffnung, zu den 3 Adlern und zur Beständigkeit im Or. zu Wien. Von Fl. [5783.] V (nicht): *Friedel.* (Abafi, L., Gesch. d. Freimaurerei in Oesterreich-Ungarn 4 (1893), S. 324) V: *Foederl, Leopold.* (Kl 1752) (wolfstieg I, 832)

Joseph von Sonnenthal, eine Geschichte des menschlichen Herzens. Leipzig 1784. V: *Thilo, Friedrich Theophilus.* (NN) (MGT) (Ky)

Joseph der Streber oder eine Kandidaten-Geschichte in sieben Streichen. verfasst von (*Max*), illustriert von (*Moritz*). [Publiciert vom] St. Johann-Club. Fastnacht 1904. 8 S. 8. [Basel,] Lith. Th. Rudin.

Joseph u. Wilhelmine, od. der Liebe Sieg über den Glauben. Geschichte eines Juden u. einer Christin. 2 Thle. 8. Quedlinb. 823. Basse. 1 ₰ 16 g

Joseph und Zulika. Zürich 1753. Ü: *Bodmer, Johann Jacob.* (GGr) (Bächtold, Litt. d. Schweiz. Frauenf. 1892. S. 187.)

Joseph's II. Biographie, s.: Brunner, S.

—— Ein Lebens- und Charakterbild, s. Wendrinsky, Joh.

Joseph II. mit dessen Portrait. 8. Leipz. Sommer.

— d. II. 4. Lemgo 771. Meyer. 2 g

— d. II. 4. Augsb. 772. v. Jenisch u. St. 1 g

— griechisch und deutsch. gr. 4. Wien, Kurzböck. 773.

Joseph der Zweite geschildert. Lemgo 1772. Leipzig 1775. V: *Lippe-Weissenfeldt, Carl Chn von der.* (Pr) (Behrisch, Wiener Autoren. 1784.)

— geschildert von Graf von d. Lippe. 8. Leipzig, Gleditsch. 775.

Joseph der Zweite. Ein Traum. Wien 1781. V: *Keresztury, Joseph.* (Pk) V: *Rautenstrauch, Joh.* [?] (WBL)

Joseph II., ein Traum. gr. 8. Wien 781. Trattner. 3 K

Joseph d. II.; e. Skizze (v. Dav. Chr. Seybold.) 8. Leipz. (Straßb.) 780.

Joseph II. Traduit de l'Allemand. O. O. 1787. V: *Seybold, Daniel Chph.* (Kat. Lorenz 222/1987) (BiblPort)

— noch eine biograph. Skizze. gr. 8. Wien 791. Heubner. 2 K

— der Zweyte, od. d. gestürzte Minister, v. P. v. Arnim. 8. Leipz. Baumgärtner. 802.

— od. d. gestürzte Minister, v. Arnim. 8. Leipz. Baumgärtner. 803.

Joseph II. Poetische Festgabe des deutsch-österreich. Lesevereines der Wiener Hochschulen. gr. 8. (96 S.) Wien 880. Konegen. n. 2. —

— Ankunft im Elysium u. Unterredung mit Friedrich II. 8. Berl. 790. Schöne. 8 K

Joseph der Zweite, Beschützer des Freymaurerordens . . . Wien 1786. V: *Blumauer, Joh. Alois.* (GGr) (Kl)

— in campis Elyseis, somnium Elenteri, Phaaoni. 8. Pesth 790. Eggenberger. 16 K

Joseph der Zweite in Elysium. Mit allegorischen Kupfern und einer Abbildung und Beschreibung der zu Wien errichteten Bildsäule Josephs II. Leipzig 1790. V: *Birkenstock, Johann Melchior.* (Russell VII, 1, 1158)

Joseph der Zweite in Elisium. Leipzig 1790. V: *Schröckh, Samuel Jac.* (Ky) (MGT)

— im Elysium (v. S. J. Schröckh.) Mit allegor. Kpf. 8. Leipz. 790. Dyck. 9 K Holl. Pap. 14 K

Joseph der Zweite und die Freimaurer . . . Salzburg 1786. V: *Blumauer, Joh. Alois.* (Kl)

Joseph der Zweyte und die Freymaurer, was der Erstere gethan hat, und die Letzteren hätten thun wollen. [Wien: Wucherer] 1786. 8 S. 8°

Abgedr. in: Sammlung aller aus Gelegenheit d. k. k. Verordn. v. 16. Dez. 1785 z. Vorschein gekommenen Schriften d. Frmr. betr. 2 (1786) S. 151—158.
cf. FZ. (Wien) 4 (1877) S. 110, 132 (G. Brabbée).
Kl. 475. Selten. Impressum nach Abafi erg., Kl. nennt A. Blumauer als Verf. u. gibt als Verl. „Salzburg: Mayer" an.

— u. Friedrich II., nebst Anekdoten u. Anmerkk. aus beider Leben. 8. Manh. 803. Löffler. 8 K

— u. Friedrich II., beyde a. d. Krankenbette. 8. Wien, (Fleischer, Leipz.) 791.

Joseph II. in d. Geisterwelt, s. a. J. J. Ihlee.

Joseph II. in der Geisterwelt. Eine Phantasie mit Gesang. Frankfurt 1790. V: *Ihlee, Johann Jacob.* (GGr VII/573, Nr. 5/3) (BiblPort)

— in der Geisterwelt, e. dramat. Phantasie mit Gesang. 8. Frankfurt a. M. 790. Eichenberg. 4 K

— d. Großen Toleranz, ein theolog. Fragment (v. Jak. Danzer.) 8. ... 783.

Joseph II., Kaiser, und Herr Ottokar Lorenz. Wien 1863. V: *Gigl, Alex.* (WFM) (KA) (Mitth. Dr. Ign. Schwarz.) (Konstitutionelle Oesterr. Zeitung 1863 No. 243.)

Joseph II., Kaiser, und Herr Ottokar Lorenz. gr. 8. (31 S.) Wien 863, Lechner'sche Universitäts-Buchh. *

Joseph der Zweite und Luther. Bresslau 1782. V: *Waldau, Georg Ernst.* (Weber) (BrMm)

— u. Pius VI. Marb. Krieger. 782.

— u. Pius VI. 8. Marb. 2e A. 782. (Gnobloch in Leipz.) 5 K

— a. s. Reise n. Paris. 8. Nürnberg. (Keyser, Erfurt.) 777.

Joseph der Zweite, Kaiser, vor Minos Richterstuhl. Frankfurth 1791. V: *Richter, Jos.* (EB)

Dass., s.a. J o s e f

— Schattenriß, gez. v. e. Ausländ. 8. Frankf. (Henning, Graiz.) 790.

— Skizzen, a. d. Character. 1ste bis 15te Samml. 8. Halle, Hendel. (à 14 gr.)

Joseph der Zweite nahe bei Speier im Jahre 1781. Speier 1781. V: *La Roche, Marie Sophie geb. von Gutermann.* (schl)

Joseph II., Kaiser, und seine Zeit nach dem Urteile seiner Freunde und Feinde... Amberg 1874. V: *Donin, Ldw.* (EB)

Dass., s.a. Josef

Joseph [persönlicher Name]

Joseph, Erzbischof v. Bamberg, s.a. Hirtenbrief.

Joseph, Erzbischof v. Bamberg. Hirtenbrief u. Fasten-Mandat, erlassen zum Beginne der heiligen Fastenzeit d. J. 1892. gr. 8. (26 S.) Bamb. 892, (Schmidt). * — 35

JOSEPH VON CALASANZA: Aufmunterung der Jugend zur Gottesfurcht durch die Beispiel und Gnaden . . Josephi Calasanctii. Pest n. 1757: Eitzenberger. 24 S. - 160 mm

JOSEPH VON CALASANZA: Kurzer Begrif der Lebensgeschichte und Wunderwerke des Heiligen Josephs Calasanz von der Mutter Gottes Stifters des Ordens der frommen Schulen. Aus dem Wälschen der Römischen Ausgabe übersetzt. Klausenburg 1777. Druck. Kollmann. 1777. 91 S. - 170 mm

Joseph ha Cohen, Emek habacha, s.a. Schriften herausg. vom Institut zur Förderung d. israelit. Literatur.

— — Emek habacha. Aus dem Hebräischen ins Deutsche übertragen ... von M. Wiener. (Schriften herausgegeben vom Institute zur Förderung der israelitischen Literatur. Drittes Jahr: 1857 – 1858.) Leipzig 1858.

Joseph I., Römisch-deutscher Kaiser

Joseph [I.]: „Commercien- und Contrebande-Edict. Geben Wien den 8. Junii 1705". [Fing. Tit.]

Kayserliches Allergnädigstes **Rescriptum** (Joseph's I.) ad reverendum Capitulum Lubecense. Und der von diesem erfolgte Allerunterthänigst-Antwortlicher Bericht. Betreffend dem Dohm-Capittel nach Ableben eines Bischoffs zukommende zwey jährige Administration des Stiffts. Wien den 9. November 1705. o. O. (1706.) 4°k.

Joseph II., Römisch-deutscher Kaiser

-'s betreffend Banknotenausgabe) 1. Juni 1785, o. V. o. O. (W.) 1785. 1 vol. 3 Bl. + 1 Faksmile.

— s.a. Briefe v. Joseph II.

Briefe, Joseph II. Copenhagen 1790. B: *Grossing (Grossinger), Franz Rud.* (Hist. polit. Bll. 133. 1904. S. 786 ff.) (Mitth. Dr. A. Goldmann.)

Joseph der Zweite. Briefe als charakteristische Beiträge zur Lebens- und Staatsgeschichte dieses ... Selbstherrschers. Leipzig 1821. H: *Böttiger, Carl Wilhelm.* (Ky) (MGT) H: *Grossing (Grossinger), Franz Rudolph.* (BrVV)

Joseph des Zweiten Briefe, als charakterist. Beitr. zur Lebens- u. Staatsgeschichte dieses unvergeßl. Selbstbeherrschers (v. K. W. Böttiger). gr. 8. Leipz. 1e, 2e A. 821, 22. Brockhaus. 1 ₰ 8 gl

—— des Zweiten Briefe. 3. Aufl. Zeitgemäß eingeleitet u. erklärt v. Frz. Schuselka. gr. 8. (23½ B.) Leipzig 846, Brockhaus.

Josephus II. imperator. Neu gesammelte Briefe von Joseph dem II. Kaiser der Deutschen. Konstantinopel, geheime Hofbuchdruck. (Klgft., Walliser, 1789). 156 S.

— Briefwechsel zwischen, u. Gener. d'Alton, s.a. Briefwechsel.

Joseph II. und **Alton.** Briefwechsel zwischen Joseph II. und dem General von Alton, während der Unruhen in Brabant. 8. Leipzig 1791.

Joseph II. und **Katharina** von Russland. Ihr Briefwechsel Herausgegeben von Alfred Ritter v. Arneth. 8. Wien 1869

—— und Leopold von Toscana, Briefwechsel, s.a. Arneth, A. v.

Joseph II. und **Leopold** von Toscana. Ihr Briefwechsel von 1781 bis 1790. Herausgegeben von Alfred Ritter v. Arneth. (2 Bde.) 8. Wien 1872.

Joseph II., Leopold II. und **Kaunitz.** Ihr Briefwechsel. Herausgegeben von Adolf Beer. gr. 8. Wien 1873.

— u. Graf Ludw. Cobenzl, Briefwechsel, hrsg. v. Adf. Beer u. Jos. Ritter v. Fiedler, s.a. Fontes rerum austriacarum. II. 53.

Joseph II. [Kaiser v. Österreich] und Graf Ludwig Cobenzl. Ihr Briefwechsel. Hrsg. von Adolf Beer u. Joseph R' v. Fiedler. Bd 1. 2. *Wien: C. Gerold's Sohn 1901.* 2 Bde 8°
1. 1780–1784 2. 1785–1790
= Fontes rerum Austriacarum. Abt. 2, Bd 53. 54. [illegible]

Joseph II., Correspondances intimes, s. Brunner, S.

Josef II., s.: Correspondenz, geheime, m. usw. Ferdinand Grafen Trauttmansdorff.

— Erinnerung an seine Staatsbeamten am Schluß d. J. 1783. 8. Wien 784. Trattner. 2 K

JOSEF II. (Erlass -s: Die Privilegien werden auf Ersuchen innerhalb eines Jahres erneuert, dat.) 27. Jänner 1781.

— Gebetbuch. 8. Breslau, sh. W. Korn. 782.

Vollständiges catholisches Gebethbüchlein, welches von Ihro K. M. Joseph dem II. bey allen Kriegstruppen zu einem Neujahrsgeschenk verehret worden, anjetzo aber zum nutzbaren Gebrauche höherer und niederer Standespersonen, wie auch für Kinder sehr heilsam zu gebrauchen. Lützemburg in der Schevalierischen Buchhandlung, 1784.
94 S., kl-8° (60 × 40 mm).

„Kaiser Josefs II. unvergessliche Gedanken, Aussprüche und Bestrebungen in seinen eigenen Worten“ hrsg. von Ernst Leistner. Wien, Pest, Leipzig: Hartleben 1878.
Eine Rubrik handelt von Frmrei.
[FZ. 32 (1878) S. 101.]

Allgemeine Gerichtsordnung für Böheim, Mähren, Schlesien, Oesterreich ob und unter der Enns ... Trattner, Wien 1781. 1 vol. 4 Bl. + 184 S.

–'s Geseze (!) und Verfassungen im Justizfache. Fuer Boehmen, Maehren, Schlesien ... Kleinmayr, Klagenfurt und Laybach 1786–1788. 9 Bde. in 9 vol.

— Gesetze u. Verfassungen im Justizfache. 8. Leipz. 786. (Wienbrack). 2 ₰

– Gesetze und Verfassungen im Justizfache. Für Böhmen, Mähren, Schlesien, Österreich ob und unter der Enns ... Schönfeld, Prag und Wien ... 23 Bde. in 14 vol. 1780-1855.

Joseph's II. Gesetze u. Verfassungen im Justizf. in d. ersten 4 Jahren seiner Regierung, (herausg. v. Fr. G. v. Kees.) *Prag*, Schönfeld. 786. fol. — 1e-5e Forts. a. d. letzten Jahren seiner Regier. 787 — 90. (7 Thl. 12 Gr.)

Joseph des Zweiten Gesetze u. Verfass. zu Justizsachen v. J. 1781—89. Fol. Prag 786—90. Schönfeld. 7 ₰ 7 ℋ

— Gesetze u. Verfassungen in Justizsachen f. Böhmen 2c. 4 Thle. 8. Klagenfurth und Laibach. (Kaulfuß in Wien in Commiss.)

— Gesetze u. Verfassungen in Justizsachen für Böhmen 2c. 4 Thle. 8. Klagenf. u. Laibach. (Schaumburg u. C. in Wien) 2 ₰ 16 ℋ

Gesetze u. Verordnungen Josephs II. in systemat. Verbindung. 18 Bde. *Wien.* (v. Mösle u. Braumüller.) 789. gr. 8. (60 Thl.)

– Handbuch aller unter der Regierung ... für die k. k. Erbländer ergangenen Verordnungen und Gesetze ... (2. Verb. und verm. Aufl.) Moesle, Wien ... 18 Bde. in 18 vol. 1780-1790.

Geheime Correspondenz Josefs II [Kaiser v. Deutschland] mit seinem Minister in den österreichischen Niederlanden, Ferdinand Grafen Trauttmansdorff. 1787–1789. Hrsg. von Dr. Hanns Schlitter. *Wien: A. Holzhausen 1902.* (XXXIX, 826 S.) 4°(8°)

JOSEPH II., KAISER. Lob- und Danck-Rede, als einer königl. Frey-Stadt Oedenburg cathol. Gemeinde wegen des neugebohrnen Ertzhertzogs, und königl. Erb-Printzens Josephi Benedicti Augusti Gott dem Herrn ... feyerlichen Danck abstattete, vorgetragen von gewöhnlichen Sonntags-Prediger der Gesellschaft Jesu im Jahre 1741. Oedenburg 1741. Gedruckt bey Johann Philipp Rennauer. 16 f. - 4°

— Maximen. 8. Wien, Hörling. 787.

– Normalienbuch Kaiser – im politischen Fache vom Anfange seiner Regierung bis zu Ende des 1787sten Jahres ... Hörling, Wien 1788. 1 vol. 2 + 185 + 10 S.

Joseph II., Kaiser: Der Nutzen der Todtenbeschau. 6 S.

Wien: 1784

JB 6.430

— Reformation d. Freimaurer (v. L. A. Hoffmann.) 2 Stcke. 8. Deutschland. (Wien 783. Wucherer). 8 ℋ

— Reformation in Geistlichen Sachen. 8. Wien 787. Hörling. 6 ℋ

— Reisen (unt. dem Namen d. Grafen von Falkenstein), nach Italien, Frankreich u. Böhmen. Aus d. Französ. 8. Leipz. 778. Schneider. 6 ℋ

— II. (unter dem Namen e. Grafen von Falkenstein,) in d. J. 1780 u. 81 unternommene 2e u. 3e Reise (v. A. F. Geisler d. jüng.) 8. Halle 781. Hendel. 12 ℋ

– Vollständige Sammlung aller seit dem ... Regierungsantritt ... für die k. k. Erbländer ergangenen Verordnungen und Gesetze ... gesammelt und in chronologische Ordnung gebracht. Trattner, Wien ... 9 Theile in 12 vol. 1780–1791.

JOSEPH II., Kaiser von Deutschland. Joseph II. römischen Kaisers Straten, wider politische, Polizey und Kriminalverbrecher. In alphabetischer Ordnung. Schoenfeld, Prag und Wien 1787.

Joseph II., testament politique. 2 vols. Vienne 791.

[Wappen F. u. K.] | J[in Verz.]Oseph, von Gottes Gnaden, Römischer Kayser, | Mehrer des Reichs; König zu Germanien, zu Jeru-|salem, zu Hungarn, ... (Verordnung über die Erhebung des Provinzialrates von Luxemburg zum Souveränen Rat) ... Gegeben zu Wien den ersten des Monats Augusti Jahrs | der Gnaden tausend sieben hundert achtzig und zwey, ... (Am Ende:) Luxemburg, | Bey der Wittib J. B. Kleber, ... 1782.
4 S., 4° (335 x 205 mm).

Joseph v. Hohenzollern, Fürstbischof v. Ermland, Briefe u. Tagebücher (1776—1836), s.: Monumenta historiae Warmiensis.

Joseph, Erbprinz zu Löwenstein-Wertheim-Rosenberg, Const., Versuch e. systemat. Beleuchtung d. ersten Elemente e. christl. Philosophie. gr. 8. (26½ B.) Frankfurt a. M. 840, Andräische Bh.

§ JOSEPH à Virgine Maria, Lust- u. unlustige, frölich- u. traurige Begebenheiten, so sich in dem heiligen Ebestande ereignen, durch dreissig geistreiche u. wohl ausgearbeitete Copulations-Discurs, welche denen neuen Brautleuten können vorgestellt werden. Nürnberg 1717. 4°. Rar! (4 Mk. Scheible, vor 1900.)

Joseph ibn Akuln, A treatise as to 1) necessary existence, 2) the procedure of things from the necessary existence, 3) the creation of the world. Ed. and translated into English by J. L. Magnes. (46 u. 21 S.) 8. Berlin 904. (M. Poppelauer). n. 2. —

Joseph Ibn Zadik, der Mikrokosmos. Ein Beitrag zur Religionsphilosophie und Ethik. Aus dem Arab. in's Hebr. übers. von Mose Ibn Tabbon und zum ersten Male hrsg. von Adph. Jellinek. 8. (XXIV und 76 S.) Leipzig 854, (Hunger.) **

FASTENPREDIGTEN. ... Zweytes Fastenpredigt ... Von P. *Joseph Maria a bono Bethlehemitico*, ... Jubilato ... Definitore generali & pro tempore Praesidente & Rectore ... apud Monacenses ... Gedruckt 1778. 8°. (...Regierungsrath Pfister in München.)
Satyr.-komisch. Fastenpredigten. 32 u. 46 S. Jeder Theil mit derselben Hirsch-Vignette. — Sehr selten!

Joseph Maria vom hl. Sakramente, O. Karm., die wahre Andacht zur sel. Jungfrau Maria, s.: Grignon v. Montfort, L. M.

— das Geheimnis Mariä, s.: Grignon v. Montfort, L. M.

Joseph [Familienname]

Joseph, s. Bruder Joseph.

Joseph, (Edw. Lucero), s. Arthur, Biographie 2c.

Joseph, Rabbiner. Leichenrede des Herzogs Maximilian Julius Leopold von Braunschweig. Ins Deutsche übersetzt von Eli Napthali Sohn, M. C. Frankfurt a. O. 1785. 8.

Joseph, Bruder, (Psdn.), Reise in mein gelobtes Ländchen. 8. Hamb. 801. (Herold jun.) 1 ß 4 ℳ

REISE in mein gelobtes Ländchen, begleitet von einem Päckchen Klostergeschichten und Nonnenliedern. Dem Verfasser des Pächter Martin (näml. *Demme*) mit warmem Herzen gereicht vom Bruder *Joseph*. Mainz und Hamburg, bei Gfr. Vollmer. 1801. 8°. (4 Mk. 50 Pfg. Scheible. Cat. 76; 4 Mk. S. Glogau & Co., Lpz., c. 1885.)
Tit. m. Vign. u. 310 SS. — Selten!

Joseph, Trauerrede bei der Todtenfeier Blum's, s.: Dem deutschen Volke!

Joseph, A., (Rabbiner.) Rede am Tage d. feierl. Einzuges in die neuerbaute Judenschule zu Illereichen, am 29. April 1803. 8. Kempten 803. Dannheimer. 2 ℳ

Joseph, Alfred, Medizinalpraktikant a. Kettwig: **Aus d. St Josephskrankenhause in Düsseldorf-Rath (Dirig. Arzt: Dr. Backhaus). Ueber Gastroptose und ihre Behandlung durch Gastroenterostomie (auf Grund von fünfzehn Fällen).** Leipzig 1908: B. Georgi. (35 S.) 8°
Leipzig, Med. Fak., Ref. Trendelenburg, Diss. v. 20. Juni 1908
[Geb. 15. Dez. 82 Kettwig v. d. Brücke; Wohnort: Rath b. Düsseldorf; Staatsangeh.: Preußen; Vorbildung: Realgymn. Düsseldorf Reife O. 02; Studium: Freiburg i. B. 1, München 1, Kiel 1, Leipzig 3, Bonn 3, Leipzig 3 S.; Coll. 29. Juni 08; Approb. 12. Juni 08.]

Joseph, Carl, s. Joseph, Karl

Joseph, David

Joseph, D., nach Aegypten. Nachklänge e. Archäologen-Kongresses. (16 S.) gr. 8. Berlin 909. Allgem. deutsche Verlagsgesellschaft. — 60
Sonderabdruck aus: „Intern. Revue f. Kunst, Kunstgewerbe u. Technik".

Joseph, D., d. moderne Architektur im Hinblick auf d. große Berliner Kunst-Ausstellung 1895. 8. (80 S.) Berlin 895. G. Siemens. n. 1. —

Joseph, D., Architekturdenkmäler in Rom, Florenz u. Venedig, s. a. Kennst du das Land? 20. Bd.

Architekturdenkmäler in Rom, Florenz und Venedig. Von Dr. phil. D[avid] **Joseph**, Prof., Brüssel. *Leipzig: C. G. Naumann (1901).* (X, 215 S.) 8° [F.]
— Kennst du das Land? Bd 20.

— Zur Baugeschichte d. kgl. Zeughauses in Berlin. (16 S.) 8. Berlin 910. B. Poetschki. — 80

— architektonische Einzelheiten der Antike, s.: d'Espouy, H.

Forschungen zur Geschichte von Künstlern des Großen Kurfürsten. Von Dr. D[avid] **Joseph**, Doz. in Berlin. Mit 6 Ill. *Berlin: E. S. Mittler & Sohn 1896.* (56 S.) 8° [F.]

— Der Früh-Hellenismus d. Berliner Architekturschule. (9 S.) 8. Berlin (S.W., Kochstr. 3) 908. Geschäftsamt der Innung: Bund der Bau-, Maurer- u. Zimmermeister. — 50
Sonderabdruck aus: „Jahrb. d. Inng.: Bund d. Bau-, Maurer- u. Zimmermstr., Berlin."

— Geschichte d. Architektur Italiens v. d. ältesten Zeiten bis z. Gegenwart. (XVIII, 550 S. m. 340 Abb.) Lex. 8. Leipzig 907. Baumgärtner. Geb. in Lw. 20. —

— Geschichte der Baukunst vom Altertum bis zur Neuzeit. Mit 773 Abbildgn. 1. u. 2. Bd. gr. 8. (XXXV, 911 S.) Berlin (902). B. Hessling. Geb. in Leinw. n. 20.—

— Geschichte der Baukunst. 3. Bd. Baukunst des XIX. Jahrh. 2 Halbbde. (XLI, 863 S. m. 879 Abbildgn.) Lex. 8. Ebd. (909). Geb. in Leinw. 20. —
Bd. 1 u. 2. Jetzt. Ebd. 902. Geb. 20.—.

— s.: Hartel, Aug., architekton. Details u. Ornamente d. kirchl. Baukunst.

Der Kampf um die Heidelberger Schlossruine Dr. D[avid] **Joseph**, Prof. in Brüssel. *Berlin: H. Steinitz 1902.* (27 S.) 8°

— architekton. Meisterwerke alter u. neuer Zeit in Deutschland, Belgien, Holland u. d. Schweiz. 2. Aufl. gr. 4. (96 Lichtdr.-Taf. m. Text III, 28 S.) Berlin 896. B. Hessling. In Mappe n. 30. —

Joseph, *David:* Die Paläste des homerischen Epos m. Rücks. auf d. Ausgrabgn Heinrich Schliemanns ... 2. verb. u. verm. Aufl. Berlin, G. Simens, 1894; VIII, 112 S. 8.
Heidelberg, Phil. Fak., Inaug.-Diss. v. [29. Dez.] 1894

— d. Paläste d. homerischen Epos m. Rücksicht auf d. Ausgrabgn. Heinrich Schliemanns. 2., verb. u. verm. Aufl. gr. 8. (VIII, 107 S. m. 2 Taf.) Berlin 895. G. Siemens. n. 2. —

— die Parochialkirche in Berlin 1694—1894. Eine bau- u. kunsthistor. Studie auf Grund archival. Quellen. gr. 8. (VI, 176 S. m. 11 Holzschn.) Berlin 894. Bibliograph. Bureau. n. 2. 50

— s.: Revue, internat. f. Kunst, Kunstgewerbe u. Technik.

— Karl Friedrich Schinkel. (11 S. m. Abb.) 8. Berlin (S.W., Kochstr. 3) 909. Geschäftsamt der Inng. Bund d. Bau-, Maurer- u. Zimmermeister. — 60
Sonderabdr. a.: „Jahrb. d. Inng. Bund der Bau-, Maurer- u. Zimmermeister".

— Heinrich Schliemann, s. a. Männer, bedeutende. V.

Heinrich Schliemann. Grundriss d. Gesch. s. Lebens u. s. Ausgrabungen von Prof. Dr. D[avid] **Joseph**. 2. Aufl. *Berlin: H. Schildberger [1901].* (32 S.) 8°
— Männer, Bedeutende, aus Vergangenheit u. Gegenwart. 5.

— Stiftshütte, Tempel- u. Synagogenbauten a. alter Zeit. [Aus: „Ost- u. West".] hoch 4. (39 S. m. 44 Abbildgn.) Berlin 902. S. Calvary & Co. n. 2. 50

— synopt. Tabellen d. Meister d. neueren Kunst, s.: Wauters, A. J.

Joseph, D., was muss man v. der Architektur der Neuzeit wissen? Leitfaden der Architektengeschichte der Renaissance, d. Barock, Rokoko, Klassizismus u. d. 19. Jahrh. gr. 8. (114 S.) Berlin (901). H. Steinitz. n. 2.—

Joseph v. Trinidad, E. L., Warner Arundell, oder die Abenteuer eines Creolen. Nach d. Engl. 3 Bde. gr. 12. Dresden 839. Bromme. 3½ ₰

Joseph, Eduard [aus Stolp i. Pomm.]: Das Fibroadenoma mammae.... Erlangen, Druck v. A. Vollrath's k. b. Hofbuchdr., 1891; 1 Bl., 23 S. 8°
Erlangen, Med. Fak., Inaug.-Diss. v. 10. Jun. 1890

Joseph, Ella, Gedichte. (VII, 111 S.) 8. Dresden 904. E. Pierson. n. 1. 50; geb. n. 2. 50

Joseph, Ernst [aus Breslau]: Ein Beitrag zur Kenntnis der Hemiatrophia faciei ... Berlin, C. Vogts Buchdr., *1894;* 30 S., 1 Bl. 8.
Berlin, Med. Fak., Inaug.-Diss. v. 20. Nov. 1894

Joseph, Eug., d. Frühzeit d. deutschen Minnesangs I. Die Lieder d. Kürnbergers, s.a. Quellen u. Forschungen zur Sprach- u. Culturgeschichte d. german. Völker.

Die Frühzeit des deutschen Minnesangs. Von Eugen **Joseph.** [Th.] 1. *Strassburg: K. J. Trübner 1896.* 8.
— Quellen u. Forschgn z. Sprach- u. Culturgeschichte d. german. Völker. [H.] 79. [96. 551.

Joseph, Eug., das Haideuröslein. 8. (132 S.) Berlin 897. Gebr. Paetel. n. 2.—

Joseph, E., Konrads von Würzburg Klage der Kunst, s.a. Quellen und Forschungen zur Sprach- und Culturgeschichte der germanischen Völker.

Joseph, Eugen: Konrads von Wurzburg Klage der Kunst.... Strassburg, Karl J. Trübner, 1885; 8 + 92 S. 8°.
Strassburg, Phil. Fak., Inaug.-Diss. v. 1885.

Joseph, Eugen, approb. Arzt aus Bad Landeck: **Die Morphologie des Blutes bei der akuten und chronischen Osteomyelitis.** *Tübingen 1902: H. Laupp jr.* (22 S.) 8° ¶(Aus: Beiträge zur klinischen Chirurgie, Bd 33, H. 3.)
Heidelberg, Med. Diss. v. 1902

Joseph, F., katholisches Gebet- und Erbauungsbuch. Enthaltend: Morgen-, Abend-, Meß- rc. Gebete sammt andern täglichen Andachtsübungen. Bearb. nach der 4. Aufl. der geistl. Goldgrube. 16. (VII und 818 S. mit 1 Stahlst.) Sigmaringen 860, Tappen. *

Joseph, Felix [aus Berlin]: Beiträge zur Kenntnis benzylierter Aniline und deren Sulfosäuren ... Berlin, A.-W. Schade's Buchdr., 1895; 44 S., 1 Bl. 8.
Würzburg, Phil. Fak., Inaug.-Diss. v. 1895

Joseph, Frz., Reiten und Dressiren. 8. (VIII, 126 S.) Berlin 873, Wiegandt, Hempel und Parey. geb. * 2 50

Joseph, Frz. Eugen, (Frz. Eugen Jos. Frhr. v. Seida), die ränkesüchtige Frau. Lstspl. in 2 A. 8. Wesel 796. Klönne. (Gleditsch in Leipz.) 8 g.

Joseph, Friedr., der Juwelier u. das Fassen, s.a. Fachbibliothek des Edelmetall-Gewerbes.

Joseph, Frdr., der Juwelier u. das Fassen. Hilfs- u. Lehrbuch beim Fassen von Edel- u. Halbedelsteinen m. e. Anh.: kurzgefaßte Steinkunde. (VII, 105 S. m. Abbildgn.) 8. Leipzig 905. H. Schlag Nachf. Geb. in Leinw. n. 2. 50

Joseph, Georg [pr. Arzt aus Bromberg]: **Zur Lehre von der disseminierten Conjunctivaltuberculose ... Greifswald, Druck v. J. Abel,** 1895; 30 S. 8.
Greifswald, Med. Fak., Inaug.-Diss. v. 13. Apr. 1895

Joseph, Gustavus *(geb. Breslau 17. 12. 1825):* De causis sonorum cordis. Vratislaviae (1851). (49 S.) 8°
Breslau, Med. Diss. v. 11. Nov. 1851

Joseph, Gust., Erfahrungen im wissenschaftlichen Sammeln und Beobachten der den Krainer Tropfsteingrotten eigenen Arthropoden. gr. 8. (104 S.) Berlin 882, (Nicolai'sche Verlagsh.) *
Aus: Berliner entomologische Zeitschrift, besonders abgedruckt.

Joseph, Gust., über Myiasis externa dermatosa [durch Fliegenlarven verursachte Hauterkrankungen]. gr. 8. (40 S. nebst 1 Taf. mit 16 Abbild.) Hamburg 887, Voss. *
Aus: Monatshefte für praktische Dermatologie, besonders abgedruckt.

Joseph, Gustav, approb. Arzt aus Trier a. M.: **Pathologie der Nasenpolypen.** Unter Zugrundelegung von 38 histologisch **untersuchten Fällen aus d. Prof. Seifert'schen Privatklinik.** *Würzburg 1903: A. Borst.* (48 S.) 8°
Würzburg, Med. Diss. v. 1903

Joseph, Gustav: Morphologische Studien am Kopfskelet des Menschen und der Wirbelthiere. Breslau: W. G. Korn 1873. (75 S.) 8° *[Buchausg. ebenda]*
Breslau, Med. Fak., Hab.-Schr. v. 17. Mai 1873

— die Tropfsteingrotten in Krain u. die denselben eigenthüml. Thierwelt, s.a. Sammlung gemeinverständl. wissenschaftl. Vorträge.

Joseph G. die Tropfsteingrotten in Krain und die denselben eigentümliche Tierwelt. (Sammlung gemeinverständlicher wissenschaftlicher Vorträge 228) Berlin 1875

Joseph, Gust., Venedig als Winteraufenthalt für Brustleidende. Für Aerzte und gebildete Laien. br. 8. (XI und 146 S.) Breslau 856, Leuckart. -

Joseph, Heinr., der Begriff des Individuums in der Zoologie, s.: Vorträge des Vereins zur Verbreitung naturwiss. Kenntnisse in Wien. 43. Jhrg. 12. Heft.

Joseph, Helmuth, Medizinalprakt. a. Halberstadt: **Aus dem städtischen** Augustahospital zu Köln. **(Abteilung des Herrn** Prof. Dr. Matthes.) Neuere **Anschauungen** über **Aetiologie** und Therapie der **progressiven** perniciösen **Anämie.** Leipzig 1906: B. Georgi. (50 S.) 8°
Leipzig, Med. Fak., Ref. Marchand, Diss. v. 1. Mai 1906
[Geb. 9. März 81 Leipzig; Wohnort: Cöln; Staatsangeh.: Preußen; Vorbildung: Domgymn. Halberstadt Reife O. 00; Studium: Berlin 2, Straßburg 2, München 2, Berlin 1, Halle 2 S.; Coll. 12. April 06; Approb. 1. Mai 06.]

Joseph, Herm. (geb. Berlin 13. 5. 1845): Ueber den Einfluss chemischer und mechanischer Reize auf das Lebergewebe. Berlin (1868). (38 S.) 8°
Berlin, Med. Diss. v. 7. März 1868

Joseph, Herm., Compendium der pathologischen Anatomie. 1. Aufl. (XI, 142 S.) 1871. *ℳ 3., und 2. verm. Aufl. gr. 8. (IV, 168 S.) Berlin 872, Oliven. * 4 —

Joseph, Herm., Compendium der pathologischen Anatomie. 3. Aufl., durchgesehen und den neuesten Erfahrungen entsprechend abgeändert von C. Hennig. gr. 8. (IV, 188 S.) Leipzig 884, Denicke's Verlag. *

Joseph, Herm., Compendium der pathologischen Anatomie. 3. Aufl., durchgesehen u. den neuesten Erfahrgn. entsprechend abgeändert v. C. Hennig. gr. 8. (IV, 188 S.) Leipzig 884. Fues' Verl. n. 4.—

Joseph, H., Compendium der pathologischen Anatomie. 4. Aufl., durchgesehen und den neuesten Erfahrungen entsprechend abgeänd. von C. Hennig. gr. 8. (V, 210 S. mit Illustr.) Leipzig 888, Fues's Verlag. *

Joseph, H., Compendium der pathologischen Anatomie. 4. Aufl., durchgesehen u. den neuesten Erfahrungen entsprechend abgeändert v. C. Hennig. Mit Illustr. gr. 8. (V, 210 S.) Leipzig 888. Reisland. n. 4. —

Joseph, Hirsch, neue Aufgaben zum kaufmännischen Rechnen nach dem neuen Gewichte und den neuen Münzen. Für Schüler einer Real- und Handelsschule und für angehende Kaufleute. Ein Hülfsmittel, das Dictiren der Aufgaben oder Vorlegen sogenannter Rechentäfelchen zu ersparen. In fortschreitender Ordnung vom Leichten zum Schweren und nach den neuesten Geldcoursen und Gewichten bearb. 2., verb. Aufl. 12. (88 S.) Quedlinburg 858, Basse.

—— Resultate dazu. 2., verb. Aufl. 12. (23 S.) Ebendas. 858.

Joseph, Hirsch, neue Aufgaben zum kaufmännischen Rechnen nach dem neuen norddeutschen Meter-Maaße, dem neuen Gewichte und den neuen Münzen. Für Schüler einer Real- und Handelsschule und für angehende Kaufleute. Ein Hülfsmittel, das Dictiren der Aufgaben oder Vorlegen sogen. Rechentäfelchen zu ersparen. In fortschreitender Ordnung vom Leichten zum Schweren und nach den neuesten Geldcoursen, dem neuen norddeutschen Metermaaße und dem neuen Gewichte bearb. 3. durch die Decimalbruchrechnung verm. und durchaus verb. Aufl. 8. (96 S.) Quedlinburg 871, Basse. — 75

—— dass. — Resultate dazu. 3. Aufl. 8. (24 S.) Ebendas. 871. — 50

—— und Herm. Krause, der schnelle Ausrechner nach dem neuen preuß. Gewicht, beim Ein- und Verkauf. Ein unentbehrl. Hülfsbuch für alle Kauf- und Handelsleute. Enthaltend: Vollständig ausgerechnete Tabellen nach Centnern und Pfunden so wie der Flüssigkeits-Maße nach Oxhoften und Quarten, mit den beigesetzten Preisen in Silbergelde. 8. (124 S.) Quedlinburg, 858, Basse.

Joseph, Hirsch, Handbuch für Jedermann. Ueber Wechsel- u. Münz-Kunde, Maße u. Gewichte aller Städte u. Länder in u. außer Europa, mit welchen Deutschland in Handelsverbindungen steht. Nebst Angabe des Verhältnisses derselben zu den preuß. Münzen, Maßen u. Gewichten. 8. (11 B.) Halberstadt 844, Lindequist u. Schönrock.

—— Handbuch der neuen Münzen, Maße und Gewichte der deutschen Vereinsstaaten, so wie der vorzüglichsten Handelsplätze in und außer Europa. Mit Angabe des Verhältnisses derselben zu den preuß. Münzen, Maßen und zu dem alten und neuen Gewicht. Nebst Belehrungen über Wechsel-, Geld-, Fonds- rc. Course, über Börsen, Banken, Wechselrecht rc.. Für Kauf- und Geschäftsleute, Beamte, Handelslehrlinge rc. 2., neu bearb. Aufl. 8. (XVI und 211 S.) Quedlinburg 858, Basse.

—— praktischer Lehrgang zur leichten und schnellen Erlernung der doppelten Buchhaltung. Mit Hinweisung auf das allgemeine preuß. Landrecht und Strafgesetzbuch, die Führung der Handelsbücher betreffend. Zum Selbstunterricht für Kaufleute und zur Benutzung für Lehrer im Buchführen. gr. 8. (VI und 98 S.) Halle 859, Schmidt's Verlagsb. *

Joseph, Hirsch, praktischer Lehrgang zur leichten und schnellen Erlernung der doppelten Buchhaltung. Zum Selbstunterricht für Kaufleute und zur Benutzung für Lehrer im Buchführen. 2. (Titel-)Aufl. gr. 8. (VI und 98 S.) Halle (859)64, Schmidt's Verlag. *

—— das alte und neue Maß und Gewicht, sowie das genaue und ohngefähre Verhältniß des alten zum neuen und des neuen zum alten. 32. (20 S.) Magdeburg 870, Heinrichshofen'sche Buchh. — 20

—— Musterbuch für Kaufleute und Banquiers, besonders aber für Handlungslehrlinge, um sämmtliche im Geschäftsleben vorkommende Rechnungen schnell und sicher kaufmännisch auszurechnen. 1200 nach gegebenen allgem. Grundsätzen völlig ausgerechnete Aufgaben in Münzen, Gewichten und Maßen der wichtigsten Handelsplätze Europas, mit denen Deutschland in Geschäftsverbindungen steht; wie solche sowohl beim Kaufmann als beim Banquier täglich vorkommen und von denselben ausgerechnet werden. Nebst Anh. über Wechsel-, Münz-, Staatspapier- und Actien-Kunde, sowie über Quittungen und Frachtbriefe. gr. 8. (XII und 295 S.) Erfurt 863, Körner's Verlag. *

Joseph, Hirsch, kaufmännischer Rathgeber über Wechsel- u. Münzkunde, Maaße u. Gewichte aller Städte u. Länder rc. Neue (Titel-)Ausg. (von: Handbuch f. Jedermann rc.) 8. (XII u. 176 S.) Quedlinburg (844) 851, Ernst. ⅔ ß

—— neues Rechenbuch auf Grundlage des Zollgewichts und der neuesten Münz- und Maß-Verhältnisse. Ein Hülfsbuch für alle bürgerliche und Handels-Verhältnisse, für Hauslehrer, so wie zum Gebrauche in Bürgerschulen und den unteren Klassen der Gymnasien und Realschulen. 2 Thle. gr. 8. Halle 858, Schmidt's Verlagsb. *

Inhalt:
Thl. 1. Die vier Species in ungleichbenannten Zahlen nebst Zeitrechnung. (IV und 94 S.) * 8 Ngr.
„ 2. Die Brüche und die Decimal-Bruch-Rechnung. (IV und 107 S.) * 10 Ngr.

—— neues Rechenbuch nach dem neuen Maaße und Gewichte für den Handels- und Gewerbsstand; sowie für jeden Geschäftsmann, der, ohne die Handlung erlernt zu haben im reiferen Alter das kaufmänn. Rechnen nebst der Decimalbruchrechnung ohne Lehrer durch sich selbst erlernen will. Auch zur Benutzung für Lehrer beim Rechenunterrichte einer Volks- und Gewerbeschule. 8. (VIII, 264 S.) Ebendas. 870. 3 —

— neues Rechenbuch f. das deutsche Reich nach der neuen deutschen Reichswährg. u. dem neuen Metermaaße u. Gewichte f. den Handels- u. Gewerbsstand sowie f. jeden Geschäftsmann der, ohne die Handlg erlernt zu haben, im reiferen Alter das kaufmänn. Rechnen nebst der Decimalbruchrechng. ohne Lehrer durch sich selbst erlernen will. Auch zur Benutzg. f. Lehrer beim Rechenunterrichte e. Volks- u. Gewerbeschule. 2. nach der neuen deutschen Reichs-Markwährg. umgearb. neue Aufl. 8. (X, 262 S.) Magdeburg 874. Heinrichshofen. 3. —

Joseph, Hirsch, praktisches Rechenbuch f. Kauf- u. Geschäftsleute. gr. 12. (17½ B.) Quedlinburg 842, Basse. Thlr.

Joseph, Hirsch, vollständ. kaufmänn. Rechenbuch, 1000 Aufgaben enthalt. Nach d. neuesten Geldcoursen bearb. u. stufenweise v. Leichten z. Schwerern überg.; nebst Anweis. d. Ansatzes u. d. Ausrechnung jeder einzelnen Aufgabe. gr. 12. (19½ B.) Quedlinburg 840, Basse.

—— vollständ. kaufmännisches Rechenbuch, enthalt. 1025 Aufgaben. Nach den neuesten Geldcoursen bearb. u. stufenweise vom Leichten zum Schwerern übergehend; nebst Anweisung des Ansatzes u. der Ausrechnung jeder einzelnen Aufgabe. 2., umgearb. u. verm. Aufl. gr. 12. (21½ B.) Quedlinburg 843, Basse.

Joseph, Hirsch, vollständiges kaufmännisches Rechenbuch, enth. 1603 Aufgaben. Nach den neuesten Geldcoursen bearb. und stufenweise vom Leichten zum Schweren übergehend. Zum Gebrauch für öffentliche und Privatlehrer; zum Selbstunterricht für Handlungs-Commis und Lehrlinge rc. 4., umgearb. und bedeutend verm. Aufl. gr. 12. (XXIV und 929 S.) Quedlinburg 853, Basse.

—— vollständiges kaufmännisches Rechenbuch, enthaltend 1632 Aufgaben. Nach den neuesten Geldcoursen bearb. und stufenweise vom Leichten zum Schwereren übergehend rc. Zum Gebrauch für öffentliche und Privatlehrer; zum Selbstunterricht für Handlungs-Commis und -Lehrlinge rc. 5., verb. und verm. Aufl. 12. (XXIV und 967 S.) Quedlinburg 857, Basse.

—— Supplement zur 5. Aufl. des vollständigen kaufmännischen Rechenbuches des Verf. Abänderung und Vervollständigung aller darin enthaltenen Aufgaben nach altem Gewichte, alten Münzen und alten Coursen in Aufgaben nach neuem Gewichte, neuen Münzen und neuen Coursen. 12. (140 S.) Quedlinburg 859, Basse.

—— vollständiges kaufmännisches Rechenbuch, enth. 1615 Aufgaben. Nach dem neuen Gewichte, den neuen Münzfußen und den neuesten Geldcoursen bearb. und stufenweise vom Leichten zum Schwereren übergehend. Zum Gebrauch für öffentl. und Privatlehrer, zum Selbstunterricht für Handlungs-Commis und Lehrlinge, sowie für Beamte rc. 6., verb. und verm. Aufl. 12. (XXIV und 952 S.) Quedlinburg 866, Basse.

—— vollständiges kaufmännisches Rechenbuch, enth. 1615 Aufgaben. Nach dem neuen norddeutschen Metermaße und dem neuen Gewichte, den neuen Münzfußen, den neuesten Wechsel-, den neuesten Staats-Papier- und den neuesten Actien-Coursen bearb. und stufenweise vom Leichten zum Schwereren übergehend, nebst Anweisung des Ansatzes und der Ausrechnung jeder einzelnen Aufgabe, theoret. und prakt. dargestellt. Zum Gebrauch für öffentl. und Privatlehrer; zum Selbstunterricht für Handlungs-Commis und -Lehrlinge, sowie für Beamte, Gutsbesitzer, Oekonomen und Geschäftstreibende. 7., nach dem neuen norddeutschen Metermaße und neuen Gewichte, sowie nach den neuesten Coursen der Wechsel, Staatspapiere und Actien völlig umgearb., verb. und verm. Aufl. 8. (XXXI, 994 S.) Quedlinburg 871, Basse. 6 —

Joseph, Hirsch, vollständiges kaufmännisches Rechenbuch, enth. 1061 Aufgaben. Nach der neuen deutschen Reichsmark-Goldwährung, dem neuen deutschen Meter-Maße und dem neuen Gewichte, den neuen Münzfußen, den neuesten Wechsel-, den neuesten Staatspapier- und den neuesten Actien-Coursen bearb. und stufenweise vom Leichten zum Schwereren übergehend, nebst Anweisung des Ansatzes und der Ausrechnung jeder einzelnen Aufgabe, theoretisch und praktisch dargestellt. Zum Gebrauch für öffentl. und Privatlehrer; zum Selbstunterricht für Handlungs-Commis und -Lehrlinge, sowie für Beamte, Gutsbesitzer, Oekonomen und Geschäftstreibende &c. 8., völlig umgearb. und verb. Aufl. 8. (XIX, 626 S.) Quedlinburg 878, Basse. *

Joseph, Hirsch. Vollständiges kaufmännisches Rechenbuch, enth. 1061 Aufgaben &c. 9. (Titel-)Aufl. 8. (XVII, 626 S.) Quedlinb. 889, Basse. * 2 50

Joseph, J. Alphäus v. Nazareth. Galiläische Bilder u. Sitten zur Zeit Jesu Christi. Übers. aus dem Französ. von G. v. R. 8. (VI, 61 S. m. Bildern.) Basel 892, [Spittler.] Jaeger u. Kober. * — 80

Joseph, J. C., der pfarrliche Grundbesitz in seiner kirchlichen und volkswirthschaftlichen Bedeutung, welche er durch die Zehentablösungsgesetze des J. 1848 gewonnen hat, und die Aufmerksamkeit, welche ihm fortan gebührt. Eine Anregung und ein Beitrag zu Beantwortung dieser Frage. 8. (VIII und 120 S.) Nördlingen 855, Beck'sche Buchh.

—— die Sonn- und Feiertagsmärkte, nach ihren verderblichen Einwirkungen auf das leibliche und geistliche Wohl des christlichen Volks, unter besond. Berücksichtigung bayerischer Zustände geschildert. 8. (VI und 60 S.) Nördlingen 855, Beck'sche Buchh. *

Joseph, J. C., wie hat sich der Herr auch am todten Luther als einen Gott der Lebendigen bewährt? Predigt bei der 3. Säcularfeier d. Beerdigung Dr. M. Luthers am 22. Febr. 1846 gehalten. gr. 8. Nördlingen 846, Beck'sche B. 1/12 ßf

Joseph, Isidor: Philosophische Studien zu Bonaventura. (Berlin 1909: G. Schade.) 50 S. 8°

Berlin, Phil. Diss. v. 8. Mai 1909, Ref. Riehl

[Geb. 2. Juli 87 Thorn; Wohnort: Berlin; Staatsangeh.: Preußen; Vorbildung: Gymn. Thorn Reife O. 05; Studium: München 1, Berlin 7 S.; Rig. 18. Febr. 09.] [U 09. 205

Joseph, Karl

[F.] **Joseph,** Carl [app. Arzt aus Dramburg]: Ein Fall von Vergiftung durch Petroleum m. Berücks. d. Wirkg desselben auf d. Organismus ... Leipzig, Druck v. Sellmann & Henne, 1896; 30 S., 2 Bl. 8.

Leipzig, Med. Fak., Inaug.-Diss. v. 25. Apr. 1896

Joseph, Karl, appr. Tierarzt: Zur Kenntnis der congenitalen Lageanomalien der Niere. Giessen 1910: v. Münchow. 37 S. 8°

Gießen, Veterinär-Med. Diss. v. 1. März 1910, Ref. Bostroem

[Geb. 15. Aug. 82 Hirschhorn; Wohnort: Gießen; Staatsangeh.: Hessen; Vorbildung: Gymn. Gießen Reife M. 08; Studium: Gießen 10 S.; Rig. 29. Jan. 09.] [U 10. 1313

Joseph, Karl, Franz v. Sickingen. Histor. Trauerspiel in 5 Aufzüg. 8. (94 S.) Offenbach 900. J. Scherz. n. 2. —

Joseph, Karl, (Jos. Rückert,) Weltgeschichte d. Philosophen v. Thales bis zu Fichte. 8. Leipz. 801. (W. Rauck). 18 ß

Joseph, L., ärztlicher Rathgeber für die Besucher Landecks. 8. (59 S.) Landeck 878, Bernhard. *

Joseph, L. Aerztlicher Rathgeber f. die Besucher Landecks. 3. verb. Aufl. 12. (60 S.) Landeck i. Schl. 890, Bernhard. * — 50

Joseph, L., die Thermen von Landeck. gr. 8. (IV, 59 S. mit 3 Fig.) Berlin 887, Grosser. *

Joseph, Leo, Almanach 1900. Ein Nachschlagebuch f. Collecteure u. Loosehändler. 8. (XIII, 279 S.) Neustrelitz, R. Meißner. Geb. in Leinw. n. 4. 50

Joseph, Leonard, seid fruchtbar u. mehret Euch. Im **Interesse des Staates. (97 S.)** 8. **Berlin (910).** H. **Bermühler.** 1. 50

Joseph, Leopold [approb. Arzt]: Beitrag zur Behandlung von Aortenaneurysmen .... Göttingen, Druck d. Univ.-Buchdr. v. W. Fr. Kästner, 1887; 22 S. 8°.

Göttingen, Med. Fak., Inaug.-Diss. v. 7. Mai 1887.

Joseph, Leop., Beitrag zur Behandlung von Aortenaneurysmen. Inaugural-Dissertation. gr. 8. (22 S.) Göttingen 887, (Vandenhoeck und Ruprecht.) *

Joseph, Ludovicus (geb. Glogau 17. 5. 1835): De anatomia cordis inprimis ratione habita quattuor ejus annulorum. Vratislaviae (1857). (42 S.) 8°

Breslau, Med. Diss. v. 24. Okt. 1857

Joseph, Ludwig [aus Frankfurt a. M.]: Der Eigentumserwerb durch Übergabe seitens des Nichteigentümers nach den Bestimmungen des gemeinen Rechts und des Deutschen Handelsgesetzbuches .... Frankfurt a. M., Druck v. Gebr. Knauer, 1887; 3 Bl. + 54 S. 8°

Göttingen, Jur. Fak., Inaug.-Diss. v. 28. Dez. 1887

Joseph, Ludw., der Eigentumserwerb durch Übergabe seitens des Nichteigentümers nach den Bestimmungen des gemeinen Rechts und des deutschen Handelsgesetzbuches. Inaugural-Dissertation. gr. 8. (54 S.) Frankfurt a. M. 887. (Göttingen, Vandenhoeck und Ruprecht.) *

Joseph, Max

— u. J. B. **van Deventer, Dermato-histologischer Atlas in 53 farbigen Abbildgn. auf 24 Taf. (VIII, 48 S. Text.) Lex.-8. Leipzig 906. J. A. Barth.**
Geb. in Leinw. n. 15. —

— u. Paul **Meissner,** Atlas der Histopathologie der Haut in mikro-photographischer Darstellung. Mit 50 Mikrophotogrammen auf 25 Taf. Lex.-8. (m. III S. u. je 1 Bl. Text.) Berlin 899. [E. Hesse.] P. Nitschmann. In Leinw.-Mappe n. 25. —; ermäss. Pr. n. 14. —

Joseph, Max, s.: Centralblatt, dermatologisches.

Joseph, Max [app. Arzt]: Ein Fall von Morbus maculosus Werlhofii kompliziert mit Haemothorax. ... Konitz, Druck v. Wilhelm Dupont, 1889; 17 S. 8°

Erlangen, Med. Fak., Inaug.-Diss. v. 20. Febr. 1889

Joseph, Max, die psycholog. Grundanschauung Schopenhauer's. Eine krit. Untersuchg. gr. 8. (III, 176 S.) Berlin 897. Mayer & Müller. n. 3. 60

— üb. Haarkrankheiten, s.: Klinik, Wiener.

— Haut- u. Geschlechtskrankheiten, s.: Schwalbe, Jul., Grundriss der praktischen Medizin.

Ist das alles? Eine Antwort an d. Kritiker u. Nichtkritiker meines Buches 'Das Judentum am Scheidewege'. Von Dr. Max Joseph, Rabbiner. Berlin: Jüd. Rundschau 1910. 95 S. 8° [10. 13478

Joseph, Max, das Judentum am Scheidewege. Ein Wort zur Schicksalsfrage an die Starken u. Edlen des jüd. Volkes. (XII, 158 S.) 8. Berlin 908. M. Poppelauer. 3.—; geb. 4.—

— d. Krankheiten d. behaarten Kopfes, s.⊙ Klinik, Berliner.

Die Krankheiten des behaarten Kopfes. '(Nach e. Vortr. im Osterferiencurse f. Aerzte.)' Von Dr. Max Joseph in Berlin. *Berlin: Fischer 1897.* (23 S.) 8.
= Klinik, Berliner. II. 110. [97. 5306

Joseph, Max, Lehrb. der Haarkrankheiten f. Ärzte u. Studierende. Mit 26 Abb. im Text, 120 Rezepten u. e. Anh. v. 100 Rezepten. (VIII, 338 S.) gr. 8. Leipzig 910. J. A. Barth. 8.—; geb. in Leinw. 9.—

Joseph, Max, Lehrbuch der Haut- u. Geschlechtskrankheiten f. Aerzte u. Studirende. 2 Thle. gr. 8. Leipzig, G. Thieme. à n. 6.—; geb. in Leinw. à n. 7.—
1. Hautkrankheiten. (X, 299 S. m. 33 Abbildgn. u. 3 Photogr. auf 1 Taf.) 892.
2. Geschlechtskrankheiten. (VIII, 401 S. m. 24 Abbildgn. u. 1 farb. Taf.) 894.

Joseph, Max: Lehrbuch der Haut- und Geschlechtskrankheiten für Aerzte u. Studir. v. Dr. Max Joseph in Berlin. 2. verm. Aufl. Th. 1. 2. Leipzig: G. Thieme 1895. 96. 2 Bde 8°
1. Hautkrankhtn. M. 30 Abb. im Text u. 3 Photograv. auf 1 Taf. 1895. (X, 319 S., 1 Taf.)
2. Geschlechtskrankhtn. M. 20 Abb. im Text u. 1 farb. Taf. 1896. (VIII, 419 S., 1 Taf.)

— Lehrbuch d. Haut- u. Geschlechtskrankheiten f. Aerzte u. Studirende. 2 Thle. gr. 8. Leipzig, G. Thieme. à n. 6.—; geb. in Leinw. à n. 7.—
1. Hautkrankheiten. M. 46 Abb. im Text u. 3 Photograv. auf e. Taf. 3., verm. u. verb. Aufl. (XII, 373 S.) 898.
2. Geschlechtskrankheiten. 2., verm. Aufl. M. 29 Abb. im Text u. 1 farb. Taf.) (VIII, 416 S.) 896.

— Lehrbuch der Haut- u. Geschlechtskrankheiten f. Aerzte u. Studierende. 2 Thle. gr. 8. Leipzig, G. Thieme. à n. 7.—; geb. in Leinw. à n. 8.—
1. Hautkrankheiten. 4. verm. u. verb. Aufl. (XII, 404 S. m. 51 Abbildgn. u. 2 Taf.) 902.
2. Geschlechtskrankheiten. 3. verm. u. verb. Aufl. Mit 38 Abbildgn. im Text u. 1 farb. Taf.) (VIII, 439 S.) 901.

— Lehrbuch der Haut- u. Geschlechtskrankheiten f. Aerzte u. Studierende. 2 Tle. gr. 8. Leipzig, G. Thieme. à n. 7.—; geb. in Leinw. à n. 8.—
1. Hautkrankheiten. 5. verm. u. verb. Aufl. Mit 70 Abb. im Text, 2 schwarzen u. 3 farb. Taf. nebst e. Anh. v. 210 Rezepten. (XI, 408 S.) 905.
2. Geschlechtskrankheiten. 4. verm. u. verb. Aufl. (XII, 434 S. m. 54 Abbildgn. u. 3 farb. Taf.) 905.

— Lehrb. der Haut- u. Geschlechtskrankheiten f. Ärzte u. Studierende. 2 Tle. Lex. 8. Leipzig, G. Thieme. 14.20; geb. in Leinw. 16.20
1. Hautkrankheiten. 7. verm. u. verb. Aufl. Mit 82 Abb. im Text, 2 schwarzen u. 3 farb. Taf. nebst e. Anh. v. 252 Rezepten. (XII, 455 S.) 910. 7.—; geb. 8.—
6. Aufl. (XII, 440 S. m. 78 Abb. u. 5 Taf.) 908.
2. Geschlechtskrankheiten. 6. verm. u. verb. Aufl. Mit 65 Abb. im Text, 1 schwarzen u. 3 farb. Taf. nebst e. Anh. v. 99 Rezepten. (XII, 492 S.) 909. 7.20; geb. 8.20
5. Aufl. (XII, 473 S. m. 63 Abb. u. 4 Taf.) 907.

— über Nagelkrankheiten, s. ⊙ Klinik, Berliner. 173. Heft.

Ueber Nagelkrankheiten. Von Dr. Max Joseph in Berlin. ⟨Nach einem im ärztl. Fortbildungscursus im Winter 1901/02 geh. Vortrage.⟩ ⟨Mit 3 Abb.⟩ *Berlin: Fischer (1902).* (34 S.) 8°
= Klinik, Berliner. II. 173. [02. 12695

Joseph, Max, s.: Neisser, A., stereoscop. medicin. Atlas.

Joseph, Max: Der Primat des Willens bei Schopenhauer. E. krit. Untersuchg d. psycholog. Grundanschauung Schopenhauers ... Berlin, Mayer & Müller, 1897; 3 Bl., 176 S., 1 Bl. 8.
Berlin, Phil. Fak., Inaug.-Diss. v. 6. Jan. 1897

Joseph, Max, die Prophylaxe bei Geschlechts- u. Hautkrankheiten, s.: Handbuch der Prophylaxe. II. Abtlg.

— Kurzes Repetitorium der Kosmetik der Haut, der Haare, der Nägel u. d. Mundes, s.: Breitenstein's Repetitorium.

Joseph, M., zur Sittenlehre d. Judenthums. gr. 8. (56 S.) Berlin 902. M. Poppelauer. n. — 80

— u. Geo. **Loewenbach,** Dermato-histologische Technik. Ein Leitfaden für Aerzte u. Studirende. 2. verm. u. verb. Aufl. 8. (XIV, 125 S.) Berlin 900. L. Marcus. n. 3.—
1. Aufl. (IV, VII, 7. 110 S.) Ebd. 900. n. 3.—.

— Dermato-histologische Technik. Ein Leitfaden für Aerzte u. Studierende. 3. verm. u. verb. Aufl. (XII, 155 S.) 8. Berlin 905. L. Marcus. n. 3.—
In 1. u. 2. Aufl. v. Geo. Löwenbach mitbearb.

— s.: Zentralblatt, dermatologisches.

Joseph, Paul, historisch-kritische Beschreibung des Bretzenheimer Goldguldenfundes [vergraben um 1390]. Nebst einem Verzeichniss der bisher bekannten Goldgulden von Florentiner Gepräge. gr. 8. (96 S. mit 2 Taf. Abbild. in Lichtdr.) Mainz 883, v. Zabern.

— die Wetterauer Brakteaten [Odenwalder Fund] sind in Frankfurt am Main, Lich u. Amöneburg geprägt worden. Eine Münzstudie. gr. 8. (27 S.) Berlin 886. Weyl. n. 1.—

Joseph, P., Der Bonner Denarfund von 1890, vergraben 1012. S.-A. 1890. 55 S. n. 1 Taf. 4°. 1.50

Joseph, Paul, Goldmünzen des XIV. u. XV. Jahrhunderts. [Disibodenberger Fund.] Nebst urkundl. Beiträgen zur Münzgeschichte der Rheinlande, besonders Frankfurts. Mit 4 Lichtdrtaf. u. einem Anh., enth. 82 Urkunden. gr. 8. (232 S.) Frankfurt a/M. 882. Baer & Co. n. 6.—

⊙ Die Halbbrakteatenfunde von Worms und Abenheim beschrieben v. Paul **Joseph.** Vereinsgabe des Altertumsvereins zu Worms. Frankfurt a. M. 1900. 8°.

Joseph, P., die Münzen d. gräflichen Hauses Erbach. [Aus: „Berliner Münzblätter".] gr. 8. (99 S. mit 1 Lichtdr.-Taf.) Berlin 887. A. Weigl. 4.50

Joseph, Paul, u. Ed. **Fellner,** die Münzen v. Frankfurt am Main, nebst e. münzgeschichtl. Einleitg. u. mehr. Anhängen. — Das Mittelalter. — Die Neuzeit. M. 75 Taf. Lichtdr. u. 52 Zeichngn. im Texte. Lex.-8. (IX, 681 S.) Frankfurt a/M. 896. (J. Baer & Co. — C. Jügel Nachf.) n.n. 60.—; in 2 Halbfrzbdn. n.n. 70.—

— u. Eduard **Fellner,** die Münzen von Frankfurt am Main. Suppl.-Bd. (V u. S. 683—874 m. 5 Abbildgn. u. 11 Lichtdr.-Taf.) Lex.-8. Frankfurt a/M. 903. J. Baer & Co. n.n. 15.—; geb. n.n. 18.50
(Hauptwerk u. Suppl., erm. Pr.: n. 45.—; geb. n. 60.50.)

Joseph, Paul, die Münzen des gräflichen und fürstlichen Hauses Leiningen. gr. 8. (110 S. mit 2 Lichtdr.-Taf.) Wien 884. (Frankfurt a. M., Völcker's Verlag und Antiq.) geb. mit Silberschn. *

Die Münzen von Worms nebst e. münzgeschichtl. Einl. im Auftr. von W. E. Nebel bearb. von Paul **Joseph**. Darmstadt 1906: Winter. 326 S. 8° [11. 4328 4

Joseph, Paul, s.: **Münzzeitung, Frankfurter.**

Der Pfennigfund von Kerzenheim beschrieben u. erl. von Paul **Joseph.** *Frankfurt a. M. 1901: A. Osterrieth.* (35 S.) 4°
Aus: Frankfurter Münzblätter.
— **Vereinsgabe** d. Altertumsvereins zu Worms. [22.]

Joseph, Paul, Referendar: Die Wirkung der tätigen Reue auf die Strafbarkeit des Täters und der Teilnehmer. Rostock 1910: Adler. 78 S. 8°
Rostock, Jur. Diss. v. 24. April 1910, Ref. Wachenfeld
[Geb. 19. März 79 Altona; Wohnort: Hamburg; Staatsangeh.: Hamburg; Vorbildung: Wilhelm-Gymn. Hamburg Reife M. 00; Studium: Berlin 1, Freiburg i. B. 1, Berlin 2, Kiel 3, Münster 2 S.; Rig. 25. Febr. 10.] [U 10. 3848

Joseph, Paul Herm., Kaschuben. Kleine Bildern aus der Heimat. (90 S.) 8. Berlin 904. Schriftenvertriebsanstalt. Geb. in Leinw. n. 1. 50

Joseph, Peisach: Commentatio de nonnullis linguae graecae hebraeaeque linguarum cognaturum analogiis haud admodum raro collatis comparabilibus momentis.
Halle-Wittenberg, Phil. Diss. v. 23. März 1846
Geb. [Glogau ...]
Ms. fehlt.

Joseph, R. P., Manuel du soldat chrétien. 3e édit. 32. (96 S.) Freiburg i. Br. 870, Herder'sche Verlagsh. — 20

Joseph, Siegfr., die Buchführungspflicht der Minderkaufleute u. Handwerker. Eine Denkschrift zur Abänderg. der unzeitgemässen u. schädl. Bestimmgn. im Handelsgesetzbuch. (8 S. auf Karton.) Lex. 8. Hamburg (909). Henschel & Müller. — 75

Joseph-Meyer, Joh. Rudolf de: „Theoretische Einleitung in die practische Wechsel- und Waaren-Handlung und eine Anweisung zur doppelten Buchhaltung", Hanau 1782 (Franz. Waisenhaus).

Josephe, von Fr. Schulz, neue verbesserte Aufl. 8. Weimar, 791. Hoffmann. 27 sgl.

Josephe. Eine merkwürd. Criminalgeschichte. 8. Rennb. 810. Hahn.

Josephe in Frankfurt u. Mainz während der französischen Invasion. Komischer Roman. 8. Leipz. 794. (Aue in Altona). 16 ℛ

— in Frankfurt und Mainz, während der französischen Invasion, ein komischer Roman, 8. Leipzig, 794. Jacobäer. 20 sgl.

Josephe Münsterberg, s. Zeitbilder, neue deutsche.

Josephen-Baum, Der, gepflanzt von ... der Prinzessinn Josephe in den letzten Tagen des Monats August 1819 im Garten des Prinzen Maximilian, Herzogs von Sachsen ... Dresden [1819]. V: *Engelhardt, Carl August.* (BCM I, 1, S. 450)

Josephi: Gründung, Entwickelung und jetziger Stand der Gymnasialbibliothek zu Mediasch. Eine Skizze. Mediasch, Progr. 1864

Iosephi, Ant., theologia moral. II Tmi. 8. maj. Augsb. Wolf. 771.

Josephi, C., s. Josephy, Karl

Josephi, E., Henochismus, sive tractatus de modo ambulandi cum Deo. 8. Leipz. 768. Fr. Fleischer. 3 ℛ

Josephi, E., Zum Unterricht in d. altklassischen Sprachen auf Gymnasien. Pr. 1875. 33 S.

Josephi, Guido, die allgemeine Existenz-Versicherung. 2 Bde. gr. 8. (VIII, 896; VII, 376 S.) Zürich 893. 894. Verlags-Magazin. à n. 3. —

Josephi, Guido, der Gesellschafts-Ausbau. gr. 8. (116 S.) Dresden 900. E. Pierson. n.n. 2. 50

Josephi, Johann Wilhelm

Wilhelm Josephi

Wilhelm Josephi. Anatomie der Saugethiere. Bd 1. Göttingen: Dieterich 1787. 8°

Bd 1: Welcher den Nutzen der Anatomie der Saugethiere, die Litteratur zu derselben, und die Knochenlehre der Affen enthalt. 1787.

Josephi, Ritter Wlh. J., Anatomie der Säugethiere. 1r Bd., mit 5 Kpf. 8. Gött. 787. Dieterich. 1 ℛ Beitrr. zu dies. 1n Bde. d. Anatomie d. Säugethiere, mit 4 Kpf. 8. Mainz 783. Gött. 792. Ebd. 6 ℛ

Josephi, W. Anweisg z. Erhaltg d. Gesundht d. Soldaten i. Felde. Rostock 1813.

— Bemerkk. über die Schädelbrüche. 4. Rostock 821.

— Progr. Chirurgisch-medicin. Beobachtungen. 1e — 3e Abtheil. gr. 8. Rostock 819, 20.

— Progr. Bruchstücke e. physisch-medicin. Beschreibung v. Rostock. 1e—3e Abtheil. gr. 8. Rostock 805, 6.

Wilhelm Josephi

De Conceptione abdominali vulgo sic dicta dissertatio conscripsit et observatione illustr. Guilielmus Iosephi [Wilhelm Josephi]. Goettingae 1784: Dieterich. 32 S. 8°

— über d. Ehe u. phys. Erziehung. 1r Bd. 8. Götting. 783. Dieterich. 20 ℛ

Josephi, (Johann) Wilhelm: Grundriss der Militär-Staatsarzeneikunde. Mit besonderer Rücksicht auf Militärärzte und Officiere aller Grade bearbeitet. 500 S., gbd.

Berlin: Schüppel 1829

JB 3.654

— Grundriß der Naturgeschichte d. Menschen. 8. Hamb. 790. (Campe). 16 ℛ

Josephi, J. W., üb. die Haltung u. Lage der Gebärenden, als Mittel zur sichern Leitung der Naturkräfte, z. Erleichterung u. Beförderung der Geburt u. z. Verhütung mögl. Nachtheile f. Mutter u. Kind. gr. 8. ($4\frac{3}{4}$ B.) Rostock 842, Stiller'sche Hofbuchh. * —

— Lehrbuch d. Hebammenkunst. gr. 8. Rostock 797. 2e Aufl. 811. Stiller. 1 ℛ 4 ℊℊ

Josephi, (Johann) Wilhelm: Lehrbuch der Hebammenkunst. 2.verm.und verbess.Aufl. 354 S., gbd.

Leipzig, Rostock u.Schwerin: Stiller 1811

JB 3.949

Josephi, With. J., Lehrbuch der Hebammenkunst. 3e, gänzlich umgearb, verm. u. verb. Aufl. Mit 1 Steindrucktaf. gr. 8. Rostock u. Schwerin 833. Stiller. 1½ ℛ

Josephi, Jo. W., Ueb. d. thier. Magnetismus, als ein Beitrag zur Geschichte menschl. Verirrungen, nebst e. Beleuchtung des Herrn Comte de *Satilier*, eines franz. Officiers. Gött. 8°.
1782

Wilhelm Josephi

Wilhelm Josephi über den tierischen Magnetismus als einen Beitrag zur Geschichte der menschlichen Verirrungen. Nebst einer Beleuchtung des Herrn Comte de Satillieu eines französischen Offiziers. Braunschweig: Schulbuchh. 1788. 104 S. 8°

Wilhelm Josephi

Guilielmus Josephi [Wilhelm Josephi]: Observationum ad anatomiam et artem obstetriciam spectantium Satura. Helmstadii (1785:) Schnorr. LX [vielm. LXI] S. 8°

Helmstedt, Med. Diss. v. 14. März 1785

— üb. die Schwangerschaft außerhalb der Gebärmutter u. über e. höchst merkw. Harnblasenschwangerschaft insbesondere. gr. 8. Rostock 803. Stiller. 20 ℊℊ

— Verhütung d. Ruhr u. Selbstheilung derselben in ihrem ganzen Umfange. 8. o. O. 808.

Wilhelm Josephi

Ueber die Vortheile [Vorteile] öffentlicher anatomischer Lehranstalten. Eine Rede bei der feierlichen Eröffnung des neuen Zergliederungshauses... vom Wilhelm Josephi. Hiebei ein Gedicht u. die Beschreibung des Zergliederungshauses... Rostock (1790:) Adler. 38 S. 8°

— Rostockisches gemeinnütz. Wochenblatt f. alle Stände. 3 Jahrgänge. 8. Rostock 791—93.

Josephi, M. T., Frühlingsblumen auf d. Gebiete des einsamen Nachdenkens, gesammelt in d. Garten d. Menschheit u. der Religion, gr. 8. Kaschau 824. Wigand. 1 ℛ

Josephi, M. T., Frühlingsblumen auf d. Gebiete des einsamen Nachdenkens ꝛc. gr. 8. Kaschau 824. (Pesth, Heckenast.) 1 ℛ

— Worte des Ernstes u. d. Kraft üb. verschiedene Gegenstände der Religion, d. Sittenlehre u. des menschl. Lebens. gr. 8. Kaschau 823. Wigand.

Josephi, M. T., Worte d. Ernstes u. d. Kraft üb. verschied. Gegenstände d. Religion, d. Sittenlehre u. d. menschl. Lebens. Nebst e. Anh., enthalt.: Blüthen z. Erheb. u. Erheiterung d. Geistes u. Gemüthes. 2., verm. u. verb. Aufl. 8. (19 B.) Kaschau 828. [Pesth, Heckenast.]

Iosephi, P. F. a St. Maria, dominicale s. festivale et quadragesimale sup. totius anni temp. III Tmi. fol. Viennae. 732.

Josephi, P. H. a s. Hilario, Quaestiones principales polemico-dogmatico-theologicae de s. Scriptura et traditionibus. Salzburg, Mayr, 1767, 4°.

Iosephi Paulini, vide Paulini.

Iosephi, R., paraphrasis hebr. et chaldaica in I. et II. libr. Chronicor. ex MSto. Cantabrig. c. vers. lat. Dan. Wilkins. 4. Amst. 715.

Theodor Josephi

De phosphori usu interno observationes quaedam. Helmstadii (1789:) Schnorr. 31 S. 8°

Helmstedt, Med. Diss. v. 31. Aug. 1789

Josephi, Walter

Josephi, W., Geschichte der Baukunst, s. a. Hillger's illustr. Volksbücher. 23. Bd.

Geschichte der Baukunst von Dr. W. Josephi. Mit 24 Ill. Berlin, Leipzig: H. Hillger [1905]. (95 S.) 8° [J.]
— Volksbücher, Hillgers illustrierte. Bd 23.

Josephi, Walt., Geschichte der Bildhauerkunst, s.: Hillger's, Herm., illustr. Volksbücher.

Josephi, Walter, aus Rostock: Die gotische Steinplastik Augsburgs. *München 1902: C. Wolf & Sohn.* (67 S.) 8°
München, Phil. Diss. v. 1902

— Die Werke plastischer Kunst, s.a. Kataloge des german. Nationalmuseums.

Dr. Walther Josephi. Die Werke plastischer Kunst. Mit 64 Taf. u. 160 Textabb. Nürnberg: Germanisches Nationalmuseum 1910. X, 309 S. 4°
(Kataloge d. Germanischen Nationalmuseums.)

Josephi, Wilhelm

s.: Josephi, Johann Wilhelm

Josephi-Buch, s. Ott, Georg

Josephine, nach dem Franz. von *** 8. Straßburg, 788. Akademie. 8 ßgl.

Josephine, a. d. Franz. von **. 8. Strasb. (Hinrichs in Leipz.) 788.

— die Banditenbraut im Nonnenkloster. 8. Leipz. Tauchnitz. 804.

Josephine, Briefe an Napoleon u. an ihre Tochter, die Königin Hortense, s.: Briefe Napoleon I an seine Gemahlin Josephine.

Josephinens Schicksale. Nach d. Engl. Unterhaltungsbuch f. d. Jugend. gr. 12. (6¾ B. u. 8 ill. Bild.) Düsseldorf 842, Arnz u. Comp.

Josephinismus, a, es az egyházat illető legujabb császári rendelvény. gr. 8. (VIII u. 110 S.) Wien 851, Jasper, Hügel & Manz. 21 ngr

Josephinismus, a, es az egyházat illető legujabb császári rendelvény. gr. 8. (VIII und 110 S.) Wien 851, [Manz.]

—— der, und die kaiserl. Verordnungen vom 18. April 1850 in Bezug auf die Kirche. (Aus dem Ungarischen von Jos. v. Lonovics übersetzt.) gr. 8. (VIII und 159 S.) Wien 851, [Manz.]

Josephinus, F., neues ABC=Buch, mit 24 sinnvollen u. lehrreichen Bildern, f. gute Kinder. 12. Wien 820. Müller. 1 fl 12 kr.

Josephslilie, die. E. Märzmärchen f. fromme Kinder. 16. (82 S. m. 1 Bild.) Paderborn 897. Bonifacius=Druckerei. n. — 10

Josephsohn, Adolf: Beiträge zur Kenntnis der Kynurensäure-Ausscheidung beim Hunde. *Königsberg i. Pr. 1898: H. Jaeger.* (29 S.) 8°
Königsberg, Med. Diss. v. 4. Aug. 1898

Josephsohn, Adf., Beiträge zur Kenntnis d. Kynurensäure-Ausscheidung beim Hunde. Diss. gr. 8. (29 S.) Königsberg 898. (W. Koch.) n. – 80

Josephsohn, Caesar: Die Sagen über die Kämpfe der Makkabäer gegen die Syrer nach griechischen und jüdisch-agadischen Quellen in ihrem Verhältniss zur beglaubigten Geschichte. ... Breslau, Druck v. Th. Schatzky, 1889; 41 + 1 S. 8°
Leipzig, Phil. Fak., Inaug.-Diss. v. 20. Jul. 1889

Josephsohn, John: Über die Frühformen der tuberkulösen Erkrankung des Larynx im Anschl. an e. Fall v. primärer juveniler Kehlkopftuberkulose ... Königsberg i. Pr., Druck v. M. Liedtke, 1895; 2 Bl., 33 S., 1 Bl. 8.
Königsberg, Med. Fak., Inaug.-Diss. v. 3. Apr. 1895

Josephson, Adolf [app. Arzt aus Unna in Westf.]: Ein Fall von Carcinom des Mediastinums ... Tübingen, F. Pietzcker, 1895; 28 S. 8.
Tübingen, Med. Fak., Inaug.-Diss. v. 1895

Josephson, Frau Bertha, s. a. Mercator, B.

— Sein Erbteil. Nach e. Familienüberlieferung erzählt. (170 S. m. Abb.) 8. Wismar 909. [H. Bartholdi.] Leipzig, E. Ungleich. 2.40; geb. n 3. —

Fremde. (Kein Märchen.) Erzählung von B. Mercator [d. i. Bertha Josephson]. Berlin: Ostdeutscher Jünglingsbund [1901]. (16 S.) 8° [F.]
— Osterglocken. H. 11. [01. 3377

Fux und Mux. Eine Gesch. f. Knaben u. Mädchen nebst einigen and. Gaben. Von B. Mercator [d. i. Bertha Josephson]. *Berlin: U. Meyer [1900].* (128 S.) 8° [F.] [00. 4231

Der Glücksschmied und Anderes von Bertha Mercator [d. i. Bertha Josephson]. (Hrsg.: H[ermann] J[osephson].) Danzig-Langfuhr & Leipzig: Spendig (1900). 172 S. 8° [10. 7989

Das Hexenkind und andere Kinder. Geschichten f. kleine Leute u. solche, die sie verstehn, von B. Mercator [d. i. Bertha Josephson]. Berlin: U. Meyer [1898]. (243 S) 8° [F.] [98. 1189

Kinder auf Reisen und Kinder daheim. Von B. Mercator [d. i. Bertha Josephson.] *Berlin: Berl. Stadtmiss. [1901].* (151 S.) 8° [F.] [01. 7454

Vierzig Minuten. Von B. Mercator [d. i. Bertha Josephson]. *(Kassel [1900]: E. Röttger.)* (15 S.) 8° [F.]
— Waldesrauschen – Waldesfrieden. No 2. [03. 8303

Der Neger. Eine Weihnachtserzählung von B. Mercator [d. i. Bertha Josephson]. *Berlin: Vorstände-Verband d. Ev. Jungfrauenvereine 1902.* (32 S.) 8° [F.]
— Weihnachten. 2. [04. 13380

Osterlicht. Erzählung von B. Mercator [d. i: Bertha Josephson]. *Berlin: Ostdeutscher Jünglingsbund [1900].* (16 S.) 8° [F.]
— Osterglocken. H. 1. [00. 13606

Eine deutsche Pfarrfrau. Blätter d. Erinnerung an Bertha Josephson-Mercator, geb. Cremer, gesammelt von H(ermann) J(osephson). Hamburg: G. Schloeßmann 1907. (157 S.) 8° [F.] [07. 7074

Das Pflaster. Dem Leben nacherzählt von B. Mercator [d. i. Bertha Josephson]. *(Kassel [1900]: E. Röttger.)* (16 S.) 8° [F.]
— Waldesrauschen – Waldesfrieden. No 3. [03. 8304

Unter Jerusalems Thoren. Erzählung aus d. Zeit d. ersten Kreuzzuges von B. Mercator [d. i. Bertha Josephson]. *Lengerich i. W.: Bischof & Klein 1900.* (VI, 271 S.) 8° [F.] [00. 1455

Ueberraschungen und Anderes. Bilder aus d. Leben von B. Mercator [d. i. Bertha Josephson]. *Berlin: Berl. Stadtmiss. (1902).* (226 S.) 8° [F.] [03. 8713

Was braucht mein Kind? (Von B. Mercator [d. i. Berta Josephson].) Fragen u. Antworten f. Mütter von e. Mutter. 2. unveränd. Aufl. Potsdam: Stiftungsverl. 1906. (48 S.) 8° [F.] [07. 11684

Wie es kam. Erzählung von B. Mercator [d. i. Bertha Josephson]. *Berlin: M. Warneck [1899].* (15 S.) 8° [Umschlagt. F.]
— Schneeflocken. No 10. [99. 9359

Wie Trudchen das ganze Haus beschenkte. Erzählung von B. Mercator [d. i. Bertha Josephson]. *Berlin: M. Warneck [1901].* (16 S.) 8° [Umschlagt. F.]
— Schneeflocken. 23. [03. 3633

Josephson, C., die Bergpredigt des Herrn. In sechszehn Betrachtungen. gr. 8. (III und 174 S. mit 1 Stahlst.) Barmen 855(56,) Langewiesche.

Josephson, C., der Ehestand. Predigt am 2. Sonntag nach Epiphanias, den 19. Jan. 1873 über Evangelium Johannis 2, 1 bis 11 gehalten. gr. 8. (12 S.) Barmen 873, Wiemann. — 30

Josephson, C., Predigt am 3. Jahresfeste d. Barmer Mäßigkeits=Vereins den 9. Novbr. 1845 gehalt. 8. (3/4 B.) Barmen, Sartorius.

—— drei Predigten gehalt. in der Pauli=Kirche in Soest. I. Der Wandel Vieler, die irdisch gesinnt sind. II. Das heilige Abendmahl. III. Meine letzte Bitte an Euch. gr. 8. (3 B.) Arnsberg 845, Ritter.

Josephson, Carl, s. Josephson, Karl

Josephson, Elisab., Licht im Dunkel. Gedichte u. Sprüche. Nach ihrem Heimgang hrsg. v. Bertha Josephson=Mercator. 12. (87 S.) Konstanz (902). C. Hirsch. Geb. in Leinw. m. Goldschn. 2. —

Josephson, Elisab, Perlen aus bittrer Flut. Gedichte u. Sprüche. Nach ihrem Heimgang hrsg. v. Bertha Josephson=Mercator. (VII, 146 S. m. Bildnis.) 12. Konstanz (903). C. Hirsch. Geb. in Leinw. m. Goldschn. n. 2. —

Feldzugsbriefe 1870–1872. Von Ernst Friedr. Wilh. Josephson. (Hrsg.: C[lara] J[osephson].) (Hagen i. W. 1901: Bald & Krüger.) 128 S. 8° A 12.102

Josephson, Ern. Frid. Guil. (geb. Iserlohn 13. 9. 1836): De pneumothorace. Berolini (1859). (32 S.) 8°
Berlin, Med. Diss. v. 5. März 1859

Josephson, Hermann

Josephson, H., das hl. Abendmahl u. d. Neue Testament. Vortrag, geh. auf d. kirchl. Konferenz d. Grafsch. Mark u. d. angrenz. Kreise in Hagen am 8. Mai 1896. 8. (32 S.) Gütersloh 895. C. Bertelsmann. n. — 60

Mein Abschiedswort an heiliger Stätte. Abschieds-Predigt über Jak. 1, 16–21 geh. zu Bielefeld von Hermann Josephson. *Bielefeld: E. Siedhoff (1899).* (14 S.) 8° [F.] [99. 8478

Josephson, Herm., die Antialkohol-Bewegung in Deutschland, s. a. Gegenwartsfragen. 9. Heft.

Josephson, Hermann: Die Antialkohol-Bewegung in Deutschland. Stuttgart 1909. 8°

Josephson, Herm., Antrittspredigt üb. 2. Kor. 4, 5, geh. am Sonntag Exaudi, den 14. V. 1899 in U. L. Frauenkirche zu Bremen. gr. 8. (12 S.) Bremen 899. J. Morgenbesser. n. — 20

Josephson, H., unter den ewigen Armen. 15 Predigten. gr. 8. (VII, 112 S.) Gütersloh 894. C. Bertelsmann. n. 1. 50; geb. n. 2. —

Josephson, Herm., die evangel. Askese, s.: Sammlung theologischer u. sozialer Reden u. Abhandlungen.

Josephson, Herm., die Augen auf! Predigt üb. Joh. 20, 14, geh. aus Anlaß des IX. internationalen Kongresses gegen den Alkoholismus am Sonntag Quasimodogeniti, den 19. IV. 1903 in der U. L. Frauen-Kirche zu Bremen. (15 S.) 8. Hamburg (903). G. Schloeßmann. n. — 30

— Die Briefe d. Jakobus u. Judas, s.: Wort, das, d. Heils. III. Ser.

— Christe, du Lamm Gottes! Predigt üb. Jes. 53, 1—7, geh. am Karfreitag 1902. 8. (12 S.) Ebd. 902. n. — 20

Josephson, Herm., Pf. Wider den Erbfeind. Bielefeld 1896. (68 S. 8°. Mk. —.20.

— Evangelium u. Askese. Vortrag. gr. 8. (24 S.) Ebd. 902. n. — 50

— Paul Flemming ein liederreicher Pilgersmann, s.: Kirchenliederdichter, unsere. 24. Hft.

— Paul Gerhardt. (63 S.) 8. Leipzig 907. Sächs. Volksschriftenverlag. — 50

— Kelch od. Kelche? Ein Wort an Abendmahls-Gäste u. -Gegner. (VI, 26 S.) gr. 8. Stuttgart 904. Greiner & Pfeiffer. n. — 40
Sonderabdruck aus: „Studierstube"

— die Kinderstube, der Weg ins Himmelreich. Predigt üb. Mark. 10, 13—16, geh. am 14. I. 1900 in U. L. Frauen-Kirche. 8. (12 S.) Ebd. 900. n. — 20

— Friedrich Adolf Krummacher, der „Aetti", s.: Kirchenliederdichter, unsere. 40. Heft.

— s.: Litteratur-Bericht, theologischer.

— Luise. Ein Gedenkblatt zum 19. VII. 1910. (16 S. m. Abb.) kl. 8. Hamburg (910). Agentur des Rauhen Hauses. p — 08

— s. a. Pfarrfrau, e. deutsche.

— u. Bertha Josephson-Mercator, geb. Cremer, die deutsche Pfarrfrau. 1.—5. Taus. (à 296 S.) gr. 8. Hamburg (903). G. Schloeßmann. Geb. in Leinw. n. 4. —

— nicht sehen u. doch glauben. 18 Predigten über das apostol. Glaubensbekenntnis. (VIII, 144 S.) 8. Hamburg 905. G. Schloeßmann. n. 2. 40; geb. n. 3. —

— nur treu! Ein Abschieds- u. Geleitswort an unsere Konfirmanden. gr. 8. (32 S.) Konstanz (902). C. Hirsch. — 15

— nur treu! Abschiedspredigt, geh. am Sonntag Laetare, den 2. IV. 1905 in der U.-L.-Frauenkirche zu Bremen. (11 S.) 8. Bremen 905. J. Morgenbesser. n. — 20

— vorwärts im Werk des Herrn, s.: Buschmann, E.

— bleibender Weihnachtssegen. Predigt, geh. am Sonntag nach Weihnachten 1903. (12 S.) 8. Bremen 904. J. Morgenbesser. n. — 20

— wer ist des Königs Freund? Predigt üb. Sprüche Sal. 22, 11, nach Bismarcks Tode am 7. VIII. 1898 geh. gr. 8. (8 S.) Bielefeld 898. E. Siedhoff. n. — 10

Josephson, Herm. August (geb. Iserlohn 20. 12. 1841): Ueber Fussgelenks-Resection. Berlin (1867). (32 S.) 8°
Berlin, Med. Diss. v. 31. Juli 1867

JOSEPHSON I., Ueber Kurpfuscherei. Gutachten, erstattet in der 59. Generalversammlung des Vereins der Aerzte des Regierungsbezirks Düsseldorf am 4. Mai 1875. Separatabdruck aus dem Correspondenzblatt der ärztlichen Vereine in Rheinland, Westfalen und Lothringen Nr. 16 1875. Bonn, 1875. Druck von Carl Georgi. 8°.

Josephson, Johs., Abschiedspredigt, gehalten am 2. Ostertage, den 6. Apr. 1885, in der Kirche zu Deilinghofen über Hebr. 13, Vers 20 und 21. 8. (12 S.) Moers 885, Spaarmann.

[J.] Josephson, Johannes: Darstellung und Beurteilung des Buddhismus, im Anschl. an d. buddhist. Katechismus d. Bhikschu Subhadra. Rendsburg, Druck v. D. J. Carstens, 1897; 3—35 S. 4.
Rendsburg, G u. RG, P 1897 (294)

Josephson, Johannes: Darstellung und Beurteilung des Buddhismus, im Anschlufs an den buddhistischen Katechismus des Bhikschu Subhadra 4 (S. 3—35). Progr. G. u. Rg. *Rendsburg* 1897

Josephson, John, üb. d. Frühformen d. tuberkulösen Erkrankung d. Larynx im Anschluss an e. Fall v. primärer juveniler Kehlkopftuberkulose. Diss. gr. 8. (32 S. m. 2 Fig.) Königsberg 895. (W. Koch.) n. — 80

Josephson, Karl

Josephson, Carl, die Kirche „Mariä zur Höhe" in Soest i. W. u. ihre mittelalterlichen Malereien. (23 S. m. Abbildgn.) gr. 8. Soest 905. Ritter. n. — 50
Sonderabdruck aus: „Christl. Kunstbl. f. Kirche, Schule u. Haus."

Josephson, L., über Prof. Dr. L. Waldenburg's Vergleichung der pneumatischen Cabinette mit dem transportablen pneumatischen Apparat. Eine krit. Beleuchtung. gr. 8. (36 S.) Hamburg 875, Nolte.

Josephson, Wirkungslosigkeit u. Nachtheile der transportablen pneumatischen Apparate von u. nach Waldenburg gegen Respirations- u. Circulations-Krankheiten. Nach physikalisch-physiolog. Untersuchungen. Mit Abbildungen (auf 1 Steintaf.). gr. 8. (46 S.) Hamburg 877. Nolte. n. 1. 20

Josephson, Ludw., eschatologische Bilder und Gedanken. 2 Vorträge. gr. 16. (62 S.) Stuttgart 866, J. F. Steinkopf.

Josephson, Ludw., Brosamen. Für theure und wohlfeile Zeit, für Krieg und Frieden. 8. (270 S.) Stuttgart 854, J. F. Steinkopf.
Aus: Jugend-Blätter, besonders abgedruckt.

Josephson, Ludw., Brosamen. Für theure und wohlfeile Zeit, für Krieg und Frieden. 2. Aufl. 8. (279 S.) Stuttgart 858, J. F. Steinkopf.

—— Brosamen. Für theure und wohlfeile Zeit. 1. Sammlung. 3. Aufl. 1862. und 4. Aufl. 8. (279 S.) Stuttgart 867, J. F. Steinkopf.

Josephson, Ludw., Brosamen. Für theure und wohlfeile Zeit. 1. Sammlung. 5. Aufl. 8. (279 S.) Stuttgart 874, J. F. Steinkopf. 2 —

—— dass. — 2. Sammlung. 8. (VIII und 289 S.) Ebendas. 861.

—— dass. — 2. Sammlung. 2. Aufl. 1863. und 3. Aufl. 8. (296 S.) Ebendas. 868.

Josephson, Ludw., Brosamen. Für theure und wohlfeile Zeit. 2. Sammlung. 4. Aufl. 8. (296 S.) Stuttgart 876, J. F. Steinkopf. ℳ 2.; geb. *
1. und 3. Sammlung. Ebendas. 1874. à Samml. ℳ 2.; geb. *ℳ 3.

—— dass. — 3. Sammlung. Nebst einem Anh. von drei größeren Erzählungen. [Das Sonnenauge. Frei und doch gebunden. Im Postwagen.] gr. 8. (292 S.) Ebendas. 872. 1 80
2. Sammlung. Ebendas. 1868. ℳ 1,80.

Josephson, Ludw., Brosamen. Für theure und wohlfeile Zeit. 1. und 3. Sammlung. 8. Stuttgart, J. F. Steinkopf.
à Sammlung *ℳ 2. *
geb. à Sammlung *ℳ 3. *
Inhalt:
Sammlung 1. 82 Erzählungen. 6. Aufl. (274 S.) 884.
" 3. Nebst einem Anhang von drei größeren Erzählungen: Das Sonnenauge. Frei und doch gebunden. Im Postwagen. 2. Aufl. (292 S.) 880.
2. Sammlung. Ebendas. 1870. *ℳ 2.; geb. *ℳ 3.

Josephson, Ludw., Brosamen. Für teure u. wohlfeile Zeit. 2. Sammlg. (71 Erzählgn.) 5. Aufl. 8. (286 S.) Stuttgart 899. J. F. Steinkopf. 2. —; geb. in Leinw. n. 3. —

—— Charakterbilder aus der Passionsgeschichte im Spiegel der Gegenwart. Ein Vortrag gehalten im evangel. Verein zu Berlin am 3. Febr. 1873. gr. 8. (24 S.) Berlin 873, (Beck.) * — 30
—— dass. — 2. Vortrag gehalten im evangel. Verein zu Berlin am 9. März 1874. gr. 8. (20 S.) Berlin 874, Haupt-Verein für christl. Erbauungsschriften. * — 35

JOSEPHSON, M., De funiculi umbilicalis juxta caput prolapsi repositione observationes XXVIII, diss. inaug. obstetricia. Kiliæ. 1839. P.

Josephson, Walt., Festschrift zum Musikfest zur 50jährigen Jubel-Feier des Duisburger Gesangvereins am 23. u. 24. V. 1903. Enth. die Geschichte des Gesangvereins m. e. Zusammenstellg. aller Konzertprogramme von 1853—1903 u. den Bildnissen seiner Dirigenten, ferner das vollständ. Programm des Musikfestes u. die Bilder der Dirigenten, Komponisten u. Solisten desselben. (III, 188 S.) gr. 8. Duisburg (903). J. Ewich. n.n. 1. 50

Musikfest zur fünfzigjährigen Jubel-Feier des Duisburger Gesangvereins am 23. u. 24. Mai 1903. Festschrift, verf. von Walther Josephson. enth. die Geschichte d. Gesangvereins ... *Duisburg: J. Ewich (1903).* (128 S.) 8° [03. 7141]

Josephus, Meister, u. d. Märchen v. Jerusalem. Ein wenig Geschichts-Kritik. gr. 8. (88 S.) Leipzig 895. H. Beyer. n. — 80

Meister Josephus und das Märchen von Jerusalem. Ein wenig Geschichts-Kritik. (3. Aufl.) Leipzig: Beyer; [Berlin: Giese 1895]. 88 S. 8° [11. 16331]

Josephus Secundus in campis Elysiis . . . S. l. [1790]. V: *Horányi, Alexius.* (Pk)

Josephi Bripii vel Biprii carmen de laudibus S. Alexii ex schedis H. Middeldorpfii ed. F. Haase. 1861. 19 S. 4°. 1.—

Josephus Conflnus, Disputatio scripturistica o IV libris regum. Fulda (ohne Jahr), 4°, 11.

(Josephus de France): „Numismata cimelii caesarei regii Austriaci Vindobonensis", P. 1, 2. Vindobonae 1755.

Iosephus Hebraicus, s.a. **I. F. Breithaupt.**

Josephus Gorionides sive Josephus Hebraicus, Juxta Venetam editionem . . . Latine versus . . . atque notis illustratus à Johanne Friderico Breithaupto. Gothæ 1707.

Josephus Clemens. archi-ep. Colon.: Epistola pastoralis ad clerum, populumque suum Coloniensem, Hildesiensem, Leodiensem et Berchtesgadensem. Coloniae 1719.

Josephus, s.a. Badeoft, der Herr Minister.

Badeoft, der Herr Minister. Ein polit. Sang aus Trottelanien von Josephus. (Neuer Abdr.) Zürich: C. Schmidt 1897. (64 S.) 8° [F.] [98. 1691]

Josephus, Gottvertrauen, s.: Erzählungen aus den Rheinlanden.

Josephus, der Komet von 1857 oder die alte Prophezeihung vom Untergang der Welt, welcher am 13. Juni 1857 ganz gewiß erfolgen wird, hervorgeholt aus einem alten Klosterarchive und ans Licht gebracht a. 1557. Zum andern Male abgedr. in diesem Jahr. 8. Berlin 857, Verlags-Magazin. Thlr. *

— Wallfahrt zum Grabe d. hl. Apostels Matthias. Ein Pilgerbüchlein. 12. (52 S. m. Abbildgn.) Trier 892. Paulinus-Druckerei. n. — 25

Josephus, C., der Sieg der unbefleckt Empfangenen. Schauspiel in 3 Aufzügen f. Vereinsbühnen. (50 u. Musikbeilage 2 S.) 8. Kempen (904). Thomasdruckerei u. Buchh. n. 1. 25

Josephus Flavius, s. Grünbaum, Paul.
Poznanski, Adolf.
Schemann, Friedrich.

Josephus. Flavius. Flavii Josephi Alterthümer: Wie auch Krieg der Juden mit den Römern: Desselben Leben: Samt allen übrigen noch verhandenen Wercken: Darzu kömmt noch Egesippus. Mit nöthigen Einleitungen, Anmerkungen, Figuren und Müntzen etc. versehen und besorget Von Joh[ann] Baptista Ott.... 6 Theile [mit je 1 Tafel]. 8. Zürich 1735–1736.
Theil 1: 1735. — Theil 2 *u.* 3: 1736. — Theil 4 *u.* 5: 1735.
Theil 6 *u. d. T.:* Des ... Geschicht-Schreibers Egisippi Fünf Bücher Vom Jüdischen Krieg ... Aus dem Lateinischen ... übersetzt. Mit einer ordentlichen Jahr-Rechnung und nothwendigen Concordanzen auf den teutschen Josephum ausgezieret. Zu dessen Wercken er dienet als der 6. Theil. 1735.

—— die jüdischen Alterthümer, übers. und mit Anmerkungen versehen von E. Martin. 2 Bde. gr. 12. Köln, Bachem. [1. (IV und 668 S.) 852., 2. (III und 640 S.) 853. à Bd. * 1 Thlr. 26 Ngr.] *

— jüdische Alterthümer. Uebers. v. Fr. Kaulen. 2. Aufl. gr. 8. (X, 696 S.) Köln 883. Bachem. 9. —; geb. n. 10. 50

—— Jüdische Alterthümer. Uebers. v. F. Kaulen. 3. Aufl. gr. 8. (XI, 722 S.) Köln 892, Bachem. * 9 —; geb. ** 10 50

Josephus, des Flav.: Jüd. Altertümer, s.a. Bibliothek d. Gesamtlitteratur.

Des Flavius Josophus Jüdische Altertümer. Übers. u. mit Einl. u. Anm. vers. von Dr. Heinrich Clementz. Bd 1. 2. *Halle a. d. S.: O. Hendel (1899–1900).* 2 Bde 8°
1. Buch I bis X. 2. Buch XI bis XX nebst Namenreg.
— Bibliothek d. Gesamtlitteratur d. In- u. Auslandes. No 1329–39. 1368–80. [w. 9878

— jüdische Antiquitäten rc., s. Geschichte d. Juden.

— antiquitatum Judaicar. lib. I. 8. Leipz. 781. (List in Berl.) 4 gl

Iosephi, Fl., antiquitatum judaicar. liber I. 8. Lips. Sommer. 781.

— antiquitatum iudaicarum epitoma, edidit Benedictus Niese. gr. 4. (X, 369 S.) Berlin 896. Weidmann. n. 15.—

Josephi contra Apionem liber, s. Kadmut Hajehudim.

— de bello Judaico lib. VII. 4. Ofen 755. Univers.-B. 1 ℔

Josephus, Flav., de bello Judaico libri septem. Ad fidem cod. emend., variis lectionibus instr. et notis partim aliorum partim suis illustr. Edv. Cardwell. II Vol. 8maj. (78 B.) Oxonii 837. (Lipsiae, T. O. Weigel.) *

— Biographie, von ihm selbst verfaßt. Aus d. Griech. übersetzt u. mit Anmerkk. begl. von Jh. Fr. Eckhardt. gr. 8. Leipz. 782. Dyck. 9 gl

—— dreizehntes Buch d. jüdischen Antiquitäten, s. Buch.

Chrestomathia Flaviana sive Loci illustres ex Flavio Josepho delecti. Graece c. anim. ed. Trendelenburg. Lips. 789. 8. 12gr.

Decreta Romanorum e Josepho, et decretum Atheniensium pro Judaeis. Animadv. illustr. J. T. Krebs. Lips. 768. 8. 1 rthl.

Decretum Atheniensium in honorem Hyrcani. C. commentar. ed. J. T. Krebs. Lips. 751. 4. 4 gr.

Josephi epitomae adhuc ineditae ed. B. Niese. Pars I–IX. Pr. 1887–1896. 822 S. 4°. 15.—
— — Einzeln. à 2.50

Diem natalem . . . imperatoris ac regis Guilelmi II . . . d. XXVII m. Ian. a. MDCCCLXC [sic!] . . . celebrandum indicit Theodorus Birt phil. Dr. phil. et eloq. P. P. O. sem. philol. dir. Inest Iosephi epitomae adhuc ineditae pars tertia a Benedicto Niese hist. ant. et phil. P. P. O. prolata. Marpurgi, typ. acad. Roberti Friedrich (1890); 2 Bl. | S. 65–106. 4°

Diem natalem . . . imperatoris ac regis Guilelmi II . . . d. XXVII. m. Ian. a. MDCCCLXCI [sic!] oratione . . . celebrandum indicit Theodorus Birt phil. Dr. phil. et eloq. P. P. O. sem. philol. dir. — Inest Iosephi epitomae adhuc ineditae pars quarta a Benedicto Niese hist. ant. et phil. P. P. O. prolata. (P. I: 1887; II: 1889; III: 1890.) Marpurgi, typ. acad. R. Friedrich, *1891;* 2 Bl., S. 105–144; 4°

Diem natalem ... imperatoris ac regis Guilelmi II ... d. XXVII. m. Ian. a. MDCCCLXCII [!] oratione ... celebrandum indicit Theodorus Birt, phil. Dr., philol. et eloq. P. P. O., sem. phil. dir. — Inest Iosephi epitomae adhuc ineditae pars quinta a Benedicto Niese ... P. P. O. prolata. [P. I–IV: 1887. 89. 90. 91.] Marpvrgi, typ. acad. R. Friedrich, *1892;* 2 Bl., 145–209 S. 4.

Diem natalem ... imperatoris ac regis Gvilelmi II ... d. XXVII. m. Ian. a. 1893 oratione ... celebrandvm indicit Theodorvs Birt phil. Dr., philol. et eloq. P. P. O., sem. phil. dir. — Inest Iosephi epitomae adhuc ineditae pars sexta a Benedicto Niese hist. ant. et phil. P. P. O. prolata. [P. I–V: 1887. 89. 90. 91. 92.] Marpvrgi, typ. acad. R. Friedrich, *1893;* 2 Bl., 209–265 S. 4.

Diem natalem ... Gvilelmi II Imperatoris Regis ... d. XXVII. m. Ian. a. 1894 ... oratione ... celebrandvm indicit Georgivs Wissowa Phil. Dr. Philol. P. P. O. sem. phil. Dir. pro professore eloq. — Inest Iosephi epitomae adhuc ineditae pars septima a Benedicto Niese hist. ant. et philol. P. P. O. prolata. [P. I–VI: 1887. 89. 90. 91. 92. 93.] Marpvrgi, typ. acad. R. Friedrich, *1894;* IV, 265–289 S. 4.

Diem natalem ... Gvilelmi II Imperatoris Regis ... d. XXVII. m. Ian. a. 1895 ... oratione ... celebrandvm indicit Theodorvs Birt Phil. Dr. Philol. et Eloq. P. P. O. sem. phil. Dir. — Inest Iosephi epitomae adhuc ineditae pars octava a Benedicto Niese hist. ant. et philol. P. P. O. prolata. [P. I–VII: 1887. 89. 90. 91. 92. 93. 94.] Marpvrgi, typ. acad. R. Friedrich, *1895;* IV, 289–329 S. 4.

Diem natalem ... Gvilelmi II Imperatoris Regis ... d. XXVII. m. Ian. a. 1896 ... oratione ... celebrandvm indicit Theodorvs Birt Phil. Dr. Philol. et Eloq. P. P. O. sem. phil. Dir. — Inest Iosephi epitomae adhuc ineditae pars nona a Benedicto Niese hist. ant. et philol. P. P. O. prolata. ([Hauptt.:] Flavii Iosephi antiquitatum Iudaicarum epitoma ed. B. Niese.) [P. I–VIII: 1887. 89. 90. 91. 92. 93. 94. 95.] Marpvrgi, typ. acad. R. Friedrich, *1896;* 1 Bl., X, 329–370 S.; 1–16 S. (Ersatz f. S. 1–16 v. P. I), 1 kl. Bl. 4.

Flavii Josophi antiquitatum Judaicarum epitoma. Ed. Benedictus Niese. *Berolini: Apud Weidmannos 1896.* (X, 309 S.) 1 Bd 4. [96. 8036

— jüd. Geschichte m. summar. bibl. Concordanz. u. Landchart. v. J. F. Cotta. 2 Thle. Fol. Tüb. Cotta. 736.

— — dies. mit Egesippi Gesch. m. Anm. v. J. Bapt. Ott. m. K. Fol. Zürich, Orell. 736.

— — — dies. in 6 Bd. 8. Ebend. 736.

— — Nachr. diese Zürich. Ausg. betr. 8. Ebend. 736.

—— Geschichte d. jüd. Krieges, od. vom Untergang d. jüd. Volkes u. seiner Hauptstadt Jerusalem. A. d. Griech. f. Leser aller Stände neu übers. Von A. Fr. Gfrörer u. Wilh. Hoffmann. 2 Thle. (8 Lfgn.) gr. 8. (46⅙ B., 1 ill. Plan v. Jerusalem, 1 ill. Karte v. Palästina u. 3 geneal. Taf.) Stuttgart 835, 36, [Scheible, Rieger u. Sattler.]

– Geschichte des jüdischen Krieges, s.a. Bibliothek d. Gesamtlitteratur.

Flavius Josephus, Geschichte des Jüdischen Krieges [Bellum Judaicum]. Übers. u. mit Einl. u. Anm. vers. von Dr. Heinrich Clementz. Mit ausführl. Namensreg. u. 2 Taf. *Halle a. S.: O. Hendel (1900).* (695 S.) 8° (Bibliothek d. Gesamtlitteratur d. In- u. Auslandes. No 1424–35.) [01. 10067

Ἰωσήφου Φλαβίου, τὰ Εὑρισκόμενα. — Flavii Josephi opera. Graece et latine. Recognovit Guil. Dindorfius. Accedunt indices nominum et rerum locupletissimi. Vol. I. Lex.-8. Parisiis 845, Didot fratres. n. 4 ℔

– – Vol. 2. Ibid. 1847. XIV, 494 S.

– de Jesu Christo testatus. s. F. H. Schödel.

— *vom Judenkriege.* Übersetzt von J. B. Friese. Alton. 804.

— v. jüdischem Kriege; aus d. Griech. von J. B. Frise. Mit einer Vorrede v. J. Oberthür. 2 Bde. gr. 8. Altona 804–5. Hammerich. 3 ℔ 8 gl

JOSEPHUS, Flavius

(F) Flavius Josephus' Jüdischer Krieg. Aus dem Griechischen übersetzt und mit einem Anhang von ausführlichen Anmerkungen versehen von Dr. Philipp Kohout. Linz. 1901. Haslinger. Gr.-8°. X, 815 S. K 12.—

Josephus, Flavius, Topograph.-histor. Lexicon zu seinen Schriften, s. Boettger, G.

Josephi, Flavii, opera, edidit et apparatu critico instruxit Benedictus Niese. 2 voll. gr. 8. Berlin, Weidmann'sche Buchh. *

Inhalt:

Vol. I. Antiquitatum iudaicarum libri I—V. (LXXXIV, 362 S.) 887. *ℳ 14.—.

» II. Antiquitatum iudaicarum libri VI—X. (VIII, 392 S.) 885. *ℳ 12.—.

—— dass. — ed. et apparatu critico instruxit Benedictus Niese. Vol. III—V. gr. 8. Berl., Weidmann. * 37 —

III. Antiquitatum judaicarum libri XI—XV. (LXVII, 409 S.) 892. * 18 —;
IV. Antiquitatum judaicarum libri XVI—XX et vita. (X, 389 S.) 890. * 14 —;
V. De Judaeorum vetustate sive contra Apionem libri II. (XXVII, 99 S.) 889. * 5 —.
Vol. I u. II. Ebd. 1885.87. * 26 —.

— opera, edidit et apparatu crit. instruxit Benedictus Niese. Vol. III et VI. gr. 8. Berlin, Weidmann. n. 44. — (I–VI.: n. 89. —)

III. Antiquitatum iudaicarum libri XI—XV. (LXVII, 409 S.) 892. n. 18. —
VI. De bello iudaico libros VII ediderunt Just. a Destinon et Benedictus Niese. (LXXVI, 628 S.) 894. n. 26. —

Josephi, Flavii, opera. Ed. et apparatu critico instruxit Bened. Niese. Vol. VII. Index. gr. 8. (VIII, 87 S.) Berlin 895. Weidmann. n. 4. — (kplt.: n. 93. —)

— dasselbe, recognovit B. Niese. Editio minor. Vol. I., II., IV., V. gr. 8. Ebd. n. 11.20
I. (IV, 382 S.) 888. n. 3.—. — II. (317 S.) 888. n. 3. —. — IV. (330 S.) 890. n. 4.—. — V. (IV, 90 S.) 889. n. 1.20.

— dasselbe. Recognovit Benedictus Niese Editio minor. Vol. III. Antiquitatum iudaicarum libri XI—XV. gr. 8. (V, 326 S.) Ebd. 892. n. 5. — (I—V.: n. 16.20)

— dasselbe. Vol. VI. Editio minor. gr. 8. Ebd. 895. n. 8. — (kplt.: n. 24.20)
De bello iudaico libri VII, et index. (IV, 570 S.)

— opera ex versione latina antiqua, s. a. Corpus scriptorum ecclesiasticorum latinorum.

Flavii Iosephi opera ex versione Latina antiqva ed., comm. crit. instrvxit, proleg. indicesqve addidit Carolvs Boysen. P. vi. [P. i—v ersch. später.] *Pragae, Vindobonae: F. Tempsky; Lipsiae: G. Freytag 1898.* 8.
= Corpus scriptorum ecclesiasticorum Latinorum. Vol. 37. (97. 8037

Josephi, (Fl.,) Opera omnia etc., s. a. Bibliotheca sacra.

— opera omn. gr. et lat. III Vol. fol. Oxon. 720.

Josephi Flav., opera omnia, gr. et lat. excusa ad edit. Lugd.-Bat. Siegbert Havercampi, cum Oxon. J. Hudson. collatum c. Frz. Oberthür. III Tom. 8 maj. Lpz. 782—85. Schwickert. 9 ₰

— opera omnia. Text. ed. Karl Er. Richter. VI Voll. 12 maj. Leipz. 826, 27. Schwickert. 5 ₰ 8 gr. Schrbp. 6 ₰ 6 gr. (vergl. *Bibliotheca* sacra eccles. Graecor.)

Josephi, Flavii, Judaei opera omnia ad optimorum librorum fidem accurate edita. Editio stereot. VI Tomi. 16. Lipsiae 850, C. Tauchnitz. à Tom. 15 Ngr. Vlnp. à Tom. 22½ Ngr.

Inhalt:

Tom. I. Antiquitates judaicae. Libb. I—V. (339 S.)
- II. Antiquitates judaicae. Libb. VI—X. (375 S.)
- III. Antiquitates judaicae. Libb. XI—XV. (383 S.)
- IV. Antiquitates judaicae. Libb. XVI—XX. Vita. (384 S.)
- V. Bellum judaicum. Libb. I—IV. (393 S.)
- VI. Bellum judaicum. Libb. V—VII. Contra Apionem. De Maccabaeis. (352 S.)

— opera omnia ab Imm. Bekkero recognita. 6 voll. Lipsiae 855, 56. Teubner. 8. (IV, 342; IV, 301; IV, 350; VII, 354; IV, 360; IV, 346 S.) Jeder Bd. 18 ngr.; Velinp. 27 ngr.

Flavii Iosephi Opera omnia. Post Immanuelem Bekkerum recogn. Samuel Adrianus Naber. Vol. 1–6. *Lipsiae: B. G. Teubner 1888–96.* 6 Bde 8°
1. 1888. 2. 1889. 3. 1892. 4. 1893. 5. 1895. 6. 1896.
(Bibliotheca script. graec. et rom. Teubneriana.) (03. 1998

Iosephi, Flavii, opera omnia. Post Imman. Bekkerum recognovit S. A. Naber. Vol. I. II. 8. (XXV, 384; XLIII, 374 S.) Leipzig 888. 889. Teubner. à 3. —

Josephi, Flavii, opera omnia. Post Imman. Bekkerum recognovit Sam. Adr. Naber. Vol. III. IV. 8. (L, 384; XLVII, 385 S.) Leipzig 892. 893. B. G. Teubner. à n. 3. 60 (I–IV.: n. 13. 20)

— opera omnia. Post Imman. Bekkerum recognovit Sam. Adrian. Naber. Vol. V et VI. 12. (LX, 392 u. LI, 374 S.) Leipzig 895. 96. B. G. Teubner. à n. 4. — (I.—V.: n. 21. 20)

— kleinere Schriften (Selbstbiographie — Gegen Apion

— Über die Makkabäer), s. a. Bibliothek der Gesamtlitteratur.

Des Flavius Josephus kleinere Schriften ⟨Selbstbiographie. Gegen Apion. Über die Makkabäer⟩. Übers. u. mit Anm. vers. von Dr. Heinrich Clementz. *Halle a. S.: O. Hendel (1901).* (248 S.) 8° [J.]
(Bibliothek d. Gesamtlitteratur d. In- u. Auslandes. No 1466–70.) (01. 10340

— Selbstbiographie; übers. von J. B. Friese; mit e. Vorrede von F. Oberthür. gr. 8. Altona 806. Hammerich. 14 gr.

— de vita sua liber, gr.; recens., var. lect. et notas adj. J. P. K. Henke. 8. Braunschw. 786. Schulbuchh. 14 gr.

—— Werke; übers. von H. Paret, s. Prosaiker, griechische.

Josephus, Flavius, Werke. Enth.: 20 Bücher von der alten jüd. Geschichte; 7 Bücher vom Kriege der Juden mit den Römern; 2 Bücher von dem alten Herkommen der Juden wider Apion; ein Buch von dem Märtyrertode der Makkabäer und das Leben des Josephus von ihm selbst geschrieben. Alles aus dem griech. Orig. übers. durch J. F. Cotta und A. Fr. Gfrörer. Das Ganze von Neuem nach dem Griech. bearb.; mit erklär. Anmerkungen von Rosenmüller, Burder, Michaelis ꝛc. begleitet; und mit den nöthigen Tab. und Registern versehen durch C. R. Demme. Neue (6.) Aufl. 4. (903 S. mit 1 Karte in Kpfrst.) Philadelphia 864, Schäfer und Koradi. In Leder geb.

Josephus, Flavius. Werke. Enthltd.: 20 Bücher von der alten jüd. Geschichte; 7 Bücher vom Kriege der Juden mit den Römern; 2 Bücher von dem alten Herkommen der Juden wider Apion; ein Buch von dem Märtyrertode der Makkabäer u. das Leben des Josephus von ihm selbst geschrieben. Alles aus dem griech. Orig. übersetzt durch J. F. Cotta u. A. Fr. Gfrörer. Das Ganze von Neuem nach dem Griech. bearb.; mit erklärenden Anmerkungen von Rosenmüller, Burder, Michaelis ꝛc. begleitet; u. mit den nöthigen Tabb. u. Registern versehen durch C. R. Demme. Neue (6. u. 7.) Aufl. Philadelphia 864, 70. Schäfer & Koradi. 4. (403 S. mit 1 Karte in Kpfrst.) In Leder geb. 8 ₰

Josephus, Flavius, des berühmten jüdischen Geschichtschreibers, Werke. Enth. 20 Bücher von der alten jüd. Geschichte; 7 Bücher vom Kriege der Juden mit den Römern; 2 Bücher von dem alten Herkommen der Juden wider Apion, ein Buch von dem Märtyrertode der Makkabäer und das Leben des Josephus von ihm selbst beschrieben. Alles aus dem griech. Originale übersetzt durch J. F. Cotta und A. Fr. Gfrörer. Das Ganze von neuem nach dem Griech. bearb.; mit erklär. Anmerkungen von Rosenmüller, Burder, Michaelis, Whiston, Jost, Funk u. A. begleitet; und mit den nöth. Tab. und Registern versehen durch C. R. Demme. Neue (7.) Aufl. in 30 Lfgn. gr. 4. (903 S. mit 1 lithogr. Karte.) Philadelphia 868—73, Schäfer und Koradi. à Lfg. 75 Pf.; geb.

—— Werke. Enthaltend: 20 Bücher von der alten jüd. Geschichte; 7 Bücher vom Kriege der Juden mit den Römern; 2 Bücher von dem alten Herkommen der Juden wider Apion; ein Buch von dem Märtyrertode der Makkabäer und das Leben des Josephus, von ihm selbst geschrieben. Alles aus dem griech. Originale übers. durch J. F. Cotta und A. Fr. Gfrörer. Das Ganze von Neuem nach dem Griech. bearb., mit erklär. Anmerkungen von Rosenmüller, Burder, Michaelis, Whiston, Jost, Funk u. A. begleitet; und mit den nöth. Tabellen und Registern versehen durch C. R. Demme. 8. Aufl. gr. 4. (903 S.) Philadelphia 887, Schäfer und Koradi.

Cotta, Johann Friedrich. Des // Furtrefflichen Jüdischen // Geschicht=Schreibers // Flavii Josephi // Sämtliche Wercke, // Als // Zwantzig Bücher von den alten Jüdischen // Geschichten, Einer von seinem Leben, Zwey von dem // alten Herkommen der Juden wider Apionem Grammaticum /// und Eines von dem Martyrer Tode der Maccabäer, // Nebst einem Uberbleibsel // Der Rede Josephi an die Griechen // von dem Ort / wo sich die abgeschiedene Seelen aufhalten / und // der Auferstehung der Todten. // Hierzu kommen ferner // Dessen Sieben Bücher von dem Krieg der Juden mit // den Römern / und Egesippi Fünff Bücher von der Zerstorung // der Stadt Jerusalem, // Alles nach dem Grund=Text mit besonderem Fleiß übersehen und // neu übersetzet, // Auch über dieses mit einer nöthigen // Einleitung in die Wercke Josephi, // [illegible] // Mit Summarien / Biblischen Concordantzen / einer Land=Charte // Zeit=Rechnung, alten und raren Müntzen, auch andern Kupffern //Stichen, welche die Schrifften Josephi beleuchten, // Vornemlich aber // Mit vielen Anmerckungen / wie auch accuraten Registern // versehen und ausgefertiget / von // Johann Friderich Cotta // der Theologie und Orientalischen Sprachen Professorn auf der // Königl. Groß=Britannischen Universität Göttingen. // Mit Röm. Kayserl. Königl. Polnischen und Chur=Fürstl. Sächsisch. allergnädigsten Privilegien. // Tübingen, // Bey Johann Georg Cotta. 1735. – Mit Abbildungen. – Zwei Teile. zusammengebunden.

Inhalt:

1.: 5 Blatt (nicht paginiert) Titelblätter und Vorrede Herrn Cantzlars D. Pfaffen; Seite 3–28: Vorrede J. F. Cottas; Seite 1–20: Sigeberti Havercampii Anmerckungen über die Zwey Müntz=Tafeln; 736 S.: 20 Bücher von den alten Jüdischen Geschichten, Flavii Josephi Leben und Herkommen, 2 Bücher von dem Alterthum der Jüden wider Apionem. von den Maccabäern oder von der Meisterschafft der Vernunfft, Josephi Rede an die Griechen.

2.: 212 Seiten: 7 Bücher von dem Jüdischen Krieg und Zerstörung der Stadt Jerusalem.

Beigegeben:

178 Seiten: Egesippi fünff Bücher von Zerstörung der Stadt Jerusalem. – 1. und 2. Register: 12 Seiten. – 3. Register: 34 Seiten.

b. S. T. Fol. 19.

Flavius Josephus. Sämmtliche Werke, Als Zwantzig Bücher von den alten Jüdischen Geschichten, Eins von seinem Leben, Zwey von dem alten Herkommen der Juden wider Apionem Grammaticum, und Eines von dem Märtyrer Tode der Maccabäer, Nebst einem Überbleibsel Der Rede Josephi an die Griechen ... ferner Dessen Sieben Bücher von dem Krieg der Juden mit den Römern, und EGESIPPI Fünff Bücher von der Zerstörung der Stadt Jerusalem. Alles ... neu übersetzet ... Mit vielen Anmerckungen ... von Joh. Friderich Cotta. Tübingen, J. G. Cotta, 1736. Fol. 28, 20, 736, 212, 178, 12, 34 S. *Mit schönem Titelkupfer und 6 Kupfertafeln (davon 1 gefaltet), sowie 1 gefalteten Karte.* Holzdeckelbd. d. Z. mit blindgepresstem Schweinsleder, 1 Schliesse fehlt.

Schweiger I, 178. Der Übersetzer war Professor der Theologie und der alten Sprachen in Göttingen. Zwei der Kupfer zeigen alte Münzen, denen S. Havercamp 20 Seiten Anmerkungen beifügte.

—— die Zerstörung der Stadt Jerusalem, s. Geschichten aus alter und neuer Zeit.

Josephus, J., Handbüchlein für Herz-Jesu-Bruderschaften zumal bei gemeinschaftlichen Andachten. 1.—4. Aufl. 16. (56 S.) Trier 886,87, Paulinus-Druckerei. ** 25 Pf.; geb. *

Josephy, Fritz. Die dte überseeische Auswandg seit 1871. Berl. 1912.

Josephy, Jul., uns' Krieg mit den Franzos' 1870—71. Plattdütsche Riemels. 16. (23 S.) Stralsund 871, Bremer.

Josephy, Karl, der Anarchist u. andere Erzählungen. 8. (III, 214 S.) Bern 901. Neukomm & Zimmermann. n. 2.—; geb. n. 3.—

Josephy, Carl. Elektra von Sophokles. Eine Nachdichtung von Dr. Carl Josephy... in Zürich. 56 S. 8. Zürich, Schulthess & Co., 1903. [cart. fr. 1.40]

Josephy, Karl, „Helena". Roman. 8. (180 S.) Bern 897. Neukomm & Zimmermann. n. 2.50

Josephy, C[arl]. Medea. Behandlung des Stoffes bei Euripides und [Franz] Grillparzer. S. 5—38. 8.

Programm der Höheren Töchterschule der Stadt Zürich. Schuljahr 1904/1905. Beilage... Zürich, Schulthess & Co., 1905.

Josephy, C., der oratorische Numerus bei Isokrates u. Demosthenes, m. Berücksicht. der Lehren der alten Rhetoren. Inaug.-Diss. gr. 8. (141 S.) Zürich 887. (Klomm.) n. 1.20

Josephy, Carl, der oratorische Numerus bei Isokrates und Demosthenes mit Berücksicht. der Lehren der alten Rhetoren. Inaugural-Dissertation. gr. 8. (XVIII, 126 S.) Zürich 887, Jacques Meyer. *

Josephy, Carl, aus Schwaan '(Meklenburg[-Schwerin])': Der oratorische Numerus bei Isokrates und Demosthenes mit Berücksichtigung der Lehren der alten Rhetoren. Zür. Zürcher u. Furrer Dr. 1887. 122 S., 2 Bl., 9 Bl. Tab. 8°.

Zürich, Phil. Diss. I. S. (v. 30. Juni 1887).

Josephy, Walter [aus Liegnitz]: Beiträge zur Kenntnis der Alkaloide in der Corydalis cava '(Schwgg.)' ... Berlin, Buchdr. v. Funcke & Naeter, *1893;* 45 S., 1 Bl. 8.

Berlin, Phil. Fak., Inaug.-Diss. v. 29. März 1893

Josewski, Herm., das preussische Erbschaftssteuergesetz vom 30. V. 1873/19. V. 1891/31. VII. 1895. Erläutert v. J. (XII, 148 S.) Lex.-8. Köln 904. Kölner Verlagsanstalt u. Druckerei. n. 6.—; geb. in Leinw. n. 7.—; Nachtrag u. Anh. (51 S.) 905. n. —75

Kommentar zum Reichserbschaftssteuergesetz vom 3. Juni 1906 mit e. Anh.: Erbschaftssteuer-Ausführungsbestimmungen u. Verzeichnis d. Erbschaftssteuer-Aemter u. Oberbehörden unter Angabe ihrer Geschäftsbezirke von Hermann **Josewski**, Prov.-Steuer-Sekr. Cöln: Kölner Verl.-Anst. 1906. (VIII, 306 S.) 8° [illegible]

Joshua, Walter P[hilipp]. Analytische Beiträge zur Bestimmung von Bleisuperoxyd neben Blei und Bleioxyd. Diss. Phil. [II.] Univ. Zürich. [Mit 1 Figur.] 59 S. 8. Zürich, Gebr. Leemann & Co., 1906.

Josi, politische Kreuzzüge im Sachsenlande. gr. 16. (74 S.) Hermannstadt 847, v. Hochmeister'sche Buchh.

Jósika Julia Közlések a külföldröl. Fiatal olvasók számára irta — —. Elsö és második kötet, (S. 191—203. 2 Bl. 8) Mittheilungen aus dem Auslande Eine Jugendschrift von Julie Jósika. Erster und zweiter Band (kompl.) Pesth, 1855. Druck von Wigand in Preßburg. Verlag von Gustav Heckenast. Mit zwei kolorirten Titelbildern. (Deutsch und ungarisch zugleich.)

Jósika, Julie, Mittheilungen aus dem Auslande. Eine Jugendschrift. 2 Bde. A. u. d. T.: Közlések a külföldröl. Fiatal olvasók számára. 2 Kötet. br. 8. (307 S. mit 2 ill. Lithogr.) Pest 855, Heckenast's Verlag. *

Josika, Koloman Frhr. v., Comtesse Tini, s.: Collection Hartleben.

Josika, Nikolaus

Jósika, N., Abafi, s.a. Universal-Bibliothek Nr. 1134; 1135.

—— Abafi. A. d. Ungar. übers. u. mit Anmerkn. vers. v. G. Treumund. 2 Thle. 8. (29⅛ B.) Leipzig 838, [Brandstetter.]

— Abafi. Aus d. Ungar. übersetzt u. mit Anmerkk. versehen von G. Treumundt. 2 Bde. 8. Leipzig 838. Scheld u. Comp. (Einhorn.) 2⅓ ℛ

Jósika, N., die Hexen von Szegedin, s. Bibliothek, europäische.

— Stephan Jósika. Historischer Roman. In's Deutsche übertr. von Julie Jósika. 5 Bde. 8. (1: IV u. 216 S. 2: IV u. 227 S. 3: IV u. 236 S. 4: IV u. 225 S. 5: IV u. 238 S.) Ebd. 851. (à 1 ℛ 6 ngr) 6 ℛ

Josika, Nicol., die Familie Mailly. Original-Roman. 2 Thle. 8. (1: IV u. 324 S. 2: IV u. 322 S.) Leipzig 850, Arnold. 3 ℛ 12 ngr

Jósika, Nicol., Franz Rákóczi II., s. Lese-Cabinet, neuestes belletristisches.

—— Ungar und Spanierin. Roman. Frei nach dem Ungar. bearb. von Emerich Kovács. 2 Thle. 8. (IV und 215 S.) Grimma 851, Verlags-Comptoir.

Jósika, Nikol., sämmtl. Werke. 1—13. Thl. gr. 12. Pesth, Heckenast.

A. u. d. Titln.:

Thl. 1—3. Der letzte Batori, histor. Roman. A. d. Ungar. übers. v. B. Schwarz. 3 Bde. (29⅔ B.) 839. 3 Thlr.

» 4. Novellen u. Erzählungen. A. d. Ungar. v. Herm. Klein. (1. Bd.): Decebal. — Die treuen Ungetreuen. — Das Gutin. (9 B.) 839. 1 Thlr.

Vgl. 13. Thl.

» 5. u. 6. Abafi. A. d. Ungar. übers. v. Herm. Klein. 2 Bde. (18 B.) 839. 2 Thlr.

» 7. Die Leichtsinnigen. A. d. Ungar. v. Herm. Klein. 2 Thle. (13¾ B.) 839. 1 Thlr. 12 Gr.

» 8. Zólyomi. A. d. Ungar. v. Herm. Klein. (8½ B.) 839. 1 Thlr.

» 9—12. Die Böhmen in Ungarn. Histor. Gemälde aus d. Zeitalter Matthias d. Ersten. A. d. Ungar. übers. v. Herm. Klein. 4 Bde. (38½ B.) 840. 4 Thlr.

» 13. Novellen u. Erzählungen. A. d. Ungar. übers. v. Herm. Klein. 2. Bd.: Der Genius d. Friedens. — Das Zauberblümlein. — Die Tochter des Beduinen. — Die Perle der Mohilen. (8½ B.) 841. 1 Thlr.

Vgl. 4. Thl.

Jósikás, Nicol., sämmtliche Werke. 14—17. Bd. A. u. d. T.: Zrinyi, der Dichter. Romantische Chronik aus d. XVII. Jahrh. Aus d. Ungar. v. G. Treumund. 4 Bde. 12. (32⅚ B.) Pesth 844, Heckenast. *

1—13. Bd. Ebendas. 1839—41. * 13 Thlr. 15 Ngr.

Josimović, Leo, Blumen im Sumpf. 3 Einakter. (99 S.) 8. Strassburg 910. J. Singer. 1.50

Josing, Eugen aus Breslau: Der **Einfluss** der **Aussenbedingungen** auf die Abhängigkeit der Protoplasmaströmung vom Licht. *Leipzig: Gebr. Borntraeger 1901.* (32 S.) 8° ¶[Aus: Jahrbücher f. wiss. Botanik, Bd 36, H. 2.]
Leipzig, Phil. Diss. v. [1. Mai] 1901

Josionek, H., wie Studenten reisen oder eine Spritzfahrt in die sächs. Schweiz. 8. (45 S.) Delitzsch 873, Pabst. *

Josipovici, Janco [aus Jassy in Rumänien]: Zur Therapie des Morbus Basedowii .... Berlin, Buchdr. v. Gustav Schade (Otto Francke) (1887); 30 S. + 1 Bl. 8°.
Berlin, Med. Fak., Inaug.-Diss. v. 2. Apr. 1887.

Josipovici, Sando *Samuel* [aus Jassy '(Rumän.)']: Ein Fall von Uraemie unter dem Bilde einer schweren Infektionskrankheit ... Berlin, C. Vogts Buchdr., *1894;* 27 S., 2 Bl. 8.
Berlin, Med. Fak., Inaug.-Diss. v. 12. Okt. 1894

Josipowici, Simon, aus Focsani, Rumänien: Die Grenzen der normalen Körpertemperatur des Menschen nach oben und unten. *Berlin (1901): F. Weber.* (25 S.) 8°
Berlin, Med. Diss. v. 15. März 1901

Joska, der Flüchtling, oder drei Jahre nach 1848. 8. (83 S.) Temesvar 861, Sellheim.

Joski, Siegfried, Gerichtsref. aus Berlin: Die Einwilligung des Verletzten. *Bernburg 1899: A. Meyer.* (44 S.) 8° [F.]
Erlangen, Jur. Diss. v. 1898

Josky, Fel., mit Florett u. Laute. Gedichte. (94 S.) kl. 8. Berlin (909). Concordia. Kart. 2.—

— Durch's Monocle. (56 S.) 8. Berlin-Charlottenburg 908. Virgilius-Verlag. 1.50; geb. 2.25

— Ein königlicher Spass. Komödie in 3 Akten. (Der Komödie liegt e. Roman d. Justin Huntly Mc. Carthy zu Grunde.) (145 S.) kl. 8. Berlin 909. Oesterheld & Co. 2.—; geb. 2.50

— — u. trotzdem! Novellen. (159 S.) 8. Berlin (909). Concordia. 2.—; geb. 3.—

— Wenn Frauen lächeln. Novellen. (159 S.) 8. Ebd. (910). 2.—; geb. 3.—

Josspait, Arthur [Apotheker aus Königsberg i. Pr.]: Über die photosynthetische Assimilationsthätigkeit einiger chlorophyllfreien Chromatophoren. Basel 1900. 36, 1 S. 8°.
Basel. Phil. Diss. 1899/1900.

Josquin Deprès. Jodocus Pratensis ⟨1440 oder 50 bis 1521⟩. Eine Sammlung ausgewählter Kompositionen zu 4, 5 u. 6 Stimmen, bestehend in 1 Messe, Motetten, Psalmen u. Chansons. In Partitur gesetzt u. mit e. Klavierausz. versehen, unter Mitw. von Raymund Schlecht u. Robert Eitner, veröffentl. von Franz Commer. Berlin: L. Liepmannssohn 1877. (116 S.) 2°
— **Publikation** älterer prakt. u. theor. Musikwerke. Jg. 5. (Bd 6.) [illegible]

Joss, August [aus Bern, Arzt in Huttwyl]: Beiträge zur Ätiologie der Prostatahypertrophien. Bern 1900. 56 S. 8°. (S.-A. aus Zeitschrift für schweiz. Statistik, 36. Jahrg.)
Bern. Med. Diss. 1899/1900.

Joss, Fritz. Messungen über die Temperatur inspirierter Ätherdämpfe in der Narkose. Ein Beitrag zur Ätiologie der Ätherpneumonie. Diss. Med. Bern. [Mit Figuren.] 39 S. 8. Bern, Stämpfli & Cie, 1908.

Joss, Gottlieb s. Bitzius, A(lb[ert]). Briefe von Jeremias Gotthelf ...

Joß, G., s.: Bitzius, Großvater, Vater u. Sohn, 3 Predigten.

Joß, G., s.: Burkhalter, Amtsrichter, u. seine Briefe an Jeremias Gotthelf.

Joß, G., die Gemüthsbildung in der Volksschule. gr. 8. (15 S.) Bern 873, (Huber und Comp.) *
Aus: Volksblatt, besonders abgedruckt.

— s.: Gotthelf, Jerem., Briefe an Amtsrichter Burkhalter.

(Joss, G.) Vor hundert Jahren. Wie Münsterpfarrer Müslin über den Uebergang predigte. 8⁰. 31 S. Bern, K. J. Wyss. 1899 — 50

Joss, Gottlieb s. J o s s , Johann. Vor fünfzig Jahren.

Joss, Glieb., das Sektenwesen im Kanton Bern. 8. (77 S.) Herzogenbuchsee 881. (Bern, Huber und Comp.) *

Joss, Glieb., die Vereinigung christlicher Kirchen. Eine von der Haager Gesellschaft zur Vertheidigung der christl. Religion gekrönte Preisschrift. gr. 8. (VIII, 194 S.) Leiden 877, Brill. *

Joss, Jakob

Joss, J., s.a. Grundriß der Logik.

Joss, J., Grundriss der Logik. 8. Bern, Huber & Co. 1873 **1. —**

Joss, Jak., Grundriss der Logik. Für höhere Lehranstalten und zum Selbstunterricht. 2. verm. und verb. Aufl. gr. 8. (VIII, 84 S.) St. Gallen 887, F. B. Müller. *

—— die Lehrerbildungsfrage der Gegenwart. Ein Vortrag. gr. 8. (32 S.) Bern 874, Mann und Baeschlin. *

(Joss, Johann.) Vor fünfzig Jahren. Ein Tagebuch aus dem Sonderbundsfeldzug. Mitgeteilt [und mit biographischem Vorwort versehen] von Gottlieb Joss. 8. Bern 1897.

Joß, Jos. Rud., pract. Anleitung z. Untersuch. d. Biere u. Würzen nach der von Fuchs in München vorgeschlag. hallymetr. Probe. Als Leitfaden f. Güterbesitzer, Brauinhaber rc. äußerst faßl. u. in e. sehr popul. Style bearb. gr. 8. (1¾ B.) Wien 838, Tendler u. Schaefer.

—— tabellar. Anweisung z. Vergleich. mehr od. minder concentrirter geist. Flüssigkeiten nach Procenten d. Inhaltsmasses etc. Ein vervollständ. Anh. zu P. T. Meissner's Aräometrie. Zum Gebr. f. Chemiker, Pharmaceuten, etc. Enthalt. 3 Tab. Fol. (14 B.) Wien 836, (Gerold's Verlh.) *

Joß, (J. R.,) krit. Beleuchtung d. Vorzüge u. Mängel der gebräuchl. Destillir-Geräthschaften, nebst Beschreib. e. neuen Apparathes, welcher die Gebrechen derselben zu beseitigen den Zweck hat. Mit 2 Kupft. gr. 8. Wien 827, Wallishauser.

Joß, J. R., krit. Beleuchtung d. Vorzüge u. Mängel d. gebräuchl. Destillir-Geräthschaften, nebst Beschreib. e. neuen Apparates, welcher die Gebrechen derselben zu beseitigen d. Zweck hat. Mit 2 Kpft. gr. 8. Wien 828. Wallishauser. 12 K

Joss, Niklaus. Reise nach d Staat Ohio in Na. Bern, 1832.

Joß, Nikl., Reise nach d. Staat Ohio in Nordamerika. Gemacht in Begleitung e. Anzahl Auswanderer. 2., verb. Aufl. gr. 8. (3½ B.) Bern 832, Jenni, Sohn.

—— dass. Nachtrag (dazu.) gr. 8. (1¼ B.) Ebds. 833.

Joß, Nikl., Reise nach d. Staat Ohio in Nordamerika. gr. 8. Bern... 2e Aufl.... 3e Aufl. 833 (832). Jenni. 6 K

Sascha Culbertson. Ein Künstlerportr. von Dr. Viktor Joss. (Prag [1910]: Schmelkes.) 25 S. 8° [Umschlagt.] 10. 15523

Joß. Vict., s.: Flugblätter, literarische.

— Lieder u. Gedichte. 8. (48 S.) Dresden 899. O. Damm. n. 1. —

[Ant. u. F.] Hans Sachs, Sein Leben und dichterisches Schaffen. Festschrift z. Feier d. 400. Geburtst. d. Dichters v. Victor Joss. *Prag: Lese- u. Redehalle 1894.* (28 S.) 1 Bd 8. 99. 2517 11

— Friedrich Wieck u. sein Verhältnis zu Robert Schumann. 8. (148 S. m. 4 Portr.) Ebd. 900. n. 2. 50; geb. in Leinw. n. 3. 50

— der Musikpädagoge Friedrich Wieck u. seine Familie. Mit besond. Berücksicht. seines Schwiegersohnes Robert Schumann. 8. (VIII, 367 S. m. Fksms. u. 3 Taf.) Ebd. 902. n. 5. —; geb. in Leinw. n. 6. —

Joss, Walter. Nochmalige Anregung zu einem solothurnischen Armen-Gesetz. Referat, gehalten an der kantonalen Delegiertenversammlung der soloth. Armenerziehungs-Vereine in Nieder-Gerlafingen den 22. November 1905.... (Separatabdruck aus dem « Solothurner Tagblatt » [Jahrg. 44, № 274—276, 1905 November 25—28]. 11 + 16 S. 8. Solothurn, Zepfel, 1905.

Jossay, Dr. [wirkl. Name], s.a. K u r z r o c k , Jonath. [Pseud.]

Jossay (Hrsg.), s. A p h o r i s m e n über bürgerliche Gesetzgebung u. Rechtspflege.

Josse, Emil

Josse, E., neuere Erfahrungen u. Versuche m. Abwärmekraftmaschinen, s.a. Mitteilungen aus d. Maschinen-Laborator. d. kgl. techn. Hochschule zu Berlin. 8.

Neuere Erfahrungen und Versuche mit Abwärmekraftmaschinen. Von E[mil] Josse. Mit 20 Textfig. München & Leipzig: Oldenbourg 1901. 42 S. 4°(8°)
(Mitteilungen aus d. Maschinen-Laboratorium d. Kgl. Techn. Hochschule zu Berlin. H. 3.) 09. 1041

Josse, E., neuere Kraftanlagen. Eine techn. u. wirtschaftl. Studie, auf Veranlassg. der Jagorstiftg. der Stadt Berlin bearb. (VII, 107 S. m. 55 Abbildgn.) Lex. 8. München 909. R. Oldenbourg. 4.—

— Grossstädt. Kraftwerke f. Privatbetriebe (nach fremden u. eigenen Entwürfen). (III, 28 S. m. 45 Fig.) 32×24 cm. Ebd. 907. 1.50
Sonderabdr. a.: „Ztschr. d. Ver. deut. Ingenieure."

— die Maschinen, die Versuchseinrichtungen u. Hülfsmittel d. Maschinen-Laboratoriums, s.a. Mitteilungen aus d. Maschinen-Laborator. der kgl. techn. Hochschule zu Berlin. 1.

Die Maschinen, die Versuchseinrichtungen und Hülfsmittel des Maschinen-Laboratoriums der Kgl. Techn. Hochschule zu Berlin von E[mil] Josse. Mit 73 Textfig. u. 2. Taf. *München & Leipzig: R. Oldenbourg 1899.* (78 S.) 4°(8°)
= Mitteilungen aus d. Maschinen-Laboratorium d. Kgl. Techn. Hochschule zu Berlin. H. 1. 00. 1586 9

Josse, E., die Maschinen-Anlagen der kgl. technischen Hochschule zu Danzig f. Heizung, Lüftung, Strom- u. Wasserversorgung. (III, 24 S. m. 58 Abbildgn. u. 2 Taf.) 4. München 904. R. Oldenbourg. n. 2. 50
Sonderabdruck aus: „Ztschr. d. Ver. deutsch. Ing."

– (Hrsg.), s. M i t t e i l u n g e n aus dem Maschinen-Laboratorium der Kgl. Techn. Hochschule zu Berlin.

Josse, E: Ueberblick über die gegenwärtige Entwicklung der Wärmemotoren und Kraftwerke. Vortrag. Berlin 1904

Josse, E., neuere Wärmekraftmaschinen, s.a. Mitteilungen aus d. Maschinen-Laborator. der kgl. techn. Hochschule zu Berlin.

Neuere Wärmekraftmaschinen. Versuche u. Erfahrungen mit Gasmaschinen, Dampfmaschinen, Dampfturbinen etc. von E[mil] Josse. Mit 87 Textabb. u. 1 Taf. München & Berlin: Oldenbourg 1905 VIII, 168 S. 4°
(Mitteilungen aus d. Maschinen-Laboratorium d. Kgl. Tech. Hochschule zu Berlin. H. 4)
Im. 1911

— s.: Zeitschrift f. das gesamte Turbinenwesen.

Josseaume, F., praktische Elementargrammatik der französ. Sprache für die unteren Klassen von Gymnasien, Real- und Privatschulen. Nach einer neuen und einfachen Methode bearb. gr. 8. (X und 244 S.) Meiningen 849, Blum.

Jossel, Chaim, Schabbes-Schmus. Schmonzes Berjonzes. (Jüdische Witze u. Anecdoten. Aus dem Schnupftuch des Awrohmche Gannef aus Poisen geschüttelt.) (149 S. m. Abbildgn.) 8. Berlin 907. H. Seemann Nachf.
(Urspr. Pr. 1. —)

Joessel, Alfons, prakt. Anleitung z. Briefmarken-Sammeln, s.: Miniatur-Bibliothek.

— die Postwertzeichen der österreich-ungar. Monarchie. Anläßlich des 60-jähr. Regierungs-Jubiläums Sr. kaiserl. u. königl.-apostol. Maj. Franz Josef I., Kaiser v. Oesterreich König v. Böhmen etc. u. apostol. König v. Ungarn, hrsg. Neue ergänzte Ausg. Enth. sämmtl. Postwertzeichen v. Oesterreich, Ungarn, Bosnien u. Lombardei-Venetien, die zur Ausgabe gelangten Kategorien, das Entstehungsjahr derselben u. alle zur Erkenng. des betr. Postwertzeichens beitrag. Daten. Nebst beigesetzten Tagespreisen. gr. 8. (248 S. m. Markenabbildgn.) Wurzen (900). R. Scheffel. n. 2. 50; geb. 3. —

Joessel, G., Lehrbuch der topographisch-chirurgischen Anatomie mit Einschluss der Operationsübungen an der Leiche für Studirende und Aerzte. 1. Thl.: Die Extremitäten. Lex.-8. (XVI, 391 S. mit 155 grösstentheils in Farbendr. ausgeführten Holzschn.) Bonn 884, Cohen und Sohn. *

Joessel, G., Lehrbuch der topographisch-chirurgischen Anatomie mit Einschluss der Operationsübungen an der Leiche f. Studierende u. Ärzte. 2. Thl. 1. Abth. Die Brust. Mit 30 grösstenteils in Farbendr. ausgef. Holzschn. u. 2 lith. farb. Taf. Lex.-8. (134 S.) Bonn 889. Friedr. Cohen. n. 8. — (I. u. II, 1.: n. 20. —)

Joessel, G., Lehrbuch der topographisch-chirurgischen Anatomie m. Einschluss der Operationsübungen an der Leiche f. Studirende u. Ärzte. 2. Thl. 2. Abth. Der Bauch. Mit 40 grösstentheils in Farbendr. ausgeführten Holzschn. u. 2 lith. farb. Taf. Lex.-8. (S. 135—288.) Bonn 892. F. Cohen. n. 8. —
(I—II, 2.: n. 28. —)

Joessel, G., Lehrbuch d. topographisch-chirurg. Anatomie m. Einschluss d. Operationsübgn. an d. Leiche f. Studirende u. Ärzte. Nach d. Tode d. Verf. fortges. v. W. Waldeyer. 2. Thl. 3. Abth. D. Becken. Bearb. v. W. Waldeyer. M. 152 grösstentheils in Farbendr. ausgef. Abb. Lex.-8. (XIX u. S. 285—958.) Bonn 899. F. Cohen. n. 30. —
(2. Thl. kplt.: n. 46. —; I. u. II.: n. 58. —)

Jossi, Otto: Meiringen et ses environs, s.a. Europe, Illustrated.

Jossi, Otto. Meiringen et ses environs. Avec 17 illustrations [dont 4 planches] et une carte. Publié sous les auspices de la Société d'utilité publique de M' et env'. (L'Europe illustrée. N° 186. 187.) 8. Zurich ([18]95).

Jossi, Otto: Meiringen and its environs, s.a. Europe, Illustrated.

Jossi. Otto. Meiringen and its Environs. Issued by the Public Improvements Society of M' and Env'. With 17 Illustrations [4 Plates] and a Map. (Illustrated Europe. N° 171. 172.) 8. Zurich ([18]96).

Jossi, Otto, Meiringen u. Umgebung, s.a. Wanderbilder, europäische.

Jossi. Otto. Meiringen und Umgebung. Im Auftrage des gemeinnützigen Vereins von M' und Umg' bearbeitet. Mit 17 Illustrationen [wovon 4 Tafeln] und einer Karte. (Europäische Wanderbilder. N° 241.) 8. Zürich ([18]95).

Jossilewsky, deutsch-russischer u. russisch-deutscher Sprachführer f. die ärztliche u. pharmaceutische Praxis. Bearb. nach Sudthausen. Unter Mitwirkg. v. Eigensohn. (VI, 272 S.) kl. 8. Leipzig 909. G. Thieme. — St. Petersburg, K. L. Ricker. Geb. in Leinw. 5. —

Jossilewsky, Wolf, appr. Arzt in Berlin: Ueber Schwankungen der Pulsfrequenz bei verschiedenen Körperlagen und nach körperlichen Anstrengungen. Berlin: Urban & Schwarzenberg 1905. (23 S.) 8°
Leipzig, Med. Fak., Ref. Curschmann, Diss. v. 28. Juni 1905
[Geb. 27. Nov. 67 Uman, Rußland; Wohnort: Berlin; Staatsangeh.: Rußland; Vorbildung: Gymn. Teodosia, Krim, Reife Juni 86; Studium: München 13 S.; Coll. 7. Juli 05; Approb. 27. Mai 00.]

Jossoy, s. Leonhard, K. C. v.: Die Form-Verhältnisse und Gruppirungen der Gebirge.

Josst, Frz., Beschreibung u. Cultur einer großen Anzahl tropischer, der Cultur werther u. in europäischen Gärten eingeführter Orchideen. 6 Lfgn. gr. 8. (XII u. 578 S. m. 2 lith. Taf. in Fol.) Prag 851, André. (à n. 1 ℛ 3 ngr) n. 6 ℛ 18 ngr

Josst, Frz., Obstbaukunde. Eine Abhandlung des Wissenswerthesten in diesem hochwichtigen Zweige der Landwirthschaft. Mit Benützung der neuesten und besten Quellen und der eigenen langjähr. Erfahrung verfaßt und hrsg. 2. Aufl. gr. 8. (XIV und 164 S. mit 109 erläut. Lithogr. auf 8 Taf. in gr. 4.) Tetschen 860. (Prag, André.) *

Jost, Isaak Markus, und seine Freunde, s. Zirndorf, H.

Eine Anregung zur Internationalisierung des Patent-Wesens. Von A. Jost, Antwerpen. (Antwerpen 1910: Laporte & Dosse.) 10 S. 8°
III. 3704 B

Jost, A. F. E., Antrittspredigt am Sonnt. Jubilate, am 5. Mai 1805 in d. Kirche zu Eibenstock gehalten. gr. 8. Dresden 805. Arnold. 4 Gr (a. W. Vogel in Leipz.) 3 Gr

Jost, Adolf [aus Graz]: Die Assoziationsfestigkeit in ihrer Abhängigkeit von der Verteilung der Wiederholungen ... (Aus d. Zeitschr. f. Psychol. u. Physiol. d. Sinnesorgane.) Hamburg, L. Voss, 1897; 41 S., 1 Bl. 8.
Göttingen, Phil. Fak., Inaug.-Diss. v. [12. Juli] 1897

Jost, Adf., das Recht auf d. Tod. Soziale Studie. gr. 8. (53 S.) Göttingen 895. Leipzig, Dieterich's Verl. n. 1. —

Jost, Adf., das Signalement. Leichtfassliche Anleitg. zur Personenbeschreibg., bearb. nach der Methode Bertillon. 8. (VII, 55 S. m. 14 Taf., 1 Bl. Erklärgn. u. 1 Formular.) Bern 900. Scheitlin, Spring & Co. Kart. n. 1. 50

(Jost, Aloys.) Gedanken eines Bündnerischen Offiziers der französischen Schweizergarde, über die Aeusserung aller derjenigen Herren Offiziers im Bündnerregiment von Salis Marschlins, welche Bürger von Chur sind. 8. o. O. August 1790.

Jost, Bernhard, approb. Arzt aus Tenstedt, Oldenb.: Zur Therapie der puerperalen Infektionen. *Greifswald 1903: J. Abel.* (35 S.) 8°
Greifswald, Med. Diss. v. 1. Juli 1903

Jost, Carl, s. Jost, Karl

Jost, Christian August (Weissenfels), Observationem et meletemata quaedam de haemorrhoidibus sic dictis oris. Diss. med. Präs. Christian Friedrich Ludwig. Lpz. (Klaubarth) 15. V. 1812. 30 S. (6.—) 17015
Gew.: Jo. Christian August Clarus.

Jost, Dominik, u. Xaver Herzog, Festreden an der Schlachtfeier in Sempach v. 11. VII. 1898. 8. (22 S.) Luzern 898. (Räber & Co.) n. — 40

Jost, Ed., gemüthliche Abende. Heitere und ernste Declamationen für gesell. Kreise. 2. bedeutend verm. Aufl. gr. 8. (136 S.) Leipzig 888, Schellhardt. * 2 —
Die 1. Aufl. erschien 1879 im Selbstverlag.

Jost, Ed. Das Buch der Unterhaltung. Ernste u. heitere Geschichten, Aufsätze, Räthsel u. Sprüche. gr. 8. (VII, 184 S.) Lpz. 888, Radestock. * 2 —

Jost, Ed., christlich oder päpstlich? Historische Erzählung. 8. (204 S.) Landau 876, Jost.

—— dass. — s. Universal-Bibliothek Nr 1179.

Jost, Ed., neue Deklamationsstücke. Poetische Erzählgn. Mit e. Anh.: Festdichtgn., Rätsel u. Anderes. Von demselben. 8. (VIII, 79 S.) Frankfurt a/O. 894. H. Andres & Co. n. — 75

—— kleine Geschichte der Stadt Kaiserslautern [vom J. 882 bis 884]. Geschichtl. Thl. [I. und II.] von E. J. Führer durch Kaiserslautern [Thl. III.] vom Verleger. 8. (VI, 125 S. mit 6 Abbild. und 1 Stadtplane.) Kaiserslautern 886, A. Gotthold's Verlag. *M 3.—; geb. * 4 50

Jost, Ed., pfälzische Geschichten aus alter u. neuer Zeit. 8. (IV, 174 S.) Neustadt a. d. H. 901. A. H. Gottschick-Witter's Sort. n. 1. —

Jost, Ed., vor 25 Jahren. Wahre Geschichten a. d. ruhmreichen J. 1870. 8. (65 S. m. Abb. u. 1 Bildn.) Frankfurt a/O. 895. H. Andres & Co. n. — 75

—— Kloster und Grafenburg. Historisch-romant. Erzählung. 2. durchges. Aufl. 8. (IV, 135 S.) Ebendas. 886. * 1 50
geb. * 3 —

—— Landstuhl und Ebernburg. Historisch-romant. Erzählung. 2. Aufl. 8. (IV, 112 S.) Ebendas. 884. [*M 1.50.] * — 80
Die 1. Aufl. erschien bei Rohr in Kaiserslautern.

— Landstuhl u. Ebernburg. Geschichtliche Erzählg. aus den J. 1522 u. 1523. 8. (III, 111 S.) Kaiserslautern 885. Gotthold's Verl. n. 1. 50; geb. n. 3. —

—— „der gute Kaiser Max!" Historische Erzählung. gr. 16. (253 S.) Ebendas. 879. *M 2.; geb.

—— Studio's Rheinfahrt. Eine heitere Geschichte aus der Haarbeutelzeit. 8. (168 S.) Ebendas. 877.

—— der Sohn der Wittwe. Eine Geschichte aus der Wirklichkeit. 8. (29 S.) Ebendas. 876.

— Sickingen's letzte Tage. Geschichtliche Erzählg. aus der Glanzzeit der Sickinger Burgen Ebernburg u. Landstuhl. gr. 8. (145 S. m. 1 Bildnis.) Kaiserslautern 900. E. Crusius. n. 1. 50

—— Die Tochter d. Stockmeisters. Eine Geschichte aus den J. 1787 bis 1793. 2 Bde. gr. 8. (VIII, 183; 197 S.) Lpz. 890, Elischer Nachf. * 4 —

Jost, Ed., deutsche Treue. Historische Erzählung. 2 Bde. 8. (VI, 270; 229 S.) Stuttgart 880, Richter und Kappler. *

— Das Wort d. Kaisers, s. Haus- u. Volks-Bibliothek.

Jost, Eduard

—— interessante Daten aus der 600jährigen Geschichte der Stadt Landau [vom J. 1260 bis Ende 1878]. 8. (52 S.) Landau 879, Jost. cart.

Jost, Emil [aus Klosters (Schweiz)]: Ueber die antiparasitare Wirkung der Galle .... o. O. u. J.; 23 S. 8°
Würzburg, Med. Fak., Inaug.-Diss. v. 1887

Jost, Ernst

Jost, E., photometr. Beobachtung des Merkur während d. totalen Sonnenfinsterniss am 28. V. 1900 in Ovar, s. Mitteilungen d. grossh. Sternwarte zu Heidelberg.

Photometrische Beobachtung des Merkur während der totalen Sonnenfinsterniss am 28. Mai 1900 in Ovar (Portugal). Von E[rnst] **Jost.** *Karlsruhe: G. Braun in Comm. 1901.* (25 S.) 8°
— **Mittheilungen** d. Grossh. Sternwarte zu Heidelberg. 1. [illegible]

Jost, Ernst, Gedichte. 8. (IV und 272 S.) Frankfurt a. M. 855, Jäger'sche Buchh. *

Jost, E., Helligkeitsmessungen v. langperiodischen Veränderlichen nach Beobachtgn. v. E. Jost, P. Poschick u. G. van Biesbroeck, s. Mitteilungen der grossh. Sternwarte zu Heidelberg. XVII.

Helligkeitsmessungen von langperiodischen Veränderlichen nach Beobachtungen von E. Jost, P. Moschick und G. van Biesbroeck zsgest. von E[rnst] **Jost.** Karlsruhe: Braun in Komm. 1900. VII, 97 S. 8°
(Mitteilungen d. Grossh. Sternwarte zu Heidelberg. 17.) [illegible]

Jost, Ernst, aus Hamburg: Parallaxenbestimmungen aus Durchgangsbeobachtungen im Meridian. *Karlsruhe 1903: G. Braun.* (90 S.) 4°
Heidelberg, Naturw.-math. Diss. v. 1903

Jost, Ernst, das Sonnensystem von einem hydrodynamischen Gesichtspunkte betrachtet. gr. 4. (38 S.) Berlin 874, Mayer und Müller.

— **Untersuchungen üb. die Parallaxen v. 29 Fixsternen, s. Veröffentlichungen der grossherzogl. Sternwarte zu Heidelberg. 4. Bd.**

Untersuchungen über die Parallaxen von 29 Fixsternen. Von E[rnst] **Jost.** Karlsruhe i. B.: G. Braun in Komm. 1906. (171 S.) 4°
— **Veröffentlichungen** d. Großherz. Sternwarte zu Heidelberg. (Astrometr. Inst.) Bd 4. [illegible]

Jost, Fr. Aug., üb. die Frage: ob die Souverainetät des Rheinbundes eine unbedingte Willkühr der Besteuerung begründen u. rechtfertigen könnte? gr. 8. Frankf. a. M. 818. Boselli. 8 gr.

Jost, Fr. A., Lehrb. d. allgem. Gesch. d. alt. Welt f. Schul. s. Encyklopädie v. F. W. D. u. Ch. W. Snell. 2te Abth. histor. Wissenschaften. 1r Bd.

— Lehrbuch d. Geschichte der alten Welt, für Schulen. 8. Gießen 805. 2e Aufl. 810. (Ferber). 16 gr.

* Jost, Fr. A., Lehrb. d. allgem. Geschichte d. alt. Welt, zum Gebrauch f. Schulen. Neue Aufl. 8. Gießen, Müller. 810.

Jost, Fr. Aug., Lehrbuch d. Geschichte d. alten Welt, z. Gebr. f. Schulen. 2. Ausg. m. 5 Tabn. 8. (17½ B.) Gießen 829, Ferber.

Jost, Frz., Obstbaumkunde. Eine Abhandlung d. Wissenswertbesten in diesem hochwichtigen Zweige d. Landwirthschaft. Mit Benutzung der neuesten u. besten Quellen u. d. eigenen langjährigen Erfahrung. 2. Aufl. Mit 109 erläuternden Lithographien. gr. 8. (154 S.) (Tetschen) Prag, André in Comm. 1 fl.

1860

Jost, Friedrich

Jost, Fr., Geschichte d. Landwirtschaft, f.: Löser, J.

Jost, Frdr., Leitfaden f. den physikal. Unterricht in der Volksschule. 2., verm. u. verb. Aufl. (VIII, 90 S. m. 66 Abbildgn.) 8. Weinheim 908. F. Ackermann. 1.20; geb. 1.40

Jost, Fr., praktisches Rechenbuch f. deutsche Schulen, f.: Löser, J.

— Rechenbuch f. landwirtschaftliche Schulen, f.: Löser, J.

Jost, Fritz, a. Hanau a/M.: Über die Verwendung eines elektrischen Druckofens bei Behandlung chemischer Gleichgewichte. 1. Über die Einwirkung von Wasserstoff auf Kohle bei hohen Temperaturen. 2. Über das Ammoniakgleichgewicht. (Hamburg & Leipzig: L. Voss 1908.) (31 S.) 8°

Berlin, Phil. Fak., Ref. Nernst, Diss. v. 15. April 1908

[Geb. 24. April 85 Hanau; Wohnort: Berlin; Staatsangeh.: Preußen; Vorbildung: Oberrealsch. Hanau Reife O. 03; Studium: Würzburg 4, Jena 1, Berlin 4 S.; Rig. 21. Nov. 07.]

Jost, G., De vera nativitatis Christi epocha. Würzburg, 1754. 4°.

Jost, G. C., Antrittspredigt z. Eybenstock gehalten. gr. 8. Leipzig, F. C. W. Vogel. 806.

Jost, Gg. Frz., praktische Anleitung zur einf. Buchführung f. Gewerbetreibende, f.: Butz, Jos.

— der gewerbliche Aufsatz,

Jost, Gerold, Ehren u. Schutzreden f. d. heil. Ordensstände etc. 8. Würzb. Rienner. 775.

— Schutzrede, daß die heil. Ordensstände nothwendig sind. 4. Regensb. 772.

Jost, H., die besten Witze der Münchner Fliegenden Blätter. Bd. 1—70. (125 S.) 8. Leipzig (910). W. Fiedler. 1.50

Jost, H. E. Walter, s.a. Jost, Walter.

Jost, H. E. Walter: Algerien u. Tunis, s.a. Projections-Vorträge.

Algerien und Tunis. Vortrag zu e. Serie v. 42 Laternenbildern von Dr. [H. E. Walter] Jost. *Düsseldorf: E. Liesegang 1897.* (47 S.) 8°
— Projections-Vorträge. H. 1.

Die Alhambra. Vortrag zu e. Serie von 26 Laternenbildern (von Dr. [H. E. Walter] Jost). *Düsseldorf: E. Liesegang 1897.* (23 S.) 8°
— Projections-Vorträge. H. 11.

Jost, H. E. Walt., Besteigung des Monte Rosa v. Zermatt aus. Projektions-Vortrag zu 20 Glasbildern. gr. 8. (18 Bl.) Dresden 900. (Verlag des „Apollo".) n. 1.25

— China, das Reich der Mitte. Projektions-Vortrag zu e. Serie v. 70 Bildern. gr. 8. (34 Bl.) Ebd. 900. n. 3.50

— das Erdenwallen der Kunst. Projektions-Vortrag (zu 57 Bildern.) gr. 8. (22 Bl.) Ebd. 900. n. 2.50

— Eine Fahrt längs d. Künsten d. Mittelmeeres, s.a. Projections-Vorträge.

Eine Fahrt längs den Küsten des Mittelmeeres. Vortrag zu e. Serie v. 74 Laternenbildern (von Dr. [H. E. Walter] Jost). *Düsseldorf: E. Liesegang 1897.* (87 S.) 8°
— Projections-Vorträge. H. 4.

Eine Fahrt längs der italienischen Küste. Vortrag zu e. Serie von 63 Laternenbildern (von Dr. H. E. Walter Jost). *Düsseldorf: E. Liesegang (1898).* (56 S.) 8°
— Projections-Vorträge. [H.] 10.

Im Fluge durch die Welt. Vortrag zu e. Serie v. 52 Laternenbildern (von Dr. H. E. Walter Jost). *Düsseldorf: E. Liesegang 1898.* (113 S.) 8°
— Projections-Vorträge. H. 16.

— Gibraltar, s.a. Projections-Vorträge.

Gibraltar. Vortrag zu e. Serie v. 34 Laternenbildern (von Dr. [H. E. Walter] Jost). *Düsseldorf: E. Liesegang (1897).* (30 S.) 8°
— Projections-Vorträge. H. 2.

Die Gotthardbahn. Vortrag zu e. Serie v. 51 Laternenbildern (von Dr. [H. E. Walter] Jost). *Düsseldorf: E. Liesegang (1898).* (30 S.) 8°
— Projections-Vorträge. H. 9.

Hawaii, das Paradies des stillen Oceans. Vortrag zu e. Serie v. 56 Laternenbildern (von Dr. H. E. Walter Jost). *Düsseldorf: E. Liesegang 1899.* (30 S.) 8°
— Projections-Vorträge. H. 18.

Kreuz und quer durch das alte Rom. Vortrag zu e. Serie v. 45 Laternenbildern (von Dr. [H. E.] Walter Jost). *Düsseldorf: E. Liesegang 1898.* (17 S.) 8°
— Projections-Vorträge. H. 12.

Kreuz und quer durch Venedig. Vortrag zu e. Serie v. 40 Laternenbildern (von Dr. H. E. Walter Jost). *Düsseldorf: E. Liesegang 1898.* (47 S.) 8°
— Projections-Vorträge. H. 17 [vielm. 14].

— die Kunstschätze Italiens. Projektions-Vortrag zu e. Serie v. 50 Bildern. gr. 8. (24 Bl.) Ebd. 901. n. 2.—

— längs der Riviera durch Spanien u. Marokko. Eine Reiseschilderg. zu e. Serie v. 65 Bildern. gr. 8. (45 Bl.) Ebd. 900. n. 2.50

Jost: Malta, s.a. Projections-Vorträge.

Malta. Vortrag zu e. Serie v. 32 Laternenbildern (von Dr. [H. E. Walter] Jost). *Düsseldorf: E. Liesegang 1897.* (25 S.) 8°
— Projections-Vorträge. H. 3.

— Marokko, s.a. Projections-Vorträge.

Marokko. Land u. Volk. Vortrag zu e. Serie v. 45 Laternenbildern (von Dr. [H. E. Walter] Jost). *Düsseldorf: E. Liesegang 1897.* (46 S.) 8°
— Projections-Vorträge. H. 7.

— das malerische Norwegen. Projektions-Vortrag zu e. Reihe v. 65 Photogrammen. gr. 8. (31 Bl.) Ebd. 900. n. 3.—

— s.: Projections-Vorträge.

— der Rhein von der Quelle bis z. Mündung. Projektionsvortrag zu 70 Glasbildern. Dazu im Anh.: Neckar, Main u. Mosel m. je 11 resp. 9 u. 15 Bildern, in Summa 35 Stück. gr. 8. (47 Bl.) Dresden 900. (Verlag d. „Apollo".) n. 2.50

Eine Stunde in der Gräberstadt Pompeji. Vortrag zu e. Serie v. 64 Laternenbildern (von Dr. H. E. Walter Jost). *Düsseldorf: E. Liesegang 1898.* (15 S.) 8°
· Projections-Vorträge. H. 13.

— **Transvaal u. Südafrika.** Projektions-Vortrag zu 75 Glasbildern. gr. 8. (83 Bl.) Ebd. 900. n. 4. —

– Tripolis, s.a. Projections-Vorträge.

Tripolis. Vortrag zu e. Serie v. 39 Laternenbildern (von Dr. [H. E. Walter] Jost). *Düsseldorf: E. Liesegang (1898).* (32 S.) 8°
· Projections-Vorträge. H. 8.

— **Venedig.** Projektions-Vortrag zu 36 Bildern. gr. 8. (16 Bl.) Ebd. 900. n. 1. 75

[Jost, E H Walter.] Der Vierwaldstättersee, die Pilatus- und Rigibahn. Vortrag zu einer Serie von 60 Laternbildern. [Umschlag illustriert.] 8. Düsseldorf 1900.
(Projections-Vorträge. Heft 20.)

— **um die Welt m. e. Camera.** Projektions-Vortrag zu e. Reihe v. 60 Photogrammen. gr. 8. (43 Bl.) Ebd. 900. n. 4. —

— **50 Wunder in Natur u. Kunst.** Projektions-Vortrag (zu 50 Bildern). gr. 8. (32 Bl.) Ebd. 900. n. 3. —

Der Zeichenunterricht nach dem neuesten Lehrplan für die Volksschule. Verf. von H. E. W[alther] Jost, u. Zusammenstellung von Materialien u. Farbkasten f. d. Gebrauch in gewerbl. Fortbildungsschulen... Düsseldorf-Grafenberg: H. Schmincke & Co. (1905). (74 S.) 8°

Jost, Hans, aus Berlin: Ueber ein polymeres Diacetyl und dessen Ueberführung in Dimethylcyclohexanon. *Berlin (1903): E. Ebering.* (28 S.) 8°
Berlin, Phil. Diss. v. 21. Febr. 1903

Niddertal-Sängerbund. Fest-Schrift zu dem aus Anlaß des 24 jähr. Bundes-Sängerfestes veranstalteten 1. Gesangswettstreit zu Marköbel am 2., 3. u. 4. Juli 1904. Im Auftr.... verf. von Heinrich Jost. (Hanau 1904: Waisenhaus.) (32 S.) 8° [F.]

Jost, Heinrich [app. Arzt aus Karlsruhe]: Zur Phosphornekrose ... (Aus: Beitr. z. klin. Chir., Bd XII Heft 1.) Tübingen, H. Laupp, 1894; 2 Bl., 54 S., 1 Taf. 8.
Heidelberg, Med. Fak., Inaug.-Diss. v. [2. Febr.] 1894

Jost, Heinr., im Solde der Krone Englands v. 1793 bis 1795. Nach dem Tagebuche e. hess. Garde-Grenadiers. (63 S.) 8. Marburg 908. N. G. Elwert's Verl. — 80

Jost, Henry Eduard (Pseud.), s.a. Baumann, Edmund

Jost, Henry Ed., über die beste Art, geistig zu arbeiten. Praktische Abhandlgn. 2. Aufl. gr. 8. (74 S.) Berlin 901. Charlottenburg, Modern pädagog. u. psycholog. Verlag. n. — 90

— **über den Erfolg.** 21 Lfgn. (à 16 S.) 8. Ebd. 902. 903. In Mappe n. 30. —; Luxusausg. n. 45. —

Über den Erfolg. Von Henry Edw(ard) Jost. Neue wohlf. Ausg. Berlin: Modern-Pädag. u. Psychol. Verl. (1906). (229 S.) 8°

Jost, Henry Edward. Ueber echtes Musikverständnis. Charlottenburg (1902).

Henry Edward Jost's Schriften. 2. Aufl. No 1. *Berlin: Modern-Paedag. Verl. 1901.* 8°

— **Schriften.** Nr. 1—4. gr. 4. Ebd. n. 14. —
1. Über die beste Art geistig zu arbeiten. 5. Aufl. (131 S.) (902). n. 3. —
4. Aufl. (96 S.) 902. 1. 50.
2. Über echtes Musikverständnis. (78 S.) 902. n. 3. —
3. Über echtes Kunstverständnis. (91 S.) 902. n. 3. —
4. Über Gedächtnisbildung. (123 S.) (902.) n. 5. —

Jost's, Henry Edward, Schriften. 2., 5. u. 6. Bd. Lex. 8. Berlin, Modern-pädagog. u. psycholog. Verlag. n. 5. 50; Einbde. à n. 1. —
2. Ueber die beste Art, Musik anzuhören. 11., verb. u. verm. Aufl. (71 S.) (905.) n. 1. 50
5. Der Magnetismus in Wissenschaft u. Kirche. (85 S.) (905.) n. 2. —
6. Wie arbeitet das Talent? (65 S.) 903. n. 2. —

Jost, Hermann, a. Nidda: Aus dem Königlichen Veterinärinstitut der Universität Leipzig ⟨Prof. Dr. Eber⟩. Beiträge zur Dasselplage des Rindes. Mit einer Tafel und drei Textfiguren. Leipzig: W. Engelmann 1907. (78 S.) 8°
¶(Aus: Zeitschrift f. wissensch. Zoologie Bd 86 H. 4.)
Leipzig, Phil. Fak., Ref. Eber-Chun, Diss. v. 8. März 1907
[Geb. 15. Mai 82 Nidda; Wohnort: Göttingen; Staatsangeh.: Hessen; Vorbildung: Leibniz-Realgymn. Hannover Primareife M. 91; Studium: Tierärztl. Hochsch. Hannover 7, Univ. Leipzig 3 S.; Rig. 3. Aug. 06.]

Jost, Hugo, bacc. iur.: Die staatsrechtlichen Theorien über die Natur des deutschen Heeres nach der Reichsverfassung. Borna, Bez. Leipzig 1908: Noske. IX, 96 S. 8°
Leipzig, Jur. Diss. v. 21. Okt. 1908
[Geb. 15. Mai 75 Weyerbusch; Wohnort: Berlin; Staatsangeh.: Preußen; Vorbildung: Kreuz-Gymn. Dresden Reife M. 01; Studium: Leipzig 1, Berlin 7 S.; Rig. 24. Juli 06.] [U 09. 2558

Jost, J. B. D., sancta Colonia, Dei gratia ecclesiae romanae fidelis filia. Die Gotteshäuser u. Seelensorger im Dekanate Stadt Köln. Aus handschriftl. u. gedr. Quellen dargestellt. 1. u. 2. Hft. gr. 8. (S. 1—76.) Köln (Pantaleons-Wall 65) 895. Selbstverl. — (Klöckner & Mausberg.) à n. — 50

— **d. St. Marien-Kirche** auf d. Malzbüchel zu Köln, nebst e. Verzeichnisse d. Pastoren u. Aebtissinnen. 3. Aufl. [Sonderausg. des 1. Hfts. v. J., „Colonia Sancta".] 8. (27 S.) Ebd. 895. n. — 50

Jost, (Jodocus). Die Chronik des J' von Brechershäusern, 1598–1656. Hrg. von Wolfgang Friedr(ich) v(on) Mülinen. [SA.] 8. [Bern 1892.]

Jost, Johann [app. Arzt aus Schwanheim]: Aus d. patholog. Institut zu Giessen. Zur Casuistik der angeborenen Fehler des linken Herzens ... Giessen, grossh. Hof- u. Univ.-Dr. C. v. Münchow, 1896; 31 S. 8.
Giessen, Med. Fak., Inaug.-Diss. v. 1896

Jost, Jh. Jak., († ...) kurzer Unterricht von d. so nöthigen als heilsamen Zubereitung zu e. sel. Ende. 8. Straßb. 774.

Jost, Johannes [städt. Tierarzt in Berlin]: Aus dem bakteriologisch-mikroskopischen Laboratorium von Dr. med. C. S. Engel in Berlin. Beitrag zur Lehre von der Blutentwicklung des embryonalen Rindes und Schafes. Mit einer Tafel und zwei Tabellen. (S.-A. aus Archiv f. mikroskop. Anatomie und Entwicklungsgeschichte Bd. 61. 1903.) Bonn 1903. 30 S. 8°.
Basel Phil Diss. 1902/1903.

Jost, Josef

— **einfache u. praktische Buchführung** f. Gewerbetreibende. Ohne jede Anleitg. ausführbar. Fol. (II, 440 S.) Weimar (898). Putze & Hölzer. Geb. n. 4. 50

Jost, Jos., Geschichte der Pfarrei Aufkirchen, s.: Rambaldi, Karl Graf v.

Jost, Isaak Markus

Jost, Js. Mark., israelit. Annalen rc., s. Annalen.

– s. Ansichten u. Topographie von London.

Jost, Js. Mark., die Elemente des Satzes und Periodenbaues der deutschen Sprache. Ein Leitfaden beim Unterricht in den obern Klassen höherer Bürgerschulen und Erziehungsanstalten. 1. und 2. Lehrstufe. gr. 8. (VIII und 104 S.) Frankfurt a. M. 847, Oehler. Thlr. *

Jost, Js. Mark., legislative Fragen, betreffend die Juden im preuß. Staate. gr. 8. (5½ B.) Berlin 842, Schroeder's Verl.*

– s. Friedrich des Großen sämmtl. Werke.

—— mythologische Gallerie, s. Gallerie ꝛc.

—— allgem. Geschichte d. Israelit. Volkes, sowohl seines zweimal. Staatslebens als auch d. zerstreuten Gemeinden u. Secten, bis in d. neueste Zeit, in gedrängter Uebersicht, zunächst f. Staatsmänner, Rechtsgelehrte, Geistliche u. wissenschaftlich gebild. Leser, aus d. Quellen bearb. 2 Bde. gr. 8. (71 B.) Berlin 831, 32, Amelang.

Jost, J. M., Geschichte der Israeliten seit der Zeit der Maccabäer bis auf unsere Tage. Berlin 820. 21. 2 Thle. 8. 3 rthl. 12 gr. (I. 1 rthl. 16 gr. II. 1 rthl. 20 gr.)

Jost — Geschichte der Israeliten — Th. 3. Ebend. 822. Alle 3 Theile 5 rthl. 8 gr.

Jost, Js. Mark., Geschichte der Israeliten seit der Zeit der Maccabäer bis auf unsere Tage, nach den Quellen bearbeit. 9 Thle., mit Register u. Ergänzungen. gr. 8. Berl. 820—29. Schlesinger. 16 ℳ 8 ℊ

—— Geschichte d. Israeliten seit d. Zeit d. Maccabäer bis auf uns. Tage, nach d. Quellen bearb. 9. (letzt.) Thl., mit Register u. vielen Berichtn. u. Ergänzn. gr. 8. (23½ B.) Berlin 829, Schlesinger.
1—8. Thl. Ebendas. 1820—28. 14 Thlr. 12 Gr.

—— Geschichte der Israeliten seit der Zeit d. Maccabäer bis auf unsere Tage. Nach den Quellen bearb. 10. Bd. 1. u. 2. Abthl. gr. 8. Berlin 846, Schlesinger'sche Buchh.
A. u. d. Ttl.:
Neuere Geschichte d. Israeliten v. 1815—1845. Mit Nachträgen u. Berichtigungen z. älteren Geschichte. 2 Abthlgn. à Abthl. 1 Thlr. 25 Ngr.
Abthl. 1. Deutsche Staaten. (21½ B.)
" 2. Die Staaten u. Länder außer Deutschland. (24½ B.)

—— dass. 10. Bd. 3. Abthl. A. u. d. Ttl.: Culturgeschichte z. neuern Geschichte der Israeliten ꝛc. Culturgeschichte zu Abthl. 1. u. 2. gr. 8. (19 B.) Ebds. 847.
Bd. 1—9. Ebendas. 1820—29. 16 Thlr. 10 Ngr.

Jost, J. M., Geschichte des Judenthums und seiner Secten. 3 Abthlgn. oder 8 Bücher. gr. 8. (XVIII und 468 S., XVI und 468 S., XVI und 422 S.) Leipzig 857—59, (Dörffling und Franke.) à Abthl. * 2 Thlr. 4 Ngr. *

—— theoret.-pract. Handbuch z. Unterr. im deutschen Styl, mit sehr vielen Uebungs-Beispielen. Zunächst f. höh. Bürgerschulen, mittl. Classen d. Gymnasien, Erziehungs-Anstalten u. Privat-Unterricht. gr. 8. (24⅓ B.) Berlin 835, Amelang.

Jost, Js. Mark., Adph. Jellinek und die Kabbala. Ein Literatur-Bericht. gr. 8. (15 S.) Leipzig 852, Colditz. Thlr. *

— s. neue Jugendbibel.

—— Lehrbuch des hochdeutschen Ausdrucks in Rede und Schrift. Für höhere Klassen der Realschulen und zum Selbstgebrauch. gr. 8. (XVIII und 422 S.) Braunschweig 852, Westermann. *

—— und G. F. Burckhardt, ausführliches theoretisch-praktisches Lehrbuch der englischen Sprache, s. Burckhardt, G. F.

– (Hrsg.), s. Mischnājot

—— Nachträge zu den legislativen Fragen betreffend die Juden im preuß. Staate. gr. 8. (3 B.) Berlin 842, Schroeder's Verl. *

– s. Presburger, Elementarbuch.

—— die Schule des freien Gedanken-Ausdrucks in Rede und Schrift. Für höhere Klassen der Realschulen und der Mädchen-Erziehungsanstalten, wie für den Haus-Unterricht. gr. 8. (VIII und 316 S.) Leipzig 853, Brandstetter. *

Jost, Js. Mark., offenes Sendschreiben an Hrn. Geh. Ober-Regier.-Rath K. Streckfuß, zur Verständigung üb. einige Punkte in den Verhältnissen der Juden. gr. 8. Berlin 833. Lüderitz'sche Buchh. (Schröder.) ¼ ℳ

– s. Sephat Jether.

— prakt. Engl. Sprachlehre, s. G. F. Burckhardt.

Jost, Js. Mark., was hat Hr. Chiarini in Angelegenheiten d. europ. Juden geleistet? Eine freimüth. u. unpartheiische Beleuchtung d. Werkes: Théorie du Judaïsme appliquée à la réforme des Israelites de tous les pays de l'Europe et servant en même tems d'ouvrage préparatoire à la version du Thalmud de Babylone, par L. A. Chiarini. II Ts. Paris et Génève 1830. gr. 8. (7 B.) Berlin 830, Hayn.

—— erklärendes Wörterbuch zu Shakspeare's plays. Für deutsche Leser, z. richt. Auffassung d. Wortsinnes u. d. vielen schwier. Stellen, so wie d. Anspielungen u. Wortspiele. gr. 12. (30⅔ B.) Berlin 830, Amelang.

– s. Zion.

Jost, Jul., ein Frühlingsritt durch Syrien. Ungelehrte Reisegedanken. Mit 183 Illustr., zumeist nach Orig.-Photographien. (267 S.) Lex. 8. Berlin 910. Deutscher Verlag. Geb. in Leinw. 9. —

Jost, Karl, Beon u. Wesan, s. Forschungen, anglistische.

Jost, Carl. Beon und Wesan, eine syntaktische Untersuchung. 8. Heidelberg, Carl Winter, 1909.
Ausg. A, Teil-Ausg.: Diss. Phil. Basel ... von K J aus Basel. IV + 56 S.
Ausg. B: ... von Dr. K J. VI + 142 S. (M. 3.60.) Anglistische Forschungen. Hrg. von Dr. Johannes Hoops... . Heft 26

Jost, Karl, über einen neuen Ellipsenzirkel. Lex.-8. (2 S. mit 1 Taf.) Wien 887, (Tempsky.) ** — 30
Aus: Sitzungsberichte der k. Akademie der Wissenschaften, besonders abgedruckt.

Jost, L., s. Uebungsaufgaben für's Rechnen.

Jost, Leonh., Curort Clavadel. 8. (21 S. m. 5 Bildern u. 1 Karte.) Chur 892. (J. Rich.) n. 1. —

Jost, Louis

Jost, L., das Bäckergewerbe der Neuzeit, s.: Cnyrim, A.

Jost, Louis, illustr. Konditor, s.: Eupel, Joh. Christ.

Jost, Ludwig [aus Karlsruhe]: Ein Beitrag zur Kenntniss der Athmungsorgane der Pflanzen .... (Aus: Botan. Zeitung. Jhrg. XLV.) *Leipzig, Druck v. Breitkopf & Härtel*, 1887; 15 + 1 S. u. 1 Taf. 1°
Strassburg, Math.-Naturw. Fak., Inaug.-Diss. v. 1887

Jost, Ludw., Lehrbuch der Botanik, s.: Strasburger, Ed.

Jost, Ludw., die Pfund- od. Preßhefe, s.: Marquard, Heinr.

Jost, Ludw., Vorlesungen üb. Pflanzenphysiologie. (XIII, 695 S. m. 172 Abbildgn.) gr. 8. Jena 904. G. Fischer. n. 18. —; geb. n. 15. —

Jost, Ludw., Vorlesungen üb. Pflanzenphysiologie. 2. Aufl. (XIV, 693 S. m. 183 Abb.) Lex. 8. Jena 908. G. Fischer. 14.—; geb. 16. —

— s.: Zeitschrift f. Botanik.

Jost, Philipp [Finanzaccessist]: Statistische Untersuchung über Konsumtion und Produktion der Milch und deren Produkte in Darmstadt und dessen Umgebung ... Darmstadt, G. Otto's Hof-Buchdr., 1897; 2 Bl., 50 S., 1 Bl., 1 Kt. 8.
Giessen, Phil. Fak., Inaug.-Diss. v. 1897

Jost, Philipp [pr. Arzt in Wolfsanger]: Über das Vorkommen der hyalinen Degeneration in den Angiomen der Leber.... Heidelberg, C. Winter's Universitätsbuchh., 1801; 16 S. 8°
Heidelberg, Med. Fak., Inaug.-Diss. v. [1. Febr.] 1801

Geschichte der Memeler Liedertafel. Zu ihrem 50jähr. Stiftungsfeste zsgest. von Rudolf Jost. *Memel 1899: F. W. Siebert.* (56 S.) 8° [A. u. Ant.] [illegible]

Jost, Thomas Aquinas

— Bildnisse höflicher Briefe wider d. Marquis d'Argens. 8. ...781.

— Bildnisse boshaft. Dummheiten d. Freigeister. 8. Freysing.779.

— Bildnisse d. Freigeister. 8. Augsb. 777.

— Bildnisse der Freiheit u. Inquisition wider die Freigeister. 8. Freysingen 779.

— Bildnisse der alten Weltweisen. 8. Augsb. 777.

Jost, F., Bildn. d. alten Weltweisen. 8. Landsh. 777. Storno. 6 ¼

—— Breviarium ecclesiae Lutheranae ab illustri clarissimo eximio D. Chr. Wilh. Fr. Walchio elaboratum. Deo autem dante nunc confutatum. Landshut, Storno, 1773, 8°.

Jost, Thomas Aquinas, (nach sm. Taufnamen Geo. Fr.,)(† 1797.) Calliope philosophica, Carmen. 4. Landsh. 763,64.

Jost, Thom. Aq., Katholischer Katechismus für Konvertiten. Freising 1780, 8°.

Jost, Thom. Aq., Polemica contra I. R. Kiesslingum. Freysing (?) 1768.

— Recension der angefochtenen Stellen üb. die Brentano'sche Bibel neuen Testaments. gr. 8. ... 793.

Jost, Thomas Aquinas, schema universale totius creationis contra Philotheum de Limitibus. 4. München 774.

Jost, Walter, s.a. Jost, H. E. Walter

Jost, Walt., Bestimmungen üb. den Zeichenunterricht, s.: Müller, Bernh.

[S.] **Jost,** Walter [Zeichenl.]: Die Entwicklungsphasen der geometrisch-ornamentalen Urtypen im Vergleich mit der jetzigen Verzierungskunst der Bewohner des Südseearchipels. M. 30 in d. Text gedr. Fig. u. 3 v. Vf. gezeichn. Taf. Düsseldorf, gedr. bei L. Voss & C., Kgl. Hofbuchdr., 1893; 32 S., 3 Taf. 8.
Düsseldorf, st. RG u. G, OP 1893 (478)

Jost, *Walter* Die Entwicklungsphasen der geometrisch-ornamentalen Urtypen im Vergleich mit der jetzigen Verzierungskunst der Bewohner des Südseearchipels. Mit 30 in den Text gedruckten Figuren und 3 vom Verfasser gezeichneten Tafeln. 3 (32 S.).
Stadt. Rg. u. G. u. mit diesen Anstalten verbund. Kgl. Seminar **Progr.** *Düsseldorf* 1893 (478).

– Die Gestaltung d. Wohnhauses, s. Müller, B.

— **Repetitorium** der Geschichte des Zeichenunterrichts. Eine kurzgefasste Zusammenstellung der wichtigsten Erscheingn. auf dem Gebiete des Zeichenunterrichts von dem Altertum bis zur Neuzeit, nebst e. umfass. Übersichtstabelle. 8. (68 S.) Düsseldorf 894. J. Baedeker. n. 1. 25; ohne Tafel n. 1. —; Tafel allein n. — 50

WALTER JOST, Die Schnitzwerke am Marstall des Jägerhofes zu Düsseldorf. Mit 2 Lichtdrucktafeln. Herausgegeben vom Düsseldorfer Geschichts-Verein zum 14. August 1895. ib. 1895. Druck von Ed. Lintz. 8°.

Jost, Walt., üb. Tiersymbolik. Vortrag, geh. bei Gelegenheit d. XXII. ordentl. Hauptversammlg. des Vereins deutscher Zeichenlehrer zu Coblenz am 5. Juni 1895. [Aus: „Zeitschr. d. Vereines deutscher Zeichenlehrer".] gr. 8. (61 S.) Stade 895. (A. Pockwitz.) n. — 80

Jost, Wilh., hältst du den Sonntag? M. I prämiierte Arbeit. gr. 16. (40 S.) Bielefeld 898. E. Siedhoff. n. — 20

Hältst du den Sonntag? Von Wilhelm Jost. 3. u. 4. Taus. *Bielefeld: E. Siedhoff 1898.* (40 S.) 8° [A.] [illegible]

Jost, Wilh., Wort Gottes u. Gebet im Jünglings-Verein. 8. (14 S.) Bielefeld 899. E. Siedhoff. n. — 10

Jost-Ludwig, die Sittlichkeit ist im Rückschritte begriffen; woran liegt die Schuld? Vortrag, gehalten am 20. März 1884 in der Kantonsschule in St. Gallen. gr. 8. (43 S.) Zürich 884, Schröter.
Aus: Schweizerisches Familien-Wochenblatt, besonders abgedruckt.

Jost-Ludwig, L. (Red.) s. Alphorn, Das.

Jost u. Würth, s.: Ueber d. Schulbank-System.

Jost u. Würth, über das Schulbank-System v. J. u. W. hoch 4. (12 S. m. 6 Abbildgn.) Zürich 889. Orell Füssli Verl. n. 1. 50

Joest, Ernst, neuere Forschungen u. Erfahrungen auf dem Gebiete der Tierseuchenbekämpfung. Vortrag, geh. in der ökonom. Gesellschaft im Königr. Sachsen, Dresden am 3. III. 1905. (15 S.) gr. 8. Leipzig 905. Berlin, R. E. Schmidt & Co. n. — 60

Ⓑ **Joest,** Ernst, neue Forschungen u. Erfahrungen. 905. (282 33.) Jetzt: Leipzig, Fritzsche & Schmidt.

Joest, Ernst, Grundzüge der bacteriologischen Diagnostik der thierischen Infectionskrankheiten. qu. 8. (VI, 75 S.) Berlin 901. R. Schoetz. n. 2. —

— **Schweineseuche** u. Schweinepest. Eine Monographie. (VIII, 280 S. m. 22 Abbildgn. u. 6 Taf.) Lex.-8. Jena 906. G. Fischer. n. 6. 50

Joest, Ernst: Die Transplantation bei Lumbriciden. *Marburg 1897: (Breitkopf & Härtel in Leipzig).* (147 S.) 8° ¶(Aus: Archiv für Entwickelungsmechanik, Bd 5 H. 3.)
Marburg, Phil. Diss. v. [20. Sept.] 1897

— s.: **Zeitschrift f. Infektionskrankheiten, parasitäre Krankheiten u. Hygiene der Haustiere.**

Joest, F., Daniel v. Soest, s.: Quellen u. Untersuchungen zur Geschichte, Kultur u. Litteratur Westfalens.

Jöst, Frdr., Geschichte v. Offenbach a. M. u. Umgegend. Zugleich heimatgeschichtl. Ergänzungsheft zur deutschen Geschichte v. H. Weigand u. A. Tecklenburg, sowie zur Geschichte des Großherzogt. Hessen v. Phpp. Hartleb. gr. 8. (59 S.) Hannover 900. C. Meyer. n. — 40

Jöst, F., Lesebuch f. Stenotachygraphen, s.: Jäger, G.

— Offenbach a. M. in Vergangenheit u. Gegenwart. gr. 8. (VII, V, 212 S. m. Taf.) Offenbach (901). J. P. Strauß. n.n. 3. —; geb. n.n. 4. —

Uebungsbuch für Stenotachygraphen. Bearb. v. Friedrich Jöst. 1. Aufl. *Offenbach a, M.: Selbstv.*; (aufgestemp.: *Eisleben: L. Rennert) 1891.* (61 S.) 1 Bd 8. [98. 1337

Joest, Jan., das Leben Jesu Christi, geschildert auf den Flügeln des Hochaltares zu Kalkar. In XXI Lichtdr.-Taf. hrsg. u. beschrieben v. Steph. Beissel, S. J. gr. 4. (41 S. m. 1 Bildnis.) M. Gladbach 900. B. Kühlen. n. 8. —

Joest, Wilh., um Afrika. Mit 14 Lichtdr. u. zahlreichen Illustr. nach Orig.-Aufnahmen d. Verf., nebst e. Karte in Farbendr. gr. 8. (VII, 316 S.) Köln 885. Du Mont-Schauberg. n. 8. —; geb. n. 10. —

Joest, Wilh., ein Besuch beim Könige von Birma. gr. 8. (46 S.) Köln 883, DuMont-Schauberg'sche Buchh. *
Aus: Kölnische Zeitung, besonders abgedruckt.

Joest, Wilhelm: Besuch einiger Schulen der Allgemeinen Israelitischen Allianz (Alliance Israélite Universelle) in Marokko und Kleinasien. ([S.-A.] Nord und Süd. Bd. 19. Heft 117.) Breslau 1889. 33 S. 8°.

Joest, W., Ethnographisches u. Verwandtes aus Guayana, s.a. Archiv, internationales, f. Ethnographie.

Joest, Wilhelm: Ethnographisches und Verwandtes aus Guayana. Mit 8 Tafeln und mehreren Textillustrationen. (Supplement zu Band 5 von „Internationales Archiv für Ethnographie.") Leiden 1893. (II), 102 S., 8 Tf. 4°.

— das Holontalo. Glossar u. grammat. Skizze. Ein Beitrag zur Kenntniss der Sprachen v. Celebes. gr. 8. (VIII, 158 S.) Berlin 883. Asher & Co. n. 6. —

Joest, Wilh., aus Japan nach Deutschland durch Sibirien. Mit 5 Lichtdr. u. einer (lith. u. color.) Karte. gr. 8. (VII, 331 S.) Köln 883. Du Mont-Schauberg. n. 7. —; geb. n.n. 8. 50

Joest, W., aus Japan nach Deutschland durch Sibirien. 2. Aufl. gr. 8. (VII, 244 S.) Köln 887. Du Mont-Schauberg. n. 4. 50; geb. n.n. 5. 60

Joest, Wilhelm: Malayische Lieder und Tänze aus Ambon und den Uliase (Molukken). ([S.-A.] Internationales Archiv für Ethnographie. Bd. 5. 1892.) Leiden 1892. 34 S. 4°.

— die aussereuropäische deutsche Presse, nebst e. Verzeichnis sämtlicher ausserhalb Europas erschein. deutschen Zeitungen u. Zeitschriften. gr. 8. (85 S.) Ebd. 888. n. 2. —

Joest, Wilhelm: Sibirien. ([S.-A.] Zukunft. 1893. Heft No. 13.) Berlin 1893. 16 S. 8°.

— spanische Stiergefechte. Eine kulturgeschichtl. Skizze. gr. 8. (III, 113 S. m. 3 Lichtdr.-Taf.) Berlin 889. Asher & Co. n. 3. —

—— Tätowiren, Narbenzeichnen und Körperbemalen. Ein Beitrag zur vergleichenden Ethnologie. Nebst Orig.-Mittheilungen von O. Finsch und J. Kubary. Fol. (VIII, 128 S. mit 11 Taf. in Farbendr., 1 Lichtdr.-Taf. und 30 Zinkätzungen nach Orig.-Zeichnungen von O. Finsch, Cl. Joest, J. Kubary und P. Preissler.) Berlin 887, Asher und Comp. cart. * 40 —

Joest, Wilh., Welt-Fahrten. Beiträge z. Länder- u. Völkerkunde. 3 Bde. gr. 8. (XI, 379; III, 318 u. III, 247 S. m. 13 Taf. u. 1 Karte.) Berlin 895. A. Asher & Co. n. 15. —

Josten, Gesamtregister, s.: Zeitschrift, juristische, f. das Reichsland Elsaß-Lothringen.

Josten, Frz., der Schöffe und das Schöffengericht nach dem Gerichtsverfassungs-Gesetz vom 27. Jan. 1877 und der Strafprozeß-Ordnung vom 1. Febr. 1877 für Schöffen, Vertrauensmänner und Gemeinde-Vorsteher. 1. und 2. verm. und verb. Aufl. gr. 16. (IV, 112 S.) Köln 879, Rommerskirchen's Buchh.

Josten, H., Die politische Stellung d. römischen Senates zu den Kaisern im 2. u. 3. Jahrh. n. Chr. Diss. 1875. 51 S. 1.25

Josten, Hanns Heinz, neue Studien zur Evangelienhandschrift Nr. 18 („des hl. Bernward Evangelienbuch") im Domschatze zu Hildesheim, s.a. Studien zur deutschen Kunstgeschichte.

Josten, Hanns Heinz: Neue Studien zur Evangelienhandschrift Nr. 18 ('Des hl. Bernward Evangelienbuch') im Domschatze zu Hildesheim. Beiträge z. Geschichte d. Buchmalerei im frühen Mittelalter. Mit e. Textabb. u. 8 Lichtdr. Strassburg 1900: Heitz. IX, 93 S. 8° ¶ (Ersch. vollst. als: Studien z. dtsch. Kunstgeschichte. H. 109.)
Greifswald, Phil. Diss. v. 10. März 1909, Ref. Semrau
[Geb. 15. Nov. 84 Krefeld; Wohnort: Krefeld; Staatsangeh.: Preußen; Vorbildung: Gymn. Krefeld Reife O. 04; Studium: Bonn 3, Straßburg 4, Leipzig 1 S.; Rig. 22. Dez. 08.] [U 09. 1531

Josten, Heinr. (geb. Hüls im Rheinl. 15. 8. 1846): Die Ursachen der Schief- und Querlagen. Berlin (1871). (32 S.) 8°
Berlin, Med. Diss. v. 19. Aug. 1871

Josten [Dr., Oberl.]: Der Zusammenbruch der römisch-italischen **Weltherrschaft** im III. Jahrhundert nach Christi. **Metz**, Druckerei d. **Lothr.** Zeitung, *1891;* 1 Bl., 38 S. 4°
Metz, L, MP 1891 (604 statt 588)

Josten, Karl

Josten, Car. (geb. Neuss 17. 8. 1836): De pseudarthrosi. Berolini (1860). (32 S.) 8°
Berlin, Med. Diss. v. 8. Aug. 1860

Josten, Paul, a. Crefeld: Deutschlands Stellung im Welthandel. E. wirtschaftspolit. Studie. Cöln 1908: Greven & Bechtold. (174 S.) 8°
Würzburg, Jur. Fak., Ref. Schanz, Diss. v. 27. Jan. 1908
[Geb. 16. Okt. 83 Crefeld; Wohnort: Crefeld; Staatsangeh.: Preußen; Vorbildung: Gymn. Crefeld Reife O. 03; Studium: Bonn 6 S.; Rig. 22. Okt. 07.]

Josten, Willy, Referendar aus Elberfeld: Die rechtliche Natur des Kontokorrentvertrages nach den Bestimmungen des Deutschen Handelsgesetzbuches, unter besonderer Berücksichtigung der Verjährung der Kontokorrentforderungen. *Leipzig 1903: W. Wigand.* (46 S.) 8°
Leipzig, Jur. Diss. v. 1903

Joesten, A., Beiträge zur Abänderung einiger Bestimmungen der rheinischen bürgerl. Gerichts-Ordnung. Ein Wort an die Volksvertreter Preußens. 8. (IV und 63 S.) Crefeld 850, Gehrich und Comp. *

Joesten, A., die Competenz u. das Verfahren d. Hülfsbeamten d. gerichtl. Policei in d. kgl. preuß. Rheinprovinz. Ein Lehr- u. Handb. f. diese Beamten. 8. (8¼ B.) Köln 846, DuMont-Schauberg'sche Buchh.

— s. Sammlung für den Regier.-Bezirk Düsseldorf besond. gült. Polizei-Gesetze 2c.

—— Subhastations-Ordnung, die, der k. preuß. Rheinprovinzen, s. Subhastations-Ordnung.

Joesten, Gregorivs (geb. am 13 März 1840 in Waldbröl): De glandvlarvm svprarenalivm strvctvra penitiore ... Bonnae, typ. F. Krvegeri (1863). 27 S., 2 Bl. 8.
Bonn, Med. Fak., Diss. v. 6 Aug. 1863

Joesten, Jos., s. a. Windeck, Hans v.

Joesten, Joseph: Aus der medizinischen Klinik zu Bonn. Zur Aetiologie der Nephritis. *Köln-Ehrenfeld 1898: Muench.* (30 S.) 8°
Bonn, Med. Diss. v. [19. Febr.] 1898

(Joesten.) Die Anforderungen der Strategie und Taktik an die Eisenbahnen. Von Miles Ferrarius. (Pseud.) Berlin 1894. 8°.

Hans v. Windeck [d. i. Jos. Joesten]. Ruhmreiche Berge. Ausgew. Dichtungen. M. d. Portr. d. Verf. 2. Aufl. *Erfurt, Leipzig: F. Moos 1899.* (... S.) 8° [F.]

Von deutschen Bergen u. Burgen: Schloss Windeck an der Sieg. Zugl. Führer durch d. untere u. mittlere Siegthal von Dr. jur. Joseph Joesten, Reg.R. zu Bonn. Mit d. Bilde d. Ruine u. d. Verf. *Köln: Greven & Bechtold in Komm. 1902.* (48 S.) 8° [F.]

Joesten, Jos. (Hans v. Windeck), Bilder u. Skizzen vom Rhein. (VII, 127 S.) 8. Köln (905). J. G. Schmitz. n. 1.50

(Joesten.) Die Eisenbahnen und die Kriegführung von Miles Ferrarius (Pseud.) Hamburg 1890. 8°. (Deutsche Zeit- und Streitfragen. 66.)

— **Erinnerung an Bonn u. das Siebengebirge.** Ein Liederstrauß für den Freund der Natur u. heimatlicher Dichtg. Hrsg. m. e. Einleitg. u. biographisch-krit. Bemerkgn. (127 S.) 8. Bonn 903. P. Hanstein. n. 1.—

Zur Geschichte der Hexen und Juden in Bonn. Eine kulturgesch. Studie von Dr. [Jos.] Joesten, Reg.R. *Bonn: C. Georgi 1900.* (47 S.) 8° [F.]

Joesten, Jos., Geschichte der Familie Joesten u. deren Familienstiftungen. Zugleich als Beitrag zur rhein. Kulturgeschichte mitgeteilt. gr. 8. (46 S. m. 5 Taf.) Bonn 902. P. Hanstein. n. 1.50

Joesten (Miles Ferrarius), Geschichte u. System d. Eisenbahnbenutzung im Kriege. Ein eisenbahntechn. u. militär. Hülfsbuch. gr. 8. (VIII, 86 S.) Leipzig 896. Berlin, A. Bodenburg. n. n. 1.50

Joesten, Jos., zur Geschichte des Schlosses Windeck. [Aus: „Beiträge zur Bergisch-Niederrhein. Geschichte".] gr. 8. (27 S.) Elberfeld 893. (Baedeker.) n. — 60

— **Gottfried Kinkel.** Sein Leben, Streben u. Dichten für das deutsche Volk. Mit e. Auswahl Kinkel'scher Dichtgn. (144 S. m. 1 Bildnis.) 8. Köln 904. Kölner Verlags-Anstalt u. Druckerei. n. 1.20; geb. in Leinw. n. 1.70

— **Kulturbilder aus dem Rheinland.** Beiträge zur Geschichte der geist. u. sozialen Bewegn. des 18. u. 19. Jahrh. am Rhein. gr. 8. (X, 303 S. m. Bildnis.) Ebd. 902. n. 5.—

— **litterarisches Leben am Rhein.** Zwei Studien über „Die litterar. Bildg. am Rhein im vor. Jahrhundert", „Gottfried Kinkel u. sein Kreis in Bonn". 8. (127 S.) Leipzig 899. F. W. Grunow. n. 2.—

— Mein Herz ist am Rheine. E. Gedenkbuch an die Errichtg. d. Wolfgang Müller-Denkmals zu Königswinter M. e. Auswahl Wolfg. Müller'scher Dichtgn. 8. (V, 119 S. m. 1 Bildn.) Köln 896. Kölner Verlags-Anstalt ... Druckerei. n. 1.—

— **Wolfgang Müller v. Königswinter.** S. Leben u. d Bedeutg. s. Werke f. d. deutsche Volk. gr. 8. (45 S. m. 1 Bildnis.) Ebd. 895. n. 1.—

Friedrich Roeber. Sein Leben u. d. Bedeutung s. Werke f. d. deutsche Volk. Von Dr. Joseph Joesten, Bonn. Mit Portr. Breslau: S. Schottlaender 1902. (21 S.) 8° [F.]

— **Friedrich Roeber.** Zur Feier der Enthüllung seines Denkmals in Elberfeld. Mit e. Bildnis des Dichters. (30 S.) 8. Elberfeld 906. A. Martini & Grüttefien. n. — 50

Im Spiegel der Zeit. Ein heimatl. Liederstrauss von Hans v. Windeck [d. i. Josef Joesten]. *Stuttgart: A. Bonz & Cie 1892.* (XII, 158 S.) 8° [F.]

— — Studien über die heutigen Eisenbahnen im Kriegsfalle. Wien 1892. 55 S.

Joesten, Maria: Selma Lagerlöf. Vortrag. Cöln: Kölner Verlags-Anst. u. Dr. 1900. 28 S. 8°
Cöln, Königin-Luise-S, st. Lehrerinnen-Bildungs-A u. HT I P 1909 [155]* [S 09. 226

Jostenode, van, s.: Graevell van Jostenode.

Jostenode, Harold Arjuna Graevell van. 1901 [Pseud.] s. Graevell, Harold.

JOSTER, Feo. Fr.: Münz- u. Wechselanmerkk. *Mainz.* 751. 4.

Joester, Karl, a. Potsdam: Die Föhnerscheinungen im Riesengebirge. (1907 o. O.) (48 S.) 8° [F.]
Berlin, Phil. Fak., Ref. Hellmann, Diss. v. 23. Nov. 1907
[Geb. 6. Juni 78 Potsdam; Wohnort: Berlin; Staatsangeh.: Preußen; Vorbildung: Realgymn. Potsdam Reife O. 96; Studium: Berlin 7 S.; Rig. 6. Mai 07.]

Jostes, E., s. Veghe, Johannes, ein deutscher Prediger des XV. Jahrh.

Jostes, Franz

—— und W. Effmann, vorchristliche Altertümer im Gaue Süderberge [Iburg]. 8. (51 S. mit 9 Taf. Zeichnungen.) Münster 888, Regensberg. * 1 60
Aus: Zeitschrift für vaterländische Geschichte und Alterthumskunde Westfalens, besonders abgedruckt.

Jostes, F., s.: Aus Westfalens Vergangenheit.

Die Tepler Bibel. Eine zweite Kritik. Ebendaselbst, 1886, 8°, 43 S., 1 Bl.

—— die Tepler Bibelübersetzung. Eine zweite Kritik. gr. 8. (43 S.) Münster 887, Heinr. Schöningh. * 1 —

Jostes, Frz., Daniel v. Soest, s. Quellen und Untersuchungen zur Geschichte, Kultur und Litteratur Westfalens.

Jostes, Frz., Meister Eckhart u. s. Jünger, s.: Collectanea Friburgensia.

Jostes, Franz (Hrsg.), s. Eckhart, Meister, und seine Jünger.

Jostes, Frz., s.: Forschungen u. Funde.

Jostes, Frz., die Kaiser- u. Königs-Urkunden des Osnabrücker Landes, in Lichtdr. hrsg. gr. Fol. (24 Taf. m. 23 S. Text.) Mit Sonderausg. der Einleitg. zu den Lichtdr. der Urkunden. 4. (87 S.) Münster (899). Aschendorff. In Mappe n. 30.—; Sonderausg. allein n. 1.50

— d. Rattenfänger von Hameln. E. Beitrag z. Sagenkunde. Nebst Mitteilgn. üb. e. gefälschten Rattenfänger-Roman. 8. (52 S. m. Abb.) Bonn 895. P. Hanstein. n. 1.—

Jostes, Frz., Roland in Schimpf u. Ernst. Die Lösg. des Rolandrätsels. (40 S. m. Abbildgn.) gr. 8. Dortmund 906. F. W. Ruhfus. n. 1.—

— Joh. Mathias Seling. Sein Leben u. sein Streben zur Linderg. der sozialen Not seiner Zeit. Mit e. Bildnis Selings u. e. Auswahl aus seinen Gedichten. gr. 8. (V, 69 S.) Ebd. 900. n. 1.—

— westfälisches Trachtenbuch. Die jetzt u. ehemals westfäl. u. schaumburg. Gebiete umfassend. Mit 24 Taf. in Farbendr. nach Orig.-Zeichngn. v. Johs. Gehrts, zahlr. Textabbildgn. u. 1 histor. Uebersichtskarte. (VIII, 208 S.) 4. Bielefeld 904. Velhagen & Klasing. Geb. in Leinw. n. 30.—

Jostes, Franz, Die Waldenser und die vorlutherische deutsche Bibelübersetzung. Eine Kritik der neuesten Hypothese. Münster, H. Schöningh, 1885, 8°, 14 S., 1 Mk.
Recens. Katholik 1886, Bd. II, S. 438—442.

— s.: Veghe, Johannes, e. deutscher Prediger d. XV. Jahrh.

Josti, Anselm, die Bereitung kalter und warmer Bowlen, als des Ananas-, Angelika-, Apfel-, Apfelsinen- &c. Punsches wie auch sämmtl. punschähnl. warmen und kalten Getränke &c. nach 120 zuverläss. und erprobten Recepten. 8. (XII und 104 S.) Weimar 865, Voigt.

Josti, Anselm, die Bereitung kalter und warmer Bowlen, als des Ananas-, Angelika-, Apfel-, Apfelsinen-, Arbusen-, Champagner-, Crème-, Eier-, Eis- &c. Punsches &c., wie auch sämmtl. punschähnl. warmen und kalten Getränke, nament. der Bavaroise, des Bremer, Bischof &c. nach 120 zuverlässigen und erprobten Recepten. 2. verm. Aufl. gr. 16. (XIV, 128 S.) Weimar 870, B. F. Voigt.

Josti, Anselm, die Bereitung warmer und kalter Bowlen, wie auch sämtlicher punschähnlichen warmen und kalten Getränke. Nach 120 zuverläss. und erprobten Rezepten. 3. von Grund aus neu bearb. Aufl. 8. (XII, 93 S.) Weimar 885, B. F. Voigt. 1 50

Josti, Anselm, die Bereitg. warmer u. kalter Bowlen, wie auch sämtl. punschähnl. warmen u. kalten Getränke. Nach 136 zuverläss. u. erprobten Rezepten. 4., neu bearb. Aufl. 8. (XII, 93 S.) Weimar 898. Leipzig, B. F. Voigt 1.50

Josti, Chasper, s.: Jonsch, Chasper.

Joesting, Friedrich, aus Goslar: Beiträge zur Anatomie der Sperguleen, Polycarpeen, Paronychieen, Scleranthеen und Pterantheen. Mit 2 Taf. *Jena: G. Fischer 1902.* (43 S.) 8° Heidelberg, Naturw.-math. Diss. v. 1902

Jösting, Heinr., die Bedeutung der Bauerngüter für das Volks- und Staatsleben. gr. 8. (IV, 43 S.) Osnabrück 885, Meinders. * — 50

Jösting, H., d. Bedeutg., Verwüstg. u. Wiederbegründg. d. Waldes, m. bes. Rücksicht d. Verhältnisse im Bergischen. gr. 8. (77 S.) Lennep 896. R. Schmitz. n. 1.—

JÖSTING, H.: Über die Notwendigkeit einer grundlegenden Änderung der Privatwaldforstwirtschaft. - Lennep 1897

— der Wald, seine Bedeutg., Verwüstg. u. Wiederbegründg. 2., erweit. Aufl. gr. 8. (VIII, 136 S.) Berlin 898. P. Parey. n. 2.50

Ioesting, Otto Ulr[icus] Frid[ericus] Dider[icus] Hugo Sylv(ester): De scarlatinae epidemiae pathologia. Halae (1839): Grunert. 26 S. 8°
Halle-Wittenberg, Med. Diss. v. 16. Mai 1839
Geb. Höxter (Westf.) [31. 12.] 1815. V.
Verf. erlebte die Diplomerneuerung 1889 als Sanitätsrat und Kreisphysikus in Halberstadt, vgl. Anh. Nr. 380.

Joesting, Irnerius (Cleve/Rhld.), De feminarum osteomalacia. Diss. med.-anatom. Bln. (Gustav Schade) 20. VIII. 1846. 32 S. mit Biogr. (M.: Schulz.) (6.—) 16970
Oppon.: H. Meissner, B. Ruhbaum, A. Beselin. — Gew.: Eduard Schulz.

Jösting, Werner, Erinnergn. e. kriegsfreiwill. Gymnasiasten aus d. J. 1870/71, d. patriot. deutschen Jugend gewidmet. 8. (VI, 168 S. m. 1 Kärtchen.) München 897. C. H. Beck. n. 1.60; kart. n. 2.20

Jösting, Werner, Sozialdemokratie u. Christentum. Vortrag, geh. im ev. Arbeiterverein zu Remscheid. 2. Aufl. 16. (47 S.) Hattingen 891. C. Hundt sel. Wwe. — 15

Josty, Dan., Bière de mon tonneau. Offerte en trois langues. 8. Berlin 835. (Sander.) $1^2/_3$ ₰ — Nouv. édit. 8. Ebd. 838. n. $1^2/_3$ ₰

Josty, Dan., le Citoyen du monde. (Der Weltbürger.) Offert en trois langues. gr. in-8. ($20^1/_4$ B.) Berlin 844. (Mittler, Verl.) *

Josua, Das Buch, des Erretters der Sache der Königin von Ungarn . . . O. O. 1745. V: *Richter, Chph Glieb.* (ML)

Josua Joab, der entlarvte, an d. Wanderer im Thale Josaphat. 8. Leipz. Gleditsch. 797.

— — dasselbe. 8. Leipz. Graffé.

Josua Zipplein, s. Zipplein.

Josuae liber, s.: Liber.

Josua, s.: Libri Josuae.

Josua, annotatione perpetua illustr., s. Rosenmüller, Ern. Frider. Car.

Josua, das Buch, nach dem masorethischen Texte neu übersetzt. Herausgeg. v. Dr. Fränkel. gr. 8. Dessau. (Schmidt in Leipzig.) 818.

Das Buch Josua übers. u. erkl. v. Lic. Dr. Carl Steuernagel, Privatdoz. in Halle a. S. *Göttingen: Vandenhoeck & Ruprecht 1899.* (131—248 S.) 4 (8°)
= Handkommentar z. Alten Testament. Abth. 1, Bd. 3, Th. 2. [illegible]

Josua Stylites

Josué le Stylite, chronique trad. par P. Martin, s.a. Abhandlungen für die Kunde des Morgenlandes.

— — Chronique de Josué le Stylite ... Texte et traduction par Paulin Martin. [= Abhandlungen für die Kunde des Morgenlandes VI, 1.] Leipzig 1876.

Josué, Philipp (geb. Siegburg 4. 4. 1824): De delino tremente. Berolini (1850). (32 S.) 8°
Berlin, Med. Diss. v. 7. Jan. 1850

Josupeit, Otto, über die Behandlung der Syntax fremder Sprachen als Lehre von den Satzteilen und Satzarten. Ein Vortrag, gehalten im Verein von Lehrern höherer Unterrichtsanstalten Ost- und West-Preußens zu Königsberg, Ostern 1886. 4. (17 S.) Tilsit 887. (Leipzig, Fock.) * — 75

—— Deutschland über Alles! oder der deutsche Zollverein ein Vorläufer des neuen deutschen Reiches und ein Vorbild der weiteren Einigung und Kräftigung Deutschlands. Eine patriot. Betrachtung. gr. 8. (40 S.) Ebendas. 887. * 1 —

Josupeit, Otto, Syntax der lateinischen Sprache, dargestellt als Lehre von den Satzteilen und dem Satze für Realschulen und die mittleren Klassen der Gymnasien. gr. 8. (24 S.) Berlin 882, Gaertner's Verlag. cart. *

[F.] Josupeit, Otto: Der französische Unterricht im Gymnasium nach der Schulreform von 1892. 1. Der grammat. Unterr. 2. Der method. Unterr. in Quarta. Rastenburg, Druck v. W. Kowalski, *1893*; 35 S. 8.
Rastenburg, K. G. OP 1893 (15 [vielm. 14])

Josupeit, O. Über den lateinischen Unterricht in Quarta im Anschluß an des Verfassers „Syntax der lateinischen Sprache als Lehre von den Satzteilen und dem Satze dargestellt, Berlin 1882, Gärtner". 19 S. 8. **Progr.** *Insterburg* 1884

Josupeit, Otto, französisches Unterrichtswerk für Gymnasien und Realgymnasien. 3 Tle. gr. 8. Berlin 885, Grote'sche Verlagsb. geb. * 3 80

Inhalt:
Tl. 1. Französische Schulgrammatik. (84 S.) * ℳ 1.—.
„ 2. Elementarbuch der französ. Sprache für V^a und IV^a. (97 S.) * ℳ 1.20.
„ 3. Lesebuch für Untertertia und Uebungsbuch für Tertia und Sekunda. (132 S.) * ℳ 1.60.

Josuran, Carl [prakt. Arzt von Tübach (St. Gallen)]: Ueber Veränderungen des Epithels einer chronisch entzündeten Parotis. Zürich 1898. 33 S. 8°.
Zürich, Med. Diss. 1897/98.

Denkschrift über die Ansprüche der Stadt Kiel am Kieler Hafen und dessen Strand (v. [Hugo] Joswich. Als Manuscript gedruckt. Schleswig. 1897). Fol.

Nachtrag zur Denkschrift des Regierungsraths Joswich über die Ansprüche der Stadt Kiel am Kieler Hafen und dessen Strand vom 21. April 1897 (v. Joswich). ebd. 1900. Fol.

Joswich, Otto Carolus Magnus: De zostere. Halis Saxonum (1852): Gebauer-Schwetschke. 35 S. 8°
Halle-Wittenberg, Med. Diss. v. 7. Apr. 1852
Geb. Soldau (Ostpr.) [9.4.] 1823. V.

Iota, s.a. Caffyn, M.

Jota, e. gelbe Aster, s.a. Engelhorn's allgem. Romanbibliothek.

[F.] Eine gelbe Aster. Roman in 2 Bdn v. Jota. Autoris. Uebs. a. d. Engl. v. Emmy Becher. Bd 1. 2. *Stuttgart: J. Engelhorn 1896.* 2 Bde 8.
1. (160 S.) 2. (150 S.)
= Romanbibliothek, Engelhorns Allgemeine. Jg. 12. Bd 25. 26.
[gh. sollen Gr

Jota, a yellow aster, s.: Collection of
— children of circumstance, British authors.

Anne Mauleverer. By Mrs. Mannington Caffyn (Jota). Copyright ed. In 2 vol. Vol. 1. 2. Leipzig: Tauchnitz 1899. 8°
(Collection of British authors. Tauchnitz Ed. Vol. 3373/4.) [11. 8186

Perrault de Jotemps, Fabry Sohn u. Girod F.: Neueste Ansichten üb. Wolle u. Schafzucht. Th. 1. Übers. u. m. Anmerk. begl. v. C. C. André. Prag 1825. 67 S. 4°.

de Jotemps, Vicomte P., Fabry, d. Sohn, u. F. Girod, neueste Ansichten üb. Wolle u. Schafzucht. 1r Thl. Uebers. u. mit Anmerkk. begleitet von Chr. K. André. gr. 4. Prag 825. Calve. 18 gr

— Ueber Wolle u. Schaafzucht. Aus d. Franz. übers. u. ... bearb. v. A. Thaer. Berl. 1825. 254 S.

— Dass., übers. u. nach dem gegenwärt. Standpunkte d. Woll- u. Schafkenntniß in Deutschland bearb. v. A. Thaer. gr. 8. Berl. 825. Rücker. 1 ₰ 12 gr

Jott, Jul., Frau Hilda. Schauspiel in 3 Aufzügen. (92 S.) 8. Strassburg 909. J. Singer. 2. —

Joetten, Eugen, Referendar b. Kgl. A.-G. Wiesbaden: Inwieweit ist der Grundbuchrichter bei Kenntnis von dem Fehlen materieller Voraussetzungen zur Verweigerung der Eintragung berechtigt bezw. verpflichtet? Karlsruhe 1907: Aktiengesellschaft „Badenia". (158 S.) 8°
Rostock, Jur. Fak., Ref. Bernhöft, Diss. v. 5. Mai 1907
[Geb. 29. Dez. 77 Mülheim a. Ruhr; Wohnort: Wiesbaden; Staatsangeh.: Preußen; Vorbildung: Gymn. Mülheim Reife O. 96; Studium: Tübingen 1, München 1, Berlin 2, Bonn 4 S.; Rig. 3. Aug. 03.]

Jottkowitz, Benno [pr. Arzt aus Kochlowitz (Kreis Kattowitz)]: Die Narkose in der Chirurgie. . . . Berlin, Buchdr. v. Gustav Schade (Otto Francke) (1890); 28 S. + 2 Bl. 8°
Berlin, Med. Fak., Inaug.-Diss. v. 9. Jan. 1890

Jottkowitz, Isaac (geb. Antonienhütte in Schles. 1. 1. 1833): De hemiplegia et paraplegia syphilitica. Berolini (1858). (20 S.) 8°
Berlin, Med. Diss. v. 25. März 1858

Jottkowitz, M., prakt. Anleitg. z. selbständ. Buchführung f. kleinere Gewerbetreibende aller Art. Ausg. A: f. solche Gewerbetreibende, die keine tägl. Barlosg. haben. 8. (35 S.) Berlin 896. S. Mode's Verl. — 75

— dasselbe. Ausg. B: f. solche Gewerbetreibende, welche tägl. Barlosg. haben. 8. (25 S.) Ebd. 896. — 75

— wie führe ich m. Geschäftsbücher u. wie mache ich meine Steuererklärung? F. Gewerbetreibende aller Art unt. Einrichtg. e. Betriebs-Contos nach Vorschrift des Artikels 18 des Einkommensteuergesetzes, nebst Muster e. ausgef. Steuererklärg. Ausg. A: f. solche Gewerbetreibende, die keine tägl. Barlosg haben. 8. (36 S.) Ebd. 896. — 75

— dasselbe. Ausg. B: f. solche Gewerbetreibende, welche tägl. Barlosg. haben. 8. (26 S.) Ebd. 896. — 75

Jottkowitz, Paul [pr. Arzt]: Aus d. pharmakolog. Institut d. Univ. Breslau. Beiträge zur Lehre von der Wärme-Regulation des normalen, fiebernden und künstlich entfieberten Organismus. . . . Breslau, Druck d. Bresl. Gen.-Buchdr., 1891; 30 S., 1 Bl. 8°
Breslau, Med. Fak., Inaug.-Diss. v. 8. Aug. 1891

Jottkowitz, Paul, Beiträge zur Lehre v. der Wärme. Regulation d. normalen fiebernden u. künstlich entfieberten Organismus. Diss. gr. 8. (27 S.) Breslau 891. (L. Köhler.) n. 1. –

Jottrand, F., Les bases de la statistique des accidents du travail. 8°. Berne 1891.

Jottrand, **Lucien, du repos hebdomadaire.** gr. 8. (105 S.) Basel 870, Georg.

Joetze, Franz, Dr.: Die Chroniken der Stadt Lindau. München 1905: F. Straub. (65 S.) 8° [J.]
München, k. Maximilians-G P 1905*

Joetze, Fr., Sängers Lust und Lehre. Liederbuch für Schulen mit Regeln und Übungsbeispielen zur Erlernung des Wissenswertesten der musikal. Theorie. (96 S.) 1881. *M 1.; 2. verm. Aufl. 8. (VIII, 180 S.) Danzig 883, (Weber.) geb. *

Joetze, Fr., Sängers Lust u. Lehre. Liederbuch f. Schulen m. Regeln u. Übungsbeispielen zur Erlerng. des Wissenswertesten der musikal. Theorie. Op. 45. 8. Aufl. 8. (VIII, 129 S.) Danzig 893. L. Saunier. Kart. n.n. 1. 20

Joetze, Frz., Sängers Lust u. Lehre. Liederbuch f. Schulen m. Regeln u. Übungsbeispielen zur Erlerng. d. Wissenswertesten der musikal. Theorie. Op. 45. 4. Aufl. 8. (VIII, 129 S.) Danzig 901. A. Scheinert.
Kart. n. 1. 20; erm. Preis n. 1. —

Joetze, Frz. Sängerbrevier. Theoretisch-prakt. Hilfsbuch f. Freunde d. Gesanges m. 50 Übungsbeispielen zur Erzielg. e. edlen Chorklanges u. der notwend. Treffsicherheit, zum besond. Gebrauch f. Gesangvereine, Seminare 2c. gr. 8. (39 S.) Danzig 890, Saunier. * — 50

[J.] **Joetze,** Karl Franz [Dr.]: Veit Aernpekch, ein Vorläufer Aventins. (Aus: Verh. d. hist. Ver. f. Niederbayern Bd XXIX.) *München, 1893;* 84 S. 8.
München, Phil. Fak., Inaug.-Diss. v. 1893

Joetze, Karl Frz., s.: Festgabe, Karl Theodor v. Heigel gewidm.

Joetze (Karl Frz.), s.: **Geschichte der Stadt Lindau im Bodensee.**

Joetze, K. Fr., chronolog. Übersicht üb. die Geschichte der Städte Lindau i. B. u. Bregenz, s.: Reinwaldt.

Jouan, souvenirs militaires, Jéna—Dresde (1806—1813), s.: Miscellanea Napoleonica.

Joubert, Anleitung zu curiösen Wissenschaften: Physiognomia, Chiromantia, Astrologia, Sympathia etc. Mit 3 Taf. Frkf. 4°.
1700

(Joubert.) Geschichte der Staatsveränderungen von Polen, v. Tode August III bis 1775. A. d. Frz. 2 Bd. 8. Leipzig 1777. 4.00.

Joubert, Dr., s. Jedermann sein eigener Arzt.

Joubert Emanuel: „Esso" in seiner Verwendung als Pronomen. Ein Beitrag zur italienischen Syntax.
H. 1898 PN 1150 **Diss.**Wien, Univ. 2245

Joubert, J., Lehrbuch der Elektricität und des Magnetismus, s. Mascart, E.

Joubert's, Jos., Gedanken, Versuche und Maximen. Uebersetzt von Franz Pecci. 8. (VIII und 481 S.) München 851, Kaiser.

Joubert, P. Ch., das Ganze des Anbaues des Tabaks, s. Ganze.

Transvaal. Die Leidensgesch. d. niederdeutschen Cap-Ansiedler unter engl. Herrschaft. Eine d. Königin Victoria gewidm. Flugschrift d. Transvaaler Gen.-Command. P[iet] J. **Joubert.** Aus d. Engl. übers. *Wiesbaden: H. Staadt 1899.* (26 S.) 8° [J.]
[oi 98'4

Transvaal. Die Leidensgeschichte der niederdeutschen Cap-Ansiedler unter englischer Herrschaft. Eine Ihrer Maj. d. Königin Victoria gewidmete Flugschrift d. Transvaaler Gen.-Commandanten P[iet] J **Joubert.** Aus d. Engl. übers. 6. Aufl. Wiesbaden: Staadt 1899. 26 S. 8°
[11. 4174

Joubert, P. J., Transvaal. Die Leidensgeschichte d. niederdeutschen Cap-Ansiedler unter engl. Herrschaft. Eine Ihrer Maj. der Königin Victoria gewidmete Flugschrift. Aus dem Engl. übers. 7. Taus. gr. 8. (26 S.) Wiesbaden 900. H. Staadt. n. — 30

Jouck, Franc. Leonard. (geb. Büllingen in d. Eifel 29. 1. 1828): De mutationibus ossium in animalium abdomina inmissorum. Berolini (1853). (31 S.) 8°
Berlin, Med. Diss. v. 26. Sept. 1853

Jouck, Karl, aus Strassburg i. E.: **Beiträge zur Kenntnis der Blausäure abspaltenden Glycoside.** *Strassburg i. E. 1902: M. DuMont-Schauberg.* (54 S.) 8°
Strassburg, Math.-naturw. Diss. v. 1902

Jouck, Paul [app. Arzt]: Über die verschiedenen Methoden der Schieloperation ... Strassburg i. E., Buchdr. Ch. Müh & C., 1894; 32 S. 8.
Strassburg, Med. Fak., Inaug.-Diss. v. 1894

Jouck, Theodor, a. Bonn: Aus d. path. Institut zu Bonn. Über miliare Gummigeschwülste der Milz und der Leber. Bonn 1905: J. Trapp. (40 S.) 8°
Bonn, Med. Fak., Ref. Ribbert, Diss. v. 21. Sept. 1905
[Geb. 6. Sept. 79 St. Vith; Wohnort: Bonn; Staatsangeh.: Preußen; Vorbildung: Kath. Gymn. Straßburg i. Els. Reife O. 00; Studium: Straßburg 4, München 1, Bonn 4 S.; Coll. 4. Aug. 05; Approb. 1. Sept. 05.]

Jouet, Le, des jolis petits garçons. Gottingue 1776. H: *Schlözer, August Ludwig.* (MGT)

***le Jouet* des jolis petits garçons, herausg. von A. L. Schlözer. 8. Götting. 783. Kübler. 4 K**

Joueur. Lustsp. von 5 Akt. in Versen. 8. Prag, Widtmann. 760.

Joueurs, les, Drame, s. Théatre de la jeunesse.

Jouffret, Mich., de Hugo à Mistral, s.: Vorträge u. Abhandlungen, neuphilosophische. I.

Jouffroy: Le Droit des Gens maritime universel, ou Essai d'un Système général des obligations réciproques de toutes les Puissances, relativement à la Navigation et au Commerce maritime. *Berlin,* **806. gr. 8.**

Jouffroy, A. de, Les fastes de l'anarchie, ou précis chronologique des événemens mémorables de la revolution française depuis 1789 jusqu'en 1804. Tom. I. in 8. Paris. 840.

Jouffroy, Henri, Catechisme de droit naturel. gr. in-8. Leipsic et Paris 841, Brockhaus et Avenarius. n. 1 ℳ

— Catéchisme d'économie politique. gr. in-8. Leipsic et Paris 844, Brockhaus et Avenarius. n. $1^2/_3$ ℳ

—— constitution de l'Angleterre. gr. in-8. ($20^3/_4$ B.) Leipsic 843, Brockhaus et Avenarius. *

- s. L'epigramme.

Jouffroy, Henri, seine Fiancée de la capitale.

—— une Fiancée de la capitale. Comédie en prose et en 2 actes. Imitée de l'Allemand. gr. in-8. ($4^1/_4$ B.) Leipzig 848, Brockhaus et Avenarius. *
Vgl. auch: Moreto. — de Weissenthurn.

— s. Kant, Imm., Philosophie critique.

- s. Lessing, G. E.: Emilie Galotti. - dessen Wilhelmine de Barnhelm.

s. Manuel de Littérature ancienne.

—— Science des finances, s. Jacob, de.

Jouffroy, Th., mélanges philosophiques, hrsg. v. E. Dannheiser, s.: Schriftsteller, französ., aus dem Gebiete der Philosophie, Kulturgeschichte u. Naturwissenschaft.

Joufrois. Altfranzösisches Rittergedicht, zum ersten Mal hrsg. v. Konr. Hofmann. u. Frz. Muncker. gr. 8. (VIII, 131 S.) Halle 880. Niemeyer. n. 3. 60

Jouget, P., s.: Inscriptiones graecae ad res romanas pertinentes.

Jouhaud, Aug., le bureau de placement, s. Théâtre franç. moderne p. Louis. V. Série. No. 10.

Joujou de nouvelle façon ... Herborn 1758. V: *Dörrien*, *Catharina Helene*. (Ky) (ML) Vienne 1759. (Rotermund, Gel. Hann. Bremen 1823.)

— de nouvelle façon, ou contes amusants et instructifs à la portee et à l'usage de plus petits enfans, (par N. H. Dörrien). 8. Herborn 758. 8. Wien 759. Trattner. 3 ℊ

Joujou de nouvelle Façon, ou Contes instructifs à l'usage des Enfans. 8. Francf. 759.

Joujou, Le, des petites filles. Gottingue 1776. H: *Schlözer*, *Aug. Ldw.* (MGT)

le Joujou de petites filles, herausg. von A. L. Schlözer. 8. Gotting 783. Kübler. 4 ℊ

Joujou de Normandie, ub. das, m. 2 K. 8. Leipz. Baumgärtner. 792.

Joukoffsky, Ahasver, der ewige Jude. Dichtung. Aus dem Russ. übers. 2. Aufl. gr. 8. (XII, 54 S.) Oppeln 884, Franck's Buchh. *
Die 1. Aufl. war nicht im Handel.

Joukoffsky, Ahasver, der ewige Jude. Dichtung. Aus dem Russ. übers. 3. unveränd. Aufl. gr. 8. (XII, 54 S.) Oppeln 888, Franck's Buchh. geb. mit Goldschn. * 2 50

Joukowsky, das Mährchen von Iwan Zarewitsch und dem grauen Wolf. Mit einem Vorwort von Justinus Kerner. br. 8. (XII und 88 S. mit 1 Stahlst.) Stuttgart 852, Hallberger'sche Vrlgsh.

Joukowsky, Dimitri, aus Nowogeorgiewsk, Russland: Beiträge zur Frage nach den Bedingungen der Vermehrung und des Eintritts der Konjugation bei den Ciliaten. *Heidelberg: C. Winter 1898.* (27 S.) 8° ¶ (Aus: Verhandlungen d. Naturhist.-Medizin. Vereins zu Heidelberg, N. F. Bd. 6, H. 1.)
Heidelberg, Naturw.-math. Diss. v. [3. Nov.] 1898

Joukowsky, E[tienne]. Sur quelques affleurements nouveaux de roches tertiaires dans l'Isthme de Panama. Avec les planches 6 [accompagnée d'une explication], 7 et 5 figures. 4.
Mémoires de la Société de Physique et d'Histoire naturelle de Genève. Volume 35. Fascicule 2 — ⟨Octobre 1906⟩. Genève, Bâle et Lyon, Georg & Cie; Paris, G. Fischbacher. fr. 5. —. [N° 2:] p. 155—178.

(Joukowsky, Wass.) Joseph v. Radowitz, wie ihn seine Freunde kennen. 8. Carlsruhe 1850.

Joule, James Prescott, das mechanische Wärmeäquivalent. Gesammelte Abhandlungen. Ins Deutsche übersetzt von J. W. Spengel. gr. 8. (V, 127 S. mit in den Text gedr. Holzst.) Braunschweig 872, Vieweg und Sohn.

Joulet Sieur de Chastillon, P.

— — Die Begebenheiten der Armide, worinnen unter einem artigen Roman viele Moralien mitgetheilet werden, vormalen durch *P. Joulet*, von Chatillon in frantzösischer Sprache verfasset, nun aber in's Teutsche übers. und mit Kpfrn. versehen. Franckfurt u. Leipzig (Nürnb.), b Peter Conrad Monath. 1715. 8°. 23 Bogen.
O. M. V. 1715. F 3b. Georgi's Europ. B.-Lex. — Bibl. Schadeloock II. p. 323 und ein guter Mspt.-Cat. hatten „Begebenheit".

— — Tugend und Vernunfft, welche in einem lesenswürdigen, und mit vielen Sitten-Lehren angefullleten Roman, unter den Begebenheiten der Printzessin Armida hiemit vorgestellet von *P. Joullet* Herrn von Chatillon. Aus dem Frantzosischen übers. Mit Kpfrn. Leipzig (Nurnberg, P. C. Monath) 1738. 8°. 1 Alphab. Text u. 1 Bog. Kpfrn. (5 Mk. L. Rosenthal. 1906.)
Der wirkliche Druckort im M. M. V. 1739. E 3a. — Cat. Meissner II.

Jour. Le dernier j. d'un condamné ou La dernière session de la légi-lature de 1847 peinte d'après nature, avec un Coup d'œil sur les faits et les symptômes qui se sont produits jusqu'à ces derniers jours.... 8. Fribourg 1856.

Jour, l'heureux, épitre à mon ami. 8. Lausanne 768. Pott. 4 ℊ

Friedrich II., Landgraf von Hessen.
Le Jour de l'heureuse naissance de S. A. S. Frédéric II. Landgrave de Hesse etc. chanté le 14 août, 5764 par la loge des trois lions [in Marburg].
Kl. 865. Üb. Friedrich s. Allgem. Deutsche Biographie Bd 7 1878 S. 524—528 (Wyss). *[Almanach od. Taschen-Buch f. Frmr. 2 (1777) Bl. 46.]*

Sur le jour de naissance du Roi à Messieurs les François et Amateurs de cette noble langue. Bourmann Mousq. dans le Regiment de Hacke. à Stettin o. J.

Jour, un, à Paris, ou la leçon singulière. Op. comique en 3 Actes, p. Nicolo. gr. 8. Rudolst. Hofbuchh. 811.

Jourdain, ..., Abhandl. über Krankheiten des Mundes; aus d. Französ. 2 Thle. Mit Kpf. gr. 8. Nürnb. 784. Stein. 3 ₰ 16 ℳ

Du kannst hypnotisieren! Eine kurze leicht fassliche Anleitung, wie man binnen 14 Tagen imstande ist, e. beliebige Anzahl Personen in d. geheimnisvollen Schlaf d. Hypnotismus zu versenken. (Cassel:) Eigenverl. d. Verf. Jourdain [1907]. (7 S.) 8° [J.]

Jourdain, Geschichte d. Aristotelischen Schriften im Mittelalter. Eine gekr. Preisschr. A. d. Franz. übers., mit einigen Zusätzen u. Berichtign. u. e. Namenregister v. Ad. Stahr. — A. u. d. T.: Forschungen üb. Alter u. Ursprung d. latein. Uebersetzn. d. Aristoteles, u. üb. griech. u. latein. v. d. Scholastikern benutzte Commentare. gr. 8. (29 B.) Halle 831, Buchh. d. Waisenhauses.

Jourdain, Anselme Louis Bernard, s. Brechillet-Jourdain, Anselme Louis Bernard.

Jourdain, Frantz, s.: Garnier, Ch., constructions élevées au champ de Mars pour servir à l'histoire de l'habitation humaine.

Jourdains de Blaivies, s.: Amis et Amiles.

Jourdan, die Cholera. Anleitung, wie dieser Krankheit am zweckmäßigsten vorgebeugt werden kann u. welche Mittel bei den Vorläufern derselben bis zum Eintreffen e. Arztes am besten angewandt werden, um ihrer Entwicklung entgegenzutreten rc. gr. 12. (24 S.) Mainz 849, Jourdan. n. 4 ngr

Jourdan, Adolph [approb. Arzt aus Mainz]: Ueber Entstehung, Form, Lage und Bedeutung der Scheiden- und Dammrisse .... Mainz, Buchdr. v. H. Prickarts, 1888; 58 S. + 1 Bl. 8°
Strassburg, Med. Fak., Inaug.-Diss. v. 1883

Jourdan, Alex., das Palais Royal, s. Palais-Royal.

Jourdan, Antoine Jacques Louis

Jourdan, A. J. L., Pharmacopoea universalis, s. Pharmacopoea etc.

Jourdan, A(ntoine J(acques) L(ouis): Pharmacopoea universalis oder Uebersicht der Pharmacopöen... (Pharmacopée universelle. Dt.) Übers.u.mit Zusätzen versehen. Bd 1(A - H) - 2(I - Z), gbd.

Weimar: Landes-Industrie-Comptoir 1829 - 1830

JB 1.676

Jourdan, A(ntoine) J(acques) L(ouis): Pharmacopoea universalis oder übersichtliche Zusammenstellung der Pharmacopöen...(Pharmacopée universelle. Dt.) Übers.u.mit vielen Zusätzen ...verm.Ausg. Bd 1(A - H) - 2(I - Z), gbd.

Weimar: Landes-Industrie-Comptoir 1832

JB 1.677

(Jourdan, Antoine Jacques Louis): Pharmacopoea universalis oder übersichtliche Zusammenstellung der Pharmacopöen... (Pharmacopée universelle. Dt.) 3.neu bearb.u.verm.Ausg. Bd 1(A - H) - 2(I - Z), gbd.

Weimar: Landes-Industrie-Comptoir 1838 - 1840

JB 1.678

Jourdan, Beatrice Alsager

Jourdan, B. A., Brother Ben and I, — an English Girl in France, — the extorted Promise, s. Library, English.

Jourdan, E., Album der bayerischen Landes-Ausstellung Nürnberg 1896. qu. 12. (10 farb. Taf.) Nürnberg 896. v. Ebner. — 60

Jourdan, E., die Sinne u. Sinnesorgane der niederen Tiere. Aus dem Franz. übers. v. W. Marshall. 8. (VIII, 330 S. m. 48 Text-Abbildgn.) Leipzig 891. J. J. Weber. Geb. in Leinw. n. 4. —

Jourdan, Friedrich [aus Mainz]: Ueber mono- und diheptylsubstituirte Acetessigäther und deren Spaltungsprodukte. Mainz, Buchdruckerei von Florian Kupferberg, 1879. 8. 47 S.

Jourdan, Heinr., die Kunst, Strohhüte u. Handschuhe zu waschen u. in allen Couleuren zu färben. N. d. Franz. 8. (1 B.) Quedlinburg 832, Basse.
Vgl. Jordan.

Jourdan, J. B., s. Krüger, Joh. Chr.: Der Kriegerische Weltweise ...

SOLDAT, Der philosophirende oder Lebensbeschreibung des Herzogs von **. (Aus d. Französ. des *J. B. Jourdan.*) Ins Deutsche übers. Dantzig 1745. 8°. (In Stuttgart.) 1 Alphab. 6 Bog.
Bibl. J. J. Schwabii II. p. 297; Cat. Meissner II. — Selten! Orig. s. Barbier no. 7142.

Jourdan, Karl [aus Erlangen]: Ueber angeborene spastische Cerebrallähmung ... Erlangen, Druck d. Univ.-Buchdr. v. E. Th. Jacob, 1892; 32 S., 1 Taf. 8.
Erlangen, Med. Fak., Inaug.-Diss. v. 18. Dez. 1891

Jourdan, Sigismund (Mainz)
Beiträge zur Wirkung der Hämospasie.
Mainz: Seifert 1848. 44 S.
Diss. med. Giessen 5.7.1848. vorh. 4. 11.
Thesen in Δ.

Jourde, Fr.: Die Märtyrer der Commune in Neu-Caledonien, s. Grousset, Paschal.

Jourdier, Aug., des forces productives, destructives et improductives de la Russie. 2. Édit. revue, corrigée, et enrichie de 9 cartes spéciales dont 8 en chromolithogr. (in gr. 8. und 4.) gr. 8. (XXIII und 864 S.) Leipzig 861, Franck'sche Verlagsbuchh. *

Jourdier, Aug., Voyage agronomique en Russie. Lettres et notes sur une deuxième excursion faite en 1860—1861. gr. 8. (XXIV und 428 S. mit 1 lithogr. und ill. Karte in Imp.-Fol.) Paris et Leipzig 863, Franck. *

Jourezius, Amandus Franciscus: Perperam absolutus num iure Romano natura debitor intelligatur. Halae 1856: Hendel. IV, 45 S. 8°
Halle-Wittenberg, Jur. Diss. v. 16. Mai 1856
Geb. [Berlin 8. 2. 1830]

Journal
v. Schweizer-Journal.

Journal. –
Frankfurt/Main. – 1673(?) – 1724(?)
Fortges. u.d.T.: Journal in Franckfurt am Mayn.

Journal. –
Saarlouis. – 1815(?) – 31.XII.1858.
Fortges. u.d.T.: Saarlouiser Journal.

Das Journal: Ocr.? 1875–1880?
Independent weekly; supported Tilden. Also DAS HONESDALE JOURNAL. Sub-title: Eine unabhängige deutsche Zeitung für allgemeine Interessen. Circulation: 1877, 700 (est.). Edited & published by Nikolaus Kiefer.
Honesdale, PA

Das Journal: May 26, 1876–1879?
Democratic weekly. Circulation: 1878, 800 (est.). Edited & published by Theodor Fischer & John Becker, 1876–78; by John Becker, 1878–79.
Champaign, IL

Das Journal: July 22, 1876–1910?
Independent weekly. United with DAS HAZLETON VOLKSBLATT, to form VOLKS-JOURNAL.
Circulation: 1878, 500 (est.); 1885, 700; 1900, 700.
Edited & published by Rudolph F. Stutzbach, 1876–96; by A. L. Schönduv, 1898–1901.
Hazleton, PA

Das Journal: 1878?–1879?
Republican weekly. Merged with BELLEVILLER ZEITUNG. Edited & published by L. W. Habercom.
Aug. 27, 1884–Jan. 17, 1893, as BELLEVILLER POST.
Belleville, IL

Das Journal: 1887? Scranton, PA
Weekly. Merged with SONNABEND.

Journal des affaires
⑤ 1871—1872 (?) ⑦ hebdomadaire ⑧ Lausanne ⑬ BGSZ: 12 (p. 91 et 208).

Journal d'Allemagne économique, instructif, mondain, sportif et récréativ. Organ hebdomadaire. Réd.: Henri Romain. Réd. en chef: R. Haleine. 1. Jahrg. 1910. 52 Nrn. (à ca. 4 S. m. Abbildgn.) 66,5×49,5 cm. Berlin, Journal d'Allemagne. 6. —

— allgem., der Chemie, von Alex. Nikl. Scherer. 1r—3r Jahrg. 1r—6r Bd., od. 1s—36s Heft. Mit Kpf. gr. 8. Leipz. 799—801. Breitkopf u. H. (à rß) 18 rß Beilagen zum 4n, 5n u. 6n Bde. gr. 8. Ebd. 12 K 4r u. 5r Jahrg. 7r—10r Bd., od. 37s—60s Heft. Mit 4 Bildnissen u. 17 Kpf. gr. 8. Berl. 801, 2. Duncker u. H. (à 6 rß 18 K) 13 rß 12 K

— allgem., d. Chemie, v. A. N. Scherer. 1r—3r Jahrg. od. 1s—36s Heft. z. 12 Stck. m. K. gr. 8. Leipzig, Breitkopf u. Hertel. 799—801. (à 6 Rthlr.)

— — dessen 4r u. 5r Jahrg. od. 37r—60r Heft. gr. 8. Berlin, Dunker u. H. 801, 2. (à 6 Rthlr. 8 gr.)

— — Beilagen z. 4ten 5ten u. 6ten Bd. 8. Ebend.

— n. allgem., d. Chemie, herausg. v. Klaproth, Hermbstädt, Scherer rc. 1r—3r Jahrg. z. 12 Heft. m. K. gr. 8. Ebend. 803—5. (à 6 Rthlr. 18 gr.)

Sach- und Namen-Register zu Band I–XXX. Leipzig, 1844.
[*The same*], Band XXXI–LX. Leipzig, 1854.
[*The same*], bearbeitet von Friedrich Gottschalk, Band LXI–XC. Leipzig, 1865.
[*The same*], Band XCI–CVIII. Leipzig, 1871.

Neue Folge. Herausgegeben von Hermann Kolbe. [*From* 1879 *by* H. Kolbe *and* Ernst von Meyer, *later by* Ernst von Meyer *alone.*] 46 vols., 8vo. Leipzig, 1870–92+

— allgem. europäisches, 1794. 6 Hefte u. 1795, 96 zu 12 Heften. Mit Kpf. gr. 8. Brünn, Traßler. (794. 4 rß 795, 96. à 8 rß) 20 rß

— allgem. Europäisches, 1794. 6 Hefte, u. 1795. 96. zu 12 Heften. m. K. gr. 8. Brünn, Troßler. (794. 4 Rthlr. 795. 96. à 8 Rthlr.)

— allgemeines, für Handlung, Schifffahrt, Manufaktur rc. Herausg. v. J. Chr. Schedel u. Sinapius. 1r Jahrg. 12 Hfte. gr. 8. Leipz. 799. Breitkopf u. H. 6 rß

— allgem. f. Handlung, Schifffahrt, Manufaktur rc. herausgegeb. v. Schedel und Sinapius. 1r Jahrg. gr. 8. Leipzig, Breitkopf. 800.

— allgemeines, f. Industrie, Handel u. Schifffahrt. Mit e. polytechn. Beiblatte. Als Fortsetz. der bei gleicher Tendenz von d. Redact. bisher u. d. T.: „Allgem. polytechn. Journal" hrsg. Zeitschr. Redig. v. J. Andr. Romberg u. J. Kaufmann. 3. u. 4. Jahrg. 1810 (52 Nrn.) u. 1811 (104 Nrn.) gr. 4. Hamburg, [Leipzig,] Romberg. à J. *
Fortsetz., s. Zeitung f. Handel. — 1. u. 2. Jahrg. Vgl. Journal, polytechnisches.

— allgemeines, für Industrie, Handel u. Schifffahrt. Mit e. polytechn. Beiblatte. Als Fortsetzung der bei gleicher Tendenz von der Redaction bisher u. d. T. „Romberg's Allgem. polytechn. Journal" herausg Zeitschrift. 3r Jahrg. 1840. Redig. von J. Andr. Romberg. 52 Numm. gr. 4. Hamburg, (Kittler u. Melle.) n. $4^{1}/_{2}$ rß (Vergl. Romberg, Andr.)

— allgemeines, für Industrie, Handel u. Schifffahrt. Mit einem polytechn. Beiblatte. 4. Jahrg. 1841. Redigirt von J. Andr. Romberg und J. Kaufmann. 104 Nummern. (à $^{1}/_{2}$—1 Bogen.) gr. 4. Hamburg u. Leipzig, Expedition. n. $4^{1}/_{2}$ rß

— allgem., d. Literatur, auf d. J. 1802, als Fortsetz. d. allgem. literar. Novitätenblatts für Gelehrte, Künstler u. Buchhändler. 4. Altenb. 802. Liter.-Compt. 4 rß

— allgemeines polytechnisches. Eine wöchentl. erschein. Zeitschrift z. Verbreit. gemeinnütz. Kenntnisse aus d. Gebiete d. chemischen u. mechan. Theils d. Naturwissenschaften, d. Pharmacie, d. Mechanik, so wie d. neuesten Erfindn. u. Entdeckn. in d. Künsten, Fabriken, Manufacturen u. techn. Gewerben überh. rc. Hrsg. v. J. Andr. Romberg im Verein v. mehr. Mitredactoren u. Mitarbeitern. 1. u. 2. Jahrg. 1838 u. 39. à 52 Nrn. (Bog.) Mit Stnt. gr. 4. Hamburg, [Leipzig,] Romberg. à J. *
Fortsetz., s. Journal, allgem., f. Industrie rc.

Romberg, J. A. (Herausgeber): „Allgemeines polytechnisches Journal", 1. und 2. Jahrgang Hamburg 1838, 1839; fortgesetzt u. d. T.: „Allgemeines Journal für Industrie, Handel und Schifffahrt", mit einem polytechnischen Beiblatte, Hamburg und Leipzig 1840, 1841. — Vorh.: Com. Bibl. Hamburg.

Journal, allgemeines, der Uhrmacherkunst. Hrsgbr.: Emil Schneider. 1. Jahrg. 1876. 24 Nrn. (Bog. mit eingedr. Holzschn. und Holzschntaf.) gr. 4. Naumburg, (Schirmer.)

— allgemeines, der Uhrmacherkunst. Hrsg.: Emil Schneider, Jos. Jacobovits u. F. Rosenkranz. 2—6. Jahrg. 1877—1881. à 52 Nrn. (B. m. eingedr. Holzschn.) gr. 4. Naumburg, Schirmer in Comm. à Jahrg. n. 8. —

— dasselbe. 7. Jahrg. 1882. 52 Nrn. (B. m. eingedr. Holzschn.) gr. 4. Leipzig, Schlag. n. 8. —

— allgemeines, f. Uhrmacherkunst. Red.: Ferd. Rosenkranz. 8—11. Jahrg. 1883—1886. à 52 Nrn. (B. m. eingedr. Holzschn.) gr. 4. Leipzig, Kunath & Rosenkranz. à Jahrg. n. 8. —

— allgemeines, f. Uhrmacherkunst. Red.: F. Rosenkranz. 12. u. 13. Jahrg. 1887. 1888. à 52 Nrn. (B. m. eingedr. Holzschn.) gr. 4. Halle, Knapp.
à Jahrg. n. 8. —

— dasselbe. 14. u. 15. Jahrg. 1889. 1890. à 24 Nrn. (B. m. eingedr. Holzschn.) gr. 4. Ebd. à Jahrg. n. 6. —

— allgemeines, f. Uhrmacherkunst. Organ d. Central-Verbandes der deutschen Uhrmacher. Red.: Ferd. Rosenkranz. 16.—19. Jahrg. 1891 – 1894. à 24 Nrn. (Bog. m. eingedr. Holzschn.) gr. 4. Halle a/S., W. Knapp.
à Jahrg. n. 6. —

— allgem., d. Uhrmacherkunst. Organ d. Central-Verbandes der deutschen Uhrmacher. Red.: Ferd. Rosenkranz. 20.—23. Jahrg. 1895—1898. à 24 Nrn. (à ca. 20 S. m. Abb. u. Taf.) gr. 4. Halle, W. Knapp.
à Jahrg. n. 6. —
Kann auch vierteljährlich bezogen werden.

— allgemeines, der Uhrmacherkunst. Organ des Central-Verbandes der deutschen Uhrmacher. Red.: Ferd. Rosenkranz. 24.—27. Jahrg. 1899—1902. à 52 Nrn. gr. 4. (à ca. 10 S. m. Abbildgn. u. Taf.) Halle, W. Knapp.
à Jahrg. n. 6. —

— allgemeines, der Uhrmacherkunst. Organ des Central-Verbandes der deutschen Uhrmacher. Red.: Ferd. Rosenkranz. 28.—31. Jahrg. 1903 – 1906. à 24 Nrn. (à ca. 12 S. m. Abbildgn.) gr. 4. Halle, W. Knapp.
à Jhrg. n. 6. —

— allgemeines, der Uhrmacherkunst. Organ des Zentral-Verbandes d. deutschen Uhrmacher. Red. v. W. König. 32.—35. Jahrg. 1907—1910. à 24 Nrn. (à ca. 16 S. m. Abb. u. Taf.) 34×25,5 cm. Halle, W. Knapp.
à Jahrg. 6. —

— allgemeines Wiener Polytechnisches, redig. u. herausg. von Wlh. Schwarz. 1842. 156 Numm. ($^1/_2$ Bogen.) Mit Kunstblättern u. außerord. Beilagen. gr. 4. Wien, Tendler u. Comp. n. 7 ℛ — dass. Jahrg. 1843. n. $6^2/_3$ ℛ

—— allgem. wiener polytechnisches. Oesterreich. Organ zur Verbreitung gemeinnütz. Kenntnisse im Gebiete der Industrie, der Gewerbe, des Handels, der Manufacturen u. der Hauswirthschaft. Redact.: Schwarz. Jahrg. 1843. 156 Nrn. (Bog.) M. Beilagen u. 300 eingedr. Holzschn. 4. Wien, Braumüller u. Seidel. *

Journal über die, in der Umgegend von Glas oder Aign, hervorgegrabenen Alterthümer. s. Kurz, P. v.,

Journal über die in der Umgegend von Glas ... hervorgegrabenen Alterthümer ... Salzburg 1817. V: *Kurz von Goldenstein, Patriz.* (Hr)

— american, of mathematics pure and applied. Ed.: J. J. Sylvester and W. E. Story. With the co-operation B. Pierce in mechanics, S. Newcomb in astronomy and H. A. Rowland in physics. Published under the auspices of the Johns Hopkins university. Vol. 1. 4 Nbrs. 4. (Nr. 1. VII, 104 S.) Baltimore 878. New-York, Westermann & Co.
n.n. 27. —

Journal, the American of science and arts. Conducted by Prof. Silliman and Benj. Silliman. Jahrg. 1841. (4 Hefte. Mit Holzschn.) gr. 8. New Havn; Hamburgh, Nestler et Melle. n. $10^2/_3$ ℛ

Journal, the American, of science and arts. Conducted by B. Silliman, B. Silliman jr., and James D. Dana. Aided in the departments of chemistry and physics by Wolcott Gibbs. 1847—1852. à 6 parts. With plates and woodcuts. gr. 8. New Haven. (New York, Westermann & Co.) à Jahrg. n. 8 ℛ

Journal und Anekdoten von der Reise des Grafen von Falkenstein in Frankreich; a. d. Franz. Frankf. a. M. 1777. Ü: *Duval Pyrau.* (Ky)

— und Anekdoten von der Reise des Grafen v. Falkenstein in Frankreich, aus dem Franz. d. Abbé Dúval Pyrau. 8. Frkft. Brönner. 777.

Journal: Le Journal d'annonces
① Distribué gratuitement dans tous les districts jurassiens. Feuille d'annonces et de renseignements utiles et économiques (30. 12. 1910) ② L'Abeille (dès 30. 12. 1910) ⑤ 1899—30. 12. 1914 ⑥ in-2° ⑦ bihebdomadaire; puis hebdomadaire ③ Porrentruy: B. Marquis ④ l'imprimeur ⑪ l'imprimeur ⑫ BGSZ: 1 (no. 6345 et 6392). 962. 973 ⑬ Be: L.

Journal, antipapistisches, s. Fiedler.

Journal über die Arbeiten im Exerzier-Lager bei Turas in den Monaten August und September 1834. (Mit 2 Plänen.) (Lithographiert.) (Donation Liechtenstein.) Fol. (ohne Ort) 1831.
15*

Journal für Architekten und Bauhandwerker. Zur Veröffentlichung aller im Gebiete der Baukunst, der Baugewerbe und der Industrie vorkommenden Neuheiten, Erfindungen und Verbesserungen; mit besond. Rücksicht auf Constructionen in Stein, Cement, Holz und Eisen. Hrsg. und redig. von G. Többelmann und H. Kaemmerling. 1. Jahrg. (1860.) 6 Hefte. gr. Fol. (116 Sp. mit 2 Chromolithogr. und 21 Kpfrt. in gr. Fol. und Imp.-Fol.) Berlin, Nicolai'sche Verlagsh. *

—— dass. — 2. Jahrg. (1861.) 12 Hefte in 4 Lfgn. gr. Fol. (148 Sp. mit 88 Kpfrt. in Fol.) Ebendas. *

Journal von der rossisch-kaiserl. Armee. (48.) 4. Regensburg 1759.

Journal der practischen Arzneykunde und Wundarzneykunst. Hrsg. von C[hristoph] W[ilhelm von] Hufeland. Bd 1-59. 64-85 [nebst] Suppl.-H.e u. Reg. - Jena: Academ. Buchh., 1795-1837. 8°
[Bd 8-27. 32-59. 64-83 mit Nebent.1:] Neues Journal der practischen Arzneykunde und Wundarzneykunst. Bd 1-20. 25-52. 57-76. 1799-1836.
[Bd 12-59. 64-83 mit Nebent.2:] Journal der practischen Heilkunde. Bd 12-27. [N.F.]Bd 1-12. [2.F.]Bd 1. Bd 41-59. 64-83. 1801-36.
[Bd 12-27 mit Nebent.3:] Neues Journal der practischen Heilkunde. Bd 5-20. 1801-08.
Fortges.u.d.T.: C. W. Hufeland's Journal der practischen Heilkunde. Fortges. von E[mil] Osann. Bd 84.85. 1837.
[Nebent.:] C. W. Hufeland's neues Journal der practischen Arzneykunde und Wundarzneykunst. Bd 1.2. 1837.
Bd 28 - 39. Hrsg. von C.W. Hufeland u. K[arl] Himly [1772 - 1837]. 1809 - 14.
Bd 40 - 47. Hrsg. von C.W. Hufeland u. J. Ch. F. Harles[Christian Friedrich Harless]. 1815 - 18.
Bd 48 - 57. Hrsg. von C.W. Hufeland. 1819 - 23.
Bd 58 - 83. Hrsg. von C.W. Hufeland u. E[mil] Osann. 1824 - 36.
Bd 11 - 20. Berlin: Unger 1801 - 05.
Bd 21 - 27. Berlin: Wittich in Comm. 1805 - 08.
Bd 28 - 47. Berlin: Realschul-Buchh. 1809 - 18.
Bd 48 - 85. Berlin: Reimer 1819 - 37.

Bd 1: 1795 - 96.
Bd 2: 1796.
Bd 3.4: 1797.
Bd 5: 1797 - 98.
Bd 6: 1798.
Bd 7: 1799.
Bd 8 = Neues Journal. Bd 1: 1799.
Bd 9 = " " Bd 2: 1800.
Bd 10 = " " Bd 3: 1800.
Bd 11 = " " Bd 4: 1800 - 01.
Bd 12 = " " Bd 5: 1801.
Bd 13 = " " Bd 6: 1801 - 02.
Bd 14 = " " Bd 7: 1802.
Bd 15 = " " Bd 8: 1802 - 03.
Bd 16 = " " Bd 9: 1803.
Bd 17 = Neues Journal Bd 10: 1803 - 04.
Bd 18 = " " Bd 11: 1804.
Bd 19 = " " Bd 12: 1804.
Bd 20 = " " Bd 13: 1804 - 05.
Bd 21 = " " Bd 14: 1805.
Bd 22 = " " Bd 15: 1805.
Bd 23 = " " Bd 16: 1806.
Bd 24 = " " Bd 17: 1806.
Bd 25 = " " Bd 18: 1806 - 07.
Bd 26 = " " Bd 19: 1807.
Bd 27 = " " Bd 20: 1808.
Bd 28 = Journal... Bd 21: 1809.
Bd 29 = " Bd 22: 1809.
Bd 30 = " Bd 23: 1810.
Bd 31 = " Bd 24: 1810.
Bd 32 = Neues Journal ... Bd 25: 1811.
Bd 33 = " " Bd 26: 1811.
Bd 34 = " " Bd 27: 1812.
Bd 35 = " " Bd 28: 1812.
Bd 36 = " " Bd 29: 1813.
Bd 37 = " " Bd 30: 1813.
Bd 38 = " " Bd 31: 1814.
Bd 39 = " " Bd 32: 1814.
Bd 40 = " " Bd 33: 1815.
Bd 41 = " " [Bd 34:] 1815-16.
Bd 42 = " " Bd 35: 1816.
Bd 43 = " " [Bd 36:] 1816.
Bd 44 = " " Bd 37: 1817.
Bd 45 = " " Bd 38: 1817.
Bd 46 = " " Bd 39: 1818.
Bd 47 = Neues Journal Bd 40: 1818.
Bd 48 = " " Bd 41: 1819.
Bd 49 = " " Bd 42: 1819.
Bd 50 = " " Bd 43: 1820.
Bd 51 = " " Bd 44: 1820.
Bd 52 = " " Bd 45: 1821.
Bd 53 = " " [Bd 46:] 1821.
Bd 54 = " " [Bd 47:] 1822.
Bd 55 = " " Bd 48: 1822.
Bd 56 = " " Bd 49: 1823.
Bd 57 = " " Bd 50: 1823.
Bd 58 = " " Bd 51: 1824.
Bd 59 = " " Bd 52: 1824.
Bd 64 = Neues Journal Bd 57: 1827.
Bd 65 = " " Bd 58: 1827.
Bd 66 = " " Bd 59: 1828.
Bd 67 = " " Bd 60: 1828.
Bd 68 = " " Bd 61: 1829.
Bd 69 = " " Bd 62: 1829.
Bd 70 = " " Bd 63: 1830.
Bd 71 = " " Bd 64: 1830.
Bd 72 = " " [Bd 65:] 1831.
Bd 73 = " " Bd 66: 1831.
Bd 74 = " " Bd 67: 1832.
Bd 75 = " " Bd 68: 1832.
Bd 76 = " " Bd 69: 1833.
Bd 77 = " " [Bd 70:] 1833.
Bd 78 = " " [Bd 71:] 1834.
Bd 79 = Neues Journal [Bd 72:] 1834.
Bd 80 = " " Bd 73: 1835.
Bd 81 = " " [Bd 74: 1835.]
Bd 82 = " " [Bd 75:] 1836.
Bd 83 = " " Bd 76: 1836.
Bd 84 = C.W.Hufelands neues Journal...Bd 1: 1837.
Bd 85 = " " " [Bd 2:] 1837.
Suppl.-Stück des Jg. 1824: 1824.
Suppl.-H. des Jg. 1827: 1827.
Suppl.-H. des Jg. 1828: 1828.
Suppl.-H. des Jg. 1829: 1829.
Suppl.-H. des Jg. 1830: 1830.
Universal-Reg. zu den ersten 20 Bden des Journals.. 1807.
Universal-Reg. zum 41.- 60. Bde von Hufeland's Journal... 1827.

Journal für homöopath. Arzneimittellehre. Hrsg. v. mehr. homöopath. Aerzten. 1. Bd. 1. u. 2. Hft. gr. 8. (7½ u. 8 B.) Leipzig 834, 35, Schumann. à Hft.

Journal f. (homöopath.) Arzneimittellehre. Hrsg. v. Frz. Hartmann u. Alph. Noack. 2. Bd. 2 Hfte. gr. 8. (25¾ B.) Leipzig 839, L. Schumann. *
1. Bd. Ebendas. 1834, 35. * 1 Thlr. 8 Gr.

-- Asiatique de Constantinople, recueil mensuel de mémoires et d'extraits relatifs à la Philologie, à l'Histoire générale, à l'Archéologie, à la Geographie, aux Sciences et aux Arts des nations orientales et asiatiques en général, et principalement des nations qui ont habité ou habitent l'Empire Ottoman; rédigé par plusieurs savants orientaux et Européens orientalistes, dirigé et publié par Henri Cayol. Tome I. 12 cahiers. 8. Constantinople 852. (Leipzig, Brockhaus.)

Journal des Associations patronales
v. Schweizerische Arbeitgeber-Zeitung (sub 2, 9)

— z. Aufklär. üb. die Rechte d. Menschen u. Bürgers. 1sten Bds 1s 2s Heft. Hadamar, Gel. Buchh.

— (auch Abhandl.) z. Aufklärung üb. die Rechte des Menschen u. Bürgers. 1n Bds., 1s, 2s Stck. (Herausg. v. K. Grolmann, F. W. D. Snell u. Jh. Er. Chr. Schmidt.) 8. Hadamar 799—800. Lanz in Weilb. 15 gl.

Journal über die Bäder und Gesundbrunnen in Deutschland, H. C. M. Fenner's Gemeinnütziges — II 1 Schwalbach, II 2 Fachingen. Marburg 1799—1802. 8

Journal für Baiern, s. Provinzialblätter, Pfalz-Neuburgische.

— für Baiern u. die angrenz. Länder, s. H. A. v. Reisach.

Basler Journal
v. Schweizerische Nationalzeitung

Journal du Bas-Rhin et du Rhin-Moyen. –
Aachen. – 16.VI.1814 – 30.VI.1814.
Vorh. u.d.T.: Journal des Nieder- und Mittelrheins.
Fortges. u.d.T.: Journal des Nieder- und Mittelrheins.

Journal für Bauhandwerker, Bauunternehmer, Architecten und Bildhauer. 1. Bd. oder Jahrg. April 1870—März 1871. 24 Nrn. (Bog. mit eingedr. Holzschn.) gr. 4. Leipzig, Minde. *

Journal für d. Baukunst. Hrsg. v. A. L. Crelle. 1—9. Bd. à 4 Hfte. Mit vielen Kpfrt. gr. 4. Berlin, Reimer. [1. 6 Thlr. 16 Gr. 828., 2. 6 Thlr. 829., 3—9. à 5 Thlr. 8 Gr. 830—35.] Thlr.
1—8. Bd. zusamm. genomm., hrbgs. Pr. 30 Thlr., einzeln à Bd. 6 Thlr.

Journal für d. Baukunst. Hrsg. v. A. L. Crelle. 10—17. Bd. à 4 Hfte. Mit viel. Stnt. gr. 4. Berlin 836—42, Reimer. à Bd. Thlr. *
Vgl. 8. Bd. 1. Abthl. S. 396.

Journal f. d. Baukunst. Hrsg. v. A. L. Crelle. 18—25. Bd. à 4 Hfte. Mit Stnt. gr. 4. Berlin 843—47, G. Reimer. [18. u. 19. Bd. (à * 5⅓ Thlr.), 20—25. Bd. à ** 5 Thlr.] **
1—17. Bd. Ebendas. 1828—42. à J. * 5 Thlr., Bd. 1—12. zusammengenommen nur * 45 Thlr.

Journal, für die Baukunst. Hrsg. von A. L. Crelle. 26—30. Bd. à Bd. 4 Hefte. (à Heft ca. 12 Bog.) Mit Figurentafeln. gr. 4. Berlin 848, G. Reimer. à Bd. * 5 Thlr. *
Vgl. 10. Bd. 1. Abthl. S. 413.

—— für Bau- u. Möbelschreiner, Tapezierer etc., s. Kimbel, W.

Journal für Bau- und Möbeltischler. Herausgegeben von M und A Gräf. Jahrgang 22-24. 3 Bde und 3 Mappen fol Erfurt 1874-76

Journal f. Bau- u. Möbel-Tischler v. Max Graef. 37.—40. Jahrg. 1889—1892. à Jahrg. 12 Hefte. (à Heft 3 Stntaf. m. 1—2 Bog. Details.) Fol. Halle a. S., Knapp. à Heft 1 50; à Jahrg. 18 —

Journal f. Bau- u. Möbel-Tischler v. Max Graef. 39.—42. Jahrg. 1891—1894. à 12 Hfte. Fol. (à Hft. 3 Steintaf m. 3 Bog. Details.) Halle a/S., W. Knapp. à Hft. 1. 50

Journal f. Bau- u. Möbel-Tischler v. Max Graef. 43. Jahrg. 1895. 12 Hfte. (à ca. 6 autogr. Taf.) gr. 4. Halle, W. Knapp. à Hft. n. 1. —
Weiter nicht erschienen.

—— für Bau- und Möbel-Tischler, Bildhauer, Vergolder, Tapezierer etc. 1—8. Heft. Fol. (18 Stnt., wovon 11 in Tondr., 2 chromolithogr. Taf. mit lithochrom. Titel.) Berlin 857,58, Reubke's Kunst-Verlag. à Heft * 15 Ngr. *

— zur Beförderung d. Kultur durch den Buchhandel, s. a. K. D. H. Bensen, neues Archiv.

— z. Beförd. der Cultur u. d. Buchhandl. 2 Hefte. gr. 8. Erlang. Palm. 796. (à 5 gr.)

Journal der Begebenheiten des Lin.-Infant.-Reg. Erzherzog Leopold No. 53, währ. der Kriegs-Epoche im Sommer 1859 in Italien. (42) 8. Wien 1860.

Journal der Belagerung von Colberg. 4. 1758.

Journal v. d. i. Monat Juli 1760 erfolgten Belagerung d. Chur-Sächs. Residenz-Stadt Dresden. 4. 1760.

Jonrnal der Belagerung v. Schweidnitz, nebst Capitulation, Verzeichniss der Kriegsgefangenen u. eroberten Artillerie. (28.) 4. Berlin 1762.

— v. d. Belagerungen in d. Niederlanden 1746. m. K. 8. Amsterd. 751.

Belletristisches Journal: Band 1—60, Mar. 20, 1852—Dec. 23, 1911?

Weekly. Politically independent, but reported as Republican by Ross. Sub-title: Eine Wochenschrift für Literatur, Kunst, Wissenschaft, Politik und Tagesgeschichte, Mar. 18, 1864—Dec. 1911. During editorship of Dr. H. E. Schneider, date-line remains New York, but mailing address, Hoboken, N.J.
Absorbed several journals: NACHRICHTEN; DEUTSCHER ANZEIGER (GERMANIA); NEW JERSEY STAATS-ZEITUNG; SACHSEN-ZEITUNG; NEUE PREUSSISCHE ZEITUNG UND RUNDSCHAU.
Title varies: 1) NEW-YORKER CRIMINAL-ZEITUNG, Band 1, Mar. 20, 1852—Mar. 11, 1853; 2) BELLETRISTISCHES JOURNAL UND NEW-YORKER CRIMINAL-ZEITUNG, Band 2, Mar. 18, 1853—Mar. 10, 1854; 3) NEW-YORKER CRIMINAL-ZEITUNG UND BELLETRISTISCHES JOURNAL, Band 3—12, Mar. 17, 1854—Mar. 11, 1864; 4) NEW-YORKER BELLETRISTISCHES JOURNAL, Band 13—37, no. 30, Mar. 18, 1864—July 1888; 5) BELLETRISTISCHES JOURNAL, Band 37, no. 31—Jahrgang 60, Aug. 5, 1888—Dec. 1911.
Supplement, entitled INTELLIGENZBLATT DER NEW-YORKER CRIMINAL-ZEITUNG, was published with Band 1, and may have continued longer.
For Sunday edition, see NEW-YORKER SONNTAGS-JOURNAL.
Large quarto, or small folio, with varying pagination beginning with 4 pages, increased to 16 pages in 1869, then decreased to 4 pages in 1904. Illustrated.
Circulation: 1870, 40,000; 1880, 32,500; 1890, 41,500; 1895, 49,500; 1900, 25,000; Ross gives copies printed as 135,000; and Miller states that circulation in the 1880's was 71,500. Harmony Society subscribed to this journal for 5 years. Read all over U.S. Highly important source material.
Edited & published by Rudolph Lexow, Mar. 20, 1852—May 1875; by Rudolph Lexow & Udo Brachvogel, May 21, 1875—Feb. 1876; edited by Rudolph Lexow & Udo Brachvogel, Mar. 3, 1876—Mar. 11, 1881; by Udo Brachvogel, Mar. 18, 1881—Nov. 1888; by Dr. Julius Goebel, Dec. 6, 1888—July? 1892?; by Emil Schneider, Feb. 1, 1893—1911?
Published by R. Lexow & Co., Mar. 3, 1876—Feb. 1881; by Belletristisches Journal Publishing Co., Mar. 18, 1881—Sept. 1885; by Udo Brachvogel & Max Jägerhuber, Sept. 16, 1885—Aug. 1886; by Germania Publishing Co., Sept. 2, 1886—1893; by Deutscher Verlagsverein von Schneider u. Comp., Feb. 1, 1893—1911.
New York, NY

Journal belletristisches, und New-Yorker Criminal-Zeitung. Redakt.: Rud. Lexow. 2. Bd. oder Jahrg. 1853. 52 Nrn. (à 2—3 Bog.) Imp.-Fol. New-York 854. (Philadelphia, Schäfer und Koradi.)

— belletristisches. Eine Wochenschrift f. Litteratur, Kunst, Wissenschaft, Politik u. Tagesgeschichte. 41. Jahrg. 1892. 52 Nrn. (4 Bog.) Fol. New-York, (Morgenstern-Mission). n. 16. —

— belletristisches, früher Kriminal-Zeitung, begr. v. Rud. u. Frdr. Lexow 1852. Eine Wochenschrift f. Literatur, Kunst, Wissenschaft, Politik u. Tagesgeschichte. Wacht am Hudson u. Nachrichten aus Deutschland, Rundschau u. A. Fortsetzg. v. Nachrichten, begr. 1866, Deutscher Anzeiger Germania begr. 1872 in Schenectady, New Jersey Staats-Zeitung, begr. 1882, Sachsen-Zeitg., N. Y., Neue preuß. Zeitg. u. Rundschau, begr. 1892. 59. Jahrg. 1910. 52 Nrn. (à ca. 8 S.) 56,5×43 cm. Hoboken N. Y. (Hudsonstr. 60), H. E. Schneider & Co. 10. —

Journal, Bergmännisches. Hrsg. von A. W. Köhler und C. A. S. Hoffmann. Jg. 1788—1816 (Schluß). (Seit 1796 u. d. T: „Neues bergmännisches Journal". Freiberg, 1788—1816.

— bergmännisch., v. Köhler u. Hofmann. m. K. 12 Bde. od. 6 Jahrg. v. 1788—795. 8. Freyb. Craz. (Ir Jahrg. z. 9 Stück. 3 Rthlr. IIr bis VIr z. 12 Stck. à 4 Rthlr.)

Berliner Journal: Dec. 29, 1859—May 10, 1924
Weekly. Founder, printer and publisher: John Motz and Friedrich Rittinger. Published also by J.H. Schmidt. Editor: W.J. Motz.
Kitchener, Ont.

JOURNAL, Berlinisches, für Aufklärung, hrsg. von G. N. Fischer und A. Riem. Bd. I—VIII u. Bd. IX, Stück 1 (= Oktob. 1788—Octob. 1790, soviel ersch.). Berlin 1788—90. 8°. (30 Mk., Expl. in 4 Bde. gebd., K. W. Hiersemann, Lpz., c. 1900.) Cplt. rar!

— berlin., f. Aufklär., herausg. v. G. N. Fischer u. A. Riem. 8 Bde. od. 25 Stck. 8. Berlin, Academ. Buchhdl. 788—790.

—— berliner, für moderne Tischlerei, Bau- und Möbelarbeiten in leicht ausführbaren Original-Zeichnungen und Details hrsg. von F. A. Ermisch. 5. Jahrg. 1. Heft. gr. Fol. (6 Stnt. und 1 Bl. Text.) Berlin 853, Kunst-Agentur. **

— — 6—8. Jahrg. à 2 Hefte (à 6 lith. Taf.). Berlin 856. (Wilhelmi.) Fol. Jedes Heft 1 ₰.

Journal de Berne (1)
① Feuille d'avis et Résumé de nouvelles; plus tard: Organe d'Actualités et d'Informations Romandes ⑤ 10. 10. 1894—25. 8. 1895 ⑥ in-2° ⑦ bihebdomadaire ⑨ Berne: Neukomm & Zimmermann ⑪ Ch. Grandpierre ⑫ indépendant ⑬ BGSZ: 973 ⑮ Be: L., St.

Journal f. Bienenfreunde, von J. L. Büsching u. K. F. Kaiser. 1r u. 2r Jahrg., 16 Stck. 8. Celle 799, 800. Schulze. 1 ₰

— dessen 2r Jahrg., 2s u. 3r u. 4r Jahrg., à 2 Stcke. 8. Wolfenb. 801—5. Albrecht. (à 8 gr) 1 ₰ 16 gr

— f. Botanik, herausg. v. H. A. Schrader. 1r—5r Bd., à 2 Stcke. Mit Kpf. 8. Götting. 799—803. Dieterich. (à Stck. 16 gr) 6 ₰ 16 gr

— Braunschweigisches, phil. philol. und pädagog. Inh. herausg. v. Trapp, Stuve, Heusinger, Campe, v. J. 1788—1791. 8. Braunschweig, Schulbuchhandl.

— — dess. Forts. s. Journal, Schleswigsches.

Brooklyner Journal: Apr. 1881—1895?
Roman Catholic weekly. Circulation: 1885, 3000; 1895, 10,000. Edited by Victor Dwarzak, 1888—92; published by Hermann Ridder, 1881—95.
Brooklyn, NY

Journal of the Brotherhood of Locomotive Engineers vol 33. Cleveland 1904

Journal für Buchbinder, Cartonnage, Futteral- und Ledergalanteriewaaren-Erzeuger, ferner für Papiergeschäfte und alle verwandten Gewerbe. Redacteur Anton Umgeher. 1891. 26 Nummern. 4. Pro Quartal —.75
Wien: Reitzer 1891.

— für Buchbinderei, Album-, Lederwaaren- u. Cartonnage-Fabrikation. Hrsg. u. Red.: Adf. Päcke. 1. Jahrg. 1879. 26 Nrn. (½ B.) Imp.-4. Leipzig, (Schneider). n.n. 4. —

für Buchbinderei, Album-, Lederwaaren- und Cartonnage-Fabrikation. Hrsgbr. und Redact.: Adf. Päcke. 2. Jahrg. 1880. 52 Nrn. (à Nr. ½ Bog.) Imp.-4. Leipzig, (Schneider.) * *

Journal für Buchbinderei, Album-, Lederwaaren- und Cartonnage-Fabrikation, sowie für den Papier- und Schreibwaaren-Handel. Hrsgbr. und Redact.: Adf. Päcke. 3. Jahrg. 1881. 52 Nrn. (à Nr. ½—¾ Bog.) Imp.-4. Leipzig, (Schneider.) **

—— für Buchbinderei. Central-Organ für Buchbinderei, Album-, Lederwaaren- und Cartonnage-Fabrikation, sowie für den Papier- und Schreibwaaren-Handel. Hrsgbr. und Redact.: Adf. Päcke. 4. Jahrg. 1882. 52 Nrn. (à Nr. ½—¾ Bog.) hoch 4. (Ebendas.) **

—— für Buchbinderei. Zentral-Organ für Buchbinderei, Lederwaren- und Kartonnage-Fabrikation, sowie für den Papier- und Schreibwaren-Handel. Hrsgbr. und Redact.: Adf. Päcke. 5. und 6. Jahrg. 1883 und 1884. à Jahrg. 52 Nrn. (à Nr. ½—1 Bog.) hoch 4. (Ebendas.) à Jahrg. **

—— für Buchbinderei. Zentral-Organ für Buchbinderei, Lederwaren- und Kartonage-Fabrikation, sowie für den Papier- und Schreibwaren-Handel. Hrsgbr. und Redact.: Adf. Päcke. 7.—10. Jahrg. 1885—1888. à Jahrg. 52 Nrn. (à Nr. ½—1 Bog.) hoch 4. Leipzig, (Schneider.) à Jahrg. ** 5 —

Journal f. Buchbinderei. Zentral-Organ f. Buchbinderei, Lederwaren- u. Kartonage-Fabrikation, sowie f. d. Papier- u. Schreibwaren-Handel. Hrsgbr. u. Schriftleiter: Adf. Päcke. 11.—14. Jahrg. 1889—1892. à Jahrg. 52 Nrn. (à Nr. ½—1 Bog. m. Beilagen.) hoch 4. Lpz., (Schneider). à Jahrg. ** 5 —

— für Buchbinderei. Zentral-Organ f. Buchbinderei, Lederwaren- u. Kartonage-Fabrikation, sowie f. den Papier- u. Schreibwaren-Handel. Hrsg. u. Schriftleiter: Adf. Päcke. 13.—16. Jahrg. 1891—1893. à 52 Nrn. (à ½—1 Bog.) hoch 4. Leipzig, (F. Schneider). à Jahrg. n. 5. —

— für Buchbinderei. Zentral-Organ f. Buchbinderei, Lederwaren- u. Kartonnage-Fabrikation, sow. f. d. Papier- u. Schreibwaren-Handel. Hrsg. u. Schriftleiter: Adf. Päcke. 17. u. 18. Jahrg. 1895—1896. à 52 Nrn. (à ca. 12 S. m. Taf.) hoch 4. Leipzig (F. Schneider). à Jahrg. n.n. 4. —

— dasselbe, offiz. Organ d. nassauischen Buchbinder-Vereinigg. u. d. Buchbinder-Vereinigg. „Rhein u. Ruhr". Schriftleiter: Willy Müller. 19. u. 20. Jahrg. 1897—1898. à 52 Nrn. (à ca. 12 S. m. Taf.) hoch 4. Ebd. à Jahrg. n.n. 4. —
Schriftleiter d. 19. Jahrg. war Bernh. Harms. — Kann auch vierteljährlich bezogen werden.

Journal f. Buchbinderei. Zentral-Organ f. Buchbinderei, Lederwaren- u. Kartonage-Fabrikation, sowie f. den Papier- u. Schreibwaren-Handel. Offizielles Organ der nassauischen Buchbinder-Vereinigg. u. der Leipziger Buchbinder-Inng. Schriftleiter: H. Ochmann. 21.—24. Jahrg. 1899—1902. à 52 Nrn. hoch 4. (à ca. 12 S. m. Abbildgn.) Leipzig. (F. Schneider.) à Jahrg. n.n. 4. —

Journal f. Buchbinderei. Zentral-Organ f. Buchbinderei, Lederwaren- u. Kartonage-Fabrikation, sowie für den Papier- u. Schreibwaren-Handel. Offizielles Organ der Vereinigg. „Nassauischer Buchbinder- u. Schreibwarenhändler" u. der „Leipziger Buchbinder-Inng." Schriftleitg.: M. Päcke. 25.—28. Jahrg. 1903—1906. à 52 Nrn. (à ca. 12 S. m. Abbildgn) 4. Leipzig (F. Schneider). à Jhrg. n.n. 4. —
Jhrg. 1903 ist noch v. H. Ochmann red.

— für Buchbinderei. Zentral-Organ f. Buchbinderei, Lederwaren- u. Kartonnage-Fabrikation, sowie f. den Papier- u. Schreibwaren-Handel. Offizielles Organ der „Leipziger Buchbinder-Inng." Schriftleitung: M. Päcke. 29.—32. Jahrg. 1907—1910. à 52 Nrn. (à ca. 12 S. m. Abb.) 31,5×23,5 cm. Leipzig (F. Schneider). à Jahrg. nn 4. —

Journal für Buchdruckerkunst. 1876-1900. 4° Hamburg 1876-1900

Journal für Buchdruckerkunst. 1901. 4° Berlin 1901

—— für Buchdruckerkunst, Schriftgießerei u. d. verwandten Fächer. Hrsg. v. Joh. Heinr. Meyer. 1. Jahrg. 1834. Juli—Dec. 6 Nrn., u. 2. J. 1835. 12 Nrn. (à 1—1½ B.) Mit lith. Abbildn., Holzschn., Schriftproben u. Beilagen. Schmal gr. 4. Braunschweig, J. H. Meyer. à J.

—— für Buchdruckerkunst, Schriftgießerei u. d. verwandten Fächer. Hrsg. v. Joh. Heinr. Meyer. 3—9. Jahrg. 1836—42. à 12 Nrn. (ca. 24 Bog.) Mit Kunstbeiln. Hoch gr. 4. Braunschweig, J. H. Meyer. à J. *
Vgl. 8. Bd. 1. Abthl. S. 396.

—— f. Buchdruckerkunst, Schriftgießerei u. die verwandten Fächer. Hrsg. v. Joh. Heinr. Meyer. 10—14. Jahrg. 1843—47. (Jahrg. 10—13. à 12 Nrn., 14. J. 24 Nrn. ca. 24 Bog.) Mit viel. Kunstbeil. schmal gr. 4. Braunschweig, J. H. Meyer. [10—12. J. à * 2 Thlr., 13. u. 14. à * 2 Thlr. 20 Ngr.] *
Vgl. 9. Bd. 1. Abthl. S. 400.

—— für Buchdruckerkunst, Schriftgießerei und die verwandten Fächer. Hrsg. von Joh. Heinr. Meyer. 15—19. Jahrg. 1848—52. à Jahrg. 24 Nrn. (Bog.) Mit vielen Kunstbeilagen und Abbildungen. hoch 4. Braunschweig, J. H. Meyer. à Jahrg. * 2 Thlr. 20 Ngr. *
Vgl. 10. Bd. 1. Abthl. S. 414.

—— für Buchdruckerkunst, Schriftgießerei und die verwandten Fächer. Hrsg. von Heinr. Meyer. 20—23. Jahrg. 1853—56. à Jahrg. 24 Nrn. (Bog.) Mit Beilagen und Abbildungen. hoch 4. Braunschweig, J. H. Meyer. à Jahrg. *
Vgl. 11. Bd. 1. Abthl. S. 478.

—— für Buchdruckerkunst, Schriftgießerei und die verwandten Fächer. Hrsg. von Heinr. Meyer. 24—28. Jahrg. 1857—61. à Jahrg. 52 Nrn. (½ Bog.) Mit Beilagen und Abbildungen. hoch 4. Braunschweig, J. H. Meyer. 24—27. Jahrg. à * 28. Jahrg. *

—— für Buchdruckerkunst, Schriftgießerei und die verwandten Fächer. Hrsg. von Heinr. Meyer. 29.—34. Jahrg. 1862—67. à Jahrg. 52 Nrn. (à ½ Bog. mit Beilagen und Abbild.) hoch 4. Braunschweig, J. H. Meyer. à Jahrg. *

—— für Buchdruckerkunst, Schriftgießerei und die verwandten Fächer. Begründet von Heinr. Meyer. 35.—41. Jahrg. 1868—1874. à Jahrg. 52 Nrn. (à ½—1 Bog.) Mit Beilagen und Abbildungen. gr. 4. Braunschweig, J. H. Meyer. à Jahrg. *

— für Buchdruckerkunst, Schriftgießerei und die verwandten Fächer. Begründet von Heinr. Meyer. Redact.: Thdr. Goebel. 42.—46. Jahrg. 1875—1879. à Jahrg. 48 Nrn. (Bog.) hoch 4. Braunschweig, J. H. Meyer. à Jahrg. *

—— für Buchdruckerkunst, Schriftgiesserei und die verwandten Fächer. Begründet von Heinr. Meyer. Redig. von Ferd. Schlotke. 47. Jahrg. 1880. 48 Nrn. (à Nr. 1—1½ Bog.) hoch 4. Braunschweig, J. H. Meyer. *

—— dass. — Redig. von Herm. Smalian. 48. Jahrg. 1881. 48 Nrn. (à Nr. 1—1½ Bog.) hoch 4. Ebendas. *

—— dass. — Redig. von Ferd. Schlotke. 49.—51. Jahrg. 1882—1884. à Jahrg. 48 Nrn. (à Nr. 1—1½ Bog.) hoch 4. Hamburg, Schlotke. à Jahrg. *

—— für Buchdruckerkunst, Schriftgiesserei und die verwandten Fächer. Begründet von Heinr. Meyer. Redig. von Ferd. Schlotke. 52.—55. Jahrg. 1885—1888. à Jahrg. 48 Nrn. (à Nr. 1—2 Bog.) gr. 4. Hamburg, Schlotke. à Jahrg. * 10 —

—— für Buchdruckerkunst, Schriftgiesserei u. die verwandten Fächer. Begründet v. Heinr. Meyer. Redig. v. Ferd. Schlotke. 56.—59. Jahrg. 1889—1892. à Jahrg. 48 Nrn. (à Nr. 1—2 Bog. m. Abbildgn. u. Beilagen.) gr. 4. Hamb., F. Schlotke. à Jahrg. * 10 —

— für Buchdruckerkunst, Schriftgiesserei u. die verwandten Fächer. Begründet v. Heinr. Meyer. Red.: Ferd. Schlotke. 58—61. Jahrg. 1891—1894. à 48 Nrn. (à 1—2 Bog. m. Abbildgn. u. Beilagen.) gr. 4. Hamburg, F. Schlotke. à Jahrg. n. 10. —

— f. Buchdruckerkunst, Schriftgiesserei u. d. verw. Fächer. Organ d. Inng. d. hamburg. Buchdruckerei-Prinzipalvereins. Begründet v. Heinr. Meyer. 62.—65. Jahrg. 1895—1898. à 48 Nrn. (à ca. 24 Sp. m. Abb. u. Beil.) gr. 4. Hamburg, F. Schlotke. à Jahrg. n. 10. —

— f. Buchdruckerkunst, Schriftgiesserei u. die verwandten Fächer. Begründet am 1. VII. 1834 von Heinr. Meyer. 66.—69. Jahrg. 1899—1902 à 48 Nrn. gr. 4. (VIII, 1000; VIII, 1104; VIII, 984 u. VIII, 988 Sp. m. Abbildgn. u. Beilag.) Gr. Lichterfelde, F. Schlotke. à Jahrg. n. 10. —

— für Buchdruckerkunst, Schriftgiesserei u. verwandte Fächer. Begründet am 1. VII. 1834 v. Heinr. Meyer. Red.: Otto Schlotke. 70.—73. Jahrg. 1903—1906. à 48 Nrn. (494, 484, 580 u. 556 Sp. m. Abbildgn. u. Taf.) 4. Gr.-Lichterfelde, J. Unverdorben & Co. à Jhrg. n. 10. —

— für Buchdruckerkunst, Schriftgiesserei u. verwandte Fächer. Begründet am 1. VII. 1834 v. Heinr. Meyer. Red.: C. Kulbe, f. 1908: M. Pellnitz u. seit 1909: C. Schmiedchen. 74.—77. Jahrg. 1907—1910. à 52 Nrn. (à ca. 8 S.) 31×23,5 cm. Berlin-Gr. Lichterfelde, J. Unverdorben & Co. à Jahrg. 10. —

Journal der auswärtigen und Teutschen Bühnen. Wien 1778. H: *Schmid, Johann Friedrich.* (ML)

—— f. moderne Buntstickerei. Ein Monats-Blatt in einer fortlaufenden Sammlung v. Mustern f. Wolle- u. Seiden-Stickerei, Perl-, Häckel-, Schmelz- u. Gobelin-Arbeiten, in Arabesken, Blumen, Figuren u. Thieren nach dem neuesten Geschmack. 1845. 12 Hfte. 4. (144 Taf. in Buntdr. nebst Text.) Berlin, Schall. *

Journal de la campagne de 1760, entre l'armée du Roi, aux ordres de Mgr. le Maréchal Duc de Broglie, et celle des Alliées, commandée par S. A. S. Mgr. le Prince Ferdinand de Brunswic. Par M. L. R. D. B. 4. Francfort 1761.

Journal des Campagnes de 1757—63. v. de Ligne Mélanges 14r—17r. Rthlr.

Journal de ce qui s'est passé dep. l'arrivée des troupes qui ont marché de Flandres en Alsace jusques au 24 août 1744. (19.) 4. Francfort 1744.

Journal de Château-d'Oex

① Feuille d'annonces pour le Pays d'Enhaut et la Gruyère ② Journal de Château-d'Oex et Feuille d'avis du Pays d'Enhaut (?—1940). Journal de Château-d'Oex, Feuille d'avis du Pays d'Enhaut et Progrès réunis (1941 cont.) ⑤ 31. 12. 1881 (cont.) ⑥ in-4° (1881—1930), in-2 (1931 cont.) ⑦ 2× par semaine ⑧ Bulle: J. Ackermann (?); Château-d'Oex: Gabriel Morier-Genoud. E. Burri ⑨ Liste des étrangers du Journal de Château-d'Oex et Rossinières (1886—1890 ?) ⑩ William Burnand (1928—24. 11. 1932), Eugène Burnand (1. 12. 1932—4. 1943), Léon Muller (5. 1943—2. 1946), F. Rapaz (2. 1946 cont.) ⑪ David Morier-Genoud, Jules Favrod-Coune, Charles Favrod-Coune, Gabriel Morier-Genoud, W. Burnand, Josué Henchoz ⑫ libéral (1881—1940), libéral-radical (1941 cont.) ⑬ BGSZ: 209 ⑭ La: C (incomplet) ⑮ Il absorbe «Le Progrès» en 1941. N'a paru qu'une fois par semaine de 1881 à 1897 et peut-être encore plus tard.

Journal de Château-d'Oex et Feuille d'avis du Pays d'Enhaut

Journal de Château-d'Oex, Feuille d'avis du Pays d'Enhaut et Progrès réunis v. **Journal de Château-d'Oex.**

Journal für Chemie und Physik, in Verbindung mit J. J. Bernhardi, J. Berzelius, C. F. Bucholz, L. von Crell, A. F. Gehlen [*and others*], herausgegeben von J. S. C. Schweigger. 69 vols., 8vo. Nürnberg, 1811–'33.

Changes in the title as follows:

1st Series, vols. I–XXX, 1811–'20, *also under the title*, Beiträge zur Chemie und Physik.

2d Series, vols. XXXI–LX, 1821–'30, *also under the title*, Jahrbuch der Chemie und Physik herausgegeben von Schweigger und Meinecke.

3d Series, vols. LXI–LXIX, 1831–'33, *also under the title*, Neues Jahrbuch der Chemie und Physik. *From* 1829, *edited by* Fr. W. Schweigger-Seidel.

Vorh. u. d. T.: Journal für die Chemie, Physik und Mineralogie.

Journal für Chemie u. Physik v. J. S. C. Schweigger. Band I bis XXX, oder Jahrgg. 1811—1821, gr. 8. Nürnb., Schrag. Herabgesetzt. Preis.

—— für Chemie u. Physik. 52—57., od. neue (zweite) Reihe 22—27. Bd. — A. u. d. T.: Jahrbuch d. Chemie u. Physik, als e. Zeitschrift d. Vereins z. Verbreit. v. Naturkenntniss u. höh. Wahrheit; hrsg. v. Joh. Sam. Chrstph. Schweigger u. Fr. W. Schweigger-Seidel. 1828 u. 29. à 12 Hfte. mit Kpfrn. gr. 8. Halle, (Anton.) à J.
„Journal f. Chemie u. Physik, hrsg. v. J. S. C. Schweigger." 1—30. Bd. od. Jahrg. 1811—20. à 3 Bde. à 4 Hfte. (Erste Reihe.) gr. 8. Nürnberg, Schrag. à J. 8 Thlr., hrbgs. Pr. zusamm. genomm. 60 Thlr. — 31—39. Bd., neue (zweite) Reihe, a. u. d. T.: Jahrbuch d. Chemie u. Physik, hrsg. v. Schweigger u. Meinecke. 1—9. Bd. od. J. 1821—23. Ebendas. à J. 8 Thlr. — 40—42. Bd, neue (zweite) Reihe, a. u. d. T.: Taschenb. etc., hrsg. v. Schweigger. 10—12. Bd. od. J. 1824. Halle, Schwetschke u. Sohn. 8 Thlr. — 43—51. Bd., neue (zweite) Reihe, a. u. d. T.: Taschenb. etc. 13—21. Bd. od. J. 1825—27. (43—45. Bd. v. Schweigger, 46—51. Bd. v. Schweigger-Seidel.) à J. 8 Thlr. — Sachregister üb. d. Jahrgg. 1823—25. 9 Gr. Halle, (Anton.) — Fortsetzung, s. Jahrbuch d. Chemie u. Physik (f. 1830—33.).
Diese Zeitschrift wurde eigentlich von Alex. Nikol. Scherer 1799 begründet, von A. F. Gehlen später übernommen u. dann von den oben genannten fortgesetzt.

—— für Chemie und Physik hrsg. von J. S. C. Schweigger und F. W. Schweigger-Seidel. Autoren und Sach-Register, s. a. Wittstein.

JOURNAL FÜR CHEMIE UND PHYSIK. [Edited by J. S. C. Schweigger.] Autoren- und Sach-Register zu sämmtlichen neun und sechzig Bänden. Jahrgänge 1811–1833. Bearbeitet von G. C. Wittstein. München, 1848. pp. 299, 8vo.

Journal für die Chemie, Physik [*from* vol. IV] und Mineralogie, von Bucholz, Crell, Hermbstädt, Klaproth, Richter, Ritter, Trommsdorff, herausgegeben von A. F. Gehlen. 9 vols., 8vo. Berlin, 1806–'10.
Vorh. u. d. T.: Neues allgemeines Journal der Chemie.
Fortges. u. d. T.: Journal der Chemie und Physik.

— f. d. Chemie, Physik u. Mineralogie, v. Buchholz, Crell, Hermbstädt, Klaproth, Richter, Ritter, Trommsdorf, herausgeg. v. A. F. Gehlen. 3 Jahrg. od. 12 Bde. m. illum. u. schw. K. gr. 8. Berlin, Realschulb. 806—9.

—— für prakt. Chemie, hrsg. v. Otto Linné Erdmann u. Frz. Wilh. Schweigger-Seidel. 1. u. 2. Jahrg. 1834 u. 35. od. 1—6. Bd. à 24 Hfte. Mit Kpfrt. gr. 8. Leipzig, Barth. à J.

—— für prakt. Chemie, hrsg. v. Otto Linné Erdmann, Frz. Wilh. Schweigger-Seidel u. Rich. Fel. Marchand. 3—9. Jahrg. 1836—42. à 3 Bde. od. 24 Hfte. Mit Kpfrt. gr. 8. Leipzig, Barth. à J. *

3. Jahrg. hrsg. v. Erdmann u. Schweigger-Seidel, 4. u. 5. v. E. allein, 6—9. v. E. u. Marchand.

—— f. praktische Chemie, hrsg. v. Otto Linné Erdmann u. Rich. Fel. Marchand. 10—14. Jahrg. 1843—47. à 3 Bde. od. 24 Hfte. M. Kpfrn. u. Holzschn. gr. 8. Leipzig, Barth. à J. *

—— dass. Sach- u. Namenregister zu Band I—XXX. dieser Zeitschrift. gr. 8. (10⅛ B.) Ebds. 844. *

Einzeln à Bd. * 1 Thlr. 24 Ngr., à Hft. * 10 Ngr., vgl. 9. Bd. 1. Abthl. S. 460.

—— für praktische Chemie, hrsg. von Otto Linné Erdmann (und Rich. Felix Marchand.) 15—19. Jahrg. 1848—52. oder 43—57. Bd. à Jahrg. 24 Hefte. Mit Kpfrn. und Holzschn. gr. 8. Leipzig, Barth. *

Einzelne Bde. à *

Einzelne Hefte à *

—— für praktische Chemie hrsg. von Otto Linné Erdmann und Gust. Werther. (20—23.) Jahrg. 1853—56 oder 58—69. Bd. à Jahrg. 24 Hefte. (à ca. 64 S.) gr. 8. Leipzig Barth. à Jahrg. *

einzelne Bde. *

einzelne Hefte *

—— dass. — hrsg. von Otto Linné Erdmann, Rich. Fel. Marchand und Gust. Werther. Sach- und Namenregister zu Bd. 31—60 dieser Zeitschrift bearb. von Gust. Werther. gr. 8. (113 S.) Ebds. 854. *

Vgl. 11. Bd. 1. Abthl. S. 478.

—— für praktische Chemie hrsg. von Otto Linné Erdmann und Gust. Werther. (24—28.) Jahrg. 1857—61 oder 70—84. Bd. à Bd. 8 Hefte. à Jahrg. 24 Hefte. gr. 8. (à Heft ca. 64 S.) Leipzig, Barth. à Jahrg. *

Einzelne Bde. * 8 Thlr.; einzelne Hefte *

—— für praktische Chemie hrsg. von Otto Linné Erdmann und Gust. Werther. (29.—34.) Jahrg. 1862—67. oder 85.—102. Bd. à Jahrg. 24 Hefte. gr. 8. (à Heft ca. 64 S.) Leipzig, J. A. Barth. à Jahrg. * 8 Thlr.; einzelne Bde. *

Einzelne Hefte *

—— dass. — Sach- und Namenregister zu Bd. 61—90 dieser Zeitschrift bearb. von Friedr. Gottschalk. gr. 8. (276 S.) Ebendas. 865. *

—— für praktische Chemie, hrsg. von Otto Linné Erdmann und Gust. Werther. 35. und 36. Jahrg. oder 103.—108. Bd. à 24 Hefte. gr. 8. (à Heft ca. 64 S.) Leipzig 868,69, J. A. Barth. à Heft *ℳ 1,20.; à Bd. *ℳ 9.; à Jahrg. *

—— dass. — Sach- und Namenregister zu Bd. 91—108 dieser Zeitschrift, bearb. von Friedr. Gottschalk. gr. 8. (288 S.) Ebendas. 871.

—— dass. — gegründet von Otto Linné Erdmann, hrsg. und redig. von Herm. Kolbe. (37. und 38. Jahrg.) Der Neuen Folge 1. und 2. Jahrg. oder 1.—4. Bd. à Bd. 10 Hefte. gr. 8. (à Heft ca. 48 S. theilweis mit eingedr. Holzschn. und Stnt.) Leipzig 870,71, J. A. Barth.

à Heft *ℳ 1,50.; à Jahrg. *

Journal für praktische Chemie gegründet von Otto Linné Erdmann, hrsg. und redig. von Herm. Kolbe. (39.—41. Jahrg.) 1872—1874 oder Neue Folge 5.—10. Bd. à 10 Hefte. gr. 8. (à 48 S.) Ebendas. à Heft *ℳ 1,50.; à Bd. *

à Jahrg. *

— für praktische Chemie, gegründet von Otto Linné Erdmann, hrsg. und redig. von Herm. Kolbe. Jahrg. 1875—1878. Neue Folge. 11.—18. Bd. à 10 Hefte. gr. 8. (à Heft ca. 48 S.) Leipzig, Barth. à Jahrg. *

— dass. — Hrsg. von Herm. Kolbe und Ernst v. Meyer. Jahrg. 1879. Neue Folge. 19. und 20. Bd. à 10 Hefte. gr. 8. (à Heft ca. 48 S.) Ebendas.

—— für praktische Chemie. Gegründet von Otto Linné Erdmann, hrsg. von Herm. Kolbe und Ernst v. Meyer. Jahrg. 1880. Neue Folge 21. und 22. Bd. à 10 Hefte. gr. 8. (à Heft ca. 48 S.) Leipzig, Barth.

—— dass. — Jahrg. 1881—1884. Neue Folge 23.—30. Bd. à 11 Hefte. gr. 8. (à Heft ca. 48 S.) Ebendas.

à Jahrg. *

—— für praktische Chemie. Gegründet von Otto Linné Erdmann, fortges. von Herm. Kolbe, hrsg. von Ernst v. Meyer. Jahrg. 1885—1888. Neue Folge. 31.—38. Bd. à Bd. 11 Hefte. gr. 8. (à Heft ca. 50 S. mit Stnt.) Leipzig, Barth. à Jahrg. * 22 —

—— für praktische Chemie. Gegründet v. Otto Linné Erdmann, fortgesetzt v. Herm. Kolbe, hrsg. von Ernst v. Meyer. Jahrg. 1889—1892. Neue Folge, 39.—46. Bd.: 39.—42. Bd. à 11 Hefte; 43.—46. Bd. à 12 Hefte. gr. 8. (à Heft ca. 64 S.) Lpz., Barth.

Jahrg. 1889 u. 1890 à * 22 —; 1891 u. 1892 à * 24

— f. praktische Chemie. Gegründet v. Otto Linné Erdmann, fortgesetzt v. Herm. Kolbe, hrsg. von Ernst v. Meyer. Jahrg. 1891—1893. Neue Folge 43.—48. Bd. à Jahrg. 22 Hfte. gr. 8. (à Hft. ca. 50 S.) Leipzig, J. A. Barth. à Jahrg. n. 24. —

Journal f. praktische Chemie. Gegründet v. Otto Linné Erdmann, fortgesetzt v. Herm. Kolbe, hrsg. von Ernst v. Meyer. Jahrg. 1894. Neue Folge 49. u. 50. Bd. 24 Hfte. gr. 8. (à Hft. ca. 50 S.) Leipzig, J. A. Barth. n. 24. —

— f. praktische Chemie. Gegründet v. Otto Linné Erdmann, fortgesetzt v. Herm. Kolbe, hrsg. von Ernst v. Meyer. Sach- u. Autoren-Register zur neuen Folge. Bd. 1—50 (1870—1894), bearb. v. Rob. Bahrmann. gr. 8. (III, 285 S.) Leipzig 895. J. A. Barth. n. 9. —

— dasselbe. Jahrg. [illegible] 1898. Neue Folge. 51.—58. Bd. à 12 Hfte. (à ca. 50 S.) gr. 8. Ebd.

à Jahrg. n. 24. —

— für praktische Chemie. Gegründet v. Otto Linné Erdmann, fortgesetzt v. Herm. Kolbe, hrsg. von Ernst v. Meyer. Neue Folge. 59.—66. Bd. Jahrg. 1899—1902. à 24 Hfte. gr. 8. (à ca. 48 S.) Leipzig, J. A. Barth. à Jahrg. n. 24. —

— für praktische Chemie. Gegründet von Otto Linné Erdmann, fortgesetzt v. Herm. Kolbe, hrsg. von Ernst v. Meyer. Neue Folge. 67.—74. Bd. Jahrg. 1903—1906. à 24 Hefte (584, 552, 568, 576, 576, 576, 576 u. 568 S.) gr. 8. Leipzig, J. A. Barth.

à Jhrg. (2 Bde.) n. 24. —

— f. praktische Chemie. Gegründet v. Otto Linné Erdmann, fortgesetzt v. Herm. Kolbe, hrsg. v. Ernst v. Meyer. Neue Folge. 75.—82. Bd. Jahrg. 1907—1910. à 24 Hefte. (VIII, 560; VIII, 568 S. m. 1 Portr.; VIII, 552; VIII, 564 S. m. 1 Taf.; VIII, 568 S. m. 1 Taf.; VIII, 572; VIII, 568 u. VIII, 572 S.) 8. Leipzig, J. A. Barth. à Jahrg. 24. —

—f. techn. u. ökonom. Chemie, herausgeg. von O. L. Erdmann. Jahrg. 1828—32, od. 1r—15r Bd. Mit Kpf. (Auch u. d. T.: Die neuesten Forschungen im Gebiete der techn. u. ökonom. Chemie.) Jeder Jahrg. in 12 Heften. gr. 8. Leipz., Barth. à J. 8 ₰ Hbg. Pr. aller 15 Bde. 20 ₰

—— für techn. u. ökonom. Chemie. Hrsg. v. Otto Linné Erdmann. 1—18. Bd. od. Jahrg. 1828—33. — A. u. d. T.: Die neuesten Forschungen im Gebiete d. techn. u. ökonom. Chemie. Jahrg. 1828—33. à 3 Bde. od. 12 Hfte. Mit Kpfrt. gr. 8. Leipzig, Barth. à J.
Jahrg. 1828—32. od. 1—15. Bd. zusamm. genomm., hrbgs. Pr. 20 Thlr., jeder Jahrg. einzeln 5 Thlr., jeder Bd. einzeln 1 Thlr. 16 Gr. — Fortsetzung, s. Journal f. prakt. Chemie, hrsg. v. O. L. Erdmann u. Fr. W. Schweigger-Seidel.

— chemisches, herausgegeb. v. L. Crell, s. Crell.

CHEMISCHES JOURNAL FÜR DIE FREUNDE DER NATURLEHRE, Arzneygelahrtheit, Haushaltungskunst und Manufakturen. Entworfen von Lorenz Crell. 6 vols., 12mo. Lemgo, 1778–'81.

Journal, The, of physical chemistry. Vol. 1. 1896/97 u. vol. 2. 1898 ff. Jthaca, N. Y., ... and Leipzig

— der Chirurgie u. Augenheilkunde, s. Gräfe.

—d. Chirurgie u. Augenheilkunde; herausg. v. K. Fd. v. Gräfe u. Ph. v. Walther. 1r, 2r Bd., à 4 Hfte, mit 9 Kpf. gr. 8. Berl. 820, 21. Duncker u. H. à 4 ₰ 8 ₰ 3r—18r Bd. Mit Kpf. gr. 8. Ebd. 822—32. Reimer. (à Bd. v. 4 Heften 4 ₰) 72 ₰ Universalregister zum 1n—10n Bde, herausg. v. Ed. Ad. Gräfe. gr. 8. Berl. 828. Reimer. 1 ₰

—— dass. Universal-Register z. 1—10. Bde., hrsg. v. Ed. Ad. Gräfe. gr. 8. (11 B.) Ebds. 828.

—— der Chirurgie u. Augen-Heilkunde, hrsg. v. C. F. v. Gräfe u. Ph. v. Walther. 11—23. Bd. à 4 Hfte. Mit Kpfr.- u. Stnt. gr. 8. (à Bd. ca. 44 B.) Berlin 828—35, Reimer. à Bd.

—— dass. General-Register üb. d. ersten 20 Bde. Hrsg. v. Ed. Ad. Gräfe. gr. 8. (22 B.) Ebds. 834.
1. u. 2. Bd. Berlin, Duncker u. Humblot, 1820, 21. à 4 Thlr. — 3—10. Bd. Berlin, Reimer, 1822—27. à 4 Thlr.

—— der Chirurgie u. Augen-Heilkunde, hrsg. v. C. F. v. Gräfe u. Ph. v. Walther. 24—30. Bd. à 4 Hfte. Mit Stnt. gr. 8. Berlin 836—42, Reimer. à J. *

—— dass. — hrsg. v. Ph. v. Walther u. F. A. v. Ammon. 31. Bd. Neue Folge. 1. Bd. 4 Hfte. M. Kpfrt. gr. 8. Ebds. 842. *
Vgl. s. Bd. 1. Abthl. S. 396.

—— f. Chirurgie u. Augenheilkunde. Hrsg. v. Ph. v. Walther u. F. A. v. Ammon. 32—38. Bd. Neue Folge 2—8. Bd. à 4 Hfte. Mit Kpfrt. gr. 8. Berlin 843, 44, G. Reimer. à Bd. * 4 Thlr. *

—— dass. General-Register zu den ersten 30 Bdn. s. Graefe, E. A.
3—31. Bd. Ebendas. 1822—42. à Bd. * 4 Thlr.

—— für Chirurgie und Augenheilkunde. Hrsg. von Ph. v. Walther und F. A. v. Ammon. IX. Bd. 4 Hefte. Mit Kpfrt. gr. 8. Berlin 849, G. Reimer. *

—— dass. — Supplement- und Schlussheft: Philipp Franz v. Walther's Leben und Wirken skizzirt von Aloys Martin. gr. 8. (96 S. und Reg. 19 S.) Ebds. 850. *
Vgl. 10. Bd. 1. Abthl. S. 414.

Journal Chirurgie Geburtshilfe

Journal für die Chirurgie, Geburtshülfe und gerichtliche Arzneykunde. Hrsg.v. Just Christian Loder. Bd 1-3. gbn.

Jena: Akad.Buchhdlg 1797-1801

JB 6.111

— des coiffeurs, s.: Coiffeur-Zeitung.

—— cosmolog., monatl. Mittheiln. f. d. neueste Kunde d. Welt- u. Menschen-Lebens. Hrsg. v. H. C. Berghaus. 1. Jahrg. 1829. 12 Hfte. gr. 8. Berlin, Maurer.

— des Dames et des Modes. av. fig. 8. Frkf. Esslinger.

Journal des dames et des modes (Unvollständig.) Frankfurt a. M. 1816, 1818, 1819, 1821, 1823. 8°.

—— des Dames et des Modes. Redigé par Jean François Lemaire. Année 1827—35. à 52 No. (Cahs.) et 52 Fig. color. gr. in-8. Francfurt. (Hermann; Andreae.) à A.
Jahrg. 1798—1826. Ebendas. à 7 Thlr.

—— des Dames et des Modes, publ. par G. E. Alisky. Avec un Recueil de pièces élégantes et faciles pour le Piano, la Guitarre, le chant et l'observateur des Modes. I et II. Année. 1831 et 32. Schmal gr. 4. Darmstadt, Alisky.
à A. 9 Thlr., ohne Musik

— des dames et des modes. Littérature, sciences, beaux-arts, industrie, fashion, théâtres. Editeur et Rédacteur: J. P. Lemaire. 46—48. Année 1844—1846, à 52 Nrs. (à $1^1/_2$—2 Bogen.) chacque année avec 64 gravures et 6 doubles planches de patrons et brodéries. gr. in-8. Francfort s/M. (Herrmann.) (à) n. $10^5/_{12}$ ₰

— des Dames et des Modes. Littérature, Sciences, Beaux-Arts, [illegible], Fashion, Théâtres. Rédacteur: J. P. Lemaire. 49 et 50. année. 1847. 1848. à 52 Nrs. [illegible] color. [illegible] Frankfort s. M. (Hermann.) [illegible]

Journal des dames de la Suisse romande. 8e année. 1897. 52 N^os^. Gr. in-8°. Lausanne, H. Mignot.
Par an 6 —; Union postale 8 —

— des demoiselles. Revue bi-mensuelle instructive et amusante. Dir.: Fr. Lotsch et E. de Sauzé. 1. année. April—Septbr. 1903. 12 Nrn. (144 S.) gr. 8. Leipzig, Renger. n. 3.—
Fortsetzg. s.: Revue des demoiselles.

Journal, Dänisches. Kopenhagen 1767—70. H: *Lorck, Josias.* (Collin, Anonymer. Kiobenh. 1869.)

—Dänisches, 1r Bd. u. 2r Bd., 16, 23 Stck. 8. Kopenh. 768—71. (Brummer). 1 ₰ 6 ℊ

— dänisches. 1r Bd. 46 Stck. 2r Bd. 16 26 Stck. 8. Kopenh. Proft. 768—71.

Journal. – Darmstädter Journal. – 1.I.1843 – 29.VI.1852.

Journal de la défense de Cassel par le cte de Broglie, investie le 15 févr. par le cte de La Lippe-Buckebourg, et assiégée le 1er mars 1761. (60.) 4. av. 2 pls. Francfort s. l. M. 1761.

Journal für Denker und Männer von Geschmack. Gera 1783—1792. H: *Winkopp, Peter Anton.* (BIBLIOTHEK für Denker 1783c) (FOCK 431/6218) (GGr V 504, Nr. 4/6) (BIBLPORT)

Journal du D e p a r t e m e n t des Bouches de l'Elbe oder Staats- und Gelehrte Zeitung des Hamburgischen unpartheyischen Correspondenten. –
3.XII.1811 – 16.III.1813.
Vorh. u.d.T.: Staats- und Gelehrte Zeitung des Hamburgischen Correspondenten.
Fortges. u.d.T.: Journal des Departements der Elbmündungen, oder Staats- und Gelehrte Zeitung des Hamburgischen unpartheyischen Correspondenten.

Journal du D e p a r t e m e n t des Bouches de l'Elbe oder Staats- und Gelehrte Zeitung des Hamburgischen unpartheyischen Correspondenten. –
1.VI.1813 – 11.XII.1813.
Vorh. u. fortges. u.d.T.: Staats- und Gelehrte Zeitung des Hamburgischen unpartheyischen Correspondenten.

Journal des D e p a r t e m e n t s der Elbmündungen, oder Staats- und Gelehrte Zeitung des Hamburgischen unpartheyischen Correspondenten. –
17.III.1813 – 18.III.1813.
Vorh. u.d.T.: Journal du Departement des Bouches de l'Elbe oder Staats- und Gelehrte Zeitung des Hamburgischen unpartheyischen Correspondenten.
Fortges. u.d.T.: Staats- und Gelehrte Zeitung des Hamburgischen unpartheyischen Correspondenten.

Das Deutsche Journal und Mohawkthal Post: Mar. 10, 1900—Apr. 1917.
Weekly. Independent, 1904—05; Republican, 1906—17. Title varies: DAS DEUTSCHE JOURNAL, Mar. 10, 1900—1910. Merged with SCHENECTADY HEROLD. Circulation: 1905, 1500; 1910, 1800; 1913, 2750. Edited & published by Martin Kreuzberger, 1900—08; edited by Oswald F. Heck, 1909—10; by G. C. Wartmann, 1911—17; published by Martin Kreuzberger, 1909—10; by Mohawk Valley Publishing Co., 1911—17.
Schenectady, NY

Deutsches Journal: Nov. 1849—1852?
Democratic weekly; supported Franklin Pierce. Edited & published by John Bittmann [with Bender], 1849—52.
Dayton, OH

Deutsches Journal: 1850 ? Dayton, OH

Deutsches Journal: 1870?—1899?
Democratic weekly. Circulation: 1890, 500. Edited & published by Richard Strassburger, 1870?—95 [with firm name, New Brunswick Journal Publishing Co., 1882?—88]; by William Dingethal, 1896—99.
New Brunswick, NJ

— von u. für Deutschlad (9 Jahrgg.) J. 1784, (von L. Fr. Gthr. v. Göcking. 1785—92, v. Frhr. P. A. S. v. Bibra. Mit Beiträgen v. H. A. F. v. Eschstruth). 4. Fulda u. Nürnb., Grattenauer. (à Jahrg. 6 ₰) 54 ₰

— — für D e u t s c h l a n d, historisch-politischen Inhalts. s. B u c h h o l z, Fr.,

— — du D i c t i o n n a i r e des Sciences etc. voyez D i c t i o n n a i r e.

Journal du Dimanche
s. a. Gazette du Valais.

Journal du Dimanche
① Chronique illustrée, Histoire, Voyages, Faits ⑤ 1857—1858 ⑥ in-2° ⑦ hebdomadaire ⑧ Berne: Charles Gutknecht ⑩ l'imprimeur ⑪ l'imprimeur ⑭ Be: S.

Journal, dramaturg., für Deutschland. Jahrg. 1802. 12 Hfte. Mit Kpf. 8. Fürth 802. (Campe in Nürnb.) 4 ₰

Journal. – D r e s d n e r Journal. –
1.IV.1848 – 30.IX.1848.
Vorh. u.d.T.: Dresdner Tageblatt.
Fortges. u.d.T.: Dresdner Journal und Anzeiger.

Journal. – D r e s d n e r Journal und Anzeiger. –
1.X.1848 – 30.IX.1851.
Vorh. u.d.T.: Dresdner Journal.
Fortges. u.d.T.: Dresdner Journal.

Journal. – D r e s d n e r Journal. –
1.X.1851 – 6.IX.1914.
Vorh. u.d.T.: Dresdner Journal und Anzeiger.
Fortges. u.d.T.: Sächsische Staatszeitung.

—— du d r o i t **international privé. Recueil critique de doctrine, jurisprudence et législation, concernant les étrangers et les conflits de lois dans les différents pays publié avec le concours de Ch. Demangeat et P. S. Mancini et la collaboration de plusieurs jurisconsultes français et étrangeres par Eduard Clunet. 1re année. 1874.** 6 Hefte. (à 2—3 Bog.) gr. 8. Paris, Berlin, Puttkammer und Mühlbrecht. *

— du d r o i t **international privé et de la jurisprudence comparée, publié avec le concours de Ch. Demangeat et P. S. Mancini et la collaboration de plusieurs jurisconsultes français et étrangers, par Ed. Clunet. 2e—6e Année. 1875—1879.** à Jahrg. 6 Hefte. gr. 8. (à Heft ca. 80 S.) Paris. (Berlin, Puttkammer und Mühlbrecht.) à Jahrg. *

—— du d r o i t **international privé et de la jurisprudence comparée, publié avec le concours de Ch. Demangeat et P. S. Mancini et la collaboration de plusieurs jurisconsultes français et étrangers. 7e—11e année. 1880—1884.** à Jahrg. 6 Hefte. gr. 8. (à Heft ca. 80 S.) Paris. (Berlin, Puttkammer und Mühlbrecht.) à Jahrg. *

—— du d r o i t **international privé et de la jurisprudence comparée, publié avec le concours de Ch. Demangeat et P. S. Mancini et la collaboration de plusieurs jurisconsultes français et étrangers. 12e et 13e année. 1885 et 1886.** à Jahrg. 6 Hefte. gr. 8. (à Heft ca. 80 S.) Paris. (Berlin, Puttkammer und Mühlbrecht.) à Jahrg. * 12 —
—— dass. — 14e et 15e année. 1887 et 1888. à Jahrg. 6 Hefte. gr. 8. (à Heft ca. 80 S.) (Ebendas.) à Jahrg. * 15 —

— für die D r u c k-, F ä r b e- u. B l e i c h k u n s t rc., s. a. Journal für die Indiennen- oder Baumwollendruckerei.

Journal für die Druck-, Färbe- und Bleichkunst, Neue, mit Kupfern u. natürl. Zeugmustern. ... von I. G. Dingler. Bd. 1. 2. Augsburg 1815. gr. 8.
—, — 2. Ausg. u. d. T.: Neues Journal f. d. Indiennen- u. Baumwollendruckerei etc. Bd. 1. 2. Augsburg 1837—38. Sieh dieses.

Journal. – D ü s s e l d o r f e r Journal. –
1.(?)I.1856 – 11.IX.1860.
Vorh. u.d.T.: Düsseldorfer Journal und Kreisblatt.
Fortges. u.d.T.: Niederrheinische Volkszeitung.

Journal. – D ü s s e l d o r f e r Journal und Kreisblatt. –
1848 Nr. 120 – 31.XII.1855.
Vorh. u.d.T.: Düsseldorfer Kreisblatt und Täglicher Anzeiger.
Fortges. u.d.T.: Düsseldorfer Journal.

— encyklopädisches, 15 Stck. 8. Cleve. (Jacobäer, Lpz.) 774.

— encyklopädisches, 10 Stücke. (9s—10 u. letztes, v. Chr. K. W. v. Dohm). 8. Cleve 774. (Jacobäer in Leipz.) 4 ₰

—— des e n f a n s et des jeunes personnes. gr. in-16. (Redig. par C. Schmaltz.) 1841, 42. Leipsic, Schmaltz. [841. (12 B.) * ⅓ Thlr., 42. (24 B.) * 1 Thlr.] *

— des enfans et des jeunes personnes. (Rédigé par C. Schmaltz.) gr. in-16. Leipsic 841, Schmidt. n. ½ ₰

— dass. für 1842 u. 1843, à Cahier 1 à 12. gr. in-16. Leipzig 842, 43. (Quedlinburg, Schmaltz.) à n. 2 ₰

—— des enfans et des jeunes personnes. 1843. Cah. 1—12. gr. in-16. Leipsic. (Schmaltz.) *
Jahrg. 1841, 42. Ebendas. * 1 Thlr. 15 Ngr.

— englisch-français f. deutsche Leser. (Früher: Le Maître français. — The English teacher.) Red. v. Théodore de Beaux u. John Montgomery. 4.—7. Jahrg. Oktbr. 1895—Septbr. 1899. 24 französ. u. 24 engl. Nrn. (à 8 S.) gr. 8. Leipzig, Renger.
à Jahrg. n. 6. —
französ. od. engl. Tl. allein à Jahrg. n. 4. —
Kann auch vierteljährlich bezogen werden.

— dasselbe, s. a.: London Westend Tailor's Journal etc.

— english-français f. deutsche Leser. Red. von John Montgomery u. Théodore de Beaux. 8. Jahrg. Oktbr. 1899—Septbr. 1900. 24 engl. u. 24 französ. Nrn. gr. 8. (à ca. 8 S.) Leipzig, Renger. n. 6. —;
engl. od. französ. Thl. allein à Jahrg. n. 4. —

— dasselbe. Französ.-engl. Lern- u. Übungsblatt. Red. v. H. Robolsky u. v. 11. Jahrg. an v. H. P. Junker. 9.—11. Jahrg. Oktbr. 1900—Septbr. 1903. à 24 engl. u. 24 französ. Nrn. gr. 8. (à ca. 8 S.) Ebd. à Jahrg. n. 6. —;
engl. od. französ. Thl. allein à Jahrg. n. 4. —

Journal english-français f. deutsche Leser. Französisch-engl. Lern- u. Uebungsblatt. Red. d. engl. Ausg.: K. Robolsky, der franz. Ausg.: A. Robolsky. 12.—15. Jahrg. Oktbr. 1903—Septbr. 1907. à 24 engl. u. 24 französ. Nrn. (à Jhrg. IV, 192 u. IV, 192 S.) gr. 8. Leipzig, Renger. à Jhrg. n. 6. —; engl. od. französ.
Ausg. allein à Jhrg. n. 4. —

— épistolaire. Tom. I. p. I. et II. 8. Berl. 755.

Journal der Erfindungen, Theorien und Widersprüche in der Natur- und Arzneiwissenschaft. [Hrsg.: August Friedrich Hecker.] Bd 1.] Gotha: Perthes 1792 - 95. 8°

Bd 1,] St. 1 - 4: 1792 - 95.
St.1 : 1792.
St.2.3: 2. Aufl. 1795.
St.4: 1793.

Journal Erfindungen Theorien

Journal der Erfindungen, Theorien und Widersprüche in der Natur- und Arzneiwissenschaft Stück 1-14, N.F. 1-8. Stück 1-2.Aufl. gbd.

Gotha: Perthes 1793-1800
Titeländerung N.F. 1-8: Journal, Neues, der Erfindungen. Stück 1-8. 1798-1800
Beilage: Intelligenzblatt des Journals der Erfindungen. Nr 1-10, N.F. 1-8

JB 6.044

Journal der Erfindungen, Theorien und Widersprüche in der Natur- u. Arzneiwissenschaft. Hrsg. von Freunden d. Wahrheit ... [Hrsg.: August Friedrich Hecker]. Bd 1-[11]. Gotha: Perthes 1793-1809. 8°

Bd 1 = St. 1-4:	1793.		
Bd 2 = St. 5-8,	Intelligenzbl.	No 1-4:	1794.
Bd 3 = St. 9-12,	"	No 5-8:	1795.
Bd 4 = St.13-16,	"	No 9-12:	1796.
Bd 5 = St.17-20,	"	No13-16:	1796.
Bd 6 = St.21-24,	"	No17-20:	1797.
Bd 7 = St.25-28,	"	No21-24:	1798.
Bd 8 = St.29-32,	"	No25-28:	1800.
Bd 9 = St.33-36,	"	No29-32:	1802.
Bd10 = St.37-40,	"	No33-36:	1804.
[Bd 11 =] St.41-44,	"	No37-39:	1804-09

— neues, der Erfind. ꝛc. ist d. vorherg. 25—44ste Stck.

— — Register üb. d. 1ste—20ste Stck. ist am 41ten Hefte.

— — Register üb. d. ersten 24 Stck, s. Gesch. des 18ten Jahrh. d. Erfindungen ꝛc.

Journal d'Estavayer
① Feuille d'Avis du district de la Broye ⑤ 2. 4. 1898 (cont.) ⑥ in-2° ⑦ 2× par semaine ⑧ Estavayer-le-Lac: H. Butty & Cie., Butty S.A. ⑨ Petite Revue illustrée ⑫ feuille d'avis ⑬ BGSZ. 986; Journal d'Estavayer, numéro spécial, 1898—1948 ⑮ Fr. C.

— des événements survenus à la tour du temple, pendant la captivité de Louis XVI. p. Clery. gr. 8. Vienne, Gerold. 812.

— für Fabrik, Manufaktur, Handlung u. Mode. 17 Jahrgänge, od. 33 Bde. Mit Kpf. gr. 8. Leipz. 791 — 807. (Brockhaus). 77 ₰ 16 ℊ Neues, f. Fabriken ꝛc. 1r—6r Bd., od. 1808—10. à Jahrg. 12 Stcke. gr. 8. Leipz., (Brockhaus). (à 8 ₰) 24 ₰ Jahrg. 1811. 2 Hefte. Ebd. (à 20 ℊ) 1 ₰ 16 ℊ (Generalregister üb. sämmtl. bis 1811 erschienenen 40 Bde., unt. d. Titel: Repertorium des Wissenswürdigsten, was von 1791 — 1810 in d. mechanischen Künsten geleistet worden ist. gr. 8. Leipz. 813. (Brockhaus). 18 ℊ

— f. Fabrik. Manufaktur, Handl. u. Mode. 17 Jahrg. od. 33 Bde. m. K. gr. 8. Leipzig, Gleditsch. 791—807. (I. Jahrg. 1 Rthlr. II. u. III. à 3 Rthlr. 8 gr. IV.—XVII. à 5 Rthlr.)

—— des familles. Année 1863 et 1864. à 12 Livrs. (à 4 Bog. mit eingedr. Holzschn.) hoch 4. Stuttgart 862, Hoffmann'sche Verlagsh.
à Jahrg.

—— dass. — Vol. 3. — 5. 1865 — 67. à Vol. 12 Livrs. (à 4 Bog. mit eingedr. Holzschn.) hoch 4. Leipzig, (Waldow.)
à Vol.

—— des familles et de la jeunesse. Publication littéraire, morale, instructive et récréative. Redact.: Ch. Dupont. 1. Jahrg. 1870. 12 Hefte. (à 32—40 S.) gr. 4. Constanz, Fritz.
à Heft * 60 Pf. *

— of fashion. Beiträge für künstler. Zuscheiden u. Arbeiten. Deutsche Ausg. 12.—15. Jahrg. 1899—1902. à 12 Nrn. m. 20 Modebildern, 2 farb. Saison-Tableaux, 10 Extragravüren u. 2 Taschen-Albums. gr. 4. (à ca. 16 S. m. Abbildgn.) Frankfurt a/M., Modejournal-Verlag M. G. Martens.
à Jahrg. n. 21. —

— of fashion. Beiträge f. künstler. Zuschneiden u. Arbeiten. Red. v. M. G. Martens. 19. Jahrg. 1906. Mit jährlich 2 Saison-Tableaux, 2 Taschen-Albums u. 12 Schnittbog. 12 Nrn. (à 16 S. m. Abbildgn.) Lex.-8. Frankfurt a/M., Modejournal-Verlag M. G. Martens. Ausg. I m. 14 farb. Modebildern n. 13. 80; Ausg. II m. 10 farb. Modebildern n. 11. 80; Ausg. III m. 10 schwarzen Modebildern n. 8. 80; Extraausg. m. 20 farb. Modebildern u. 10 Damenbildern. n. 21. —
Vergl. Journal der Mode.

— of fashion. Beiträge f. künstler. Zuschneiden u. Arbeiten. Red. v. M. G. Martens. 23. Jahrg. 1910. Mit jährlich 2 Saison-Tableaux, 2 Taschen-Albums, 12 Schnittbog. u. 10 monatl. Gravüren. 12 Nrn. (à ca. 16 S. m. Abb.) Lex. 8. Frankfurt a/M., Modejournal-Verlag M. G. Martens. Ausg. I halbj. 6.90; m. 2 Damengrav. 9.90; kolor. 11.40; Ausg. II halbj. 5.90; m. 2 Damengrav. 8.90; kolor. 10.40; Ausg. III halbj. 4.40; m. 2 Damengrav. 7.40; kolor. 8. 90

— de la femme d'un missionnaire dans les prairies de l'ouest aux États-unis. Traduit de l'anglais par Mlle. Rilliet-de Constant. 12. (155 S.) Genf 857. Leipzig, Hübner.

Journal de Fête du Tir cantonal Fribourg 1905. [Illustré.] (10 Nos, 23 juillet — 21 août 1905.) (à IV + ens. 144 p.) 4. Fribourg ⟨Suisse⟩, Impr. Saint-Paul. Abt. fr. 2. 50, Le numéro —. 25

Journal et Feuille d'Avis du Valais et de Sion

① Organe de publicité et d'informations ⑤ 28. 11. 1903 (cont.) ⑥ in-2° (agrandissement novembre 1952) ⑦ 3X par semaine ⑧ Sion: Imprimerie hoirs Gessler (1903–1927). Imprimerie de la Feuille d'Avis MM. Gessler frères et sœurs (1927–1931). Imprimerie de la Feuille d'Avis S.A. (1931–1933). Imprimerie de la Feuille d'Avis Mlle. A. Gessler (1933–1935). Imprimerie de la Feuille d'Avis Mr. Boll-Gessler (1935–1938). Imprimerie de la Feuille d'Avis gérée par Fiorina & Pellet (juillet 1938 – janvier 1939). Imprimerie de la Feuille d'Avis Mme. G. Gessler & fils. Imprimerie Gessler ⑨ Famille Gessler et ses diverses S.A. qui se sont succédées ⑩ Emile Gessler, Alfred Pettinein, Alexandre Ghika, André Marcel, Henri Forestier, Robert Gaÿner ⑪ neutre ⑫ BGSZ: 724: Journal et Feuille d'Avis 1953, no. 142 ⑭ St: C ⑯ Journal boycotté par le Conseil d'Etat; objet d'une polémique dans le Bulletin de la Société Suisse des Editeurs de journaux Zurich nos. 125–129. 1935.

— des jeunes filles. Revue illustrée bimensuelle. 1897. In-8°. Neuchâtel, Delachaux & Niestlé. Par an 4 50; Union postale 5 50

—— der Fischerei. Eine fortlaufende Sammlung in zwanglosen Heften des Neuesten und alles dessen was die Fischerei, namentlich Angelkunde ꝛc. in sich faßt. Hrsg. unter Mitwirkung mehrerer Freunde der Fischerei von v. Ehrenkreutz. 1. und 2. Heft. gr. 12. (94 und 96 S.) Ulm 854–56, F. Ebner. [Heft 1. 8 Ngr., 2. 12 Ngr.]

—— der Fischerei. Eine fortlaufende Sammlung in zwanglosen Heften des Neuesten und alles dessen was die Fischerei, namentlich Angelkunde ꝛc. in sich faßt. Hrsg. unter Mitwirkung mehrerer Freunde der Fischerei von Baron v. Ehrenkreutz. 3. und 4. Heft. gr. 12. (100 S.; 96 S.) Ulm 857. 59, Fr. Ebner'sche Buchh. [3. Heft 12 Ngr., 4. Heft 10 Ngr.]

1. und 2. Heft. Ebendas. 1854–56. 20 Ngr.
Ist nicht fortgesetzt worden.

Journal des fonctionnaires fédéraux
v. Schweizerische Beamten-Zeitung.

Journal des fonctionnaires des PTT et des Douanes — Giornale dei Funzionari delle PTT e delle Dogane

⑤ 1954 (cont.) ⑥ in-2° ⑦ hebdomadaire ⑧ Burgdorf (Berthoud): F. Haller ⑨ Les Droits du Travail. Voce dei Ticinesi (settimanale). Courrier féminin (hebdomadaire). Douane - Zoll - Dogane (hebdomadaire). Rubrica Ticinese (settimanale) ⑩ Union PTT ⑪ Edouard Bezençon, Berne ⑫ mouvement syndical, socialiste ⑭ Be: L (1954 cont.).

— forestier suisse. Organe de la société des forestiers suisses. Red.: F. Fankhauser. 51me et 52me année. 1900 et 1901. à 12 Nrn. gr. 8. Bern, A. Francke. à Jahrg. n. 3. —
51. (VI, 210 S. m. Abb., 10 Taf. u. 1 Karte.)
52. (VI, 208 S. m. Abb. u. 11 Taf.)

— dasselbe. Red.: M. Decoppet. 53me année. 1902. 12 Nrn. gr. 8. (VI, 241 S. m. 12 Taf.) Ebd. n. 3. —
Vergl.: Zeitschrift, schweiz., f. Forstwesen.

— forestier suisse. Organe de la société des forestiers suisses. Red.: M. Decoppet. 54.—57me année. 1903—1906. à 12 Nrn. (VIII, 344; VIII, 320; VIII, 352 u. VIII, 384 S. m. Abbildgn. u. 45, 40, 38 u. 61 Taf.) gr. 8. Bern, A. Francke. à Jhrg. n. 5. —

— forestier suisse. Organe de la société des forestiers suisses. Red.: M. Decoppet. 58me—61me année. 1907—1910. à 12 Nrn. (VI, 252 S. m. 35 Abb. u. 14 Taf.; VII, 260 S. m. 10 Abb. u. 15 Taf.; VII, 240 S. m. 24 Abb. u. 16 Taf. u. VII, 272 S. m. 26 Abb. u. 14 Taf.) gr. 8. Bern, A. Francke. à Jahrg. 3.—; m. der Schweizer. Zeitschrift f. Forstwesen 7. —

Pfingsten, Johann Hermann (Herausgeber): „Journal für Forst-, Bergwerks-, Salz-, Schmelzhütten-, Fabrik-, Manufaktur- und Handlungssachen", Jahrgang 1—3 (= Stück 1—5), Hannover 1786 bis 1790 (Hellwing). — Vorh.: Reg.B. Ansbach, ferner Bayerische Staatsbibliothek München — Oecon. 1387.

— f. d. Forst- u. Jagdwesen. 1r—5r Bd. z. 2 Heft. m. K. 8. Leipz. F. C. W. Vogel. 790—99. (I. u. II. jed. Heft à 12 gr. III. 1s 16 gr. 2s 12 gr. IV. 1s 12 gr. 2s 18 gr. V. 1s 16 gr. 2s 14 gr.)

— f. das Forst- u. Jagdwesen. (Redig. v. J. D. Reitter.) 5 Bde. à 2 Hefte. Mit Kpf. 8. Leipz. 790—99. W. Vogel. 5 ℛ 16 ℊ

— f. d. Forst-, Jagd- und Fischerwesen, v. G. L. Hartig. 3 Jahrg. z. 2 Quart. Stuttg. Löflund. 806—8. (à 1 Rthlr. 8 gr.)

— de Forte-piano p. P. I. Milchmeyer. Jena, Voigt.

—— der neuesten Fortschritte in der Buchbinderei, den Papp- u. Galanteriearbeiten, der Liniirkunst, Papierfärberei, Tapeten- u. Pergamentfabrication. 1—4. Hft. gr. 4. Weimar, Voigt. [1. (4 B. u. 4 Stnt.) 814. 12½ Ngr., 2. (4 B. u. 5 Stnt.) 45. 13¾ Ngr., 3. (2½ B. u. 4 Stnt.) 11¼ Ngr., 4. (1 B. u. 4 ill. Stnt.) 47. 15 Ngr.] Thlr. 1

—— der neuesten Fortschritte in der Buchbinderei, den Papp- und Galanteriearbeiten, der Liniirkunst, Papierfärberei, Tapeten- und Pergamentfabrikation. 1. Bd. 5. und 6. Heft, 2. Bd. (6 Hefte) und 3. Bd. 1. Heft. gr. 4. Weimar 849—52, Voigt. [2. Bd. 5. und 6. (S. 93—120 mit 4 ill. und 2 schw. Stnt.) 26¼ Ngr., 3. Bd. (168 S. und 16 Stnt.) 2 Thlr. 3¾ Ngr., 3. Bd. 1. (S. 1—32 mit 4 Stnt.) 12½ Ngr.]

1. Bd. 1—4. Heft. Ebendas. 1844—47. 1 Thlr. 20½ Ngr.

—— der neuesten Fortschritte in der Buchbinderei, den Papp- und Galanteriearbeiten, der Liniirkunst ꝛc. 3. Bd. 2—6. Heft. gr. 4. (IV und S. 33—188 mit 14 Stnt. in 4.) Weimar 853—54, Voigt.

1. und 2. Bd. und 3. Bd. 1. Heft. Ebendas. 1844—52. 5 Thlr. 3 Ngr.

—— der neuesten Fortschritte der landwirthschaftl. Fabrikenkunde, namentlich der Branntweinbrennerei, Bierbrauerei, Zucker-, Stärke- u. Puderfabrikation, der Oel- u. Essigbereitung u. der Weinproduction. 1—3. Bd. à 6 Hfte. u. 4. Bd. 1. u. 2. Hft. gr. 4. Weimar, Voigt. [1. Bd. (24 B. u. 13 Stnt.) 844, 45. 1 Thlr. 28¾ Ngr., 2. (24 B. u. 9 Stnt.) 45. 2 Thlr. 6¼ Ngr., 3. (24 B. u. 9 Stnt.) 46. 2 Thlr. 3¾ Ngr., 4. Bd. 1. u. 2. Hft. (8 B. u. 1 Stnt.) 47. 16¼ Ngr.]

—— der neuesten Fortschritte der landwirthschaftl. Fabrikenkunde, namentlich der Branntweinbrennerei, Bierbrauerei, Zucker-, Stärke- und Puderfabrikation, der Oel- und Essigbereitung und Weinproduction. Hrsg. von Alex. Schultz. 4. Bd. 3—6. Heft und 5. Bd. 1—4. Heft. gr. 4. Weimar, Voigt. [4. Bd. 3—6. (IV und S. 65—188 mit 4 Stnt.) 848—49. 1 Thlr. 5 Ngr., 5. Bd. 1—4. Heft. (S. 1—128 und 12 Stnt.) 850—52. 1 Thlr. 15 Ngr.]

1—3. Bd. und 4. Bd. 1—3. Heft. Ebendas. 1844—47. 2 Thlr. 26¼ Ngr.

—— der neuesten Fortschritte der landwirthschaftlichen Fabrikenkunde. 5. Bd. 5. Heft. gr. 4. (S. 129—160 mit 1 Stnt.) Weimar 853, Voigt.

—— dass. — 6. Bd. (6 Hefte.) gr. 4. (IV und 188 S. mit 14 Stnt.) Ebds. 854—56.

1—4. Bd. und 5. Bd. 1—4. Heft. Ebendas. 1844—52. 5 Thlr. 16¼ Ngr.

— — Sach- u. Namenregister zu Bd. 31—60 dieser Zeitschrift bearb. von Gust. Werther. Ebend. 854. gr. 8. (113 S.) n. 1 ℛ

—— der neuesten Fortschritte der Seifensiederei, der Talg-, Wachs-, Wallrath-, Stearin- u. Brillantkerzen-Fabrication. 1. Bd. 6 Hfte. u. 2. Bd. 1. u. 2. Hft. gr. 4. Weimar, Voigt. [1. Bd. (24 B. u. 11 Stnt.) 844—46. 1 Thlr. 28¾ Ngr., 2. Bd. 1. u. 2. Hft. (8 B. u. 8 Stnt.) 847. 17½ Ngr.] *

—— der neuesten Fortschritte der Seifensiederei ꝛc. Hrsg. von Carl Hartmann. 2. Bd. 3—6. Heft und 3. Bd. (6 Hefte.) gr. 4. Weimar, Voigt. [2. Bd. 3—6. (IV und S. 65—188 mit 5 Stnt.) 848—50. 1 Thlr. 6¼ Ngr., 3. Bd. (IV und 186 S. mit 9 Stnt.) 851—52. 1 Thlr. 18¾ Ngr.] Thlr.

1. Bd. und 2. Bd. 1. und 2. Heft. Ebendas. 1844—47. * 2 Thlr. 16¼ Ngr.

—— der neuesten Fortschritte der Seifensiederei rc. Hrsg. von Carl Hartmann. 4. Bd. 1—5. Heft. gr. 4. (S. 1—148. und 12 Stnt.) Weimar 854—55, Voigt.
1—3. Bd. Ebendas. 1844—52. * 5 Thlr. 11⅓ Ngr.

— français pour l'Allemagne. Paraissant trois fois par mois à l'usage de ceux qui veulent se prefectionner dans le français. Red.: Alfr. et Gaston Loppe. 1. Jahrg. April—Dezbr. 1900. 27 Nrn. gr. 4. (à ca. 16 S.) Berlin, A. Dressel. 6. —

— Français de Berlin. Revue hebdomadaire des sciences, de la littérature et des arts. Réd.: Duvivier.. 2. année 1847. 52 Nrn. Fol. (à 2 B. mit Beilagen.) Berlin, Behr. n. 4 ℳ (Fortsetzung siehe: Courrier, le, de Berlin.)

— v. u. f. Franken. 6 Bde. z. 6 Heften. 8. Nürnb. Raw. 791. 93.

— — dess. Forts. ist Anspach. Monatsschr.

Journal in Franckfurt am Mayn. – 1724(?) – 2.I.1783(?).
Vorh. u.d.T.: Journal.
Fortges. u.d.T.: Frankfurter Journal.

Journal. – Frankfurter Journal. – F.a.M. – 3.I.1783(?) – 31.XII.1810.
1.(?)I.1814 – 9.III.1903.
Vorh. u.d.T.: Journal in Franckfurt am Mayn.

Journal von Frauen geschr. f. Frauen, herausg. v. Wieland, Schiller, Rochlitz u. Seume. 4 Jahrg. m. Kpf. 8. Leipz. Gösche. (Jahrg. 1805—8 à 6 Thlr.)

Journal für deutsche Frauen von deutschen Frauen geschrieben. Besorgt v. [Christoph Martin] Wieland, (1, 1-5: [Friedr. v.] Schiller,) [Friedrich] Rochlitz u. [Joh. Gottfr.] Seume. Jg. 1. 2. — Leipzig: Göschen 1805. 06. 8°

Forts. u. d. T.: Selene.

— f. d. Frauenzimm. a. d. Ital. v. Ricciardi. 2 Stck. 8. Zürich, Orell, Füßly u. Comp. 769—71.

Journal für Freymaurer. Als Ms. gedr. f. Brr. u. Mstr. des Ordens. Hrsg. von den Brüdern der □ zur wahren Eintracht im Or. von Wien. [Red. von Aloys Blumauer.] Jg. 1—3. Wien 1784—1787: Wappler. 8°
1. [H. 1—4] 1784. 1. 253 S. 1 Kpf.; 2. 258 S., 1 Kpf. 1 Notenbl.; 3. 250 S. 1 Kpf.; 4. 254 S. 1 Kpf.
2. [H. 1—4] 1785. 1. 248 S. 1 Kpf. 1 Notenbl.; 2. 254 S. 1 Kpf.; 3. 246 S. 1 Kpf.; 4. 268 S. 1 Kpf.
3. [H. 1—4] 1786—1787. 1. 240 S. 1 Kpf. 1786; 2. 262 S. 1 Kpf. 1786; 3. 238 S. 1 Kpf. 1786; 4. 246 S 2 Kpf. 1787.
Recens: Die zwo Schwestern P[rag] und W[ien] oder neu entdecktes Freymaurer- und Revolutionssystem. Ganz Deutschland besonders aber Oesterreich aus Originalfreymaurerschriften vorgelegt. [Von Leop. Alois Hoffmann. Augsburg: Rieger] 1796. 331 S. 8° s. Taschenbuch f. Frmr. 1798 S. 314—327.
cf.: Schroeder, F. L.: Materialien z. Gesch. d. Frmrei. seit d. Wiederherst. d. gr. L. i. London. 4 (o. J.) S. 29—30; Abafi, L.: Gesch. d. Frmrei. i. Oest.-Ung. 4 (1893) S. 293—297.
Kl. 22, 3491, Tt. 181. Vollständ. Samml. sehr selten.

— der Freimaurerei. 3 Bände. 8. Altenb. 804—22, Literat.-Compt.

Journal für Freimaurerei. [Hrsg. von Joh. Friedr. Pierer, Joh. Aug. Schneider, Jonath. Schuderoff, Friedr. Aug. Christian Mörlin.] Als Ms. gedr. f. Brr. Bd 1—3. [Altenburg: Literatur-Comptoir] 1804—1820. 8°
1. X, VI, 642 S. 1 Bl. Noten. 1804; 2. 652 S. 1805—1806.
3. [u. d. Tit.:]

Neues **Journal** für Freimaurerei. [Hrsg. von Gust. Schneider.] Als Ms. gedr. f. Brr. Bd 1. H. 1—4. [Altenburg: Literatur-Comptoir] 1812—1820. 592 S. 2 Taf. 8°
Recens f. Bd. 1. 2.: Max Karl Friedr. Wilh. Grävell. o. O. 1824. 80 S. 8° Aus: AZ. 2 (1824) S. 149—229. [Vorh. in 460.]
[Fortges. u. d. Tit.:]
Zeitschrift für Freimaurerei

— für Freunde d. Religion u. Literatur, (v. J. J. Herwich). 18 Hefte. gr. 8. Augsb. 779, 80. Doll. 2 ℳ

— f. Freunde d. Zeichnen rc. kunst, s. Handbuch f. Zeichnen rc. kunst.

Journal: Le Journal de Fribourg
① Politique et littéraire ④ L'Indépendant (Fr) ⑤ 17. 12. 1859—1907 ⑥ in-4°, puis in-2° ⑦ 2× par semaine ⑧ Fribourg: B. Galley ⑩ l'imprimeur, puis des actionnaires ⑫ radical ⑬ BGSZ. 322 ⑭ Fr: C ⑮ 1907 fusion avec «Le Confédéré de Fribourg» sous le titre «L'Indépendant» (Fr).

Journal du Canton de Fribourg
⑤ 11. 12. 1830—31. 12. 1833 (?) ⑥ in-4° ⑦ 1× ou 2× par semaine ⑧ Fribourg: F. L. Piller ⑩ l'imprimeur ⑫ Organe démocratique, oppositionnel au «Véridique» ⑬ BGSZ: 985, 986 ⑭ Fr: C.

Journal für die Gärtnerey. Stuttgart 1783—94. H: *Klüpfel*, *Johann Albrecht*. (Ky) (Engoec) (ML) »Gartenkunst« (BrMm)

Journal f. d. Gärtnerei. 24 Stck. 8. Stuttg. Metzler. 783—794. (à 6 gr.) Metzler.

Journal für Gasbeleuchtung und verwandte Beleuchtungsarten. Organ des Vereins von Gasfachmännern Deutschlands. Monatsschrift von N. H. Schilling. Jhg. 1—11. 1858—68.
—— Organ des Vereins von Gasfachmännern Deutschlands und seiner Zweigvereine, sowie des Vereins für Mineralölindustrie. Monatschrift von N. H. Schilling. Jhg 12 1869.
—— Mit einem Anhang über Wasserversorgung. Organ des Vereins ... [wie oben]. Monatschrift von N. H. Schilling. Jhg. 13—22. 1870—79. — ... von N. H. Schilling u. H. Bunte. Jhg. 23—27. 1880—84. — ... von H. Bunte. Jhg. 28—33. 1885—90. München. Lex.-8.
—— Schilling's, für Gasbeleuchtung u. verwandte Beleuchtungsarten sowie für Wasserversorgung. Organ des deutschen Vereins von Gas- u. Wasserfachmännern. Herausg. u. Red.: H. Bunte. Jhg. 34—38. 1891—95. Berlin. gr. 8.

Journal für Gasbeleuchtung u. verwandte Beleuchtungsarten. Monatschrift redig. von N. H. Schilling u. A. Schels. 1. Jahrg. Juli — Decbr. 1858. 6 Nrn. (à 4 Bgn. mit lith. Taf.) München, Expedition. 4. n. 2 ₰. 10 ngr.

—— für Gasbeleuchtung und verwandte Beleuchtungsarten. Monatschrift redig. von N. H. Schilling und A. Schels. 1. Jahrg. 1858. Juli — December. 6 Nrn. hoch 4. (Nr. 1. 32 S. mit 3 Stnt. in hoch 4. und qu. Fol.) München, [Oldenbourg.] * *

Journal für Gasbeleuchtung und verwandte Beleuchtungsarten. Monatschrift redig. von N. H. Schilling und A. Schels. 2—4. Jahrg. 1859—61. à Jahrg. 12 Nrn. hoch 4. (Nr. 1. 32 S. mit 2 Stnt. in gr. 4.) München, [Oldenbourg.] à Jahrg. Thlr. * *

Der 3. und 4. Jahrg. sind von N. H. Schilling allein redigirt.

—— für Gasbeleuchtung und verwandte Beleuchtungsarten. Organ des Vereins von Gasfachmännern Deutschlands. Monatschrift von N. H. Schilling. 5. — 10. Jahrg. 1862 — 67. à Jahrg. 12 Nrn. hoch 4. (à Nr. ca. 40 S. mit eingedr. Holzschn. und Stnt.) München, Oldenbourg. à Jahrg. *

—— für Gasbeleuchtung und verwandte Beleuchtungsarten. Organ des Vereins von Gasfachmännern Deutschlands. Monatschrift von N. H. Schilling. 11. Jahrg. 1868. 12 Nrn. hoch 4. (à Nr. ca. 40—60 S. mit eingedr. Holzschn. und Stnt., in 8. und qu. 4.) München, Oldenbourg. *

—— dass. — Supplement zu Jahrg. 1868. s. Schilling, N. H.

—— dass. — Organ des Vereins von Gasfachmännern Deutschlands und seiner Zweigvereine, sowie des Vereins für Mineralöl-Industrie. Monatschrift von N. H. Schilling. 12. Jahrg. 1869. 12 Nrn. hoch 4. (à Nr. ca. 40—60 S.) Ebendas. *

—— dass. — Mit einem Anh. über Wasserversorgung. Organ des Vereins von Gasfachmännern Deutschlands und seiner Zweigvereine sowie des Vereins für Mineralöl-Industrie. Monatschrift von N. H. Schilling. 13. Jahrg. 1870. 12 Hefte. hoch 4. (à Heft ca. 40 S.) Ebendas. *

— **für Gasbeleuchtung u. Wasserversorgung, s. a. Schilling's Journal etc.**

Journal für Gasbeleuchtung und Wasserversorgung. Organ des Vereins von Gas- und Wasserfachmännern Deutschlands mit seinem Zweig-Vereinen und des Vereins für Mineralöl-Industrie. Von N. H. Schilling [from vol. XIX] und H. Bunte. 22 vols. (XIV–XXV), 4to. [*From* vol. XIX, roy. 8vo.]. München, 1871–'92+.

—— für Gasbeleuchtung und Wasserversorgung. Organ des Vereins von Gas- und Wasserfachmännern Deutschlands mit seinen Zweigvereinen und des Vereins für Mineralöl-Industrie von N. H. Schilling. 14. Jahrg. 1871. 12 Hefte. hoch 4. (à Heft 40 S. mit lithogr. Beilagen.) Ebendas. *

—— dass. — 15.—17. Jahrg. 1872—1874. à Jahrg. 24 Nrn. (à 2 Bog.) hoch 4. Ebendas. 1872 und 1873 à * 1874 *

Generalregister zu Jahrgang 1858 bis einschliesslich 1873. Bearbeitet von L. Diehl. 4to. München, 1875.

—— dass. — General-Register zu Jahrg. 1858 bis einschliesslich 1873. Bearb. von L. Diehl. hoch 4. (243 S.) Ebendas. 875. *

—— für Gasbeleuchtung und Wasserversorgung. Organ des Vereins von Gas- und Wasserfachmännern Deutschlands mit seinen Zweigvereinen und des Vereins für Mineralöl-Industrie von N. H. Schilling. 18. Jahrg. 1875. 24 Nrn. (à 2—3 Bog. mit eingedr. Holzschn. und Stnt.) hoch 4. München, Oldenbourg. *

—— dass. — Organ des Vereins von Gas- und Wasserfachmännern Deutschlands mit seinen Zweigvereinen von N. H. Schilling und H. Bunte. 19.—22. Jahrg. 1876—1879. à Jahrg. 24 Nrn. (à 2—3 Bog. mit eingedr. Holzschn. und Stnt.) Lex.-8. Ebendas. à Jahrg. *

—— für Gasbeleuchtung und Wasserversorgung. Organ des Vereins von Gas- und Wasserfachmännern Deutschlands mit seinen Zweigvereinen von N. H. Schilling und H. Bunte. 23.—27. Jahrg. 1880—1884. à Jahrg. 24 Nrn. (à Nr. 2—3 Bog. mit eingedr. Holzschn. und Stnt.) Lex.-8. München, Oldenbourg. à Jahrg. *

—— für Gasbeleuchtung und Wasserversorgung. Organ des Vereins von Gas- und Wasserfachmännern von H. Bunte. 28.—31. Jahrg. 1885—1888. à Jahrg. 36 Nrn. (à Nr. 2—3 Bog. mit eingedr. Holzschn. und Stnt.) Lex.-8. München, Oldenbourg. à Jahrg. * 20 —

— dasselbe. General-Register zu Jahrg. 1874 bis einschliesslich Jahrg. 1888 v. F. Carl. Lex.-8. (V, 412 S.) Ebd. 889. n. 14. —

—— für Gasbeleuchtung u. Wasserversorgung. Organ d. deutschen Vereins v. Gas- u. Wasserfachmännern, hrsg. v. H. Bunte. 32. u. 33. Jahrg. 1889 u. 1890. à Jahrg. 36 Nrn. (à Nr. 1—3 Bog. m. eingedr. Holzschn. u. Stntaf.) Lex.-8. Münch., Oldenbourg. à Jahrg. * 20 —

Journal f. Gasbeleuchtung u. verw. Beleuchtungsarten, sowie f. Wasserversorgung. Organ des deutschen Vereins v. Gas- u. Wasserfachmännern. Hrsg. u. Chefred.: H. Bunte. 50.—53. Jahrg. 1907—1910. à 52 (1910: 53) Nrn. (VI, 1207; VI, 1274; VI, 1200 u. VI, 1248 S. m. Abb. u. 17, 13, 21 u. 7 Taf.) 34,5×25 cm. München, R. Oldenbourg. à Jahrg. 20. —

—— **für Gas-Industrie. Organ des Vereins der Gas-Industriellen in Oesterreich-Ungarn. Nebst Beiblatt: Der Installateur. Hrsg. von Karl Pataky. 1.—4. Jahrg. 1881—1884. à Jahrg. 24 Nrn. (Bog.) 4. Wien, Administration. à Jahrg. * ***

Journal für Geburtshelfer. Frankf. u. Leipz. 1787—88. H: *Römer, Joh. Jac.* (Cat. d. Stadtbibl. Zürich. Zürich 1864—97.)

— **f. Geburtshelfer. 2 Stck. 8. Winterthur, Steiner. 787. 88. (ß 22 gr. 2ß 20 gr.)**

— für Geburtshelfer. 2 Stcke. 8. Winterth. 787—89. Steiner. 1 ₰ 18 ℊ

— **f. Geburtshülfe, Frauenzimmer- u. Kinderkrankheiten, s. a. Siebold, E. v.**

— für Geburtshülfe, Frauenzimmer- u. Kinderkrankheiten, herausg. v. A. E. v. Siebold. Fortges. v. Ed. Kasp. Jak. v. Siebold. 1r—17r Bd. à 3 Hfte. Mit Kpf. u. Steindrr. (Vom 7n Bde. an, a. u. d. T.: Neues Journal ꝛc. 1r—6r Bd.) gr. 8. Frkf. a. M. 813—833. Varrentrapp. 52 ₰ 2 ℊ 1r bis 10r Bd. 44 ₰ 14 ℊ Hbg. Pr. 14 ₰ 21 ℊ Register zum 1n—10n Bde. gr. 8. Ebd. 827. 10 ℊ

Vorh. u. d. T.: Lucina.

—— für Geburtshülfe, Frauenzimmer- u. Kinderkrankheiten. Hrsg. v. Adam Elias v. Siebold. 7—13. Bd. à 3 Stck. — A. u. d. T.: Neues Journal etc. 1—7. Bd. gr. 8. Frankfurt a. M., Varrentrapp. [7. 1. (21½ B., 1 Kpfr.- u. 1 Stnt. u. 1 Tab.) 2 Thlr. 8 Gr., 2. (29 B. u. 1 Kpfrt.) 827. 2 Thlr. 16 Gr., 3. (... B. u. 1 Stnt.) 1 Thlr. 16 Gr., 8. 1. (... B. u. 4 Stnt.) 2 Thlr., 2. (22 B. u. 4 Stnt.) 2 Thlr. 12 Gr., 3. (17 B. u. 2 Abbild.) 828. 1 Thlr. 14 Gr., 9. 1. (15¼ B., 1 Abbild. u. 4 Tab.) 1 Thlr. 14 Gr., 2. (19½ B. u. 3 Abbild.) 829. 2 Thlr., 3. (15 B. u. 2 Tab.) 1 Thlr. 10 Gr., 10. 1. (15 B., 2 Abbild. u. 2 Tab.) 1 Thlr. 6 Gr., 2. (15 B.) 830. 1 Thlr. 8 Gr., 3. (12 B. u. 1 Tab.) 1 Thlr., 11. 1. (12 B.) 1 Thlr. 2 Gr., 2. (13 B. u. 1 Tab.) 1 Thlr. 4 Gr., 3. (13¾ B. u. 1 Abbild.) 831. 1 Thlr. 6 Gr., 12. 1. (12½ B. u. 1 Abbild.) 1 Thlr. 6 Gr., 2. (11¾ B. u. 1 Tab.) 832. 1 Thlr. 6 Gr., 3. (14½ B. u. 2 Abbild.) 1 Thlr. 12 Gr., 13. 1., 2. (22¼ B., 2 Abbild. u. 1 Tab.) 833. 2 Thlr. 8 Gr., 3. (14¼ B. u. 2 Abbild.) 834. 1 Thlr. 6 Gr.] Thlr.

Journal für Geburtshülfe, Frauenzimmer- u. Kinderkrankheiten etc. Registerheft zu dem 7—12. Bde. gr. 8. ... Frankfurt a. M. 833, Varrentrapp.

—— dass., hrsg. v. Ed. Casp. Jac. v. Siebold. 14. Bd. 3 Stck. u. 15. Bd. 1. u. 2. Stck. — A. u. d. T.: Neues Journal etc. fortgesetzt v. etc. 8. u. 9. Bd. 1. u. 2. Stck. gr. 8. Leipzig, Engelmann. [14. 1. (13¾ B. u. 2 Stnt.) 834. 1 Thlr. 4 Gr., 2. (11¾ B.) 1 Thlr., 3. (11½ B. u. 1 Stnt.) 1 Thlr., 15. 1. (16¼ B. u. 1 Tab.) 835. 1 Thlr. 8 Gr., 2. (13½ B.) 836. 1 Thlr. 4 Gr.]

Bereits vom 8. Bde. an (nach A. E. v. Siebold's Tode † 12. Jul. 1828) wurde diese Zeitschr. von Ed. Casp. Jac. v. Siebold fortgesetzt. — 1—6. Bd., nebst Register. Frankfurt a. M., Varrentrapp. 1813—27. 23 Thlr. 6 Gr. — 1—10. Bd. zusamm., hrbgs. Pr. 14 Thlr. 21 Gr. — Sie ist als Fortsetzung von A. E. v. Siebold's „Lucina," 6 Bde. (1—4. Bd. Leipzig 1802—7. [Altona, Aue] 5 Thlr. 8 Gr., 5. u. 6. Bd. Cassel, Krieger. 1811. 4 Thlr.) zu betrachten.

—— für Geburtshülfe, Frauenzimmer- u. Kinderkrankheiten. Hrsg. v. Ed. Casp. Jac. v. Siebold. 15. Bd. 3. Stck. — 17. Bd. — A. u. d. T.: Neues Journal etc. 9. Bd. 3. Stck. — 11. Bd. gr. 8. Leipzig, Engelmann. [15. 3. (17¼ B.) 836. * 1½ Thlr., 16. 1. (16 B.) * 1⅓ Thlr., 2. (17 B. u. 1 Stnt.) * 1⅓ Thlr., 3. (14½ B. u. 1 Tab.) 837. * 1 Thlr., 17. 1. (17¾ B.), 2. (14 B. u. 1 Stnt.), 3. (14 B.) 838. à * 1⅓ Thlr.] *

—— dass. — Register von dem 13—17. Bde. Hrsg. v. Ed. Casp. Jac. v. Siebold. gr. 8. (4¾ B.) Ebds. 839. *

Vgl. 8. Bd. 1. Abthl. S. 397.

Journal, Geistliches. Garleben 1722. V: *Raken, Busso Chn.* (Myl)

Journal, Gelehrtes, oder Nachrichten von allerhand neuen Büchern ... Tübingen 1734—35. H: *Cotta, Johann Friedrich.* (ML)

— f. Gemeingeist, herausg. v. Bartoldy u. Hagemeister. 1s—6s Stck. Jul.—Dec. 8. Berl. Franke. 792.

— — dess. Jahrg. 1793. z. 12 Stck. 8. Berlin, Nauck.

—— gemeinnütziges pesther. Zeitschrift für Landwirthschaft, Gartenbau, Handel, Industrie und Gewerbe. Hrsg. und redig. von Jos. Jánisch. Jahrg. 1860. 52 Nrn. (Bog.) gr. Fol. Pesth, (Osterlamm.) * *

Ist nicht fortgesetzt worden.

— général de la littérature étrangère, ou indicateur bibliographique et raisonné des livres en tout genre et en toutes langues, cartes géographiques et oeuvres de musique, qui paraissent dans les divers pays étrangers à la France etc. Années 1797—1820. gr. 8. Strassb., Treuttel u. W. 120 ₰ Wird noch fortgesetzt.

— général de la littérature étrangère, ou l'indicateur bibliographique et raisonné des livres nouveaux en tous genres, des années 1801 - 10. gr. 8. Strasb. Treuttel et W. (801 et 802. 12 Rthlr. 803 - 807. à 7 Rthlr. 808 - 10. à 4 Rthlr. 12 gr.)

— — général de la littérature étrangère, ou indicateur bibliographique et raisonné des livres en tout genre et en toutes langues, Cartes géographiques et oeuvres de Musique, qui paraissent dans les divers pays étrangers à la France etc. Années 1811 à 1820. gr. 8. Strasbourg, Treuttel et Wurtz.

— général de la littérature de France ou l'indicateur bibliographique et raisonné des livres nouveaux en tous genres, Estampes, Cartes etc. des années 1798 - 810. gr. 8. Strasb. Treuttel et W. (798 - 802. 20 Rthl. 803. 4 Rthlr. 16 gr. 804 - 810. 4 Rthlr. 12 gr.)

— — général de la littérature de France, ou indicateur bibliographique et raisonné des livres nouveaux, en tout genre, cartes géographiques et oeuvres de Musique, qui paraissent en France etc. 1811 à 1820. gr. 8. le même.

Journal de Genève (III)

35) v. aussi: L'Europe centrale et Le Soir (Ge II).

— des Gens du monde. 24 No. 8. Dess. ch. les Savans. 783—84.

— f. Geschichte rc. s. Kayser.

— f. Gesetzkunde u. Rechtsgelehrsamk., herausg. v. Lassaulx 1r — 3r Jahrg. zu 12 Heften. 8. Cobl. Pauli und Comp. 804—806. (1r u. 2r à 4 Rthlr. 12 gr. 3r 5 Rthlr. 8 gr.)

—— für Gesundheitspflege. Populäre Zeitschrift für sanitäre Interessen. Hrsgbr.: D. Bisenz. 1.—8. Jahrg. 1877—1884. à Jahrg. 6 Nrn. (à Nr. 1—1½ Bog.) gr. 4. Wien, Engel. à Jahrg. *

—— für naturgemässe Gesundheitspflege und Heilkunde. Redakt.: Putzer und mehrere andere hydriat. Aerzte. 1. Jahrg. Febr. — Decbr. 1853. 11 Nrn. und 2. Jahrg. 1854. 12 Nrn. (à 2—3 Bog.) gr. 8. Cöthen, Schettler. [1. Jahrg. * 1 Thlr. 25 Ngr., 2. Jahrg. * 2 Thlr.] *

Journal für naturgemässe Gesundheitspflege und Heilkunde. Redig. von Jul. Putzer und C. A. W. Richter. (3.) Jahrg. 1855. 12 Nrn. (à 2—3 Bog.) gr. 8. Berlin, Stubenrauch und Comp. Thlr. *

—— dass. — Redig. von Dems. 4. Jahrg. 1856. 12 Nrn. à (2—3 Bog.) gr. 8. Ebds. *

—— für naturgemässe Gesundheitspflege und Heilkunde. Mit besond. Beziehung zur Wasserheilkunde. Redig. von Ludw. Fränkel. 5. Jahrg. 1857. 12 Nrn. (à 2—3 Bog.) gr. 8. Berlin, Stubenrauch. *

Ist nicht fortgesetzt worden.

— für öffentliche Gesundheitspflege. Populäre Zeitschrift für sanitäre Interessen. Hrsg.: D. Bisenz. 4. u. 5. Jahrg. 1880 u. 1881. à 12 Nrn. (à 1—1½ B.) gr. 8. Wien. (Leipzig, Grieben.) à Jahrg. n. 8. —

— dasselbe. 6. Jahrg. 1882. 6 Nrn. (à 1—1½ B.) gr. 4. Ebend. n. 6. —

—— des Museum Godeffroy. Geographische, ethnograph. und naturwissenschaftl. Mittheilungen. 1.—9. Heft. Imp.-4. Hamburg, Friederichsen und Comp. * 3

Inhalt:

Heft 1. Topographie der Schiffer-Inseln von E. Gräffe, nebst 2 Karten der Schiffer-Inseln von J. Friederichsen. Die Lagune von Ebon nach J. Kubary, von E. Gräffe. Ueber eine Sendung Vögel aus Huahine von E. Gräffe. Ein Beitrag zur Farnflora der Palaos- und Hervey-Inseln von Chr. Luerssen. Untersuchungen über Diatomaceen-Gemische von O. N. Witt. (III, 70 S. mit 2 eingedr. Holzschn., 7 lithogr. und chromolithogr. Taf. und 1 Photogr.) 873. *ℳ 15.

" 2. Die meteorolog. Erscheinungen in Samoa von E. Gräffe. Die Carolinen-Insel Yap nebst den Matelotas-, Mackenzie-, Fais- und Woleu-Inseln, nach A. Tetens und J. Kubary von E. Gräffe. Auf der Insel Yap gesammelte Schmetterlinge und deren Verwandlungsgeschichte, von Georg Semper. Neue Nacktschnecken der Südsee, malacologische Untersuchungen, von R. Bergh. Entwickelungsformen der Schwertfische von A. Günther. (103 S. mit 5 eingedr. Holzschn., 2 lithogr. und chromolithogr. Karten und 10 lithogr. und chromolithogr. Taf.) 873. *ℳ 30.

Heft 3. 5.⎫ Andrew Garrett's Fische der Südsee, beschrieben und
7. 9.⎭ redig. von Alb. C. L. G. Günther. 1.—4. Heft. (IV, 128 S. mit 82 theils lithogr., theils chromolithogr. Taf.) 874,75. à Heft *ℳ 60.

" 4. Die Pelau-Inseln in der Südsee von J. Kubary, nebst einer Karte von L. Friederichsen. Beiträge zur Kenntniss der Fidschi-Insulaner von J. W. Spengel. Description de quelques Crustacés, nouveaux ou peu connus, par A. Milne-Edwards. Weitere Mittheilungen über junge Schwertfische von A. Günther. Beitrag zur Lichenenflora der Südsee-Inseln von A. v. Krempelhuber. Ueber Südsee-Diatomaceen von Otto N. Witt. Verschiedenes. a) Eine Bank in den Gewässern der Tonga-Gruppe. b) Die Wanderung von Danais Kippus, Cramer nach den Südsee-Inseln, Australien und Celebes von G. Semper. (119 S. mit 2 eingedr. Holzschn., 1 chromolithogr. Karte in Fol., 13 lithogr. und 1 chromolithogr. Taf.) 873. *ℳ 30.

" 6. Verzeichniss der von Frau Amalie Dietrich in den J. 1863—1873 an der Nordostküste von Neuholland gesammelten Pflanzen, nebst allgem. Notizen dazu von Chr. Luerssen. Algen der Fidschi-, Tonga- und Samoa-Inseln, gesammelt von E. Gräffe, beschrieben von A. Grunow. Musci polynesiaci praesertim Vitiani et Samoani Graeffeani Auctore Carlo Müller Halensi. Neue Nacktschnecken der Südsee von R. Bergh. Nachtrag zu den Beiträgen zur Kenntniss der Fidschi-Insulaner von J. W. Spengel. Samoa- oder die Schiffer-Inseln von E. Gräffe. 2. Abschn.: Notizen über die geolog. Verhältnisse Samoa's. Die Ruinen von Nanmatal auf der Insel Ponapé (Ascension) nach J. Kubary's brieflichen Mittheilungen. (131 S. mit 8 eingedr. Holzschn. und 5 lithogr. und chromolithogr. Taf.) 874. *ℳ 30.

" 8. Zur Ornithologie der Südsee-Inseln. Die Vögel der Palau-Gruppe von O. Finsch. Ferosa attenuata by J. E. Gray. Neue Nacktschnecken der Südsee, malacolog. Untersuchungen von R. Bergh. III. Zur Flora von Queensland. Verzeichniss der von Frau Amalie Dietrich in den J. 1863—1873 an der Nordostküste von Neuholland gesammelten Pflanzen, nebst allgem. Notizen dazu von Chr. Luerssen. Forts. von Heft VI. Zur geolog. Kenntniss der Palau-Inseln von Arth. Wichmann. Basalt von der Insel Ponapé (Carolinen-Gruppe), von Arth. Wichmann. Weitere Nachrichten von der Insel Ponapé (Carolinen-Archipel). Nach brieflichen, vom Jan. 1874 datirten Mittheilungen J. Kubary's. — Kleine Mittheilungen aus dem Museum Godeffroy. (139 S. mit 17 eingedr. Holzschn. und 15 lithogr., chromolithogr. und Kpfrt.) 875. *ℳ 45.

— des Museums Godeffroy. Geographische, ethnograph. u. naturwissenschaftl. Mittheilgn. 10. u. 15. Hft. gr. 4. Hamburg, L. Friederichsen & Co. n. 80. — (vollständig: n. 680. —)

10. Australier. 20 ethnograph. u. anthropolog. Taf., ausgeführt nach Anweisgn. u. Zeichngn. v. Rud. Virchow. (13 S. Text.) 902. n. 20. —
15. Andrew Garrett's Fische der Südsee, beschrieben u. red. von Alb. C. L. G. Günther. 7. Hft. (S. 217—256 m. 20 [17 farb.] Taf.) 881. n. 60. —

— des Museum Godeffroy. Geographische, ethnograph. und naturwissenschaftl. Mittheilungen. 11.—14. Heft. Imp.-4. Hamburg, Friederichsen und Comp. *

Inhalt:

Heft 11. 13. Andrew Garrett's Fische der Südsee, beschrieben und redig. von Alb. C. L. G. Günther. 5. Heft. (S. 129—168 mit 17 zum Theil color. Stnt.) 876; 6. Heft. (S. 169—216 mit 20 zum Theil color. Stnt.) 877. à *ℳ 60.

" 12. Zur Ornithologie der Südsee-Inseln II. Ueber neue und weniger gekannte Vögel von den Viti-, Samoa- und Carolinen-Inseln, von Otto Finsch in Bremen. 2. Branchipus australiensis nov. spec. von F. Richters in Altona. 3. Descriptions of new species of Reptiles from Australia by A. Günther in London. 4. Ueber australische Pausiden von C. A. Dohrn in Stettin. 5. Die australischen Formiciden von Gust. Mayr in Wien. 6. Ein Beitrag zur Kenntniss der Polynesier Schädel von J. W. Spengel. 7. Beschreibung eines neuen Vaginulus von F. Heynemann in Frankfurt a. M. 8. Kleine Mittheilungen aus dem Museum Godeffroy. 9. Nachrichten über die Reisenden des Museum Godeffroy. (178 S. mit 4 eingedr. Holzschn. und 8 lithogr. und chromolithogr. Taf.) 876. *ℳ 30.

" 14. Neue Nacktschnecken der Südsee von R. Bergh. 2. Beiträge zur Kenntniss der Scolopendriden von E. Kohlrausch. 3. Cryptocéphalides australiens du Musée Godeffroy. 4. Descriptions de Coléoptères nouveaux ou peu connus du Musée Godeffroy de L. Fairmaire. 5. Neue Heteromeren aus dem Museum Godeffroy von Haag-Rutenberg. 6. Beitrag zur Rhopalocerenfauna von Australien, von Georg Semper. 7. Neue Phaneropteriden von Brunner von Wattenwyl. 8. Ueber die Korallen der Insel Ponapé von F. Brüggemann. 9. Ueber einige Laven der Insel Niuafou von A. Wichmann. 10. Einige Mittheilungen über die Insel Futuna von A. Wichmann. 11. Trood's meteorologischen Beobachtungen zu Nukua-

Journal des Museum Godeffroy etc.

lofa auf Tongatabu. 12. Samoa oder die Schiffer-Inseln von E. Gräffe. IV. Abschnitt: Die Eingeborenen in Bezug auf Rassencharakter und Krankheiten. 13. Die hauptsächlichsten auf den Viti-Inseln vorkommenden Krankheiten nach Mac Gregor und Th. Kleinschmidt von Philipp. 14. Th. Kleinschmidt's Reisen auf den Viti-Inseln. (284 S. mit 6 eingedr. Holzschn. und 16 lithogr., chromolithogr., phototyp. und Kpfrt.) 879. *ℳ 60.

1.—9. Heft. Ebendas. 1873—75. *ℳ 390.
10. Heft ist noch nicht erschienen.

— des Museum Godeffroy. Geographische, ethnograph. u. naturwissenschaftl. Mitteilgn. Red.: L. Friederichsen. 16. u. 17. Heft. 34×25 cm. Hamburg, L. Friederichsen & Co. à 60. —

16. Andrew Garrett's Fische d. Südsee, beschrieben u. red. Von Alb. C. L. G. Günther. 8. Heft. (IV u. S. 261—388 m. 20 [19 farb.] Taf.) 909.
17. Dasselbe. 9. (Schluss-)Heft. (3. Bd. III u. S. 389—515 m. Abb. u. 20 z. Tl. farb. Taf.) 910.

— der Goldschmiedekunst und verwandter Gewerbe. Redact.: Paul Hiehle. 1.—4. Jahrg. 1881—1884. à Jahrg. 12 Nrn. (Bog. mit eingedr. Holzschn. und Stnt.) gr. 4. Leipzig, Schlag. à Jahrg. *

—— der Goldschmiedekunst und verwandter Gewerbe. Redact.: Paul Hiehle. 5. und 6. Jahrg. 1885 und 1886. à Jahrg. 12 Nrn. (Bog. mit eingedr. Holzschn. und Stnt.) gr. 4. Leipzig, Schlag. à Jahrg. * 4 —

—— dass. — 7.—9. Jahrg. 1887—1889. à Jahrg. 12 Nrn. (Bog. mit eingedr. Holzschn. und Stnt.) gr. 4. Ebendas. à Jahrg. * 4 —

— der Goldschmiedekunst u. verwandter Gewerbe. 10.—14. Jahrg. 1890—1894. à 24 Nrn. (Bog. m. Abbildgn.) gr. 4. Leipzig, H. Schlag Nachf. à Jahrg. n. 6. —

— d. Goldschmiedekunst u. verw. Gewerbe. Leiter: Rich. Fix. 15.—18. Jahrg. 1895—1898. à 24 Nrn. (Bog.) gr. 4. Leipzig, H. Schlag Nachf. à Jahrg. n. 6. —

Kann auch halbjährlich bezogen werden.

— der Goldschmiedekunst. Amtliches Organ des Verbands deutscher Juweliere, Gold- u. Silberschmiede etc. Leiter: Rich. Fix. 20.—22. Jahrg. 1899—1901. à 24 Nrn. gr. 4. (192, 236, 290 u. 326 S. m. Abbildgn.) Leipzig, H. Schlag Nachf. à Jahrg. n. 6. —

— der Goldschmiedekunst. Amtliches Organ des Verbandes deutscher Juweliere, Gold- u. Silberschmiede usw. Red.: Osk. Webel. Red. des techn. Tles.: Rich. Garten. 24.—26. Jahrg. 1903—1905. à 24 Nrn. (480, 482 u. 512 S. m. Abbildgn. u. 24, 16 u. 22 Taf.) gr. 4. Leipzig, H. Schlag Nachf. à Jhrg. n. 6. —

— dasselbe m. Central-Arbeitsmarkt. Amtliches Organ des Verbandes deutscher Juweliere, Gold- u. Silberschmiede usw. Red.: Osk. Webel. Technischer Red.: Frdr. Joseph. 27. Jahrg. 1906. 52 Nrn. in 2 sich abwechselnden Ausg. (534 S. m. 170 Abbildgn. u. 16 Taf.) gr. 4. Ebd. n. 6. —

— d. Goldschmiedekunst. Chef-Red.: O. F. Damm. Technischer Red.: Frdr. Joseph. 28.—30. Jahrg. Mit d. Beilage: Die Gold- u. Silberwaren-Industrie. 1.—3. Jahrg. 1907—1909. à 52 Nrn. (à ca. 16 u. 72 S. m. Abb. u. Taf.) 31,5×23,5 cm. Leipzig, H. Schlag Nachf. à Jahrg. 6. —

Fortsetzg., s.: Goldschmiedekunst, die.

— pour la Guitare. Cah. I—III. Eltvill, Zulehner (à 1 Rthlr.)

JOURNAL de Hambourg, Cont. divers mémoires curieux & utiles sur toute sorte de sujets. [Par Gabriel d'Artis.] (du 20 Maï, 3 Juin et 3 Sept.—24 Dez.) Hambourg, Hnr. Heus, 1694. 12⁰. (In Wolfenb.) Vgl. Cat. Milchsack.

— Hamburg., d. Moden u. Eleganz, mit ill. Kpf. u. Musik. J. 1802. gr. 4. Hamb., Meyn. 6 ₰ Für 1803. (Herold jun.) 3 ₰ 4 gr

—— für weibliche Handarbeiten. Organ für Luxusindustrie und die verwandten Fächer. Mit besond. Berücksicht. Berlins. Redig. von A. Cosmar (Antonie Klein). Jahrg. 1858. April bis December. 9 Nrn. (½ Bog. mit lithogr. Musterbog. in Imp.-Fol.) gr. 4. Berlin, Expedition von Gerson's Modezeitung. (Asher und Comp.)
Ist nicht fortgesetzt worden.

Journal für Handlung, Schiffahrt, Manufaktur ... Allgemeines, herausg. von Schedel und Sinapius. Jhg. 1. Leipzig 1800. gr. 8.

—— Hannoversches militairisches, 1—5. Jahrg. 8. Hannover, Hahn. [1. (2 Hfte.) (15¾ B. u. 3 Pläne) 831., 2. (3 Hfte.) (24⅓ B. u. 1 Stnt.) 832., 3. (2 Hfte.) (13 B. u. 1 Karte.) 833., 4. (2 Hfte.) (14½ B. u. 2 Stnt.) 834., 5. (2 Hfte.) (16½ B. u. 3 Stnt.) 835. à Hft. 16 Gr.]
Den 1. u. 2. Jahrg. 1. u. 2. Hft. haben W. Glünder, C. Jacobi u. Hanbury, den 2. J. 3. Hft. u. 3. J. 1. Hft. nur die beiden erstern u. 3. J. 2. Hft. bis 5. J. ebendies. im Verein mit F. v. Storren redigirt.

—— hannoversches militairisches, Jahrg. 1837. 1. Hft. Redact.: W. Glünder, C. Jacobi u. F. v. Storren. 8. (9¾ B.) Hannover, Hahnsche Hofbuchh.
Vgl. 8. Bd. 1. Abthl. S. 397.

— des haras, chasses et courses de chevaux; recueil périodique consacré à l'étude du cheval, à son éducation et à l'amélioration de ses différentes races. Edition belge. 1r Jahrg. Juli — Dec. 1834. 6 Hfte. in 1 Bde., mit 12 Lithogr. gr. 8. Köln 834. Kohnen. n. 3½ ₰ — 2r — 7r Jahrg. 1835 — 40. Der Jahrg. in 12 Hftn. oder 2 Bdn. Ebd. 835 — 40. (à n. 7 ₰) 42 ₰

— des Haras, Chasses et courses de chevaux, des progrès des sciences zooïatriques et de médecine comparée. Edition Belge. 1841. 12 Cahiers. gr. in-8. Bruxelles. (Aix-la-Chapelle, Kohnen.) n. 7 ₰

Journal d. theoretischen u. praktischen Haushaltung in der Stadt u. auf dem Lande, v. F. G. Leonhardi. Bd. 1, Bd. 2 Stück 1-2 (2 Vol.). Leipz. 1800.

— hebdomadaire de la Librajrie étrangère, pour les ann. 1786—789. 8. Straub. Acad.

Journal hebdomadaire de Porrentruy
(5) janvier 1807 (7) hebdomadaire (8) Porrentruy: Goetschy (?) (9) Emanuel Nicolas Goetschy (13) BGSZ: 1 (no. 6394), 962, 973.

Journal. – Heidelberger Journal. – 1.VII.1842 – 31.XII.1872(?).
Vorh. u.d.T.: Heidelberger Tageblätter.

—— der pract. Heilkunde, s. Hufeland, C. W.

Journal Heilkunde praktischen

Journal der practischen Heilkunde. Bd 6-76. Berlin: 1801-36

—— dass. — Supplementhefte z. Jahrgn. 1826—30. 8. Ebds. 827—31. [826 u. 27. à 20 Gr., 28—30. à 1 Thlr. 4 Gr.]
1—65. Bd. (1—27. Bd., hrsg. v. Hufeland, 28—39. B., in Verbindung mit K. Himly, 40—57. Bd., mit C. F. Harless, u. 58—65. B., mit E. Osann.) 1795—1827. 155 Thlr. 16 Gr. — 3 Supplementhefte z. J. 1822, 24 u. 25. 2 Thlr. 12 Gr. — 3 Register z. 1—60. Bde. 1808, 17 u. 27. 5 Thlr. 6 Gr. Ebendas. — Der 1—27. Bd. führt d. T.: Journal d. pract. Arzneikunde u. Wundarzneikunst; vom 8. Bde. an erschien diese Zeitschr. auch u. d. T.: Neues Journal etc.

—— der pract. Heilkunde. Hrsg. v. C. W. Hufeland u. E. Osann. 66—81. Bd. — A. u. d. T.: Neues Journal d. pract. Arzneykunde u. Wundarzneykunst. 59—74. Bd. Jahrg. 1828—35. à 2 Bde. od. 12 Stcke. Mit Kpfr.- u. Stnt. 8. Berlin, Reimer. à J.

— der prakt. Heilkunde. Herausg. von C. W. Hufeland und E. Osann. 76r — 83r Bd. A. u. d. T.: Neues Journal der praktischen Arzneikunde u. Wundarzneikunst. 69r — 76r Bd. Jahrg. 1833 — 36. Mit Abbildd. u. Tabb. 8. Berlin 833 — 36. Reimer. à J. 5⅔ ₰ — 84r — 91r Bd. A. u. d. T.: Neues Journal rc. 1r — 8r Bd. Jahrg. 1837 – 40. à n 5⅔ ₰ — Universal-Register vom 61n — 80n Bd., von Osann. 8. Ebd. 837. 1⅚ ₰

—— für d. gesammte pract. Heilkunde im Gebiete d. Medizin, Chirurgie, Geburtshilfe u. Staatsarzneikunde. Hrsg. v. Ernst Horn, Friedr. Nasse u. Wilh. Wagner. 1. Jahrg. Doppelhft. 1—3. gr. 8. Berlin 837, Natorff u. Comp. (?) •

Journal von und für Helvetien
(5) ab Juli 1799 (12 Nummern) (6) 8° (7) Wochenblatt (8) Bern: Em. Haller (9) Leonhard Meister und Franz Hoffmann. Redaktionssekretäre des helvetischen Direktoriums (11) regierungs- und konstitutionsfreundlich (13) BGSZ: 107. 973 (14) Be: L.

— Helvetisches, für Literatur u. Kunst. 1r Bd. f. 1802. 3 Stücke. gr. 8. Zürich, Orell. 2 ₰ 8 gr

Journal: Helvetisches Journal für Litteratur und Kunst
(2) Journal für Litteratur und Kunst (1805) (5) Januar 1802 – Ende 1802 (3 Hefte). 1805 (4 Hefte) (6) 8° (7) Quartalschrift (8) Zürich: Orell. Füssli & Co. (8) Heinrich Füssli & Co. (-Kunsthandlung von Füessli und Compagnie-) (9) Prof. Johann Jakob Horni (11) Kunstzeitschrift (13) Kiages (Zeitschriften) Nr. 24 (14) Bs: U; Zh: Z.

— hermetisches, z. endl. Beruhigung f. Zweifler u. Sucher, v. d. hermet. Gesellsch. 1s Stck. 8. Lamb. Rößler. 802.

Journal historique de la conquête de l'isle Minorque. o. O. 1756. 8⁰.

Journal historique des fetes que le roi a données à Charlottenbourg et à Berlin, à l'occasion de l'arrivée de leurs altesses roy. de Brandebourg-Bareuth 1750. 4.

Journal, Historique et Litteraire. Luxemburg 1774—1794. H: *Feller, Frz. Xaver.* (Kirchenzeitung 1780, S. 656.) (N. Petermans: Le Prince de Ligne. Liège, Paris, Leipzig 1861. 2. éd. S. 98) (biblport)

Journal, Historisches. Altona 1794. H: *Würtzer, Heinrich.* (Kordes, Schlesw.-holst. u. eutin. Schriftst. Schleswig 1797.)

— histor.-geographisches, herausg. v. J. E. C. Fabri u. Hammerdorfer. 6 Stcke. 1789. u. 1s u. 2s Stck. 1790. 8. Halle, Jena u. Leipz. 1s, 2s Stck. 790. Hennings in Neiße. 16 gr

— hist. geogr. 2 Stck. 8. Jena, Akad. 790.

Das Hoch-Deutsche Pennsylvanische Journal: May 1743 - 1747?
Weekly, printed with English types. Edited & published by Joseph Crellius. Subscription rate: 10 shillings per year.
Philadelphia, PA

Journal, Homiletisches. Halle 1765—70. V: *Sturm, Chph Chn.* (Ky)

— homilet., 1r Bd. 8 Stck. 2r Bd. 6 Stck. 8. Halle, Kümmel. 765—70. (1r 16 gr. 2r 12 gr.)

—— homiletisches, in Verbind. mit Chr. Fr. v. Ammon, Böckel, Finelius, Heydenreich, Hüffel u. Schmaltz, hrsg. v. C. Fr. Dietzsch. 1. Bd. 4 Hfte., u. 2. Bd. 1. Hft. 8. Leipzig 830, 31, [Kayser.]

Hotel and Saloon Keeper's Journal: 1885? –1888?
Anti-prohibitionist weekly, published in English and German. Title varies: PENNSYLVANIA HOTEL AND SALOON KEEPER'S JOURNAL, 1885–87. Large quarto, each issue 8 pages. Published by Hotel & Saloon Keepers' Journal Publishing Co.
Philadelphia, PA

Journal Hufeland Christoph) Wilhelm) neues
C.W. Hufelands neues Journal der praktischen Arzneikunde und Wundarzneikunst.
Bd 1-15. Berlin: 1837-44
s.: Journal der practischen Heilkunde

— f. Hypnotismus u. verw. Forschungsgebiete. Organ der „Magnet. Gesellschaft, Hamburg". Hrsg. v. Emil Muschik-Droonberg. 1. Jahrg. Apr. 1895—März 1896. 24 Nrn. (à ca. 1 Bog.) gr. 4. Hamburg (Jacobi-Kirchhof 17), H. Ven. n. 4. —

Idischer Journal: 1899? –1906. New York, NY
Yiddish weekly. Daily, see NEW YORKER ABEND POST.

Journal: Le Journal illustré
v. Le Sillon romand.

— illustré des familles. 2. année 1864. 12 livrs. (à 4 Bgn. mit Holzschn.) Ebend. 4. 3 ℛ

—— das illustrirte. Jahrg. 1864. August bis December. 19 Nrn. (à 2 Bog. mit eingedr. Holzschn.) Fol. Leipzig, Expedition.

—— dass. — Für die Redakt.: A. Dietzmann. 2. Jahrg. 1865. 52 Nrn. (à 2 Bog. mit eingedr. Holzschn.) Fol. Ebendas.

— illustr., f. Kunstblumen, Schmuckfedern u. Damenhüte. Begründet, hrsg. u. red. v. Leop. M. Laa. 1. Jahrg. 1894. 24 Nrn. (à ca. 2 Bog. m. Taf.) Fol. Wien V/I, Rampersdorfgasse 17, Administration. n. 8. —; einzelne Nrn. n. — 40

Journal international d'archéologie numismatique. Dirigé par J. N. Svoronos. (In französ., griech. u. deutscher Sprache.) Tome I. 4 cahiers. (à ca. 120 S. m. Abb u. Taf.) gr. 8. Athen 898. Barth & v. Hirst, n.n. 16. —

Journal international d'archéologie numismatique Dirigé et publié par J. N. Svoronos. (In engl., französ.. griech. u. italien. Sprache.) Tome II—V. 1899—1902. à 4 cahiers. gr. 4. Athen, Beck & Barth. n.n. 16. —
II. (IV, 406 S. m. Abb. u. 19 Taf.) — III. (IV, 352 S. m. Abb. u. 20 Taf.) — III. (516 S. m. Abb. u. 20 Taf.) — IV. (IV. 344 S. m. Abb. u. 15 Taf.)

— international d'archéologie numismatique. Dirigé et publié par J. N. Svoronos. (In engl., französ. u. griech. Sprache.) Tome VI—VIII. 1903—1905. à 4 cahiers. (VI: 368 S. m. Abbildgn. u. 19 Taf.) gr. 8. Athen, Beck & Barth. à n.n. 16. —

— international d'archéologie numismatique. Dirigé et publié par J. N. Svoronos. Tome IX—XII. 1906—08 u. 1909/10. à 4 cahiers. (IV, 336 S. m. 29 Abb. u. 15 Taf.; IV, 373 S. m. 8 Abb. u. 15 Taf.; IV, 330 S. m. 6 Abb. u. 14 Taf. u. IV, 336 S. m. 65 Abb. u. 15 Taf.) Lex. 8. Athen, Eleftheroudakis & Barth. Tome 9 u. 10 à nn 16.—; Tome 11 u. 12 à nn 20. —

Coopers International Journal: vol. 1—28, no. 5, Nov.? 1890–May 1918.
Labor monthly, published in English and German. Official organ of the Coopers' International Union of North America. Octavo, each issue 40–70 pages; illustrated, including plates and portraits. Each issue contains a section called "Die Internationale Küfer-Zeitung." Last seen: vol. 28, no. 5, May 1918. Various errors in numbering: vol. 27 repeated in numbering; vol. 47, no. 10–12, numbered vol. 48; vol. 48 numbered vol. 27. Dated also at Cleveland, Ohio; Boston, Mass. Circulation: 1910, 8480; 1920, 9000. Edited & published by James A. Cable, 1890?—1913; by William R. Deal, 1914–18.
Kansas City, KS

Josephinum Alumni Journal: 1907–1920?
Korrespondenzblatt der Josephinum Alumni Assoc.
Columbus, OH

Journal aller Journale, oder Geist der vaterländischen Zeitschriften ... Hamb. 1786—88. H: *Hess, Jonas Ludwig von.* (MS) (Ky) (Schr) später: *Lawätz, Hnr. Wilh.* (ErschDL)

— aller Journale, oder Geist d. vaterländ. Zeitschriften, auf d. J. 1786, 87, (von J. L. v. Heß), f. 1790, od. neues Journal, (von H. W. Lawätz). 12 Stücke. 8. Hamb., Chaidron. 15 ℛ

Journal israelite suisse
v. Israelitisches Wochenblatt der Schweiz.

Journal du Jura
① Organe des Libéraux Jurassiens. Organe quotidien d'information et de publicité paraissant à Bienne. feuille d'avis de Bienne et de la Neuveville (3. 9. 1921). Quotidien d'information et de publicité à Bienne ③ Feuille d'avis de Bienne et de la Neuveville ⑤ 1871 (cont.) ⑥ in-2° ⑦ 6× par semaine ⑧ Bienne: W. Gaßmann père, Vve W. Gaßmann (1892—1. 5. 1896), W. Gaßmann fils (2. 5. 1896—31. 12. 1926), W. et Ch. Gaßmann (1. 1. 1927—15. 4. 1936), Chr. Gaßmann (16. 4. 1936), Chs. & W. Gaßmann ⑨ Le Roman (Supplément hebdomadaire) ⑩ les imprimeurs ⑪ W. Gaßmann père, J. Kull, L. Villars, P.-H. Gattin, L. Merlin, René Fell, Jules-J. Rochat, Jean Pierre Maurer; collaborateurs: Elie Ducommun, E. Bessire, Alb. Gobat; rédacteur de la page romande: R. Walther ⑫ libéral ⑬ BGSZ. 1 (no. 6395), 305, 310, 564, 959, 973 ⑭ Be: L. St.

Journal du Jura, Canton de Berne
v. Leberbergisches Wochenblatt.

Journal, Juristisches, herausgegeben von einer Gesellschaft praktischer und theoretischer Juristen. Ronneburg 1798. H: *Lossius, Carl August.* (MGT) (Ky)

— juristisches, von e. Gesellschaft Rechtsgelehrten, (K. A. Lossius). 2 Bde. 8. Zwickau 798, 99. Schumann. 3 ℛ
Fortges. u. d. T.: Neues juristisches Journal.

—— f. Kappen- od. Mützenmacher u. Hutfabrikanten. 2. u. 3. Jahrg. 1845 u. 1846 à 4 Lfgn. u. à 4 Taf. col. Abbild. u. 4 B. Patronen. 4. Aachen, Cremer'sche Bh. [1. Jahrg. * 3 Thlr., 2. * 2 Thlr.] *
1. Jahrg. f. Modejournal.

— d. Karrikatur, d. Scherzes, Witzes u. d. Laune. 3 Hefte, mit 12 ill. Kpf. (3s Heft, auch unt. d. T.: d. deutsche Carneval, eine Samml. d. interessantesten, humorist., satyr. Erzählungen, mit 4 ill. Kpf. 1 ℛ Postp. 1 ℛ 4 K) 8. Hamb., (Herold jun.) 2 ℛ 16 K Postp. 3 ℛ 4 K

— d. Karrikatur, d. Scherzes, Witzes u. d. Laune. m. 12 ill. K. 3 Hefte. (d. 3te a. unt. d. Tit.: d. deutsche Karneval, e. Samml. d. interessant. humorist. satyr. Erzähl. m. 4 illum. K. 1 Rthlr. Postpap. 1 Rthlr. 4 gr.) 8. Hamb. Vollmer. 802.
Postp.

Journal. – Casseler Journal. –
1.I.1887 – 30.XII.1896.
Vorh. u.d.T.: Hessisches Tageblatt.

—— kasselsches. Redakt.: F. Müller. 1847. Juli — Decbr. 78 Nrn. (Bog.) Fol. Kassel, Hotop. *

— für Kaufleute, (v. L. B. Seehusen). 2 Bde. 8. Hamb. 780, 81. (Ernst in Quedlinb.) 1 ß 8 K

— f. Kaufleute, 2 Bde. 8. Hamburg. (Ernst, Quedlinb.) 784.

Journal für gemeinnützige Kenntnisse. Anweisung für alle Stände, ihre häuslichen, geselligen, bürgerl. u. polit. Pflichten u. Rechte, Lasten u. Vortheile wahrhaft kennen zu lernen. 1r Jahrg. 1832. Juli – Dec. Lex.-8. Paris 832. (Leipzig, Allgemeine Niederländ. Buchh.; Karlsruhe, Groos.) 1 ß – 2r Jahrg. 1833. Jan. – Ende Sept. Lex.-8. Ebd. 834. 2 ß

— Vergl. Kimbel, W.

— f. Kinder, Aeltern u. Erzieher, herausg. v. Bertuch und Funk. in 2 Abth. Jugendfr. u. Rathg ber. m. illum. u. schw. K. 1r Jahrg. in 12 Doppelheften. gr. 8. Weimar. Ind. C. 805.

— f. Kinderkrankheiten, unter Mitwirkung der Hren. Barez u. Romberg, hrsg. v. Fr. J. Behrend u. A. Hildebrandt. 1—9. Bd. à 6 Hfte. 8. Berlin 843—47, Förstner. à Bd. * 2 Thlr. 15 Ngr. *

— für Kinderkrankheiten. Hrsg. von Fr. J. Behrend und A. Hildebrand. 10. und 11. Bd. à 6 Hefte. gr. 8. Berlin 848, Förstner. à Bd. *
1—9. Bd. Ebendas. 1843—47. * 22 Thlr. 15 Ngr.

— für Kinderkrankheiten. Unter Mitwirkung von Barthez, Berg, Hauner etc. hrsg. von Fr. J. Behrend und A. Hildebrand. 11—14. Jahrg. 1853—56. à Jahrg. 12 Hefte oder XX—XXV. Bd. gr. 8. Erlangen, Palm und Enke. à Jahrg. *

— dass. — Vollständiges Namen- und Sachregister über die Jahrg. 1842—1850 oder Bd. 1—15. gr. 8. (82 S.) Ebds. 851—52. *

— für Kinderkrankheiten. Unter Mitwirkung von Abelin, Barthez, Faye etc. hrsg. von Fr. J. Behrend und A. Hildebrand. 15—19. Jahrg. 1857—61. à Jahrg. 12 Hefte oder XXVIII—XXXVII. Bd. gr. 8. (à Heft ca. 75—80 S.) Erlangen, Palm und Enke. à Jahrg. *

— dass. — Vollständiges Namen- und Sachregister über die Jahrg. 1851—58 oder Bd. XVI—XXXI. gr. 8. (67 S.) Ebendas. 859. *

— für Kinderkrankheiten. Unter Mitwirkung der H. H. Abelin, Barthez, Faye etc. hrsg. von Fr. J. Behrend und A. Hildebrand. 20.—25. Jahrg. 1862—67. à Jahrg. 12 Hefte oder 38.—49. Bd. gr. 8. (à Heft ca. 80 S. mit Stnt. in gr. Fol.) Erlangen, Palm und Enke. à Jahrg. *

— für Kinderkrankheiten. Hrsg. von Fr. J. Behrend und A. Hildebrand. 26.—28. Jahrg. 1868—1870. oder 50.—55. Bd. à Jahrg. 12 Hefte. gr. 8. (à Heft 80 S.) Erlangen, Palm und Enke. à Jahrg. * 15 20
— dass. — Begründet von Fr. J. Behrend und A. Hildebrand, fortgesetzt von Aloys Martin. 29. Jahrg. 1871. oder 56. und 57. Bd. 12 Hefte. gr. 8. (à Heft 80 S.) Ebendas. * 15 20
— dass. — fortgesetzt von H. Auffhammer. 30. Jahrg. 1872. 12 Hefte. gr. 8. (à Heft 80 S.) Ebendas. * 15 20
Nicht weiter erschienen.

— dass. — Hrsg. von Dens. 12—19. Bd. à 6 Hefte. gr. 8. Erlangen 848—52, Palm und Enke. à Bd. * 2 Thlr. 16 Ngr. *

Das Kingfisher Journal: Jan. 1893—1915?
Independent weekly, an edition of Der Herold (Wichita, Kans.). Circulation: 1905, 1500 (est.). Edited & published by John Hoenscheidt.
Kingfisher, OK

— des Collegiums für Lebensversicherungswissenschaft zu Berlin. 1. und 2. Bd. à 4 Hefte. 8. Berlin, Weber. 10 —

Inhalt:
Bd. 1. 1. Heft: Lazarus, W., ein Satz aus der Wahrscheinlichkeitsrechnung. — Zillmer, A., über die verallgemeinerte Ableitung der Journale für Berechnung der Lebensversicherungs-Prämien etc. (S. 1—50.) 868. * M 1. — 2. Heft: Lazarus, W., über die Ermittelung der Sterblichkeit aus den Aufzeichnungen der Lebensversicherungs-Anstalten. (S. 51—108.) 869. * M 1,50. — 3. Heft: Hopf, über die allgemeine Natur des Geburts- und Sterblichkeitsverhältnisses. — Entwurf eines Gesetzes, betr. den Geschäftsverkehr der Versicherungs-Anstalten. (S. 109—176.) 869. * M 1,50. — 4. Heft. (III, S. 177—232.) 870. * M 1,50.
Bd. 2. 1. Heft. (S. 1—32.) 870. * M 1. — 2. Heft: Kanner, M., allgemeine Probleme der Wahrscheinlichkeitsrechnung. — Zillmer, die Lebensfähigkeit der Sterbekassen. (S. 33—66.) 870. * M 1. — 3. Heft. (S. 67—106.) 870. * M 1. — 4. Heft. (III, S. 107—175.) 871. * M 1,50.

Journal d. Collegiums f. Lebens-Versicherungswissensch. (In zwangl. Hftn.) Berlin 870/72. I. II. 1—4.

— für die Conditorei und Lebküchnerei, die Chocolade-, Wachs- und Liqueurfabrikation. Redact.: Ernst Hermann. 1. Jahrg. 1868. 24 Nrn. (Bog.) Fol. Nürnberg, Expedition.

— Cosmologisches, monatl. Mittheill. für die neueste Kunde der Welt u. Menschenlebens. Herausg. von H. K. W. Berghaus. 1r Jahrg. 1829. 12 Hefte. gr. 8. Berl. 829. Maurers B. 6 ß

Journal. – Crefelder Journal. –
12.IX.1865 – 31.XII.1871.
Vorh. u.d.T.: Crefelder Volksblätter.
Fortges. u.d.T.: Niederrheinische Volkszeitung.

Journal der Kriegsereignisse im Königreiche Polen. Von 6./18. Januar 1863 bis zum 16./28. März 1864. Journal 1—66 vom Jahre 1863 und 1—8 vom Jahre 1864. (In russischer Sprache) 4. (St. Petersburg 1864)

F. v. K. Journal der Kriegsoperationen der kaiserlich-russischen und der verbündeten Armeen, von der Eroberung Thorn's, bis zur Einnahme von Paris. 8. Riga 1814.

Journal der Kriegsoperationen der Kaiserl. Russischen und verbündeten Armeen ... Riga 1817. V: *Kosen, Frdr. von.* (Ky) (Pr)

— — der Kriegsoperationen der Kais. Russisch. und der verbündeten Armeen von d. Eroberung Thorns bis zur Einnahme von Paris, v. F. v. R. 8. Riga, Meinshausen. 817.

Kritisches Journal für das katholische Deutschland, herausgegeben von Joh. Ev. Brander. Rottweil, 1820—1829, 8°, 10 Bde, in je 3 Heften, herabgез. Preis 8 Mk.

— kritisches, für d. kathol. Deutschland, herausg. von Joh. Evang. v. Brander. 1r—10r Bd., 1s—3s Hft. 8. Rotweil u. Augsb. 820—30. Herder, a. Schlosser. 15 ß Hbg. Pr. aller 10 Bde 2 ß 16 K

— krit., f. das katholische Deutschland, herausg. v. Joh. Evang. v. Brander. 3r—8r Bd. 1s—3s Heft. 8. Rotweil 823—27, Herder. à 1 Rthl. 12 gr.

— kritisches, f. d. kathol. Deutschland. Hrsg. v. J. E. Brander. 9. Bd. 3 Hfte. 8. Rotweil 828, Herder.

— dass., hrsg. v. dems. 10. od. Neue Folge 1. Bd. 4 Hfte. 8. Augsburg 829, Schlosser.
1—8. Bd. Rotweil, Herder. 1820—27. 12 Thlr. — 10 Bde. [Augsburg, Schlosser.] Hrbgs. Pr. 2 Thlr. 12 Gr. — Fortsetzung, s. Kirchenzeitung, konstitutionelle.

— — Kritisches, für das katholische Deutschland mit steter Berücksichtigung der Felder-Mastiaux'schen Literaturzeitung. 1r u. 2r Band. à 4 Hefte. 8. Rotweil, Herder. 820 u. 821. à 1 Thlr. 12 Gr.

Journal, kritisches, d. neuesten theolog. Literatur, herausg. von L. Bertholdt (u. C. F. v. Ammon). 15 Bde à 4 Stücke 1811—23.— 1r Bd., 1s—3s Stck. 8. Nürnb., Monath u. K. 1 ß 3 K
1r Bd., 4s Stck. bis 15r Bd. 8. Sulzb., v. Seidel. 21 ß 9 K
Vorh. u. d. T.: Journal für auserlesene theolog. Literatur.

— kritisches, der neuesten theolog. Literatur, v. Ammon u. Bertholdt. 3 Bde. à 4 Stcke. 8. Sulzb. Seidel. 812—15. (das Stück 9 gr.)

— — kritisches, der neuesten theologischen Literatur, herausgeg. von Dr. L. Bertholdt. 4ter bis 12ter Band, à 4 Stücke. 8. Sulzbach, Seidel. 816—821. (Jeder Band 1 Thlr. 12 Gr)

Berlin. Königl. Seehandlungs-Societät. Journal des Schiffes „Kronprinz von Preussen" auf der Reise von Stettin nach Kingston, von dort nach Havannah und Hamburg im Jahre 1837. Fol.

— kritisches, d. neuesten theolog. Literatur; herausgeg. v. L. Bertholdt. 13r—15r Bd. à 4 Stücke. 8. Sulzbach 822—23, v. Seidel. à 1 Rthl. 12 gr. 4 Rthl. 12 gr. 1r—15r Bd.
Fortges. u. d. T.: Neues kritisches Journal.

— kritisches, d. Philosophie, herausg. von F. W. J. Schelling u. G. W. F. Hegel. 1r Bd. 1s, 2s Stück u. 2r Bd. gr. 8. Tübing. 802, 3. v. Cotta. (à 1 ß 16 gl) 3 ß 8 K

Journal für Kunst und Künsteleyen . . . Berlin 1811. H: *Haller, Bercht. Friedrich von.* (MGT)

— f. Kunst u. Kunstsachen, Künsteleyen u. Mode. 1s bis 6s Heft. d. Jahrg. z. 12 Heften. m. K. gr. 8. Berlin, Salfeld. 810.

— f. Kunst, u. Kunstsachen, Künsteleien u. Mode, herausgegeb. v. H. Rockstroh. 1r Jahrg. 7s—12s Heft u. 2r Jahrg. 1s—6s Heft. gr. 8. Berlin, Salfeld. 811 (à 1 Rthlr.)

— d. bildenden Künste. 1r Bd., 3 Hefte. gr. 8. Nürnb. 795—97. Grattenauer. 1 ß

— — für Künste, Fabriken und Manufakturen. 1s Heft mit 4 Steinabdr. gr. 8. Nürnberg, (Riegel u. Wießner.) 821.

—— f. Kupfer- u. Stahlstechkunst, Litho- u. Zinkographie, Holzschneidekunst, Schrift- u. Stempelschneiderei u. Messing-Gravüre, sowie f. Stein- u. Kupferdruck. Hrsg. v. Ad. Henze. 1. Bd. (6 Hfte.) u. 2. Bd. 1—3. Hft. M. Lithogr. u. eingedr. Holzschn. gr. 4. Weimar, Voigt. [1. Bd. (23½ B. u. 9 Stnt.) 844, 45. 1 Thlr. 26¼ Ngr., 2. Bd. 1—3. (12 B. u. 6 Stnt.) 46, 47. 1 Thlr.]

—— für Kupfer- und Stahlstechkunst, Litho- und Zinkographie, Holzschneidekunst, Schrift- und Stempelschneiderei rc. Hrsg. von Adph. Henze. 2. Bd. 4—6. Heft und 3. Bd. 1—3. Heft. gr. 4. Weimar, Voigt. [2. Bd. 4—6. (IV und S. 89—179 mit 3 Stnt.) 848—49. 26¼ Ngr., 3. Bd. 1—3. (S. 1—88 und 1 Stnt.) 850—51. 23¾ Ngr.]
1. Bd. und 2. Bd. 1—3. Heft. Ebendas. 1844—47. 2 Thlr. 26½ Ngr.

— für d. Landmann. 1s Hft. 8. Thal-Ehrenbreitst, Gehra. 6

— f. d. neusten Land- und Seereisen rc. 3 Jahrg. à 12 Heft. m. K. u. Ch. gr. 8. (ist auch Magaz. d. neust. Reisebeschreib.) Berl. Braunes. 808—10. (Jahrg. 808 u. 9. à 6 Rthlr. 12 gr. 810. 7 Rthlr. 12 gr.)

Journal für die neuesten Land- und Seereisen und das Interessanteste aus der Völker- und Länderkunde . . . Berlin 1808—36. H (Bd. 1—30): *Salfeld, C.* & *Frdr. Wilh. Aug. Bratring.* H (31—57): *Spicker, S. H.* H (58—84): *Friedenberg, G. G.* (Ky) (MGT) (Hitzig)

— für die neuesten Land- u. Seereisen u. das Interessanteste aus d. Länder- u. Völkerkund. rc. Ir—VIIt Jahrg. 1808—15. (jeder Jahrg. in 12 Heft.) m. Kupf. u. Charten. gr. 8. Berl. Achenwall u. Comp. (à 7 Rthlr. 12 gr.) Rthlr.
Auch unt. d. Titel:
Magazin d. neuesten Reisebeschreibungen in unterhalt. Auszügen.

— — für d. neuesten Land- u. See-Reisen und das interessanteste aus d. Länder- u. Völkerkunde rc. 1r bis 7ter Jahrg. 808—815. Ist jetzt Verlag von Rücker in Berlin.

— — Dasselbe 8r bis 13r Jahrg. 816—821. gr. 8. Ebend. à Jahrg. 7 Thlr. 12 Gr.
(1r—12 Jahrg. aus 36 Bänden bestehend 90 Thlr. 4 Gr.)
Auch unter dem Titel:
Neues Journal der Land- und Seereisen rc. und:
Magazin d. neuesten Reisebeschreibungen in unterh. Auszügen rc.

— f. die neuesten Land- u. Seereisen. Herausgeg. v. S. H. Spicker. 14r—19r Jahrg. 1822—27. Mit Kupf. u. Chart. gr. 8. Berlin 822—27, Rücker. à 7 Rthl. 12 gr. 45 Rthl. 1r—19r Jahrgg.

—— für d. neuesten Land- u. Seereisen. 20—27. Jahrg. 1828—35. à 12 Hfte. Hrsg. v. G. G. Friedenberg. gr. 8. Berlin, Rücker. [J. 828—31., mit Kpfrn. u. Karten. à 7 Thlr. 12 Gr., 32—35. ohne Kpfr. à 6 Thlr. 12 Gr.]
1—19. Jahrg. 1808—12., 14—27. (1—3 J., hrsg. v. F. W. A. Bratring u. C. Salfeld, 4—19. J., v. S. H. Spiker.) Ebendas. 142 Thlr. 12 Gr.

Journal für d. neuesten Land- u. Seereisen. Redig. v. G. G. Friedenberg. (28.) Jahrg. 1836. 12 Hfte. gr. 8. Berlin, [Rücker u. Püchler.] Thlr. *
Hieran schließt sich:

—— für d. neuesten Land- u. Seereisen u. d. Interessanteste aus d. Völker- u. Länderkunde, f. gebild. Leser aus allen Ständen. Hrsg. v. G. G. Friedenberg. Neue Folge. 1—4. Bd. (Der ganzen Reihenfolge 85—88. Bd. — Jahrg. 1837 u. 38. à 12 Hfte.) Mit Abbild. u. Karten. gr. 8. Berlin, (Eichler; Thome.) à J. *
Vgl. 8. Bd. 1. Abthl. S. 397.

— f. Landschullehrer, s. J. A. Jacobi.

— für Landschullehrer rc., siehe Schiller, Joh. Chr. Seb.

Journal des offenen Tiroler Landtages zu Innsbruck 1790. Bozen 1861. V: *Goldegg u. Lindenberg, Franz.* (BiblPort)

—— des offenen tiroler Landtages zu Innsbruck 1790. Aus den Papieren eines Zeitgenossen. gr. 16. (VI und 186 S.) Bozen 861. (Innsbruck, Wagner'sche Universitäts-Buchh.) *

—— für Landwirthschaft. Landwirthschaftliches Centralblatt für das Königr. Hannover. Hrsg. von dem Central-Ausschusse königl. Landwirthschafts-Gesellschaft unter der Redakt. von W. Henneberg. 1—4. Jahrg. 1853—56. à Jahrg. 12 Hefte. gr. 8. Celle, Capaun-Karlowa'sche Buchh. à Jahrg. *

— für Landwirthschaft. Landwirthschaftliches Centralblatt für das Königr. Hannover. Hrsg. vom Centralausschusse der königl. Landwirthschaftsgesellschaft zu Celle unter der Redact. von W. Henneberg. 5. Jahrg. 1857. 12 Hefte. gr. 8. (1. Heft 58 S.) Celle, Capaun-Karlowa'sche Buchh. *

— dass. — Im Auftrage des Centralausschusses der königl. hannoverschen Landwirthschafts-Gesellschaft und unter Mitwirkung der landwirthschaftl. Academie Göttingen-Weende hrsg. von W. Henneberg. Neue Folge. 1—8. Bd. (Der ganzen Reihe 6—9. Jahrg.) (6. und 7. Jahrg. à 12 Hefte, 8. und 9. Jahrg. à 4 Hefte.) gr. 8. (à Jahrg. ca. 400 S.) Göttingen 858—61, Dieterich'sche Buchh. à Jahrg. *
Dem 8. Jahrg. ist ein Supplementheft beigegeben.

— für Landwirthschaft. Im Auftrage des Centralausschusses der Königl. Hannoverschen Landwirthschafts-Gesellschaft und unter Mitwirkung der landwirthschaftl. Academie Göttingen-Weende hrsg. von W. Henneberg. 10.—12. Jahrg. 1862—64. à Jahrg. 4 Hefte. gr. 8. (à Heft ca. 170—200 S.) Göttingen, Dieterich'sche Buchh. à Jahrg. *

— dass. — Hrsg. von W. Henneberg, A. Ubbelohde und W. Wicke. Neue Folge. 10. Bd. oder 13. Jahrg. 1865. 4 Hefte. gr. 8. (1. Heft 232 S. mit 1 Stnt. in Fol.) Ebendas. *

Journal für Landwirthschaft. (Organ der landwirthschaftl. Versuchsstation Weende.) Im Auftrage des Centralausschusses der königl. Hannover. Landwirthschafts-Gesellschaft zu Celle und unter Mitwirkung der landwirthschaftl. Academie Göttingen-Weende hrsg. von W. Henneberg, W. Wicke und Th. Mithoff. Neue Folge. 3. Suppl.-Heft: Bericht für 1. Jan. 1857 bis 1. Jan. 1862 über die Untersuchungen und Erfahrungen auf dem Gebiete der landwirthschaftl. Thierproduction. Von G. Kühn und L. Aronstein. gr. 8. (V und 178 S.) Göttingen 866, Deuerlich'sche Buchh. *

— dass. — Organ der landwirthschaftl. Versuchsstation Weende. Im Auftrage des Centralausschusses der königl. Hannover. Landwirthschafts-Gesellschaft zu Celle und unter Mitwirkung der landwirthschaftl. Academie Göttingen-Weende hrsg. von W. Henneberg, W. Wicke und Th. Mithoff. 2. Folge. 1. und 2. Bd. Der ganzen Reihe 14. und 15. Jahrg.) 1866 und 1867. à Jahrg. 4 Hefte und 1 Suppl.-Heft gr. 8. (à Heft ca. 170 S.) Göttingen, Deuerlich'sche Buchh. à Jahrg. *

— für Landwirthschaft. [Organ der landwirthschaftl. Versuchsstation Weende.] Im Auftrage des Centralausschusses der königl. Landwirthschafts-Gesellschaft zu Celle und unter Mitwirkung der landwirthschaftl. Academie zu Göttingen-Weende hrsg. von W. Henneberg, W. Wicke und Th. Mithoff. 2. Folge. 3.—6. Bd. [der ganzen Reihe 16.—19. Jahrg.]. 1868—1871. à Jahrg. 4 Hefte und 1 Suppl.-Heft. gr. 8. (à Heft 120—130 S., theilweis mit Stnt.) Göttingen, Deuerlich'sche Buchh. à Jahrg. * 9 —

— dass. — Im Auftrage des Central-Ausschusses der königl. Landwirthschafts-Gesellschaft zu Celle hrsg. von W. Henneberg, G. Drechsler und Th. Mithoff. 20. und 21. Jahrg. 1872 und 1873. à Jahrg. 4 Hefte und 1 Suppl.-Heft. gr. 8. (à Heft 130—160 S. theilweis mit Stnt.) Ebendas. à Jahrg. * 9 —

— dass. — hrsg. von W. Henneberg und G. Drechsler. 22. Jahrg. 4 Hefte. gr. 8. (à Heft ca. 140 S., mit Stnt. in qu. gr. 4.) Ebendas. 874. * 9 —

Journal für Landwirthschaft. [Organ der landwirthschaftl. Versuchsstation und des landwirthschaftl. Instituts zu Göttingen.] Im Auftrage des Centralausschusses der königl. Landwirthschafts-Gesellschaft zu Celle hrsg. von W. Henneberg und G. Drechsler. 23.—25. Jahrg. 1875—1877. à Jahrg. 4 Hefte. gr. 8. (à Heft 140 S. mit Stnt.) Göttingen, Deuerlich'sche Buchh. à Jahrg. *

— dass. — Im Auftrage des Centralausschusses der königl. Landwirthschafts-Gesellschaft zu Celle und unter Mitwirkung der landwirthschaftl. Institute, Laboratorien und Versuchsanstalten deutscher Hochschulen hrsg. von W. Henneberg und G. Drechsler. 26. und 27. Bd. Jahrg. 1878 und 1879. à Jahrg. 4 Hefte. gr. 8. (à Heft ca. 148—176 S. mit Stnt.) Berlin, [Wiegandt Hempel und Parey.] Parey. à Jahrg. *

— dass. — 27. Bd. 1879. Suppl.: Die agronomische Bodenuntersuchung und Kartirung auf naturwissenschaftlicher Grundlage. Von Max Fesca. Mit 1 agronom. (chromolithogr.) Karte des Ritterguts Erimderode. gr. 8. (VIII, 160 S.) Ebendas. *

— für Landwirthschaft. Im Auftrage des Centralausschusses der königl. Landwirthschafts-Gesellschaft zu Celle und unter Mitwirkung der landwirthschaftl. Institute, Laboratorien und Versuchsanstalten deutscher Hochschulen hrsg. von W. Henneberg und G. Drechsler. 28. und 29. Bd. Jahrg. 1880 und 1881. à Jahrg. 4 Hefte. gr. 8. (à Heft ca. 160 S.) Berlin, Parey. à Jahrg. *

— dass. — Ergänzungsheft: Die Sojabohne als Feldfrucht. Zusammenstellung der vorliegenden Cultur- und Düngungsversuche für den prakt. Landwirth von Ernst Wein. gr. 8. (VI, 50 S.) Ebendas. 881. *

Journal für Landwirthschaft. Im Auftrage des Centralausschusses der Landwirthschafts-Gesellschaft zu Celle und unter Mitwirkung der landwirthschaftl. Institute, Laboratorien und Versuchsanstalten deutscher Hochschulen hrsg. von W. Henneberg und G. Drechsler. 30. Jahrg. Ergänzungsheft: Beiträge zur agronomischen Bodenuntersuchung und Kartirung von Max Fesca. Mit 1 (lithogr.) Curventaf. und 1 agronom. (chromolithogr.) Karte des Rittergutes Linden bei Wolfenbüttel. gr. 8. (XI, 112 S.) Berlin, Parey. *

— dass. — 31. und 32. Bd. Jahrg. 1883 und 1884. à Jahrg. 4 Hefte. gr. 8. (à Heft ca. 160 S.) Ebendas. à Jahrg. *

— für Landwirthschaft. Im Auftrage des Centralausschusses der königl. Landwirthschafts-Gesellschaft zu Celle und unter Mitwirkung der landwirthschaftl. Institute, Laboratorien und Versuchsanstalten deutscher Hochschulen hrsg. von W. Henneberg und G. Drechsler. 33.—36. Bd. Jahrg. 1885—1888. à Jahrg. 4 Hefte. gr. 8. (522; 521; 565; ... S. mit Tab. und Stnt.) Berlin, Parey. à Jahrg. * 10 —

— für Landwirthschaft. Im Auftrag d. Centralausschusses der königl. Landwirthschafts-Gesellschaft zu Celle u. unter Betheiligg. der landwirthschaftl. Institute, Laboratorien u. Versuchsanstalten deutscher Hochschulen hrsg. v. Liebscher unter Mitwirkg. v. Tollens u. Esser. 37.—39. Bd. Jahrg. 1889—1891. à Jahrg. 4 Hefte. gr. 8. (à Heft ca. 150 S.) Berl., Parey. à Jahrg. * 10 —
37. u. 38. Bd. wurden herausgegeben v. W. Henneberg u. G. Drechsler.

— f. Landwirtschaft. Im Auftrage der kgl. Landw.-Gesellschaft zu Hannover hrsg. unter Beteiligg. der landwirtschaftl. Institute deutscher Hochschulen. Unter Mitwirkg. v. J. Esser, F. Lehmann, B. Tollens red. v. G. Liebscher. 39.—42. Bd. Jahrg. 1891—1894. à 4 Hfte. gr. 8. (à Hft. ca. 120 S.) Berlin, P. Parey. à Jahrg. n. 10. —

— dasselbe. 42. Jahrg. Ergänzungshft. gr. 8. Ebd. 894. Unentgeltlich.
Gedächtnisrede, geh. bei d. Feier d. Aufstellg. d. Büsten v. Gustav Drechsler u. Wilhelm Henneberg im Auditorium d. landwirtschaftl. Instituts d. Universität Göttingen am 23. Mai 1894 v. Liebscher. (29 S. m. 1 Lichtdr.-Taf.)

— für Landwirtschaft. Im Auftr. d. kgl. Landw.-Gesellschaft zu Hannover hrsg. unt. Beteiligung der landwirtschaftl. Institute deutscher Hochschulen. Unt. Mitwirkg. v. J. Esser, W. Fleischmann, F. Lehmann, C. v. Seelhorst, red. v. B. Tollens. 43.—45. Bd. Jahrg. 1895—1897. à 4 Hfte. (à ca. 100 S. m. Abb. u. Taf.) gr. 8. Berlin, P. Parey. à Bd. n. 10. —

— dasselbe, hrsg. unt. Beteiligg. d. landwirtschaftl. Institute, Laboratorien u. Versuchsanst. deutscher Hochschulen. 46. Bd. Jahrg. 1898. 4 Hfte. (à ca. 100 S. m. Abb. u. Taf.) gr. 8. Ebd. n. 10. —

— f. Landwirtschaft. Im Auftrage der Landwirtschaftskammer f. die Prov. Hannover hrsg. unter Beteiligg. der landwirtschaftl. Institute, Laboratorien u. Versuchsanstalten deutscher Hochschulen. Unter Mitwirkg. v. J. Esser, W. Fleischmann, F. Lehmann, C. v. Seelhorst, red. v. B. Tollens. 47.—50. Jahrg. 1899—1902. à 4 Hfte. gr. 8. Berlin, P. Parey. à Jahrg. n. 10.—
47. (IV, 436 S. m. 5 Taf. u. 1 Portr.) — 48. (IV, 396 S. m. 7 Abb. u. 3 Taf.) — 49. (IV, 403 S. m. 7 Taf. u. 1 Portr.) — 50. (IV, 404 S. m. 3 Abb., 9 Taf. u. Portr.)

— für Landwirtschaft. Im Auftrage der Landwirtschaftskammer f. die Prov. Hannover hrsg. unter Beteiligg. der landwirtschaftl. Institute, Laboratorien u. Versuchsanstalten deutscher Hochschulen. Unter Mitwirkg. v. J. Esser, W. Fleischmann, F. Lehmann, C. v. Seelhorst. Red. v. B. Tollens. 51.—54. Bd. Jahrg. 1903—1906. à 4 Hefte. (IV, 404 S. m. 6 Abb. u. 4 Taf.; VI, 422 S. m. 1 Abb. u. 9 Taf.; VI, 406 S. m. 6 Abb. u. 12 Taf. u. VI, 394 S. m. 18 Taf.) gr. 8. Berlin, P. Parey. à Bd. n. 10.—

— f. Landwirtschaft. Im Auftrage der Landwirtschaftskammer f. die Prov. Hannover hrsg. unter Beteiligg. der landwirtschaftl. Institute, Laboratorien u. Versuchsanstalten deutscher Hochschulen. Unter Mitwirkg. v. J. Esser, W. Fleischmann, A. Koch, F. Lehmann, C. v. Seelhorst red. v. B. Tollens. 55.—58. Bd. Jahrg. 1907—1910. à 4 Hefte. (55.—57. Bd. VII, 416; VI, 418; VIII, 404 S. m. Abb. u. 1, 1 u. 9 Taf.) gr. 8. Berlin, P. Parey. à Bd. 10. —

—— f. Landwirthschaft u. Gartenbau. Im Vereine vieler wissenschaftl. gebildeter Landwirthe u. Gärtner hrsg. v. B. Th. H. Niemand. 1. u. 2. Hft. gr. 8. (4 B. nebst 1 Prämienbl. u. 1 Portr.) Erfurt 845. (Expedition.) à *

— de langue et de littérature françaises, par une société de gens de lettres, rédigé p. J. Laforgue. 1re et 2e année en 12 cahiers. gr. 8. Dresd., (Arnold). à 2 ℛ 12 ℊ 5 ℛ

— de lecture, (par H. A. O. Reichard). 24 Nr. 8. Dessau 782, 83. ch. les Savans. 10 ℛ

— f. Lederindustrie, s.: Schönmann.

—— für Leihbibliothekare, s. Fernbach's Journal.

—— für Leihbibliothekare, Buchbinder u. Antiquare. (Hrsg. v. Ludw. Schreck.) 1—4. Jahrg. 1839—42. gr. 4. Leipzig, Schreck. [1. (Juli—Dec. (6 Nrn. ½ Bog.) * ⅓ Thlr., 2. (12 Nrn. Bog.) * ⅔ Thlr., 3. (12 Nrn. Bog.) * 1 Thlr., 4. (24 Nrn. Bog.) * 1 Thlr.]

Journal f. Leihbibliothekare, Buchbinder u. Antiquare. 5—9. Jahrg. 1843—47. à 24 Nrn. gr. 4. Leipzig, Schreck. [6—9. Jahrg. M. à J. 1 Roman als Prämie.] à J. * 1 Thlr. *
1—14. Jahrg. Ebendas. 1839—42. * 3 Thlr.

—— für Leihbibliothekare, Buchbinder und Antiquare. Redakt.: Ludw. Schreck und A. Schulze. 10—13. Jahrg. 1848—51. gr. 4. Leipzig, Schreck. [10. und 11. Jahrg. à 24 Nrn. (Bog.) à * 1 Thlr., 12 Jahrg. à 12 Nrn. (½ Bog.) à * 20 Ngr.]
Vgl. 10. Bd. 1. Abthl. S. 414.

—— für Österreich's Leihbibliotheken. Redakt.: Alb. Last. 1. Jahrg. Octbr. 1863 und 1864. 30 Nrn. und 2. Jahrg. 1865. 24 Nrn. (à 1—2½ Bog.) gr. 4. Wien, Last. à Jahrg. *

(5.) Journal für Oesterreichs Leihbibliotheken. 2. Jahrg. 1865. 24 Nrn. gr. 4. (à 1—1½ Bgn.) Wien, Last. 1865
Für österreichische Leihbibliotheken gratis.
Fortges. u. d. T.: Generalanzeiger für die Belletristik des In- und Auslandes.

— für junge Leute. 1r Jahrg. 8. Augsb. 791. Wolff. 16 ℊ

Journal für Liebende. Prag 1802. H: *Polt, Joh. Jos. & Joseph Max Czapek.* (BGE ³III 460) (GGr VI 706b) (BiblPort)

JOURNAL für Liebende von (Joh. Jos.) Polt u. Czapek. 12 Stücke. Prag 1802.
Goedeke VI. p. 706, b λ — Höchst selten!

— für d. Liebhaber d. Literatur. 4 Stcke. 8. Leipz. 781, 72. Hilscher. 16 ℊ

Journal für die Liebhaber des Steinreichs und Konchyliologie, von J. S. Schröter. Bd. 1—6. Weimar 1773—80.

Journal aus dem K. K. Haupt-quartier Lissa den 15. Nov. O. O., Dr. u. J. (Wien 1757). 1 Bl. 4°. 8.—
Einzelheiten der Kapitulation von Schweidnitz am 12. Nov. 1757.

— allgem. Literatur auf d. Jahr 1802. als Fortsetzung d. allgemein. litterar. Novitätenblatts. Gel. Kurzi., und Buchhdl.-bl. ... Altb. Lit. Comt. 802.

— d. ältern u. neuern russ. Literatur, herausg. v. J. G. v. Bellinghausen. 1s Heft. 8. Reval 802.

— d. ausländ. medicin. Literatur, herausg. von W. R. G. Schreger, C. W. Hufeland u. J. C. F. Harleß. 4 Bde. gr. 8. Berl. 802, 3. u. Nürnb. 804, 5. 8 ℛ 12 ℊ 5r u. 6r Bd., herausg. von J. C. F. Harleß u. G. H. Ritter. gr. 8. Erlang. 806, 7. Exped. d. Journals. 4 ℛ 7r, 8r Bd. in 4 Bdchen, mit Kpf. gr. 8. Erlang. 807, 8. Breuning. 4 ℛ Dass., herausg. von J. C. F. Harleß. 9r Bd., in 2 Bdchen. (A. u. d. T.: Annalen d. französ., engl., italien. u. holländ. Medicin u. Chirurgie. 1r Bd.) gr. 8. Nürnb. 809, 10. Campe. 2 ℛ 10r Bd., in 2 Bdch. (A. u. d. T.: Annalen rc. 2r Bd. 1s, 2s.) gr. 8. Nürnb. 810, 11. Stein. 2 ℛ 11r Bd., 1s, 2s Stck, herausg. v. Ch. G. Harleß. A. u. d. T.: Annalen d. französ., engl., italien., span. u. holländ. Medicin u. Chirurgie. 3r Bd., 1s, 2s Heft. 8. Nürnb. 813. Schrag. 2 ℛ 1r — 10r Bd. Ebd. 16 ℛ baar.

Journal für Litteratur und Kunst
s. a. Helvetisches Journal für Litteratur und Kunst.

— für Literatur u. Kunst. 1r Bd., 4 Hefte. gr. 8. Zürich 805. Orell. 2 ℛ 10 ℊ

— für Literatur, Kunst, Luxus u. Mode, s. Journal d. Luxus u. d. Mode.

— für die neueste holländ. medic. Litteratur, herausgegeben von S. L. Döring und Gottl. Salomon. 4 Stck. gr. 8. Hadam. Gel. Hl. 802—4. (à 15 gr.)

— für d. neueste holländ. medicin. u. naturhistor. Literatur. (A. u. d. T.: Samml. medic. u. naturhistor. Aufsätze), herausg. von S. J. L. Döring u. Gli. Salomon. 4 Stücke. gr. 8. Hadam. 802—4. (Lanz in Weilb.) 2 ℛ 12 ℊ

Journal der Literatur und Statistik. Innsbr. 1782. H: *Luca, Ignaz de.* (EB)

Gabler, J. Ph., Journal für theologische Litteratur. Nürnberg 1804—10. 12 Bde. 8.

— der theol. Litteratur v. Ammon u. Bertholdt. Sulzbach 1813—21. 13 Bde. 8.

— littéraire de Berlin par 1794. 12 cah. 8. Berl., Franke. (Barth in Leipz.) 4 ℛ

— littéraire de Pologne, cont. un r cit exact des Livres nouveaux publiés dans ce pays. 8. Dresd. 754.

— littér. du Voyage de Michel de Montaigne. 3 Vol. 12. Berlin, Rottmann. 775.

—— de la littérature etrangère. I. Année 1841. Antoine Langerhanns, rédact.-éditeur. (52 Nrn. ½ Bog.) Lex.-8. Vienne 841. (Volke.) *

— liturgisches, s. H. B. Wagnitz.

— des Oesterreichischen Lloyd. I.—IX. Jahrg. ... u. X. XI. Jahrg. 1845, 1846. Fol. Triest. (Favarger.) à n. 12 ₰

—— des österreichischen Lloyd. 10—12. Jahrg. 1845—47. Fol. Triest, (Favarger.) [10. (156 Nrn.) 11. u. 12. à 208 Nrn.] à J. * 12 Thlr. *
1—9. Jahrg. Ebendas.

Journal de Loëche
Ⓢ 1879—1883 Ⓔ Vevey Ⓟ BGSZ: 12 (p. 92 avec ").

Journal de Lolotte ... Francfort 1793. V: *Wiesenhütten, Friederike Henriette Freiin von geb. von Forstner.* (Ky) (Schl) (MGT)

— de Lolotte, p. Me. la Baronne de W... II Parts. 8. Frcf. Esslinger. 793.

— de Lolotte, p. Mme la baronne de W. (Wiesenhütten). II Prts. 8. Frankf. a. M. 793. (Schäfer). 1 ₰

— — desselben Jahrg. 805. 1—6. Lief. 8. Ebend. B. Unpap.

Journal des Lust-Campements bei Mühlberg 1730. 4 Magdeburg 1730.

Journal einer Lustreise in die Oberlausitz 1777. [Berl. 1781.] V: *Lynar, F. U. Graf.* (LVS)

— d. Luxus u. d. Moden, herausg. v. Fr. Just. Bertuch u. Kraus. Mit ill. u. schwarz. Kpf. 1r—19r Jahrg. 1786—1804. gr. 8. Weimar, Ind.-Compt. (à 4 ₰) 76 ₰ 20r—25r Jahrg., fortges. v. K. Bertuch. 1805—10. (à J. 5 ₰) 30 ₰ 20r—28r J. 1811—13. (à 6 ₰) 18 ₰ 29r—37r J. unt. d. T.: Journal für Literatur, Kunst, Luxus u. Mode, herausg. von K. Bertuch. 1814—22. à 6 ₰ 54 ₰ 38r—42r Jahrg. oder neue Folge 1r—6r J., herausg. von Com. Ost u. St. Schütze. Mit Kpf. 1823—27. (à J. 8 ₰) 48 ₰

— d. Luxus und der Moden, herausgegeben v. Bertuch und Kraus. mit illum. und schwarzen K. 25 Jahrg. à 12 Stck. gr. 8. Weimar, Land-Indust. Comt. v. 1786—810. (1786—804. à 4 Rthlr. 805—10. à 6 Rthlr.) (bis 804. einzeln à Stck. 8 gr. von 805 an à Stck. 10 gr.)

— dasselbe für 1811. gr. 8. Ebend. (einzeln à Stck. 12 gr.)

Journal des Luxus u. d. Mode. Herausg. von C. Bertuch. 26r—28r Jahrg. 1811—13. (jeder Jahrg. 12 Stcke.) gr. 8. Weim. Indust. Comt. (à 6 Rthlr.)

— — dasselbe f. 1814 u. 15.
Unter dem Titel:
Journal f. Literatur, Kunst, Luxus u. Mode. 29r und 30r Jahrg. jeder von 12 Stücken. (à 6 Rthlr.)

— — für Literatur, Kunst, Luxus u. Mode. Herausgeg. von C. Bertuch. Mit Kupf. 31r—36r Jahrg. gr. 8. Weimar, L.-Ind.-Comt. 816—821. à Jahrg. 6 Thlr.

— f. Literat., Kunst, Luxus u. Mode. Herausgeg. v. Bertuch, v. 1823 an v. St. Schütze. 37r—42r Jahrg. 1822—27. Mit ill u. schwarz. Kpfrn. gr. 8. Weimar, Ind.-Cpt. 37r Jahrgg. 6 Rthl. 38r—42r Jahrgg. à 8 Rthl.

Journal. – Mainzer Journal. –
6.VI.1848 – 1.VI.1941.

—— f. Malerei u. bildende Kunst, od. Mittheilungen der neuesten Erfahrungen u. Verbesserungen in allen Zweigen der Malerei, der Bildhauerei, Daguerreotypie (Photographie), der Farbenkunde u. Farbenchemie; u. die, in diese Fächer einschlagende Bibliographie. Hrsg. v. A. W. Hertel. 2 Bde. à 6 Hfte. gr. 4. Weimar, Voigt. [1. (24 B. u. 3 Stnt.) 844, 45, 1 Thlr. 20 Ngr., 2. (24 B. u. 2 Stnt.) 46, 47. 1 Thlr. 17½ Ngr.]

—— für Malerei und bildende Kunst. Redakt.: A. W. Hertel. 3. Bd. (6 Hefte) und 4. Bd. 1—4. Heft. gr. 4. Weimar, Voigt. [3. (IV und 184 S. mit 4 Stnt.) 848—49. 1 Thlr. 21 Ngr., 4. Bd. 1—4. (S. 1—124 und 2 Stnt.) 850—52. 1 Thlr. 2½ Ngr.]
1. und 2. Bd. Ebendas. 844—47. 3 Thlr. 7½ Ngr.

—— für Malerei und bildende Kunst. Hrsg. von A. W. Hertel. 4. Bd. 5. und 6. Heft. gr. 4. (IV und S. 125—176.) Weimar 853, Voigt.

—— dass. — 5. Bd. 6 Hefte. gr. 4. (IV und 173 S.) Ebds. 853—55.
1—3. Bd. und 4. Bd. 1—4. Heft. Ebendas. 6 Thlr. 1 Ngr.

Journal. – Mannheimer Journal. –
1.VII.1837 – 19.VI.1885.
Vorh. u.d.T.: Mannheimer Tageblatt.
Fortges. u.d.T.: Badische Volks-Zeitung.

— für Markenkunde. Illustr. Zeitschrift f. Freimarkensammler. Hrsg. v. Arth. Wülbern 1. Jahrg. 1894. 12 Nrn. (à ca. 1½ Bog.) gr. 8. Hamburg, (K. Hartmann). n. 3. –

— f. d. reine u. angewandte Mathematik, s. Crelle, (A. L.)

Journal für die reine und angewandte Mathematik. Gegründet von A. L. Crelle. Bd. 1–115. Berlin 1826–95. 4. Register 1–50. Berlin 1855. Register 1–100, Berlin 1887.

—— für d. reine u. angewandte Mathematik. Hrsg. v. A. L. Crelle. Mit thät. Beförderung hoh. Kgl.-Preuss.-Behörden. 2—13. Bd. à 4 Hfte. Mit Kpfrt. gr. 4. Berlin 828—34, Reimer. à Bd.
1. Bd. Ebendas. 1826. 4 Thlr.

—— für d. reine u. angewandte Mathematik. Hrsg. v. A. L. Crelle. Mit thätiger Beförderung hoh. k. preuss. Behörden. 14—24. Bd. à 4 Hfte. Mit Stnt. gr. 4. Berlin 835—42, Reimer. à Bd. *
Vgl. 8. Bd. 1. Abthl. S. 397.

—— f. die reine u. angewandte Mathematik. Hrsg. v. A. L. Crelle. 25—34. Bd. à 4 Hfte. Mit Stnt. gr. 4. Berlin 843, G. Reimer. à Bd. * 4 Thlr. *
1—24. Bd. Ebendas. 1826—42. à Bd. * 4 Thlr.

—— für die reine und angewandte Mathematik. Hrsg. von A. L. Crelle. 35—45. Bd. à 4 Hefte. Mit Stnt. gr. 4. Berlin 847—52, G. Reimer. à Bd. * 4 Thlr. *
Vgl. 10. Bd. 1. Abthl. S. 414.

—— für die reine und angewandte Mathematik. Hrsg. von A. L. Crelle. 46—53. Bd. à Bd. 4 Hefte. gr. 4. (à Heft ca. 12 Bog. mit Stnt.) Berlin 853—56, G. Reimer. à Bd. *
Vgl. 11. Bd. 1. Abthl. S. 479.

— — Verzeichniss des Inhalts der Bände 1—50, s. Crelle.

—— für die reine und angewandte Mathematik. Als Fortsetzung des von A. L. Crelle gegründeten Journals hrsg. unter Mitwirkung von Steiner, Schellbach, Kummer, Kronecker, Weierstrass von C. W. Borchardt. 54—60. Bd. à Bd. 4 Hefte. (à ca. 12 Bog. mit Stnt.) gr. 4. Berlin 857—61. G. Reimer. à Bd. *

—— für die reine und angewandte Mathematik. In zwanglosen Heften. Als Fortsetzung des von A. L. Crelle gegründeten Journals hrsg. unter Mitwirkung von Steiner, Schellbach, Kummer, Kronecker, Weierstrass v. C. W. Borchardt. 61.—68. Bd. à Bd. 4 Hefte. (à ca. 12 Bog. mit Stnt.) gr. 4. Berlin 862—67, G. Reimer. à Bd. *
Von Bd. 64 an hört die Mitwirkung von Steiner auf.

—— für die reine und angewandte Mathematik. In zwanglosen Heften. Als Fortsetzung des von A. L. Crelle gegründeten Journals hrsg. unter Mitwirkung von Schellbach, Kummer, Kronecker, Weierstrass von C. Borchardt. 68.—79. Bd. à 4 Hefte. (à ca. 12 Bog., mit Stnt.) gr. 4. Berlin 868—74, G. Reimer. à Bd. * 12 —

—— für die reine und angewandte Mathematik. In zwanglosen Heften. Als Fortsetzung des von A. L. Crelle gegründeten Journals hrsg. unter Mitwirkung von Schellbach, Kummer, Kronecker, Weierstrass von C. W. Borchardt. Mit thätiger Beförderung hoher königl. preuss. Behörden. 80.—89. Bd. à 4 Hefte. (à ca. 12 Bog.) gr. 4. Berlin 875—79, G. Reimer. à Bd. *

— für die reine und angewandte Mathematik. In zwanglosen Heften. Als Fortsetzung des von A. L. Crelle gegründeten Journals hrsg. unter Mitwirkung von Schellbach, Kummer, Kronecker, Weierstrass von C. W. Borchardt. Mit thätiger Beförderung hoher königl. preuss. Behörden. 90. und 91. Bd. à 4 Hefte. (à Heft ca. 12 Bog.) gr. 4. Berlin 880,81, G. Reimer. à Bd. *
—— dass. — Hrsg. von L. Kronecker und K. Weierstrass. Mit thätiger Beförderung hoher kgl. preuss. Behörden. Fortsetzung des von A. L. Crelle [1826 bis 1856] und C. W. Borchardt [1856 bis 1880] herausgegebenen Journals. 92.—97. Bd. à 4 Hefte. (à Heft ca. 12 Bog.) gr. 4. Ebendas. 882—84. à Bd. *

—— für die reine und angewandte Mathematik. In zwanglosen Heften. Hrsg. von L. Kronecker und K. Weierstrass. Mit thät. Beförderung hoher königl. preuss. Behörden. Fortsetzung des von A. L. Crelle [1826 bis 1856] und C. W. Borchardt [1856 bis 1880] hrsg. Journals. 98.—103. Bd. à 4 Hefte. gr. 4. (à Heft 88—90 S. mit Stnt.) Berlin 885—87, G. Reimer. à Bd. * 12 —
—— dass. — Inhalt und Namen-Verzeichniss der Bde. 1—100. 1826—1887. gr. 4. (252 S.) Ebendas. 887. * 12 —

Journal für die reine und angewandte Mathematik. Gegründet von A. L. Crelle 1826. Hrsg. unter Mitwirkung von Weierstrass, v. Helmholtz, Schroeter, Fuchs und L. Kronecker. Mit thät. Beförderung hoher königl. preuss. Behörden. 104. und 105. Bd. à 4 Hefte. gr. 4. (à Heft ca. 88 S.) Berlin 888, G. Reimer. à Bd. *

—— für die reine u. angewandte Mathematik, gegründet v. A. L. Crelle 1826. Hrsg. unter Mitwirkg. v. Weierstrass, v. Helmholtz, Schroeter, Fuchs, von L. Kronecker. Mit thät. Beförderg. hoher königl. preuss. Behörden. 106.—109. Bd. à Bd. 4 Hefte. gr. 4. (IV, 348; IV, 352 S. m. 2 Taf.; IV, 348 S. m. 1 Taf.; IV, 360 S. m. 1 Taf.) Berl. 889—91, G. Reimer. à Bd. * 12 —

— dasselbe. Hrsg. v. L. Fuchs. 110.—114. Bd. à 4 Hfte. (à ca. 88 S.) gr. 4. Ebd. 892—894. à Bd. n. 12. —

— für d. reine u. angew. Mathematik, gegründet v. A. L. Crelle 1826. Unt. Mitwirkung v. Weierstrass hrsg. v. L. Fuchs. Mit thät. Beförderg. hoher kgl. preuss. Behörden. 115.—117. Bd. à 4 Hfte. (à ca. 6 Bog.) gr. 4. Berlin 895—896. G. Reimer. à Bd. n. 12. —

— dasselbe. Hrsg. v. L. Fuchs. 118. u. 119. Bd. à 4 Hfte. (à ca. 6 Bog.) gr. 4. Ebd. 897. 98. à Bd. n. 12. —

— für die reine u. angewandte Mathematik, gegründet v. A. L. Crelle 1826. Hrsg. v. L. Fuchs. Mit thät. Beförderg. hoher königl. preuss. Behörden. 120.—124. Bd. à 4 Hfte. gr. 4. (IV, 366; IV, 360; IV, 354; IV, 346 S. m. 1 Taf. u. IV, 319 S.) Berlin 899—901. G. Reimer. à Bd. n. 12. —

— dasselbe. Hrsg. unter Mitwirkg. v. Frobenius, Hettner, Knoblauch u. a. Red.: Kurt Hensel. 125. Bd. 4 Hfte. gr. 4. (III, 318 S.) Ebd. 902. n. 12. —

— für die reine u. angewandte Mathematik, gegründet v. A. L. Crelle 1826. Hrsg. u. red. unter Mitwirkg. v. Frobenius, Hettner, Knoblauch u. a. v. Kurt Hensel. Mit thät. Beförderg. hoher königl. preuss. Behörden. 126. u. 127. Bd. à 4 Hefte. (III, 325 u. III, 308 S.) gr. 4. Berlin 903. 904. G. Reimer. à Bd. n. 12. —

— dasselbe. 128.—132. Bd. à 4 Hefte. (128.—131. Bd. III, 321 S.; III, 316 S. m. 1 Portr.; III, 318 u. III, 321 S.) 4. Ebd. 904—906. à Bd. n. 14. —
Der Preis f. Bd. 1—100 wurde auf 2400.— erhöht, einzelne Bde. hiervon werden nicht abgegeben.

— f. die reine u. angewandte Mathematik, gegr. v. A. L. Crelle 1826. Hrsg. unter Mitwirkg. v. Frobenius, Hettner, Knoblauch u. a. v. Kurt Hensel. Mit tät. Beförderg. hoher kgl. preuss. Behörden. 133.—139. Bd. à 4 Hefte. (133.—138. Bd. III, 315; III, 314; III, 318; III, 314; III, 316 u. III, 318 S.) Lex. 8. Berlin 907—10. G. Reimer. Bd. 133—136 à 14.—; 137—139 à 16. —

Journal, Mecklenburgisches. Ratzeburg 1805—6. H: *Dietz, Joh. Christian Friedrich.* (MGT) (Ky)

Dietz, J. C. F. (Herausgeber): „Mecklenburgisches Journal", 1. Band: Juli—Dezember 1805, 2. Band: 1.—6. Stück 1806, Ratzeburg.

—— médical de la Neerlande, publié par une société de médécins. 1. année 1844. 12 Nrs. gr. in-8. La Haye, Noordendorp. *

Journal, medico-technologisches. Zentralblatt f. d. Gesammtgebiet d. medicin. Technologie (der medicin. u. chirurg. Instrumenten- u. Apparatenkunde, Mikroskopie, Bakteriologie, Photographie, Radiologie, Hygiene, Krankenpflege, physikal. Heilmethoden, Pharmacie u. Pharmakotherapie). Unter Mitwirkg. v. Fachgenossen des In- u. Auslandes. Hrsg. v. S. Hellmann. Red. v. Berth. Beer. 1. Jahrg. Juni—Dezbr. 1905. 28 Nrn. (VIII, 336 S. m. Abb.) 4. Wien, J. Šafář. n. 16. —

— dasselbe. 2. Jahrg. 1906. 24 Nrn. (VIII, 308 S. m. Abbildgn.) 4. Ebd. n. 16. —

Medico-technologisches Journal. Zentralblatt für das Gesamtgebiet der medizinischen Technologie. III. Jahrg. 1907. Lex.-8°. Erscheint in 24 Nrn. kompl. K 16.—

— medico-technologisches, Fortsetzg., s.: Zentralblatt f. d. Gesamtgebiet d. Medizin u. ihr. Hilfswissensch.

— für Medicin, Chirurgie u. Geburtshülfe, herausg. v. J. F. S. Posewitz. 1s, 2s Heft, mit 1 Kpf. 8. Hadam. 799, 800. (Lanz in Weilb.) 1 rthl 6 gr Fortsetz. unt. d. T.: Anthropolog. u. semiot. Journal etc. 1r Bd., 1s, 2s Stück. 8. Giessen 802. Heyer. 1 rthl 8 gr

Journal medizinisches

Medicinisches Journal. V. E(rnst) G(ottfried) Baldinger. Bd 5/17-20, 7/25-28. gbd.

Göttingen: Dietrich 1789-92

JB 6.008

— f. Menschenkenntnis, Mensch. Erzieh. und Staatenwohl. v. e. Gesellsch. ed. von Kirsten und Jacobi. 1s und 2s Stck. 8. Jena, Voigt. 795. (à 12 gr.)

— für Menschenkenntniß, Menschenerziehung u. Staatenwohl, von e. Gesellschaft, red. v. J. F. E. Kirsten u. J. A. Jacobi. 1s u. 2s Stück. 8. Jena 795. Voigt. (à 12 gr.) 1 Rthl Dass., 3s u. 4s Stück (nicht von K. u. J.) 8. Ebd. 796. (à 12 gr.) 1 Rthl

— — dasselbe. 3s und 4s Stck. (nicht von K. und J.) 8. Ebend. 796. (à 12 gr.)

—— f. Metallarbeiter jeder Gattung. Hrsg. v. Carl Hartmann. 1. Bd. (6 Hfte.) u. 2. Bd. 1—5. Hft. gr. 4. Weimar, Voigt. [1. Bd. (24 B. u. 26 Stnt.) 844—46. 2 Thlr. 16¼ Ngr., 2. 1—5. Hft. (20 B. u. 14 Stnt.) 46, 47. 1 Thlr. 26¼ Ngr.]

—— für Metallarbeiter jeder Gattung. Hrsg. von Carl Hartmann. 2. Bd. 6. Heft, 3. und 4. Bd. (à 6 Hefte) und 5. Bd. 1. und 2. Heft. gr. 4. Weimar, Voigt. [2. Bd. 6. (IV und S. 161—188 mit 2 Stnt.) 848. 10 Ngr., 3. Bd. (IV und 180 S. mit 17 Stnt. in 4. und Fol.) 848—49. 2 Thlr. 12½ Ngr., 4. Bd. (IV und 188 S. mit 27 Stnt.) 850—51. 2 Thlr. 18¾ Ngr., 5. Bd. 1. 2. (S. 1—64 und 7 Stnt.) 852. 23¾ Ngr.]
1. Bd. und 2. Bd. 1—5. Heft. Ebendas. 1844—47. 4 Thlr. 12½ Ngr.

—— für Metallarbeiter jeder Gattung. Hrsg. von Carl Hartmann. 5. Bd. 6 Hefte. gr. 4. (IV und 188 S. mit 20 Stnt.) Weimar 852—54, Voigt. :

—— dass. — 6. Bd. 1. und 2. Heft. gr. 4. (S. 1—60 mit 8 Stnt.) Ebds. 855—56.

Journal de Jean Migault, ou Malheurs d'une Familie protestante du Poitou avant et après la revocation de l'édit de Nantes. Publié à l'occasion de la fête du refuge de cette année, et suivi d'un Sermon sur la fête du refuge, prononcé le 29. Oct. 1826 dans le temple de la Dorothéestadt par J. Henry. gr. in-8. (8 B.) Berlin 827, (Logier.) Thlr.

Militär-medizin. Journal. (Russisch. Wojenno-medizinskij žurnal.) Hrsg. von d. Medizinal-Departement des Kriegsministeriums. St. Petersburg 1823—36. Bd. 1—28. (17 Bde.) (Darin fehlt Bd. 10, No. 1; Bd. 18, No 1; Bd. 27, No. 1 u. 2). — Desgl. Bd. 133—184. 1878—95. (50 Bde.) — Jahrg. 1902. (2 Bde.) 69 Bde.

Journal des mines . . . S. l. 1794. H: *Coquebert de Montbret, Antoine Jean.* (Schr)

„Journal des mines, ou recueil de mémoires sur l'exploitation des mines et sur les sciences et les arts, qui s' y rapportent", Abt. 1—228, 38 Bände und 2 Registerbände, Paris 1803—1815. — Vorh.: Preuß. Oberbergamt Dortmund — F. b. 1.

Journal für technische Mittheilungen aus dem Gebiete der Zuckerfabrikation. Herausgegeben von Mitgliedern des Vorstands des Raffinerie-Vereins und des technischen Vereins für Zuckerfabrikation in Halberstadt. 8vo. Braunschweig, 1877[+?].

Journal . . . von Mittel- und Niederrhein. O.O. 1815. H: *Stein, Carl.* (MGT)

—— für moderne Möbel. [Renaissance-Styl.] Hrsg. von prakt. Fachmännern. 3. und 4. Abthl. à 6 Hefte. (à Heft 4 Stnt. mit 2 Bog. Details.) Fol. Stuttgart 882—84, Kohlhammer. à Heft ℳ 1,50.; à Abthl
1. und 2. Abthl. s. Novák, A.

—— für moderne Möbel. [Renaissance-Styl.] Hrsg. von prakt. Fachmännern. 5. Abthl. 6 Hefte und 6. Abthl. 1.—4. Heft. Fol. (à Heft 4 Stnt. mit 2 Bog. Details.) Stuttgart 886,88, Kohlhammer. à Heft *ℳ 1.50. *
1.—4. Abthl. Ebendas. 1880 84. *ℳ 37.50.

—— für moderne Möbel. [Renaissance-Stil.] Hrsg. v. prakt. Fachmännern. 6. Abthl. 5. u. 6. Heft. Fol. (à Heft 4 Blatt m. 2 Bog. Details.) Stuttg. 889, Kohlhammer. à Heft 1 50; 3 —
6. Abthl. 1. 4. Heft. Ebd. 1888. à Heft * 1 50.

—— dass. — 7. Abthl. 6 Hefte. Fol. (à Heft 4 Bl. m. 2 Bog. Details.) Ebd. 890,91. à Heft 1 50; 9 —

—— dass. — 8. Abthl. 1. u. 2. Heft. Fol. (à Heft 4 Bl. m. 2 Bog. Details.) Ebd. 892. à Heft 1 50; 3 —

— für moderne Möbel. Hrsg. v. prakt. Fachmännern. IX. Abtlg. 6 Hfte. Fol. (à 4 z. Tl. farb. Bl. m. 2 Detailbog. u. Preisverzeichnis, 1 Bl. in 8.) Stuttgart 894. 95. W. Kohlhammer. à Hft. 1. 50

—— für Möbel, Zimmerverzierungen u. and. Gegenstände d. Geschmacks. 1828. (Oct. – Dec.) 3 Hfte., u. 1829. (Jan. — Juni.) 6 Hfte. gr. 4. (36 ill. Kpfrt.) Mainz, (Kupferberg.)

—— für Möbelschreiner. 1—3. Hft. 4. (9 ill. Blätter.) Mainz (833), Rauch.

— für Möbelschreiner. 3 Hfte. 4. Mainz (833), Rauch ⅔ Rthl (Vergl. M. Kimbel.)

— für Möbel-Tischler. Herausgegeben von W Kick. 1. Jahrgang. (6 Bl 21 T) in 1 Bd 35 Detailblätter in Mappe. fol St. Gallen 1881

Journal für Möbel- und Bau tischler, s.a. Journal, Neues, für Möbel- und Bautischler.

Journal für Möbel- u. Bau-Tischler Tapezierer, Architekten u. Bauhandwerker. Hrsg. v. Ferd. List. 29 34. Jahrg. 1871—1876 à 12 Lfgn. (à 6 Steintaf.) hoch 4. Berlin, Grieben. à Jahrg. n. 12. —

Journal für Möbel- u. Bau-Tischler, Tapezierer, Architekten u. Bauhandwerker. Hrsg. von Ferd. List. Jahrg. 1877 u. 1878. à 12 Hfte. (à 6 Steintaf.) gr. 8. Leipzig, Grieben. à Jahrg. n. 12. —

—— für Möbel- und Bau-Tischler, Tapezierer, Architecten und Bauhandwerker. Hrsg. von Ferd. List. 26.—32. Jahrg. 1868—1874. à Jahrg. 12 Lfgn. (à 6 Stnt.) hoch 4. Berlin, Grieben. à Jahrg. 12 —

—— für Möbel- und Bau-Tischler, Tapezierer, Architecten und Bauhandwerker. Hrsg. von Ferd. List. Jahrg 1875—1879. à Jahrg. 12 Hefte. (à 6 Stnt.) gr. 8. Berlin, Selbstverlag des Herausgebers. à Jahrg. *

— der Mode. Organ der deutschen Bekleidungs-Akademie zu Frankfurt a/M. Red. u. hrsg. v. M. O. Martens. V.—VII. Jahrg. 1892—1894. à 12 Nrn. (à ca. 12 S. m. Illustr. u. Schnitttaf.) gr. 4. Frankfurt a/M., (Jaeger's Verl.). Ausg. I. m. 12 Monatsbildern u. 2 grossen Saisonbildern, jährlich n. 13. —; halbjährlich n. 7. —; Ausg. II. m. nur 4 Monatsbildern u. 2 Saisonbildern, jährlich n. 9. —; halbjährlich n. 5. —

— der Mode. Organ der deutschen Bekleidungs-Akademie zu Frankfurt a. M. Red. v. M. G. Martens. 8.—10. Jahrg. 1894—1897. à 12 Nrn. (à ca. 12 S. m. Ill. u. Schnittzeichngn.) gr. 4. Frankfurt a/M., M. G. Martens. Ausg. Ia m. 10 farb. Modebild., 2 grossen farb. Saisonbild. u. 2 Taschen-Albums n. 18. —; Ausg. I wie Ia m. schwarzen Bildern n. 13. —; Ausg. II m. 10 Modebild., 2 schwarzen Saisonbild. u. 2 Taschen-Albums n. 11. —; Ausg. III wie Ausg. II, jedoch m. kleineren Saisonbildern n. 8. —

— dasselbe. Beiträge f. künstler. Zuschneiden u. Arbeiten. Red. v. M. G. Martens. 11. Jahrg. 1898. 12 Nrn. (à ca. 10 S. m. Ill. u. Schnittzeichngn.) gr. 4. Ebd. Ausg. I m. 20 Modebild., 2 grossen Saisonbildern u. 2 Taschen-Albums n. 13. 80; Ausg. II m. 14 Modebildern, 2 Saisonbildern u. 2 Taschen-Albums n. 11. 80; Ausg. III m. 12 Modebild., 2 Saisonbild. u. 2 Taschen-Albums n. 8. 80

— der Mode. Beiträge f. künstler. Zuschneiden u. Arbeiten. Red. von M. G. Martens. 12.—15. Jahrg. 1899—1902. à 12 Nrn. gr. 4. (à ca. 16 S. m. Abbildgn. u. Schnittzeichngn.) Frankfurt a/M., Modejournal-Verlag M. G. Martens. Ausg. I m. 20 Modebildern., 2 grossen Saison-Tableaux u. 2 Taschen-Albums à Jahrg. u. 13. 80; Ausg. II m. 14 Modebildern, 2 Saison-Tableaux u. 2 Taschen-Albums à Jahrg. n. 11. 80; Ausg. III m. 12 Modebildern, 2 Saison-Tableaux u. 2 Taschen-Albums à Jahrg. n. 8. 80

— der Mode. Beiträge f. künstler. Zuschneiden u. Arbeiten. Red. v. M. G. Martens. 18. Jahrg. 1905. Mit jährlich 2 Saison-Tableaux u. 2 Taschen-Albums. 12 Nrn. (à ca. 16 S. m. Abbildgn.) Lex.-8. Frankfurt a/M., Modejournal-Verlag M. G. Martens. Ausg. I m. 20 farb. Modebildern n. 13. 80; Ausg. II m. 14 farb. Modebildern n. 11. 80; Ausg. III m. 12 schwarzen Modebildern n. 8. 80

Vergl.: Journal of fashion.

— modernes, f. deutsche Frauen. Illustr. Monatsschrift. Veröffentlicht v. der German Magazine Company. 1. Jahrg. Oktbr. 1905—Juni 1906. 9 Nrn. (à ca. 24 S.) gr. 4. Milwaukee (Wis.), Verlag des modernen Journals. n. 2. 70

Erscheint nicht mehr.

—— des Modes, s. Modenzeitung, pariser.

Journal, Mon, de la guerre des sept mois ou de Baviere en 1778 et de celle de sept jours aux Pay Bas. 1784. 1796. V: *Ligne, Charles Joseph Prince de.* (Einsle 38/798a) (chretin 2/5203) (biblPort)

Journal du Mont-Tonnerre. Der Donnersberger. – Mainz. – 1.II.1812 – 4.V.1814.
Vorh. u.d.T.: Gazette de Mayence. Mainzer Zeitung.
Fortges. u.d.T. Mainzer Zeitung.

Journal, moralisches, herausg. von J. Mertian. 1s—5s Heft. 8. Augsb. 796.

— de musique p. Milchmeyer. Iena, Voigt.

—— für Mützenmoden. Jahrg. 1853. 2 Lfgn. 4. (1. Lfg. 6 Stnt. in 4. und Fol., wovon 1 ill.) Barmen 854, (Langewiesche.) à Lfg. *

—— dass. — Jahrg. 1854. 2 Lfgn. 4. (1. Lfg. 1 ill. Stnt. und 3 lithogr. Bog. Schnittzeichnungen in Fol.) Ebds. à Lfg.*

— für Pariser Mützen-Moden. Jahrg. 1854. 2 Liefgn. (à 1 lith. u. color. Taf. in 4. u. 3 lith. Musterbogen in Fol.) Ebend. Jede Liefg. n. 15 ngr.

Nashviller Journal: 1865. Nashville, TN

Journal, Neues. Riga 1781—84. H: *Arnold, Christian Glieb.* (Ky)

— neues allgem., der Chemie, von Chr. F. Bucholz, Klaproth, Hermbstädt, A. N. Scherer u. A. Herausg. v. A. F. Gehlen. 1r—3r Jahrg., à 2 Bde. od. 12 Hfte. Mit 6 Bildnn. u. 11 Kpf. gr. 8. Ebd. 803—5. (à 6 Rthlr 18 gr) 20 Rthlr 6 gr (Alle 5 Jahrgänge zus.) 16 Rthlr

Neues allgemeines Journal der Chemie, von Klaproth, Hermbstädt, Scherer, J. B. Richter, J. B. Trommsdorff, herausgegeben von Ad. Ferd. Gehlen. 8 vols., 8vo. Leipzig, 1803–'06.
Vorh. u. d. T.: Allgemeines Journal der Chemie.
Fortges. u. d. T.: Journal für die Chemie, Physik und Mineralogie.

Journal neues Arzneikunde
Neues Journal der practischen Arzneykunde und Wundarzneykunst. Bd 1-76. Jena: 1799-1836

s.: Journal der practischen Arzneykunde und Wundarneykunst. Bd 8-83.

JB 6.046

—— neues, der prakt. Arzneykunde etc., s. Journal d. prakt. Heilkunde.

Neues bergmännisches Journal, herausgegeben von A. W. Köhler und C. A. Hoffmann. Bd. I–IV. Freiberg. 1795—1816.
Vorh. u. d. T.: Bergmannisches Journal.

—— neues, von C. A. S. Hofmann. 4 Bde. zu 6 Stck. m. K. 8. Ebend. 795—804. (I. 2 Rthlr. II. 2 Rthlr. 2 gr. III. 2 Rthlr. 4 gr. IV. 2 Rthlr.)

— neues bergmännisches. 4n Bds. 3s—6s Heft. 8. Freib. Craz u. G. 815.

— neues, f. die Botanik, herausg. von H. A. Schrader. 3 Bde. 8. Erf. 805—9. Müller. (Weygand in Leipz.) (1r Bd., 3 Stcke. 2r Bd., 3 Stcke. 3r Bd., 4 Stcke.) 7 Rthlr 12 gr 4r Bd., 4 Hefte, herausg. v. J. Schrader. Mit Kpf. 8. Götting. 811. (Vandenhöck u. R.) 2 Rthlr 16 gr
Vorh. u. d. T.: Journal für die Botanik.

— neues, f. d. Botanik, herausgegeben v. H. A. Schrader. 3 Bde. 8. Erf. Müller. 805—809. (1r in 3 Stck. 2 Rthlr. 4 gr. 2r z. 3 Stck. 2 Rthlr. 3r zu 4 Stck. 2 Rthlr. 6 gr.)

Journal, neues, f. die Botanik, herausg. v. J. Schrader. 4r Bd. in 4 Heften, m. K. 8. Götting. Dankwerts. 811.

— neues, f. Chemie u. Physik, in Verbindung mit J. J. Bernhardi, J. Berzelius, C. F. Buchholz, L. v. Crell, A. F. Gehlen, C. J. Th. v. Grotthuß, J. P. Heinrich, S. F. Hermbstädt, F. Hildebrandt, M. H. Klaproth, H. C. Oerstedt, C. H. Pfaff, T. J. Seebach, C. S. Weiß; herausg. von J. S. C. Schweigger. 5 Jahrgänge 1811—815 od. 15 Bde. jeder Jahrg. 12 Hfte. jeder Bd. 4 Stcke. mit Kupf. gr. 8. Nürnb. Schrag. (Jahrg. à 8 Rthlr. jed. Bd. 2 Rthlr. 16 gr.)

Dasselbe hat auch d. Titel:
Beiträge zur Chemie u. Physik.

— — neues, für Chemie und Physik in Verbindung mit mehrern Gelehrten herausgeg. v. Dr. J. S. C. Schweigger. Jahrg. 816 bis 820. oder 16r bis 27r Band. Jeder Jahrg. von 12 Heften, u. jeder Band in 4 Stücken, mit vielen Kupfern. gr. 8. Nürnberg, Schrag. (Der Jahrg. 8 Thlr.)
Dasselbe auch unter dem Titel:
Beyträge zur Chemie u. Physik.

— — Neue Reihe, oder Jahrg. 821. Herausgeg. v. Dr. J. S. C. Schweigger und Dr. Meineke. 1r bis 3r Bd. gr. 8. Ebend.

— neues, f. Chemie u. Physik, herausgeg. v. J. S. C. Schweigger u. Meineke. Jahrgg. 1822 u. 1823, od. Neue Reihe 4r bis 9r Bd. gr. 8. Nürnb. Schrag. à 8 Rthl.

— dess. Neue Reihe. 10r—12r Bd. à 4 Hefte. Jahrg. 1824. Mit Steintr. gr. 8. Halle, Hemmerd u. S.

— dess. Neue Reihe. 13r—21r Bd. Jahrgg. 1825—27. à Bd. 4 Hefte. gr. 8. Halle 825 — 27, Expedition (W. Vogel in Lpz.) à 8 Rthl.

— Sachregister z. d. 3 Jahrgg. 823 bis 825. gr. 8. Halle Exped. (Leipz., W. Vogel.)

— neues, der Chemie und Physik rc. Neue oder 3e Reihe, u. d. T.: Jahrbuch, neues, der Chemie u. Physik. Eine wissenschaftl. Zeitschrift des pharmaceut. Instituts in Halle. Herausg. von Frz. W. Schweigger-Seidel. 7r — 9r Bd. à 8 Hfte. Mit Kpfrtaf. gr. 8. Halle 833. Anton. 8 ₰

Neues Journal für die Chirurgie, Arzneikunde und Geburtshülfe. Von Christian Ludwig Mursinna.
Bd 1. Berlin: Unger 1803 - 04. 2 H. 8°
Bd 1, St. 1 - 2: 1803 - 04.

Journal. – N e u e s Dresdner Journal. –
1.IV.1850 – 31.XII.1850.
Fortges. u.d.T.: Sächsische constitutionelle Zeitung.

— neues, f. die Druck-, Färbe- u. Bleichkunst, s. Dingler, J. G.

— neues, f. die Druck-, Färbe- u. Bleichkunst, s. a. Journal für Indiennen- u. Baumwollendruckerei,

—— neues, für d. Druck-Färbe- u. Bleichkunst. In Verbind. mit C. W. Juch u. W. H. Kurrer hrsg. v. J. G. Dingler. Mit Kpfrn. u. natürl. Zeugmustern. 2. Ausg. u. d. T.: Neues Journal f. d. Indiennen- od. Baumwollendruckerei, die Leinen-, Seiden- u. Wollenzeugdruckerei, die Türkischrothfärberei, die Wollen-, Seiden-, Baumwollen- u. Leinenfärberei, u. d. Kunst zu bleichen. 1. u. 2. Bd. à 4 Hfte. gr. 8. (60⅞ B., 4 Kpfrt. u. 1 Bl. m. natürl. Mustern.) Augsburg 837, 38, v. Jenisch u. Stagesche Brlsh.
Fortsetz. s. Journal f. d. Indiennen- od. Baumwollendruckerei rc.

Journal neues Erfindungen
Neues Journal der Erfindungen, Theorien und Widersprüche in der Natur- und Arznei= wissenschaft. Stück 1-8. Gotha: 1798-1800

s.: Journal der Erfindungen... N.F. 1-8

JB 6.044/N.F.1-8

— neues, f. Fabriken rc. 1r—6r Bd. od. 1808 — 10. à Jahrg. 12 Stck. gr. 8. Ebend. (à 8 Rthlr.)
Vorh. u. d. T.: Journal für Fabrik, Manufaktur, Handlung.

— neues, f. Fabriken, Manufakturen-Handlung. Industrie u. Mode. Generalregister üb. die sämmtl. bis 1811 erschienenen 40 Bde.
Auch unt. d. Titel:
Repertorium des Wissenswürdigsten, was von 1791 — 810 in d. mechan. Künsten geleistet worden ist. gr. 8. Leipz. Gleditsch. 813.

— — dasselbe. 1811. 2 Stcke. gr. 8. Ebend. (à 20 gr.)

Journal, N e u e s, für Freimaurerei,
s.a. J o u r n a l für Freimaurerei.

Journal, Neues, für Freimaurerei. Als Ms. gedr. f. Brr. Bd. 1, H. 1—4. [Altenburg 1812—1820. H: *Schneider, Gustav.* (wolfstieg I, 30)

Journal neues Geburtshilfe
Neues Journal für Geburtshülfe, Frauenzimmer- und Kinderkrankheiten. Bd 1 - 2, 4, 7 - 10.
Frankfurt am Main: 1828 - 1833
Leipzig: 1835 - 1837

s.: Journal für Geburtshülfe, Frauenzimmer- und Kinderkrankheiten. Bd 7 - 8, 10, 13 - 16.

JB 6.130

—— neues, der gesammten Gerberei. 1. Bd. (6 Hfte.) u. 2. Bd. 1. u. 2. Hft. gr. 4. Weimar, Voigt. [1. Bd. (24 B. u. 17 Stnt.) 844—46. 2 Thlr. 6¼ Ngr., 2. Bd. 1. u. 2. Hft. (8 B. u. 1 Stnt.) 47. 16¼ Ngr.]

Journal, neues, der gesammten Gerberei. Hrsg. von Alex. Schultz. 2. Bd. 3—6. Heft und 3. Bd. 1—5. Heft. gr. 4. Weimar, Voigt. [2. Bd. 3—6. (IV und S. 65—172 mit 3 Stnt.) 848—49. 1 Thlr. 5 Ngr., 3. Bd. 1—5. (S. 1—160 und 15 Stnt.) 850—52. 1 Thlr. 26¼ Ngr.]
1. und 2. Bd. 1. und 2. Heft. Ebendas. 1811-47. 2 Thlr. 22¼ Ngr.

—— neues, der gesammten Gerberei. Hrsg. von Carl Hartmann. 3. Bd. 4. Heft. gr. 4. (S. 161—188. mit 1 Stnt.) Weimar 853, Voigt.

—— dass. — 4. Bd. 1—3. Heft. gr. 4. (S. 1—96 mit 4 Stnt.) Ebds. 853—54.

Journal neues Heilkunde
Neues Journal der practischen Heilkunde. Bd 6- . Berlin: 1801 -

s.: Journal der practischen Arzneykunde und Wundarzneykunst. Bd 13 - .

JB 6.046

— neues, f. d. Indiennen- od. Baumwollendruckerei, d. Leinen-, Seiden- u. Wollenzeugdruckerei, türkisch Roth-Färberei rc. Herausg. von J. G. Dingler, K. W. Juch u. H. W. Kurrer. 4 Bde. gr. 8. Augsb. 815—22. v. Jenisch u. St. 12 ₰ 18 Kr (1r u. 2r Bd. A. u. d. T.: Journal für Druck-, Färbe- u. Bleichkunst rc.)

— neues, für die Indiennen- oder Baumwollendruckerei ꝛc. (Für die Druck-, Färbe- u. Bleichkunst.) Mit Karl Wlh. Juch u. Wlh. Hnr. Kurrer herausg. von Joh. Gottfr. Dingler. 3r u. 4r Bd. à 4 Hfte. 2e unveränd. Ausg. Mit Kpfrn. u. natürl. Zeugmustern. gr. 8. Augsburg 838. v. Jenisch u. Stage. (à n. 2 ₰) 4 ₰ — 5r — 7r Bd. A. u. d. T.: Magazin für die Druck-, Färbe- u. Bleichkunst ꝛc. 1r — 3r Bd. 2e unveränd. Ausg. Mit 10 Kpfrn. gr. 8. Ebd. 839. 4 ₰ — (1r u. 2r Bd. A. u. d. T.: Neues Journal für die Druck-, Färbe- u. Bleichkunst. In Verbind. mit K. W. Juch, W. H. Kurrer herausg. von J. G. Dingler. 2e Ausg. 1r u. 2r Bd. à 4 Hfte. gr. 8. (Ebd. 837. 38. 4 ₰)

Journal, Neues, aller Journale oder sciagraphische Uebersicht der vorzüglichsten . . . Zeitschriften. Hamb. 1780. H: *Lawätz, Heinrich Wilh.* (MS) (MGT) »Hamb. 1790«. (Ky)

Vorh. u. d. T.: Journal aller Journale.

Journal, Neues juristisches; herausgegeben von einer Gesellschaft theoretischer und praktischer Juristen. Ronneburg 1799—1801. H: *Lossius, Carl Aug.* (MGT) (Ky)

— neues juristisches, (von K. A. Lossius). 4 Hefte. 8. Ebd. 799—801. 1 ₰ 8 K

— neues kritisches, d. theolog. Literatur. Herausgeg. von G. B. Winer u. J. G. B. Engelhardt. 1r — 7r Bd. à 4 Stücke od. Jahrgg. 1824 — 27. 8. Sulzbach, v. Seidel. à 1 Rthl. 18 gr.

Vorh. u. d. T.: Journal der neuesten theolog. Literatur.

—— neues krit., d. theolog. Literatur. Hrsg. v. G. B. Winer u. J. G. Veit Engelhardt. 8. u. 9. (letzt.) Bd. 8. Sulzbach, v. Seidel. [8. Bd. 4 Stck. 828. 1 Thlr. 18 Gr., 9. Bd. 5 Stck. 829, 30. 2 Thlr. 6 Gr.]

1—7. Bd. Ebendas. 1824—27. à 1 Thlr. 18 Gr. — Das „Krit. Journal d. neuest. theol. Lit., hrsg. v. Chr. Fr. v. Ammon u. L. Bertholdt," (I. 1—3. Nürnberg, [Recknagel] 1813. 1 Thlr. 8 Gr., I. 4. u. II—XV. Sulzbach, v. Seidel. 1814—23. 20 Thlr. 21 Gr.), ging diesem voran.

Neues Journal der ausländischen medizinisch- chirurgischen Literatur. Hrsg. von [Christoph Wilhelm von] Hufeland u. [Christian Friedrich] Harles ([Harless] Bd 4 ff. u. [Georg Heinrich] Ritter [✝1764]). Bd 1 - 10. Nürnberg u. Sulzbach: I.E. Seidel 1804 - 10. 8°

[Bd 9 - 10 mit Nebent.:] Annalen der französischen, englischen, italienischen, spanischen u. holländischen Medicin u. Chirurgie. Bd 1. 2. 1809 - 10.

Bd 9 - 10. Hrsg. von Chr. Fr. Harles. 1809 - 10.
Bd 5 - 8: Erlangen: Expedition d. Journals. 1806 - 1808.
Bd 9: Nürnberg: Campe 1809.
Bd 10: Nürnberg: I.A. Stein 1810.

Bd 1, St. [1.] 2: 1804.
Bd 2, St. 1. 2: 1804.
Bd 3, St. 1. 2: 1805.
Bd 4, St. 1. 2: 1805.
Bd 5, St. 1. 2: 1806.
Bd 6, St. 1. 2: 1807.
Bd 7, St. 1. 2: 1807.
Bd 8, St. 1. 2: 1808.
Bd 9, St. 1. 2: 1809.
Bd 10, St. 1. 2: 1810.

Anf. s. Journal der ausländischen medizinischen Literatur. Bd 1 - 3. 1802 - 03.

— neues militär., (v. G. v. Scharnhorst, Fortsetz. d. militär. Bibliothek). 26 Stücke, mit Pl. 8. Hannov. 788—805. Helwing. 14 ₰ (15s—20s Stck. A. u. d. T.: militär. Denkwürdigkeiten, (v. G. v. Scharnhorst u. v. d. Decken. 6 Bde 7 ₰)

Vorh. u. d. T.: Bibliothek für Offiziere.

—— für Möbelschreiner, neues, nach ausländ. Mustern, mit Orig.-Erläuterungstafeln v. J. W. Hancke. 1. Jahrg. 1811. 6 Hfte. (Jedes m. 2 col. u. 2 schw. Stnt.) qu. ½ Fol. Frankfurt a. M., Küchler. *

Einzelne Hefte à * 18 Gr.

Journal, Neues, für Möbel- und Bautischler.
s.a. Journal für Möbel- und Bautischler.

— neues, für Möbel- u. Bau-Tischler, Tapezierer, Architecten etc. Eleganteste u. neueste Formen von Möbeln u. Decorationen, Thüren, Fenstern etc. Herausg. von Ferd. List. 20—22. Jahrg. oder Neue Folge 1—3. Jahrg. 1862—64. à 12 Liefgn. (à 6 lith. Taf.) Berlin, Th. Grieben. 4. Jeder Jahrg. n. 4 ₰

— neues, für Möbel- u. Bau-Tischler, Tapezierer, Architecten etc. Eleganteste u. neueste Formen von Möbeln u. Decorationen, Thüren, Fenstern etc. Hersg. von Ferd. List. 23—28. Jahrg. oder Neue Folge 4—9. Jahrg. 1865—70. à Jahrg. 12 Liefgn. (à 6 Steintaff.) Berlin, Th. Grieben. hoch 4. Jeder Jahrg. n. 4 ₰

— neues, für Oekonomie, Naturgesch. und Chemie, s. Moirch verm. Aufsätze.

Neues Journal der Pharmacie für Aerzte, Apotheker und Chemiker. Herausgegeben von Joh. B. Trommsdorff. 27 vols., 8vo. Leipzig, 1817-'34.

United in 1834 with the Annalen der Pharmacie, *q. v*

Vorh. u. d. T.: Journal der Pharmacie.

— neues Petersburg., v. 1781-84. n. Anh gr. 8. Ebend.

— neues politisches, oder d. Kriegsbote. Jahrg. 1807—9. 8. Altona. 7 ₰ 16 K

— neues politisches, od. d. Kriegsbote. Jahrg. 1807–809. 8. Lpz. Fr. Bruder. (Jahrg. 807-8. à 2 Rthlr. 12 gr. 809. 2 Rthlr. 16 gr.)

neues politisches Journal od. der Kriegsbote. Bd. I.—IV. 8. Hamburg 1808—9. 22,50.

— neues, für Prediger. Nürnberg 1798—1842. 80 Bde. 8.

Journal, Neues, für Theater und andere schöne Künste. Hamb. 1799. H: *Schmieder, Hnr. Glieb.* (EE)

Journal, Neues, für Prediger. Halle 1789—1800. H: *Wagnitz, Heinrich Balthasar.* (MGT)

— neues theolog., v. Häulein und Ammon. Jahrg. 793. 94. à 12 Stck. (à 4 gr.) od. 1r - 4r Bd. (à 1 Rthlr.) 8. Nürnb. Monath und K.

— — fortges. von Paulus. Jahrg. 1795–97. zu 12 Stck. (à 5 gr.) oder 5r–10r Bd. (à 1 Rthlr. 6 gr.) Ebend.

— — Jahrg. 798. 1s–6s Stck. oder 11r Bd. Ebend.

— — fortg. f. von Gabler, 1798. 7s–12s Stck. 803. Ebend. (Jahrg. à 3 Rthlr.)

— — Supplem. Bd. f. 1800, (ist d. 6te Bd. d. Journ. f. Theolog. Litteratur.

— — Jahrg. 1804. Ebend.

— — Fortsetzung hiervon, Journal für auserlesene Litteratur von Gabler. (1r–6r Bd. à 3 Stck.) Ebend. 804. 810. (à 2 Rthlr. 8 gr.)
(seit Gablers Herausgabe. a. m. d. T. Neuest. theol. J. 1r–12r Bd. und von 801. an noch mit d. zweit. T. Journ. f. theolog. Lit. 1r bis 6r Bd.)

— neues, für Veredelung des Prediger- u. Schullehrerstandes, f. Schuderoff.

„Neues Wienerisches Journal der Moden und der Haushaltungskunst", 8 Hefte, Wien 1796, 1797.

— neuestes allgemeines, für Tischler, Bildhauer und Tapezierer. Entw. u. redig. von Aug. Graef, unter Mitred. des Hoftischler Pössenbacher und mehrern Andern. 1—3. Jahrg. 1853—55. à 8 Hefte (à 4 lith. Bl. Zeichnungen von Möbeln und Tischlerarbeiten u. 4 lith. Imperial-Bogen mit Modellen in natürlicher Größe mit Beschreibung.). Erfurt, Bartholomäus. gr. Fol. Jeder Jahrg. n. 3 ℛ. 6 ngr.

— — 4–6. Jahrg. 1856–58. à 6 Hefte. (à 8 lith. Taf.). Ebend. gr. Fol. Jeder Jahrg. n. 4 ℛ. 24 ngr.; einzelne Hefte à n. 24 ngr.

— neuestes allgemeines, für Tischler, Bildhauer u. Tapezierer. Entworfen u. red. von Aug. Graef. Unter Mitred. von Pössenbacher, Leclerc u. m. A. 7—9. Jahrg. 1859—61. à 6 Hefte (à 8 lith. Taf.). Erfurt, Bartholomäus. gr. Fol. Jeder Jahrg. n. 4 ℛ 24 ngr.
Fortsetzung f. u. d. T.: Journal, prakt., für Bau- u. Möbel-Tischler.

— — neuestes, f. d. Chirurgie rc. f. Mursinna, C. L.

— Neuestes, der Erfindungen, Theorien u. Widersprüche in d. gesammten Medicin rc. Herausgeg. v. (J. C. A. Heinroth). Als Fortsetzung zum neuen Journal rc. 1r, 2r Bd., od. 8 Stcke. 8. Gotha 810—13. Perthes. 3 ℛ
Vorh. u. d. T.: Journal der Erfindungen.

— neuestes, der Erfindungen, Theorien u. Widersprüche in d. gesammten Medizin. I. 1s—4s. II. 1s—4s, 8. Gotha, Perthes. 810—13. (à 9 gr.)

— neuest., f. theolog. Litteratur, herausgegeben v. J. P. Gabler, f. Journal theolog.

Journal, neuestes Mainzer, für Bauschreiner, gez. von D. Freudenvoll. 1—3. Liefg. (à 4 lith. Taf.) Mainz (858.) (v. Zabern.) gr. 4. Jede Liefg. n. 15 ngr.
Vgl.: „Möbel-Journal, neuestes Mainzer etc."

— neuestes Wienerisches, d. Moden u. d. Haushaltungskunst, herausg. von e. Gesellschaft u. besorgt von J. Leyrer. 4 Hefte, mit Kpf. gr. 8. Wien 796.

New Orleans Journal : vol. 1, no. 1–31, Aug. 18–Nov. 24, 1901?

Weekly, published in English and German. A Prospectus, also numbered vol. 1, no. 1, is dated Apr. 28, 1901, and bears the sub-title: Unabhängige Zeitung für den Humor, die Satyre und den Ernst des Lebens. Slight variation in title, beginning with no. 18, Aug. 25, 1901: New Orleans Journal; Unabhängiger Anzeiger. Small folio, each issue 4 pages; illustrated. Edited by Otto Wichers von Gogh. Published by New Orleans Journal Publishing Co. [Otto Wichers von Gogh, C. Schertz, Georg Müller, Rob. J. Maloney, M. R. Neuhauser, & J. L. Welte.]
New Orleans, LA

New Yorker Journal : 1862–? New York, NY

Weekly. Edited & published by Johann Rittig, Jan. 1, 1862–1865?

New Yorker Journal : 1866–1878?

Daily, morning except Sunday. Democratic Independent. For weekly edition, see Wochenblatt des New-Yorker Journal. For Sunday edition, see Sonntagsblatt des New-Yorker Journal. Title varies: Morgen-Journal. Merged with New Yorker Zeitung. Circulation: 1870, 21,000 (est.); 1872, 24,000; 1876, 7000. The first paper to start illustrating a daily newspaper, much copied since; but it pioneered in this. Edited & published by New Yorker Journal Association, 1866–69; edited by A. Eickhoff, & published by Dr. Theodor Mierson, 1870; edited & published by Dr. Theodor Mierson, 1871–74; by Journal Publishing & Printing Co., 1875–78; edited by Charles Berthold Wolfram, 1878. Editor of Sunday edition: John Weimann.
New York, NY

Sonntagsblatt des New-Yorker Journal : Jan. 1867–1878?

Sunday edition of New-Yorker Journal. Circulation: 1870, 27,000; 1875, 9500; 1877, 1200.
New York, NY

New Yorker Belletristisches Jour. Eine Wochs f Lit, Wissch, Pol und Tagesgesch. Ed: Lexow, Brachvogel, Goebel und Schneider. 34v. NY, 1864-97. See also no. 652.

— New-Yorker belletristisches. (Criminalzeitung.) Eine Wochenschrift für Literatur, Kunst, Wissenschaft, Politik und Tagesgeschichte. Redakt.: Rud. Lexow. Jahrg. 1865—67. à Jahrg. 52 Nrn. (à 4 Bog.) gr. Fol. New-York 866, (Steiger.) à Jahrg. *

New Yorker Deutsches Journal : Sept. 1, 1890–Apr. 21, 1918, no. 1–10,093.

Daily, morning except Sunday. Independent [Democratic under Hearst]. German edition of New York Morning Journal. Became one-cent paper under Hearst. Title varies: Das Morgen-Journal, Sept. 1, 1890–Aug. 14, 1912; Deutsches Morgen-Journal, Aug. 15, 1912–Dec. 1917; New Yorker Deutsches Journal, Jan. 1–Apr. 21, 1918. Has "Beilage," no. 1–33? May 16–Dec. 26, 1897, issued as large quarto, each 24 pages. For Sunday edition, see Sonntags Morgen-Journal. Circulation: 1895, 15,000; 1900, 52,000; 1905, 60,000; 1910, 69,240; 1913, 70,000; 1915, 50,000; 1918, 48,392. Edited by Albert Pulitzer, Sept. 1, 1890–May 7, 1895; by Theodore Sutro, 1914–16; by Oscar R. Seitz, 1917–18. Published by Morning Journal Association, 1890–Oct. 1895; by William Randolph Hearst [at first, as W. R. Hearst, Prop., Nov. 8, 1895], Oct. 7, 1895–1907; by Morgen-Journal Association, 1908–14; by German Journal Corp., 1915–18.
New York, NY

Sonntags Morgen-Journal : 1890–Apr. 1918.

Sunday edition of New Yorker Deutsches Journal. Title varies with change of title of daily: Sonntagsblatt des Deutschen-Journal, 1918. Circulation: 1900, 62,000; 1908, 82,099; 1910, 88,710; 1913, 90,000; 1915, 70,000; 1918, 54,206.
New York, NY

Journal des Nieder-Rheins. –
Aachen. – 15.II.1814 – ?
Fortges. u.d.T.: Journal des Nieder- und Mittelrheins.

Journal des Nieder- und Mittelrheins. –
Aachen. – ? – 15.VI.1814.
Vorh. u.d.T.: Journal des Niederrheins.
Fortges. u.d.T.: Journal du Bas-Rhin et du Rhin-Moyen.

Journal des Nieder- und Mittelrheins. –
Aachen. – 1.VII.1814 – 20.IV.1816.

— norddeutsches. Zeitschrift für Dichtkunst und Kritik. Hrsgbr.: Rud. Eckart. 1. Jahrg. Juli 1887—Juni 1888. 24 Nrn. (à Nr. 2⅓ Bog.) hoch 4. Northeim, Spannaus. *

North American Butchers' Journal : 1891–1897?

Monthly trade journal, published in English and German. Quarto, each issue 28 pages. Edited by F. F. Scotford, & published by H. Sellchop.
Chicago, IL

— nov., littéraire p. une Société d'Academ. XXIV Vol. gr. 12. Berl. Rottmann. 773—776.

— — le même. XXIV Vol. gr. 12. Basel, Flick. 773—776.

—— des nouvelles et des modes. (I. Jahrg.) 1846. 26 Nrn. (à 1 Bog.) Mit col. Modekpfr. Lex.-8. Leipzig 846, Voss. *

Journal des Nützlichen. Herausgegeben von Kufahl. 1834, 1835. Folio.

Journal. – Nürnberger Journal. –
? – ?
Vorh. u.d.T.: Nürnberger Abendzeitung.
Fortges. u.d.T.: Bayerische Handelszeitung.

Journal. – Nürnberger Journal. –
26.XII.1809 – 15.XI.1810.
Vorh. u.d.T.: Nürnberger Ober-Postamts-Zeitung.

Journal d Odessa. Jg 1828, Nr 1—84. Odessa 1828. 4°. (Franz. und russ.)

Official Journal of the Amalgamated Meat Cutters' and Butchers' Workers of North America: vol. 1–9, no. 7, Oct. 1899–Sept. 1908.
Semi monthly, then monthly. Published in English and German. Octavo, each issue, 16–24 pages. Published by the International Office of the Union.
New York, NY

Officielles Journal des eidgenössischen Freischießens von 1851. Genf, 1851. 1133

Leonhardi, F. G. (Herausgeber): „Journal für die theoretische und praktische Oekonomie", 8 Stücke, Leipzig 1799 und 1800. Die zwei ersten Hefte u. d. T.: „Journal der praktischen Haushaltung".

— d. theoret. u. prakt. Oekonomie. (Herausg. von F. G. Leonhardi). 8 Hefte. Leipz. 800. Leo. 2 ℛ

— ökonomisches, oder Nachrichten aus allen Theilen d. Oekonomie. 12 Hefte. 8. Augsb., Daisenberger. 1 ℛ 14 gl

Journal: Oekonomisches Journal
⑮ Buchdrucker J. A. Salzmann in Luzern beabsichtigte 1784 eine «Gattung ökonomisches Journal oder kleine landwirtschaftliche Schriften» als Vierteljahresschrift zu publizieren. Den Text hätte Pfarrer Josef Xaver Schnyder von Wartensee geliefert. Die 1. Voranzeige erschien im «Luzernischen Wochenblatt» 1783 (Nr. 52), ein 2. Hinweis in Nr. 9 des Jahrganges 1784.

Journal, Oekonomisches, moralisches und gemeinnütziges, für Frauenzimmer . . . Halle 1794—95. H: *Gürnth, Christine Dorothea geb. Hentschel & Johanne Catharine Morgenstern-Schulze geb. Brömmen.* (MGT) (Schl) (Ky) (ML)

— ökonom., moral., gemeinnütziges, für Frauenzimmer, (v. Frau Gürnth u. Frau Cathar. Schulze, geb. Morgenbesser). 4 Hfte. 8. Leipz. 794, 95. (Brockhaus). 1 ℛ 12 gl

— ökon. moral. gemeinnütz. f. Frauenz. 4 Hefte. 8. Leipz. Gleditsch. 794. 95. (I. II. à 8 gr. III. IV. 20 gr.)

Journal des operations de l'armée alliée en 1762. 8. Cassel 1769.

Journal des opérations militaires faites par l'armée de S. M. Britannique et alliée. T. 1. Cassel 1769. 8°.

Journal des opérations militaires faites par l'armée de sa maj. Britannique et alliée, sous les ordres de S. A. S. mons. le prince Ferdinand de Brunsw. — — — accompagné d'un plan. (Planches 10.) (Partie 1.) Cassel, Londres 1773. 4.

Journal des opérations militaires, faites par l'armée de S. M. Britannique et Alliée, sous les Ordres de S. A. S. Msgr. le Prince Ferdinand, Duc de Brunsvic et Lunebourg etc., contre l'armée Française, aux ordres de Mrs. les Maréchaux Comte d'Etrées et Prince de Soubise etc. depuis le 24 Juin 1762 etc. jusqu'au 31 Août suivant etc. 4. Cassel 1796.

— des principales opérations de la Campagne de 1794 dans les sept provinces unies et pays de la généralité etc., par le Major ... Gros. Avec planches. 8. Hannov. 795. Hahn. 1 ℛ

Journal von neuen deutschen Originalromanen. 4 Jahrgänge. 1802—1805. (1r—3r Jahrg. à 8 Lieferr. 4r Jahrg. 6 Lieferr.) 8. Penig, (Leich in Leipz.) 23 ℛ Hbg. Pr. 12 ℛ (1r Jahrg. 1802. Frz. Horn, Viktors Wallfahrten. — F. Küchelbecker, Quintessenz einer Fußwanderung. — K. Nicolai, Franz v. Werden. 4 Bde. — F. Solden, Gustav Emmerich. — Albrecht, Blümchen sanfter Freude. — 2r Jahrg. 1803. K. Nicolai, Eduard v. Kroneck. 3 Bde. — F. Küchelbecker, Mumien. 2 Bde. — Jul. Werden, Iduna. — Junius Lätus, Lionellos Arabesken. — F. Hanak, Lehrjahre der Liebe. — 3r Jahrg. 1804. S. Brentano, span. Novellen. 1r Bd. — K. A. v. Gruber, das Ideal. — Die Kirche der Götter. 2 Bde. — Blumenleben, Carlo. — Giulio, v. F. W. — Bonaventura, Nachtwachen. — Vulpius, Wallenthal. — 4r Jahrg. 1805. Vulpius, Don Juan. — Entschlossenheit u. Liebe. — Friedrich, Julius Lebensjahre. 2 Bde. — K. A. v. Gruber, Torquato Tasso. — S. Brentano, span. Novellen. 2r Bd.)

Journal von deutschen Original-Romanen. 3.—6. Lief. Penig 1803. V: *Nicolai, Carl Ludw.* (Ky)

—— für industrielle Ornamentik. Bearb. von Carl Raentz, Paul Raentz und mehreren Mitarbeitern. 1. Heft. qu. Fol. (4 lithogr. Bl. in Tondr.) Berlin 856, Feundt und Comp. *

—— für Ornithologie. Ein Centralorgan für die gesammte Ornithologie. Zugleich Organ der deutschen Ornithologen-Gesellschaft. In Verbindung mit J. H. Blasius, F. Boie, Prinz Ch. L. Bonaparte etc. hrsg. von Jean Cabanis. 1—4. Jahrg. 1853—56. à Jahrg. 6 Hefte. Mit Abbildungen. gr. 8. Cassel, Fischer. [1. Jahrg. * 3 Thlr., 2—4. Jahrg. à * 4 Thlr.]

JOURNAL FÜR ORNITHOLOGIE. Ein Centralorgan für die gesammte Ornithologie . . . herausgegeben von JEAN CABANIS.
Jahrg. I: 1853. Mit 3 colorirten und 2 schwarzen Tafeln. Cassel 1853. Theodor Fischer. 8°.
Jahrg. I: 1853: Extra-Heft. ib. 1854. — A. u. d. T.: ERINNERUNGSSCHRIFT ZUM GEDÄCHTNISSE AN DIE VII. JAHRESVERSAMMLUNG der deutschen Ornithologen-Gesellschaft, abgehalten in Halberstadt vom 11. bis 14. Juli 1853. Mit Beiträgen von H. Lichtenstein, L. Reichenbach . . . herausgegeben von JEAN CABANIS. Mit 2 colorirten Tafeln. ib. 1854. —

— — 1. Jahrg. 1853. Extraheft, s. Erinnerungsschrift.

JOURNAL FÜR ORNITHOLOGIE. Ein Centralorgan für die gesammte Ornithologie. Zugleich Organ der deutschen Ornithologen-Gesellschaft . . herausgegeben von JEAN CABANIS.

Jahrg. II: 1854. Mit 1 colorirten und 1 schwarzen Tafel. ib. 1854. — Darin: ERINNERUNGSSCHRIFT ZUM GEDÄCHTNISSE AN DIE VIII. JAHRESVERSAMMLUNG der deutschen Ornithologen-Gesellschaft, abgehalten in Gotha vom 17. bis 20. Juli 1854. Mit Beiträgen von L. Reichenbach, G. Hartlaub, ... herausgegeben von JEAN CABANIS. Mit 2 Tafeln. ib. 1855. —

— für Ornithologie. Ein Centralorgan für die gesammte Ornithologie. Zugleich Organ der deutschen Ornithologen-Gesellschaft. In Verbindung mit J. H. Blasius, F. Boie, Prinz Ch. L. Bonaparte etc. hrsg. von Jean Cabanis. 5—7. Jahrg. 1857—59. à Jahrg. 6 Hefte. Mit Abbild. gr. 8. (à Heft ca. 80—100 S.) Cassel, Fischer. à Jahrg. *

— dass. — Zugleich als Fortsetzung der Zeitschrift Naumannia. In Verbindung mit F. W. Baedeker, J. H. Blasius, F. Boie etc. hrsg. von Jean Cabanis und Ed. Baldamus. 8. und 9. Jahrg. 1860 und 1861. à Jahrg. 6 Hefte. Mit Abbild. gr. 8. (à Heft ca. 80 S.) Ebendas. à Jahrg. *

— für Ornithologie. Ein Centralorgan für die gesammte Ornithologie. Zugleich als Fortsetzung der Zeitschrift Naumannia. In Verbindung mit F. W. Baedeker, J. H. Blasius, F. Boie etc. hrsg. von Jean Cabanis und Ed. Baldamus. 10.—14. Jahrg. 1862—66. à Jahrg. 6 Hefte. gr. 8. (à Heft ca. 72 — 80 S. mit Abbild.) Cassel, Fischer. à Jahrg. *

— dass. — Deutsches Centralorgan für die gesammte Ornithologie. In Verbindung mit B. Altum, Ed. Baldamus, J. H. Blasius etc. hrsg. von Jean Cabanis. 15. Jahrg. 1867. 6 Hefte. gr. 8. (1. Heft 72 S. mit Abbild.) Ebendas. *

— dass. — General-Index. Inhaltsverzeichniss der ersten 15 Jahrgänge, 1853—1867, enth.: systematischer Index aller latein. Familien-, Genus- und Artnamen, sowie ein Autoren- und Sachregister und Verzeichniss der Abbild.; in alphabet. Ordnung. In Verbindung mit Anton Reichenow und Max Helm, hrsg. von J. Cabanis. gr. 8. (IV, 211 S.) Ebendas. 871. 15 —

— für Ornithologie. Deutsches Centralorgan für die gesammte Ornithologie. In Verbindung mit der deutschen ornitholog. Gesellschaft zu Berlin mit Beiträgen von Eug. F. Homeyer, Ant. Fritsch, Alex. v. Homeyer etc. hrsg. von Jean Cabanis. 16. und 17. Jahrg. 1868 und 1869. [Neue Folge 1. und 2. Bd.] à 6 Hefte. gr. 8. (à Heft 72 S., mit Chromolithogr.) Cassel, Fischer. à Jahrg. 15 —

— dass. — mit Beiträgen von E. F. v. Homeyer, A. E. Brehm, Ant. Fritsch, Th. v. Heuglin, Ludw. Holtz etc. hrsg. von Jean Cabanis. 18.—20. Jahrg. 3. Folge, 1.—3. Bd. à 6 Hefte. gr. 8. (à Heft 80 S., mit Chromolithogr.) Leipzig 870—72, (Kittler.) à Jahrg. 18 —

— dass. — mit Beiträgen von G. Hartlaub, E. F. v. Homeyer, A. E. Brehm etc. hrsg. von Jean Cabanis. 21. und 22. Jahrg. 4. Folge. 1. und 2. Bd. à 6 Hefte. gr. 8. (à Heft 80—110 S., mit Chromolithogr.) Ebendas. 873,74. à Jahrg. * 20 —

— für Ornithologie. Deutsches Centralorgan für die gesammte Ornithologie. In Verbindung mit der deutschen ornitholog. Gesellschaft zu Berlin, mit Beiträgen von Eug. F. v. Homeyer, A. E. Brehm, A. Hausmann etc. hrsg. von Jean Cabanis. 23. und 24. Jahrg. 4. Folge. 3. und 4. Bd. à 4 Hefte. gr. 8. (à Heft ca. 112 S. mit Stnt.) Leipzig 875,76, (Kittler.) à Bd. *

— dass. — Mit Beiträgen von Eug. F. v. Homeyer, A. E. Brehm, G. Radde etc., hrsg. von Jean Cabanis. 25. Jahrg. 4. Folge. 5. Bd. 4 Hefte. gr. 8 (à Heft ca. 112 S. mit Stnt.) (Ebendas.) 877. *

— dass. — Mit Beiträgen von Eug. F. v. Homeyer, A. E. Brehm, R. König-Warthausen etc. hrsg. von Jean Cabanis. 26. Jahrg. 4. Folge. 6. Bd. 4 Hefte. gr. 8. (à Heft ca. 112 S. mit Stnt.) (Ebendas.) 878. *

— dass. — Mit Beiträgen von Eug. F. v. Homeyer, A. E. Brehm, Altum etc., hrsg. von Jean Cabanis. 27. Jahrg. 4. Folge. 7. Bd. 4 Hefte. gr. 8. (à Heft ca. 112 S. mit Stnt.) (Ebendas.) 879. *

— für Ornithologie. Deutsches Centralorgan für die gesammte Ornithologie. In Verbindung mit der allgemeinen deutschen ornitholog. Gesellschaft zu Berlin mit Beiträgen von Eug. F. v. Homeyer, A. v. Brehm, G. Hartlaub etc. hrsg. von Jean Cabanis. 28. und 29. Jahrg. 1880 und 1881. 4. Folge 8. und 9. Bd. à 4 Hefte. gr. 8. (à Heft ca. 112 S. mit Stnt.) Leipzig, (Kittler.) à Jahrg.

— dass. — Mit Beiträgen von G. Hartlaub, A. v. Brehm, J. Gundlach etc. hrsg. von Jean Cabanis. 30. Jahrg. 1882. 4. Folge 10. Bd. 4 Hefte. gr. 8. (à Heft ca. 112 S. mit Stnt.) (Ebendas.)

dass. — Mit Beiträgen von G. Hartlaub, E. F. v. Homeyer, A. v. Brehm etc. hrsg. von Jean Cabanis. 31. Jahrg. 1883. 4. Folge 11. Bd. 4 Hefte. gr. 8. (à Heft ca. 112 S. mit Stnt.) (Ebendas.)

— dass. — Mit Beiträgen von G. Hartlaub, A. v. Brehm, C. Bolle etc. hrsg. von Jean Cabanis. 32. Jahrg. 1884. 4. Folge 12. Bd. 4 Hefte. gr. 8. (à Heft ca. 112 S. mit Stnt.) (Ebendas.)

— für Ornithologie. Deutsches Centralorgan für die gesammte Ornithologie. In Verbindung mit der allgemeinen deutschen ornitholog. Gesellschaft zu Berlin, mit Beiträgen von G. Hartlaub, C. Bolle, Altum etc. hrsg. von Jean Cabanis. 33. Jahrg. 1885. 4. Folge. 13. Bd. 4 Hefte. gr. 8. (à Heft 110—130 S.) Leipzig, (Kittler.) *

— dass. — In Verbindung mit der allgemeinen deutschen ornitholog. Gesellschaft zu Berlin, mit Beiträgen von G. Hartlaub, C. Bolle, G. Radde etc. hrsg. von Jean Cabanis. 34. Jahrg. 1886. 4. Folge. 14. Bd. 4 Hefte. gr. 8. (à Heft 110—130 S.) (Ebendas.) *

— dass. — In Verbindung mit der allgemeinen deutschen ornitholog. Gesellschaft zu Berlin, mit Beiträgen von G. Hartlaub, C. Bolle, Altum etc. hrsg. von Jean Cabanis. 35. und 36. Jahrg. 1887 und 1888. 4. Folge. 15. und 16. Bd. à 4 Hefte. gr. 8. (à Heft 110—130 S. mit Taf.) (Ebendas.) à Jahrg. *

— für Ornithologie. Deutsches Centralorgan f. die gesammte Ornithologie. In Verbindg. m. der allgemeinen deutschen ornitholog. Gesellschaft zu Berlin, m. Beiträgen v. G. Hartlaub, C. Bolle, Altum etc. hrsg. v. Jean Cabanis. 37.—40. Jahrg. 1889—1892. 4. Folge. 17.—20. Bd. à Jahrg. 4 Hefte. gr. 8. (à Heft 6—10 Bog.) Lpz., (L. A. Kittler). à Jahrg. * 20 —

An Stelle Bolle's ist auf dem Titel des 38. Jahrg. F. Kutter als Mitarb. genannt.

— für Ornithologie. Deutsches Centralorgan f. die gesammte Ornithologie. In Verbindg. m. der allgemeinen deutschen ornitholog. Gesellschaft zu Berlin, m. Beiträgen v. G. Hartlaub, Altum, Ant. Reichenow u. a. hrsg. v. Jean Cabanis. 39.—41. Jahrg. 1891—1893. 4. Folge, 19.—21. Bd. à 4 Hfte. (à ca. 120 S. m. Taf.) gr. 8. Leipzig, (L. A. Kittler). à Jahrg. n. 20. —

— dasselbe. Gegründet v. J. Cabanis. Im Auftrage der allgemeinen deutschen ornitholog. Gesellschaft, m. Beiträgen v. H. Schalow, P. Leverkühn, Alwin Voigt u. A. B. Meyer hrsg. v. Ant. Reichenow. 42. Jahrg. 1894. 5. Folge. 1. Bd. 4 Hfte. (à ca. 120 S. m. Taf.) gr. 8. Ebd. n. 20. —

— für Ornithologie. Gegr. v. J. Cabanis. Im Auftr. der deutschen ornitholog. Gesellschaft hrsg. v. Ant. Reichenow. 43.—46. Jahrg. 1895—1898. 5. Folge, 2.—5. Bd. à 4 Hfte. (à ca. 120 S. m. Abb. u. Taf.) gr. 8. Leipzig (L. A. Kittler). à Jahrg. n. 20. —

— für Ornithologie. Gegründet v. J. Cabanis. Im Auftrage der deutschen ornitholog. Gesellschaft hrsg. v. Ant. Reichenow. 47.–50. Jahrg. 1899—1902. à 4 Hfte. gr. 8. (à ca. 150 S. m. Abb., Taf. u. Karten.) Leipzig. (L. A. Kittler.) à Jahrg. n. 20. —

— für Ornithologie. Gegründet v. J. Cabanis. Im Auftrage der deutschen ornitholog. Gesellschaft hrsg. v. Ant. Reichenow. 51.–54. Jahrg. 1903—1906. à 4 Hefte. (IV, 556 S. m. 7 Taf.; IV, 581 S. m. 20 Taf., 5 Kart. u. 1 Portr.; IV, 778 S. m. 20 Taf., 1 Karte u. 1 Portr. u. IV, 572 u. 175 S. m. 12 Taf., 2 Kart. u. 1. Portr.) gr. 8. Leipzig (L. A. Kittler.) à Jhrg. n. 20. —

— für Ornithologie. Gegründet v. J. Cabanis. Im Auftrage d. deutschen ornitholog. Gesellschaft hrsg. v. Ant. Reichenow. 55.—58. Jahrg. 1907—1910. à 4 Hefte. (1910 1. Heft. 208 S. m. 2 Taf. u. 2 Bl. Erklärgn.) gr. 8. Leipzig, L. A. Kittler. à Jahrg. 20. —

— dasselbe. Sonderheft. Jahrg. 1910. gr. 8. Ebd. nn 5.—; für Abonnenten gratis.
I. Jahresbericht üb. den Vogelzug auf Helgoland 1909. Von Hugo Weigold. (158 S.) 910.

Journal des ouvriers sur cuir
v. Schweiz. Lederarbeiter-Zeitung -- Journal des ouvriers sur cuir -- Giornale degli operai del cuoio.

—— f. Papier- u. Pappenfabrication. 1—5. Hft. gr. 4. (20 B. u. 17 Stnt.) Weimar 844—47, Voigt.

— - für Papier- und Pappenfabrikation. 1. Bd. 6. Heft. und 2. Bd. (6 Hefte.) gr. 4. Weimar, Voigt. [1. Bd. 6. (IV und S. 119—176 mit 1 Stnt.) 848. 10 Ngr., 2. Bd. (IV und 180 S. mit 27 Stnt.) 849—52. 2 Thlr. 18¾ Ngr.]
1. Bd. 1—5. Heft. Ebendas. 1844—47. 1 Thlr. 27½ Ngr.

—— für Papier- und Pappenfabrication. 3. Bd. 1—5. Heft. gr. 4. (S. 1—156. mit 9 Stnt.) Weimar 852—54, Voigt.

— Pariser, für Herrnkleidermacher. 11. Jahrg. 1841. 24 Numm. (½ Bog.) Jede mit 1 Taf. color. Modeabbild. v. 1 od. 2 Patronen. gr. 4. Aachen, Cremer'sche B. n. 4 Rthlr.

—— Pariser, f. Mannskleidermacher. 1 — 5. Jahrg. 1830—34. à 24 Nrn. (à ¼—½ Bog. u. ill. Stnt.) gr. 8. Aachen, Kohnen. à J.

—— pariser, f. Mannskleidermacher. 6—12. Jahrg. 1835—41. Mit illum. u. schw. lith. Abbildn. gr. 4. Aachen, Cremersche Buchh. [6. u. 7. (à 52 Nrn. ½ B.), 8—12. (à 24 Nrn. ½ B.)] à J. *
Vgl. 8. Bd. 1. Abthl. S. 397.

Journal, pariser, f. Tapezierer, Decorateurs etc. 1—4. Hft. (à 4 sauber col. Bl.) ½ Fol. St. Gallen 841, 42, Tribelhorn. Thlr. *

Journal, Patriotisches, von in- und ausländischen Sachen. Prag 1796. H: *Eichler, Andreas Chrysogon.* (GGr VI/734, Nr. 34/6; VI/705) (BiblPort)

— Petersburgisches, für d. J. 1776—80. à 12 Stücke. Für d. J. 1781—84, unt. d. T.: neues Journal ꝛc., (herausg. von Chr. Gll. Arnold). gr. 8. Riga. (Hartknoch in Leipz.) 20 Rthlr Anhang 784. 1 Rthlr 8 gr

-- français, le petit, avec traduction allemande. Halbmonatsschrift, d. Studium der französ. u. deutschen Sprache bestimmt. Red.: G. Bickel. 1—4 année 1895—1898. à 24 Nrn. (à 8 S.) gr. 8. Leipzig, R. Uhlig. à Jahrg. 2. 50

— français, le petit, avec traduction allemande. Halbmonatsschrift, zum Studium der französ. u. deutschen Sprache bestimmt. Red.: G. Bickel. 5. et 6. année. 1899 et 1900. à 24 Nrn. gr. 8. (à Jahrg. IV, 192 S.) Leipzig, R. Uhlig. à Jahrg. 2. 50
Fortsetzung s.: Traducteur, le.

Journal: Petit Journal fribourgeois
① Conseiller des ménales ③ Le Conseiller ④ La petite Gazette (Fr) ⑤ 21. 8. 1898--décembre 1898 ⑥ in-2° ⑦ hebdomadaire ⑧ Fribourg ⑩ Charles Renevey & Cie. ⑪ Charles Grandpierre ⑬ Fr: C.

JOURNAL DE PHARMACIE D'ALSACE-LORRAINE.
(Année I—XI.) Strasbourg 1874—1884. Typographie de G. Fischbach. 8°.

JOURNAL DE PHARMACIE D'ALSACE-LORRAINE.
(Année XII—XIII.) Strasbourg 1885—1886. Typographie de G. Fischbach. 8°.

—— für Pharmakodynamik, Toxikologie und Therapie in physiologischer, klinischer und forensischer Beziehung im Verein mit mehreren Gelehrten hrsg. von W. Reil. 1. Bd. 1. Heft. gr. 8. (III und 155 S. mit 1 Tab. in qu. Fol.) Berlin 856, A. Hirschwald. *

—— für Pharmakodynamik, Toxikologie und Therapie in physiologischer, klinischer und forensischer Beziehung im Verein mit mehreren Gelehrten hrsg. von W. Reil und J. Hoppe. 1. Bd. 2—4. Heft. gr. 8. (VIII und S. 157—605.) Berlin 857, A. Hirschwald. [2. und 3. Heft à * 20 Ngr., 4. Heft * 25 Ngr.] Thlr. *
1. Bd. 1. Heft. Ebendas. 1856. * 25 Ngr.

Journal für Pharmakodynamik, Toxikologie und Therapie etc. Hrsg. von W. Reil. 2. Bd. 4 Hefte. gr. 8. (1. Heft 154 S. mit 5 S. Tab. in qu. gr. 4. und qu. Fol.) Halle 858, Pfeffer. *
Ist nicht fortgesetzt worden.

— der Pharmacie f. Aerzte, Apothek. ꝛc. herausgeg. von K. Tromsdorf, f. a. Tromsdorf.

JOURNAL DER PHARMACIE FÜR AERZTE UND APOTHEKER. Herausgegeben von Joh. B. Trommsdorff. 26 vols., 8vo. Leipsig, 1793–1816.

Journal of English and Germanic Philology: 1897—1955 +.
Quarterly. Title varies: JOURNAL OF GERMANIC PHILOLOGY, vol. 1—4, 1897—1902. Place of publication varies: Bloomington, Ind., vol. 1—5, no. 1, 1897—Sept. 1903. Octavo, each issue. University of Illinois, Urbana.
Urbana, IL

— für Philosophie, s. K. S. Zacharias.

— philosophisches, s. Niethammer.

— philosophisches, von e. Gesellschaft deutscher Gelehrten, herausg. v. F. I. Niethammer. 2 Bde, oder 1s—8s Stck. 3r Bd., 9s—12s Stck 1795, u. f. 1796 1r Bd. 4 Stcke, mit J. G. Fichte. gr. 8. Neustrelitz, (Albanus). 1r—3r Bd. 4 Rthlr Für 1796 1 Rthlr 8 gr 5 Rthlr 8 gr Dass. für d. J. 1797, 98. 6 Bde od. 24 Hefte, von Niethammer u. Fichte. gr. 8. Jena, Gabler. (Knobloch in Leipz.) 9 Rthlr 12 gr

— philosophisches, für Moralität, Religion u. Menschenwohl, herausg. von K. Chr. Er. Schmid u. F. W. D. Snell. 8. Gießen 793. Heyer. 3 Rthlr 3r. 4r Bd. 6 Stcke. 8. Jena 794, 95. (Hennings in Neiße). 3 Rthlr

—— photographisches. Magazin pract. Erfahrungen, Fortschritte, Notizen und Neuigkeiten aus dem Gebiete der Photographie; für Photographen, Maler, Zeichner und Freunde dieser Kunst. Hrsgbr. und Redakt.: Wilh. Horn. 1—6. Bd. (Jahrg. 1854—1856.) à Jahrg. 24 Nrn. (Bog. mit eingedr. Holzschn.) gr. 4. Leipzig, Spamer. à Jahrg. *

—— photographisches. Magazin pract. Erfahrungen, Fortschritte, Notizen und Neuigkeiten aus dem Gebiete der Photographie für Photographen, Maler, Zeichner und Freunde dieser Kunst. Hrsg. und redig. von Wilh. Horn. 7—16. Bd. (Jahrg. 1857—61.) à Jahrg. 24 Nrn. (Bog.) gr. 4. Leipzig, Spamer. à Jahrg. **

—— photographisches. Magazin prakt. Erfahrungen, Fortschritte, Notizen und Neuigkeiten aus dem Gebiete der Photographie, für Photographen, Maler, Zeichner und Freunde dieser Kunst. Hrsg. und Redakt.: Wilh. Horn. 17.—24. Bd. (Jahrg. 1862—65.) à Jahrg. 24 Nrn. (Bog.) gr. 4. Leipzig, Spamer. à Jahrg. *

—— für Physik und physikalische Chemie des Auslandes in vollständ. Uebersetzungen hrsg. von A. Krönig. (I.) Jahrg. 1851. 3 Bde. à 4 Hefte. (à 8 Bog.) Mit Stnt. gr. 8. Berlin, (Schneider und Comp.) *

— physisch=medicinisches, nach Bradley u. Willich für Deutschland bearb. von K. G. Kühn. 6 Bde, 1800—1802. gr. 8. Leipz., (W. Rauck). 15 ₰ (A. u. d. T.: Repertorium d. neuen Erfahrr. engl. Gelehrten ꝛc.)

— physisch=medicinisch., nach Bradley u. Willich f. Deutschland bearbeit. von K. G. Kühn. 1800. j. 12 Hften. gr. 8. Lpz. Sommer.

Journal de Pierre le Grand dep. l'année 1698 jusqu'en 1721 trad. de l'original russe (publ. par le prince Michel Schtscherbatow) impr. d'après les manuscrits corrigés de la main de S. M. Impériale (par Simon de Schtschepotiel, corrigé et publié par Formey) 4. Berlin 1773. — Londres 1773. — nouv. éd. avec des notes par un officier suédois le baron de L. . . 8. Stockholm (Bouillon) 1774.

— de Pierre le Grand dep, l'an. 1698. jusqu'à la paix de Neustadt, trad. du Russ. gr. 4. Berlin, Rottmann. 777.

[Journal pittoresque. Herausgegeben von Fr. Wolf und Fr. v. Weissenbach Erklärender Text von Chr. Kuffner. Wien 1830—1835.]
20 S. + 12 Bl.; 53 Taf. in Lithogr. von F. Wolf. 2°.
Die Tafeln stellen aktuelle Ereignisse des öffentlichen Lebens in Wien und Österreich dar. Zeichner Ed. Gurk, J. Höchle, J. Schindler u. a.

— de poche, s. auch *Pocket-Journal.*

— de poche nécessaire; contenant des tables instructives et amusantes; ou calendrier pour l'année 1803. Wien, Degen. 12 Kr

The Polylingual Journal: vol. 1—2, no. 1—31, Aug. 1857—May 1865; Feb. 1870:
Quarterly. Sub-title: A Magazine in Five Languages, French, Spanish, Italian, German and English. Statement in Preface: "This Journal is designed to afford important facilities for acquiring a practical knowledge of the principal languages of Europe. The same text is given in French, Spanish, Italian, and German, arranged on opposite pages in paragraphs, line for line as nearly as practicable." There is also a supplement for each issue, and for each language, containing exercises, pp. 1—50. Quarto, each issue ca. 80 pages. Published by Hiram C. Sparks.
New York, NY

Journal für rationelle Politik. Sammlung von Staatssachen etc. 59. Jahrg. 1838. Neue Serie. 2. Bd. — 60 Jahrg. Neue Serie. 1839. 1—2. Bd. Verfasst und herausgeg. von CONSTANT DIRCKINCK-HOLMFELD. Sm. St. — 61. Jahrg. 1840. Januar. Hamburg. (De enkelte Nr. har stadig Titlen: Politisches Journal).

Journal, Politisches, nebst Anzeige von gelehrten und andern Sachen . . . Hamb. 1781—1839. H (1781—1804): *Schirach, Gottlob Benedict von.* (1805—12): *Schirach, Wilh. Benedict von.* (MS) (Oa) (Ky) (MGT) (OL)

Journal, Politisches, nebst Anzeigen von gelehrten und andern Sachen. 1. Jahrg. Hamburg 1826. H: *Koopmann, Joh. Mart.* (MGT)

Schirach, G. B. von (Herausgeber; fortgesetzt von verschiedenen Herausgebern): „Politisches Journal, nebst Anzeige von gelehrten und andern Sachen", Hamburg 1781 bis 1811, 1814 bis 1837. Jeder Jahrgang zu 2 Bänden. — Fortsetzung: „Politisches Journal. Sammlung von Staatsacten, nebst geschichtlichen und staatswissenschaftlichen Verhandlungen", Neue Serie. 1. Band, verfasst von Bar. C. v. Dirckinck-Holmfeld und herausgegeben im Verein mit W. L. Heise, Hamburg 1838. — Fortsetzung: „Journal für rationelle Politik. Sammlung . . . .", verfasst und herausgegeben von Bar. C. v. Dirckinck-Holmfeld, 1. u. 2. Band, Hamburg 1838, 1839. — Alle vorh.: Com. Bibl. Hamburg.

— polit., nebst Anz. von gel. Sachen, herausgegeb. v. ein. Gesellschaft Gelehrten. Jahrg. 1781–807. 8. Hamb. Hoffmann. (à 4 Rthlr.)

— — dasselbe. d. Jahrg. 1808–811. Ebend. (à 4 Rthlr. 16 gr.)

— politisches, nebst Anzeige von gelehrten u. andern Sachen. Jahrg. 1812—16. 12 Stücke. 8. Hamb. Hofmann u. Campe. (Der Jahrg. 4 Rthlr. 16 gr.)

— — politisches. nebst Anzeigen von gelehrten und andern Sachen. 8. Hamburg, Hoffmann u. Campe in Comm. Jahrg. 1817—20. Jeder Jahrg. in 12 Stücken, à 4 Thlr. 16 Gr.

Journal, politisches, nebst Anzeige v. gelehrten u. andern Sachen, Jahrgg. 821 — 27. 8. Hamb., Campe. à 4 Rthl. 16 gr. Rthlr.

—— politisches, nebst Anzeige v. Gelehrten u. and. Sachen. 49 — 55. Jahrg. 1828 — 34. à 12 Hfte. 8. Hamburg, Aug. Campe. à J.

—— dass. Hrsg. v. e. Gesellsch. v. Gelehrten. 56. Jahrg. 1835. 2 Bde. od. 12 Stcke. 8. Hamburg. (Altona, Hammerich.)
Jahrg. 1828—31, hrsg. v. Koopmann, J. 1832, v. A. Lünzmann, J. 1833, v. C. W. Asher, J. 1834, v. A. Gathy. — 1—28. J. 1780—1807. à 4 Thlr., 29—48. J. 1808—27. à 4 Thlr. 16 Gr. (bis 1804, hrsg. v. G. B. v. Schirach, 1805—12, v. W. v. Schirach, fortges. v. Koopmann.) Hamburg, Aug. Campe.

—— politisches, nebst Anzeige v. gelehrten u. and. Sachen. Hrsg. von e. Gesellschaft v. Gelehrten. 57. u. 58. Jahrg. 1836 u. 37. à 2 Bde. od. 12 Stcke. Hrsg. v. Leop. Heise. 8. Hamburg. (Altona, Hammerich.) à J. *
Fortsetz. u. d. etwas veränd. Ttl.:

—— politisches, Sammlung v. Staatsacten, nebst geschichtl. u. staatswissenschaftl. Verhandln. 59. u. 60. Jahrg. 1838 u. 39. Neue Serie. Hrsg. v. Leop. Heise. 1. u. 2. Jahrg. à 12 Hfte. 8. Altona, Hammerich. à J. *
Vgl. 8. Bd. 1. Abthl. S. 397.

—— polytechnisches, s. Dingler's polytechnisches Journal.

—— dass. Real-Index ꝛc., s. Stecker, M.

Journal, polytechnisches, gegründet von Dingler. Bd. 1—298. Stuttgart 1820—95. 8 u. 4. Realindex zu Bd. 1—198.

— polytechnisches; e. Zeitschrift zur Verbreitung gemeinnütziger Kenntnisse im Gebiete d. Naturwissenschaft, d. Manufakturen, Fabriken, Künste rc., herausg. von J. G. Dingler u. E. M. Dingler (Sohn). 1r—13r Jahrg. 1820—32. gr. 8. Stuttg., b. Cotta. (à 9 ₰ 8 ℊ) 101 ₰ 8 ℊ

—— polytechnisches, e. Zeitschr. z. Verbreit. gemeinnütz. Kenntnisse im Gebiete d. Naturwissenschaft, Chemie, Pharmacie, Mechanik, Manufakturen, Fabriken, Künste, Gewerbe, Handlung, Haus- u. Landwirthschaft rc. Hrsg. v. Joh. Gotfr. Dingler u. Emil Max. Dingler (Sohn). 27—50. Bd. (9—14.) Jahrg. 1828—33. à 4 Bde. od. 24 Hfte. Jed. J. mit ca. 30 Kpfrt. qu. gr. Fol. gr. 8. Stuttgart, Cotta. à J.

—— dass. Hrsg. v. dens. u. Jul. Herm. Schultes. 51—58. Bd. (15. u. 16.) Jahrg. 1834 u. 35. à 4 Bde. od. 24 Hfte. Neue Folge 1—8. Bd. à J. 24 Kpfrt. qu. gr. Fol. gr. 8. Ebds. à J. 1—26. Bd. od. Jahrg. 1820—27. (1820—25. à 3 Bde. od. 12 Hfte., 1826 u. 27. à 4 Bde. od. 24 Hfte.) Ebendas. à J. 9 Thlr. 8 Gr. — Emil Max. Dingler wird v. Jahrg. 1831 an als Mitherausgeber genannt.

—— polytechnisches, hrsg. v. Joh. Gtfr. Dingler, unter Mitredact. v. Emil Max. Dingler u. Jul. Herm. Schultes. 59—86. Bd. (17—23. Jahrg.) 1836—42. Neue Folge. 9—36. Bd. à 24 Hfte. Mit viel. Stnt. gr. 8. Stuttgart, Cotta'sche Buchh. à J. *
Der Mitredacteur J. H. Schultes wird nur bis zum Jahrg. 1840 genannt.

—— polytechnisches, eine Zeitschrift. Hrsg. v. Joh. Gttfr. Dingler u. Em. Max. Dingler. 87—106. Bd. od. 24—28. Jahrg. 1843—47. à 24 Hfte. à J. m. 30—36 Stnt. gr. 8. Stuttgart, Cotta'sche Buchh. à J. *
1—23. Jahrg. 1820—42. Ebendas. à J. * 9 Thlr. 10 Ngr.

—— polytechnisches. Hrsg. von J. G. Dingler und E. M. Dingler. 107—124. Bd. oder Jahrg. 1848—52. à 24 Hefte. (à ca. 80 S.) gr. 8. Mit ca. 30 Stnt. Stuttgart, Cotta'sche Buchh. à Jahrg. *

—— polytechnisches. Hrsg. von J. G. Dingler und E. M. Dingler. Jahrg. 1853—56. oder Bd. 127—142. à Jahrg. 24 Hefte. (à ca. 80 S.) Mit à Jahrg. ca. 30 Stnt. gr. 8. Stuttgart, Cotta'sche Buchh. à Jahrg. Thlr. *

—— polytechnisches. Eine Zeitschrift zur Verbreitung gemeinnütziger Kenntnisse im Gebiete der Naturwissenschaft, der Pharmacie, der Mechanik rc. Hrsg. von Emil Max. Dingler. Jahrg. 1857—61. oder Bd. 143—162. à Jahrg. 24 Hefte. (à ca. 80 S.) Jeder Jahrg. mit ca. 30 Stnt. gr. 8. Stuttgart, Cotta'sche Buchh. à Jahrg. *

—— polytechnisches. Eine Zeitschrift zur Verbreitung gemeinnütz. Kenntnisse im Gebiete der Naturwissenschaft, der Chemie, der Pharmacie, der Mechanik rc. Hrsg. von Emil Max. Dingler. Jahrg. 1862—67. oder Bd. 163—186. à Jahrg. 24 Hefte. (à ca. 80 S. und jeder Jahrg. ca. 30 Stnt.) gr. 8. Stuttgart, Cotta'sche Buchh. à Jahrg. *

—— polytechnisches. Eine Zeitschrift zur Verbreitung gemeinnütziger Kenntnisse im Gebiete der Naturwissenschaft, der Chemie, der Pharmacie rc. Hrsg. von Emil Maxim. Dingler. Jahrg. 1868—1874 oder 187.—214. Bd. à Jahrg. 24 Hefte. gr. 8. (à Heft ca. 80 S., mit Stnt.) Stuttgart, Cotta'sche Buchh.
1868—1872 à * 28 —
1873 und 1874 à * 36 —

—— dass. — Real-Index. Von D. Philipp, s. a. Philipp, D.

—— dass. — Real-Index zu Dingler's polytechnischem Journal. Von Bd. CLIX—CXCVIII. Von D. Philipp. Fortgesetzt von Jul. Philipp. Lex.-8. (257 S.) Ebendas. 871. 3 60

— dasselbe. Jahrg. 1873—1876 od. Bd. 207—222 à Jahrg. 24 Hfte. gr. 8. (à Hft 88 S. m. e. Steintaf. in qu gr. Fol.) Ebend. à Jahrg. n. 36. —

Journal, Polytechnisches, für Fabrikanten. Beiblatt zur Zeitung für Handel und Fabrik-Industrie. Leipzig 1842. 4.

Journal, praktisches, für Bau- und Möbel-Tischler. Entworfen und redig. von Aug. Graef, unter Mitredakt. von Böffenbacher, Leclerc u. m. A. 10.—15. Jahrg. 1862—67. à Jahrg. 8 Hefte. (à 8 Stnt. in qu. gr. Fol. und Imp.-Fol.) gr. Fol. Erfurt, Bartholomäus. 10. Jahrg. *
11.—15. Jahrg. à *
Vgl. : Journal, neuestes allgemeines, für Tischler, Bildhauer rc.

—— praktisches, für Bau- und Möbel-Tischler. Entworfen und redig. von Aug. Graef, unter Mitredact. von Böffenbacher, Leclerc und anderen Fachgenossen. 16. und 17. Jahrg. 1868 und 1869. à Jahrg. 8 Hefte. (à 8 Stnt. in qu. gr. und Imp.-Fol.) gr. Fol. Erfurt, Bartholomäus. à Jahrg. *

—— dass. — 18. Jahrg. 1870. 8 Hefte. (à 8 Stnt. in qu. gr. und Imp.-Fol.) gr. Fol. Ebendas. *

—— dass. — Entworfen und redig. von Aug. Gräf. 19.—22. Jahrg. 1871—1874. à Jahrg. 12 Hefte. (à 6 Stnt. in qu. und Imp.-Fol.) gr. Fol. Ebendas.
à Heft * ℳ 1,50.; à Jahrg. *

Journal, praktisches, für Bau- und Möbel-Tischler. Entworfen und redig. von M. und A. Graef. 23.—27. Jahrg. 1875—1879. à Jahrg. 12 Hefte (à 7 Stnt. in Fol. und Imp.-Fol.) gr. Fol. Erfurt, Bartholomäus. à Heft *
à Jahrg. *

Journal, praktisches, für Bau- und Möbel-Tischler. Orig.-Entwürfe von M. und A. Graef. 28.—32. Jahrg. 1880—1884. à Jahrg. 12 Hefte. (à Heft 7 Stnt. in Fol. und Imp.-Fol.) Fol. Erfurt, Bartholomäus.
à Heft * ℳ 1,50.; à Jahrg. *

Journal, praktisches, für Bau- und Möbel-Tischler von Max Graef. 33.—36. Jahrg. 1885—1888. à Jahrg. 12 Hefte. (à Heft 7 Stnt. in Fol. und Imp.-Fol.) Fol. Halle, Knapp.
à Heft * ℳ 1.50.; à Jahrg. * 18 —

Journal, praktisches, f. Bau- u. Möbel-Tischler von M. Graef. 35.—38. Jahrg. 1887—1890. à 12 Hfte. (à 7 Steintaf. in Fol. u. Imp.-Fol.) Fol. Halle, Knapp.
à Hft. n. 1.50

— prakt., für Prediger u. Predigergeschäfte, von e. Gesellschaft zusammengetragen u. herausg. von Just. B. Müller. 1r Bd. 4 Stcke u. 2r Bd. 2 Stcke. gr. 8. Marb. 801—3. Krieger. 2 ₰ (14, 24 Stück. A. u. d. T.: Beiträge zur Beförder. zweckmäß. Predigten, Katechesationen, Liturgien rc.)

— für Prediger. 1r—20r Bd. à 4 Stücke 1770—88. à Bd. 1 ₰ 8 ℊ 21r—64r Bd., oder neues J., (herausg. von H. B. Wagnitz). 1r—44r Bd. à 4 Stcke 1789—1824. à 1 ₰ 8 ℊ 65r Bd. 4 Stcke u. 66r—69r Bd. à 3 Stcke, oder N. J. 45—49r Bd 1824—26. à Bd. 2 ₰ 70r—81r Bd., oder N. J. 50r—61r Bd., oder N. Reihe 1r—12r Bd., (fortges. von Bretschneider, Neander, Goldhorn, J. S. Vater u. A.) à 3 Stcke. 1827—32. à Bd. 2 ₰ 3 Anhänge zum 1n—30n Bde. 2 ₰ gr. 8. Halle, Kümmel. 119 ₰ 8 ℊ

— f. Prediger. 57 Bde. z. 4 Stck. (vom 20sten Band a. unt. d. T. neues Journal f. Pred. 1r bis 5r Bd.) gr. 8. Halle, Kümmel. 770—810. (1r bis 45r à 1 Rthlr. 46r—57r à 1 Rthlr. 8 gr.)

— — Anhang dazu vom 1.—10. Bd. gr. 8. Ebend. 781.

— — Anh. z. 11.—20. — Anh. z. 21—30. Bd. vorher. J. 797. 96. (à 6 gr.)

— für Prediger. 58r u. 59r Bd. od. neues Journal. 38r u. 39r Bd. (à 4 Hfte.) gr. 8. Halle, Kümmel. 811—815. Jeder Bd. à 1 Rthlr. 8 gr. der Heft à 8 gr.)

— — für Prediger, 60r—62r Band, 1s—4s Stück. gr. 8. Halle, Kümmel. 816—819. à 1 Thlr. 8 Gr.
Auch unter dem Titel:
Neues Journal rc. 40r—42r Bd.

— f. Prediger. 63r bis 71r Bd. A. u. d. T.: neues Journal rc. 43r—51r Bd. v. 64 Bde. an herausgeg. v. K. G. Bretschneider, D. A. Neander, u. J. S. Vater. gr. 8. Halle 822—27, Kümmel. 63r u. 64r Bd. à 1 Rthl. 8 gr. 65r—71r Bd. à

—— für Prediger. 72—87. Bd., neues Journal 52—67. Bd. od. neue Reihe 3—18. Bd. à 3 Stcke. (Jahrg. 1828—35.) Hrsg. v. Bretschneider, Neander, Goldhorn u. Fritsch. gr. 8. Halle 828, Kümmel. à Bd.
1—20. Bd. à 4 Stck. 1770—88. à Bd. 1 Thlr. 8 Gr. — 21—64. Bd. od. „neues Journal," 1—44. Bd. à 4 Stck. 1789—1824. à Bd. 1 Thlr. 8 Gr. — 65. Bd. 4 Stck., u. 66—69. Bd. od. „neues J.", 45—49. Bd. à 3 Stck. 1825, 26. à Bd. 2 Thlr — 70. u. 71. Bd. od. „neues J.", 50. u 51. Bd. od. „neue Reihe," 1. u. 2. Bd. à 3 Stck. 1827. à Bd. 2 Thlr. — 3 Anh. z. 1—20. Bde. 2 Thlr. Ebendas. — J. H. Fritsch trat 1831 aus dem Kreise der Herausgeber.

—— für Prediger. 88—101. Bd., neues Journal 68—81, od. neue Reihe (Folge) 19—32. Bd. à 3 Stcke. (Jahrg. 1836—42.) Hrsg. v. Bretschneider, Neander u. Goldhorn (seit 1838 ist Franke an dessen Stelle getreten). gr. 8. Halle, Kümmel. à J.
Vgl. 8. Bd. 1. Rthl. S. 297.

— f. **Psychologie u. Neurologie.** Hrsg. v. Aug. Forel u. Osk. Vogt, red. v. K. Brodmann. 1. Bd. Zugleich Zeitschrift f. Hypnotismus. 11. Bd. 6 Hfte. Lex.-8. (à ca. 50 S. m. Taf.) Leipzig 902. J. A. Barth. n. 20. —
Vergl.: Zeitschrift f. Hypnotismus.

— für Psychologie u. Neurologie. Hrsg. v. Aug. Forel u. Osk. Vogt, red. v. K. Brodmann. 2.—7. Bd. Zugleich Zeitschrift f. Hypnotismus, 12.—17. Bd. à 6 Hefte. (256 S. m. 22 Taf.; 308 S. m. 15 Taf.; 240 S. m. 12 Taf.; 250 S. m. 15 Taf.; 400 S. m. 3 Taf.; 302 S. m. 1 Tabelle.) Lex.-8. Leipzig 903—906. J. A. Barth. à Bd. n. 20. —

— dasselbe. 6. Bd. Zugleich Zeitschrift f. Hypnotismus, 16. Bd. Ergänzungsheft. Lex.-8. Ebd. 906. n. 9. —
Beiträge zur histologischen Lokalisation der Grosshirnrinde. 5. Mitteilg. Über den allgemeinen Bauplan des Cortex pallii bei Mammaliern u. zwei homologe Rindenfelder im besonderen. Zugleich e. Beitrag zur Furchenlehre. Von K. Brodmann. Mit 198 Abbildgn. (S. 275—400.)

— dasselbe. 8. Bd. Zugleich Zeitschrift f. Hypnotismus, 18. Bd. 6 Hefte u. Erg.-Bd. (IV, 456 S. m. Abbildgn. u. 13 Taf.) Lex.-8. Ebd. 906. n. 35. —

— dasselbe. 8. Bd. Zugleich Zeitschrift f. Hypnotismus, 18. Bd. Ergänzungsheft. Lex. 8. Ebd. 15. —
Zur Kenntnis der elektrisch erregbaren Hirnrinden-Gebiete bei den Säugetieren. Von Cécile Vogt u. Osk. Vogt. (180 S. m. 139 Abb. auf 9 Taf.) 907.

— für Psychologie u. Neurologie. IX.—XVI. Bd. Zugleich Zeitschr. f. Hypnotismus. XIX.—XXVI. Bd. Hrsg. v. Aug. Forel u. Osk. Vogt. Red. v. K. Brodmann. Lex. 8. Leipzig, J. A. Barth. 176. —
IX. (6 Hefte.) (IV, 292 S. m. Abb. u. 3 Taf.) 907. 20. —
X. (6 Hefte.) (IV, 313 S. m. Abb. u. 15 Taf.) 907. 20. —
XI. (6 Hefte.) (IV, 300 S. m. Abb.) 908. 20. —
XII. (6 Hefte.) (IV, 324 S. m. Abb. u. 16 Taf.) 908. 20. —
XIII. Festschrift zu Forels 60. Geburtstag. (VI, 435 S. m. Abb., 1 Bildnis u. 19 [1 farb.] Taf.) 908. 36. —
XIV. (6 Hefte.) (IV, 260 S. m. Abb. u. 9 Taf.) 909. 20. —
XV. (6 Hefte.) (IV, 292 S. m. Abb. u. 3 Taf.) 909. 20. —
XVI. (6 Hefte.) (IV, 284 S. m. Abb. u. 6 Taf.) 910. 20. —

Journal für Psychologie u. Neurologie. 10. Bd. Zugleich Zeitschrift f. Hypnotismus, 20. Bd. Ergänzungsheft. Lex. 8. Leipzig, J. A. Barth. 7. —
Beiträge zur histologischen Lokalisation der Grosshirnrinde. Von K. Brodmann. 7. Mitteilg.: Die cytoarchitekton. Cortex-Gliederg. d. Halbaffen (Lemuriden). Mit 45 Textabb. u. 9 Taf. (S. 287—334.) 908.

— dasselbe. 12. Bd. Zugleich Zeitschrift f. Hypnotismus, 22. Bd. Ergänzungsheft. Lex. 8. Ebd. 6. —
La myéloarchitecture du Thalamus du cercopithèque. Par Cécile Vogt. Avec 9 planches et 1 tableau synoptique. (IV u. S. 285—324.) 909.

Publishers **Journal**. (Ein Katalog d. engl. u. amerikan. Lit. Vol. 1, No 1—6.) [Mehr nicht erschienen.] Berlin 1903: (Pass & Garleb). (Getr. Pag.) 4° [F. u. Ant.] 1.6. 42.0

Journal récréatif de la jeunesse, rédigé par Mad. la Comtesse de Genlis, pour l'amusement et l'instruction des jeunes personnes des deux Sexes, avec fig. illum. et en noir. T. I—V. gr. 8. Braunschw. 818. Pluchart. 6 ℛ 12 gr

Journal einer Reise durch Frankreich . . . Altenb. 1787. V: *La Roche, Marie Sophie geb. von Gutermann.* (MS) (BrMm)

— religieux des églises indépendantes de la Suisse romande. Réd.: *Robert-Tissot.* 40e année. 1897. 52 Nos. In-fol. Neuchâtel, Attinger Frères. 1894
Par an 4 —; Union postale 6 50

— d. Religion u. Wahrheit. 1r Jahrg. 12 Hefte. 8. Augsb. 797. 1 ℛ 4 gr

Journal der Religion, Wahrheit und Litteratur. Mainz 1797—1804. 8°, 8 Jahrgänge.

* **JOURNAL** der Romane. 11 Stücke (= Bde.). Berlin, Joh. Friedr. Unger, 1800—2. 8°. (St. 10—11 fehlt in Berlin: Yt 541; St. 6—9 befindet sich auch in Darmstadt: E 3608.) (1—2, 5—11: 2 Rthl. Scheible; jetzt theurer! — Stück 6—9 apart: 10 Mk., schönes Expl., W. H. Kühl, c. 1882.)
Cplt. sehr selten vorkommende Sammlung von Romanen, Erzählungen und Märchen, mit der hübschen neuerfundenen Unger'schen Type gedruckt.
St. 1—2 (1800): Gräfinn Pauline (von *Friederike Helene Unger*, Tochter des k. preuß. Generals v. Rothenburg, Gattin des Verlegers dieses „Journals", geb. 1751, † 1813). 2 Thle. 8°. (2 Rthl.)
VIII—290 u. 222 S. m. Schlussvign. — Vgl. Geschäftsbriefe Schiller's. Hrsg. v. Karl Goedeke. Lpz. 1875. S. 229. — Vgl. auch Ersch II. 2. 1840. Sp. 264.
St. 3 (1801): Die Bekanntschaft auf der Reise. Eine wahre Geschichte (von *Charlotte v. Ahlefeld*, geb. *v. Seebach*, geb. 1781, † nach 1840).
Doppeltit. u. 338 S., nebst 1 Bl. Unger'scher Verlag. — Enth., ausser der oben angegeb. Geschichte, noch eine anonyme Erzählung, S. 217 ff.: „Autun und Manon." Vf. ist Charlotte von Schiller, geb. v. Lengefeld. Vgl. Geschäftsbriefe Schiller's. Gesammelt v. Karl Goedeke. Lpz. 1875. 8°. S. 226. — S. auch Ersch. II. 2, 1840. Sp. 264, wo Vf. d. ersten Romans genannt ist.
St. 4 (1801): Tit. u. 349 S. — 1. Rodrigo u. Semene. Eine Spanische Geschichte. 2. Roderich. Fragment aus e. Reise nach Spanien. 3. Der Nebucadnezar des Mittelalters. 4. Der Proceß. 5. Hugo von Mataplana, oder das Liebes-Urtheil (S. 192—206; nach *Raimond Vidal de Besaudin;* vgl. Hist. des Troubadours III. p. 227). 6. Capitain Harris. (S. 207—Ende, in 6 Büchern.)
St. 5 (1801): Rosalie und Nettchen. Ein Roman (von *Friederike Helene Unger*). 378 S., 1 Bl. Unger'scher Verlag.
St. 6—9 (1801): Das Paradies der Liebe. In 12 Büchern und 4 Bänden. (Pikanter Roman aus d. Engl. des *James Lawrence.*) 367, 324, 312 (incl. 1 Notenbl. in quer-Fol.) u. 376 S. (incl. Doppeltitel).
Französ.: L'empire des Nairs ou le paradis de l'amour. Par le chevalier de L** *(Lawrence).* 4 vols. Hambourg 1807. 8°. (25 Mk. Scheible 169. no. 414.) „L'auteur voulait l'héritage et le nom de famille par la femme disant que c'était en elle seulement que la filiation pourrait être prouvée et certaine. Dans sa fable, les Nairs sont une classe noble de la côté du Malabar, chez laquelle les femmes habitent chacune une maison isolée, et ont la liberté d'avoir plusieurs amants qu'elles admettent près d'elles à leur volonté. Sur cette donnée l'auteur brode des détails agréables. (Voir Gay, Bibliogr. de l'amour.) „A romance, written by James Lawrence, as an argument for the transmission of family names and inheritances by the female instead of the male line." (30 shill. Bibl. Arcana. London 1885. Nr. 485.)
St. 10 (lag nicht vor).
St. 11 (1802): Louise und Mailand. Ein Roman (von *Charlotte v. Ahlefeld*, geb. *v. Seebach*).
422 S. (incl. Doppeltit. u. 1 Bl. Widm.: „Weimar. Jugendfreundin Amalie Voigt, geb. Ludecus"). — Das Anon.-Lex. III. p. 87 hat „1807" (nach Kayser, Schindel, Meusel u. dem Lex. d. Schlesw.-Holst. Schriftst.).

Journal aller Romane und Schauspiele. 1.—4. Stück. Leipzig 1784—85. II (Anteil an St. 1/2 höchstwahrscheinlich): *Vulpius, Chn. Aug.* Vgl. Jb. d. Samml. Kippenberg 6 (1926), S. 70 ff. (DARP)

Journal aller Romane u. Schauspiele. 4 Stücke. 8. Leipz. 784, 85. Schneider. 1 ℔

Journal de la Roer. –
Aachen. – 1.I.1811 – 17.I.1814.
Fortges. u.d.T.: Aachener Stadt-Zeitung.

Journal d. praktischen Rossarzney- u. Reitkunst. Herausg. v. S. v. Tennecker. H. 1-2 (fortløb. pag., 1 Vol.). Leipz. 1800.

Russisches Journal f. experimentelle Landwirtschaft mit Wiedergabe d. Inhalts d. Originalarbeiten in deutscher Sprache. VI—XV. St. Petersb. 1903—14. 4°.
[VII_{1-3}, X_4, XV_{4-6} mgl.]

— von Rußland, s. Buße.

Journal des Saar-Departements. –
Trier. – 26.III.1804 – 2.VII.1814.
Vorh. u.d.T.: Trierisches Offizielles Blatt.
Fortges. u.d.T.: Trierische Zeitung.

Journal. – Saarlouiser Journal. –
1.I.1859 – 1.I.1916.
Vorh. u.d.T.: Journal.
Fortges. u.d.T.: Saarlouiser Tageblatt.

— für Sachsen. 4 Bde in 12 Stücken, (v. J. R. Schwarz). 8. Dresd. 792—96. Zeitungs-Compt. 3 ℔ (Erschien 1793 unt. d. n. Tit.: Beitrr. zur Geschichte u. Statistik Sachsens).

Journal des Sapeurs-Pompiers suisses. Organe de la Société suisse des Sapeurs-Pompiers. 3e année. 1892. (12 Nos). Réd. par *H. Scheuchzer.* No 1. In-4°. 8 p. Berne, Impr. Staempfli.
Par an 2 —; Pour l'Étranger 2 60

— des Sapeurs-Pompiers suisses. Organe de la Société suisse des Sapeurs-Pompiers. 4e année. 1893. (12 Nos). Réd. par *H. Scheuchzer.* No 1. Av. annexe. In-4°. 8 p. Berne, Impr. Staempfli.
Par an 2 —; Pour l'Étranger 2 60

Journal
des Sapeurs-Pompiers suisses. Organe de la Société suisse des Sapeurs-Pompiers. 5e année. 1894. (12 Nos). Réd. par *H. Scheuchzer.* No 1. In-4°. 8 p. Berne, Impr. Staempfli.
Par an 2 —; Pour l'Étranger 2 60

Journal des Savans 1816—1826. (11 Bde.) 4. Paris 1816—1826.

— — des savans in 4. Sept. à Decbr. 816. Strasbourg et Paris, Treuttel et W.

— — le même, Jahrg. 1817 bis 1820. 4 Jahrgänge. Ebend. à 15 Thlr. 8 Gr.

Journal über die Hamburgische Schaubühne unter Direction des Hrn Schröders . . . Hamb. 1786. V: *Cranz, Aug. Frdr.* (Arch. f. Litt. VIII, 213.)

— Schleswigsches. (vorher Braunschw.) 2 Jahrg. 1792. 93. à 12 Stck. 8. Altona, Hammerich. (à 4 Rthlr.)

— Fortsetzung desselben, s. Genius der Zeit, und Genius des 19ten Jahrh.

—— für Schmiede und Schlosser von Max Graef. Jahrg. 1886. [12 Hefte.] 1. und 2. Heft. (à Heft 2 Stnt. mit 1 Detailbog.) gr. 4. Halle, Knapp. à Heft
Ist nur bis Heft 2 erschienen.

— schwäbisch-rheinisches, z. Veredlung der Sitten ɪc. 1r und 2r Bd. 8. Frft. Jäger. 802.

Journal, Schweizer, s. Schweizer-Journal.

Journal für die neuesten See- und Landreisen. Mit Karten und Kupfern. (89 Bde.) 8. Berlin 1808 – 1838.

Journal du Siège de Bergopzoom en 1747 . . . à Amsterd. et Leipsic 1750. (Deutsch) Leipz. 1750. H: *Eggers, Jacob Freih. von.* (Ky) (ML) (R-N)

— du Siège de Berg op Zoom en 1747, rédigé par un Lieut.-Colonel-Ingénieur (Jak. v. Eggers). 12. Amsterd. u. Leipz. 750. — Deutsch, mit Kpf. 12. Leipz. 750. N. Aufl. ...

Journal du siége et capitulation de Breslau avec la liste des prisonniers qui y ont été faits, imprimée d'après l'Original qui a été délivré par le commandant de Breslau, le général de Sprecher. Berlin 1758. 4. (37 S.)
— Dasselbe, anderer Druck. 4. (43 S.)

— Journal du siège de Colberg. 1758. 4.

Journal du siège de Schweidnitz avec la capitulation et la liste des prisonniers. Berlin 1762. 4. (27 S.)

Journal du siége de Schweidnitz av. la capitulation, la liste des prisonniers et de l'artillerie. (27) 4. Schweidnitz 1762.

— de la Société finno-ougrienne. I—XV. gr. 8. Helsingissä. (Leipzig, O. Harrassowitz.) n.n. 78.80
I. (III, 135 S. m. 1 farb. Karte.) 886. n.n. 3.20
II. Z. Geschichte d. Tempus- u. Modusstammbildung in den finnisch-ugrischen Sprachen von E. N. Setälä. (XIV, 184 S.) 887. n.n. 4.80
III. (III, 175 S.) 888. n.n. 4.80
IV. Ethnograph. Forschgn. auf d. Gebiete d. finnischen Völkerschaften. Von Axel O. Heikel. I. Die Gebäude der Čeremissen, Mordwinen, Esten u. Finnen. (XXX, 352 S. m. Abb.) 888. n.n. 6.40
V. Les restes de la mythologie Mordvine par W. Mainof. I. (III, 159 S.) 889. n.n. 3.20
VI. (III, 173 S.) 889. n.n. 3.20
VII. Ost-tscheremissische Sprachstudien von Arvid Genetz. I. Sprachproben m. deutscher Uebersetzg. (VIII, 181 S.) 889. n.n. 4.80
VIII. (III, 154 S.) 890. n.n. 4.80
IX. Proben d. mordwin. Volkslitteratur. Gesammelt von H. Paasonen. 1. Bd. Erzjanischer Thl. (XXII, 237 S.) 891. n.n. 6.40
X. (III, 285 S.) 892. n.n. 6.40
XI. (IX, 200; 27, 17 u. 17 S.) 893. n.n. 6.40
XII. (III, 154; 20, 21 u. 20 S.) 894. n.n. 6.40
XIII. (IX, 140; 10 u. 18 S.) 895. n.n. 5.60
XIV. (III, 71, 48, 53 u. 19 S. m. 1 Taf.) 896. n.n. 6.40
XV. (III, 57, 64 u. 84 S.) 897. n.n. 6.40

— de la société finno-ougrienne. XVI—XX. gr. 8. Helsingissä. (Leipzig, O. Harrassowitz.) n. 32.80
XVI. (III, IV, 98, 7, 47 u. 28 S.) 899. n.n. 6.40
XVII. (III, 74, 29, 13, 52 u. 36 S. m. Abb. 12 Taf.) 900. n.n. 6.40
XVIII. (III, 29, 10, 9 u. 49 S. m. 3 Taf.) 900. n.n. 5.60
XIX. (III, IV, 260; IX, 67 u. 42 S.) 901. n.n. 8.—
XX. (III, 72, 32, 7 u. 55 S.) 902. n.n. 6.40

— de la société finno-ougrienne. XXI.—XXIII. gr. 8. Helsingissä (Leipzig, O. Harrassowitz). n.n. 24. 90
XXI. (III, 72, 51, 56, 47, 12, 22 u. 47 S. m. 4 farb. Taf.) 903. n.n. 6. 40
XXII. (III, 75, 63, 76 u. 32 S. m. Abbildgn., 1 Taf. u. 1 farb. Karte.) 904. n.n. 6. 50
XXIII. (X, 50, 20, 20, IV, 60, 12, 2, 21, 10, 9, 20, 2, 8, 7, 4, 10, 11, 5, 8, 7, 5, 8, 13, 12, 7, 23, 2, 12, 10, 9, 8, 10 u. 33 S. m. Abbildgn., 3 Taf. u. 1 Bildnis.) 906. n.n. 12. —

— de la société finno-ougrienne. XXIV et XXV. Lex. 8. Helsingissae (Leipzig, O. Harrassowitz). à nn 8. —
XXIV. (III, 24; 6, 38, 44 u. 37 S. m. 1 Taf.) 907.
XXV. (III, 5, 64, 25, 17, 81 u. 72 S. m. Abb. u. 1 Taf.) 908.

— of the american oriental society. 9. Vol. gr. 8. (XLV, 469 S.) Leipzig 871. Brockhaus' Sort. in Comm. n. 26. 75

JOURNAL DE LA SOCIÉTÉ DES SCIENCES, AGRICULTURE ET ARTS, DU DÉPARTEMENT DU BAS-RHIN, séant à Strasbourg.
Tome 1—5. (Mit Tafeln, Tabellen ...) Strasbourg. 1824—1828. De l'imprimerie de F. G. Levrault. 8°.

Springfielder Journal: Sept. 1874--1914.?
Weekly, 1874 -95; tri-weekly, 1896--1913; weekly, 1914. Independent; supported Tilden. Title varies: JOURNAL UND ADLER, 1895--1914. Absorbed SPRINGFIELD ADLER. Circulation: 1880, 1024; 1890, 1500; 1900, 2200; 1910, 2200. Edited & published by Weixelbaum & Schoenthal, 1874--91; by L. Weixelbaum, 1892—1914.
Springfield, OH

Journal der innern Staatsangelegenheiten Wirtembergs. Frankfurt 1797. H: *Müller, Johann Ludwig.* (Ky) (MGT)

— d. innern Staatsangelegenheiten Würtembergs, (von Jh. Edw. Müller). 16 Heft. 8. Stuttg. 797. Metzler. 12 K

— f. Staatskunde und Politik. s. H. W. Jaup.

— d. neuen Staatsverf. v. Frankreich, s. Tagebuch.

— f. Statistik, Geschichte und Staatswissenschaft. 12 Hfte. gr. 8. Regensb. Expedition. 806.

Journal de Statistique et Revue économique suisse
Journal de Statistique suisse
v. Zeitschrift für schweizerische Statistik — Journal de Statistique suisse.

—— für Stenographie, ein Organ für die Interessen der Gabelsberger'schen Redezeichenkunst, hrsg. von Jul. Rob. Fischer. 1. Jahrg. 1854. 12 Nrn. (à 1½ Bog.) gr. 8. Gera. (Leipzig, Roßberg'sche Buchh.) *

—— für Stenographie. Organ des Berliner Stenotachygraphenvereins. Redact.: Otto Peiler. 4. Jahrg. 1892. 12 Nrn. gr. 8. (à Nr. ca. 60 S.) Berl., (Wellnitz). halbjährlich * 2 —
Jahrg. 1—3 kamen nicht in den Handel. Die Zeitschrift ist mit Nr. 3 des 4. Jahrg. eingegangen.

— f. moderne Stickerei. Ein Monats-Blatt f. Stickerinnen aus Beruf u. Neigung. Mit Mustern. Red. v. Luise Hertel. Oct.—Dec. 1844. gr. 8. Leipzig 844, Böhme. n. ¾ ß

—— f. moderne Stickerei. Ein Monats-Blatt f. Stickerinnen aus Beruf od. Neigung. M. Mustern. Octbr.—Decbr. 1844. gr. 4. (3 col. Taf., 3 Bog. u. 1½ Bog. Text.) [Weimar, Jansen.] *

—— dass. 2—4. Jahrg. 1845—47. à 12 Nrn. gr. 4. [Weimar, Jansen.] à J. *
Jahrg. 2. u. 3. Redig. v. Louise Hertel., 4. J. von Nat. v. Herder.

Journal für moderne Stickerei, Mode und weibl. Handarbeiten. Ein Monats-Blatt. Redig. von Natalie v. Herder. 5. Jahrg. 1848. 12 Nrn. (½ Bog.) gr. 8. Mit lithogr. und theils ill. Musterbeil. in Imp.-4. Weimar, Jansen. *

—— dass. — Hrsg. von Ders. 6—9. Jahrg. 1849—52. à Jahrg. 12 Nrn. (à 1 ill. Stickmuster, 1 Modekpfr. und 1 lithogr. Musterbog.) gr. 4. Nebst: Feuilleton für Damen 12 Nrn. (½ Bog.) gr. 8. Weimar, Jansen. à Jahrg. *
Das Feuilleton allein à Jahrg. *
1—4. Jahrg. 1841—47. Ebendas. * 3 Thlr. 22½ Ngr.

—— für moderne Stickerei, Mode und weibl. Handarbeiten. Ein Monatsblatt. Redig. von Natalie v. Herder. 10—13. Jahrg. 1853—56. à Jahrg. 12 Nrn. (à 1 ill. Stickmuster, 1 Modekpfr. und 1 lithogr. Musterbog.) gr. 4. Nebst: Feuilleton für Damen. 12 Nrn. (½ Bog.) gr. 8. Weimar, Jansen. à Jahrg. *
Ohne Stickmuster à Jahrg. *
Das Feuilleton allein mit 12 Modekpfrn. à Jahrg. *
Vgl. II. Bd. I. Abthl. S. 479.

—— für moderne Stickerei, Mode und weibliche Handarbeiten. Ein Monats-Blatt. 14—18. Jahrg. 1857—61. à Jahrg. 12 Nrn. (à 1 ill. Stickmuster, 1—2 Modekpfr. und 1—2 lithogr. Musterbog.) gr. 4. Nebst: Feuilleton. 12 Nrn. (½—1 Bog.) gr. 8. Weimar, Expedition. à Jahrg. *
Der 14. Jahrg. wurde von Natalie v. Herder, der 15—18. von Auguste v. Horst redigirt.

Journal, Strasburgisches politisches. 1791—92. H: *Cotta, Chph Friedrich.* (MGT)

Journal Suisse des Artisans et Commerçants
v. L'Artisan Romand.

Journal Suisse des Chemins de fer (Be)
v. Schweizerische Eisenbahn-Zeitung.

— suisse de chimie et pharmacie, s.: Wochenschrift, schweizerische, f. Chemie u. Pharmacie.

Journal suisse d'économie forestière, s. Zeitschrift, schweizer., f. Forstwesen.

— suisse d'économie forestière. Organe de la société des forestiers suisses, réd. par El. Landolt. 1re—5e Année. 1875—1879. à Jahrg. 4 Hefte. gr. 8. (à Heft ca. 40 S.) Zürich, Orell, Füssli und Comp. à Jahrg. *

Journal suisse des Employés de Bureau
v. Korrespondenzblatt des stadtbernischen und Bernisch-kantonalen Bureaulistenvereins.

Journal suisse d'Horlogerie [seit 1883 mit Zusatz: Revue horlogère universelle]. Publié sous les auspices de la Classe d'industrie et de commerce. (Société des arts de Genève.) Années 1-13. Genève-Bâle-Lyon 1877-89.

Journal Suisse d'horlogerie, Publié sous les auspices de la classe d'industrie et de Commerce (Société des Arts de Genève) 1re Année, Nr. 6, Décembre 1876 et Nr. 7, Janvier 1877. H. Georg, Bâle et Genève, par an 10. —

Journal suisse d'horlogerie, publié sous les auspices de la classe d'industrie et de commerce (Société des Arts de Genève). IIe année Nr. 7. Janvier 1878. H. Georg, Genève et Bâle. Par an 10 —

Journal suisse *d'horlogerie*, publié sous les auspices de la classe d'industrie et de commerce (Société des Arts de Genève). IIe année, 1878/79. Paraissant par cahiers mensuels, in-8°, à partir de Juillet 1878. Genève et Bâle, H. Georg. Par an pour la Suisse 10 —

Journal suisse d'horlogerie, publié sous les auspices de la classe d'industrie et de commerce. IIIme année, No 3, Septembre 1878. Genève et Bâle, Georg.

Journal suisse d'horlogerie, publié sous les auspices de la classe d'industrie et de commerce (Soc. des arts de Genève), IIIe année, Nr. 4 et 5. 1878, Oct. et Nov. Genève et Bâle, Georg.

— suisse d'horlogerie, publié sous les auspices de la classe d'industrie et de commerce (Soc. des arts de Genève). IVe année, 1879—1880, paraissant tous les mois, in-8°, à partir de Juillet 1879. Genève et Bâle, H. Georg.
Par an pour la Suisse 10 —
Pour l'étranger 12 —

Journal suisse d'horlogerie, publié sous les auspices de la classe d'industrie et de commerce (Soc. des arts de Genève). Ve année, 1880—1881, paraissant tous les mois, in-8°, à partir de Juillet 1880. Genève et Bâle, H. Georg.
Par an pour la Suisse 10 —
Pour l'étranger 12 —

Journal suisse d'horlogerie, publié sous les auspices de la Classe d'industrie et de commerce (Société des arts de Genève). 6e année, 1881. In-8°. Paraît une fois par mois à partir du 1er juillet. Genève, Bâle et Lyon, H. Georg.

Journal suisse d'horlogerie. Revue horlogère universelle. Publié sous les auspices de la classe d'Industrie et de Commerce (Société des Arts de Genève). 7e année, 1882. In-8°. Paraît une fois par mois à partir du 1er juillet. Genève, Bâle, Lyon, H. Georg.
Par an pour la Suisse 10 —
Pour l'étranger 12 —

Journal suisse d'horlogerie. Revue horlogère universelle, publiée sous les auspices de la classe d'industrie et de commerce (Société des arts de Genève). IXe année, 1884—85. In-8°. Paraît une fois par mois à partir du 1er juillet. Genève, Bâle et Lyon, H. Georg.
Par an pour la Suisse 10 —
" " " l'étranger 12 —

Journal suisse d'horlogerie. Revue horlogère universelle, publiée sous les auspices de la classe d'industrie et de commerce. 10e année. In-8°. Genève et Bâle, H. Georg.
Par an, pour la Suisse 10 —
" l'Union postale 12 —
*** Les abonnements partent du 1er juillet.

Journal suisse des ouvriers sur bois
v. Schweizerische Holzarbeiter-Zeitung — Journal suisse des ouvriers sur bois

Journal suisse des ouvriers sur métaux
v. Schweizerische Metallarbeiter-Zeitung — Journal suisse des ouvriers sur métaux.

Journal suisse des Postes et des Télégraphes
Journal suisse des Postes, Télégraphes et Douanes
v. Echo.

Journal oder Tage-Register was sich mit der dän. Armee in Bohuos Lähn täglich zugetragen. 4. 1711.

—— für Tapezierer und Decorateure, s. Hettwig, Carl.

Journal für Tapezierer und Decorateure von M. Graef. Bd. 1—3. 1888—90. (Mit Stolutafeln u. 1 Detailbogen.) Halle. gr. 4.

—— für Tapezierer und Decorateure von Max Graef. 1. Bd. 1888. 6 Hefte. (à Heft 3 Stnt. und 1 Detailbog.) gr. 4. Ebendas. à Heft

—— für Tapezierer u. Dekorateure. Hrsg. v. Max Graef. 2. u. 3. Bd. à 6 Hefte. Fol. (à Heft 3 Taf. m. 1 Schnittmusterbogen.) Halle 889,90, Knapp. à Heft 1 50; à Bd. 9 —
Vgl.: Graef, Max. Vorlagen f. Tapezierer.

—— der Technologie, Oekonomie und Oekonomie-Wesens. Heft 1. Mit Kupf. Nürnberg 1812. 8.
A. u. d. T.: K. W. Juch, Deutschlands vorzüglichste Bedürfnisse u. deren Surrogate. Bd. 1.

— de teinture de M. Reimann. Organe de la teinture, de l'impression, du blanchiment etc. Année 1888—1890. à 48 nrs. (à 1/2—3/4 B.) Lex.-8. Berlin, Expedition v. Reimann's Färber-Zeitung.
à Jahrg. n. 20. —

— de teinture de M. Reimann. Organe de la teinture, de l'impression, du blanchiment etc. 20.—23. année, 1891—1894. à 48 nrs. (à 1/2—3/4 Bog.) Lex.-8. Berlin, Exped. v. Reimann's Färber-Zeitung. à Jahrg. n. 20. —

— de teinture de M. Reimann. Organe de la teinture, de l'impression, du blanchiment etc. 24.—27. année 1895—1898. à 48 nrs. (à ca 12 S.) Lex.-8. Berlin, Expedition v. Reimann's Färber-Zeitung.
à Jahrg. n. 20. —

— de teinture de M. Reimann. Organe de la teinture, de l'impression, du blanchiment etc. 28.—30. année. Juli 1899—Juni 1902. à 48 nrs. Lex.-8. (à ca. 6 S.) Berlin, Expedition v. Reimann's Färber-Zeitg.
à Jahrg. n. 20. —

Journal télégraphique. Vol. 2—46. Berne 1872—1922

—— télégraphique. Publié par le Bureau international des administrations télégraphiques. 2 vol. gr. 4. Bern 873, Huber und Comp. 4 50

—— télégraphique, publié par le Bureau international des administrations télégraphiques. Année 1875. 12 Nrn. (à 2 Bog.) gr. 4. Bern, (Huber und Comp.) *
—— dass. — Année 1876 und 1877. à Jahrg. 12 Nrn. (à 2—3 Bog. mit eingedr. Holzschn.) gr. 4. Bern, (Dalp'sche Buchh.) à Jahrg. *

— télégraphique. 10e année. 1878. In-4°. Berne. Par an 6 50

— télégraphique. 11e année, 1879. In-4°. Berne. (Bâle, H. Georg.)
Par an pour l'étranger 6 50
pour la Suisse 5 —

Journal télégraphique publié par le bureau international des administrations télégraphiques. 1880. 12e année. 12 numéros. In-4°. Born, Huber & Cie. Par an pour la Suisse 4 40
L'Union postale 5 —

— télégraphique. Publié par le bureau international des administrations télégraphiques. XIIIe année, 1881. 12 Nos in-4°. Berne, impr. Rieder & Simmen. Par an pour la Suisse 4 40
Pour l'étranger 5 —

— télégraphique, publié par le bureau international des administrations télégraphiques. 15—18. année. 1883—1886. à 12 nrs. (à 2–3 B.) gr. 4. Bern, (Huber & Co.). à Jahrg. n. 5. 35

— télégraphique, publié par le bureau international des administrations télégraphiques. 19.—22. année. 1887—1890. à 12 nrs. (à 2—3 B.) gr. 4. Bern, (Huber & Co.). à Jahrg. n. 5. 35

Journal télégraphique, publié par le bureau international des administrations télégraphiques. 23.–26. année. 1891—1894. à 12 nrs. (à 2—3 Bog.) gr. 4. Bern, (H. Körber). à Jahrg. n. 5. 35

— télégraphique, publié par le bureau international des administrations télégraphiques. 27.—30. année 1895—1898. à 12 nrs. (à ca. 24 S. m. Fig.) gr. 4. Bern (H. Körber). à Jahrg. n. 5. 36

— télégraphique, publié par le bureau international des administrations télégraphiques. 23.–26. vol. 31.—34. année. 1899–1902. à 12 Nrn. gr. 4. (à ca. 24 S. m. Fig.) Bern (H. Körber). à Jahrg. n. 5. 40

— télégraphique, publié par le bureau international des administrations télégraphiques. 27.–30e vol. 35—38e année. 1903—1906. à 12 Nrn. (à ca. 24 S. m. Fig.) gr. 4. Bern (H. Körber). à Jhrg. n. 5. 40

— télégraphique, publié par le bureau international de l'union télégraphique. 31e—34e vol. 39e—42e année. 1907—1910. à 12 Nrn. (à ca. 24 S. m. Fig.) Lex. 8. Bern (Raillard & Co.) à Jahrg. 5. 40

Journal ou temoignage de l'Adjutant Général Ramel . . . Hamburg 1799. [Deutsch Hamb. 1799 u. Leipz. 1799.] V: *Dumas, Mathieu.* (schr)

— ou Témoignage du Général Ramel etc. gr. 8. Leipz. 799. (Campe in Hamb.) 1 ℛ 12 ℊ

— ou Témoignage du Général Ramel etc. gr. 8. Lps. (Hoffmann, Hamb.) 799.

Hänsel, Friedrich —. Journal des k. k. Theaters in Krakau für das Jahr 1854. Herausgegeben von — —. (Sprawozdanie c. k. teatru krakowskiego. na rok 1854. Wydane przez Fryderyka Hänsel. Kraków. 1855. Czcionkami drukarni »Czasu.« (9 S. 8)

Journal des k. k. priv. Theaters an der Wien für das Jahr 1856. Gewidmet allen Freunden und Gönnern des Theaters von Friedrich Mayer und Karl Schröder, Souffleure. Wien. Druck von M. Lell. (27 S. 8.)

Journal der k. k. privil. vaterländischen Theater im Hibernergebäude 1791. H: *Tham & Merunka.* (Blass: Theater in Böhmen, S. 121) (GGr VI 699) (A. Przedak, Geschichte des deutschen Zeitungswesen in Böhmen, S. 99) (biblPort)

— f. Theater u. a. schöne Künste, herausgeg. v. Schmieder. 3 Bde z. 3 Stck. und 4n. Bdes. 1s 2s. mit K. gr. 8. Hamburg, Mutzenbecher. 797. 798. (Stck. à 10 gr.)

— für Theater und andre schöne Künste. 8. Hamb. Vollmer. 799.

Journal für katholische Theologie. Von einer Gesellschaft katholischer Theologen. Hadamar 1892. 8°. 2 Hefte. (Mehr nicht erschienen.)

— f. kathol. Theologie. 1r Bd. 1s bis 3s Stck. gr. 8. Hadam. Gel. Buchh. 802–3. (à 15 gr.)

— für kathol. Theologie, (herausg. von B. M. Werkmeister). 1r Bd. 1s bis 3s Stck. gr. 8. Hadamar 802, 3. (Lanz in Weilb.) 1 ℛ 21 ℊ

Journal, theolog., s. Döderlein.

Journal: Theologisches Journal für ächte Protestanten
Ⓢ März 1[?] (1 Nummer) Ⓕ 8° Ⓣ Monatsblatt Ⓔ Zürich Orell Füssli & Co. Ⓖ Professor Johann Heinrich Bremi Ⓗ der Herausgeber Ⓙ Klages (Zeitschriften, Nr. 14 Ⓛ Zh Z.

— das, v. Tiefurt, hrsg. von Ed. v. der Hellen, s. Schriften d. Goethe Gesellschaft.

— d. Tonkunst, siehe H. Chr. Koch.

— du Traitement magnétique de la Delle N. p. T. de M. II Vol. 8. Strasb. Acad. 786.

— du Traitement magnétiq. de Mad. B. p. M. T. de M. gr. 8. ibid. (a. Levrault.) 787.

Journal für Uhrmacherkunst, Allgemeines. Red.: E. Schneider. Jhg. 1. 1876. — Red.: E. Schneider, J. Jacobovits u. F. Rosenkranz. Jhg. 2–6. 1877–1881. — Red. F. Rosenkranz. Jhg. 7–20. 1882—95. Leipzig bis 1886. Halle 1887 ff. gr. 4.

— universel. 1. Année 1831. 365 No. (Bog.) Fol. Carlsrouhe, Müller.

Journal universel de commerce
Ⓔ LL. EE. de Berne refusent d'accorder à Gabriel Fauchère, le 1. 6. 1797, le privilège qu'il leur demande de pouvoir publier un journal sous ce titre (Lausanne: Archives cantonales vaudoises, Bb 25, vol. 28, fol. 514 ss.).

Journal des russischen Unterrichts-Ministeriums. 73. Th. 8. St. Petersburg 1852.

— aus Urfstädt. (v. A. F. v. Knigge.) 3 Stck. 8. Frankf. Andreä. 785–86. (à 20 gr.)

— — zur Veredlung d. Prediger- u. Schullehrerstandes, v. Schuderoff ꝛc. s. Jahrbücher für Religions-, Kirchen- u. Schulwesen.

— zur Veredlung d. Prediger- u. Schullehrerstandes, s. Schuderoff.

Journal der Verhandlungen des Gross-Hains der Vereinigten Alten Ordens der Druiden der Vereinigten Staaten von Amerika: 1857? – 1910? 225
Band 1857? – 1910? Annual, 1857 – 77; biennial, 1878 – 1910. Title varies: Journal der Verhandlungen des Supreme Hains V.A.O.D. Published also in English as Journal of Proceedings of the Supreme Grove of the United Ancient Order of Druids.
New York NY

— zur Veröffentlichung u. Besprechung der neuesten Entdeckungen auf d. Gebiete der Textil-Industrie, s.: Romen.

— Vienna oriental, s.: Zeitschrift, Wiener, f. die Kunde des Morgenlandes.

Journal de Vienne pour l'agriculture et l'horticulture. Redact.: Dan. Hooibrenk. Redig. en français par Casiez. 1. Année 1853. 12 Nrs. (à 3 Bog.) gr. 4. Bunzlau 853, Appun's Buchh. *

— des voies de communication pour l'année 1828. 12 cah. gr. 8. St. Petersb. 826. (Kummer in Leipz.) 12 ₰

Journal und Volks-Zeitung: 1883 – 1898.
Weekly. Independent Republican, 1883 – 90; Republican, 1891; Democratic, 1892, Independent, 1893 – 96, Democratic, 1897 – 98. Published in English and German, 1897 – 98. Title varies: Seymour Journal, 1893 – 97; also as [?] Das Seymour Columbus Journal. Formed by union of Seymour Journal and Die Volks-Zeitung. Printed an edition, entitled Volksblatt, at Columbus, Ind., 1892. Located also at Columbus, Ind., 1885 – 91. Circulation: 1890, 700; 1897, 1500. Edited & published by M. F. Everbach, 1883 – 90; edited by George Feuchtinger, & published by Journal Co., 1891 – 92; edited & published by Victor Hugo Monroe, 1893 – 98.
Seymour, IN

Journal aller bei der k. k. Armee sich ergebenen merkwürdigen Vorfallenheiten und Rencontres.

— — (Vom Jänner—März 1779). — Siehe P VII n. Prag 1779.

— d'un voyage allemand, fait en 1773. p. Guibert. II Vol. av. grav. 8. Strasb. Treuttel et W.

— — des voyages, découvertes et navigations modernes ou archives géographiques du dix-neuvième siècle etc. redigé par une Société de géographes et de voyageurs français et étrangers, et publié par Verneur. in 8. Paris. 820.

— — d'un voyageur anglais ou memoires et anecdotes sur S. A. R. Caroline de Galles depuis 1814 à 1816. traduits en Italien et Français. 8. Nürnberg, Campe. 817.

Warhafftig Journal u. Relation was zw. der Russ. u. Türck Armee seit 30. März 1711 passiret. 4.

— f. Wahrheit. 1s Stck. (v. G. F. Werner.) Marburg, Krieger. 793.

— — dasselbe. 2s–3s Stck. gr. 8. Hamburg. Gundermann. 797–98.

Washingtoner Journal: Mar. 31, 1873 – 1954 ?
Daily, morning except Sunday, Mar. 31, 1873 – Mar. 31, 1885; tri-weekly, Apr. 2, 1885 – Mar. 1, 1888, weekly, Mar. 1888 – 1954. Non-partisan. Subtitle: Ein unabhängiges, amerikanisches Wochenblatt, gedruckt in deutscher Sprache in der Hauptstadt der Vereinigten Staaten, Jan. 5 1916 – 1954. Title varies: Washington Journal, 1915? – 1953. Formed by union of Columbia and Taglicher Washingtoner Anzeiger. Circulation: 1875, 1300 (est.); 1880, 800; 1890, 800; 1900, 2400; 1910, 1680, 1915, 2610. Edited & published by Werner Koch, 1873 – 1901; edited by Christian Stock, 1900 – 11; published by Werner Koch, 1902 – 11; by Charles F. Schwegler, 1912 – 15; edited & published by Hermann G. Winkler (Washington Journal Co.), 1915 – Sept. 1953; edited by Paul Gies & Klaus G. Wust, Oct. 1953 – Oct. 1954; by Klaus G. Wust, Oct. – Dec. 1954; published by Washington Journal Co., Oct. 1953 – 1954. Other editors. Alfred Schücking, Louis Schade, Karl Roeser, L. Kronheimer, Gallus Thomann.
Washington, DC

Journal des Rheinländischen Weinbaues für denkende Oekonomen. Hrsg. in Verbindung mit den vorzüglichsten Oenologen der Nahe, des Rheins, der Mosel und Aar, in zwanglosen Heften, mit lithographirten Zeichnungen, von J[acob] Hörter. Jg. 1.2. [Mehr nicht ersch.] Koblenz: Hölscher 1827-28. -- 121*

— des rheinländischen Weinbaues f. denkende Oekonomen. In Verbindung mit Mehreren herausgeg. v. J. Hörter. 1s—4s Heft. Mit 3 Abbildd. gr. 8. Coblenz 827, Hölscher. 1s u. 2s H. 14 gr. 3s H. 8 gr. 4s H. 10 gr.

—— des Rheinländ. Weinbaues f. denkende Oekonomen. Hrsg. v. J. Hörter. 2. Jahrg. 1828. 1. u. 2. Hft. gr. 8. (8 B. u. 2 Abbild.) Koblenz, Hölscher. à 8 Gr.
1. Jahrg. 1827. 4 Hfte. Ebendas. 1 Thlr. 8 Gr.

—— f. d. elegante Welt, s. Panorama der Moden.

— d. neuesten Weltbegebenheiten für 1795 — 1800. 1r — 6r J. à 12 Stücke, (v. ... Evers). 8. Altona, Kaven. (à J. 2 ₰) 12 ₰ Jahrg. 1801, 2. à 12 Hefte. 8. Hamb. (Hammerich in Altona). (à 2 ₰) 4 ₰

— — Jahrg. 1801 – 2. s. 12 Hfte. 8. Hamb. (Hammerich, Altona.) (à 2 Rthlr.)

Journal, Wiener rc. s. Modenzeitung, Wiener.

* — Wiener, das, s. Wiener-Journal.

— Wiener, oder Zeitgeschichte d. J. 1795; e. Tageblatt in 12 Heften. Mit Kpf. 8. Wien, (Schönfeld in Prag). 1 ₰ 14 ℔

—— Wiener illustrirtes. Zur Unterhaltung und Belehrung für Jedermann. 1873. 52 Nrn. (à 12 S. mit eingedr. Holzschn.) 4. Wien, Sicht. 8 80
In 13 Heften à Heft * 60 Pf. * 7 80

—— wiener, für das gesammte Pflanzenreich. Redakt.: Dan. Hooibrenk. 1. Jahrg. 1853. 12 Hefte. (à 3 Bog.) gr. 4. Bunzlau, Appun's Buchh. *

— Wiener, f. d. Theater, Musik und Mode. Jahrg. 1805. in 12 Stck. mit illum. Modekupf. gr. 8. Lpz. Liebeskind.

Journal. — Würzburger Journal. —
1.I.1849 – 30.XI.1849.
Fortges. u.d.T.: Die Bayerische Presse.

Journal. — Würzburger Journal. —
1855 – 30.IX.1914.
Fortges. u.d.T.: Würzburger Tagblatt.

Der Yiddisher Journal: 1959 ?
Jewish daily, except Saturday, and published Oct. 1959 to Jan. 1960. Name varies: Yidischer Zshurnal, Der Kleiner Zshurnal. Editor: Gershon Pomerantz
Toronto, Ont.

— für Zahnärzte. Ein vierteljährl. Bericht üb. die neuesten Erfahrgn. u. Erfindgn. der Zahnheilkunde u. Zahntechnik. Hrsg. v. C. Ash & Sons. 21. Bd. Jahrg. 1892. 4 Hfte. (à ca. 128 S. m. eingedr. Holzschn.) gr. 8. Berlin, C. Ash & Sons. n. 5. —

—— zahnärztliches. 4. (100 Bl. Formulare.) Berl. 891, Boll. geb. * 5 —

JOURNAL FÜR ZAHNHEILKUNDE. Vereins-Organ der Deutschen Vereinigung in Amerika graduirter Doctoren der Zahnheilkunde redigirt von Dr. ERICH RICHTER.
Jahrg. I. Breslau 1886. Nr. 1—4. Breslau. Commissions-Verlag: Julius Hainauer — Druck F. W. Jungfer. (Ohne bes. Titelblatt.) fol.
Jahrg. II. Breslau 1887. Nr. 1—9. ib. —.—
Jahrg. III. Breslau 1888. Nr. 1—10. ib. —. Druck: S. Schottlaender.
Jahrg. IV. Breslau 1889. Nr. 1—9. ib. —.—
Jahrg. V. Berlin 1890. Nr. 1—24. Leipzig. Commissions-Verlag: Georg Thieme. Druck Chr. Wiegler, Berlin.

—— für Zahnheilkunde. Vereins-Organ der Deutschen Vereinigung in Amerika graduirter Doctoren der Zahnheilkunde, redig. von Erich Richter. 1. Jahrg. Juli — Decbr. 1886. 2 Nrn. gr. 4. (à Nr. 30 Sp.) Breslau, (Hainauer.) *

—— dass. — 2. Jahrg. Juli 1887 — Juni 1888. 6 Nrn. (à Nr. 1½ Bog.) gr. 4. (Ebendas.) *

— dass. — 3. Jahrg. Juli 1888 — Juni 1889. 12 Nrn. (à Nr. 2 Bog.) gr. 4. (Ebendas.) *

— f. Zahnheilkunde. Organ d. Deutschen Vereinigg. in Amerika graduirter Doctoren der Zahnheilkunde, redig. v. Erich Richter. 4. u. 5. Jahrg. Juli 1889—Juni 1891. 4. Jahrg. 12 Nrn. (à Nr. 2 Bog.); 5. Jahrg. 24 Nrn. (Bog.) gr. 4. Berl. N., Chausseestr. 1a, Dr. Erich Richter's Selbstverlag. à Jahrg. * 6 —

JOURNAL FÜR ZAHNHEILKUNDE. Wochenschrift für das Gebiet der zahnärztlichen und zahntechnischen Praxis. Herausgegeben von Dr. ERICH RICHTER, Zahnarzt, Berlin. (Vereinsblatt der Deutschen Vereinigung in Amerika graduirter Doctoren der Zahnheilkunde.)
Jahrg. VI. Berlin 1891—1892. No. 1—52. ib. —
Jahrg. VII. Berlin 1892—1893. No. 1—52. ib. —
Jahrg. VIII. Berlin 1893—1894. No. 1—42. Redaction und Verlag: Berlin. Dr. chirurg. dent. ERICH RICHTER.
Jahrg. IX. Berlin 1894—1895. No. 1—24. ib. —.
Jahrg. X. Berlin 1895—1896. No. 1—24. ib. —
Jahrg. XI. Berlin 1896—1897. No. 1—25. ib. —. 4°.

JOURNAL FÜR ZAHNHEILKUNDE. Unabhängige Wochenschrift für das Gebiet der operativen und technischen Praxis. Herausgegeben von ERICH RICHTER, Berlin.
Jahrg. XII. Berlin 1897. No. 1—47/48. ib. —
Jahrg. XIII. Berlin 1898. No. 1—47/48. ib. Druck von A. Klarbaum in Berlin.
Jahrg. XIV. Berlin 1899. No. 1—45. ib. Druck von J. Harrwitz Nachfl., Berlin.
Jahrg. XV. Berlin 1900. No. 1—23/24. ib. Im Selbstverlag des Herausgebers.
Jahrg. XVI. Berlin 1901. No. 1—24. ib. —
Jahrg. XVII. Berlin 1902. No. 1—19/20. ib. —
Jahrg. XVIII. Berlin 1903. No. 1—24. ib. —
Jahrg. XIX. Berlin 1904. No. 1—22. ib. —
Jahrg. XX. Berlin 1905. No. 1—22. ib. —

— für Zahnheilkunde. Wochenschrift f. das Gebiet der zahnärztl. u. zahntechn. Praxis. Hrsg. v. Erich Richter. 6.—8. Jahrg. Juli 1891—Juni 1894. à 52 Nrn. (Bog.) gr. 4. Berlin N. 4, Chausseestr. 1a., Exped. à Jahrg. n. 6. —

— f. Zahnheilkunde. Wochenschrift f. d. Gebiet d. zahnärztl. u. zahntechn. Praxis. Hrsg. v. Erich Richter. 9. u. 10. Jahrg. Juli 1894—Juni 1896. à 24 Doppel-Nrn. (à ca. 12 S.) gr. 4. Berlin, Dr. E. Richter's Selbstverl. à Jahrg. n. 6. —

— dasselbe. Unabhäng. Wochenschrift etc. 11. Jahrg. Juli—Dezbr. 1896. 26 Nrn. (Bog.) gr. 4. Ebd. n. 3. —

— dasselbe. 12. Jahrg. 1897. 52 Nrn. (Bog m. Abb.) gr. 4. Ebd. n. 6. —

— dasselbe. 13. Jahrg. 1898. 48 Nrn. (Bog.) gr. 4. Ebd. n. 6. —

— f. Zahnheilkunde. Zeitschrift f. das Gebiet der operativen u. techn. Praxis. Hrsg. u. red. v. Erich Richter, 14.—17. Jahrg. 1899—1902. à 24 Nrn. hoch 4. (à ca. 10 S.) Berlin, Dr. E. Richter. à Jahrg. 6. —

— für Zahnheilkunde. Zeitschrift f. das Gebiet der operativen u. techn. Praxis. Hrsg. u. red. v. Erich Richter. 18. u. 19. Jahrg. 1903 u. 1904. à 24 Nrn. (à ca. 12 S.) hoch 4. Berlin (N. 4, Chausseestr. 19). Dr. E. Richter's Erben. à Jhrg. n. 6. —
Erscheint nicht mehr.

Journal der ältern und neuern Zeiten Vorarlbergs und der umliegenden Gegenden. Bregenz 1802. V: *Isfordink, Ludwig.* (Bergmann, Landeskunde von Vorarlberg. Innsbruck 1868. S. 119.)

— d. ältern u. neuern Zeiten Vorarlbergs ꝛc. 12 Hefte. Bregenz 802. Brentano. 2 ℔

— für Zimmer- und Decorations-Maler. Hrsg. von den hervorragendsten künstler. Kräften und prakt. Fachmännern. Neue Folge. 1. Bd. 1. Lfg. Fol. (6 Stnt.) München 878, Mey und Widmayer.

Journalist, der. Central-Organ für die Vertretung der Interessen deutscher Journalisten und aller mit dem Zeitungswesen zusammenhängenden Berufszweige. Redact.: G. Meyer. 1. Jahrg. 1. Quartal. 15. Febr. — 1. April 1887. 3 Nrn. (à Nr. ½ Bog.) Lex.-8. Berlin, (Walther und Apolant.) *

Journalist, der. Central-Organ für die Vertretung der Interessen deutscher Journalisten und aller mit dem Zeitungswesen zusammenhängenden Berufszweige. Redact.: G. Meyer. 1. Jahrg. 2.—4. Quartal. à 6 Nrn. (à Nr. ½ Bog.) Lex.-8. Berlin 887, Walther und Apolant. Vierteljährlich *

Journalist, Der, für alle Stände. Chemnitz 1785—86. V: *Grundmann, Joh. Glieb.* (Ky)

Journalist, d., für alle Stände. 1s J. 12 Stck. 8. Chemnitz, Beckmann. 785.

Journaliste, Der verliebte, aus Licht gestellet durch Selimenem. Erste Communication in 4 Conferences. Frankf. u. Leipz. 1729. V: *Fleischer, Joh. Mich.* (BGE ²VII/281)

Journalist, der verliebte,. 8. Frankf. u. Lpz. 729.

Journalisten, die,. Lustsp. in 1 A. v. St. Schütze. 3. Lpz. Voss. 806.

— Journalisten, die geflügelten, im Monde, e. dramat. Freskogemälde in 4 Akten, nebst dem Stoßgebetlein e. andächt. Journalisten als Appendix. Von Sebaldus Nothanker, Ludimagister in der Mondhauptstadt Grampampuli; aus d. Mondsprache frei übers. v. Anselmus Hilarius. gr. 12. (2½ B.) München 836, Fleischmann.

Journalisten und Schriftsteller ornithologisch beleuchtet . . . Frankf. a. M. o. J. V: *Sydow, H.* (cb)

— f. Zitz-Katun- od. Ind.-Druckerey, Zeugdruckerey, Wollen-Seiden-Band- und Leinenfärberey und Bleicherey, herausgegeben von Dingler. 1r Bd. 4 Hfte. u. 2u Bds. 1s u. 2s Hft. mit K. und Muster. gr. 8. Augsb. (Kummer in Lpz.) 806.
Fortges. u. d. T.: Neues Journal für die Indiennen- oder Baumwollendruckerei.

Journalisten-Kalender, österreichischer, 1891. 16. (204 S.) Wien, Buchdr. Helios. geb. 2 —

Journalistik, neueste medicin.-chirurg., des Auslandes, in vollständ., kurzgefassten Auszügen hrsg. v. Fr. J. Behrend u. K. F. W. Moldenhawer. 1. Jahrg. 1830. 1—4. Bd. od. 12 Hfte., 2. J. 1831. 5. Bd. od. 3 Hfte. (Jan.—Juni.) Mit Abbild. gr. 8. Berlin, (Leipzig, Kollmann.) 10 Thlr. 6 Gr., hrbgs. Pr.
Fortsetzung, vgl. Repertorium, allgem., d. medicin.-chirurg. Journalistik etc.

Neueste medizinisch- chirurgische Journalistik des Auslandes in vollst. kurzgefassten Ausz. hrsg. v. Friedrich Jacob Behrend u. K[arl] F[riedrich] W[ilhelm] Holdenhauer. Bd 1 - [18]. Berlin: Enslin 1830 - 34. 11 Bde 8°

Bd 6-11[mit Nebent.:]Allgemeines Repertorium der medizinisch- chirurgischen Journalistik d. Auslandes. Bd 1 - 6. 1831 - 32.

[Fortges.u.d.T.:]Allgemeines Repertorium d. medizin.-chirurg. Journalistik... Bd 12 ff. 1833 ff.

Bd 6 - 18. Hrsg. von Friedrich Jakob Behrend. 1831 - 34.

Bd 6 - 15. Leipzig: Kollmann 1831 - 33.
Bd 16- 18. Berlin: Hirschwald 1834.

Bd 1, H. 1-3: 1830.
Bd 2, H. 1-3: 1830.
Bd 3, H. 1-3: 1830.
Bd 4, H. 1-3: 1830.
Bd 5, H. 1-3 = Nr 13 - 15: 1831.
Bd 6: Juli - Sept. 1831 = Allg. Repert. Bd 1: 1831.
Bd 7: Okt. - Dez. 1831 = " " Bd 2: 1831.
Bd 8: Jan. - März 1832 = " " Bd 3: 1832.
Bd 9: Apr. - Juni 1832 = " " Bd 4: 1832.
Bd 10: Juli - Sept. 1832 = " " Bd 5: 1832.
Bd 11: Okt. - Dez. 1832 = " " Bd 6: 1832.
Bd 12. <Ältere Reihe> = Bd 7: Jan.- März 1833: 1833.
Bd 13. " " = Bd 8: Apr.-Juni 1833: 1833.
Bd 14. " " = Bd 9: Juli-Sept. 1833: 1833.
Bd 15. " " = Bd 10: Okt. - Dez. 1833: 1833.
Bd 16. " " = N.R. Bd 1: Jan.-Apr. 1834 : 1834.
Bd 17. " " = N.R. Bd 2: Mai -Aug. 1834 : 1834.
[Bd 18.] " " = N.R. Bd 3: Sept.-Dez. 1834 = Jg.5: 1834.

Journal-Katalog

—— deutscher, s.a. Gracklauer, O.

—— s.a. Giegler.

Journal-Katalog, deutscher, 1875—1876. Zusammenstellung der namhaftesten Zeitschriften wissenschaftl., belehrenden und unterhaltenden Inhalts, welche durch alle Buchhandlungen des In- und Auslandes zu beziehen sind. 16. (30 S.) Leipzig 875, Wuttig. **

Journal-Katalog, deutscher, für 1887 und 1888. Zusammenstellung von über 2000 Titeln deutscher Zeitschriften, systemat. in 38 Rubriken geordnet. 23. und 24. Jahrg. gr. 8. (48 S.) Leipzig, Gracklauer. [* 80 Pf.] *

Journal-Katalog, deutscher, für 1878/79. Zusammenstellung von 1334 Titeln von Zeitschriften, systematisch in 36 Rubriken geordnet. 3., verm. Aufl. 8. (36 S.) Leipzig 878. Gracklauer. n. — 50; m. systemat. Verzeichniss von 400 Kalender-Titeln (9 S.) — 75; Kalenderverzeichniss. 2., verm. Aufl. apart n. — 35

Journal-Katalog, deutscher, f. 1889—1893. Zusammenstellung v. üb. 2000 Titeln deutscher Zeitschriften, systemat. in 38 Rubriken geordnet. 25.—29. Jahrg. gr. 8. (56; 60; 64; 64; 68 S.) Lpz., Gracklauer. 25.—28. Jahrg. à * — 80; 29. Jahrg. * 1 —; cart. * 1 25

Journal-Katalog, deutscher, f. 1903. Zusammenstellg. v. ca. 2800 Titeln deutscher Zeitschriften, systematisch in 41 Rubriken geordnet. (Einbd.: Gracklauer's Journal-Katalog.) 39. Jahrg. gr. 8. (125 S.) Leipzig, Schulze & Co. Kart. n.n.n. 1. 50
Vergl.: Gracklauer's, O., deutscher Journal-Katalog.

Journal-Katalog, deutscher, f. 1907. Zusammenstellung v. üb. 3100 Titeln deutscher Zeitschriften, systematisch in 42 Rubriken geordnet. 43. Jahrg. (143 S.) gr. 8. Leipzig, Schulze & Co. Kart. n.n.n. 2.—

Journal-Katalog, deutscher, f. 1911. Zusammenstellg. v. ca. 3700 Titeln deutscher Zeitschriften u. period. Erscheingn., systematisch in 42 Rubriken geordnet. 47. Jahrg. (169 S.) gr. 8. Leipzig, Schulze & Co. Geb. p nnn 2. 25

Journal-Lesezirkel. Wie und wo sind solche Einrichtungen zu treffen? Ein prakt. Wink für kleinere und auch größere Buchhandlungen wie auch für Private. —y. 12. (16 S.) Oldenburg 888, Büttmann und Gerriets. **

Journal-Lesezirkel, der, seine prakt. Einrichtung u. sein rationeller Betrieb als Nebenbranche od. als eigenes Geschäft. gr. 8. (12 S.) Weimar (900). H. Große. n.n.n. — 50

Fêtes du Centenaire [Vaudois]. La Dîme; Pièce historique (de) René Morax, Musique de A(lexandre) Dénéréaz. Journal-Programme (des représentations) 15, 16, 19, 26 avril et le 3 mai 1903 (à) Mézières (Jorat). [Titre illustré; — avec 1 programme-tableau.] [8 p.] 8.

Journal-Repertorium, allgemeines, hrsg. von Gust. A. Seyler. 1. Jahrg. April—Decbr. 1878. 39 Nrn. (Bog.) gr. 8. Berlin, Seyler. *
Nicht weiter erschienen.

la Journee **du Chretien, sanctifiée par la prière et la méditation. 8. Dresd. 797. Walther. 16 gr.**

— — le même. gr. 4. Mannh. Löffler.

— le même. Wien, (Rohrmann u. Schweigerd). 8 gr.

— — le même. Vien. Schallbacher.

— le même. 12. Wien 803. Degen. (v. Mösle). 16 gr.

— — le même. 12. Vien. Degen. 804. (sonst 1 Rthlr.)

Journée, la, du Chrétien, sanctifiée par la Prière et la Méditation, edit. revuée et corrigée par l'Abbe de la Hogue. 24. Brunsv. Pluchart. 814.

— le même. N. A., mit 1 Steindr. 18. Einsiedeln 830. (Augsb., Kollmann). 4 gr. (Orell in Zürich). 5 gr.

Journée, la, du chrétien sanctifiée par la prière. Nouv. édit, 18. (7 B. u. 1 Stndr.) Einsiedeln 830. (Augsbourg, Kollmann.)

Journée, la, du Chrétien, sanctifiée par la prière et la méditation. 24. (264 S. u. 7 Stnt.) Einsiedeln 845, Gebr. Benziger.

Journée, la, du Chrétien sanctifiée par la prière et la méditation. 22. édition. 24. (264 S. m. lith. Titel, 1 Lith. u. eingedr. Holzschn.) Notre-Dame-des-Ermites 850, Benziger frères. 4 ngr. Velinp. 1/6 ℛ

Journée, la, du chrétien santifiée par la prière et la méditation. 32. (318 S. mit Farbentitel und 1 Chromolithogr.) Einsiedeln 888, Benziger und Comp. geb. *

—— petite, du Chrétien, sanctifiée par la prière et la méditation, augm. du rosaire etc. gr. in-12. (11½ B. u. 4 Kpfr.) Vienne 826, Grund.

Journée, la folle, ou le mariage de Figaro. Comédie en 5 Actes, p. Baumarchais. av. fig. gr. 8. Paris, (Kummer in Lpz.) 785.

— — le même. sans fig. 12. Basel, Thourneisen. 785.

Journée: La journée de huit heures

① Der achtstündige Arbeitstag - The Eight Hours Working Day ⑤ 7. 12. 1889—fin décembre 1893 ⑥ 8° ⑦ 1—2× par mois ⑧ Bâle: Imprimerie coopérative ⑩ comité exécutif à Zurich ⑪ Eugène Wullschleger, Bâle ⑫ social-démocrate ⑬ BGSZ: 52 (p. 37) ⑭ Be: I. ⑮ Edition en allemand: Der achtstündige Arbeitstag, et en anglais: The Eight Hours Working Day.

Journée. La j. du 5 mai à Porrentruy. A nos concitoyens du district. (Porrentruy. 7 mai 1850.) 8. (Berne.)

Journée Paris

Une Journée de Paris.
Paris: Johanneau 5 [1797]. 180 S. 8°

Journées, les deux, ou le porteur d'eau. Opéra en 3 Act. par Bouilly. Brschw. Pluchart.

Journey, new sentimental, transl. into engl. by F. C. A. Berg. 8. Hamb. 787. (W. Nauck in Leipz.) 10 ℊ

Journey, new sentimental. 8. Lps. Sommer. 790.

Journey, sentimental, Yorik, of L. Sterne. New Edit. 12. Altenburg, Brockhaus. 815.

Journey, a sentimental, through France and Italy, by L. Sterne (Yorick). 12. Lond. Cooke. (Campe, Hamb.)

— — the same. gr. 8. Bas. Em. Thurneisen.

— — the same, in 2 Books. 8. Gotting. Dieterich. 787.

— — the same, with a Contin. by Eugenius and an account of the life and writings of the author. gr. 8. Basel. (Ettinger, Gotha.) 792.

— — the seme. 4 Prts. complete in 2 Volum. m. 4 Kpf. 12. Wien, Sammer. 798.
Postp.
Holl. Pap.

— — the s. and the contin. of the sent. Journey by Eugenius. 2 Pts. 8. Halle, Hendel. 806.

Journey, a, through Switzerland. qu. 8. (20 S. m. farb. Abbildgn.) Berlin 893. M. Hochsprung. n. 2. —

Journi, Johan v., la Dime de pénitance; altfranzösisches Gedicht, verfasst im Jahre 1288. Hrsg. von Herm. Breymann, s. Bibliothek des litterarischen Vereins in Stuttgart, Bd. 120.

Journier u. Arnould, Struensee, od. d. Königin u. d. Günstling. A. d. Franz. v. P. J. L***. 2 Bde. 8. (40 B. u. 2 Stnt.) Ilmenau [Weimar,] 835, Voigt.

Jourowsky, Denis: Beiträge zur Behandlung der Kniescheibenbrüche. Strassburg. Buchdruckerei von R. Schultz & Comp. (Berger-Levrault's Nachfolger), 1878. 8. 33 S.

Université de Genève. Jours et Heures Des Cours.... [à 4 p.] fol.

Semestre d'été 1902. ... Cours qui s'ouvriront le... 8 Avril 1902.
Semestre d'hiver 1902-1903. ... Cours qui s'ouvriront le... 28 Octobre 1902.

Université de Genève. Jours et Heures.... [à 4 p.] fol.

Semestre d'été 1903 ... qui s'ouvrira le ... 8 Avril 1903.
Semestre d'hiver 1903-1904. ... Cours qui s'ouvriront le ... 26 Octobre 1903.

Jours. Huit j. à Genève. ([Publié par] Le Bureau de renseignements officiels...) s. [Viollier, Edmond William].

Jours, huit, à Munich et dans ses environs. Courte description de ce que cette capitale renferme de plus remarquable. Ornée d'un grand nombre de vign. et de plans de la ville, du jardin anglais et du chateau de Nymphenbourg. 2. édit. revue et corrigée. gr. in-12. (7⅓ B.) Munich 844, Franz.*

Jours, huit, à Vienne. Guide de l'étranger dans la capitale et ses environs. Avec un plan (chromolithogr.) de la ville. 3e édit. (IV, 220 S.) 1881. cart. ℳ 3,60.; 1e édit. 16. (IV, 166 S.) Wien 883, Braumüller.

Jours, les quatres, de la terreur de Louis XVI. gr. 8. Dresd. 814. Walther. 4 ℊ

Jours, Les quinzes. Denkschrift zu meiner Prozesssache gegen Herrn P. J. Kemp in Köln. Köln 1840. V: *Cron, L.* (StBKöln II, 111)

Jours, les, pour servir de correctif, etc. 12. Paris, (Thourneysen à Basle.) 770.

Jousch (Josti), Chasper, statut del onorat comün da zernez. Seguond la compilaziun e copia del 1724. Publicaziun con commentar e glossar da G. C. Muoth. gr. 8. (136 S.) Chur 898. (H. Stehli.) n. 2. —

Joutz, Friedrich, Gerichtsaccessist, Mainz: Die Vertretung eines Ehegatten durch den anderen, insbesondere als Vormund desselben. Gießen 1904: Heppeler u. Meyer. (75 S.) 8°
Gießen, Jurist. Fak., Ref. Schmidt, Diss. v. 17. Sept. 1904

[Geb. 24. Juli 83 Mainz; Wohnort: Mainz; Staatsangeh.: Hessen; Vorbildung: Gymn. Mainz Reife O. 01; Studium: Heidelberg 1, Berlin 2, Gießen 3 S.; Rig. 4. Aug. 04.]

Joutz, Frdr., die Vertretung e. Ehegatten durch den andern insbesondere als Vormund desselben. (Diss.) (VI, 75 S.) gr. 8. Berlin 904. Struppe & Winckler. n. 1. 60

Jouve, Aug.: Notes sur le droit suivant l'ordre alphabétique. [Trier.] [Hs.]
3 Bde fol.

Jouve, Eug., Nach dem Orient! Reise im Gefolge der alliirten Armeen nach der Türkei, Walachei und Krim. Aus dem Französ. von G. F. v. Jenssen-Tusch. (In 2 Bdn. à 2 Heften.) 1. und 2. Heft. (1. Heft. 2. Aufl.) 8. (1. Bd. XII und 328 S.) Gotha 855, Scheube. à Heft * 18 Ngr. *

Jouve, Steph., der hl. Antonius in Toulon u. d. Brot d. Armen. Erzählung e. Augenzeugen. Autor. deutsche Ausg. nach d. 9. Aufl. d. französ. Originals v. F. M. Laun. 3., verm. Aufl. 8. (XIV, 231 S. m. 1 Abb.) Stuttgart 897. J. Roth. n. 2. —; geb. n. 2. 60

Ⓑ **Jouve, Steph.**, d. heil. Antonius in Toulon. 897. Jetzt: Mergentheim, C. Ohlinger.

Jouvencel, Paul de, Grundzüge einer Geschichte der Schöpfung. Aus dem Französ. Mit einer Vorrede von Roßmäßler. 2 Thle. 8. Berlin 860, Hasselberg'sche Verlagsh. à Thl. 1 Thlr

Inhalt:
Thl. 1. Die Anfänge der Welt. (XII und 298 S. mit 6 Stnt.)
2. Das Leben. (VI und 313 S. mit 4 Stnt.)

de Jouvenci, Jos., Appendix de Diis et heroibus, ou abrégé de l'histoire poétique, avec des notes. 8. Braunschw. 811. Pluchart. 18 ℊ

JOUX, Otto de. Die Enterbten des Liebesglückes. Ein Beitrag zur Seelenkunde. Leipzig, Max Spohr, 1893. 8°.

Joux, Otto de, Die Enterbten d. Liebesglückes od. Das dritte Geschlecht. Ein Beitrag z. Seelenkunde. 2., verm. u. verb. Aufl. 8. (253 S.) Leipzig 897. M. Spohr. n. 4. —

Joux, Otto de, Die Gefahren der modernen Ehe. Soziale und ethische Studien. (162 S.) Leipzig 1897. M. Spohr.

JOUX, Otto de (ps.?), Die Gefahren der modernen Ehe. Sociale und ethische Studien. Leipzig, Spohr.
Verboten v. L.-G. Laibach, 2. VI. 1899. § 305. 516.

JOUX, Otto de. Die hellenische Liebe in der Gegenwart. Leipzig, Max Spohr, 1897. 8°. 276 S.

Jouy, Cecilie, od. die Leidenschaften. 3 Thle. gr. 12. Stuttg. 827. (Brodhag). 3 ℛ 15 𝒢

Jouy, Cecilie, oder die Leidenschaften. 3 Thle. gr. 12. Stuttg 827, Frankh.

Jouy, s.: Etienne, V. J. E.

de Jouy, l'homme aux convenances. Comédie en 1 A. gr. 8. Rudolst., Hofbuchh. 4 𝒢

Jouy, die Kirche, der Tempel u. die Synagoge. Aus d. Franz. v. K. Rauwerck. 8. (1 B.) Berlin 844, Hermes. *

— Longchamps et Dieulafoy. gr. 8. Braunschw. 812. Pluchart. 6 𝒢

— la Marchande de modes. Parodie de la Vestal. gr. 8. Rudolst. 811. Hofbuchh. 4 𝒢

Jouy, V. J. de, Fernand Cortez, s. Mode's Opern-Text-Bibliothek.

Jouy, (Vict. Jos. Etienne) de, le Centenaire, Roman historique et dramat. en six époques. (Anh.: L'ingratitude politique.) gr. in-12. (15 B.) Stouttgart 833, [Scheible.]

Jouy, E., le Centenaire, Roman historique et dramatique en six epoques. Dedié à M. Jacques Lafitte. (Anhang: L'ingratitude politique.) gr. in-12. Stuttgart 833. Bureau des Nouveautés. Jetzt Gaul u. Tonger in Cöln. 1 ℛ

—— der Eremit in Italien. Oder Betrachtn. üb. d. Sitten u. Gebräuche d. Italiener. A. d. Franz. übers. v. T. S. u. L. F. 4 Thle. M. 4 Stnt. 8. (73 B.) Quedlinburg 828—30, Basse. Thlr.
1. u. 2. Thl. sind von Ernst Schütz, 3. u. 4. Thl. v. L. (G.) Förster übersetzt.

Jouy, Victor-Joseph Etienne
s. Geib, Karl: Neue Biographie der Zeitgenossen. 1821.

— l'Heremite de Chaussée d'Autin, ou observations etc. du siècle XIX. III Vols. Stuttg. 828. Hoffmann. 2 ℛ 12 𝒢 (Scheible das.) 1 ℛ 12 𝒢

Jouy, (Vict. Jos. Etienne) de, l'Hermite de la Chaussée-d'Antin, ou observations sur les moeurs et les usages français au commencement du XIX. siècle. III Vol. 16. Stouttgart 828, [Scheible.] 2 Thlr. 12 Gr., hrbgs. Pr.

— l'hermite de la chaussée d'Antin, ou observations sur les moeurs et les usages français au commencement du XIX siècle. 3 Vol. 16. Stuttgart 828. Jetzt Gaul u. Tonger in Cöln $1^1/_2$ ℛ

de Jouy, l'Heremite en Province, ou observations sur les moeurs et les usages français au commencement du XIXe siècle. III Vols. 16. Stuttg. 827. Hoffmann. 2 ℛ 9 𝒢 (Scheible das.) 1 ℛ 6 𝒢

—— l'Hermite en Province, ou observations sur les moeurs et les usages français au commencement du XIX. siècle. III Vol. 16. Stouttgart 827, [Scheible.] 2 Thlr. 8 Gr., hrbgs. Pr.

— l'hermite en province etc 3 Vol. 16. Stuttgart 827. Jetzt Gaul u. Tonger in Cöln. $1^1/_4$ ℛ

Jouy, quelques journées de l'hermite de la Chaussée d'Antin, s. Bibliothèque française.

JOUY, V. J. E., Sittengemälde von Paris zu Anfange des 19. Jahrhunderts. Deutsch von Peregrinus Syntax (d. i. Friedr. Ferd. Hempel). 2 Bde. Leipzig 1826. (2. Aufl. 1829.) 16°. (1 Mk. 40 Pfg., Tit. gestemp.. Schaper. Hannov., 1906.)

— Sittengemälde von Paris im Anfange d. 19. Jahrh., deutsch bearb. von Peregrinus Syntax. 2 Bdchen. (Museum ausländ. Meisterwerke 146, 156 Bdchen.) 16. Leipz. 827. N. A. 829. Hartleben in Pesth. 18 𝒢

Jouy, Sittengemälde v. Paris im Anfange des 19n Jahrh. deutsch bearb. v. Peregrinus Syntax. 2 Bdchen. (Museum ausländ. Meisterwerke. 148, 153 Bdchen.) 16. Leipz. 827, Hartmann.

—— Sittengemälde v. Paris zu Anfange d. 19. Jahrh. Nebst Nachrichten üb. d. Leben u. d. Werke d. Verf. Deutsch bearb. v. † Peregrinus Syntax. (Fr. Ferd. Hempel.) Neue Aufl. 2 Bdchn. 16. (22 B.) Leipzig 829, Hartleben's Verls.-Expedit.
Ist eine Uebersetz. v. dess. „l'Hermite de la Chaussée-d'Antin" etc. — Vgl. d. 7. Bd. d. W.

Jouzéfovitch, L. La question russo-polonaise, jugée par un Petit-Russien. (22.) 8. Leipzig 1863. 0.80.

Jouzéfovitch, M., la question russo-polonaise jugée par un Petit-russien. gr. 8. (22 S.) Leipzig 863, Gerhard. *

Jovan und Margot. Drama in 5 Akten von Johs. v. Nepomuk. 8. (102 S.) Magdeburg 887, Creutz'sche Buchh. *

Jovano ..., s.a. Jowano ...

Jovanovic, Arsen, aus Pozarevac in Serbien: Die Währungsverhältnisse in Serbien. Zürich-Selnau 1910. 96 S. 8°. [26. VII. 10.]
Zürich Univ. Staatswiss. Diss. 1909/10.

Jovanović, Bogoljub, das Königr. Serbien u. d. Serbenvolk, s.: Kanitz, Fel.

Jovanović, Jovan U.

Jowanowitsch, Jowan U., Bergbau u. Bergbaupolitik in Serbien, s.a. Studien, rechts- u. staatswissenschaftliche. 24. Hft.

Iovanovitsch (in d. Vita: Iovanović), Iovan U, aus Belgrad ⟨Serb.⟩: Bergbau und Bergbaupolitik in Serbien. ⟨T. 1., 4. u. 6.⟩ (Berlin 1904: E. Ebering.) (79 S.) 8° ¶ (Erscheint vollst. als: Rechts- u. Staatswiss. Studien, H. 24.)
Berlin, Phil. Diss. v. 6. Aug. 1904

Bergbau und Bergbaupolitik in Serbien. Von Jowan U. Jowanowitsch [Jovan U. Jovanović]. Mit 1 topogr. u. 1 geol. Uebersichtskarte von Serbien. Berlin: E. Ebering 1904. (212 S.) 8°
= Studien, Rechts- u. Staatswissenschaftliche. H. 24.

Jovanović, Paul, deutsch-serbisches u. serbisch-deutsches Wörterbuch, s.a. Kunst, die, der Polyglottie.

Jovanović, P., Serbisch-deutsches Wörterbuch. [Die Kunst der Polyglottie. 100. Teil.] 8°. (191 S.) geb. K 2 20
Wien: Hartleben 1909.

Jovanović Viktor: Deutschland und England im Bunde gegen Frankreich im ausgehenden 13. Jahrhundert.
II. 1902 PN 1485 **Diss.** Wien. Univ.

Jovanovic, V., illustrierter Führer durch Mödling u. Umgebung. Mit 22 Abb., 1 Stadtplan, 1 Übersichtskarte v. G. Freytag u. 4 Ansichtskarten. (VIII, 66 S.) kl. 8. Mödling (908). J. Thomas. 1. —

Jovanovic Dr. Viktor: Die älteste Mödlinger Urkunde. 16. Mödling 04.
Progr.

Jovanovic Dr. Viktor: Die Wasserstrassen unserer Monarchie. 38. Mödling 03.
Progr.

Jovanovich, Milivoj: Die Impersonalien. E. log. Untersuchg ... Belgrad, kgl. serb. Staatsdr., 1896; 2 Bl., 143 S., 2 Bl. 8.
Leipzig, Phil. Fak., Inaug.-Diss. v. [27. Juli] 1896

Jovanovich, Radoje M., aus Požega in Serbien: Die neueste Einwanderung in den Vereinigten Staaten von Amerika. Grüningen 1910. 119 S. 8°. [4. III. 10.]
Zürich. Univ. Staatswiss. Diss. 1909/10.

Jovanovits, Const. A., Forschungen über den Bau der Peterskirche zu Rom. Mit 80 in den Text gedr. Plänen und Ansichten. gr. 4. (X, 125 S.) Wien 877, Braumüller.

—— zu den Streitfragen in der Baugeschichte der Peterskirche zu Rom. Eine Erwiderung an Hrn. Rud. Redtenbacher. gr. 8. (17 S.) Ebendas. 878.

Jovanovits, Nic., Zahn-Diätetik, od. die Kunst zur Erhaltung der Zähne bis ins höchste Alter. Mit 2 lith. Taf. gr. 8. (24 S.) Linz 847. (Fink.) 1/2 ₰

Jovanovits Nikolaus. Zahn-Diätetik, oder die Kunst zur Erhaltung der Zähne bis ins höchste Alter. Von ... Mit 2 lithogr. Tafeln. 2. Auflage. 8. (24 S.) Reichenberg 1853. Dr. v. Phil. Gerzabek.

Jovanovits, Nik., Zahn-Kalender, oder: Sicherer Führer während der Wechsel-Periode der Zähne, um solche schön u. gesund bis ins höchste Alter zu erhalten. Linz 855. (Leipzig, Hübner.) 8. (4 S. u. 1 lith. Taf.) 5 ngr.

Jovanovits, Georg St., aus Pozarevatz, Serbien: Die natürlichen und forstlichen Verhältnisse des Königreichs Serbien und die zukünftige Wirtschaftseinrichtung. *(Pozarevats: C. Naumović 1903).* (XIII, 216, II, III S.) 8° ¶[In serbischer Sprache. — Auch m. serb. Tit.]
Tübingen, Staatswiss. Diss. v. 1904
(Nicht für den Austausch)

Brot und Stiergefechte. Ein Beitrag zu einer Schilderung Spaniens am Schlusse des 18. Jahrhunderts. Aus dem Spanischen des Caspar Melchior de **Jovellanos** v. C. [richtig: Ernst] Friedrich Mooyer. (Aus dem Sonntagsblatte. Jg. 1834, besonders abgedruckt.) Minden. 1834. 8°.

de **Jovellanos**, (G. M.,) Gutachten d. ökonom. Gesellschaft zu Madrid über die, ihr vorgelegten Entwürfe zu e. landwirthschaftl. Gesetzgebung. Aus d. Span., m. Anmerkk. v. H. v. Beguelin. gr. 8. Berlin 816, Laue.

† **Jovialis**, (Moritz Rapp,) **Atellanen**, eine kleine sammlung dramat. dichtungen. 16. (30¼ B.) Stuttgart u. Tübingen 836, Cotta'sche Buchh.

Jovialis, ..., Atellanen, eine kleine Sammlung dramat. [illegible] gen. (Enth.: Einleitung. — Wolfenzug. Comödie. — [illegible] Ein bißl [illegible] spiel. — [illegible] Eine Posse in [illegible] Dialekt. — [illegible] einer Uebersetzung des Aristophanischen Lustspiels [illegible] bischen Dialekt.) 16. Stuttgart 836. v. Cotta. [illegible]

† **Jovialis**, (M. Rapp,) Lustspiele. (2 Hfte.) — A. u. d. Titln.: Herr v. Falkenstein. — Die Kaiserkrönung. — Die schöne Flaschnerin. Eine Posse. 16. (16½ B.) Tübingen 834, 35, (Osiander.) à Hft. 6 Gr.

Jovialista, Janus

Jovialista, J., auserlesene Gesellschaftsspiele. Hamburg, Vollmer.

JOVIALISTA, Janus (ps.), (53) Gesellschaftsspiele für gesellschaftliche Zusammenkünfte und Freunde einer abwechselnden lustigen und frohen Unterhaltung. Hrsg. von —. Hamburg, Vollmer, 1808. 8°. (¼ Rthl.)
Weller, Lex. Ps. p. 283.

Jovialität u. Liebe. Lustsp. in 2 A. v. F. Lindheimer. 8. Mannheim, Schwan u. G. 798.
Schreibr.

Jovialste, der, aller Herenmeister. Eine Quintessenz der leichtesten, überraschendsten u. unbegreiflichsten Kunststücke. Vom Verf. der drei Abende auf der Bühne. 12. Nordhausen 841, Fürst. 5/12 ₰

Jovinianus Tragoedia ludis autumnalibus acta ... Bambergae 1764. V: *Väth, Caspar.* (Jes)

Jovitae Rapicii oratio de imitatione maiorum ed. P. J. Elvenich. Pr. 1842. 17 S. 4°.

Jovitschitch, Milorad Z.

Ein neues Chrom[illegible] in Serbien. S. 117. Hb. 813 . . . . vgr.
Separatabdruck

Jovitschitch, Milorad Z. [aus Belgrad]: Die Einwirkung von salzsaurem Hydroxylamin auf Isonitrosoverbindungen ... Leipzig-Reudnitz, Druck v. O. Schmidt, 1894; 62 S., 1 Bl. 8.
Leipzig, Phil. Fak., Inaug.-Diss. v. [9. März] 1894

— Über die Kondensationsprodukte von Äthylen und Azetylen mittels der dunklen elektrischen Entladung. S. 116. Hb. 126 . . . . vgr.
Separatabdruck

— Die Löslichkeit des Chromioxyds. S. 117. Hb. 821 . . . . vgr.
Separatabdruck

— [illegible]ständige Löslichkeit des Chromihydrates in Ammoniak. S. 121. Hb. 129 . vgr.
Separatabdruck

Jovitschitsch Milorad Z. Der rätselhafte Mangel an Kohlenstoff bei den Kondensationsprodukten von Äthylen und Azetylen. S. 116. Hb. 121 . . . . vgr.
Separatabdruck

Die Nitrate des Chroms und Aluminiums (mit 2 Textfiguren). S. 126. Hb. 803 . vgr.
Separatabdruck

Jovitsich, E., geographisch-statistische Tabellen des österreichischen Kaiserstaates, s. **Tabellen**.

Jovius, N. P., Gesammelte Anmerkungen über Reinhards Stammbuch der Herren von Werthern. 1717. fol.

Jovius, Paul, s.a. Barbarossa.

Jovius, Paulus. Barbarossa, ein Fragment aus der Geschichte Karls V. Übers von J. P. H. Prescher. 8. Nördlingen 1782.

Jovius, de Paulus, Chronik der Grafen von Orlamünde. Hrsg. von Paul Mitzschke. gr. 8. (80 S.) Leipzig 886, Robolsky. *

Jovy, Hans, Untersuchungen zur altengl. Genesisdichtung, s.a. Beiträge, Bonner, zur Anglistik. 5. Hft.

Jovy, Hans, aus Dahnen (Eifel): **Untersuchungen zur altenglischen Genesisdichtung.** *Bonn 1899: C. Georgi.* (32 S.) 8° ¶ (Aus: Bonner Beiträge z. Anglistik, H. 5.)
Bonn, Phil. Diss. v. 12. Juli 1899

Sammelheft: Untersuchungen zur altenglischen Genesisdichtung. Von Dr. Hans **Jovy**. Versbau und Sprache in Huchowns Morthe Arthure. Von Dr. Franz Mennicken. The Author of Ratis Raving. By John T. T. Brown. Zur Berichtigung und Erklärung der Waldhere-Bruchstücke. Von Moritz Trautmann. Bonn: Hanstein 1900. 192 S. 8°
(Bonner Beiträge z. Anglistik. H. 5.) [illegible]

Iowa : 1871 1892
Roman Catholic weekly. Sub-title: Ein katholisches Wochenblatt für den Nordwesten der Vereinigten Staaten. Circulation: 1876, 832; 1880, 1100; 1885, 2200; 1890, 2300. Edited by Nikolaus Gonner, & published by Deutsch-Katholische Druck-Gesellschaft. 1893- 1918 continued as KATHOLISCHER WESTEN; a Roman Catholic weekly for the NW of America
Dubuque, IA

Iowa, die Heimat für Einwand: Eine Abhandl über die Hülfsquellen Iowa's, enthaltend wertvolle u nützliche Aufklärungen in Betreff des Staates für Immigranten und Andere. Des Moines, Iowa, 1870.

Staat Iowa Der, geog u statistisch beschrieben. Kiel, 1854.

Iowa Banner : Aug. 1899 Dec. 1900? **Iowa City, IA**
Weekly. Edited & published by H. Mahraun.

Iowa City Post : 1881? -1903.
Democratic weekly. Circulation: 1890, 2000; 1900, 1950. Edited by Max Otto, & published by Otto & Fiesler, 1881- 82, edited & published by Max Otto, 1884 92; by Hermann Mahraun, 1893--96; edited by Hermann Mahraun, 1897—99; by Gustav Lyser, 1900-01; published by S. W. & C. S. Mercer, 1897 1902, edited & published by Henry Gundling, 1902-03.
Iowa City, IA

Iowa City Volksfreund : 1874 1905?
Independent weekly; supported Tilden. Published a SONNTAGSBEILAGE, quarto, each issue 4 pages. Circulation: 1890, 600. Edited & published by Heinrich [Henry] Brede, 1874 81; edited by Henry Evers, & published by Mrs Heinrich Brede, 1881 82.
Iowa City, IA

Iowa Courier : 1881?--1882? **Tama City, IA**
Weekly. Edited & published by Karl Hoepfinger.

Iowa Courier : 1881?-- 1888?
Independent weekly. Circulation: 1885, 600. Edited by Hermann Hoffmann, & published by George A. Steinmetz, 1881 86; edited & published by George A Steinmetz, 1886--88. Title varies: INDEPENDENCE COURIER.
Independence

Jowano ...,s.a. Jovano ...

Jowanowitsch Costa, Über den Zerfall der Weinsäure bei Gegenwart von Glyzerin in höherer Temperatur. S. 92. II. 22 . . . . vgr.
Separatabdruck

Jowanowitsch, Jowan B., aus Belgrad: **Warum hat Friedrich der Grosse an der Schlacht bei Kesselsdorf nicht teilgenommen?** *Berlin (1901): E. Ebering.* (42 S.) 8°
Berlin, Phil. Diss. v. 7. Aug. 1901

Jowanowitsch, K(osta), a. Belgrad in Serbien: Neuere Bestrebungen in der Heimstättenbewegung. Bonn 1907: S. Foppen. (39 S.) 8° ¶ (Soll u. d. T.: „Die Heimstätte" später erscheinen.)
Bonn, Phil. Fak., Ref. Dietzel, Diss. v. 5. März 1907
[Geb. 8. Sept. 75 Wranja (Serbien); Wohnort: Belgrad; Staatsangeh.: Serbien; Vorbildung: Gymn. bis 6. Cl. Landmessersch. Belgrad 3, Landw. Hochsch. Berlin 1, Univ. Bonn 6 S.; Rig. 20. Febr. 07.]

Jowanowitsch, K., die Heimstätte od. die Unangreifbarkeit d. ländl. Grundbesitzes. Eine sozialökonom. Studie. (VII, 123 S.) gr. 8. Tübingen 908. H. Laupp. 2.50

Jowanowitsch, Milutin, Assessor im serbischen Handelsministerium: Die serbische Landwirtschaft. Eine Darstellung ihrer gegenwärtigen Verhältnisse. München: E. Reinhardt 1906. (VI, 98 S.) 8°
München, Staatswirtsch. Fak., Ref. Brentano, Diss. v. 3. März 1905
[Geb. 30. Nov. 80 Oschtzel, Kr. Timok; Wohnort: Oschtzel; Staatsangeh.: Serbien; Vorbildung: Gymn. Zajetschar Reife Juli 99; Studium: München T.H. 2, München Univ. 9 S.; Rig. 3. März 05.]

Die Iowa Post : Jan. 1860 -? **Des Moines, IA**
Weekly. Title varies: DIE WÖCHENTLICHE IOWA POST.

Iowa Post : 1904? -1917?
Independent Democratic semi-weekly. Circulation: 1905, 1006; 1910, 1092; 1915, 935. Edited & published by Henry Gundling, 1904 -17.
Cedar Rapids, IA

Iowa Presse : 1880?- 1885?
Republican weekly. Title varies: POST UND PRESSE, 1881--85. Circulation: 1880, 965; 1883, 972. Edited by Eugene Hunt, 1880; by C. F. R. Riedel, 1881; by Eberhard Wolff, 1882--83; by Eugene Hunt, 1884--85; published by Eugene Hunt, 1880—85.
Cedar Rapids, IA

Iowa Reform : July 12, 1881 1943?
Weekly, 1884 86, semi-weekly, 1886 1918; weekly, 1919 -43. Democratic, 1884--1900; Independent, 1901 43. For weekly edition, see WÖCHENTLICHE IOWA REFORM. Circulation: 1880, 1500, 1900, 2800; 1910, 3200; 1920, 3400 (est.); 1930, 3600; 1939, 2150. Edited by Gustav Donald, 1884 87, by J. S. Kahrmann, 1888- 92; by Gustav Donald, 1893; by Louis Heerbrandt, 1893 1905, by Carl Kuehl, 1905 -16?; published by Adolph & Gerhard Petersen, 1884 1916; edited & published by Adolph Petersen, 1917 35; edited by Adolph Petersen, & published by Adolph Petersen & Son, 1936 -38; edited by Robert A. Petersen, & published by Petersen Printing Co., 1939- 43.
Davenport, IA

Wöchentliche Iowa Reform : 1885?—1918.
Weekly edition of IOWA REFORM. Circulation: 1890, 2300; 1900, 2800; 1910, 2800; 1918, 2100.
Davenport, IA

Iowa Staats-Anzeiger : June? 1870 --1914?
Independent Democratic weekly. For Sunday edition, see SONNTAGS-POST. Circulation: 1880, 3400; 1895, 6400; 1900, 6320; 1910, 6400; 1915, 5800. Edited & published by Joseph Eiböck, 1870 - 1913; published by Iowa Staats-Anzeiger Co., 1914.
Des Moines, IA

Iowa Staats-Anzeiger : 1886?—1891?
Republican weekly. Circulation: 1890, 1900. Edited & published by Ernst Hofer, 1886 – 87; by P. J. Merkle, 1888--91.
Des Moines, IA

Iowa Staats-Zeitung : Jan. 13, 1855- -1873?
Republican weekly. Suspended for a time in 1861. Circulation: 1870, 1550. Edited by John Bittmann, & published by G. Stuber & J. Bittmann, Jan. 13, 1855—?; edited by H. Esellen, & published by G. Stuber; edited by William Meyer, 1869--?; by Arthur Schaeffer, 1870--73. Other editors: Heinrich Richter; Dettmer; Gustav Grahl; Adolph Schill; Pingel.
Dubuque, IA

Iowa Staats-Zeitung : 1900? -1919?
Weekly. Democratic, 1900 02; Independent, 1903—19. Title varies: CEDAR RAPIDS JOURNAL, 1919. Circulation: 1900, 750. Edited & published by John P. Young, 1900; by Charles Stoudt, 1901 -06; by Charles & E. J. Stoudt, 1907—14; by Emil & E. J. Stoudt, 1915--19.
Cedar Rapids, IA

Die Iowa Tribüne : 1861--1899.
Weekly, 1861-- 64?; tri-weekly, 1865?--78; daily, evening except Sunday, 1878 - 99. Republican, 1861-- 83; Independent Democratic, 1884-- 99; supported Hayes. Continued from DIE FREIE PRESSE. United with DER VOLKSFREUND, to form VOLKSFREUND-TRIBÜNE. Circulation: 1870, 1000 (est.); 1885, 900; 1895, 1180. Edited & published by Theodor Gülich, 1861--63 (with following associates: Henry Bittmann; Hermann C. Orth); by John A. Dalldorf, M. Langeloth, Conrad Grenner & E. Poppe, 1863 --70; published by Iowa Tribüne Co., 1871--75; by Paul Lange & Co., 1876 79; by J. J. Wohlwend, 1880--84; by J. J. Wohlwend & Son, 1885--87; by Iowa Tribune Publishing Co., 1888 99; edited by E. Poppe, 1871--74; by Emil Bischof & G. A. Wetter, 1875; by Leopold Mader, 1876--78; by Louis Weinstein, 1878 -82; by Max Doerffling, 1883--84; by Theodor Gülich, 1885- 99.
Burlington, IA

Iowa Volksblatt : 1860?--?
Republican semi-weekly. Edited & published by Carl Serth. Campaign paper.
Keokuk, IA

Iowa Volksblatt : 1882?—1888?
Independent weekly. Edited by Robert Schmitz, & published by Schmitz Bros., 1882—88.
Dumont, IA

Iowa Volksblatt : 1883?—1885?
Independent weekly. Edited & published by Hilmer Brothers, 1883?--1884; by Boettcher & Walker, 1885.
Waverley, IA

Iowa Volksblatt: Nov. 1, 1892--June 1, 1918.
Independent weekly. Circulation: 1900, 720; 1910, 950; 1915, 950. Edited & published by Iowa Volksblatt Publishing Co., 1892--95; by Dietsch & Brechler, 1896; by Gustav Dietsch, 1897--1908; by Ronneburger & Hoesly, 1909--14; by Ronneburger & Klingbeil, 1915 - 18.
Postville, IA

Iowa Volkszeitung: 1867—1927
Democratic weekly. Circulation: 1870, 675; 1880, 700; 1890, 1013; 1900, 1056; 1910, 800. Edited & published by Pringel, 1867; by Joseph Gottlob, 1868; by F. G. Pfeiffer, 1868--78; by Matzen & Lietz, 1879--80; by John Lietz, 1881—1927.
Clinton, IA

Jowirls, R., s.: Studententeuffel, der.

Jowitsch, Spiridion, ethnograph. Gemählde d. slavon. Militärgränze, od. ausführl. Darstell. d. Lage, Beschaffenheit u. polit. Verfass. d. Landes, dann d. Lebensart, Sitten, Gebräuche, d. geistigen Bildung u. des Charakters seiner Bewohner. Ein Beitr. z. Länder- u. Völkerkunde d. österreich. Kaiserstaats. gr. 8. (10½ B.) Wien 835, (Mechitaristen-Congreg.-Buchh.)

Jox, Vorträge über Wegbau, gehalten in der landwirthschaftl. Fortbildungsschule für Bauernsöhne. Hrsg. durch die Schulvorstandschaft. gr. 8. (IV und 63 S. mit 7 lithogr. Fig.-Taf. in qu. gr. 4.) Würzburg 867, (Stuber.) *

—— das Wesentlichste vom Wiesenbau und seinen Hülfswissenschaften. Gemeinverständliche Lehrvorträge gehalten in der Wiesenbau-Schule zu Würzburg im Winter 1861/62. Lex.-8. (XVI und 209 S. mit 30 in den Text gedr. Fig. in Holzschn. und 30 Stnt. in Lex.-8., 4. und qu. Fol.) Würzburg 862, (Stuber.) *

Jox, Anton

Jox, A., vier Bücher v. der Nachfolge Christi, s.: Thomas v. Kempen.

— s.: Frühpredigten, kurze, üb. die Glaubens- u. Sittenlehre

Jox, A., Louise Lateau, die wunderbar begnadigte Jungfrau von Bois d'Haine, zur Belehrung und Erbauung für alle Stände dargestellt. (VIII, 124 S.) Regensburg 878, Manz.

Jox, A., Louise Lateau, die wunderbar begnadigte Jungfrau von Bois d'Haine, zur Belehrung und Erbauung für alle Stände dargestellt. 2. mit einer Schilderung von Louisens letzten Lebenstagen verm. Aufl. 8. (VIII, 128 S.) Regensburg 884, Manz.

Jox, A. Die Liebe d. eucharistischen Heilandes od. Erwäggn. f. gottesfürcht. Seelen geistl. u. weltl. Standes, welche Jesum im heiligsten Sakramente wahrhaft lieben wollen. Nebst e. Anh. der gewöhnlichsten Gebete u. Andachtsübgn. e. Christen. 2. verb. u. verm. Aufl. 12. (VIII, 480 S.) Dülmen 891, Laumann. * 2 —

—— Die gottselige Dienerin Gottes Luise v. Marillac (Witwe Le Gras), Stifterin u. erste Oberin der Töchter der christl. Liebe (der barmherz. Schwestern vom hl. Vincenz v. Paul.) 16. (VIII, 136 S. m. 1 Bildnis.) Ebd. 892. — 30

[F.] Die Wunderthätige Medaille, deren Ursprung, Gesch. u. Wirkgn. Von A[nton] Jox, C. M. *Dülmen: A. Laumann 1896.* (XV, 331 S., 1 Taf.) 1 Bd 8. [96 3318

— Nächstenliebe des Knaben Vincenz v. Paul. Dramatische Kinder-Idylle in 1 Aufzug. Nach dem Franz. des V. Delaporte m. Erlaubnis des Autors deutsch bearb. v. J. 8. (82 S.) Münster 894. A. Russell's Verl. n. — 70

Jox, A., die Reliquien des kostbaren Blutes unseres göttlichen Heilandes, insbesondere die Reliquie des kostbaren Blutes zu Brügge in Flandern. Zur Belehrung und Erbauung für alle Stände dargestellt. 8. (XII, 102 S.) Luxemburg 880, Brück.

— eucharistisches Vergißmeinnicht. Auszug aus dem größeren Andachtsbuche „Die Liebe d. eucharist. Heilandes" f. die christl. Jugend. 16. (XVI, 512 S. m. 1 Stahlst.) Dülmen 892. A. Laumann. n. 1. 75

[F. u. Ant.] Eucharistisches Vergissmeinnicht. Ausz. aus d. grössern Andachtsbuche 'Die Liebe d. eucharist. Heilandes' f. d. christl. Jugend. Von A[nton] Jox C. M. 2. verm. Aufl. *Dülmen i. W.: A. Laumann (1895).* (XX, 560 S., 2 Taf.) 1 Bd. 8. [96. 1039

Joy, Charles A [rad]. Miscellaneous Chemical Researches [Selenium ethyl, etc.]. Göttingen, 1853.

Joyau, Karl Anatol, Leben d. heiligen Thomas v. Aquin, Patron der katholischen Schulen. Der Jugend gewidmet. Autoris. Uebersetzg. aus dem Franz. 8. (XIII, 383 S.) Paderborn 891. Bonifacius-Druckerei. n. 2. —

Joyce, (Fr.,) prakt. Anleitung z. chem. Analytik u. Probierkunst d. Erze, Metallgemische, Erden, Alkalien, brennbaren Substanzen, Mineralwässer u. Salzsoolen, od. Grundzüge d. mineralog. Chemie. Frei übers. u. mit Anmerkk. u. Zusätzen v. J. Waldauf v. Waldenstein. Mit 4 Steintaf. gr. 8. Wien 826, Mörschner u. J.

Joyce, Fr., prakt. Anleit. zur chem. Analytik u. Problerkunst d. Erze, Metallgemische, Erden, Alkalien, brennbaren Substanzen, Mineralwässer u. Salzsoolen, oder Grundzüge d. mineralog. Chemie. Frei übers. u. mit Anmerkk. u. Zusätzen von J. Waldauf v. Waldenstein. Mit 4 Steintaf. gr. 8. Wien 827. Mörschner u. J. 1 ℛ 12 gℓ

Joyce, F., prakt. Anleitung zur chemischen Analytik u. Probierkunst der Erze, Metallgemische, Erden, Alkalien, brennbaren Substanzen, Mineral-Wässer u. Salzsoolen rc. N. wohlfeile Ausg. gr. 8. Wien 834. Mörschner u. Jasper. 1 ℛ

Joye, Paul, de Romont: Influence de l'intensité maximum du courant sur le spectre de la décharge oscillante. [Mit 26 Abbildungen im Text.] Fribourg (Suisse) 1909. IV + 156 S. 8°. Extrait des Mémoires de la société fribourgeoise des sciences naturelles. Série: Mathématiques et physique. Vol. 1, Fasc. 2.
Freiburg i. Schw. Math.-naturw. Diss. 1909/10.

Joyes les quinze de mariage. Texte de l'édition princeps du XVe siècle. Première réimpression par Ferd. Heuckenkamp. 8. (IV, 81 S.) Halle 901. M. Niemeyer. n. 2. 40

Joysel, Marie von. Selbstmörderin. Leipzig 855. O. Wigand. 32. (77 S.) 5 ngr

Jozan de St. André, E., die Krankheiten der Harnwege und Geschlechtswerkzeuge und die Beschwerden des Urinirens, eine genaue Beschreibung und Behandlung der Verengerungen der Harnröhre, der Harnverhaltung etc., der Gries-, Sand- und Steinkrankheit, des Blasenkatarrh's, der Schleimflüsse und Syphilis etc. Frei nach dem Französ. von Frz. Händel. gr. 8. (VIII und 406 S.) Weimar 851, Voigt.

Jozan de St. André, E., die Krankheiten der Harnwege und Geschlechtswerkzeuge und die Beschwerden des Urinirens. Eine genaue Beschreibung und Behandlung der Verengerungen der Harnröhre, der Harnverhaltung, des allzuhäufigen Drängens zum Harnlassen etc. Frei nach dem Französ. von Frz. Händel. 2. Aufl., verm. mit der Beschreibung und Behandlung derer Krankheitsformen, welche an und bei den Geschlechtstheilen vorkommen und der Ansteckung verdächtig sind. gr. 8. (XII und 419 S.) Weimar 855, Voigt.

Józef, brat, czyli poczciwość trwa najdłużéj. Powieść dla katholickiej polskiej młodzieży. Przerobiona przez Ks. M. O. gr. 8. (59 S.) Strasburg 851, Köhler.

Józefowicz Ritter v. [illegible], Fel., der hl. Kasimir, kgl. Prinz v. Polen, [illegible] d. studierenden Jugend. gr. 16. (123 S. m. 1 Farbdr.) Lemberg 897. Seyfarth & Czajkowski. n.n. — 70

JOZEPACZ, JOHANN Kanzel-Prolog / zum Glorreichen / Geburtstage / Sr. K. K. apostolischen Majestät / Franz I / 1827 / Vorgetragen und herausgegeben / von / Johann Jozepacz / Pfarrer der Innerstadt und Festung / der löbl Comitate / Verőcze und Syrmien Gerichtstafel Beisitzer / Essegg (1827): Mit Diwaldischen Schriften. 15 S. - 4°

Jozeroth für alle Sabbathe d. Jahres, in sorgfältig korrigirtem Texte. Uebers. u. vollständig erklärt v. H. Arnheim. gr. 8. (... B.) Glogau 840, Prausnitz. ¾ Thlr., hrbgs. Pr. *

Jozewicz, Ferd., das Buch der feinen Lebensart. Ein Rathgeber für den Verkehr in der Familie, in Gesellschaften und im öffentl. Leben. 1.—3. Aufl. gr. 8. (332 S.) Oberhausen 880,81, Spaarmann. *M 2,50.; geb. * — - dass. — 4. verm. Aufl. gr. 8. (XV, 405 S.) Ebendai. 884. *M 4,50.; geb. *

Jozgard [Schlagwort]

Jozgad, s.: Asien. Kiepert, Kleinasien.

JOZGITS, JOHANN. Katechismus-Gebetbuch- und Gesangbuch für Schüler der Volksschule und Solche die dieselben verlassen haben. Verfasst und herausgegeben von Johann Jozgits Pfarrer Eigenthum des Verlassers. Fünfkirchen 1890. Druck von Josef Taizs. 146 S. - 120 mm

Ipermnestra, opera dramatica, s.a. Metastasio.

Ipermnesta, L'. Salisburgo 1761. 1763. V: *Metastasio, Pietro v.* (Hr)

Ipert, [Rudolf], Dir.: Die Organisation der Anstalt. (Ein Wort zur Aufklärung an die Eltern.) Elberfeld 1904: Sam. Lucas. (S. 1—6.) 4°
Elberfeld, R in d. Nordstadt OP 1904 (578)

Ipes-Speet, Maria, wie ich üb. Sprechen u. Singen denke. (27 S.) 8. Berlin 907. A. Stahl. — 50

Ipfelkofer, Adalb., bildende Kunst an Bayerns Gymnasien. Erwäggn., Erfahrgn. u. Vorschläge. (181 S.) 8. München 907. (M. Beckstein.) 1. —

Ipfelkofer, Adalbert, Prof. Dr.: Bildende Kunst an Bayerns Gymnasien. Erwägungen, Erfahrungen u. Vorschläge. München 1907: J. B. Lindl. (131 S.) 8°
München, k. Luitpold-G P 1907*

Ipfelkofer, Adalbert: Bildende Kunst an Bayerns Gymnasien. Erwägungen, Erfahrungen und Vorschläge. 131 S. 8.
Progr. K. Luitpoldgymn. *München* 1907.
I. Gymnasium, Zeitgeist und bildende Kunst. II. Bildende Kunst und Bayerns Gymnasien. III. Gelegentliche Besprechung von Kunstwerken oder eigene Stunden dafür? IV. Eine Regelung der Kunstanschauungskurse ist notwendig. V. Stoff der Kunstanschauungskurse. VI. Nicht Kunstgeschichte, wohl aber historische Betrachtungsweise ausgewählter einzelner Meisterwerke. VII. Eingliederung in den Geschichtsunterricht. VIII. Das Verfahren bei den Kunstanschauungskursen. IX. Vortragende Lehrweise. X. Die Lehrerfrage. XI. Die Kostenfrage.

— j.: Lesebuch, deutsches, f. bayerische Mittelschulen.

Ipfelkofer, Adalbert [K. Studienlehrer]: Die Rhetorik des Anaximenes unter den Werken des Aristoteles. . . . Würzburg, k. Universitätsdr. v. H. Stürtz, 1889; 55 S. 8°
Erlangen, Phil. Fak., Inaug.-Diss. v. 1889

Ipfelkofer, Adalbert [Dr.]: Die Rhetorik des Anaximenes unter den Werken des Aristoteles. Würzburg, k. Universitätsdr. v. H. Stürtz, 1889; 55 S. 8°
Würzburg, k. neues G, P 1889 •

Ipfelkofer, Adb. Die Rhetorik d. Anaximenes unter den Werken d. Aristoteles. Diss. gr. 8. (55 S.) Würzb. 889. (Münch., Lindauer.) * — 60

Iphigeneia in Aulis. Tragödie. Berlin 1862. V: *Bicking, Franz.* (Ky)

Iphigeneia in Aulis. Tragödie. (Von F. Bicking.) Berlin 862. Janke. gr. 8. (58 S.) n. 20 ngr.

'Ιφιγένεια ἡ ἐν Ταύροις, τραγῳδία εἰς πέντε πράξεις. Μεταφρασθεῖσα ἐκ τοῦ γερμανικοῦ ὑπὸ Ἰωάννου Παπαδοπούλου. 8. Leipzig, literar. Central-Compt. 819. Rühl.

Iphigeneia in Tauris. Tragödie. Berlin 1863. V: *Bicking, Franz.* (Ky)

Iphigeneia in Tauris. Tragödie. (Von F. Bicking.) gr. 8. (68 S.) Berlin 863, Janke. *

Iphigenia. Trsp. a. d. Franz. d. Racine. 8. Wien, 749.

Iphigenia, oder der Pfaffe weiß sich zu helfen. 8. Bresl. 791. (Gosohorsky). 4 gr.

Iphigenia, s.a. Iphigenie

— in Aulis. Singsp. 8. Berl. Haude. 768.

— — — Trsp. v. Köhler bearbeitet. 8. Berlin, Nicolai. 778.

— — — Trsp. in 5 A. v. C. Lewezow. 8. Halle, Renger. 805.
Nelius.

— — — Trsp. in 5 A. v. Fr. Schiller. gr. 8. Tubingen, Cotta. 807.

— — — Lyrische Tragödie in 3 A. n. d. Franz. D. Bailly du Rollet u. n. d. Musik d. Ritter Gluck v. J. D. Sander. gr. 8. Berlin, Sander. 808.

Iphigenia in Aulis. Große Oper in 3 Acten von Gluck. (Textbuch.) (Zur Bearbeitung von Rich. Wagner.) gr. 16. (47 S.) Leipzig 859, Breitkopf und Härtel. *

— auf Tauris. Schsp. v. Göthe. 8. Lpz. Göschen. 787.

— in Tauris. Tragedy, written originally in german by Göthe. gr. 8. Berl. Unger. 794.

— in Tauris, a tragedy written originaly in german by Göthe, translated. gr. 8. 794. Ist jetzt Verlag von Sommerbrodt in Berlin

Iphigénie, en Aulide. Trag. en 3 Actes. 8. Brschw. Pluchart. 806.

— in Aulis; Sgspl. 8. Berl. 768. Haude u. Sp. 6 gr.

— in Aulis; lyr. Tragödie in 3 Aufz. Aus d. Französ. d. Bailly du Rollet von J. D. Sander. Magdeb. 790. Aufs neue gedr. zum Behuf d. Aufführung. gr. 8. Berl. 795, a. 801 u. 809. Sander. 6 gr. Die Musik von Gluck 3 rf 18 gr.

— in Aulis. Große Oper in 3 A. 8. Rudolst. 808. Hofbuchh. 8 gr.

— in Aulis. Große Oper in 3 Aufz. Wien 808. Wallishausser. 6 gr.

— en Tauride. Tragédie. 8. Wien 760. Trattner. 4 gr.

Iphigenie auf Tauris. Oper in drei Aufzügen nach Racine bearb. v. Chr. v. Gluck u. Richard Strauß. Textbuch. Berl. (o. J.), Fürstner. * — 50

— vergl. Euripides im 2n Thle.

— in Tauris; aus d. Französ. von J. B. v. Alxinger. 8. Wien 781.

— — la même, p. Guillard. 8. Berlin, Rellstab. 787.

Iphofen, gem. 1828. grav. 1831. Vom K. St. K. 1:2,500. 1 Bl.

Iphofen, Dr. Aug. Er., d. Cretinismus, philosophisch u. medicin. untersucht. 2 Thle, mit 7 Kpfr. gr. 8. Dresd. 817. Arnold. 3 ₰

Iphofen, K. Heinrich

Broizem, Karl Viktor Aug. v.: **Beschreibung der in der Freimaurer-Anstalt zu Dresden gehaltenen Gedächtnissfeier des am 9. Jan. 1812 entschlafenen [Br.] Carl Victor Aug. v. Broizem. [Hrsg. von K. H. Iphofen.] [Dresden 1812.] 31 S. 1 Kpfr. 8⁰ [Umschlagtit.]**
Kl. 1437, Tt. 1959. Rede von Hillig. 215.

Iphofen, H. K., d. Jubelfeier d. Freimaurerschule in Dresden, gehalten am Tage ihrer 50jähr. Dauer, d. 1. Dec. 1822. 8. Dresd. (822.)

Kurze Nachricht von der Schul- und Erziehungsanstalt der Freimaurer zu Friedrichstadt bei Dresden. Nebst einigen auf die Anstalt sich beziehenden Redestücken, und einem Grundriss. Hrsg. von [K. Heinr.] Iphofen. [Dresden]: Selbstverl. d. Anstalt [1810]. 32 S., 1 Taf. 8⁰
Kl. 574. Nebst 4 Reden u. einem Gespräch üb. die Entstehung des Instituts; die Taf. stellt den Grundriss der Anstalt dar. 139.

Ipolyi, Arnold: Beschreibung der Baudenkmale der Insel Schütt (Csallóköz) in Ungarn. — Wien: 1859. [Weitere bibliogr. Ang. nicht feststellbar.]

Ipolyi, Arnold, die geschichtliche Entwickelung des Gewerbwesens in Ungarn. Eröffnungsrede, gehalten am 23. Aug. 1877 zu Pressburg in der Versammlung der Ungar. histor. Gesellschaft. Aus dem Ungar. übers. von A. Dux. gr. 8. (60 S.) Budapest 877, (Tettey und Comp.) *

—— Geschichte der Stadt Neusohl. Eine culturgeschichtl. Skizze. Aus dem Ungar. übers. von A. Dux. gr. 8. (III, 131 S.) Wien 875, Braumüller. *

—— Geschichte und Restauration der kirchlichen Kunstdenkmale in Neusohl. Fol. (177 S. mit 7 Farben- und Steindr.-Taf. und 54 eingedr. Holzschn.) Budapest 878. (Leipzig, Brockhaus' Sortiment und Antiquarium.) *

IPOLYI, ARNOLD: Geschichte und Restauration der kirchlichen Kunstdenkmale in Neusohl. Budapest 1878. Verlagsbuchhandlung der ungar. Akademie der Wissenschaften. Druck d. Franklin-Vereines. 3, 117, 1 S. - 4⁰

Ipomedon, s. Kirschten, Walther.

Ipomedon, in drei englischen bearbeitungen hrsg. v. Eug. Kölbing. 8. (CLXXXI, 484 S.) Bresl. 889, Koebner. * 17 —

Ipotis. s. Gruber, Hugo.

Ippel, Albert: Der dritte pompejanische Stil. Ein Beitr. zu seiner Geschichte. Berlin 1910: (A. W. Schade). 49 S. 8⁰
Bonn, Phil. Diss. v. 29. Jan. 1910, Ref. Loeschcke
[Geb. 2. Juli 85 Berlin; Wohnort: Gr.-Lichterfelde; Staatsangeh.: Preußen; Vorbildung: Gymn. Gr.-Lichterfelde Reife M. 03; Studium: Freiburg i. B. 2, Berlin 2, Bonn 7 S.; Rig. 16. Juni 09.] [U 10. 388

(Ippel, Eduard.) Die akademische Liedertafel zu Berlin 1855—1886. Berlin 1886.

Ippel, Eduardus: Quaestiones Thucydideae. Halis Saxonum 1879: (Haack in Berlin). 42 S. 8⁰
Halle-Wittenberg, Phil. Diss. v. [14. Juli] 1879
Geb. Berlin 9. 5. 1849. V.

Ippel, Eduard (Hrsg.), s. Worte, Geflügelte.

Ippel, Eduard, geflügelte Worte, s.: Büchmann, Geo.

Friedrich Heinrich Ippel

Fried(ericus) Henr(icus) Ippel: De belladonnae efficacia contra scarlatinam prophylactica. Berolini (1824): Formis Bruschckianis. 31 S. 8⁰
Berlin, Med. Diss. v. 27. Dez. 1824

Ippel, F. H., die Eingeweide-Würmer des Menschen, ihre verderblichen Folgen u. die gründliche Beseitigung derselben. 8. Berlin 842, Logier. 1/6 ₰

Ippel, J. W. L. F., Sammlung holländischer Handlungsbriefe, mit deutschen Anmerkungen. Nebst e. Verzeichniß der in der holländ. Handelssprache vorkommenden Ausdrücke u. Erklärungen derselben. Nach der holländ. Ausgabe für Deutsche bearbeitet. gr. 8. Crefeld 814. Schuller. 1 ₰

Ippen, J. A., über einige Ganggesteine v. Predazzo. gr. 8. (59 S. m. 16 Fig. u. 1 Taf.) Wien 902. (C. Gerold's Sohn.) n. 1. 50
Sonderabdruck aus: „Sitzungsber. d. k. Akad. d. Wiss."

Ippen, *Joseph Anton* [aus Steiermark]: Petrographische Untersuchungen an krystallinen Schiefern der Mittelsteiermark '(Koralpe, Stubalpe, Possruck)' ... Graz, im Verl. d. Vfs, *Buchdr. R. Withalm & C.*, 1890; 44 S., 1 Bl. 8.
Giessen, Phil. Fak., Inaug.-Diss. v. 1896

Ippen, Samuel L.: Adressbuch der Bukowina. Teil 1: Bezirk Wiżnitz. Wiżnitz: Selbstverl. 1895

Ippen's Provinz-Adreßbuch. 1. Bez. Wiżnitz. 8. (47 S.) Wiżnitz (Bukowina) 895. S. L. Ippen. n. 1. 70

Die Gebirge des nordwestlichen Albaniens von Th[eodor] A. Ippen. Mit 6 Taf. Wien: R. Lechner 1908. (75 S.) 4⁰(8⁰)
— Abhandlungen d. K.K. Geograph. Gesellschaft in Wien. Bd 7, No 1.

Ippen, Thdr., alte Kirchen u. Kirchenruinen in Albanien, s. a. Mitteilungen, wissensch., aus Bosnien u. der Hercegovina. VII.

IPPEN, Theodor
Alte Kirchen und Kirchenruinen in Albanien. Von Theodor Ippen. (Mit 11 Abbildungen im Texte.) (Separat-Abdruck aus „Wissenschaftliche Mittheilungen aus Bosnien und der Hercegovina", VII. Bd. 1900.) Wien. 1900. In Comm. Gerold's Sohn. Lex.-8⁰. 12 S. K —.50

Ippen, Thdr. v., Rascien. [Aus: „Wissenschaftl. Mittheilgn. aus Bosnien u. d. Hercegovina" 2. Bd.] Lex.-8. (10 S.) Wien 894. (C. Gerold's Sohn.) n. — 40

Ippen, Thdr. A., Skutari u. d. nordalbanische Küstenebene, s.a Zur Kunde der Balkanhalbinsel. 5.

Skutari und die Nordalbanische Küstenebene von Theodor A. Ippen, Generalkonsul. Mit 24 Abb. Sarajevo: D. A. Kajon 1907. (83 S.) 8°
— **Kunde,** Zur, d. Balkanhalbinsel. II. 5.

Ippenburg, Clamor von dem Bussche –, s. B u s s c h e - Ippenburg.

Ippoldt, Anton, Karte des ehemaligen Saazer Kreises nach der neuesten politischen Eintheilung mit besonderer Berücksichtigung der Hopfen bauenden Orte. Nebst einem Anhang, enthaltend das vollständige alphabetisch geordnete Verzeichniß sämmtlicher auf der Karte vorkommenden Ortschaften mit Angabe des angepflanzten und erzeugten Hopfens, allen k. k. Post-, Staats- und Eisenbahn-Telegraphenämtern, die den Kreis durchziehenden Eisenbahnen mit den Stationen und einem Memoire über den Hopfenbau u. Hopfenhandel. 8. (13 S.) geh. 1 fl. 60 kr., Karte separat 1 fl., aufgez. auf Leinwand, lackirt und mit polirten Stäben 1 fl. 60 kr.
Saaz: Ippoldt 1882.

Ipscher, Georg (Paul) (geb. Wusterhausen a. D. 30. 1. 1860): Die antiseptische Verband. Karbol und seine Ersatzmittel. Berlin 1885 (32 S.) 8°
Berlin. Med. Diss. v. 6. Mai 1885

Ipscher, Georg. Frid. Guil. (geb. Berlin 26. 11. 1833): De myositide. Berolini (1856). (28 S.) 8°
Berlin, Med. Diss. v. 4. Aug. 1856

Ipse, E., s. Faust und kein Ende!

Ipse, Henrik [Pseud.], s.a. H a r t l e b e n, Otto Erich

Ipse, H., der Frosch. Familiendrama in 1 Akt. Deutsch v. O. Erich. 8. (48 S.) Leipzig 889. Reißner. n. 1.—

Ipse, Henrik, der Frosch. Familien-Drama in 1 Act. Deutsch v. Otto Erich Hartleben. 2. (Titel-)Aufl. 8. (48 S.) Berlin 891. S. Fischer Verl. n. 1.—

Ipsen, Heinrich Adolf Marius

Ipsen, A(df.), Christian August, Prinz zu Schleswig-Holstein, nachmals Kronprinz von Schweden. Eine Episode aus der Geschichte der nordischen Reiche. gr. 8. (298 S.) Kiel 851(52,) Schröder und Comp. *

Christian August, Prinz zu Schleswig-Holstein, nachmals Kronprinz von Schweden. Eine Episode aus der Geschichte der Nordischen Reiche. Von Heinrich Adolf Marius **Ipsen.** Kiel. 1852. 4°.

—— Erinnerungen aus dem schleswig-holsteinischen Feldzuge von 1850. gr. 8. (155 S.) Kiel 851, Schröder und Comp. *

—— das Wasmer'sche Freicorps. gr. 8. (37 S.) Kiel 848, Schröder und Comp. *

Ipsen, A(dolf), die alten Landtage der Herzogth. Schleswig-Holstein von 1588—1675. Nach den handschriftl. Landtagsacten bearb. gr. 8. (384 S.) Kiel 852, Schröder und Comp. *

Ipsen, A., Neumünster. Ein holstein. Fabrikort in seiner Entwicklung während der J. 1852—1863. gr. 8. (110 S.) Kiel 870, Schröder und Comp. * 1 80

Ipsen, Frdr., Copernikus. Allensteiner histor. Fest-Spiel. Freie Dichtg. (28 S.) 8. Allenstein (909). K. Danehl. 1.—

Ipsen, Joh., Gotteslästerg. u. Beschimpfg. der Religionsgesellschaften. (Bericht üb. den Stand des Streites um § 166 des Reichsstrafgesetzbuchs.) (36 S.) 8. Hamburg 909. G. Schloeßmann. —60

Ipsen, Johann Paul (Huso Slesvicensis), De origine ac progressu processus inquisitorii contra sagas. Disp. jur. canon. Präs. Christian Thomasius. Halle (Johann Christian Zahn) 30. IV. 1712. 68 Seiten. (7.—) 17017

Ipsen, Lor., kurze Bibelsprüche, Liederverse u. Denksprüche für kleine Kinder. 8. Schleswig. 805.

— s. Hauptinhalt d. christl. Lehre.

Ipsen, Richard, aus Flensburg: Über das Titantetrafluorid. *Gräfenhainichen 1904: C. Schulze & Co.* (64 S.) 8°
Berlin, Phil. Diss. v. 23. Jan. 1904

Ipsen, Wilhelm: Die indirekten Orbitaldachfrakturen. *Greifswald 1898: J. Abel.* (47 S.) 8°
Greifswald, Med. Diss. v. 1. März 1898

Iqbal, S[heikh] M[uhammad], M. A. [Assist. Professor an d. Univ. Lahore, Indien]: The Development of Metaphysics in Persia. London: Luzac & Co. 1908. (XII, 195 S.) 8°
München, Phil. Fak., Ref. Hommel, Diss. v. 4. Nov. 1907
[Geb. 9. Nov. 77 Sialkot (Prov. Punjab, Indien); Wohnort: Lahore; Staatsangeh.: Britisch-Indien; Vorbildung: Gymn. Sialkot Reife Mai 93; Studium: Punjab Univ., Scotch Mission College Sialkot, Lahore Gov. College B. A. 97, M. A. 98; Rig. 4. Nov. 07.]

Ira, Alfred [pseud. for Rev. A. Grimm]. Gotthold. Eine Erzä aus dem Seelsorgerleben, v Pastorin Anna selbst erzählt. 2v. StL, 1897; v2, Antigo, Wis. 1899.

--Kollegium fratrum. Die Gesch seiner Gründung, seiner Glieder und seines Wirkens auf den Seminaren zu Fort Wayne, StL u Springfield. Jubsschr z 50 jhr Bestehen des Kollegiums zu Springfield, 4. Nov 1907. Springfield, Ill. 1909.

--Das Stiefmütterchen. Eine Erzä ... f christliches Volk. Antigo, Wis, 1898.

Irae Sapientium sive Invectivae Philosophorum. Graecii 1720. V: *Kaschutnig, Anton.* (Jes)

Iracae Persicae descriptio, quam ex codd. Mss. arab. Bibl. Lugd. Bat. ed. vers. lat. et annot. crit. instrux. P. J. Ugenbroek. gr. 4. Leyd. 822, (Lpz., Weigel.)

Iran [Schlagwort]

Iran, s.: Hand- u. Reisekarten. 52.

Iranyi, Bernh., s.a Aussprüche hervorragender Persönlichkeiten üb. die Lebensversicherung.

**Iranyi.* Aussprüche hervorragender Persönlichkeiten über die Lebensversicherung. Wien 1906.

Iranyi, Bernh., die Geschäfts-Resultate d. österr.-ung. Lebensversicherungs-Gesellschaften u. d. ausländ. Lebensversicherungs-Gesellschaften in Österreich-Ungarn im J. 1897. 22. Jahrg. [Aus: „Der National-Oekonom".] gr. 8. (24 S.) Wien 898. J. Eisenstein & Co. n. 1.—

— dasselbe, s. a.: Israel, Bernh.

IRANYI, B.
Die Geschäfts-Resultate der österr.-ung. Lebensversicherungs-Gesellschaften und der ausländischen Lebensversicherungs-Gesellschaften in Oesterreich-Ungarn. Im Jahre 1898. Von B. Irányi. XXIII. Jahrgang. Separat-Abdruck aus der Zeitschrift für Volkswirtschaft und Statistik „Der National-Oekonom". Wien. 1899. Eisenstein & Co. Gr.-8°. 24 S. * fl. —.60

— Die Geschäftsresultate der österr.-ung. Lebensversicherungs-Gesellschaften u. der ausländischen Lebensversicherungs-Gesellschaften in Österreich-Ungarn im J. 1899. 24. Jahrg. [Aus: „Der National-Oekonom".] gr. 8. (24 S.) Ebd. 1900 1. —

IRANYI, B.
Die Geschäftsresultate der österr.-ung. Lebensversicherungs-Gesellschaften und der ausländischen Lebensversicherungs-Gesellschaften in Oesterreich-Ungarn. Im Jahre 1900. Von B. Irányi. XXV. Jahrgang. Separat-Abdruck aus der Zeitschrift für Volkswirtschaft und Statistik „Der National Oekonom". Wien. 1901. Eisenstein & Co. Gr.-8°. 24 S. K 1.20

Irányi, Bernh., die Geschäfts-Resultate der österr.-ungar. Lebensversicherungs-Gesellschaften u. der ausländ. Lebensversicherungs-Gesellschaften in Oesterreich-Ungarn im J. 1901. 26. Jahrg. gr. 8. (24 S.) Wien 902. J. Eisenstein & Co. n. 1. 50
Sonderabdruck aus: „Der National-Oekonom".

— die Geschäfts-Resultate der österreichisch-ungarischen Lebensversicherungs-Gesellschaften u. der ausländischen Lebensversicherungs-Gesellschaften in Österreich-Ungarn in d. J. 1902—1905. 27.—30. Jahrg. (à 24 S.) gr. 8. Wien 903—906. J. Eisenstein & Co à n. 1. 20
Sonderabdrucke aus: „Der National-Oekonom".

Irányi, B., Die Geschäftsresultate der österr.-ungar. Lebensversicherungs-Gesellschaften und der ausländischen Lebensversicherungs-Gesellschaften in Österreich-Ungarn im Jahre 1902. 27. Jahrg. [Separatabdr. aus: Der National-Ökonom.] Gr.-8°. (24 S.) 1903 * K 1.50

Irányi, B., Die Geschäfts-Resultate der österr.-ungar. Lebensversicherungs-Gesellschaften u. der ausländischen Lebensversicherungs-Gesellschaften in Österreich-Ungarn im J. 1903. 28. Jahrg. (24 S.) gr. 8. Wien, J. Eisenstein & Co. 1904 1. 25.

Irányi, B., Die Geschäfts-Resultate der österr.-ungar. Lebensversicherungs-Gesellschaften u. der ausländischen Lebensversicherungs-Gesellschaften in Österreich-Ungarn im J. 1904. 29. Jahrg. (24 S.) gr. 8. Wien, J. Eisenstein & Co. 1905 1. 25.

Irányi, B., Die Geschäfts-Resultate der österreichisch-ungarischen Lebensversicherungs-Gesellschaften u. der ausländischen Lebensversicherungs-Gesellschaften in Österreich-Ungarn im J. 1905. 30. Jahrg. [Aus: „Der National-Oekonom".] (24 S.) gr. 8. Wien, J. Eisenstein & Co. 1906 1. 25.

Irányi, Bernh., die Geschäfts-Resultate der österreich.-ungarischen Lebensversicherungs-Gesellschaften u. d. ausländischen Lebensversicherungs-Gesellschaften in Österreich-Ungarn in d. J. 1906—1909. 31.—34. Jahrg. (à 24 S.) Lex. 8. Wien 907—10. (J. Eisenstein & Co.) à 1. 25
Sonderabdrucke aus: „Der National-Oekonom".

Irányi, B., Die Geschäfts-Resultate der österreichisch-ungarischen Lebensversicherungs-Gesellschaften u. der ausl. Lebensversicherungs-Gesellsch. in Österreich-Ungarn im J. 1906. 31. Jahrg. [Aus: „Der National-Oekonom".] (24. S.) gr. 8. Wien, J. Eisenstein & Co. 1907 1. 50.

Irányi, B., Die Geschäfts-Resultate der österreichisch-ungarischen Lebensversicherungs-Gesellschaften u. der ausländischen Lebensversicherungs-Gesellschaften in Österreich-Ungarn im J 1907. 32. Jahrg. [Aus: „Der National-Oekonom".] (24 S.) gr. 8. Wien, J. Eisenstein & Co. 1908 1. 25.

Irányi, B., Die Geschäfts-Resultate der österreichisch-ungarischen Lebensversicherungs-Gesellschaften u. der ausländischen Lebensversicherungs-Gesellschaften in Österreich-Ungarn im J. 1908. 33. Jahrg. [Aus: „Der National-Oekonom".] (24 S.) gr. 8. Wien, J. Eisenstein & Co. 1909 1. 25.

Irány, B., Die Geschäfts-Resultate der österreichisch-ungarischen Lebensversicherungs-Gesellschaften u. der ausländischen Lebensversicherungs-Gesellschaften in Österreich-Ungarn im J. 1909. 34. Jahrg. Aus: „Der National-Oekonom". (24 S.) Lex.-8. Wien, J. Eisenstein & Co 1910 1. 25.

— d. deutschen Lebens- u. Unfall-Versicherungs-Gesellschaften. Übersichtl. Darstellg. d. Geschäftsergebnisse in d. J. 1893—1897. VII. Jahrg. schmal gr. 8. (40 S.) Ebd. 898. n. — 75

— dasselbe, s. a.: Israel, Bernh.

IRÁNYI, Bernhard
Die deutschen Lebens- und Unfall-Versicherungsgesellschaften. Übersichtliche Darstellung der Geschäftsergebnisse in den Jahren 1894—1898 von Bernhard Irányi. VIII. Jahrgang. Wien. 1899. Selbstverlag. [In Comm. Eisenstein & Co.] 8°. 40 S. fl. —.45

Die deutschen Lebens- und Unfall-Versicherungs-Gesellschaften. Übersichtliche Darstellung der Geschäftsergebnisse in den Jahren 1895—1899 von Bernhard Irányi. IX. Jahrgang. [Wien. 1900.] Selbstverlag. In Comm. Eisenstein & Co. Gr.-8°. 40 S. K —.90

Irányi, B., Die deutschen Lebens- u. Unfall-Versicherungs-Gesellschaften. Übersichtliche Darstellg. der Geschäftsergebnisse in den J. 1896—1900. X. Jahrg. schmal gr. 8. (44 S.) Wien, J. Eisenstein & Co. 1901 —. 75.

Irányi, Bernh., die deutsch. Lebens- u. Unfall-Versicherungs-Gesellschaften. Übersichtliche Darstellg. der Geschäftsergebnisse in den J. 1897—1901. XI. Jahrg. schmal gr. 8. (44 S.) Wien (902). J. Eisenstein & Co. n. 1. —

— die deutschen Lebens- u. Unfallversicherungs-Gesellschaften. Übersichtliche Darstellg. der Geschäftsergebnisse in den J. 1898—1902, 1899—1903, 1900—1904 u. 1901—1905. XII.—XV. Jahrg. (44, 40, 40 u. 40 S.) schmal gr. 8. Ebd. (903—906). à n. 1.—

Irányi, R., Die deutschen Lebens- und Unfall-Versicherungs-Gesellschaften. 1898—1902. 12. Jahrg. 8°. (44 S.) † * K 1.20
1903

— Die deutschen Lebens- u. Unfallversicherungs-Gesellschaften. Übersichtliche Darstellg. der Geschäftsergebnisse in den J. 1899—1903. XIII. Jahrg. (40 S.) schmal gr. 8. Wien, J. Eisenstein & Co. 1904 1. —

Irányi, B., Die deutschen Lebens- u. Unfallversicherungs-Gesellschaften. Übersichtliche Darstellg der Geschäftsergebnisse in den J. 1900—1904. XIV. Jahrg. (40 S.) schmal 8. Wien, J. Eisenstein & Co. 1905 1. —

Irányi, B., Die deutschen Lebens- u. Unfallversicherungs-Gesellschaften. Übersichtliche Darstellg. der Geschäftsergebnisse in den J. [illegible] XV. Jahrg. (40 S.) [illegible] Wien, J. Eisenstein & Co. 1906 [illegible]

— Die dtschn. Lebens- u. Unfall-Versicherungs-Gesellschaften. Übersichtliche Darstellg. der Geschäftsergebnisse in den J. 1902/06, 1903/07, 1904/08 u. 1905/09. 16.—19. Jahrg. (à 40 S.) 22,5×11,5 cm. Ebd. 907—10. à 1. 25

Irányi, B., Die deutschen Lebens- u. Unfall-Versicherungs-Gesellschaften. Übersichtliche Darstellg. der Geschäftsergebnisse in den J. 1902—1906. XVI. Jahrg (40 S.) Wien, J. Eisenstein & Co. 1907 1. —

— Die deutschen Lebens- u. Unfall-Versicherungs-Gesellschaften. Übersichtliche Darstellg. der Geschäftsergebnisse in den J. 1903—1907. XVII. Jahrg. (40 S.) Wien, J. Eisenstein & Co. 1908 1. 25.

Irányi, B., Die deutschen Lebens- u. Unfall-Versicherungs-Gesellschaften. Übersichtliche Darstellg. der Geschäftsergebnisse in den J. 1904—1908. XVIII. Jahrg. (40 S.) Wien, J. Eisenstein & Co. 1909 1. 25.

Irányi, B., Die deutschen Lebens- u. Unfall-Versicherungs-Gesellschaften. Übersichtliche Darstellg. der Geschäftsergebnisse in den J. 1905—1909. 19. Jahrg. (40 S.) Wien, J. Eisenstein & Co. 1910 1. 25.

– [Hrsg.], s. National-Ökonom, Der.

*Irangi, B. Die deutschen Privat-Feuervers.-Ges. Wien, seit 1894.

— Die deutschen Privatversicherungs-Gesellschaften im J. 1899. 6. Jahrg. gr. 8. (23 S.) Ebd. 1900 1. —

— die deutschen Privatversicherungs-Gesellschaften im J. 1901. 8. Jahrg. gr. 8. (24 S.) Ebd. 902. n. 1.25

— die deutschen Privatversicherungs-Gesellschaften in d. J. 1902—1905. 9.—12. Jahrg. (à 24 S.) Lex.-8. Ebd. 903-906. à n. 1.25

Irányi, B., Die deutschen Privatversicherungsgesellschaften im Jahre 1902. 9. Jahrg. Lex.-8°. (24 S.) † 1903 * K 1.50

— Die deutschen Privatversicherungs-Gesellschaften im J. 1903. 10. Jahrg. (24 S.) Lex.-8. Wien, J. Eisenstein & Co. 1904 1. 25.

— Die deutschen Privatversicherungs-Gesellschaften im J. 1904. 11. Jahrg. (24 S.) Lex.-8. Wien, J. Eisenstein & Co. 1905 1. 25.

— Die deutschen Privatversicherungs-Gesellschaften im J. 1905. 12. Jahrg. (24 S.) Lex.-8. Wien, J. Eisenstein & Co. 1906 1. 25.

— Die deutschen Privatversicherungs-Gesellschaften in den J. 1906—1909. 13.—16. Jahrg. (à 24 S.) Lex. 8. Ebd. 907—10. à 1. 25

Irányi, B., Die deutschen Privatversicherungs-Gesellschaften im J. 1906. 13. Jahrg. (24 S.) Lex.-8. Wien, J. Eisenstein & Co. 1907 1. 25.

— Die deutschen Privatversicherungs-Gesellschaften im J. 1907. 14. Jahrg. (24 S.) Lex.-8. Wien, J. Eisenstein & Co. 1908 1. 25.

— Die deutschen Privatversicherungs-Gesellschaften im J. 1908. 15. Jahrg. (24 S.) Lex.-8. Wien, Eisenstein & Co. 1909 1. 25.

— Die deutschen Privatversicherungs-Gesellschaften im J. 1909. 16. Jahrg. (24 S.) Lex.-8. Wien, J. Eisenstein & Co. 1910 1. 25.

IRÁNYI, Bernhard
Die in- und ausländischen Privatversicherungs-Gesellschaften in Oesterreich-Ungarn im Jahre 1900. Von Bernhard Irányi. VII. Jahrgang. Wien. 1901. [In Comm. Eisenstein & Co.] Gr.-8°. 15 S. K 1.20

— die in- u. ausländischen Privatversicherungs-Gesellschaften in Oesterreich-Ungarn im J. 1901. 8. Jahrg. gr. 8. (15 S.) Ebd. 902. n. 1.50

— die in- u. ausländischen Privatversicherungs-Gesellschaften in Oesterreich-Ungarn in d. J. 1902—1905. 9.—12. Jahrg. (à 15 S.) gr. 8. Ebd. 903 bis 906. à n. 1. 25

Irányi, B., Die in- und ausländischen Privatversicherungs-Gesellschaften in Österreich-Ungarn im Jahre 1902. 9. Jahrg. Gr.-8°. (15 S.) 1903 K 1 50

— Die in- u. ausländischen Privatversicherungs-Gesellschaften in Österreich-Ungarn im J. 1903. 10. Jahrg. (15 S.) Lex.-8. Wien, J. Eisenstein & Co. 1. 25. 1904

Irányi, B., Die in- u. ausländischen Privatversicherungs Gesellschaften in Oesterreich-Ungarn im J. 1904. 11. Jahrg. (15 S.) Lex.-8. Wien, J. Eisenstein & Co. 1905 1. 25.

— Die in- u. ausländischen Privatversicherungs-Gesellschaften in Oesterreich-Ungarn im J. 1905. 12. Jahrg. (15 S.) gr. 8. Wien, J. Eisenstein & Co. 1906 1. 25.

— Die in- u. ausländischen Privatversicherungs-Gesellschaften in Oesterreich-Ungarn in den J. 1906—1909. 13.—16. Jahrg. (à 15 S.) Lex. 8. Ebd. 907—10. à 1. 25

— Die in- u. ausländischen Privatversicherungs-Gesellschaften in Oesterreich-Ungarn im J. 1906. 13. Jahrg. (15 S.) Lex.-8. Ebd. 1907 1. 50.

— Die in- u. ausländischen Privatversicherungs-Gesellschaften in Oesterreich-Ungarn im J. 1907. 14. Jahrg. (15 S.) Lex.-8. Wien, J. Eisenstein & Co. 1. 25. 1908

Irányi, B., Die in- u. ausländischen Privatversicherungs-Gesellschaften in Österreich-Ungarn im J. 1909. 16. Jahrg. (15 S.) Lex.-8. Wien, J. Eisenstein & Co. 1910 1. 25.

Irányi, B., Die österreichisch-ungarischen Privatversicherungs-Gesellschaften im J. 1899. Tabelle. gr. Fol. Wien, J. Eisenstein & Co. 1900 —. 75.

– [Hrsg.], s. Versicherungsrundschau.

IRÁNYOSSY, ANTON: Drei heiligste Wahrheiten von Gott: Einmahl Eines, niemals Zwey, allezeit Drey; welche in einer jährlichen Lob- und Ehren-Rede von der höchsten Dreyeinigen Gottheit am hohem Titular-Fest des würdigsten Ordens, und der Englischen Ertz-Bruderschaft der allerheiligsten Dreyfaltigkeit von Erlösung gefangener Christen, da selbe ihre glücklich getroffene Würdens-Wahlen feyerlich ankündigte, zu klein Maria-Zell bey Alt-Ofen in Ungarn den 14. des Brachmonats im Jahre 1767 vorgestelet und erwiesen hat. Ofen, gedruckt bey Leop. Franz Landerer. 1767 9 f. - kl. 4°

IRÁNYOSSY, FRANC(ISCUS) DE PAULA: Lob- und Pflicht-Rede auf das allerhöchste Geheimniss der allerheiligsten Dreyfaltigkeit an dem hohen Titular-Fest des Barfüsser Ordens, und einer hochlöblichen englischen Ertz-Bruderschaft der allerheiligsten Dreyfaltigkeit bey Bestättigung deren Würdens-Wahlen zu klein Maria-Zell nächst Alt-Ofen im Jahr 1769 vorgetragen von Franc. de Paula Irányoesy. Pest (1769). Gedr. mit Eitzenbergerischen Schriften. 16, 8 S. - kl. 4°

Irapschmann, W. L. Jacoby's Antrag is nicht schen! Preußen greif zu! Wenn nu unser König so wollte, wie wir! Hurrjeh. Verlag von S. Löwenherz. 1 Bl. Fol.
Flugblatt. Berlin. 1848/49.

Irasek, s. Jirasek.

Irauschek, Johann: Friedrich II, der Streitbare und die österreichischen Landstände.
Prag, Phil. Diss., 1902/ 1903

Irby, J. R. Mc. D., on the Crystallography of Calcite. gr. 8. (VIII, 72 S. mit 1 Stnt.) Bonn 878, A. Marcus. *

Irchov, G., palingenesia veterum s. metempsychosis pythagorica. 4. Amst. 733.

Ireland, W., s. Samml. von Anekdoten aus Napoleons Leben.

Ireland, W. W., Herrschermacht und Geisteskrankheit. Psychopatholog. Studien aus der Geschichte alter und neuer Dynastien. Autoris. Uebersetzung. 1. und 2. Aufl. gr. 8. (V, 139 S.) Stuttgart 887,88, Lutz. *

Iremadse, Theodor, aus Kbuthaissi (Georgien, Russland): Über die Einteilung der Gefühle in höhere und niedere vom Standpunkte der Lust- und Unlusttheorie aus. Zürich 1907. 67 S. 8°. [15 X. 07.]
Zürich. Phil. Diss. I. S. 1907/08.

Iremadse, Theodor. Über die Einteilung der Gefühle in höhere und niedere, vom Standpunkte der Lust- und Unlusttheorie aus. Diss. Phil. I. Univ. Zürich. 67 S. 8. Zürich, Conzett & Cie., 1907.

Irenäus d. Zweite, d. neue Papstthum, oder über den Zweck, d. Möglichkeit u. d. Folgen d. projektirten Vereinigung beider protestant. Kirchenpartheien. 8. Boston (Berl.) 818. Rücker. 10 K

Irenäus Monasticus, von Jerusalem nach Bethlehem, s. Bon.

Irenäus Sanctus

Irenaei capita IV in Graecum sermonem restituta criticisque annotationibus illustr. per H. W J Thiersch. S.-A. 28 S. 4°. —.90

Excerpta e S. Irenaeo, Episcopo Lugdunensi, Xenium Marianis Sodalibus majoris Congregationis latinae anno 1854. oblatum. 8. (46 S.) Salisburgi. Typis Franc Xav Duyle 1854.

Irenaei, S., adversus haereses III, 1—4, s.: Florilegium patristicum.

Irenaeus, adversus Haereses libri V, curante Ubaldo Mannucci, s.: Bibliotheca sanctorum patrum et scriptorum ecclesiasticorum series II. vol. III.

Irenaeus, gegen die Häretiker. *Ἔλεγχος καὶ ἀνατροπὴ τῆς ψευδωνυμου γνώσεως*, Buch IV u. V in armen. Version entdeckt v. Karapet Ter-Mĕkĕrttschian, hrsg. v. Erwand Ter-Minassiantz, s.a. Texte u. Untersuchungen zur Geschichte der altchristlichen Literatur. V, 2.

Irenaeus: Gegen die Häretiker (Adversus haereses).
Ελεγχος και ανατροπη της ψευδωνυμου γνωσεως Buch 4 u. 5.
In armen. Version entdeckt von Lic. Dr. Karapet Ter-Mĕkĕrttschian [Tēr-Mkrtçean], hrsg. von Lic. Dr. Erwand Ter-Minassiantz [Tēr-Minaseanç].
Leipzig: Hinrichs 1910. VIII, 264 S. 8°
(Texte u. Untersuchungen z. Geschichte d. altchristl. Literatur. 35, 2.)

Irenaei, Sancti, quae supersunt omnia. Accedit apparatus continens ex iis, quae ab aliis editoribus aut de Irenaeo ipso aut de scriptis ejus sunt disputata, meliora et iteratione haud indigna. Edid. Adph. Stieren. — Τοῦ ἐν ἁγίοις πατρὸς ἡμῶν Εἰρηναίου ἐπισκοπου Λουγδούνου εὑρισκόμενα πάντα. Tom. I. Pars I. Fasc. 1 et 2. et Tom. II. Pars I. et II. Fasc. 1. 8maj. Lipsiae 848—49, T. O. Weigel. *

Tom. I. S. Irenaei detectionis et eversionis falso cognominatae agnitionis seu contra omnes haereses libri quinque. Accedunt et Irenaei et gnosticorum fragmenta. Textum graecum et latinum nova codd. collatione recognov. et annotatt. alior. et suis illustr. praeterea indices et prolegomena adjec. A. Stieren. (VIII und S. 1—544. mit 2 lithochrom. Taf. in Fol.) Fasc. 1 und 2.

II. Apparatus et opera S. Irenaei quo contin. praefationes et prolegomena alior. editor. tum commentationes ad authentiam operis adv. haer. pertinentes tum scripta viror. doctor. quae spectant ad IV. Irenaei fragmenta a Chrph. Matth. Pfaffio e latebris biblioth. Taurinensis quondam eruta et edita denique selectae alior. annotatt. ad Irenaei scripta adorn. A. Stieren. (VIII und S. 1—848.) Pars I. et II. Fasc. 1.

Irenaei, Sancti, quae supersunt omnia. Tomi I. pars II. tomi II. pars II. fasc. 2. etc.

Inhalt:

Tom. I. Pars 2. S. Irenaei detectionis et eversionis falso cognominatae agnitionis seu contra omnes haereses libri quinque. Accedunt et Irenaei et gnosticorum fragmenta. (XXXVIII und S. 545—1066.)

- II. - 2. Fasc. 2. Apparatus ad opera S. Irenaei quo continentur praefationes et prolegomena aliorum editorum tum commentationes ad authentiam operis adv. haer. pertinentes etc. (S. 849—1068.)

Tom. I. Pars I. Fasc. 1 et 2. et Tom. II. Pars 1. et 2. Fasc. 1. Ibid. 1848—49. * 7 Thlr. 20 Ngr.

Irenaei, Sancti, episcopi Lugdunensis, quae supersunt omnia. Accedit apparatus continens ex iis, quae ab aliis editoribus aut de Irenaeo ipso aut de scriptis ejus sunt disputata, meliora et iteratione haud indigna, Edid. Adph. Stieren. — *Τοῦ ἐν ἁγίοις πατρὸς ἡμῶν Εἰρηναίου ἐπισκόπου Λουγδούνου εὑρισκόμενα πάντα.* 2 tomi. (Tom. I. pars I. 2 fascli. et pars II. Tom. II. pars I. et pars II. 2 fascli.) Lex. 8. Tomus I. A. u. d. T.: *Τοῦ ἐν ἁγίοις πατρὸς ἡμῶν Εἰρηναίου ἐπισκόπου Λουγδούνου ἐλέγχου καὶ ἀνατροπῆς τῆς ψευδωνύμου γνώσεως βιβλία πέντε.* Sancti Irenaei episcopi Lugdunensis detectionis et eversionis falso cognominatae agnitionis seu contra omnes haereses libri V. Accedunt et Irenaei et gnosticorum fragmenta. Textum Graecum et Latinum nova codicum collatione recognovit et annotationibus aliorum et suis illustravit praeterea indices et prolegomena adjecit Adph. Stieren. Cum II tab. speciminа codicum cont. (XXXVIII u. 1066 S. m. 2 lithochrom. Taf. in Fol.) Tomus II. A. u. d. T.: Apparatus ad opera Sancti Irenaei episcopi Lugdunensis quo continentur praefationes et prolegomena aliorum editorum tum commentationes ad authentiam operis adv. haer. pertinentes tum scripta virorum doctorum quae spectant ad IV Irenae fragmenta a Christoph. Matth. Pfaffio e latebris bibliothecae Taurinensis quondam eruta et edita denique selectae aliorum annotationes ad Irenaei scripta. Adornavit Adph. Stieren. (X u. 1068 S.) Lipsiae 1849—1853, T. O. Weigel. (Tomi I. partis I. fasc. 1. et tomi II. pars I. n. $1^{2}/_{3}$ ℛ Velinp. n. 7 ℛ Tomi I. partis I. fasc. 2. et tomi II partis II. fasc. 1. n. 3 ℛ Velinp. n. $4^{1}/_{2}$ ℛ Tomi I. pars II. et tomi II. partis II. fasc. 2. n. $1^{2}/_{3}$ ℛ Velinp. n. 7 ℛ) n. $12^{1}/_{2}$ ℛ Velinp. n. $18^{1}/_{2}$ ℛ

Irenaei, Sancti, quae supersunt omnia. Accedit apparatus continens ex iis, quae ab aliis editoribus aut de Irenaeo ipso aut de scriptis ejus sunt disputata, meliora et iteratione haud indigna. Edidit Adph. Stieren. — Τοῦ ἐν ἁγίοις πατρὸς ἡμῶν Εἰρηναίου ἐπισκόπου Λουγδούνου τὰ εὑρισκόμενα πάντα. Tomi I. pars II. et tomi II. pars II. fasc. 2. (ultim.) 8maj. Lipsiae 853, T. O. Weigel. *

Irenaei presbyterorum reliquiae, s. Barnabae epistula.

Irenäus, des hl., Schrift zum Erweise der apostolischen Verkündigung, hrsg. u. übers. v. Karapet Ter-Mĕkĕrttschian u. Erwand Ter-Minassiantz, s.a. Texte u. Untersuchungen zur Geschichte der altchristlichen Literatur.

Des heiligen Irenäus [Sanctus] Schrift zum Erweise der apostolischen Verkündigung, εἰς ἐπίδειξιν τοῦ ἀποστολικοῦ κηρύγματος. In armen. Version entdeckt, hrsg. u. ins Deutsche übers. von Lic. Dr. Karapet Ter-Mĕkĕrttschian [Tēr-Mkrtçean] u. Lic. Dr. Erwand Ter-Minassiantz [Tēr-Minaseanç]. Mit e. Nachw. u. Anm. von Adolf Harnack. Leipzig: J. C. Hinrichs 1907. (VIII, 69*, 68 S.) 8°
— Texte u. Untersuchungen z. Geschichte d. altchristl. Literatur. Bd 31, H. 1. [07. 473]

Des heiligen Irenäus [Sanctus] Schrift zum Erweise der apostolischen Verkündigung, εἰς ἐπίδειξιν τοῦ ἀποστολικοῦ κηρύγματος. In armen. Version entdeckt u. ins Deutsche übers. von Lic. Dr. Karapet Ter-Mĕkĕrttschian [Tēr-Mkrtçean] u. Lic. Dr. Erwand Ter-Minassiantz [Tēr-Minaseanç]. Mit Nachw., Anm., Quellenliste von Adolf Harnack. 2. verb. Aufl. d. deutschen Übers. Leipzig: J. C. Hinrichs 1908. (68 S.) 8° [08. 9827]

Irenäus' ausgewählte Schriften, s. Bibliothek der Kirchenväter.

Irenäus, des heiligen, Schriften, s. Werke der Kirchen-Väter, 3. Bd.

Irenäus, über die cölnische Angelegenheit. Darstellungen, Betrachtungen u. Vorschläge. gr. 8. Leipzig 838. Köhler. (Göttingen, Vandenhoeck u. Ruprecht.) ⅔ ℛ

—— Erwiderung auf d. Schreiben d. Hrn. Pastors Petri in Hannover, die Mission u. die Kirche betreff. gr. 8. ($2^{1}/_{4}$ B.) Göttingen 841, Vandenhoeck u. Ruprecht.

Irenäus. Ueber Pauperismus und Schwanenorden. Leipzig. W. Engelmann 1845. 40 S. 8.

Irenäus, C., Herm. Wilh. Bödeker, Past. prim. und Senior minist. in Hannover. Ein Lebensbild. 8. (42 S.) Hannover 874, Hahn'sche Buchh.

Irenäus, Halotophil., (Fr. Cph. Oetinger), Metaphysik in d. Connexion mit d. Chemie. 8. Schwäb.-Hall 770. (Löffler in Manh., Steinkopf in Stuttg.) 18 Kr

Irenäus, S., ein Bürgerhaus. Eine nachdenkl. Geschichte. 8. (141 S.) Cassel 901. (A. Freyschmidt.) n. 1.60; geb. n. 2.25

Irene, oder d. erstickte Mutterliebe. Trspl. 8. Nürnb. 752. 2 Kr

— Trag. p. Voltaire. 8. Lausanne, Pott. 779.

Irene, ein christliches Trauerspiel in drey Aufzügen. Wien 1781. V: *Ayrenhoff, Cornelius Hermann von.* (Allg. Theateralm. 1782, S. 29) (Bemerkungen über d. Londoner Theater, S. 330) (Biblport) (Zeitschr. f. Büch. 1919/20, S. 85)

Irene, eine Monatsschrift, herausgegeben von G. A. v. Halem. Jahrg. 1801 z. 6 Stck. 802. zu 12 Stck. 8. Berlin, Unger. (à 4 Rthlr.)

— — eine Monatsschrift von G. H. v. Halem. Jahrg. 801 und 802. 8. Berlin. Ist jetzt Verlag von Rücker

— — derselbe Jahrg. 803 u. 4. 8. Münster, Waldeck. (à 4 Rthlr.)

— — derselben Jahrg. 805 u. 6. 8. Oldenburg, Schulze. (Jahrg. 805. 2 Rthlr. 806. 1 Rthlr.)

Irene, nebst einigen Bausteinen zum Tempel dieser schönen Göttin . . . Sondersh. 1816. V: *Blumröder, Aug. v.* (GGr)

Irene, fünf Gesänge. Leipzig 1819. V: *Nostitz und Jänkendorf, Gottlob Adolph Ernst von.* (GGr)

Irene, fünf Gesänge von Arthur v. Nordstern. (v. v. Nostitz.) 8. Leipzig, Göschen. 819.

4531. Irene. Ein Gedicht. *Wien* 1858. Druck v. *M. Auer.* 102 S. 1 Bl. 8°.

Irene, der Kaiserin, Geschichte. 8. Lpz. Hilscher. 763.

Irene, Erhebungen des Geistes und des Herzens in . . . Gedichten . . . Hamburg 1835. H: *Hoffmann, Peter Frdr. Ludwig.* (Schr)

Irene, (Julie Ruhkopf,) Jugend-Novellen. Mit (lithogr. und) ill. Bildern von Th. Hosemann. 8. (VII und 308 S.) Berlin 854, Winckelmann und Söhne. Thlr.

Irene, zwölf kleine Thiergeschichten für aufmerksame Kinder von 3 bis 6 Jahren zur Beschauung und zum Vorlesen. 8. (88 S. mit 11 bunten Bildern in Kpfrst.) Leipzig 851, Baumgärtners Buchh. —

Ireneon. Eine Zeitschrift, s. Böckel.

Ireneon. Eine der evangelischen Kirchen-Vereinigung gewidmete Zeitschrift. Berlin 1821—25. V: *Böckel, Ernst Gfr. Adolph.* (Ky)

Ireneon. Eine, d. evangel. Kirchen-Vereinigung gewidmete Zeitschrift, (v. E. G. A. Böckel). 2 Bde. 8. Berl. 821—25. Rücker. 4 ₰

Irenian: Kurzer doch gründlicher Beweis, daß der Mißbrauch des Coffee-Tranks so ad Morbos Exanthematicos als Fluxum Sanguinis Haemorrhoidalem besonders disponire. 14 S., gbd.

O.O.: o.J.

Irenicus, s. Unduldsamkeit, die grundsätzliche, der Reformation.

Irenicus, C.

— Gedanke von Vereinigung der protestant. Kirchen 4. Frankf. 722.

Irenicus, C. Historia Concordiae fundamentalis, quae in Evangelicis ecclesiis obtinet. Tubingae 1724. H: *Klemm, Johann Christian.* (Russell X, 883)

Irenicus, C., historia concordiae fundamentalis in eccles. evang. 4. Tub. 724. Rthlr.

Irenicus, Frs., Exegesis historiae german. s. totius German. et Celtis descriptio, c. Bernhardi. fol. Hannov. 728.

Irenikus (Jos. Beer), s.a. Für Katholiken u. Protestanten.

Irenikus (Jos. Beer). Für Katholiken u. Protestanten. Amberg (Pustet) 1895. 8°. 102 S., 1,20 Mk.

Irenikus (Joseph Beer), Die grundsätzliche Unduldsamkeit der Reformation. Trier, Paulinus-Druckerei, 1890. 8°. 64 S., 75 Pf.
Stimmen a. M.-Laach Bd. 39, S. 317. Linzer Th.-pr. Quartalschr. 1891, S. 926—7. Kölner Pastoralbl. 1890, S. 143. Pastor bonus 1890, S 561.

Irenius, Christoph [Pseudon.] s. Möhrlen, Christoph.

Irenius, Christoph; eine wahrhafte Geschichte. Basel 1839. V: *Möhrlen, Chph.* (BrMm)

Irenius, Chrstph., eine wahrhafte Geschichte. gr. 8. (10 B.) Basel 839, (Bahnmeier's Buchh.) •

Irenius, Cph., eine wahrhafte Geschichte. gr. 8. Basel 839. (Spittler u. Comp.) n. ³⁄₄ ₰

Irenius, Constans, die Scheidewand zwischen Rom und den Evangelischen. Für Evangelische, dargestellt in einer Sammlung von Geschichtsbildern aus alter und neuer Zeit zur Weckung ernsten und schriftgemäßen Nachdenkens über die confessionellen Differenzen. gr. 8. (216 S.) Stuttgart 861, Belser'sche Verlagsbuchh. •

Irenius, Sigismundus (ps.). — Die unerwarteten Verhängnisse über grosse Geister in den (oft derbpikanten) Begebenheiten eines Leipziger Studenten, welcher bald geistlich bald weltlich, bald ein Secretär, bald ein Soldat, bald ein Schauspieler, bald wieder ein Seefahrer gewesen, allezeit aber ein ehrlicher Mann geblieben, unterm Namen von *Siegmund Irenius* von ihm selber beschrieben. 3 Thle. Frankfurt und Leipzig 1765. 8°.
— — Dasselbe. 2 (I) Theile. Ebd. 1766. 8°. (8 Mk. J. Halle, München, 1905.)
„1767" hat Goedeke IV., 211, 26 (wohl nach Weller, Lex. Ps. p. 284).
— — Dasselbe. 3 Thle. Ebd. 1794. 8°. 712 S.

Irenophilos, Friedensknospen auf religiös-kirchl. Gebiete. Offenes Sendschreiben an Se. Heil. Pius IX. sowie an alle christl. Regierungen. 8. (40 S.) Leipzig 847, Serig'sche Buchh.)

Irenophilus, Zufällige Gedanken über einige polit. Paradoxa bey jetzigem Kriege. 1758. 4.

Ireos, Pagine sparse. Bozzetti. gr. 8. (33 S.) Triest 902. F. H. Schimpff. n. 1.—

Irgang, A., Gesanglehre für höhere Schulen und Singchöre. 4. Glogau, neue Günthersche Buchhdl. 819.

Irgang, A., das französische Laborator. Rezeptbuch d. Spezial-Fabrikation in allen Teilen d. französ. Laborators, bearb. nach 27jähr. prakt. Tätigkeit in den grössten u. bestrenommiertesten Firmen in Deutschland, Schweiz, Russland, Oesterreich u. Schweden. (137 S.) 8. Trier (908). N. Besselich. Geb. in Lw. 5.—

Irgang, Geo., über saftausscheidende Elemente u. Idioblasten bei Tropaeolum majus L. (10 S. m. 1 Taf.) gr. 8. Wien 902. (A. Hölder.) n. — 30
Sonderabdruck aus: „Sitzungsber. d. k. Akad. d. Wiss."

Irgang, Georg: Geolog. Karte des böhm. Mittelgebirges: Blatt Lobositz mit Erläuterungen
Prag, Diss., 1908/1909

Irgang, G., Geologische Karte des böhmischen Mittelgebirges. Blatt XII. (Lobositz.) Gr.-8°. (ill. 76 S. mit 2 Tafeln) K 3.60
Wien: Hölder 1909.

Irgang, H., s.: Aus der Schule — f. die Schule.

Irgang, Herm., Notwendigkeit, Organisation u. Lehrplan der Fortbildungsschulen f. Volksschülerinnen. Von der königl. Akademie gemeinnütz. Wissenschaften zu Erfurt gekrönte u. veröffentlichte Preisarbeit. (75 S.) gr. 8. Erfurt 905. K. Villaret. n. 1 50
Sonderabdruck aus: „Jahrbb. d. kgl. Akad. gemeinnütz. Wiss."

Irgang, Wilh., Lehrbuch der musikalischen Harmonien und ihre praktische Verwendung; mit Beispielen, Aufgaben und Fragen. Praktisch-theoretisch dargestellt für den Unterrichts- und Selbstgebrauch. gr. 8. (IV, 172 S.) Görlitz 870, Wollmann. [Heilbronn, Schmidt.] (*M 3.)

Irgang, Wilh., Leitfaden der allgemeinen Musiklehre für Musikinstitute, Seminare und zum Selbstunterricht. 1.—3., unveränd. Aufl. gr. 16. (V und 71 S.) Görlitz 867,68, Köhler. geb. *

Irgang, Wilh., Leitfaden der allgemeinen Musiklehre für Musikinstitute, Seminare und zum Selbstunterricht. 4. veränd. Aufl. 16. (V, 70 S.) Heilbronn 881, Schmidt. *

Irgang, Wilh., Leitfaden der allgemeinen Musiklehre. 5., veränd. u. erweit. Aufl. v. Karl Kirschmer. (Cefes-Edition.) (VI, 69 S.) gr. 8. Heilbronn (907). C. F. Schmidt. 1.—

Irgang, W. Uebungsbuch zum Erlernen „vom Blatt" zu singen u. zur Begründung e. zuverlässigen „a capella" Chores. 12. (30 S.) Züllichau 889, Liebich. * 1 —

IRGER, Joh., Neuchö Tanz. Gedruckt v. Friedrich u. C. in Ried. Selbstverlag.
Verboten vom K.-G. Ried, 9. November 1885. § 516.

Irhoven, Wilhelm v., Disp. phil. hist. theol. I/II ad tit. I. 12. et Matth. XII. 36 qua quid sibi velit enunciatum quo Cretenses dicuntur ΓΑΣΤΕΡΕΣ ΑΡΓΑΙ quidque per ΡΗΜΑ ΑΡΓΟΝ intelligendum sit. Utrecht 1741 (Collectio opusculorum historico-philologico-theologicorum tomi I. pars IV. Bremen (Jo. Heinr. Cramer) 1768. S. 555—624.) (6.50) 17018

Iriarte, Tomás de

Iriarte, T. de, litterarische Fabeln, [Universal-Bibliothek Nr. 2344.

Iriarte, Don Tomás de, literarische Fabeln. Zum ersten Male aus dem Span. metrisch übers. von Jul. Speier. 12. (XIV, 145 S.) Berlin 884, Issleib.

Iridion in Rom. Nach dem Polnischen bearb. gr. 8. (11 B.) Berlin 846, Hermes. *

Iring, Widogast, die reine Stimmung in der Musik. Neu u. vereinfacht dargestellt. (VIII, 82 S.) gr. 8. Leipzig 908. Gebr. Reinecke. 2.50

Iringa [Schlagwort]

Iringa, s.: Kolonialkarten, Kiepert, R.

Irink, verteidige dich selbst! Nach der japan. Methode Dschiu-Dschitsu. (19 S. m. 30 Abb.) 8. Leipzig 907. M. Altmann. — 50

Irinyi, Jos., Geschichte der Entstehung des 26. Gesetzartikels von 1790/1 über die Religionsangelegenheit. Mit staatsrechtl. Bemerkungen auf Grundlage des wiener und linzer Friedensschlusses. (Erläuterung der gesetzl. Stellung der Evangelischen in Ungarn.) Mit einem Anhang. gr. 8. (XVI und 319 S. und Anhang 40 S.) Pest 857, (Kilian.)

IRINYI, Thomas de: Quo tempore et quibus de rebus sint vaticinati prophetae Joel et Abdia? — (1887) 71 S. 4° (Handschr.) Diss. 414
Diss. Wien, Univ.

Irion, Andr., Erklärung des kleinen evangelischen Katechismus der deutsch-evangelischen Synode des Westens. Hrsg. von Friedr. Kauffmann. 4 Hefte. gr. 8. (248 S.) St. Louis 870. (Philadelphia, Schäfer und Koradi.) à Heft *M 1,20. *

Irion, Christian

Irion, Ch. Drei Erstlinge. In-16°. Basel, Missionsbuchhandlung. 1883 — 05

— Drei Frauenbekehrungen. In-16°. Basel, ebendaselbst. 1883 — 05

— Drei kostbare Geschenke. In-16°. Basel, ebendaselbst. 1883 — 05

Irion, Ch., Kämpfe u. Siege im hl. Kriege, s.o. Missions-Traktate, kleine.

Irion, Ch., Kämpfe und Siege im heiligen Kriege. 4 Hefte. 16. (à Heft 16 S. mit Holzschn.) Basel 883, Missionsbuchhandlung. à Heft * 4 Pf.
Inhalt:
Heft 1. Drei Erstlinge.
„ 2. Drei kostbare Geschenke.
„ 3. Drei Frauen-Bekehrungen.
„ 4. An zwei Sterbebetten in China.

Irion, Chrn., Malabar und die Missionsstation Talatscheri. gr. 8. (IV und 159 S.) Basel 864. (Berlin, Beck.) *

— An zwei Sterbebetten in China. In-16°. Basel, ebendaselbst. 1883 — 05

Irion, D. Der Ev Katechismus. Aus d Schrift u Biblischen Gesch erklärt ... Hrsg v der Ev Synode v NA. StL. 1897.

Iris, von Elis Selbig und Wilh. Willmar. s. Schmetterlinge 2ter Theil.

Iris, ein Spiel z. Unterhalt. in einsamen Stunden. Dresd. Beger.

Iris. Düsseldorf 1774—76. Berl. 1776. H: *Jacobi, Johann Georg & Joh. Jac. Wilhelm Heinse.* (Briefwechsel zwischen Heinse und Gleim, hsg. von K. Schüddekopf I, 157.) (Lachmanski, Die dtschen Frauenzeitschr. d. 18. Jhrdts. Berl. 1900. S. 37.)

Iris. Ein Taschenbuch für … Hrsg. v. J[ohann] G[eorg] Jacobi. ([Mit Kupf. v. Johann] H[einrich] Lips, F[ranz] Hegi, M[artin] Usteri [u. a.].)
Zürich: Orell, Füssli [1803—1813]. 12°
[Kupfert.]
Anf. s. Taschenbuch von J. G. Jacobi und seinen Freunden …
1803: 8 Bl., IV, 296 S., 4 Bl., 1 Titelkupf., 5 Kupfertaf.
1804: 8 Bl., 340 S., 2 Bl., 1 Titelkupf., 5 Kupfertaf., 1 Notenbl.
1805: III, 339 S., 8 Bl., 1 Titelkupf., 5 Kupfertaf.
1806: IV, 282 S., 1 Titelkupf., 4 Kupfertaf., 4 Notenbl.
1813: VI, 242 S., 1 Titelkupf., 5 Kupfertaf.

Iris. Ein Taschenbuch für . . .
Hrsg. v. J[ohann] G[eorg] Jacobi. [Mit –
1804: z. T. kolor. – Kupfern]
Zürich: Orell. Fußli
1803. 1804. 1806–1808.
[Als Nachtr. gedacht zu: Iris. Eine Viertelj.-
Schrift f. Frauenzimmer. Sign.:
Dd, 3:245, 1-8]
Anf. u. d. T.: Taschenbuch v. J. G.
Jacobi. 1795 ff.

Iris. Die leichtfüssige, windschnelle goldgeflügelte Botin . . . Bremen u. Lübeck 1804. H: *Kosegarten, Friedrich Franz von.* (Schr) (MGT)

IRIS. Die leichtfüssige, windschnelle goldgeflügelte Botin . . . . (Hrsg. von Friedr. Franz v. Kosegarten.) Bremen und Lübeck 1804. Rar!
Anon.-Lex. II. p. 337 (nach Schröder u. Meusel).

Iris, Botin von u. für Hamburg, Bremen u. Lübeck. Eine Wochenschrift von Just. Juc. Jocosus, (Fr. Frz. Kosegarten). Nr. 1—9. Hamb. 804.

Iris, ein Wochenblatt für Damen. 1808. Riga. H: *Weyrauch, Aug. Hnr. von.* (R-N) (GGr)

Iris, Samml. kl. Erzähll. 3 Bde. 8. Brünn 817. Traßler. 1 ₰ 17 K

Iris, kleine Gedichte von Timotheus a Lyra. 8. Leipzig, Wienbrak. 819.

Iris. Meissen 1820. H: *Ahlefeld, Charl. Sophie Luise Wilhelm.* (MGT)

Iris. Eine Zeitschrift für Freunde des Schönen. Berlin 1824. H (Jahrg. 1): *Müchler, Carl Frdr.* (Jahrg. 2): *Heinemann, Jer.* (MGT)

— Eine Zeitschrift f. Freunde des Schönen. Redigirt v. K. Müchler. 1r u. 2r Jahrg. 1823 u. 24. gr. 4. Berlin, Bureau f. Lit. u. Kunst. à 6 Rthl.

Iris. Zeitschrift für Wissenschaft, Kunst und Leben. Pest 1825. H: *Zedlitz-Nimmersatt, Joseph Christian Freih. von.* (MGT) (Kn) (Ky)

— Zeitschrift f. Wissen, Kunst u. Leben. 1r u. 2r Jahrgg. 1825 Jul. — Decbr. u. 826. gr. 4. Pesth 826, (Lpz., Weygand.)

Iris. Unterhaltungsblatt f. Freunde d. Schönen u. Nützlichen Jahrgg. 1827. gr. 4. Frankf. Brönner.

—— Unterhaltungsblatt f. Freunde d. Schönen u. Nützlichen. Jahrg. 1828. 260 Nrn. gr. 4. Frankfurt a. M., Brönner.
Jahrg. 1827. Ebendas. 4 Thlr.

—— Unterhaltungs-Blätter f. Literatur u. Kunst. Redig. v. E. A. Mussat. 1. Jahrg. 1836. 156 Nrn. (½ Bog.) gr. 4. München, Fleischmann. *

Iris. Taschenbuch f. d. J. 1840—42. 1—3. Jahrg. Jed. m. 6 Stahlst. gr. 12. Pesth, Heckenast. [840. (11½ B.) * 3⅔ Thlr., 41. (18⅓ B.), 42. (19⅔ B.) à * 3⅓ Thlr.] *
Der 1. u. 2. Jahrg. wurde v. Joh. Graf Máilath u. S. Saphir, der 3. J. v. Máiláth allein herausgegeben.

Iris. Taschenbuch für das Jahr 1843. Hrsg. von Johann Graf Mailáth. Pesth. Verlag von Gustav Heckenast.
Mit Stahlst. 8°.
Erschienen 1840—1848. Mit Erstdrucken von Adalbert Stifter 1840—42 Hrsg. von Johann Graf Mailáth u. S. Saphir.

Iris. Taschenbuch f. d. Jahr 1843—46. Hrsg. v. Joh. v. Mailáth. 4—7. Jahrg. gr. 12. Pesth 842, Heckenast. [4. (16⅔ B. u. 6 Stahlst.) 5. (16⅔ B. u. 6 Stahlst.) 6. (17 B. u. 6 Stahlst.) 7. (18¾ B. u. 5 Stahlst.)] à J. * 2 Thlr. 25 Ngr., in Seide geb. m. Goldschn. à *

— dass. für 1847. Neue Folge. 1. Jahrg. (Der ganzen Folge 8. Jahrg.) Mit 6 Stahlst. gr. 8. Ebend. 846. n. 3⅓ ₰ In Seide geb. n. 5 ₰ — Pr.-A. n. 6 ₰

Iris. Taschenbuch für das Jahr … Hrsg. v. Johann Graf Mailáth. ([Mit Stahlst. v.] C[arl] Mahlknecht, A[lbert] H[enry] Payne [u. a.].)
Pesth: Gust. Heckenast (Jg. 3 ff. auch: Leipzig: Georg Wigand) [1842—1847]. 12° (1847 ff.: 8°)
1847 ff. [u. d. T.]: Iris. Deutscher Almanach für …

3/1842: IV, 468 S., 1 Titelbild, 5 Taf.
Darin u. a.: Stifter, Adalbert: Der Hochwald. Erstdr.
4/1843: IV, 394 S., 1 Titelbild, 5 Taf.
Darin u. a.: Stifter, Adalbert: Die Narrenburg. Erstdr.
5/1844: 393 S., 1 Titelbild, 5 Taf.
NF 1/1847: 1 Bl., 356 S., 1 Titelbild, 4 Taf., Stahlst.-Tit. m. Vign. [*Davon fehlt eine Taf.*]
Darin u. a.: Stifter, Adalbert: Der Waldgänger. Erstdr.

—— dass., deutscher Almanach f. 1847. Hrsg. v. Joh. v. Mailáth. Neue Folge. 1. Jahrg. (Der ganzen Folge 8. Jahrg.) gr. 8. (22½ B. u. 6 Stahlst.) Pesth, Heckenast. * 3 Thlr. 10 Ngr. — In Seide geb. * 5 Thlr. — Prachtausg. *
1—3. Jahrg. 1840—42. Ebendas. * 10 Thlr. 10 Ngr.

Iris. Deutscher Almanach für 1848. Hrsg. von Joh. Mailáth. Neue Folge. 2. Jahrg. gr. 8. (VI und 331 S. mit 6 Stahlst.) Pesth 847, Heckenast. Leipzig, G. Wigand. *
Vgl. 10. Bd. 1. Abthl. S. 415.

Damen-Zeitschrift IRIS. Pariser Moden-, Muster- und Kleider-Magazin . II.—XV. Jahrgang . . . Gratz . . . 1850—1863.
Mit kol. Modekupfern 4 .
Erschienen 1849—1851

— Original-Pariser-Moden-, Muster- u. Kleider-Magazin für Damen. Hrsg.: Ed. Ludewig. 1. u. 2. Jahrg. 1849 u. 1850. — Red.: Leop. Kordesch. Hauptmitarb.: Anna Matthias. 3. u. 4. Jahrg. 1851 u. 1852. à 48 Lfgn. hoch 4. (à 1¼ Bog., 1 col. Modekpfr. u. 4 lith. Musterbog. in gr. Fol.) Gratz. (Leipzig, Hübner. — Spamer.) à Jahrg. n. 2⅔ ₰
Mit 48 Modekpfrn. n. 4 ₰

Iris. Pariser Damenzeitung, Redakteur und Herausgeber E. Ludewig. Druck A. Leykam's Erben. 8. 2spaltig. Wöchentlich 1mal. 1 fl. vierteljährig.
1853

Iris, pariser Damen-Zeitung. Redakt.: Leop. Kordesch. Hauptmitarb.: Anna Matthias. 5. und 6. Jahrg. 1853 und 1854. à Jahrg. 48 Lfgn. (à 2½ Bog.) Mit 72 ill. Mode-Kostüms, Tapisserien rc. und 32 (lithogr.) Musterbog. nebst Patronen (in gr. Fol.) hoch 4. Gratz. Leipzig, Hübner. à Jahrg.
Ausg. Nr. 1. *
Ausg. Nr. 2. *
Ausg. Nr. 3. *

—— dass. — Redig. von Julius von der Traun. (Schindler.) 7. Jahrg. 1855. 48 Lfgn. (à 1—1½ Bog.) Mit 72 ill. Mode-Kostüms, Tapisserien rc., 32 (lithogr.) Musterbog. nebst Patronen (in gr. Fol.) und: Kunstschule. Unter der Leitung von Teresa Marini, für weibliche Arbeiten. — Auguste Mayer, für Damenschneiderei. 48 Nrn. (Bog.) hoch 4. Gratz, Administration der Iris. (Leipzig, Hübner.) Ausg. Nr. 1. *
Ausg. Nr. 2. *
Ausg. Nr. 3. *
Vgl. II. Bd. 1. Abthl. S. 479.
Die Fortsetzung erschien unter dem Titel:

Iris. Pariser und wiener Damen-Moden-Zeitung. Hrsgbr.: Ed. Ludewig. Hauptmitarb.: Cajet. Cerri. 8. Jahrg. 1856. 48 Lfgn. (à 1—1½ Bog.) Mit 72 ill. Mode-Kostüms, Tapisserien rc., 32 (lithogr.) Musterbog. nebst Patronen (in gr. Fol.) und: Kunstschule. Unter der Leitung von Teresa Marini, für weibliche Arbeiten. — Auguste Mayer, für Damenschneiderei. 48 Nrn. (½ Bog.) hoch 4. Gratz, Ludewig.
Ausg. Nr. 1. **
Ausg. Nr. 2. **
Ausg. Nr. 3. **

Iris. Pariser und wiener Damen-Moden-Zeitung. Hrsg. von Ed. Ludewig. Hauptmitarb.: Rosa Waldmeister. 9—18. Jahrg. 1857—61. à Jahrg. 48 Lfgn. (à 1—1½ Bog.) Mit 72 ill. Mode-Kostüms, Tapisserien rc., 36 (lithogr.) Musterbog. nebst Patronen (in gr. Fol.) und: Kunstschule. Redig. von Teresa Marini. 48 Nrn. (½ Bog.) hoch 4. Gratz, Ludewig und Wohlfarth.
Ausg. Nr. 1. à Jahrg. *
Ausg. Nr. 2. à Jahrg. *
Ausg. Nr. 3. à Jahrg. *
Ausg. Nr. 4. à Jahrg. *
Auf dem Titel des 9. Jahrg. ist Cajet. Cerri als Hauptmitarbeiter, Auguste Mayer für Damenschneiderei genannt.

Iris. Pariser und Wiener Damen-Moden-Zeitung. Hrsg.: Ed. Ludewig. Hauptmitarb.: Rosa Waldmeister. 14. Jahrg. 1862. 48 Lfgn. (à 1—1½ Bog. mit 72 ill. Mode-Kostüms, Tapisserien rc., 36 lithogr. Musterbog. nebst Patronen in gr. Fol.) und: Kunstschule. Redig. von Teresa Marini. 48 Nrn. (½ Bog.) hoch 4. Gratz, Ludewig und Wohlfahrt. Ausg. Nr. 1. *
Ausg. Nr. 2. * 8 Thlr., Ausg. Nr. 3. *
Ausg. Nr. 4. *

—— dass. — Hauptmitarb.: Caj. Cerri. 15. Jahrg. 1863. 48 Lfgn. (à 1—1½ Bog.) Mit: Kunstschule weibl. Arbeiten. Redig. von Teresa Marini. 48 Nrn. hoch 4. (½ Bog. mit Mode-Kostüms, Tapisserien, Muster-Bog. nebst Patronen rc.) Ebendas. Ausg. Nr. 1. * 11 Thlr. 6 Ngr., Ausg. Nr. 2. *
Ausg. Nr. 3. * 4 Thlr. 24 Ngr., Ausg. Nr. 4. *

—— dass. — Redig. von Amalie Planckh. 16. Jahrg. 1864. 52 Nrn. hoch 4. (à 2 Bog. mit Mode-Kostüms, Tapisserien, Muster-Bog. nebst Patronen rc.) Wien, Administration der „Iris." *

Iris. Moniteur de modes et de beaux-arts de Paris, de Vienne. Collaborateurs: Justine Bonplan, Roger Beaumont etc. Année 1857. 24 Livr. (Bog.) Illustré de 60 planches color. en gravures de modes et costumes, de lingeries, de tapisseries etc., 24 feuilles de broderie et 30—60 patrons à toute épreuve de robes etc. (in gr. Fol.) Avec: Cours de dames. Sous la direction de Justine Bonplan. 24 Nrn. (½ Bog.) hoch 4. Gratz, Ludewig und Wohlfarth. Ausg. Nr. 1. Thlr. * *
Ausg. Nr. 2. * *

—— Illustrirte Blätter für Mode, Haushaltung und praktisches Leben. Für die Redakt.: W. Fickert. 17. Jahrg. 1865. 24 Nrn. (Bog. mit eingedr. Holzschn., 1 Modekpfr. und 1 Schnitttaf.) Fol. Mit: Gesellschafter. Familien-Unterhaltungsblatt. 24 Nrn. (à 2 Bog.) hoch 4. Wien. (Berlin, Haack.) *

— Illustrirte Blätter für Mode, Haushaltung u. praktisches Leben. Als Prämie: „Der Gesellschafter," Familien Unterhaltungsblatt. 17. Jahrg. 1865. 24 Nr. Iris u. 24 Nr. Gesellschafter. Fol. (à 1 Bg.) Wien, Schönewerk. 5 fl. 20 kr.

Iris. Anthologie zur Veredelung von Geist und Gemüth. Gesammelt aus den Literaturen aller Zeiten und Völker. Alphabetisch nach Begriffen geordnet. gr. 16. (X, 346 S.) Leipzig 879, Eckstein. *M.* 3.; geb. 4

— Frankfurter, Blätter für Unterhaltung rc. 1r—12r Jahrg. u. 13r J., herausg. von C. P. Berly u. J. B. Rousseau. 1817—29. gr. 4. Frankf. a. M., (H. Wilmans), à J. 3 ₰

Iris, Frankfurter, Blätter f. Unterhalt., Kunst u. Wissenschaft. Hrsg. v. C. P. Berly u. J. B. Rousseau. 12. u. 13. Jahrg. 1828 u. 29. Jan.—Juny od. No. 1—78. (Schluß.) gr. 4. Frankfurt a M., (H. Wilmans?) à J.
1—11. Jahrg. 1817—27. Ebendas. à 8 Thlr.

Kollektion Iris. Bd 1. *Berlin: Iris-Verl. [1902].* 8°

—— im Gebiete d. Tonkunst. Redakt. Ludw. Rellstab. 1—6. Jahrg. 1830—35. à 52 Nrn. (¼ B.) Lex.-8. Berlin, Trautwein. à J.

—— im Gebiete d. Tonkunst. Redig. v. L. Rellstab. 7—12. Jahrg. 1836—41. à 52 Nrn. (¼ Bog.) Lex.-8. Berlin, [Trautwein u. Comp.] à J.
Vgl. 8. Bd. 1. Abthl. S. 398.

Iris, s.: Zeitschrift, deutsche entomologische.

Irischer Kanal [Schlagwort]

Irischer Kanal, s.: Seekarten.

Irischer Kanal, s.: Stromkarte.

Irish, P. H. [aus Amherst, Massachusetts, V. St. v. America]: Ueber die Einwirkung von alkalischen Ferricyankaliumlösungen auf Ketone . . . . Göttingen, Druck d. Dieterichschen Univ.-Buchdr. (W. Fr. Kästner), 1888; 37 S. + 1 Bl. 8°
Göttingen, Phil. Fak., Inaug.-Diss. v. 30. Jan. 1888

Irish, P. H., über die Einwirkung von alkalischen Ferricyankaliumlösungen auf Ketone. Inaugural-Dissertation. gr. 8. (37 S.) Göttingen 888, (Vandenhoeck und Ruprecht.) *

Iris-Combination. (Spitzenmuster.) (20 Lichtdr.-Taf.) gr. Fol. Plauen (905). C. F. Schulz & Co.
In Mappe n. 30.—

Iris-Kalender, s. Damen-Kalender.

Josef Leopold Jrka

Josephi Leopoldi Jrka, Tractatus de morbis oculorum internis. Viennae 1771: Ghelen. 98 S. 8°

(Irl.) [Martin], Meister[illegible] [illegible]. Fragen u. Antworten üb. d. Recht, ein [illegible] zu tauren u. Lehrlinge anzuleiten. M.-Gladbach 1909. 8⁰.
[illegible]

Irl, die Vergebung öffentl. Arbeiten an Handwerker-Genossenschaften, s. a. Mittelstands-Bibliothek, gewerbliche. 2. Heft.

Irl, M.: Die Vergebung öffentlicher Arbeiten an Handwerker-Genossenschaften. [illegible]

Irland [Sachliches OW]

Irland. Darstellung des gegenwärtigen Zustandes. Von einem mehrjährigen Beobachter. gr. 8⁰. Stuttgart 1835.

Irland. Reise Sr. Eminenz des Cardinal Wiseman durch Irland mit der Reihenfolge seiner während derselben (Aug. bis Septbr. 1858) gehaltenen Predigten und Reden und seinem in London vorgetragenen Berichte: „Ueber die Eindrücke seiner Reise." Aus dem Engl. von Fr. X. Lindenberg. 8. (IV und 348 S.) Regensburg 859, Manz.

Irland und die Repealfrage. Einige Worte über die Agitation O'Connells für die Aufhebung der Union zwischen Großbrittanien und Irland. Aus dem Engl. gr. 8. (61 S.) Leipzig 847, Michelsen.

Irland's Zustände alter und neuer Zeit, s. a. O'Connell.

Irland's Zustände alter u. neuer Zeit. 2. Bd. 1. u. 2. Abth. A. u. d. T.: Irland u. O'Connell. Beiträge z. Kenntniß der neuern Geschichte Irland's. Nebst O'Connell's Prozeß. Zugleich als Fortsetzung v. Irland's Zuständen alter u. neuer Zeit, v. Daniel O'Connell. Nach den besten Quellen dargestellt v. Moriz Brühl. 2 Thle. 8. (35½ B.) Regensburg 845, Manz.
1. Bd. s. O'Connell.

Irland [Schlagwort]

Irland, s. a. Grossbritannien.

Ireland — Karte von — Verfasst von Herrn Thomas Kitchin. Neu herausgegeben von Herrn F. A. Schraembl. Wien im eigenen Verlage 1797. Gestochen von J. Stenger. 1: 800,000. 1 Bl.

Irlbeck, Michael

Irlbeck, Irlbeck's Hülfsbuch der Landwirthschaft. Augsburg 1834

Irlbeck, Mich., vollständ. Unterricht üb. Flachsbau u. Leinwandfabrikation nach d. neuesten Verbessern. u. vieljähr. prakt. Erfahrn., mit besond. Rücksicht auf Bayern. gr. 8. (9 B. u. 2 Stnt.) Augsburg 836, Kollmann'sche Buchh.

Irlbeck, M.: „Das Wichtigste der dermaligen Landwirtschaft, um sie zur höchsten Vollkommenheit zu bringen, besonders in der jetzigen unglücklichen Zeit. Ein unentbehrliches Hülfsbuch für Staatsmänner, Landwirthe, Gärtner und Gewerbleute, bisher das einzige seiner Art. In 3 Bändchen, nach 28jährigen Beobachtungen und Erfahrungen"; auch u. d. T.: „Unentbehrliches Hülfsbuch der Landwirthschaft in 3 Bändchen", Augsburg 1834 (Köllmann). — 2. verb. und verm. Auflage ebenda 1836.

Irlbeck, Mich., das Wichtigste d. dermal. Landwirthschaft, um sie zur höchsten Vollkommenheit zu bringen; besond. in d. jetz. unglückl. Zeit. Ein unentbehrl. Hülfsb. f. Staatsmänner, Landwirthe &c. Bisher d. einzige in seiner Art. 3 Bdchn. Nach 28jähr. Beobachtn. u. Erfahrn. bearb. 8. (29 B. u. 1 Stndr.) Augsburg 834, Kollmann.

—— das Wichtigste d. dermal. Landwirthschaft, um sie zur höchsten Vollkommenheit zu bringen; besond. in d. jetzigen unglückl. Zeit. Ein unentbehrl. Hülfsb. f. Staatsmänner, Landwirthe, Gärtner u. Gewerbsleute. Bisher das Einzige in seiner Art. Nach 28jähr. Beobachtn. u. Erfahrn. bearb. 3 Bdchn. 2., mit e. wicht. Vorberichte verm. u. mehrfach verb. Aufl. 8. (30½ B.) Augsburg 836, Kollmann'sche Buchh.

—— der Zeitgeist d. Landwirthschaft. Nach d. Bedürfnissen uns. Zeit. gr. 8. (12 B.) Augsburg 838, Kollmann'sche Buchh.

Irle, August (geb. am 6 Apr. 1844 in Marienborn bei Siegen): Ueber die Convulsionen der Kinder ... Bonn, Druck v. C. Georgi 1870. 36 S., 1 Bl. 8.
Bonn, Med. Fak., Diss. v. 12 März 1870

(H. IRLE), Geschichte und Beschreibung von Münzenberg in der Wetterau. Herausgegeben vom Oberhessischen Verein für Localgeschichte. Mit einem Situationsplan. Giessen. 1879. Comm. von Emil Roth. 8⁰.

Irle, H., wie ich die Herero lieben lernte. 1. u. 2. Aufl. (171 S. m. 10 Abb.) 8. Gütersloh 909. 10. C. Bertelsmann. 1.60; geb. 2.—

Irle, Herm., d. Festung Bitsch, s. a. Beiträge z. Landes- u. Volkskunde v. Elsass-Lothringen.

Irle, Herm., die Festung Bitsch. 8. (48 S. mit 1 Ansicht von Bitsch.) Strassburg 888, Heitz. *

Die Festung Bitsch von Hermann Irle. 2. verm. Aufl. Mit 2 Ans. u. Plan v. Bitsch. Strassburg: J. H. E. Heitz 1894. (39 S.) 8⁰
= Beiträge z. Landes- u. Volkskunde v. Elsass-Lothr. H. 20. [illegible]

Die Festung Bitsch. Von Hermann Irle. 3. verm. Aufl. Mit 2 Ansichten u. Pl. von Bitsch nebst Karte d. Umgegend. Strassburg: J. H. E. Heitz 1902. (52 S.) 8⁰
= Beiträge z. Landes- u. Volkeskunde v. Elsass-Lothringen. H. 20. [illegible]

Die Herero. Ein Beitrag z. Landes-, Volks- & Missionskunde von Missionar J. Irle. (Vorr.: Pastor [Rudolf] Wegner, Gütersloh.) Mit 56 Ill. u. 1 Karte. Gütersloh: C. Bertelsmann 1906. (VIII, 352 S.) 8⁰ [F.] [illegible]

Was soll aus den Herero werden? Von J. Irle, Missionar in Rheydt. (Nachwort von G[ottlob] Haußleiter.) Gütersloh: C. Bertelsmann 1906. (31 S.) 8⁰ [F.] [illegible]

Irlen, Claus, Skizzen aus dem Leben in poetischem Gewande. 8. (87 S.) Berlin 884, Parrisius. *

Irlinde, Br., Betrachtungen, s.: Salle, Joh. Bapt. de la.

IRLINGER, Franz Xaver (Plattling): Ueber Pocken-Contagiosität und ihre Beziehung zur Vaccination.- München: Weiss 1866. 22 S.
25.11.1865 - Urk (Titel: De variolarum contagiositate et vaccinatione.); F 71

Irlinger, W., bunte Bilder aus dem obern Allgäu, s.: Mobl-mayr, H.

Irma und Nanka . . . Leipzig 1842. V: *Mengersen, Joseph Bruno Graf.* (BrVV)

Irmann, Heinr., s.: Breslau, das malerische.

— Das malerische Breslau in Postkarten, s.: Günther-Naumburg, O.

Irmelshausen [Schlagwort]

Irmelshausen, s.: Bayern. Karte.

Irmensäule, Die, an die Bildner, den Deutschen. Lübeck o. J. V: *Halem.* (Ky)

Irmensäule, die, an d. Bildner, den Deutschen v. Halem. 8. Lübeck, Michelsen. (Leipz. Rein u. Comp. in Comm.)

Irmentraud, s. a. **Mutter.**

Irmentraud, Mutter, oder das nächtliche Wunder im Schlosse zu Frohnstein. Wien 1798. V: *Gleich, Jos. Alois.* (MGT)

Irmentraud, Mutter, od. d. Wungergaben des Schloßgespenstes zu Fronstein. 2 Thle. m. K. 8. Wien, Ant. Doll: 810.

Irmentraud, Mutter, oder die Wundergaben des Schloßgespenstes zu Fraustein rc. Neue Aufl. 2 Thle. 8. Wien, Doll. 817.

Irmentrude. Eine Erzählung. 8. (78 S.) Dresden 874, Naumann. * 80 Pf.; cart. *

Irmentrude, 2. Aufl., s.: Blomberg, P. D. v.

Irmer, Taschenbuch für Mitglieder städtischer Behörden in den östlichen Provinzen, enthaltend: I. Die Städteordnung vom 30. Mai 1853, nebst den dieselbe abändernden und ergänzenden Gesetzesvorschriften. II. Die auf Rechte und Pflichten der Stadtgemeinden bezügl. Bestimmungen des Klassensteuergesetzes, des Gerichtsverfassungsgesetzes, der Schiedsmannsordnung, des Reichsmilitärgesetzes, der Vormundschaftsordnung, der Gesetze über den Unterstützungswohnsitz, der Kreisordnung und der Provinzialordnung. Zusammengestellt und mit alphabet. Sachregister versehen. 12. (XVI, 178 S.) Berlin 886, v. Decker's Verlag. geb.

Irmer, Alois, Das Magazinsystem in der Breslauer Möbeltischlerei. Schriften d. Vereins f. Sozialpol., Bd. 84. gr. 8⁰. Leipzig 1899.

Irmer, Alois: Die öffentlichen Sparkassen und die Organisation des landwirtschaftlichen Kredits in der Provinz Schlesien. *Berlin 1903: Germania.* (60 S.) 8°
Breslau, Phil. Diss. v. 4. Aug. 1903

Die öffentlichen Sparkassen und die Organisation des landwirtschaftlichen Kredits in der Provinz Schlesien. Von Dr. Alois **Irmer.** *Breslau: Schletter 1903.* (62 S.) 8°

Irmer, B., das höh. Schulwesen in Preussen, s.: Wiese, L.

Irmer, Bernhard: Ueber Strahlensysteme dritter Ordnung mit Brennkurven. Halle 1870: (Schade in Berlin). 27 S. 8° (4°)
Halle-Wittenberg, Phil. Diss. v. 1. Aug. 1870
Geb. Berlin 16. 7. 1850. V.

Irmer, Bernhard [aus Berlin]: Über das Verhältnis der Novelle 115 zum älteren Recht. . . . Halle a. S., Druck d. Buchdr. d. Waisenhauses, 1890; 2 Bl., 86 S., 1 Bl. 8°
Halle, Jur. Fak., Inaug.-Diss. v. 8. Jan. 1891

Irmer, *Friedrich* Eugen [aus Crimmitschau]: Die altfranzösische Bearbeitung der Formula Honestae Vitae Des Martin von Braga. . . . Halle a. S., Druck v. E. Krebs, Frankenhausen (Kyffh.), 1890; 40 S., 2 Bl. 8°
Halle, Phil. Fak., Inaug.-Diss. v. [17. Nov.] 1890

Irmer, G., s. a. Romfahrt, die, Kaiser Heinrich's VII. im Bildercyclus des Codex Balduini Trevirensis.

Irmer, G. Die Romfahrt Kaiser Heinrichs VII. im Bildercyclus des Codex Balduini Trevirensis. Berlin 1881. 4°.

Irmer, Georg: Hans Georg von Arnim als kaiserlicher Oberst und Feldmarschall. (Ein Beitrag zur Geschichte des 30jährigen Krieges.) Th. 1. Halle (1877): Heynemann. 26 S. 8°
Halle-Wittenberg, Phil. Diss. v. 14. Nov. 1877
Geb. Dessau 3. 11. 1853. V.
Forts. nebst Beilagen waren angeblich bereits im Druck, aber viel später ersch. vom Verf.: H. G. v. Arnim. Lebensbild . . . Leipzig: Hirzel 1894. XII. 397 S.

Irmer, Geo., Hans Georg v. Arnim. Lebensbild e. protestant. Feldherrn u. Staatsmannes aus der Zeit des 30jähr. Krieges. gr. 8. (XII, 397 S. m. 1 Bildnis.) Leipzig 894. S. Hirzel. n. 8.—; geb. n. 10.—

Irmer, Geo. Die Verhandlungen Schwedens u. seiner Verbündeten m. Wallenstein u. dem Kaiser von 1631 bis 1634, s. a. Publicationen aus den k. preußischen Staatsarchiven.

Irmer, G. Die Verhandlungen Schwedens und seiner Verbündeten mit Wallenstein und dem Kaiser 1631—34. Bd 1—3. Leipzig 1888—91. 8°. (Sa 100—35. 39. 46)

Irmer, Joh. Gottlieb (Spechtshausen/Freiberg), Super dominii civilis in fundis Saxonicis natura. Präs. Friedrich Platner. Lpz. (Loeper) 6. VIII. 1765. 24 S. (6.—) 17019
Gew. (v. Präs.): Joh. Friedrich v. Ponickau (Belgershayn . . .).

Irmer, Karl, Lehrbuch d. französischen Sprache f. Mittelschulen u. verwandte Anstalten. Nach den „Bestimmgn. üb. die Neuordng. des Mittelschulwesens in Preußen" v. 3. II. 1910 abgefaßt. I. Tl.: Klassen V u. IV (resp. III u. II). (XII, 133 S. m. 7 Abb.) 8. Flensburg 910. A. Westphalen. Geb. 1. 60

Irmer, K., Liederbuch f. Mittelschulen s.: Friedrich, K.

— Sammlung französischer u. englischer Volkslieder f. den Schulgebrauch. (IV, 99 S.) 8. Marburg 909. N. G. Elwert's Verl. 1.—; geb. 1. 25

Irmer, Theophist., Incitamenta ad studium hebraicum. 8. (27 S.) Dresden 874, L. Wolf.

Irmer, W. [aus Mainz]: Über Rückenmarkserkrankungen nach Typhus. . . . Strassburg, Druckerei d. Strassb. Neueste Nachr., 1890; 32 S. 8°
Strassburg, Med. Fak., Inaug.-Diss. v. 1890

Irmer, Wilhelm

Irmer, W., Choräle zu dem Liederbuch für Schule und Haus. 70 Choräle, dreistimmig gesetzt, enthaltend. 8. (44 S.) Berlin 857, Bethge. *

Irmer, Wlh., zweistimmige Gesänge für Schulen, s. a. Zelsiger, A.

Irmer, Wilh., zweistimmige Gesänge für Schulen. (Neue Folge.) 2. Hft. qu. 8. (1 B.) Berlin 845, Bethge.
Vgl. Zelsiger.

—— kleine Gesangschule, enthalt. die nöthigen Vorkenntnisse f. den Gesang zunächst in Schulen nebst passenden Uebungsbeispielen. 8. (1½ B.) Berlin 841, Bethge.

—— Klänge des Glaubens u. d. Liebe. Eine Sammlung geistl. Lieder m. Melodieen zur Erbauung in Haus u. Schule. 12. (3 B.) Berlin 843, Bethge. *

Irmer, W(ilh.), Klänge des Glaubens und der Liebe. Eine Sammlung geistl. Lieder mit Melodieen zur Erbauung in Haus und Schule hrsg. 2., verm. Aufl. 8. (70 S.) Berlin 851, G. Bethge. *

—— u. A. Moritz, Lesebuch, s. Moritz.

—— und A. Moritz, erstes Lesebuch f. gehob. Volks-Schulen. 1. Aufl. (8 B.) 836. * ⅓ Thlr., 2., verb. u. verm. Aufl. 8. (10 B.) Berlin 839, Bechtold u. Hartje. (?) *

—— —— Liederbuch. Eine Sammlung deutscher Lieder m. ihren Singweisen. Mit besond. Berücksicht. der deutschen Volkslieder f. Schule u. Haus hrsg. (1. Heft. Ein-, zwei-, drei- u. vierstimm. Lieder.) gr. 12. (1½ B.) Berlin 842, J. A. Wohlgemuth, Berl. *

Irmer, Wilh., und A. Moritz, Liederbuch für Schule und Haus. Gesammelt ꝛc. 2. Aufl. 1848. und 3., verm. Aufl. 8. (36 S. mit Melodieen.) Berlin 852, G. Bethge.

—— —— dass. — 2. Heft. 2., verm. Aufl. 8. (S. 37—72.) Ebds. 850.

—— und A. Moritz, Liederbuch für Schule und Haus. Gesammelt und hrsg. 3. Heft. 2., verb. Aufl. 8. (24 S.) Berlin 857, Bethge. **

— s. Volkslieder, die Deutschen.

—— die deutschen Volkslieder mit ihren Singweisen, s. Erk, L.

Irmer, Wilh., Die deutschen Volkslieder mit ihren Singweisen. Neue Folge. H. 1. Berlin 1842.
Vorher: Ludwig Erk u. W. Irmer.

— die deutschen Volkslieder mit ihren Volksweisen. Neue Folge. 1. Heft. gr. 12. Berlin 842, Wohlgemuth. n. ⅓ ℛ︎ℬ︎
s. auch Erk, Ldw.

Irmgard, Ant., Ritter Roland's Leben u. Thaten, Kreuz- u. Querzüge, Irrfahrten u. Abenteuer. Geschichtl. Roman. 2 Thle. 8. (29½ B.) Quedlinburg 833, Basse.

Irmgart, W., Verzeichniss der Wortkürzungen, Hülfsverba und Affixe, sowie Darstellung der gebräuchlichsten Nebensilben. 2. verm. und verb. Aufl. Unter Zugrundelegung der 34. Aufl. der Anleitung zur deutschen Stenographie von W. Stolze alphabet. zusammengestellt. 8. (16 autogr. S.) Coblenz 879. (Hannover, Schulbuchhandlung.) **

Irmhäuser, Realienbuch, s.: Lettau, H.

Irmiger, J[acob]. Der Arzt im Schulhaus. Anregung an die titl. Schulbehörden und Schulfreunde von J. J', Mitglied des Bezirksschulrats Kulm. 24 S. 8. Menziken, J. F. Schori, 1906.

Irmin, Knospen und Blüthen. Gedichte. 2. bedeutend verm. Aufl. mit einem Anhang: „Die Mythen im Beovulfliede". 8. (IX, 208 S.) Leipzig 878, Mutze.

—— Rüdiger Markgraf von Bechelaren. Dramatisches Gedicht. 2 Thle. gr. 8. Ebendas. 876. à Thl. * ℳ 2. *
Inhalt:
Thl. 1. Irmina, die Lilie von Bechelaren. (97 S.)
„ 2. Rüdiger's Tod. (121 S.)

Irminger, B. H., des gekreuzigten Jesus kindl. Fürsorge f. seine Mutter. Predigt üb. Joh. XIX. V. 26 u. 27. 8. (1 B.) Zürich 829, Schulthess.

Irminger, B. H., des gekreuzigten Jesus kindl. Fürsorge für seine Mutter. Ein mächtiger Aufruf an Alle, die noch Eltern haben. Predigt über Joh. XIX, V. 26 u. 27. Gehalten am hohen Donnerstag d. 16. Apr. 1829. 8. Zürich 832. Schulthess. 1 ℊℊ︎

—— Gedicht auf Huldreich Zwinglis Todesfeier am 11. Weinmonath 1831 bei Cappel ꝛc. gr. 8. (¼ B.) Zürich, Schulthess.

— Gedicht auf Zwingli's Todtenfeier am 11. Weinmonat 1831 bei Cappel. gr. 8. Zürich 831. Schulthess. 1 ℊℊ︎

Irminger, (C.,) Unterhaltungen z. Beförd. d. Sittlichkeit u. d. häusl. Glücks. Zürich, Schulthes.

Irminger, Gustav, von Küssnacht, Ct. Zürich: Beiträge zur Kenntniss der Gallenwege in der Leber des Säugethiers. Zür. F. Schulthess Dr. 1865. 2 Bl., 29 S., 1 Bl., 1 Taf. 8°.
Zürich, Med. Diss. v. 15. Aug. 1865.

Irminger, Hans Conrad. Geschichte des Hans Wirthen, Untervogts zu Stammheim, seines Sohns Johannes (Wirth), und des Burkhard Rüttimanns, Untervogts zu Nussbaumen, welche im Jahr 1524... in Baden enthauptet worden sind. Diese, auf das Reformations-Fest 1819 erneuerte, Geschichte, wird... gewiedmet den beyden Gemeinden „Stammheim" und „Nussbaumen". Neue Aufl. 8. Zürich 1819.

Irminger, [Hans] C[onrad]. Ein Wort zur Beherzigung über die gegenwärtigen drückenden Zeitumstände, gewidmet allererst seiner lieben Gemeine... von C. I., Pfarrer zu Stammheim. Zum Andenken für die Nachkommen in die Hausbibel zu legen. 8. Zürich, July 1817.

(Irminger, Johann Jakob Ulrich F. Geb.... 1785. Gest. .. 1838.) Njbl. s. a. [Rahn-Escher, Hans Conrad].

Irminger, Johann Jakob Ulrich. [Zürich 1839.] V: *Rahn, Hans Conrad.* (Cat. d. Stadtbibl. Zürich. Zürich 1864—97.)

Irmisch, siehe Christ.

Irmisch, August Wilhelm (Plauen/Vogtl.), Formas concinnitatis secundum Ciceronem. Präs. Theophil Wilhelm Irmisch, in schola Plauiensi discedens in academiam defendet. Plauen (Haller) 23. IX. 1761. 24 S. (6.—) 17020
Gew.: Gottfried Wilhelm Irmisch. — Widm. v. sein. Vater.

— Gottfr. Wilhelm (Plauen/Vogtl.), De eo, quod invito altero facere licet in solutionibus. Diss. jur. Präs. D. Friedrich Alexander Künhold. Lpz. (Andreas Martin Schede) 9. IX. 1723. 24 S. mit Widm. v. Präs. (6.—) 17021

Irmisch, Gottlieb Wilhelm

— s. Herodiani historiarum.

Irmisch, Gli. Wlh., († d. 9. April 1794.) de literis graecis et latinis in schola retinendis judice Friderico magno. 8. Berl. 784. Mylius. 1 ℊℊ︎

Irmisch, Gust. (kgl. Lehrer der Mechanik) „Beschreibung und Abbildung einer vorzüglichen Rundhobelmaschine". pg. 28—31. 4°. Mit 2 Tafeln. J. Kayser. Kaiserslautern, Progr. 1845/46

Irmisch, Linus, über den Gebrauch des Apostrophs. gr. 8. (15 S.) Braunschweig 881, (Schulbuchhandlung.) *

Irmisch, Linus. Kurze Geschichte der Buchdruckereien im Herzogth. Braunschweig. Zur 450jähr. Feier der Erfindg. der Buchdruckerkunst mitgetheilt. gr. 8. (56 S.) Braunschw. 890, (Schulbuchh.). * 1 50

Irmisch, Linus, der Korrektor u. Revisor. Eine prakt. Anleitg. zum Lesen v. Korrekturen u. Revisionen f. Buchdrucker u. Buchhändler. (96 S. m. 1 Tab.) kl. 8. Leipzig 905. J. Mäser. Geb. in Leinw. n. 3. —

Wörterbuch der Buchdrucker und Schriftgiesser. Etwa 1700 fachgewerbl. Wörter u. Redensarten sprachl. u. sachl. kurz erl. von Linus Irmisch. *Braunschweig: Verf.; G. Westermann 1901.* (IV, 83 S.) 8° [F.] [04. 9510 7

— **Theophil Wilhelm** (Plauen/Vogtl.), Saturnia carmina metrum pedis genus. Präs. Joh. Friedr. Christ. Lpz. (Langenheim) 11. IX. 1754. 38 S. mit 2 Textkupf. (6.50) 17022
Widm. v.: Christoph Jeremias Rost.

— — De compari ejusque concinnitate disp. I., qua orationem vale dicentis scholae Plauiensi. Plauen (Haller) 16. IV. 1762. 12 S. (4.50) 17026
Christian Friedrich Pleisner (Reichenbach/Vogtl.).

— — (Rector der Schule in Plauen), De oratione concinna disputat. — Ad orationes duas in memoriam Philippi Melanchthonis a vale dicentibus. Plauen (Haller) 22. V. 1760. 27 S. (5.50) 17025
Joh. Chn. u. Joh. Friedr. Steinhaeuser.

— — De potestate ecclesiae ad Matth. XVI, 19 commentatio. Präs. Johann Friedrich Bahrdt. Lpz. (Langenheim) 12. VII. 1755. 30 Seiten. (6.—) 17023
Gew.: Johann Gottfried Hermann. — Widm. v. Präs.

— — Cruda scholarum studia in forum academiae protrusa ad disceptandum in schola Plauiensi, Johanne Theodoxo Radecker (Geilsdorf) in academiam discedente. Plauen (Haller) 21. IX. 1764. 26 S. (5.50) 17027
Oppon.: Gotthilf Hiob Burchard (Elsterberg), Carl August Gellert (Plauen), Johann Christian Wohlfarth (Plauen), Paul Friedrich Oettel (Elbenstock).

— — u. **Enoch Christian August Otto** (Mühltroff/Vogtl.), De suspecto Ciceronis loco ex I. de off. C. XIII. Lpz. (Langenheim) 30. VII. 1755. 30 S. (5.50) 17024

Irmisch, T. W., De suspecto Ciceronis loco ex I. de offic. c. XIII. Hab. 1755. 28 S. 4°.

— — Trutina ingeniorum magnorum in schola. — Ad audiendas V oratiunculas in academiam discedentium. Plauen (Haller) 3. IV. 1769. 11 S. (4.50) 17028
Johann Georg Leidhold (Limbach), Friedrich Gottlob Klinkhart (Netzschkau), Johann Heinrich Jockisch (Reichenbach), Johann Gottlob Macht (Oelsnitz), Wilhelm Christian Stemler (Elsterberg).

Jrmisch, Thilo, der Anorganismus. Die Pflanze. Das Thier. Ein Versuch zu deren Bestimmung. gr. 8. Sondershausen 813, F. A. Eupel. 1/6 ß

Irmisch, Thilo, über einige Arten aus der natürlichen Pflanzenfamilie der Potameen. Imp.-4. (56 S. mit 3 Stnt.) Berlin 858, [Wiegandt und Hempel.] *
Aus: Abhandlungen des naturwissenschaftlichen Vereins für die Provinz Sachsen und Thüringen in Halle, 2. Bd., besonders abgedruckt.

Irmisch, Thilo, Beitrag zur Naturgeschichte der einheimischen Valeriana-Arten insbesondere der Valeriana officinalis und dioica. gr. 4. (28 S. mit 4 Stnt.) Halle 854, Schmidt. *
Aus: Abhandlungen der naturforschenden Gesellschaft zu Halle, besonders abgedruckt.

—— Beiträge zur Biologie und Morphologie der Orchideen. Mit Abbildungen. gr. 4. (VIII und 82 S. mit 6 Stnt.) Leipzig 853, Abel. *

Beiträge zur Schwarzburgischen Heimathskunde. Von Dr. Thilo Irmisch, weil. Archivrat. (Hrsg.: Gustav Wilhelm Hallensleben.) Bd 1. 2. Sondershausen 1905–06: F. A. Eupel. 2 Bde 8° [F.] [06. 9036

—— Beiträge zur Morphologie der monocotylischen Gewächse. 1. Heft: Amaryllideen. gr. 4. (III und 76 S. mit 12 Stnt.) Halle 860, Schmidt's Verlagsh. *
Aus: Abhandlungen der naturforschenden Gesellschaft zu Halle, besonders abgedruckt.

—— Beiträge zur vergleichenden Morphologie der Pflanzen. 4 Abhandlungen. gr. 4. (50 S. mit 8 Stnt.) Halle 854, Schmidt. *
Aus: Abhandlungen der naturforschenden Gesellschaft zu Halle, besonders abgedruckt.

—— Beiträge zur vergleichenden Morphologie der Pflanzen. 1—3. Abthl. 4. Halle, Schmidt's Verlagsh. *
Inhalt:
Abthl. 1. Ranunculus Ficaria L., Carum Bulbocastanum und Chaerophyllum bulbosum nach ihrer Keimung, — Bryonia, Mirabilis und Dahlia, — Tropaeolum Brachyceras Hook. und Tricolorum Sweet, nach ihrer Knollenbildung. (50 S. mit 8 Stnt.) 854. * 2 Thlr.
» 2. Die Keimung, die Wachsthums- und Erneuerungsweise einer Reihe einheimischer Arten aus der natürlichen Pflanzenfamilie der Labiaten. (45 S. mit 2 Stnt. in qu. Fol.) 855. * 1 Thlr. 15 Ngr.
» 3. Ueber Smilacina bifolia Desf., Convallaria majalis L., C. Polygatum L., und C. verticillata L. und Paris quadrifolia L. (38 S. mit 3 Stnt.) 856. * 1 Thlr. 20 Ngr.

Irmisch, Thilo, Beiträge zur vergleichenden Morphologie der Pflanzen. 4. Abthl.: Fritillaria montana Hoppe, Fr. imperialis L. und Lilium martagon L., Erythronum dens canis L., Methonica. Imp.-4. (54 S. mit 5 Stnt. Abbild. in Imp.-4. und qu. gr. Fol.) Halle 863, Schmidt's Verlag. *
1.—3. Abthl. Ebendas. 1854—56. * 5 Thlr. 5 Ngr.

Irmisch, Thilo, Beiträge zur vergleichenden Morphologie der Pflanzen. 5. Abthl.: Ueber einige Aroideen. gr. 4. (48 S. mit 6 lithogr. Taf.) Halle 874, Schmidt's Verlag. *
Aus: Abhandlungen der naturforschenden Gesellschaft zu Halle, besonders abgedruckt.

—— dass. — 6. Abthl.: Zur Kenntniss der Keimpflanzen und der Sprossverhältnisse einiger Alstroemerieen und einiger Pflanzen aus andern, nahe verwandten Familien. gr. 4. (24 S. mit 2 lithogr. Taf.) Halle 879, Niemeyer. *
Aus: Festschrift der naturforschenden Gesellschaft zu Halle, besonders abgedruckt.
1.—4. Abthl. Halle 1854—63, Schmidt's Verlag. * ℳ 21,50.

— Beiträge z. Naturgeschichte Nordthüringens, s. Göbel, F.

—— morphologische Beobachtungen an einigen Gewächsen aus den natürlichen Familien der Melanthaceen, Irideen und Aroideen. Imp.-4. (21 S. mit 2 Stnt.) Berlin 856, Bosselmann. *
Aus: Abhandlungen des naturwissenschaftlichen Vereines für Sachsen und Thüringen in Halle, 1. Bd., besonders abgedruckt.

— s.: Blumen-Zeitung.

Ueber einige Botaniker des 16. Jahrhunderts, welche sich um die Erforschung der Flora Thüringens, des Harzes und der angrenzenden Gegenden verdient gemacht haben. Vom Professor (Th)[ilo] Irmisch.

(Progr. Sondershausen, Fürstl. Schwarzburg. Gymnasium 1862.)

—— über einige Fumariaceen. gr. 4. (122 S. mit 9 Stnt. Abbild.) Halle 862, Schmidt's Verlag. *
Vorstehende zwei Schriften des Verf. wurden aus: Abhandlungen der naturforschenden Gesellschaft zu Halle, besonders abgedruckt.

Irmisch, Thilo, über den thüringschen Chronikenschreiber Magister Paulus Jovius und seine Schriften. gr. 4. (82 S.) Sondershausen 870. Eupel.

Irmisch, Thilo, zur Morphologie der monokotyledonischen Knollen- und Zwiebelgewächse. gr. 8. (XXII und 286 S. mit 10 Stnt.) Berlin 850, G. Reimer.

—— über Papaver trilobum Wallroth. Ein Beitrag zur Naturgeschichte der Gattung Papaver. gr. 4. (20 S. mit 2 Stnt. Abbild.) Halle 865, Schmidt's Verlag. *

Irmischer, Johann Konrad

Irmischer, J. K., Auszug aus Ph. J. Speners einfacher Erklärung der christl. Lehre, s. Auszug.

Irmischer, Joh. Konr., Betbuch Christian I. Herzogs und Churfürsten zu Sachsen, s. Betbuch.

Irmischer, Joh. Conr., diplomat. Beschreibung d. Manuscripte, welche sich in d. Kgl. Universitäts-Bibliothek zu Erlangen befinden. Nebst d. Gesch. dieser Bibliothek. 1. Bd. gr. 8. (29½ B.) Erlangen 829, Palm u. Enke.

— Grundzüge der übereinstimmenden und der unterscheidenden Lehren der römisch-kathol. u. der evangel.-protestant. Kirche, für gebildete Laien beider Confessionen, hauptsächlich nach Dr. Winers comparativer Darstellung des Lehrbegriffs der verschied. christl. Kirchenparteien dargestellt. gr. 8. Erlangen 845, Heyder. ⅙ ₰

Irmischer, Joh. Conr., Handschriften-Katalog der königl. Universitäts-Bibliothek zu Erlangen. gr. 8. (XVIII und 472 S. mit 2 Stnt. Schriftproben in qu. Fol.) Frankfurt a. M. 852, (Heyder und Zimmer.) Thlr. *

Irmischer, Joh. Konr., Leitfaden z. Erklär. d. Lutherischen kl. Katechismus, mit Zugrundlegung der in d. protestant. Kirchen u. Schulen d. Königr. Baiern diesseits d. Rheins gesetzl. eingeführten Auswahl von beweis. u. erläut. Sprüchen aus d. heil. Schrift, nach d. Reihenfolge dieser Sprüche bearb. 1. Aufl. 838. ⅓ Thlr., u. 2. A. 8. (à 7½ B.) Erlangen 839, (F. Enke.) *

—— Leitfaden zur Erklärung des Lutherischen kleinen Katechismus, m. beigedruckten Bibelstellen. 3., umgearb. u. m. e. dreifachen Anh. verm. Aufl. gr. 8. (9 B.) Erlangen 843, Enke's Vrlgsh. *

—— Leitfaden zur Erklärung des lutherischen kleinen Katechismus, nach der in der luther. Kirche Bayerns gesetzlich eingeführten bibl. Spruchsammlung bearb. 5., verb. Aufl. gr. 8. (VIII und 175 S.) Erlangen 853, Enke's Vrlgsh. *

Irmischer, Joh. Konr., Leitfaden zur Erklärung des lutherischen kleinen Katechismus, nach der in der luther. Kirche Bayerns gesetzlich eingeführten bibl. Spruchsammlung bearb. 6., nach dem Tode des Verf. unveränd. abgedr. Aufl. gr. 8. (VIII und 175 S.) Nürnberg 859, Raw'sche Buchh. *

Irmischer, Joh. Konr., Leitfaden zur Erklärung des Lutherischen kleinen Katechismus, nach der in der luther. Kirche Bayerns gesetzlich eingeführten bibl. Spruchsammlung bearb., und nach dem Gutbefinden der hochwürd. theolog. Facultät zu Erlangen dem Drucke übergeben. 7. und 8., nach dem Tode des Verf. unveränd. abgedr. Aufl. gr. 8. (VIII und 174 S.) Nürnberg 863, 68, Raw'sche Buchh. *

Irmischer, Joh. Konr., Leitfaden zur Erklärung des lutherischen kleinen Katechismus, nach der in der luther. Kirche Bayerns gesetzlich eingeführten bibl. Spruchsammlung bearb. 9. nach dem Tode des Verf. unverändert abgedr. Aufl. gr. 8. (VIII, 174 S.) Nürnberg 876, Raw'sche Buchh. *

Irmischer, Joh. Konr., Leitfaden zur Erklärung des lutherischen kleinen Katechismus, nach der in der luther. Kirche Bayerns gesetzlich eingeführten bibl. Spruchsammlung bearb. 10. nach dem Tode des Verf. unverändert abgedr. Aufl. gr. 8. (167 S.) Nürnberg 883, Raw'sche Buchh. *

Irmischer, Dr. Johann Konrad, Leitfaden zur Erklärung des Lutherischen kleinen Katechismus. 10. Auflage. Gütersloh. C. Bertelsmann. (Min.-Erl. 23. Juni 1891. Z. 12557.) Gebunden —.54

Irmischer, Joh. Konr., Leitfaden zur Erklärung des Lutherischen kleinen Katechismus, nach der in der luther. Kirche Bayerns gesetzlich eingeführten bibl. Spruchsammlg. bearb. 12., nach dem Tode des Verf. unverändert abgedr. Aufl. 8. (167 S.) Gütersloh 899. C. Bertelsmann. n. —60; geb. n. —80

—— Liturgie zur Feier d. heil. Abendmahls nach d. in den evangel.-luther. Kirchen d. ehemal. Fürstenth. Bayreuth ober- u. unterhalb des Gebirgs gesetzlich in Kraft u. Uebung stehenden Chorordnung berichtigt u. herausg. 4. (3 B.) Erlangen 846, Heyder.

— s. Luther's Katechismus.

— s. Luther, Dr. Martin, sämmtliche Werke. — dess. Commentarium in epist. Pauli ad Galatas. — dess. Opera exegetica.

Irmischer, Johann Conrad (Culmbach), De Michaele Hospitalio Galliae cancellario meritissimo. Diss. histor.-literar. Erlang. (Junge) März 1827. 56 Seiten. (6.50) 17029
Gew.: Theoph. Ern. Aug. Mehmel, Johann Paul Harl, Carl Wilh. Kastner, Carl Wilh. Boettiger, Johann Wilh. Pfaff.

—— Dissertatio histor.-literaria de Michaele Hospitalio Galliae Cancellario meritissimo. 8 maj. (3½ B.) Erlangae 827, (Palm u. Enke.)

— Predigt am hundertjährigen Jubiläum der Neustädter Kirche zu Erlangen, s. F. W. Ph. v. Ammon zwey Predigten.
Staats- u. Kirchen-Verordnungen über die christl. Sonntagsfeier. I. Abthl. Von Constantin d. Großen bis zum Tridentiner Concilium. 8. Erlangen 839. Heyder. ⁵⁄₁₂ ₰ — II. Abthl. Von den Zeiten d. Reformation bis auf unsere Tage. Is. Ost. A. u. d. T.: Verordnungen über die Sonntagsfeier im Königr. Bayern. 8. Ebd. 840. ⅓ ₰

—— zwei Predigten rc., s. Ammon, F. W. Ph. v.

— alphabet. Sachregister über Luther's Werke, s. Luther's sämmtl. Werke.

Seiler, Geo. Fr., kl. u. histor. Katechismus.

Irmischer, Joh. Konr., Staats- u. Kirchen-Verordnungen üb. d. christl. Sonntags-Feier. I. u. II. Abthl. 8. Erlangen, Heyder. Thlr.
Abthl. I. Von Constantin d. Gr. bis zum Tridentiner Concilium. (7 B.) 839. 10 Gr.
- II. Von d. Zeiten d. Reformation bis auf uns. Tage. 1 Hft. — A. u. d. T.: Verordnn. üb. d. Sonntags-Feier im Königr. Bayern. (15⅝ B.) 840. 21 Gr.

Irmischer, Staats- u. Kirchenverordngn. üb. d. christl. Sonntagsfeier.
I. v. Constantin d. Gr. bis zum Tridentiner Concil. Erlang. 839.
II. 1. Verordngn. üb. d. S. F. in Bayern von den Zeiten der Reformation bis auf unsere Tage. Erlangen 840.

Irmischer, Philippine, Merkbüchlein für Frauen und Jungfrauen. Mit güldenen Sprüchlein auserlesen, für tüchtiges Walten im Hauswesen. Illustrirt von Jul. Beckmann. gr. 8. (384 S.) München 883, Stroefer. geb. *

Irmischer, Philippine, zehn Vaterunser-Geschichten, s.: Sonntagsbibliothek. Nr. 17.

— Wanderbüchlein. Sprüche auf der Lebensreise, gesammelt. 16. (162 S.) Rothenburg o/T. 886. Peter. cart. n.n. — 60

Irmischia. Botanische Monatsschrift. Correspondenzblatt des botan. Vereins für Thüringen „Irmischia". Redig. von Leimbach. 1. und 2. Jahrg. Novbr. 1880—Octbr. 1882. à Jahrg. 12 Nrn. (à Nr. 1—1½ Bog.) 4. Sondershausen, (Eupel.) à Jahrg. *

IRMISCHIA. CORRESPONDENZBLATT DES BOTANISCHEN VEREINS FÜR DAS NÖRDLICHE THÜRINGEN.
Redigirt vom Vorsitzenden des Vereins ... G. LEIMBACH.:
Jarg. I. (Mit 1 Tafel.) Sondershausen. 1881. Druck von F. A. Eupel's Hofbuchdruckerei. 4°.

— Korrespondenzblatt des botan. Vereins für Thüringen „Irmischia". Redig. von Leimbach. 3. und 4. Jahrg. 1883 und 1884. à Jahrg. 12 Nrn. (à Nr. 1—1½ Bog.) 4. (Ebendas.) à Jahrg. *

IRMISCHIA. KORRESPONDENZBLATT DES BOTANISCHEN VEREINS FÜR THÜRINGEN.
Redigiert vom Vorsitzenden des Vereins ... G. LEIMBACH.:
Jahrg. II—IV. ib. 1882—1884. 8°.

Irmischia. Korrespondenzblatt des botan. Vereins für Thüringen „Irmischia". Redig. von Leimbach. 5. Jahrg. 1885. 12 Nrn. (à Nr. 1—1½ Bog.) gr. 8. Sondershausen, Prof. Leimbach. *
Erscheint nicht mehr.

IRMISCHIA. Korrespondenzblatt des Botanischen Vereins für Thüringen „Irmischia". Redigiert vom Vorsitzenden des Vereins . . . LEIMBACH.
Jahrg. VI. No. 1 u. 2 — No. 9 u. 10. Jan. u. Febr. — Sept. u. Oktober 1886. Sondershausen. Druck der Fr. Aug. Eupelschen Hofbuchdruckerei. 8°.
Die „Irmischia", von der nichts weiter erschienen ist, ist seit Oktober 1886 mit der Deutschen Botanischen Monatsschrift verschmolzen.

Irmler, Alfred, Bericht über die Tätigkeit des Turnvereins von 1860, E. V., zu Ohrdruf, 1860—1910. Ohrdruf 1910. 32 S., 8°.

Irmler, J. G. Fr., die neue Gesinnungs-Verfassung eine Regierung der göttl. Vernunft oder das neue Testament aus dem Grundtexte neu verteutschet u. mit geschichtlich begründeten Einleitungen versehen. 8. (VI u. 458 S.) Leipzig 847, Thomas in Comm. n. 2 ℛ

Irmler, J. G. Fr., Hauptschlüssel zur schnellsten, gründlichsten, unvergeßlichsten Erlernung der lateinischen Sprache, Schreibart und Vers-Kunst in wenigern Monaten, als sonst Jahre dazu erfordert wurden. Eine Sprachlehre in den kürzesten, deutlichsten und umfassendsten Reim-Versen; durchgängig eigenthümlich bearbeitet. 2. wohlfeile Schulausg. 8. Berlin 841. (Magdeburg, Schmilinsky.) n. ½ ℛ

— die Psalmen als Choral-Gesänge aus d. Grundtexte bearb. 6 Abthln., jede 25 enthalt. 1. Abthl. 8. (4 B.) Zielenzig 835. (Berlin, Stuhr'sche Buchh.)

— Joh. Ronge und Dr. Emil Francke, so wie die Freunde der Glauchaer Petition im Lichte des Evangeliums. Eine Erwiderung. 8. Leipzig 845. (Thomas.) n. ⅙ ℛ

— die Tafeleiche im Oderwalde. Eine abentheuerliche, histor.-romant. Erzählung aus den Zeiten des 30jähr. Krieges und der schlesischen Dragonaden oder Religionsverfolgungen. Nach e. alten Manuscript bearb. 8. Ebend. 844. n. 1⅓ ℛ
2. verb. Aufl. 8. Ebend. 846. n. 1½ ℛ

— s. Testament, das Neue, für vernünftige Christen.

Irmler, Karl, a. Bischheim b. Straßburg i. Els.: Über den Einfluß von Zacharias Werners Mystik auf sein dramatisches Schaffen. Metz 1906: P. Even. (40 S.) 8°
Münster, Phil. Fak., Ref. Jostes, Diss. v. 5. Mai 1906
[Geb. 10. Juni 82 Bischheim i. E.; Wohnort: Münster; Staatsangeh.: Elsaß-Lothringen; Vorbildung: Oberrealsch. Metz Reife M. 01; Studium: Straßburg 3, Paris 1, Straßburg 1, Münster 3 S.; Rig. 23. Dez. 05.]

Irmler, Rich., die Gebühren-Ordnung f. Rechtsanwälte, s. Meyer, Fr.

Irmler, Rich., Notwendigkeit u. Ziele e. Revision der deutschen Gebührenordnung f. Rechtsanwälte, s.a. Veröffentlichungen des Berliner Anwalt-Vereins. 20. Hft.

Notwendigkeit und Ziele einer Revision der Deutschen Gebührenordnung für Rechtsanwälte. Ein Vortrag geh. im Berliner Anwalt-Ver. von Richard Irmler. Berlin: F. Vahlen 1905. (45 S.) 8° [F.]
— Veröffentlichungen d. Berliner Anwalt-Vereins. H. 20. [05. 10418]

Irmscher, Camillo: Über Kondensation von Dinitrilen mit ungesättigten Ketonen, sowie Ketonsäureestern. 1907. 49 S. 8°
¶ Vgl. Journal f. prakt. Chemie. Bd 186. N. F. Bd 78. 1908. S. 524 ff.
Dresden, Dr.-Ing.-Diss. v. 6. 3. 1907

Irmscher, Emil Vergils Aeneide, VI. Buch, metrisch übersetzt. 4 (S. 3—11). — Vergils Aeneide, Buch I. Metrisch übersetzt. 4 (S. 3—11). Vergils Aeneide, III. Buch, in freien Stanzen übersetzt. 4 (S. 2—11). — Vergils Aeneide, Buch V. In freien Stanzen übersetzt. 4 (S. 2—10).
Rsch. v. Zeidler *Dresden* 1887 (524). 1888 (531). 1889 (535). 1890 (554).
Progr.

[F.] Irmscher, Emil: Vergils Aeneide, Buch II. Stanze 1—139. (Umschlagt.: ... in freien Stanzen übs.) (Forts. d. P-Beil. 1887—91.) Dresden, Druck v. P. Gutzmann, *1892*; 2—9 S. 4.
Dresden, R m. Gymn.- u. Elem.-Kl. v. Dr. Zeidler, OP 1892 (558)

Irmscher, Emil: Vergils Aeneide, III. Buch, in freien Stanzen übersetzt. Dresden-N., Lehmann'sche Buchdr. (1889); S. 2—11; 4°
Dresden, R v. Dr. Zeidler, OP 1889 (535)

[F.] Irmscher, Emil: Vergils Aeneide, Buch IV. Stanze 1—133. [Forts. d. P-Beil. 1887—92.] Dresden, Gutzmann'sche Buchdr., *1893*; 2—9 S. 4.
Dresden, R m. Gymn.- u. Elem.-Kl. v. Dr. Zeidler, OP 1893 (559)

Irmscher, Emil: Vergils Aeneide, Buch V. In freien Stanzen übersetzt. (Forts. d. P-Beil. 1887—89.) Dresden-N., Lehmannsche Buchdr. (1890); S. 2—10; 4°
Dresden, R v. Dr. Zeidler, früher Albani, OP 1890

[F.] Irmscher, Emil: Vergils Aeneide, Buch VII. (Umschl.-Tit.: ... in freien Stanzen übs.) (Forts. d. P-Beil. 1887—90.) Dresden, Druck v. P. Gutzmann, *1891*; S. 2—10; 4°
Dresden, R m. Gymn.- u. Elem.-Kl. v. Dr. Zeidler, OP 1891 (556)

[F.] **Irmscher,** Emil: Vergils Aeneide, Buch VIII. Stanze 1—134. [Forts. d. P-Beil. 1887—93.] Dresden, Gutzmann'sche Buchdr., *1894;* 2—9 S. 4.
Dresden, R m. Gymn.- u. Elem.-Kl. v. Dr. Zeidler, OP 1894 (565)

[F.] **Irmscher,** Emil: Vergils Aeneide, Buch IX. Stanze 1—140. [Forts. d. P-Beil. 1887—94.] Dresden, Gutzmannsche Buchdr., *1895;* 2—10 S. 4.
Dresden, R m. Gymn.- u. Elementarkl. v. Dr. Zeidler, OP 1895 (573)

Irmscher, Emil: Virgils **Aeneide,** Buch 10. [Nachdichtung.] (Aus d. nachgelassenen Papieren hrsg.) *Dresden (1900): Gutzmann.* (S. 2—11.) 4° [F.] ¶[Forts. d. P-Beil. 1887—95.]
Dresden, R m. Gymn.- u. Elementarkl. v. Dr. Zeidler, OP 1900 (602)

Irmscher, Emil: Virgils **Aeneide,** Buch XI. [Nachdichtung.] (Aus d. nachgelassenen Papieren hrsg.) *(Dresden-N. 1902: A. Hille.)* (S. 2—8.) 4° ¶[Forts. d. P-Beil. 1887—95. 1900. 1901.]
Dresden, R m. Gymn.- u. Elementarkl. v. Dr. Zeidler, OP 1902 (628)

Irmscher, Emil: Virgils **Aeneide,** Buch 12. [Nachdichtung.] (Aus d. nachgelassenen Papieren hrsg.) *(Dresden.-N. 1901: A. Hille.)* (S. 2—10.) 4° ¶[Forts. d. P-Beil. 1887—95. 1900.]
Dresden, R m. Gymn.- u. Elementarkl. v. Dr. Zeidler, OP 1901 (612)

[F.] **Irmscher,** Emil: An Fürst Bismarck. Zur 80-jähr. Jubelfeier am 1. Apr. 1895. Dresden, Gutzmannsche Buchdr., *1896;* 6—7 S. 4.
Dresden, R m. Gymn.- u. Elementarkl. v. Dr. Zeidler, OP 1896 (572)

Irmscher, Emil, an Fürst Bismarck. Gedicht, gesprochen zur 80jähr. Jubelfeier am 1. Apr. 1895. gr. 8. (4 S.) Leipzig 896. Buchhdlg. G. Fock. n. — 30

Irmscher, Emil: **Dido.** Schluss des ersten Aktes aus dem Drama. ([Umschlagt.:] Im Königssaal bei Dido. Frei dramatisch bearbeitet nach dem 1. Buche der Aeneide.) *Dresden (1898): Gutzmann.* (3—8 S.) 4° [F.]
Dresden, R m. Gymn.- u. Elementarkl. v. Dr. Zeidler, OP 1898 (588)

[F.] **Irmscher,** Emil: **Festgedicht, gesprochen zur Feier des Geburtstages Sr. Maj. des Königs am 23. Apr. 1890. Dresden, Druck v. P. Gutzmann,** *1891;* **S. 10—12; 4°**
Dresden, R m. Gymn.- u. Elem.-Kl. v. Dr. Zeidler, OP 1891 (556)

Irmscher, Emil, Festgedicht, gesprochen zur Feier d. Geburtstages Sr. Maj. des Königs am 23. Apr. 1890. gr. 8. (7 S.) Leipzig 891. G. Fock. n.n. — 30

[F.] **Irmscher,** Emil: Gustav Adolf. '(9. Dec. 1594. 9. Dec. 1894.)' Gedicht, gesprochen z. dreihundertjähr. Geburtstagsfeier Gustav Adolfs. Dresden, Gutzmannsche Buchdr., *1895;* 10—11 S. 4.
Dresden, R m. Gymn.- u. Elementarkl. v. Dr. Zeidler, OP 1895 (573)

— Gustav Adolf. (9. Dec. 1594. 9. Dec. 1894.) Gedicht, gesprochen zur 300jähr. Geburtstagsfeier Gustav Adolfs. gr. 8. (7 S.) Ebd. 895. n. — 30

Irmscher, E., Im Königssaal bei Dido, frei dramatisch bearbeitet. Pr. 1898. 8 S. 4°.

[F.] **Irmscher,** Emil: Die Lieblingsblume Kaiser Wilhelms I. (Gedicht.) Dresden, Gutzmannsche Buchdr., *1897;* S. 11. 4.
Dresden, R m. Gymn.- u. Elementarkl. v. Dr. Zeidler, OP 1897 (583)

Irmscher, Emil: Homers **Odyssee,** Buch V. [Nachdichtung.] (Aus d. nachgelassenen Papieren hrsg.) *Dresden (1899): Gutzmann.* (S. 3—8.) 4°
Dresden, R m. Gymn.- u. Elementarkl. v. Dr. Zeidler, OP 1899 (594)

[F.] **Irmscher,** Emil: Homers Odyssee, Buch VI. ([Umschlagt.:] ... Nachdichtg.) Dresden, Gutzmannsche Buchdr., *1896;* 2—6 S. 4.
Dresden, R m. Gymn.- u. Elementarkl. v. Dr. Zeidler, OP 1896 (572)

[F.] **Irmscher,** Emil: Homers Odyssee, Buch XXII. (Nachdichtg.) [Forts. d. P-Beil. 1896.] Dresden, Gutzmannsche Buchdr., *1897;* 3—10 S. 4.
Dresden, R m. Gymn.- u. Elementarkl. v. Dr. Zeidler, OP 1897 (583)

[F.] **Irmscher,** Emil: Sachsentreue, Gedicht, gespr. z. Nachfeier d. Geburtst. Sr. Maj. d. Königs Albert v. Sachsen, am 30. Apr. 1892. Dresden, Gutzmann'sche Buchdr., *1893;* 9—11 S. 4.
Dresden, R m. Gymn.- u. Elem.-Kl. v. Dr. Zeidler, OP 1893 (559)

— Sachsentreue. Gedicht, gesprochen zur Nachfeier des Geburtstages Sr. Maj. d. Königs Albert v. Sachsen am 30. Apr. 1892. gr. 8. (8 S.) Ebd. 893. n.n. — 30

— Schlussscenen aus d. 1. Akt d. Dramas Dido. Frei dramatisch bearb. nach d. 1. Buche d. Aeneide. gr. 8. (20 S.) Ebd. 898. n. 1. —

—— s. Vergil's Aeneide. Buch III.

Irmscher, Ludw., u. Paul Vogt, Fortbildungs-Buch f. den Esperanto-Unterricht. (Nach Stoffgruppen geordnet.) I. Tl. (36 S.) kl. 8. Leipzig 910. C. W. B. Naumburg. — 60

v. Irmtraut, Baron, s. v. Werkamp.

Irnerius, quostiones do iuris subtilitatibus. Zur 2. Säkularfeior dor Univorsität zu Hallo als Festschrift ihror jurist. Facultät m. o. Einloitg. hrsg. v. Horm. Fitting. gr. 4. (98 S.) Borlin 894. J. Guttentag. n. 6. —

— summa codicis, m. e. Einleitg. hrsg. v. Herm. Fitting. gr. 8. (XII, CIV, 334 S.) Ebd. 894. n. 15. —

Iro, Karl (Hrsg.), s. Kalender, Deutschnationaler.

Iro, Karl (Hrsg.), s. Taschenmerk - Zeitweiser, Deutschvölkischer.

(F) Iro's Deutschvölkischer Zeitweiser. (Ein Taschenbuch für das deutsche Volk) auf das Jahr 1902 (2015 seit dem ersten Auftreten der Germanen in der Weltgeschichte). Herausgegeben und geleitet von Karl Iro. VIII/XV. Jahrgang. Wien. Amonesta. 8°. 260 S. Geb. K 1.40

Iro's, Karl, deutschvölkischer Zeitweiser (e. Taschenbuch f. das deutsche Volk auf die J. 1903 (2016 seit dem ersten Auftreten der Germanen in der Weltgeschichte.) 9./16. Jahrg. 16. (258 S. m. Titelbild.) Wien (12/1 Ruckergasse 20), Selbstverlag.
Geb. in Leinw. n.n. 1. 20; in Ldr. n.n. 2. 30

Iro's, K., deutschvölkischer Zeitweiser (e. Taschenbuch f. das deutsche Volk) auf d. J. 1907 (2020 seit dem ersten Auftreten der Germanen in der Weltgeschichte). 14./20. Jahrg. (242 S. m. Titelbild.) 16. Wien (12/1, Ruckergasse 20), Selbstverlag. Geb. in Leinw. 1. 60; in Ldr. 2. 80.

Iro's, Karl, deutschvölkischer Zeitweiser (e. Taschenbuch f. das deutsche Volk) auf d. J. 1907 (2020 seit dem ersten Auftreten der Germanen in der Weltgeschichte.) 14./20. Jahrg. (242 S. m. Titelbild.) 16. Wien (12/1, Ruckergasse 20). Reichsr.- u. Landtagsabg. Iro.
Geb. in Leinw. n.n. 1. 60; in Ldr. n.n. 2. 80

Iro's, K., deutschvölkischer Zeitweiser (e. Taschenbuch f. das deutsche Volk) auf d. J. 1908 (2021 seit dem ersten Auftreten der Germanen in der Weltgeschichte.) 15./21. Jahrg. (260 S. m. Titelbild.) 16. Wien (12/1, Ruckergasse 20), Selbstverlag. Geb. in Leinw. 1. 50.

Iro's, Karl, deutschvölkischer Zeitweiser (e. Taschenbuch f. das deutsche Volk) auf d. J. 1911 (2024 seit dem ersten Auftreten der Germanen in der Weltgeschichte). 18/24. Jahrg. (310 S. m. Titelbild.) 16. Wien (12/1, Ruckergasse 20), Reichsrats- u. Landtagsabgeordn. Iro. Geb. in Leinw. nn 1.60; in Ldr. nn 2. 80

Irodalmi Lapok. Szerkeszti és kiadja Riedl Szende. Jahrg. 1860. 10 Hefte (à 3 Bgn.). Prag 860. Schaiba. (Silber.) 4 ₰; einzelne Hefte à 15 ngr.

Iron, Ralph (Olive Schreiner), Lyndall. Roman aus dem südafrikan. Farmerleben. Mit Genehmig. der Verf. frei aus dem Engl. übertr. v. Marie Schramm-Macdonald. 2 Thle. in 1 Bde. gr. 8. (XI, 149 u. 208 S.) München 892. F. Bassermann. n. 5. —; geb. in Leinw. n. 6. —

Iron and Steel Institute und Deutsche Ingenieure aus Rheinland und Westfalen zu Besuch in Belgien 1894. Brüssel. 1894. 10 S. [Fb 83

Ironicus, Hubertus, (psdn.), s. Glauben und Glaubenswerke. — Lorbeerkranz, dem ꝛc. Dr. Paniel zu Bremen ꝛc. gewunden.

Ironie, die, und Bildersprache d. Träume. Enth. die von d. Weisen d. Alterthums u. christl. Gelehrten aufgestellten Theorien z. richt. Deutung d. verschiedensten Traumbilder. 16. (8½ B.) Leipzig 841, [Brauns.]

Ironie, die, des theologischen Katheders. 8. (1 B.) Altenburg 830. (Eisleben, Reichardt.)

Ironie des theologischen Katheders. 8. Eisleben 830, jetzt Hermes in Berlin. 1/₆ ₰

Ironie des Lebens, in zwanglosen Heften, von zwanglosen Leuten . . . Hamb. 1830. V: *Gathy, Franz Servais Aug.* & *F. R. Eylert.* (schr)

—— des Lebens in zwangl. Hftn. v. zwangl. Leuten. 1. Thl. gr. 12. (15 B.) Hamburg 829, Hoffmann u. Campe.

Irons-nous au Centre? (21 S.) gr. 8. Colmar 902. H. Hüffel. n. — 25

Iron ore resources, the, of the world. An inquiry made upon the initiative of the executive committee of the XI international geological congress. Stockholm 1910 with the assistance of geological surveys and mining geologists of different countries, ed. by the general secretary of the congress. With 22 plates and 142 illustr. in the texte and accompanied by an atlas of 43 maps. (Zum Tl. in dtsch. Sprache.) 3 Tle. (LXXIX, VII, 1068 S., u. III S., 63 Bl. in 50×35 cm.) Lex. 8. Stockholm (910). Generalstabens litografisca Anstalt. 61. —

Ironside, Edm., s.: Reimer-Ironside.

Ironton Post: 1889t—1891t
Republican weekly. Circulation: 1890, 550. Edited & published by Emil W. Becker, 1889—91.
Ironton, OH

Iros, Ernst, von Liebe u. Leid. Gedichte u. Skizzen. (39 S.) 8. Leipzig 906. Modernes Verlagsbureau. 1. —

Von Liebe und Leid. Gedichte u. Skizzen von Ernst **Iros**. Berlin-Leipzig: C. Wigand 1906. (39 S.) 8° 106. 5981

Irrefragabilis, Dr. [Pseud.], s. Reiners, Adam

Irrenheilanstalt von Marsing. Allgem. Verwaltungsbericht und statistische Uebersicht des Arzneidienstes f. d. Jahr 1877. In-8°, 52 S. Freiburg, Druck von Fragnière. 1878

Irrenanstalt von Marsing. Allgemeiner Verwaltungsbericht und statistische Uebersicht des ärztlichen Dienstes für das Jahr 1880. An die Verwaltungscommission der Irrenanstalt in Marsing. In-8°, 20 S. Freiburg, Buchdr. L. Fragnière. 1881

Irrenanstalt Marsing. Allgemeiner Verwaltungsbericht und medizinische Statistik für das Jahr 1881. In-8°, 71 S. Freiburg, Buchdruckerei des heiligen Paulus, 1882.

Marsing. Irrenanstalt Marsing (Kanton Freiburg). Allgemeiner Verwaltungsbericht und ärztlich-statistische Uebersicht für das Jahr 1885 an die Verwaltungskommission der Irrenanstalt Marsing. In-12°, 27 S., mit 1 Tabelle. Bulle, Druck von J. Ackermann. 1887

Irrenanstalt, Die projektirte, [in Zürich]. [Zürich 1864.] V: *Zehnder, Ulrich.* (Cat. d. Stadtbibl. Zürich. Zürich 1864—97.)

Irrenanstalt, die projektirte. Zürich 1863.

Irren-, Blinden- und Taubstummen-Anstalten der Rheinprovinz. Düsseldorf 1880

Irren-Anstalt, die städtische, zu Dalldorf. Hrsg. vom Magistrat zu Berlin. I. Geschichte u. Verwaltung d. städtischen Irrenwesens v. C. Ideler. II. Beschreibung der neu erbauten Irren-Anstalt zu Dalldorf v. H. Blankenstein. Mit 14 Taf. u. 10 in den Text gedr. Holzschn. Fol. (III, 55 S.) Berlin 883. Springer. cart. n. 12. —

Irren-Anstalt, die städtische, zu Dalldorf. Hrsg. vom Magistrat zu Berlin. I. Geschichte und Verwaltung des städtischen Irrenwesens von C. Ideler. II. Beschreibung der neu erbauten Irren-Anstalt zu Dalldorf von H. Blankenstein. Fol. (III, 55 S. mit 14 Taf. und 10 in den Text gedr. Holzschn.) Berlin 883, Springer. cart. *

Irrenanstalten, die, Deutschlands am 1. Jan. 1865. gr. 8. (XVII und 109 S.) Berlin 865, A. Hirschwald. *

Irrenanstalten. Die kantonalen Irren-, Heil- und Pflegeanstalten der Schweiz. Statistische Angaben über die während der Jahre 1900—1904 ein- und ausgetretenen Geisteskranken. Hrg. vom Statistischen Bureau des eidgenössischen Departements des Innern. 18* + 43 S. 4. Bern, Komm. A. Francke, Buchdr. A. Benteli & C°, 1908. [fr. 1. 50]
Schweizerische Statistik. Liefg. 159.

Irrenanstalten, die, des Kreises Mittelfranken, s.: Denkschrift zur Errichtung d. Kreis-Irrenanstalt Ansbach.

Irrenanstalten, die, im preußischen Staate, s. Statistik, preußische.

Irrenanstalten (Die) im preußischen Staate 1877–1900 (für mehrjährige Zeiträu[illegible] Preuß. Statistik. Kgl. Statist Bureau. Berlin.

Irrenanstalten, die, im preuss. Staate während der J. 1880–85. Hrsg. v. Kön. Preuss. Statist. Bureau. Berlin 886.

Irrenbehandlung, Die, einst und jetzt. Wien 1898. V: *Pilz, Alexander.* (EB)

Irreneder Matthias: Die Geschichte des sogenannten passauischen Kriegsvolkes.
II. 1906 PN 2193 Diss. Wien, Univ.

Irrenfreund, der. Eine Volksschrift über Irre und Irrenanstalten, sowie zur Pflege der geistigen Gesundheit. Unter Mitwirkung von Irrenärzten und Irrenanstalts-Geistlichen hrsg. von Friedr. Koster. Jahrg. 1859 und 1860. à Jahrg. 12 Nrn. (à ½—1 Bog.) gr. 8. Paderborn, (Schöningh.) à Jahrg. * *

—— dass. — 3. Jahrg. 1861. Hrsg. von Fr. Koster und Brosius. 12 Nrn. (Bog.) gr. 8. Neuwied, Heuser. *

Irrenfreund, der. Eine Volksschrift für Irre und Irrenanstalten, sowie zur Pflege der geistigen Gesundheit. Unter Mitwirkung von Irrenärzten und Irrenanstalts-Geistlichen hrsg. von Fr. Koster und Brosius. 4. und 5. Jahrg. 1862 und 1863. à Jahrg. 12 Nrn. (Bog.) gr. 8. Neuwied, Heuser. à Jahrg. *

—— dass. — Eine psychiatr. Monats-Schrift. Redact.: Fr. Koster und Brosius. 6.—8. Jahrg. 1864—66. à Jahrg. 12 Nrn. (Bog.) gr. 8. Heilbronn, (Classische Buchh. — Scheurlen.) à Jahrg. *

—— dass. — 9. Jahrg. 1867. 12 Nrn. (Bog.) gr. 8. Heilbronn, (Scheurlen — Schmidt.) *

Irrenfreund, der. Eine psychiatr. Monats-Schrift. Redact.: Fr. Koster und Brosius. Hrsgbr.: Fr. Betz. 10.—16. Jahrg. 1868—1874. à Jahrg. 12 Nrn. (Bog. mit eingedr. Holzschn.) gr. 8. Heilbronn, (Scheurlen's Verlag.) 10.—13. Jahrg. à [illegible] 14.—16. Jahrg. à [illegible]

Irrenfreund, der. Psychiatrische Monatsschrift für prakt. Aerzte. Hrsgbr.: Friedr. Betz. Redact.: Fr. Koster und Brosius. 17. und 18. Jahrg. 1875 und 1876. à Jahrg. 12 Nrn. (à 1—1⅓ Bog.) gr. 8. Heilbronn, (Scheurlen's Verlag.) à Jahrg. *

—— dass. — Redact.: Fr. Koster und Brosius. 19. Jahrg. 1877. 12 Nrn. (à 1—1¼ Bog.) gr. 8. (Ebendas.) *

—— dass. — Redact.: Brosius. Hrsgbr.: Friedr. Betz. 20. und 21. Jahrg. 1878 und 1879. à Jahrg. 12 Nrn. (à 1—1½ Bog.) gr. 8. (Ebendas.) à Jahrg. *

Irrenfreund, der. Psychiatrische Monatsschrift für prakt. Aerzte. Redig. von Brosius. Hrsgbr.: Friedr. Betz. 22.—26. Jahrg. 1880—1884. à Jahrg. 12 Nrn. (à Nr. 1—1¼ Bog.) gr. 8. Heilbronn, (Scheurlen's Verlag.) à Jahrg. *

Irrenfreund, der. Psychiatrische Monatsschrift für prakt. Aerzte. Redig. von Brosius. Hrsgbr.: Friedr. Betz. 27.—30. Jahrg. 1885—1888. à Jahrg. 12 Nrn. (Bog.) gr. 8. Heilbronn, (Scheurlen's Verlag.) à Jahrg. *

Irrenfreund, der. Psychiatrische Monatsschrift f. prakt. Aerzte. Redig. v. A. Brosius. Hrsg. v. Friedr. Betz. 31.—34. Jahrg. 1889—1892. à Jahrg. 12 Nrn. (Bog.) gr. 8. Heilbronn, (Scheurlen's Verlag). à Jahrg. * 3 —

Irrenfreund, der. Psychiatrische Monatsschrift f. prakt. Aerzte. Red. v. Fr. Brosius. Hrsg. v. Frdr. Betz. 33.—36. Jahrg. 1891—1894. à 12 Nrn. (Bog.) gr. 8. Heilbronn, (A. Scheurlen's Verl.). à Jahrg. n. 3. -

Irrenfreund, der. Psychiatr. Monatsschrift f. prakt. Aerzte. Red. v. Fr. Brosius. Hrsg. v. Frdr. Botz. 37.—40. Jahrg. 1895—1898. à 12 Nrn. (à ca. 2 Bog.) gr. 8. Heilbronn, M. Scholl's Verl. à Jahrg. n. 3. —

Irrenfreund, der. Psychiatrische Monatsschrift für prakt. Aerzte. Red. v. Brosius. Hrsg.: Fr. Betz. 40.—42. Jahrg. à 12 Nrn. gr. 8. (à ca. 16 S.) Heilbronn (Schell'sche Buchdr.) à Jahrg. n. 3. —

Irren-Gesetze u Verordnungen in Preussen. Berlin 863.

Irrenheilanstalt, Eine. Erstes Heft. Hamb. 1844. V: *Friedländer, Wilh. August.* (schr)

Irrenheilanstalt, die neue, für das Herzogth. Oldenburg. 1. und 2. Aufl. gr. 8. (46 S. mit 1 Stnt. in gr. Fol.) Oldenburg 852, Stalling. *

Irren-Heil-Anstalt, die, Sachsenberg bei Schwerin im Großhrzgth. Mecklenburg. Nachrichten üb. ihre Entsteh., Einricht., Verwalt. u. bisher. Wirksamkeit. (Von C. F. Flemming.) M. 4 lith. Taf. gr. 8. (2¾ B.) Schwerin 833, Kürschner. (Berlin, Plahn.)

Irrenpflege, die. Mona[illegible] zur Hebg., Belehrg. u. Unterhaltg. d. Irrenp[illegible], m. bes. Berücksicht. d. kolonialen u. famil[illegible]pflege. unt. ständ. Mithilfe erfahr. Irre[illegible] u. [illegible]stalts-beamten hrsg. v. Konr. Alt. 1. u. 2. [illegible] April 1897—März 1899. à 12 Nrn. (à ca 24 [illegible]) gr. 8. Halle, C. Marhold. à Jahrg. n. 6. —
Kann auch halbjährlich bezogen werden.

Irrenpflege, die. Monatsblatt zur Hebg., Belehrg. u. Unterhaltg. des Irrenpflegepersonals, m. besond. Berücksicht. der freien Behandlung, der kolonialen u. familiären Krankenpflege. Unter ständ. Mithülfe erfahrener Irrenärzte u. Anstaltsbeamten, unter Mitred. v. J. Hoppe hrsg. v. Konr. Alt. 3.—6. Jahrg. April 1899—März 1903. à 12 Nrn. gr. 8. (à ca. 24 S.) Halle, C. Marhold. à Jahrg. n. 6. —

Irrenpflege, die. Monatsschrift f. Irrenpflege u. Krankenpflege zur Belehrung u. Fortbildung des Pflegepersonals an Heil- u. Pflegeanstalten u. zur Vertretg. der Standesinteressen desselben. Red. v. Heinr. Schlöß. 7.—10. Jahrg. April 1903—März 1907 à 12 Nrn. (à ca. 24 S.) gr. 8. Halle, C. Marhold. à Jahrg. n. 6. —

Irrenpflege, die. Monatsschrift f. Irrenpflege u. Krankenpflege zur Belehrg. u. Fortbildg. des Pflegepersonals an Heil- u. Pflegeanstalten u. zur Vertretg. der Standesinteressen desselben. Red. v. Carl Wickel. 11.—14. Jahrg. April 1907—März 1911. à 12 Nrn. (11.—13. Jahrg. à VIII, 336 S.) gr. 8. Halle, C. Marhold. à Jahrg. 6. —

Der **Irrenschutz**. Monatsschrift den Mitgliedern d. Irrenhülfsvereine d. deutschen Sprachgebiets sowie allen Freunden d. Irrensache gewidmet von d. Red. u. d. Verl. d. Psychiatr. Wochenschrift. (Red.: Dr. Johannes Bresler, Oberarzt in Freiburg, Preuß. Schlesien.) Jg. 1, No 1–6. [Mehr nicht erschienen.] Halle a. S.: C. Marhold 1901–02. (71 S.) 4°
1–5. 1901. 6. 1902. [07. 1199] 3

Irrfahrten eines Comödianten. Schilderung d. Theaterlebens. (Aus d. Papieren e. ehemal. Schauspielers.) Hrsg. v. Held. 16. (21 B.) Erfurt 841, [Halle,] Held's Selbstverl.

Irrfahrten d. Odysseus rc., s. Homer.

Irrfahrten eines modernen Reisläufers. Basel 1897 s. [Zoller, Ernst]

Irrgang, Adf., Ubungsbuch f. den Unterricht in der deutschen Sprachlehre. Auf Grund d. in den Breslauer Volksschulen eingeführten Lehrplans f. mehrklass. Schulen in 5 Hftn. bearb. 8. Breslau 898. F. Hirt. n. 1. 50
1. 2. (2., resp. 3. Schulj.) (à 32 S.) à n. — 25
3. 4. (4., resp. 5. Schulj.) (48 u. 44 S.) à n. — 30
5. (6., 7. u. 8. Schulj.) (60 S.) n. — 40

Irrgang, Adf., Übungsbuch f. d. Unterr. i. d. deutschen Sprachlehre. Auf Grund d. in d. Breslauer Volksschulen eingef. Lehrplans f. mehrklass. Schulen in 5 Hftn. bearb. 2., verb. Aufl. 3. Hft. (4. Schulj.) gr. 8. (50 S.) Breslau 895. F. Hirt. n. — 30

Übungsbuch für den Unterricht in der deutschen Sprachlehre. Auf Grund des in d. Breslauer Volksschulen eingeführten Lehrplans f. mehrklass. Schulen in 5 Heften bearb. von Adolf **Irrgang**, Rektor. 3. verb. Aufl. H. 1–5. Breslau: F. Hirt 1900–02. 5 Bde 8° [Umschlagt. F.]
1. ⟨2. Schuljahr.⟩ 1902. 2. ⟨3. Schuljahr.⟩ 1900. 3. ⟨4. Schuljahr.⟩ 1900. 4. ⟨5. Schuljahr.⟩ 1900. 5. ⟨6., 7. u. 8. Schuljahr.⟩ 1902. [07. 16967 2

A[dolf] **Irrgangs** Übungsbuch für den Unterricht in der deutschen Sprachlehre. In 5 Heften. 4. verb. u. nach d. neuen Rechtschreib. geänd. Aufl. H. 1–5. Breslau: F. Hirt 1903. 5 Bde 8° [Umschlagt. F.]
1. ⟨2. Schuljahr.⟩ 2. ⟨3. Schuljahr.⟩ 3. ⟨4. Schuljahr.⟩ 4. ⟨5. Schuljahr.⟩ 5. ⟨6.–8. Schuljahr.⟩ [07. 16968 2

Irrgang's, A., Uebungsbuch f. den Unterricht in der deutschen Sprachlehre. 5 Hefte. 8. Breslau, F. Hirt. n. 1. 50
1. (2. Schulj.) 4. verb. Aufl. (32 S.) 903. n. — 25
2. (3. Schulj.) 5., durchgeseh. (Ster.-)Aufl. (40 S.) 906. n. — 25
3. (4. Schulj.) 5., durchgeseh. (Ster.-)Aufl. (56 S.) 906. n. — 30
4. (5. Schulj.) 4. verb. Aufl. (52 S.) 903. n. — 30
5. (6.—8. Schulj.) 4. verb. Aufl. (68 S.) 903. n. — 40

A[dolf] **Irrgangs** Übungsbuch für den Unterricht in der deutschen Sprachlehre. In 5 H. 5. durchges. ⟨Ster.⟩Aufl. H. 1. Breslau: F. Hirt 1907. 8° [F.] [08. 3127 2

Irrgang's, A., Ubungsbuch f. d. Unterricht in der deutschen Sprachlehre. 5 Hefte. 8. Breslau, F. Hirt. 1. 50
I. (2. Schulj.) 6. (Ster.-)Aufl. (32 S.) 909. — 25
II. (3. Schulj.) 7. (Ster.-)Aufl. (40 S.) 911. — 25
III. (4. Schulj.) 6. (Ster.-)Aufl. (56 S.) 908. — 30
IV. (5. Schulj.) 6. (Ster.-)Aufl. (52 S.) 910. — 30
V. (6.—8. Schulj.) 6. (Ster.-)Aufl. (68 S.) 910. — 40

Irrgang, *Wilhelm Otto* Albrecht [pr. Arzt aus Zduny '(Posen)']: Über den Nachweis simulierter Schwachsichtigkeit und Blindheit ... *Grottkau, Buchdr. E. Neugebauer, 1896;* 54 S., 1 Bl. 8.
Leipzig, Med. Fak., Inaug.-Diss. v. 30. Okt. 1896

Irrgang's, Frdr., Taschenausgabe der mähr. Landesgesetze. Nr. 15. kl. 8. Brünn 910. F. Irrgang. 1. 50
Vorschriften üb. die Förderung der Viehzucht in Mähren u. zwar: Gesetz v. 28. V. 1909, L.-G.-Bl. Nr. 61, betr. d. Förderg. der Rindvieh- u. Schweinezucht in der Markgrafsch. Mähren, Verordng. des k. k. Statthalters in Mähren v. 18. III. 1910, L.-G.-Bl. Nr. 27, zur Durchführg. des Gesetzes v. 28. V. 1909, L.-G.-Bl. Nr. 61, betr. d. Förderg. d. Rindvieh- u. Schweinezucht in der Markgrafsch. Mähren u. Dienstes-Instruktion f. die mähr. Distriktstierärzte erlassen auf Grund des Landtagsbeschlusses v. 20. X. 1908 m. d. Landesausschußbeschlusse v. 20. V. 1909, Z. 51.014. (Mit d. einschläg. Motivenberichten als Einleitg. u. e. alphabet. Sachregister.) Hrsg. insbesondere f. den prakt. Gebrauch d. Tierzuchtskommissionen, Gemeinden sowie der Viehzüchter u. Tierärzte. (IV, 85 S.)

Irrgang, Geo., das verschleierte Bild. Schauspiel in 1 Aufzuge. 8. (33 S.) Leipzig 887, Mutze. *

Irrgang, Geo., die Brüder. Schauspiel in 1 Aufzuge. 8. (43 S.) Leipzig 886, Mutze. * — 50

—— in Freud und Leid. Vier Novellen. 8. (IV, 283 S.) Ebendas. 887. * 3 —

(Deutsche Städteausstellung.) Illustrierter Führer. Mit 2 Situationspl. u. 1 Pl. von Dresden. Führer durch d. Ausstellung, Dresden u. Umgebung. Von Georg **Irrgang**. *Dresden: W. Baensch 1903.* (80, VII, 72 S.) 8°

Irrgang, Geo., Künstler unter sich. Ein Fastnachts-Festspiel z. Fest Schwarz-Weiß der Dresdner Kunstgenossenschaft. Aufgeführt in der Dresdner Kunstgenossenschaft z. Fest Schwarz-Weiß am 11. II. 1907 im Ausstellungspalast. Nebst Prolog. (24 u. 2 S.) kl. 8. Dresden 907. C. Heinrich. 1. —

—— Lenora. Schauspiel in 5 Aufzügen. 8. (122 S.) Ebendas. 886. * 2 —

—— Pelopidas. Trauerspiel in 5 Aufzügen. 8. (175 S.) Ebendas. 886. * 3 —

—— die Poesie des Lebens. Gedichte. Eine poet. Darstellung der Lebens- und Jahreszeiten. 12. (VIII, 201 S.) Ebendas. 887. **M 2.—.; geb. * 3 —

—— junge Träume. Gedichte. 12. (VIII, 108 S.) Ebendas. 887. *M 1.50.; geb. * 2 —

—— der gefährliche Vetter. Lustspiel in 1 Aufzuge. 8. (49 S.) Ebendas. 886. * — 50

Irrgang, Max [aus Penkun]: Zum Wigalois.... Halle a. S., Plotz'sche Buchdr., R. Nietschmann, 1887; 45 + 1 S. 8°
Halle, Phil. Fak., Inaug.-Diss. v. [31. Dez.] 1887

Irrgang, Max, zum Wigalois. Halle 1887, Lippertsche Buchh. 8°. 45 S.

Irrgänge d. weibl. Herzens, v. Elise Bürger. 8. Hamb. Verlagsgesellsch. 798.

Irrgänge des weibl. Herzens, v. Elisa Bürger. 2te Aufl. 8. Jena, Voigt. 812.

Irrgänge, Die, des Lebens von Gottfr. Schilling. Gera u. Leipz. 1802. V: *Kühne, Christian Frdr. Gottlob.* (Ullrich, Robinson u. Robinsonaden. Weim. 1898.) (GGr)

— die, des Lebens, v. Schilling, od. Felixens Abenteuer; e. Robinsonade. 8. Gera, Haller. (Joachim in Lpz.) 802.

Irrgänge u. Mißgriffe, meine, in d. Weg u. Werk des Herrn. 8. (Lpz., Kummer). 6 Gr. Dass. 12. Nürnb., (Raw). 3 Gr.

Irrgänge u. Mißgriffe, meine, in dem Weg u. Werk des Herrn. Ein Bekenntniß von e. evangel. Prediger. 8. 834. Zürich, Hanke. 1/12 ß

Irrgang's Heimfahrt. Eine Geschichte in 24 Abenteuern. 16. (96 S.) Stuttgart 868, S. G. Liesching. cart. mit Goldschn. *

Irr-Gärtchen, poetisches, Auswahl d. sinnreichsten u. zierlichsten Räthsel, von Fürchtegott Frauenlob u. Rosamunden v. Hochheim, dessen Braut. gr. 12. Lpz. 825, Kayser.

Irrgarten, der, der Erziehung. Eine kurze und faßliche Anleitung wie man es anzustellen habe, um seinen Kindern alle mögl. Untugenden und Laster anzugewöhnen. Mit theilweiser Benützung von Ch. G. Salzmann's „Krebsbüchlein“ bearb. von L. F—r. Hrsg. vom Vereine zur Verbreitung von Druckschriften für Volksbildung. 8. (XVI und 155 S.) Wien 859, [Braudel und Ewald.] *

Geistlicher Irrgarten mit vier Gnadensbrunnen. Philadelphia: Miller, 1762. HSP

Der Irrgarten der Fr. Mr. Jerusalem 1744.
Kl. 280.
[Kalender f. d. Prov.-L. v. Mecklenburg. 8 (1831) S. 138.]

Irrgarten, Der, zu Versailles. O. O. [17??]. V: *Krauss, Joh. Ulr.* (Zuwachsverz. d. Bibliotheken in Zürich 1898 ff.)

Irrgeister, Alte und neue, welche Johann Gunther . . . im Jahre 1713 in Druck ausgehen lassen . . . beschrieben. Dresden 1714. V: *Freyberger, Andreas.* (Jes) »Prag 1714. V: *Kraus, Joh.*« (Jes) Irrgeister . . . 1713. V: *Freyberger, Andr.* (Jes) S. a. Nr. 11259.

Irrgeister, Die herausgezogenen alten und neuen, durch einen Liebhaber der catholischen Wahrheit. O. O. 17?? V: *Freyberger, Andr.* (Myl) S. a. 11257.

Irrgeister, Des sogenannten Hochverdienten Luthrischen Theologi, die dieser in jenem Sendschreiben über die 50 Motiven . . . ausfliegen lassen, geprüfet . . . Prag 1712. V: *Kraus, Joh.* (Jes) (So)

Irrlicht, das, od. endlich fand er sie. Oper in 3 Aufz., nach Bretzner bearb. 8. Salzb. 784. Duyle. 2 gr.

Das Irrlicht an der Isar, oder: Dr. Döllinger u. die Unfehlbarkeitslehre. Zusammengestellt von einem Mitgliede der geistlichen Löschmannschaft. Wien, Mayer, 1872. gr. 8°. 35 S., 40 Pf.

Irrlichter, v. G. Schilling. 3 Bde. 8. Dresden, Arnold. 813.

Irrlichter, die. Ein Märchen von der Verf. der Prinzessin Ilse. 16. (157 S.) Berlin 856, A. Duncker.

Irrlichter, die. Ein Märchen von der Verf. der Prinzessin Ilse. 4. Aufl. 16. (159 S.) Berlin 860, A. Duncker. 15 Ngr.; geb.

—— dass. — Pracht-Ausg. 6. Aufl. 4. (80 S. mit 9 Photograph. und 1 ill. Stnt.) Ebendas. 862. geb. *

Irrlichter, die. Ein Märchen von der Verf. der Prinzessin Ilse. Pracht-Ausg. 7. Aufl. 8. (80 S. mit eingedr. Holzschn.) Berlin 862, A. Duncker. cart. *
geb. mit Goldschn.

Irrlichter, Die. Ein Märchen von der Verfasserin der Prinzessin Ilse. Berlin 1863. 6. Aufl. 1865. 10. Aufl. 1866. V: *Petersen, Marie.* (Verlags-Katalog Gebr. Paetel. Berlin 1895. S. 79.) (Bibl. Görres III, 163.)

Irrlichter, die. Ein Märchen von der Verf. der Prinzessin Ilse. 6. Aufl. 4. (80 S. mit 8 farb. lithogr. Illustr. von Carl Koch.) Berlin 865, A. Duncker. geb. mit Goldschn. *

—— dass. — 10. Aufl. 16. (159 S.) Ebendas. 866.
geb. mit Goldschn. *

Irrlichter und ihre Irrgänge oder Irrthümer, zu welchen eine falsche Bescheidenheit . . . die Lehrer des Christenthums verleiten könne. Wittenb. u. Leipzig [Köthen] 1790. V: *Hempel, Chn Gottlob.* (MGT) (Ky) (Wr) (GGr)

Irrsale, die, Klotars; und der Gräfin Sigismunda. Eine romant. Geschichte, von Otto H. Graf v. Löben. 8. Altenburg, Hahn. 821.

Irrthum und Bosheit des Verfassers von Danzigs Skizze in Briefen. Danzig 1808. (Königsberg, Göbbels in Commiss.) 8°. (9 ggr.)

Irrthum auf allen Ecken. Lstspl. nach Goldsmith. 8. Wien 784. Kurzböck. (Heubner). 5 gr.

— auf allen Ecken. Lstspl. nach d. Engl. v. Schröder. Hamb. 805. Gundermann. (Aue in Altona). 8 gr.

Irrthum ist kein Verbrechen, s. Leewend, Wilhelm. 6r Theil.

Über Irrthum und Irrsein. Rede geh. z. Feier d. Stiftungstages d. Militärärztl. Bildungsanstalten 1893 von Prof. Dr. F[riedrich] Jolly. Berlin: A. Hirschwald 1893. (32 S.) 8° [illegible]

— d. kleine, Lustsp. in 1 A. v. K. Ch. Engel. 8. Berlin, Maurer. 799.

Irrthum, lauter, u. d. Vogelschießen; 2 Erzählungen. (h. a. d. Tit.: scherzhafte Bagatellen.) v. Fr. Laun. 8. Lpz. Curich. (Gleditsch.) 809.

Irrthum, Tausend und ein, des Verfassers der ungarischen Irrthümer. O. O. 1791. V: *Batthyány, Alois Graf.* (Pk)

Irrthümer, Die, oder die Täuschung des Vergnügens, in Briefen des Grafen von Orabel . . . a. d. Franz. Breslau 1781. Ü: *Peinemann, Johann Georg.* (Ky) (MGT) (Adel)

— die, od. die Täuschung des Vergnügens, in Briefen des Grafen v. Orabel; hrsgg. v. Rougaret; aus d. Französ. (v. J. G. Peinemann). 2 Thle. 8. Bresl. 781. W. G. Korn. 18 gr.

— die, Lustsp. v. Brandes. 8. Lpz. Dyk. 791.

Irrtuemer. Ein Wort zur Militär-Vorlage. Berlin 1893. 13 S.

Irrthümer in den Begriffen der meisten Ungarn von der Staatsverfassung ihres Vaterlandes . . . Gedruckt im römischen Reiche 1790. V: *Izdenczy, Jos.* (Pk)

Irrthümer in d. Begriffen d. meisten Ungarn von d. Staatsverfassung ihres Vaterlandes. 8. Gräz 790. Ferstl. 16 𝔨

— in d. Begr. der meist. Ungarn v. d. Staatsverf. ihr. Vaterlandes. 8. Gräz, Ferstl. 791.

Irrtümer, die, des Darbysmus. 8. (31 S.) Herborn 881, Buchh. des Nassauischen Colportagevereins. *.

Irrthümer, Die, eines artigen Frauenzimmers oder die französische Aspasia. A. d. Franz. Bresslau 1782. Ü: *Hirsch, Joh. Gfr.* (Ky) (BGE)

Irrthümer, die, eines artigen Frauenzimmers; aus d. Französ. (v. J. G. Hirsch). 2 Thle. 8. Bresl. 782. (Gosohorsky). 1 ℛ 8 𝔨

Irrthümer, die, eines artigen Frauenzimmers, od. d. französ. Aspasia. 2 Thle. 8. Breslau, Meyer. 782.

Irrthümer und Gefährlichkeiten, Des Herrn Eulogius Schneider, in der Rede von der Uebereinstimmung des Evangeliums mit der neuen Staatsverfassung der Franken ... O.O. 1791. V: *Fleischbein, Heinrich Benedict.* (ML)

— d. gottlos. und aufrühr., w. d. Geistl. v. d. Gesellsch. Jesu den Missethätern, d. z. Lissabon gericht. w., gelehrt. a. d. Portug. 4. Hamb. u. Lpz. 759.

Irrthümer, hundertjährige, auf astronom. u. naturwissenschaftl. Gebiete u. Rückführg. derselben auf ihre wahren Verhältnisse. Bearb. nach eig. Forschgn. v. e. Freunde einf. Naturerklärgn. (W. Kotzauer.) gr. 8. (69 S. m. 20 Fig.) Wien 896. (Spielhagen & Schurich.) n. 2. —

Irrthümer, Hundertjährige, auf astronomischem und naturwissenschaftlichem Gebiete. Wien 1897. V: *Kotzauer, Wenzel.* (EB)

Irrtümer, kräftige. 1. u. 2. Heft. 8. Stuttgart, Buchh. der ev. Gesellschaft. n. — 75
1. Wider den Spiritismus. Von Th. Traub. (72 S.) 904. n. — 60
2. Elias III. Ein Wort zur Aufklärung üb. John Alexander Dowie. Von Wilh. Lohe. Erweit. Abdr. aus: Kalb, Kirchen u. Sekten der Gegenwart. (18 S.) 905. n. — 15

— die, der Liebe, u. die Launen des Geschicks, v. O. Benda. 8. Frankf. Akadem. Buchhdl. 807.

Irrthümer, die, der Liebe, von Benda. 8. Frankf. a. O., 807. (Lauffer in Leipzig.)

Irrthümer der Magyaren. Wien 17??. V: *Grossing (Grossinger), Joseph.* (Mitth. Hofr. u. Prof. Dr. A. Fournier.)

Verband zum Schutze d. belgischen Interessen im Auslande. Morel's Irrtümer. Brüssel 1905: Travaux publ. 10 S. 8° [illegible] 3

Irrthümer in einer Nacht. Lstspl., aus d. Engl. Hamb. 774. Buchenröder. 6 𝔨

— nichts als. Lstspl. 8. Leipz. 789. Hamann. 8 𝔨

— die, aus Unschuld; aus dem Engl. 5 Bdchen. 8. Leipz. 787. Schwickert. 3 ℛ 4 𝔨

— die, aus Unschuld, aus dem Engl. 5 Theile, 8. Leipzig, 787/88. Schwickert. 3 Rthl. 5 sgl.

Irrthümer und Wahrheit, s. a. Saint-Martin, L. C. de. 1782.

Irrthümer und Wahrheit, oder Rückweiss für die Menschen auf das allgemeine Principium aller Erkenntniss ... A. d. Franz. Breslau 1782. V: *Saint-Martin, Louis Claude Marquis de.* Ü: *Claudius, Mathias.* (Ky) (GGr) (SJL)

— u. Wahrheiten, oder Rückweis für d. Menschen auf d. allgem. Principium aller Erkenntniß. Aus d. Französ. (von Matth. Claudius). gr. 8. Hamb. 782. (W. Nauck in Lpz.) 1 ℛ 16 𝔨

— und Wahrheiten, od. Rückweis f. d. Menschen, auf das allgemeine Principium aller Erkenntn. a. dem Franz. gr. 8. Bresl. (Sommer, Lpz.) 795.

Irrthümer und Wahrheiten aus den ersten Jahren nach den Franzosenkriegen. Darmstadt 1825. V: *Schulz, Wilhelm Friedrich.* (Hessische Biographien. Hgbn. von Herman Haupt. Darmstadt 1918. I, 412)

Irrtümer, Warngn u. Lehren, welche das Publikum i. Ansehung d. prakt. Arzneikunst betreffen. Dessau 1768.

Irrthumer, Warnungen und Lehren, w. d. prakt. Arzneykunst betr. 16 v. Krezschmar. 2 Thle. 8. Dessau, Heybruch. 770.

Irrungen, die,. Lustsp. nach Shakespear, v. Großmann. 8. Frankf. Fleischer. 779.

Irrungen, Die, ein Roman... Naumburg 1808. N. Aufl. 1810. V: *Naubert, Christiane Benedicte Eug. geb. Hebenstreit.* (MGT) (EE) »1810«. (Ky)

— ein Roman, von d. Verfass. des Walther v. Montbarry (B. Naubert). 8. Naumb. 810. Wild. 16 𝔨

Irrungen, d. ersten zw. d. Höfen München und Regensburg, im Jahr 1803. 8. Landshut, Krull. 804.

Irrungen, die, der Liebe, od. Briefe von Fenelli u. Millfort, s. Imbert.

Irrungen, die, der Liebe, od. Briefe von Fenelli u. Millfort, a. d. Franz. 2 Thle. 8. Berl. Voß. 777.

IRRUNGEN, Die, der Liebe, oder Heinrich und Emilie. Eine Geschichte in Briefen. Stendal, Franzen u. Grosse, 1788. 8°.
Tit. u. 246 S. Zahmen Inhalts.

Irrungen menschl. Liebe, v. Veriphantor, s.: Zur Psychologie der Gegenwart.

— üb. d., welche in Reichsbelehnungen u. s. w. zw. d. Kais., d. Reichshofr. und der Reichshofkanzley obwalten. 4. Nürnberg. Grattenauer. 791.

Irrwahne, Neuere von der Religion befreite, gegen die Freydenker unsrer Zeiten . . . Augsburg 1786. V: *Vicari, Anton von.* (MGT) (Ky) »1787«. (Th)

Irrwahne, neuere, von der Religion befreyte, gegen die Freydenker uns. Zeiten. 8. Augsb. Stage 787.

„Irrweg," der Schubring'sche, und der Ritter v. Florencourt. Von e. Protestanten. gr. 8. Leipzig 845, O. Wigand. 3 ngl

Irrwege, Die, der Gymnasiallehrmethode. Wien 1883. V: *Franceschini, Robert.* (Strakosch-Grassmann, Bibliogr. z. Gesch. d. österreich. Unterrichtswesens. Wien 1901. S. 40.)

Irrwege, die, der Gymnasiallehrmethode. Ein offenes Wort an Alle, die es angeht von R. F. gr. 8. (26 S.) Wien 883, [Wallishausser'sche Hofbuchh.] Künast. *

Irrwisch, Der, oder endlich fand Er Sie; eine Operette in drei Akten. Leipz. 1788. V: *Bretzner, Chph Frdr.* (MGT)

Irrwisch; oder: endlich fand er sie doch. Operette v. Bretzner. 8. Lpz. Schneider a. Linke. 789.

Irsa, Frz. Wilh., Gedichte. gr. 12. (2 B.) Wien 833, Wenedikt. Thlr.

Irsa, Dr. F. Wilh. — Der Junker und sein Schatz. Volksdrama in fünf Akten. Von — —. Wien 1855. Druck von J. B. Wallishausser. (48 S. 8.) geh.

Irsa, Dr. F. W. — Das Rendezvous. Original-Lustspiel in einem Akt. Von — —. Druck von U. Klopf sen. und Alex. Eurich in Wien. Als Manuskript gedruckt. (21 S. 8.) 1856

Irsa, F. W., auf hoher See. Drama in 1 Akt. (Als Mscr. gedr.) 8. (44 S.) Wien 865, Geitler. *

Irschick, Wilhelm, Rigenser, Ueber den Einfluss der Schwere des Blutes auf den Seitendruck der Venen in entzündeten und nicht entzündeten Gliedern. Diss. Dorpat. 8°. 49 pp. 1874

IRSENGARTH, H. F.: Gemeinnütziges Kompendium theils neu berechneter, theils gesammelter Holz-Tabellen und Regeln zu kurzer und richtiger Berechnung aller Arten sowohl runden als beschlagenen Holzes, als mehrerer kubischer Körper, nebst der Lehre der Verhältnisse zu einander in mancherlei Beispielen. Zum Gebrauch für Forstmänner, Holzhändler und Oekonomen, zugl. als Lehrbuch abgekürzter Rechnungen und der erforderlichen Anfangsgründe der Geometrie ohne mathematische Berechnung. - Hannover 1809. 159 S., Tab.

Irsengarth, (H. F.,) gemeinnütz. Compendium, theils neu berechneter, theils gesammelter Holztabellen u. Regeln zu kurzer Berechnung aller Arten runden u. beschlagenen Holzes rc. Mit 1 Kpf. 8. Hannov. 809, (Helwing.)

Irsengarth, H. F., gemeinnütz. Compendium v. Quadratflächen-Tabellen, z. Ausmessung und Eintheilung d. Flächen rc. 8. Hannov. Hahn. 810.

— gemeinnütz. Compendium v. Quadratflächen-Tabellen zum Ausmessen u. Eintheilen der Flächen rc. 8. Hannover 810, (Helwing.)

Irtep, A. C., ein niederösterreich. Landmann an seine Vertreter am ersten Reichstage. gr. 8. (15 S.) Wien 818, Schaumburg und Comp.

Irund, H. K., d. Welt d. Menschen. Lose Blätter meiner metaphys. Untersuchgn. (83 S.) kl. 8. Leipzig-Gohlis 910. B. Volger. 1.50

Irus, P., d. Hygiene d. mod. Gesellschaft, s. a. Hausschatz d. Gesundheit.

Irus, P., die Hygiene der modernen Gesellschaft. gr. 8. (88 S.) Berlin 891. [Fried & Co.] H. Steinitz' Verl. n. 2.—

Irving, (C.,) Katechismus d. röm. Alterthümer od. Nachr. von der Religion, d. Staatsverwaltung dem Kriegs- u. Seewesen, dem häusl. u. öffentl. Leben rc., d. röm. Nation; aus dem Engl. übersetzt u. m. Zusätzen ergänzt u. erläut. mit 1 Titelkupf. 8. Leipz. (821,) Baumgärtner.

— ders. der griech. Alterthümer. Nach d. Engl. 8. Leipz. (821,) Baumgärtner.

— ders. d. jüdischen Alterthümer. Nach d. Engl. 8. Lpz. (821,) Baumgärtner.

— Katechismus d. Mythologie. 8. Leipz. (821,) Baumgärtner.

— Katechismus d. Sternkunde. Nach d. 5n Ausg. aus den Engl. bearb. 8. Leipz. 822. Baumgärtner.

Irving, C., d. Olymp, oder kurzgefaßte Mythologie in Fragen u. Antworten, für d. erwachsene Jugend u. angehende Künstler, als Einleit. in d. Studium d. alten Classiker. Aus d. Engl., mit 1 Kpf. 8. Wien 825. (Leipz., Liebeskind). 10 gl

Irving, Edw., Reden, s. Proben schott. Beredtsamkeit.

Irving, Elisab. Jane, The literary reader, s.: Beer, Taco H. de.

Irvine, James C., B. Sc. aus Glasgow (Schottl.): Über einige Derivate des Orthomethoxybenzaldehydes. *Leipzig 1901: Metzger & Wittig.* (43 S.) 8°
Leipzig, Phil. Diss. v. [30. Sept.] 1901

Irving, John Treat, die Jäger d. Prairie od. „der Falke." Eine indian. Erzähl. 2 Bde. A. d. Engl. v. E. Freisleben. 8. (26 1/2 B.) Leipzig 838, [Orthaus.]

Irving, John Treat, die Jäger der Prairie oder ‚der Falke.' Eine Indianische Erzählung. In 2 Bdn. Aus d. Engl. von Dr. E. Freisleben. 8. Leipzig 838. B. Tauchnitz jun. 2 ℳ

—— indianische Skizzen, entworfen währ. e. Expedition zu den Pawnee- u. and. Stämmen d. amerikan. Indianer. A. d. Engl. v. F. Reichmeister. 2 Bde. 8. (23 B.) Leipzig 838, [Orthaus.]

— Indianische Skizzen, entworfen während einer Expedition zu den Pawnee- u. anderen Stämmen d. amerikanischen Indianer. Aus d. Engl. von Dr. F. Reichmeister. 2 Bde. 8. Leipzig 838. Tauchnitz jun. 1 1/3 ℳ

Ralph Irving

Ralph Irvings [Irving: Experiments on the red and quilled Peruvian Bark. Deutsch:] Versuche mit der rothen und feinröhrigten peruvianischen Rinde: nebst Beobachtungen über ihre Geschichte, Wirkungs-u. Gebrauchsart;... Aus dem Engl. übers. Leipzig: Schwickert 1787. 94 S. 8°

Irving, Theodor. Die Eroberung Floridas . . . Aus d. Engl. übers. Berlin 1836. Ü: *Friedenberg, Gfr.* (Koner) (Mitth. A. Rosenbaum.)

Irving, Theod., die Eroberung Florida's unt. Hernando de Soto. A. d. Engl. übers. 2 Bde. gr. 12. (26½ B.) Berlin 836, Duncker u. Humblot.

Irving, Tom, s.: Jugend- u. Volksbibliothek.

Irving, Washington, Abbotsford, s. Authors, English, for the use of schools.

—— Abenteuer d. Capit. Bonneville, od. Scenen im Felsengebirge Nordamerikas. Ins Deutsche übertr. v. Ed. Freisleben. 3 Bde. 8. (38 B.) Leipzig 837, [Orthaus.]

— Abenteuer des Capitain Bonneville etc., übertragen von Dr. Ed. Freisleben. In 3 Bdn. 8, Leipzig 837. B. Tauchnitz jun. 3½ ℛ

—— dass. — A. d. Engl. v. A. v. Treskow. 2 Bde. 8. (33 B.) Quedlinburg 837, Basse.

—— die Alhambra, s.a. Collection Spemann.

— dasselbe, hrsg. v. Heinr. Saure, s.: Authors, modern English. XII.

— dasselbe, s.a. Bibliothek der Gesamt-Litteratur d. In- u. Auslandes.

—— dass. — s.a. Rauch's English Readings.

— Alhambra, s.a. Schüler-Bibliothek, englische.

—— dass. — s.a. Universal-Bibliothek Nr. 1571—1573.

—— das Alhambra. A. d. Engl. übertr. v. † Theod. Hell. 2 Bde. gr. 12. (21¼ B.) Berlin 832, Duncker u. Humblot.

—— die Alhambra. A. d. Engl. v. Joh. Sporschil. 2 Thle. 8. (30¼ B.) Braunschweig 832, Vieweg.

Irving, Washington
Die Alhambra, oder das neue Skizzenbuch. Aus dem Engl.
Frankfurt a.M.: Sauerländer 1832. VI.370 S. 8°

Irving, Washington, the Alhambra. Vollständig akzentuirt u. erläutert, z. Schul- u. Privatgebr. v. Joh. Christ. Nossek. gr. 12. (16¼ B.) Znaim 842, Fournier.

Irving, Washington, the Alhambra. Hrsg. von C. Th. Lion. gr. 8. (XX, 282 S.) Berlin 877, Weidmann'sche Buchh.

Irving, Washington [Geoffrey Crayon, Gent.]. Die Alhambra od. das neue Skizzenbuch. Wortgetreu nach H. R. Mecklenburgs Grundsätzen aus dem Engl. übers. v. R. F. 1.—5. Heft. 32. (S. 1—320). Berl. 889—91, H. R. Mecklenburg. à Heft * — 25; * 1 25

Irving, Washington, the Alhambra. Mit e. Einleitg. u. erklär. Anmerkgn. in Auswahl hrsg. v. C. Th. Lion. 2. gänzl. umgearb. Aufl. gr. 8. (VII, 146 u. Anmerkgn. 24 S.) Berlin 902. Weidmann.
Geb. in Leinw. u. geh. 1.80

Irving, Washington, Astoria, s.a. Lebensbücher der Jugend.

—— dass. — s.a. Reisen- u. Länderbeschreibungen, 14. Lfg.

—— Astoria, od. Abenteuer in d. Gebirgen u. Wäldern v. Canada. A. d. Engl. v. E. Brinckmeier. 3 Bde. gr. 12. (33⅓ B.) Braunschweig 837, G. C. E. Meyer sen.

—— dass. — od. d. Unternehmung jenseit d. Felsengebirges. A. d. Engl. v. A. v. Treskow. 2 Bde. 8. (35½ B.) Quedlinburg 837, Basse.

Irving, Washington: Astoria oder Geschichte einer Handelsexpedition jenseits der Rocky Mountains. Aus dem Englischen. Stuttgart u. Tübingen 1838. XVIII, 390 S.
= Reisen und Länderbeschreibungen der älteren und neuesten Zeit. Lfg. 11. 8°. [D 66

—— Ausflug auf d. Prairien, s.a. Reisen- u. Länderbeschreibungen, 4. Lfg.

Irving, Washington: Ausflug auf die Prairien zwischen dem Arkansas und Redriver. Stuttgart u. Tübingen 1835. 195 S.
= Reisen und Länderbeschreibungen der älteren und neuesten Zeit. Lfg. 4. 8°. [D 66

Irving, Washington. Auswahl aus seinen Schriften. Illustrirt von Henry Ritter und Wilh. Camphausen. hoch 4. (XV und 291 S. mit eingedr. Holzschn. und dem rad. Bildniß Henry Ritter's.) Leipzig 855(56,) (Brockhaus.) *

— Biographie der jungen amerikan. Dichterin Margarethe M. Davidson. Aus dem Engl. gr. 12. Leipzig 843, Brockhaus. 18 n*g*

Irving, Washington, Blossoms of the Sketch book, s. Sammlung gediegener und interessanter Werke der engl. Literatur.

Irving, Washington, Bracebridge Hall or The humorists, hrsg. v. G. Wolpert, s.: Schulbibliothek, französ. u. engl. A. 138.

— Bracebridge-Hall, übers. v. Henriette Schubert, s.a. Taschenbibl. d. ausländ. Klassiker. in wissenschaftl. Werken.

Irving, Washington
Bracebridge-Hall oder die Charaktere. Aus dem Engl. von H.S. Spiker. Bd 1.2.
Berlin: Duncker & Humblot 1823. 8°

— Bracebridge-Hall, od. die Charaktere; aus d. Engl. von S. Spiker. 2 Bde. 2e verb. (u. wohlf.) Aufl. 8. Berl. 826. Duncker u. H. 1 ℛ 8 *g*; fein P. 2 ℛ

— Bracebridge-Hall; übers. v. Henriette Schubert. 4 Thle. Mit Kpf. 16. Zwickau 826. Schumann. geh. 1 ℛ 12 *g*; roh 1 ℛ 8 *g* Ohne Kpf. 16 *g*

—— Bracebridge-Hall. Mit erklär. Anmerkn. hrsg. v. E. A. Toel. gr. 12. (22½ B.) Lüneburg 841, Herold u. Wahlstab.

—— Bracebridge Hall; or the humorists. A medley. Erklärt von C. Th. Lion. 2 Bde. gr. 8. Ebendas. [1. Bd. (224 S.) 878. ℳ 2,10.; 2. Thl. (187 S.) ℳ 1,80.]

— Bracebridge Hall; or the humorists. A medley. Erklärt von C. Th. Lion. 1. u. 2. Bd. gr. 8. Berlin 879. Weidmann. 3. 90
1. (224 S.) 2. 10. — 2. (187 S.) 1. 80

Irving, Washington

Jonathan Oldstyle's Briefe. Aus dem Englischen übers. von H.S. Spiker.
Berlin: Duncker und Humblot 1824. 92 S. 8°

— Christopher Columbus, hrsg. v. Ed. Paetsch, s.: Authors, English.

Irving, Washington [Übers.]

s. Cooper, J.F.: Sämmtliche Werke. 1828 - 1833.

—— Christmas, s. Schulbibliothek, französische und englische.

— a Chronicle of the conquest of Granada. Mit sprachwissenschaftlichen Noten und einem Wörterbuche. gr. 12. Leipzig 841, Baumgärtner's Buchh. 1 ℔

—— Chronicles of Wolfert's Roost, s. Collection of british authors.

—— neueste Crayon-Skizzen. Skizzenbuch u. Novellen v. 1839. Nach d. nordamerikan. Orig. v. Carlo Brunetti. 8. (14½ B.) Hamburg 840, Herold'sche Buchh.

Irving, Washington

Eingemachtes. Aus dem Engl.
Frankfurt a.M.: Sauerländer 1827. 108 S. 8°

Irving, Washington

Die Eroberung Granada's. Aus den Papieren Bruders Antonio Agapida. Aus dem Engl. von Karl Meurer. Bd 1-3.
Frankfurt a.M.: Sauerländer 1829. 8°

—— die Eroberung von Granada. A. d. Engl. v. † Gust. Sellen. 3 Thle. 8. (52 B.) Leipzig 830, Wienbrack.

—— die Eroberung v. Granada. A. d. Engl. v. Gust. Sellen. 3 Bde. Wohlf. Ausg. 8. (52 B.) Leipzig 836, Wienbrack.

—— Erzählungen, s. Schüler-Bibliothek, englische.

Irving, Washington

Erzählungen. Auswahl aus Gottfried Crayon's Skizzenbuch. Aus dem Engl. von Wilhelm Adolf Lindau.
Dresden: Arnold 1822. II, 150 S. 8°

Irving, Washington

Erzählungen eines Reisenden. Aus dem Engl. von H.S. Spiker. Bd 1.2.
Berlin: Duncker & Humblot 1825. 8°

—— Erzählungen aus Tales of the Alhambra, s. Authors, English.

— vier Erzählungen. Für den Schulgebrauch hrsg. v. Péronne. I. Tl.: Einleitung u. Text. II. Tl.: Anmerkungen u. Wörterverzeichnis. 8. (VII, 239 S.) Leipzig 901. G. Freytag. Geb. in Leinw. u. geh. n. 2.—

IRVING, Washington

Washington Irving. Vier Erzählungen. Für den Schulgebrauch herausgegeben von Dr. Péronne. I. Theil: Einleitung und Text. II. Theil: Anmerkungen und Wörterverzeichnis. (Freytags Sammlung französischer und englischer Schriftsteller.) Wien und Prag. 1901. Tempsky. 8°. 13, VII, 239 S. Geb. K 2.40

— 4 Erzählungen. Für d. Schulgebrauch hrsg. v. Péronne. 1. Aufl. 2. Abdr. (VI, 150 S.) 8. Wien 910. F. Tempsky.— Leipzig, G. Freytag. Geb. 1.50; Wörterbuch (89 S.) — 80

— Essays and Sketches. (Tilt's miniature classical library.) Mit 1 Holzschn. 32. Carlsruhe 839. Creuzbauer. ⅔ ℔

—— Essays and Sketches. (Tilt's miniature classical library.) 32. (224 Seit. u. 1 Holzschn.) Carlsruhe 839, [Nöldeke.]

Knickerbocker, Diedrich (d. i. *Washington Irving*), Humoristische Geschichte von New-York, von Anbeginn der Welt bis zur Endschaft der holländischen Dynastie. In 7 Büchern. Aus d. Engl. übersetzt. Frankfurt a. M., 1829. 8°. 298 S. u. 3 Bll. (4 Mk. Oskar Rauthe, Berlin, 1908.)
— — — — Dasselbe. New-York 1851. (Philadelphia, E. Schäfer.) 8°. (In engl. Einbd. n. 1 Rthl.)
Adolf Büchting, belletrist. Cat. Nordhausen 1860.

—— Dietrich Knickerbocker's humoristische Geschichte von New-York, von Anbeginn der Gründung der Colonie durch Hendrik Hudson, bis zur Endschaft der holländ. Dynastie. 8. (256 S. mit eingedr. Holzschn.) New-York 851. (Philadelphia, E. Schäfer.) *

—— Geschichte des Kalifen, s. Hausbibliothek, historische.

Irving, Washington. Geschichte der Khalifen vom Tode Mohameds bis zum Einfall in Spanien. (333) 8. Leipzig 1850. — 2. Aufl. ib. 1865. — 3. Aufl. ib. 1874. 3,00.

—— Geschichte der Kalifen. Vom Tode Mohamed's bis zum Einfall in Spanien. Neue (Titel-)Ausg. gr. 8. (VIII und 333 S.) Leipzig (854)65, Senf.

—— Geschichte der Kalifen. Vom Tode Mohamed's bis zum Einfall in Spanien. 3. (Titel-)Ausg. gr. 8. (VIII, 333 S.) Leipzig (865)74, Senf.

—— die Geschichte des Lebens u. d. Reisen Christoph's Columbus. A. d. Engl. übers. v. Ph. A. G. v. Meyer. 1. Aufl. 4 Thle. 828, 29. 3 Thlr. 16 Gr., (Neue Ausg.) 12 Bdchn. (à 104 B., 2 Karten u. 4 Kpfr.) kl. 8. Frankfurt a. M. 832, Sauerländer. 2 Thlr. 8 Gr., Vlnp.
Vgl. dess. „sämmtl. Werke," 20–31. Bdchn.

—die Geschichte des Lebens u. der Reisen Christophs Columbus; aus d. Engl. übers. 12 Bdchen. (Neue Ausg. mit 2 Karten u. Kpf.) 16. Frankf. 828 u. 29. Sauerländer. In Congrevedruck-Umschlag. 2 ℔ 8 gℓ Velinp. 3 ℔ 16 gℓ

—— die Geschichte d. Lebens u. d. Reisen Christoph's Columbus. Im Auszuge f. d. Jugend bearb. v. Rud. Friedner. M. 1 Karte. 8. (20 B.) Neustadt a. d. Haardt 829, Christmann.

Irving, Washington, Oliver Goldsmith, s. Collection of British authors.

—— Oliver Goldsmith. Eine Lebensbeschreibung. Aus dem Engl. 8. (X und 365 S.) Berlin 858, Mertens.

—die Handschrift Diedrich Knickerbokers d. Jüngern; aus d. Engl. 8. Leipz. 825. Rein. 12 gℓ

— Dolph Heyliger, s.: Rauch's English readings

— dasselbe, s. Meyer's Volksbücher.

—— Kerkergenossen. Roman. N. d. Engl. v. Geo. Lotz. 2 Bde. 8. (26 B.) Berlin 841, Jonas Verlsbuchh.

Irving, W. Königsmark, s. a. Königsmark. (DARP)

—Königsmark der lange Finne. Ein Roman aus der neuen Welt. 2 Bde. 8. Berl. 824. Herbig. 2 ℔ 12 gℓ

—— das Leben Mohammeds, s. a. Hausbibliothek, historische.

—— das Leben Mohammed's. Neue (Titel-)Ausg. gr. 8. (254 S. mit 1 Stahlst.) Leipzig (850)65, Senf.

—— das Leben Mohammed's. 3. (Titel-)Ausg. gr. 8. (254 S. mit 1 Stahlst.) Ebendas. (865)69.

Irving, Washington. Leben und Reisen des Christoph Columbus. Deutsch von Ph. Ant. G. v. Meyer. 4 Bde. 8. Frankfurt a/M. 1828. 14,00. — 2. Ausg. 12 Bdch. (104 B.) 8 M. 2 Krtn. ib. 1832. 7,00. — Deutsch von Fr. Hch. Ungewitter. 4 Bde. 8. ib. 1828. 9,00.

—— des Christoph Columbus Leben u. Reisen. A. d. Engl. v. F. H. Ungewitter. 4 Bde. 8. Frankfurt a. M. 828, 29, [Wesche'sche Vrlsb.]

—— Christoph Columbus Leben u. Reisen. Auszug v. d. Verf. A. d. Engl. übers. gr. 8. (23½ B.) Stuttgart 833, Cotta.

Irving, Wash. Das Leben Georg Washingtons. Hrsg. von Frdr. Bülau. 5 Bde. (L. 1870) 8. Leipzig 1855–60. 12,00. Lebensgeschichte Georg Washingtons. A. d. Engl. von dem Übersetzer der Werke Prescotts. 5 Bde. (LXXVI. 2181) 8. ib. 1856–59. 15,00.

—— das Leben George Washingtons. Hrsg. von Friedr. Bülau. 4. und 5. Bd. (Schluß.) gr. 8. Leipzig 858,60, Lorck. [4. Bd. (XI und 398 S.) 5. (XIII und 280 S.) à Bd. * 1 Thlr.] *
Bd. 1—3, s. : Geschichtschreiber, moderne.

Irving, Washington. Lebensgeschichte Georg Washington's. Aus d. Engl. Leipzig 1856—59. Ü (1): *Eberty, Julius Hermann.* (2): *Kirbach, Franz Moritz.* (Kat. d. Bibl. d. dtsch. Reichstages. Berl. 1882.)

—— Lebensgeschichte Georg Washington's. Aus dem Engl. von dem Uebersetzer der Werke Prescott's. 1. und 2. Bd. 8. Leipzig, Brockhaus. [1. (XVI und 423 S.) 2. (XVI und 484 S.) 856. à Bd. * 1 Thlr.] *

—— Lebensgeschichte Georg Washington's. Aus dem Engl. von dem Uebersetzer der Werke Prescott's. 3—5. Bd. 8. Leipzig 857—59, Brockhaus. [3. Bd. (XVI und 471 S.) 4. (XIII und 470 S.) 5. (XV und 336 S.) à Bd. * 1 Thlr.] *
1. und 2. Bd. Ebendas. 1856. * 2 Thlr.

—— Die Legende v. der Schlafhöhle; Dolph Heyliger, s. Meyer's Volksbücher.

— life and customs in old England, hrsg. v. J. Klapperich, s. a. Schriftsteller, englische u. französische, der neueren Zeit. XVI.

Life and customs in old England from the Sketch Book of **Washington Irving.** Für d. Schulgebr. bearb. von Prof. Dr. J[osef] Klapperich. *Glogau: C. Flemming 1902.* (VI, 88 S.) 8°
— Schriftsteller, Englische u. französische, d. neueren Zeit. Bdch. 16. Ausg. A. [o3. 10715]

Life and customs in old England from the Sketch Book of **Washington Irving.** Ed. with explanatory notes by Prof. Dr. J[osef] Klapperich. With num. ill. *Glogau: C. Flemming 1902.* (VI, 92 S.) 8°
— Schriftsteller, Englische u. französische, d. neueren Zeit. Bdch. 16. Ausg. B. [o3. 10716]

—— the life of Mahomet, siehe: Collection of British authors, vol. 191.

—— the life and voyages of Christopher Columbus. Abridged by the same for the use of schools. — Mit grammat. Erläutern. u. e. Wörterbuche. Zum Schul- u. Privatgebr. 8. (20 B.) Leipzig 832, Baumgärtner.

—— the life and voyages of Christopher Columbus. Abridged by the same for the use of schools. Mit grammat. Erläutern. u. e. Wörterbuche. Zum Schul- u. Privatgebr., 2. verb. Aufl. (14⅙ B.) 837., 3., verb. A. gr. 12. (14 B. u. farb. Titbild.) Leipzig 840, Baumgärtners Buchh. à

—— the Life and Voyages of Christopher Columbus. Abridged by the same for the use of schools. Mit grammat. Erläuterungen u. e. Wörterb. 4., verb. Aufl. 8. (20 B.) Leipzig 846, Baumgärtner's Buchh.

—— the Life and Voyages of Christopher Columbus. With a copious vocabulary compiled by E. Amthor. Revis. Edit. 16. (21 B. u. 1 Holzschn.) Leipzig 846, Renger'sche Bh.

—— the life and voyages of Christopher Columbus. Abridged by the same for the use of schools. Mit grammat. Erläuterungen und einem Wörterbuche. Zum Schul- und Privatgebrauche. 5., mit Ster. gedr. Aufl. 8. (XII und 308 S. mit 2 Stahlst.) Leipzig 853, Baumgärtners Buchh.

Irving, Washington, the life and voyages of Christopher Columbus. Abridged by the same for the use of schools. Mit grammat. Erläuterungen und einem Wörterbuche. Zum Schul- und Privatgebrauche. 6. Aufl. 1857. und 7., mit Ster. gedr. Aufl. 8. (XII und 308 S. mit 2 Stahlst.) Leipzig 861, Baumgärtner's Verlagsbuchh. Thlr.

— — Herausg. und mit einem ausführlichen Wörterbuche versehen von H. J. Lohmann. Quedlinburg 863. Basse. 8. (VIII, 320 S.) 20 ngr.

—— the life and voyages of Christopher Columbus. Abridged by the same for the use of schools. Mit grammat. Erläuterungen und einem Wörterbuche. Zum Schul- und Privatgebrauche. 8., mit Ster. gedr. Aufl. 8. (XII und 308 S. mit 2 Stahlst.) Leipzig 866, Baumgärtner's Buchh.

—— dass. — Hrsg. und mit einem ausführl. Wörterbuche versehen von H. J. Lohmann. 8. (VIII und 320 S.) Quedlinburg 863, Basse.

Irving, Washington, the life and voyages of Christopher Columbus. Abridged by the same for the use of schools. Mit grammat. Erläuterungen u. einem Wörterbuche. Zum Schul- und Privatgebrauche. 9. Aufl. 1869, und 10. verb. Aufl. 8. (XII, 308 S. mit 2 Stahlst.) Leipzig 873, Baumgärtner's Buchh.

—— dass. — Zum Schul- und Privatgebrauche bearb. und ausgestattet mit einem Wörterbuche, sowie mit erläut. Anmerkungen von J. B. Peters. 8. (VII, 263 S.) Leipzig 873, Brauns.

— dasselbe. Vorgeschichte u. erste Entdeckungsreise. Erklärt von E. Schridde. gr. 8. (208 S.) Berlin 878. Weidmann. 1. 80

—— dass. — Abridged by the same for the use of schools. Mit grammat. Erläuterungen und einem Wörterbuche. Zum Schul- und Privatgebrauche. 11. Aufl. Revid. von M. v. Metzsch. 8. (VIII, 308 S.) Leipzig 878, Baumgärtner's Buchh.

—— the Life and Voyages of Christopher Columbus. Abridged by the same for the use of schools. Mit grammat. Erläuterungen und einem Wörterbuche. Zum Schul- und Privatgebrauche. 12. völlig neurevid. Aufl. 8. (IV, 308 S.) Leipzig 882, Baumgärtner's Buchh. geb.

—— the life and voyages of Christopher Columbus. Vorgeschichte und erste Entdeckungsreise. Erklärt von E Schridde. 2. Aufl. gr. 8. (XIV, 208 S.) Berlin 886 Weidmann'sche Buchh. 1 50
—— dass. — s. Authors, English, for the use of schools.

—— The life and voyages of Christopher Columbus. Zum Schul- u. Privatgebrauch hrsg. v. J. Bauer u. Th. Link. Mit Questionnaire, Wörterverzeichnis u. Karte. 8. (IV, 138 S.) Münch. 892, Lindauer. * 1 20
—— dass. — s. Authors, English.

The life and voyages of Christopher Columbus by Washington Irving. Vorgeschichte u. erste Entdeckungsreise. Erkl. von E[rnst] Schridde, Prof. [Text u.] Anm. 3. Aufl. Berlin: Weidmann 1907. 2 Bde 8°
(Weidmannsche Sammlung franz. u. engl. Schriftsteller.) [07. 4901

—— Life of George Washington, s. Collection of british authors.

Irving, Washington, lives of the successors of Mahomet, siehe: Collection of British authors, vol. 192.

—— Miscellaneen. A. d. Engl. v. † H. Roberts. 2 Bde. 16. Braunschweig 835, Vieweg u. Sohn. à 1⅓ Thlr.
A. u. d. Titn.:
Bd. 1. Abbotsford und Newstead-Abtei. (20⅝ B.)
" 2. Eine Wanderung in die Prairien. (22 B.)
Vgl. unten dess., Wanderbuch rc.

—— Wolfert's Roost, s. Wigand's pocket miscellany.

—— Wolfert's Rust, s. Conversations- und Reisebibliothek.

—— Sagen von der Alhambra, s. Meyer's Volksbücher.

—— Sagen von d. Eroberung u. Unterjochung Spaniens. A. d. Engl. übers. v. Lenardo. gr. 12. (10⅚ B.) Aachen 839, Hensen u. Comp.

—— ausgewählte Schriften. Hrsg. v. J. B. Adrian. 1—4. Thl. 2., verb. Aufl. 16. (31¼ B.) Frankfurt a. M. 846, 47, Sauerländer's Verl. à
A. u. d. Titn.:
Thl. 1. Gottfried Crayon's Skizzenbuch. (30¼ B. u. 2 Stahlst.)
" 2. Bracebridge-Hall od. die Charaktere. (31¼ B. u. 2 Stahlst.)
" 3. Erzählungen eines Reisenden. (31¾ B. u. 2 Stahlst.)
" 4. Alhambra, od. das neue Skizzenbuch. — Abbotsford u. Newstead-Abtei. — Eine Reise auf den Prairien. (43¼ B. u. 2 Stahlst.)

—— a selection from the sketch-book, s. Authors, English, for the use of schools.

— a selection from the sketch-book, s.: Collection of british a. american standard authors.

- A selection from the sketch book of Geoffrey Crayon, Gent ed. by R. Nuck, s.: Collection of famous authors. III.

— selection from the sketchbook, s.: Library, english.

— Selections from sketch book, hrsg. v. E. E. Kellett, n. F. H. Marseille, s.: Reformbibliothek, neusprachliche. 11.

—— Selections from (his) works. Illustrated by Henry Ritter and William Camphausen. With the portr. of Henry Ritter (in steel-engr.) hoch 4. (XV und 276 S. mit eingedr. Holzschn.) Leipzig 855(56,) (Brockhaus.) *

(—) Selections from the works of Washington Irving. Illustrated by Henry Ritter and William Camphansen. With the portr. of H. Ritter (in Stahlst.). Leipzig 856. Brockhaus. 4. (XV, 276 S. mit Holzschn. im Text.) n. 5 ₰.

— The sketch book, hrsg. v. K. Boethke, s.: Authors, English.

— dasselbe, hrsg. v. G. Knauff, s: Authors, English.

— The sketch book, hrsg. v. Alfr. Roedel, s.: Authors, English.

—— sketch book, s.a. Collection of british authors.

— Sketch Book, s.a. Crayon.

—— sketch-book, Wörterbuch dazu, s. Lohmann, J. H.

- The sketch-book, s.a. Reuter's Bibliothek f. Gabelsberger-Stenographen.

— dasselbe, erklärt von Hugo Wernekke, s.: Schulbibliothek, französische u. englische, A. 38.

— dasselbe, hrsg. v. K. Boethke u. Arth. Lindenstead, s.a. Velhagen & Klasing's Sammlung französischer u. englischer Schulausgaben. Nr. 18.

—— Sketch Book. Mit e. Einleit. üb. Irving's Leben u. Schriften u. erklär. Anmerkn. hrsg. v. E. A. Toel. gr. 12. (2⅓ B.) Lüneburg 840, Herold u. Wahlstab.

—— the sketch book. Für Schulen und zum Privatunterrichte in der engl. Sprache. Mit Erläuterungen und einem ausführl. Wörterbuche versehen von J. H. Lohmann. 8. (IV, 310 und Wörterbuch 124 S.) Quedlinburg 861, Basse.

—— the Sketch-Book. Für Schulen und zum Privatunterrichte in der engl. Sprache. Mit Erläuterungen und einem ausführl. Wörterbuche versehen von J. H. Lohmann. gr. 8. (IV, 433 S.) Quedlinburg 869, Basse.

—— The sketch book. Mit Erläutergn. v. G. H. Lohmann. 2. umgearb. Aufl. v. G. Langreuter gr. 8. (VI, 319 S.) Quedlinb. 889. — Braunschw., Wißmann. 1 50; Wörterbuch dazu (106 S.) * 1 —
—— dass. — Erklärt v. Emil Pfundheller. I. Bd. Mit 1 Skizze der Westminster-Abtei. 2. Aufl. gr. 8. (XV, 208 S.) Berl. 889, Weidmann. * 1 50
—— dass. — s. Authors, English.

— sketch book. Selections. Zum Schul- u. Privatgebrauch hrsg. v. A. Englert. M. Wörterverzeichnis u. 1 Plan. 12. (VII, 110 S.) München 898. J. Lindauer. n. 1. 20; kart. n. 1. 40

Washington Irving. The Sketch Book. Philadelphia: Altemus (1899). 483 S. 8° [1c. 7038

The sketch book by Washington Irving. M. Anm. z. Schulgebr. hrsg. v. Prof. K[arl] Boethke, I. Oberl. ... zu Thorn (2: v. Dr. G[ustav] Knauff, Oberl. ... zu Charlottenburg). Bdch. 1. 2. [Nebst] Anh. z. I. u. II. [u.] Wörterbuch zu I. II. *Bielefeld & Leipzig: Velhagen & Klasing, 1889—[97].* 6 Bde 8.
1 ... 1889. (XII, 120 S., 1 Bl.) 2 ... 1896. (V, 122 S.)
Anh. I. Anm. ... (1889.) (53 S.) II. Anm. ... (1896.) (50 S., 1 Bl.)
Wörterbuch. I. (Von B. Klatt, ord. Lehrer ... in Berlin.) (1889.) (64 S.)
Wörterbuch. II. (Von Dr. Hermann Engelmann, Oberl. ... zu Berlin. [1897.] (74 S.)
= Sammlung, Velhagen & Klasings, französ. u. engl. Schulausgaben. Engl. authors. Lfg 47. 67 B. [97. 8058

The sketch book by Washington Irving. Abridged Ed. for Schools. With Pref. and Ann. by Prof. K[arl] Boethke, Thorn, & Arthur Lindenstead, Berlin. Vol. 1. Bielefeld & Leipzig: Velhagen & Klasing 1905. 8°
= Sammlung, Velhagen & Klasings, franz. u. engl. Schulausgaben. Reformausgaben. No 12. [05. 3133

— the Sketchboock by Gotfrey Crayon. gr. 8. Leipz. 823. Fr. Fleischer. 3 ₰

—— the Sketchbook of Geoffrey Crayon, Gent. Erklärt von Emil Pfundheller. 2 Bde. Mit 1 (eingedr.) Skizze der Westminster-Abtei. gr. 8. (XVI, 208; 228 S.) Berlin 880, Weidmann'sche Buchh. à Bd. ℳ 1.80.

— dasselbe, s.a. Authors, English.

— dasselbe, Wörterbuch dazu, s.: Lohmann, J. H.

— dasselbe, s.a. Rauch's English readings.

— dasselbe. Mit Erläutergn. versehen v. J. H. Lohmann. 2. Aufl. v. G. Langreuter. gr. 8. (VIII, 319 S.) Quedlinburg 885. Basse. n. 2. 50

—— the sketch-book of Geoffrey Crayon, Gent. 8. (379 S.) Leipzig 886, Gressner und Schramm. geb. * 3 —

— the sketch book of Geoffrey Crayon. Erklärt von E. Pfundheller. I. Bd. Mit 1 Skizze der Westminster-Abtei. 2. Aufl. gr. 8. (XV, 208 S.) Berlin 889. Weidmann. n. 1. 50

— dasselbe. Mit Erläutergn. versehen v. G. H. Lohmann. 2., umgearb. Aufl. v. G. Langreuter. gr. 8. (VI, 319 S.) Quedlinburg 889. Braunschweig, Wißmann. 1. 50; Wörterbuch dazu (106 S.) n. 1. —

— English sketches, s.: Schulbibliothek, französische u. englische.

—— Sketches of a traveller, s. Bibliothek der englischen Literatur.

—— zehn charakteristische Skizzen aus dem Sketch Book, m. Anmerkgn. versehen v. Karl Deutschbein. 2. Aufl. gr. 8. (IV, S. 57—132.) Cöthen 889, Schulze Verlag. * — 90
Aus: Deutschbein, Karl. Irving-Macaulay-Lesebuch (s. d.), besonders abgedruckt.

—— Skizzenbuch, s.a. Hausbibliothek ausländischer Classiker.

—— dass. — s.a. Universal-Bibliothek Nr. 1031—1034.

— das Skizzenbuch. Wortgetreu nach H. R. Mecklenburgs Grundsätzen aus dem Engl. übers. v. R. T. 1—3. Hft. 32. (192 S.) Berlin 884. 85. H. R. Mecklenburg. à n. — 25

—— Gottfried Crayons Skizzenbuch, s.a. Bibliothek der Gesamt-Litteratur des In- und Auslandes.

Irving, Washington
Gottfried Crayon's Skizzenbuch. Aus dem Engl. von S.S. Spiker. Bd 1.2.
Berlin: Duncker & Humblot 1825. 8°

—— Gottfrieds Crayon's Skizzenbuch. Aus dem Engl. 3., sorgfältig verb. Aufl. 8. (382 S.) Frankfurt a. M. 870, Sauerländer's Verlag.

—— das Skizzenbuch von Geoffrey Crayon, Esquire. Wortgetreu nach H. R. Mecklenburg's Grundsätzen aus dem Engl. übers. von R. T. 2. und 3. Heft. 32. (S. 65—192.) Berlin 885, H. R. Mecklenburg. à Heft * — 25
1. Heft. Ebendas. 1884. * 25 Pf.

— tales of the Alhambra, s.a. Authors, English. —

— dasselbe, s.a. Rauch's English readings.

– Tales of the Alhambra, s.a. Reuter's Bibliothek f. Gabelsberger-Stenographen.

—— dass. — s.a. Sammlung gediegener und interessanter Werke der engl. Literatur.
Vgl.: Laun, Adf.

Irving, Washington, tales of the Alhambra, s.: Schulbibliothek, französische u. englische.

—— Tales of the Alhambra. Accentuirt u. m. ein. vollständigen grammat. Commentar u. phraseolog. Noten z. Schul- u. Privatgebr. hrsg. v. Frz. Bauer. 1. Lfg. 16. (9½ B.) Celle 845, Schulze'sche Buchh. —

— Tales of the Alhambra. — With a copious vocabulary compiled by E. Amthor. Revised Edition. 16. (Mit 1 Holzschn.) Leipzig 846, Renger. ½ ₰

—— the same. — Accentuirt und mit einem vollständ. grammat. Commentar und phraseolog. Noten zum Schul- und Privatgebrauch hrsg. von Frz. Bauer. Mit einem Wörterbuche. 16. (VII und 463 S.) Celle 847, Schulze'sche Buchh. *

—— Tales of the Alhambra. With a copious vocabulary compiled by E. Amthor. Revised edition. 8. (IV und 260 S.) Leipzig 851, Renger'sche Buchh.

—— Tales of the Alhambra. Accentuirt mit einem vollständ. grammat. Commentar und phraseolog. Noten, unter steter Hinweisung auf Wagner's „Neue engl. Sprachlehre" und einem gedrängten Wörterbuche zum Schul- und Privatgebrauche, hrsg. von Frz. Bauer. 2., revid. Aufl. gr. 12. (X und 374 S. mit Portr. in Stahlst.) Celle 853, Schulze'sche Buchh. *

—— Tales of the Alhambra or the new sketch-book. Zum Schul- und Privatgebrauch mit grammat. und phraseolog. Noten, Bezeichnung der Tonsilben und einem Wörterbuche versehen von Frz. Bauer. 3. Aufl. 12. (XII und 308 S.) Celle 863, Schulze'sche Buchh.

—— Tales of the Alhambra or the new Sketch-Book. 5th edit. with German notes and a vocabulary for the use of schools and private teachers by Frz. Bauer. 8. (IV, 325 S.) Celle 873, Schulze'sche Buchh.

Irving, Washington, Tales of the Alhambra. With a copious vocabulary, compiled by E. Amthor. 5th edit. 8. (IV, 260 S.) Leipzig 882, Renger'sche Buchh.

—— tales of the Alhambra. With a copious vocabulary compiled by E. Amthor. 6th edit. kl. 8. (260 S.) Leipzig 888, Renger'sche Buchh. 1 50
—— dass. — s. Authors, English, for the use of schools.

—— American Tales (aus The Sketch-Book), s. Schulbibliothek, französische u. englische.

— Tales from sketch-book, erkl. v. Geo. Wolpert, s.: Schulbibliothek, französische u. englische.

—— Tales of a Traveller. Mit erklärenden Anmerkungen hrsg. v. E. A. Toel. gr. 12. (22 B.) Lüneburg 841, Herold u. Wahlstab.

— voyages and Discoveries of the Companions of Columbus. Mit Noten zur Erklärung des Textes u. zur Erleichterung der Aussprache, nebst e. Wörterbuche. Mit 1 Karte. 8. Leipzig 835. Baumgärtner. 1 ₰ — 2e Aufl. 837, 3e verb. Aufl 840. ¾ ₰ (Vergl. Tbl. III. S. 274.)

Irving, Washington, Voyages and Discoveries of the Companions of Columbus. Mit Noten z. Erklär. d. Textes u. z. Erleichterung d. Aussprache, nebst e. Wörterbuche. 8. (23½ B. u. 1 Karte.) Leipzig 835, Baumgärtners Buchh. Thlr.

— Voyages and discoveries of the Companions of Columbus. With a complete vocabulary compiled by E. Amthor. Revised Edition. 16. (Mit 1 Holzschnitt.) Leipzig 846, Renger. 18 ngl

—— voyages and discoveries of the companions of Columbus. Mit einer Einleitung und erklärenden Erläuterungen hrsg. von C. Th. Lion. 8. (XXVIII, 264 S.) Leipzig 885, [Baumgärtner's Buchh.] Dresden, Kühtmann. geb. 1 80

— Wanderbuch. A. d. Engl. 2 Thle. 8. Berlin 835, Veit u. Comp. à 1 Thlr.

A. u. d. Ttln.:

Thl. 1. Reise durch die Prairien. (17⅛ B.)

„ 2. Abbotsford u. Newstead, od. Walter Scott u. Byron. (19⅝ B.)

Vgl. oben, dess. Miscellaneen.

Irving, Washington. Sämmtliche Werke, übersetzt . . . Frankfurt a. M. 1826—35. Ü: *Meurer, Carl F., Phil. Ant. Guido von Meyer & Andere.* (ErschDL)

Irwing, Wash., sämmtl. Werke. Uebersetzt v. Mehreren u. hrsgg. v. Chr. Aug. Fischer. 1s—47s Bdchen. 12. Frankf. 826—832. Sauerländer. 6 ℛ 4 gℓ Velinpap. 8 ℛ 18 gℓ (1s—6s Bdchen, A. u. d. T.: Gottfr. Crayons Skizzenbuch. 6 Bdchen. 826. 18 gℓ Velinpap. 1 ℛ — 7s—12s Bdchen. A. u. d. T.: Erzähll. e. Reisenden. 1s—6s Bdchen. 827. 18 gℓ Velinp. 1 ℛ — 13s—18s Bdchen. A. u. d. T.: Bracebridge-Hall, od. die Charaktere. 6 Bdchen. 827. 18 gℓ Velinp. 1 ℛ — 19s Bdchen. A. u. d. T.: Eingemachtes. 827. 6 gℓ Velinp. 8 gℓ — 20s—31s Bdchen. A. u. d. T.: die Geschichte des Lebens u. die Reisen Christoph Columbus. 828—830. 1 ℛ 16 gℓ Weiß P. 2 ℛ 12 gℓ Velinp. 3 ℛ 16 gℓ — 32s—37s Bdchen. A. u. d. T.: die Eroberung von Granada. 16 gℓ Weiß P. 1 ℛ 4 gℓ — 38s—40s Bdchen. A. u. d. Titel: Humonist. Geschichte von New-York. 8 gℓ Weiß P. 12 gℓ — 41s—43s Bdchen. A. u. d. T.: Reisen der Gefährten des Columbus. Uebers. v. Ph. A. G. v. Meyer. 1s—3s Bdchen. 831. 9 gℓ Velinp. 14 gℓ — 44s—47s Bdchen. A. u. d. T.: die Alhambra, od. das neue Skizzenbuch; aus d. Engl. 832. 12 gℓ Velinp. 16 gℓ)

— sämmtl. Werke. Uebers. v. Mehreren. 18—53. Bdchn. (Bis 19. Bdchn. hrsg. v. C. A. Fischer.) kl. 8. Frankfurt a. M. 827—35, Sauerländer. 4 Thlr. 11 Gr., weiß Drckp.

A. u. d. Ttln.:

Bdchn. 18. Bracebridge-Hall. 6. Bdchn. (8 B.) 827. 8 Gr., weiß Drckp. 4 Gr.

„ 19. Eingemachtes. (6¼ B.) 827. 3 Gr., weiß Drckp. 4 Gr.

„ 20—31. Die Geschichte d. Lebens u. d. Reisen Christoph's Columbus. 12 Bdchn. (104 B.) 828. 1 Thlr. 16 Gr., weiß Drckp. 2 Thlr. 12 Gr.

„ 32—37. Die Eroberung Granada's, aus d. Papieren Bruder's Antonio Agapida. Uebers. v. K. Meurer. 6 Bdchn. (44 B.) 829. 16 Gr., weiß Drckp. 1 Thlr. 4 Gr.

„ 38—40. Humoristische Geschichte v. New-York, v. Anbeginn d. Welt bis zur Endschaft d. holländ. Dynastie. Von Dietrich Knickerbocker. (19 B.) 829. 8 Gr., weiß Drckp. 12 Gr.

„ 41—43. Reisen der Gefährten d. Columbus. Uebers. v. Ph. A. G. v. Meyer. 3 Bdchn. (26 B.) 831. 9 Gr., weiß Drckp. 14 Gr.

„ 44—47. Die Alhambra, od. das neue Skizzenbuch. 4 Bdchn. (23¼ B.) 832. 12 Gr., weiß Drckp. 16 Gr.

„ 48—50. Eine Reise auf d. Prairien. 3 Bdchn. (16½ B. u. d. Bildn. d. Verf.) (16½ B.) 835. 8 Gr., weiß Drckp. 12 Gr.

„ 51—53. Abbotsford u. Newstead-Abtei. 3 Bdchn. (15½ B.) 835. 8 Gr., weiß Drckp. 12 Gr.

1—17. Bdchn. Ebendas. 1826, 27. 2 Thlr. 10 Gr., weiß Drckp. 3 Thlr. 4 Gr.

Irving, Washington, sämmtl. Werke. Uebers. v. Mehreren. 54—74. Bdchn. kl. 8. Frankfurt a. M. 836, 37, Sauerländer. * 2⅙ Thlr., weiß Drckp. *

A. u. d. T.:

Bdchn. 54—56. Erzählungen von d. Eroberung Spaniens. A. d. Engl. (18 B.) * 8 Gr., weiß Drckp. * 12 Gr.

„ 57—65. Astoria. 3 Thle. (52½ B.) * 1 Thlr., weiß Drckp. * 1 Thlr. 12 Gr.

„ 66—74. Abentheuer d. Capit. Bonneville, od. Scenen jenseits d. Felsgebirge d. fernen Westens. A. d. Engl. v. F. L. Rhode. 3 Thle. (44 B.) * 20 Gr., weiß Drckp. * 1 Thlr. 8 Gr.

1—53. Bdchn. Ebendas. 1826—35. * 6 Thlr. 20 Gr. weiß Drckp. * 9 Thlr. 22 Gr.

— dies. — Kupfersammlung dazu, s. Kupfersammlung rc.

— Rip van Winkle, s. e. Volksbücher. Wiesbadener.

— Rip van Winkle. Illustriert durch 50 Aquarelle v. Arth. Rackham. (47 S.) Lex.-8. Leipzig 905. E. A. Seemann. In Leinw.-Mappe n. 20. —

—Works. Vol. I—III. The sketch Book of Geoffr. Crayon. Mit 3 Kpf. 16. Zwickau, Schumann. 1 ℛ 3 ℛ Roh 1 ℛ

Irving's, Washington, complete Works, in one Volume, with a memoir of the author. (VI Part.) Schmal gr. 4. (161 B. u. J's. Bildn. in Kpfrst.) Francfort o. M. 834, Schmerber.

— the same, s. a. Pocket-Edition.

Irvingianismus, der. gr. 8. (16 S.) Breslau 877, (Dülfer's Verlag.)

Aus: Frohe Botschaft, besonders abgedruckt.

Irwin, Eyles. Begebenheiten einer Reise auf dem rothen Meere . . . A. d. Engl. Leipz. 1781. Ü: *Engelbrecht, Joh. Andreas.* (MGT) (Ky) (Schr) (Roterm)

Irwin, Eyles, Begebenheiten einer Reise auf dem rothen Meere, d. arab. u. ägypt. Küste u. durch d. thebaische Wüste. Aus d. Engl. (v. J. A. Engelbrecht). Mit Kpf. u. Karten. gr. 8. Lpz. 781. Weidmann. 1 ℛ 8 gℓ

Irwing, Karl Franz

(K. Fr. v. **Irwing's**) Gedanken üb. d. Lehrmethode in d. Philosophie. *Berl.*, Realschulbuchh. 773. 8° 3 gℓ

v. Irwing, Karl Frz., († d. 17. Dec. 1801.) Erfahrr. u. Untersuchungen über d. Menschen. 8. Berl. 772. 2e verm. Aufl. in 4 Bden. 8. Ebd. 777—85. Reimer. 2 ℛ 16 gℓ

K. Fr. v. **Irwing's** Erfahrr. u. Untersuchh. üb. d. Menschen. *Berl.*, Realschulbh. 777-85. 4 Bde. 8° 2 ℛ 16 gℓ

Fragmente der Naturmoral, oder Betrachtungen über die natürlichen Mittel der Glückseligkeit: bei Gelegenheit der Mannheimer Preisaufgabe über die Mittel, dem Kindermorde Einhalt zu thun (von *Karl Frz. von Irwing*). Berlin 1782. 8°.

Auszug in Krünitz' Encyclopädie, Art. Kindermord.

— s. a. Versuch über d. Ursprung d. Erkenntniß d. Wahrheit.

(K. Fr. v. **Irwing's**) Versuch über d. Urspr. d. Erkenntn. d. Wahrh. u. d. Wissenschaften. *Berl.*, Voss. 781. 8° 8 gℓ

Irwing, Raph., Versuch mit d. rothen u. feinröhr. peruvian. Rinde, nebst Beobachtt. über ihre Geschichte, Wirkungsart u. Gebrauchsart rc. Eine gekrönte Abhandl. Aus d. Engl. gr. 8. Leipz. 787. Schwickert. 6 gℓ

Irwing, Wilhelm (Tilsit), De usu practico denunciationis evangelicae ad cap. 13. X. de judiciis. Diss. jur. canon. Präs. Christian Thomasius. Halle (Christian Henckel) 16. IV. 1712. 48 S. (7.—) 17030

— — Dasselbe. Halle (Hendel) 1749. 48 Seiten. (6.50) 17031

Irydion. 8. Berlin 840. B. Behr. n. 2 ℛ

Irydion. gr. 8. (288 S.) Posen 851, W. Stefański.

Irydion. Nowe wydanie. 8. (259 S.) Naumburg 861, Maurer. *

Irza e Marsi, o sia l'isola maravigliosa, poema in due canti trad. dal francese. 8. Parigi. (Pott in Lausanne.) 770.

Iś [illegible] Mandecode [illegible] 8° [illegible] 10

Isaac. Eine Vorbildung des Erlösers. [Salzburg 174?] V: *Metastasio, Pietro von.* (Hr) S. a. »Metastasio«.

Isaak, ein Vorbild des Erlösers. Oratorium für die Königliche Hofkapelle in Dresden am heiligen Ostersonnabend 1817. Dresden. V: *Metastasio, Pietro.* (Biblport)

Isaac ben David, Dibre Emet (verba vera). Responsa, commentarii, conciones. (In hebr. Sprache.) Fol. (IX und 350 S.) Berlin 862, Cohn. *

Isaac Syrus

— Gedichte, s.: Bibliothek der Kirchenväter.

Isaac, Syrus Antiochenus, S., Homiliae. Ed. Paul. Bedjan (In syr. Sprache.) Tom. I. (XXII, 855 S.) gr. 8. Paris 903. Leipzig, O. Harrassowitz. n.n. 26.—

[Syr. u. Ant.] Mamla mautrāna de-'al urhā de-dairājuta de-sim le-mar Ishaq episqopā de-Ninwē. Mar Isaacus Ninivita [Isaac Syrus] de perfectione religiosa quam ed Paulus Bedjan.
Parisiis. Lipsiae: Harrassowitz 1909. XVIII, 646 S. 8°

[Syr. u. Ant.] Mimre de-mar Ishaq surjaja d'Antiok. Homiliae S. **Isaaci** Syri Antiocheni. Ed. Paulus Bedjan, cong. miss. T. 1. *Parisiis; Lipsiae: O. Harrassowitz 1903.* 8° [illegible]

Isaaci, S., Antiocheni, doctoris Syrorum, Opera omnia. Ex omnibus, quotquot exstant, codicibus manuscriptis cum varia lectione syriace arabiceque primus ed., latine vertit, prolegomenis et glossario auxit Gust. Bickell. Pars I. gr. 8. (IX, 307 S.) Giessen 873, Ricker. *

Isaaci, S., Antiocheni, doctoris Syrorum, opera omnia. Ex omnibus, quotquot extant, codicibus manuscriptis cum varia lectione syriace arabiceque primus edidit, latine vertit, prolegomenis et glossario auxit Gust. Bickell. Pars II. gr. 8. (353 S.) Giessen 877, Ricker. *
Pars I. Ebendas. 1873. *ℳ 12.

Isaak v. Ninive Ausgewählte Schriften. s.a. Aphrahat

Isaac, Alfred: Die Entwicklung der wissenschaftlichen Betriebswirtschaftslehre in Deutschland seit 1898. Berlin: Spaeth & Linde 1923. 206 S. 8° ¶Betriebs- u. finanzwirtschaftl. Forschungen. Ser. 2, H. 8.
Frankfurt, Wirtsch.- u. sozialwiss. Diss. v. 19. Nov. 1923 [1925] [U 25. 2157 (Nicht für den Austausch)

Isaac, Alfred, appr. Arzt a. Berlin: Aus d. Hilda-Kinderhospital zu Freiburg i. B. Über Heilung der chronischen Lungenaffektion eines Kindes durch Hinzutreten eines akuten Gelenkrheumatismus. Berlin 1904. (27 S.) 8°
Freiburg i. B., Med. Fak., Ref. Thomas, Diss. v. 1904
[Geb. 5. Nov. 79 Berlin; Wohnort: Freiburg; Staatsangeh.: Preußen; Vorbildung: Gymn. Steglitz Reife O. 99; Studium: Berlin 7, Freiburg 2 S.; Coll. 15. Juli 04; Approb. 2. März 04.]

Isaac, Arnold, aus Berlin: Ueber die **Einwirkung von Chlorwasser und** Bromwasser auf Ricinolsäure. *Königsberg i. Pr. 1904: H. Jaeger.* (27 S.) 8°
Königsberg, Phil. Diss. v. 10. Mai 1904

Isaac, Bruno, Referendar in Lübbenau: **Wie weit unterliegt eine** rechtskräftig festgestellte Wechselforderung dem Widerspruch im Konkurse? (50 S. o. O. u. J.) 8°
Heidelberg, Jur. Fak., Ref. Heinsheimer, Diss. v. 1908
[Geb. 17. Juli 85 Berlin; Wohnort: Lübbenau (Niederlausitz); Staatsangeh.: Preußen; Vorbildung: Wilhelms-Gymn. Berlin Reife O. 04; Studium: Berlin 2, Heidelberg 1, Berlin 3 S.; Rig. 29. Jan. 08.]

Isaac, Carl August, s. Isaac, Karl August

Isaac, Ch. J., praes. Herm. Paul. **Juch,** De consuetudine ejusque effectibus ex fibra sensim mutata deducendis. Erf. 4°.
1737

Isaac, Eduard, a. Köln: **Über Methenverbindungen.** Hildesheim 1906: A. Lax. (55 S.) 8°
Göttingen, Phil. Fak., Ref. Wallach, Diss. v. 28. Juni 1906
[Geb. 19. Okt. 82 Cöln; Wohnort: Göttingen; Staatsangeh.: Preußen; Vorbildung: Friedr.-Wilh.-Gymn. Cöln Reife O. 01; Studium: Berlin 4, München 1, Göttingen 6 S.; Rig. 9. Mai 06.]

Isaac, Frz., die Molotschnaer Mennoniten. Ein Beitrag z. Geschichte derselben. Aus Akten älterer u. neuerer Zeit, wie auch auf Grund eigener Erlebnisse u. Erfahrgn. dargestellt. (VII, 354 S. m. Bildnis, 1 Karte u. 1 Tab.) 8. Halbstadt 908. Handels- u. Verlagsgesellschaft „Raduga". 2.—; geb. in Halbleinw. 2.50; in Leinw. 2.75

Heinrich Isaac. Choralis Constantinus. Hrsg. v. Emil Bezecny u. Walter Rabl. Th. 1. *Wien: Artaria & C. 1898.* 2.
— Publicationen d. Gesellschaft z. Herausgabe d. Denkmäler d. Tonkunst in Österreich. Bd V. Th. 1. [illegible]

Heinrich **Isaac,** Weltliche Werke. Bearb. von (Dr.) Johannes Wolf, [Privatd., Berlin]. Wien: Artaria & Co. 1907. (XV, 206 S.) 2°
— **Publikationen** d. Gesellschaft z. Herausgabe d. Denkmäler d. Tonkunst in Osterreich. Jg. 14, T. 1. [illegible]

Isaac. Herm. [illegible] Berlin [illegible] Ein Fall von Conception bei Atresia vaginalis und Blasenscheidenfistel. Berlin (1885). (20 S.) 8°
Berlin Med. Diss. [illegible] Jan. 1885

Isaac, Herm., Lernbuch für die französischen unregelmäßigen Verba. 8. (46 S.) Berlin 884, Friedberg und Mode. cart *

Isaac, Herm., Lernbuch f. d. französ. unregelmäß. Verba. 2. Aufl. 8. (46 S.) Berlin 898. Friedberg & Mode. Kart. n. —60

Isaac, H. On some particularities of the pronunciation of Shakspere. Diss. Rostock 1874, und Barmen-Wupperfeld, R., 1875. 36 S. 4. Progr.

— — Amy Robsart und Graf Leicester, s. a. Sammlung gemeinverständlicher wissenschaftlicher Vorträge.

— Isaac H, Amy Robsart und Graf Leicester. (Sammlung gemeinverständlicher wissenschaftlicher Vorträge 389) Berlin 1882

—— **Wissenschaftlichkeit und Idealismus in der Realschule. Eine Kritik der Gründe der Mediciner gegen eine Weiter-Berechtigung der Realschule.** gr. 8. (83 S.) Berlin 880, Friedberg und Mode. *
Aus: Central-Organ für die Interessen des Realschulwesens, besonders abgedruckt.

Isaac, J. C., De medicamentis opiatis officinalibus. 37 pp. Hal. 4°. 1735

Isaac, Jan: Tractatus de salibus et oleis metallorum. 19 S.(S.237 - 255). Norimbergae: 1723

s.: Stahl, Georg Ernst: Fundamenta chymiae dogmaticae et experimentalis... Appendix.

JB 295

— **Johann Christian (Zwickau), De abortu, variis ejus causae momentis atque curatione principiis Brownianis fundata. Diss. med. Präs. D. Georg Rudolph Boehmer. Wittbg. (Adam Christian Charisius) 24. VIII. 1802. 20 S. (5.50) 17033**

Johann Daniel Isaac

Examen spirituum animalium. Halae Magdeb. (1753:) Hendel. 44 S. 8°

Halle, Med. Diss. v. 18. Okt. 1753

Isaac, Jos., s. Gedanken über Betteljuden.

Isaac, Julius [aus Dortmund]: Die Frucht und ihr Erwerb nach römischem Sachenrecht ... Göttingen, Druck d. Dieterich'schen Univ.-Buchdr., 1892; 3 Bl., 63 S. 8.
Göttingen, Jur. Fak., Inaug.-Diss. v. [10. Febr.] 1892

Isaac, Jul., die Frucht u. ihr Erwerb nach römischem Sachenrecht. Diss. gr. 8. (V, 63 S.) Göttingen 892. (Vandenhoeck & Ruprecht.) n. 1.40

Isaac, Karl August

Isaac, Carl August (Zwickau), Meletemata ad doctrinam de inflammatione. Diss. med. Präs. D. Christian Friedr. Ludwig. Lpz. (Klaubarth) 17. IX. 1802. 27 S. (6.—) 17032

Automobil-Verordnungen des In- und Auslandes (f. Kraftwagen u. Motorräder) in Tabellenform. Hrsg. von Dr. Martin **Isaac**, Rechtsanw. in Berlin. Berlin: M. Krayn 1905. (6 Bl., 8 Tab.) 8° [J.] 06. 476

Gegenentwurf zum Entwurf eines Automobil-Haftpflichtgesetzes. Verf. von Dr. Martin **Isaac**, Rechtsanw. Dem Deutschen Reichstag überreicht v. Kais. Automobil-Club, namens der z. Kartell vereinigten Deutschen Automobil-Clubs. (Berlin [1908]: Gebr. Ernst.) (7 Bl.) 4° 08. 16370

— das Recht des Automobils nach den Polizeibestimmungen des In- u. Auslandes. Rechtsvergleichende Darstellg. f. Automobilfahrer, Juristen u. Polizeibeamte in Form v. Erläuterungen zu den preuss. Automobil-Verordngn. (VIII, 240 S. m. 5 Tab.) 8. Berlin 905 F. Vahlen. Geb. in Leinw. n. 4.—

Isaac, Mart., das Recht d. Automobils nach d. Polizeibestimmgn. d. In- u. Auslandes. Rechtsvergleichende Darstellg. f. Polizeibeamte, Juristen u. Automobilfahrer u. in Form v. Erläutergn. zu den deutschen Automobil-Verordngn. (Grundzügen des Bundesrats v. 3. V. 1906). 2., nach den „Grundzügen" völlig umgearb. Aufl. Mit Anh. (Strassen-, Droschken-, Fahr- u. Radfahrverkehr, Statistik, Chausseegeld, Zoll, Steuer.) (XX, 351 S. m. Fig.) 8. Berlin 907. F. Vahlen. Geb. in Leinw. 6. —

— Das Reichsgesetz üb. den Verkehr m. Kraftfahrzeugen v. 3. V. 1909, s. a. Veröffentlichungen des Berliner Anwalt-Vereins. 24.

Das Reichsgesetz über den Verkehr mit Kraftfahrzeugen vom 3. Mai 1909. Vortrag geh. 1910 von Dr. Martin **Isaac**, Rechtsanw. Nebst e. Gegenüberstellung d. wichtigsten Bestimmungen d. Gesetzes u. d. Entwurfe. Berlin: Vahlen 1910. 37 S. 8°
(Veröffentlichungen d. Berliner Anwalt-Vereins H. 24.) 10. 3310

Isaac, Martin, Referendar: **Der Schutz des Namens nach den Reichsgesetzen.** *Berlin 1899: J. S. Preuss.* (VIII, 122 S.) 8° [N.]
Berlin, Jur. Diss. v. 20. März 1899

Isaac, Mart., der Schutz des Namens nach den Reichsgesetzen. gr. 8. (VIII, 122 S.) Berlin 901. Struppe & Winckler. n. 2.40

Isaac, Mart.: Zwangsstrafrecht und Zwangsstrafverfahren. [Berlin] (1901).

Isaac, Rudolf [aus Olfen (Westf.)]: **Aus d. med. Klinik in Bonn. (Ambulanz.) Beitrag zur Pathologie der Basedowschen Krankheit** ... Siegburg, Druck v. W. Rockinger, 1891; 35 S. 8°
Bonn, Med. Fak., Inaug.-Diss. v. [21.] Febr. 1891

Isaac, Simon, aus Köln a. Rh.: Über das **Auftreten von Purinbasen bei der Autolyse.** *Straßburg i. E. 1904: C. Müh & Co.* (22 S.) 8°
Straßburg, Med. Diss. v. 1904

(Isaac-Schaufelbüel, J[oseph] A[ugust].) Beschreibung Römischer Alterthümer, welche in den Jahren 1838 u. 1839 in Pfäffikon — unter Leitung des J. A. Isaac-Sch'... ausgegraben wurden. *Lithographiert.* 4 (Luzern 1841.)

Isaachsen, J., die Bedingungen f. e. gute Regulirung. Eine Untersuchg. der Regulirungsvorgänge bei Dampfmaschinen u. Turbinen. gr. 8. (III, 76 S. m. 34 Fig.) Berlin 899. J. Springer. n. 2.—

Isaack, M., die prakt.-erbauliche Behandlg. d. ersten Hauptstückes, s. a. Sammlung pädagog. Vorträge.

Die praktisch-erbauliche Behandlung des ersten Hauptstückes. Von M. **Isaack**, Rektor zu Vetschau, N. L. *Bielefeld: A. Helmich [1896].* (10 S.) 8.
= **Sammlung** pädagogischer **Vorträge**. Bd IX. H. 3. 97. 1464

Isaack, M., die Pädagogik des Jesus Sirach, s. a. Sammlung pädagog. Vorträge. XII. 12.

Die Pädagogik des Jesus Sirach von M. **Isaack.** *Bonn, Berlin, Leipzig: F. Soennecken [1900].* (26 S.) 8°
= **Sammlung** pädagogischer **Vorträge**. Bd 12, H. 12. 00. 9117

Isaacsohn, Herm. (geb. Mohrungen in Ostpr. 29. 9. 1850): Beitrag zur Anatomie der Retina. Auszug aus einer der Kgl. Friedr.-Wilh.-Univ. vorgelegten Preisarbeit. Berlin (1872). (32 S.) 8°
Berlin, Med. Diss. v. 24. Juli 1872

Isaacsohn, Martin, Referendar: Die **Bedeutung der Vorschriften des B.G.B. über den öffentlichen Glauben des Grundbuchs für den Mieter eines Grundstücks.** Berlin 1908: Pilz. 40 S. 8°
Erlangen, Jur. Diss. v. 9. Jan. 1909, Ref. Siber
[Geb. 14. Dez. 82 Rastenburg; Wohnort: Berlin; Staatsangeh.: Preußen; Vorbildung: Gymn. Rastenburg Reife O. 02; Studium: Berlin 6 S.; Rig. 1. Dez. 08.] [U 09. 703

Isaacsohn, Siegfried

Isaacsohn, de consilio regio a Friderico II. in Germania instituto. Berlin 873.

Isaacsohn, S., de consilio regio a Friderico II. in Germania institutio. Commentatio historica. 8. (42 S.) Berlin 874, Puttkammer und Mühlbrecht.

Isaacsohn, S., der Fall zweier preussischen Minister, des Oberpräsidenten Eberhard v. Danckelmann 1697 und des Grosskanzlers C. J. M. v. Fürst 1779, s. Bresslau, H.

—— Geschichte des preußischen Beamtenthums vom Anfang des 15. Jahrh. bis auf die Gegenwart. 1. Bd.: Das Beamtenthum in der Mark Brandenburg 1415—1604. gr. 8. (X, 291 S.) Berlin 873, Puttkammer und Mühlbrecht. *

—— Geschichte des preußischen Beamtenthums vom Anfang des 15. Jahrhunderts bis auf die Gegenwart. 2. Bd. A. u. d. T.: Das preußische Beamtenthum des 17. Jahrh. gr. 8. (XIV, 384 S.) Berlin 878, Puttkammer und Mühlbrecht. *
1. Bd. Ebendas. 1873. *,ℳ 7.

Isaacsohn, S., Geschichte des preußischen Beamtenthums vom Anfang des 15. Jahrh. bis auf die Gegenwart. 3. Bd. A. u. d. T.: Das preuß. Beamtenthum unter Friedrich Wilhelm I. und während der Anfänge Friedrich des Großen. gr. 8. (XII, 412 S.) Berlin 884, Puttkammer und Mühlbrecht. *
1. und 2. Bd. Ebendas. 1873,78. *,ℳ 15.

Isaacsohn, Siegfr. Der Deutsch-Französische Krieg im Jahre 1674 und das Verhaeltniss des Wiener Hofes zu demselben. (86.) 8. Berlin 1874 2,00.

Isaacson, S., kurzer u. leichtfaßl. Leitfaden zur Erlernung der Stenographie od. Schnellschreibekunst nach d. neuesten Stolz'schen System. gr. 16. (32 lith. S.) Hamburg 819, Tramburg's Erben in Comm. (Wismar, Sievers.) baar n. 1/3 ℳ

——· ständische Verhandlungen, s. Urkunden und Actenstücke zur Geschichte des Kurfürsten Friedrich Wilhelm von Brandenburg.

Jsaak, J. Gedanken über die Betteljuden und Mittel, solche zu beschäftigen. *Nürnberg.* 1791

Isaacus Hollandus, (Ioannes)
s.: Isaac, Jan

Isaacus Numida
s. Isaac Syrus. [00. 4504

Gedichte von Leo Isaak. Berlin: Nathanson & Lamm 1901. (77 S.) 8° [F.]
[05. 3046

Jsaak, Leo, aus Pfungstadt: Ueber die Zähigkeit des Fleisches in ihrer Beziehung zur Dicke der Muskelfasern. *Würzburg 1901: N. Scamoni Wwe.* (19 S.) 8°
Würzburg, Med. Diss. v. 1901

Isaak, Stephan. Ein Kölner Pfarrer u. hess. Superintendent im Reformationsjahrhundert, ergänzt v. Wilh. Rotscheidt, s.a. Quellen u. Darstellungen aus der Geschichte des Reformationsjahrhunderts. 14. Bd.

Stephan Isaak. Ein Kölner Pfarrer u. hessischer Superintendent im Reformationsjahrhundert. Sein Leben von ihm selbst erzählt (Wahre und einfältige Historia Stephani Isaaci ...) u. aus gleichzeitigen Quellen erg. von Wilhelm Rotscheidt, Pastor. Leipzig: Heinsius 1910. XIII, 177 S. 8°
(Quellen u. Darstellungen aus d. Geschichte d. Reformationsjhs. Bd 14.) [10. 5529

Isaakianz, Garegin: Ueber sporadischen Cretinismus und seine Behandlung unter besonderer Berücksichtigung dreier Fälle der Hallenser chirurgischen Universitätsklinik. Halle a. S. 1910: Hohmann. 38 S. 8°
Halle, Med. Diss. v. 12. Mai 1910, Ref. v. Bramann
[Geb. 30. Jan. 82 Elisawetpol; Wohnort: Halle a. S.; Staatsangeh.: Rußland; Vorbildung: Gymn. Baku Reife Juni 04; Studium: Charkow 1, Berlin 2, Halle 7 S.; Rig. 7. Mai 10.] [U 10. 1689

Isaakides, Platon [cand. med. aus Caesarea (Cappadociae]: Ueber einen Fall von Melanosarkom ... München, Buchdr. v. M. Ernst, 1892; 24 S. 8.
München, Med. Fak., Inaug.-Diss. v. 1892

Isabeau, prakt. Perspective, od. Linear- u. Luft-Perspective, sowie d. Nöthigste v. Linear-Zeichnen. Für Professionisten rc. A. d. Franz. frei übers. v. Fr. J. Hartmann. M. 11 Taf. Abbild. (auf 4 B. Fol. u. gr. Fol.) 8. (6 B.) Quedlinburg 832, Basse.

Isabella; ein Drama in 5 A. 8. Wallerstein 780. (Kummer in Leipz.) 6 gl. Dass. 8. (Nördl., Beck). 5 gl.

Isabella, Königin v. Portugal. Ein Seitenstück z. Geschichte: Elisabeth d. Heil., Landgräfin v. Thüringen. Von d. näml. Verf. Mit Titkpfr. 8. (7 B.) Passau 830, Ambrosi.

Isabella, die schöne, s. Eisenbahn-Unterhaltungsbibliothek, deutsche.

—— die schöne, von Spanien im Boudoir und hinter den Gardinen von Louis d'Indiscret, emer. Kammerdiener. 1.—3. Aufl. 8. (48 S.) Leipzig 868,69, Minde.

ISABELLA, Die schöne, oder Badehaus u. Pensionat. Vom Verfasser der „Orpheum-Gestalten". Altona, Aug. Prinz (ca. 1870). Kl. 8°. 79 S. Mit lithogr. Umschlag. (5 Mk. Adolf Weigel, 1907.) Ziemlich zahm.

—— die unschuldige, und ihr Louis. Liebes-Abenteuer einer Bohnen-Königin. gr. 8. (16 S.) Berlin 869, Grothe.

Isabelle oder die Stiefmutter, eine Spanische Erzählung. Stuttgart 1770. V: *Korn, Chph Heinrich.* (ML) (Ky)

Isabelle, od. die Stiefmutter; e. span. Geschichte, (von Chr. Hnr. Korn). 8. Stuttg. 770. Metzler. 5 gl.

ISABELLE oder der Lohn weiblicher Sanftmuth. In zwey Theilen. Nach d. Französ. Eisenach, bei Joh. George Ernst Wittekindt. 1781. 8°. (24 xr. Brissel, München, c. 1872; jetzt theurer!)
96 u. 100 S. Darin etwas freie Liebesgeschichten.

Isabelle, oder der Lohn der weiblichen Sanftmuth, nach dem Franz. 2 Theile, 8. Eisenach, 781. Krumbhaar. 10 gl.

Isabelle v. Aegypten, Kaiser Karl V. erste Jugendliebe. Melnik, die Hausprophetin aus Arabien. Die drei liebevollen Schwestern u. der glückl. Färber. Angelika, die Genueserin u. Cosmus der Seilspringer; von L. A. v. Arnim. Mit 1 Musikblatt. 8. Berlin, Realschulbuchhandl. 812.

Isabelle et Gertrude; ou les Sylphes supposés. Comédie. p. Javart. 8. Dresd. Walther. 766. Rihlr.

Isabelle et Henri, trad. de l'anglois p. Cantwell. IV Vol. 12. Paris. (Kupferberg in Mainz.) 789.

— der schönen, u. ihres vielgeliebten Mirakuloso. Leben, Leiden u. Freuden, v. H. J. Schulz. 8. Hamburg, Vollmer. 811.
Hat auch den Titel:
Schlotterhose u. seine Commilitonen.

Isabelle von Miranda, oder die durch die Bosheit verfolgte Unschuld ... Augsb. 1773. V: *Korn, Chph Hnr.* (ML) (Ky)

Isabelle v. Miranda; e. tragische Geschichte, (von Chr. Hnr. Korn). 8. Augsb. 773. v. Jenisch u. St. 6 ggr

Isabella v. Bourbon, s.: Reiselectüre.

Isabelle v. Bourbon, Frau, Infantin von Spanien, Prinzessin von Parma und Erzherzogin von Österreich, christliche Betrachtungen. Aus dem Französ. übers. von Ludw. de Marées. Mit einem Anhang. 12. (VIII, 134 S.) Braunschweig 888, Wollermann. geb. mit Goldschn. * 2 25

Isabellens Leiden; aus d. Französ. (v. J. A. Rothe). 8. Prag 788. Schönfeld. 8 ggr

Isabellens Verwandlungen od. d. Mädchen in 6 Gestalten. Ein Bilderbuch f. Mädchen mit 7 ill. Kupf. 16. Wien 823, Müller. Rthlr.

Isabey, der, für Dilettanten, od. elementarer Unterricht in d. Aquarell- u. Miniaturmalerei. A. d. Franz. Mit mehr. (7), z. Theil col. Blättern. gr. 4. (2 B.) Berlin 840, G. Gropius. (?)

Isabey, der, für Dilettanten, oder elementarer Unterricht in der Aquarell- u. Miniaturmalerei. Aus d. Franz. Mit mehreren zum Theil color. Blatt. gr. 4. Berlin 840. Gropius. 1 [illegible]

Isabolinsky-Lazarewa, Sossia, aus Tschernigon: Ueber die Wirkung des Fibrolysins auf die Schwerhörigkeit nach entzündlichen Mittelohrprozessen. Bern 1909. 24 S. 8°. [14. VII. 09.]
Bern. Med. Diss. 1909/10.

Isaev, Andrej Alekseevič

Issaieff, A. A., Socialpolitische Essais. gr. 8°. Stuttgart, J. H. W. Dietz, 1901.

A[ndrej] A. Issaieff [Isaev]. Socialpolitische Essais. *Stuttgart: J. H. W. Dietz Nachf. 1902.* (VIII, 351 S.) 8° [illegible]

Individualität und Sozialismus. Von Prof. A[ndrej] A[lekseevič] Issaieff [Isaev]. Einzig autor. Übers. aus d. Russ. von Karl Kuhls. Berlin: Walther 1909. 89 S. 8° [illegible]

Issajew, A. A., die Missernte u. die Hungersnot. Oeffentliche Vorlesg., geh. im kaiserl. Alexander-Lyceum zu St. Petersburg. Aus dem Russ. v. Fel. Aug. Spalwingk. gr. 8. (45 S.) St. Petersburg 892. H. Schmitzdorff. — 90

Issaïeff, A. A., Fünf Kapitel der Socialwissenschaft. (In russ. Sprache.) gr. 8. (III, 360 S.) Berlin, B. Behr's Verl. 1900 5. —

— **fünf Kapitel d. Socialwissenschaft.** (In russ. Sprache.) gr. 8. (III. 360 S.) Berlin 901. B. Behr's Verl. n. 5. —

Zur Politik des russischen Finanzministeriums seit der Mitte der Achtziger Jahre. Von A[ndrej] A. Issaïeff [Isaev]. *Stuttgart: J. H. W. Dietz 1898.* (70 S., 1 Bl.) 1 Bd 8. [illegible]

Der Sozialismus und das öffentliche Leben. Von A[ndrej] A[lekseevič] Issaieff [Isaev]. Aus d. Russ. übers. *Stuttgart: J. H. W. Dietz Nachf. 1903.* (VII, 608 S.) 8° [illegible]

Issaieff, A. A., Ueber den Socialismus unserer Tage. (In russ. Sprache.) (IV, 524 S.) gr. 8. Stuttgart, J. H. W. Dietz Nachf. 1902 6. 50.

[Russ. u. Ant.] A[ndrej] A[lekseevič] Isaev. Pjat' voprosov obščestvovědênija. *Berlin: B. Behr 1900.* (360 S.) 8°
[Umschlagt.:] A. A. Issaieff ... Fünf Kapitel d. Socialwissenschaft. [illegible]

— **was haben die Frauen v. Sozialismus zu erwarten?** (In russ. Sprache.) gr. 8. (28 S.) Ebd. 903. — 60

Isager (Kristen): Nogle træk af tuberkulosens optræden paa landet. Med et kort. Aarhus. 1901. (VIII), 113 (+ 1) S. — 8vo.
Kjøbenhavn. Med. Dissert.

Isagoge in theologiam reformator. t. polem. c. exeget. 8. Lps. Frommann. 726.

Isai, oder: Anfang und Fortgang in der Gnade. Eine wahre Geschichte. 16. (128 S.) Cleveland 871. (Philadelphia, Schäfer und Koradi.) geb. *

Isala, C., Führer durch Turin. M. 20 Lichtdr.-Illustr. u. 1 Plane der Stadt. Uebers. v. Helene Tafel. 8. (123 S.) Turin 895. (H. Loescher.) n.n. 1. 20

Isaias Propheta

—— übers. und ausgelegt, s. **Hitzig,** Ferd.

— s. Rud. Heilke.

Jesaias, der Prophet, s. **Repetitorium** der Exegese des alten Testaments.

— lat. vert., s. E. Fr. K. *Rosenmüller,* Scholia in V. T. T. III.

— versio arab. ed. Paulus, s. *Saadiae.*

— der Prophet, übersetzt u. erklärt v. Dr. Scholz, s. Schrift, die heilige, des alten Testaments 4r Thl. 1r Bd.

Jesaias, Dichtungen, hrsg. v. W. Staerk, s. a. **Texte,** ausgewählte poetische, des Alten Testamentes.

Die Dichtungen des Jesaias [Isaias propheta]. Hrsg. von W[illy] Staerk, Jena. Leipzig: J. C. Hinrichs 1907. (IX, 34 S.) 8°
= Texte, Ausgewählte poetische, d. alten Testamentes in metr. u. stroph. Gliederung. H. 1. [illegible]

Jesaias, Der Prophet, nach dem Wortverstand betrachtet ... Leipzig 1755—59. H: *Reichel, Carl Rudolph.* (ML)

— nach d. Wortverst. aus d. hebräischen Sprache betrachtet u. mit philolog. Anmerkk. erläutert v. K. R. Reichel. 16 Thle. in 2 Bdn. 8. Görl. 755—59. (J. F. Korn. in Bresl.) 3 rthl 8 ggr

Jesais, d. Prophet, nach d. Wortverst. d. hebr. Sprache, m. philol. und theol. Anm. von Reichel. 16 Thle in 2 Bdn. 8. Görl. (Korn der ält. in Breslau.) 769.

— **ex recens. textus hebr. ad cod. quorundam msptor. et versionum antiquarum fidem latine vertit J. Ch. Döderlein.** 8maj. Altd. et Nürnb. 775. Ed. II. auctior 780. Ed. III. recognita 789. Monath u. K. 1 rthl

— **d. 53. Kapitel, übers. u. erläutert v. H. Pape 8. Bremen 777.** (Lpz., Kummer). 6 ggr

Jesaias. Neu übersetzt ... a. d. Engl. mit ... Anmerkungen von J. B. Koppe. Leipzig 1779—81. Ü: *Richerz, Georg Hermann.* (Ky) »1779—80« (ML)

— neu übers., nebst einer Einleit. u. krit.-philolog. u. erläuternden Anmerkungen von Rob. Lowth; aus dem Engl. (von G. H. Richerz) mit Zusätzen u. Anmerkungen von J. B. Koppe. 4 Bde. gr. 8. Leipz. 779—81. Weidmann. 2 ℛ 6 ℊ

— aus dem Hebräischen übersetzt u. mit Anmerkk. erläutert v. G. F. Seiler. 8. Erl. 783. Bibelanstalt. (Heyder). 9 ℊ

— metrisch übers., mit Anmerkk. v. Jh. Dav. Cube. 2 Bde. gr. 8. Berl. 785 u. 86. Reimer. 2 ℛ 12 ℊ

— das 53. Capitel Jesaiä, übers. u. erläut. v. Chr. Ldw. Becker. 8. Bremen 786. Förster. 4 ℊ

— neu übers. mit Anmerkk. v. Chr. G. Hensler. gr. 8. Hamb. 788 (Campe). 1 ℛ 4 ℊ

— neu übers., u. krit. bearb. v. G. Krägelius. 2 Thle. gr. 8. Bremen 790, 91. Müller. 16 ℊ

— aus d. Hebr. übers. u. erklärt v. T. A. Dereser. gr. 8. Frankf. a. M. 808. Varrentrapp. 1 ℛ 2 ℊ

—— übers. u. mit Comment., s. a. Gesenius, Guil.

Jesaia, der Prophet, übersetzt und mit vollst. philos.-, krit.- und histor. Commentar begleitet von W. Gesenius. 1r Theil. gr. 8. Leipzig, W. Vogel. 820. —

Jesaia, d. Prophet, übersetzt mit Commentar v. W. Gesenius. 2r u. 3r Thl.: A. u. d. T.: Commentar üb. d. Jesaia. 1r u. 2r Bd. gr. 8. Lpz. 821, W. Vogel. 7 Rthl. 6 gr. Alle 3 Bde. Rthlr.

— d. Prophet, übers. u. mit vollst. philosoph.-krit. u. histor. Commentar begl. von F. H. W. Gesenius. 3 Thle. gr. 8. Leipz. 820—21. W. Vogel. 1r Thl. 2e A. gr. 8. Ebd. 829. 18 ℊ 2r u. 3r Thl. A. u. d. T.: Commentar über Jesaia. 2 Thle. 821. 7 ℛ 6 ℊ 8 ℛ

—— Liber Jesaiae secund. edit. Everardi van der Hooght, Jo. Simonis aliorumque de novo recognitus et in us. scholar. ed. Jo. H. R. Biesenthal. 8 maj. (5¼ B.) Berolini 833, Bechtold u. Hartje.

Jesaia(s), der Prophet, (Hebräische Ausg.). Von I. Heinemann. (2 Lfgn.) Lex.-8. (31 B.) Berlin 840, Heymann. *

— hebräisch, mit Raschi, Jonathan, vollständ. Commentar u. Masora v. J. Heinemann. 1r Bd. 1—39. gr. 8. 840. Verf. 1½ ℛ

—— der Prophet, hebrä. Text, nebst einem nach d. neuesten Hilfsmitteln bearb. Kommentar, vorzugsweise z. Handgebr. f. angeh. Theologie-Studirende. gr. 8. (10¾ B.) Berlin 841, Plahn'sche Buchh. *

Jesaia, der Prophet. Hebräische Schulausg. Orig.-Text mit Punkten u. Accenten nach den ältest. Handschriften u. nach der Correctur der Masora abgedruckt. Mit einer neuen deutschen Uebersetzung (hebräischer Schrift) nach Wort u. Sinn des Textes mit Rücksicht auf d. Accentuation. Von J. Heinemann. Lex.-8. Berlin 842, Heymann. ⅔ ℛ geb. n. ¾ ℛ

Jesaias hebraice ad optimas editiones accuratissime exscriptus. In usum praelectionum academicarum. Edit. ster. 16. (IV und 250 S.) Berlin 864, Eichler. * 10 Ngr.; geb. *

Jesaias, der Prophet. gr. 8. (72 S.) Leipzig 869, Bredt. — 60
Aus: Biblia hebraiaca ed. Hahn, besonders abgedruckt.

Jesaiae, liber. ספר ישעיה. נביאים אחרונים. Textum Masoreticum accuratissime expressit, e fontibus Masorae varie illustravit, notis criticis confirmavit S. Baer. Praefatus est edendi operis adjector Fr. Delitzsch. gr. 8. (VIII, 96 S.) Leipzig 872, B. Tauchnitz. — 75

Iša'jâ pejġambere nâzil olan vaḥjdir. [Wien 1876.] Ü: *Schauffler, W. G.* (KatDMG)

Jesaias, der Prophet. Sep.-Abdr. aus der Biblia hebraica ed. Hahn. Neuer Ster.-Abdr. gr. 8. (S. 663—739.) Leipzig 890. E. Bredt. — 60

Jesaia. Unpunktierte Ausgabe des masoreth. Jesaiatextes f. den akadem. Gebrauch, besorgt v. Rich. Kraetzschmar. gr. 8. (IV, 48 S.) Freiburg i/B. 894. J. C. B. Mohr. n. 1. —

Jesajas, der Prophet. [Aus: „Biblia hebraica, ed. Hahn".] gr. 8. (S. 663—739.) Leipzig 899. E. Bredt. — 60

The book of the Prophet Isaiah. Critical ed. of the Hebrew text arranged in chronolog. order and printed in colors exhibiting the composite structure of the book. With notes by The Rev. T[homas] K[elly] Cheyne, Prof., Oxford. *Leipzig: J. C. Hinrichs 1899.* (206 S.) 4°
-- Books, The sacred, of the Old Testament. P. 10. [99. 800]

The Book of the prophet Isaiah [**Isaias**]. A new Engl. transl. printed in colors exhibiting the composite structure of the book. With expl. notes and pictorial ill. by the Rev. T[homas] K[elly] Cheyne. Leipzig: Hinrichs 1904. XII, 215 S. 4°(8°)
(The sacred Books of the Old and New Testaments. [Biblia, engl.] P. 10.) [04. 3052 4

Das Buch des Propheten **Isaias**: Kap. 1—12, übers. u. kurz erkl. von Prof. Dr. [Karl Alexander] Leimbach. Fulda: Actiendr. 1907. (100 S.) 8° [F.]
— **Volksbücher**, Biblische. H. 1. [07. 14841 4

Das Buch des Propheten **Isaias**: Kap. 13—39 übers. u. kurz erkl. von Dr. Karl A[lexander] Leimbach, Prof. Fulda: Actiendr. 1910. VIII, 104 S. 8°
(Biblische Volksbücher. H. 7.) [10. 10940 4

Das Buch des Propheten **Isaias**: Kap. 40—60, übers. u. kurz erkl. von Dr. Karl A[lexander] Leimbach, Prof. Fulda: Actiendr. 1907. (145 S.) 8° [F.]
— **Volksbücher**, Biblische. H. 2. [07. 13691 4

Jesaiae vaticinia ed. C. G. G. Theile, s. Vaticinia.

Jesaiae Vaticiniorum pars continens Carmina a Cap. XL. usque ad LVI. 9. Hebraica ad numeros recensuit, versionem et notas adjecit E. J. Greve. 4maj. Amsterdam. (Lips. Weidmann in Comm.) 815.

-- Ed. nov. Ibid. 1820.

Jesaiae Vaticinia hebr. ad optima exempl. accuratiss. expressa. 8 maj. (5 B.) Halae 832, Schwetschke et fil. Thlr.

—— Weissagungen, s. a. Hendewerk, C. L.

— Weissagungen übers. mit Anmerkk. v. J. H. Walther. 8. Halle 774. Gebauer. 12 ℊ

Jesajas [Isaias propheta] Weissagungen, das Buch eines einzigen Propheten, aus d. ursprüngl. Bestandteilen d. Grundsprache im Anschluß an d. durchgesehene Lutherbibel übers. u. mit Erl. vers. von Viktor Böttcher, Frankenberg i. S.: Roßberg 1892. 179 S. 8°
(10. 1,81)

Isak, Peter (Prag), Observatio paralyseos akineticae in clinico Pragensi tractatae adnexa epicrisi. Diss. med. Canc. Andreas Aloys Graf Skarbek-Ankwicz v. Poslawice. Rect. Max. Millauer, Direct. Ign. Nadherny, Dec. Franz. Alex. Wunsch. Prag (Theophil Haase's Söhne) 5. IV. 1834. 52 Seiten. (6.—) 17034
Gew.: Rudolf Fürst Kinsky v. Chinitz u. Tettau. — Krankengesch. d. Joseph Balinek.

Isaki, Sadaichiro, appr. Arzt a. Nagasaki in Japan: Ein Fall von Septicopyaemie mit eitriger beiderseitiger Parotitis, nebst einer Statistik über die Lokalisation eitriger Abscesse und metastatischer Krankheitserscheinungen bei dieser Krankheit. München 1905: Kastner & Callwey. (19 S.) 8°
München, Med. Fak., Ref. v. Bauer, Diss. v. 10. März 1905
[Geb. 1. Dez. 66 Nagasaki; Wohnort: Nagasaki; Staatsangeh.: Japan; Vorbildung: Gymn. Nagasaki Reife Juli 85; Studium: Nagasaki med. Akad. 8, München 2 S.; Rig. 15. Febr. 05.]

Isakowitz, Jakob, approb. Arzt aus Tilsit: Ein **Beitrag** zur **Kenntnis** moralischer Defektzustände. *Berlin 1904: Rosenthal & Co.* (30 S.) 8°
Leipzig, Med. Diss. v. 27. Juli 1904

Aus d. Maximilians-Augenklinik in Nürnberg. Die Magnetoperation am Auge. Von Dr. J. **Isakowitz**, Assist. Nach einem im Nürnb. ärztl. Verein 1906 geh. Vortrag. Nürnberg: F. Korn 1906. (16 S.) 8°

Isamberg, Die falsche Gräfin von, oder die betriegende und doch betrogene Liebe. A. d. Frantz. Leipz. 1701. V: *Lenoble, Eustache.* (BGE)

Isar [Sachliches OW]

Von der Isar. Jahrbuch des Vereins f. *deutsche Dichtkunst in München* f. d. Jahr 1851. Mit 5 Stahlst. nach Originalzeichnungen von *Bonar, Genelli, C. Piloty, Aug. Bratlimann* und *Fedr Mayer.* München, Chrn. Kaiser, 1851. 8°. Orig.-Ssin. Ex. auf stark. Schreibp.
Auster. Verst. 403 S. u. 1 Bl. Inh. — Enth. Gedichte von A. Becker, F. Dersch, G. Heiler, F. Ille, F. X. Mittermayer, C. W. Neumann, H. Reder, J. Reder, C. R. u. L. Wolfsruth. Balladen aus Bayern's Geschichte von G. Heiler, Erzählungen von C. Schultes, C. L. Kaulbach, A. Becker; 2 dramat. Gedichte von H. B. Schmid und G. Heiler. Vergriffen!

Isar [Schlagwort]

Isar — Carte hydrographique de l' — et de ses bras dans les Environs de Munic. 1:10,000. 3 Bl. a. d. W. Theor. pract. Wasserbaukunde von Wiebeking.

Isar-Kreis [Schlagwort]

Isar-Kreise — Statistisch geographische Karte vom — 1830. Lit. artistische Anstalt bey Cotta in München 1830. 1:250,000. 1 Bl.

Isar-Kreises — Special-Karte des — entworfen von A. von Coulon 1827, gestochen von J. B. Seitz 1827. 1:200,000. 4 Bl.

Isartal [Schlagwort]

Isarthal. Brunn's Spezialkarte vom Isarthal von München bis Tölz, m. Einschluss des Starnberger- u. Ammersees. 1:100,000. 48 × 58 cm. Farbendr. München (Ohlmüllerstr. 1/1) 896. O. Brunn. 1. 50; auf Leinw. n. 2. 50

— Karte der Isarthalbahn u. Umgebung. Hrsg. vom **topograph. Bureau des k. bayer.** Generál-Stabes 1896. 1:100,000. 59 × 28,5 cm. Farbendr. München 896. (Literar.-artist. Anstalt.) n. 1. 20

Isar-Zeitung. –
München. – 1.(?)IX.1860 - 1864, Nr. 232.
Vorh. u.d.T.: Bayerische Landbötin.

Isar-Zeitung. (Polit. Journal.) Jahrgang 1863. München. Gr. Fol. In 2 Hlwdbdn.

Isaeus

Isaei fragmenta, s. Oratores Attici.

Isaeus. Opera. Accedunt eius **Oratio de Meneclis hereditate . . . Lips. 1822.** H: *Schäfer, Gfr. Hnr.* (Hoff)

Isaei Orat. Opera. Mit d. Seitenzahlen d. Reiskischen Ausg. Acc. ej. Oratio de Meneclis hered. prim. ed. T. Tyrwhitt et ej. Oratio de hered. Cleon. ed. a A. Majo, ed. G. H. Schäfer. 8. Leipz. 822. Weigel.

Isaei orationes ed. Car. Mullerus, s. Oratores Attici.

Isaei et Antiphontis orationes, c. annotat. J. Taylori et J. J. Reiskii. 8maj. Leipz. 770. (Barth). 3 Rthl. 20 gr. Schrbp. 4 Rthl. 20 gr.

Isaei et Antiphontis orationes, c. annotat. I. Taylori et I. I. Reiskii. 8. maj. Lps. Sommer.
Schreibp.

Isaei, *Orationes.* Acc. Oratio de Meneclis hereditate. Lips. 820. 12. 10 gr.

Isaei orationes, quae vulgo in editionibus leguntur. Ad opt. libror. fidem accurate editae. Editio stereot. 12. Lipsiae, Tauchnitz. 820.
Fein Pap.

—— orationes cum aliquot deperditarum fragmentis. Edidit Carol. Scheibe. 8. (XLIX und 167 S.) Leipzig 860, Teubner.
Vlnp. -

Isaei Orationes cum aliquot deperditarum fragmentis. Edidit Car. Scheibe. 8. (XLIX, 167 S.) Leipzig (860)74, Teubner.

Isaei orationes cum fragmentis a Dionysio Halicarnassensi servatis edidit H. Buermann. gr. 8. (XII, 156 S.) Berlin 883, Weidmann'sche Buchh.

Isaei orationes quae vulgo in editionibus leguntur. Ad optimorum librorum fidem accurate editae. Accedit oratio de Meneclis hereditate, Londini primum expressa et duplo auctior de Cleonymi hereditate edita per Angelum **Maium**. Ed. ster. 16. (208 S.) Leipzig 892. O. Holtze Nachf. — 75

Isaei orationes cum deperditarum fragmentis. Post Carolum Scheibe iterum ed. Th[eodor] Thalheim. *Lipsiae: B. G. Teubner 1903.* (XXXVIII, 214 S.) 8°
(Bibliotheca script. graec. et rom. Teubneriana.)

Isaei Orationes XI cum aliquot deperditarum fragmentis. Recogn. annotationem crit. et commentarios adjec. G. Fr. Schömann. 8 maj. (33 B. u. 2 Stnt. gr. 4.) Gryphiswaldiae 831, Mauritius. 3 Thlr., Schrbp. 3 Thlr. 18 Gr., Vlnp.

Isaeus. Reden, übersetzt von Georg Friedrich Schömann. Stuttgart 1830. 8°.

—— dass. (u. d. T.:) der Redner. Uebers. v. G. Fr. Schömann, s. a. Prosaiker, griech.

Isäus, der Redner, übers. von G. F. Schömann. Vollständig in 2 Bdchn. 16. Stuttg. ... Metzler. Subscr.-Pr. à 1/6 ₰

— d. Redner, übersetzt von G. Fr. Schömann. 2 Bdchen. 16. Stuttg. 830. Metzler. 8 gr (A. u. d. T.: griech. Prosaiker. 70s, 71s Bdchen.)

Isay, Ernst, die Staatsangehörigkeit der juristischen Personen, s. a. Abhandlungen aus d. Staats-, Verwaltungs- u. Völkerrecht. III, 2.

Die Staatsangehörigkeit der juristischen Personen. Von Dr. jur. Ernst **Isay** in Trier. Tübingen: J. C. B. Mohr 1907. (XVI, 224 S.) 8°
— **Abhandlungen** aus d. Staats-, Verwaltungs- u. Völkerrecht. Bd 3, H. 2. [07. 7661

Isay, Hermann (Hrsg.), s. Abhandlungen z. Arbeitsgebiet d. Reichspatentamts.

Isay, Hermann [Referendar]: Der Concursus duarum causarum lucrativum [!] ... Strassburg, Druck d. „Strassb. Neueste Nachr.", 1895; 3 Bl., 93 S. 8.
Erlangen, Jur. Fak., Inaug.-Diss. v. 1895

Die Gerichtsbarkeit in Patentprozessen. Von Dr. Hermann **Isay**, Rechtsanw. Berlin: F. Vahlen 1908. (29 S.) 8° [08. 9869

Isay, Herm., die Geschäftsführung nach dem bürgerl. Gesetzbuche f. das Deutsche Reich, s. a. Abhandlungen zum Privatrecht u. Civilprozeß des Deutschen Reiches. VI. 1.

Die Geschäftsführung nach dem Bürgerlichen Gesetzbuche für das Deutsche Reich. Von Dr. Hermann **Isay**. *Jena: G. Fischer 1900.* (XII, 412 S.) 8° [F.]
— **Abhandlungen** z. Privatrecht u. Civilprozess d. Dt. Reiches. Bd 6, H. 1. [00. 8982

Isay, Herm., Patentgesetz u. Gesetz, betr. den Schutz v. Gebrauchsmustern. Systematisch erläutert. (VIII, 488 S.) gr. 8. Berlin 903. F. Vahlen. n. 11. —; geb. in Halbfrz. n.n. 13. —

Rechtsgeschäft und wirtschaftliche Machtverschiedenheit. Vortrag geh. zu Berlin 1902 von Dr. **Hermann Isay**, Rechtsanw. *Berlin: F. Vahlen 1902.* (34 S.) 8° [F.] [02. 3570

Übersicht über die Literatur und Judikatur des Jahres ..., betr. das Patent- u. Gebrauchsmuster-Recht. Hrsg. von Dr. Hermann Isay, Rechtsanw. [1.] 1903/1904. Berlin: F. Vahlen 1905. 8° [F.] [05. 1881

— **die Willenserklärung im Thatbestande d. Rechtsgeschäfts nach dem bürgerl. Gesetzbuch f. das Deutsche Reich, s. a. Abhandlungen zum Privatrecht u. Civilprozeß des Deutschen Reiches. II. 2.**

[F.] Die Willenserklärung im Thatbestande des Rechtsgeschäfts nach dem Bürgerlichen Gesetzbuch für das Deutsche Reich. Von Dr. jur. **Hermann Isay**. *Jena: G. Fischer 1899.* (5 Bl., 100 S.) 8.
— **Abhandlungen** z. Privatrecht u. Civilproz. d. Deutschen Reiches. Bd 2, H. 2. [99. 1661

[F.] **Goldenes Jubelfest 1848—1898.** Zur Geschichte des Trierischen Karnevals. Beiträge, gesamm. u. der Karnevals-Gesellsch. 'Heuschrecke' gewidm. v. M. **Isay**. *Trier: Selbstv. 1898.* (2 Bl., 116 S.) 1 Bd 8. [98. 5933

Isay, M., zur Geschichte d. trierischen Karnevals. Gold. Jubelfest 1848—1898. Beiträge, ges. u. d. Karnevals-Gesellschaft „Heuschreck" gewidmet v. J. gr. 8. (IV, 116 S.) Trier 898. (F. Lintz.) n. 2. —

Isay, Oskar, aus Trier: Eine neue **Synthese des Purins.** *(Berlin 1904: E. Ebering.)* (57 S.) 8°
Berlin, Phil. Diss. v. 9. Juli 1904

Das Recht am Unternehmen. Von Dr. Rudolf **Isay**. Berlin: Vahlen 1910. 203 S. 8° [10. 13104

Isay, Rudolf, Referendar a. Frankfurt a. M.: Der Schadensersatzanspruch des Besitzers und des Eigentümers bei Beschädigung der Sache. Bonn 1908: C. Georgi. (91 S.) 8°
Bonn, Jur. Fak., Ref. Zitelmann, Diss. v. 4. März 1908
[Geb. 1. Jan. 86 Trier; Wohnort: Frankfurt a. M.; Staatsangeh.: Preußen; Vorbildung: Städt. Wilhelm- u. Friedrich-Wilhelm-Gymn. Trier Reife O. 04; Studium: Heidelberg, Straßburg, Berlin, Bonn, zus. 6 S.; Rig. 7. Febr. 08.]

Isbary, C. R.

—— der Handel Sachsens mit besond. Berücksichtigung des Verkehrs auf den Messen zu Leipzig bis mit Ostermesse 1865. (Auch als 3. Abthl. von Statistik und Lage der Industrie und des Handels im Königr. Sachsen). Lex.-8. (IV und 212 S.) Leipzig 865, Häfele jun. *

Isbary, C. R., Statistik und Lage der Industrie und des Handels im Königr. Sachsen bis auf die neueste Zeit (Ende 1864) nach amtl. und halbamtl. Quellen, sowie nach eigener Erfahrung und Anschauung bearb. und zusammengestellt in Verbindung mit mehreren Sachverständigen. 3 Abthlgn. Lex.-8. Leipzig 865, Häfele jun. [1. Abthl. (78 S.) * 12 Ngr., 2. und 3. Abthl. (XIII und 492 S.) * 2 Thlr.] *

Isberg, Arvid Ragnar, Berlin u. das Berliner Leben Schilderungen u. Stimmungsbilder, gesammelt u. m. Anmerkgn. (in schwed. Sprache) hrsg. Mit e. Plan v. Berlin u. zahlr. Illustr. (VI, 170 S.) 8. Stockholm (906.) A. Bonnier. Geb. in Leinw. n. 8. 08

Isbert. Adolf [aus Wiesbaden]: Zur Kenntniss des Acetessigäthers und einiger seiner Abkömmlinge ... Jena, *Druck v. Wilh. Keller in Giessen,* 1886; 11 S. + 1 Bl. 8°.
Jena, Phil. Fak., Inaug.-Diss. v. 1886.

Isbert, Adolf, zur Kenntniss des Acetessigäthers und einiger seiner Abkömmlinge. Diss. Jena 1886, G. Neuenhahn. 8°. 41 S.

Isbert, Heinrich, a. Dattenberg b. Linz a. Rh.: Geschichte, Natur und Bedeutung der Insel Sachalin. (Mit 1 Karte.) Bonn 1907: A. Broch. (63 S.) 8°
Bonn, Phil. Fak., Ref. Rein, Diss. v. 5. März 1907
[Geb. 13. Aug. 80 Dattenberg (Coblenz); Wohnort: Dattenberg; Staatsangeh.: Preußen; Vorbildung: Kaiserin-Augusta-Gymn. Coblenz Reife O. 02; Studium: Bonn 10 S.; Rig. 16. Jan. 07.]

Isbruch, *Heinrich:* Aus d. Augenklinik in Jena. Beitrag zur Kenntnis der Schrotschussverletzungen des Auges ... Jena, Druck v. A. Kämpfe, 1897; 35 S. 8.
Jena, Med. Fak., Inaug.-Diss. v. [31. März] 1897

Isch-Berlin, J. Die jüdische Unabhängigkeit. In-8°. 11 S. Bern, Nydegger & Baumgart. 1892 — 25

Isch Schachefeth, s. a. Ephemeriden.

[F.] Ephemeriden des **Isch Schachefeth.** Aus d. Tageb. e. Einsamen. Ausgew. u. hrsg. v. L. Rymarski. Tl 1. 2. *Gütersloh: C. Bertelsmann 1897. 98.* 2 Bde 8.
1. 1897. (XII, 352 S.) 2. 1898. (XVI S., 1 Bl., 341 S.) [98. 1393

Wer sind die Apostolischen? (genannt Irvingianer). Ein Wort d. Belehrung u. Warnung von Gustav **Ischebek**. 4. Aufl. Bonn: Schergens [1910]. 16 S. 8° [10. 10150

Wer sind die Irvingianer? Ein Wort d. Belehrung u. Warnung von Gustav **Ischebeck**. 3. Aufl. Witten: Buchh. d. Stadtmission [1906]. (16 S.) 8° [F.] [07. 11906

Ischer, G. L., was ist in den Tagen d. Noth d. sicherste Schutzwehr unsres Vaterlandes? Eine Predigt über Esaia 33, 22., gehalten im Uebungslager zu Thun, d. 20. Aug. 1826. gr. 8. Zugeb. v. Jenisch u. St. 2 ½

Ischer, Carl, s. Ischer, Karl

Ischer, Gottfr[ied]. Erinnerung an Emanuel Rudolf Dick. Pfarrer zu Pieterlen, gestorben den 15. Februar 1888. Leichenrede... den 19. in der Kirche daselbst. 8. Biel 1888.

Ischer, Gfried., die evangelisch-reformirte Geistlichkeit des Kantons Bern und die Parteiungen ihrer Kirche. Vortrag, gehalten an der Jahresversammlung des Kantonal-Pastoralvereins, den 20. Septbr. 1881 zu Biel. gr. 8. (120 S.) Bern 882, Wyß. *

Ischer, G., E. Favre et H. Schardt, territoires des cantons de Berne, Vaud, Fribourg, Valais et du Chablais, s. Beiträge zur geologischen Karte der Schweiz.

— ständische Verhandlungen, s.: Urkunden u. Actenstücke zur Geschichte des Kurfürsten Friedrich Wilhelm v. Brandenburg.

Ischer, Karl

Ischer, Carl, pharmakologische u. klinische Untersuchungen üb. das Bromoform als Heilmittel gegen den Keuchhusten, bearb. im pharmakolog. Institute der Universität Bern. Diss. 8. (40 S.) Biel 891. (Bern, H. Koerber.) n. — 80

Ischer, C. Pharmakologische und klinische Untersuchungen über das Bromoform als Heilmittel gegen den Keuchhusten. Dissertation. In-8°. 40 S. Bern, [Huber & Co. (Hans Koerber)]. 1 —

Ischer, Rud., Johann Georg Altmann. Die deutsche Gesellschaft u. die moral. Wochenschriften in Bern, s. a. Neujahrs-Blatt der litterarischen Gesellschaft Bern. 1903.

Johann Georg Altmann (1695–1758). Die Deutsche Gesellschaft u. d. moralischen Wochenschriften in Bern. Von Dr. Rudolf Ischer. *Bern 1902: K. J. Wyss.* (104 S.) 4° [F.]
— Neujahrs-Blatt d. Litterarischen Gesellschaft, Bern. 1903. (03. 97)

Ischer. Rudolf. Johann Georg Zimmermann's (1728–1795) Leben und Werke. Diss. Phil. Bern. 8. Bern 1892 (°*Umschlag:* 1893).

Ischer, R. Joh. Georg Zimmermann's Leben und Werke. Litterarische Studie. Gr. in-8°. 430 S. Bern, K. J. Wyss. 1893 5 —

— **Medea.** Vergleichung der Dramen von Euripides bis zu Grillparzer. Progr. (60 S.) Lex.-8. Bern 900. (Leipzig, C. Beck.) n. 1. 80

Ischer, Rudolf. Neue Mitteilungen über (Johann Georg) Zimmermann. (Separat-Abdruck aus Euphorion, Zeitschrift für Litteraturgeschichte, hrg. von August Sauer. Band 8, Heft 3 und 4.) II S. + S. 625—639. 8. Leipzig und Wien, Carl Fromme, 1901.

Ischer, Rudolf. Kleine Studien über [Christoph Martin] Wieland. 8. Bern, Stämpfli & Cie.
Ausg. A: Beilage zum Jahresbericht des städtischen Gymnasiums in Bern, 1904. 37 S. 1904.
Ausg. B, sep. 37 S. 1905. [fr. 1. —]

Ischer-Bringold, R., s. a. Gschichte, bärndütsch.

I(scher)-B(ringold), R[ebekka]. Bärndütschi Gschichte vo der R. J.-B. (R. Ischer-Bringold). Buchschmuck von Clara Ischer. IV + 343 S. 8. Bern, Eugen Sutermeister, 1903. [fr. 4. —]

Ischerland, H., die Gehaltsverhältnisse der Volksschullehrer in mehr als 800 Städten der verschiedenen deutschen Gaue, s.: Heuck, W.

Ischi, igl. Organ della Romania. (Societat de Students Romontschs). Red. C. Decurtins. II. u. IV.—VIII. annada. 8. (Leipzig, C. Beck.) n. 19. 40

II. (II, 170 S. m. 1 Portr.) Basel 898.	n. 3. —
IV. (II, 150 S.) Basel 900.	n. 3. —
V. (175 S. m. 1 Portr.) Cuera 901.	n. 3. —
VI. (206 S.) Cuera 902.	n. 3. 40
VII. (IV, 283 S.) Cuera 903.	n. 4. —
VIII. (187 S.) Brussel 906.	n. 3. —

d'Ischia, Conte, Historia della principale Contea di Goritia nella provinci aforo-iuliense, o' siasi racconto crono-stemmatograffico. (Neudruck.) gr. 8. (XV, 65 S.) Görz 899. Giov. Paternolli. — 70

Ischiguro, U., medizinisches Wörterbuch, s.: Tanaka, T.

Ischikawa, C., über partielle Befruchtung,
—— über die Bildung der Richtungskörper bei thierischen Eiern,
—— Nachtrag zu der Notiz über „partielle Befruchtung",
} s. Berichte der naturforschenden Gesellschaft zu Freiburg i. Br.

Ischikawa, C., üb. partielle Befruchtung,
— üb. die Bildung der Richtungskörper bei thierischen Eiern,
} s.: Weismann, A.

Ischikawa, C. [aus Tokyo]: Trembley's Umkehrungsversuche an Hydra nach neuen Versuchen erklärt. . . . (Aus: Zeitschr. f. wiss. Zool. Bd. 49.) Leipzig, Wilhelm Engelmann, 1890; 32 S. u. 1 Taf. 8°
Freiburg i. B., Phil. Fak., Inaug.-Diss. v. 1889

Beobachtungen über die geistige Entwicklung eines Kindes in seinem ersten Lebensjahre. Von Dr. T. **Ischikawa**, Irrenarzt. Langensalza: Beyer 1910. 53 S. 8°
(Beiträge z. Kinderforschung u. Heilerziehung. H. 76.) (11, 3659

Ischirkoff, Anastas [aus Lowetsch]: Südbulgarien. Seine Bodengestaltg, Erzeugnisse, Bevölkerg, Wirtschaft u. geist. Kultur . . . Leipzig, Druck v. Grübel & Sommerlatte, 1896; 4 Bl., 79 S. 8.
Leipzig, Phil. Fak., Inaug.-Diss. v. [10. März] 1896

Ischirkoff, Anastas, Südbulgarien. Seine Bodengestaltg., Bevölkerg., Wirtschaft u. geist. Kultur. Diss. gr. 8. (VIII, 79 S.) Leipzig 896. (Kössling.) n. 1. 50

Ischl [Sachliches OW]

—— and its Environs. Accompanied by the description of Gmunden and the Salzkammergut. Contains a (lithogr.) Plan (in qu. 4.) and (photogr.) view of Ischl, a (lithogr.) map of Ischl's environs (in qu. 4.), a (lithogr.) plan of Gmunden (in qu. gr. 4.) and a (chromolithogr.) map of the Salzkammergut (in Fol.) gr. 16. (75 S.) Ebendas. 876. *

—— and its Environs. With a special description of Gmunden and the whole Salzkammergut. Containing a view, plans of Ischl and Gmunden and a map of the Salzkammergut. 2d edit. 12. (120 S.) Ebendas. 884. *

Ischl and its environs. With a special description of Gmunden and the whole Salzkammergut. Containing a View, Plans and a map of the Salzkammergut. 2ᵈ edition. 12. (120 S.) Ischl u. Gmunden. E. Mänhardt. 1 fl. 40 kr.

Ischl im Salzkammergut, s. Grieben's Reise-Bibliothek.

Ischl und seine Soolenbäder. **Wien 1826.** V: *Wirer Ritter v. Rettenbach, Franz.* (EB)

Ischl u. seine Soolenbäder. Mit 3 lithograph. Ansichten. gr. 8. Wien 826, Heubner. 1 Rthl. 8 gr. Vel. Pap.

Ischl Solebäder

Ischl und seine Soolenbäder. 264 S., gbd., Abb.

Wien: typ. Strauß 1826

JB 2.791

Ischl u. seine Soolenbäder Mit 3 Kpfrtaf. 8. Wien 836. Heubner. n. $1\frac{1}{3}$ ₰, Velinp. n. $1\frac{2}{3}$ ₰. — Fortsetzung bis 1833, s. M. D. Götz. — Fernere Fortsetzung, s. Beiträge zur Badechronik v. Ischl.

Ischl u s. Umgebungen, s.q. Führer durch d. Salzkammergut.

Ischl und seine Umgebungen. Mit besond. Berücksicht. Ischl's als Mittelpunkt im Salzkammergute. Mit Plan und Ansicht (in Photogr.) von Ischl und Karte des Salzkammergutes (lithogr., 8. und Fol.) 16. (42 S.) Gmunden 872, Mänhardt.

—— dass. — Unter gleichzeit. Berücksicht. Gmunden's sowie des gesammten Salzkammergutes. Mit Plan und Ansicht von Ischl (in Photogr.), Plan von Gmunden und Karte des Salzkammergutes (lithogr., 8. und Fol.). 2. verm. Aufl. 16. (69 S.) Ebendas. 874.

— u. seine Umgebungen. Mit besond. Berücksicht. Ischl's als Mittelpunkt im Salzkammergute. Mit (lith.) Plan (in qu. 4.) u. Ansicht (in Photogr.) v. Ischl u. (lith.) Karte (in gr. 4.) d. Salzkammergutes. 16. (42 S.) Ebend 876. n. 1. 50

Ischl und seine Umgebungen. Unter gleichzeitiger Berücksicht. Gmunden's sowie des gesammten Salzkammergutes. Mit (lithogr.) Plan und (photogr.) Ansicht von Ischl, (lithogr.) Plan von Gmunden und (chromolithogr.) Karte des Salzkammergutes. 3. verm. Aufl. (83 S.) 1877; 4. verm. Aufl. 16. (92 S.) Gmunden 879, Mänhardt.

Ischl und seine Umgebungen. Unter gleichzeit. Berücksicht. Gmunden's, sowie des gesammten Salzkammergutes. Mit (photogr.) Ansicht und (lithogr.) Plänen von Ischl und (lithogr.) Karte des Salzkammergutes. 5. Aufl., neu bearb. von Karl Geuter. (112 S.) 1881; 6. Aufl. 12. (121 S.) Gmunden 888, Mänhardt. *

— u. seine Umgebungen. Unter gleichzeit. Berücksicht. Gmunden's, sowie d. gesammten Salzkammergutes. Mit (phototyp.) Ansicht u. (chromolith.) Plänen v. Ischl u. Gmunden u. e. (chromolith.) Karte d. Salzkammergutes. 7. Aufl., bearb. v. Karl Geuter. 12. (135 S.) Ebend. 883. n. 2. —

Ischl und seine Umgebungen. Unter gleichzeit. Berücksicht. Gmunden's sowie des gesammten Salzkammergutes. 7. und 8. Aufl. 12. (135, 140 S. mit Ansicht und Plänen von Ischl und Gmunden und 1 Karte des Salzkammergutes.) Gmunden 885,88, Mänhardt. * 2 —

Ischl u. seine Umgebungen. Unter gleichzeit. Berücksicht. Gmundens, sowie d. gesammten Salzkammergutes. Mit Ansicht, Plänen u. e. Karte. 9. Aufl. 12. (143 S.) Gmunden u. Ischl 891, Mänhardt. * 2 —

Ischl u. seine Umgebungen. Unter gleichzeit. Berucksicht. Gmundens sowie des gesammten Salzkammergutes. Mit Ansicht u. (farb.) Plänen v. Ischl u. Gmunden u. e. (farb.) Karte des Salzkammergutes. 10. Aufl. 12. (127 S.) Gmunden 894. E. Mänhardt. n. 2. —

Ischl und seine Umgebungen. Unter gleichzeitiger Berücksichtigung Gmundens, sowie des gesammmten Salzkammergutes. Mit Ansicht und Plänen von Ischl und Gmunden und einer Karte des Salzkammergutes. 11. Aufl. 12. (126 S.) 1.—
Gmunden: Mänhardt 1896.

Ischl [Schlagwort]

Ischl, s.a. Geologische Karten. Spezialkarte, (Oesterr.-Ung.)

Ischl. Höller, Jak., Plan von Ischl u. dessen nächster Umgebung. 1 : 12,000. Chromolith. qu. gr. 4. Gmunden 888. Mänhardt. n. — 80

Ischler, O., u. Ed. Hartmann, Rechenbuch f. Volksschulen, nach den Bestimmgn. d. Unterrichtsplans f. Volksschulen im Großherzogt. Baden hrsg. 3 Hefte. 8. Karlsruhe, G. Braun'sche Hofbuchdr. nn 1. 70
1. IV. u. V. Schulj. (84 S. m. Abb.) 907. nn — 60
2. VI. u. VII. Schulj. (100 S. m. Abb.) 908. nn — 70
3. VIII. Schulj. (90 S. m. Abb.) 908. nn — 40

Ischler, O., u. Ed. Hartmann, Rechenbuch f. Volksschulen, nach den Bestimmgn. d. Unterrichtsplans f. Volksschulen im Großherzogt. Baden hrsg. Lehrerheft. 3 Hefte. 8. Karlsruhe, G. Braun'sche Hofbuchdr. nn 3. 85
1. I.—V. Schulj. (155 S.) 907. nn 1. 50
2. VI. u. VII. Schulj. (130 S. m. Abb.) 908. nn 1. 75
3. VIII. Schulj. (86 S.) 908. nn — 60

— — dasselbe. Lehrerheft. 1. Heft. IV. Schulj. (105 S. m. 2 Fig.) gr. 8. Ebd. (909). nn 1. —

— — dasselbe. (Erweiterte Ausg.), nach den Bestimmgn. des Unterrichtsplans f. Volksschulen im Großherzogt Baden hrsg. 5 Hefte. gr. 8. Ebd. nn 1. 90
I. 4. Schulj. 6.—10. Aufl. (48 S.) (910.) nn — 35
II. 5. Schulj. 6.—10. Aufl. (52 S.) (910.) nn — 35
III. 6. Schulj. 6.—10. Aufl. (72 S.) (910.) nn — 40
IV. 7. Schulj. 3.—7. Aufl. (61 S. m. Fig.) (910.) nn — 40
V. 8. Schulj. 3.—5. Aufl. (96 S. m. Fig.) (910.) nn — 40

Unterrichtslehre. Unterricht, gefaßt als Entbindung gestaltender Kraft von Hermann **Ischner**. T. 1. Leipzig: Quelle & Meyer 1908. 8° [J.] [08. 6330

Ischok, Frida, aus Suwalki: Ueber die Ausnahmestellung der Wärme unter den Energieformen. Berlin 1906. 45 S. 8°. [27. XII. 06.]
Zürich. Phil. Diss. II. S. 1906/1907.

Ischreyt, Gottfried

Ischreyt, G., über septische Netzhautveränderungen, s.q. Sammlung zwangl. Abhandlungen a. d. Gebiete der Augenheilkunde. III. 7.

Über septische Netzhautveränderungen. Von G[ottfried] Ischreyt. *Halle a. S.: C. Marhold* 1900. (24 S.) 8°
— Sammlung zwangloser Abhandlungen aus d. Geb. d. Augenheilkunde. Bd 3, H. 7.
[00. 3312 3

Klinische und anatomische Studien an Augengeschwülsten. Von Dr. Gottfried **Ischreyt**. Mit 18 Abb. Berlin: S. Karger 1906. (130 S.) 8° [07. 1473

Isdebesky, Sophie [Russe]: Curettage de l'utérus et stérilité. Genève 1904. 62 p. 8°. [20. II. 04.]
Lausanne. Thèse méd. 1903/1904.

Iseghem, Andreas van. Oratio panegyrica in laudem ... Petri Canisii. Societatis Jesu presbyteri, quam Friburgi Helvetiorum die 21 Decembris 1824 ... habuit A' van I'... 8. Alosti 1864.

Isegrim, s.: Brautwerden.

Iseke. Der Kampf der Welfen u. Hohenstaufen unter d. Kaisern Konrad III. u. Friedr. Barbarossa. 2. Abschn. Vechta. 22p. 1864
Schul-/Univ.-Schrift

Iseke, Ant., dem Friedenskaiser. Festspiel zur Feier des Allerhöchsten Geburtstages. 1.—3. Aufl. 8. (à 12 S.) Düsseldorf (899—902). L. Schwann. n. — 50

Iseke, Ant., dem Friedenskaiser. Festspiel zur Feier des Allerhöchst. Geburtstages. 4. Aufl. (12 S.) 8. Düsseldorf (907). L. Schwann. — 50

ISEKE, Anton
(F) Deutschlands einzige Karthause. Von Anton Iseke. Warnsdorf. [1900.] Opitz. 16°. 84 S. mit einer Tafel K —.16

— Pro Patria. Dramatisches Festspiel. 8. (30 S.) Bonn (901). P. Hauptmann. n. — 40

Weihrauch. Lieder u. Gedichte zu d. Höchsten Ehre von Anton Iseke. *Paderborn: Bonifacius-Dr. 1902.* (64 S.) 8° [F.] ... 6

Iseke, Hermann (wirkl. Name), s.a. Bimstein, Emanuel (Pseud.)

Iseke, Herm., d. lieben hl. Elisabeth v. Thüringen gottselig Leben u. Sterben. Eine gereimte Erzählg. gr. 16. (VII, 280 S. m. Titelbild.) Heiligenstadt 895. F. W. Cordier. Geb. in Leinw. m. Goldschn. n. 3. —

[F. u. Ant.] Der lieben hl. Elisabeth von Thüringen gottselig Leben und Sterben. E. gereimte Erzählg v. Hermann Iseke. *Heiligenstadt '(Eichsfeld)': F. W. Cordier [1896?].* (VII, 280 S., 1 Taf.) 1 Bd 8. ...

— Nachfolge Christi in deutschen Reimen, s.: Thomas v. Kempen.

— Rosengärtlein u. Lilienthal in Versen, s.: Thomas v. Kempen.

Iseke, J. F., lateinische Lieder u. Gesänge, wie sie am Gymnasium zu Vechta im Gebrauch sind. Hannover 869. (Hahn). 16. (IV, 52 S.) n. 6 ngr

Isel, Joh. Rudolf (Präs.), s. Deucher, Joh.: Cogitationes subitarie de poenis jure naturali licitis vel prohibitis.

— **Joh. Rudolph**, De dominio eminente. Diss. jur. Basel (E. & J. R. Thurnis, Brüder) 21. VI. 1726. 20 S. mit handschriftl. Widm. (6.80) 17038

Isele, Otto, Heilig-Blut-Buch f. d. Verehrer des hl. Blutes zum Gebrauche am Gnadenort Walldürn u. zu Hause. (VIII, 248 S. m. 3 Taf.) 16. Freiburg i/B. 907. Caritas-Verlag. Geb. in Leinw. — 75

[F.] **Iseler, Fr.**: Ein in den höheren Schulen nur wenig gewürdigter Unterrichtsgegenstand. Oldenburg, Schulzesche Hof-Buchdr., 1891; S. 1-51; 8°
Oldenburg, Cäcilien-S, P 1891 ••

Iseli, Fritz, von Jegensdorf (Bern): Die Riccatische Gleichung. Bern 1909. 42 S. 8°. [2. V. 08.]
Bern. Phil. Diss 1908/09.

Iseli, Fritz. Die Riccatische Gleichung. Diss. Phil. Bern. 42 S. 8. Bern. K. J. Wyss, 1909.

Iselin's, J., Biographie, s. Miaskowski, A. v.

Iselin, Frz. Gust., s. Auswahl intereff. republikan. Reden.

Iselin, F. G., Ausw. interessant. Republikan. Reden gesamm. und edirt. (N. T. d. B. Republikan. Reden.) gr. 8. Frankf. Eßlinger. 795.

Iselin, Friedrich, s. Iselin-Rütimeyer, Friedrich

Iselin, Hans, z. Z. I. Assistenz-Arzt der Chirurgischen Klinik des Baseler Bürger-Spitals: Von den Verletzungen des Zwerchfells und ihren Folgen, den Zwerchfellbrüchen. Leipzig 1907. 69 S. 8°. S.-A. aus „Deutsche Zeitschrift für Chirurgie". Bd. 88. H. 1—3.
Basel Med. Diss. 1906 1907

Iselin, Hans. Von den Verletzungen des Zwerchfells und ihren Folgen, den Zwerchfellbrüchen. Diss. Med. Basel. [Sep.-Abdr. aus: Deutsche Zeitschrift für Chirurgie. Band 88, Heft 1—3.] 69 S. 8. Leipzig, August Pries, 1907.

Iselin, Heinrich. Selbstbiographie von H' I' ([geb.] 1807), prakt. Arzt in Benikon, Bezirk Weinfelden. Mit dem Bildnisse des Verfassers [Tafel]. 8. Romanshorn 1864.

Iselin, J. R. Brevis Romanorum judiciorum historia. Respondente juvene florentissimo Leonh. Eulero. Basileae 1722. 4.

Iselin, J[acob]. Zur Beruhigung: Kritik der Kritik des Aegidius Tschudi durch Aloys Schulte im Jahrbuch für Schweiz. Geschichte, Bd. 18. ‹SA.› 8. [Glarus 1893.]

Iselin, Jakob Amadeus: Observationes variae ad jurisprudentiam. s. Falkner, Joh.Heinrich (Praes.)

Iselin, Jakob Christoph

[Iselin, J. Chr.]. Allgemeines Historisches Lexicon, in welchem das Leben und die Thaten derer Patriarchen, Propheten, Apostel, Väter der ersten Kirche, Päbst ... Kayser, Könige, Chur- und Fürsten, grosser Herren und Minister; ingleichen derer berühmten Gelehrten, Scribenten und Künstler ... und endlich die Beschreibung derer Kayserthümer, Königreiche, Fürstenthümer, freyer Staaten, Landschafften, Inseln, Städte, Schlösser, Klöster, Gebürge, Flüsse und so fort ... vorgestellet werden. Andere vermehrte Auflage. 4 Bde. und 2 Bde. Supplement (zus. 6 Bde.). Leipzig, Fritsch, 1722 & (für die Supplementbände:) Basel, Brandmüller & Christ, bezw. Brandmüllers Erben, 1742—44. Fol. *Mit gestoch. Verlegermarke a. d. Titeln und einigen Holzschnittornamenten.* Pgt. d. Z. auf Bünden m. blindgepreßten Deckeln, einige leichte Schäden, Ecken teilw. bestoßen.

Eines der Monumentalwerke des späteren Barock; ein Gegenstück, teilw. auch eine Fortführung des Bayleschen Dictionnaire, dessen wesentliche Artikel in deutscher Übersetzung diesem Werk alle einverleibt sind. Es wird mit Recht auch heute noch sehr geschätzt, da es z. B. ausführliche Nachrichten über die Gelehrten, Dichter, Künstler und Staatsmänner des 17. und 18. Jahrhunderts (abgesehen von den früheren Zeiten) bringt, die z. T. sehr über die Artikel von Jöchers Lexikon hinausgehen.

Iselin, Jacob Christoph. Neu-vermehrtes Historisch- und Geographisches Allgemeines Lexicon .... Dißmahlen von neuem ... gantz übersehen ... und um ein grosses vermehret ..., von J' Christoff I' ... 4 Theile *u.* 2 Theile Supplement. fol. Basel 1726-1744.
Theil 1-4: 1726 1727.
Supplement zu dem Baselischen Allgemeinen Historischen Lexico .... Von Jacob Christoff Beck .. Und August Johann Buxtorff... 2 Theile. 1742-1744.

Neu-vermehrtes Historisch- und Geographisches Allgemeines Lexicon, in welchem die Thaten, und andere Merkwürdigkeiten deren Patriarchen, Propheten etc. etc. wie nicht weniger derer Kayser, Königen etc. etc. Aus allen vorhin ausgegebenen und von gleichen Materien handelnden Lexicis etc. zusammen gezogen, Dissmahlen von neuem mit Fleiss ganz übersehen . . . und um ein grosses vermehret. 2. Aufl. Von Jacob Christoff **Iselin.** Th. 1. A—C. Basel. 1729. Th. 2. (D—J.) ebd. 1729. Th. 3. K—Q. ebd. 1729. (1. Aufl.) Th. 4. R—Z. ebd. 1728. Fol.

Iselin, Joh. Jak., die Grundlagen der Geometrie, ohne specielle Grundbegriffe u. Grundsätze m. Einschluss d. vollständ. Darstellg. der reinen Sphärik einheitlich dargestellt. gr. 4. (V, 264 S.) Bern 891. K. J. Wyss. n. 6.—

Iselin, Joh.Rudolf: De d o m i n i o eminente. 18 S.–
Basel, Jur.Diss.v. 21.Juni 1726.

Iselin, Joh.Rudolf: De i n s t i t u t i s militaribus Helvetiorum. (Resp.: Joh.Peter Stückelberger). 18 S.–
Basel, Jur.Diss.v. 2.April 1737.

Iselin, Joh.Rudolf: De j u r e legationum liberae reipublicae Helveticae. (Resp.: Emanuel Falkner). 22 S.–
Basel, Jur.Diss.v. 1.März 1737.

Iselin, Joh.Rudolf: O b s e r v a t i o n e s juridicae. (Resp.: Joh. Heinrich Falkner). 6 S.–
Basel, Jur.Diss.v. 25.Okt.1746.

Iselin, Joh.Rudolf: Super o f f i c i i s erga patriam.(Resp.: Joh. Jakob Waser). 7 S.–
Basel, Jur.Diss.v. 5.Dez.1727.

Iselin, Joh.Rudolf: De p o e n i s jure naturali licitis vel prohibitis. (Resp.: Joh.Deucher). 14 S.–
Basel, Phil.Diss.v. 16.Mai 1738.

Iselin, Joh.Rudolf: P o s i t i o n e s miscellaneae philosophicae(contra Hobbes).(Resp.: Franz Ziegler). 7 S.–
Basel, Phil.Diss.v. 12.Dez.1724.

Iselin, Joh.Rudolf: T h e s e s juridicae. (Resp.: Emanuel Stupan). 6 S.–
Basel, Jur.Diss.v. 30.März 1731.

Iselin, Joh.Rudolf: De jurisprudentiae in republica u s u atque necessitate. 13 S.–
Basel, Jur.Diss.v. 6.Dez.1757.

Iselin, Isaac, s. Andenken, dem, I. I.'s.

Iselin, Isaak, († d. 15. Juni 1782.) philantropische Aussichten redlicher Jünglinge, ihren denkenden u. fühlenden Mitmenschen übergeben. 8. Basel 775.

— u. J. K. Lavater, einige Briefe über d. Basedowische Elementarwerk. 8. Zürich 771. (Brede in Offenb.) 3 Kr.

— s. 1) Ephemeriden d. Menschheit. 2) Grundzüge d. nöthigsten pädagog. Kenntnisse.

— Gesch. d. Menschheit. 2 Thle. 8. Basel, Schweighäuser. 787.

— Grundriß der nöthigen pädag. Kenntn. 8. Basel, Fillé. 780.

— philosoph. Muthmaßungen über d. Geschichte d. Menschheit. 2 Bde. 8. Frankf. u. Leipz. 764. (anonym). Neue (2e) Ausg. mit seinem Namen unt. d. T.: über d. Geschichte d. Menschheit. 2 Bde. 8. Zürich 768. 3e A. 770. 4e verb. A. 8. Basel 779. 5e Aufl. 2 Bde. 8. Ebd. 787. Schweighäuser. 1 Rthlr. 16 Kr.

Iselin, Isaak: „Ueber die Nothwendigkeit der Prachtgesetze in einem Freistaate", Zürich 1769 (Orell).

Iselin, Isaak: „Der zweite Palämon, oder von dem Aufwande, worin verschiedene Irrthümer des ersten Palämon berichtigt werden", Zürich 1770 (Orell).

(—) d. Patriot u. d. Antipatriot. 8. Basel 758.

Iselin, Isaak: „Plutus, oder von den Reichthümern; ein Gespräch", Basel 1762 (Thurneysen).

— Sammlung, d. Nutzen u. Vergnügen d. Jugend geheiligt. 2 Thle. 8. Basel 768. N. A. 773 u. 76. Schweighäuser. 20 Kr.

— Schreiben an d. Helvet. Gesellschaft, über Basedows Vorschläge zur Verbesser. d. Unterichts d. Jugend. 8. Basel 769.

Iselin, Isaak: „Schreiben an seinen Sohn, der sich der Handelschaft widmen will", Bern o. J. (Typogr. Soc.).

— Schreiben an Ulysses v. Salis-Marschlins, über d. Philantropinen in Dessau u. in Graubündten rc. gr. 8. Basel 776. Schweighäuser. 4 Kr.

Iselin, Isaak, pädagogische Schriften, s. Bibliothek pädagogischer Klassiker.

Iselin, Isaak: „Vermischte Schriften", 2 Teile, Zürich 1770. Neue Auflage Basel 1787 (Schwarzhäuser).

— vermischte Schriften. 2 Thle. 8. Zürich 770. N. A. 8. Basel 787. Schweighäuser. 1 Rthlr. 16 Kr.

Iselin, Isaak: T e n t a m e n juris publici Helvetici. 31 S.–
Basel, Jur.Diss.v.6.Juli 1751.

Iselin, Isaak: T h e m a t a selecta ex jure naturae et gentium et ex doctrina civili. (Resp.: Lukas Legrand). 6 S.–
Basel, Jur.Diss.v.21.Jan.1749.

— Träume eines Menschenfreundes. 2 Thle. 8. Basel, Schweighäuser. 776.

Iselin, Isaak: „Versuch über die Gesetzgebung", Zürich 1760 (Orell).

— — dasselbe. 8. Wien. Cantesina. 773.

(Iselin, Isaak): „Versuch über die gesellige Ordnung", Zürich 1772 (anonym). (Basel, Schwarzhäuser). — Neue Auflage in zwei Teilen, u. d. T.: „Träume eines Menschenfreundes", 2 Teile, Basel 1776 (Schwarzhäuser).

— Versuch über d. gesellige Ordnung. 8. Zürich 772. (anonym). (Basel, Schweighäuser). 6 Kr. Neue Aufl. in 2 Thln, unt. d. T.: Träume eines Menschenfreundes. 2 Thle. 8. Basel 776. Schweighäuser. 1 Rthlr. 12 Kr.

Iselin, Isaak: „Politischer Versuch über die Berathschlagung; nebst einem Anhang vermischter Schriften", Basel 1761 (Thurneysen).

— Versuch über d. Verbesser. d. öffentl. Erziehung. 8. Berl. 781. Rottmann. 12 Kr.

Iselin, Isaak: „Philosophische und politische Versuche", Zürich 1767 (Orell).

(Iselin, Isaac F. 1728–1782.) Njbl. s. [Vögelin, Anton Salomon].

Iselin, K. L. oder L. K.

Iselin, K. L., (J. H. Meynier), belehrende Bilderlust für fleißige Knaben u. Mädchen. Mit 87 ill. Abbildg. 2e Aufl. qu. 16. Nürnb. 826. Bauer u. R. 20 K

— Karl d. kleine Naturhistoriker, od. bildliche Darstellung aus d. Thierwelt, f. wißbegierige Kinder. 2e Aufl. Mit 12 illum. Kpf. qu. 16. Nürnb. 826, Bauer u. R.

Iselin, L. K., Karl d. kleine Naturhistoriker, od. bildl. Darstelln. aus d. Thierwelt, f. wißbegier. Kinder. (3. Aufl.) M. 12 ill. Kpfr. qu. 16. (12 B.) Nürnberg 852, Bauer u. Raspe.

— unterhaltende Naturgesch. f. d. Jugend. 2e Aufl. Mit 9 ill. Kpfr. gr. 8 Nürnb. 827, Bauer u. R.

Iselin, L. K., unterhalt. Naturgeschichte f. d. Jugend u. z. Selbstunterr. 3. Aufl., neu bearb. u. sehr verm. v. G. Schwarz. M. 11 ganz neuen ill. Kpfrt. (u. ill. Titvign.) gr. 8. (40 B.) Nürnberg 834, Bauer u. Raspe. Thlr.

— das alte Rom, oder Schilderung d. bürgerl., religiösen u. militär. Verfassung, des häusl. Lebens, d. Sitten, Gebräuche u. Meinungen d. alten Römer. Mit e. kurzen Gesch. d. röm. Staates. Ein unterh. u. nützl. Lesebuch f. Jünglinge auf Schulen. 2e Aufl. Mit 14 Kupfern. gr. 8. Nürnb. 827, Bauer u. R.

—— das alte Rom, od. Schilderung d. bürgerl. religiösen u. militär. Verfassung, d. häusl. Lebens, d. Sitten, Gebräuche u. Meinungen d. alten Römer. Mit e. vorausgeschickten kurzen Gesch. d. Röm. Staates. Ein unterhalt. u. nützl. Lesebuch f. Jünglinge auf Schulen. 3., verb. u. verm. Ausg. M. 15 Kpfr. u. Titvign. gr. 8. (23 B.) Nürnberg 831, Bauer u. Raspe.

— Knecht Ruprecht od. Wanderungen durch die Werkstätte d. Künstler u. Handwerker. 2e Aufl. Mit 13 ill. Kpf. qu. 16. Nürnb. 826, Bauer u. R.

—— Knecht Ruprecht, od. Wanderungen durch d. Werkstätte d. Handwerker u. Künstler. Ein nützl. Geschenk f. wißbegier. Kinder. 3. Aufl. M. 13 ill. Kpfr. qu. 16. (8½ B.) Nürnberg 834, Bauer u. Raspe.

— neues Unterhaltungsbuch z. Bildung d. Verstandes u. Gemüthes f. denkende Kinder. 2e verb. u. verm. Aufl. Mit 8 ill. Kpfrn. 8. Nürnb. 824, Bauer u. R.

—— die Weltgeschichte f. d. Jugend. 2 Thle. 8. (80¼ B.) Stuttgart 828, 29, Metzler. 2 Thlr. 20 Gr., hrbgf. Pr.

[Iselin, Ludwig Emil.] Erinnerung an die Erneuerung des Kirchengeläutes in Riehen im Jahre 1907. Allen freundlichen Gebern gewidmet. [Illustriert.] 14 S. 8. Basel, R. G. Zbinden, 1907.

Iselin, L. E., u. Paul Sarasin, Lebens- u. Charakterbild Rütimeyers, s.: Rütimeyer, Ludw., Briefe u. Tagebuchblätter.

[Umschlagt.:] [F.] Carl Ludwig Rütimeyer. Von L. E. Iselin. M. Bildn. *Basel: R. Reich 1897.* (47 S., 1 Portr.) 1 Bd 8. [97-2414

Iselin, L. E. Carl Ludwig Rütimeyer. Mit 1 Bildn. In-8⁰. 47 S. Basel, R. Reich. 1 20
₀ Sonderabdruck aus dem „Basler Jahrbuch für 1897".

Iselin, Ludw. Emil, der morgenländische Ursprung der Grallegende. Aus oriental. Quellen erschlossen. (IV, 135 S.) gr. 8. Halle 909. M. Niemeyer. 3. 60

— — s. bisher unbekannte Version d. 1. Teiles d. „Apostellehre, s.: Texte u. Untersuchungen z. Geschichte d. altchristl. Literatur.

Iselin, W. V. D. M. Wahre Geschichten zum Evangolium Lucas und zu vielen anderen Stellen heiliger Schrift alten und neuen Testaments, gesammelt und mit bequemen Registern versehen, allen Dienern am Wort, insbesondere den Mitarbeitern am Werke der Sonntagsschulen, aber auch allen Eltern, Lehrern und Freunden der Jugend gewidmet. Gr.-in-8⁰, 568 S. Basel, C. F. Spittler. 1881 Br. 5 —
Leinw. 6 25

Iselin, Wilh., Einiges von den Führungen Eman. Gengenbach's, Dieners des Wortes Gottes und deutschen Pfarrers in Marseille. gr. 8. (171 S.) Basel 864, (Riehm.)
Aus: Der Christ, besonders abgedruckt.

(Iselin, W[ilhelm].) Einiges vom Leben und Sterben von Anna Iselin, geb. Bernoulli (1830–1860), als Andenken für Freunde und Verwandte. 8.
[1 Ausg.] Bern 1860. – 2. Ausg. Basel 1870.

Iselin, Wilhelm. Einiges vom Leben und Wirken von Nikolaus Bernoulli (1793–1876). Criminalgerichtspräsidenten ... in Basel. 8. Basel 1877.

—— Einiges vom Leben und Wirken des Hrn. Carl von Rodt, Dieners des Wortes Gottes, ersten Vorstehers der freien evangel. Gemeinde von Bern rc. gr. 8. (IV und 104 S. mit lithogr. Portr.) Bern 862. (Basel, Bahnmaier's Verlag.) *

(I[selin]. W[ilhelm].) Erinnerungen an den seligen Professor [Johann Tobias] Beck (1804–1878. SA.) 8. [Heiden 1879.]

Iselin-Haeger, [Frau] G[ustava]. Uffem Petersplatz. [Von] G. I' H'. [12 Original-Lithographien.] [I + 11 Bl.] 4. Basel [Lithogr. Wwe. Schneider-Hess,] 1907. [in Mappe fr. 5. —]

Iselin-Iselin. Abraham s. Pestalozzi-Hirzel, Johann Conrad, und Iselin-Iselin. Abraham.

Iselin-Rütimeyer, Friedrich

Iselin, Friedr., Bemerkungen über Mißstände unseres gegenwärtigen Schulturnens. Vortrag. gr. 8. (29 S.) Basel 878, Schweighauserische Buchh.

Iselin, Friedr., Geschichte der Leibesübungen. Hrsg. von Paul Meyer. gr. 8. (III, 154 S. mit dem Lichtdr.-Bildniß Friedr. Iselins.) Leipzig 886, Strauch. * 2 —

Iselin-Rütimeyer, Fried[rich]. Zur Geschichte der Vorstadtgesellschaften Basels: 1. Die Vorstadtgesellschaft zu St. Johann – 2. Die V' zu St. Alban. Vorgetragen in der histor. und antiquar. Gesellschaft [zu Basel] den 5. und 19. März 1874. [A.] 8. [Basel 1882.]

Iselin-Rütimeyer, F., Zur Geschichte des Turnens in Basel. Basel, Realgymn. 1876. Progr.

Iselin-Rütimeyer, Friedrich, Zur Geschichte des Turnens in Basel, T. 1, Basel 1876, 32 S., 8⁰.

Iselin, F.: Pestalozzi als Förderer der Leibesübungen. Basel 1858. 46 S. Basel, Hum. Gymn. P 1858.

Iselin, F., Welche methodischen Mittel sollen bei den verschiedenen Turnarten in der Schule angewendet werden? 24 Stn. kl. 8. Basel, Ch. Meyri. 1871 —. 40

Jselins, C.: De Joanne Baptista. Basil. 1717.

Iselius, J Rud., s. Eberh. *Otto*, ad Justiniani instit. lib. IV.

Isella, Pietro

—— Contouren. I. Heft 5 Blatt. Ebds. 1863 2 fl.

Isella, P., Details der Ornamente in der neuen Kirche zu Alt-Lerchenfeld in Wien. Entworfen von Ed. van der Nüll. 3 Hefte. qu. gr. Fol. (10 Chromolithogr. und 6 Stnt.) Wien 865, Leben und Mundt. [Leipzig, Haessel.] à Heft * 3 Thlr. 10 Ngr.

Isella P. 15 Lunetten im K. K Naturhistorischen Museum in Wien und andere Motive. (33 T) fol Wien 1890

Isella, Pietro, decorative Malerei. 15 Lunetten in den Sälen des 1. Stock des k. k. naturhistor. Hofmuseum in Wien und 10 diverse andere Motive. 5 Hefte. gr. Fol. (à Heft 5 Lichtdr.-Taf.) Wien 886, (Hölder.) à Heft *M 7.—. * 35 —

Isella, Pietro. Decorative Malerei. 15 Lunetten in den Sälen im I. Stock d. k. k. naturhistor. Hofmuseum in Wien u. diverse andere Motive. 36 Bl. in Lichtdr. 6. Heft. gr. Fol. (5 Lichtdr.-Taf.) Wien 890, Schroll u. Comp. * 8 —
1.–5. Heft. Ebd. 1888. * 35 —; compl. in Mappe herabges. Preis * 25 —.

—— Decorative Malerei, Sgraffitos u. Intarsien. 2. verm. Aufl. 36 lithogr. Blatt. gr. Fol. Ebd. 890. In Mappe * 20 50

Isella, Pietro, ornamentale Malerei [italien. Renaissance] im neuen k. k. Opernhause in Wien nach Entwürfen von van der Nüll und Pietro Isella. 1. Heft. gr. Fol. (5 Stnt.) Wien 870, Hölder.

Isella, Pietro, ornamentale Malerei [italienische Renaissance] im neuen k. k. Opernhause in Wien nach Entwürfen von van der Nüll und Pietro Isella. 4 Hefte. gr. Fol. (21 Stnt.) Wien 874, Hölder. à Heft *M 7,20.

— Ornamenten-Details in d. Alt-Lerchenfelder Kirche zu Wien. (10 T) fol Wien

—— Ornamenten-Details in der Altlerchenfelder Kirche in Wien. 3 Hefte. qu. gr. Fol. Ebendas. 878. [1. und 2. Heft. (à 5 Bl. Chromolithogr.) à *M 8.; 3. Heft. (6 Bl. Contouren.) *M 5.] *

Isella, P., Maler. Plafond-Decorationen. 1. Heft. 2 Blatt in Farbendruck und 3 schwarz Fol. in Umschlag. Wien, Fr. Köke. Commissionsdebit von Leben & Mundt. 1862 Subscriptionspreis 5 fl.

Isella, P., Plafond-Decorationen, componirt und herausgegeben von P. Isella. II. Heft (2 Chromolithographien und 3 Blatt Contouren). Wien, Leben & Mundt in Comm. 1865 5 fl.

—— Plafond-Decorationen. 2 Hefte. qu. gr. Fol. Ebendas. 872. [1. Heft. (4 Bl. Chromolithogr.) *M 10.; 2. Heft. (16 Bl. Contouren.) *M 6.]

—— Plafond-Decorationen. Componirt und hrsg. 2 Hefte. qu. gr. Fol. Wien 866, Beck'sche Universitäts-Buchh. [1. Heft. (4 Chromolithogr.) * 3 Thlr. 10 Ngr., 2. Heft. (16 Stnt.) * 2 Thlr.] *

Iselmott, H. de, Frans Essink, sien Liäwen und Driewen äs aolt Mönsterst Kind nao sienen Daud. 1.—3. auf's Neue verm. und vergiftete Aufl. 8. (112 S.) Münster 881, Brunn's Verlag. *

Isely. Louis. professeur à la Faculté des Sciences: Les progrès de la géométrie et l'enseignement moderne. (Académie de Neuchâtel.) Neuchâtel 1907. 54 p. 8°.
Neuchâtel Fer ac 1907/08

Isemann, Bernd, Doppelstimmen. (70 S.) 8. München-Schwabing 907. E. W. Bonsels & Co. 2. —

Isemann, Bernd, die Erde, s.: Bonsels, Wald.

— Die Mitternacht. Ein Weihnachtsspiel. (32 S.) fl. 8. Ebd. (908). 1. —

— Statuen e. Jugend. (38 S.) 8. München-Schwabing 905. E. W. Bonsels & Co. n. 2. —

— Im Zwielicht der Liebe. Eine Novelle. (127 S.) fl. 8. Ebd. (909). 2.—; geb. 3. —

Isemann, Franz, appr. Arzt aus Schiltigheim: Ueber einen Fall von Lungengangrän mit gleichzeitig bestehender Lungenentzündung. *München 1903: Kastner & Callwey.* (25 S.) 8°
München, Med. Diss. v. 1903

Isemer, Franz Ludwig, approb. Arzt aus Kaliszan: Zur Prognose der Radikaloperation des Uteruscarcinoms bei gleichzeitig bestehenden oder später auftretenden Metastasen in der Scheide. *Leipzig 1903: B. Georgi.* (30 S.) 8°
Leipzig, Med. Diss. v. (21. März) 1903

Isemann, B., der Troubadour. Erinnerungen aus dem Ober-Elsaß. 12. (113 S.) Straßburg 888, Heitz. * 1 60

Isemer, F[ritz], Stabsarzt Dr., 1. Assistent an der Klinik: Aus der Kgl. Universitäts-Ohrenklinik zu Halle a. S. (Direktor: Geh. Med.-Rat Prof. Dr. H. Schwartze.) Die Behandlung von Mittelohreiterungen mit Stauungshyperämie nach Bier. Halle a. S. 1907: C. A. Kaemmerer & Co. (37 S.) 8°
Halle, Med. Fak., Hab.-Schr. v. 1907

Isenbart u. Samter, die Strafprozeßordnung f. das Deutsche Reich nebst dem Gerichtsverfassungs-Gesetz u. den Einführungsgesetzen. gr. 8. (VIII, 460 S.) Berlin 893. C. Heymanns Verl. n. 9. —; geb. n 10. —

Isenbart, Christoph, Observationes quasdam de jure subvasalli in subfeudo feudo aperto. Diss. jur. Präs. Johann Georg Pertsch. Helmstedt (Paul Dietrich Schnorr) 16. X. 1748. 26 S. (6.—) 17039

Isenhart, G. F. L.: Die Hypothek nach Preuss. Rechte e. accessor., od. e. selbstständ. dingl. Recht? und kann d. Hypothekenschuldner üb. den locus ohne Einwilligung d. postlocirten Gläubiger verfügen, wenn d. dort eingetragene Gläubiger der Hypothek entsagt, ohne dass er die Forderung aufgiebt? — Ein Beitrag zur Erkenntniss d. Natur d. Hypothekenrechte nach Preuss. Rechte. Von ****. *Marienwerder*, Baumann. 831. gr. 8. (4 Gr.)

Isenbart, G. F. L., Repertorium üb. die beiden Aufl. d. königl. westphäl. Gesetz-Bülletins. 2te Aufl. 4. Hannov. Gebr. Hahn. 811.

Isenbart, Hugo: Ueber den Verfasser und die Glaubwürdigkeit der continuatio Reginonis. . . . Kiel. Druck v. Schmidt & Klaunig. 1889; 47 + 1 S. 8°
Kiel, Phil. Fak, Inaug.-Diss. v. 9. März 1889

Isenbart, W., u. W. Spielhagen, das Invalidenversicherungsgesetz v. 13. VII. 1899. 3 Abthlgn. gr. 8. (XV, 856 S. u. Anh. 139 S.) Berlin 900. C. Heymann's Verl. n. 16. —; geb. n. 18. —

Isenbart, W., u. W. Spielhagen, Das Invalidenversicherungsgesetz vom 13. VII. 1899. 1. Abth. gr. 8. (S. 1—320.) Berlin, C. Heymann's Verl. 5. —

Isenbart, W., u. W. Spielhagen, Das Invalidenversicherungsgesetz vom 13. VII. 1899. 2. Abth. gr. 8. (S. 321—432 u. Anh. S. 1—139.) Berlin, C. Heymann's Verl. 4. —

Isenbart, W., u. W. Spielhagen, Das Invalidenversicherungsgesetz vom 13. VII. 1899. 3. Abth. gr. 8. (XV u. S. 133–856.) Berlin, C. Heymann's Verl. 7. — (Kplt.: 16. —; geb. 18. —).

Isenbart, W., u. W. Spielhagen, das Invalidenversicherungsgesetz v. 13. VII. 1899. Erläutert v. I. u. Sp. 2. neu bearb. u. verm. Aufl. (XVI, 1147 S.) gr. 8. Berlin 903. C. Heymann. n. 20.—; geb. in Halbfrz. n. 23.—

Nachtrag zum Invalidenversicherungsgesetz vom 13. Juli 1899. Erläutert v. W. Isenbart u. W. Spielhagen. 2. Aufl. Berlin. 1906.

Isenbart, Wilhelm

Isenbart, Geschichte d. herzogl. nassauischen 2. Regiments, Stamm d. königl. preußischen 2. nassauischen Infanterie-Regiments Nr. 88. 1808 bis 1866. Im Auftrage des Regiments zusammengestellt. Mit 17 Skizzen u. 1 Uebersichtskarte in Steindr. gr. 8. (VIII, 268 S.) Berlin 891. E. S. Mittler & Sohn. n. 8. —

Geschichte des 2. Nassauischen Infanterie-Regiments Nr. 88. Von (Wilhelm) Isenbart, Oberst a. D. *Berlin: E. S. Mittler & Sohn 1903.* (XII, 556 S.) 8° [F.]

Isenbeck, August [aus Wiesbaden]: Untersuchungen über die Induction im Pacinotti-Gramme'schen Ring. Mit 14 Holzschnitten. Berlin, gedruckt in der Reichsdruckerei, 1883. 8. 38 S.

Isenbeck, J. Turner-Sieg od. Wandel in Gefahr. Lustspiel in 2 Aufzügen. Musik v. G. Jordan. Reigen v. E. Rädlein. Mit dem vollstnd. Scenarium. Eigentum d. „Deutschen Turnvereins" in Chodau. 12. (62 S.) Karlsbad 888, (Stark). * 3 —

Isenbeck, J., Wandlungen. Aus den Papieren e. preuß. Offiziers. 8. (129 S.) Berlin 891. v. Decker. 2. —

Isenbeck, Julius

Isenbeck, J., der Brinkenhof. Durch Flammen u. Glut, s. a. Kürschner's, Jos., Bücherschatz.

Der Brinkenhof. Durch Flammen u. Glut. Erzählungen von J[ulius] Isenbeck. Mit Ill. von Martin Ranke. *Berlin, Eisenach, Leipzig: H. Hillger [1900]* (128 S.) 8° [F.]
— Bücherschatz, Kürschner's. No 197.

Isenbeck, J., d. gute Doktor, s. a. Kürschner's Bücherschatz.

[F.] Der gute Doktor. Erzählg v. J[ul.] Isenbeck. M. Ill. v. W. Roegge. *Berlin, Eisenach, Leipzig: H. Hillger [1898].* (128 S.) 1 Bd 8.
= Bücherschatz, Kürschners. No 102.

Isenbeck, Jul., das Nassauische Münzwesen. [Aus: „Annalen d. Ver. f. Nass. Altertumskunde u. Geschichtsforschg."] Lex.-8. (192 S. m. 10 lith. Taf.) Wiesbaden 890. [Roth.] Lützenkirchen. n. 10. —

Isenbeck, Carl Wilhelm, s. Isenbeck, Karl Wilhelm

Isenberg, Daniel, approb. Arzt aus Dungen (Hannover): Aus d. patholog. Institute zu Kiel. Ein Aneurysma Aortae mit Durchbruch in den Oesophagus, ein Beitrag zur Lehre von der syfilitischen Entstehung der Aneurysmen. *Kiel 1899: P. Peters.* (44 S.) 8°
Kiel, Med. Diss. v. [27. Febr.] 1899

Isenberg, Dan., die christliche Lehre auf Grund des kleinen Katechismus Dr. Martin Luthers für Kirche, Schule und Haus erläutert. 8. (141 S.) Hannover 867, Schmorl und v. Seefeld. *

— der Primat u. der Episcopat. Eine exeget. Untersuchung. Ebend. 866. gr. 8. (IV, 60 S.) n. 10 ngr.

Isenberg, Dan., die Rechtfertigung durch den Glauben oder Paulus und Jacobus. Ein Versuch zur Einigung. gr. 8. (52 S.) Hannover 868, Schmorl und v. Seefeld.

— Sendschreiben an den Pastor Schulze in Osnabrück, betr. die Hauptpunkte des christl. Glaubens. gr. 8. (112 S.) Hannover 863, Meyer.

Isenberg, Dan., der Todestag des Herrn Jesu Christi. Ein Versuch der Vereinigung der Synoptiker mit dem Apostel Johannes. gr. 8. (47 S.) Hannover 868, Schmorl und v. Seefeld.

Isenberg, J. C., Reductionstabelle d. französ. Geldes im 20 u. 24 Fl. Fuß. 8. Cassel 810. Luckhardt. 2 gr.

Isenberg, Karl, a. Hyderabadh: Der Einfluß der Philosophie Charles Bonnets auf Friedrich Heinrich Jacobi. Borna-Leipzig 1906: R. Noske. (VIII, 64 S.) 8° [F.]
Tübingen, Phil. Fak., Ref. Maier, Diss. v. 24. Dez. 1906
[Geb. 25. Mai 09 Hyderabadh, Indien; Wohnort: Stuttgart; Staatsangeh.: Württemberg; Vorbildung: Seminare Maulbronn u. Blaubeuren Reife M. 87; Studium: Tübingen 10, Bonn 1 S.; Coll. 22. Nov. 06.]

Isenberg, Karl, d. Einfluß d. Philosophie Charles Bonnets auf Friedrich Heinrich Jacobi. (IX, 64 S.) gr. 8. Borna 907. Stuttgart (Karlsgymnasium), Gymnas.-Oberlehrer Dr. Isenberg. nn 1. —

Isenberg, Carl Wlh., Abessinien u. die evangelische Mission. Erlebnisse in Aegypten, auf und an dem rothen Meere, dem Meerbusen von Aden und besonders in Abessinien. Tagebuch meiner dritten Missionsreise vom Mai 1842 bis Dec. 1843. Nebst einer geograph., ethnograph. u. histor. Einleitung. Bevorwortet von C. I. Nitzsch. 2 Bde. Mit 1 Karte. 12. Bonn 844, Marcus. n. 1½ ₰

—— Uhlichs Bekenntnisse, s. Uhlich.

Anti-Illuminaten-Gift [von Isenbiehl zu Mainz. 24. Juni]. [Mainz]: 1794. Kl. 3464.

Isenbiehl, Aug., († d. 15. Sept. 1810.) Tugendlehre nach den Grundsätzen d. reinen Vernunft u. des prakt. Christenthums. 8. Augsb. 796. Doll. (Landsh., Krüll). 8 gr.

Isenbiehl, A., Tugendlehre n. Grunds. der reinen Vern. 8. Augsb. Doll. W. (u. Liebeskind in Lpz.) 795.

Isenbiehl, Joh. Laurent., Beobachtungen von dem Gebrauche des syrischen puncti diacritici bei den verbis. Göttingen, 1773. 4°.

Isenbiehl, Jh Lor., († d. 26. Dec 1818.) chrestomathia patristica graeca. 8. Mainz 774. Hopfner. (Streng in Frkf. a. M.) 16 gr.

— s. a. Corpus decisionum dogmat.

Isenbiehl, corpus decisionum dogmaticarum ecclesiae catholicae etc. 8. Frft. Gebhardt et K. 777.

Isenbiehl, Joann. Laur., De rebus divinis tractatus introducentes in universam V. ac N. Test. Scripturam et theologiam christianam. Mainz, 1787. 4°, Bd. I.

— de rebus divinis tractat. introduc. in univ. Vet. ac. N. Test. T. I. 4. Mayns. (Varrentrapp, Frft.) 787.

— neuer Versuch über d. Weissagung vom Emanuel. 8. Götting. 778. (Bösche in Frankf.) 20 gr. (Gebhardt u. K.) 21 gr.

— neuer Verf. üb. die Weissagung v. Emanuel. 8. Gött. (Gobbard, Bamb.) 778.

— — dasselbe. 8. Frkft. Gebhardt und K. 775.

Isenbiehl, Joh. Laur., Neuer Versuch über die Weissagung vom Immanuel. Koblenz. 1778. 8°. 19 Bogen.

Isenbiel, Gotthard, Referendar: Zur Lehre von der Rückverweisung (Art. 27 EG. z. BGB.). Borna-Leipzig 1909: Noske. X, 74 S. 8°
Breslau, Jur. Diss. v. 20. März 1909, Ref. Leonhard-Meyer
[Geb. 21. Dez. 83 Breslau; Wohnort: Breslau; Staatsangeh.: Preußen; Vorbildung: Gymn. Freienwalde a. O. Reife M. 04; Studium: Breslau 7 S.; Rig. 14. Juli 08.] [U 09. 490

Isenbiel, (Ernestus) Hugo *(geb. Breslau 7. 6. 1847)*: De laudatione seu nominatione auctoris. Vratislaviae (1869). (44 S.) 8°
Breslau, Jur. Diss. v. 22. Nov. 1869

Isenbügel, J. A., Nachtgedanken über die Ewigkeit und Zustand der ewig seligen und ewig unseligen oder verlorenen Seelen. 16. (15 S.) [Elberfeld 842.] Köln, Hassel.

Isenbügel, J. A., Nachtgedanken über die Ewigkeit. 2. Aufl. 12. (16 S.) Elberfeld 885, Buchh. der evangel. Gesellschaft. ** — 10

Isenburg, Diether von, Erzbischof ... Mainz 1789. Frankf. a. M. 1792. V: *Schwarz, Josef.* (Euph III, 733) (Zeitschr. f. Büch. N. F. 15, 1923, S. 112)

Isenburg. Adolf [aus Arona, Italien]: Beiträge zur Kenntnis der Vanadinmolybdate. Bern 1901. 54 S. 8°.
Bern. Phil. Diss. 1901/1902.

Isenburg, Adolf. Beiträge zur Kenntnis der Vanadinmolybdate. Diss. Phil. Bern. 54 S. 8. Bern, Stämpfli & Cie., 1901.

v. **Isenburg,** Prinz (Chr. Moritz, † d. 12. Juli 1799.), s. Bolingbrocke, von d. Verbannung.

Isenburg, F. W., kurze, aber ausreichende Anweisung beim Unterricht im Taktschreiben (die sogenannte amerikan. Taktschreibe-Methode) für Volksschulen, insbesond. für Sonntagsschulen, auf Grund der Regulative. (S. 89.) gr. 16. (24 S. mit 7 Stnt.) Hagen 856(57), (Butz.)

Isenburg, F. W., Elementarbüchlein für den Unterricht im Lesen, nebst einem Anhange f. den Schreibunterricht. 6. Aufl. kl. 8. (Mit 2 lith. Bl.) Hagen 845, Thieme u. Butz. 1½ ngl

—— Elementarbüchlein für den Unterricht im Lesen nebst einem Anhang für den Schreibunterricht. 9., verb. Aufl. gr. 16. (16 und 4 lithogr. S.) Hagen 856, Butz.

Isenburg, Felix

Isenburg, die Disziplin, ihre Bedingungen und ihre Pflege. gr. 8. (40 S.) Berlin 885, Mittler und Sohn. * — 75

— das Brandenburgische Füsilier-Regiment Nr. 35 in Frankreich 1870 bis 1873. Im Auftrage des Regiments bearb. gr. 8. (VI, 355 S. mit 4 lithogr. Plänen in qu. 4. und 3 Beilagen.) Ebendas. 875. *

Isenburg, Hauptm., das Brandenburgische Füsilier-Regiment Nr. 35 1815—1870. Ein Blatt Armeegeschichte. Im Auftrage des Regiments bearb. Mit dem (lithogr.) Portr. des Feldmarschall Grafen v. Wrangel, 5 farb. (lithogr.) Uniformbildern vom Maler Ludw. Burger, 1 Stnt., 4 (lithogr.) Plänen und 4 Beilagen. gr. 8. (VIII, 567 S.) Berlin 879, Mittler und Sohn. *

Füsilier-Regiment Prinz Heinrich von Preußen (Brandenburgisches) Nr. 35 ... bearb. von (Felix) **Isenburg**, Hauptm. 2., erw. Bearb. von F(ranz) Taeglichsbeck, Oberstlt. Mit Bildn., Abb., Kt. u. Skizzen. Berlin: Mittler 1910. XIX, 655, 180* S. 8° [10. 1312

Isenburg. Geschichte des brandenburg. Füsilier-Regiments No. 35 von 1815–1870. (VIII, 567) 8. M. Taf., 4 Pl., 4 Beil. Berlin 1879. 10,00.

Isenburg. Plan von Düppel und den Belagerungsarbeiten 1864 1 : 12500. Neisse 1879.

Isenburg, Plan von Düppel und den Belagerungs-Arbeiten 1864. 1 : 12,500. Lithogr. qu. Fol. Neisse 879, Graveur's Verlag.

Isenburg, L., 1870—1871. Feldpostbriefe eines Mitgliedes der 22. Division. gr. 8. (VIII, 156 S. mit einigen Kartenskizzen [1 Stnt.].) Imshausen bei Bebra 882. (Hersfeld, Hoehl.) *

Isenburg, L. (Red.), s. A l m a n a c h für Freunde der Stolze'schen Stenographie 1871.

Im Lande der Mitternachtsonne. Reiseskizzen aus dem hohen Norden Allen Nordkapfahrern gewidmet von L. **Isenburg**. Mit 1 Ansicht d Nordkaps. *Hersfeld 1895: E. Hoehl.* (91 S.) 8° [95. 895 4

Isenburg, R(ichard Robert), Lennep: **Untersuchungen über die Entwicklung der bergischen Wollenindustrie.** Heidelberg 1906. (68 S.) 8° [J.]
Heidelberg, Phil. Fak., Ref. Gothein, Diss. v. 15. Juli 1907
[Geb. 24. Juli 82 Lennep; Wohnort: Lennep; Staatsangeh.: Preußen; Vorbildung: Gymn. Barmen Reife O. 02; Studium: Marburg 1. Leipzig 2. München 1, Berlin 2. Heidelberg 3 S.; Rig. 23. Juli 06.]

Isenburg, Siegmund: Über para- und perimetritische Exsudate. *Berlin (1897): G. Schade.* (46 S.) 8°
Berlin, Med. Diss. v. 21. Dez. 1897

Isenburg-Birstein, Carl Fürst zu, die reformatorische Aufgabe des deutschen Reichstages. 1. u. 2. Hft. 8. Mainz 878. Kirchheim. n. — 70
1. 1—3. Aufl. (32 S.) n. — 40
2. Reform des Preßgesetzes. Ein Theil der reformator. Aufgabe des deutschen Reichstages. (24 S.) n. — 30

I[senburg-Birstein], C[arl] Pr[in]z z[u]: Der Holsteinische Erbfolgestreit und das deutsche Bundesrecht. Frankfurt a. M. 1864.

Isenburg-Birstein, Karl Fürst zu, ist der Kulturkampf als beendet zu betrachten? Ein offenes Wort zur Beherzigung. 2. Aufl. gr. 8. (16 S.) Frankfurt a. M. 887, Foesser Nachf. — 15

Isenburg, Carl Fürst v., ist die heutige Centrumsfraktion des deutschen Reichstages noch die wirkliche Vertreterin des katholischen Volkes? 8. (12 S.) Offenbach 893. Th. Steinmetz. n. — 25

Die Notlage des Grundbesitzes und Vorschläge zu deren Beseitigung. Von Karl Fürst zu **Isenburg**. Offenbach a. M.: Steinmetz 1895. 51 S. 8° [95. 1979

Isenburg-Birstein, Fürst K. zu, Die Parteien im deutschen Reichstag und die Socialdemokratie. gr.-8°. Mainz-Kirchheim, 1877.

— die Parteien im deutschen Reichstag und die Socialdemokratie. Ein Beitrag zur Lösung der brennenden Frage der Gegenwart auf dem Wege der Gesetzgebung. gr. 8. (III, 281 S.) Ebendas. 877.

Isenburg-Birstein, Reform d. Press-Gesetzes.

Isenburg-Birstein, Carl Fürst zu, Was rettet die Gesellschaft? Ein Wort über die sociale Gefahr der Gegenwart. gr. 8. (56 S.) Mainz 881, Kirchheim.

Isenburg-Philippseich, W. v., das K. B. 1. (nunmehr 3.) Chevauxlegers-Regiment „Kronprinz" während des Feldzuges 1806—1807, s.: Darstellungen aus der bayerischen Kriegs- u. Heeresgeschichte.

Maschinentechnisches Taschenwörterbuch in drei Sprachen, mit bes. Rücks. auf Automobilismus u. Elektrotechnik. Von W. Isendahl. Franz. Deutsch. Engl. *Berlin: G. Siemens 1902.* (IV, 176 S.) 8°

Isendahl, Walther: Automobil und Automobilsport. Unter Mitw. ... hrsg. von —. Mit Modell, Ill. u. Vign. Bd. 1. 2. Berlin: R. C. Schmidt 1908. 4°

Isendahl, Walth., Automobil u. Automobilsport. Unter Mitwirkg. v. Max Buch, Wilh. Kirchner, B. v. Lengerke u. Max R. Zechlin hrsg. Mit farb. Modell, 265 Illustr. im Text u. 78 Vignetten. 2 Bde. 2. verm. Aufl. (XV, 254 u. III, 316 S.) Lex. 8. Berlin 910. R. C. Schmidt & Co. Geb. in Leinw. 25. — 1. Aufl. (XV, 254 u. III, 292 S.) 908.

— s.: Auto-Taschenkalender.

Isendahl, Walth., Auto-Taschenkalender, s.: Küster's autotechnische Bibliothek. 1. Bd.

— Berechnung, Konstruktion u. Fabrikation v. Automobil-Motoren, s.: Lohmbeck, Thdr.

Isenflam, s. Isenflamm, Franz Karl

Isenflamm, Eduard, Leben, ist d. Leben u. Schwänke relegirter Studenten Gr.

Isenflamm, Eduard, eines relegirten Studenten, Leben u. Schicksale auch seltsame Abenteuer. 2 Bde. 2te Aufl. 8. Berl. Sachse. 816.

ISENFLAMM, Franz Karl (ps.), Amalie Wanner, oder die Gefahren der Empfindsamkeit. Familiengeschichte. Mit Titelkpfr. (J. Stöber fec.). Wien, bey Chp. Pet. Rehm. 1801. 8°. 393 S. (303?) (3 Mk. A. Buchholz, München, 1908; 12 Mk. Mart. Breslauer's Berliner Oct.-Auct. 1910, no. 973.)
Zahmen Inh. — Der Pseud. fehlt bei Weller.

Isenflamm, Heinrich Friedrich

— Diss. de absorptione morbosa. 8. Erlang. 791.

Isenflamm, Heinrich Friedrich (Hrsg.), s.: Beiträge für die Zergliederungskunst.

— u. J. C. Rosenmüller, Beiträge zur Zergliederungskunst. 2 Bde zu 3 Heften, mit Kpf. gr. 8. Leipz. 800—803. Tauchnitz. 5 ꝑ

Isenflamm, Hnr. Fr., Beschreib. d. äußern u. innern Beschaffenheit einer angebornen vorgefallen umgestülpten Harnblase u. der dazu gehör. Theile d. menschl. Körpers. 8. Dorpat 806. (Kummer in Leipz.) 3 ꝑ

Isenflamm, Hnr. Fr., († d. 23. März 1828.) Beschreib. einiger menschl. Köpfe von verschied. Racen. Mit 2 Kpft. gr. 4. Nürnb. 812. Schrag. 9 ꝑ

Isenflamm, H. F., Beschreibung einiger menschl. Köpfe von verschied. Racen. Ein Beitrag in Blumenbachs Beschreib. u. Abbildungen von Köpfen verschied. Nationen. Mit 2 Kupfert. gr. 4. Nürnb. Schrag. 813.

Isenflamm, Henr. Fr., Descriptio foraminum, fissurarum et canalium capitis. Erl. 4°.
1795

— Diss. continens brevem descriptionem sceleti humani variis in aetatibus. 8. Erlang. 796.

— Diss. continens nonnulla de motu linguae. 8. Erlang. 793.

— Tagebuch des anatom. Theaters d. königl. Universität Dorpat v. J. 1803 u. 4. 8. Dorpat 806. (Kummer in Leipz.) 3 ꝑ

Isenflamm, H. F., anatomische Untersuchungen. Mit einer Kupfertafel in Folio. 8. Erlangen, Heyder. 821.

Isenflamm, H(einrich) F(riedrich): Anatomische Untersuchungen. 330 S., gbd., 2 Taf.

Erlangen: Heyder 1822

JB 637

Isenflamm, Jakob Friedrich

Isenflamm, Jac. F., einige anm. üb. die Eingeweide. gr. 8. Erlangen, Walther. (a. Breuning.) 784.

Isenflamm, (Jakob Friedrich) (Hrsg.):

s.: Blankaart, Steven: Arzneiwissenschaftliches Wörterbuch. (Lexicon medicum Graeco-latinum. Dt.) Neu bearb. und ins Deutsche übers. von George Ernst Kletten. Wien: 1788

JB 503

— Dissertationes, editae a Jh. Chr. Friedr. Isenflamm, (seinem Sohne). 1r Bd. 4. Erlang. 793.

Isenflamm, Jac. Fr., Diss. de difficili in obs. anat. epicrisi comm. I. Erl. 4°.
1771

Jakob Friedrich Isenflamm

Iacobi Friderici Isenflamm De difficili in observationes anatomicas epicrisi commentationes 8. Ed. Ioan[nes] Christianus Fridericus Isenflamm. Erlangae: Walther 1793. VI,129 S. 8°

— s. Esper, J. F.: Beschreib. d. Zoolithen.

— s. Farben - Denat.

Jakob Friedrich Isenflamm

De Gingilymo. [Resp.:] Ioannes Adamus Elias Schmidt. Erlangae (1785:) Kunstmann. XLI S. 8°
Erlangen, Med. Diss. v. 12. Nov. 1785

s. G l e i c h e n , F. W. v.: Nachrichten u. Geschichte d. Stubenfliege.

—, De diverso pathematum animi in corpus humanum imperio. Erl. 4°.

1774

— methodus plantarum medicinae clinicae adminiculum 4. Erlang. 764.

— — üb. die Muskeln. m. K. gr. 8. Ebend. (a. Breuning.) 778

— — üb. die Nerven. gr. 8. Ebend. (a. Breuning.) 774.

Isenflamm, Jac. Fr., praes. J. C. Wegelin, Diss. de physiognomia pathologica. Erl. 4°. *Doering*, I, 71. 1782

s. S c h r e b e r : Säugethiere, französ. I. Bd.

— de spiritu in morbis tentamen. 4. Wien 762. Jahn. 4 gr.

— Progr. de tunica cellulosa. 4. Erlang. 764.

Isenflamm, Jak. Fr., († d. 23. Febr. 1793.) Versuch einiger prakt. Anmerkk. über d. Eingeweide. gr. 8. Erlang. 784. (Heyder). 1 ß

Isenflamm, Jakob Friedrich: Versuch einiger praktischen Anmerkungen über die Eingeweide zu Erläuterung verschiedener verborgener Krankheiten und Zufälle. 446 S., gbd.

Erlang: Walther 1784

JB 2.182

Jakob Friedrich Isenflamm

Versuch einiger praktischen Anmerkungen über die Knochen zu Erläuterung verschiedener verborgenen Krankheiten und Zufälle entworfen von Jacob Friedrich Jsenflamm. Erlangen: Walther 1782. 470 S. 8°

Isenflamm, Jakob Friedrich: Versuch einiger praktischen Anmerkungen über die Muskeln zu Erläuterung verschiedener Krankheiten und Zufälle. 360 S., gbd., 1 Taf.

Erlangen: Walther 1778

JB 2.181

Isenflamm, Jakob Friedrich: Versuch einiger praktischen Anmerkungen über die Nerven zur Erläuterung verschiedener Krankheiten derselben, vornehmlich hypochondrisch- und hysterischer Zufälle. 280 S., gbd.

Erlangen: Walther 1774

JB 4.471

s. V e r s u c h von den Ursachen d. Brustkrankheiten.

Isenflamm, Jh. Chr. Fr., s. Jak. Fr. *Isenflamm*, Dissertat.

Isenflamm, Jo. Fr., resp. Jo. Fr. Doerffler, De vasis nervorum. 23 pp. Erl. 4°. *Ludwig*, III, 162. 1768

Isengard, J. A., s.a. I s e n g a r t h , Johann Arn.

Isengard, J. A., Schr. v. ein. von ihm verbess. Tourniquet. gr. 8. Straßb. Stein. 773.

ISENGARTH, H. F.: Praktischer Unterricht zur kubischen Berechnung und Schätzung aller Bau- und Werkholzgattungen. - Wien 1814

Isengarth, Jh. Arn., Beschreib. eines von ihm verfertigten Tourniquet. gr. 8. Straßb. 773. Stein. 5 gr

Isenherst, Dan., die Grundzüge des Pandektenrechts als Repetitorium für Studirende dargestellt. 8. (VIII, 128 S.) Heidelberg 869. Bangel und Schmitt.

Isentern, Ph., Priesterthum und Cölibat. Roman. gr. 8. (320 S.) Braunschweig 872, Westermann.

Isenkrahe, C., über die Fernkraft u. das durch Paul Du Bois-Reymond aufgestellte dritte Ignorabimus. gr. 8 (64 S.) Leipzig 889. Teubner. n. 1. —

Isenkrahe, C. Isaac Newton und die Gegner seiner Gravitationstheorie unter den modernen Naturphilosophen. 39 S. G *Crefeld* 1878. Progr.

Isenkrahe, C., das Räthsel von der Schwerkraft. Kritik der bisherigen Lösungen des Gravitationsproblems und Versuch einer neuen auf rein mechanischer Grundlage. gr. 8. (XXII, 214 S. mit in den Text eingedr. Holzschn.) Braunschweig 879, Vieweg und Sohn. *

Isenkrahe, C. Th., Idealismus oder Realismus? Eine erkenntnisstheoret. Studie zur Begründung des letztern. gr. 8. (VI, 182 S.) Leipzig 883, F. Fleischer. *

Isenkrahe, Kaspar

Isenkrahe, Caspar: Über Begriffe und Grundsätze, die beim kosmologischen Beweise als bekannt und selbstverständlich vorausgesetzt werden. Trier 1909: Lintz. 95 S. 8°
Trier, k. Kaiser Wilhelms-G m. RG P 1909 (635)** [S 09. 231

Isenkrahe, Kaspar: Energie, Entropie, Weltanfang, Weltende. Trier 1910: Lintz. 80 S. 8°
Trier, k. Kaiser-Wilhelms-G m. RG P 1910 (644) [S 10. 208

Isenkrahe, Caspar (geb. am 12 Mai 1844 in Müntz bei Jülich): Helicinae titanicae anatome ... Bonnae, typ. Carthausianis (1866). 25 S., 1 Bl. 8. * Deutsch (m. 1 Taf.) im Arch. f. Naturgesch. XXXIII (1) 1867 S. 50 ff.: Anatomie von Helicina titanica.
Bonn, Phil. Fak., Diss. v. 31 Juli 1866

Isenkrahe, C[aspar], Prof. Dr.: Über die zweiunddreiszig Lösungsergebnisse des erweiterten Malfattischen Problems. Trier 1900: Schaar & Dathe. (46 S.) 8°
Trier, k. Kaiser Wilhelms-G P 1906 (585)

Isenkrahe, *Caspar* Zur Theorie der elliptischen Modulfunctionen. 4 (35 S.). Progr. Rprg. *Bonn* 1886 (148).

Isenkrahe, Caspar [Dr.]: Das Verfahren der Funktionswiederholung, seine geometr. Veranschaulichg u. algebraische Anwendg. Leipzig, B. G. Teubner, 1897; 113 S. 8.
Trier, k. Kaiser Wilhelms-G '(verbunden m. RG)', P 1897 (483)

Isennecker, Wilh., Familien-Stammbuch. Zusammengestellt u. neu bearb. (89 S.) 8. Elmshorn (902). J. M. Groth. Kart. n. — 75

Isenring, J[ohann] B[aptist]. Malerische Ansichten [10 Tafeln] der interessantesten Gegenden, Brücken u. Hochbauten auf der St. Gallisch-Appenzellischen Eisenbahn. Gezeichnet und hrg. von J. B. I. Mit erläuterndem Texte von Otto Henne [am Rhyn, sowie 1 Karte]. 8. St. Gallen [1856].

Isenring, J[ohann] B[aptist]. Thurgegenden. Eine Sammlung malerischer Landschaften an und in der Nähe der Thur [1 Vignette und 24 Tafeln]. Mit naturhistorischen, geschichtlichen und geographischen Erklärungen und Bemerkungen [sowie 1 Karte]. quer-4. Lütisburg im Toggenburg 1825.

Isenschmid, Skizzen aus der chirurgischen Klinik des Herrn Prof. Dr. Ritter v. Nussbaum, Gen.-Stabsarzt à l. s. 1. Hft. Sommer 1881. gr. 8. (IV, 38 S.) München 882. J. A. Finsterlin. n. 1. —

Isenschmid, Skizzen aus der chirurgischen Klinik d. Hrn. Prof. Dr. Ritter v. Nussbaum, k. b. Generalstabsarzt à l. s. 2. Hft. Winter 1881/82. gr. 8. (S. 39—118.) München 883. J. A. Finsterlin. n. 2. —

—— weitere Skizzen aus der chirurgischen Klinik des Hrn. Geh.-R. v. Nussbaum. gr. 8. (III, 74 S.) Ebendas. 883. 2

Isenschmid, F[riedrich]. Dekan (Charles-Ferdinand) Morel (1772—1848). [Gedicht] Vorgetragen in der Société jurassienne d'Emulation [und biographische Notiz]. 8. Bern *o. J.* [1848 50].

Isenschmid, J. Abschiedsgruss an Rudolf Wolf, Professor der Mathematik und Astronomie in Bern. Bern 1855.

Isenschmid, Moritz [aus Bern]: Ueber eine von Dr. Walther Volz in Sumatra gemachte Sammlung von Batrachiern. (Mit 6 Tafeln.) Bern 1903. 32 S. 8°. [6. V. 03.]
Bern. Phil. Diss. 1903/1904.

Isenschmid, Moritz. Ueber eine von Dr. Walther Volz in Sumatra gemachte Sammlung von Batrachiern. Diss. Phil. Bern. [Mit 6 Tafeln.] 32 S. 8. Bern, K. J. Wyss, 1903.

Isenschmid, Robert, prakt. Arzt. aus Bern, z. Zt. Assistent am Neurologischen Institut zu Frankfurt a. M.: Zur Kenntnis der menschlichen Schilddrüse im Kindesalter. Mit besonderer Berücksichtigung der Herkunft aus verschiedenen Gegenden im Hinblick auf die endemische Struma. Wiesbaden 1910. 52 S. und drei Tafeln. 8°. [3. II. 10.]
Bern. Med. Diss. 1909/10.

Isensee, Justizr., s. Albert, W., authent. Thatsache über die Verjüngung der Kartoffeln.

Isensee: Wie kann die Verurtheilung Unschuldiger vermieden oder doch vermindert werden? Vorschläge zur Abänderung der Strafgesetzgebung. Dessau 1883.

Isensee, Zeitfragen. Ueber die Reichsjustizgesetze und Andeutungen zu Abänderungen der Reichsverfassung. 8. (20 S.) Coswig (Anhalt) 885, Voß. — 75

Isensee, Aemilius: Elementa nova geographiae et statistices medicinalis. Berolini 1833. (162 S.) 8°
[Berlin, Med. Fak., Hab.-Schr. v. 7. Okt. 1833]

Isensee, Aemil., Elementa nova Geographiae et Statistices medicinalis. 8 maj. (10½ B.) Berolini 833, Reimer.

— Geschichte der Medicin, Chirurgie, Geburtshülfe, Staatsarzneikunde, Pharmacie u. and. Naturwissenschaften u. ihrer Litteratur. 2. Thl. 2. u. 3. Abthl. Neuere und neueste Geschichte. 4.—6. Buch. gr. 8. Berlin 843, 44, Nauck u. Co. 2.: 2¼ ℛ︀ — 3.: 3½ ℛ︀ (3 Bde.: 9 ℛ︀)

Isensee, Emil, die Geschichte d. Medizin u. ihrer Hülfswissenschaften. 1. Thl. Aeltere u. mittlere Geschichte. gr. 8. (25⅙ B.) Berlin 840. [Nordhausen, Schmidt'sche Buchh.]

Emil Isensee die Geschichte der Medicin und ihrer Hülfswissenschaften. 1. Theil. Aeltere und mittlere Geschichte. Von circa 1700 vor Christus bis 1700 nach Christus. Berlin 1840. 8.

Isensee, Emil, die Geschichte der Medicin u. ihrer Hülfswissenschaften. 2. Thl. 3 Abthlgn. gr. 8.
Abthl. 1. Die Naturwissenschaften. (15 B.) Berlin 842. Liebmann u. Comp. 1 Thlr. 7½ Ngr.
2., 3. Neuere u. neueste Geschichte (… B.) Berlin 843, 44. Nauck u. Comp. 5 Thlr. 2½ Ngr.
Thl. 1. [Nordhausen 840, Büchting.] 2 Thlr.

Isensee, E., Neuere und neueste Geschichte der Heil-Wissenschaften und ihrer Litteratur. Berlin 1845. (8779)

Isensee, Emil, Grundriß einer Geschichte der Natur- und Heilkunde von ihrem Ursprunge bis auf den heutigen Tag. Zu Vorlesungen und Prüfungen für Mediciner, Chirurgen, Pharmaceuten rc. Zugleich als Generalbericht und Führer zu seinem größern Werk. gr. 8. Berlin 845, Rücker u. Püchler. ½ ℛ︀

—— Reisen in Schottland, England, Frankreich u. Deutschland. — A. u. d. T.: Nord-West-Europäische Briefe. Skizzen aus d. Leben d. Natur, Kunst u. Wissenschaft. 8. (23⅛ B.) Berlin 837, Krause.

— humoristische Reiseskizzen aus dem nord-westl. Europa. 2e verb. u. verm. Aufl. … Berlin .. Rücker u. Püchler. 1⅓ ℛ︀

Isensee, Emil, neues prakt. System der in der Haut erscheinenden Krankheiten. (Systema morborum cutaneorum novum idque practicum. Imp.-Fol. (1 lith. Blatt.) Berlin 843, Rücker u. Püchler. 1 ℛ︀

— neues System zur Uebersicht der inneren Krankheiten des Menschen. Ein vorläuf. Entwurf für die Folgereihe seiner Vorlesungen über specielle Pathologie u. Therapie u. für pract. Diagnostik. 1 Tab. in Imp.-Fol. Berl. 837. (Hirschwald.) n. ⅓ ℛ︀

Isensee, Ludw., Fragen u. Antworten sowie Arbeitsunterweisungen f. die Uhrmacher-Gehilfenprüfung. Bearb. u. zusammengestellt. Rev. vom Prüfungsausschuss u. dem Vorstande der Uhrmacherinng. Braunschweig. (V. 74 S.) 8. Halle 909. W. Knapp. 1. 80

[F.] Isensee, Otto [Prof. Dr., Dir.]: Berechtigungen der Guerickeschule '(Oberrealschule und Realgymnasium auf lateinlosem Unterbau)'. Magdeburg, Druck v. E. Baensch jun., 1893; 32—33 S. 4.
Magdeburg, Guericke-S '(OR u. RG)', P 1893 (270)

[F.] Isensee, Otto [Dir. Prof. Dr.]: Die Guerickeschule in den ersten fünfundzwanzig Jahren ihres Bestehens. Magdeburg, Druck v. E. Baensch jun., 1894; 1 Bl., 34 S. 4.
Magdeburg, Guericke-S '(OR u. RG)', P 1894 (275)

[F.] Isensee, Otto [Prof. Dr., Dir.]: *Realgymnasialdirector Karl Paulsiek, gest. am 24. Apr. 1892.* Magdeburg, Druck v. E. Baensch jun., 1893; S. 21. 4.
Magdeburg, Guericke-S '(OR u. RG)', P 1893 (270)

Isensee, Otto Vorbemerkungen über Charakter und amtliche Stellung der Schule. S. 3—4. Progr. *Gardelegen* 1878.

Isensee, Otto Vorbemerkungen über Charakter und amtliche Stellung der Schule. 4 (S. 3 4) **Progr.** Rpg *Gardelegen* 1886 (252). 1887 (255) 1888 (258) 1889 (260). 1890 (266)

Isensee, Otto [Prof. Dr., Rekt.]: Vorbemerkungen über Charakter und amtliche Stellung der Schule. Gardelegen, Druck v. A. Keller (1890); S. 3 4; 4°
Gardelegen, RPG, OB 1890

Isensee, O., Der geschichtl. Werth von Xenophon's Kyropädi. Pr. 1868. 38 S. 4 4. -

Isensee, R., die Knopffabrikation, s. Schauplatz, neuer, der Künste und Handwerke. 255. Bd.

Isenz, Der, und die Laybach. Eine Idylle. Augsburg 1781. V: *Edling, Joh. Nep. Graf von.* (Marcus a Paduano Bibl. Carnioliae, S. 17.) (GGr VI/686, Nr. 4/4) (biblport)

Iseppi, B., der religiöse Fortschritt. Neujahrspredigt, gehalten am 1. Jan. 1853 zu Puschlav. gr. 12. (23 S.) Chur 853, Hitz.

Das Porträt und die Photographie im Dienste zeitgemäßer Bildnis-Malerei. Von Hofporträtmaler H[einrich] **Iser.** (Stettin [um 1910]: Pasenow.) 30 S 8° (n. 7811 9

Isergebirge [Schlagwort]

Isergebirge, s. a. Jeschkengebirge.

Isergebirge, s. a. Riesengebirge.

Isergebirge. Brey, neue Spezial-Karte des Iser-Gebirges. Rev. bis 1909. 1 : 75,000. 40×58 cm Farbdr. Dresden (909). A. Köhler. 1.—

Isergebirge. Karte d. Isergebirges m. farbigen Höhenschichten von je 100 zu 100 Metern. 1 : 75,000. 2. Aufl. 37,5×48 cm. Farbdr. Görlitz 902. Vierling. n. 1.—

Isergebirge. Spezialkarte des Isergebirges (schlesische u. böhmische Seite) mit den Touristenwegen (rot) u. Höhenlinien (braun) von 100 zu 100 Meter. 1 : 75,000. 49 × 52 cm. Farbendr. Görlitz 895. O. Vierling. n. 1. —

Isergebirge. Straube's farbige Wegekarte vom Iser- u. Riesengebirge m. der verschiedenfarbigen Bezeichnung der farbig markierten Wege. Offizielle Karte, im Auftrage des deutschen u. östrreich. Riesen-Gebirgs-Vereins gezeichnet u. hrsg. 1 : 120,000. 23. Aufl. 46×57 cm. Farbdr. Mit: Alphabetisches Namensverzeichnis. (12 S.) 17×9,5 cm. Berlin (909). J. Straube. — 30

Iserloh, Hugo [aus Burscheid]: Darstellung der Mundart der delphinatischen Mysterien.... Bonn, Univ.-Buchdr. v. C. Georgi, 1891; 61 S., 1 Bl. 8°
Bonn, Phil. Fak., Inaug.-Diss. v. 13. März 1891

Iserlohn [Schlagwort]

Iserlohn, s.: Arnsberg, Reg.-Bez. — Deutschland. Karte. (Abt. Preussen.) — Umgebungskarte. — Westfalen. Grundkarte.

Iserlohn, Kreis, s.: Westfalen. Wegekarte.

Iserlohn [Verfasser]

Iserlohn, Friedr. v., die Hermannsschlacht. Eine Erinnerung an das deutsche Volk. gr. 8. (16 S.) Dresden 859, Meinhold und Söhne.

—— der Uebergang über die Beresina mit einem Nachwort an den Kaiser der Franzosen. gr. 8. (40 S.) Leipzig 860, [Hennings'sche Buchh.]

Isermann, A., Anleitung zur Chemitypie. Nach eigenen Erfahrungen bearb. gr. 16. (III, 42 S.) Leipzig 869, Waldow. *

Isermann, A: Anleitung zur Chemitypie. Leipzig. (Um 1899)

—— Anleitung zur Stereotypen-Gießerei in Gyps- und Papiermatrizen. gr. 16. (III, 130 S. mit eingedr. Holzschn.) Ebendas. 869. *
aus: Archiv für Buchdruckerkunst, besonders abgedruckt.

Isermann, A., Anleitung zur Stereotypen-Giesserei in Gips- u. Papiermatrizen. 3., verm. u. verb. Aufl., bearb. v. Chrn. Höhn u. H. Schwarz. gr. 8. (III, 112 S. m. 7 Taf.) Leipzig 894. A. Waldow. n. 4.— ; geb. n n. 6.—

Isermeyer, August), approb. Arzt aus Kl. Freden (Prov. Hann.): Über Störungen des Nervensystems bei Carcinom, zugleich ein Beitrag zur Krebsstatistik. *Rostock 1902: Adlers Erben.* (29 S.) 8°
Rostock, Med. Diss. v. [15. Sept.] 1902

Isermeyer, [Bernhard]: Über Arbeiterinnen-Kolonien. Vortr., geh. auf d. 11. Generalvers. des Provinzial-Ausschusses f. Innere Mission z. Berlin 1893. Hrsg. v. d. Prov.-Ausschuss f. Innere Mission i. d. Provinz Brandenburg. — Linden-Hannover 1894: Wengler. 16 S. 8°

Isermeyer, üb. Arbeiterinnen-Kolonien. Vortrag, geh. auf d. XI. General-Versammlg. d. Prov.-Ausschusses f. inn. Mission zu Berlin am 4. Dezbr. 1893. Hrsg. v. d. Prov.-Ausschuß f. inn. Mission in d. Prov. Brandenburg. gr. 8. (16 S.) Linden-Hannover 894. Hildesheim, Selbstverl. n. — 20

— s. a. Selbstbiographie e. Asylistin d. Frauenheim vor Hildesheim.

Isermeyer, Past., Selbstbiographie einer Asylistin des Frauenheims vor Hildesheim. (34 S.) Hildesheim 1880. Selbstverlag.

— Über Wesen und Wirken der Frauenheime. Vortrag, gehalten auf dem 30. Kongress für innere Mission zu Strassburg im Elsass den 3. Okt. 1899. (16 S.) Strassburg 1899. Buchh. d. ev. Gesellschaft.

Isermeyer, Past., Ueber Wesen u. Wirken der Frauenheime. Vortrag. (Aus: „Congressverhandlungen".) gr. 8°. Strassburg, Buchh. d. evang. Gesellsch., 1900.

— wie retten wir d. verlorenen Töchter uns. Volkes? Vortrag, geh. im Auftrage d. Dresdener Vereins zur Hebg. d. Sittlichkeit in d. Frauenversammlg. in d. Centralhalle zu Dresden am 20 Apr. 1893. gr. 8. (16 S.) Hildesheim 893. Selbstverl. n. — 20

Das Krankenkassenwesen der Provinz Hannover. Im Auftr. d. Aerztekammer f. d. Prov. Hannover auf Grund amtl. Materials bearb. von Dr. [Hermann] **Isermeyer**, Arzt. Osnabrück: J. G. Kisling 1893. (108 S.) 4° [F.] 07. 5552

Isermeyer, Dr., Das Krankenkassenwesen der Provinz Hannover. Im Auftrage der Aerztekammer für die Provinz Hannover auf Grund amtl. Materials bearbeitet. gr. 4°. Osnabrück, Rackhorst in Komm., 1893.

Isermeyer, Robert, approb. Arzt aus Osnabrück: **Aus d. pathol. Institute zu Kiel. Über die Häufigkeit einseitiger Nierentuberkulose.** Ein Beitrag zur Nierenchirurgie. *Kiel 1902: Schmidt & Klaunig.* (33 S.) 8°
Kiel, Med. Diss. v. [6. Mai] 1902

Isernhagen, Friedrich, aus Holzminden: **Ueber den Farbstoff der chinesischen Gelbschoten und dessen Beziehungen zum Safranfarbstoffe.** *Erlangen 1902: E. Th. Jacob.* (33 S.) 8°
München, Phil. Diss. v. 1902

Isernia, Henricus de
s. Henricus de Isernia. 10. 779 3

Isert, Arthur, aus Johannishof, Kr. Angermünde: **Untersuchungen über den Bau der Drüsenanhänge des Darms bei den Monascidien.** Hierzu 4 Taf. *Berlin: Nicolai 1903.* (62 S.) 8°
¶(Aus: Archiv f. Naturgesch., 1903.)
Rostock, Phil. Diss. v. [22. Jan.] 1903

Isert, Fritz, a. Bielefeld: **Über das 1-para-Bromphenyl und 1-para-Chlorphenylanilopyrin und deren Verhalten.** Rostock 1905: H. Winterberg. (55 S.) 8°
Rostock, Phil. Fak., Ref. Michaelis, Diss. v. 5. August 1905
[Geb. 18. Nov. 69 Deutz; Wohnort: Bernkastel; Staatsangeh.: Preußen; Vorbildung: Gymn. Herford Prima-Reife O. 86; Studium: Marburg 3, Rostock 5 S.; Rig. 2. Aug. 05.]

Isert, Paul Erd.

— Reisen nach Guinea in Afrika u. Westindien rc., s.a. Bibliothek d. neuesten Reisebeschreibb. 13r Bd. Nürnb.

Isert, Paul Erd., Reisen nach Guinea u. den Caribäischen Inseln. (ist Bibliothek d. neuest. u. interess. Reisebeschreib. XIII. Band.) 8. Berlin. (Academ. Bhdl. in Frankf. a. d. O. 788.

— — **dass. gr. 8. Nürnb. Schneider u. W.** 789.

Isert, Wilhelm: Statistisch-historische Beschreibung der Kolonien im schwedischen Gebiet betr. ihres 100-jähr. Bestehens. -- Odessa (1904): Nitzsche. 47 S. mit Abb.

Isfordink, Johann Nep(omuk): Militärische Gesundheits-Polizei, mit besonderer Beziehung auf die k.k.Österreichische Armee. Bd 1 - 2, gbd.

Wien: Heubner 1825

JB 3.649

Isfordink, Johann Nep(omuk): Militärische Gesundheits-Polizei, mit besonderer Beziehung auf die k.k.Oesterreichische Armee. 2.verm.Aufl. Bd 1 - 2, gbd.

Wien: Heubner 1827

JB 3.650

Isfordink, Joh(ann) Nep(omuk): Naturlehre für angehende Aerzte und Wundärzte, als Einleitung in das Studium der Heilkunst. Zum Gebrauche der Vorlesungen für die feldärztlichen Zöglinge der medicinisch-chirurgischen Josephs-Akademie. 182 S., gbd.

Wien: Kaulfuss & Armbruster 1814

JB 5.518

Isfordink, Jh. Nep., Naturlehre für angehende Aerzte u. Wundärzte, als Einleitung in d. Studium d. Heilkunst. gr. 8. Wien 814. (Schaumburg u. C.) 16 K

Isfordink, Joh. Nep., Naturlehre f. angehende Aerzte u. Wundärzte, als Einleitung in das Studium d. Heilkunst. gr. 8. Wien, Kaulfuß u. Armbr. 815.

Isfordink, Joh(ann) Nep(omuk): Rede zur Feyer der Wiedereröffnung der medicinisch-chirurgischen Josephs-Akademie. Gehalten den 6ten November 1824. 30 S., gbd.

Wien: kaiserl.königl.Hof- und Staats-Aerarial-Druckerey 1824

JB 3.713 a b

Isfordink-Kostnitz, Erinnerungen aus Egypten. gr. 8. (88 S.) Wien, Typ. lit. art. Anstalt. 861. 80 kr.

Isfordink-Kostnitz, Erinnerungen aus Egygten. gr. 8. (89 S.) Wien (861)62. Typographisch-literarisch-artistische Anstalt. *

Isfort, psychisch abnorme Zöglinge u. ihre Behandlg., s.: Schriften f. kath. caritative Erziehungstätigkeit. 2. Heft.

Isfort, Paul [aus Coesfeld]: Über Trepanation der Wirbelsäule bei tuberculöser Spondylitis. . . . Greifswald, Druck v. J. Abel, 1891; 24 S. 8°
Greifswald, Med. Fak., Inaug.-Diss. v. 6. Mai 1891

Ishaq episcopus de Ninive
s. Isaac Syrus

Isherwood, Percy C(laude) C(ameron), aus Runcorn (Engl.): Über die **Salze** der Violursäuregruppe. *Würzburg 1901: C. J. Becker.* (73 S.) 8°
Würzburg, Phil. Diss. v. 1901

Ishiguro, T. Kriegschirurg. Operationen. (Japanisch.) (O. J.)

Ishiguro. Sanitätsgesch. d. japan.-chines. Krieges 1895/96.

Ishihara, Tai-ichiro, prakt. Arzt a. Japan: **Zur Aetiologie der Tabes dorsalis.** E. statist. Studie. **München 1908: Kastner & Callwey.** (36 S.) 8°
München, Med. Fak., Ref. v. Bauer, Diss. v. 16. März 1908
[Geb. 21. Febr. 77 Awasa (Prov. Osaka, Japan); Wohnort: Osaka; Staatsangeh.: Japan; Vorbildung: Gymn. Osaka Reife April 93; Studium: Med. Hochsch. Osaka 10, München 1 S.; Rig. 16. März 08.]

Ishikawa, C., s.: Abhandlungen, zoologische, August Weismann gewidmet.

Ishikuro, Kichisaburo, aus Tokio (Japan): **Ueber die Becherzellen in der Conjunctiva.** Mit 2 Fig. auf Tafel. *Jena 1903: A. Kämpfe.* (29 S.) 8°
Jena, Med. Diss. v. (4. Jan.) 1903

Ishisaki, K[iukichi]: Ueber die auf der I. medizinischen Klinik 1890—1906 beobachteten Fälle von Peritonealtuberkulose. München 1908: Kastner & Callwey. 29 S. 8°
München, Med. Diss. v. 29. Juli 1909, Ref. v. Bauer
[Geb. 12. Aug. 66 Yehime; Wohnort: Yehime; Staatsangeh.: Japan; Vorbildung: Prov.-Mittelsch. Kerisei-Chugakko Tokio; Studium: Tokio Med. Schule Saisei-gakusha 6, Univ. 2, München 2 S.; Rig. 29. Juli 09.] [U 09. 3313

Isi, Johann

— marian. Liliengarten. 8. Ebd. 801. 6 Kr

Isi, Jh., marian.: Dettelbacher Weingarten, od. christkathol. Gebetbuch. 8. Würzb. 795. Stahel. 6 Kr

Isidor, Bauer zu Ried; e. Gesch. f. das Landvolk, wie auch f. unsere Burger in Städten, begleitet mit einer Vorrede v. Joh. Mich. Sailer, v. Jos. Huber. 2 Bde. 8. Münch. Lentner. 801. Rthlr.

Isidor, Bauer zu Ried, Gleichnisse, } s. Huber, J. J.
—— Lehr- u. Exempelbuch, }

Isidor, der heil. Landmann, den lieben Landleuten z. Nachahmung vorgestellt. Sammt e. Anleit., wie auch sie ihr Leben nach seinem frommen Beispiele einzurichten haben, damit sie in ihrem, obwohl beschwerl., Stande dennoch zeitl. glückl. u. ewig selig werden können. Neue verm. Ausg. (2 Mal) v. Mich. Sintzel. (M. 1 Holzschn.) 12. (à 6 B.) Augsburg 839, 40, Rieger'sche Buchh. à

Isidor und Sabina, Ein Spiegel für Jung u. Alt, s.a. Erzählungen, den Eltern, Kindern rc. geweiht. 36 Bdchn.

Isidor und Sabina. Ein Spiegel für Jung und Alt ... Landshut 1835. V: *Schneid, Joh. Nep.* (Ky)

Isidor [Pseud.], s.a. M a u r i t i u s, Frau von

Amor vincit omnia. Omniakadie. Theosophische Gedanken einiger Götter und Göttinnen, erfunden und allen Freimaurern und Nichtfreimaurern freundlich gewidmet von **Isidor.** Berlin: H. Müller o. J. 14 S. 8° [Umschlagtit.]
In Versen. Justizrat Brand, Herford.

Amor vincit omnia. Omniakadie. Theosophische Gedanken einiger Götter und Göttinnen, erfunden und allen Freimaurern und Nichtfreimaurern freundlich gewidmet von **Isidor.** Berlin: Müller [1868]. 14 S. 8° [Umschlagtit.]
Tt. 1628. Ausser d. Tit. bezieht sich nur S. 12 direkt auf d. Frmrei.

Isidor (I.), Anklänge aus Kunst, Fantasie u. Leben. Erzähln. gr. 12. (6½ B.) Liegnitz 828, Kuhlmey.

ISIDOR (n i c h t in Weller's Lex.-Pseud.), A u f f o r d e r u n g z u m T a n z. H u m o r e s k e. Zerbst 1865.

Isidor (II.), Bilder aus d. Leben e. genialen Dichters uns. Zeit. Romant. bearb. 8. (15 B.) Magdeburg 854, Rubach.

Isidor, (Psdn.), Leonora. Trspl. in 2 Aufz. gr. 8. Zerbst 826. Kummer. 12 Kr

ISIDOR (ps.), H e r r M e y e r a u f d e m S i l v e s t e r b a l l b e i K r o l l. Berliner Genrebild. Mit Titelbild. Berlin 1850. 8°. (50 Pfg. G. Priewe.)
N i c h t in Weller's Lex. Ps.

† Isidor, (Frau v. Mauritius,) gesammelte Schriften. 6 Bde. 8. Leipzig, [Hartung.]
A. u. d. Ttln.:
Bd. 1. Eveline u. Wege d. Schicksals. Zwei Novellen. — Und musikalisch-fragmentarische Skizzen. (20 B.) 837. 1 Thlr. 12 Gr.
= 2. Schuld zeugt Schuld. — Lebensbilder aus d. Nähe u. Ferne. — Cäcilia. (19½ B.) 837. 1 Thlr. 12 Gr.
= 3. Verfehlte Bestimmung. — Die verfängliche Wette. — Der Vampyr. (19¾ B.) 837. 1 Thlr. 12 Gr.
= 4. Räthsel d. Lebens. — Novelle nach Begebenheiten unsrer Zeit. — Ueber Kunstroman u. Künstlernovelle. (19¾ B.) 837. 1 Thlr. 12 Gr.
= 5. Der Pfeil d. Apollo. — Zweite Liebe. — Das Privattheater. (20 B.) 840. 1 Thlr.
= 6. Das Kuckucksei. — Unerwartete Wahlverwandtschaft. — Das Bild. (18¾ B.) 840. 1 Thlr.

† Isidor (Frau v. Mauritius), gesammelte Schriften. 7. u. 8. Bd. A. u. d. T.: Novellen u. Erzählungen. 1. u. 2. Bd. 8. (31¼ B.) Zerbst 846, Kummersche Buchh.
Inhalt: Die Löwenbraut. Hoffnungen u. Täuschungen. Die Nachtwandlerin. Erlkönig. Rose u. Vergißmeinnicht. — Lothar. Freundschaft u. Liebe. Die neue Hipparchia. Die Vöglein-Etüde.
1—6. Bd. Leipzig 837—40, Hartung. 8 Thlr.

† Isidor, (Frau v. Mauritius,) Taschenbuch f. d. eleg. Welt, s. 8. Bd.: T a s c h e n b u c h.

Isidora. Tagebuch e. Einsiedlers, s. Classiker, französische.

Isidora, Roman in 3 Büchern, v. F. Wagner. 8. Tübingen, Cotta. 812.

Isidora, Gräfin von Nadasdi rc. (ist von Er. Bornschein.) s.a. Thl. VI. Romane S. 70.

Isidora, Gräfin v. Nadasdi, Vice-Königin v. Ungarn, zwölffache Mörderin aus Eitelkeit, eine wahre schauervolle Begebenheit d. 17. Jahrhund. Neue Aufl. 8. Eisenberg 824, Schöne.

Isidore, oder die Waldhütte, von A. Lafontaine, siehe Schilderungen d. menschl. Lebens. 7r. 8r Bd.

Isidore, Gräfin v. Nadasdi, Vice-Königin v. Ungarn, zwölffache Mörderin aus Eitelkeit, eine wahre schauervolle Begebenheit des 17. Jahrh. N. Aufl. 8. Eisenb. 824. Schöne. 1 ß

Isidore Gräfin v. Nadasdi, Vicekönigin von Hungarn, zwölffache Mörderin aus Eitelkeit und Liebe. Eine wahre furchtbare Begebenheit des 17. Jahrhunderts. 3., umgearb. Aufl. 8. (222 S.) Eisenberg 852, Schöne'sche Buchh.

Isidor's schwärmerische Nächte, (von H. A. Kerndörfer). 8. Leipz. 822. N. A. 825. Wienbrack. 1 ß

Isidor's schwärmerische Nächte. Oder romant. Darstellungen aus dem Gebiete der Phantasie u. der Träume. Neue Ausg. 8. Leipz. 825, Wienbrack.

Isidorius, s. I s i d o r u s Orientalis

Isidorus, die Botschaft aus Elysium, an alle Freunde u. Genossen d. Georgia Augusta, bei deren erster Säcularfeier am 17. Sept. 1837. (Drama.) 8. (1 B.) Göttingen, Vandenhoeck u. Ruprecht.

Isidorus Characenus

Isidori Characeni stathmos Parthicos recens., brevi annotatione instrux. et edendos curav. B. Fabricius. 8maj. (16 S.) Dresdae 849, (Gottschalck.) *

Isidorus Hispalensis

Isidorus, etymologiae, praefatus est Rud. Beer, s. Codices graeci et latini. XIII.

Isidori Etymologiarum etc. (ed. F. V. Otto), s. Corpus grammaticor. Lat., Tom. III.

Isidorus, S. Etymologiarum libros XX. cont. . . . Lipsiae 1833. H: *Otto, Frdr. Wilhelm.* (Ky)

Isidorus von Sevilla de fide catholica contra Judaeos, s. Bibliothek der ältesten deutschen Literatur-Denkmäler.

— Geschichte der Goten, Vandalen, Sueven. Nebst Auszügen aus der Kirchengeschichte des Beda Venerabilis, s. Geschichtschreiber, die, der deutschen Vorzeit. 10. Bd.

Is[idorus von Se]villa). Isidors Geschichte der Gothen, Vandalen, Sueven, nebst Auszügen aus der Kirchengeschichte des Beda Venerabilis. Übersetzt von Dr. D. Coste. 8. Leipzig 1887.
Die Geschichtschreiber der deutschen Vorzeit. . VII. Jahrhundert. Band 1

Isidors Geschichte der Goten, Vandalen, Sueven [**Isidorus** Hispalensis: Historia de regibus Gothorum, Vandalorum et Suevorum] nebst Auszügen aus d. Kirchengeschichte [Historia ecclesiastica gentis Anglorum] d. Beda Venerabilis. Übers. von D[avid] Coste. 3. verb. Aufl. Leipzig: Dyk (1900). X, 00 S. 8°
(Geschichtsschreiber d. deutschen Vorzeit. 2. Gesamtausg. Bd 10.) [illegible]

Isidori Hispalensis de nativitate Domini, passione et resurrectione, regno atque judicio epistolae ad Florentinam sororem versio francica saeculi octavi quoad superest. ex codice Parisiensi edidit, annotationibus et glossario instr. Ad. Holzmann. 8. (16 B.) Carolsruhae 836, Müller. Thlr

Isidori Hispalensis de natura rerum liber. Recens. Gust. Becker. gr. 8. (XXXII und 88 S.) Berlin 857, Weidmann'sche Buchh. *

Isidori, S., Opera omnia denuo correcta et aucta recensente Faustino Arevalo. Auctoritate et impensa Francisci Lorenzanae, 7 Vol. in 4maj. Romae. 797 — 803. (Viennae, Volke.)

Ein Traktat zur Apokalypse d. Ap. Johannes (**Isidorus** Hispalensis: Prologus Apocalipsis Johannis apostoli) in e. Pergamenths. d. K. Bibliothek in Bamberg. Zum erstenmal veröffentl. von Dr. K[aspar] Hartung. Bamberg 1904: Gärtner. VIII, 22 S. 8° [illegible]

Isidorus, Orientalis, (Otto Hnr. Graf v. Loeben), Blätter aus d. Reisebüchlein eines andächtigen Pilgers. 8. Manh. 808. Schwan u. G. 1 ₰ 4 K Weiß Druckp. 1 ₰ 18 K Velinp. 3 ₰ 4 K

Isidorus, (Otto Hnr. Graf v. Löben), romant. Darstellungen. 8. Manh. 817. Schwan u. G. 1 ₰ 6 K

— Hesperiden: Blüthen u. Früchte aus d. Heimath d. Poesie u. des Gemüths. 1r Bd. 8. Leipz. 816. Göschen. 1 ₰ 16 K

Isidorus (Otto Hrn. Graf v. Löben), Lotosblätter. 2 Thle. 8. 816. Jetzt Dresch in Bamberg. $2\frac{1}{2}$ ₰

— Lotosblätter. Fragmente. 2 Thle. 8. Bamb. 817. Kunz. 2 ₰ 12 K

Isidorus Orientalis, s. Sandeau, Jul., Fräulein v. Saint-Sauveur.

— d. Schwan, Poesien aus dichterischer Jugend. 8. Leipz. 816. Göschen. 1 ₰ 4 K

— deutsche Worte über d. Ansichten d. Frau v. Stael von unserer poet. Literatur in ihren Werken über Deutschland. 8. Heidelb. 814.

Isidorus Sanctus, s. Isidorus Hispalensis

Ising, Clemens, s. Ising, Klemens

Ising, Ign., die Heilmittel des Kurortes Kissingen, zum rationellen Gebrauche der Kur für Kurgäste dargestellt. 2. Aufl. gr. 8. (VIII, 105 S.) Meiningen 882, Brückner und Renner. *
1. Aufl. erschien im Selbstverlage des Verfassers.

Ising, Ign., die Heilmittel des Kurortes Kissingen, zum rationellen Gebrauche der Kur für Kurgäste dargestellt. 3. Aufl. gr. 8. (VIII, 105 S.) Meiningen 885, [Brückner und Renner.] Selbstverlag. * 2 —

Bad Kissingen's Heilmittel z. rationellen Gebrauch d. Kur f. Kurgäste dargest. von Dr. Ignaz **Ising** 5. Aufl. Nebst Kt. u. 6 Ansichten. Bad Kissingen: (Selbstverl.) 1893. VII, 110 S. 8° [illegible]

von Ising, Joachim [aus Berlin]: Die nationalökonomische und finanzwissenschaftliche Bedeutung der Pferdezucht m. bes. **Berücks.** d. staatl. Einrichtgn in Preussen . . . Heidelberg, **Buchdr.** v. **A.** Emmerling & Sohn, 1896; VIII, 124 S., 1 Bl., 1 Tab. 8.
Heidelberg, Phil. Fak., Inaug.-Diss. v. [21. Sept.] 1896

Ising, Klemens

Ising, Clem., die Oranische Erbschaft. 1. Die Opfer- oder Rauchsteuer in der Obergrafschaft Lingen. gr. 8. (III, 44 S.) Münster 870, Fahle. *

Ising, Clem., Opfergeist, s.: Dasbach's Novellenkranz

Ising, P. Klemens

Ising, P. C., Stammeln und Stottern. Vollständige Darstellung der Heilmethode. 2. verm. und verb. Aufl. gr. 16. (IV, 56 S.) Münster 869, Fahle. * 1 25

Ising, P. Clem., theoretisch-praktischer Lehrgang der französischen Sprache für den Schul- und Privatunterricht. Grammatik für Anfänger. gr. 8. (XII und 180 S.) Münster 860, Brunn'sche Buchdruckerei.

— Leitfaden zur Geographie und kurzgefaßte Geschichte der Staatenbildung Deutschlands für die verschied. Klassen der Gymnasien, Real- und höheren Bürgerschulen. 8. (VIII und 272 S.) Münster 861, Brunn'sche Buchdruckerei. *

Ising, C., Leitfaden für den ersten Unterricht in der Geometrie. 1. Thl.: Die Planimetrie. 1. Abthl. 8. (86 S. mit eingedr. Holzschn.) Münster 859, Brunn'sche Buchdruckerei. *

Ising, C., vollständige und praktische Wand-Tabellen enth. die neuen Masse im norddeutschen Bunde, Vergleichung der preussischen mit den neuen Massen und Preisumrechnungen. Für Kaufleute, Techniker, Geometer etc. Imp.-Fol. Barmen 870, (Langewiesche's Verlag.)

Ising, Wilh. v., Gedichte. gr. 16. (VIII, 178 S.) Cassel 873, Kay. 1 50

Ising, Wilh. v., Himmel und Erde. Dramatisches Gedicht in 5 Aufzügen. (Den Bühnen gegenüber als Mscr. gedr.) 1. Aufl. 1858. (2. Aufl.) 16. (III und 204 S.) Cassel 859, [Freyschmidt.] Thlr. *

— Johanna d'Arc. Heroisches Drama in 5 Aufzügen. [Den Bühnen gegenüber Mscr.] gr. 16. (IV, 181 S.) Cassel 868, Freyschmidt. 1 50

— Michael Kohlhaas. Trauerspiel in 5 Aufzügen. (Den Bühnen gegenüber als Mscr. gedr.) 16. (III und 219 S.) Cassel 861, Freyschmidt. *

Issing, Wilh. v., Narr und Sänger. Scene. Neu bearb., und für die Bühne eingerichtet. (Den Bühnen gegenüber Mscr.) 16. (III und 46 S.) Cassel 862, Freyschmidt. *

— Robespierre, s. Robespierre.

Isis

① Eine Monatschrift von deutschen und schweizerischen Gelehrten ⑤ Januar 1805–Dezember 1807 ⑥ 8° (verkleinert für den Jahrgang 1806) ⑦ Monatsschrift ⑧ Zürich: Orell, Füssli & Co. ⑨ der Drucker ⑪ Johann Heinrich Füssli; Mitarbeiter: Friedrich Bren, Karl Theodor von Dalberg, Franz Anton Mesmer, Johannes von Müller, Friedrich Schlegel, J.-C.-L. Simonde de Sismondi, P. Placidus a Spescha, Mme de Staël, J.H.K. von Wessenberg, Heinrich Zschokke u.a ⑫ Scharfe Kritik des napoleonischen Systems in einzelnen Aufsätzen (von Zschokke u.a.) ⑬ BGSZ: 1907, p. 130–134; Klages (Zeitschriften) Nr. 46 ⑭ Zh: Z ⑮ In Halbjahresbänden zusammengefaßt.

Isis, oder encyclopädische Zeitung. s.a. Oken.

— oder encyklopädische Zeitung, herausg. von Oken, f. d. J. 1817—32. Mit Kpf. gr. 4. Leipz., Brockhaus. (1817—22. 24 ℳ 1823—32. à Jahrg. 8 ℳ) 104 ℳ

<u>1818</u>

Isis von (Lorenz) <u>O</u>ken. Jg. 1825-47. gbd.

Jena, Leipzig: 1825-1847

JB 6.157

Isis. Encyclopäd. Zeitschr., vorzügl. f. Naturgeschichte, vergleich. Anatomie u. Physiologie, v. (Lorenz) Oken. Jahrg. 1828—35. à 12 Hfte. Mit Kpfrt. gr. 4. Zürich. (Leipzig, Brockhaus.) à J.
Jahrg. 1817—22., zusamm. genomm., hrbgs. Pr. 24 Thlr. — J. 1823—27. à 8 Thlr. Ebendas.

Isis. Encyklopädische Zeitschr., vorzügl. f. Naturgeschichte, vergleich. Anatomie u. Physiologie, v. (Lorenz) Oken. Jahrg. 1836—42. à 12 Hfte. Mit Kpfr.- u. Stnt. gr. 4. Leipzig, Brockhaus. à J. *
Vgl. 8. Bd. 1. Abthl. S. 399.

Isis. Encyclop. Zeitschrift, vorzügl. f. Naturgeschichte, vergleich. Anatomie u. Physiologie, von (Lorenz) Oken. Jahrg. 1843—47. à 12 Hefte. Mit Stnt. gr. 4. Leipzig, Brockhaus. à * 8 Thlr. Thlr. *
Jahrg. 1817. * 7 Thlr. Jahrg. 1818—42. Ebendas. à J. 8 Thlr. Frühere Jahrge. werden zu ermäßigten Preisen abgegeben.

Isis. Encyclopädische Zeitschrift, vorzügl. für Naturgeschichte, vergleichende Anatomie und Physiologie, (hrsg.) von Oken. Jahrg. 1848. 12 Hefte. Mit Stnt. gr. 4. Leipzig, Brockhaus. *
Vgl. 10. Bd. 1. Abthl. S. 416.

ISIS. ENCYCLOPÄDISCHE ZEITSCHRIFT, vorzüglich für Naturgeschichte, Physiologie ꝛc. Im Auftrage des münchner Vereins für Naturkunde redigirt von G. TILESIUS.:
N°. 1—3. 1850. (Ohne bes. Titelblatt. München. Druck von C. R. Schurich.) 8°.
Herausgegeben von dem münch(e)ner Verein für Naturkunde. (Red.: JOH. GISTEL.:)
N°. 4—5. 1850. (Ohne bes. Titelblatt. ib. —)
Herausgegeben von dem münchener Verein für Naturkunde. Redacteur: JOHANNES GISTEL, genannt G. TILESIUS.:
N°. 6. 1850. (Ohne bes. Titelblatt. ib. —)

Isis. Zeitschrift für alle naturwissenschaftl. Liebhabereien. [Verkehrsblatt für naturgeschichtl. Kauf und Tausch.] Hrsg. von Karl Ruß und Bruno Dürigen. 1. Jahrg. April — Decbr. 1876. 20 Nrn. (à 1—1½ Bog.) gr. 4. Berlin, Gerschel. *
— dass. — 2. und 3. Jahrg. 1877 und 1878. à Jahrg. 26 Nrn. (à 1—1½ Bog.) gr. 4. Ebendas. à Jahrg. *
— dass. — 4. Jahrg. 1879. 52 Nrn. (à 1—1½ Bog.) gr. 4. Ebendas. *

Isis. Zeitschrift für alle naturwissenschaftl. Liebhabereien. [Verkehrsblatt für naturgeschichtl. Kauf und Tausch.] Hrsg. von Karl Ruß und Bruno Dürigen. 5.—9. Jahrg. 1880—1884. à Jahrg. 52 Nrn. (à Nr. 1—1½ Bog.) gr. 4. [Berlin, Gerschel.] Magdeburg, Creutz'sche Buchh. à Jahrg. *

Isis. Zeitschrift für alle naturwissenschaftlichen Liebhabereien. [Verkehrsblatt für naturgeschichtl. Kauf und Tausch.] Hrsg. von Karl Ruß. 10.—13. Jahrg. 1885—1888. à Jahrg. 52 Nrn. (à Nr. 1—1½ Bog.) gr. 4. Magdeburg, Creutz'sche Buchh. à Jahrg. * 12 —

Isis. Zeitschrift f. alle naturwissenschaftl. Liebhabereien. [Verkehrsblatt f. naturgeschichtl. Kauf u. Tausch.] Hrsg. v. Karl Ruß. 14. Jahrg. 1889. 52 Nrn. (à Nr. 1—1½ Bog.) gr. 4. Magdeb., Creutz. [* 12 —] * 6
Erscheint nicht mehr.

Isis. Der Mensch und die Welt. Hamburg 1863. V: *Radenhausen, Chn.* (Ky)

Isis. Der Mensch und die Welt. (Von C. Radenhausen.) 4 Bde. gr. 8. Hamburg 863, O. Meissner. [1. Bd. (VIII und 480 S.) 1 Thlr. 15 Ngr., 2. Bd. (X und 556 S.) 1 Thlr. 20 Ngr., 3. Bd. (VIII und 639 S.) 2 Thlr., 4. Bd. (VIII und 573 S.) 1 Thlr. 25 Ngr.]

Isis. Blätter aus der Vergangenheit, geschrieben u. hrsg. v. Rob. Heymann. April—Dezbr. 1902. 18 Hfte. gr. 4. (à ca. 16 S. m. Abb.) Leipzig, H. Dege. à n. 1. —

Isis. Monatsschrift f. Theosophie, Seelen- u. Geistesleben. Hrsg. u. Schriftleiter: Casimir Zawadzki. 1. u. 2. Jahrg. 1908 u. 1909. à 12 Nrn. (à ca. 48 S. m. Taf.) gr. 8. Leipzig [E. Fiedler]. Theosoph. Verlagshaus. à Jahrg. 6. —
Fortsetzg., s.: Theosophie.

— u. Osiris, eine Stimme aus dem Thal Josaphat (v. K. F. Fenkohl.) gr. 8. Leipz. 819. (Brockhaus). 16 ℳ

Isis und Osiris, eine Stimme aus dem Thal Josaphat. gr. 8. Leipzig, Gleditsch. 819.

Isis und Osiris; eine Stimme aus dem Thal Josaphat. Lpz. 1820. V: *Fenkohl, Carl Frdr.* (MGT) (SJL) »1819« (Ky)

Isitrion quo A. R. P. Chrysostomum Antalik ... excipit E. T. S. l. 1818. V: *Török, Elzear.* (Pk)

Iška, Frant., Ehefähigkeit kathol. Geistlichen in Österreich (§ 63 Allg. bürgerl. Ges.). gr. 8. (56 S.) Bern 896. W. Goepper. n. — 80

Iskar, L., die Photographie. 12. (14 S. m. Abbildgn.) Goslar 894. E. Angerstein. — 50

Iskraut, Handwerker-Innungen, aber keine Handwerker-Kammern. Rede in d. 9. Sitzg. d. Reichstags am 16. Dezbr. 1895. (Nach d. amtl. stenograph. Bericht.) gr. 8. (12 S.) Leipzig 896. H. Beyer. n. — 20

Iskraut, J. G., Evangelienharmonie, s.: Bibelerklärung, prakt.

Geschichte der christlichen Kirche. In kurzer Übersicht von J[ohannes] G. Iskraut. 3. Aufl. Friedrichshagen bei Berlin: Jugendbund 1905. (35 S.) 8° : 1e4. 16379

— Das himmlische Jerusalem, s.: Mayfart, J. M.

— die Kritik der Bibel. Vortrag auf der Weihnachtskonferenz der ostdeutschen Lehrergemeinschaft. (89 S.) 12. Friedeberg 903. (W. Bahl.) n. — 25

Isiraut, Johs. G., 1500 Jahre im Dosselande. 1. Thl.: Die ersten 1300 Jahre von den ältesten geschichtl. Zeiten bis zum Ende des 17. Jahrh. Eine Land- und Stadtgeschichte, dem Volke zu Nutz und Lehre erzählt. gr. 8. (IV, 163 S.) Diesdorf 875. (Barmen, Klein. — Berlin, Beck's Verlag.)

Isiraut, Johs. G., die Schulregulative vom 1., 2. und 3. Octbr. 1854 und die allgemeinen Bestimmungen vom 15. Octbr. 1872 vom christl. Standpunkte aus beleuchtet. Vortrag gehalten in Wittenberg den 1. Octbr. 1873. 8. (40 S.) Wittenberg 874, Herosé. — 50

—— Sedanfeier. 1.—6. Aufl. gr. 8. (24 S.) Barmen 874,75, Klein. — 30

— Sedanfeier für Schule und Haus. 1.—3. Aufl. der neuen Bearbeitung. gr. 8. (36 S. mit eingedr. Holzschn.) Barmen 876–78, Klein.

[Umschlagt.:] [F.] Sedanfeier für Schule und Haus. Von Johannes G. Isiraut, Rektor in Friedeberg in d. Neumark. 4. Aufl. d. neuen Bearbtg. *Barmen: H. Klein [1895].* (32 S.) 1 Bd 8.

Iskrice od Nikole Tommasea. *Izdao ivan kukuljevic sakcinski.* 12. Zagrebu 844. (Wien, Wenedikt's sel. Wwe.) 1/8 ₰

Iskrtsch, Georg, aus Albania: Das serbische Geldwesen. *Leipzig 1901: E. Glausch.* (159 S.) 8°
Leipzig, Phil. Diss. v. 1901

Isla, ..., Cäsar u. Irene; aus d. Span. 8. Königsb. 806. Nicolovius. 1 ₰ 20 ℊ

Isla, José Francisco de

— s. Campazas, Gerundio, Geschichte rc.

[ISLA, J. FR., S. J.] Geschichte des berühmten Predigers Gerundio von Campazas sonst Gerundio Zotes in zwey Bänden. Aus dem Englischen [= Spanischen übersetzt von F. J. Bertuch]. Leipzig, Schwickert, 1773. Gr. 8°. 10 S. 1 Bl. 380 S., 3 Bl. 39 S. 2 Bl. (Verlagsanz.). *Mit 2 sehr hübschen Titelvign. (von Geyser nach Oeser).* Leicht brieb. HLdbde. d. Z. 75.—
G. IV. 1679. 6. H.-G. II. 577.

— Geschichte

• — — des berühmten Predigers Bruder Geruncio von Campazas sonst Gerundio Zotes in 2 Bänden. Mit 2 hübschen Titelvignetten. Aus d. Engl. (i. e. Spanischen des *José Francisco de Isla*, † 1781, übers. von Fried. Justin Bertuch). Leipzig, Schwickert, 1773. 8°. (In Berlin: XI 4651; auch in Marburg, Univers.-Bibl.: XVI C 949, 2 vol., u. in Zürich.) (4 Mk. Adolf Weigel, 1898; 12 Kr. Halm & Goldmann, 1907.)
Erste seltene Übersetzung des berühmten spanischen Romans, der seinerzeit den ganzen spanischen Klerus in Bewegung setzte. Der Verfasser zieht mit Ironie u. Satire (in Cervantes' Art) gegen die Missbräuche der spanischen Geistlichkeit zu Felde.

— — Dasselbe. in zween Bänden. Neue Ausgabe. Mit 1 Titelkpf. u. 2 Vignetten (unsign.). Leipzig im Schwickertschen Verlage, 1777. 8°. (In Schaffhausen.) (12 Mk. H. Streisand, Berlin, 1908; 4 Mk. Max Perl, Berlin, 1909.)
VIII, 443+448 Seiten. Unter der Vorrede nennt sich der Uebersetzer.

Isla historia del famoso predicator Fray Gerundio de Campazas, s. Coleccion de autores españoles.

Islam, der. Zeitschrift f. Geschichte u. Kultur des islam. Orients. Hrsg. v. C. H. Becker. Mit Unterstützg. der hamburg. wissenschaftl. Stiftg. 1. Bd. 4 Hefte. (VII, 396 S. m. 62 Abb. u. 7 Taf.) Lex. 8. Strassburg 910. K. J. Trübner. 20.—

Islam, Der, und sein Stifter, Abul Casem Muhamed ... Kopenh. 1802-3. H: *Venturini, Carl Hnr. Gg.* (MGT) (KY)

Islam, der, u. sein Stifter Abul Casem Muhamed, mit besond. Beziehung auf die neuesten Ereignisse in Griechenland, histor.-dramat. dargest. v. C. V. 2 Thle. m. Kupf. 8. Kopenhagen 822. Schubothe.

Island [Sachliches OW]

Island, Landnamabock, liber origin. Islandor. 4. maj. Hafn. Pelt. 775.

Island u. d. Wunder d. Natur, s. a. Bilderbuch, geograph.-naturhistorisches.

Island u. d. Wunder d. Natur u. Menschenwelt in d. Nordpol, von J. G. Gruber. m. K. u. Chart. Hamburg, Vollmer.

Island [Schlagwort]

Island, s. a. Hand- u. Reisekarten. 45.

Island, s. a. Geologische Karten. Thoroddsen.

Islandiae — Insulae — delineatio, prout haec Schoenii mensurandi negotio sub Auspiciis Potentissimi Regis Daniae facto etc. A. 1734 demum per Coepfiium Arctum solitarem ad finem perducto, debetur; divisa in quatuor partes, Islandice Fiördung, quarum quaevis in suas minores regiunculas Islandice Sislu, dani e Syssel dictas subdividitur. Edita Studio et impensis Homannianorum Heredum. Noribergae 1761. 1: 1,200,000. 1 Bl.

Islandiae — Tabula — Auctore Georgio Carolo Flandro. 1: 1,600.000. 1 Bl.

Island Hotel. The I' H', Constance on the Bodensee (Lake of Constance). Transformation of an Old Dominican Monastery. ([Illustrated. Published by the] I' H', C', General Manager: M. Brunner.) IV + 28 p. 8. Zürich, Orell Füssli, [1906]. ([fr. —.50,] Each number 6 d.)
(Illustrated Europe. No. 184.)

Islar, Alfred S., Referendar in Hamburg: Die Formvorschrift des § 313 BGB. Borna-Leipzig 1908: R. Noske. (VIII, 35 S.) 8° [F.]
Leipzig, Jur. Fak., Diss. v. 4. April 1908
[Geb. 6. Aug. 84 Hamburg; Wohnort: Hamburg; Staatsangeh.: Hamburg; Vorbildung: Wilhelm-Gymn. Hamburg Reife O. 06; Studium: Göttingen 2, Berlin 1, Kiel 3 S.; Rig. 13. Juli 06.]

Isle de France — Gouvernement de l' — 1: 275,000. 1 Bl.

de l'Isle, s. a. de Romé.

Isle, de l', Discours prononcé, à la séance publique de l'Académie des sciences etc. 4. Petersb. (Hartknoch à Leipz.) 738.

— Mémoire pour servir à l'histoire et aux progrès de l'astronomie, de la geographie et de la physique. 4. ibid. 783.

— Projet de la mesure de la terre en Russie. 4. ibid. 783.

De l'Isle, Guill., Cursus Rheni a Basilea usque ad Bonnam, III. sectionibus exhibitus. nunc auctior et emendatior redditus. Noribergae [1740?] 3 Bll.

De l'Isle, Guill., Germania, secundum observationes Tychonis de Braho, Kepleri etc. concinnata per G. de l'Isle. Augustae Vindelic., in officina J. Wolfii. [1700?]

De l'Isle, Guill., Pars Sueviae Australior & Borealior. Augustae [Vindelicorum] apud J. Wolffium [1720?] . . . . (Br. Mus.)

Isleib, Walterus, Berolinensis: De Senecae dialogo undecimo qui est ad Polybium de consolatione. Marpurgi Cattorum 1906: F. Scheel, Cassel. (76 S.) 8°
Marburg, Phil. Fak., Ref. Kalbfleisch, Diss. v. 7. Okt. 1906
[Geb. 5. Nov. 83 Berlin; Wohnort: Marburg; Staatsangeh.: Preußen; Vorbildung: Askan. Gymn. Berlin Reife O. 02; Studium: Berlin 2, Marburg 6 S.; Rig. 16. Mai 06.]

Islendingadrápa Hauks Valdísarsonar, ein isländ. Gedicht des XIII. Jahrh. hrsg. von Th. Möbius. 4. (66 S.) Kiel 874, Universitäts-Buchh. 1 60

Isleniew, observations du passage de Vénus etc. voyez Observations etc.

Isler, Alexander. Bundesrat Dr Jonas Furrer, 1805—1861. Lebensbild eines schweizerischen Republikaners. ([Mit 1 Porträt-Tafel, sowie] Anmerkungen [und] 2 Beilagen.) IV + VIII + 224 + *Anmerkungen etc.* 69 S. 8. Winterthur, M. Kieschkes Nachfolger, 1907. [fr. 7. —, geb. 9. —]
(*Zuerst* im Feuilleton der »Neuen Zürcher Zeitung« [1905] *ersch.; als Buch-Ausgabe* umgearbeitet und mit Zusätzen versehen.)

Isler, Alex., die Gefahren der Bürgschaft. Warnung vor ihrer Eingehung und Vorschläge zur Abhülfe. Gekrönte Preisschrift der schweizer. gemeinnütz. Gesellschaft. gr. 8. (V, 51 S.) Winterthur 888, Kieschke. * — 60
Aus: Schweizerische Zeitschrift für Gemeinnützigkeit, besonders abgedruckt.

Isler, A[lexander]. Die Grundlage städtischer Baugesetzgebung. Thesen des Schweizerischen Städtetages in Basel vom 26. September 1903. Mit Erläuterungen hrg. Beilage z. Protokoll der General-Versammlung des schweiz. Städteverbandes, Basel ... 1903. 62 S. 8. Winterthur, Geschwister Ziegler, 1903.

Isler, A., Heinrich Pestalozzi. Illustr. Festschrift f. d. Jugend. Im Auftr. d. schweizer. Lehrervereins z. Feier v. Pestalozzis 150. Geburtstag auf d. 12. Jan. 1896 bearb. 8. (64 S.) Zürich 896. J. R. Müller. n. — 80
Erschien auch in französ., italien. u. roman. Sprache zu gleichem Preise.

Isler. A[lexander]. [Jean-]Henri Pestalozzi: Biographie [illustrée] pour la jeunesse. Publiée par les soins de la Confédération à l'occasion du 150e anniversaire de la naissance de P, le 12 janvier 1896. Librement traduit du texte allemand de A. I et complété par P[aul] Rochat. 8. Zurich.
Offert à la Jeunesse Suisse par la Confédération et les Cantons comme souvenir du grand éducateur... H P.)

(Umschlagt.: Heinrich Pestalozzi 1746. 1827.) La vita de Heinrich Pestalozzi scretta a l'occasiun de siu 150avel di de naschientscha sils 12 de Schaner 1896 da A[lexander] Isler. Transl. sin ordinaziun dil Cussegl Pign pils affonts dellas scolas romontschas tras Alphons Tuor. *Zürich: J. R. Müller [1896].* (64 S.) 1 Bd 8.

Isler, A., 1798 u. 1799. Mitteilungen aus den Memoiren Rektor Trolls, s. a. Neujahrs-Blatt der Hülfsgesellschaft v. Winterthur. 1902.

Isler, A[lexander]. 1798 und 1799. Mitteilungen aus den Memoiren Rektor (Conrad) Trolls von A. Isler. II + 50 S. 8. Winterthur, Buchdr. Winterthur, 1902.
Neujahrs-Blatt der Hülfsgesellschaft von Winterthur... 1902. [Stück] 40.

— Die Winterthurer Stadtkirche, s. a. Neujahrs-Blatt der Hülfsgesellschaft v. Winterthur. 45.

Isler, A[lexander]. Die Winterthurer Stadtkirche. 64 S. 8. Winterthur, Buchdr. W', 1908.
Neujahrs-Blatt der Hülfsgesellschaft von Winterthur ... 1908. [Stück] 45.

Isler. Alexander. Prof. Dr. (Friedrich) Salomon Vögelin (1837–1888), Nationalrath. Lebensbild eines schweizerischen Volksmannes. Im Auftrage einer. von der demokratischen Dezemberversammlung des Jahres 1888 gewählten Kommission bearbeitet. Mit dem Bilde Vögelins [Tafel], sowie vier Beilagen. 8. Winterthur 1892.
[1. Aufl. Hrg. den 13 Dezember 1891 an der Feier der Zürcherischen Landsgemeinden des Jahres 1867
2. Aufl.

Isler. Alexander. Winterthur in Wort und Bild. Mit 145 Illustrationen [wovon 1 Tafel] und einem Plane.... Eine Festgabe für das eidgenössische Schützenfest vom Jahr 1895 in W. Text von A. I. Hrg. mit Subvention des Stadtrathes W. des Kunstvereins und des Alpenklubs. 8. Winterthur 1895.

Isler, Alex., Prof. Dr. Salomon Vögelin, Nationalrath. Lebensbild e. schweizer. Volksmannes. Mit dem Bilde Vögelins, sowie 4 Beilagen. 2. Aufl. gr. 8. (IX, 115 u. 61 S.) Winterthur 892. (Zürich, Buchh. d. Schweiz. Grütlivereins.) n. 1. 60

Isler, E., s.: Bau- u. Ingenieur-Kalender, schweiz.

(Isler, E[mil].) Antwort für die schweizerische Eidgenossenschaft gegen die Vereinigung der Inhaber von Genussscheinen [Assoc. des porteurs de Bons de jouissance] der Jura-Simplon-Bahn in Genf. An das schweizerische Bundesgericht. (1904 März.) II + 21 S. fol. Aarau, H. R. Sauerländer & Co.

(Isler, E[mil].) Duplik für die schweizerische Eidgenossenschaft gegen die Vereinigung der Inhaber von Genussscheinen [Assoc. des porteurs de Bons de jouissance] der Jura-Simplon-Bahn in Genf. An das schweizerische Bundesgericht. (1904 Juni.) II + 6 S. fol. Aarau, H. R. Sauerländer & Co.

Isler, Ernst [aus Wagenhausen (Thurgau)]: Beiträge zur Kenntnis der Nomertinen. (Basel? 1900.) 53 S. 8 Taf. 8°.
Basel. Phil. Diss. 1900/1901.

Isler, Fridericus: Quaestiones metricae. Gryphiae 1908: Abel. 50 S. 8°
Greifswald, Phil. Diss. v. 10. Sept. 1908, Ref. Gercke
[Geb. 2. Okt. 85 Nakel a. N.; Wohnort: Nakel; Staatsangeh.: Preußen; Vorbildung: Gymn. Nakel Reife O. 04; Studium: Breslau 3, Greifswald 5 S.; Rig. 30. Juni 08.] [U 09. 1532

Isler, J., Nouvelle Méthode suisse pour tenir les Livres en partie double. gr. 4. Zwickau, Gebr. Schumann. (en Comm.) 811.

Isler, J., Méthode, nouvelle, Suisse, pour les livres en partie double. Par le moyen de laquelle on peut avoir tous les mois, la balance du brouillard avec le journal et le grand-livre, et la situation positive de ses affaires, av. des modèles et explicat. des nouv. methodes anglaise, allemande et française, comparées à la méthode suisse, et un repertoire. in 4. Brüssel. (Leipz., Fr. Fleischer en comm.) 817.

Isler, Jakob [Assistenzarzt an der ophthalmologischen Klinik in Basel]: Über Glioma retinae. Basel 1899. 41 S. 8°.
Basel. Med. Diss. 1898/99.

Isler, Joh., Führer durch d. Dienstreglement. gr. 16. (VIII, 118 S.) Frauenfeld 896. J. Huber's Verl.
In Leinw. kart. n. 1. —

Die Stellung des Infanterie-Unteroffiziers in einigen Dienstzweigen. Mit besond. Berücks. d. neuen Exerzirreglements f. d. schweiz. Inf. Notizen von Oberst J. Isler. (Frauenfeld: J. Huber 1892.) (8 S.) 8°
— Monatschrift, Schweizerische, f. Offiz. aller Waffen. Jg. 4, No 5, Beil.

Isler, Leop., verabschiedet. (Der Liebeshof. Ein lyr. Spiel in 2 Aufzügen. — Rauthgundis. Ein Drama in 1 Akt. — Gisela. Ein Schauspiel in 1 Akt. — Erlebnisse. Plauderskizze in 1 Akt.) 8. (146 S.) Dresden 901. E. Pierson. n. 2. 50

Isler, M., zur Geschichte des Notariats und der Notarien in Hamburg. gr. 8. (32 S.) Hamburg 866, O. Meißner.

Isler, M., Gabriel Riesser's Leben nebst Mittheilungen aus seinen Briefen. 2. unveränd. Aufl. gr. 8. (IV, 664 S. mit Riesser's Portr. in Kpfrst.) Frankfurt a. M. 871, Verlag der Riesser-Stiftung. 4 50

Isler, M., s. Niebuhr, B. G., histor. u. philog. Beiträge.

– (Hrsg.), s. Niebuhr: Vorträge über die römischen Altertümer.

— Werke, übers. von A. H. Christian. Vollständ. in 8 Bdchn. 16. Stuttgart ... Metzler. Subscr.-Pr. à 1/6 ℔

Isler, M(eyer), Briefe an Ch(arles-Francois-Dominique) de Villers von Benj(amin) Constant (de Rebecque). (Joseph) Görres ... Mad. (Anne[-Louise]-Germaine) de Staël. J(ohann) H(einrich) Voss und vielen Anderen. Auswahl aus dem handschriftlichen Nachlasse des Ch. de V., hrg. von M. I. 2. vermehrte Ausg. 8. Hamburg 1883.

Isler, Meyer (geb. Hamburg 14. 12. 1807): Quaestionum Hesiodiarum specimen. Berolini (1830) (51 S.) 8°
Berlin, Phil. Diss. v. 2. Sept. 1830

Isler, Othmar, Bericht über Gruppe 9 der schweizerischen Landesausstellung Zürich 1883: Stroh-Industrie. gr. 8. (21 S.) Zürich 884, Orell, Füssli und Comp. *

Isler, Otto [Wagenhausen (Thurgau)]: Das thurgauische Fertigungsrecht in historisch-dogmatischer Darstellung. Schaffhausen 1901. 98 S. 8°.
Bern. Jur. Diss. 1900/1901.

Isler, Otto. Das Thurgauische Fertigungsrecht in historisch-dogmatischer Darstellung. Diss. Jur. Bern. VIII + 101 S. 8. Schaffhausen. Joh. Bachmann, 1901.

Isler, Walter, med. pract. von Wohlen (Aargau): Studien über die Abhängigkeit des Strabismus von der Refraction. Zür. J. Schabelitz Dr. 1880. 45 S., 1 Bl. 8°.
Zürich, Med. Diss. [v. 18. Aug. 1880].

Isler, Walter, Studien über die Abhängigkeit des Strabismus von der Refraction. Inaugural-Dissertation. gr. 8. (45 S.) Zürich 880. (Wiesbaden, Bergmann.) *

Isler-Cabezas, J: Fertige Kleider für Männer, Frauen und Kinder, künstliche Blumen und Putzfedern usw. Zürich 1879

Isler-Cabezas, J., Strohwaaren, s. Weltausstellung, internationale, 1878 in Paris.

Isles de l'Amérique — Carte des — et de plusieurs Pays de Terre ferme, situés au devant de ces Isles et autour du Golfe de Mexique etc. Dressée etc. par le Sr. d'Anville. 1731. Pro praesenti Statu belli, quod est 1740 inter Anglos et Hispanos exortum, luci publicae tradita ab Homannianis Heredibus. Norimberga. 1 : 10,000,000. 1 Bl.

(I[sliker]. G(eorg].) Jakob Baur (1829–1900). Ein Nekrolog. [Mit Porträt.] SA. 8. Zürich 1900.

Isling, Ludw., in der Neujahrsnacht. Dramat. Scene. 8. (12 S.) Marburg a/D. (901). (W. Blanke Nachf.) — 60

Islinger, Michael, Die Verdienste des Euthalius um den neutestamentlichen Bibeltext. Regensburg, 1867, 13 S., Lyceal-Progr.

Islitzer, Thomas: † Dr. Peter Perkmann, k. k. Gymnasialprofessor d. R. S. 12. 8. Progr. K. k. Staats-Gymn. *Innsbruck* 1908.

Islitzer, Thomas: [Dr. Christian Schneller, k. k. Hofrat i. R. † am 5. August 1908.] S. 13. 8. Progr. K. k. Staats-Gymn. *Innsbruck* 1909.

Ismael, der Hagar Sohn, oder Lebensskizze F. Euphonius, eines Virtuosen ... Berlin 1799. V: *Seidel, Carl Aug. (Glieb).* (BrMm)

Ismael, d. Hagar Sohn, od. Lebensskizze Franz Euphonius e. Virtuosen, v. C. A. Seidel. 8. Berlin, Matzdorf. 804.

Ismaël, Histoire arabe, s. Bibliothèque, petite, française.

Ismailoff, A. A., Sturm. Roman. Autoris. Übersetzg. v. Joh. Hermann. (240 S.) 8. Wismar 910. Hinstorff's Verl. 3.50; geb. 4. 50

Ismailow, s.: Fabelschatz, russischer.

Ismar, Fedor, (Fr. Wolter) poet. u. prosaisches Allerlei, mit e. Vorworte v. E. Stöber. 8. Basel 823. Schweighäuser. 12 gr

— s. Briefe des Mag. Al. Schnudrian.

Ismar, Fedor, (Fr. Wolter), die Dogen. Tragödie in 5 Akt. 1824. 8. St. Gallen 827. Huber u. Comp. 1 ℔ Wohlfeile Ausg. 12 gr

— s. Der Harfenton.

Ismar, F., die Heerfahrten d. Normannen 2c., s. Depping, Geo. Bernh.

Ismar, F. Die Heerfahrten der Normannen bis zu ihrer festen Niederlassung in Frankreich. Nach G. B. Depping's Preisschrift. T. 1. 2. Hamburg 1829. 8°.

—— König Pedro. Trauersp. in 5 Akten. gr. 12. (8 B.) Hamburg 829, Hoffmann u. Campe.

d'Isnard, s. Muster der prakt. Baukunst.

Isnard, ..., Unterricht, wie man Ertrunkenen auf d. leichteste u. sicherste Art wieder zum Leben verhelfen könne. 8. Manh. 764. Löffler. 4 gr (u. Treuttel u. W. in Strasb.) 2 gr

Isnard, Charles, ein neuester Fall von Ovariotomie mit bestem Erfolge ausgeführt und geschildert. In's Deutsche übersetzt von C. J. Le Viseur. gr. 8. (24 S.) Leipzig 869, Fr. Fleischer. * — 50

Isnard, Charles, der therapeutische Gebrauch des Arseniks gegen die Krankheiten des Nervensystems. Für prakt. Aerzte aus dem Franz. übers. u. mit Anmerkungen begleitet von C. J. Le Viseur. Erlangen 867. Enke's Verlag. gr. 8. (VI, 165 S.) n. 28 ngr.

Isnard, J. A., Taschenbuch für operative Chirurgie, siehe: Prosch, Herm.

Isnardi, M., Anleitung zur Fechtkunst à la contrepointe, s. Thalhofer, C. v.

Isny [Schlagwort]

Isny, s.: Deutschland. Kürschner-Pelp.

Isny, s.: Geognostische Karten (Württemberg).

Isny [Verfasser]

(U.-Titel:) Das 'Wahrzeichen von Tübingen' oder: der unschuldig Gerädette. - Aus der Greuelchronik des Doktor J. N. v. Isny.' (Fig.: *Der Gerädete*, 80 × 70) Reutlingen. Druck u. Verlag von R. Bardtenschlager. (= *Reutlinger Volksschriften*. 150).
o. J., 30 S., 155 · 105.
Priv.-Bes.

Išo'dâdh's Kommentar zum Buche Hiob, hrsg. v. Johs. Schliebitz, s.: **Zeitschrift** f. die alttestamentl. Wissenschaft. Beiheft XI.

Išo'yabh patriarchae III. liber epistularum interpretatus est Rubens Duval, s.: Corpus scriptorum christianorum orientalium. II. 64.

Isocrates

Isocratis Archidamus. Graece. In usum schol. Lipsiae 821. 12. 3 gr.

Isocrates. Archidamus, in usum scholarum. Lipsiae 1822. H: *Lange, Adolph Gottlob.* (Ky) (NN)

— Archidamus; in usum scholarum. 12. Lips. 822, W. Vogel.

— *Areopagus.* Uebersetzt von Afsprung. Heidelb. (Frankf. u. Leipz.) 784. 8. 4 gr.

— Areopagus oder Patriot. Vorstellung an seine lieben Mitbürger zu Athen, die Nothwendigkeit d. Sitten- u. Staatsverbess. betreffend, aus d. Griech. übers. v. J. M. Afsprung. 8. Heidelb. 785. Pfähler. 4 gr.

– Areopagiticus

Isokrates' Areopagitikos, s. Sammlung, neueste, ausgewählter griech. und röm. Classiker.

Isocrates Areopagiticus. Lectionis varietatem et annotationes addidit Dr. J. Th. Bergmann. 8maj. Lugd. Bat. (Lipsiae, Weigel.) 819.

—— Areopagiticus. Cum prior. editor. annotationibus ed. suasque notas adj. Gust. Ed. Benseler. 8 maj. (30¼ B.) Lipsiae 832, Kollmann. 2 Thlr., Vlnp.

Isocrates Ἐγκώμιον graec. ex rec. Wolf. ed. Findeisen. 8. maj. Lips. Böhme. 777.

— Ἐγκώμιον gr. ex recens. Wolf c. var. lect., animadverss. et indice verbor. a Chr. G. Findeisen. 8maj. Leipz. 777. Cnobloch. 10 gr.

— *Euagorae Encomion.* Graece cum var. lectt. et notis ed. Findeisen. Lips. 777. 8. 10 gr.

— Demetrii Cydone et Mich. Glycae aliquot epistolae, nec non Dionis Chrysostomi oratio περὶ λόγου ἀσκήσεως, partim ex cod. Helmstad. partim ex codd. Mosquensibus ed. et animadvers. adj. Chr. Fr. Matthäi. 8maj. Moscau 776.

Isocrates. Ermahnung an seinen Demonicus . . . A. d. Griech. Hamb. 1744. Ü: *Müller, Johann Samuel.* (schr)

— Evagoras übers. u. erläut. v. Heynig. 8. Leipz. Graffé. 798.

—— Evagoras. Edid. prooemio et annotat. instrux. P. J. Leloup. 8 maj. (6½ B.) Moguntiae 828, Kupferberg.

—— id. — In us. scholar. ed. et commentariis illustr. Gust. Ed. Benseler. 8. (3 B.) Lipsiae 834, Kollmann.

Isokrates, Festrede, griechisch und deutsch von Gfried. Herold. gr. 8. (112 S.) Nürnberg 859, J. L. Schmid's Verlag. *

—— **fragmenta, s. Oratores Attici.**

Isokrates, übers. von Flathe und W. Binder, s. Bibliothek, Langenscheidt'sche, sämmtl. griech. und röm. Klassiker.

Isocrates s. Bibliothek d. Übersetzungen

Isocrates. Recogn. Baiterus et Sauppius, s. Oratores Attici.

Ἰσοκράτους λόγος περὶ τῆς ἀντιδόσεως, vervollständigt herausg. v. A. Mustoxides, verbess. u. mit Anmerk. u. philolog. Briefen begleitet von J. C. v. Orelli, nebst 2 Anhängen. gr. 8. Zürich, Orell u. Comp. 814.

— — dasselbe, ohne die deutsche Zugaben. gr. 8. Ebendas. 814.

Monita Isocratea, c. Jac. Facciolati suisq. anim. ed. Frickius. Jen. 765. 8. 8 gr.

— Monita, ed. I. Frickius. 8. Jenae, Cröcker. 765.

Isocrates Opera, quae exst., omnia, emend. etc. W. Lange. 8. maj. Halae, Hemmerde et S. 803. Rthlr.
Schreibp.'

— — Graece. Emend. etc. not. ed. W. Lange. Hal. 803. 8. 2 rthl.

Isocratis Opera quae exstant omnia, ad opt exempl. fid. emend., var. lect., animadverss. criticis, summario et indice instruxit With. Lange. 8maj. Halle 803. Schwetschke u. S. 4 rthl. ch. scr. 5 rthl. 8 gr.

Isocratis, *Opera.* Acc. *Oratio de permutatione.* Lips. 820. 2 Tom 12. 1 rthlr. 8 gr.

Isocratis opera omnia. Recensuit, scholiis testimoniis apparatu critico instruxit Engelbert. Drerup. Vol. I. (CXCIX, 196 S. m. 2 Taf.) gr. 8. Leipzig 906. Dieterich. n. 14.—: geb. n. 16.—

—— Oratio ad Demonicum. Ed. J. G. Strangius. 8. (3½ B.) Coloniae Agripp. 831, Pappers. (?)

— **oratio ad Nicoclem, graece, den. lat. vert. et not. illustr. etc. Baehrens. 8. Halae, Hendel. 787.**

— oratio ad Nicoclem. gr. lat. c. not. J. C. F. Bahrens. 8. Halle 787. Schwetschke u. S. 4 gr.

— Oratio de Pace. Ed. commentat. et animadvers. instrux. P. J. Leloup. 8 maj. Moguntiae 826. Kupferberg.

— oratio de permutatione ex Cod. Msstis suppleta ab Andr. Mustoxydes, rec. et var. lect. adj. Jh. Casp. Orellius. 8maj. Zürich 814. Orell et C. 1 rthl. 16 gr. Dass. mit Anmerkk. u. philosoph. Briefen begleitet v. Jh. Kasp. Orelli, nebst 2 Anh. gr. 8. Ebd. 814. 3 rthl. 8 gr. Schrb. 4 rthl. Aus demselben: Platos Gastmahl besonders abgedr. mit Anmerkk. v. ... Bremi. gr. 8. Ebd. 814. 6 gr.

— — Vervollständigt herausg. von Andr. Mustoxydes. Verbessert mit Anmerkungen u. philolog. Briefen von J. C. von Orelli, nebst zwei Anhängen. Zürich. 814. 8. 3 rthl. 8gr.

— — — Ex codd. suppleta ab Andr. Mustoxyde. Rec. et var. lectt. adiecit J. Casp. Orellius. Isaei Oratio de Meneclis hereditate. Accuratius edid. cum brevi annot. J. Conr. Orellius. Turic. 814. 8. 1 rthlr. 14 gr. (Diese kleinere Ausg. kann der Besitzer der vorhergehenden größern entbehren, denn in dieser steht auch Isaei Oratio.)

— — — Gr. et lat. Lips. 816. 8. 1 rthlr.

— — Oratio de permutatione, Latine scilicet primum exhibetur ea pars ingens, quae ab Andr. Mustoxide nuper erat graece edita, eademque notis et praefatione illustratur, et nova codicis ambrosiani collatione emendatur, additis quatuor appendicibus. Edebat Angel. Majus. Un. Vol. in 8maj. Mediolani. 813. (Viennae, Volke.)

Isocratis Orationes etc. instr. ab I. H. Bremi, Sect. I., s. Bibliotheca Graeca etc. Scriptor. orat. ped. Vol. XIV.

—— id. — ed. Ahrensius, s. Oratores Attici.

— — et Plutarchi libell. de Pueror. educatione gr. et lat. c. Wilhelmi. 8. Hamb. 702.

— — — c. Versione Neandri. 8. Norimb. 702.

— — id. l. stud. et c. not. Iunkeri. 8. Lips. 740.

— — — c. not. Iunckeri. 12. Lips. Weidmann. 744.

— — graecae, recognitae ab I. Messerschmid, graece et latine. 8. Lips. F. C. W. Vogel. 760.

— Orationes, quae vulgo in editionibus non leguntur. Ex edit. Ang. Maii. Lips. 820. 12. 8 gr.

Isocratis Orationis. Cum praefat. Guil. Dindorfii. 12 maj. Lips. 825, Teubner. 1 Rthl. 16 gr. Engl. Pap.

— orationes, commentar. instr. Jh. Hnr. Breme. P. I. 8maj. Gotha 831. Hennings. 20 gr. Postp. 1 Thlr 4 gr. Velin-Pap. 1 Thlr 12 gr. (Bildet auch d. Bibl. gr. viror. Vol. XIV.)

Isocratis orationes. Recognovit praefatus est indicem nominum addidit Gust. Ed. Benseler. II Vol. 8. (LXVI und 555 S.) Lipsiae 851, Teubner. à Vol. 11½ Ngr.

— Orationes. Recogn., praefatus est, indicem nominum addidit Gust. Ed. Benseler. Edit. II. curante Frid. Blass. 2 vol. 8. (LVIII, 241; LX, 324 S.) Leipzig 878,79, Teubner. à Bd. ℳ 1,35.

— orationes. Recognovit, praefatus est, indicem nominum addidit Gust. Ed. Benseler. Ed. ster. altera, curante Frider. Blass. Vol. II. (LX, 324 S.) kl. 8. Leipzig 907. B. G. Teubner. 2.—; geb. in Leinw. 2. 40

— — orationes et epistolae. Ad. opt. libror. fidem accurate editae. II Tomi. editio stereot. 12. Lipsiae, Tauchnitz. 820.

Fein Pap.

Isocratis orationes. Recogn., praefatus est, indicem nominum addidit Gustavus Eduardus Benseler. Ed. altera ster. curante Friderico Blass. Vol. 1. 2. Lipsiae: B. G. Teubner 1907. 2 Bde 8° (Bibliotheca script. graec. et rom. Teubneriana.) 1 . 177 3

Isocratis orationes et epistolae. Accedit oratio de permutatione plenior ab Andrea Mustoxyde inventa et ex ejus editione accurate reddita. Nova edit. stereot. 2 Vol. 16. Leipzig 845, K. Tauchnitz. 7/12 Thlr fein P. 11/12 Thlr

ΙΣΟΚΡΑΤΗΣ. Isocratis orationes et epistolae. Recognovit J. G. Baiter. Graece et latine. gr. Lex.-8. (19⅛ B.) Paris 846, Didot fratres.

Isocratis Orationes et Epistolae. Accedit oratio de permutatione plenior ab Andrea Mustoxyde inventa et ex eius editione accurate reddita. Nova edit. ster. C. Tauchnitiana. Nova impr. 2 vol. 16. Leipzig 866,72, Holtze. à Vol. ℳ 1,5. 2 10

Inhalt:

Vol. 1. Oratio ad Demonicum. Oratio ad Nicoclem. Nicocles. Panegyricus. Oratio ad Philippum. Archidamus. Areopagiticus. Oratio de pace. Euagoras. Helenae laudatio. Busiris. (272 S.)

„ 2. Panathenaicus. Oratio contra Sophistas. Oratio Plataeicum, Oratio de permutatione. Oratio de bigis. Trapezitica. Oratio adversus Callimachum. Aegineticus. Oratio contra Lochitem. Oratio contra Euthynum. Epistolae. Plenior oratio de permutatione. (252 S.)

— orationes et epistolae. Accedit oratio de permutatione plenior ab Andrea Mustoxyde inventa et ex eius ed. accurate reddita. Nova ed. ster. C. Tauchnitiana. Tom. I. Nova impressio. 16. (272 S.) Leipzig 900. O. Holtze Nachf. 1. 05

— orationes IV ad Demonicum, Evagorae laudatio ad Nicoclem Trapezitica, in us. juvenum gr. ling. studios. separatim editae. 8. Inspr. 790. Wagner. 12 gr

— — quatuor ad Demonic. etc. in us. juvent. etc. 8. Cob. Ahl. 790.

Isocrates. Orationes quatuor ad Demonicum, Evagorae laudatio, ad Nicoclem, Trapezitica . . . Coburgi 1790. H: *Facius, Joh. Frdr.* (Hoff) (ErschDL) (Gi)

— orationes IV. ad Demonicum, Evagorae laudatio ad Nicoclem Trapezitica. In usum juvenum gr. linguae studios., separ. editae a Jh. Fr. Facio. 8. Cob. 790 Edit. altera, c. ind. graecitatis. 8. Ibid. (Riemann). 817. 10 gr

— — orationes IV. ad Demonicum, Evagorae Laudatio ad Nicoclem. Trapezitica in usum iuvenum graecae linguae studiosorum, separ. editae. Editio altera, c. ind. graecitatis. 8. Coburgi, Biedermann. 817.

— — tres, mit deutschen Noten von Clemann. 8. Glogau, C. F. Günther.

Isocratis Orationes tres 1. Ad. Demonicum 2. Ad Nicoclem 3. quae inscribitur: Nicocles. Studio Christiani Junckeri. Lipsiae. 1744. 8°

— — tres c. not. germ. illustr. d. i. Erklär. der drey Reden Isocrat. mit Anm. v. Clemann. 8. Hamb. Brand. 745.

— orationes tres, graecae lat. recognit. a Jh. Messerschmidt Cum indice graeco-latino. 8. Leipz. 760. (W. Vogel). 4 gr

— orationes tres. 8. Lips. Compt. f. Litt. 776.

— Panegyricus

— Panegyrikos, s. a. Meisterwerke der Griechen u. Römer in kommentierten Ausgaben.

Isokrates, Panegyrikos, s. Sammlung Griech. und Röm. Classiker.

Isokrates' Panegyrikus, s. Universal-Bibliothek Nr. 1666.

— Panegyricus, recens. et animadv. illustr. S. Fr. N. Morus. 8. Leipz. 766. Ed. II, multum aucta 786. Ed. III (c. Wendleri.) 8. Ibid. 804. Weidmann. 16 gr Holl. P. 1 rf

— *Panegyricus*. Graece. Rec. et animadv. illustr. Morus. Lips. 766. 8. 12 gr. Ed. IV. Rec. et cum anim. Mori suisq. ed. Spohn. Ib. 817. 8. 22 gr.

— Panegyricus zum ersten Mal aus dem Griech. übers., mit e. Einleitung u. Anmerkk. v. W. Lange. 8. Leipz. 797. Schwickert. 6 gr

Isocrates. Panegyricus . . . cum animadversionibus D. Sam. Frid. Nathan. Mori . . . Editio tertia . . . Lips. 1804. H: *Wendler, Chn Ludw.* (MGT) (Ky) (Hoff)

— panegyricus recens. Morus. 8. Lips. Weidmann. 804. Schreibp.

— — Panegyricus. Textum recognovit, cum animadversionibus Dr. S. F. N. Mori suisque edidit F. A. Guil. Spohn. 8maj. Lips., Weidmanns. 817. Charta script.

— — Idem liber, Charta belg. opt.

— Panegyricus. Ex recens. J. Bekkeri a W. Dindorffio spassim refícta. Cum brevi annotat. critica edid. Gust. Pinzger. 8. Leipz. 825. Teubner. 5 gr Engl. Drckp. 8 gr

— Panegyricus. Cum Mori suisque annotationibus edid. Wlh. Dindorfius. 8maj. Leipz. 826. Weidmann. 12 gr Schrbp. 18 gr Velinp. 1 rf

— Panegyricus. Textum recognovit, animadversionibus Dr. S. F. N. Mori suisque edidit F. A. Wlh. Spohn. 8maj. Leipz. 827. Weidmann. Charta script. 21 gr Charta belg. opt. 1 rf 8 gr Edit. II emend. et auct. cur. Jo. G. Baiterus. 8maj. ibid. 831. 18 gr

—— Panegyricus. Cum Mori suisque annotationibus ed. Fr. A. Guil. Spohn. Ed. II. emend. et auct. Cur. Io. G. Baiterus. 8 maj. (12 B.) Lipsiae 831, Weidmann.

—— Panegyrikos zum ersten Male a. d. Griech. übers. mit e. Einleit. u. d. nöthigsten Anmerkn. versehen v. W. Lange. 2., nach d. Verf. Tode durchgängig nach d. neuesten Texte bericht. Ausg. 8. (5 B.) Leipzig 833, Schwickert.

—— Panegyrikus. A. d. Griech. übers. u. mit d. nöthigsten Anmerkn. vers. v. J. Hoffa. gr. 12. (3⅚ B.) Marburg 830, Elwert'sche Univ.-Buchh.

Isocrates. Panegyricos, § 1—27 u. 38—50. Uebersetzungsprobe v. G. Herold. Pr. 1858. 6 S. 4°. 1.—

—— Panegyrikos. Für den Schulgebrauch hrsg. v. Bruno Keil. Mit Titelb. 8. (XXV, 69 S.) Lpz. 890, Freytag. * — 75; geb. ** 1 —

Isokrates Panegyrikos. Für d. Schulgebrauch herausgegeben von Bruno Keil. Mit einem Titelbild. 8. (XXV, 69 S.) —.45
Prag: Tempsky 1890.

Isokrates' Panegyrikos. Hrsg. u. erkl. von Josef Mesk. Textheft. Einl. u. Komm. *Leipzig & Berlin: B. G. Teubner 1903.* 2 Bde 8°
= Meisterwerke d. Griechen u. Römer. 2. (03. 9181)

—— πρὸς Δημόνικον παραίνεσις. — Des Isokrates Ermahnung an d. Demonikus. Zum Schulgebr. mit erklär. Anmerkn. u. e. erklär. Wörterverzeichniss hrsg. v. F. Bernhard. 8. (6 B.) Leipzig 830, [Hartmann.]

Isocrates de permutatione gr. lat. ed. A. Majo. 8maj. Mayl. 813. (Volke in Wien.) 2 rf 8 gr (Cnobloch in Leipz.) 1 rf

— von d. Pflichten eines Monarchen; aus d. Griech. übers. von J. M. Afsprung. 8. Ulm 785. Wohler. 2 gr

— von den Pflichten ein. Monarchen, v. Afsprung. 8. Ulm, Wohler. 786.

Isocrates. Rath an Demonikos, übersetzt . . . Pforzheim 1820. Ü: *Frommel, Wilh.* (Hoff) (Ky)

— Rath an Demonikus übers. mit Varianten (von Frommel). gr. 8. (Heidelb.) 820. Oswald. 4 gr

Isokrates Rath an Demonikus. Aus dem Griechischen von Frommel, mit Varianten aus der Pfälzer Handschrift. Progr. Pforzheim und Heidelb. 821. 8. 4 gr.

— Rath an Demonikus, übers. u. mit Anmerkk. vers. v. G. Fr. Drescher. 8. Büdingen 826. ..

— Rede an Demonikus, übers. v. Chr. Wlh. Kindleben. 8. Lemgo 779. Meyer.

— *Rede von den Pflichten eines Monarchen an* Nicocles. Uebersetzt von Afsprung. Ulm 785. 8. 2 gr.

— ausgewählte Reden, s. Freund's, W., Schüler-Bibliothek.

—— ausgewählte Reden, erklärt von R. Rauchenstein, s. a. Sammlung griech. und latein. Schriftsteller.

Isokrates, ausgewählte Reden, erklärt v. R. Rauchenstein. (Panegyricus u. Areopagiticus.) (Sammlung Griech. u. Latein. Schriftsteller m. Deutschen Anmerkungen.) gr. 8. (IV u. 128 S.) Leipzig 849, Weidmann. n. ⅓ rf

—— ausgewählte Reden, Panegyricus und Areopagiticus, erklärt von R. Rauchenstein. 2. Aufl. gr. 8. (IV und 151 S.) Berlin 855, Weidmannsche Buchh. *

—— ausgewählte Reden. Panegyricus und Areopagiticus, erklärt von R. Rauchenstein. 3. Aufl. gr. 8. (VI und 156 S.) Berlin 864, Weidmann'sche Buchh.

—— ausgewählte Reden, Panegyricus und Areopagiticus. Erklärt von R. Rauchenstein. 4. Aufl. gr. 8. (IV, 162 S.) Berlin 874, Weidmann'sche Buchh. 1 50

—— ausgewählte Reden, Panegyrikos und Areopagitikos, erklärt von Rud. Rauchenstein. 5. Aufl., besorgt von Karl Reinhardt. gr. 8. (176 S.) Berlin 882, Weidmann'sche Buchh.

Ausgewählte Reden des **Isokrates**, Panegyrikos u. Areopagitikos. Erkl. von Dr. Rudolf Rauchenstein. 6. Aufl. Besorgt von Dr. Karl Münscher. Berlin: Weidmann 1908. x, 234 S. 8°
(Sammlung griech. u. lat. Schriftsteller mit deutschen Anmerkungen.) (09. 1717)

—— ausgewählte Reden. Für den Schulgebrauch erklärt von Otto Schneider. 1. und 2. Bdchn. gr. 8. Leipzig, Teubner.

Inhalt:

Bdchn. 1. Demonicus, Euagoras, Areopagiticus. (VIII und 120 S.) 859. 9 Ngr.

» 2. Panegyricus und Philippus. (VIII und 168 S.) 860. 12 Ngr.

—— ausgewählte Reden. Für den Schulgebrauch erklärt von Otto Schneider. 1. und 2. Bdchn. 2. Aufl. gr. 8. Leipzig, Teubner. 2 70
Inhalt:
Bdchn. 1. Demonicus, Euagoras, Areopagiticus. (VI, 117 S.) 874. M. 1,20.
2. Panegyricus und Philippus. (VIII, 162 S.) 875. M. 1,50.

—— ausgewählte Reden. Für den Schulgebrauch erklärt von Otto Schneider. 2 Bdchn. 3. Aufl., besorgt von Max Schneider. gr. 8. Leipzig, Teubner. 3 —
Inhalt:
Bdchn. 1. [An Demonikos,] Euagoras, Aeropagitikos. (VIII, 142 S.) 888. M 1.20.
2. Panegyrikos und Philippos. (VII, 168 S.) 886. M 1.80.

Isocrates *Reden und Briefe*. Uebersetzt von W. Lange. Berl. 798. Th. I. 8. 1 rthlr. 4 gr.

Isocrates, Reden und Briefe von W. Lange. 1r. Bd. gr. 8. Berlin. 798. Ist jetzt Verlag von Reimer. Rthlr.

— sämmtl. Reden u. Briefe, aus d. Griech. von W. Lange. 1r Thl. gr. 8. Berlin, Lange. 798.

— sämmtl. Reden u. Briefe übers. von W. Lange. 1r Bd. gr. 8. Berl. 798. (Reimer). 1 ℳ 4 K

—— ausgewählte Schriften, übers. von A. H. Christian, s. Classiker des Alterthums.

— der Sittenlehrer, e. Rede an d. Demonikus; aus d. Griech. v. Jh. Jak. Mayer. gr. 8. Memm. 789. Seiler. 9 K

Isocrates, Des Redners // ISOCRATIS // Guldene // Vermahnung // An den jungen // DEMONICUM, // Ins Teutsche übersetzt // und erläutert, // Gut zu lesen, aber noch besser zu // gebrauchen. // Braunschweig, // bey Ludolph Schrödern, // MDCCXVII. - 64 Seiten.
o. S. T. 8°.250.

Isokrates' Werke, s. Bibliothek, Langenscheidt'sche.

—— Werke, übersetzt v. Ad. Heinr. Christian, s.a. Prosaiker, griech.

—— Werke, übers. u. erläut. v. Gust. Ed. Benseler, s.a. Uebersetzungsbibliothek d. griech. u. lat. Klass., II. Abthl.

Isokrates. Werke, übersetzt von Gustav Eduard Benseler. 2 Bde. Prenzlau 1829—1830. 8°.

— Werke übers. u. erläutert v. Gust. Ed. Benseler. 1s—4s Bdchn. 16. Prenzl. 829—31. Ragoczy. 16 K

Isokrates. Werke, übersetzt von Adolph Heinrich Christian. 2 Bde. Stuttgart 1832—1835. 8°.

Isokrates Werke, übersetzt von Adolph Heinrich Christian, Präceptor am k. württemb. Lyceum zu Ludwigsburg. 1. Abth. (1 Bändchen). 2. Abth. (5 Bändchen). (2 Bde.)
8. Stuttgart 1832—1836.

— Werke, übers. v. Ad. Hnr. Christian. 1s Bdchn. 16. Stuttg. 833. Metzler. 4 K

Isokrates Werke, übers. von Ad. Hnr. Christian. 2s—8s Bdchn. 16. Stuttgart 834—36. Metzler. (à Bdchn. 1/6 ℳ) 1 1/6 ℳ

Isokrates' Werke. Griechisch und deutsch. Berichtigt, übers. und erklärt von Gust. Ed. Benseler. I. Thl.: Panegyrikos und Philippos. gr. 12. (408 S.) Leipzig 854, Engelmann. *

—— dass. — 2. Thl.: Plataikos, Archidamos und Rede über den Frieden. gr. 12. (366 S.) Ebds. 855. *

Isokrates, Werke. 4. Lfg. Areopagitikos. Aus dem Griech. übers. v. Wilh. Binder. 5. Aufl. 8. (S. 1—26.) Berlin 889. Langenscheidt. n. — 35

— Deutsch v. W. Binder. 4. Lfg. 8. Berlin 890. Langenscheidt. n. — 35
Areopagitikos. 2. Aufl. (26 S.)

— dasselbe. Deutsch v. Wilh. Binder. 4. Lfg. Areopagitikos. 4. Aufl. (26 S.) kl. 8. Ebd. (907). — 35

Isokrates' Werke. Deutsch v. Thdr. Flathe. 1. Lfg. Panegyrikos. 2. Aufl. 8. (47 S.) Berlin 891. Langenscheidt. n. — 35

Isokrates' Werke. Deutsch v. Thdr. Flathe. 1. Lfg. Panegyrikos. 5. Aufl. (47 S.) kl. 8. Berlin-Schöneberg (910). Langenscheidt's Verl. — 35

—— ausgewählte Werke. Uebers. von Th. Flathe und Wilh. Binder. 2. Aufl. 4 Lfgn. 12. (47, 59, 26 S.) [Stuttgart 864—74, Hoffmann'sche Verlagsh.] Berlin, Langenscheidt'sche Verlagsh. à Lfg. * 35 Pf. *

Isogonen [Schlagwort]

Isogonen, Isoklinen u. Isodynamen. Karton, die ältesten, der Isogonen, Isoklinen u. Isodynamen von E. Halley, W. Whiston, J. C. Wilcke, A. v. Humboldt, C. Hansteen, s. im Alphabet der Bücher: Neudrucke v. Schriften u. Karten üb. Meteorologie u. Erdmagnetismus.

Isola, Carl Ferd., Ubaldus Stendardus, s. a. Esser's, J., Sammlung leicht aufführbarer Theaterstücke.

Isola, Carl Ferd., Ubaldus Stendardus. Schauspiel in 5 Aufzügen. Aus dem Ital. in's Deutsche übertr. v. J. Buhr. 12. (61 S.) Paderborn 894. J. Esser. n. — 80

Isolani, Eug., anonyme Briefe. Ein Schatten, s.: Enßlin's interessante Bibliothek.

— Die aus der Vorstadt, s. a. Weber's moderne Bibliothek.

— die aus der Vorstadt. Roman. 8. (171 S.) Ebd. 896. n. 2. 50; geb. n. 3. 50

Isolani, Eug., Thomas A. Edison, der amerikanische Erfinder, s. a. Männer des Erfolges.

Isolani, Eug., Thomas A. Edison, der amerikanische Erfinder. Stuttgart 1906. 8°. (Männer d. Erfolgs.)

ISOLANI, Eugen. Die Frau in der Hose. Ein Beitrag zur Kultur der Frauenkleidung. Berlin (ca. 1910). 8°. 93 S.

Isolani, Eug., meine Frau u. ich. Allerlei lust. Geschichten aus meinen Ehestandsleiden. 8. (III, 148 S.) Gotha, R. Schmidt. n. 2. —; geb. n. 2. 50

(B) — Meine Frau u. ich. Jetzt: Weißensee, C. Bartels.

— fröhliches Gaunertum. Allerlei lust. Gaunergeschichten. (114 S.) 8. Zürich 905. C. Schmidt. n. 1. 60

— ein Heiratsschwindler, s.: Enßlin's Roman- u. Novellenschatz.

Isolani, Eug., Otto Leonhard Heubner. Lebensbild e. deutschen Mannes. Mit e. Einführg. v. Ferd. Goetz. 8. (40 S. m. Bildnis.) Dresden 893. Hönsch & Tiesler. n. — 60

— Von ihr u. mir, s. Kürschner's Bücherschatz.

Von dir und mir. [illegible] von Eugen **Isolani**. Berlin, Leipzig: Hillger [1908]. [illegible]
(Kürschners Bücherschatz. Nr. 625.) [illegible]

— Indizien, s.: Zehnpfennig-Bibliothek, moderne.

— dasselbe, s.: Zwanzigpfennig-Bibliothek, moderne.

Josef Kainz. Ein Lebensbild. Von Eugen **Isolani**. Mit 1 Portr. Berlin: Pulvermacher 1910. 78 S. 8° [illegible]

— Konrad Kiefer, s.: Salzmann, C. G.

Isolani, Eug., Sebastian Kluge, s.: Salzmann, C. G.

— merkwürdige Leute. Lebensbilder u. Skizzen. 8. (III, 145 S.) Leipzig 896. R. Friese, Sep.-Cto. n. 2. —

(B) — Merkwürdige Leute. 896. Jetzt: Weißensee, E. Bartels.

— Lysol. Ein Justizmord, s.: Enßlin's Roman- u. Novellenschatz.

— ein Muttermord?, s.: Bibliothek. interessante. Nr. 8.

Isolani, Eugen. Die lange Nase u. Anderes. Moderne Fabeln. [Mit illustriertem Umschlag.] 128 S. 8. Zürich, Caesar Schmidt, 1904. [fr. 2. —]

Isolani, Eug., aus dem Reiche der Schminke. Scherze aus dem Bühnenleben. 8. (VII, 152 S.) Leipzig 887, Unflad. * 1 50

Isolani, E. Wider den Schmutz. Ein Aufforderung gegen die unserer Gesundheit drohenden Gefahren. In-8°. 40 S. Zürich, Cäsar Schmidt. — 75
1896

Isolani, Eug., vor u. hinter d. Vorhang. Allerlei Betrachtgn. 8. (157 S.) Leipzig 895. R. Friese, Sep.-Cto. n. 2. —

(B) — Vor u. hinter d. Vorhang. 895. Jetzt: Weißensee, E. Bartels.

— wann wird e. Frau alt? Zu Nutz u. Frommen aller Frauen, die jung bleiben wollen, beantwortet v. geistig bedeut. Frauen Deutschlands. 1. u. 2. (Umschlag-) Aufl. 12. (166 S.) Leipzig 896. Berlin, J. Gnadenfeld & Co. n. 1. 50

—— aus meiner Wandermappe. Ein Merkbuch für die Wanderer durch die sächsisch-böhm. Schweiz. 8. (88 S. mit Bleistift.) Dresden 888, Kühtmann. cart. * — 60

— heitere Welt. Humoresken. (216 S.) schmal 8. Ebd. 905. n. 2. 50

Isolirung, die. br. gr. 8. (16 S.) Berlin 855, Herbig. *

Isoperimetrisches Problem. s. Anton, Ludwig.

Isopescul, Demeter

Isopescul, D.: Beziehungen Karls d. Gr. zu den Sarazenen in Spanien und zu den abbasidischen Chalifen von Bagdad. 69 S. 8°. Suczawa, Progr. 1869

Isopescul, Demeter (Hrsg.), s. Blätter, Bukowiner Pädag.

A doua carte pentru deprinderea limbei germane. Prelucrata după J. Roth de Dimitrie Isopescul. Wien 1894. K. k. Schulbücher-Verlag. (Min. Erl. v. 24. Februar 1891, Z. 3405) —.35 = 70 h

Isopescul, zur Gesch. [illegible] d. [illegible] Bestehens d. k. k. Lehrer- u. Lehrerinnenbildungsanst. in Czernowitz, s. a. Bericht d. k. k. [illegible] u. Lehrerinnenbildungsanst. in Czernowitz.

Isopescul Demeter: Zur Geschichte des 25jährigen Bestandes der Anstalt. 133. Czernowitz L. B. A. 96.
Progr.

(Isopescul, Demeter:) Heimatskunde der Bukowina. Czernowitz: Pardini 1872

Isopescul, Dem.: Das Theorem der Fourier'schen Reihen. 34 S. Suczawa, Progr. 1873.

Isopescul, Octavian, der Prophet Malachias. Einleitg., Übersetzg. u. Auslegg. (V, 163 S.) Lex. 8. Czernowitz 908. (Wien, Hof- u. Staatsdruckerei.) 6. —

Isopescul Sam.: Kurze und übersichtliche Darstellung der Schicksale der Metropole von Salzburg seit ihrer Stiftung bis Arno's Tode. 22. Suczawa 74. Progr.

Isopescul Grecul, Const., das Wucherstrafrecht. Der Kredit- u. Barwucher in vergleich. dogmenhistor., dogmat. u. kriminalpolit. Darstellg. I. Bd. (XX, 352 S.) Lex.-8. Leipzig 906. [C. L. Hirschfeld.] Tübingen, J. C. B. Mohr. n. 10. —; geb. n. 12. —

Isotae. Nogarolae Veronensis opera quae supersunt omnia [illegible] Angelae et Zenevrae Nogarolae epistolae et carmina [illegible] Alexander Comes Apponyi ed. et praefatus est Eugenius A[illegible] 2 Vols. (I. Bd. CLXXII u. 269 S. [illegible] II. Bd. 47[illegible] [illegible] Wien, Gerold & Cie. [illegible] 12 [illegible] 1886

Isotti, Carlo, Regolamento di procedura penale, s.: Raccolta di leggi ed ordinanze della monarchia austriaca. XX.

Išo'yahb III Patriarcha (**Ješu'jahb** III Hedajabaja): Liber epistularum ([Syr.] Ketaba d-egrata) ed. Rubens Duval. [1.] Parisiis: C. Poussielgue; Lipsiae: O. Harrassowitz 1904. 8°
— Corpus scriptorum christian. oriental. Script. syr. Ser. 2, T. 64. [illegible]

Isoz, K., theoretisch-praktischer Unterricht der französischen Grammatik nebst Conversation und Lectüre nach einem völlig neuen Plane bearb. A. u. d. T.: Leçons théoriques et pratiques de grammaire française de conversation et de lecture etc. Heft 855. (Pfeifer.) qr. 8. (5 Bl., 166 S.) 18 sgr.

Ispert, Hermann (geb. am 30 Apr. 1852 in Waldbröl): Kann die Iridectomie als Glaucomoperation auch nachtheilig wirken? ... Bonn, Druck v. J. F. Carthaus (1876). 27 S., 1 Bl. 8.
Bonn, Med. Fak., Diss. v. 8 Aug. 1876

[Umschlagt.:] **Ispert**, *Rudolf* [Dir.]: Antrittsrede. Elberfeld, Baedekersche Buchdr., 1897; 3—8 S. 4.
Elberfeld, R in d. Nordstadt, P 1897 (516)

Ispert, [Rudolf]: Die Organisation der Anstalt. (Ein Wort zur Aufklärung an die Eltern.) S. 3—6. 4.
Progr. Realschule in der Nordstadt *Elberfeld* 1901 (578).

Ispert, Rudolf: Der französische Unterricht an der Höheren Bürgerschule. Magdeburg, Druck v. E. Baensch jun., 1892; 1 Bl., 15 S. 4.
Magdeburg, st. HB, OP 1892 (272)

Isphording, der Wasserbau an den Binnenwasserstrassen, s.: Mylius

Isphording, Karl, Referendar: Die Kündigung, insbesondere beim Darlehn. (Essen [1909]: Reismann-Grone.) 48 S. 8°
Heidelberg, Jur. Diss. v. 10. Dez. 1909, Ref. Heinsheimer
[Geb. 17. Okt. 85 Attendorn; Wohnort: Essen a. R.; Staatsangeh.: Preußen; Vorbildung: Gymn. Attendorn Reife O. 05; Studium: München 2, Berlin 1, Münster 3 S.; Rig. 6. Mai 09.] [U 10. 1901

Isphording, Wilhelm [aus Attendorn (Westfalen)]: Ueber Acephalie. . . . Würzburg, Paul Scheiner's Buchdr., 1888; 32 S. u. 2 Taf. 8°
Würzburg, Med. Fak., Inaug.-Diss. v. 1888

Ispolatowsky, Basilius, aus Rußland: Zur Ätiologie der Sehnervenatrophie. *Berlin (1903): G. Schade.* (30 S.) 8°
Berlin, Med. Diss. v. 28. Juli 1903

Israel oder der edle Jude . . . 2. Aufl. Leipzig 1805. Ü: *Witte, Carl Heinrich Gfr.* (MGT) (Ky)

Israel et Albertus Sueciae regis . . . [Salisburgi 1762.] V: *Wimmer, Marian von.* (Hr)

Israel im Allarm über den Mahnruf der Zeit und den deutschen Bescheid der Stimme aus dem „Judenspiegel." Beleuchtet von A — z. gr. 8. (16 S.) Hamburg 862. (Altona, Verlags-bureau.)

Israel und die Gegenw. Beiträge zur Beurtheilung d. Judenfrage. Leipzig, W. Grunow 1880. 8. Flex. gepr. Srsb.

Israel am Scheidewege. 16 S. 8. Zürich, Cäsar Schmidt, 1903. [fr. — . 40]

Israel Brunensis, R., Responsa. Ex edit. rarissima Thessalon. denuo edita. (In hebr. Sprache.) 4. (IV und 248 S.) Stettin 860. (Berlin, Asher und Comp.) *

Israel, Rede an Philipp Melanchthons 400jähr. Geburtstag, s.: Festschrift zum 25jähr. Jubiläum d. kgl. Seminars zu Schneeberg.

Israel, das preussische Seuchengesetz. (11 S.) 8. Leipzig 906. B. Konegen. n. 1. —
Sonderabdruck aus: „Reichs-Medizinal-Anzeiger".

Israel (Pick), wider Stahl und Bunsen. gr. 8. (42 S.) Barmen 856, Sartorius. Thlr. *

Israel, die Stadt Stralsund. gr. 8. (III, 67 S. m. 6 Photogr. u. 1 Plan.) Stralsund 893. (Bremer.) n. 2. —
Vergriffen!

Israël's, A. H., Tentamen historico-medicum, exhibens collectanea gynaecologica, quae ex Talmude Babylonico depromsit. 8maj Groningae 815, Leerae, Prätorius et Seyde. n. 1 ß

Israel, Adolf [aus Erbach]: Ueber den Proprio-propionsäureäthyläther . . . . Jena, *Druck v. Wilhelm Keller i. Giessen,* 1885; 43 S. 8°
Jena, Phil. Fak., Inaug.-Diss. v. 1885

Israel, Adolf, über den Proprio-propionsäureäthyläther Diss. Jena 1885, G. Neuenhahn. 8°. 43 S.

Israel, Arnold [aus Hamburg]: Über D . . . ophia . . . progressiva. . . . Hamburg, Druck v. C. Meyer, 1897; . . . 2 Taf. 8°
Freiburg i. B., Med. Fak., Inaug.-Di . . . 1891

Israel, Arth., klinische Beobachtgn. üb. das Symptom der Hypertension, s.Q. Sammlung klinischer Vorträge.

Israel, Arthur: Klinische Beobachtungen aus der medizinischen Klinik in Straßburg über das Symptom der Hypertension. Leipzig 1907: Breitkopf & Härtel. (S. 853—888.) 8° ¶(Aus: Sammlung klinischer Vorträge, N. F. 449/450 — Inn. Medizin Nr. 135/136. 1907.)
Straßburg, Med. Fak., Ref. v. Krehl, Diss. v. 20. Juni 1907
[Geb. 25. Apr. 83 Berlin; Wohnort: Berlin; Staatsangeb.: Preußen; Vorbildung: Wilhelms-Gymn. Berlin Reife O. 01; Studium: Freiburg i. B. 1, Berlin 3, München 1, Berlin 2, Straßburg 2 S.; Coll. 24. Jan. 07; Approb. 24. Jan. 06.]

Klinische Beobachtungen über das Symptom der Hypertension von Arthur **Israel,** Berlin. Leipzig: Breitkopf & Härtel 1907. (30 S.) 8°
= **Sammlung** klinischer Vorträge. No 449/450.

Israel, Aug., Anleitung zur Erfindung zweckmäßiger Choralzwischenspiele, erläutert durch viele Beispiele, namentlich durch Zwischenspiele zu 70 Weisen mit Clavierbegleitung von Ernst Richter. 4. Stereot. Ausg. Altona 862. G. Mayer. (Haendcke & Lehmkuhl.) qu. 4. (57 S.) 15 ngr.

Israel, Aug., Anleitung zur Erfindung zweckmäßiger Choralzwischenspiele, erläutert durch viele Beispiele, namentlich durch Zwischenspiele zu 70 Chorälen des Taschenchoralbuches oder Hiller'schen Choralbuches. Ein Büchlein für Seminaristen und angehende Organisten. gr. 8. (IV und 54 S.) Annaberg 862, (Graser.)

Israel, Aug., Anleitung zur Erfindung zweckmäßiger Choralzwischenspiele, erläutert durch viele Beispiele, namentlich durch Zwischenspiele zu 70 Chorälen des Taschenchoralbuches oder Hiller'schen Choralbuches. Ein Büchlein für Seminaristen und angehende Organisten. gr. 8. (IV, 53 S.) Hildburghausen 876, Kesselring'sche Hofbuchh.

— Beitrag zur Geschichte der elementaren Lehrmethodik im 17. Jahrh. gr. 8. (34 S.) Zschopau 878. (Raschke.)

Israel, Aug., die pädagogischen Bestrebungen Erhard Weigels [1653—1699 Professor der Mathematik zu Jena]. Ein Beitrag zur Geschichte der pädagog. Zustände im 17. Jahrh. gr. 8. (59 S.) Zschopau 881, Raschke.

Israel, Aug., zerstreute Blätter, f. seine Schüler gesammelt. Zur Feier d. 9. Apr. 1894 u. zu Gunsten der Israel-Stiftg. gr. 8. (VII, 259 S. m. 1 Holzschn. u. 2 Phototyp.) Zschopau 894. (R. Gensel.) Geb. in Leinw. n. 4. —

— Einführung in das Gesangbuch für die evang.-lutherische Landeskirche des Königr. Sachsen. gr. 8. (90 S.) Annaberg 884, Graser.

— Erfahrungen auf Alpenreisen. Vortrag, gehalten in der Museumsgesellschaft zu Annaberg am 19. Jan. 1882. 8. (24 S.) Ebendas. 882.

— Grundlinien der elementaren Lehrmethodik. gr. 8. (16 S.) Zschopau 875. Raschke. n. — 50

Israel, A., Pestalozzis Institut in Iferten, s.Q. Beiträge zur Lehrerbildung. 20. Hft.

Pestalozzis Institut in Iferten. Beiträge zu s. näh. Kenntnis aus d. nachgelass. Papieren Dr. Karl Justus Blochmanns von **A. Israel.** *Gotha: E. F. Thienemann 1900.* (118 S.) 8°
Aus: Pädagog. Blätter f. Lehrerbildung.
= Beiträge z. Lehrerbildung u. Lehrerfortbildung. H. 20.

— Ist es rathsam, dem pädagogischen Unterrichte im Seminar Herbart's System zu Grunde zu legen? Vortrag, gehalten auf dem sechsten deutschen Seminarlehrertage zu Berlin am 28. Septbr. 1881. Nebst den Verhandlungen über diesen Vortrag. gr. 8. (32 S.) Gotha 881, Thienemann.
Aus: Pädagogische Blätter, besonders abgedruckt.

Israel, Aug., M. Valentin Weigels Leben und Schriften. Nach den Quellen dargestellt. gr. 8. (II, 167 S. mit Weigels Bildnis und einer Nachbildung seiner Handschrift.) Zschopau 888, Raschke. *

Israel, Aug., Pestalozzi-Bibliographie, s.a. Monumenta Germaniae paedagogica. XXV, XXIX u. XXXI.

Pestalozzi-Bibliographie. Die Schriften u. Briefe Pestalozzis nach d. Zeitfolge, Schriften u. Aufsätze über ihn nach Inhalt u. Zeitfolge. Zsgest. u. mit Inhaltsangaben vers. von August Israel, Oberschulrat. Bd 1–3. Berlin: A. Hofmann & Co 1903–04. 3 Bde 8°
1. Die Schriften Pestalozzis. 1903. 2. Die Briefe Pestalozzis. 1904.
3. Schriften u. Aufsätze über Pestalozzi. 1904.
= Monumenta Germaniae Paedagogica. Bd 25. 29. 31. (vgl. 3087)

— s.: Sammlung selten gewordener pädagogischer Schriften des 16. u. 17. Jahrh.

— Schlüssel zum Bestimmen der in und um Annaberg und Buchholz wildwachsenden Pflanzen (Phanerogamen und Gefäßcryptogamen). 2., verb. Aufl. 8. (XVI und 127 S.) Annaberg 866, (Graser.) * * -

Israel, Aug., Schlüssel zum Bestimmen der in der Umgegend von Annaberg-Buchholz wildwachsenden Pflanzen [Phanerogamen und Gefäßkryptogamen]. In 3. vielfach erweit., und mit 200 lithogr. Abbild. ausgestatteter Aufl. Neu bearb. von Jul. Ruhsam. 8. (XVI, 190 S. mit 16 lithogr. Taf.) Annaberg 888, Rudolph und Dieterici. * 2 80

— Versuch e. Zusammenstellung der Schriften v. u. üb. Pestalozzi. gr 8. (III, 105 S.) Zschopau 894. (R. Gensel.) n. 3. —

Israel, Bernhard

Israel, B., die Geschäftsresultate der ausländischen Versicherungs-Gesellschaften in Oesterreich in den Jahren 1875–1884. [Aus: „Statist. Monatsschr."] gr. 8. (7 S.) Wien, Hölder. fl. —.30.
1886

Israel, Geschäfts-Resultate der österr.-ungar. Lebensversicherungs-Gesellschaften u. der ausländischen Lebensversicherungs-Gesellschaften in Oesterreich-Ungarn. Wien. Jährl.

Israel, B., die Geschäftsresultate der österreichisch-ungarischen Lebensversicherungs-Gesellschaften in den J. 1873–1876. Mit 9 Tab. und 3 grossen Taf. Statistisch dargestellt. gr. 8. (31 S.) Wien 878, Brüder Winter. *
— dass. — im J. 1878. Mit 4 Tab. (aus: „Neue Freie Presse"). Statistisch dargestellt. 3. Jahrg. 8. 24 S.) Wien 879, Steckler und Erben. *

Israel, B., Die Geschäfts-Resultate der österr.-ungar. Lebens-Versicherungsgesellschaften im Jahre 1881. VI. Jahrg. Statistisch dargestellt. 8. (20 S. mit 4 Plano-Tabellen) geh. 60 kr.
Wien: Steckler 1882.

Israel, B., Die Geschäfts-Resultate der österr.-ungar. Lebens-Versicherungs-Gesellschaften im J. 1883. Mit 4 Plano-Tabellen. VIII. Jahrg. Statistisch dargest. 8. (20 S.) Wien, Edmund Schmid. 60 kr. 1884

Israel, B., die Geschäftsresultate der österreichisch-ungarischen Lebensversicherungs-Gesellschaften und der ausländischen Lebensversicherungs-Gesellschaften in Oesterreich im J. 1884. 9. Jahrg. Statist. dargestellt. gr. 8. (24 S. mit 4 Plano-Tab.) Wien 885, Edm. Schmid. *
Die frühern Jahrgg. erschienen u. d. T.: Geschäftsresultate etc.

— dass. — in den J. 1885–1887. 10.–12. Jahrg. Lex.-8. (à Jahrg. 17–20 S.) Wien 886–88, Hölder. à Jahrg. *
Diese drei Jahrgg. sind aus: Statistische Monatsschrift, besonders abgedruckt, wie auch die nachstehende Schrift:

Israel, B. Die Geschäfts-Resultate der österr.-ungar. Lebensversicherungs-Gesellschaften u. der ausländ. Lebensversicherungs-Gesellschaften in Österreich-Ungarn im J. 1888. 13. Jahrg. gr. 8. (23 S.) Wien 889, Eisenstein u. Comp. * 1 20
Aus: Statist. Monatsschr., besonders abgedruckt.

Israel, B., Die Geschäfts-Resultate der österreichisch-ungarischen Lebensversicherungs-Gesellschaften und der ausländischen Lebensversicherungs-Gesellschaften in Oesterreich-Ungarn im Jahre 1889. 14. Jahrgang. 8. (23 S.) 1890 * —.60

Israel, B., die Geschäfts-Resultate der österr.-ung. Lebensversicherungs-Gesellschaften u. der ausländischen Lebensversicherungs-Gesellschaften in Österreich-Ungarn in d. J. 1890—1893. 15.—18. Jahrg. [Aus: „Der National-Oekonom".] gr. 8. (à 24 S.) Wien 891—894. J. Eisenstein & Co. à Jahrg. n. 1. 20

Israel, B., Die Geschäfts-Resultate der österr.-ungar. Lebensversicherungs-Gesellschaften und der ausländischen Lebensversicherungs-Gesellschaften in Oesterreich-Ungarn im Jahre 1890. 15. Jahrg. Gr.-8. (24 S.) —.60
1891

Israel, B., Die Geschäfts-Resultate der österr.-ungar. Lebensversicherungs-Gesellschaften u. d. ausländischen Lebensversicherungs-Gesellschaften in Oesterreich-Ungarn im J. 1891. 16. Jahrg. Gr.-8 (24 S.) 1892 —.60

Israel, B., Die Geschäfts Resultate der österr.-ungar. Lebensversicherungs-Gesellschaften u. der ausländischen Lebensversicherungs-Gesellschaften in Oesterreich-Ungarn im Jahre 1892 17. Jahrg. Gr.-8. (24 S.) 1893 —.60

Israel, B., Die Geschäfts-Resultate der österr.-ungar. Lebensversicherungs-Gesellschaften und der ausländischen Lebensversicherungs-Gesellschaften in Oesterreich-Ungarn im Jahre 1893. 18. Jahrgang. (Separat-Abdruck aus der Zeitschrift für Volkswirthschaft und Statistik: „Der National-Oekonom". Gr.-8. (24 S.) 1894 * —.60

Israel, Bernh., d. Geschäfts-Resultate d. österr.-ung. Lebensversicherungs-Gesellschaften u. d. ausländ. Lebensversicherungs-Gesellschaften in Österreich-Ungarn in d. J. 1894—1895 u. 1896. 19.—21. Jahrg. [Aus: „Der National-Oekonom".] gr. 8. (à 24 S.) Wien 895—897. J. Eisenstein & Co. à n. 1. 20

Israel, B., Die Geschäfts-Resultate der österr.-ungar. Lebens-Versicherungs-Gesellschaften und der ausländischen Lebens-Versicherungs-Gesellschaften in Oesterreich-Ungarn. Neunzehnter Jahrgang. (Separat-Abdruck aus der Zeitschrift für Volkswirthschaft und Statistik „Der National-Oekonom". Gr.-8. (24 S.)
1835

Israel, B., Die Geschäfts-Resultate der österr.-ungar. Lebens-Versicherungs-Gesellschaften und der ausländischen Lebens-Versicherungs-Gesellschaften in Oesterreich-Ungarn im Jahre 1895. 20. Jahrgang. Gr.-8. (24 S.) —.60

1896

Israel, B., Die Geschäfts-Resultate der österr.-ungar. Lebensversicherungs-Gesellschaften u. d. ausländischen Lebensversicherungs-Gesellschaften in Oesterreich-Ungarn im J. 1896. 21. Jahrg. Gr.-8. (24 S.) 1897 —.60

— dasselbe, Fortsetzg., s.: Irányi, Bernh.

—— Gutachten üb. die Tontinen-Versprechungen der „New-York" u. „Equitable", amerikan. Lebensvers.-Gesellschaften. 1.—3. Aufl. 8. (24 S.) (Ebd.) 890. * — 60; Französ. Ausg. (24 S.) * — 60

Israel, B., Die deutschen Lebens- und Unfall-Versicherungsgesellschaften. Uebersichtliche Darstellung der Geschäfts-Ergebnisse in den Jahren 1888—1892. II. Jahrg. Schmal-Gr.-8. (40 S.) —.48
Wien: Eisenstein 1893.

Israel, Bernhard, Die deutschen Lebens- und Unfall-Versicherungs-Gesellschaften. Uebersichtliche Darstellung der Geschäftsergebnisse in den Jahren 1889—1893. III. Jahrg. Gr.-8. (40 S.) * —.45

1894

Israel, Bernh., Die deutschen Lebens- und Unfall-Versicherungs-Gesellschaften. Uebersichtliche Darstellung der Geschäftsergebnisse in den Jahren 1890—94. IV. Jahrg. (40 S.) 8. In Umschlag 1895 —.45

Israel, Bernhard, Die deutschen Lebens- und Unfall-Versicherungs-Gesellschaften. Uebersichtliche Darstellung der Geschäfts-Ergebnisse in den Jahren 1891—1895. V. Jahrg. Gr.-8. (40 S.) 1896 —.45

Die deutschen Lebens- und Unfall-Versicherungs-Gesellschaften. Uebersichtliche Darstellung der Geschäfts-Ergebnisse in den Jahren 1892—1896. VI. Jahrg. Gr.-8. (40 S.) 1897 —.45

— dasselbe, Fortsetzg., s.: Irányi, Bernh.

- (Hrsg.), s. National-Ökonom, Der.

— die deutschen Privatversicherungs-Gesellschaften im J. 1895. 2. Jahrg. gr. 8. (13 S.) Wien 896. J. Eisenstein & Co. n. 1. —

— die österreichisch-ungar. Privatversicherungs-Gesellschaften im J. 1895. Tabelle. 47,5 × 31,5 cm. Ebd. 898. n. — 75

Israel, Berthold (geb. Eisleben 25. 8. 1858): Zur Kenntniss der Wismuthwirkung insonderheit auf die Magenverdauung. Berlin (1884). 31 S. 8°
Berlin, Med. Diss. v. 15. Aug. 1884

Israël, G. Chr., Kalewipoeg oder die Abenteuer des Kalewiden. Eine estnische Sage, frei nach dem Estnischen bearb. 16. (VI, 97 S.) Frankfurt a. M. 873, Heyder und Zimmer. 1 20

Israel, Carl, s. Israel, Karl

Israel, Chr.

Israel, Ch. Über die Akatastasie (ἀκαταστασία), eine moral theologische Erörterung unter dem pathologischen und kulturhistorischen Gesichtspunkte. 9 S. Progr. Rsch. *Hanau* 1884.

Israel, Chr. Rede zur Feier des 4. Säkularfestes der Geburt Dr. M. Luthers. S. 10—14. Progr. Rsch. *Hanau* 1884.

Israel, Christian

Israel, Chr., s.a. Handbuch d. evang. Dogmatik.

[J. u. Ant.] Handbuch der Evangelischen Dogmatik für Studierende der Theologie (Vf.: Chr[istian] **Israel**, ... Prof.) ... *Gütersloh: C. Bertelsmann* 1895. (XII, 245 S.) 1 Bd 8.

Israel, Christian, das lahme Schneiderlein, s.: Missionsschriften f. Kinder.

Israel, Eugen [aus Spandau]: Zwei Fälle von Hypertrophie der männlichen Brustdrüse ... Berlin, Buchdr. v. G. Schade, 1894; 29 S., 1 Bl. 8.
Berlin, Med. Fak., Inaug.-Diss. v. 5. Juni 1894

Israël, Frdr., Adam Adami u. seine Arcana pacis Westphalicae, s.a Studien, historische. 69.

Israël, Friedrich: Adam Adami und seine Arcana pacis Westphalicae. (T. 2, Abschn. 1—4.) Berlin 1909: Ebering. VI, 121—150 S. 8° (Ersch. vollst. als Histor. Studien. H. 69.)
München, Phil. Diss. v. 25. Juli 1907, Ref. v. Heigel, Grauert
[Geb. 3. Jan. 84 Kassel; Wohnort: Kassel; Staatsangeh.: Preußen; Vorbildung: Friedrichs-Gymn. Kassel Reife O. 02; Studium: Marburg 3, Berlin 1, München 1, Berlin 1, München 5 S.; Rig. 24. Juli 07.] [U 09. 3171

Adam Adami und seine Arcana pacis Westphalicae. Von Dr. Friedrich Israël. Berlin: Ebering 1909. XVI, 277 S. 8°
(Historische Studien. H. 69.)

Israel, G. A., zur Charakteristik und zum Verständnis Joh. Friedr. Herbarts. [Geb. 4. Mai 1776, gest. 14. Aug. 1841.] Lesefrüchte aus seinen Schriften. Erweit. Abdr. aus den „Pädagogischen Blättern für Lehrerbildung". gr. 8. (26 S.) Gotha 886, Thienemann. *

Israel, G. A., Einführung in das Gesangbuch f. die evangel.-lutherische Landeskirche d. Königr. Sachsen. gr. 8. (90 S.) Annaberg 884. Graser. n. 1. 25

Israel, G. A. Einführung in das Gesangbuch f. die evangel.-luther. Landeskirche d. Königr. Sachsen. 2. (Titel-)Ausg. gr. 8. (90 S.) Annaberg 891, Graser's Verlag. * 1 —

Israel, Hans, Dipl.-Ingenieur a. Berlin: Theorie der Ausflusszeiten einer Flüssigkeit. Rostock 1905. (65 S.) 8°
Rostock, Phil. Fak., Ref. Wachsmuth, Diss. v. 27. Juli 1905
[Geb. 1. März 81 Berlin; Wohnort: Berlin; Staatsangeh.: Preußen; Vorbildung: Luisengymn. Berlin Prima-Reife M. 97; Studium: Berlin 8, Rostock 2 S.; Rig. 25. Juli 05.]

Israël, Heber, die letzten Homberge. Historische Erzählg. (90 S. m. Titelbild.) 12. 8. Marburg 906. N. G. Elwert's Verl. n. — 75; geb. n. 1. 20

Israel, Jacob Meyer (Wittstock/Mark), De hypochondriaco malo monita quaedam. Präs. Bernhard Christian Otto. Frankfurt a. O. (Apitz) 5. III. 1798. 23 S. (5.—) 17040
Gew.: v. Bresemann.

Israël, James, klinische Beiträge zur Kenntniss der Aktinomykose des Menschen. gr. 8. (V, 152 S.) Berlin 885, Hirschwald. *

Israel, James, Erfahrungen üb. Nierenchirurgie. [Aus: „Archiv f. klin. Chirurgie".] gr. 8. (168 S. m. 2 Holzschn. u. 2 Taf.) Berlin 894. A. Hirschwald. n. 6. —

Israel, James (geb. Berlin 2. 2. 1848): Zwei Fälle von diffuser Nephritis. (1870). (61 S.) 8°
Berlin, Med. Diss. v. 3. Juni 1870

Israël, James, s.: Folia urologica.

Israel, James, chirurgische Klinik der Nierenkrankheiten. Lex.-8. (XI, 615 S. m. 8 Abbildgn. u. 15 lith. Taf.) Berlin 901. A. Hirschwald. n. 28. —

— s.: Verhandlungen der freien Vereinigung d. Chirurgen Berlins.

ISRAEL, JOHANNES FRIDERICUS CHRISTIANUS.
De chemicorum instrumentis mechanicis, errorum et dissensus fontibus. Vitebergæ, *n.d.* [1783]. pp. 24, 4to.

Israel b. Joseph Benjamin, Massey Jisrael itinerarium, hebraice versum opera Dav. Gordon. Accedunt notae auctorum celebratorum. gr. 8. (XVI und 184 S.) Berlin 860, Adolf und Comp. **

Israel, K.: Untersuchung über die geometrischen Eigenschaften des Schwerpunkts von Parabel-Dreiecken und Segmenten. Marburg, Diss. von 1871

Israel, Karl

Pastor (Wilhelm) Pfeiffers Berufsvormundschaft (Kinder-Rettungs-Verein in Berlin). Von Dr. jur. Carl **Israël**, Gerichtsass. Berlin: Kinder-Rettungs-Verein; [Plahn in Komm.] 1910. 95 S. 8°

Israël, Carl, geistliche Hausmusik. Gesänge älterer Meister zusammengestellt und bearb. gr. 8. (VI, 30 S.) Frankfurt a. M. 868, Heyder und Zimmer. 2 10

Israel, C., übersichtlicher Katalog der Musikalien der ständischen Landesbibliothek zu Cassel, s. a. Zeitschrift d. Vereins f. hessische Geschichte u. Landeskunde

Israël, Carl, übersichtlicher Catalog der Musikalien der ständischen Landesbibliothek zu Cassel. gr. 8. (VI, 78 S.) Cassel 881, (Freyschmidt.)

Israël, C., Frankfurter Concert-Chronik von 1713—1780, s. a. Neujahrsblatt des Vereins für Geschichte und Alterthumskunde zu Frankfurt a. M.

Israël, Carl. Frankfurter Concert-Chronik von 1713—1780. Frankfurt am Main 1876.

Israel, C.: Die musikalischen Schätze der Gymnasialbibliothek und der Peterskirche zu Frankfurt a/M. 99 S. – Frankfurt a/M., Progr. 1872.

—— die musikalischen Schätze der Gymnasialbibliothek und der Peterskirche zu Frankfurt a. M. gr. 4. (IV, 97 S.) Frankfurt a. M. 872, Völcker. 4 —

Israël, [Carl], Referendar b. Kammergericht: Die privatrechtliche Stellung des Testamentsvollstreckers, insbesondere seine Verfügungsmacht über Nachlaßgegenstände, nach dem Recht des deutschen Mittelalters, gemeinem Recht und B.G.B. Greifswald 1904: J. Abel. (114 S.) 8°
Greifswald, Jur. Fak., Ref. Jung, Diss. v. 19. Dez. 1904
[Geb. 18. Jan. 82 Herrenbreitungen, Hess.-Nass.; Wohnort: Berlin; Staatsangeh.: Preußen; Vorbildung: Wilhelm-Gymn. Berlin Reife O. (01); Studium: Berlin 5, Marburg 2 S.; Rig. 7. Nov. 04.]

Israël, *Christian* Ludwig [aus Michelsrombach. app. Arzt]: Die abnormen Mündungen des Enddarms beim weiblichen Geschlecht ... Marburg, Druck v. J. Hamel, 1891; 30 S., 1 Bl. 8.
Marburg, Med. Fak., Inaug.-Diss. v. [7. Okt.] 1891

Israel, Ludwig [aus Rogasen (Pr. Posen)]: Über die Veränderung der Tastempfindlichkeit durch Heilmittel .... Würzburg, Becker's Univ.-Buchdr., 1887; 44 S. 8°.
Würzburg, Med. Fak., Inaug. Diss. v. 1887.

Israel, Ludwig, über die Veränderung der Tastempfindlichkeit durch Heilmittel. Diss. Würzburg 1887, Stahelsche Univ.-Buchh. 8°. 44 S.

Israel, Moses, († d. 25. Dec. 1807.) Uebersicht u. Berechn. aller Münzen, s. J. F. Lange.

— s. Universallexikon d. Handlungswissenschaften.

Elemente der pathologisch-anatomischen Diagnose. Anleitg z. rationellen anatom. Analyse v. Dr. **Oskar Israel**, ao. Prof. in Berlin. M. 13 Fig. im Text. *Berlin: A. Hirschwald 1898.* (VII, 140 S.) 1 Bd 8.

Elemente der pathologisch-anatomischen Diagnose. Anleitung z. rationellen anat. Analyse von Dr. **Oskar Israel**, Prof. in Berlin. 2. Aufl. Mit 21 Fig. im Text. *Berlin: A. Hirschwald 1900.* (XII, 132 S.) 8°

Israel, O., Epithelioma folliculare cutis. [Aus: „Festschrift f. R. Virchow".] gr. 4. (25 S. m. 3 Taf.) Berlin 891. G. Reimer. n. 3. 20

Israel, Osc. (geb. Stralsund 6. 9. 1854): Ein Fall von Verdoppelung der linken Unterkieferhälfte. Berlin (1877). (29 S.) 8°
Berlin, Med. Diss. v. 28. Juli 1877

Israel, Osc., s.: Medizin, gerichtliche.

Israel, Osk. Practicum der pathologischen Histologie. Leitfaden f. Studirende u. Aerzte. Mit 133 Abbildgn. im Text u. 1 Lichtdr.-Taf. gr. 8. (XIV, 390 S.) Berl. 889, Hirschwald. * 10 -

Israel, Osk., Practicum der pathologischen Histologie. Leitfaden f. Studirende u. Ärzte. 2., verm. Aufl. gr. 8. (XX, 467 S. m. 158 Abbildgn. u. 7 Taf.) Berlin 893. A. Hirschwald. n. 15. —

— s.: Virchow's, Rud., Archiv f. patholog. Anatomie etc.

Israel, Otto, Dichtungen. (VIII, 48 S.) 8. Dresden 908. E. Pierson. n. 1. —; geb. n. 2. —

Israel, Otto: Untersuchungen über die Beschaffenheit des Röhrbeins (Metacarpus) von Lauf- und Schrittpferden. Halle a. S. 1909: John. 90 S. 8°
Jena, Phil. Diss. v. 13. Sept. 1909, Ref. v. Nathusius
[Geb. 4. Sept. 89 Linne, Hannover; Wohnort: Linne; Staatsangeb.: Preußen; Vorbildung: Ackerbausch. Quakenbrück bis M. 04; Studium: Jena 7 S.; Rig. 6. Juli 08.] [U 10. 2348

Israel, Paul, approb. Arzt aus Usch (Posen): Aus d. Kinderklinik d. Herrn Prof. H. v. Ranke. Ueber Pneumothorax im Kindesalter. *München 1901: Kastner & Lossen.* (27 S.) 8°
München, Med. Diss. v. 1901

Israel, S., eine Forschungsreise nördlich des Congo am Kwilu-Niadi im Auftrage Stanley's. gr. 8. (48 S.) Berlin 885, Dümmler's Verlag. *

Israel, S., Volksbanken als „Eingetragene Genossenschaften". gr. 8. (30 S.) Hamburg 872, O. Meißner. — 60

— Theodor, De praestantia remediorum domesticorum. Diss. med. Präs. Friedrich Hoffmann. Halle (Christian Henckel) 25. IV. 1718. 48 Seiten. (6.80) 17041
Gew.: Friedrich Wilhelm Schard, Joh. Huldreich Heyden. — Widm. v.: Präs., Johann Heinrich Schulze.

Israel, W., Abschiedspredigt, geh. am Sonntag Quasimodogeniti 1892 in der Brüder-Kirche zu Kassel. gr. 8. (8 S.) Kassel 892. E. Röttger. n.n. — 25

[F.] Können wir sündlos sein? Predigt üb. 1. Joh. 3, v. 1—12 ... geh. v. Pastor [W.] Israel. *Berlin: Dr. d. Vaterl. Verl.-Anst. 1897.* (8 S.) 1 Bd 8. (98. 389)

— Reinigung u. Heiligung der Christen. Festpredigt, geh. üb. 1. Mose 35, 1—5 am 43. Jahresfest der Evangel. Gesellschaft f. Deutschland in Elberfeld am 4. Aug. 1891. gr. 8. (12 S.) Elberfeld 891. Buchh. d. Evang. Gesellschaft. — 15

Israel, W., seid einig! Festpredigt üb. Philipper 1, 27 bis 2, 4, geh. bei d. II. deutschen evangel. Allianz-Versammlg. zu Kassel am 16. Oktbr. 1895. 12. (13 S.) Kassel 895. E. Röttger. n. — 20

— unsere Zukunft im Lichte des Wortes Gottes. 1. u. 2. Aufl. 8. (62 S.) Kassel 893. 894. E. Röttger. Kart. n. — 80

Israel, Wilhelm J(ames), appr. Arzt a. Berlin: Über die diagnostische Bedeutung der bakteriologischen Knochenmarkuntersuchung der Leiche. Berlin (1908): G. Schade. (64 S.) 8°
Berlin, Med. Fak., Ref. Orth, Diss. v. 18. Jan. 1908
[Geb. 4. Dez. 81 Berlin; Wohnort: Berlin; Staatsangeh.: Preußen; Vorbildung: Wilhelms-Gymn. Berlin Reife O. 00; Studium: Freiburg i. B. 1, Berlin 3, München 2, Straßburg 4 S.; Coll. 18. Jan. 08; Approb. 21. Dez. 06.]

Der erhöhte Christus im Himmel und Seine Gemeinde auf Erden. In 4 Abschn. von PP. [Wilhelm] **Israel**, Dr. [Johannes] Lepsius, [Ernst] Lohmann, Barchet. Mit Vorw. von Graf A[ndreas] v. Bernstorff. Hagen i. W.: 'Immanuel' 1898. (64 S.) 8° [F.] (97. 1401)

Israel, Lepsius, Lohmann, Barchet, der erhöhte Christus im Himmel u. seine Gemeinde auf Erden. In 4 Abschnitten. Mit Vorwort von Graf A. v. Bernstorff. gr. 8. (61 S.) Hagen 898. O. Rippel. n. — 60

Ⓑ Israel, Lepsius, Lohmann, Barchet, d. erhöhte Christus im Himmel. 898. Jetzt: Neukirchen, Buchh. d. Erziehungs-Vereins.

Israël, Wilh., Kirche, Gemeinschaftswesen, Frömmigkeit. Vortrag, geh. am 28. I. 1907 im 56. Zyklus der wissenschaftl. Vorträge des evangel. Vereins f. kirchl. Zwecke. (20 S.) 8. Berlin 907. Schriftenvertriebsanstalt. — 30

Israel, Wilhelm, aus Hersfeld: König **Robert** von Neapel und Kaiser Heinrich VII. Kap. 2: Heinrich VII. und Robert; die Ereignisse bis zur Krönung Heinrichs in Rom. *Hersfeld (1903): E. Hoehl.* (50 S.) 8° ¶ (Soll vollst. erscheinen.)
Berlin, Phil. Diss. v. 20. Juni 1903

Israel-Holtzwart, Karl, einige Abänderungen der Delambre'schen Methode zur Bestimmung der Sonnenparallaxe. gr. 8. (12 S. mit 1 eingedr. Fig.) Halle 883, Schmidt's Verlagsh.

Israel-Holzwart, K., Abhandlungen aus der mathematischen Astronomie. gr. 8. (VI, 130 S.) Halle a/S. 890. Schmidt's Verl. n 2.40

— Abriß der mathematischen Geographie für höhere Lehranstalten. Nach des Verf. Elementen der sphär. Astronomie. Mit 1 (lithogr.) Taf. der astronom. Dreiecke und Koordinaten. gr. 8. (VII, 39 S.) Wiesbaden 882, Bergmann. cart. *

— astronomische Anwendungen eines Satzes der sphär. Trigonometrie. gr. 8. (7 S. mit 5 eingedr. Holzschn.) Halle 882, Schmidt's Verlagsh. *

— zur analytischen Behandlung scheinbarer Finsternisse. Bedingungsgleichung für die Parallaxe des Mondes und der nähern Planeten. gr. 8. (17 S.) Ebendas. 881. *

— Beiträge zur Anwendung unendlicher Reihen im Gebiete der Bahnberechnung der Planeten und Kometen. gr. 8. (VII, 82 S.) Wiesbaden 888, Bergmann. *

— über gleichzeit. Bestimmung der Sternzeit u. der Schiefe d. Ekliptik. gr. 8. (7 S. mit 2 eingedr. Holzschn.) Ebendas. 882. *
aus: Wochenschrift für Astronomie, Meteorologie und Geographie, besonders abgedruckt.

— gleichzeitige Bestimmung der Sternzeit, Ekliptikschiefe und geographischen Breite. — Die Horizontalparallaxe des Mondes aus Beobachtungen ausserhalb des Meridians. gr. 8. (4 S.) Ebendas. 882.

— elementare Darstellung der Gauss'schen Methode zur Bestimmung elliptischer Bahnelemente aus geocentrischen Beobachtungen. gr. 8. (13 S.) Ebendas. 882. *

— neue Darstellung der Hauptgleichung zur Berechnung der Länge zur See aus scheinbaren Monddistanzen. gr. 8. (12 S. mit 3 eingedr. Fig.) Ebendas. 881.
Vorstehende zwei Schriften sind aus: Wochenschrift für Astronomie, Meteorologie und Geographie, besonders abgedruckt.

— Elemente der Astromechanik, für Studierende bearb. [Die Störungen der fortschreitenden und rotierenden Bewegung der Himmelskörper. — Theorie der Schwere auf der Oberfläche rotierender Sphäroide.] gr. 8. (VII, 222 S.) Ebendas. 886. *

— Elemente der sphärischen Astronomie, für Studirende bearb. Mit 1 (lithogr.) Taf. der astronom. Dreiecke und Koordinaten. gr. 8. (VI, 88 S. mit eingedr. Holzschn.) Wiesbaden 882, Bergmann.

Israel-Holtzwarth, K. Elemente der theoretischen Astronomie. Wiesbaden 1882–87. 5 Thle. Mit Suppl.

— Elemente der theoretischen Astronomie, für Studierende bearb. 2 Abthlgn. und Suppl. gr. 8. Ebendas. *
Inhalt:
Abthl. 1. Theorie der elliptischen Bewegung und der Bahnbestimmung. (VIII, 181 S. mit 1 Tab.) 885. * M 6.40.
" 2. Berechnung der Finsternisse. — Meteorbahnen. — Stellarastronomie. (VIII, 168 S. mit 39 eingedr. Fig.) 885. * M 5.60.
Suppl. Insbesondere: Analytische Theorie der Anziehung der Sphäroide von konstanter und veränderlicher Dichtigkeit. (VIII, 96 S.) 887. * M 1.60.

— Elemente der theoretischen Astronomie f. Studierende bearb. Neue (Titel-)Ausg. gr. 8. (XLII, 713 S.) Wiesb. 889, Bergmann. * 16 —

Israel-Holtzwart, Karl [Prof. Dr.]: Grundlagen und Methoden des tabellarischen Rechnens. Frankfurt a. M., Druck v. Enz & Rudolph, 1895; III—IV, 1—57 S. 4.
Frankfurt a. M., st. G, OP 1895 (394)

— Methode zur Bestimmung von Declination, Zenithdistanz, geographischer Breite und Meridian aus drei gegebenen Azimuth- und Zeitintervallen. gr. 4. (4 S. mit 1 eingedr. Holzschn.) Halle 881, Schmidt's Verlagsh. *

— Nachträge zu dem Abrisse der mathematischen Geographie und den Elementen der Astronomie. gr. 8. (VII, 51 S. mit 9 typogr. Taf.) Ebendas. 885. *
Abriß der mathematischen Geographie. Ebendas. 1882. * M 2.70. — Elemente der sphärischen Astronomie. Ebendas. 1882. * M 4.80.

— Reduction einer beobachteten Monddistanz auf den Mittelpunkt der Erde und Parallaxe und Transformation der astronomischen Coordinaten. gr. 8. (16 S.) Ebendas. 881. *

Israel-Holtzwart, Karl [Oberl. Dr.]: Das System der attischen Zeitrechnung auf neuer Grundlage. Frankfurt a. M., Druck v. Mahlau & Waldschmidt, 1892; 1 Bl., 34 S. 4.
Frankfurt a. M., Muster-S '(RG)', OP 1892 (404)

— neue Wege zur Berechnung von Planetenbahnen aus drei Beobachtungen. gr. 8. (16 S.) Ebendas. 884.

d'Israeli, s. Disraeli.

D'Israeli, s. Geist des Judenthums.

Israeli, d', Henriette Temple. Eine Liebesgesch. Dem Engl. nacherzählt v. Geo. Nicol. Bärmann. 3 Thle. gr. 12. (29½ B.) Berlin 837, Alex. Duncker.

Israeli, B. d', Alroy. Roman. Deutsch von Clara Mai. 8. (VIII und 280 S.) Frankfurt a/O. 851(52,) Koscky und Comp.

—— Conningsby,
—— Contarini Flemming, } s. Bibliothek, europäische.
—— Sybil,

Israeli, B. d', neueste Werke. 3. u. 4. Bd. Sibylle od. die gedoppelte Nation. Ein Roman. Aus d. Engl. v. B. F. L. Petri. 3. u. 4. Bd. 8. (19½ B.) Leipzig 846, Brauns. à *
1. u. 2. Bd. Ebendas. 1846. * 20 Ngr. (Vgl. Disraeli.)

Israeli, J. d'

d'Israeli, der Liebende; aus d. Engl. 12. Leipz. 804. Wolff. (Schmidt). 1 ℳ

ISRAELI, J. d', Die Liebenden, ein arkadischer Roman, aus d. Engl. des —. Leipzig 1802. 12°.
Günther's Verz. etc. Dresd. 1834. No. 217.

— — Meinum (?) und Leila oder der Arabische Petrarch und Laura. Leipzig 1802. 8°. (75 Pfg. Erras, Frankf. a. M., c. 1882.)

Israeli, Isaak ben Salomon, ספר היסודות. Das Buch über die Elemente. Ein Beitrag zur jüd. Religionsphilosophie des Mittelalters, nach dem aus dem Arab. ins Hebräische übers. Texte von Abraham b. Samuel Halevi Ibn Chasdai aus einer Handschrift der Universitäts-Bibliothek zu Leyden mit Vergleichung einer andern der kgl. Hof- und Staatsbibliothek in München u. a. m. zum ersten Male hrsg., ins Deutsche übers. und mit Anmerkungen, sowie mit einer biograph. Einleitung versehen von Salomon Fried. I. Einleitender Thl. gr. 8. (84 S.) Leipzig 881. (Bernburg, Held.)

Israeli, Isaak b. Salomon, das Buch üb. die Elemente. Ein Beitrag zur jüd. Religionsphilosophie des Mittelalters, nach dem aus dem Arab. ins Hebr. übers. Texte v. Abraham b. Samuel Halevi Ibn Chasdai aus e. Handschrift der Universitäts-Bibliothek zu Leyden m. Vergleichg. e. andern der kgl. Hof- u. Staatsbibliothek zu München u. a. m. zum ersten Male hrsg., m. Anmerkgn., sowie m. e. biograph. Einleitg. versehen v. Salomon Fried. Subventionirt v. der Zunz-Stiftg. zu Berlin. gr. 8. (IV, 83 u. 83 S.) Drohobycz 900. (Frankfurt a/M.. J. Kauffmann.) n. 3.—

Israeli, Isaac, Liber Jesod Olam seu fundamentum mundi, opus astronomicum celeberrimum. Ex codice mss. denuo edd., textum emendarunt, notas adjecerunt, nec non versionem epitomariam vernaculam addendam curaverunt B. Goldberg et L. Rosenkranz. II Sectiones. 4. (LVIII und 262 S. mit eingedr. Holzschn. und 4 Stnt.) Berolini 846,48, (Adolf et soc.) Thlr. **

Israeli's, Isak, Propädeutik für Aerzte. Vorbemerkung von A. Berliner. Uebersetzt von Dav. Kaufmann. gr. 8. (22 S. deutscher und 6 S. hebr. Text.) Berlin 885, Mampe. *
Aus: Magazin für die Wissenschaft des Judenthums, besonders abgedruckt.

Israelit, der. Ein Centralorgan für das orthodoxe Judenthum. Hrsg. von Lehmann. 1. Jahrg. 5620. (1860.) Juni bis Decbr. 80 Nrn. (à ca. 1½ Bog.) gr. 4. Mainz, Le Roux'sche Hofbuchh. *

—— dass. — 2. Jahrg. 5621. (1861.) 52 Nrn. (à ca. 1½ Bog.) gr. 4. Ebendas. *

Israelit, der. Ein Centralorgan für das orthodoxe Judenthum. Hrsg. von Lehmann. 3.—6. Jahrg. 5622—25. (1862—65.) à Jahrg. 52 Nrn. (à ca. 1½ Bog.) gr. 4. Mainz, Le Roux'sche Hofbuchh. à Jahrg. *

—— dass. — 7. und 8. Jahrg. 5626 und 5627. (1866 und 1867.) à Jahrg. 52 Nrn. (à 2 Bog.) gr. 4. Ebendas. à Jahrg. *

Israelit, der. Ein Central-Organ für das orthodoxe Judenthum. Hrsg. von Lehmann. 9.—15. Jahrg. 5628—5634. [1868—1874.] à Jahrg. 52 Nrn. (à 2 Bog.) gr. 4. Mainz, Le Roux'sche Hofbuchh. à Jahrg. * 9 —

Israelit, der. Ein Central-Organ des orthodoxen Judenthums. Hrsg. von Lehmann. 16.—20. Jahrg. 1875—1879. à Jahrg. 52 Nrn. (à 2—3 Bog.) gr. 4. Mainz, Le Roux'sche Hofbuchh. à Jahrg. *

Israelit, der. Ein Central-Organ für das orthodoxe Judenthum. Hrsgbr. und Redact.: Lehmann. 21.—29. Jahrg. 1880—1888. à Jahrg. 101 Nrn. (à Nr. 2—4 Bog.) gr. 4. Mainz, Wirth'sche Hofbuchdr. à Jahrg. *
Erscheint von 1889 ab mit „Jeschurun" vereinigt u. d. T.: „Israelit und Jeschurun".

Israelit, der. Ein Central-Organ f. das orthodoxe Judenthum. Begründet v. Lehmann. Red.: Osc. Lehmann. 33.—35. Jahrg. 1892—1894. à 104 Nrn. (à ca. 8 Bog.) gr. 4. Ebd. à Jahrg. n. 12.—

Israelit, der. E. Central-Organ f. d. orthodoxe Judenthum. Begründ. v. Lehmann. Red.: Osc. Lehmann. 36.—39. Jahrg. 1895—1898. à 104 Nrn. (à ca. 2 Bog.) gr. 4. Mainz, J. Wirth'sche Hofbuchdr. à Jahrg. n. 12.—

Israelit, der. Ein Central-Organ f. das orthodoxe Judenthum. Begründet v. Lehmann. Red.: Osc. Lehmann. 40.—43. Jahrg. 1899—1902. à 104 Nrn. gr. 4. (à ca. 24 S.) Mainz, J. Wirth'sche Hofbuchdr. à Jahrg. n. 12.—

Israelit, der. Ein Central-Organ f. das orthodoxe Judenthum. Begründet v. Lehmann. Red.: Osc. Lehmann. 44.—46. Jahrg. 1903—1905. à 104 Nrn. (à ca. 32 S.) Lex.-8. Mainz [J. Wirth'sche Hofbuchdr.] Frankfurt a/M., Verlag d. Israelit. à Jhrg. n. 12.—

— dasselbe. Red.: Jul. Lorsch, Loewenstein, Ehrmann, Wolf. 47. Jahrg. 1906. 52 Nrn. (864 S. m. 64 Abbildgn.) gr. 8. Frankfurt a/M. (J. Rosenheim). n. 6.—

Israelit, der. Ein Centralorgan f. das orthodoxe Judentum. Begründ. v. Lehmann. Red.: S. Schachnowitz, Ehrmann, Wolf. 48.—51. Jahrg. 1907—1910. à 52 Nrn. (à ca. 16 S. m. Abbild.) 37,5×28 cm. Frankfurt a/M., Verlag d. Israelit. à Jahrg. 6.—; auf Kunstdr.-Pap. 12.—

Israelit, der, des 19. Jahrhunderts. Ein Monatsblatt für die Kenntniß des israelitischen Lebens, besonders in religiös-kirchl. Beziehung. Herausg. von M. Heß. 1r Jahrg. 1840. gr. 4. Meiningen 840. (Kesselring.) 1½ ℳ

Israelit, der, d. 19. Jahrh. Ein Wochenbl. f. d. Kenntniß d. israelit. Lebens, besond. in religiös-kirchl. Bezieh. Hrsg. v. M. Heß. 1—3. Jahrg. 1840—42. à 52 Nrn. (½ Bog.) 4. (Meiningen u.) Hersfeld, Schuster. à J. *

Israelit, der, des 19. Jahrhund. Eine Wochenschrift für d. Kenntniß des israelit. Lebens, besonders in religiös-kirchl. Beziehung. Hrsg. v. M. Heß. 4. Jahrg. 1843. 52 Nrn. (½ B.) 4. Hersfeld, Schuster. *

—— dass. Hrsg. von Demf. 5—8. Jahrg. 1844—47. à 52 Nrn. (Bog.) 4. (5. J. Hersfeld, Schuster. 6—8. J. Frankfurt a. M., Hermann'sche Buchh.) à J. * 3 Thlr. *

Mit dem 7. Jahrgc. wurde ein Literaturblatt * 2 Thlr. ausgegeben.
1–3. Jahrg. 1840–42. Hersfeld, Schuster. à J. * 1 Thlr. 20 Ngr.

Israelit, der, des 19. Jahrhunderts. Wochenschrift für die Kenntniß und Reform des israelit. Lebens. Unter der Mitredaction von S. Holdheim, hrsg. von M. Heß. 9. Jahrg. 1848. 52 Nrn. (Bog.) gr. 4. Frankfurt a. M., Hermann'sche Buchh. *

Vgl. 10. Bd. 1. Abthl. S. 416.

— u. Jeschurun. Zeitschrift zur Förderg. jüd. Geistes u. jüd. Lebens in Haus, Gemeinde u. Schule. Central-Organ f. das orthodoxe Judenthum. Hrsg. v. Lehmann. 30. u. 31. Jahrg. 1889. 1890. à 104 Nrn. (2 B.) gr. 4. Ebd. à Jahrg. n. 12.—

Israelit u. Jeschurun. Zeitschrift zur Förderg. jüd. Geistes u. jüd. Lebens in Haus, Gemeinde u. Schule. Central-Organ f. das orthodoxe Judenthum. Begründet v. Lehmann. 32. Jahrg. 1891. 104 Nrn. (à ca. 3 Bog.) gr. 4. Mainz, Wirth'sche Hofbuchdr. n. 12.—

Fortges. u. d. T.: Der Israelit.

Israeliten, die ausgezeichneten, aller Jahrhunderte, ihre Portraits u. Biographien, hrsg. v. Eugen Breza. 1. Reihe 1. Lfg. — Illustrations Israélites. Recueil des portraits des Juifs les célèbres de tous les siècles, accomp. de leur biographie. 1. Série. 1. Livr. Roy.-Fol. (4 Portr. Kpfrst., auf Chines. Pap., u. 8 B. deutscher u. franz. Text.) Paris 834. (Berlin, Gropius.)

Vgl. Gallerie d. ausgezeichn. Israeliten etc.

Israeliten, die, als „Träger der Kultur". Streiflichter auf unsern modernen Bücherhandel u. Skizzen etwelcher Jünger desselben. Offener Brief an den Journalisten Isidor Feilchenfeld v. Sally Simon Tilles (Paul Heichen). 8. (29 S.) Berlin 892. [P. Heichen.] Frankfurt a/O., Th. Heinrich. n. — 30

Israeliten, Die, in der Wüste. Oratorium. Danzig 1776. V: *Schiebeler, Daniel.* (Bresl 31, S. 170)

Israeliten, die, in d. Wüste. Ein Oratorium. gr. 8. Salzb.... Duyle. 1 K

Israelowitz, Selig, aus Mitau (Russland): Zur Behandlung der Beckenendlagen im Frauenspital Basel. Basel 1906. 29 + 1 S. 8°.

Basel. Med. Diss. 1906/1907.

Israelowitz, Selig. Zur Behandlung der Beckenendlagen im Frauenspital Basel. Diss. Med. Basel. 30 S. 8. Basel, Friedrich Reinhardt, 1906.

Israel's Erbauungsstunden, herausgeg. von Dr. Auerbach in Berlin, Dr. Auerbach in Frankfurt a. M., Pred. Dr. Frankfurter in Hamburg, Rabbiner Dr. Geiger in Breslau, Oberrab. Dr. Hirsch in Luxemburg ꝛc. im Verein mit andern Gelehrten. Ein Buch der häusl. Andacht für die Bekenner des Judenthums. 1. Bd. 1. Liefg. gr. 8. Berlin 846, Stern u. Comp. 1/4 ℳ

Israëls, Josef, u. seine Kunst. Mit Text nach Jan Veth. (60 Taf. m. VII, 28 S. Text.) Imp.-Fol. Amsterdam (906). Leipzig, K. W. Hiersemann. In Leinw.-Mappe n.n. 600.—; in Ldr.-Mappe n.n. 700.—

Israels Ziel. Licht aus der Vergangenheit. gr. 8. (24 S.) Hamburg 859, [Nolte.] *

Israëls, A. H., Tentamen historico-medicum, exhibens collectanea gynaecologica, quae ex Talmude Babylonico depromsit. Smaj. (13 B.) Groningae 845. (Leerae, Prätorius et Seyde.)*

Israels, Jos., Rembrandt, s. a. Meisterbilder in Farben.

Rembrandt. Eine Studie von Jozef **Israëls**. Mit Abb. Autor. Uebers. von Else Otten. Berlin: Concordia [1906]. (26 S.) 8° [F.] [07. 11993]

Israels, Josef: Rembrandt. Von Josef Israels. Übers. von L. Blumenreich, ill. durch 8 Reprod. Berlin: Harmonie [1909] 77 S. 8°
(Meisterbilder in Farben.)

Spanien. Eine Reise-Erzählung von Jozef **Israëls**. Mit Nachbild. von Handzeichn. d. Verf. *Berlin: B. & P. Cassirer 1900.* (210 S.) 4°(8°) [00. 1652]

Spanien. Eine Reise-Erzählung von Jozef **Israëls**. 2. Aufl. Berlin: B. Cassirer 1906. 210 S. 4°(8°) [11. 14:61 6]

Teo Fürst Bismarck sin Geburtsdag. 1880–1895. Festgawe teo de erste April 1895 van Louis Victor **Israels** in Weener. Oldenburg (1895): G. Stalling. (27 S.) 8° [F.] [07. 6613 9]

Israëls, Louis Vict. „Wat de Kiewit sprook". Döntjes un Rimels in ostfrys' Plattdütsch. 16. (V, 84 S.) Oldenb. 889, Stalling's Verlag. * — 75; geb. * 1 75

Israelsohn, I., Samuelis ben Chofni trium sectionum posteriorum libri Genesis versio arabica cum commentario. E ms. cod. biblioth. public. imperial. Petropolit. nunc primum edit. 1. 1. gr. 8. (XII, 186 S.) St. Petersburg 886, Zinserling. *

Israelssohn, Jeannot, aus Mitau (Kurland in Russland): Ueber Herzhypertrophie bei Arteriosklerose und Schrumpfniere nebst Bemerkungen über die sog. enge Aorta. Basel 1908. 26 S. 8°.

Basel. Med. Diss. 1907/08.

Israelsohn, Jeannot. Ueber Herzhypertrophie bei Arteriosklerose und Schrumpfniere, nebst Bemerkungen über die sog. enge Aorta. Diss. Med. Basel. 26 S. 8. Basel, Friedrich Reinhardt, 1908.

Israelsohn, Isidor, über Radicaloperation der Hernien unter antiseptischer Behandlung. Inaugural-Dissertation. gr. 8. (87 S.) Dorpat 880, (Karow.)

Israelson, Ludw., die „materia medica" des Klaudios Galenos. Diss. gr. 8. (207 S.) Jurjew (Dorpat) 894. (E. J. Karow.) n. 4.—

Israilitin, Chaja, aus Petersburg (Russland): Aus dem hygienischen Institut der Universität Zürich. Ueber die Häufigkeit der Darmparasiten in Zürich in den letzten Jahrzehnten. Zürich 1907. 29 S. 8°. [11. II. 07.]

Zürich. Med. Diss. 1906/1907.

Israilitin, Chaja. Ueber die Häufigkeit der Darmparasiten in Zürich in den letzten Jahrzehnten. Diss. Med. Univ. Zürich. *Kopftitel:* Aus dem hygienischen Institut der Universität Zürich. 29 S. 8. Zürich, J. J. Meier, 1907.

Issachanian, Tigran, aus Hadruth (Transkaukasien): Über die Hinterscheitelbeineinstellung. *Berlin (1903): G. Schade.* (52 S.) 8°
Berlin, Med. Diss. v. 17. Juli 1903

Issakówitsch, Alexander: Aus dem Zoologischen Institut München Geschlechtsbestimmende Ursachen bei den Daphniden. Mit [illegible] Taf. Bonn: F. Cohen 1906. (22 S.) 8° [Umschlagt.] (Aus: Archiv f. mikroskop. Anatomie u. Entwicklungsgeschichte Bd 69. 1906.)

München, Phil. Fak., Ref. Hertwig, Diss. v. 13. März 1906

[Geb. 16./4. Aug. 83 Odessa, Rußland; Wohnort: Odessa; Staatsangeh.: Rußland; Vorbildung: 4. Gymn. Odessa Reife Juni 01; Studium: St. Petersburg 1, München 8 S.; Rig. 13. März 06.]

Issakowitsch, Predrag, a. Zajetschar ⟨Serbien⟩: Der heutige Stand der Frage über die Verwandtschaft zwischen Rinder- und Menschentuberkulose. Berlin (1905): E. Ebering (34 S.) 8°

Berlin, Med. Fak., Ref. v. Leyden, Diss. v. 15. Apr. 1905

[Geb. 24. Dez 77 Zajetschar, Serbien; Heimatsort: Zajetschar; Staatsangeh.: Serbien; Vorbildung: Gymn. Kruschewatz, Serbien Reife Juni 96; Studium: Berlin 11 S.; Rig. 21. Juni 04.]

Issberner, Reinoldus [Pommeranus]: Inter Scylacem Caryandensem et Herodotum quae sit ratio .... Berolini, typ. expr. W. Pormetter, 1888; 42 S. + 1 Bl 8°

Berlin, Phil. Fak., Inaug.-Diss. v. 10. Jul. 1888

Issberner. Reinhold (Hrsg.), s. Merkbüchlein, Feinsinniges.

Ißbrenner, A., Fibel u. erstes Lesebuch. 8. (125 S.) Cammin 845, Behrendt & Co. n. [illegible]

Issel, s.a. Volkstrachten aus dem Schwarzwald.

Volkstrachten aus dem Schwarzwald. 25 Originalaquarelle nach d. Natur gezeichnet von Kunstmaler Issel. Mit e. Vorw. von Dr. [Heinr.] Hansjakob. Hrsg. von Johannes Elchlepp. *Freiburg i. B.: J. Elchlepp [1900].* (4 Bl., 25 Taf.) [illegible] [00. 8753

Issel, Edmund, a. Eichstetten: Messende Versuche über binokulare Entfernungswahrnehmung. Emmendingen: Druck- u. Verlags-Ges. vorm. Dölter 1907. (29 S.) 8°

Freiburg i. B., Med. Fak., Ref. v. Kries, Diss. v. 1907

[Geb. 20. Febr. 83 Eichstetten; Wohnort: Weinheim; Staatsangeh.: Baden; Vorbildung: Gymn. Freiburg i. B. Reife Juli 01; Studium: Heidelberg 1, Freiburg i. B. [illegible]]

Issel, Ernst, der Begriff der Heiligkeit im neuen Testament. Eine von der Haager Gesellschaft zur Vertheidigung der christl. Religion gekrönte Preisschrift. gr. 8. (VIII, 159 S.) Leiden 887, Brill

Issel, Ernst, die Lehre vom Reiche Gottes im Neuen Testament. Eine v. der Haager Gesellschaft zur Verteidigg. der christl. Religion gekrönte Preisschrift. gr. 8. (191 S.) Leiden 891. E. J. Brill. n.n. 3. 60

Die Reformation in Konstanz; hauptsächl. nach hs. Quellen dargest. v. Ernst Issel. *Freiburg i. B., Leipzig & Tübingen: J. C. B. Mohr 1898.* (VIII, 207 S.) 1 Bd 8. [97. 6640

Issel, Hans, d. innere Ausbau, s.a. Handbuch, das, d. Bautechnikers.

Issel H, d. innere Ausbau [illegible] (Handb. d. Bautechn. [illegible]) Leipzig 1899

Issel, Hans, die Bauformenlehre, s.: Opderbecke, Adf.

Issel, Hans, die Baugeschäftsführung u. Bauführung, s.: Dieckmann, F. W.

— Die landwirtschaftliche Baukunde, s.a. Handbuch, das, des Bautechnikers.

Issel H. die landw. Baukunde. (354 S) (Issel, Handb. d. Bautechn. 7) Leipzig 1901

Issel, Hans, d. Baumeister auf d. Lande u. in kleinen Städten, s. a.: Issel, H. u. C. G. Finter.

— u. C. G. **Finter,** der Baumeister auf dem Lande u. in kleinen Städten. Eine reichhalt. Auswahl v. Ausführgn. ländl. Wohn-, Betriebs-, Erholungs- u. Industrie-Gebäude aus neuester Zeit in Ansichten, Grundrissen, Querschnitten u. Teilzeichngn. 1.—24. Hft. = I.—IV. Sammlg. gr. 4. Leipzig, K. Scholtze. à Sammlg. n. 9. —

1.—6. Hft. = I. Sammlg. Ländl. Wohn- u. Wirtschafts-Gebäude. 6 Hfte. (36 autolith. Taf. m. 12 S. Text.) 893.
7.—12. Hft. = II. Sammlg. Stallgebäude. 6 Hfte. (36 autolith. Taf. m. 6 S. Text.) 894.
13.—18. Hft. = III. Sammlg. Gärtner-Wohnungen u. Parkwächterhäuser, Gewächshäuser, Winzer-Häuser, Jagd-Schlösschen, Förster- u. Forstwärter-Häuser. 6 Hfte. (36 autolith. Taf.) 894.
III. Sammlg. noch nicht vollständig erschienen.
19.—24. Hft. = IV. Sammlg. Kirchen, Synagogen, Kapellen u. Pfarrhäuser. 6 Hfte. (36 autolith. Taf. m. 6 S. Text.) 894.

— u. C. G. **Finter,** d. Baumeister auf d. Lande u. in kleinen Städten. Eine reichhalt. Auswahl v. Ausführgn. ländl. Wohn-, Betriebs-, Erholungs- u. Industrie-Gebäude aus neuester Zeit in Ansichten, Grundrissen, Querschnitten u. Teilzeichnungen. IV. u. V. Sammlg. gr. 4. Leipzig, K. Scholtze. à n. 9. —

IV. Kirchen, Synagogen, Kapellen u. Pfarrhäuser. Bearb. v. F. (36 autolith. Taf. u. 6 S. Text.) 895.
V. Amtshäuser (mit u. ohne Gefängnis), Armenhäuser, Krankenhäuser, Heil- u. Pflegeanstalten, Leichenhäuser, Spritzenhäuser, Schmieden u. Stellmachereien. (36 autogr. Taf. m. 8 S. Text.) 896.

— d. Baumeister auf d. Lande u. in kleinen Städten. Eine reichhalt. Auswahl v. Ausführgn. ländl. Wohn-, Betriebs- u. Industrie-Gebäude aus neuerer Zeit in Ansichten, Grundrissen u. Querschnitten u. Teilzeichngn. IX. Sammlg. gr. 4. Leipzig 896. K. Scholtze n. 9 —

Gartenbaulichkeiten als: Gartenhäuser, Verauden, Pavillons, Lauben u. Laubengänge, Gitter, Volièren (Vogelhäuser), Schaukeln, Kegelbahnen, Badehäuschen, Terrassen, Brücken, Springbrunnen. (36 Taf. m. 4 S. Text.)

— u. C. G. **Finter,** der Baumeister auf dem Lande u. in kleinen Städten. Eine reichhalt. Auswahl v. Ausführgn. ländl. Wohn-, Betriebs-, Erholungs- u. Industrie-Gebäude aus neuester Zeit in Ansichten, Grundrissen, Querschnitten u. Teilzeichngn. I. Sammlung gr. 4. Leipzig (902). K. Scholtze. n. 6. —

Ländliche Wohn- u. Wirtschaftsgebäude. Neubearb. v. Hans Issel. (Neue Aufl.) (36 lith. Taf. m. 12 S. Text.)

— der Baumeister auf dem Lande u. in kleinen Städten. II. u. IV. Sammlg. gr. 4. Leipzig, C. Scholtze. à n. 6. —

II. Stallgebäude. Eine reichhalt. Auswahl ländl. Stallbauten aus neuester Zeit in Ansichten, Grundrissen, Querschnitten u. Teilzeichngn. Neue umgearb. Aufl. (32 Taf. m. 8 S. Text.) (903.)
IV. Landkirchen (evangelische u. katholische) u. Kapellen. Eine reichhalt. Auswahl ländl. Kirchen aus neuester Zeit in Ansichten, Grundrissen, Querschnitten u. Teilzeichngn. Neue umgearb. Aufl. (32 Taf. m. 7 S. Text.) (905.)

— die Baustillehre, s.a. Handbuch, das, des Bautechnikers, XII.

Issel H, Baustillehre. (332 S 17 S) (Issel, Handb. d. Bautechnikers 12) Leipzig 1904

— das Entwerfen der Fassaden, s.: Handbuch, das, des Bautechnikers. XVII.

Issel, Hans, und J. Krusewitz, der Fassadenbau des klassischen Altertums. Eine übersichtl. Darstellung der Bauformen der griech. und röm. Architektur, nebst einem Anhang: Verhältnislehre der klass. Baukunst. Fassaden-Entwickelungen, Grundrisse, Schnitte, Säulenordnungen und ornamentale Details mit Massstäben und einem illustr. Texte. 10 Hefte. Fol. (à Heft 4 Stnt.) Leipzig 883,81, Scholtze. Subscr.-Pr. à Heft *M 1,20.; compl. in Mappe *

— — der Fassadenbau der deutschen Renaissance. Eine Sammlung der schönsten Motive des Fachwerks- und Steinbaues im 16. Jahrh. und in unserer Zeit. Fassaden-Entwickelungen, Schnitte, Thüren und Portale, Giebel und ornamentale Bauteile mit Massstäben und einem illustr. Texte. 10 Hefte. Fol. (à Heft 4 Stnt.) Leipzig 883,84, Scholtze. Subscr.-Pr. à Heft *ℳ 1,20.; compl. in Mappe *

Issel, Hans, und J. Krusewitz, der Fassadenbau der französ. Renaissance. Eine übersichtl. Darstellung der schönsten Architekturmotive des 16. und 17. Jahrh. in Fassaden-Entwickelungen, Schnitten, Thüren und Portalen, Fenstern und Lukarnen, Schornsteinen, Giebelausbildungen und ornamentalen Details mit Massstäben und einem illustrirten Texte. 12 Hefte. Fol. (à Heft 4 Stnt.) Ebendas. 883,84. Subscr.-Pr. à Heft *ℳ 1,20.; compl. in Mappe *

— — der Fassadenbau der italienischen Renaissance. Eine übersichtl. Darstellung der Bauformen der italien. Renaissance-Periode in Fassaden-Entwickelungen, Thüren und Portalen, Fenstern, Gesimsen und ornamentalen Bauteilen in Aufrissen und Details, mit Massstäben und einem erläut. Texte. 20 Hefte. gr. 4. (à Heft 4 Stnt. mit einem illustr. Texte.) Ebendas. 883. Subscr.-Pr. à Heft * compl. in Mappe *

Issel H. das Handbuch des Bautechnikers: Leipzig
I. Baukonstruktionslehre I: D. Zimmermann v. A Opderbecke. (202 S 17 T) 1900
II. dasselbe II. Der Maurer von A Opderbecke (255 S 17 T) 1900
III. Bauformenlehre von A Opderbecke und H Issel. (142 S 3 T) 1899
IV. Der innere Ausbau von H Issel. (150 S 7 T) 1899
V. Wohnungs-Baukunde von H Issel. (142 S 3 T) 1899
VI. Allgemeine Baukunde von A Opderbecke. (278 S 6 T) 1899
VIII. Baukonstruktionslehre III: Der Holzbau von H Issel. (197 S 12 T) 1900

Issel H. das Handbuch des Bautechnikers. Leipzig
[illegible] die Steinkonstruktionen, die axonometrische Projektion und die [illegible] H Issel [illegible] Eisenbeton im Hochbau. [illegible] Baustoffkunde und [illegible] Issel [illegible] und Wohlfahrtsbaukunde [illegible] 1912.

— Illustriertes Handlexikon der gebräuchlichen Baustoffe. Ein prakt. Hand- u. Hilfsbuch auf dem großen Gebiete der heutzutage gebräuchl. Baustoffe in Bezug auf deren Gewinng., Verarbeitg. u. Verwendg. in neuester Zeit. Mit 473 Abbildgn. u. 13 Taf. gr. 8. (III, 610 S.) Leipzig (902). Th. Thomas. n. 10.—; geb. in Leinw. n. 12.—; auch in 10 Lfgn. à n. 1.—

— s.: Hochbau-Muster-Hefte, architekton.

— der Holzbau, s.a. Handbuch, das, des Bautechnikers. VIII.

ISSEL, Hans: Der Holzbau, umfassend: Den Fachwerk-, Bohlen-, Block-, Ständer- und Stabbau und deren zeitgemässe Wiederverwendung. - Leipzig 1900. XII, 197 S. - 2. bed. erw. Aufl. ebd. 1905. XII, 246 S., 500 Abb., 15 Taf. - 3. bed. erw. Aufl. ebd. 1920. 296 S., 528 Abb., 18 Taf. - (Handb. d. Bautechnikers Bd. VIII)

— Der moderne Maurer, s.a. Bibliothek des prakt. Handwerkes.

der moderne Maurer. (591 S 100 T) Leipzig 1908

— Wandtäfelungen und Holzdecken. Eine Muster-Sammlg. kunstgewerbl. Schöpfgn. alter u. neuer Zeit in geschichtl. Reihenfolge als Hilfsmittel zum Entwerfen f. Architekten, Kunsttischler u. Studierende d. Kunstgewerbes. In 40 Taf. Nebst e. kunstgeschichtl. Abhandlg. m. 38 eingedr. Holzschn., nebst e. Anh. üb. Ursprung, Herstellg. u. farb. Behandlg. d. „Intarsia". gr. 8. (47 S.) 10 Hfte. Fol. Leipzig 889. Scholtze. Subscr.-Pr. à n. 1.60; Text ap. n. 1.60 (cplt. in Mappe: n. 18.—)

— Die Wohnungsbaukunde (bürgerl. Baukunde), s.a. Handbuch, das, des Bautechnikers

Issel H, d. Wohnungs-Baukunde. (142 S 3 T) (Issel, Handb. d. Bautechn. 5) Leipzig 1899

Issel, W. v., Leutnant Kummer's Liebesleiden, s. Bücherei, lustige.

Isselbecker, Seraphim, († d. 26. März 1756.) Vita Joannae Franciscae Fremiot de Schantal, fundatricis ordinis de Visitatione Mariae. 4 Bde. 8. Augsb. 752.

Isser, M. v., Höhen-Verzeichniss von Tirol und Vorarlberg. Eine Sammlung hypsometr. Daten aus der Specialkarte des k. k. m. g. Instituts in Wien. 1. Bd.: Nordtirol mit dem Eisackthal und Vintschgau, nebst angrenzenden Theilen von Bayern, Salzburg, Italien und der Schweiz. gr. 8. (XII, 363 S.) Innsbruck 883, Wagner'sche Universitäts-Buchh. *

Isserlin, Marcus Max, Arzt: Aus d. Kgl. Med. Universitäts-Klinik zu Königsberg i. Pr. Beiträge zur Kenntnis der perniziösen Anämie unter besonderer Berücksichtigung der kernhaltigen Erythrocyten. *Königsberg i. Pr. 1903: Karg & Manneck.* (49 S.) 8°
Königsberg, Med. Diss. v. 24. März 1903

Isserlin, Max, Dr. med., wissensch. Assist. d. psychiatr. Universitätsklinik zu München: Über den Ablauf einfacher willkürlicher Bewegungen. Leipzig: W. Engelmann 1910. 195 S., 9 Taf. 8° ¶(Aus: Psycholog. Arbeiten. Bd 6.)
München, Med. Hab.-Schr. v. 1910 [U 11. 3876

Isserlin, Max, Arzt: Aus d. Kgl. physiol. Universitäts-Institut zu Königsberg i. Pr. Ueber Temperatur und Wärmeproduktion poikilothermer Tiere. *Königsberg i. Pr. 1903: J. Jacoby.* (31 S.) 8°
Königsberg, Med. Diss. v. 12. März 1903

Isserlin, Max, psychologische Untersuchungen an Manisch-Depressiven. (S. 302—536.) gr. 8. Berlin (907). S. Karger. 4.—
Sonderabdr. a.: „Monatsschr. f. Psychiatrie u. Neurol."

Issersohn, Lasar (geb. Wilna [illegible] 1852) Ein Beitrag zum Verhalten einiger Jodpräparate im thierischen Organismus. Berlin (1877). (20 S.) 8°
Berlin, Med. Diss. v. 3. Juli 1877

Isserson, Theodor: Über die Säuglingssterblichkeit mit besonderer Berücksichtigung der Verhältnisse in Baden. Freiburg i. B.: Hammerschlag & Kahle 1909. 45 S. 8°
Freiburg i. B., Med. Diss. v. 1909, Ref. Krönig
[Geb. 23. April 84 Polozk; Wohnort: Freiburg i. B.; Staatsangeh.: Rußland; Vorbildung: Gymn Witebsk Reife 00; Studium: Dorpat 1, Königsberg 4, Zürich 1, Freiburg i. B. 5 S.; Rig. 17. Dez. 09.] [U 10. 977

Isserstadt, Christ. Ign., Auferweckung vom Todesschlaf vieler Irrtümer. (Konversionsschrift.) Braunschweig (?) 1724. 4°.

Issigonis, M. A. Die Theorie des Sehens und der Sinne überhaupt bei Aristoteles. Basel 1880.

Issleib, Ludw., Gedichte. 8. (VIII und 205 S. mit Titel in Stahlst.) Laibach 858, v. Kleinmayr und Bamberg. *

Issleib, Ludw., Hermanfried. Gedicht. 16. (VIII und 92 S.) Jena 854, Mauke. *

Issleib, Simon

Issleib, S., die Gefangennahme des Landgrafen Philipp v Hessen (1547), s.: Sammlung gemeinverständl. wissenschaftl. Vorträge.

Die Gefangennahme des Landgrafen Philipp von Hessen (1547). Vortr., geh. im 'Hist. Abend' zu Leipzig am 27. Febr. 1895. Von Dr. S[imon] Issleib, Prof. . . . in Leipzig. *Hamburg: Verlagsanst. u. Dr. A.-G. 1899.* (25 S.) 8.
— Sammlung gemeinverständl. wiss. Vorträge. N. F. Ser. 14. H. 315.
[illegible]

Issleib, Simon. Der Braunschweigische Krieg i. J. 1545. (52.) 8. Dresden, Leipzig 1876.

Ißleib, S., Moritz v. Sachsen als protestant. Fürst, s.a. Sammlungen gemeinverständl. wissenschaftl. Vorträge.

[F.] Moritz von Sachsen als protestantischer Fürst. Vortr. geh. im Kaufmänn. Ver. zu Leipzig am 25. Febr. 1898. Von Dr. S[imon] Issloib, Prof. . . . in Leipzig. *Hamburg: Verlagsanst. u. Dr. A.-G. 1898.* (36 S.) 8. — Sammlung gemeinverständl. wiss. Vorträge. N. F. Ser. 13. H. 302 :98. ygos

Moritz von Sachsen als evangelischer Fürst 1541–1553. Von Prof. Dr. S[imon] Issleib. Leipzig: J. A. Barth 1907. (213 S.) 8°
Aus: Beiträge z. sächs. Kirchengeschichte. H. 20. [o8. 17373 I I

Philipp von Hessen, Heinrich von Braunschweig und Moritz von Sachsen in d. Jahren 1541–1547 von S. Ißleib. *Wolfenbüttel: J. Zwißler 1904.* (80 S.) 8°
Aus: Jahrbuch d. Geschichtsver. f. d. Herzogt. Braunschweig. 2. 1903. [04. 7170 4

Issleib, Wilhelm

— u. Th. König, Atlas zur biblischen Geschichte zum Gebrauch in Gymnasien, Real- u. Bürgerschulen. 8 Blatt in Farbendr. 2. Aufl. 4. Gera 873. Issleib & Rietzschel. n. — 50

— u. Th. König, Atlas zur biblischen Geschichte zum Gebrauch in Gymnasien, Real- u. Bürgerschulen. 8 Bl. in Farbendruck. 3. Aufl. gr. 4. Gera 878. Issleib & Rietzschel. n. — 50

— petit atlas populaire pour l'usage des écoles et de la famille. Ebend. 869. qu. gr. 4. (14 chromolith. Karten u. 2 S. Text.) 10 ngr.

—— petit Atlas populaire à l'usage des écoles et de la famille. 1870. ℳ 1., et Nouv. édit. qu. gr. 4. (14 Karten und 2 S. Text.) Ebendas. 873. *

Issleib, Guill., Atlas populaire sur toutes les parties de la terre pour l'usage des écoles et de la famille. Gera 870. Issleib & Rietzschel. qu. gr. 4. (28 chromolith. Karten.) 18 ngr.

Issleib, Guill., Atlas populaire de toutes les parties de la terre à l'usage des écoles et de la famille. 1870. ℳ 1,80., et Nouv. édit. qu. gr. 4. (28 Karten.) Gera 873, Issleib und Rietzschel. *

Issleib, Wilh., Nouvelle Carte des chemins de fer de l'Europe centrale d'après les meilleurs rapports officiels à l'usage général. Gera, Issleib u. Rietzschel. 1870. Fol.

Issleib, Wilh., Neueste Eisenbahnkarte von Deutschland mit Angabe der Hauptpostverbindungen für den allgemeinen Gebrauch nach den besten officiellen Quellen bearb. Gera, Issleib & Rietzschel, 1872. Imp.-Fol. Chromolith.
——, —— 2. Aufl. Ebda. 1878.

—— neueste Eisenbahnkarte von Deutschland mit Angabe der Hauptpostverbindungen für den allgemeinen Gebrauch nach den besten officiellen Quellen bearb. 2. Aufl. Chromolithogr. Fol. Ebendas. 878. *

Issleib, Wilh., Neueste Eisenbahnkarte von Central-Europa für den allgemeinen Gebrauch nach den besten officiellen Quellen bearb. M. 1 : 4000000. Gera, Issleib & Rietzschel, 1870. Imp.-Fol. Chromolith. . . . . (Br. Mus.)
——, —— 2. Aufl. Ebenda 1872.
——, —— 3. Aufl. Ebenda 1878. 2 Bll. Fol. Chromolith. . . . . (Br. Mus.)

Issleib, Wilh., neueste Eisenbahnkarte von Central-Europa für den allgemeinen Gebrauch nach den besten officiellen Quellen bearb. 2. Aufl. Chromolithogr. Fol. Gera 878, Issleib und Rietzschel. *

Ißleib's, Wilh., Geographie für Schule und Haus. Für Oesterreich bearb. und hrsg. vom deutschen Vereine zur Verbreitung gemeinnütz. Kenntnisse in Prag. 8. (VI, 74 S.) Prag 872, Hunger. [Kosmack und Neugebauer.] — 50

Issleib, Wilh., Karte von Eisenach und seiner Umgegend. 1 : 50,000. hoch 4. Eisenach 871, Baerecke. *

— neuester Repetitions-Atlas, e. Hülfsmittel beim geograph. Unterricht m. besond. Rücksicht auf Amthor und Issleib's Volks-Atlas. 5 Curse. qu. gr. 4. Gera 876. Issleib & Rietzschel. n. 3. 50
1. Zeichnen der Umrisse. (24 Bl. in Farbendr.) n. — 70
2. Zeichnen der Flüsse. (24 Bl. in Farbendr.) n. — 60
3. Zeichnen der Gebirge. (23 Bl. in Farbendr.) n. — 70
4. Zeichnen der Staaten. (24 Bl. in Farbendr.) n. — 70
5. Zeichnen ganzer Karten [Gradnetz-Atlas.] (24 Steintaf.) n. — 60

Issleib, Wilh., das rechte und linke Rheinufer von Basel bis Köln nebst angrenzenden Ländern. gr. 4. Gera 870, Issleib und Rietzschel.

Issleib, Wilh., historisch-geographischer Schul-Atlas enth. in 86 Karten die alte, mittlere und neue Geschichte. Für den allgemeinen Schulgebrauch entworfen von Th. König. Fol. Gera 874, Issleib und Rietschel. *

— kleiner Schulatlas, s.: Amthor, E.

— neuester Schulatlas üb. alle Theile d. Erde zum Gebrauch für den Unterricht in Volks-, Bürger- u. höheren Schulen. 44 Karten in Farbendr. qu. gr. 4. Gera 873. Issleib & Rietschel. n. 2. —

Ißleib, s. a. Schulgeographie, kleine.

Ißleib, Wilh., kleine Schulgeographie. Leitfaden für den geograph. Unterricht in der Volksschule. Zugleich ein Hilfsbüchlein beim Gebrauch des Volksatlas. 1.—3. verm. Aufl. 1870—71. * 25 Pf., und 4. und 5. vielfach verb. und verm. Aufl. 8. (VIII, 84 S.) Gera 873,75, Ißleib und Rietzschel. — 30

Ißleib, Wilh., kleine Schulgeographie. Leitfaden für den geograph. Unterricht in der Volksschule. Zugleich ein Hülfsbüchlein beim Gebrauch des Volksatlas. 6. vielfach verb. und verm. Aufl. 8. (VIII, 89 S.) Gera 877, Ißleib und Rietzschel. *

Ißleib, Wilh., kleine Schulgeographie. Leitfaden für den geograph. Unterricht in der Volksschule. Zugleich ein Hülfsbüchlein beim Gebrauch des Volksatlas. 7.—10. Aufl. 8. (109 S.) Gera 879—83, Ißleib und Rietzschel. *

— Spezial-Atlas v. Oesterreich-Ungarn f. Schule u. Haus nach den neuesten Quellen bearb. u. hrsg. 12 Karten in Farbendr. qu. 4. Ebend. 871. 1. —

Issleib, Wilh., Spezial-Atlas des preussischen Staates für Schule und Haus. 16 Karten. qu. gr. 4. Gera 869, Issleib und Rietzschel. *

Issleib, Wilh., Spezial-Atlas über sämmtliche Staaten Deutschlands für Schule und Haus nach den neuesten Quellen bearb. und herausg. Gera, Issleib & Rietzschel. 1868—75. gr. qu. 4. 25 Karten in Farbendruck. . . . . (Br. Mus.)

— Volks-Atlas über alle Theile der Erde für Schule u. Haus, s.: Amthor.

—— Volks-Geographie über alle Theile der Erde für Schule und Haus, zugleich als Leitfaden zu Amther und Ißleib's Volks-Atlas unter Mitwirkung von K. Th. Liebe. 1. Aufl. 1868; 2. vielfach bericht. und verm. Aufl. 1869, und 3. Aufl. bearb. von K. Th. Liebe. 8. (VIII, 151 S.) Ebendas. 870. — 50

—— und K. Th. Liebe, Volks-Geographie über alle Theile der Erde für Schule und Haus, ein Leitfaden für den Unterricht in der Geographie. 4. Aufl. bearb. von Wilh. Ißleib. 8. (VI, 158 S.) Ebendas. 876. — 60

Issler, Alfred, a. Cannstatt: Beiträge zur Stratigraphie und Mikrofauna des Lias in Schwaben. Stuttgart: E. Schweizerbart 1908. (103 S.) 4° ¶ (Aus: Palaeontographica Bd 55.)
Tübingen, Naturwiss. Fak., Ref. v. Koken, Diss. v: 31. Juli 1906
[Geb. 22. April 82 Winsheim; Wohnort: Cannstatt; Staatsangeh.: Württemberg; Vorbildung: Gymn. Ludwigsburg Reife 01; Studium: Tübingen 10 S.; Coll. 31. Juli 06.]

Issler, E., Führer durch die Flora der Zentralvogesen. Eine Einführg. in d. Vegetationsverhältnisse d. Hochvogesen. (65 S. m. 4 Taf.) gr. 8. Leipzig 909. W. Engelmann. 1.80

Ißler, Gotthold, aus Cannstatt: Über eine Synthese von 7. Oxychinolinen. *Tübingen 1903: G. Schnürlen.* (64 S.) 8°
Tübingen, Naturw. Diss. v. 1903

Issler, Richard (Red.), s. A l p e n - Z e i t u n g , Neue deutsche.

Issmer, Ernst [approb. Arzt aus Waldenburg i. Schl. z. Z. Volontär-Arzt a. d. Kgl. Univ. Frauenklinik zu München]: Beobachtungen über die im K. Garnison-Lazareth zu Oberwiesenfeld bei München im Jahre 1884 85 verlaufene Scharlach-Epidemie mit besonderer Berücksichtigung der Nieren-Affection. ... München, G. Franz'sche H. B. Hofbuchdr. (G. Emil Mayer). 1886; 54 S. 8°.
München, Med. Fak., Inaug.-Diss. v. 1886.

I s s m e r , E r n s t , Beobachtungen über die im K. Garnison-Lazareth zu Oberwiesenfeld bei München im Jahre 1884 bis 85 verlaufene Scharlach-Epidemie mit besonderer Berücksichtigung der Nieren-Affection. Diss. München 1886, A. Buchholz. 8°. 54 S.

Issmer, Ernst [Dr., Assistenzarzt a. d. k. Univ.-Frauenklinik]: Ueber die Zeitdauer der menschlichen Schwangerschaft. ... München, G. Franz'sche h. b. Hofbuchdr. (G. Emil Mayer), 1889; 1 Bl. + 69 S. 8°
München, Med. Fak., Hab.-Schr. v. 1889

Ist Bayern demoralisirt? Oder: Die Verdorbenheit d. Jugend, dargest. in ihren Ursachen, mit Angabe d. zeitgemäßen Gegenmittel. Ergebniß e. Schulinspektoren-Konferenz. 8. (6 B.) Landshut 833. [Regensburg, Manz.] Thlr.

— bey d. deutschen Staatsverf. eine V o l k s e m p ö r u n g möglich? 8. Frankf. Pech. 794.

Ist Cagliostro Chef der Illuminaten? ... [von Jean Pierre de la Roche du Maine, Marquis de Luchet] in deutsch ... Gotha 1790. Ü: *Bode, Johann Joachim Christoph.* (Kl)

— Cagliostro Chef d. Illuminaten? oder d. Buch: sur la secte des Illuminés, deutsch mit Anmerk. 8. Gotha 790. Ettinger. 18 gr.

— Caligula m. unserer Zeit vergleichbar? Leben u. Grausamkeiten e. röm. Kaisers. Eine Ergänzg. u. Beleuchtg. zu Quidde's Caligula. gr. 8. (16 S.) Leipzig 894. J. Milde. — 50

—— Christus nicht der erste und der erhabenste Demokrat. Ein Entwurf von einem kathol. aber ehrlich denkenden Priester-Freunde und Lehrer seiner Mitmenschen, der nur später öffentlich genannt sein will, damit er seinem Namen nichts zu verdanken habe. gr. 12. (21 S.) Bonn 850, Sulzbach.

Ist Coenen wirklich ermordet worden? ... O. O. [1822]. V: *Benzenberg, Joh. Frdr.* (Call) (MGT)

Ist Cönen wirkl. ermordet worden? Eine Frage an Zergliederer. Gedr. als Handschrift. 8. (823.)

IST das Band der Ehe ohn Ausnahm (sic!) unauflöslich, als es die Kanonisten vorgeben? O. O. 1773. 8°.
Ludolph St. Goar, Frankf. a. M., Cat. 43. [1877] Nr. 4632, Beibd.

—— das bisherige B e s t e h n und Wirken der „verfassunggebenden Versammlung" Frankfurts rechtsgültig? Beantwortet von einem frankfurter Bürger. gr. 8. (27 S.) Frankfurt a. M. 819, Brönner. *

Ist das Budapester Müllbeseitigungs-Verfahren in Berlin anwendbar? 8. (3 S.) Leipzig 901. F. Leineweber. n. — 70
Sonderabdruck aus: „Gesundheit."

Ist das Bürgerthum oder der Fabrikherr ein Feind des Arbeiters? und was kann Dieser erstreben? Ein Wort der Verständigung an die Arbeiter von einem ihrer Freunde (S. Gätschenberger). gr. 8. (28 S.) Würzburg 870, (Stuber.) — 40

Ist das Bürgerthum oder der Fabrikherr ein Feind des Arbeiters? ... Würzburg 1870. V: *Gätschenberger, Steph.* (Ky)

Ist das Einkommen vom Grundbesitze gegen andere Einkommenquellen im Preussischen Staate unverhältnismässig belastet und wie ist diesem abzuhelfen? [Celle 1874.] V: *Borries, Graf von.* (Stadtbibl. Frankf. a. M. Kat. der Neueren Bestände.)

—— das E i n k o m m e n vom Grundbesitze gegen andere Einkommensquellen im preußischen Staate unverhältnißmäßig belastet und wie ist diesem abzuhelfen? gr. 8. (34 S.) Celle 875, (Schulze'sche Buchh.)*

— das Fort: n. Hinüberzählen bei der Auszehendung erlaubt u. gegen diese Befugniß eine Befreiung durch Verjährung oder Gewohnheit vom Zehenden zu erhalten? 8. Landsh. 791. Storno. 2 gr.

— das heutige T h e a t e r s p i e l e n u. Theaterbesuchen Sünde? [Aus: „Ev.-luth. Hausfreund".] — Die Unsittlichkeit des Theaters unserer Tage. [Aus: „Sendbote".] 3. Aufl. (8 S.) 8. Ebd. 905. n.n. — 05
2.Aufl.s.:I s t Theaterspielen...

— das Kaiser F r i e d r i c h? Ein Beitrag zur Charakteristik v. Gustav Freytag's: „Der Kronprinz u. die Kaiserkrone". Von e. Preußen. gr. 8. (39 S.) Leipzig 890. Friedrich. n. 1. —

Ist das Lebendigbegrabenwerden wirklich so schrecklich, als man es sich vorstellt ... [Schleswig 1792.] V: *Schmettow, Wold. Frdr. Graf von.* (ML)

Ist das Radfahren gesund? Ärztl. Gutachten üb. d. Radfahren, hrsg. v. Theophil Weber, 2. Aufl., Leipzig, 126 S., 8°.

Ist das Schächten des Geflügels eine Tierquälerei? Separatabdruck aus der «Tierwelt» [Jahrg. 14, Nr. 46 u. 47, November 12 u. 19]. 8 S. 8. [Aarau, H. R. Sauerländer & Co., 1904.]
(Beilage zu Nr. 12 der «Zürcher Blätter für Tierschutz», Dezember 1904.)

—— das Tabakrauchen eine Tugend? Oder ist der Tabaksgenuß überhaupt schön, löblich, nützlich, Sache eines guten Beispiels, oder gesund? 16. (31 S.) Elkhart, Ind. 876. (Philadelphia, Schäfer und Koradi.) *

Ist das Tanzen Sünde? (Diesdorf [ca. 1898]: Schreiberhau-Diesdorfer Rettungsanst.) (8 S.) 8° [Kopft.]

-- das Tanzen Sünde!? (Von F. Blecher.) 6. Aufl. (8 S.) kl. 8. Friedrichshagen (905). Jugendbund-Verlag.
100 Stück u. 2. —

Ist das Turnen Sünde? (Diesdorf [ca 1898]: Schreiberhau-Diesdorfer Rettungsanst.) (8 S.) 8° [Kopft. F.]

Ist das Zentrum arbeiterfeindlich? Eine Antwort auf sozialdemokr. Angriffe, unter bes. Berücks. d. Broschüre von Gustav Hoch: Worte u. Thaten d. arbeiterfreundl. Zentrums.' M. Gladbach: Volksver. f. d. kath. Deutschl. 1903. (86 S.) 8° [F.]
= Tages-Fragen, Soziale. H. 26.

Ist das Zentrum arbeiterfeindlich? Eine Antwort auf socialdemokratische Angriffe unter bes. Berücksichtigung der Broschüre von G. Hoch: „Worte und Taten des arbeiterfreundlichen Zentrums". M.-Gladbach, Zentralstelle des Volksvereins für das katholische Deutschland, 1903. (Sociale Tagesfragen, Heft 26.)

Ist dem Kaiser zu trauen? Aufruf an alle Helvetische Bürger. Zürich 1799. V: *Pfyffer von Heidegg, Alphons.* (Ky) (MGT)

Ist den sich in neuerer Zeit wiederholenden Angriffen auf die Freimaurerei gegenüber etwas zu thun und was ist zu thun? Als Ms. gedr. für die schweizerischen Logen. Bern 1865: [Jent & Reinert]. 14 S. 8° 358.

—— denn ein Frieden in d. protestant. Kirche nicht möglich? Beantwortet in e. brüderl. Sendschreiben an d. protestant. Geistlichkeit v. e. kathol. Pfarrer aus Schlesien. Hrsg. v. K. Wunster. 8. (5 B.) Leipzig 828, Hartmann.

— denn ein Frieden in der protestant. Kirche nicht möglich? Beantwortet in e. brüderl. Sendschreiben an d. protestant. Geistlichkeit, von e. kathol. Pfarrer Schlesiens. Herausg. v. K. Wunster. 8. Leipz. 828. Leynhold. 8 gr.

— denn in Oesterreich einem Ausländer mehr erlaubt als einem Inländer. 8. Wien, Wucherer. 787.

Ist der Ablass das, für was ihn Herr Landrath Eibel ausgiebt? Wien 1782. V: *Moser, Ignaz.* (wrztg 1782, Beil. zu Nr. 57) (Friedrich Müller 8/2039) (Geissau, Verzeichniss S. 5) (BIBLPORT)

Ist der Antisemitismus berechtigt?, s.: Antisemitismus.

Ist der Besuch des Theaters der Jugend als Bildungsmittel zu empfehlen? Vortrag in einer Bezirksversammlung des evangel. Schulvereins in Bayern. 1. und 2. Aufl. 8. (20 S.) Gütersloh 879, Bertelsmann. *

Ist der Börsenkrach in Sicht? Eine Mahnung an diejenigen, welche die Gunst der Gegenwart ausnützen u. v. den unvermeidlich kommenden Ereignissen profitiren wollen. gr. 8. (14 S.) Ansbach 889, Eichinger.
— 50

Ist der Einzelkelch bei der Feier des heil. Abendmahls eine neutestamentliche Einrichtung? Eine Frage an alle interessierten Gemeindeglieder, beantw. von e. rhein. Pfarrer. Hagen i. W.: O. Rippel [1904]. (15 S.) 8° [F.]
[07. 1323]

Ist der Fabrikenzwang nöthig, und also gerecht und weise? [Berlin 1790.] V: *Struensee von Carlsbach, Carl August.* (MGT)

Ist der freimaurerische Begriff »Humanität« ein rein christlicher? Vom Verf. von »Christenthum, Humanität und Freimaurerei«. Berlin 1900. V: *Wolfstieg, Aug.* (wolfstieg II, 114)

Ist der Freymaurerorden, politisch betrachtet, rechtmäßig, und darf ihn eine Obrigkeit dulden? Leipzig: Benkert & Bänisch 1794. 28 S. 8° [Umschlagtit.]
Kl. 3462, Tt. 1578. Verf. verneint die Frage.

— d. Freymaurerorden, polit. betrachtet, rechtmäßig? 8. Leipz. Höfer. 794.

IST DER GRUNDSATZ DER GEWERBEFREIHEIT auch auf Apotheken anwendbar oder nicht? Als Manuscript gedruckt. Halle. 1868. Druck der Waisenhaus-Buchdruckerei. 8°.

—— der Gustav-Adolphs-Verein der Unkirchlichkeit und der Bekenntnißlosigkeit zu beschuldigen? Eine Entgegnung des stader Provinzialvorstandes der Gustav-Adolphsstiftung auf die im stader Sonntagsblatt erfahrenen Angriffe. gr. 8. (16 S.) Stade 857, Pockwitz. *

-- der Handelsstand produktiv? Von e. Hamburger Kaufmann. 2. Taus. gr. 8. (51 S.) Leipzig 896. Freund & Wittig.
n. — 60

— der Herr Jesus Christus dein Hirte? von H. v. K. 3. Aufl. 16. (36 S.) Dinglingen 897. (Frankfurt a/M., J. Schergens.)
— 15

—— der katholische Clerus reaktionär? Von einem kathol. Geistlichen. gr. 8. (12 S.) Bonn 848, Habicht.

— der Miethmann ein. ganz. Hauses von d. Verpflegungskost, welche die Einquart. feindl. Truppen veranlaßt, frey zu sprechen? 8. Celle, Schulze. 806.

Ist der Miethmann eines ganzen Hauses von der Verpflegungskost ... freizusprechen? Celle 1806. V: *Hagemann, Theodor.* (Ky) (EngJ)

Ist der moderne Constitutionalismus für Deutschland und namentlich für Preussen passend und heilbringend oder nicht und wie ist derselbe in dem letztern Falle zu beseitigen? 8. (38 S.) Grünberg 852, Weiß.

— der Morgen nicht nah?" (Koran, S. XI, V. 80.) Es werde Licht! E. Friedenswort in Versen z. Glaubens- u. Nationalitätsfrage in Deutschland u. Oesterreich, zugl. als Gruss an d. komm. Jahrhundert. Hierzu: D. Judenhetze (Lacaccia ai Giudei) in italien. Beleuchtg. durch Ruggiero Bonghi. Deutsch v. Uli Cavaliere Schanz. gr. 8. (XII, 44 S.) Auma 896. A. Jügelt. n. 1. —

Ist d. Nachdruck schon nach gemeinem deutschen positiven Rechte für unerlaubt zu halten? *Halle*, Curt. (Lane in *Berlin*.) 796. 8. (3 Gr.)

Ist der Naturzustand der Menschen ein ruchloser Zustand? [Nürnberg 1797.] V: *Siebenkees, Johann Christian.* (MGT) (will)

—— der neue Verfassungsentwurf für den Freistaat Frankfurt ausführbar? Beantwortet von einem frankfurter Bürger. 8. (31 S.) Frankfurt a. M. 817, Brönner. *

— der neue Verfassungsentwurf f. den Freistaat Frankfurt ausführbar? Beantwortet v. einem Frankfurter Bürger. 8. (31 S.) Frankfurt a. M. 819, Brönner. n. 4 gr.

— d. Oberhofprediger D. Reinhard in Dresden wirklich kein Philosoph, kein Redner, kein Theolog ꝛc.? Als Antwort auf d. Schrift: „Lettre au Redacteur des melanges de Philosophie etc." von e. sächs. Protestanten. gr. 8. Sulzb. 808. v. Seidel. 4 gr.

Ist der Rückkauf unserer Eisenbahnen zur Zeit praktikabel und wünschbar? von *A. G. W.* In-8°, 54 S. Zürich, Verlagsmagazin (J. Schabelitz). 1887. 1 —

Ist der Rückkauf unserer Eisenbahnen zur Zeit praktikabel . . . Zürich 1887. V: *Arbenz, Rud.* (Cat. d. Stadtbibl. Zürich. Zürich 1864—97.)

Ist der schwarze Rock entbehrlich? [Gotha 1790.] V: *Schmid, Christian Heinrich.* (ML)

Ist der Schwur: »Ich bin dem Kläger nichts mehr schuldig« ein Meineid, wenn die Wahrheit dieser beschworenen Behauptung nachgewiesen wird? Actenmässige Darstellung des Sachverhalts einer Verurteilung wegen angeblichen wissentlichen Meineides . . . Köln [1896]. V: *Breitwisch, C.* (StBKöln II, 120)

Ist der Sozialismus kulturfeindlich? Eine Stimme aus dem Lande der deutschen Schmerzenskinder. Mit Anhang: Proudhon über den Malthusianismus. Aus den „Paroles d'un croyant" von Lamennais. 8°. Leipzig 1871.

— der Thierschutz berechtigt und nothwendig? Ein Wort für Christen. 12. (18 S.) Berlin 883, Deutsche Evangel. Buch- und Tractat-Gesellschaft.

— der Unterschied wirklich so groß? Ein Wort zur Orientirung über den alten und den neuen Glauben von Einem, der sich zum alten Glauben bekennt. 8. (16 S.) Breklum 881. Christl. Buchhandlung.

Ist des Recensirens, Fegens, Murrens noch kein Ende? 8. Augsb. 803. Bürglen. 6 gr.

Ist die Agende ein Landesgesetz? 8. Braunschw. Thomas. 790.

Ist die Agende ein Landesgesetz? . . . Braunschweig 1796. V: *Steger, Joh. Andr. Frdr.* (MGT) »1790« (Ky)

Ist die Anwendung der menschlichen Vernunft nur in den sog. weltlichen Angelegenheiten zulässig oder sollen wir sie auch in Glaubenssachen gebrauchen . . . [Dorpat 1839.] V: *Bockhorn, Friedrich Anton.* (R-N)

Ist die Augsburgische Confession eine Glaubensvorschrift der lutherischen Kirche . . . Halle 1795. V: *Eberhard, Johann August.* (MGT) »1795—97« (Ky)

Ist die Augsburgische Confession eine Glaubensvorschrift d. luther. Kirche; e. histor. Untersuchung (v. J. A. Eberhard.) 2 Stücke. 8. Halle 795—97. Renger. 16 gr.

— die Augsb. Confession ꝛc. s. J. A. Eberhard.

Ist die Auswanderung aus dem einen Staat in den andern rechtmässig? [Leipzig 1796.] V: *Bergk, Johann Adam.* (MGT)

Ist die Beibehaltung der Union beider Mecklenburg ausführbar? Von einem Mecklenburg-Strelitzer. gr. 8. (8 S.) Neustrelitz 818, Barnewitz. **

—— die Bibel Gottes Wort. Beantwortet von H. M. 8. (35 S.) St. Louis, Mo. 879. (Dresden, H. J. Naumann.) *

[F.] Ist die christlich-soziale Partei tot? Berichte üb. die in Berl. v. Jan. b. Apr. 1898 geh. Versammlgn. *Berlin: Dt. d. Vaterl. Verl.-Anst. 1898.* (51 S.) 8.

Ist die teutsche Nation die erste Nation des Erdbodens? [Leipzig 1790.] V: *Marcard, Heinrich Matthias.* (MGT)

— die Durchbohrung der Hirnschale bey Kopfverletzungen nothwendig od. nicht? Preisschr. beantwort. v. Jos. Louvier v. Marsina. gr. 4. Wien, Camesina. 800.

IST die Ehe nach den Grundsätzen der Vernunft auflösbar? O. O. 1811. 8°. (In München: J. Can. P. 539.)

— die Ehe nach den Grundsätzen d. Vernunft auflösbar? 8. Kempten 811. Kösel. 2 ℊ

IST die Ehe zwischen Vater und Tochter zuzulassen? Ein Beitrag zur Aufklärung des 19. Jahrhunderts. O. O. (Marburg, Krieger) 1804. Gr. 8°. 78 S. (5 Mk. Adolf Weigel, 1900.)
Verfasser ist dafür. Höchst seltene Schrift!

Ist die Ehre der Altonaer Bibel gegen die Warnungen des Past. Dieck gerettet? Lüneb. 1816. V: *Vent, Hans Lor. Andr.* (Bruun, Bibl. Danica. I, 85.) (Collin, Anonymer. Kiobenh. 1869.)

— die Ehre der von H. P. Funk herausg. Altonaer Bibel gegen die Warnungen des P. Dieck gerettet? gr. 8. Lüneburg, Herold und W. 817.

Ist die Einführung der allgemeinen Beichte oder die Beybehaltung des Beichtstuhls rathsamer? ... Hamburg u. Lübeck 1788. V: *Thiess, Johann Otto.* (Kordes, Schlesw.-holst. u. eutin. Schriftst. Schleswig 1797.)

Ist die Errichtung eines gemeinschaftl. Appellationsgerichts für die 4 freyen Städte nothwendig, nützlich und räthlich? 8. Hamburg, Perthes und Besser. 817.

Ist die Errichtung eines gemeinschaftlichen Appellationsgerichts ... nothwendig ... Hamb. 1817. V: *Spangenberg, Ernst Peter Johann von.* (MGT) (Ky) (EngJ)

— die Fortbildungsschule u. der Fortbildungsunterricht auf dem Lande e. Mittel gegen die Verrohung der Jugend? (Von Herbort.) gr. 8. (19 S.) Göttingen 899. (Akadem. Buchh. v. G. Calvör.) n. — 50

Ist die Freimaurerei geeignet, die Versöhnung der heutigen Gegensätze zwischen Kirche und Welt herbeizuführen? ... Görlitz 1883. V: *Amelung, Carl Frz.* (SJL)

Ist die heutige Ohrenbeicht in der alten Kirchenbusse zu finden oder nicht? Prag 1785. V: *Sexstetter, Aegidius.* (Realzeitung 1785, S. 323) (Script. Or. d. S. Bened. S. 444) (BiblPort)

—— die Hypothek nach Preuß. Rechte e. accessor., od. e. selbstständ. dingl. Recht? u. kann d. Hypothekschuldner üb. den locus ohne Einwilligung d. postlocirten Gläubiger verfügen, wenn d. dort eingetragene Gläubiger d. Hypothek entsagt, ohne daß er die Forderung aufgiebt? — Ein Beitr. z. Erkenntniß d. Natur d. Hypothekenrechte nach Preuß. Rechte. Von ****. gr. 8. (2 B.) Marienwerder, Baumann.

Ist die Hypothek nach Preussischem Rechte, ein accessorisches, oder ein selbstständiges dingliches Recht? ... Ein Beitrag zur Erkenntniss der Natur der Hypothekenrechte nach Preussischem Rechte. Marienwerder 1831. V: *Isenbart* (?). (KGBerlin I, 1529)

— die jetzige preußische Regierung national? gr. 8. (16 S.) Leipzig 897. C. Jacobsen. -- 25

--- die Judenfrage e. Glaubens- od. Magen-Frage? Von Friedr. Arianus. gr. 8. (12 S.) Lpz. 890, Herm. Beyer. - — 30

— die Judenfrage e. Glaubens- od. Magen-Frage? Von Frdr. Arianus. gr. 8. (12 S.) Leipzig 890. (Th. Fritsch.) n. — 30

— die Judenfrage e. Kulturfrage? Ein Beitrag zur Charakteristik d. modernen Judentums v. *,* gr. 8. (29 S.) Berlin 890. Rallis. n. 1. —

Ist die Kaiserin von Russland Garante des Westphälischen Friedens. Frankf. u. Leipzig 1791. V: *Roth, Johann Richard von.* (MGT) (HS)

Ist die katholische Kirche in Preussen durch Staatszuschüsse bevorzugt? Berlin 1855. V: *Krabbe, Caspar Franz.* (ADB)

—— die katholische Kirche in Preußen durch Staatszuschüsse bevorzugt? Beleuchtet an dem Ausgabe-Etat der Provinzial-Geistlichen und Unterrichts-Verwaltung im Regierungsbezirke Münster. gr. 8. (82 S.) Berlin 855, [Schneider.] *

— die kathol. Kirche intolerant, s.: Volksbibliothek, apologetische.

— die Kirche im Staat, od. der Staat in der Kirche? 8. Augsb. Wolf. 782.

Ist die Kirche in dem Staate, oder der Staat in der Kirche? ... [Augsburg 1783.] V: *Zallinger, Jacob.* (Jes)

Ist die Lehre vom tausendjährigen Reich biblisch begründet und ist sie der Kirche von Nutzen? Eine kirchl. Zeitfrage, beantwortet von einem Laien. Mit einer Erklärung von Offenb. Joh. 1, 7 hrsg. von K. W. Vetter. 8. (24 S.) Schreiberhau 885. (Breslau, Dülfer's Verlag.) *

— die natürliche u. künstliche Beschränkung der Kinderzahl berechtigt? In welchen Fällen u. m. welchen Mitteln? Beantwortet v. e. prakt. Arzte. (80 S.) gr. 8. Berlin (904). Oranienburg, W. Möller. n. — 60
Sonderabdruck aus: „Kühner, A., d. Bevölkerungsfrage u. ihre allseit. Lösg. durch die Frau".

— die neuere dogmat. Darstell. d. christl. Religionslehre d. wahren Geiste zuwider? (v. G. U. Brastberger). 8. Halle 789. Gebauer. 12 ℊ

Ist die neuere . . . Darstellung der christlichen Religionslehre dem wahren Geiste . . . unserer symbolischen Bücher gemäss oder zuwider? Halle 1789. V: *Brastberger, Gebhard Ulrich.* (Ky) (MGT)

Ist die Nichtigkeit der Zauberey erwiesen? München 1789. V: *Caesar, Aquil. Julius.* (Ky 1/419 »München 1790«) (WBL 2/229) (Biblport)

—— die Noth am größten, so ist Gott am nächsten. 64. (16 S.) Carlsruhe 875. (Barmen, Klein.)

Ist die Nothlüge erlaubt oder nicht? Berlin 1839. V: *Melcher, J. W.* (wa) (ErGr)

Ist die Ohrenbeicht zur Seligkeit nothwendig? Wien 1784. V: *Hoffmann, Leopold Alois.* (MGT)

—— die Parthei-Forderung nach einer Suprematie Preußens in Deutschland berechtigt? gr. 8. (27 S.) Leipzig 859, Teubner.

Ist die Pferdebahn in ihrer beabsichtigten Anlage ein Gewinn für Wien oder nicht? und welches sind ihre Ertrags-Aussichten. Ein unparteiisches Votum von einem praktischen Ingenieur. 8⁰ (45 S.) Wien, lit.-art. Anstalt von C. Dittmarsch. 1868.

—— die Prediger-Bibel v. Fischer u. Wohlfahrt wirklich e. zeitgemäßes Unternehmen? u. entspricht sie d. Zwecke, den sie sich gesetzt hat? Von e. alten Geistlichen. Lex.-8. (3/4 B.) Neustadt a. d. O. 838, (Wagner.)
Aus der: Prakt. Prediger-Zeitung 1838 No. 31. 32., besond. abgedruckt.

Ist die Protestaufnahme durch Postbeamte ein Bedürfniss oder eine Gefahr? ... Bautzen 1877. V: *Roscher, Carl.* (CBH)

—— die Protestaufnahme durch Postbeamte ein Bedürfniß oder eine Gefahr? Gutachten, abgegeben vom Präsidium der Handelskammer Zittau im Aug. 1877. gr. 8. (23 S.) Zittau 877, Verlag der Handelskammer.

Anonym „Ist die sächsische Wollmanufactur ihrem Verderben nahe?" Pirna und Dresden (1802). — Vorh.: Com. Bibl. Hamburg.

— die sächs. Wollenmanufaktur ihrem Verderben nahe? 8. Dresden, Arnold. 803.

Ist die Schweiz zum Kriege gerüstet? rechtfertigende Bemerkungen über die Knutwyler-Versammlung. [Burgdorf] 184? V: *Fazy-Pasteur, Jam.* (Cat. d. Stadtbibl. Zürich. Zürich 1864—97.)

Ist die sittliche Gesundheit unseres Volkes bedroht?, s.: Volksbibliothek, gemeinnützige.

—— die Suspension des Oberlehrers Witt zu Königsberg rechtlich begründet? Von ein. rheinischen Juristen. gr. Lex.-8. (1 7/8 B.) Leipzig 842. [Brandstetter.]

Ist die tägliche Schulmesse für Innsbruck noch zeitgemäss ... Innsbruck [1908]. V: *Dietrich, Dominikus.* (Margr)

Ist die Trennung der Herzogthümer Schleswig und Holstein von der Reichsbank wirklich so wünschenswerth? o. O. u. J. 8⁰

Ist die Ungleichheit des Standes dem Freymäurer-Orden nachtheilig? Diese Frage ward bey Gelegenheit der Feyer des Stiftungs-Festes des Ordens den 5. Julii 1770 erwogen von dem Redner des Ordens in der Loge der Eintracht [in Berlin]. Berlin [1770]: Decker. 16 S. 8⁰
Kl. 888 b. 23.

Ist die Verehrung der Heiligen Gottes eine für den Christen vernünftige Handlung? Eine Epistel eines schlesischen kath. Dorfpfarrers an seine geliebten Mitchristen. Striegau, Hoffmann, 1845, gr. 8⁰, 75 Pf.

— d. Vereinigung d. Religion eine bloße Chimaire. 8. Gera 808. Heinsius. 16 gr.

Ist die Vorschrift der Verordnung von 1646, nach welcher die Prediger bei den Specialvisitationen ihre conceptus concionatorios vorlegen und exhibiren sollen, noch für unsere Zeiten anpassend und zweckmäßig? Ein Sendschreiben eines Predigers an einen andern. Schlesw. 1820. V: *Vent, Hans Lorenz Andreas.* (LS)

Ist die Wechselprotest-Aufnahme durch Postbeamte geeignet, in Deutschland das Trattensystem anzubahnen? ... Leipzig 1878. V: *Kraffert, A. O.* (CBH)

—— die Wechselprotest-Aufnahme durch Postbeamte geeignet, in Deutschland das Trattensystem anzubahnen? Eine pract. Studie von dem Verf. der Brochure: „Die Credit-Mißverhältnisse in Deutschland". gr. 8. (78 S.) Leipzig 878, Leiner. *

Ist die Wiedervereinigung der beiden christlichen Hauptpartheien zum Wohl der Christenheit nothwendig ... O. O. 1809. V: *Schulze, Johann Peter.* (NN)

— die Wiedervereinigung d. beyden christl. Hauptparteyen zum Wohl der Christenheit nothwendig, u. welche Folgen würden daraus entstehen? 8. Oldenb. Schulz. 809.

— die Zahlen-Lotterie wirklich ein so großes Uebel, daß Gründe der Moral und des Volkes Wohlfahrt die Aufhebung derselben unerläßlich machten? 8. Altona 810. (Leipzig, Böhme.) n. 1/8 ß

Ist Dr. Bloch Vertheidiger des Judenthums? Mahnwort eines strenggläubigen Juden von Jos. M. Uebers. von L. D. 1. und 2. Aufl. gr. 8. (20 S.) Wien 884, Sintenis. *

Ist Döllinger Häretiker?... 2. Aufl. München 1870. V: *Hötzl, Peter.* (EB)

Ist Dresden von den Schwaben erobert worden? [Dresden 1781.] V: *Hasche, Joh. Chn.* (MGT)

— ein allgem. Landeskatechismus nöthig, u. wie muß er beschaffen seyn? 8. Züllich. (Frommann in Jena.) 790.

Ist ein allgemeiner Landeskatechismus nöthig? . . . Züllichau 1790. V: *Herzlieb, Christian Frdr. Carl.* (Ky) (ML)

Ist ein in Reichsstädtischen Pflichten stehender Rath zu Führung eines Fürstl. Voti genugsam qualificirt? O. O. 1776. V: *Wölkern auf Kalchreut, Lazarus Carl von.* (Holz) (Will)

— ein Lehrer verbunden, nach Entfern. von d. Lehrbegriff seiner Kirche sein Amt in ders. niederzulegen? m. Zugabe. 8. Berlin, Mylius. 767.

— ein Mann seinem Eheweibe Liebe etc. schuldig? 4. Grätz, Ferstl. 789.

Ist eine analoge Anwendung des neuen Bundes-Schiedsgerichts auf Hamburg ... gedenkbar? Hamburg 1835. V: *Bartels, Johann Heinrich.* (schr)

— eine christl. Frau ihrem Eheherrn Subordination und Gehorsam schuldig? 4. Grätz, Ferstl. 789.

— e. Erhöhung der Beamtengehälter nothwendig? Ein offenes Wort an den Landesausschuß v. e. Bauern aus dem Unter-Elsaß. 1. u. 2. Aufl. gr. 8. (15 S.) Straßburg 891. 894. (C. A. Bomhoff.) — 30

Ist eine Erhöhung der landwirtschaftlichen Schutzzölle notwendig? M.-Gladbach: Volksver. f. d. kath. Deutschl. 1901. (96 S.) 8°
= Tages-Fragen, Soziale. H. 25.

Ist eine Erhöhung der landwirtschaftlichen Schutzzölle notwendig? 2. Aufl. M.Gladbach: Zentralstelle d. Volksver. f. d. kath. Deutschland 1902. (128 S.) 8° [J.]
— Tages-Fragen, Soziale. H. 25.

Ist eine Lohnerhöhung in der Plattstichweberei (Rohartikel) notwendig? [Rheineck] 1903. V: *Eugster, Howard.* (BBullSchw 3, 1903)

— eine Veränderung d. Cavallerie-Bequartierungsart in staatsökonom. u. militär. Rücksicht wünschenswerth? In Bezug auf e. in d. hannov. Militair-Journal enthalt. Aufsatz, untersucht von e. Cavallerie-Officiere. gr. 8. (5¾ B.) Hannover 837, Hahn'sche Hofbuchh. •

Ist eine Veränderung der Kavallerie-Bequartierungs- [illegible] Rück[illegible] wünschenswerth? [illegible] 1837. 88 S.

— eine Vereinigung Sachsens mit Preußen nützlich od. schädlich etc.? 8. (Dresd. Arnold.) 814.

— eine Vereinigung Sachsens mit Preußen nützlich oder schädlich? 8. (Dresden 814. Arnold). 4 gl.

— eine Vereinigung zwischen Lutheranern u. den verschied. Glaubenspartheien d. sogen. Reformirten möglich? Beantw. in e. vor mehr denn 100 Jahren in französ. Sprache erschien. Schreiben v. Petr. Middochius. A. d. Franz. Eingel. mit M. Luther's Liede: „Ein' veste Burg ist uns. GOtt." Angehängt: Die christl. Visitations-Artikel etc. gr. 12. (2 B.) Altona 841. (Hamburg, Niemeyer.) •

Ists auch recht? Bei dem betrübten Falle eines Eigenmordes abgehandelt. Kronstadt 1712 . . . V: *Fronius, Marcus.* (Pk) (Trausch)

Ist's auch wahrscheinlich, daß die Geister der Verstorbenen den Lebendigen nahe seyn und auf sie wirken konnen? Bd. I. Weißenf. 795. 8. Bd. II. 798. 8.
Vgl.: I s t es wahrscheinlich,...

Anonym: „Ist es dem höchsten Staatsinteresse Sr. Majestät des Königs in Preussen und der Wohlfahrt Schlesiens besonders angemessen, die Erbunterthänigkeit in Schlesien aufzuheben? Eine Gegenschrift gegen das Schreiben an S. Kgl. Majestät".
Leipzig 1808 (Gräff).

Ist's dem Staate besser, dumme oder aufgeklärte Beamte zu haben? Dresden 1771. V: *Trnka, Joh. Joseph.* (Ky 5/474) (WBL 47/226) (BiblPort)

— es denn auch möglich bei gegenwärtigen Umständen unter uns, eine gute Unterweisung in den öffentlichen Schulen zu erhalten? (v. J. R. Sinner). 8. Rostock (Koppenbach) 768.

Ist es denn auch möglich, bey gegenwärtigen Umständen . . . eine gute Unterweisung . . . zu erhalten? Rostock [Berlin] 1768. V: *Sinner, Johann Rudolph.* (Wr) (Ky) (ML)

Ist es ein Verbrechen von andern verschiedene Ansichten und Meinungen zu haben. Lauenburg [1823]. V: *Kaufmann, Justus Rudolph Heinrich.* (LS)

Ist es einerlei, was man für einen Glauben hat? Beantwortet aus dem Munde des heil. Kirchenlehrers Cyprian. Aus dem Latein. übersetzt u. mit vielen zeitgemäßen Zusätzen vermehrt von Thomas Wiser. gr. 12. München 842. (Lentner'sche Buchh.) n. 5/12 ℛ

Ist es England gelungen, seinen Raubzug gegen Dännemark zu rechtfertigen? . . . Kiel 1807. V: *Manthey, Joh. Dan. Tim.* (Bruun, Bibl. Danica. III, 543.) (Collin, Anonymer. Kiobenh. 1869.)

— es England gelungen, seinen Raubzug gegen Dänemark zu rechtfertigen. 8. Kiel, Acad. Bhdl. 807.
Schreibv.

Ist es Freund od. Feind? 12. (12 S. m. z. Tl. farb. Abb.) Konstanz 895. C. Hirsch. — 75

— es für d. röm. kathol. Kirche nützl., daß Pius VI. ein Nachfolger gegeben werde? 8. Valence. (Stettin, Ulm.) 800.

— es gut u. nothwendig, große u. Handelsstädte zu Festungen zu machen? 8. Berl. 814. (Sander). 4 gl

— es gut u. nothwendig, große u. Handelsstädte zu Festungen zu machen? 8. Berlin, Neue Societ. Buchh. 815. geh.

— es im 18ten Jahrhundert zu früh, sich zur natürl. Religion zu bekennen? gr. 8. Görl. Anton. (a. Gräff in Leipzig.) 793.

— es im 18. Jahrhunderte zu früh, sich zur natürlichen Religion zu bekennen? gr. 8. Görl. 793. (Anton in Halle). (a. Wienbrack in Leipz.) 18 gl

— es in ein. Lande, d. überflüss. Getreide erbaut, nützlich, bey hoh. Kornpreisen d. Branntweinbrennen zu verbieten? 8. Leipzig, Böhme.

— es in einem Lande, d. überflüssiges Getreide erbaut, nützlich, bei hohen Kornpreisen d. Branntweinbrennen zu verbieten? 8. Leipz. 801. (Knobloch.) 3 gl

Ist es notwendig, die Abmessungen des Rhein-Herne-Kanals zu vergrößern? Bearb. im Auftr. d. Minist. d. öffentl. Arbeiten. Berlin 1908: (P. Stankiewicz). (80 S.) 4° [F.] 1908, 1096

— es nothwendig, die alt. Kirchengesänge zu verbessern? 8. Ebend. 782.

Ist es nützlich u. möglich Hamburg zur Festung zu machen? gr. 8. Hamb. Perthes u. B. 814. Rthlr.

Ist es rathsam, besondere Prediger zu berufen, welche gerichtlich Gefangenen die Wahrheiten der Religion vortragen müssen? Leipzig 1770. V: *Franz, Johann Georg Friedrich.* (Ky) (ML)

—— es rathsam, daß der Geistliche das Amt eines Civilstandsbeamten ablehnt? Mit einigen Seitenblicken auf die kirchl. und polit. Situation. Ein ruhiges Wort in bewegter Zeit. gr. 8. (14 S.) Magdeburg 874, Heinrichshofen'sche Buchh. — 25

Ist es rathsam, den Deutschen Kayser in der neuen Wahl-Capitulation noch mehr einzuschränken? . . . Frankf. u. Leipz. [Mannheim] 1790. V: *Mohl, Benjamin Ferd.* (MGT) (Ky) (Pütter, Litt. d. Teutsch. Staatsr. Gött. 1773—91. IV, 88.)

— es rathsam, d. deutschen Kaiser in d. neuen Wahlcapitulation noch mehr einzuschränken ꝛc. gr. 4. Frft. (Schwan u. G. in Mannh.) 790.

—— es rathsam, den Juden das volle Staatsbürgerrecht unbedingter Weise zu ertheilen? Ein staatswissenschaftl. Bedenken von e. Staatsgelehrten. 8. (4 B.) Leipzig 838, Baumgärtners Bh.

Ist es rathsam, die gewöhnlichen Prediger Accidenzien in willkührliche Abgaben zu verwandeln? [Halle 1804.] V: *Seltenreich, Carl Christian.* (MGT)

Ist es rathsam, Missethäter durch Geistliche zum Tode vorbereiten und zur Hinrichtung begleiten zu lassen? Berlin 1769. V: *Steinbart, Gotthilf Sam.* (MGT)

— es rathsam, Missethäter durch Geistliche zum Tode vorbereiten u. zur Hinrichtung begleiten zu lassen? 8. Berl. 769. (Frommann in Jena). 2 gl

— es Recht, auch die Reichsstädte in die Entschädigungsländermasse zu werfen? 8. Nürnb. 802. Grattenauer. 4 gl

ISTS recht denen katholischen Priestern Weiber zu gestatten? O. O. (Ulm, Stettin'sche Buchhdlg.) 1783. 8°. Rar!

— es Recht, den kathol. Priestern Weiber zu gestatten? 8. Ulm 784. Stettin. 12 gl

Ist es Recht, den kathol. Priestern Weiber zu gestatten? *Ulm*, Stettin. 787. 8. (12 Gr.)

Ist es recht, die alten Kirchengesänge zu verändern? . . . Dessau 1782. V: *Kinderling, Johann Friedrich August.* (Ky) (MGT) (BrMm) (Adel)

— es Recht, die alten Kirchengesänge zu verändern? (v. J. F. A. Kindlinger). 8. Dessau 782. (Köhler in Leipz.) 3 gl

Ist es sicherer, als Katholik zu sterben? 8. Grottkau, Schulbuchhdl. 791. Rthlr.

— es vernünftig, Gebete u. Gesänge, die in Sprachen, welche nicht alle verstehen, abgefaßt sind, bei unsern Gottesverehrungen zu gebrauchen. 8. Bresl. Barth. 811.

—— es vom philatelistischen Standpunkte aus angebracht, Specialsammlungen anzulegen, was ist in solche aufzunehmen und wie verfährt man bei event. Anlage? Hrsg. von der „Philatelia". gr. 8. (18 S.) Mähr.-Ostrau 887, Prokisch. *

—— es vortheilhafter, die Bienenschwärme zu lassen, od. sie als Magazinbienen zu behandeln? Untersucht v. J. F. S. L. Ein Bienen-Büchlein f. d. Frankengegend. M. 1 Steindr. 8. (10½ B.) Nürnberg 828, Riegel u. Wießner.

Ist es vortheilhafter, die silberhältigen Erze und Schmelzhüttenprodukte anzuquicken, als sie zu schmelzen? . . . Leipzig u. Wien 1787. H: *Ferber, Johann Jacob.* (BrMm) V: *Charpentier, Joh. Frdr. Wilh. Toussaint v., Don Fausto d'Elhuyar, Joh. Jac. Ferber, Hawkins, Joh. Frdr. Henkel, Frdr. Wilh. Hnr. v. Trebra & Weber.* (Ky)

— es vortheilhafter, die Erze ꝛc. s. Ferber.

— es wahr, daß d. k. k. Verordnn. in Ehesachen dem Sakrament entgegenstehen? gr. 8. Wien 785. Trattner. 19 gl

Ist es wahr od. nicht? Betrachtung üb. 1. Tim. 4, 8. Von Chr. B. 16. (24 S.) Winterthur 892. Emmishofen, C. Hirsch. — 6

— es wahrscheinlich, daß Geister d. Verstorbenen d. Lebenden nahe seyn? 2 Thle. 8. Leipz. Weygand. 795 u. 798. (1r 8 gr. 2r 12 gr.)
Vgl.: I s t es auch wahrscheinlich, ...

— es wahrscheinlich, daß Geister der Verstorbenen der Lebenden nahe seyn? 2 Thle. 8. Weißenf. Böse. 795–98. (1r 8 gr. 2r 12 gr.)

IST es Zeit, das Cölibat abzuschaffen? Aus d. Französ. Berlin und Wien (fing.). 1806. 8°. (In München: J. can. p. 546.)

IST es Zeit, das Cölibat abzuschaffen? Auflösung dieser Frage in dem Briefwechsel zweier katholischen Geistlichen. Tübingen, Cotta, 1807. 4°. (²/₃ Rthl.)

Ist es Zeit, den Belagerungszustand von Berlin aufzuheben? Geschrieben im März 1849. Druck von J. F. Starcke. 8 Bl. 8.
Flugblatt. Berlin, 12. März 1849.

Ist es Zeit den Belagerungszustand von Berlin aufzuheben? Geschrieben im März 1849. Berlin, Peiser (1849). 15 S. 8.

Ist Eybel ein Ketzer? Bregenz 1785. V: *Schelhorn, Joh. Gg.* (BB) (MGT)

Ist fortdauerndes Bewusztseyn an einem vom Körper getrennten Kopfe zu erkennen? ... Germanien [Leipzig] 1804. V: *Gebel, August.* (Kat. d. Druckschr. üb. Breslau. Breslau 1903. S. 129.)

— fortdauerndes Bewußtseyn an einem vom Körper getrennten Kopfe zu erkennen? Verneinend beantwortet. 8. Leipzig, Barth. 804.

— Frankreich weniger furchtbar ohne Napoleon? 8. Leipz. 815. Gr. Fleischer. 8 gr.

Ist Frankreich weniger furchtbar ohne Napoleon? 8. Lpz. Gerh. Fleischer. 815.

IST „freie Liebe" Sittenlosigkeit? Vom Verfasser des Buches Conträrsexualismus in Bezug auf Ehe und Frauenfrage. Leipzig, Spohr (c. 1895). (2 Mk. E. Demuth, Straßb. i. E., 1900.)
Verboten v. L.-G. Wien. 20. IX. 1897. § 305; Kr.-G. Leitmeritz, 17. IV. 1901. § 305.
Gleichstellung von Mann und Weib. Maitressen. Der Knabe in der Stadt. Das heranwachsende Mädchen. Verbotene Lektüre für die Jugend. Nachtkaffee. Im Reich der „freien Liebe". Entschluss zur Sünde. Männerfang. Wie man Dirne wird. Wilde Ehe. Künstlerliebe. „Freie Liebe" für Alle! etc.

— „freie Liebe" Sittenlosigkeit? gr. 8. (108 S.) Leipzig 897. M. Spohr. n. 2. —

— „freie Liebe" Sittenlosigkeit? 2. Aufl. gr. 8. (111 S.) Leipzig 900. M. Spohr. n. 2. —

Ist Graf Mirabeau Verfasser einer gewissen berüchtigten Schrift? [Berlin 1789.] V: *Mauvillon, Jac.* (Ischer, Zimmermanns Leben und Werke. Bern 1893.)

Ist Herr Aloisius Merz ordinari Prediger des hohen Domstifts zu Augsburg: ein römisch katholischer Gottesgelehrter und steht der Mann an seinem Orte? O. O. 1781. V: *Cremeri, Benedict. Dom. Anton.* (Bespr. Realzeitung 1782, Nr. 2, S. 23—25.) (biblrort)

Ist Herr Bossi als Bischof von St. Gallen anzuerkennen? Nein! ... [St. Gallen 1835.] V: *Häfliger, H.* (Cat. d. Stadtbibl. Zürich. Zürich 1864—97.)

Ist in der Bibel ... ein Grund vorhanden, der uns verpflichtet, die Erklärung anderer Menschen ... zu Glaubensartikel zu machen ... Rostock 1786. V: *Detharding, Georg.* (Ky) (MGT)

— in d. Bibel ein Grund vorhand., die Erklär. ander. Menschen zu Glaubensartikeln zu machen? gr. 8. Rost. Koppe. 786.

Ist in der Bibel ... ein Grund vorhanden, der uns verpflichtet, die Teutsche Bibel des seel. D. Luther's als ein untrügliches Wort Gottes anzunehmen? ... [Greifswald] 1802. V: *Detharding, Georg.* (MGT) »Rostock 1803« (Ky)

— in d. Bibel oder in d. gesunden Vernunft ein Grund vorhanden, der uns verpflichtet, Luthers Uebersetz. d. Bibel für untrüglich anzunehmen? (v. G. Detharding). 8. Rost. 803. Stiller. 5 gr.

Ist in Schlesien Holznoth vorhanden od. zu fürchten? Ein Beitrag zur Erörterung dieser Frage v. e. prakt. Forstmanne (A. Hanß). gr. 12. (22 Seit.) Breslau 840, Hirt.

Ist kein Arzt da? oder Israel und dessen Propheten. Von IXHIEL. gr. 8. (III und 184 S.) Hamburg 859, [Nolte.] *

— Chursachsen nicht eben so gut als andere u. minder mächtige Stände Deutschlands berechtigt, sich die Königswürde zuzueignen? (v. J. A. Bergk.) gr. 8. Leipz. 806. Mag. f. Ind. 8 gr. Hbg. Pr. 6 gr.

Ist Chursachsen nicht eben so gut als andere ... Stände Teutschlands berechtigt sich die Königs-Würde zuzueignen? Würzburg 1806. V: *Bergk, Joh. Adam.* (Ky) (MGT) (NN)

Ist Mathematik Hexerei? Von einem preußischen Schulmeister. Freiburg i. Br. 1909. V: *Schwering, Carl.* (EB)

— Mathematik Hexerei? Von e. preuss. Schulmeister. (III, 68 S.) 8. Freiburg i/B. 909. Herder. 1. 20

IST mir Schnuppe (ps.), Buch zum Lachen. 1872. (5 Auflagen.)
Weller, Lex. Ps. p. 286.

Ist nach dem Longobardischen Lehenrecht, der Agnat Anwartschaften seiner Vorfahren zu vollziehen schuldig? O. O. 1778. V: *Zwierlein, Chn Jac. v.* (Holz)

Ist Notschajeff ein politischer Verbrecher oder nicht? Unterschrieben: Alexander Oelsnitz, Zemphiri Rally, Valerian Smirnoff, Woldemar Holstein, Lazar Goldenberg, Michael Bakounin, Woldemar Ozeroff, russische politische Flüchtlinge. 8°. Zürich, Genossenschafts-Buchdr., 1872.

—— noch eine Versöhnung mit der römischen Kirche möglich? Zugleich ein Blick auf die Ansprüche der oberrhein. Bischöfe. Von einem Freunde geschichtl. Wahrheit. gr. 8. (40 S.) Stuttgart 854, Sonnewald'sche Buchh.

Ist Österreich deutsch? Leipz. 1843. V: *Schuselka, Franz.* (WFM)

Ist Oesterreich deutsch? Eine statistische und glossirte Beantwortung dieser Frage. Leipzig. Weidmann 1843. 67 S. 8.

Ist Preußen deutsch? Frage an Alle, die sich Deutsche nennen. Erfurt, W. Müller, 1848. 14 S. 8°.

— 2. verb. Aufl. 16 S. 8°. 1848.

Ist Preussens König zum Oberhaupte des deutschen Reichs berufen? München 1848. V: *Krätzer, A.* (Ky)

Ist Preußens König zum Oberhaupt des deutschen Reiches berufen? (München, Finsterlin, 1848.) 8 S. 8°.

— Saul auch unt. d. Propheten? od. Briefwechsel zwisch. Lavater u. Erlacher. 8. Basel, S. Flick. 799.

—— Strauß uns zum Heil od. Unheil berufen? Beantw. aus dess. Leben u. Lehre, nebst d. Zuschrift d. Dr. Strauß u. dem diesfäll. neuesten Beschluß d. Erziehungsrathes. gr. 8. (1 B.) Zürich 839, Orell, Füßli u. Comp.

— Theaterspielen u. Theaterbesuchen Sünde? Die Unsittlichkeit des Theaters. 2. Aufl. (8 S.) kl. 8. Zwickau 905. J. Herrmann. n.n. — 06
3.Aufl.s.: I s t das heutige Theaterspielen u.Theaterbes.Sünde?

— und denn der Predigerstand wirklich so nützlich u. nothwendig? 8. Leipz. 802. Mittler. 6 gl.

— und d. Predigerstand denn wirkl. so nützl. u. nothwendig? 8. Leipz. Mittler. (a. Dieterici in Berl.) 802.

Ist unser Vaterland nicht mehr zu retten? Eine Frage ... an alle Landleute und Bürger in allen Kantonen. Von einem Layen, der weder Staatsmann noch Geistlicher ist. 8° o.O.1798.

Ist Unzucht Sünde? 12. (12 S.) Berlin 866, Buchh. des Missions-Vereins.

Ist Verbreitung grösserer Aufklärung in Religionssachen vortheilhaft? ... [Rostock 1791.] V: *Simonis, Frdr.* (MGT)

Ist von Schutzzöllen oder von freiem Verkehr die Verbesserung der Arbeiterzustände zu erwarten? Frankfurt a. M 1848. 16 S. 8.

Der Barbier von Bagdad. Komische Oper in 2 Akten. Dichtung u. Musik von Peter Cornelius. Erl. d. Orig.Part. unter Berücks. der Mottl'schen Bearb. von Dr. Edgar **Istel**. Berlin: Schlesinger [1908]. (39 S.) 8° [F.]
— Opernführer. No 52.
(Schlesingersche Musik-Bibliothek.) [08. 10340

Istel, Edg., die Blütezeit der musikal. Romantik in Deutschland, s.a. Aus Natur u. Geisteswelt.

Istel, Edgar: Die B l ü t e z e i t der musikalischen Romantik in Deutschland. Leipzig: Teubner 1909. IV, 167 S. 8°
(Aus Natur u. Geisteswelt. Bdch. 239.)

Peter Cornelius. Von Dr. Edgar **Istel**. Leipzig: Ph. Reclam jun. (1906). (127 S.) 8° [F.]
— Musiker-Biographien. Bd 25.
(Universal-Bibliothek. 4766.) [06. 4761

Istel, Edgar, Peter Cornelius, s.a. Universal-Bibliothek.

Istel, Edgar (Hrsg.), s. D i t t e r s d o r f , Karl Ditters von: Lebensbeschreibung.

Istel, Edgar. Die Entstehung des Deutschen Melodramas. ([Mit Notenbeispielen, 14 Tafeln und] Notenbeilage.) VI + 104 + *Notenbeilage* 4 S. gr.-8. Berlin und Leipzig, Schuster & Loeffler, 1906. [M. 2.—]

Edgar **Istel**. Die Entstehung des Deutschen Melodramas. Berlin & Leipzig: Schuster & Loeffler 1906. (104, 4 S.) 4° (8°)
[Aus: Die Musik. Bd. 18.] [06. 11934

Die Heirat wider Willen. Kom. Oper in 3 Aufz. ... von Engelbert Humperdinck. Einführung in Handlung u. Musik von Dr. Edgar **Istel**. Berlin: Schlesinger [1908]. (32 S.) 8° [F.]
— Opernführer. No 111.
(Schlesingersche Musik-Bibliothek.)

Das Kunstwerk Richard Wagners. Von Edgar **Istel**. Mit 1 Bildn. Leipzig: Teubner 1910. VII, 148 S. 8°
(Aus Natur u. Geisteswelt. Bdch. 330.) [10. 17333

— Das Kunstwerk Richard Wagners, s.a. Aus Natur u. Geisteswelt.

Lobetanz. Ein Bühnenspiel in 3 Aufz. Dichtung von Otto Julius Bierbaum, Musik von Ludwig Thuille. Erl. von Dr. Edgar **Istel** Berlin: Schlesinger [1908]. (27 S.) 8° [F.]
— Opernführer. No 114.
(Schlesingersche Musik-Bibliothek.) [03. 10331

Die Komische Oper. Eine hist.-ästhet. Studie. Edgar **Istel**. Stuttgart: C. Grüninger [1906]. (84 S.) 8° [F.] [06. 8168

Istel, Edgar, aus Mainz: **Studien zur Geschichte des Melodramas. 1. Jean-Jacques Rousseau als Komponist seiner lyrischen Scene 'Pygmalion.'** *Leipzig 1901: Breitkopf & Härtel.* (VI, 50 S.) 8° ¶ [Erschien vollst. 1901 als: Publikationen d. internat. Musikgesellschaft, Beiheft 1.]
München, Phil. Diss. v. 1901

Istel, Edgar. Jean-Jacques Rousseau als Komponist seiner lyrischen Scene «Pygmalion». *Kopftitel:* Studien zur Geschichte des Melodramas I. VIII + 90 S. 8. Leipzig, Breitkopf & Härtel, 1901. (M. 1.50)
Publikationen der Internationalen Musikgesellschaft. Beihefte. Heft 1....

— Ludw. **Schiedermair**, Herm. **Teibler** u. Karl **Weigl**, Mahlers Symphonien, s.a. **Meisterführer**.

Mahlers **Symphonien**. Erl. m. Notenbeispielen von Dr. Edgar Istel [u. a.] nebst e. Einl.: Persönlichkeit u. Leben Gustav Mahlers von Dr. Edgar Istel. Berlin: Schlesinger; Wien: Haslinger [1910]. 172 S. 8°
(Meisterführer. Nr 10.)
(Schlesinger'sche Musik-Bibliothek.) [11. 4857

— Richard Wagner im Lichte e. zeitgenössischen Briefwechsels (1858 bis 1872). [Aus: „Die Musik".] Lex.-8. (72 S.) Berlin 902. Schuster & Loeffler. n. 1. —

Das deutsche Weihnachtsspiel und seine Wiedergeburt aus dem Geiste der Musik. Zur Einführung in Ph. Wolfrum's Weihnachtsmysterium. Von Edgar **Istel**. *Langensalza: H. Beyer & Söhne 1901.* (27 S.) 8°
— Magazin, Musikalisches. H. 1. [01. 9081 3

Ister, Jak., romant. Erzähll. der Tages- u. Vorzeit. Mit Kpf. 8. Leipz. 796. Rein. 12 gr

Ister, J., romantische Erzählungen des Tages und der Vorzeit, mit 1 Kupf. 8. Leipzig, 796. Rein. 15 sgl.

Isternitz Emil: Die Dramatisierungen der Ruth in der deutschen Literatur des 16. und beginnenden 17. Jahrhunderts nebst einem Anhang über das frühtschechische Ruth-Drama des Georg Tesak Mosovsky.
M. 1909 PN 2737 **Diss.** Wien, Univ.

Isthuanffius, Nic., historiar. de rebus Hungar. libri XXXIV. fol. Colon. 724.

— — id. lib. fol. Vien. Trattner. 760.

Istóczy, Vict., Statuten-Entwurf des Central-Vereins des Nichtjuden-Bundes von Ungarn. 12. (12 S.) Berlin 880, Hentze's Verlag. verklebt *

La Historia [**Istoria**] di Florindo e Chiarastella. Faks. eines um 1500 in Florenz hergestellten Druckes im Besitze d. Kgl. Universitätsbibliothek in Erlangen. (Hrsg.: Hermann Varnhagen.) Erlangen: M. Mencke 1907. (10 S., 4 Bl.) 8° [07. 15045

Istoria, dell' Imperio germanico e dell' Italia dei tempi dei Carolingi. 4. mai. Hafn. Otto. 769.

— del testamento V. et N. 8. Bresl. Horn. 764.

— — — mit deutsch. Anm. 8. Augsb. Rieger. 787.

Istoria delle Turbolenze della Polonia . . . Gorizia 1774. V: *Casanova de Seingalt, Gian. Giac. Geron.* (MGT) (Pr)

Istoricas biblicas publichedas tres il colliqui d'Engiadina ota. 2. ed. Avec 6 cartes. Gr. in-8°. VII, 88 et 87 p. Chur (Jul. Rich). Relié 2 —. 1890.

Istorietta del Cavalliero determinato . . . Hannover 1800 . . . V: *La Marche, Olivier de.* (BrMm)

Istorija Szventa trumpai apsakyta del mažų vaikų. Su 47 gražiais abrozdeliais. Tilžėje: O. v. Mauderode 1904. (78 S.) 8°
[Heil. Geschichte kurz erzählt für kleine Kinder. Tilsit.] [05. 3708 10

Istorija šventa trumpai apsakyta dėl mažų vaikų. Su daugel abrozdeliais. Tilžėje: v. Mauderode 1906. 78 S. 8°
[Bibl. Geschichte f. kleine Kinder.] [10. 9724 10

Iš **istorijos** Lenkų sukilimų. Tilžė: Saunus 1905. 15 S. 8°
[Aus der Geschichte der Polen-Aufstände.]
Aus: 'Ukininkas.' [10. 10314 10

Istradamento al compoire o sia precetti intorno al modo di esprimere per iscritto i proprj pensieri ed Esempi di quelle Scritture delle quali è più frequente il bisogno nella Civil Società. 8. (310 p.) Vienna. Presso L. Grund. 1856. Legato 27 Car. M. C.
Vlg.d.Schulbücher-Verschleiß-Administr.

d'Istria, Dora, par S. K. G. 16. (40 S.) Aarau 860, Sauerländer. *

d'Istria, Mad. Dora, Excursions en Roumélie et en Morée. 2 Vols. Avec le portrait de l'auteur. 8. (XII und 1254 S.) Zürich 863, Meyer und Zeller's Verlag. *

d'Istria, Cass. Dora, les femmes en Orient. 2 Vols. gr. 8. (XI und 1008 S. mit dem Portr. der Verf. in Stahlst.) Zürich 859, Meyer und Zeller's Verlag. *

Istria, Dora d'. Die deutsche Schweiz und die Besteigung des Mönchs. Verb. deutsche Originalausgabe. Zürich 1857—58. Ü: *Kurz, Heinrich.* (Schumann, Aarg. Schriftst. 1888, I, 117) (Zeitschr. f. Büch. N. F. 15, 1923, S. 112)

—— die deutsche Schweiz, Land, Volk und Geschichte. 3 Bde. 1. Aufl. 1858. * 4 Thlr. und 2., verb. und verm. deutsche Orig.-(Titel-)Ausg. gr. 8. (XXXIV und 1108 S. mit Portr. der Verf. in Stahlst.) Zürich (858)60, Meyer und Zeller's Verlag. *

Istrich, Chr. Gli., († im Nov. 1782.) Predigten über etliche Sonn- u. Festtagsevangelien. 8. Altenb. 778. (Hennings in Neiße). 6 gr

Istrich, C. Gli., Predigten üb. etl. Sonn- u. Festtags-Evangel. 8. Altenb. (Acad. Bhdl. in Jena.) 778.

Istrich, Eduardus: Quomodo versati sint compilatores Digestorum in excerpendis veterum ICtorum scriptis ope fragmentorum Vaticanorum demonstratur. Halis Saxonum 1863: Hendel. 34 S. 8°
Halle-Wittenberg, Jur. Diss. v. 9. Juli 1863
Geb. [Naumburg 3. 7. 1839]

Istrich, Johann August (Rochlitz), De potulentorum administratione in morbis acutis. Diss. med. Präs. D. Carl Christ. Krause. Lpz. (Klaubarth) 22. II. 1793. 26 S. (6.—) 17042
Gew.: Christian Gottlob Istrich (Eisleben; Bruder). — Widm. v. Präs.

Istrien [Sachliches Ordnungswort]

Istrien. Historische, geographische und statistische Darstellung der istrischen Halbinsel nebst den quarnerischen Inseln. Triest 1863. V: *Köhler, Joh.* (EB)

Istrien. Historische, geograph. und statist. Darstellung der Istrischen Halbinsel nebst den Quarnerischen Inseln. 8. (VIII und 311 S. mit 1 lithogr. Karte in 4.) Triest 863, Literarisch-artistische Anstalt.

Behelfe zum Studium der Militär-Geographie. Istrien. Für den ausschliesslichen Gebrauch der Frequentanten der k. k. Kriegsschule als Manuscript gedruckt. 8. Wien 1875.

Istrien. Ein Wegweiser längs der Küste, für Pola und das Innere des Landes. Mit 1 (lithogr.) Karte von Istrien. 8. (VII, 216 S.) Triest 878, Literar.-artist. Anstalt. *

Istrien mit den Quarnerischen Inseln. Geograph.-statist. Darstellg. nebst 1 Kärtchen f. Lehrer d. Erdbeschreibung u. Geographie. Nach amtl. Quellen bearb. gr. 8. (1½ B.) Wien 846. (Leipzig, Brockhaus u. Avenarius.) *

Istrien [Schlagwort]

Istrien, s.: Eisenbahnkarten. — Görz.

Istrien, s.: Hand- u. Reisekarten. 29.

Istrien, s.: Oesterreich-Ungarn. Artaria.

Istrien, s. a.: Reichsratswahlkarte.

Istrien. Bombig, Enrico, Carta dell' Istria. Città e territorio di Trieste. Città e distretto di Fiume. Friuli, altipiano del Carso litorale della Croazia. 1 : 200,000. 91×64,5 cm. Farbdr. Triest (906). F. H. Schimpff. n. 3.—; auf Leinw. m. Stäben n. 6.—

Istruzione s. Instruzione.

Istruzione per tutte le commissioni locali del censimento (steurali) della provincia del Tirolo, rispetto al modo di tenere in istato di evidenza il cattastro steurale. 4. Innsbruck 836. Wagner. 7/12 ℳ (Vergl. Instruktion.)

Istruzione per l'impianto del libro fondiario in Tirolo. s.: Vollzugsvorschrift z. Anlegung d. Grundbuches in Tirol.

Istruzione sul modo di sopperire alle spese pei detenuti e pei processi penali presso i giudizî e sul modo di conteggiarle. Lex.-8. (35 S.) .10
Wien: Hof-u.Staatsdruckerei 1896.

Istruzione per gli organi di esecuzione. 8. (III, 100 S.) —.20, geb. —.30
Wien: Hof-u.Staatsdruckerei 1897.

Istruzione d'un padre a suo figlio ch'egli menda nell' academia . . . Hildburgh. 1783. V: *Gellert, Chn. Fürchteg.* (Ky)

Istruzione di servizio per gli uffici e depositi postali svizzeri. Del 1º ottobre 1907. Pubblicata dalla Direzione generale delle poste svizzere coll' approvazione del Dipartimento delle poste e ferrovie. [Con figure.] XVI + 441 p. [+ 2 fogli]. kl.-4. [Berna,] R[ösch] & S[chatzmann], I. [19]08. [leg.] fr. 3.—
Amministrazione delle poste svizzere. [Pubblicazioni officiali.]

Istruzione per gli uffici e depositi postali concernente il servizio di chèques e girate. [Pubblicata dall'] Amministrazione delle poste svizzere. ⟨Dell' 8 novembre 1905.⟩ II + 17 p. kl.-fol. [Berna,] R[ösch] & S[chatzmann], XI. [19]05.

Istruzioni pei docenti incaricati di visitare i fanciulli al loro primo entrare nella scuola, per vedere se sono affetti da malattie mentali o fisiche. [Con 1 tabella.] 15 p. 8. [Berna, Neukomm & Zimmermann, 1901.]
Deutsche Ausg. s. Anleitungen für das Lehrpersonal....

ISTVAN, Gulielmus: De pontifice Clemente XI. — (1881) 305 S. 8° (Handschr.) Diss. 445
Diss. Wien, Univ.

Istvánffi, Gyula von

Istvánffi, Gy de, s.: Annales de l'institut central ampélologique royal hongrois.

Istvánffi, G. v., s.: Brefeld, Osc., Untersuchgn. a. d. Gesammtgebiete d. Mykologie.

Istvánffi, Gyula de, s.: Clusii Atrebatis, Caroli, icones fungorum.

— Etudes et commentaires sur le code de l'Escluse augmentés de quelques notices biographiques. Enrichis de 22 fig. et de 91 planches chromolith., reproduction du code de l'Escluse. (A Clusius-Codex mykologiai méltatása adatokkal Clusius életrajzához.) gr. Fol. (X. 287 S.) Budapest 900. (Leipzig, M. Weg.) n.n. 170.—

Istvánffi, Jul. v., die Kryptogamen Flora d. Balatonsees, s. a. Resultate d. wissenschaftl. Erforschg. d. Balatonsees.

Die kryptogome [!] Flora des Balatonsees und seiner Nebengewässer von Dr. Julius v. **Istvánffi**. Mit 17 Fig. (Wien: Hölzel in Comm. 1898.) 148 S. 4°(8°)
(Resultate d. wissenschaftl. Erforschung d. Balatonsees. Bd 2, Th. 2, Sectio 1.)

Istvann, A., der heilige Ludgerus. Sein heil. Leben und wunderbares Wirken. Ein Andenken an die 1050jähr. Jubelfeier. Nebst Gebeten und Liedern zu dem Heiligen. Ablaßgebete und Bemerkungen über das coesfelder Kreuz ic. 8. Aufl. 18. (86 S.) Coesfeld 860, Wittneven Sohn. *

Isuard's, ..., Unterricht, Ertrunkenen beizustehen. 8. Münch. 764. (G. Franz). 4 ℊ

Isulju, Studien und Erlebnisse eines reisenden Prinzen, s. Studien und Erlebnisse.

Isverding, J. A., Utrum diabolus in verum atque proprie sic dictum possit operari corpus. Lps. 4°.
1714

Iszer, Andr., walachische Sprachlehre für Deutsche. 8. (356 S.) Kronstadt 840, (Németh.) *

Iszer, Andreas —. Walachische oder romänische Sprachlehre für Deutsche. Verfaßt von — —, Zweite verbesserte Auflage. Kronstadt. 1855. Gedruckt bei Johann Gött. (256 S. 8.)

Iszer, Andr., walachische und romänische Sprachlehre für Deutsche. 2., verb. Aufl. 8. (256 S.) Kronstadt 855, (Németh.)

Iszer, A., wallachische oder romänische Sprachlehre für Deutsche. 2. Aufl. (256 S.) Kronstadt 860, Haberl und Sindel.

— walachisch-deutsches Wörterbuch. gr. 8. (278 S.) Kronstadt 850, (Németh.) *

Iszkowski, R., die Anforderungen des Strassenverkehres. Anleitung zur Herstellg. u. Pflege der Strassenfahrbahn. (81 S. m. Fig.) gr. 8. Wien 902. Druckerei u. Verlags-A.-G. vorm. R. v. Waldheim. n. 1.—
Sonderabdruck a.: „Öst. Wochenschr. f. d. öffentl. Baudienst".

Die Wasserstrassen in Galizien. Von R. **Iszkowski**-Wien, k. k. Sectionsr. *Berlin: Siemenroth & Troschel 1897.* (13 S., 1 Bl.) 1 Bd 8.
— Mittheilungen üb. d. derzeitige u. angestrebte Schiffbarkeit d. Hauptströme u. ihrer Nebenflüsse. H. 3.
= Deutsch-Oesterreichisch-Ungarischer **Verband** für Binnenschiffahrt. **Verbands-Schriften.** No 20.

Iszleib, Ludw. Gedichte. *Laibach* 1858. *J. v. Kleinmayr & Fedor Bamberg.* VIII u. 205 S., 8°. 1 fl. 30 kr.

Isztachri, das Buch der Länder, s. Schriften.

Itala, Ein neues Fragment des Quedlinburger Itala-Codex hrsg. v. A. Düning. Pr. 1888. 24 S. m. 1 Taf. 4°. 120

Italia für .... Hg.: J. K. Senoner.
1826.
Mailand. Goed. VIII, 117, 289.

Italia. Mit Beiträgen v. A. Hagen, Ida Gräfin Hahn-Hahn, H. Leo, Frz. Frhr. v. Gaudy, Fr. v. Rumohr u. A. Hrsg. v. Alfr. Reumont. 1. u. 2. Jahrg. 1838 u. 40. 8. Berlin, Alex. Duncker. [1. (19½ B. u. Titlkpfr.), 2. (21 B. u. Titlkpfr.) à * 2 Thlr.] *

Italia. Deutsche Dichter als Führer jenseits der Alpen. Gewählt und hrsg. von L. Schücking. gr. 12. (VIII und 693 S. mit 1 Stahlst.) Frankfurt a. M. 851, Jügel's Verlag. *

Italia. Deutsche Dichter als Führer jenseits der Alpen. Gewählt und hrsg. von L. Schücking. Neue wohlf. (Titel-)Ausg. gr. 12. (VIII und 693 S. mit 1 Stahlst.) Frankfurt a. M. (851)57, Jügel's Verlag. 1 Thlr.; geb. Thlr.

Italia. Hrsg. von Karl Hillebrand. 1. und 2. Bd. gr. 8. (VIII, 324; 335 S.) Leipzig 874, Hartung und Sohn. à Bd. * 8 —

Italia. Hrsg. von Karl Hillebrand. 3. und 4. Bd. gr. 8. (322; V, 324 S.) [Leipzig 876,77], Rudolstadt, Hartung und Sohn. à Bd. *

L'Italia. Giornale novellistico per lo studio della lingua italiana. Con note ad uso dei Tedeschi e dei Francesi. Red.: A. Scartazzini. 1. Jahrg. April 1892—Febr. 1893. 24 Nrn. (½ Bog.) gr. 8. Davos, H. Richter. n. 4. —

L'Italia. Giornale novellistico per lo studio della lingua italiana. Con note ad uso dei Tedeschi e dei Francesi. Redact.: A. Scartazzini. 1. Jahrg. Apr. 1892—März 1893. (24 Nrn.) (à Nr. ½ Bog.) gr. 8. Davos, Richter. * 4 —

— dasselbe. 2. u. 3. Jahrg. Febr. 1893—Febr. 1895. à 24 Nrn. (½ Bog.) gr. 8. Ebd. à Jahrg. n. 4. —

L'Italia. Giornale novellistico per lo studio della lingua italiana. Con note ad uso dei Tedeschi e dei Francesi. Hrsg. v. *A. Scartazzini.* 4. Jahrg. 1895/96. (24 Nos). N° 1. Gr. in-8°. 8 p. Davos, H. Richter. Jährlich 4 —
Für das Ausland 5 —

Italia: L'Italia (Ti)
① Giornale quindicinale ad uso degli stranieri studiosi della lingua italiana ⑤ 1894–1897 ⑥ in-8° ⑦ quindicinale ⑧ Lugano Veladini ⑨ A. Scartazzini, Davos ⑩ A. Scartazzini, Davos ⑬ Zendralli: Stampa Grigioni Italiano, no. 20 ⑭ Ch: K.

Italia Augustiniana in suas Provincias una cum Conventibus distributa etc. dedicata à P. Fr. M. A. H Germaniae Assistente Generali apud Matth. Seutter. Aug. Vind. 1 : 2,600,000. 1 Bl.

Italia Benedictina delineata A. P. R. C. P. W. excusa Per Haeredes Homannianos. Norimbergae. 1 : 2.600.000. 1 Bl.

Italia in Hundert u. Einem Ständchen besungen v. e. Morgenländer. gr. 8. (20 B.) Darmstadt 830, Leske.

Italia in Hundert und Einem Ständchen ... Leipzig u. Darmstadt 1830. V: *Hammer-Purgstall, Joseph Freih. von.* (Ky) (EE)
Liebeskind, Dorothea Margarethe geb. Wedekind gesch. Forkel. (BGE) (GGr)

Italia in suos Status hodiernos divisa, ex d'Anvilliano Rizzi Zannonioque prototypis desumta Curantibus Homannianis Haeredibus 1805. 2,250,000. 1 Bl.

Italia annexis Insulis Sicilia etc. Cura et sumptibus Tob. Conr. Lotter. Aug. Vind. 1758. 1 : 2,500,000. 1 Bl.

l'Italiana in Algieri. Drama giocoso per musica in 2 Atti. 8. Wien 817. Wallishausser. 8 k

L'Italiano in Francia. Metodo di parlare subito il Francese per mezzo di una pronunzia figurata. Bonn: C. Georgi [1900]. (32 S.) 8° [Umschlagt.]
— **Kuntzé**, Méthode Polyglotte. [13].

L'Italiano in Germania. Metodo di parlare subito il Tedesco per mezzo di una pronunzia figurata. Bonn: C. Georgi [1897]. (32 S.) 8° [Umschlagt.]
— **Kuntzé**, Méthode Polyglotte. [14.]

L'Italiano in Grecia. Metodo di parlare subito il Greco, per mezzo di una pronunzia figurata. Bonn: C. Georgi [1900]. (30 S.) 8° [Umschlagt.]
= **Kuntzé**, Méthode Polyglotte. [58.]

L'Italiano in Inghilterra. Metodo di parlare subito il Inglese per mezzo di una pronunzia figurata. Bonn: C. Georgi [1900]. (32 S.) 8° [Umschlagt.]
— **Kuntzé**, Méthode Polyglotte. [15.]

L'Italiano in Spagna. Metodo di parlare subito il Spagnuolo per mezzo di una pronunzia figurata. Bonn: C. Georgi [1900]. (37 S.) 8° [Umschlagt.]
— **Kuntzé**, Méthode Polyglotte. [16.]

L'Italie et les Bonapartes. 8. Leipzig 1859.

Italien [Sachliches Ordnungswort]

Italien. In It' s. [Hold, August].

— **geograph. Spiel m. ein. hist. geograph. Gemälde d. Reichs. Leipzig, Fleischer.**

— histor.-geograph. Lesebuch. 8. Wien 797. Otto. 18 gr

Italien. Eine Zeitschrift . . . Berlin 1803. V: *Rehfues, Phil. Jos. von* & *Joh. Friedrich Tscharner.* (GGr) (Ky) (EE) »1804—5« (ErschDL)

— e. Zeitschrift von zwei reisenden Deutschen (P. J. Rehfues u. J. F. Tscharner). 11 Hefte. 8. Berl. 803 u. 4. Unger. 5 rthl 12 gr (Rauck). Pbg. Pr. 1 rthl 12 gr

— **eine Zeitschr. von zwey reisenden Deutschen. 1s — 11s Hft. 8. Berlin, Unger. 803-5. (à 12 gr.)**

Italien. Eine Wanderung von den Alpen bis zum Aetna. In Schilderungen von Karl Stieler, Ed. Paulus, Woldem. Kaden, mit Bildern von G. Bauernfeind, A. Boecklin, Germ. Bohn, A. Calame, G. Closs u. A. Holzschn. von Adf. Closs. 27 Lfgn. Fol. (430 S. mit eingedr. Holzschn. und Holzschntaf.) Stuttgart 874,75. Engelhorn. à Lfgn. *M.* 2. 51 —
geb. 75 —

Italien. Eine Wanderung von den Alpen bis zum Aetna. In Schilderungen von Karl Stieler, Ed. Paulus, Woldem. Kaden, m. Bildern v. G. Bauernfeind, A. Calame, G. Closs u. A. Holzschnitte v. Adf. Closs. 27 Lfgn. Fol. (430 S. m. eingedr. Holzschn. u. Holzschntaf.) Stuttgart 874—76. Engelhorn. à n. 2. –

Italien. Eine Wanderung von den Alpen bis zum Aetna. In Schilderungen von Karl Stieler, Ed. Paulus, Woldem. Kaden, m. Bildern v. G. Bauernfeind, German Bohn, Ar. Calame rc., Holzschnitte v. Adf. Closs. 2. Aufl. 37 Lfgn. Fol. (430 S. m. eingedr. Holzschn. u. Holzschntaf.) Stuttgart 878. Engelhorn. à n. 1. 50
(cplt. geb.: n. 75. —)

Italien. Eine Wanderung von den Alpen bis zum Aetna. In Schilderungen von Karl Stieler, Ed. Paulus, Woldem. Kaden, mit Bildern von G. Bauernfeind, Germann Bohn, Arth. Calame rc., Holzschnitte von Adf. Closs. 2. Aufl. 37 Lfgn. Fol. (VII, 422 S. mit eingedr. Holzschn. und Holzschntaf.) Stuttgart 880, Engelhorn. à Lfg. **M.* 1,50, **M.* 55,50.; geb. *

Italien. Prakt. Reisehandb. M Kt. u. Pl. Berlin: A. Goldschmidt 1899. (IV, 276 S., 6 Kt., 7 Pl.) 8°
= Reisebücher, Griebens. Bd 80.

Italien in einem Bande. Prakt. Reisehandbuch. 2. Aufl., vollst. neu bearb. von W. Schultz-Riesenberg. Mit 17 Karten u. 4 Grundrissen. Berlin: A. Goldschmidt 1904–05. (VI, 343 S.) 8°
= **Reiseführer,** Griebens. Bd 80. [04. 3664

Italien in einem Bande. Prakt. Reisehandbuch. 3. Aufl. Vollst. neu bearb. von W. Schultz-Riesenberg. Mit 18 Karten u. 5 Grundr. Berlin: A. Goldschmidt 1907–08. (VIII, 398, 16 S.) 8°
= **Reiseführer,** Griebens. Bd 80. [07. 8321

Italien in einem Bande. Prakt. Reisehandbuch. 4. Aufl. Vollst. neu bearb. von W. Schultz-Riesenberg. Mit 20 Kt. u. 9 Grundr. Berlin: A. Goldschmidt 1910–11. VI, 399 S. 8°
(Griebens Reiseführer. Bd 80.) [10. 9601

Italien nach seinen histor. Bestandtheilen. (Mit dem röm. Strassennetze.) Und: „Das römische Italien nach seiner natürlichen Beschaffenheit. *Prag* lith.-art. Inst. v. *C. Bellmann.* Verl. v. *F. Tempsky.*

1 Blatt. Höhe 9¾", Br. 1' 3¾". Die zwei nur durch einen Strich von einander getrennten Karten, ganz gleichen Netzes, bilden die Nrn. V. u. VI zu Höfler's Weltgeschichte. Die erstere ohne Terrain u. Farbe, die zweite mit Braun für das Gebirg, Grün für die Flächen. Das Gewässer blauer Farbendruck. Die erstere gibt 4 verschiedene Zeichen für: Etrurische Städte, Alt-italische St., Griechische St. u. Punische St. an. Die zweite zeigt eine Uebersicht der Seen: Lacus Trasimenus, Volsiniensis, Vadimonis, Tucinus, Lemanus, Verbanus, Larius, Benacus, bezeichnet mit Nr. I—VIII.

Italien und Deutschland, in Rücksicht auf Sitten, Gebräuche, Litteratur und Kunst. Eine Zeitschrift, herausg. von C. Ph. Moritz und A. Hirt. Bd. 1 u. Bd. 2. St. 1. 2. Berlin 1789—91. 8. . . . . (II)

Italien und seine Freunde. Zugleich ein Spiegelbild für Ungarn. gr. 8. (78 S.) Leipzig 861, [Hennings'sche Buchh.]

Durch ganz Italien. Sammlung von 2000 Photographien italienischer Ansichten, Volkstypen und Kunstschätze. Herausgegeben von Dir. Jul. Laurenčić. Wien. 1899. Szelinski. Quer-Fol. erscheint in 30 Lieferungen à fl. —.60

Durch ganz **Italien**. Sammlung von 2000 Autotypien ital. Ansichten, Volkstypen u. Kunstschätze. (In 30 Lfgen.) *Berlin: Werner-Verl.; Zürich: C. Schmidt [1899–]1901.* (408 S.) quer-4° [01. 1111

Italien. Durch ganz Italien. Sammlung von 2000 Autotypien italienischer Ansichten, Volkstypen und Kunstschätze. 2 Halbbände. (30 Liefg.) quer-fol. Zürich, Caesar Schmidt (Autotypien von Brend'amour, Simhart & Co. in München, Druck... in München). [geb. *je* fr. 25. —]

Halbband 1. (Liefg. 1–15.) II + 240 S. Weihnachten 1900.
Halbband 2. (Liefg. 16–30.) II S. + S. 241—480. Weihnachten 1901.

— mit besonderer Hinsicht auf Neapel. Eine histor.-geograph.-statist. Skizze. Mit 1 lith. Landkärtchen v. Italien. 8. Nürnb. 821. Monath u. K. 7 gr

Italien, in den Jahren 1792 — 98. Aus dem Engl. 1r Bd. Mit Kpf. gr. 8. Giessen 804. (Heyer). 1 rthl 8 gr

Italien, in den Jahren 1792-98. 1r Bd. m. K. gr. 8. Giessen, Tasché u. Müller. 804.

— **und die Karte von Europa. Deutsche Antwort auf La Guerronnière's Napoleon III. und Italien und E. de Girardin's Europa im J. 1860. 1. und 2. Aufl. 8. (56 S.) Leipzig 859, Kollmann.**

Italien u. seine Krankenhäuser. I. Mailand—Milano. Zusammengestellt v. Ahasvera. (20 S. m. 11 Taf.) kl. 8. Leipzig (909). Verlag f. Literatur, Kunst u. Musik. 1.50

Italien, das malerische und romantische, s. Frommel.

Italien, pitoreskes, s.: Frommel, Carl.

— das rothe, oder Geschichte der Revolutionen in Rom, Neapel, Palermo, Messina, Florenz, Parma, Modena, Turin, Mailand und Venedig seit der Papstwahl Pius IX. im Juni 1846 bis zu dessen Wiedereinzug in Rom im April 1850. Nach der 3. Originalaufl. (des Vicomte d'Arlincourt) deutsch von L. v. Alvensleben. gr. 8. (VIII und 232 S.) Weimar 851, Voigt.

Italien, Das rothe, oder Geschichte der Revolutionen in Rom, Neapel… Weimar 1851. V: *Arlincourt, Charles Vict. Prévot Vicomte d'.* (Ky)

— in seiner Umgestaltung. gr. 4. (II S. und 204 Sp.) Leipzig 860, Lorck. *-

Italien [Schlagwort]

Italia, s.: Atlanten. Kampen, A. v.

— s.: Alpen. Michel, Chr. — Atlanten. Sydow. — Eisenbahnkarten. — Europa. Kiepert, R. — Hand- u. Reisekarten. 33—35. — Tirol. Freytag, G. — Apenninen-Halbinsel.

— s. a.: Atlanten. Stieler. — Generalkarten. — Geschichtskarten. Sammlung. — Schulwandkarten.

— s. a.: Eisenbahnkarten. — Erdkarten. Kiepert. — — Europa. Nordhoff. — Hand- u. Reisekarten. 33. 34. 35. — Zuckerfabriken.

— s. a.: Generalkarten. Flemming. — Geschichtskarten. Sammlung. — Länderkarten.

Italien — Atlas von — in einer Uebersichts-Karte und fünf und neunzig General- und Special-Karten mit Plänen der Städte und Gegenden von Venedig, Rom und Neapel. Wien zu finden im von Reilly'schen geographischen Verschleiß-Komtoir 1796? Versch. M. 90 Bl.

Italien. Bamberg, K., Schulwandkarte von Italien. 1 : 800,000. 12 Blatt. Chromolith. qu. gr. Fol. Berlin 888. Chun. n. 10. —; auf Leinw. in Mappe n. 16. —; m. Stäben n. 17. 50

Italien. Bamberg, Karl, Schulwandkarte v. Italien. 1 : 800,000. 4. Aufl. 12 Blatt à 40×46 cm. Farbendr. Berlin 894. C. Chun. n. 10. —; auf Leinw. in Mappe n. 16. —; m. Stäben n. 17. 50

Italien. Bamberg, K., Schulwandkarte von Italien. 1 : 800,000. 5. Aufl. 12 Blatt à 39,5×46 cm. Farbdr. Berlin 897. C. Chun. n. 10. —; auf Leinw. in Mappe n. 16. —; m. Stäben n. 17. 50

Italien. Bamberg's, Karl, Schulwandkarte v. Italien. 1 : 800,000. 6. rev. Aufl. (Ausg. m. rot markierten polit. Grenzen.) 12 Blatt à 40×46 cm. Farbdr. Berlin 899. C. Chun. 12. —; auf Leinw. in Mappe n. 16. —; m. Stäben n. 17. 50

Italien. Bamberg's, Karl, Schulwandkarte v. Italien. 1 : 800,000. 8. rev. Aufl. 12 Blatt à 40×46 cm. Farbdr. Berlin (904). C. Chun. n. 10. —; auf Leinw. in Mappe n. 16. —; m. Stäben n. 17. 50

Italien. Bamberg's, Karl, Schulwandkarte v. Italien. 1 : 800,000. 9. rev. Aufl. (Physikal. Ausg.) 12 Blatt. à 40×46 cm. Farbdr. Berlin (907). C. Chun. 10. —; auf Leinw. m. Stäben 17.50; m. polit. Grenzen 12. —; aufgez. 17. 50

— Becker, F., Relief-Karte der Oberitalienischen Seen u. ihrer Excursionsgebiete. Nach den neuesten Aufnahmen des ital. militär-geograph. Institutes u. des eidg. topograph. Bureaus, sowie eigenen Aufnahmen. 1 : 150,000. 46,5×57 cm. Farbdr. Zürich (901). J. Meier. n. 2. 80

Italia — L' — con le sue Poste e Strade Principali descritta da Giacomo Cantelli da Vignola etc. data in luce da M. S. Intagl. in Rame in Augusta. Matth. Seutter, Intagliator. E. Baeck a Held sc. 1 : 2,500,000. 1 Bl.

Italia — Nuova Carta dell' — secondo l' ultima divisione dell' trattato di Luneville. — Corrispondente a quella di Sotzmann dell' Accademia di Berlino e a quella di Bouge 1804. 1 : 436.000. 6 Bl.

Italia — Carta stradale e postale dell' — etc. da Carlo Cerri. 864,000. (Mit Terrain.) 1849. Wien bei Artaria. 8 Bl.

Colorirte Ausgabe von 1871. 8 Bl.

Italia, Carta stradale e postale dell': disegrate secondo le Carte e le Opere dei moderni Geografi da Carlo Cerri, nella proporzione di 1 : 864.000 del naturale. Neue, nach d. gegenw. polit. Einth rev. Ausg. in 8 Gr.-Qu.-Fol.-Bl. Wien, Artaria & Co. 8 fl. 1883.

Italien — Karte von — Verfaſst von Herrn D'Anville. Neu herausgegeben von Herrn F. A. Schraembl 1788. Wien im eigenen Verlage. 1 : 1,500,000. 2 Bl.

Italiae — Tabula — antiquae Geographica. Auctor d'Anville. Norimbergae in officina Weigelio - Schneideriana 1784. 1 : 2,000,000. 1 Bl.

Italien, Generalkarte des Konigreiches. von Carl Cerri Massstab 1 : 728.000. Gr.-Hoch-Folio In Kupfer gestochen mit colorirten Grenzen. Mit 3 Beikärtchen: Umgebung von Rom und Neapel, und die oberitalienischen Seen. Wien, Artaria & Co. Gefalzt in gr.-8. 2 fl. 1884.

— Cerri, C., Italia. 1 : 864,000. 8 Blatt. Kpfrst. u. color. Ausg. 1887. Imp.-Fol. Milano 887. (Wien, Artaria & Co.) 8. —

— — Italia. Carta generale con aggiunta dei contorni di Roma, di Napoli e dei tre laghi. 1 : 1,728,000. Ausg. 1887. Kpfrst. u. color. Imp.-Fol. Ebd. 887. 2. 40

Italien — General Charte von — in vier Blattern. Entworfen und gezeichnet von J. N. Diewald. Nürnberg bey Friedrich Campe 1820. Ein Blatt mit dem besondern Titel: Charte des Königreichs beider Sicilien 1825. 1 : 1,200,000. 4 Bl.

— Gaebler, Eduard, Wandkarte d. Apenninen-Halbinsel. 1 : 1,000,000. 8. Aufl. 4 Blatt à 77,5×58 cm. Farbdr. Leipzig (909). G. Lang. 18. —; auf Leinw. m. Stäben 18. —

Italien, Generalkarte v. u. d. daselbst bestehenden Staaten, nebst 8 Specialkarten des lombard.-venet. Königreiches u. d. angrenzenden Theile d. Konigreiches Italien. Als Beigabe: Politisch-statistische Uebersicht aller Staaten Italiens, nebst vollständiger Angabe über deren Land- u. Seemacht. Wien, A. Hartleben's Verlag. In Cart n. 1866. 70 kr.

Italien — Charte vom westlichen Theil des Königreichs — Nach etc. entworfen von F. L. Güſsefeld. Verbessert herausgegeben von Homanns Erben. Nürnb. 1806. 1 : 780,000. 1 Bl.

— Handtke, F., General-Karte v. Italien. 1 : 1,850,000. 8. Aufl. Chromolith. Imp.-Fol. Glogau 890. Flemming. n. 1. 50; auf Leinw. in Leinw.-Decke n. 3. —

— Handtke, F., General-Karte v. Italien. 1 : 1,850,000. 10. Aufl. Farbendr. 75×63 cm. Glogau 892. C. Flemming. n. 1. 50

— Handtke, F., General-Karte v. Italien. 1:1,850,000. 11. Aufl. 75×63 cm. Farbendr. Glogau 894. C. Flemming. n. 1. 50

Italiae — Statuum totius — novissima repraesentatio geographica simul exhibens insulas Siciliae, Sardiniae, Corsicae et Maltae. Conante Joh. Bapt. Homanno. 1: 2,750,000. 1 Bl.

Italien — Ethnographisch-statistische Karte von —. G. M. 1859.

— Karte, neueste, der oberitalienischen Seen. [Aus: „Grieben's Reisebücher".] 1:250,000. 25,5×47 cm. Farbdr. Berlin (900). A. Goldschmidt. n. — 50

— Kiepert, Heinr., tabula parietalis Italiae antiquae in usum scholarum elaborata. 1;600,000. Farbendr. 210×185 cm. 12 Blatt. Weimar (Anfang d. 70er Jahre), Geograph. Institut. Ermäss. Pr. 7 —; auf Leinw. in Mappe n. 13. 50; m. Stäben n. 15. —

— Kiepert, H., Wandkarte v. Alt-Italien. 1:800,000. 6 Blatt. 4., bericht. Aufl. Chromolith. qu. gr. Fol. Berlin 889. D. Reimer. n. 9. —

— — Wandkarte v. Alt-Italien. 1:800,000. 6 Blatt. 5., bericht. Aufl. Farbendr. u. kolor. à 51,5×65 cm. Berlin 892. D. Reimer. n. 9. —; auf Leinw. in Mappe n. 15. —; m. Stäben n. 17. —

— Kiepert, Heinr., Wandkarte von Alt-Italien in 6 Blättern. 5. bericht. Aufl. 1:800,000. Je etwa 51,5×65,5 cm. Farbdr. Berlin (902). D. Reimer. n. 9. —; auf Leinw. in Mappe n. 15. —; m. Stäben n. 17. —; lackiert n. 20. —

Italien — Land-Karte von — oder Welschland. Nürnberg zu finden bey Christoff Riegel. 1: 2,500,000. 1 Bl.

— Leuzinger, R., Reisekarte v. Ober-Italien u. den benachbarten Gebieten v. Frankreich u. Oesterreich, sowie dem grössten Theile der Schweiz. 1:900,000. Neue rev. Ausg. 1890. Farbendr. qu. gr. Fol. Zürich 890. Wurster & Co. n. 3. 60

— Leuzinger, R., Reisekarte v. Ober-Italien u. den benachb. Gebieten v. Frankreich u. Oesterreich, sowie d. grössten Teile der Schweiz. 1:900,000. 3. Aufl. Ausg. 1895. 51×72 cm. Kpfrst. u. Farbendr. Zürich 895. J. Meier. n. 3. 60; auf Leinw. n.n. 4. 50

— Leuzinger, R., Reisekarte v. Ober-Italien u. den benachbarten Gebieten von Frankreich u. Oesterreich sowie dem grössten Teile der Schweiz. 1:900,000. 4. Aufl. 51×73,5 cm. Farbdr. Zürich 899. J. Meier. n. 3. 60; auf Leinw. n. 4. 50

— Leuzinger, R., Reisekarte v. Ober-Italien u. den benachbarten Gebieten v. Frankreich u. Oesterreich sowie dem grössten Teile der Schweiz. 1:900,000. 5. Aufl. 51×73,5 cm. Farbdr. Zürich 904. J. Meier. n. 3. 60; auf Leinw. n. 5. —

— Leuzinger, R., Reisekarte v. Ober-Italien u. den benachbarten Gebieten v. Frankreich u. Oesterreich sowie dem grössten Teile der Schweiz. 1:900,000. 7. Aufl. 51×73,5 cm. Farbdr. Zürich 909. Meier & Co. Auf Leinw. 4. 50

Italien. Entworfen und gezeichnet von Theodor Freyherrn v. Liechtenstern, Königl. Preuss. Lieutenant im 27. Infanterie-Regiment. Magdeburg 1829, im Verlag bey Ferdinand Rubach. 1: 1,900,000. 1 Bl.

Italien — Charte von — und Dalmatien. Nach Bacler d'Albe's grosser Charte von Italien in 54 Blättern und einigen andern Charten, mit Benutzung der vorhandenen astron. Bestimmungen gezeichnet von Conrad Mannert. Nürnberg bey Homanns Erben 1807. J. B. Solbrig sc. 1: 2,000,000. 1 Bl.

Italien — Topographische Carte des Königreichs — Mit angränzenden Ländern. Nach vortrefflichen Originalien. von Hrn. G. A. F. Pinetti, Geographen gezeichnet. Herausgegeben und zu haben bey Artaria und Comp. in Wien. 1: 290,000. 9 Bl.

Italien — Postkarte von — Durchaus verbessert herausgegeben 1807. Nürnb. bey Homanns Erben. 1: 2,500,000. 1 Bl.

Italia — Nuova Carta dei Stati della Casa d'Austria in — dopo il trattato di Pace di Luneville delineata da J. E. S. sulle più precise recenti astronomiche Osservazioni ed altre sorgenti le più autentiche ed incisa da F. Reisser. Publicata e vendibile in Vienna da Artaria e Comp. 1805. 1: 280,000. 4 Bl.

Italia — Nuova Carta generale del Regno d' —, colla divisione amministrativa etc. di L. Schiaparelli e C. & E. Mayr, pubbl. da G. Perthes a Gotha et E. Loescher a Turino. 1864. 920,000. 9 Bl.

Italiae — Nova et exactissima totius — Sardiniae et Corsicae Delineatio. Opera et impensis Matth. Seutteri. Chalc. August. 1: 2,400,000. 1 Bl.

Italiae — Nova Totius — cum adjacentibus Majoribus et Minoribus Insulis accuratissima Delineatio cura et sumptibus Matthaei Seutteri. Aug. Vind. 1: 2,000,000. 1 Bl.

Italien — Karte von — nach Mannerts und Stielers sechs Specialkarten etc. insbesondere der Oestreich. Vermessungen im Venetianischen im Jahr 1805 entworfen und nach den neuesten Gränzen berichtigt im April 1806 von Adolf Stieler. Nürnberg bei Schneider und Weigel 1806. 1: 2,200,000. 1 Bl.

Italia — Carta novissima dell' — colle Poste compressovi la maggior parte degli Stati della Monarchia Austriaca, della Grecia e della Francia dissegnata dall Sign. M. de Traux Colonello del Corpo dell Genio J. e. R. austriaco 1822. Pubblicata à Vienna presso Artaria e Comp. 1: 1,800,000. 4 Bl.

— Vogel, C., Karte v. Italien in 4 Blättern. 1:1,500,000. Neubearbeitung. Ausg. 1889. Kpfrst. u. color. Fol. Mit Text. gr. 8. (41 S.) Gotha 889. J. Perthes. Auf Leinw. in Carton. n. 6. —

Italien — Charte von — nach den vorzüglichsten Hülfsmitteln entworfen von C. F. Weiland. Weimar im Verlage des geographischen Instituts 1810. A. Bürk sc. 1: 2,550,000. 1 Bl.

Italia Superiore — Carta dell' — coi passaggi delle Alpi. 900,000. J. M. Ziegler. Topogr. Anst. v. Wurster in Winterthur (1859). 1 Bl.

Italiener, der aufrichtige, od. die Kunst in acht Tagen italien. sprechen zu lernen. 8. München, Fleischmann. 809.

Italiener, der aufrichtige, od. d. Kunst in kürzester Zeit ital. sprechen zu lernen. 2., umgearb. Aufl. 16. (4 1/2 B.) München 846. Fleischmann.

Italiener, der beredte, oder faßlichste Anleitung in 8 Tagen italienisch sprechen und schreiben zu lernen. 12. Wien 844. (Wenedikt.) n. 1/6 ℛ

Italiener, der beredte. Eine Anleitung, in sehr kurzer Zeit ohne Hülfe eines Lehrers, leicht und richtig italienisch sprechen zu lernen. Praktisches Hülfsbuch für Alle, welche in der italien. Umgangssprache schnelle und sichere Fortschritte machen wollen. 12. (96 S.) Bern 860, Heuberger's Buchh.

Italiener, der beredte. Eine Anleitung, in sehr kurzer Zeit, ohne Hülfe eines Lehrers, leicht und richtig italienisch sprechen zu lernen. Prakt. Hülfsbuch für Alle, welche in der italien. Umgangssprache schnelle und sichere Fortschritte machen wollen. 2. Aufl. gr. 16. (96 S.) Bern 866, Heuberger's Verlag.

Italiener, der beredte. Eine Anleitung in sehr kurzer Zeit, ohne Hülfe eines Lehrers, leicht und richtig italienisch sprechen zu lernen. Prakisches Hülfsbuch für Alle, welche in der italien. Umgangssprache schnelle und sichere Fortschritte machen wollen. 3., verm. Aufl. 16. (120 S.) Bern 870, Heuberger's Verlag. — 75

— der geschickte, oder die Kunst, ohne Lehrer, in 10 Lektionen lesen, schreiben u. sprechen zu lernen. Vom Verf. d. geschickten Franzosen und geschickten Engländers. 16. Cöln 844, Lengfeld. 1/6 ℛ

—— d. geschickte, od. die Kunst, ohne Lehrer, in 10 Lektionen lesen, schreiben u. sprechen zu lernen. Vom Verf. d. geschickten Franzosen u. geschickten Engländers. 16. (4 B.) Cöln 846, Lengfeld.

Italiener, der geschickte, oder die Kunst, ohne Lehrer, in zehn Lektionen italienisch lesen, schreiben u. sprechen zu lernen. Vom Verf. des geschickten Franzosen. 2. Aufl. 16. (60 S.) Köln 851, Lengfeld. n. 1/6 ℛ

—— der geschickte, oder die Kunst, ohne Lehrer, in zehn Lectionen italienisch lesen, schreiben und sprechen zu lernen. Vom Verf. des geschickten Franzosen. 3. Aufl. 16. (60 S.) Leipzig 870, Mayer. — 50

Italiener, der geschickte, oder die Kunst, ohne Lehrer in 10 Lectionen italienisch lesen, schreiben und sprechen zu lernen. Vom Verf. des geschickten Franzosen. 4. Aufl. 16. (60 S.) Leipzig 878, Mayer. *

Italiener, der geschickte, oder die Kunst, ohne Lehrer, in zehn Lectionen italienisch lesen, schreiben und sprechen zu lernen. Vom Verf. des geschickten Franzosen. 5. verb. Aufl. 12. (60 S.) Köln 832, Mayer.

—— die kleinen, oder die verlornen Kinder auf dem St. Bernhard. Helenens Traum. Eine Erzählung aus dem Ardenner Walde. Keine Tugend ohne Kampf, kein Kampf ohne Lohn. Erzählung für die Jugend. Aus dem Engl. 2. Aufl. gr. 16. (71 S.) Regensburg 877, Manz.

Italiener, der neue kleine, od. Grammatik, Wörterb. u. Gespräche mit d. Aussprache z. schnellen Erlern. dies. Sprache, mit besond. Rücksicht auf d. Reisebedürfniß zunächst f. d. Gebr. in Schulen u. d. Selbstunterr. f. Jedermann. 3 Bdchn. — 1. Bdchn. — A. u. d. T.: Neue kleine italien. Grammatik nach d. besten Mustern. 16. (17 1/4 B.) Bern u. Chur 835, Dalp. Thlr.

Italiener, Bruno: Die G o t t e s l e h r e des Thomas Campanella. Peine 1904: Herzberg & Macke. (80 S.) 8°. Erlangen, Phil. Diss. v. 14. Okt. 1903

Italiener, Fritz, Kammergerichtsrefer.: Der Rücktritt vom Versuch in seiner Bedeutung für die Teilnahme nach dem Deutschen Reichsstrafgesetzbuche. Berlin: Lewin 1909. 61 S. 8°

Heidelberg, Jur. Diss. v. 27. Dez. 1900, Ref. v. Lilienthal

[Geb. 7. März 86 Berlin; Wohnort: Berlin; Staatsangeh.: Preußen; Vorbildung: Friedrichs-Werdersches Gymn. Berlin Reife O. 05; Studium: Freiburg i. B. 1, Berlin 1, München 1, Berlin 3 S.; Rig. 29. Okt. 09.] [U 10. 1902

Italiener, Oskar (Hrsg.), s. Z e n t r a l b l a t t, Technisches, für Berg-, Hütten- u. Maschinenbau.

Italienerin, Die, oder der Beichtstuhl der schwarzen Büssenden. Königsberg 1797—98. V: *Radcliff, Ann.* Ü:

Italienerinn, die, od. d. Beichtstuhl d. schwarzen Büßenden, a. d. Engl. d. Miß Anna Radcliff, v. d. Uebersetzerinn d. Udolphos Geheimnisse (Madame Liebeskind.) 3 Thle. 8. Königsb. Nicolovius. 797—99. (I. II. à 16 gr. III. 20 gr.) Schreibp. (I. II. à 20 gr. III. 1 Rthlr.)

Italienerin, Die, in London. Komische Oper in zwei Akten. Nach d. Ital. Frankf. a. M. 1783. Neue Auflage. O. O. 1804. V: *Pleissner, Hnr. Chn.* (Ky) (GGr)

Italienerin, die, in London. Komische Oper in 2 A. Nach dem Italien. (frei bearb. von Hnr. Chr. Pleißner). 8. Leipz. ... N. A. 804. (Nauck). 8 gl.

Italienerin, die, in London. Eine komische Oper in 2 A. n. d. Ital. frey bearb. 8. Lpz. Sommer. 804.

Italienfahrt der Berliner Turnerschaft v. 22. Juli bis 9. Aug. 1908. Bericht erstattet von Anders [u. a.] red. von Otto Dittmann u. Johannes Tropfke. Berlin: (Berliner Turnerschaft Korp.) 1908. (61 S.) 8°

Italien-Gallerie. Kunstwanderungen durch ganz Italien. 2000 Bilder in Phototyp & Heliogravüre der berühmtesten Werke der Malerei, Skulptur & Architektur, italien. Landschaftsbilder & Volks-Typen. 4 Bde. qu. gr. 4. Berlin (904). Preuss' Institut Graphik. Geb. in Leinw. 72. —; Einzelpr. 80. —
1. Oberitalien. (IV, 192 S.) 24. —
2. Florenz u. Umgebung. (IV u. S. 193—272.) 24. —
3. Rom u. Umgebung. (IV u. S. 273—384.) 20. —
4. Neapel. Sizilien. (IV u. S. 385—480.) 12. —

Italien's reizendste Gefilde, gefühlvoll durchwandert. 2 Thle. 2te Auflage. gr. 8. Eßlingen, Fixdorff u. Kleinheinz. 815.

Italiens Kunstschätze, e. Sammlg. der hervorragendsten Bilder u. Statuen der Galerien v. Rom, Neapel, Florenz, Mailand, Bologna, Venedig ꝛc., sowie e. Sammlg. der hervorragendsten Architecturen. Mit erläut. Text v. Ernst E c k s t e i n. 1. u. 2. Bd. gr. 4. Leipzig, A. H. Payne. Geb. in Leinw. m. Goldschn. 75. —; auch in Lfgn. à 1. —
1. Rom. (VIII, 200 S. m. 77 Stahlst.- u. 27 Holzschn.-Taf.) 876. 36. —
2. Mittel- u. Unter-Italien. (VIII, 232 S. m. 85 Stahlst.- u. 29 Holzschn.-Taf.) 880. 39. —

Italiens Schicksale seit 1789 bis Ende 1831. gr. 8. (16 1/4 B.) Leipzig 832, Engelmann.

Italiens Städte u. ihre Umgebungn. 1. Bd. Imp.-4. München 876. Bruckmann. geb. m. Goldschn. 45. —
Venedig v. Th. Gsell-Fels. Mit Bildern u. Zeichngn. v. Th. Choulant, Fr. Eibner, E. Kirchner, L. Passini, Ferd. Wagner. (III, 78 S. m. eingedr. Holzschn., 10 Holzschntaf. u. 10 Photogr.)

Italiens staatliche Umgestaltung mit besonderer Rücksicht auf Süditalien. Eine politische, sociale, kirchliche und militärische Studie. Von einem ehemaligen Artillerie-Offizier. (Isidor v. Máttyus.) gr. 8. (91 S.) Wien 866, Hartleben's Verlag.

Italiens Urtheil über die deutschen Zustände und die Verbrüderung der Völker. gr. 8. (15 S.) Dresden 869, Gärtner. — 25

Italiens Wehrkraft. Ein Blick auf die gegenwärt. militär. Machtentwickelung des Königreichs. gr. 8. (V, 148 S. mit 1 lithogr. Skizze.) Berlin 884, Mittler und Sohn. *

Itallie, Leopold van. Ueber den orientalischen und den amerikanischen Styrax. (von Liquidambar orientalis u Liquidambar styraciflua) Diss. Phil. Bern. VIII + 92 S. 8. Leiden, Eduard IJdo, 1901.

Italus ad Febronium De Statu Ecclesiae Seu De Hac Materia Epistolae Eximiae R. P. Viatoris et Cocaleo. Ord. Capucin. Provinc. Brixensis Provincialis. Francofurti ad Moenum 1773. V: *Coccaglia, Viator da.* (Ch. Weidlich 1/365, Nr. 11411) (Cat. librorum prohibitorum. Viennae 1776. S. 158) (biblPort)

Itard's Berichte üb. den Wilden v. Aveyron. Nach Bournevilles Ausg. v. S. Krenberger. (S. 81—185.) gr. 8. Teschen (908). (Wien, A. Pichler's Wwe. & Sohn.) 1.60
Sonderabdr. a.: „Eos. Vierteljahrsschr. f. d. Erkenntnis u. Behandlg. jugendl. Abnormer".

Itard, J. M. J., die Krankheiten d. Ohres u. des Gehörs 2c., f. Handbibliothek, chirurg., IVr Bd.

Itchikawa, Daiji, eine kleine Hütte, s.: Kamo No Chōmei.

Die Kultur Japans. Von Dr. Daiji **Itchikawa**. Berlin: K. Curtius 1907. (149 S.) 8° [F.] [08. 3948 11]

Die Kultur Japans. Von Dr. Daiji **Itchikawa**. 2. Aufl. Berlin: K. Curtius 1907. (149 S.) 8° [F.] [08. 8071]

— u. Anna Vogel, Tamayori Hime (Fräulein Edelstein) Aus dem altjapan. „Sumiyoshi Monogatari". 8. (48 S.) Berlin (902). K. Koch-Krause. Geb. in Leinw. n. 1.20

Iten. Hauptmann Christian I. von Unterägeri und der Kampf am Gubel 1531. ([Gedicht von] Th. N., Lehrer.) 8. Zug *o. J.* [1830/70].

Iten, Clemens: Die W i r k u n g e n des Verzugs des Schuldners beim Fixgeschäft nach deutschem Handelsrecht. Zür. Orell Füssli Cie Dr. 1881. 3 Bl., 113 S., 1 Bl. Thesen. 8°
Zürich, Jur. Diss. v. 21. Mai 1881

Iter, Arjuni, ad Indri coelum cum aliis Maha-Bharati episodiis. [Berlin 1824.] H: *Bopp, Franz.* (KatDMG)

Iter austriacum. Altdeutsche Gedichte . . . Breslau 1837. H: *Hoffmann genannt von Fallersleben, Aug. Hnr.* (GGr)

Iter Pii VI. pontificis Viennam et per Austriam carmine descriptum A. P. N. N. Placentiae 1782. V: *Singer, Coelestin.* (Script. Ord. S. Bened. S. 447) (biblPort)

Iter per Poseganam Sclavoniae Provinciam c. fig. aen. 4. maj. Augsb. Wolf.

Iter per Salinas Tyronenses. Innsbruck 1707. V: *Gaum, Franz.* (Mitth. Prof. Hermann F. Wagner-Klosterneuburg.)

.Iter, Virtutis et Majestatis, ad Gloriam in . . . Christina Elisabetha expressum . . . Viennae Austriae 1714. V: *Pichler, Joseph.* (SO) (Jes)

Iterson jun., G. van, mathematische u. mikroskopisch-anatom. Studien üb. Blattstellgn., nebst Betrachtgn. üb. den Schalenbau der Miliolinen. (XII, 333 S. m. 110 Fig. u. 16 Taf.) Lex. 8. Jena 907. G. Fischer. 20.—

Iterumque vivat academia! Poetische Reminiscenzen vom und an's Burschenleben . . . Würzburg 1878. V: *Pernwerth von Bärnstein, Adolph.* (Erman & Horn, Bibliogr. d. dtsch. Universitäten. 2. Leipz. u. Berl. 1904.)

Iterumque vivat academia! Poetische Reminiscenzen vom und an's Burschenleben. Von einem Würzburger Corpsphilister. gr. 16. (VIII, 115 S.) Würzburg 878, Staudinger'sche Buchh. *

Ites, Joh., Lautierfibel. 1. und 2. Abthl. gr. 16. Emden 876, Haynel. [1. Abthl. (36 S.) * 25 Pf.; 2. Abthl. (64 S.) cart. * 40 Pf.] *

—— Leselehrmethode und Fibel. Kurze Einleitung in die Lautierfibel. gr. 16. (30 S.) Ebendas. 876. *

Ites, J., Realienbuch für Volksschulen. Hilfsbuch zur Wiederholung des Unterrichtsstoffes. Bearb. unter Mitwirkung prakt. Schulmänner. 2. umgearb. Aufl. gr. 8. (VII, 184 S. mit Abbild.) Langensalza 885, Schulbuchhandlung. cart. *

—— kurze Uebersicht der Geographie und Geschichte Ostfrieslands. gr. 8. (24 S. mit 1 chromolithogr. Karte von Ostfriesland.) Emden 885, Schwalbe. *

Ites, Marcus, Frisius: De Properti elegiis inter se conexis. Bielefeld 1908: Bethel. (76 S.) 8°
Göttingen, Phil. Fak., Ref. Leo-Schwartz, Diss. v. 1. Mai 1908
[Geb. 21. Nov. 83 Hatzum (Ostfriesland); Wohnort: Hatzum; Staatsangeh.: Preußen; Vorbildung: Gymn. Leer Reife O. 03; Studium: Tübingen 2, Berlin 2, Göttingen 5 S.; Rig. 12. Febr. 08.]

Ites, Petrus, aus Oldersum b. Emden: **Ueber die Abhängigkeit der Absorption des Lichtes von der Farbe in krystallisierten Körpern.** *Göttingen 1903: Dieterich.* (82 S.) 8° ¶ Gekr. Preisschr.
Göttingen, Phil. Diss. v. [29. Apr.] 1903

Ites, Petrus, über die Abhängigkeit der Absorption des Lichtes v. der Farbe in krystallisierten Körpern. Gekrönte Preisschrift. Diss. (82 S.) gr. 8. Göttingen 903. (Vandenhoeck & Ruprecht.) n. 2.—

Ith, Dr. Bericht über Meisner's Vorlesung von den Stammrassen der Hausthiere. 1824.

Ith, Dr. Rede bei Antritt des Prorectorates. Bern 1828.

Ith, E., Licht in unsere Zustände. Ein freimüt. Wort. 8. (84 S.) Basel 895. Kober. — 25

Ith, Emilie: Was die christlichen Frauen ausrichten können. Vortrag, geh. in Zürich am Jahresfest d. Frauenbundes z. Hebung d. Sittlichkeit. — Zürich: Zürcher & Furrer 1894. 20 S. 8°

Ith, Johann s. Adresse des Bernerischen Kirchen-Raths....

— Auswahl einiger Predigten. gr. 8. Bern 793. Haller. 1 ₰ 6 ℊ

— neue Auswahl einiger Predigten. 8. Leipz. 798. Schmidt. 1 ₰ 4 ℊ

Ith, Johann. Amtlicher Bericht über die Pestalozzische Anstalt und die neue Lehrart derselben (*Umschlag:* Ueber die P' Lehranstalt in Burgdorf). 8. Bern und Zürich 1802.

— amtl. Bericht üb. Pestalozzi's Anst. u. d. neue Lehrart. 8. Leipzig, Gräff. 802.

— amtl. Bericht üb. Pestalozzi's Anstalt u. die neue Lehrart. 8. Leipz. 802. (Wienbrack; a. Geßner in Zürich). 16 ℊ

Ith, Johann. Amtlicher Bericht über die Pestalozzische Anstalt und die neue Lehrart derselben, von Johann Ith, Dekan... in Bern. Bern und Zürich, bei H. Gessner. 1802. (Neuausgabe.) Separat-Abdruck aus Band 8 der Helvetischen Actensammlung für das Pestalozzistübchen in Zürich, mit erläuternden Zugaben von Dr. Joh[annes] Strickler. XII + 33 S. 4. Bern, Stämpfli & Cie., 1902.

Ith, Johann. Amtlicher Bericht.... XII + 33 S. 4. Bern, Stämpfli & Cie (*Umschlag mit Aufdruck:* Comm. Schulthess & Co. in Zürich), 1902. [fr. 1.—]

— s. 1) Collectio nova class. Romae T. I. 2) Ezour-Vedam.

— Ezour Vedam, od. die Religion u. Philosophie d. Indier u. Sitten d. Braminen. 2 Thle. Bern, Typ. Soc.

Ith, Johann. Gedächtniss-Rede auf Weiland... Schultheiss Niklaus Friedrich von Steiger, bey der feyerlichen Beysetzung seiner Gebeine im grossen Münster [zu Bern], am 17ten April 1805 gehalten. 8. Bern 1805.

Ith, Johann, s. Helvetien zu Anfange d. J. 1800.

[Ith, Johann.] Helvetien zu Anfang des Jahres 1800. SA. [Mit Titelvignette.] 8. Bern 1800.

[Ith, Johann.] Helvetien im Anfang des Jahres 1800. SA. 2., mit einem Anhang vermehrte Aufl. 8. Bern 1800.

— Helvetien am Ende des 18ten Jahrh. 8. Bern 800. Typogr. Societ. 6 ℊ

Ith, Johann, s. Heß, J. J.: Über die Rechte der Kirche.

Ith, Joh[ann]. Ueber das helvetische Kirchenrecht, zur Erorterung der Frage: Was liegt der helvetischen Centralregierung in Ansehung des Religions- und Kirchenwesens ob? 8. Bern 1802.

J. Ith üb. Menschenveredelung, e. Abhandl. in 2 Reden. *Bern*, Brunner. 797. gr 8° 8 ℊ

— üb. Menschenveredlung; e. Abhandl. in 2 Reden. gr. 8. Bern 797. Haller. 5 ℊ (Schmidt in Leipz.) 8 ℊ

— s. Plan einer zu errichtenden allgemeinen Hülfsgesellschaft.... Bern 1800.

Ith, Johann. Predigt über Psalm 85: 1. 7. 8. Am zweyten April 1803 bey der Eydesleistung vor den ersten Regierungswahlen... [zu Bern] gehalten. 8. Bern 1803.

Ith, Johann. Predigt über Psalm 122: 6. 7. Am 23ten April 1803 bey der Beeydigung und Constituirung der Regierung... [zu Bern] gehalten. 8. Bern 1803.

— neueste Predigten f. gebildete Leser. 8. Bern 802. Typograph. Societ. 16 ℊ

— de principiis finibusque studiorum. 8. Bern 784. Mit n. Titel 797. Typ Soc. 1 ₰ 12 ℊ

— de principiis finibusq. studiorum, liber singul. 8. Bern, Typ. Soc. 797.

Ith, Jh., († d. 8. Oct. 1813.) Versuch e. Anthropologie od. Philosophie des Menschen nach seinen körperl. Anlagen. 2 Thle. gr. 8. Bern 794, 95. Haller. 2 ₰ 10 ℊ 1r Thl. 2e verb. Aufl. gr. 8. Winterth. 803. Steiner. 2 ₰ 4 ℊ Schrbp. 2 ₰ 12 ℊ

Ith, Johann: Versuch einer Anthropologie oder Philosophie des Menschen nach seinen körperlichen Anlagen. 2.verm.Ausg. Th.1, 572 S., gbd.
Winterthur: Steiner 1803

— Versuch üb. die Verhältnisse des Staats z. Religion u. Kirche rc. gr. 8. Bern 789. (Schmidt in Leipz.) 8 ℊ

— Vers. üb. das Verhältniß d. Staats z. Religion u. Kirche. gr. 8. Bern. (Wolf in Lpz.) 798.

— polit. Versuche. 8. Bern 799.

[Ith, Johann Rudolf Friedrich.] ([Memorial betr. Antheilnahme der] wahrhaft vaterländisch Gesinnten Berner zu Stadt und Land [an] den politischen Wahlen und dem öffentlichen Dienste.) *Lithogr. Copia.* 4. [Bern, September-October 1835.]
Mit hsr. Begleitschreiben von Dr [Abraham] Rudolf Wyss *vom* 3. October 1835

[Ith, Johann Rudolf Friedrich, und Wyss, Johann Rudolf.] (Samuel Wyss, 1757–[1834]. Med. Dr.) [Necrolog. SA.] 8. [Bern 1834.]

Itha Gräfin zu Toggenburg. Eine schöne und lehrreiche Geschichte . . . Augsb. 1816. 2. Aufl. 1819. 4. Aufl. 1820. V: *Waitzenegger, Franz Joseph.* (MGT) »12. Aufl. Augsb. 1835« (Ky) (schmal)

Itha, Gräfin zu Toggenburg. Eine sehr schöne und lehrreiche Geschichte aus dem 12ten Jahrhundert, neu erzählt f. alle gute Christen. 8. Augsb. Nic. Doll. 816.

Itha, Gräfin von Toggenburg. Eine sehr schöne und lehrreiche Geschichte aus dem 12ten Jahrhunderte. Neu erzählt für alle gute Christen, besonders für unschuldig Leidende. Ein Seitenstück zur Genovefa. 2te Aufl. Carlsruhe, Marx. 818.

— — — — 4te Aufl. m. Kupf. 8. Augsburg, Doll. (Landshut, Krüll.) 820.

Itha, Gräfin von Toggenburg. Eine sehr schöne u. lehrreiche Gesch. aus dem 12n Jahrh., neu erzählt f. alle gute Christen. 6e Aufl. 8. Augsburg, 827, Doll. Landshut, Krüll.

Itha, Gräfin v. Toggenburg. Eine sehr schöne u. lehrr. Geschichte aus d. 12. Jahrh., neu erzählt f. alle gute Christen, besond. f. unschuldig Leidende. Ein Seitenstück zur „Genovefa." (Von Frz. Jos. Waitzenegger.?) 10—12., rechtmäß. Aufl. (à 9 B. u. Ttlkpfr.) 8. Augsburg 830, 32, 35. (Regensburg, Manz.) à

Itha, Gräfin von Toggenburg. Eine sehr schöne u. lehrreiche Geschichte aus dem 12ten Jahrhunderte. Neu erzählt für alle gute Christen, besonders f. unschuldig Leidende. Ein Seitenstück zur Genovefa. 8. Augsb. 2e A. 818. 11te rechtmäß. Ausg. Mit 1 Kpf. 832. (Landsh., Krüll). 6 gr

Itha, Gräfinn v. Toggenburg. Eine sehr schöne u. lehrr. Geschichte aus d. 12. Jahrh., neu erzählt f. alle guten Christen, besond. f. unschuldig Leidende. Ein Seitenst. z. Genovefa. (Von A. A. Waibel.) 13. rechtmäß. Aufl. 8. (9 B. u. Ttlkpfr.) Augsburg 839. (Regensburg, Manz.)

Itha, Gräfin von Toggenburg. Eine sehr schöne u. lehrreiche Geschichte aus dem 12. Jahrh., neu erzählt f. alle gute Christen, besonders f. unschuldig Leidende. Ein Seitenstück zur Genovefa. 14., verb. Orig.-Aufl. 8. (8 B. u. Ttlkpfr.) Regensburg 842, Manz.

Itha, Gräfin von Toggenburg. Eine sehr lehrreiche Geschichte aus dem 12. Jahrhundert. 5. Aufl. Mit Vignetten. kl. 8. (64 S.) Neuhaus, Landfraß & Sohn. 1863

Itha, Gräfin v. Toggenburg. Eine sehr schöne und lehrreiche Geschichte aus dem 12. Jahrh., neu erzählt für alle guten Menschen. Ein Seitenstück zur Genovefa. 15. rechtmäß. Aufl. 8. (206 S. mit 1 Stahlst. und eingedr. feinen Holzschnbildern.) Regensburg 870, Manz. 1 50

Itha, Gräfin von Toggenburg. Eine sehr schöne und lehrreiche Geschichte aus dem 12. Jahrh., neu erzählt für alle guten Menschen. Ein Seitenstück zur Genovefa. 4. illustr. Original-aufl. 8. (VI, 206 S. mit Stahlst. und feinen Holzschnittbildern.) Regensburg 887, Verlags-Anstalt.
geb. in Pappbd.
geb. in Prachtbd.

Itha von Toggenburg. Eine rühr. Geschichte aus dem Mittelalter. Zur Erbauung und Stärkung in den Leiden und Drangsalen des Lebens. Ein Seitenstück zur Genovefa. 2.—4. Aufl. 8. (62 S. mit eingedr. Holzschn.) Reutlingen 870—75, Enßlin und Laiblin. — 20

Itha von Toggenburg. Eine rührende Geschichte aus dem Mittelalter. Zur Erbauung und Stärkung in den Leiden und Drangsalen des Lebens. Ein Seitenstück zur Genovefa. 5. Aufl. 8. (62 S. mit eingedr. Holzschn.) Reutlingen 877, Enßlin und Laiblin's Verlagsh.

Itha von Toggenburg. | Eine rührende Geschichte | aus dem | Mittelalter. | Zur Erbauung und Stärkung in den Leiden | und Drangsalen des Lebens. | Ein Seitenstück zur Genovefa. | Sechste Auflage. | Reutlingen. | Druck und Verlag von Enßlin und Laiblin. (= *Reutlinger Volksbücher*, 79).
o. J., 62 S. + 1 Bl. Anzeigen, 158 × 105, U.-Fig. (auch S. 41): *Der Jäger Ralph und die Einsiedlerin*, 61 × 78.
Priv.-Bes.

Ithen, Jos[eph], med. pract. aus Unterägeri, Canton Zug: Die intrauterinen Unterschenkel-Brüche. Einsiedeln Gebr. Benziger Dr. 1885. 38 S., 1 Bl. 8°.
Zürich, Med. Diss. [v. 15. Juni 1885].

Ithen, Joseph Anton (Hrsg.), s. Monatsschrift der Rindviehkunde ...

Ithen, Jos. Ant., gemeinnütz. Unterr. üb. Kenntniß d. Pferde u. d. Rindviehes, ihre Fütterung, Wartung, Pflege u. Zucht. Für d. Bürger u. Landmann. 2 Thle. 2., umgearb. u. verm. Ausg. (11½ B. u. 6 Abbild.) 829., 3., verm. A. Nebst d. Anh.: Die gewöhnl. Krankheiten d. Pferde u. d. Rindviehes, ihre Erkenntniß u. Heilung; nach d. bewährt. Behandlungs-Arten gesammelt v. J. F. Alpin. M. 8 Abbild. 8. (29 B.) Chur 831, [Bern,] Dalp.
à 1 Thlr. 4 Gr., weiß Pap. 1 Thlr. 12 Gr., Vlnp.
Anhang apart, s. Alpin, J. F.

Ithen J. A.: Gemeinnütziger Unterricht üb. Kenntniss d. Pferde, ihre Fütterung, Wartung, Pflege u. Zucht ... 2. ganz umgearb. u. verm. Ausg. Chur 1829. 166 S. 1 Tvl.
(=: G. U. üb. K. d. P. u. d. Rindviehes ... 2. ... Ausg. Th. 1).

—— gemeinnütz. Unterr. üb. Kenntniß d. Pferde, ihre Fütterung, Wartung, Pflege u. Zucht. Für Bürger u. Landmann. Neue Ausg. m. 1 Kpfr. 8. ... Chur 831, [Bern,] Dalp.
18 Gr., weiß Pap.

Ithen J. A.: Gemeinnütziger Unterricht üb. Kenntniss d. Rindviehes, seine Fütterung, Wartung, Pflege u. Zucht ... 2. ganz umgearb. u. verm. Ausg. Chur 1829. 134 S. 2 Tvl.
(=: G. U. üb. K. d. Pferde u. d. R. ... 2. ... Ausg. Th. 2). 418.

—— gemeinnütz. Unterr. üb. Kenntniß d. Rindviehes, seine Fütterung, Wartung, Pflege u. Zucht. Für d. Bürger u. Landmann. Neue Ausg. m. 2 Kpfrt. 8. ... Chur 831, [Bern,] Dalp.
18 Gr., weiß Pap.

ΙΤΙΧΑΣΑΣΑ ΜΟΥΤΣΑΙΑ ἰνδικῆς ἀρχαιολογίας συλλογὴ ἡ περὶ διαλόγων τε καὶ μύθων φιλοσοφικῶν, νομίμων τε καὶ ἠθίμων ἰνδικῶν, συλλεχθέντων κατ' ἐκλογὴν ἐκ τῆς Μαχαβαράτας, συγγραφείσης ὑπὸ τοῦ φιλοσόφου Βυάσα. Μεταφρασθεῖσα ἐκ τοῦ Βραχμανικοῦ παρὰ Δημητρίου Γαλάνου. Νῦν δὲ πρῶτον ἐκδοθεῖσα καὶ μετὰ προλεγομένων καὶ παρατηρήσεων αὐξηθεῖσα δαπάνῃ μὲν καὶ μελέτῃ Γεωργίου Κ. Τυπάλδου, ἐπιστασίᾳ δὲ Γ. Ἀποστολίδου Κοσμήτου. gr. 8. (ρλϛ' od. 136 S. u. 288 S.) Ἐν Ἀθήναις 851. (Leipzig, T. O. Weigel.) n. 2 ß

Itinera et descriptiones Terrae Sanctae lingua latina saec. IV—XI exarata, sumptibus societatis illustrandis orientis latini monumentis. Edidit T. Tobler. I. gr. 8. (S. 1—240.) Genevae 877. (Leipzig, Harrassowitz.)

Itinera Hierosolymitana et descriptiones Terrae Sanctae bellis sacris anteriora et latina lingua exarata, sumptibus societatis illustrandis orientis latini monumentis, edd. Titus Tobler et Augustus Molinier. Vol. I. pars 1 et 2. gr. 8. (LV, 418 S.) Genevae 877. 79. (Leipzig, Harrassowitz.) à n. 12. —

Itinera Hierosolymitana et descriptiones Terrae Sanctae bellis sacris anteriora et latina lingua exarata sumptibus Societatis illustrandis Orientes latini monumentis ediderunt Aug. Molinier et Car. Kohler. II. Itinerum bellis sacris anteriorum series chronologica occidentalibus illustrata testimoniis. 1. 30–600. gr. 8. (267 S.) Genevae 885. (Leipzig, Harrassowitz.)
Französ. Ausg. (Ebendas.) 1882. *M 12.—. — Vol. 1. pars 1 et 2. Ebendas. 1877,79. *M 24.—.

Itinera Hierosolymitana saecvli IIII–VIII recensvit et commentario crit. instr. Pavlvs Geyer. Vindobonae: F.Tempsky 1898. (2 Bl., XLVII, 480 S., 1 Bl.) 8°
= Corpus scriptorum ecclesiasticorum Latinorum. Vol. 39.

—— Principum S. Coburgi. Die botanische Ausbeute von den Reisen Ihrer Hoheiten der Prinzen von Sachsen-Coburg-Gotha. I. Reise der Prinzen Philipp und August um die Welt (1872–1873). II. Reise der Prinzen August und Ferdinand nach Brasilien (1878). Mit Benützung des handschriftl. Nachlasses von Heinr. Ritter Wawra v. Fernsee bearb. und hrsg. von Günther Ritter v. Beck. 2. Thl. gr. 4. (VI, 205 S. mit 18 Taf.) Wien 888, (Gerold's Sohn.)
1. Thl. s. Wawra v. Fernsee, Heinr. Ritter v. (Ebendas.) 1883. *M 60.—.

Itinéraire

— de l'Allemagne, av. une carte et II Panoramas. gr. 8. Weimar. Landes Ind. Comt.

Itinéraire de l'Allemagne, av. une carte routière. gr. 8. Amsterd. Kunst- et Ind. Comt. 808.

Itinéraire de l'Allemagne, avec une Charte routière. gr. 8. Leips. Brockh. 812.

— alphabetique de la ville de Bâle, de ses environs et de son Canton; à l'usage de voyageurs curieux (par J. H. Ryhiner). 8. Basel 782.

Itinéraire alphabétique de la Ville de Bâle ... Bâle 1782. V: *Ryhiner, Johann Heinrich.* (Ky) (MGT) (EngG)

— d'Autriche géographique et topographique auquel on a joint la route de Petersbourg par la Pologne. 8. Bern, Soc. Typ.

— du Danemarc, Norvège et de la Suède. gr. 8. Weimar, Land. Ind. Comt.

Itinéraire descriptif de la Suisse Saxonne. Meissen 1855. V: *Hessèle, Louis Florentin.* (EngG)

Itinéraire descriptif de la Suisse saxonne. Par F. H. 16. (XVI und 43 S. avec 12 vues lithogr., une carte spéciale lithogr. in qu. 4. et le tableau des lieux et heures du départ des bateaux à vapeur et des chemins de fer.) Meissen 855, Goedsche'sche Buchh.

— de l'Espagne et du Portugal. gr. 8. ibid.

— de la France av. une Carte et Panorama de Paris. gr. 8, ibid.

— de Genève, Lausanne, Chamouini etc. 12. Bern, Soc. Typogr.

— géograph. et topograph. de tous les états de la maison d'Autriche. gr. 8. Wien 789. Blumauer. (Wlh. Nauck in Leipz.) 20 gl.

— geogr. et topogr. de tous les Etats de la maison d'Autriche. gr. 8. Vien. (Sommer, Leipz.) 789.

— de la Grande-Bretagne, de l'Irlande et de la Hollande. gr. 8. ibid.

— de l'Italie, av. une Carte d'Ital. et Dalmatie. gr. 8. ibid.

Itineraire d'Italie, ou la description des voyages aux princ. villes. Av. cartes. 9e éd. gr. 8. Milan. (Züric, Orell.) 818.

Itinéraire, nouvel, de Cologne à Mayence. Avec une carte géographique (lith.) qu. 32. (55 S.) Cologne 850, Eisen, Vrlgsh.

Itinéraire du Pays de Vaud.... Berne 1794 s.a. Struve, Henri.

— du Pays de Vaud, du gouvernem. d'Aigle et Neufchatel, (par W. O. Struve). Mit 1 Karte. 8. Bern 794. Typogr. Societ. 14 K

Itinéraire du Pays de Vaud ... V: *Struve, Wilh. Otto.* (Ky)

— du Pays de Vaud, du Valais, de Neufchatel etc. 8. Bern, Soc. Typ. 798.

Itinéraire pittoresque, aux Comtés de Chester, de Derby, de Leicester, Lincoln, de Nottingham, et de Rutland. 63 Vues d'après les dessins origin. de Thom. Allom, accomp. de notices historiq. et topographiq. Trad. de l'Anglais par Alex. Sosson. 1837—38. Gage d'amitié. gr. in-4. (9 B.) Londres 838, Fisher, Fils, et Cie.; Leipsic, Brockhaus et Avenarius.

Itinéraire portatif, ou le livre de poste de l'Allemagne et des pays limitrophes, s.a. Post- u. Reisebuch.

Itinéraire portatif, ou le livre de poste de l'Allemagne et des pays limitrophes. — A. u. d. T.: Post- u. Reisebuch durch Deutschland. Frankfurt a. M. 1832.

— de la route qui conduit par terre à travers la Russie aux Indes Orientales. Avec une Charte enluminée. 8. Berl. Braunes. 812.

— des routes les plus fréqu., ou Journal de plusieurs Voyages aux villes princip. de l'Allem. etc. av. une Carte géograph. 12. Leipz. Leo.

— des routes les plus fréqu., ou Journal de plusieurs Voyages aux villes principales de l'Europ jusq. au 1706. etc. av. une Carte pol. 8. Leipz. Hinrichs.

— de la Russie, Hongrie et de Constantinople, avec une Carte et Panoramas. gr. 8. Weim. Land. Ind. Comt.

Itinéraire du St. Gothard. Bâle 1792. V: *Wyttenbach, Jac. Sam.* (MGT)

— du St. Gotthard, d'une partie du vallais et des contées de la Suisse que l'on traverse ordinairement pour se rendre au Gotthard, (par Chr. de Mechel). Mit 1 Karte. 8. Basel 795.

— de la Suisse, orné de la Carte de Coxe. gr. 8. ibid.

— — de Trèves et de ses environs, à l'usage des étrangers. 8. (5¾ B.) Trèves 839, Troschel.

— de Vienne, ou routes principales qui vont de cette Capitale dans les autres royaumes et provinces de la monarchie etc. 12. Vienne, Rehm. 806.

Itinéraires à Jérusalem et descriptions de la Terre Sainte rédigés en français aux XIe, XIIe et XIIIe siècles, publiés par Henri Michelant et Gaston Reynaud. [Publications de la Société de l'orient latin, série géographique, III.] gr. 8. (XXXIII, 282 S.) Genève 882. (Leipzig, Harrassowitz.) *

Itinéraires russes en Orient, traduits pour la Société de l'Orient latin par Mme. B. de Khitrowo. I, 1. gr. 8. (334 S.) Genève 889. (Leipzig, Harrassowitz.) n. 12. —

Itinerar Kaiser Ferdinands I. 1521—1564. Wien 1843. V: *Gévay*, *Anton von*. (EB)

Itinerario Italiano ossia Descrizione de' Viaggi per le strade più frequentate alle principali Città d'Italia. Coll' indicazione delle distanze in poste, in miglia, in ore e minuti, de' migliori alberghi, degli oggetti etc. etc. 8. Roma. 818. (Vienna, Volke.)

Itinerarium Alexandri ad Constantium Augustum Constantini M. filium. Ed. nunc primum cum notis Angelo Maio [Mai]. — Mediolani 1817: Regiis Typ. Getr. Pag.
Nebent.: Itinerarium Alexandri. Item Julii Valerii De rebus gestis eiusdem Alexandri libri 3.
Beigedr.: Valerius Alexander Polemius, Julius: Res gestae Alexandri Macedonis transl. ex Aesopo Graeco prodeunt nunc primum ed. notisque illustr. Angelo Maio.
1: Wo 940. 300: • 35 J 4. 3. 7. 10.
3.1438

— Ad exemplar Mediolanense, 1817. Francofurti a. M.: Hermann 1818. XIX, 304 S.
Nebent.: Itinerarium Alexandri. Item Julii Valerii De rebus gestis eiusdem Alexandri libri 3.
Beigedr.: Valerius Alexander Polemius, Julius: Res gestae Alexandri Macedonis transl. ex Aesopo Graeco prodeunt nunc primum ed. notisque illustr. Angelo Maio. Mediolani 1817: Regiis Typ.
12: A. lat. b. 2156. 2. 3. 4. 5. 6. 8. 9.
3.1439

Itinerarium Alexandri ad Constantium Augustum, Constantini Magni filium. Prodit ex Ambrosiano codice, c. editoris Angeli Maji dissertat. et not. ac specimine codicis, imagine Alexandri et tabula geograph. itinerarii in 8 maj. Mediolani 817. (Volcke in Wien). 3 ℳ 20 ⅹ In Charta maj. 6 ℳ In Charta vel. in 4. 18 ℳ

Itinerarium Alexandri ed. Didericus Volkmann. gr. 4. (VIII, 32 S.) Naumburg 871, (Domrich.) 1 25

Itinerarium Antonini Augusti et Hierosolymitanum. Ex libris mss. edd. G. Parthey et M. Pinder. 8maj. (XL und 403 S. mit 2 Stnt, in gr. 4.) Berolini 848, libr. Nicolai. *

Itinerarium Athei, ad Veritatis viam deducti... Viennae 1704. V: *Raicsani*, *Johann*. (Barbier) (Jes) »1737« (So) (Pk)

Itinerarium, Constantini Germanici, Germaniae politicum. S. l. [17??] V: *Oldenburger*, *Phil. Andreas*. (Pütter, Litt. d. Teutsch. Staatsr. Gött. 1773—91. I, 240.)

Itinerarium curiosum in terram sanctam. Epigrammatis illustravit Silvius Peregrinus. 12. (VIII, 57 S.) Chur 893. (J. Rich.) n. 1. —

Itinerarium für das Excursionsgebiet des Schweizer-Alpen-Club: vom Col de Colon bis zum Lyskamm 1868. Zürich [1868]. V: *Ulrich*, *Melchior*. »vom Lyskamm bis zum Monte Leone 1869. Zürich [1869] 1870; das Binnenthal. Zürich [1870]. (Cat. d. Stadtbibl. Zürich. Zürich 1864—97.)

Itinerarium Maximiliani I. 1508—1518. Mit einleitenden Bemerkungen über das Kanzleiwesen Maximilians I. Herausgegeben von Victor v. Kraus. (Aus dem Archiv für österr. Geschichte [Bd. LXXXVII, 1. Hälfte. S. 229] separat abgedruckt.) Wien. 1899. In Comm. Gerold's Sohn. Gr.-8°. 90 S. fl. —.95

Itinerarium für 1880—81 des S. A. C.: Orographie der hohen Kalk-Alpen zwischen Rhone und Rawyl (Diablerets und Wildhorn-Gruppe), von E. Renevier; zudem enthaltend: botanische Notiz von L. Favrat; Entomologische Notiz von Dr. Ed. Bugnion. Deutsche, vom Central-Comité durchgesehene Uebersetzung von H. Schardt. In-8°, 98 S. Lausanne, Druck von G. Bridel. 1880.

Itinerarium des S. A. C. für 1890/91: Der Rhätikon, das Plessurgebirge und die westlichen Ausläufer der Silvrettagruppe, von *E. Imhof*. In-8°. 189 S. Glarus, Typ. Schmidt & Dürst. 1890. 2 —

Itinerarium für die Silvretta- und Ofenpassgruppe oder die Gebirge des Unterengadins. Im Auftr. des S. A. C. bearb. von *Ed. Imhof*. In-8°. 290 S. Bern, 1898.

Itinerary, the, of Rabbi Benjamin of Tudela, s. Asher.

ITO
(1) Mitteilungen aus der jüd. territorialistischen Bewegung (bis 15. 4. 1909). Territorialistisches Monatsblatt (ab 15. 5. 1909) (2) JTO (15. 9. 1908) (5) 15. 7. 1908—1911 (6) 4° (7) Monatsblatt (8) Zürich. W. Hartmann (bis 17. 8. 1908). Buchdruckerei & Verlagsanstalt Zürich V (15. 9. 1908—15. 6. 1910). Hänsler & Co. (15. 7. 1910—1911) (10) Schweiz. jüdischer territorialistischer Landesverband (12) S. Rubinstein, Zürich (13) jüdisch-territorialistische Bewegung (14) Be: L., Zh: BICZ.

Ito, Kamejiro, aus Fukuoka Chiba ⟨Japan⟩: Über den Einfluss von Muskelanstrengungen auf die Körpertemperatur. *Erlangen 1899: A. Vollrath.* (33 S.) 8°
Erlangen, Med. Diss. v. 5. Juli 1899

Ito, Seiitziro [aus Japan]: Ueber Fibrome, Cystofibrome und Adenomyofibrome der Scheide ... Halle a. S., Plötz'sche Buchdr., 1897; 24 S., 2 Bl., 1 Taf. 8.
Halle, Med. Fak., Inaug.-Diss. v. 9. Aug. 1897

Itschert, Peter [aus Vallendar a/Rh.]: Beiträge zur anatomischen Kenntnis von Strychnos Tieuté ... Erlangen, k. b. Hofbuchdr. v. A. Vollrath, 1894; 24 S., 1 Bl., 1 Taf. 8.
Erlangen, Phil. Fak., Inaug.-Diss. v. 1894

Itschner, Herm., Bildungsnöte der Volksschullehrer. Ein Programm der Lehrerbildg., aus den Bedürfnissen des erzieh. Unterrichts abgeleitet. gr. 8. (VI, 79 S.) Leipzig 901. Th. Hofmann. n. 1. 60

— über künstlerische Erziehung vom Standpunkt der Erziehungsschule. Zugleich Versuch e. Lehrplans, angewandt auf die Übungsschule des pädagog. Universitäts-Seminars zu Jena. Mit 4 lith. Taf. gr. 8. (III, 118 S. m. Fig. u. 4 Taf.) Langensalza 901. H. Beyer & Söhne. n. 1. 80

Jtſchner, Herm., deutſche Geſchichte, ſ.: Wiegel.

Itschner, Hermann: Einige Gesichtspunkte zur Erschließung des pädagogischen Gehaltes der Werke Nietzsches. Weimar 1909: Hof-Buchdr. S. 3—36. 8°
Weimar, großh. Lehrer-Sm OP 1909** [S 09. 232

Itschner, Hermann. Lehrproben zur Länderkunde von Europa. Ein Beitrag zum Problem der Stoffgestaltung. IV + 278 S. 8. Leipzig und Berlin, Teubner, 1904. [M. 3. 60, geb. 4. 20]

Lehrproben zur Länderkunde von Europa. Ein Beitrag z. Problem d. Stoffgestaltung von Hermann **Itschner**. 2. Aufl. Leipzig & Berlin: B. G. Teubner 1908. (292 S.) 8° [J.] 108. 9310

— **Unterrichtslehre.** Unterricht gefaßt als Entbindg. geſtalt. Kraft. I. u. II. Tl. gr. 8. Leipzig, Quelle & Meyer. 12.—; geb. in Leinw. 13. 20
1. Allgemeiner Tl. (XI, 332 S.) 908. 4.80; geb. 5. 40
2. Der beſonderen Unterrichtslehre. 1. Hälfte: Naturkunde, Geſchichte, Geographie, Religionslehre, Sittenlehre. (X, 492 S.) 910. 7.20; geb. 7. 80

Ittameier, Carl, Medizinalpraktikant a. Wallerstein: Über einen Fall von Thrombose der rechten Arteria pulmonalis und Bildung eines Kollateralkreislaufes in den Lungen. Erlangen 1907: Junge & Sohn. (29 S.) 8°
Erlangen, Med. Fak., Ref. Hauser, Diss. v. 26. Juli 1907
[Geb. 22. Jan. 82 Wallerstein; Wohnort: Bayreuth; Staatsangeh.: Bayern; Vorbildung: Gymn. Erlangen Reife M. 01; Studium: Erlangen 5, Kiel 2, Erlangen 3 S.; Coll. 12. Juli 07; Approb. 23. Nov. 06.]

Jttameier, M., Beiträge zum Verſtändniß der Offenbarung Johannis. gr. 8. (IV, 191 S. mit 1 Tab.) Nördlingen 880, Beck'ſche Buchh. *

Jttameier, M., Flugblatt zum Beſten der lutheriſchen Miſſion in Oſtafrika. (Predigt.) gr. 8. (8 S.) Dresden 893. (J. Naumann.) n.n. — 5

Ittameier, M.: Über eine evangelisch-lutherische Mission in Ostafrika. ([S.-A.] Nürnberger Missionsblatt. 1886. No. 2 u. 3.) Rothenburg o. Tbr. 1886. 16 S. 8°

Ittameier, M.: Die evangelisch-lutherische Mission in Ostafrika in den ersten zwei Jahren ihres Bestehens. Aus den Missionsberichten zusammengestellt. Rothenburg o. Tbr. 1888. 48 S. 8°

Ittameier, M.: Die Mission auf dem Allgemeinen Deutschen Kongress. — Die evangelisch-lutherische Mission für Ostafrika und ihre Gegner. Eine Schutz- und Verteidigungsschrift. Rothenburg o. Tbr. 1887. 16 S. 8°.

Jttbern, A., er muß in Penſion geh'n!, ſ.: Theater, neues Wiener.

Ittel, Georg, prakt. Arzt aus Frankfurt a. M.: Ueber einen Fall von Lymphosarkom des Pharynx. *Leipzig 1904: B. Georgi.* (44 S.) 8°
Leipzig, Med. Diss. v. (16. März) 1904

Itten, Gottfried, aus Spiez: Karl Albrecht v. Frisching, ein Politiker aus dem alten Bern 1734—1801. Bern, Scheitlin & Co., 1910. 164 S. und eine Tafel. 8°. [6. V. 10.]
Bern. Phil. Diss. 1910/11.

Ittenbach, Frz., Ittenbach-Album. 12 Photogr. nach Originalen d. Künstlers. Kabinet-Ausg. 8. München 893. Verlags-Anstalt f. Kunst u. Wissenschaft. In Leinw.-Mappe. 12. —; Folio-Ausg. 80. —

Ittenson, Jos., das Calculations-Buch des Baumwollwebers. 14 Tab. m. 1400 Schlüsselzahlen zur prakt. Berechng. des Garnbedarfes. Für die Praxis bearb. 12. (88 S.) Hohenelbe 902. (Leipzig, G. Weigel.) Geb. n. 1.50

Ittenson, Jos., das Kalkulations-Buch des Baumwollwebers. 18 Tab. m. 1800 Schlüsselzahlen zur prakt. Berechng. des Garnbedarfes u. der Arbeitsdauer. Für die Praxis bearb. 2. Aufl. (48 S.) kl. 8. Leipzig (908). G. Weigel. Geb. in Leinw. 1. 50

Itter, Anton Christian (Frankfurt a. M.), De renunciatione appellationis aliorumve remediorum contra sententiam. Diss. jur. Rector Philipp Wilhelm Graf v. Boineburg. Präs. Johann Philipp Streit. Erfurt (Grosch) 15. IV. 1713. 10 Bl. (6.—) 17043

— **Georg Martin** (Frankfurt a. M.), De notario testes examinante. Diss. jur. Präs. Jacob Friedr. Ludovici. Halle (Christian Henckel) Okt. 1720. 44 S. (6.50) 17044

— — Dasselbe. Halle (Jo. Christ. Grunert) 1744. (6.20) 17045

Itter, Jo. Wilhelm

Itter, Jo. Guil.: De feudis imperii Comment. (*Giess.* 681.) Ed. alt. *Frcf.* 714. 8.

Itter, J. Wlh., de feudis imperii. 8. Frankf. 753. Brönner. 16 ℳ

Itter, I. G., de feudis imperii. 8. Francf. Broenner. 756.

Itter, J. G.: Quaestiones univers. juris feudalis. *Francof.*, Brönner. 754. 4. (1 Thl.)

Ittershagen, Georg Chr.

(—) die gerettete Ehre Moſes, bei dem von ihm zerſtörten goldenen Kalbe, gegen alle desfalls gemachten Einwendungen, die Unzerſtörbarkeit d. Goldes betreff. 8. Riga (794).

Jttershagen, Geo. Chr., († d. ...) geheime Scheidung der Metalle u. derſelben Nutzbarkeit. 8. (o. O.) (Braunſchw.) 774. Schröder. 3 ℳ

Jttig, E., Fibel, ſ. Rahe.

—— Lehrpläne der Volksſchule für Knaben in Bremerhaven, zuſammengeſtellt nach Berathungen mit dem Lehrer-Collegium. gr. 8. (40 S.) Minden 869, Volkening. [Leipzig, Siegismund und Volkening.] — 60

Ittig, Gottfried Nikolaus

— — **Actum solennem promotionis doctoralis sex candidatorum juris indicit.** Lpz. (Fleischer jun.) 30. X. 1707. 4 Bl. (3.—) 17054
Gustav Heinrich Mylius (Leipzig), M. Gottfried Ludwig Mencken (Leipzig), Christian Michael Bohne (Leipzig), Joh. Friedrich Troppanneger (Dresd.), Johann Ernst Kregel (Leipzig), M. Johann Friedrich Hoeckner (Stolberg).

Ittig, Gottfr. Nicol. [Praes.], s. Bernstein, Daniel: De judicium circa torturam excedentium emenda.

Ittig, Gottfried Nicol. (Präs.), s. Bohn, Christian Michael: De clerici foro seculari.

Gothofr. Nic. Ittigii, De confesso non convicto et Gothofr. Barthii, De convicto non confesso dissertationes. Lipsiae 1756.

— M. Johann Nicolaus (Schleusingen), De juramento judiciali. Exercit. acad. Präs. D. Jacob Born. Lpz. (Wittigau) 11. VII. 1667. 8 Blatt. (6.50) 17057

— — Dasselbe. Lpz. (Brandenburger) 1704. 22 S. (6.30) 17058

Ittig, Karl Gottfried

— — Exercitatio tertia occasione leg. XVI. dig. de R. I. Präs. D. Jo. Friedr. Olearius. Lpz. (Immanuel Titius) 16. III. 1709. 6 Bl. (5.—) 17047

— — De intermissione acquisitionis in praejudicium tertii, occasione L. 6. pr. ff. quae in fraud. credit. Disp. jur. Lpz. (Immanuel Titius) 26. XI 1709. 32 S. (6.50) 17049
Gew.: Lüder Mencken.

— — u. Johann Theodor Kresse (Bautzen), De falso laudante ex dolo conveniendo occas. L. 8. ff. de Dol. mal. junct. decis. elector. noviss. XLII. Diss. jur. Lpz. (Johann Andreas Zschau) 22. VIII. 1715. 16 Bl. (6.20) 17050

— — Dasselbe. Lpz. o. Drucker 1746. 46 Seiten. (6.50) 17051

— — De simulatione et dissimulatione, olim et hodie usuali. Lpz. (Immanuel Titius) 12. X. 1709. 31 S. (6.50) 17048

Ittig, M. Carl Gottfried (Leipzig), De usufructu omnium bonorum legato occasione L. 29. ff. de Usufructu. Präs. D. Jo. Friedr. Olearius. Lpz. (Immanuel Titius) 19. VI. 1708. 44 S. (6.80) 17046
Gew.: Thomas u. Gottfried Nicolaus Ittig.

Ittig, Thomas

Ittigii, Th., de bibliothecis et catenis patrum variisque veter. ecclesiastic. collectionibus — tractatus. C. observatt. et anim. Lips. 707. 8.

— Erklär. üb. d. Proph. Jeremias. 5 Thle. 4. Dresd. Gerlich. 722.

Ittigii, Th., Exercitation. philologico-criticae. Lips. 702. 8. 12gr.

— exercitationes quib. variae mater. expon. 8. Lipsiae, Iunius. 702.

Ittig, Thomas (Präs.), s. Gedaeus, Hermann Bernhard: De creatura gemebunda ad Rom.

Ittig, Thomas; De haeresiarchis aevi apostolici et apostolico proximi. Lips. 1690. 4°; rec. 1703.

— de haeresiarchis. 4. Lips. Iunius. 703.

Ittig, Thomas (Präs.), s. Heuson, Joh. Chrn.: De residuo passionum Christi ...

— historia ecclesiast. I. et IIdi saec. 4. Francof. et Lips. 709. 711.

Ittig, Thom., historiae ecclesiasticae seculum I. 4. Lips. (Frommann in Jena.) Rthlr.

— histor. synodor. national. a Reformatis in Gallia habitar. Sect. I—IV. 4. Lips. Iunius. 706.

— de synodi Carentonensis indulgentia erga Lutheranos. 4. Lips. (Frommann in Jena.)

— Katechismuspredigten. 4. Altenb. Richter. 728.

— Klugh. d. Gerecht. in Erklär. d. Sonn- u. Festt. Evangel. 4. Altenb. Richter. 724.

— christl. Leichenpredigten. 4. Leipz. Eurich. 736.

— Leiden u. Sterben uns. Erlösers in Passionspredigten. 4. Altenb. Richter. 724.

— opuscula varia cum Catal. Ittigianor. Mascrtor.. 8. Frft. et Lips. 714.

Ittig, Th., de pediluvio Christi imitando. Lips. 1699; rec. 1714. 4; rep. in ejsd. exercitt. theoll. p. 198—264.

Ittigius, Th., de Guil. Postello. Lips. 704. 4.

Ittig, Th., de novis fanaticorum quorundam purgatoriis. Lips. 1703. 4.

Ittig, Thomas. Schediasma de auctoribus, qui de scriptoribus ecclesiasticis egerunt. Lips. 1711. H: *Ludovici, Chn.* (winer)

Ittig, Thom., schediasma de auctoribus, q. de scriptorib. ecclesiast. egerunt. 8. Lips. Junius. 712.

— Spiegel wahr. Frömmigkeit, aus d. Evangel. vorgest. 4. Dresden. 721.

— Supplementum Operum Clementis Alexandrini. 8. Lipsiae, Gleditsch. 700.

— Zeit u. Ewigkeit, i. Ergänz. Gelers Zeit u. Ewigk. nebst dessen Leichenpredigt. 2 Thle. 4. Altenb. Richter. 702. 736.

Ittiolitologia veronese, c. fig. III Tom. Fol. magn. Insbr. 796. Wagner. 16 ℳ

Ittlinger, Jos., Alpinismus, s. a. Miniatur-Bibliothek f. Sport u. Spiel.

Ittlinger, J. Alpinismus. Ein Ratgeber für Hochtouristen. Mit Abb. Leipzig 1908. 150 S.

Ittmann, Ludwig [pract. Arzt]: Die Dermatitis herpetiformis (Duhring) und ihre Beziehungen zu ähnlichen Hautkrankheiten .... Breslau, Th. Schatzky, Buch- & Steindr. (1887); 17 + 1 S. + 1 Bl. 8°
Breslau, Med. Fak., Inaug.-Diss. v. 10. Dez. 1887

Ittmann, Ludw., die Dermatitis herpetiformis [Duhring] und ihre Beziehungen zu ähnlichen Hautkrankheiten. Inaugural-Dissertation. gr. 8. (47 S.) Breslau 887, (Köhler.) *

Ittmann, Theodor, appr. Arzt: Aus d. chir. Univ.-Kinderklinik zu München. ⟨Prof. Herzog.⟩ Über die Angiome der Parotis. München 1909: Heller. 27 S. 8°
München, Med. Diss. v. 1. April 1909, Ref. v. Angerer
[Geb. 31. Juli 80 Herbstein; Wohnort: Langen b. Darmstadt; Staatsangeh.: Hessen; Vorbildung: Gymn. Worms Reife O. 99; Studium: Gießen 1, München 2, Heidelberg 2, München 2, Berlin 2 S.; Coll. 1. April 09; Approb. 1. Sept. 06.] [U 09. 3344

Ittner, F. G. J., resp. N. **Weidenbusch,** De noxis ex abusu potus caffé in corpore humano. Mogunt. 4°. 1769

Ittner, Franz von (vgl. I t t n e r , Josef Albrecht von)

—Beiträge zur Geschichte der Blausäure mit Versuchen über ihre Verbindungen und Wirkungen auf den thierischen Organismus. Freyburg und Konstanz, *n. d.* [1809]. 8vo. pp. [viii]-150.

v. Ittner, Fr., († d. 27. Aug. 1821.) Beiträge zur Geschichte der Blausäure 2c. gr. 8. Frburg (814). Herder. 16 gr

(—) (u. M. Keller,) kurze Darstellung d. Bereitung des Zuckers aus Stärke. 8. Frburg 812.

ITTNER, FRANZ VON.
Uebersicht der Hauptmomente des gegenwärtigen Zustandes der Chemie. Eleutheria, oder Freiburg. literar. Blätter von Erhardt besonders abgedruckt., 1820, I, 3. Freiburg, 1823. 8vo.

—Uebersicht d. Hauptmomente des gegenwärt. Zustandes d. Chemie. (Aus der Eleutheria besond. abgedruckt.) 8. Frburg 822. Wagner. 8 gr

Ittner, Georg Franz Ignaz, De lege dioecesana. Disp. jur.-canon. Erfurt (Grosch) 31. V. 1704. 52 S. (6.80) 17060

ITTNER, H. G.
Ganze (Das) der Destillation der ätherischen Oele, mit Bezug auf die Fabrikation der Liqueure und Aquavite, aromatischer Geister und Wasser auf kaltem Wege. Oder: Anweisung, die zur Fabrikation der Liqueure und Aquavite, aromatischen Geister und Wasser, Confitüren und Parfüms auf kaltem Wege erforderlichen ätherischen Oele sich auf eine vortheilhafte Weise selbst zu verfertigen. Nebst Angabe der Abweichung der ätherischen Oele unter einander, mit Rücksicht auf ihre Flüssigkeit, specifische Schwere, Farbe, Geruch, Geschmack, und Güte; Reinigung und Verbesserung derselben; Wiederherstellung zum Theil und ganz verdorbener Oele; der vortheilhafsten Art, sie aufzubewahren, ihre Verfälschung zu erkennen; Aufzählung der vorzüglichsten officinellen ätherischen Oele; Beschreibung der Substanzen, aus denen sie gewonnen werden, etc., sowie die Anwendung der ätherischen Oele selbst auf doppelte und einfache Liqueure und Aquavite. Für Gastwirthe, Branntweinbrenner, Materialisten, Tabagisten, Restaurateurs, Conditoren und Parfümeurs. Quedlinburg, 1839. 8vo.

Ittner, H. G., das Ganze d. Destillation d. äther. Oele, mit Bezug auf d. Fabrikation d. Liqueure u. Aquavite, aromat. Geister u. Wasser auf kaltem Wege. 8. (6 B.) Quedlinburg 839, Basse.

—— Schreibkünste. Oder Anweis., alle Arten künstl. Schreibereien zu verfertigen, nebst vielen geheim gehalt. Künsten, u. vielen mit d. Schreiberei verwandten Sachen, sowie das Ganze d. Siegellacksfabrikation. 8. (3½ B.) Quedlinburg 838, Basse.

Ittner, J. v., s. der Prälat.

Ittner, Josef Albrecht von (vgl. I t t n e r , Franz von)

— s. J. G. Jacobi Werke, 4r Bd.

v. Ittner, Jos. Alb., († d. 9. März 1825.) (belletristische) Schriften. Herausg. von H. Schreiber. 1r—3r Bd. 8. Frburg 827. Wagner. 2 ℛ 20 gr

Ittner, Jos. Albr. v., Schriften. Hrsg. v. H. Schreiber. 4. Bd. — A. u. d. T.: v. Ittners ausgewählter Briefwechsel, nebst dess. Leben. 8. (13½ B.) Freiburg 829, Wagner.
1—3. Bd. Ebendas. 1827. 2 Thlr. 20 Gr.

v. Ittner, (J. A.,) Uebersicht der Hauptmomente des gegenwärt. Zustandes d. Chemie. (Aus der Eleutheria besond. abgedr.) 8. Freiburg 822, Wagner.

Iturbide, Augustin de. Denkwürdigkeiten aus dem öffentlichen Leben des Exkaisers von Mexico . . . Leipzig 1824. Ü (engl.): *Quin, Michael John.* (dtsch): *Lindau, Wilhelm Adolph.* (BrVV)

Iturbide's Denkwürdigkeiten 2c., s. Denkwürdigkeiten.

Itzehoe [Sachl. Ordnungswort]

Itzehoe. 28. Juni 1908. [Hrgg. von der Kommission für historische Ausflüge d. Vereins f. Hamb. Gesch.] Hamburg. 1908. 8°

Itzehoe und Umgebung hrgg. von der Kommission zur Hebung des Fremdenverkehrs in der Stadt Itzehoe. (Itzehoe. 1904.) 8°.

Itzehoe und Umgebung. Hrgg. von der Kommission zur Hebung des Fremdenverkehrs in der Stadt Itzehoe. (Mit vielen Abb. u. 1 Karte.) [Itzehoe. 1908.] 8°

Itzehoe [Schlagwort]

Itzehoe. s.: Deutschland. Kürschner-Pelp.

Itzehoe. Plan von Itzehoe u. Umgegend. 1 : 5000. 46,5 × 47 cm. Farbdr. Hamburg (895). Itzehoe 898. Ch. Bachmann & Peterson. n. 1.—

Itzehoe. Planausschnitt v. Itzehoe m. Umgebung. 1 : 5000. 46,5×52,5 cm. Farbdr. Itzehoe (909). Th. Brodersen. — 70

v. Itzenloe, H., Judith; e. Schspl. Aus einer alten Handschrift. Mit 1 Titelkpf. 12. Zürich 809. Orell. 20 gr

Itzerott, Aug(ustus) Frid. Otto (geb. Ahlsenrode bei Halberstadt 6. 8 1831): De febri intermittente. Berolini (1857). (31 S.) 8°
Berlin, Med. Diss. v. 8. Apr. 1857

Itzerott, B., s.: Buchholz, B.

Itzerott, Elisab., Gedichte. 12. (160 S.) Dresden 897. E. Pierson. n. 3. —; geb. n. 4. —

Itzerott, Elisab., s.: Kampf u. Friede.

Itzerott, Erich, approb. Arzt aus Diesdorf i. A.: Über die **Resultate** der Knochennaht bei complicierten Frakturen. *Halle a. S. 1901: C. A. Kaemmerer & Co.* (33 S.) 8°
Halle, Med. Diss. v. 23. März 1901

Itzerott, G.

— u. Frz. Niemann, mikrophotographischer Atlas der Bakterienkunde. Mit 126 mikrophotograph. Abbildgn. in Lichtdr. auf 21 Taf. Lex.-8. (XII, 115 S. m. Abbildgn.) Ebd. 895. n. 15. —; geb. in Leinw. n. 16. —

Itzerott, G., Bakterienkunde. Ein kurzer Leitfaden f. Studierende u. Ärzte. 12. (VIII, 128 S. m. 48 Abbildgn.) Leipzig 894. J. A. Barth. Geb. in Leinw. n.n. 3. 25

Itzerott, Georg (geb. Brandenburg a. H. 9. 5. 1854): Die partiellen Fussamputationen nebst einem speciellen Fall einer Syme-Operation. Berlin (1879). (42 S.) 8°
Berlin, Med. Diss. v. 11. Okt. 1879

Itzerott, J. Chr., Erklärung der Sonn- und Festtags-Evangelien des Kirchenjahres, in kurzen katechet. Unterredungen zu einer fruchtbaren Behandlung derselben in Bürger- und Volksschulen. 8. (VII, 467 S.) Quedlinburg 871, Basse. 4 50

Itzerott, J. Chr., theoretisch-praktische Erläuterung des kleinen Katechismus Lutheri, als Grundlage einer ausführl. Unterweisung im Christenthum von W. Heuser und F. Sander. Ein Hand- und Hülfsbuch für die Lehrer beim Gebrauche desselben. 3 Thle. 8. Quedlinburg, Basse. [1. (201 S.) 12½ Ngr., 2. (244 S.) 854. 15 Ngr., 3. (156 S.) 855. 10 Ngr.]

Itzerott, J. Chr., Handbuch zur unterrichtlichen Behandlung d. biblischen Geschichten. Enthalt. Erklärungen, prakt. Materialien u. Andeutungen, katechet. Beispiele u. Winke f. Lehrer in Bürger- n. Volksschulen. 1. Thl. Altes Testament. 8. (41 B.) Quedlinburg 845, Basse. Thlr.

Itzerott, J. Chr., Handbuch zur unterrichtl. Behandlung der biblischen Geschichten. Enth. Erklärungen, prakt. Materialien und Andeutungen, katechet. Beispiele und Winke für Lehrer in Bürger und Volksschulen. 2. Thl.: Neues Testament. 8. (VIII und 698 S.) Quedlinburg 849, Basse.
1. Thl. Ebendas. 1845. 25 Ngr.

Itzerott, J. Chr., Handbuch zur unterrichtlichen Behandlung der biblischen Geschichten. Enth.: Erklärungen, prakt. Materialien und Andeutungen, katechet. Beispiele und Winke für Lehrer in Bürger- und Volksschulen. 2., verb. und verm. Aufl. 2 Thle. 8. Quedlinburg, Basse.
Inhalt:
Thl. 1. Altes Testament. (XIII und 573 S.) 863. 1 Thlr. 10 Ngr.
= 2. Neues Testament. (VIII und 636 S.) 865. 1 Thlr. 15 Ngr.

Itzerott's, J. Chr., Handbuch zur unterrichtlichen Behandlung der biblischen Geschichten. Enth. Erklärgn., prakt. Materialien u. Andeutgn., katechet. Beispiele u. Winke f. Lehrer in Volks- u. Bürgerschulen. 2. Thl.: Neues Testament. 3. verb. u. verm. Aufl. Hrsg. v. Carl Itzerott. 8. (IV, 636 S.) Quedlinb. 889, Basse. * 3 —

Itzerott, J. C., methodolog. Hand- u. Hülfsbuch z. Gebrauche bei d. Religionsunterr. in evangel. Volksschulen. Für d. Lehrer ders. 8. (23½ B.) Quedlinburg 834, Basse.

— Harfe und Leier. Eine Sammlung geistl. Lieder und anderer Gedichte bei besond. Veranlassungen. Zur Erbauung und Erhebung des Herzens. 8. (IV und 159 S.) Diesdorf 862. Salzwedel, Schmidt. cart. *

— u. J. A. Rohland, kirchliche Katechisationen, siehe: Rohland, J. A.

Itzerott, J. Chr., der kleine Katechismus Luther's. Wort- und sachgemäß erklärt und mit Bibelsprüchen und Liedern versehen. Für Volksschulen. 8. (VI und 162 S.) Quedlinburg 857, Basse.

—— christl. Religionslehre in kurzen Sätzen, mit Sprüchen u. Liederversen f. evangel. Volksschulen u. z. Gebrauch beim Confirmandenunterrichte. Nebst ein. Anh., enthalt. eine kurze Geschichte der christl. Kirche, Gebete, die Hauptstücke Dr. Luther's u. ein Mäßigkeitslied. 2., verb. Aufl. 8. (5 B.) Quedlinburg 844, Basse.

—— katechetische Unterredungen über die Hauptstücke des kleinen Katechismus Luthers nach Dr. J. Krügers Erklärung des kleinen Katechismus Luthers bearb. 3 Bde. 2. Aufl. gr. 8. (VIII, 386; VIII, 400; IV, 292 S.) Langensalza 869—71, Verlags-Comptoir. 1. und 2. Bd. à M 3.; 3. Bd. M 2,25.

Itzerott, J. Chr., katechetische Unterredungen über die Hauptstücke des kleinen Katechismus Luthers, nach J. Krüger's Erklärung des kleinen Katechismus Luthers bearb. 3 Bde. 3. verb. Aufl. gr. 8. Langensalza, Beyer und Söhne. [1. Bd. (VIII, 344 S.) 877. M 3.; 2. Bd. (VIII, 348 S.) 879. M 3.; 3. Bd. (IV, 251 S.) 879. M 2,25.]

Itzerott, J. L., Wochenspruchbuch. Nach Anleitung der Sonn- und Festtagsepisteln, nebst alten bewährten Liedern. 8. (67 S.) Quedlinburg 852, Basse.

Itzerott, Marie, Frau Ada. Dramatische Studie in 1 Akt. gr. 8. (30 S.) Oldenburg (900). Schulze. n. — 60

— Aglaia. Dramatisches Gedicht in 3 Akten. gr. 8. (III, 56 S.) Ebd. 899. n. 1. —

Marie Itzerott. Argari. Aus e. Tagebuche. *Minden i. W.: J. C. C. Bruns [1900]*. (128 S.) 8° [F.] [01. 2102

Itzerott, Marie, Hilde Brandt. Schauspiel in 4 Aufzügen. (90 S.) 8. Straßburg 905. J. H. E. Heitz. n. 2. 50

Itzerott, Marie, Delila. Dramatisches Gedicht in 5 Aufzügen. 8. (64 S.) Straßburg 899. J. H. E. Heitz. n. 1. 20

Dido. Drama in 4 Aufz. mit e. Vorspiel von Marie Itzerott. *Oldenburg & Leipzig: Schulze [1901]*. (106 S.) 8° [F.] [03. 4156

— Dido. Drama in 4 Aufzügen m. e. Vorspiel. gr. 8. (III, 106 S.) Oldenburg (902). Schulze. n. 2. —

Ein Liebesopfer zu Toledo. Drama in 5 Aufz. von Marie Itzerott. Oldenburg & Leipzig: Schulze [1904]. (99 S.) 8° [F.] [07. 6175

— meine Lieder. Gedichte. Hrsg. v. Frdr. Hefty. 8. (152 u. VI S.) Preßburg 896. G. Heckenast's Nachf. n. 3. —; geb. in Leinw. n. 4. —

Neue Lieder von Marie Itzerott. *Oldenburg & Leipzig: Schulze [1899]*. (VII, 98 S.) 8° [F.]

— Nora od. „Ueber unsere Kraft". Drama in 3 Aufzügen. (79 S.) 8. Straßburg 903. J. H. E. Heitz. n. 1. 50

Itzerott, Marie, Ostern. Dichtung. 8. (96 S.)
Pressburg: Heckenast's Nachf. 1897

— Schweigen. Vergilbte Blätter aus der Truhe meiner Urgroßtante. (86 S.) 8. Ebd. 903. n. 1. 50

Itzerott, Marie, Vier Tage aus dem Leben eines Gänse-Mädchens. Märchen. Herausgegeben von Dr. Fritz Hefty. (144 S.) 1.—
Pressburg: Heckenast's Nachf. 1896.

Itzerott, Marie, Vier Tage aus dem Leben eines Gänsemädchens. Märchen von Marie Itzerott. Herausgegeben von Dr. Friedrich Hefty. 16. (140 S.) In Lnwdbd. 1.80
Ebda. 1897.

Itzerott, Richard, prakt. Arzt aus Brandenburg a. H.: **Beiträge zur sogenannten 'Myositis ossificans'.** *Leipzig 1903: B. Georgi.* (28 S.) 8°
Leipzig, Med. Diss. v. (8. Mai) 1903

Itzig, Herrmann, aus Berlin: Ueber einige complexe **Salze der Wein- und Äpfelsäure** von hoher specifischer Drehung. *Berlin 1899: Vogel.* (60 S.) 8° ¶ (T. 2 erscheint in: Zeitschrift f. physikal. Chemie.)
Erlangen, Phil. Diss. v. 17. Mai 1899

Itzig, Juda (geb. Dyhernfurth 19. 10. 1819): De morbis auditus nonnullis. Berolini (1851). (20 S.) 8°
Berlin, Med. Diss. v. 9. Dez. 1851

Itzig, Salomon [pr. Arzt zu Dt.-Eylau]: **Über Mifsbildungen nebst einem Falle** von partieller Hypertrophie der linken Gesichtshälfte und der linken oberen Extremität ... Breslau, Druck v. Grass, Barth & C., *1893;* 26 S., 1 Bl. 8.
Breslau, Med. Fak., Inaug.-Diss. v. 5. Juni 1893

Itzig, Salom., üb. Missbildungen, nebst e. Falle v. partieller Hypertrophie der linken Gesichtshälfte u. der linken oberen Extremität. Diss. gr. 8. (26 S.) Breslau 893. (L. Köhler.) n. 1. —

Itzigs Liebschaft, s. Otten.

Itzigsohn, Herm., de fabrica Sporae Mougeotiae genuflexae. Accedunt tab. II. (lith. in 4.) Neudamm 856. (Frankfurt a. O., Koscky'sche Sorthdlg.) gr. 8. (15 S.) n. 15 ngr.

Itzigsohn, Herm., über den männlichen Geschlechtsapparat bei Spirogyra und einigen anderen Conferven. Mit Abbildungen. gr. 8. (19 S. mit 1 Stnt. in qu. gr. 4.) Berlin 853. [Leipzig,] Förstner'sche Buchh.

Itzigsohn, Armin (Neudamm / Neumark), De hirudine. Diss. med. Bln. (Nietack) 26. X. 1836. 31 S. mit Biogr. (M.: B. Baswitz.) (6.20) 17061
Oppon.: H. Loewenthal, L. Gueterbock, J. Glocke. — Gew.: Marcus, Isidor u. Alexander Itzigsohn, H. C. Baswitz.

—— Skizzen zu einer Lebensgeschichte des Hapalosiphon Braunii. (Für die kaiserl. Leopold.-Carol. Akad. der Naturforscher.) gr. 4. (52 S. mit 5 lithochrom. Taf.) Bonn 855, Weber. *

Itzigsohn, Herm., phykologische Studien. gr. 4. (32 S. mit 3 ill. Stnt.) Breslau und Bonn 857, Weber. *

Itzigsohn, H., Verzeichniss der in der Mark Brandenburg gesammelten Laubmoose, nebst einigen Bemerkungen über die Spermatozoen der phanerogam. Gewächse. 8. (IV und 20 S.) Berlin 847, Hirschwaldsche Buchh. Thlr.

Itzigsohn-Weintraub, Pauline, aus Mohilew-Podolski (Russland): Ueber die Häufigkeit des Vorkommens von Meningitis tuberculosa, Gehirntuberkulose und Abdominaltuberkulose bei Kindern in Zürich in den Jahren 1874—1907. ⟨Aus dem Kinderspital Zürich.⟩ Zürich 1909. 43 S. 8°. [24. VII. 09.]
Zürich Med. Diss. 1908/09.

Itzina, Frau (Fruma), a. St. Tschernigow ⟨Rußland⟩: **Zur chirurgischen Behandlung der Basedowschen Krankheit.** Berlin 1907: Berliner Druckerei- u. Verlagsgesellschaft. (35 S.) 8°
Berlin, Med. Fak., Ref. Hildebrand, Diss. v. 18. Okt. 1907
[Geb. 24. März 76 Tschernigow; Wohnort: Tschernigow; Staatsangeh.: Rußland; Vorbildung: Gymn. Tschernigow Reife M. 93; Studium: Bern 1, Zürich 5, Berlin 4 S.; Rig. 30. Sept. 07.]

Itzinger, Franz I. Allgemeine Betrachtungen über die Entstehung der Tropen und den Bedeutungswandel mit besonderer Berücksichtigung der Metapher. 8 (S. 3—12). II. Index der in der Rede für Milo enthaltenen Metaphern und Angabe des Wandels der Wortbedeutung. (Umschlagtitel: Index der in Ciceros Rede für Milo ...) 8 (S. 12—35). — A. Index der Verba. (Fortsetzung und Schlufs.) 8 (S. 37—81).
Progr. Deutsches Staatsg. *Budweis* 1888. 1889.

Itzkowitsch, Abraham, aus Russland: **Beiträge zur Kenntnis der Phosphate und Arsenate des Cadmiums.** *Berlin (1900): E. Ebering.* (49 S.) 8°
Berlin, Phil. Diss. v. 28. Nov. 1900

Itzkowitsch, Aron, aus Rußland: **Bemerkungen über Parovarialcysten** nebst Beschreibung eines seltenen Falles von großer Parovarialcyste mit 33 Liter Inhalt. *Berlin 1904: G. Schade.* (31 S.) 8°
Berlin, Med. Diss. v. 3. Febr. 1904

Itzstein, Adam von, von H. v. F. . . . Frankfurt a. M. 1848. V: *Hoffmann gen. von Fallersleben, August Heinrich.* (GGr)

v. Itzstein, Buhl, Hoffmann, Speyerer, Rutschmann, Lauer u. Martin, Budgetbericht, s. Budgetbericht.

Itzstein, A., das gallensaure Natron als Arzneimittel, nebst einigen Bemerkungen über Semen Santonici und Cort. Rad. Granatorum. 8. Mainz 846. (Faber.) n. 1/4 ₰

Itzstein, A., das gallensaure Natron als Arzneimittel, nebst einigen Bemerkungen über Semen Santonici und Cort. Rad. Granatorum. 8. (36 S.) Mainz 847, (Faber'sche Buchh.) *

Itzstein, Christian, De usu recessus imperii novissimi de a. 1654 in judiciis Moguntinis. Diss. jur. Mainz (Joh. Jos. Alef/Haeffner's Erb.) 1787. VIII, 40 S. (6.50) 17062

— **Edmund Ignaz** (Mainz), De necessitate informationis in recursibus ad comitia imperii a supremis Germaniae tribunalibus exigendae. Diss. jur. Präs. Johann Michael Dahm. Mainz 14. 11. 1750. Götting. (Victor Bossiegel) 1753. 52 S., tlws. dtsch. (6.50) 17063

Itzstein, F., de conductore cystotomo. c. fig. 4. maj. Mogunt. (Andreae, Francof.) 794.

Das Itzstein-Fest. Mannheim, Schnelzer 1841. 50 S. 8.

Juan [Sachliches Ordnungswort]

Juan, Don, siehe a. Don Juan.

— Singspl. in 2 Aufz. 3e A. 8. Wien, Wallishausser. 8 gr.

Juan, Don, oder der steinerne Gast. Sgspl., aus d. Italien. 8. Gotha 794. Ettinger. 10 kr

— — oder der steinerne Gast. Singsp. a. d. Ital. 8. Amsterd. (Ettinger, G.) 794.

Juan, Don,. Oper in 2 A. n. d. Ital. frey bearbeit. v. Fr. Rochlitz. gr. 8. Lpz. Breitkopf u. H. 802.

Juan, Don. Große Oper in 2 Aufz. 4. Aufl. gr. 8. Wien 841. 5. Aufl. 12. Ebend. 846, Wallishausser. n. 1/3 rf

Juan, Don. Tragödie. 8. (III und 193 S.) Potsdam 850, Stechert's Buchh.

Juan, Don, der deutsche, Originalroman, von Ad. v. Schaden. 8. Berlin, Schüppel. 820.

Juan, Don, u. Diego, od. Schicksale zweier Spanier, (von H. Müller VI.) 8. Hamb. 810. (Herold'jun.) 1 rf

Juan, Don, u. Diego; od. Schicksale zweyer Spanier. 8. Hamb. Vollmer. 810.

Juan, Don, in Leipzig. Ein Capriccio in zwanglosen Heften. 1s Hft. Mit 1 Zeichn. nach J. Lyser. 8. Leipzig 835. Weygand'sche Buchh. (Gebhardt.) 1/3 rf

W. D. R. Juan, der weisse Sklave, oder: Die Tochter des Rebell Pflanzers. Philadelphia: Reichner, 1861. GSP

Juan der weiße Sklave, oder: Die Tochter des Rebell-Pflanzers. Eine rührende Geschichte der Sklaverei, der Secession, des Elends und der Rache, worin der niedrige Verrath und die Ursache der großen südl. Rebellion enthüllt wird. Von W. D. R. gr. 8. (54 S. mit 4 Stn.- und 1 Holzschnt.) Philadelphia 861, (Schäfer und Koradi.)

Juan, Don, der Wüstling; nach d. Span. des Tirso de Molina. Vom Verfass. des „Rinaldini". 8. Penig 805. (Leich in Leipz.) 20 kr

— Don, der Wüstling, nach d. Span. des Tirso de Milano. 8. Penig, Dienemann. 805.

Juan [Verfasser]

Juan de Crimée, description des monastères Arméniens d' Haghbat et de Sanahin, s. Mémoires de l'Académie Imp. des Sciences de St.-Pétersbourg.

Juan de la Cruz

Johannes vom Kreuz, hl., innere Ansprachen, die der Seele auf übernatürl. Weise vorkommen können, u. verschiedene Arten derselben. Hrsg. u. m. e. Vorwort verseh. v. Gfried. Buchner. (15 S.) Lex. 8. Lorch 909. K. Rohm. — 20

Johannes, d. heil., v. Kreuz, Antwort auf d. Schmähschrift, betitelt: Alexander Keck, Gedichte, nebst vier Auftritten. 8. Heidelb. 792.

Johannes' vom Kreuz, des heiligen, Aufstieg zum Berge Karmel, oder der Weg zur vollkommenen Vereinigung der Seele mit Gott. Leichtfaßlich für weitere Kreise bearb. v. Leodegar Stocker. 12. (XV, 572 S.) Graz 891, Styria. * 2 80

— Beleuchtung einiger Stellen in dem Werke: Versus jucundi et utiles etc. scrips. A. Keck. 8. ... 791

Johannes v. Kreuz, d. heil., geistvolle Gespräche rc. 8. Augsburg, Rieger. 779.

Johannes vom Kreuz, Leben und Werke, s. Sammlung der vorzüglichsten mystischen Schriften.

Joannes a s. Cruce, Libri Exodi hermenia critico-litteralis in locis obscuris ex polyglottis tentata. Heidelberg. 1787. 8°. 74 S.
Recens. Litteratur d. kath. Deutschl., Bd. VIII (1787), S. 545—547.

— Recipe Salutare contra spinas spiritus et animae. 8. Augsb. 754. Doll. (Landsh., Krüll). 5 kr

— Schriften, s. Sammlung d. vorzügl. mystischen Schriften aller Völker.

Johannes v. Kreuz, sämmtl. Schriften, s. a. Schwab, Gall.

— sämmtl. Schriften. (Herausg. v. G. Schwab). 2 Bde. gr. 8. Salzb. 830. v. Seibel. 2 rf 16 kr

Johannes vom Kreuz, des heil., sämmtliche Schriften. Als 2. Aufl. der Ausgabe von Gallus Schwab, neu aus dem span. Orig. übers. von Magnus Jocham. 1. Bd. Regensburg 858. Pustet. gr. 8. (XLIV, 692 S.) 1 rf. 15 ngr.

Johannes vom Kreuz, sämmtliche Schriften. Als 2. Aufl. der Ausgabe von Gallus Schwab neu aus dem spanischen Origin. übers. von Magnus Jocham. 2. Bd. Mit einer vollständigen Lebensgeschichte des Heiligen. Regensburg 859. Pustet. 8. (XII, 788 S.) 1 rf 15 ngr.

Johannes a S. Cruce, († d. 4. Mai 1799.) synopsis historico-critica de ortu, progressu, fatis, instauratione, et usu hodierna linguae hebraicae ejusque subsidiis. 8. Heidelb. 786.

Johannes vom Kreuz, hl., Vorsichtsmaßregeln f. Novizen u. Religiosen. Entnommen den approbierten Schriften. 12. (16 S.) Linz-Urfahr (902). Verlag des kathol. Preßvereines. n. — 15

Juan de Mariana, s. Mariana.

Juan Manuel. El Libro de los Enxiemplos del Conde Lucanor et de Patronio. Text u. Anm. aus d. Nachl. von Hermann Knust hrsg. von Adolf Birch-Hirschfeld. *Leipzig: Seele & Co. 1900.* (xxxv, 439 S.) 8°
[illegible] 4

JUAN, Don (ps.), Vollständiger Liebesbriefsteller. 1877.
Weller, Lex. Ps. p. 287.

Juan, George, et Antoine Ulloa: Voyage historique de l'Amérique Méridionale, fait par ordre du Roi d'Espagne. Ouvrage orné des figures, plans et cartes necessaires, et qui contient une histoire des Yncas du Perou. [Extrait de la traduction de Garcilasso de la Vega par Richelet] et les observations astronomiques et physiques, faites pour déterminer la figure et la grandeur de la terre. T. 1. 2. Amsterdam et Leipzig 1752. 2 Bde. (XX), 554 S., 26 Tf.; 316, (VI) S., 19 Tf., 1 Krt. 4°.

Jubae Maurusii, de re metrica scriptoris latini, reliquiae. Edidit B. ten Brink. 8maj. (36 S.) Ultrajecti ad Rh. 854, (Kemink et fil.) *

Jubel der Akademiker abgesungen bei Wiedergenesung des Wohlgebohrenen Herrn Herrn Franz von Illenz. Von J. W. R. Innsbruck 1801. V: *Rautenstrauch, Joh. Wenzel.* (margr) (biblrort)

Jubel, Braunschweigs, am 10. Nov. 1792 bey der feyerlichen Einholung des Durchl. Erbprinzen und Dero Frau Gemahlin . . . Braunschweig 1790. V: *Curio, Johann Carl Daniel.* (Schr) (MGT)

Jubel-Ablaß, ertheilt der ganzen kathol. Christenheit von Sr. Heiligkeit Papst Pius IX. im Jahre des Heiles 1854. Beginnt für die Linzer Diözese am Allerseelentage l. J. Abends, und endet am heil. Mariä-Lichtmeßtage 1855. kl. 8. (48 S.) Linz. Druck und im Verlage bei Joh. Huemer's Wwe.

Jubel-Ablaß ertheilt der ganzen Christenheit von Sr. Heil. Papst Pius IX. im J. 1865. 16. (55 S.) Linz 865, (Haslinger.)

Der JUBEL-ABLASS im Jahre 1826, oder: Kurzer Unterricht über die Art und Weise ihn zu gewinnen. Preßburg 1826: C. C. Snischek. 84 S. - gr. 8°

Jubelacta weg. des Religionsfriedens. 21 Thle. 8. Leipz. 756.

Jubelacten, Vollständige, des im vorigen 1755sten Jahre . . . unvergesslich gewordenen Religionsfriedens- und Freudenfestes der Evangelischen Kirche . . . Leipzig 1756—58. V: *Schwarz, Heinrich Engelbert.* (Ky) (ML)

Jubelacten, vollständ., wegen des im 1755sten Jahre gefeierten Religionsfriedens, (v. H. E. Schwarz). 21 Stücke oder 2 Bde. 8. Leipz. 756—58. ... 1 ß 18 K.

Jubel-Album. Festbeschreibung der Feier der Schlacht bei Leipzig in Lüchow am 17., 18. u. 19. Oktbr. 1863. Lüchow 863. Saur. 8. (36 S.) n. 5 ngr.

Jubel-Album (1857) für d siebente allg Sänger-Fest d nordöstlichen und mittleren Staaten . . . Phila, 13.-17. Juni, 1857. Phila, 1857.

Jubel-Album 1857 für das 7. allgemeine Sänger-Fest der nordöstlichen und mittleren Staaten der Union, gehalten in Philadelphia, vom 13—17. Juni 1857. Enthaltend das Namens-Verzeichniß sämmtl. theilnehmender Sänger, Festregulationen, Concertprogramme rc. Ferner eine Anzahl Männer-Quartette, nebst etwelchen schlechten Witzen. gr. 4. (20 S. mit eingedr. Holzschn. und 12 S. Noten.) Philadelphia 858, (Schäfer und Koradi.) *

Jubelalmanach, Göttinger, 1837, s. Schuhmacher, G. F.

Jubel-Almanach, Mecklenburgischer, s. Almanach bei Gelegenheit d. Jubelfeier d. Regierung des Großherzogs v. Mecklenburg-Schwerin, Königl. Hoheit.

Mecklenburgischer *Jubel-Almanach.*
Ein Weihgeschenk zum 24ten April 1835.
[Mit Kupfern.]
Wismar: Schmidt & von Cossel

Jubelband, Svante Arrhenius zur Feier des 25jährigen Bestandes seiner Theorie der elektrolytischen Dissociation gewidmet von s. Freunden u. Schülern. Mit e. Einl. von W(ilhelm) Ostwald. (1. 2.) Leipzig: W. Engelmann 1909–10. 8°
(Zeitschrift f. physikal. Chemie. Bd 69. 70.) (10. 6130

Jubelband J(acobus) H(enricus) van 't Hoff gewidmet zur Feier seiner vor 25 Jahren erfolgten Doctorpromotion von seinen Schülern. Mit e. Einl. von W(ilhelm) Ostwald. (Leipzig: W. Engelmann 1899.) (XXVIII, 397 S.) 8°
— **Zeitschrift** f. physikalische Chemie. 31. (05. 8374

Jubelband, Wilhelm Ostwald gewidmet zur Feier seiner vor 25 Jahren erfolgten Doktorpromotion von seinen Schülern mit e. Einl. von J[akobus] H[enrikus] Van't Hoff. (Mit e. Bildn. u. 111 Fig.) *(Leipzig: W. Engelmann 1903.)* (XXIX, 877 S.) 8°
= **Zeitschrift** für physikalische Chemie. Bd 46. (04. 487

Jubel-Blätter, zweimal drei und dreißig, aus Elios Schreibtafel für das Jahr 1833. 8. Leipzig ... L. Schumann. 1/4 ß

Jubelborn, deutscher, zur Erheiterung des Erdenlebens und Verscheuchung böser Grillen. Auszug des gemüthlichen Festleiters. 2. Aufl. 8. Crefeld 845, Klein. 1/4 ß

Jubelbüchlein für die evang. Kirchengemeinde zu Friedland. Waldenburg 1842. V: *Riedel, C. E. Fr.* (LVS)

Jubelchronik der dritten kirchlichen Säcularfeier der Einführung der Reformation in Sachsen . . . Grimma 1840. H: *Stichart (Stichert), Franz Otto.* (Zu) (Ky)

Jubelchronik der dritten kirchl. Säcularfeier der Einführung d. Reformation in Sachsen. Zur Erinnerung für das kommende Geschlecht auf d. Jubeljahr 1939 herausg. (v. Frz. O. Stichert.) Mit 3 Steindr. gr. 4. Grimma 840, Verlags-Compt. 1 1/3 ß

Jubelchronik der dritten kirchlichen Säcularfeier der Einführung der Reformation in Sachsen. Zur Erinnerung für das kommende Geschlecht auf das Jubeljahr 1939 herausgeg. von Franz Otto Stichert. (2. Hälfte.) gr. 4. Grimma 841, Verlags-Comptoir. 1 1/4 ß (1. 2.: 2 1/2 ß)

Jubel-Ehe, die 25jährige, Ihrer Kgl. Majestäten Ludwigs I. u. Theresens v. Bayern. München 1835. 12°. 84 S. Cart.

1860. Zur Jubelfeier 1885. Geschichte und Entstehung der Deutschen evang.-Lutherischen St. Johannes-Gemeinde, sowie deren Kirche, Kapelle, Tag- und Sonntagsschule in Reading, Pa. *Reading, Pa.: Druck von Theodore Wischan 1885. pp. . . .*

Die 800jährige Wettiner-**Jubelfeier.** Juni 1889. 2. Aufl. Dresden, Verlag der Albanus'schen Buchdruckerei.
39 S.; 22 Taf. 8°.
1. Aufl. ebenfalls 1889.

Jubelfeier. Zur 80jährigen J' des Herrn Paul Carl Eduard Ziegler ... eidgen. Oberst ... geb. 11. Decbr. 1800. Gefeiert auf der Schiffleutenzunft am 5. Januar 1880. [Mit Porträt.] Lithographiert. 8°. Zürich

Jubelfeier, die, des Herrn Generalsuperintendenten Jac. Georg Chr. Adler, Oberconsistorialraths etc. am 15. Jan. 1833. Herausgeg. am Jahrestage der Feier 1834. Schleswig. P.

Die akademische Jubelfeier des Herrn Kirchenrath D. Jacob Christoph Rudolph Eckermann zu Kiel am 20. April 1832. Kiel. 1832. 8°

Jubelfeier der Altersriege des Turnvereins „Eintracht" Dortmund, 12. 11. 1910, m. Abb., 11 S., 4°.

Jubelfeier der 50jährigen Amtsführung des Pastors zu Kabillen Hermann Friedr. Dullo ... Mitau 1818. V: *Watson, Carl Friedrich.* (MGT) (K-N) (Ky)

Jubelfeier nach 50 jähriger Amtsführung des hochwürd. Herrn D. Geo. Chrn. Aug. Bomhard, königl. Kirchenrathes, Dekans und ersten Pfarrers bei St. Jakob in Augsburg ꝛc. am 17. Novbr. 1864. gr. 8. (59 S.) Augsburg 865, v. Jenisch und Stage'sche Buchh.

Mit Photogr. –

— die, des 500jähr. Bestehens d. Universität Leipzig. 85 Bilder nach offiziell. photograph. Aufnahmen. Text v. M. Brahn. Unter Mitwirkung des Pressausschusses der Jubiläumskommission der Universität hrsg. v. Dr. Trenkler & Co., graph. Kunstanstalt. (VIII, 64 S.) 16,5×24,5 cm. Leipzig 909. Rossberg'sche Buchh. Kart. 3. —

— die, zum 25jähr. Bestehen des deutschen Werkmeister-Verbandes. s. Schriften des deutschen Werkmeister-Verbandes.

Die Jubelfeier zum 25jährigen Bestehen des Deutschen Werkmeister-Verbandes 1909 zu Düsseldorf. Düsseldorf: Deutsche Werkmeister-Buchh. 1909. 56 S. 8° [Umschlagt.]
(Schriften d. deutschen Werkmeister-Verbandes. H. 10.)

Jubelfeier, die, des 50jährigen Bestehens des k. rheinischen Appellationsgerichtshofes zu Cöln. Aus offic. Quellen. Lex.-8. (31 S.) Leipzig 869, Mayer. *

Jubelfeier des fünfzigjährigen Bestehens der Grossh. Technischen Hochschule zu Darmstadt. **Lieder.** [1—3.] 8⁰
[1.] Vorabend am Donnerstag, den 1. Juli 1886 im Ritsert'schen Saale. 2 Bl.
[2.] Frühschoppen am Samstag, den 3. Juli 1886 im Saalbau. 8 S.
[3.] Fest-Commers am Samstag, den 3. Juli 1886 im grossen Saale des Saalbaus. 15 S. *Da HofB*

Zur **Jubelfeier** des 150-jähr. Bestehens der St. Annen-Schule am 3. Januar 1889. — St. Petersburg 1889: Kaiserl. Akademie der Wissenschaften. 163 S. mit 9 Taf. 4°

Jubelfeier des hundertjährigen Bestehens der Gemeine Christiansfeld am 13. und 14. August 1873, nebst: Rückblick auf die 100jährige Geschichte Christianfeld's, mit Anhang einiger statistischer Verzeichnisse. (Herrnhut. 1873.) 8°

ZUR JUBELFEIER DES HUNDERTJÄHRIGEN BESTEHENS DER D[r] JOH. CHRISTIAN SENCKENBERGISCHEN STIFTUNG am 18. August 1863. Beglückwünschungsschrift des Frankfurter Physikalischen Vereins. Mit Abhandlungen chemischen und physikalischen Inhalts, im Namen des Physikalischen Vereins verfasst von den Herren Professoren Dr Böttger und Dr Oppel. (Frankfurt a. M. C. Naumann's Druckerei.) 4°.

Jubelfeier, die, des 700jährigen Bestehens der Kirche zu Bosau im Fürstenth. Lübek. gr. 8. (32 S.) Eutin 852, Völckers.

—— die, des 700jährigen Bestehens der Kirche zu Ratekau. gr. 8. (42 S.) Lübeck 856, v. Rohden'sche Buchh. *

Jubelfeier des Br. Bischoff am 7. April 1832 gefeiert von der □ zum goldenen Apfel in Dresden. Ms. f. Bbr. Dresden 1832: Gärtner. 32 S. 8⁰ [Umschlagtit.]
Kl. 3008. Bericht. Mit Angabe der gesprochenen Gedichte, gesungenen Lieder (ohne Noten); Toast von L. Breuer in Versen.

Jubelfeier, Die, der Universität Breslau vom 1. bis 6. August 1861. Nebst einem Abriss der Geschichte der Universität ... Breslau 1861. V: *Gross, Victor.* (Kat. d. Druckschr. üb. Breslau. Breslau 1903. S. 283.) (Erman & Horn, Bibliogr. d. dtsch. Universitäten. 2. Leipz. u. Berl. 1904.)

Jubelfeier, Der Teutsch-reformirten Domgemeinde in Halle ... Halle 1788. V: *Pauli, Georg Jacob.* (Ky) (ML)

— der reformirten Dom-Gemeinde zu Halle, (v. Geo. J. Pauli). gr. 8. Halle 788. (Laue in Berl.) 5 K

Jubelfeyer der reformirten Dom-Gemeinde zu Halle. gr. 8. Halle, Curt. 788.

— die 350jährige, des kgl. Comenius-Gymnasiums zu Lissa vom 18—20. X. 1905. (48 S. m. Abbildgn. u. 1 Taf.) Lex.-8. Lissa 905. F. Ebbecke. n. 1.50

Jubelfeier, Die 350jährige, der Universität Marburg am 30., 31. Juli und 1. August 1877. Marburg 1879. V: *Buchenau, G.* (Erman & Horn, Bibliogr. d. dtsch. Universitäten. 2. Leipz. u. Berl. 1904.)

—— die 350jährige, der Universität Marburg am 30., 31. Juli und 1. Aug. 1877. gr. 8. (VI, 106 S.) Marburg 879, Elwert'sche Universitäts-Buchh. *

Die 300jährige **Jubelfeier** d. kath. Gemeinde zu Altona. Festbericht, im Auftr. d. Festkomitees zsgest. von dessen Vorsitzendem. Emsdetten: H. Lechte. 1894. (32 S.) 8⁰

Die dreihundertjährige Jubelfeier des Nürnbergischen Gymnasiums am 23. May 1826. Ein Beitrag zur Geschichte Nürnbergs. Enthaltend die Beschreibung der Festlichkeiten dann die bei denselben gehaltenen und erschienenen Reden und Gedichte. — 1826. Nurnberg, Verlag von Riegel und Wießner. — S. 3—76 mit 1 Kupf. in quer Fol. darstellend: 1) Decoration am Gymnasium bey Gelegenheit der 300jährigen Jubelfeyer. Eberlein fec. — 2) Die auf die Jubelfeyer geprägte Medaille. — Die hier abgedruckten Reden u. s. w. sind: a) Lat. Gratulationsschrift des Gymnasiums in Bayreuth von dem R. Prof. Dr. Georg And. Gabler. S. 15—22. [S. Nr. 276.] — b) In statuam Philippi Melanchthonis Norimbergae ponendam Frid. Roth, eques. S. 23—24 (12 sapph. Str.) — c) Ode der Feier des 23. Mai's geweiht v. Philipp Mayer. S. 26—28 (22 alt. Str.) — d) Kanzelrede am Tage der 300j. Jubelf. ... gehalten von Dr. Gotthold Emanuel Friedr. Seidel, erstem Pfr. an St. Aegidien. S. 37—45. — e) Rede bei der feierl. Enthüllung des Standbildes Melanchthons .... von J. Fr. Binder, erstem Bürgermeister. S. 47—52. — f) Caroli Ludov. Rothii, G. Norib. R., oratio saecularis. etc. S. 53—64. — g) Inwieferne ist die gelehrte Schule durch das klassische Studium vorbereitend und was hat der Lehrer in dieser Hinsicht zu leisten? Ein Vortrag .... von Dr. Ch. G. Balbach, P. S. 65—74. — h) Bei der 300j. Jubelf. des hies. G. vor dem Standbilde Melanchthons, bei Fackelschein abgesungen, von den beiden ersten Classen der Studienanstalt. Lied in 5 Str. v. Witschel. S. 75—76.
Progr. Nürnberg.

—— die dritte, d. Einführung d. Reformation in Chemnitz, d. 31. Oct. 1839. 8. Chemnitz, Gocdsche, Sohn.

—— die dritte, d. Augsburg. Glaubensbekenntnisses am 25. Juni 1830. — Zum Verstehen d. Jubelfestes d. evangel. Kirchen f. d. Bürger u. Landmann. 8. (3 B.) Nordhausen 830, Köhne.

Jubelfeyer, dritte, der Reformation in Ulm 1817, enthalt. die drey Predigten des Herrn Prälaten Schmid, die vorgeles. Gebete und historischen Aufsätze und einen Anhang über die neuesten, im Münster vorgenommenen Veränderungen und Verschönerungen. 8. Ulm, Wohler. 818.

Czerwenka, B. —. Die dritte Jubelfeier des Augsburgischen Religionsfriedens vom 25. September 1855. Eine Denkschrift zur Erinnerung an diese Feier in der evangelischen Kirche Oesterreichs, bearbeitet und mit den auf den Frieden und das Fest bezüglichen Urkunden herausgegeben von — —. Villach. 1855. Druck und Verlag von F. F. Hoffmann. (56 S. 8.)

Jubel-Feier, die eilfhundertjährige, des Benediktiner-Stiftes Kremsmünster. 18., 19. und 20. Aug. 1877. Eine Gedenkschrift. Hrsg. vom Stifte Kremsmünster. gr. 8. (199 S.) Linz 878, Quirein's Verlag. *

—— die 1100jähr., d. Bisthums Würzburg, s. Denkschrift.

(1757–1907.) Jubelfeier zur Erinnerung an das 150jährige Bestehen des Gemeinsaales zu Herrnhut am 13. Aug. 1907. (Vorr.: Ad[olf] Schulze, [Diakonus].) Herrnhut: 'Herrnhut' (1907). (63 S.) 8° [F.] fol. 7738

Die erste Jubelfeier des K. B. Gymnasiums zu Speyer, begangen am 13. und 14. Nov. 1842. Nebst 10 Beilagen. Der Ertrag ist für den Schullehrer-Wittwen- u. Waisenfond bestimmt. — 1842. Speyer, in Commission bei Neidhard. — 70 S. in 8.

Inhalt dieser v. Hrn. Prof. Fischer herausgegebenen Schrift: S. 3–6. Dedikation an H. H. Fürsten Eugen v. Wrede, k. Reg. Präsidenten der Pfalz. — S. 7–31. Beschreibung der Jubelfeier des 25jährigen Bestehens der Stdn. u. der 25jähr. Rektoratsführung des Hrn Hofraths Jäger. — S. 33–35. Beil. I. Dr. Halm's Gratulation aus Nr. 228. — S. 37–38. Beil. II. Lat. Votivtafel der lat. Sch. in Frankenthal. — S. 39–53. Beil. III. Festrede v. Prof. Fischer. — S. 55. Beil. IV. Das Ehrenbürgerdiplom der Stadt Speier für Hofr. Jäger u. seine Nachkommen. — S. 57–58. Beil. V. Das v. der Univ. Heidelberg für Hofr. Jäger ausgestellte Doctordiplom. — S. 59–60. Beil. VI. Adresse der lat. Schule zu Kusel an Hofr. Jäger. — S. 61–62. Beil. VII. Festgedicht im Namen der lat. Sch. zu Grünstadt verf. v. Subr. Dittmar. — S. 63–65. Beil. VIII. Zwei Festlieder für den Fackelzug im Namen des Gym. verf. v. Paull, Sch. der IV. G. Kl. — S. 66–67. Beil. IX. Festgedicht im Namen des Lyzeums verf. v. dem Kandid. Autenbach. — S. 69–70. Beil. X. Zwei für das Festmal bestimmte Lieder, ein lat. v. Subr. Dittmar u. ein deutsches v. Prof. Fischer.

Progr. Speier.

—— die, der Fraternitas Rigensis im Jan. 1878. gr. 8. (41 S.) Dorpat 873, Gläser. [Schnakenburg.] *

—— dass. — 2. verm. und veränd. Aufl. 8. (65 S.) Ebendas. 873. *

Jubelfeier der Freimaurerschule in Dresden, gehalten am Tage ihrer funfzigjährigen Dauer, den 1. Dec. 1822. Mit zwei Kupferstichen von zwei ehemaligen Zöglingen. Dem Werthe der Sache zu Ehren, und für die wohlwollenden Theilnehmer und Gönner, aus Dankbarkeit, zum Druck befördert von [Heinr.] Iphofen. [Dresden 1822:] Kgl. Hofbuchdr. 56 S. 4°

Kl. 2974b. Beschreibung der Feier von dem Zögling Ernst Pfeilschmidt, Angabe der gesprochenen Reden, Gedichte usw.

Die Jubelfeier des Königl. Friedrichs-Kollegiums zu Königsberg i. Pr. Nach d. Berichten d. Königsb. Hartungschen Zeitung. *Königsberg 1898: Hartung.* (20 S.) 8° [F.] fol. 3366 10

Die 75 jährige Jubelfeier der Loge Friedrich August zum treuen Bunde im Or. Wurzen 1894. [Wurzen 1894.] 26 S. 8° [Umschlagtit.]

Bericht. Festrede von J. Sieber: Üb. die Bibel als grosses frmrisches Licht.

Jubelfeier, fünfundzwanzigjährige, des studentischen Gustav-Adolf-Vereins zu Leipzig, am 24. und 25. Juni 1883. 1. Festpredigt von Baur. 2. Festrede von Fricke. 8. (29 S.) Leipzig 883, Drescher. *

25jährige Jubelfeier der Loge Lessing zu den drei Ringen im Or. Greiz am 22. Jan. 1893. Greiz [1893]: Löffler 2 Bl. 8° [Kopftit.]

4 Lieder ohne Noten.

Zur fünfundzwanzigjährigen Jubelfeier der höheren Gewerbschule zu Darmstadt am 12. Juli 1861. [Liederheft.] 4 Bl. 8°

Jubelfeier, Die 50jährige, der Breslauer Burschenschaft . . . Breslau 1867. V: *Pick, Georg.* (Kat. d. Druckschr. üb. Breslau. Breslau 1903. S. 291.)

Die 50 jährige Jubelfeier des Königlichen Domkandidatenstifts. Festpredigt u. Reden, geh. in d. Stiftskapelle 1904. Berlin: M. Warneck 1904. (55 S.) 8° [F.] fol. 1086

Jubelfeier, d. 50jährige, d. Eröffnung d. Praters, als e. Vergnügungsortes f. Jedermann. Nebst e. Verzeichnisse aller in Wien befindl. öffentl. Gärten u. Bäder. Mit 1 Plan u. 4 Ansichten. gr. 12. Wien, (v. Mösle) 8 gr. ill.

Zur fünfzigjährigen Jubelfeier der Eröffnung des Praters. Nebst e. Verzeichnis aller in Wien befindlichen öffentlichen Gärten u. Bäder. Mit 1 Plane in kl.-qu.-fol. u. 4 Ansichten. Wien 1826. kl.-8°. (24 Kr. Gilhofer & Ranschburg. 1912.)

50j. Jubelfeier des Gesangvereins ⟨E. V.⟩ Flensburg. (Flensburg.) 1906. 8°.

Jubelfeier, Die fünfzigjährige, des Herzoglichen Franciseums Zerbst am 18. und 19. Mai 1853. Ein Gedächtnis für die Festgenossen. Zerbst 1853. V: *Corte, Wilhelm.* (HHBD Anhaltina 175)

— 50jährige, d. evangel. Gnadenkirche vor Hirschberg. Geschichtliche Darstellung. 8. Hirschb. ... Krahn. 4 gl.

— die 50jährige, d. Kapelle zum heil. Martin, in d. Versorgungshause Langenkeller zu Wien, nebst e. kurzen Geschichte dieser Armenanstalt u. ihrer Kapelle, mit d. zu diesen Feierlichkeiten verfaßten Andachtsübungen. Mit Kpf. 8. Wien 822. Wimmer. 2 K ill. Kpf. 3 K

Jubelfeier, Fünfzigjährige, Sr. kaiserlichen Hoheit des E. H. Carl, als Inhaber des k. k. 3. L.-Inft.-Reg. Am 15. und 16. September 1830. (Aus dem 1. Heft der „Oesterreichischen militärischen Zeitschrift".) 8. Wien 1831.

— — die 50jährige, des Gesang-Vereins Kulmbach am 2., 3. und 4. Aug. 1884. Eine Erinnerungsschrift, bearb. und hrsg. von dem ersten Vorstande des Gesangvereins. Mit Ansicht von Kulmbach (in Lichtdr.). gr. 8. (67 S.) Kulmbach 884, (Wanderer.) *

Reichard, Heinr. Aug. Ottokar: Funfzigjaehrige Jubel-Feier des Br. Reichard sen. Am 24. Oct. 1825. Gotha: Engelhard-Reyher [1825]. 34 S. 8° [Umschlagtit.]

Kl. 2998. Bericht. — Üb. Reichard s. Allgem. Deutsche Biographie Bd 27 1888 S. 625–628 (Schumann). 23.

Deutsche Schule in Paris, 93, Rue de Crimée. 50jährige **Jubelfeier.** 1908. [Ps.] 14 S.

Zur 50jährigen **Jubelfeier** [d.] Evangelical Luth. Synod of Jowa and Other States. Chicago. 1904.

ZUR FÜNFZIGJÄHRIGEN JUBELFEIER der Vereinigung der königl. Universitäten Halle und Wittenberg am 21. Juni 1867 bringt der Alma Mater Huldigung und Glückwunsch dar der »Verein für practische Medicin« zu Halle a. d. Saale. (Inhalt: ED. HERTZBERG, Ueber Hernia thoracica. Mit 2 Tafeln.) Halle a. d. Saale. 1867. Buchhandlung des Waisenhauses. 4°.

Jubel-Feier, die, der Geburt Friedrichs v. Schiller am 10. und 11. Novbr. 1859 in Hof. gr. 8. (32 S.) Hof 860, (Grau und Comp.) *

—— die, von Friedrich v. Schiller's 100jähr. Geburtsfeste am 10. Novbr. 1859 im Stadttheater zu Plauen. Zur Erinnerung für die Festtheilnehmer hrsg. vom Fest-Comité. gr. 8. (23 S.) Plauen 859, Neupert. *

Jubel-Feier zum 500. Geburtstage des Erfinders der Buchdruckerkunst Johannes Gutenberg. Sonnabend 23. Juni 1900. Schiller-Theater. Kiel. (1900.) 2 Bl. 4°

Jubelfeier des Turnvereins Gebweiler, 1860—1910, Gebweiler 1910, 25 S., 8°.

Jubelfeier der katholischen Gemeinde zu Elberfeld zur Erinnerung an die Einweihung der Mutter-Pfarrkirche zum heil. Laurentius vor 75 Jahren. Festfeier in d. Stadthalle am 30. Okt. 1910. (Elberfeld 1910: Wuppertaler Aktien-Dr.) 64 S. 8° 11. 7455

Jubelfeier der kathol. Gemeinde zu Elberfeld zur Erinnerg. an die Einweihung der Mutter-Pfarrkirche zum hl. Laurentius vor 75 Jahren. Festfeier in der Stadthalle am 30. X. 1910. (32 S.) 8. Elberfeld (910). (H. Steinmetz.) —50

—— des fünfzigjährigen Gemeindebestandes der vereinigten evangelischen Gemeinde Unterbarmen am 1. Mai 1872. br. 8. (36 S.) Barmen 872, (Klein.) *

Jubelfeier, Die, der Georg-Augustus-Universität . . . den 17. Sept. 1787 . . . V: *Heyne, Chn Gottlob.* (MGT) (Ky)

— die, der Universität Göttingen an ihrem 50sten Stiftungstage d. 17. Sept. 1787, (von Chr. G. Heyne). Fol. Götting. 787. Dieterich. 18 K

Jubelfeier des Wohlgebornen Herrn Ignaz Anton Gerlich k. k. Diöcesan-Hauptschuldirektor zu Olmütz, welche am 12. Februar 1830 auf dem hiesigen Rathhause durch die Veranstaltung des löblichen Magistrats abgehalten wurde. (Aus dem Archiv für Geschichte, Staatenkunde, Literatur und Kunst in Nr. 50 besonders abgedruckt.) Wien. Gedr. bei Franz Ludwig. V: *Bielin, Johann.* (BIBLPORT)

Die **Jubelfeier** der Ges. für Geschichte und Alterthumskunde der Ostseeprovinzen Rußlands am 6. Dec. 1884. — Riga 1885: Häcker. 72 S.

Die goldene Jubelfeier der Turngemeinde Herford 1910, m. Abb., 4 S., 8°.

Die Goldene **Jubelfeier** der (Buchhändler-) Firma G. J. Manz in Regensburg. 1. Juli 1880. Von einem Theilnehmer. O. O. u. J. (Regensb. [Druck von G. J. Manz] 1880.) Gr. 8°. 96 S.

[F.] Von der **Jubelfeier** des Heidelberger Gymnasiums am 24. und 25. Oktober 1896. Ansprachen, Gedichte, Zuschriften. Heidelberg, gedr. bei J. Groos, 1897; 47 S. 8.
Heidelberg, G, P 1897 (631)

—— (Jubelfeyer,) die, der Heiden-Missionen d. evangel. Brüder-Unität in d. Gemeine zu Herrnhut am 21. Aug. 1832. 8. (3 B.) Gnadau 832, Burkhard. (Leipzig, Kummer.)

Zur Jubelfeier 1696—1896. Kgl. Akad. Hochschule für die bildenden Künste zu Berlin. (Bearb.: Dir.-Ass. Dr. [H.] Seeger. Hrsg.: Dir. Anton v. Werner.) *(Berlin: R. Schuster 1896.)* (1 Bl., XXXVIII, 347 S., 97 Taf. u. Portr., 3 Facs.) 1 Bd 2.(4.) 96. 3195

Hoffmann, Fr. Mich.: **Jubelfeier** des Br.·. Hoffmann am 7. Aug. 1866. Cöln [1866]: Langen. 2 Bl. 8° [Umschlagtit.]
Lied ohne Noten: „Lasset frisch ein Lied ertönen, . . .“ 430.

Jubelfeier, Die, der Hölle oder Faust der jüngere. Ein Drama . . . Berlin 1801. V: *Benkowitz, Carl Friedrich von.* (Engel, Bibl. Faustiana. 2. Aufl. Oldenb. 1885.) (GGr) (Sauer, Säcularged. Berl. 1901. S. 597.)

Jubelfeyer, die, der Hölle; oder Faust d. j. Drama in 5 A. v. C. F. Benkowitz. 8. Berl. Maurer. 808.

D[r]. DAVID HEINRICH HOPPE'S **JUBELFEIER.** Ein Andenken für seine Freunde. Mit 2 Abhandlungen von v. MARTIUS und FÜRNROHR. Mit Hoppe's Portrait. Regensburg, 1845. G. J. Manz. 4°.
Darin mit bes. Titelblatt:
Davidi Henrico Hoppe Botanico celeberrimo, . . . de quinquaginta annis post summos in medicina honores rite captos gratulatur CAR. FRID. PHIL. DE MARTIUS. Die V. mensis Maji Anni MDCCCXLV. Insunt quaedam de priscorum Botanicorum epistolis in Bibliotheca Universitatis Erlangensis asservatis. s. l. & a.
Dem ehrwürdigen Nestor der deutschen Botaniker Herrn D[r]. David Heinrich Hoppe, . . . ihrem hochverdienten Director . . . wünschen zur Feier seines fünfzigjährigen Doctorjubiläums am 5ten Mai 1845 aus freudigem Herzen Glück die in Regensburg anwesenden Mitglieder der königl. bayer. botanischen Gesellschaft. Mit einem Programme von FÜRNROHR: Nachträge und Berichtigungen zur Flora von Regensburg. s. l. & a.

Jubelfeier, die 100jährige, der Brüdergemeine zu Niesky den 8. u. 9. Aug. 1842. 8. (8½ B.) Leipzig 843, Kummer.*.

Jubelfeier, die 100jährige der literarisch-praktischen Bürgerverbindung zu Riga am 12. XII. 1902. (64 S.) gr. 8. Riga 903. (R. Kymmel's Sort.) n. —80
Sonderabdruck aus: „Rigasche Stadtblätter“.

—— die hundertjährige, der Universität Erlangen. 1843. 4. (7½ B.) Erlangen 843. (Bläsing.)

Die 100 jährige **Jubelfeier** der Freimaurerei in Leer am 24. April 1904. [Leer 1904.] 12 S. 8° [Umschlagtit.]
Bericht üb. die Säkularfeier der Loge Georg zur wahren Brudertreue. 3.

Jubelfeier, Die hundertjährige, der Teutsch-reformirten Gemeine zu Burg am 7. December 1791 . . . Magdeburg 1791. V: *Eccard, Christian Friedrich Wilhelm.* (Ky) (MGT)

Jubelfeier, Hundertjaehrige, der Heiligsprechung des heiligen Johann von Nepomuk. Als Andachtsbuch bei dieser Feyerlichkeit. Von A. C. E. kk. R. Prag 1829. V: *Eichler, Andreas Chrysogon.* (GGr VI/735, Nr. 34/20) (BiblPort)

—— hundertjährige, des königl. bayerischen Cadetten-Corps. Fest-Bericht mit bezügl. Beilagen hrsg. von Ferd. Leutner zu Wildenburg. gr. 8. (VI und 158 S. mit 1 Tab., 2 Stnt., 8 lithogr. S. Musikbeilagen in qu. gr. 4. und Fol. und lithogr. Titel.) München 856, (Lindauer'sche Buchh.) *

Jubelfeier, 100jährige, der Kirche zu Kappeln am 29. Septbr. 1893. gr. 8. (23 S.) Kappeln 893. (Kock.) —.60

— d. 100jähr., d. Pfarrkirche bei Maria Treu in d. Josephstadt rc. Nebst d. Entstehungsgeschichte derselben u. der bei dieser Feierlichkeit verfaßt. Andachtsübungen. 8. Wien 820. Wimmer. 2 gl.

Jubelfeier. Hundertjährige J' der Kirche Wädensweil am Kirchweih-Sonntag, den 25. August 1867. 8°. Wädensweil.

—— die, des Hamburgischen Johanneums am 24. Mai 1879. gr. 8. (42 S.) Hamburg 879, Nolte. *

Jubelfeier d. Augsburg. Confession am 25. Juny 1830, in d. luther. Kirche zu Elberfeld gefeiert mit e. Vormittagspredigt v. Aug. Hülsmann, u. mit e. Nachmittagspred. v. Karl Aug. Döring. Ein Denkmal f. d. jetzt lebenden u. nachkomm. Mitglieder obgedachter Gemeine. gr. 8. (2½ B.) Elberfeld 833, (Becker.)

Jubelfeier, Die, des tausendjährigen Kremsmünster. Linz 1778. V: *Plank, Beda.* (Strakosch-Grassmann, Bibliogr. z. Gesch. d. öst. Unterr.-Wesen I. Wien 1901. S. 46.)

Jubelfeier, Die, des 50jährigen akademischen Lehramtes Sr. Hochwürden des Herrn Kanzler und Professor Dr. A. H. Niemeyer am 18. April 1827. Halle. V: *Jacobs, Joh. August.* (ADB)

Jubelfeier, des 50jähr. akadem. Lehramts Hrn. Canzler A. H. Niemeyer, am 18. April 1827. 8. Halle, Waisenhaus B.

Jubelfeier, Die, des Hrn. Superintend. Letsch, am 3. Decbr 1819 ... Hirschberg 1819. V: *Immanuel, Sigm. J.* (MGT) »1820« (Nent)

—— des Hrn. Pfarrers Ritter Friedrich Mohn zu Duisburg. Gefeiert d. 18. Oct. 1834. gr. 8. (4¾ B.) Duisburg 835, Schmachtenberg.

— die, des Hrn. A. H. Nourney, weiland reformirten Predigers in Elberfeld. gr. 8. Elberfeld 834. Hassel. 5/12 rf

— in Predigten, Gesängen u. Gebeten z. zweiten Einweihung d. St. Georgen-Kirche zu Dessau; am 2. Dec. 1821. gr. 8. Dessau 822, (Leipzig, Kollmann.)

Jubelfeier, Die, Sr. Hochwürden des Herrn Georg Preidt Dechanten des Burzenländer Kapitels und Stadtpfarrers in Kronstadt. Ein Denkmal von einigen mit patriotischer Freude bei der rührenden Feier Anwesenden. Hermannstadt 1802. 2. Aufl. Hermannstadt. V: *Marienburg, Lukas Joseph.* (GGr VII/153, Nr. 37/6) (BiblPort)

Zur Jubelfeier des 50jährigen Priesterthums, gefeiert am 6. August 1893 vom Hochw. Herrn Abt Ernest Hauswirth, Prälaten des Benedictiner-Stiftes zu den Schotten in Wien. 4. (4 Bl.) Wien: Braumüller. * —.80

— der Reformation zu Wittenberg im Jahre 1817; enthalt.: 1) Beschreibung der Feier von Dörffurt. 2) Jubelpredigt u. einige Reden von Nitzsch. 3) Predigt am 1. Nov. von Schleusner. 4) Predigt am 1. Nov. von Heubner. 5) Zwei Predigten zur Ankündigung u. Nachfeier des Festes von Nitzsch. gr. 8. Wittenb. 817. Zimmermann. 21 gl.

Jubelfeier der 50jährigen diplomatischen Residenz des Herrn Grafen August Otto Grote zu Hamburg. O. O. 1827. V: *Menck, Friedrich Wilh. Christian (Gottfried Christian Wilhelm).* (Schr)

Jubel-Feier des Sanitäts-Offizierkorps VI. Armeekorps. [Breslau] 1898. V: *Wagner, Ernst.* (Kat. d. Druckschr. üb. Breslau. Breslau 1903. S. 218.)

— die, der St. Georgen-Gemeine zu Ehren Theod. K. Geo. Woltersdorf, nebst dessen Predigt. 8. Berl. Dieterici. 804.

—— die, des Hrn. Staatsministers v. Schön am 8. Juni 1843. gr. 8. (4½ B.) Königsberg 843, Voigt. *

Jubelfeier, die, des Schul- und Reg.-Rathes, Domcapitulars, Dr. Schweitzer, (ihre Veranlassung, die dabei gehalt. Reden und die Namen der Theilnehmer) in Verbindung mit dem Gesangfeste des sieg-rheinischen Lehrer-Vereins, gehalten zu Brühl am 1. Aug. 1848, nebst Geschichte der Entstehung und Fortbildung dieses Vereins und eine übersichtl. Angabe seiner bisherigen Leistungen. gr. 8. (48 S.) Köln 848, Dumont-Schauberg'sche Buchh. *

Jubelfeier. Sempacher J' 1886. Illustrirte Volksschrift. Zürich s. [Schneebeli, Johann Jacob]. Volkssch' auf die Sempacher Jub'. Luzern. Zürich 1886.

Jubelfeier, Die, von Sr. Eminenz des Kardinals ... v. Tarnoczy. Salzb. 1876. V: *Anthaller, Franz.* (Hr)

Jubelfeier, Tausendjährige, der K. Kreiss- und Bergstadt Iglau ... Iglau 1799. V: *Marsy, Joh. Hnr.* (Weber)

Jubel-Feier, die — Sr. Excellenz des Hochgebornen Herrn Franz Grafen von Thun-Hohenstein, Sr. k. k. apost. Majestät wirkl. geh. Rathes und Kämmerers etc. etc. zu Tetschen am 14. October 1858. *Tetschen* 1858. *F. W. Stopp.* 55 S. 8°.
INHALT. Adressen v. J. 1858. — Stiftungsinstrument, betreffend die von den gräfl. Verwaltungsbeamten gegründete Franz Anton Graf v. Thun'sche Dankbarkeitsstiftung. — Danksagung Sr. Excellenz. — Adressen v. J. 1808.

Zur Jubelfeier der Uebergabe der Augsburgischen Confession am Johannisfeste 1830 gesungen. o. O. [1830]. 1 Bl. 8° [Kopftit.]
2 Gesänge ohne Noten.

Jubelfeier, die 400jährige, der Erfindung der Buchdruckerkunst in Leipzig am 24.—26. Juni 1840. Von G. K(rausche). gr. 8. Camenz 840.: Leipzig, Kollmann. n. 1/8 ß

Jubelfeier, die 400jähr., der Erfindung d. Buchdruckerkunst in Leipzig am 24. 25. 26. Juni 1840. Von G. K(rausche). gr. 8. (2 B.) Camenz 840, Krausche. *

Jubelfeier, Die vierhundertjährige, der Schlacht bei Murten, 22. Juni 1876. Fest-Album des historischen Zuges. Nach den Originalen und nach der Natur gezeichnet und gemalt von C. Jauslin und G. Roux. Farbendruck von Knüsli in Zürich. Complet in 10 Lfg. mit 40 Blättern. Querfolio. Bern, J. Dalp. 1878. broch. 40 —

Jubelfeier, Die, 1826 in einer Volksschule. [Schleswig 1826.] V: *Bendixen, Jacob.* (LS)

Jubelfeier, die, d. 60jähr. Wirksamkeit d. Diakonissen-Mutterhauses zu Kaiserswerth u. d. neueren Diakonissenwerks überhaupt, am 22. u. 23. Septbr. 1886. (Von G. Fliedner.) gr. 8. (48 S. m. 1 Abb.) Kaiserswerth (886). Buchh. d. Diakonissen-Anstalt. — 30

— in Zeit, oder Samml. v. darüber erschien. Schriften rc. 8. Zeitz 801. Webel. 4 gr

— 200jährige, d. Kirche u. des Klosters d. k. k. Kapuziner zu Wien, nebst e. kurzen Geschichte derselben u. den zu diesen Feierlichkeiten verfaßten Andachtsübungen. Mit Kpf. 8. Wien 822. Wimmer. 2 gr ill. Kpf. 3 gr

[F.] Die 200jährige Jubelfeier des Pädagogiums zum Kloster U. L. Fr. in Magdeburg. *Magdeburg: Haenel'sche Hofbuchdr. 1898.* (32 S.) 1 Bd 8.
[gd. Sonst Go

Jubelfeier, Die zweyhundertjährige, der Märkischen Evangelischen Synode. Hagen 1812. V: *Aschenberg, Joh. Wilh.* (KY) (MGT)

Jubel- u. Dankfest, achttägiges, z. Wrk. Biberbach. 4. Augsb. 755. Wolf. 8 gr

Jubelfest, Anderthalbhundertjähriges Kraussisches, d. i. dankbar erneuertes Ehrengedächtniss Frauen Elisabeth ... Nürnberg 1790. V: *Waldau, Georg Ernst.* (MGT)

Chapuis, Ludw.: [Lithogr.] Das Jubel-Fest der Brüder Ludw. Chapuis & H. Caspar Schweizer gefeiert in der g.·. u. v.·. St. Joh.·. □ zur Bescheidenheit am Morgen zu Zürich. 22. II. 5834. Ms. f. Brr. [Zürich 1834.] 54 S. 4°
Bericht. 358.

Heinrich Cotta's Jubelfest gefeiert am 20. August 1836 in Tharand, von dessen Freunden und Verehrern. - Dresden, Leipzig 1837. 92 S., 1 Abb.

Jubelfest. Das J' des fünfzigsten Dienstjahres des ... Pfarrers David Hunzigker an der Kirche seiner Vaterstadt Aarau, gefeiert von derselben den 9. Juli 1848. 8°. Zürich 1848.

Jubel-Fest, das dritte hundertjährige, von der Stiftung d. jungfraulichen Ordens der heilig Ursula: nachträglich gefevert vom Prager Konvente jenes geistlichen Ordens. gr. 8. Prag 838. (Dirnböck.) n. 3/4 ß

Jubel-Fest, das dritte hundertjähr., von d. Stiftung d. jungfräul. Ordens d. heil. Ursula: nachträgl. gefeyert v. Prager Konvente jenes geistl. Ordens am 26. Nov. 1837. gr. 8. (8 B. u. 1 Abbild.) Prag 838, (Schulz's Wwe.) *

Jubelfest, d. dritte, der evangel. Kirche im J. 1817 im Fürstenth. Sachsen-Hildburghausen. 8. Hildburgh. 817. Kesselring. 4 gr

— das dritte, der Kirchenverbesserung, gefeyert von der evangelisch-protestant. Gemeinde zu Regensburg, im Jahr 1817. Herausgegeben von Ph. F. Gampert. gr. 8. (Regensburg, Montag und W.-in Comm.) 818.

Jubelfest, das erste, d. Kaiserl. Universität Dorpat, 25 Jahre nach ihrer Gründung gefeiert am 12. Dec. 1827. gr. 4. (12 B.) Dorpat 828. (Leipzig, Kummer.) Thlr.

Das erste 100jährige Jubelfest des Königlich Sächsischen Cadettenhauses, gefeiert zu Dresden den 3. October 1825. (68) 8. Dresden, s. a. [1825].

Jubelfest, Erstes evangelisch-lutherisches, welches in der weltberühmten Stadt Hamburg ... in dem 1617ten Jahre ... öffentlich gefeiert worden ... Hamburg 1717. V: *Capell, Dietrich Matthias.* (schr)

Das Jubelfest der Freiwilligen [von 1813] zu Frankfurt am Main den 11. Dezember 1838. 8. Frankfurt a. M. 1839.

Jubelfest, das fünfzigjährige, des Ostdeutschen Jünglingsbundes vom 9.—12. VI. 1906. (105 S. m. Abbildgn.) 8. Berlin (906). Buchh. des ostdeutschen Jünglingsbundes. n. — 40

Jubelfest, das 50jährige, des Hrn. Oberlehrers, Cantor J. Kunz zu Wiesbaden am 29. Septbr. 1852. Festbeschreibung von Thielmann. Autobiographie vom Jubilar. gr. 8. (36 S.) Wiesbaden 853, (Ritter.) *

Gralath, Karl Friedr. v.: Das funfzigjährige maurerische **Jubelfest** des Br. Carl Friedr. v. Gralath am 2ten Aug. 5812 in der Loge Eugenia zum gekrönten Löwen in Danzig. Berlin [1812]: Gädicke. 30 S. 8⁰ [Umschlagtit.]
Kl. 1807. Bericht mit Wiedergabe des Rituals u. der Reden der Brr Jantzen: Das mrische Leben und Wirken des Jubilars u. Skerle: Gelegenheitsworte.

Jubel-Fest, das fünfzigjährige, der evangelischen Schule in Graz am 25. und 26. Mai 1878. 16. (32 S.) Graz 878. (Klagenfurt, Bertschinger und Heyn.) *
Aus: Der österreichische Protestant, besonders abgedruckt.

Das **Jubelfest** in Fürth. [Leipzig: Findel 1878.] 7 S. 8⁰ [Kopftit.]
Aus: Bh. 21 (1878) S. 211—213.
Bericht üb. das 75jährige Stiftungsfest der Loge.

Milwaukee Liedertafel. Goldenes Jubelfest .... Gala Konzert ... 31. März und 1. Apr 1908. Milw, 1908.

Jubelfest, das, der Gründung von Herrnhut am 17. Juni 1872. gr. 8. (64 S.) Herrnhut 872. (Dresden, Naumann.) *

— das, der Huldigung Rheinpreußens, gefeiert in Elberfeld am 31. Mai 1840. gr. 8. Elberfeld 840. (Hassel.) n. 1/6 ß

Jubelfest.– Auf das Jubelfest des H. Andreas K o p p o l t . . . , den 12. May 1808, s. B a u m g a r t n e r , Anton

Jubelfest, tausendjähr., des Klosters Niederaltaich in Bayern. 4. Regensb. 732.

Jubelfest, Weimars, am 3. Septbr 1825 ... Weimar 1825—26. V: *Eckermann, Joh. Peter.* (MGT) (Ky)

Jubelfest, Weimars, am 3n Sept. 1825. 1e Abtheil. Die Feier d. Residenzstadt Weimar, mit d. Inschriften, gehaltenen Reden u. erschienen Gedichten. 2e Abtheil.: die Feier in d. übrigen Städten u. Ortschaften d. Großherzogth. Nebst 5 illum. u. 3 schwarzen Kpfrt. gr. 8. Weimar 825, 26, Hoffmann. 2 Rthlr. 12 gr. Fein Color.

[Umschlagt.:] [J.] Des grossen Westens Jubelfest. *(Omaha, U. S. A.): Press-Bureau d. Trans-Mississippi Ausstellg [o. J.]* (12 Bl.) 1 Bd 8. [illegible]

Jubelfest, das 250jährige, des Anfalls der Grafschaft Mark, der Städte Soest und Lippstadt und der soester Börde an das Haus Hohenzollern. gr. 8. (89 S.) Hamm 859, (Grote'sche Buchh.) *

Jubelfest, Das zweite, der Kaiserlichen Universität Dorpat. Fünfzig Jahre nach ihrer Gründung gefeiert am 12. und 13. Dec. 1852. Dorpat. V: *Bunge, Alexander von.* (Erman & Horn, Bibliogr. d. dtsch. Univers. 2. Leipz. u. Berl. 1904.)

— das zweite, der kaiserl. Universität Dorpat. Funfzig Jahre nach ihrer Gründung gefeiert am 12. und 13. Decbr. 1852. gr. 4. (XXXIV und 95 S.) Dorpat 853, (Glaeser's Verlag.) *

Zum Jubelfeste des Herrn Oberforstraths Cotta, den 20. August 1836, von den Bewohnern Tharand's. - Dresden. 2 S.

Jubelfeste, dem 100jähr., der Georgia Augusta, geweihet von d. allgem. Magistrate u. d. Bürger-Vorstehern Namens d. Stadt Göttingen u. ihrer Bürgerschaft am 17. Sept. 1837. (Von Blumenbach. — Gedicht.) gr. Fol. (3½ B.) Göttingen, Vandenhoeck u. Ruprecht.

Jubelfeste, Dem hundertjährigen, der Georgia Augusta geweihet . . . am 17. September 1837. Göttingen 1837. V: *Blumenbach, Joh. Frdr.* (Ky)

JUBEL-FESTGRUSS UND ERINNERUNGSGABE den hochwillkommenen zur gynaekologischen Section der 45. Versammlung deutscher Naturforscher und Aerzte zu Leipzig vom 12. bis 17. August 1872 vereinigten Fachgenossen dargebracht von der Gesellschaft für Geburtshülfe zu Leipzig. (Enthält: FRIEDRICH SCHATZ: Die Druckverhältnisse im Unterleibe des nicht belasteten und die Bauchpresse nicht willkürlich anstrengenden Menschen. — C. G. LEOPOLD: Ueber ein schrägverengtes rachitisches Becken.) (Mit 1 Tafel Abbildungen.) s. l. & a. (Leipzig. Druck von A. Th. Engelhardt.) 8⁰.

Bonsac, Wilh.: **Jubel-Festloge** am 3. Jan. 1861. [Magdeburg 1861.] 1 Bl. 8⁰ [Kopftit.]
Tt. 2498. Zu dem 50jährigen Mrjubiläum von W. Bonsac. Gedicht: „Wenn in der Arbeit ernsten Stunden . . .“

Jubelfestschrift d. deutsch-österreich. Gemeinde in Hamburg. Deutschvölkischer Mahnruf. (3. Aufl.) (32 S.) Lex. 8. Hamburg (910). (Leipzig, Teutonia-Verlag.) 2. —

Jubelfeyer, s. Jubelfeier.

Jubel-Freude, M. J. A. D. Weissenburgische, d. i. kurtze doch gründliche Nachricht von dem Zustand der Kirchen zu Weissenburg am Nordgau vor in und nach der Reformation Lutheri. Weissenburg 1730. V: *Döderlein, Johann Alexander.* (Feuerlin, Bibl. symbol. Gott. 1752.) (Bibl. d. Germ. Nat. Mus. Nürnberg 1855.)

Jubelfreude, Die Wünschendorfer, wegen der vor 100 Jahren wiedererlangten Religionsfreiheit. Hirschberg 1841. V: *Thomas, Joh. Gg.* (Nent)

Jubelfreude, Die, des Evangelischen Zions über die erhöhte und siegende Hand des Herrn . . . O. O. 1730. V: *Titius, Zacharias.* (GGr)

Augspurgisches *Jubel-Gedächtnus* (!), d. i., Alle Sinnreiche Inventiones oder so genandte *Jubel-Gemählde*, welche . . . . 1730. auf das von einer hohen Obrigkeit A: C: alhier (!) verordnete u. mit der sämtlichen Evangelischen Kirchen wegen der Anno 1530. den 25. Juny dem Kayser nach ihrer Ablesung übergebene *Confession* danckbarlich zu celebrirende *Jubel-Fest*. Von unterschiedlichen [theils berühmten] Künstlern (*Gottfr. Pfautz, G. J. Haupt, Mich. Kauffer, G. Dur. Nessenthaler, Joh. Jac. Kleinschmidt, Balth. Sigm. Setletzky, Joh. Aug. Corvinus, Joh. Balth. Gutwein, Joh. Chp. Kolb, Joh. Elias Baeck, Romanus Heyd, Gabr. Bodenehr, Gfr. Rogg* u. A.) alhier in Kupffer gestochen. Nun aber auff vieler begehren gleichsam in ein einzig Werck zusammencolligiret worden, u. zu bekommen seind bey *Johann Michael Roth*, bestallten Stadt Musico in Augspurg. Imp.-Fol. Die meisten Taf. aufgezog., stellenw. ausgebess. u. Gebrauchsspuren. Ppb. m. Lwdr. u. Pgmtecken.
Gut erhaltene Expl. dieses grossartigen Jubiläums-Werkes finden sich selten! Hervorzuheben: Fürstellung der Evangelischen Kirche bey denen Malabaren in Ost-Indien (nach Elias Riedinger von Joh. Jac. Kleinschmidt gestoch.). Fol. max.

Jubelgedächtnis, Breslauisches, der vor 300 Jahren erfundenen Buchdruckerkunst . . . Breslau 1840. V: *Burg, Joh. Friedrich.* (LVS)

Jubelgedicht am Siebenten November 1825. Weimar. V: *Riemer, Friedrich Wilhelm.* (Bresl 31, S. 88)

Jubelgesang, neues (!), beim *Einzug der Alliirten in Paris*, den 31. März 1814. O. O. 1814. 8°. Beibd.
2 Bll., enth. 10 Stroph.

Oesterley, Georg Heinr.: **Jubelgesang** ihrem hochverdienten Br. Georg Heinr. Oesterley zu seinem fünfzigjährigen Maurerjubiläum den 6ten Junii 1843 dargebracht von den Brn der Loge Augusta zum goldenen Zirkel im Or. zu Göttingen. Heiligenstadt [1843]: Doelle & Brunn. 6 S. 4° [Umschlagtit.]
Gedicht: „Wie Stunden uns und Jahre schnell entgleiten. . . .“ Üb Oesterley s. Allgem. Deutsche Biographie Bd 24 1887 S. 515 (Frensdorff).

Jubelgeschichte, Wittenberg., 4. Wittenb. 756.

Jubelgottesdienst auf der Wartburg am 28. Aug. 1867. gr. 8. (21 S.) Eisenach 867, Jacobi.

Jubelgreis, der, e. Familienscene. 8. Gotha 807. Steudel. 16 gr.

Loge Harmonie [in Chemnitz]. Johannisfest 1869. **Jubelgruss** dem Br. Eger zu seinem goldnen Maurerjubiläum den 20.—24. Juni 1869 beim Eintritt in die ▭. [Chemnitz 1869: Pickenhahn.] 2 Bl. 8° [Kopftit.]
[2] in: Programm f. d. Joh.festfeier [d. Loge Harmonie, Chemnitz] u. d. 50 jähr. Maurerjubil. d. Br. Eger. 1869.
2 Gesänge ohne Noten. 3.

Jubelgruß Oesterreichs —, der erhabenen Kaiserbraut Elisabeth Amalie Eugenie Herzogin in Baiern königlichen Hoheit bei Höchstihrer Landung zu Nußdorf am 22. April 1854. Ehrerbietigst dargebracht von der Gemeinde Nußdorf. 4. (2 Blätt.) Wien. Druck von Keck und Pierer.

Jubel- u. Kirchenhistorie, Magdeburg., 4. Magdeb. 725.

Jubelhochzeit, Die. Eine komische Oper in drei Aufz. Leipz. 1773. V: *Weisse, Christian Felix.* (BrMm) (Mn)

Jubelhochzeit, die,. Oper v. Weiße. 8. Lpz. Dyk. 773.

Jubelhymne zum fünfzigjährigen Regierungs-Jubiläum Seiner Majestät des Kaisers Franz Joseph des Ersten. Melodie: Volkshymne, von Franz Karl Grafen Marenzi. L. W. Seidel & Sohn in Wien, I., Graben Nr. 13. 1898

Jubeljahr, 1875, das. Die Bedeutung des Jubiläumsablasses und die Art und Weise, sich desselben theilhaftig zu machen. Nebst verschiedenen hierauf bezügl. Gebeten. Von einem Priester der Diöcese Münster. 1.—7. Aufl. 16. (136 S.) Münster 875, Russell's Verlag. *

Jubeljahr, das, 1886. Ablaßbüchlein zum öffentl. und Privatgebrauch bei den Kirchenbesuchen für das von Sr. Heil. Papst Leo XIII. angeordnete außerordentl. Jubiläum. Von einem Schweizer-Priester in Rom. 16. (60 S.) Solothurn 886, [Schwendimann.] Burkard und Frölicher. *

ALLGEMEINES JUBELJAHR, verliehen von . . . Clemens XIV. . . . worinne nebst einem . . . Unterricht von dem Ablass, der Busse und von der Wirkung der Ablässe, die . . . aus der Heil. Schrift gezogenen Gebether enthalten sind. Temeswar 1775: Heimerl (22 f.) - 170 mm

Jubeljahr u. Jubelablaß. Ein Jubiläumsbüchlein f. Jung u. Alt 16. (32 S.) Augsburg (901). Literar. Institut v. Dr. M. Huttler. n.n. — 05

Jubeljahr, Lutherisches, Das ist: Jammer- und Leyd-volles Jubel-Fest der Augspurgischen Confession . . . Augspurg 1730. V: *Binner, Thomas.* (Jes)

Jubeljahr, Magdeburg., od. alle bey d. 2ten Magdeb. Jubelfeste geh. Predigten. 4. Magdeb. Scheidhauer. 725.

Jubeljahr, Das, der Reformation, durch Predigten und Reden gefeiert . . . Hirschberg 1817. V: *Nagel, Frdr. Andr.* (Winer) »1818« (Nent)

Jubeljahr, das, der Reformation, durch Predigten und Reden gefeyert zu Hirschberg. gr. 8. (Hirschberg, Lachmann in Comm.) 818.

Jubeljahr, Das stille Strassburgische, oder kurzer Bericht, warum bey diesem allgemeinen Jubel-Jahr . . . die Strassburger Lutheraner nicht besser haben mitgemacht . . . O. O. 1718 [?]. V: *Scheffmacher, Johann Jacob.* (Jes) »1730« (So)

Jubeljahres-Bericht des Hauptvereins für christliche Erbauungs-Schriften in den preußischen Staaten über das J. 1864. 8. (111 S.) Berlin 865, (Beck.)

Jubelirer, der aufrichtige, oder Anweisung, alle Arten Edelsteine, Diamanten und Perlen zu erkennen, nebst einer aus dem Englischen übersetzten Abhandlung von den Diamanten und Perlen. Frankfurt. 1772. 8.

Jubelirer, Der aufrichtige, nebst einer aus dem Englischen übersetzten Abhandlung von Diamanten und Perlen. Frankfurt 1772. V (Abhandl.): *Jefferies, David.* (Gatterer, Repert. d. miner. Litt. Giessen 1798—99. II, 17.)

Jubel-Kalender zur Erinnerung an die Völkerschlacht bei Leipzig vom 16.—19. Octbr. a. D. 1818. 1.—7., verb. Aufl. 8. (XVIII und 62 S. mit Illustr. nach Orig.-Zeichnungen von Aug. Beck, Otto Fickentscher, E. Kirchhoff und C. Scheuren, einem Plane der Stadt Leipzig und einer Karte der Umgegend in Holzschn.) Leipzig 863,64, Weber.

Jubel-Kalender zur Erinnerung an die Völkerschlacht bei Leipzig am 16.—19. Oktbr. 1813. Mit Illustr. nach Orig.-Zeichnungen von Aug. Beck, Otto Fikentscher, E. Kirchhoff und C. Scheuren und 1 Karte der Umgegend von Leipzig. 8. verb. Aufl. 8. (XX, 60 S.) Leipzig 884, Weber.

Jubel-Kalender zur Erinnerg. an d. Völkerschlacht bei Leipzig v. 16.—19. X. A. D. 1813. M. 1 Titelbild, zahlr. Illustr. n. Orig.-Zeichngn. v. Aug. Beck, Otto Fikentscher, E. Kirchhoff u. C. Scheuren u. e. Karte d. Umgegend v. Leipzig. 9. Aufl. gr. 8. (XX, 60 S.) Leipzig 898. J. J. Weber. n. 1. —

LITTERARISCH-GESELLIGER JUBEL-KLADDERADATSCH . . . Humoristisch-satirisches Fest-Organ zur 50jährigen litterar.-gesell Stiftungsfeier. Oldenburg 1889 Dezbr. 4. Als Manuskript redigiert, verlegt und gedruckt unter dem erleuchtenden Einfluss sämtlicher Kometen-Spektra. 4°.

Jubelklänge. Festlieder zum Leo-Jubiläum. Heiligenstadt 1893. V: *Iseke, Herm.* (Keiter, Kath. Litteraturkat. IV, 89.)

Jubel-Klänge. Fest-Lieder zur Feier d. 50jähr. Bischofsjubiläums Sr. Heil. Papst Leo XIII. 1843—1893. 1. u. 2. Aufl. 12. (16 S.) Heiligenstadt 893. F. W. Cordier. n. — 10

Jubelklänge zum 25jährigen Jubiläum des Regierungs-Antrittes Sr. k. u. k. apost. Majestät Franz Josef I. Neutitschein 1873. V: *Enders, Joh. Nep.* (Auctions-Kat. Gilhofer & Ranschburg-Wien XI.)

Jubel-Klänge zum 25jährigen Papst-Jubiläum Sr. Heil. Leo XIII. I. Leo XIII. Lumen in coelo. II. Liederkranz zum Jubelfeste. 12. (46 S. m. 1 Abbildg.) Heiligenstadt (902). F. W. Cordier. n.n. — 10

Jubel-Klänge zum 25jährigen Papst-Jubiläum Sr. Heiligkeit Leo XIII. 1. Leo XIII. Lumen in coelo. (Von F. J. Riepenhausen.) 2. Liederkranz z. Jubelfeste d. heil. Vaters (gewunden von A[lex.] Baumgartner S. J. [u. a.]) *Heiligenstadt: F. W. Cordier [1903].* (46 S.) 8° [F. u. Ant.] [illegible]

Jubelkranz zu Dr. Martin Luthers 400jährigem Geburtstage, aus Liedern deutscher Dichter gewunden. 8. (80 S.) Halle 883, Petersen. cart.

Jubel-Lied. [Beginnend: Mit freud'gem Jubeltone.] [Braunschweig 1830?] V: *Breithaupt, Carl Heinrich Justus.* (Mitth. Dr. H. Bäsecke.)

Jubellied zum 24. Juni 1842. o. O. [1842]. 1 Bl. 8° [Kopftit.] Ohne Noten: „Auf, der Weisheit echte Söhne . . ."

Jubellied des Landvolks in Tyrol bey der Wiederkunft Amaliens den 18ten Weinmonds 1783 von F. v. W. Innsbruck 1783. V: *Weinhart, Franz von.* (MARGR) (BIBLPORT)

Jubel-Lied am 31. Oct. dieses 1717 Jahrs. V: *Feustking, Frdr. Chn.* (Bruun, Bibl. Danica. I, 154.)

Jubel-Lied zur dritten Säcular-Feier des evangelischen Gymnasiums bei St. Anna abgesungen von den Schülern desselben am 5. December 1831. Ebend. 8°. 5 achtzeilige Str. auf 2 S. Progr. Augsburg

Wolff, Joh. Gottlieb: **Jubellied,** dem geliebten Br. Joh. Gottlieb Wolff nach glücklich vollendeter funfzigjähriger Maurerbahn gesungen in der Loge Absalom den 2. Aug. 1832. Hamburg [1832]: Nestler & Melle. 2 Bl. 8° [Umschlagtit.] Ohne Noten: „Dreyfach Heil dem Jubelgreise . . ."

Jubelode der deutschen Gesellschaft. Greifswald 1756. V: *Koch, Ehrenreich Christoph.* (Erman u. Horn, Bibliogr. d. dtsch. Universitäten. 2. Leipz. u. Berl. 1904.)

Jubel-Oktave, die, in Alto-Münster. Oder kurze Beschreibung der eilfhundertjährigen Jubelfeier d. dortigen Pfarrkirche vom 10—18. Jul. 1830. Mit e. Vorwort etc. (v. Aloys Schmid). Abgedr. aus d. Literaturzeit. Dec. 1830. gr. 8. Landsh. (830). Thomann. 3 gl

Jubelpredigt u. Jubelrede von Peltre u. Fr. Gedike, gehalt. beim Jubiläum des Friedrichswerth. Gymnasiums. gr. 8. Berl. 781. Mottmann. 12 gl

Jubelpredigten, anläßlich des hundertjährigen Bestandes der k. k. Stadtpfarre zu den neun Chören der Engel am Hof in Wien, gehalten am Feste der unbefleckten Empfängniß der seligsten Jungfrau Maria 1883. gr. 8. (41 S.) Wien 884, (Mayer und Comp.)

Jubelpredigten zweier evangelischen Geistlichen (Joh. Aug. Löffler und Aug. Krauß) in Augsburg im J. 1854. gr. 8. (22 S.) Augsburg 855, v. Jenisch und Stage'sche Buchh. Thlr.

Jubelpredigten, Hamburg., so am zweyten Jubilæo geh. worden. 4. Hamb. 718.

Jubelruf bei d. Wahl des Cardinals Hannibal della Genga zum Papst Leo XII. Mit Bildn. 8. Augsburg 824, Engelbrecht.

Jubelschrift zum 50jährigen Amtsjubiläum des Fürsten [Bismarck: „Der kleine Poschinger". Bismarck in Frankfurt. Von ***. gr. 8. (IV, 182 S. mit 1 Holzschn.-Bildnis Bismarcks aus dem J. 1853.) Leipzig 885, Renger'sche Buchh. *M 3.—; geb. ** 4 —

—— dass. — Bismarck in Petersburg — Paris — Berlin. Von ***. gr. 8. (IV, 236 S.) Ebendas. 885. * 4 — geb. ** 5 —

— zum 90. Geburtstag d. Dr. L. Zunz. Hrsg. durch das Curatorium der Zunz-Stiftg. gr. 8. (V, 171 u. hebr. Text 217 S.) Berlin 884. P. Lehmann. n. 6. —

Jubelschrift zum 70. Geburtstage d. Prof. Dr. H. Graetz. Lex.-8. (VIII, 324 u. 88 S.) Breslau 887. [Schottländer.] Schles. Verlags-Anstalt. n. 7. 50; geb. n. 9. 50

Jubelschrift zum siebzigsten Geburtstag des Dr. Israel Hildesheimer. Gewidmet v. Freunden u. Schülern. Deutsch u. hebräisch. 8. (167, 111 S.) Berl. 890, H. Engel. : 7 —

Evangelisch-Luth Emanuels Gmde zu Evansville, Ind. Jubelschrift zur 50 jährigen Jubelfeier, 13.-17. Mai 1906. Evansville, Ind. 1906.

Jubelsenior, der, ein Appendix von Jean Paul Fr. Richter. 8. Leipzig, Beygang. 797. (Reimer.)

Jubelstimme, Feyerliche, des herrlichen Gotteshaus zu St. Peter, Als die WohlEhrwürdige Geistlichkeit Allderwegen ... Erhaltung bis zur zweiten Primitz Sigismunds ... Aus dem Grafen von Kollonitz ... eine solenne HochAmt Celebrirte den 29. Oct. Im Jahr 1749. Wien. V: *Pankl, Franz Carl.* (WrDiar 1749 bei Nr. 88) (BiblPort)

Jubelt, Ernst [cand. med. aus Neu-Ruppin]: '[Aus d. medizin. Universitätsklinik zu Jena.]' Ueber einen Fall von operierter Rindenepilepsie ... Jena, Univ.-Buchdr. G. Neuenhahn, 1890; 41 S. 8.
Jena, Med. Fak., Inaug.-Diss. v. [15. Okt.] 1890

Goethes goldner **Jubeltag.** Weimar 1826.
[Frmr-Analekten 15 (1908) S. 33.]

Jubeltag Oesterreichs —. Ein Festgeschenk zur Erinnerung an den 24. April 1854. Von J. M. 12. (8 S.) Salzburg. 1854. Druck von Franz X. Duyle.

Jubeltage Oesterreichs — oder Wien am 22. bis 30. April 1854. IV. Heft. Das allgemeine Volksfest im k. k. Prater und die sonstigen Festivitäten zur Feier der allerhöchsten Vermählung. 8. (24 S.) Wien. Gedruckt bei J. Stöckholzer von Hirschfeld. 1854.

Jubeltöne. Eine Sammlung von Liedern und Melodien aus deutschen und engl. Quellen zum Gebrauch für Sonntagsschulen und den Familienkreis. 6. verm. und verb. Aufl. qu. 8. (176 S.) Cleveland, O. 875. (Philadelphia, Schäfer und Koradi.) geb.

Jubeltöne bei d. Papstwahl Pius VIII. am 31. März 1829. Mit dess. Bildn. 4. ... Augsburg, Schlosser. 1829.

Jubelvesperpredigt, welche den 1. Septemb. 1768 ... bei dem feierlichen Gedächtniss der ... Einweihung des ... Egidientempels gehalten ... Nürnberg 1768. V: *Mörl, Johann Siegmund.* (BB)

Jubelwaare, schöne päpstl., des Ablasses. 4. Jena. 750.

Des Rheinkreises **Jubelwoche** oder geschichtliche Darstellung der Reise Ihrer Majestäten des Königs Ludwig und der Königin Therese von Bayern durch die Gaue des Rheinkreises von 7ten bis zum 14ten Junius 1829. Gedruckt in der J. C. Kolb'schen Buchdruckerey zu Speyer [1829].
Tit., 1 B., 203 S.; 13 Taf. in Lithogr., 1 Karte in Kupferst. 4°.

Jubelworte. Eine Sammlg. patriot. Casualreden. Nebst e. Festpredigt v. D. Löwy u. e. Gebete v. N. Ehrenfeld. Anlässl. d. 50jähr. Regierungsjubiläums d. Kaisers Franz Josef I. hrsg. u. verf. m. e. einleit. Skizze „Königstreue u. Judenthum" v. Jak. B. Brandeis. gr. 8. (119 S.) Prag 898. J. B. Brandeis. n. 1. 40

Jubelzeugnis, Neumarcktisches, in zwo ... Jubelpredigten abgeleget ... Halle 1747. V: *Lichotius, Johann & Johann Gottfried Tausten.* (BrMm)

Jubilaei universalis. An 1826—27 in Archidiocesi Coloniensi celebratio. (latein. u. deutsch) fol. Cöln, Du Mont-Schauberg.

Jubilar, ein, s. Schillings-Bücher.

Ehrwürdiger **Jubilar!** Leipzig o. J.: Leiner. 1 Bl. 8° [Kopftit.]
Lied ohne Noten: „Oft hast Du hier in trauter Runde, . . ."

Jubilar, Der hochw. Was er dachte, schaffte, strebte etc. Magdeb. 1861. V: *Keim, Theod.* (Tt)

Jubilar-Album der Universität Erlangen. Hrsg. v. Theod. Koch u. Karl Köler. A. u. d. T.: Mittheilungen aus d. Studentenleben. gr. 8. (11 B. u. 2 Stnt.) Erlangen 843, Bläsing.* —

Jubilar-Gesänge. Rostock, am 12. Nov 1819. V: *Diemer, Aug. Ldw.* (Erman u. Horn, Bibliogr. d. dtsch. Universitäten. 2. Leipz. u. Berl. 1904)

Jubilate! Beitrag zur Feier des 25jähr. Amtsjubiläums des Herrn W. Emmanuel v. Ketteler, Bischofs von Mainz am 25. Juli 1875. 8. (54 S.) Wiesbaden 875, Limbarth. *

Jubilate. Eine Sammlg. v. Liedern f. christl. u. patriot. Vereine. 12. (16 S.) Dresden 893. (O. Hackebeil.) — 10

Jubilate. Eine Sammlg. v. Liedern f. christl. Vereine u. Familienabende. 2. (veränd.) Aufl. 8. (16 S.) Dresden (901). Verbandsbuchh. n.n. — 05

Jubilate. Gebet- u. Gesangbuch f. die studier. Jugend. (X, 598 S. m. Titelbild.) 16. Regensburg (907). A. Coppenrath's Verl. 1.20; geb. in Leinw. 1.60; in Ldr. n 2.80

JUBILATE deo! Liederbüchlein für den katholischen Gottesdienst. Tyrnau 1895: Winter. 154 S. - 8°

Jubiläum

- ein. Festspiel in 4 leb. Bild. m. Einführg. u. verbind. Text f. kaufmänn. u. andere Zwecke. 12. (5 S.) Berlin (895). M. Böhm. 1. —

Zum Jubiläum. Von W. S.
Progr. Prag 1898.

Jubilaeum artis typographicae Inter festos Literati orbis nostri apparatus tertiò redux . . . [Bambergae] 1740. V: *Rüdei, Andreas.* (Jes)

—— das außerordentliche, des J. 1881. 19. März 1881 bis 1. Novbr. 1881 oder vom Feste des heil. Joseph bis zum Feste Allerheiligen. Von einem Priester der Erzdiöcese Köln. 16. (32 S.) Aachen 881, Kaatzer's Buchh.

Jubiläum, das außerordentliche, für das J. 1886. Lehr- und Gebetbüchlein für kathol. Christen. Von einem kathol. Pfarrer. 16. (148 S.) München 886, Stahl sen. * — 30
geb. * — 45

Jubiläum, das außerordentliche, v. 1904 in den Monaten: September, Oktober, November. Jubiläumsbüchlein f. Jung u. Alt. (82 S.) 16. Augsburg (904). Literar. Institut v. Dr. M. Huttler. n.n. — 05

Das **Jubiläum** des 200jährigen Bestehens der evangelisch-reformirten Gemeinde zu Aschersleben am 16. April 1899. *Aschersleben: [O. Bennewitz in Komm.] 1899.* (19 S.) 8° [Umschlagt. F.]
Aus: Anzeiger [f. Aschersleben]. [illegible]

Jubiläum, Das bevorstehende zweihundertjährige, der Kieler Universität. Eine Ansprache an die Bewohner der Herzogtümer. Kiel 1861. V: *Thaulow, Gustav Ferdinand.* (Erman & Horn, Bibliogr. d. dtsch. Universitäten. 2. Leipz. u. Berl. 1904.) (A)

Jubiläum, das bevorstehende 200jährige, der Kieler Universität. Eine Ansprache an die Bewohner der Herzogthümer. 2. Aufl. Kiel 862. Akademische Buchhdlg. gr. 8. (16 S.) n. $2\frac{1}{2}$ ngr.

—— das bevorstehende 200jährige, der Kieler Universität. Eine Ansprache an die Bewohner der Herzogthümer. 2. Aufl. gr. 8. (16 S.) Kiel 862, [G. v. Maack's Verlag.]

Jubiläum, Ein, der lateinischen Bibel. Zum 9. November 1892. Tübingen 1892. V: *Nestle, Eberhard.* (Berl 1904, S. 977)

Jubiläum, e., der lateinischen Bibel zum 9. Novbr. 1892. (Von E. N.) gr. 8. (27 S.) Tübingen 892. J. J. Heckenhauer. n. — 40

350jähriges **Jubiläum** der Universität Jena 31. Juli u. 1. Aug. 1908. Jena: G. Neuenhahn in Komm. (1908). (39 S.) 4° [illegible]

Das 300jährige **Jubiläum** des Gymnasiums. 20 S.– Brieg, Progr. 1870.

Jubiläum, das 1100jähr., d. Begründung des Bisthums Eichstätt gefeiert im Septbr. 1845 nebst den während derselben gehalt. Predigten. gr. 8. (13 B. u. 1 Stahlst.) Neuburg 846, Prechter.

Jubiläum, das 1100jähr., der Weihe d. heil. Bischofs Burkhardus auf d. Salzburg bei Neustadt an d. Saale in Franken am 12. Juli 1841. gr. 12. (1 B.) Würzburg, Stahel'sche Bh.

— **das erste, Nikolaus II. 1894—1904.** (In russischer Sprache.) (48 S.) 8. Berlin 905. H. Steinitz. n. 1. 50

Jubiläum, Erstes, der Landwehr Hirschberger Kreises . . . Hirschberg 1839. V: *Lischke, Chn Glieb.* (Nent)

Zum Jubiläum d. Friedrich-Wilhelms-Universität Berlin. Über die mit der Universität Berlin verbunden gewesene Königliche Forstakademie (B e r l i n) <1821 bis 1830> u. den Lehrstuhl für Forstwissenschaft an d. Univ. Berlin <1830 bis 1848>. Anh.: 1. Die Rede (W[ilhelm]) Pfeils z. feierl. Eröffnung d. Forstakad. Berlin. 2. Eine Zusstell. d. Schriften von Pfeil, G. L. Hartig, Theodor Hartig. Von Karl Dickel. — Berlin: Vahlen 1910. VIII 123 S. 8°

Jubiläum, 500jähriges, der Einbürgerung der Familie Schwyzer von Arth weil. Baumgartner von Arth. 31. Aug. 1901. [Zürich 1901.] V: *Schwyzer, Arn.* (Zuwachsverz. d. Bibl. in Zürich 1898 ff., 8.)

Zum 75jähr. **Jubiläum** der B r a u e r e i C. W. N a u m a n n A.G., L e i p z i g - P l a g w i t z. 1828–1903. [Mit Abb.] (Leipzig 1903: Klinkhardt.) 48 S. quer-8° [Umschlagt.]

[F.] Zum 25jährigen **Jubiläum** des 18. Juli 1870. Gedenkblätter v. e. Moralisten. *Bonn: (Dr. [e.] J. Bach Wwe) 1895.* (39 S.) 1 Bd 8. [illegible]

Jubiläum, zum 25 jähr.. des deput. Mstrs. Br. Heinr. Kapferer u. des Redners Br. B. (von) Trentowski. Freiburg den 25. Mai 1861. gr. 4. 2 Bl. — 2 Gedichte.

Jubiläum, Zum 2 5 j ä h r i g e n, der Rettungsanstalt Sonnenberg. Luzern 1884.

[F.] Zum 25jährigen **Jubiläum** der Stuttgardia (zu Tübingen). 1869 —1894. *Stuttgart: Dr. v. W. Kohlhammer 1894.* (133 S.) 1 Bd 8.

ZUM 25JÄHRIGEN JUBILÄUM DES NATURWISSENSCHAFTLICHEN VEREINS IN COBLENZ 1876. Für die Mitglieder desselben. Coblenz, Buchdruckerei von H. Hildenbrandt. 8°.

25 JÄHRIGES JUBILÄUM der Berliner Gesellschaft für Anthropologie, Ethnologie und Urgeschichte. (Berlin 1894. Druck von Gebr. Unger.) 8°.

Jubiläum, Fünfundzwanzigjähriges, des Christkatholischen Kirchenchors Melodia und des Damenvereins St. Gallen. 1878—1903. Bern [1903]. V: *Weiss, Carl.* (BBullschw 10, S. 406)

<u>Jubiläum fünfzigjährige Aufgebot</u>
Das fünfzigjährige Jubiläum des Aufgebotes der Wiener Hochschule zum Kriegsdienste am 7.April 1797, zugleich gefeiert mit dem Restaurationsfeste der Universität am 20.April 1847. 40 S., gbd.

Wien: typ.Strauß & Sommer (1847)

Das 50jährige Jubiläum der Magdeburger Hagelversicherungs-Gesellschaft (M a g d e b u r g). 4° Aus: Blätter für Handel, Gewerbe u. soziales Leben <Beibl. der Magdeburger Ztg.>. 1904.

Das 50jährige Jubiläum des Steinkohlenbergwerkes H e i n i t z (bei Neunkirchen-Saar) <11. u. 12. Juli 1897>. — Saarbrücken: (Neue Saarbr. Ztg.) 1897. 16 S. 4° (Der Bergmannsfreund. Jg. 26, Extra-Nr.)

Das 50jährige Jubiläum der Freimaurer-Loge Karl zu den 3 Ulmen in Ulm am 4. März 1894. Ulm: Selbstverl. d. Loge 1894. 49 S. 8°
cf. O. 19 (1894) S. 102—104.
Bericht. Festvortrag von H. Kerler: Gesch. der Loge.

Jubiläum, das 50jährige, des Catharinenstifts zu Stuttgart am 16. und 17. Aug. 1868. Kurze Beschreibung der Festfeier mit sämmtl. beim Feste gehaltenen Reden und Ansprachen. Hrsg. von der Anstalt. gr. 8. (42 S.) Stuttgart 869, Schweizerbart'sche Verlagsh. (* 70 Pf.) *

Jubiläum, das f ü n f z i g j ä h r i g e , des Zofingervereins. Basel 1869.

1845. 20. Okt. 1895. Zum 50jährigen **Jubiläum** der Lauenburgischen Gelehrtenschule zu Ratzeburg überreicht v. Lehrerkollegium. Ratzeburg 1895: H. H. C. Freystatzky. (32 S.) 8° [J.] 07. 8978 2

Friedrichsburg, Texas. Zum 50-jhr Jub d Gründung d Stadt. Entwsgesch d vom Mainzer Adelsverein gegründeten Kolonien in Tex. Friedrichsburg. 1896.

Zum 50jährigen Jubiläum **des Turnvereins H e i d e n h e i m, Heidenheim** 1896, 44 S., 16°.

Zum 50jähr. Jubiläum der Korporation der Kaufmannschaft von K ö n i g s b e r g. — Königsberg: Hartung 1873. 103, 32 S. 8°

1. November 1858—1. November 1908. Zum 50jährigen Jubiläum der **Firma Heinrich Paus, Essen-Ruhr.** [Mit Abb.] **(Essen-Ruhr 1908: Fredebeul & Koenen.) 23 S. quer-8°**
[Umschlagt.:] H e i n r i c h P a u s , C o l o n i a l w a r e n - G r o ß - h a n d l u n g , K a f f e e - G r o ß r ö s t e r e i , E s s e n - R u h r . 1858—1908.

Zum fünfzigjährigen Jubiläum der Realschule zu Glauchau i. S. 1909. [Festgabe des Kollegiums der Realschule.] 47 S. 8.
Progr. Realschule u. Realprogymn. ***Glauchau*** **1909.**

50jähr. Jubiläum der Kaufmannschaft und Handelskammer zu L ü b e c k. 1853—1903. — (Lübeck 1903: Rahtgens.) 12 S. 4° [Umschlagt.]

Goldene Jub. Das, d St Johannes Gmde zu Leopold, Mo. N. p., 1906.

Goldene Jub. Das, der allgemeinen deutschen Unterstützungs-gesellschaft von San Fr, Cal. San Fr, 1904.

Zum goldenen Jubiläum **des Turnvereins P ö ß n e c k, Pößneck 1908,** 98 S., 8°.

New Yorker Dter Apotheker-Ver. "Goldenes Jub." Dt-Anische Apotheker-Ztng, v22 viii (Oct, 1900).

Nord St. Louis Bundeschor. 1856-1906, Goldenes Jub ... 15. März 1906. StL. 1906.

Columbus Männerchor [Columbus, O]. Goldenes Jub, 1848-98. Columb, 1898.

Druiden Sängerchor, Cinci. Goldenes Jub ... 1856-1906 ... 10. Juni 1906. Cinci, 1906.

Orpheus Gesang Verein (Phila), 1857-1907. Goldenes Jub ... 24.-26. Nov 1907. Phila, 1907.

Gesang-Verein Schiller Bund (NY). Goldenes Jub ... 1900. NY, 1900.

Teutonia Männerchor, N Haven [Conn]. Goldenes Jub ... 7. Nov 1904. New Haven, 1904.

Goldenes Jubiläum des Turnvereins von B r o o k l y n, E. D., 21., 27. bis 29. V. 1903, Brooklyn N. Y. 1903, 48 S., Quer-8°.

Jubiläum, Das heilige, und andere Ablässe der Kirche ... Augsb. 1825. V: *Königsdorfer, Martin.* (Th) (Schmal)

Jubiläum, das heilige, u. andere Ablässe d. kathol. Kirche, dem gläub. Volke erklärt vom Verfasser der: „kathol. Homilien u. Christenlehren." 8. Augsb. 825, Veith u. R.

—— das heilige, von Papst Leo XIII. aus Anlaß seiner Thronbesteigung allen Gläubigen des Erdkreises für die Zeit vom 2. März bis 1. Juni gewährt. Zugleich ein Gebetbüchlein für bußfertige Christen. gr. 16. (192 S.) Regensburg 879, (Pustet.) * 30 Pf.; geb. in Halbldr. ** geb. in Leder mit Goldschn. **

—— das heilige, vom Papst Leo XIII. für das Jahr 1886 allen Gläubigen des Erdkreises gewährt. Ein Gebetbüchlein für bußfert. Christen. 12. (192 S.) Regensburg 886, (Pustet.) * — 30 geb. ** — 60

Jubiläum, das heilige, im J. 1865. Zugleich ein Gebetbüchlein für bußfertige Christen. 8. (III und 184 S.) Regensburg 865, (Pustet.)

—— dass. — im J. der Gnade 1875. Zugleich ein Gebetbüchlein für bußfert. Christen. gr. 16. (VIII, 184 S.) Ebendas. 875. *

—— das heilige, im Jahre der Gnade 1879. Unterricht und Gebete für Gewinnung des von Sr. Heil. Papst Leo XIII. für die Zeit vom 2. März bis zum 1. Juni d. J. 1879 bewilligten Jubiläums-Ablasses. gr. 16. (16 S.) Aachen 879, Schweitzer. *

—— das heilige, zur Vorbereitung auf die am 8. Decbr. 1869 beginnende allgemeine Kirchenversammlung und zu innerer Theilnahme an ihrem Werke. gr. 16. (IV, 184 S.) Regensburg 869, (Pustet.)

Das 150jährige **Jubiläum** der herzoglichen technischen Hochschule Carolo-Wilhelmina zu Braunschweig im Juli 1895. Festbericht veröffentl. v. Allgem. Jubiläumsausschusse. M. 11 Taf. *Braunschweig: Dr. v. F. Vieweg & Sohn 1896.* (2 Bl., 118 S., 1 Bl., 1 Portr., 8 Taf., 2 Facs.) 1 Bd 8. [96. 3686

1751—1901. Zum 150jährigen **Jubiläum** der L ü b e c k i s c h e n A n z e i g e n und der 75jährigen Gründung der lithographischen Anstalt und Steindruckerei Gebrüder Borchers, Lübeck. 1826—30. Mai—1901. [Mit Abb.] (Lübeck: Selbstverl. 1901.) VII, 64 S. 2°

Jubiläum. Das hundertjährige J' der Kapelle in Fluntern .... Zürich 1863 *s.* (Denzler. J[ohann] R[udolf]).

—— das hundertjährige, des königl. Schullehrerseminars zu Dresden-Friedrichstadt am 22. bis 24. Septbr. 1887. Erinnerungsschrift, hrsg. zum Besten der Jubiläumsstiftung. gr. 8. (III, 86 S.) Dresden 888, Huhle.

Zum 100jährigen **Jubiläum** der R a t h e n o w e r o p t i s c h e n I n d u s t r i e - A n s t a l t v o r m. E m i l B u s c h und der optischen Industrie in Rathenow. 1800—1900. [Mit Abb.] (Berlin-Schöneberg 1900: Meisenbach, Riffarth & Co.) 54 S. 4° [Umschlagt.]

Jubiläum, das, des Jahres 1879. 2. März 1879 bis 1. Juni 1879 oder vom ersten Sonntag in der Fastenzeit bis Pfingstsonntag. Von einem Priester der Erzdiöcese Köln. 32. (32 S. mit Portr. des Papstes in Holzschn.) Aachen 879, Cremer'sche Buchh. — Kaatzer's Buchh.

Jubiläum, das, des J. 1881. Vom 19. März bis 1. Novbr. Von einem Priester der Erzdiözese Köln. 24. (48 S.) Aachen 881, Jacobi und Comp. *

J u b i l ä u m der Aargauischen Kantonsschule, am 6. Januar 1902. Vorträge und Reden. [Mit 1 Tafel und 2 Tabellen.] II + 79 S. 4. Aarau, H. R. Sauerländer & Co., 1902. [fr. 1. 80]
Jubiläumsprogramm der Aargauischen Kantonsschule (in A a r a u). 100. Schuljahr: 1901/1902.... Beilage.

[illegible] Meyer's **Jubiläum.** (Hamburg. 1887.) 8°, geb. in 4° Kopf. Sonderabdruck aus: Hamburger Fremdenblatt. Nr. 154 [illegible] 1887

Jubiläum Prof. Dr. F(riedrich) Mühlberg (Lehrer der aargauischen Kantonsschule), 14. August 1906. (Ansprachen *etc.*, [hrg. vom] Rektor der Aarg' K', November 1906.) [Mit Vignetten und 1 Porträt-Tafel.] II + 47 S. 8. (Aarau, H. R. Sauerländer & Co.) .

Jubilaeum saeculare familiae Aeremontanae . . . S. l. 1714. V: *Gross, Joh. Matthias.* (Fiker)

— das 600jährige, der Stadt Braunsberg 1884. Ein Gedenkblatt für die Bürgerschaft Braunsbergs, hrsg. vom Festkomitee. 8. (56 S.) Braunsberg 884, (Huye's Buchh.) *

[illegible]jähriges **Jubiläum** des Kneiphöfschen Gymnasiums zu Königsberg i. Pr. Aias, Tragödie von Sophokles, Musik von Markull-Berneker, in griech. Sprache aufgeführt von Primanern d. Gymn. 21. Juni 1904 [u.] 22 Juni 1904 ... Königsberg i. Pr. (1904): Hartung. (2 Bl.) 8° [Programm mit Personenverzeichnis u. Inhaltsangabe d. Stückes.] [illegible] 10

— e. seltenes. Die XVI. Weltkonferenz als 50jähr. Jubiläum des Weltbundes der evangel. Jünglingsvereine u. christl. Vereine junger Männer in Paris vom 26. bis 30. IV. 1905. Offizieller deutscher Bericht. Hrsg. v. der deutschen Nationalvereinigg. Red. v. C. Schmell u. Helbing. (239 S. m. 19 Taf. u. 1 Fksm.) 8. Barmen 906. (Westdeutscher Jünglingsbund.) n. 2. 50; geb. in Leinw. n. 3. 50

Das siebenhundertjährige Jubilaeum des Wittelsbacher Herrscher-Hauses. Gefeiert von der k. Studienanstalt St. Stephan in Augsburg am 5 August 1880. Zur bleibenden Erinnerung. Festprogramm und sechs Gedichte.
[illegible] Augsburg (bei St. Stephan)
K. Lyceum 1880.

[illegible] Bund [illegible] 1881-1906 ... 28. Apr [illegible] 1906.

Jubiläum, das, der Unfall- u. Invalidenversicherung. Bericht über die Feier, hrsg. vom Festausschuß. (112 S.) gr. 8. Berlin 910. Behrend & Co. 1. 50

[illegible] Jubiläum [illegible] 1878
[illegible] Museum [illegible] to prepare for 150th anniversary.
[illegible]
All[illegible] PA

[illegible] Jubiläum des heil. [illegible] Spoleto das [illegible] des hl. Bonifacius [illegible] der Benediktus [illegible] von P. Adalbert [illegible] Maria Jäger [illegible] des Münchener [illegible]

— das 1400jährige, der Geburt des heil. Benediktus, gefeiert in der Basilika des heil. Bonifazius in München am 4., 5. und 6. April 1880. gr. 8. (72 S.) München 880, Stahl.

Jubiläum, Das zweihundertfünfzigjährige, der Pfarr- und Wallfahrtskirche Mariahilf in Wien. 1660—1910. Kurze Geschichte des Gnadenbildes und der Kirche mit dem Programm der Festfeier. Wien 1910. V: *Czacha, Clemens.* (EB)

Jubiläum, das zweihundertjährige, der Universität Halle-Wittenberg. Festbericht erstattet von W. Beyschlag. Halle 1895. 4°

— das 200jährige, und die Krönung des Gnadenbildes Mariae, der Mutter Jesu, Trösterin der Betrübten. 2. Juli 1866. gr. 8. (VI und 151 S. mit 8 Photogr.) Luxemburg 867, Brück.

Jubiläum, das 200jährige, in der Wallfahrtskirche auf dem St. Annaberg bei Sulzbach im J. 1856. Ein Gebetbüchlein für fromme Verehrer der heil. Mutter Anna rc. Von einem kathol. Geistlichen. 8. (64 S. mit 1 Holzschnt.) Sulzbach 856, v. Seidel'sche Buchh. *

Jubiläumsablaß, der. Ein Handbuch für Prediger, Katecheten und Beichtväter. Nach dem Französ. bearb. von einem Priester der Diöcese Augsburg. 8. (XII und 262 S.) Regensburg 865, Manz.

Jubiläumsablaß, der. Ein Handbuch für Prediger, Katecheten und Beichtväter. Nach dem Französ. bearb. von einem Priester der Diöcese Augsburg. 2. (Titel-)Ausg. 8. (XII, 262 S.) Regensburg (865)69, Manz.

VERSÖHNENDER Jubiläum-Ablaß, welchen Papst Pius IX. den christkatholischen Gläubigen in Ungarn im Jahre 1850 ertheilet. Herausgegeben von dem »Verein zur Verbreitung guter und wohlfeiler Bücher«. Pesth 1850: Druck von A. Müller. 24 S. - 170 mm

- Dass. Pressburg 1850: C. F. Wigand. 21 S. - 4°

Jubiläums-Ablaßbüchlein, s.a. Jubiläums-Büchlein.

Jubiläums-Ablaß-Büchlein für die heilige Gnadenzeit des vom heil. Vater Papst Pius IX. am Tage seines 50jähr. Priester-Jubiläums für den ganzen Erdkreis verkündeten Jubel-Ablasses im Jahre der allgemeinen Kirchenversammlung zu Rom enth. einen Unterricht vom Ablasse, Meß-, Buß- und Communion-Andacht rc. Mit einem Anh., den Hirtenbrief des Bischofs Pancratius v. Dinkel in sich schließend. Hrsg. von einem Priester der Diöcese Augsburg. 16. (92 S.) Augsburg 869, Kranzfelder'sche Buchh.

Jubiläumsablaßbüchlein für das J. 1886. Für alle Gläubigen des Erdkreises. Von einem kathol. Pfarrer. Für alle Diöcesen Deutschlands, Oesterreichs und der Schweiz. 16. (31 S.) Regensburg 886, Verlagsbureau. * — 10

Jubiläums-Ablaßbüchlein, das, f. das Jahr der Gnade 1875. Ein vollständ. Gebetbüchlein f. alle bußfert. Christen. gr. 16. (96 S.) Passau 875. Bucher. — 30

— dass. — des von unserm heil. Vater Papst Pius IX. auf das J. 1875 verliehenen Jubel-Ablasses, enth. einen Unterricht vom Ablasse, Meß-, Buß- und Communion-Andacht, drei Litaneien und die andern übl. Ablaß-Gebete. Mit einem Anh., den Hirtenbrief des hochwürd. Herrn Bischofs Pancratius v. Dinkel in sich schließend. Hrsg. von einem Priester der Diözese Augsburg. 16. (94 S.)
Augsburg: Kranzfelder 1875.

Jubiläums-Ablaßbüchlein, enth. das Rundschreiben des hl. Vaters Leo XIII. üb. den Jubiläums-Ablaß, e. Unterricht üb. den Ablaß, Meß-, Buß- u. Kommunion-Andachten sammt den Ablaßgebeten. Hrsg. v. e. Priester der Diözese Augsburg zum Gebrauche f. das kathol. Volk. Mit dem Bildnisse des hl. Vaters. 1.—5. Aufl. (1.—24. Tauf.) gr. 16. (à XXIV, 96 S.) Augsburg 901. Kranzfelder. — 30

Jubilaeums-Album des 6. Chevaulegers-Reg. Prinz Albrecht von Preußen. 1863 1903. Sammlung von Portraits. München 1903. 54 Portr.

Jubiläums-Album der Sport-Welt zum 25jährigen Bestehen d. Union-Clubs. Hrsg. vom Verlag der Sport-Welt u. d. Sporn. Fol. (VII, 83 S. m. Porträts, Text-Abbildgn. u. 7 Taf.) Berlin 892. (W. H. Kühl.) n.n. 5. 50

Jubiläums-Almanach. Hrsg. von Marianne Nigg. 8. (VII, 152 S. mit Kaiserbild in Heliograv.) Korneuburg 888, (Kühkopf.) geb. * 3 —

Jubiläums-Almanach des Bundes deutscher Stellmacher- u. Wagner-Innungen, s.: Almanach.

JUBILEUMS-ANDACHT. Tyrnau 1865: Lyc. Buchdruckerei. 15 S. - 8°

JUBILAUMS-ANDACHT in der Königl. Freystadt Oedenburg im J. 1826. zum Gebrauch des Volkes verdeutscht. Oedenburg 1826. Gedr. bei Kath. v. Kultschar. 16 S. - 8°

Highland [Ill] Union. Jubs Ausg. 1863-1902. Sept 5, 1902. Highland. 1902.

Jubiläums-Ausstellung. Pracht-Album. Mit photographischen Lichtdrucken. Herausgegeben unter der Aegyde der Ausstellungs-Direction von Julius Laurenčič. Kl.-Qu.-4. (20 Blatt mit 4 Seiten Text) 1.—
Wien: Szelinski 1898.

Jubiläums-Ausstellung des Club der Industriellen f. Wohnungs-Einrichtung in Wien 1901. 47 photograph. Aufnahmen v. Intorieurs u. einzelnen Möbeln auf 46 Taf. Lichtdr. gr. Fol. (III S. Text m. 1 Abbildg.) Wien (902). A. Schroll & Co. In Mappe n. 30. —

Jubiläums-Ausstellung der Landeskulturgesellschaft für den Regierungsbezirk Arnsberg vom 9. bis 11. Juli 1909 in Dortmund. Dortmund (1909): Ruhfus. IV, 342, 16 S. 8°

Jubiläumsausstellung. Die J'-A' der Webschule Wattwil. ⟨Separat-Abdruck aus dem St. Galler Tagblatt [1906 Oktober 10, N° 238].⟩ 6 S. 8. [St. Gallen, Zollikofer & Cie.]

Jubiläums-Ausstellung Wien 1898. [illegible] der Ausstellung der Donau-Regulierungs-Kommission in Wien. (17 S. 2 T.) Wien 1898

Jubiläumsband Friedrich Bezold gewidmet. Mit 24 Taf., 6 Tabellentaf. u. 1 Portr. *Wiesbaden: J. F. Bergmann 1903.* (249 S.) 8°
= Zeitschrift f. Ohrenheilkunde. Bd 43.

Jubiläumsband Friedrich v. Esmarch gewidmet. H. 1 u. 2. *Tübingen: H. Laupp 1903.* 8°
— Beiträge z. Klinischen Chirurgie. Bd 37, H. 1. 2.

1882–1907. **Jubiläums-Bericht** des Herforder Altertums-Vereins aus Anlass seines 25 jährigen Bestehens. Herford 1907: (Quentin & Sellwig). 14 S. 8° [Umschlagt.] (Bericht d. Herforder Altertums-Vereins. [2.])

Jubiläums-Bericht, anlässlich d. 25jähr. Bestehens der Augenheilanstalt Basel veröffentlicht v. Schiess-Gemuseus u. C. Mellinger. 8. (93 S. m. 5 Taf.) Leipzig 889. F. C. W. Vogel. n. 4. —

Jubiläumsbericht über die Entwicklung von Industrie und Handel Anhalts unter Herzog Friedrich. 22. Mai 1871—1896. Erstattet von der Handelskammer für das Herzogtum Anhalt (Dessau). — (Leipzig, Berlin 1896: Giesecke & Devrient.) 71 S. 4°

XXV. 1878—1903. **Jubiläums-Bericht** über die Entwicklung der evangelischen Kindergottesdienste mit u. ohne Gruppensystem in Rußland. SPb. '03. 68 S.

Jubiläumsbericht über die Entwicklung des Evangelischen Kirchengesangvereins St. Gallen. Herausgegeben aus Anlass der Feier seines 25jährigen Bestehens. St. Gallen 1902. V: *Rupp, Gustav.* (BSCHWL V, 6d, S. 41)

1855—1905. Jubiläums-Bericht zur Feier des 50jähr. Bestehens der Magdeburger Bergwerks-Aktien-Gesellschaft, Zeche Königsgrube, Röhlinghausen i. W. — Magdeburg (1905): Faber. 35 S., 12 Bl. 4°

Jubiläumsbericht des Frankfurter Frauenbildungs-Vereins. 1876 bis 1901. — Frankfurt a. M. 1901: Knauer. 40 S. 8°

Jubiläums-Bericht, 50jähriger, 1860 bis 1910. Aargauische Pestalozzistiftung in Olsberg. Ein Rückblick auf die Gründung, Entwicklung und Wirksamkeit der Anstalt. Aarau 1910. V: *Burkart, Sebastian & Carl Sommerhalder.* (BBullschw 17, S. 265)

Jubiläumsbericht der dt. und englischen St. Georg's-Schule London, E. sowie der damit verbundenen Klein-Kinder-Schule 1. Juli 1905. London 1905. Steele. 44 S.

Stadtluzernischer Verein zur Unterstützung armer Schulkinder (in Luzern). Jubiläums-Bericht über die 50jährige Wirksamkeit (1851—1901). II + 16 S. 8.

Jubiläums-Bericht der Zentralkasse landwirtschaftlicher Genossenschaften in Kärnten in Klgft. Klgft., St. Josefs-Druck., 1910. 10 S.

Jubiläumsbericht der Zentralleitung des Wohlthätigkeitsvereins im Königreich Württemberg über ihre Leistungen 1817-1867. Stuttgart 1867

Jubiläums-Bericht der allgemeinen Töchterbildungsanstalt B.-J. Zürich 1880—1905. Zürich [1905]. V: *Boos-Jegher, Emma.* (ZZ)

[Z.] Jubiläumsblatt der Fürstlich Reuss-Geraer Zeitung, Tagebl. u. Anzeiger, gegr. 1793 ... u. d. T.: [illegible] Zeitg. Verantwortl. Red. R. Westphal. [illegible] Beil.) 1 Bd gr. 2.

Jubiläums-Büchlein, s.a. Jubiläums-Ablaßbüchlein.

Jubiläums-Büchlein

—— Unterricht und Gebete zur würdigen Feier des allgemeinen Jubiläums im J. 1875 von einem Priester der Diöcese Breslau. 8. (32 S.) Breslau 875, Görlich.

—— Unterricht und Gebete für Gewinnung des von Sr. Heil. Pius IX. bewilligten Jubiläumsablasses. 32. (144 S. mit 1 Holzschntaf.) Einsiedeln 875, Gebr. Benziger. geb. *

—— Unterricht und Gebete für das vom heil. Vater Leo XIII. verliehene Jubiläum 1879. Zugleich ein Gebetbüchlein für kathol. Christen. Von F. J. Abjutus. Neu hrsg. von einem kathol. Geistlichen. 1.—6. Aufl. 16. (112 S. mit Portr. Leo's XIII. in Holzschn.) Amberg 879. Habbel.

— — Unterricht und Gebete zur würdigen Feier des allgemeinen Jubiläums im J. 1879 von einem Priester der Diöcese Breslau. 8. (32 S.) Breslau 879, Goerlich's Verlag.

— — Unterricht und Gebete zur Gewinnung des von Sr. Heil. Leo XIII für die Monate März, April und Mai 1879 bewilligten Jubiläumsablasses. (Mit den lithogr. und chromolithogr.) Bildnissen Papst Leo XIII. und Pius IX.) 32. (128 S.) Einsiedeln 879, Gebr. Benziger. geb.

— — Unterricht und Gebete zur Gewinnung des von Sr. Heil. Papst Leo XIII. für die Zeit vom 2. März bis 1. Juni 1879 verliehenen Jubiläums-Ablasses. Von einem Priester der Erzdiöcese Freiburg. 16. (VIII, 86 S.) Freiburg i. Br. 879, Herder'sche Verlagsh. *

Jubiläums-Büchlein. Anleitung und Gebete zur Gewinnung des von unserm heil. Vater Leo XIII. ausgeschriebenen Jubiläumsablasses, von einem Priester der Diöcese Rottenburg. 16. (54 S.) Leutkirch 879, Roth. *

Jubiläums-Büchlein. Kurzer Unterricht über das heil. Jubiläum nebst Gebeten bei den Besuchen der Kirchen zur Gewinnung des von Sr. Heil. Papst Leo XIII. bewilligten Jubiläums-Ablasses. 16. (32 S.) Paderborn 879, Junfermann'sche Verlagsh.

Jubiläumsbüchlein. Unterricht und Gebete für das vom heil. Vater Leo XIII verliehene Jubiläum 1881. Zugleich ein Gebetbüchlein für kathol. Christen. Von F. J. Adjutus. Neu hrsg. von einem kathol. Geistlichen. Mit eingedr. (Holzschn.-)Portr. des Papstes. 1.–6. Aufl. 16. (112 S.) Amberg 881, Habbel.

— — Unterricht und Gebete zur würd. Feier des außerordentl. Jubiläums im J. 1881 von einem Priester der Diöcese Breslau. 8. (32 S.) Breslau 881, Goerlich's Verlag.

— — Unterricht und Gebete für Gewinnung des von Sr. Heil. Papst Leo XIII. für 1881 (19. März bis 1. Novbr.) bewilligten Jubiläums-Ablasses. Mit dem (lithogr.) Bildnisse Papst Leo's XIII. 24. (128 S.) Einsiedeln 881, Gebr. Benziger. cart.

— — Unterricht und Gebete zur Gewinnung des von Sr. Heil. Papst Leo XIII. für die Zeit vom 19. März bis 1. Novbr. 1881 verliehenen Jubiläums-Ablasses. Von einem Priester der Erzdiöcese Freiburg. (X, 86 S.); 2. Aufl. 16. (X, 94 S.) Freiburg i. Br. 881, Herder'sche Verlagsh. *

— kurzer Unterricht über das Jubiläum, welches von Papst Leo XIII. am 12. März 1881 verkündet ist. Nebst den nothwend. Gebeten. Jubiläumsdauer vom 12. März bis incl. 1. Nov. 1881. Von einem Curatpriester. 8. (31 S.) Lingen 881, van Acken. *

— — kurzer Unterricht über das heil. Jubiläum, nebst Gebeten bei den Besuchen der Kirchen zur Gewinnung des von Sr. Heil. dem Papst Leo XIII bewilligten Jubiläums-Ablasses. 16. (32 S.) Paderborn 881, Junfermann'sche Buchh.
Ausg. mit großer Schrift

— — Unterricht und Gebete für das vom heil. Vater Leo XIII. verliehene Jubiläum 1886. Zugleich ein Gebetbüchlein für kathol. Christen. Von F. J. Adjutus. 1.–10. Aufl. 16. (96 S. mit 1 Holzschn.) [Amberg 886.] Regensburg, Habbel. — 15

Jubiläumsbüchlein. Unterricht und Gebete für Gewinnung des von Sr. Heiligk. Papst Leo XIII. auf das Jahr 1886 bewilligten Jubiläums-Ablasses. Mit Approbation. Mit dem Bildniss Papst Leo XIII. Gr. in-24°, 128 S. Einsiedeln, Gebr. K. & N. Benziger. 1886. Cart. — 40

— — Unterricht und Gebete zur Gewinnung des von Sr. Heil. Papst Leo XIII. für die Zeit vom 1. Jan. bis 31. Decbr. 1886 verliehenen Jubiläums-Ablasses. Von einem Priester der Erzdiöcese Freiburg. Mit Approbation des hochw. Herrn Erzbischofs von Freiburg. 16. (94 S. mit 1 Titelbild.) Freiburg i. Br. 886, Herder'sche Verlagsh. — 25

— — Unterricht und Gebete zur würdigen Feier des außerordentlichen Jubiläums im J. 1886 von einem Priester der Diöcese Breslau. 1.—10. Aufl. 8. (32 S.) Breslau 886,87, Goerlich. — 15

Jubiläumsbüchlein. Belehrungen u. Gebete f. d. Jubiläum d. J. 1901. Von e. Priester d. Diözese Ermland. *Braunsberg: Erml. Zeit.- u. Verl.-Dr. 1901.* (54 S.) 8° [F.] (n. 1901) 10

— Unterricht u. Gebete zur würd. Feier des allgemeinen Jubiläums im J. 1901. Von e. Priester der Diöcese Breslau. 8. (31 S.) Breslau 901. F. Goerlich. n. —10

— dasselbe. (Polnische Ausg.) 8. (31 S.) Ebd. 901. n. —10

Jubiläums-Büchlein. Anweisung zur frommen Feier des v. Sr. Heiligkeit Papst Leo XIII. verkündeten allgemeinen Jubiläums. 16. (61 S.) Mainz 901. F. Kirchheim. n.n. — 15

— Bedingungen zur Gewinng. des v. Sr. Heil. Papst Leo XIII. gewährten Jubelablasses u. 4 Andachtsübgn. dazu. 1.—7. Aufl. 1.—175. Taus. 16. (à 38 S.) Ravensburg 901. München, H. Kitz. n. — 10

Jubiläumsbüchlein. Unterricht u. Gebete zur würd. Feier des außerordentl. Jubiläums im J. 1904. Von e. Priester der Diözese Breslau. (30 S.) kl. 8. Breslau (904). F. Goerlich. — 10; in poln. Sprache (31 S.) — 10

Jubiläums- und Ablass-Büchlein. Salzburg 1881. V: *Hager, Edmund.* (IIr)

Jubiläums- od. Andachts-Büchlein für das v. Sr. Heil. Papst Leo XIII. am 11. V. 1899 verkündete Jubiläum. Hrsg. v. e. kathol. Priester. 1.—4. Aufl. 16. (XVI, 108 S.) München (900. 901). J. Pfeiffer. — 20; geb. n. — 50

— — dasselbe. Neueste Aufl. 16. (XVI, 108 S.) Passau 901. G. Kleiter. n. — 20

— — dasselbe. 1.—10. Aufl. gr. 16. (à XVI, 108 S.) Würzburg (899—901.) F. X. Bucher. n. — 20

Jubiläums-Büchlein oder Erlasse, Unterricht und Gebete für das beim Anlasse des allgem. Konzils ausgeschriebene Jubiläum im J. 1869. 8. (61 S.) Luzern 870, Gebr. Räber.

Jubiläums-Büchlein von unserem geliebten Kaiser Franz Joseph I. 1848–1898. Separatabdruck aus Metzner's „Oesterreichs Regenten". Verlag von Eduard Feitzinger. Teschen 1898 —.10

— für die Erzdiözese Freiburg. Gebete u. Andachten f. das v. Sr. Heil. Papst Leo XIII. verkündete große Jubiläum. Hrsg. v. e. Priester der Erzdiözese Freiburg. 1.—14. Aufl. 16. (à XVI, 95 S. m. Titelbild.) Freiburg i/B. 901. Herder. n. — 30; kart. n. — 45

— Gebete u. Andachten f. das v. Sr. Heil. Papst Leo XIII. verkündete große Jubiläum. Hrsg. v. e. Priester der Erzdiözese Freiburg. 3., unveränd. Aufl. gr. 16. (VIII, 95 S. m. Titelbild.) Freiburg i/B. 901. Herder. n. — 35; geb. in Halbleinw. n. — 60

— für die Diözese Fulda. Belehrungen üb. das Jubiläum, nebst Anleitg. u. Gebeten zur Gewinng. des Jubelablasses. gr. 16. (36 S.) Fulda 901. Fuldaer Actiendruckerei. — 15

— zugleich Gebetbüchlein für jede Ablaßzeit. 16. (XVI, 112 S.) Landshut 881. Thomann. — 30

(F) Jubiläums-Büchlein zum Gebrauche für die Gläubigen der Wiener Erzdiöcese bei Gewinnung des hl. Jubel-Ablasses im Jahre 1901. (7. April bis 6. October.) Mit oberhirtlicher Genehmigung. Wien. 1901. St. Norbertus. 8°. 96 S. mit 1 Tafel. K —.30, geb. K —.50

— zum Gebrauche f. die Gläubigen der Wiener Erzdiöcese bei Gewinnung des hl. Jubel-Ablasses im J. 1901. (7. IV. bis 6. X.) 2. u. 3. Aufl. 16. (à 96 S. m. 1 Bildnis.) Wien 901. St. Norbertus. — 30; geb. n. — 50

—— zum Gebrauche der Gläubigen für das Jubeljahr 1875. Von einem Priester der Erzdiöcese Ermland. gr. 16. (64 S.) Braunsberg 875. (Huye.) **

Jubiläums-Büchlein zum Gebrauche für das von Sr. päpstl. Heiligkeit Pius IX. verkündigte Jubiläum. Hrsg. von einem kathol. Geistlichen. 16. (36 S.) Aachen 817, Hensen und Comp.

Jubiläums-Büchlein : zum Gebrauche : im : Bisthum Rottenburg. : (Fig.: *Jesus, das Kreuz tragend*, 48 × 40) Rottenburg am Neckar. : Druck und Verlag der August Betz'schen Buchdruckerei. : 1850.
31 S., 130 × 104.
Diöz.-B. Rottenburg.

—— zur Gewinnung des von Sr. Heil. Papst Leo XIII. verliehenen allgemeinen Jubiläums-Ablasses. Nach approbirten Quellen verfaßt von einem kathol. Geistlichen. 1.—3. Aufl. 16. (30 S.) Werl 879, Stein'sche Buchh.

—— für die Gläubigen der Erzdiöcese Freiburg. 16. (80 S.) Freiburg i. Br. 869, Herder'sche Verlagsh.

—— für das J. 1865. Enth. das päpstl. Rundschreiben vom 8. Dezbr. 1864 und den erzbischöfl. Hirtenbrief vom 30. Septbr. 1865 nebst dem Unterrichte über den Ablaß, Ablaß-Gebeten und anderen Andachts-Uebungen. 16. (152 S.) München 865, (J. A. Finsterlin.)

Jubiläumsbüchlein auf das J. 1881. Zum Gebrauch für alle Diöcesen. Ein Lehr- und Gebetbuch zur Gewinnung des von Sr. Heil. Papst Leo XIII. ausgeschriebenen Jubel-Ablasses für die Zeit vom 19. März bis zum 1. Novbr. 1881 einschließlich. Bearb. von einem Priester der Diöcese Trier. 24. (32 S.) Trier 881, Groppe's Verlag.

— für d. Jahr 1901. gr. 16. (64 S.) Luzern 901. Räber & Co. n. — 20

—— das, für das Jahr der Gnade 1875. Ein vollständ. Gebetbüchlein für alle bußfert. Christen. gr. 16. (96 S.) Passau 875, Bucher'sche Buchh.

— für das goldene Jahr 1900. Hrsg. v. e. Priester der Diöcese Hildesheim. 16. (143 S.) Hildesheim 900. L. Steffen. Kart. n. — 40; geb. in Leinw. n. — 50

—— für den vom Papste Leo XIII. verliehenen Jubelablaß. 16. (47 S.) Passau 881, Bucher'sche Buchh.

—— für das von Sr. Heil. Papst Leo XIII. für die Zeit vom 2. März bis 1. Juni angeordnete Jubiläum. Lehr- und Gebetbüchlein. Hrsg. von einem Priester der Diöcese Münster. 16. (47 S.) Dülmen 879, Laumann'sche Verlagsh.

—— für das von Sr. Heil. Papst Leo XIII. verkündete außerordentliche Jubiläum. Enthaltend: Andachtsübungen und Gebete, nebst dem oberhirtl. Erlaß für das Erzbisth. München und Freising. 16. (32 S.) Freising 881, Datterer.

Jubiläums-Büchlein für das von Sr. Heil. Papst Leo XIII. verkündete außerordentliche Jubiläum. Von einem Priester der Diöcese Hildesheim. 16. (43 S.) Hildesheim 886, Borgmeyer. * — 15

—— kleines, für das Jubelj. 1881. Apostolisches Rundschreiben und Hirtenbrief. 24. (31 S.) München 881, Stahl. *

— für die Erzdiözese München-Freising. Gebete u. Andachten f. das v. Sr. Heil. Papst Leo XIII. verkündete große Jubiläum. 1. u. 2., unveränd. Aufl. 16. (à XVI, 95 S. m. Titelbild.) München 901. Freiburg i/B., Herder. n. — 35; geb. in Halbleinw. n. — 50

—— für die Diöcese Osnabrück. Kurzer Unterricht über das Jubiläum, welches von Papst Leo dem XIII. für das J. 1886 verkündet ist. Nebst den nothwend. Gebeten. Jubiläumsdauer vom 15. Aug. bis 31. Decbr. 1886. Von einem Curatpriester. 8. (35 S.) Lingen 886, van Acken. — 15

Jubiläumsbüchlein für die Diöcese Osnabrück und die Nordischen Missionen. Anleitung u. Gebete z. Gewinnung des von unserm heil Vater Leo XIII. f. d. Jahr 1901 bewilligten Jubiläumsablasses. 2. Aufl. *Osnabrück: B. Wehberg 1901.* (96 S.) 8° [15]

— Straßburger, f. d. J. 1901. 16. (72 S.) Straßburg 901. F. X. Le Roux & Co. n.n. — 10

— Straßburger, f. d. J. 1904. Auf bischöfl. Befehl hrsg. (84 S.) 16. Straßburg 904. F. X. Le Roux & Co. n.n. — 15; kart. n.n. — 25

—— für die Diöcese Trier. Ein Lehr- und Gebetbuch zur Gewinnung des von Sr. Heil. Papst Pius IX. ausgeschriebenen Jubel-Ablasses für das J. 1875. 16. (48 S.) Trier 875, Groppe.

—— für die Diöcese Trier. Ein Lehr- und Gebetbuch zur Gewinnung des von Sr. Heil. Papst Leo XIII. ausgeschriebenen Jubel-Ablasses für die Zeit vom 2. März bis zum 1. Juni 1879. Bearb. von einem Priester der Diöcese Trier. 16. (38 S.) Trier 879, Groppe.

Jubiläumsbüchlein oder fasslicher Unterricht über das Jubiläum, nebst den nothwendigen Gebeten. Warendorf o. J. V: *Jeiler, Franz (Ignatius).* (Rass)

Jubiläumsbüchlein oder fasslicher Unterricht über das Jubiläum, nebst den notwendigen Gebeten. Warendorf 1862. V: *Jeiler, Franz (Ignatius).* (Rass)

—— oder faßlicher Unterricht über das bei Gelegenheit des allgemeinen Concils verliehene Jubiläum. Nebst einigen passenden Gebeten. 2. durchgeseh. Aufl. 16. (56 S.) Dülmen 869, Laumann'sche Verlagsh. *

—— oder faßl. Unterricht über das von Sr. Heil. Papst Leo XIII. für das J. 1881 verliehene Jubiläum. Nebst den nothwend. Gebeten. Von einem Priester aus dem Orden des heil. Franciscus. Für sämmtl. Diöcesen. 16. (82 S.) Warendorf 881, Schnell'sche Buchh.

—— enth. Unterricht und Gebete zur würdigen Feier des allgemeinen Jubiläums im Jahre des Heils 1875, von einem kathol. Priester der Erzdiözese Köln. 16. (78 S. mit 1 Holzschntaf.) M. Gladbach 875, Blank. *

Jubiläums-Büchlein enth. Unterricht und Gebete für das Jubiläum im J. 1865, von einem Priester der Diöcese Breslau. 8. (32 S.) Breslau 865, Aderholz' Buchh.

Jubiläums-Büchlein enth. Unterricht und Gebete für das Jubiläum im Jahre des Heils 1875, von einem Priester der Diöcese Breslau. 8. (32 S.) Breslau 875, Aderholz' Buchh.

—— vollständiges, für den von Sr. Heil. Papst Leo XIII. verliehenen Jubel-Ablaß. [2. März — 1. Juni 1879.] Von einem Priester der Diöcese Münster. 16. (136 S.) Münster 879, Russell's Verlag.

—— vollständiges, für das von Sr. Heil. Papst Leo XIII. verliehene Jubiläum. 19. März—1. Novbr. 1881 einschließlich. Von einem Priester der Diöcese Münster. 16. (128 S.) Münster 881, Russell's Verlag.

Rothenburger Versicherungs-Anstalt a. G. in Görlitz. Jubiläumsdenkschrift, Rückblick über 50 Jahre des Bestehens. Görlitz 1906.

Jubiläumsfeier. Bericht über die Festsitzung des Verbandes Deutscher Handlungsgehülfen zu Leipzig anläßlich seines 25jähr. Bestehens. 1906. — Leipzig: Verband (1906). 60 S. 8° (Verb. Dt. Handlungsgehülfen zu Leipzig. Schrift 13.)

Jubiläumsfeier der Logen Balduin z. L. und Apollo. 12. September 1897. [Leipzig 1897: Vollrath.] 1 Bl. 8°. [Kopftit.]
Enth. 1. Allgem. Gesang v. Oswald Marbach, 2. Cantate v. Mozart mit Text von Mangner.

Jubiläums-Feier, die, des Hrn. Pfarrer Walter Bion in Zürich am 8. V. 1898. gr. 8. (68 S. m. Bildnis.) Bern 898. (Zürich, A. Müller's Verl.) n. 2.—

Jubiläums-Feier, die, des Dr. Gideon Brecher in Proßnitz am 14. Jänner 1865. Mit einer biograf. Skizze des Jubilars. 8. (35 S.) Proßnitz 865. (Wien, Knöpflmacher und Sohn.) *

[3.] 300jährige **Jubiläumsfeier** der Gründung der Neustadt Hanau am 1., u. 6. bis 10. Juni 1897. Zsstellung d. Einnahmen u. Ausgaben. *Hanau: Waisenhaus Buchdr. (1898).* (4 Bl.) 1 Bd 8. [g. 1029 M.

Jubiläumsfeier zur Erinnerung an die Gründung und den 150-jährigen Bestand der Gemeinde Stein ‹Appenzell›. 1749–1899. 8. (Herisau 1899.)

Jubiläums-Feier, die 25jährige, des hochwürd. Bischofs Joh. Bapt. v. Keller, Theol. Dr., Staatsrath, Ritter u. Commenthur, am 4. Aug. 1841. 4. Rottenburg a. N. 841, Gack'sche Buchh. 1/8 ℔

Jubiläumsfeier, Die fünfzigjährige, des Corps Suevia zu Landshut in den Tagen des 30. Aug. bis 2. Sept. 1853. Landshut 1857. V: *Otto, A.* (Erman & Horn, Bibl. d. dtsch. Universitäten. 2. Leipz. u. Berl. 1904.) (Kat. d. Bibl. Schnitzer. München 1902. S. 183.)

Jubiläum-feier. Zur Fünfzigjährigen J' des Volkstages von Balsthal vom 22. Dezember 1830: Festreden, gehalten den 26. Dezember 1880 in B'. 8. Solothurn 1880.

Jubiläumsfeier. Zur 100jährigen J' der Vollendung (von Friedrich [von]) «Schillers Wilhelm Tell». Programm der Tellaufführungen in Altdorf. [Illustriert.] IV + 60 [+ *Anzeigen* 12] S. 8. Altdorf, Jakob Vonmatt, (1904). fr. —. 50
S. 5--35: Wilhelm Tell in Geschichte und Drama. ([Von] F[ranz Joseph] Küng-Dormann.)

Die Jubiläumsfeier des Turnvereins Liestal zum 25jähr. Bestande, v. 11. 1884, Liestal 1885, 36 S., 8°.

Jubiläumsfeier, die 450jährige, der Erfindung der Buchdruckerkunst Frankfurt a/M., 1890, s.: Gedenkschrift zur Erinnerung an die 450. Jubiläumsfeier der Erfindung der Buchdruckerkunst.

Jubiläumsfest, das 300jährige, des königl. Gymnasiums zu Lyck. Eine Sommererinnerung. gr. 8. (16 S.) Königsberg 887. (Lyck, Wiebe.) * — 50
Die von den Lehrern des Gymnasiums herausgegebene eigentl. Festschrift erschien in zwei Teilen in der Hartung'schen Verlags-Druckerei und ist nicht mehr im Handel. — Vgl.: Friedeberg, M.

Jubilaeums-Fest der Allgemeinen Konferenz der Mennoniten von Nord-Amerika. Gefeiert in Beatrice, Nebraska, den 7. September 1908, in Verbindung mit der achtzehnten Sitzung der Allgemeinen Konferenz. *Herausgegeben auf Verordnung der Konferenz. Berne, Ind.: Mennonite Book Concern 1909. 95 S.*

Jubiläums-Festalbum, Offizielles, von Basel, 1392—1892. 7 Taf. in Lichtdruck. In-fol. Aarau, E. A. Wüthrich & Cie. In Leinwd.-Mappe 15 —
— — Theil II. 8 Tafeln in Lichtdruck. In-fol. Ebd. 1892. 8 —

Jubiläums-Festblüthen zur frommen Erinnerung an den Gnadenort Maria-Zell im Jahre des Heils 1857. Hrsg. von Heinr. Adalb. Nowohracky unter Mitarb. geachteter literar. Kräfte des hochwürd. Priester- und kathol. Laienstandes. gr. 8. (VI und 226 S. mit der lithogr. Ansicht von Maria-Zell.) Graz 857, (Ferstl'sche Buchh.) *

Zum Silbernen **Jubiläumsfeste** 1881–1906 des Deutschen Landwehr-Männer-Vereins, Milwaukee, Wis. o. O. (1906). (144 S.) 8° [Umschlagt. J.] [o8. 3100 8

Jubiläums-Festgabe. Vollständige Unterweisung, den Jubiläums-Ablaß zu gewinnen, nebst Beicht-, Communion- und Ablaßgebeten. Für das Volk zusammengestellt von einem kathol. Priester. 12. (64 S.) Paderborn 865, Schöningh.

Die **Jubiläumsfestlichkeiten** zu Ehren des Herrn Geh. Reg. Rat Prof. Dr. phil. med. Dr. ing. C(arl) Duisberg am 20. Sept. & 2. Okt. 1909. Hrsg. u. überreicht v. Ausschuss f. d. Duisberg-Jubiläum. (Leverkusen 1909: Buchdr. d. Farbenfabriken.) 127 S. 8° [Umschlagt.] [10. 2241 6

Jubiläums-Festnummer der kaiserlichen Wiener Zeitung. 8. August 1703.1903. *Wien: H. Goldschmiedt in Komm. [1903].* (Getr. Pag.) 2°

Jubiläums-Festschrift des Marienbader Ärztevereins aus Anlass der Hundertjahrfeier Marienbads, 1808–1908. (Marienbad: Verl. d. Stadt 1909.) 372 S. 8°

Jubiläums-Festschrift zur Erinnerung an das Jahr 1869. Graz: Leuschner & Lubensky in Komm. 1909. 202 S. 8°
(Zeitschrift d. Hist. Vereines f. Steiermark. Jg. 7.)

Jubiläumsfestschrift der A.-G. Bernh(ard) Stoewer. (Maschinenfabrik,) Stettin. 1858—1908. [Mit Abb.] (Berlin: Eckstein 1908.) 34 S. 2° [Umschlagt.]
Vgl. Jubiläumsschrift.

Verband Deutscher Buchdrucker. Gau Westpreußen. **Jubiläums-Festzeitung.** 500jähr. Jubiläum unseres Altmeisters Johannes Gutenberg. Danzig d. 24. Juni 1900. (Hrsg.: Franz Hohl. Danzig 1900: Danziger Neueste Nachrichten.) (8 S.) 4° [Kopft. J.] [o3. 1468 10

Jubiläums-Fluttabelle f. die Badezeit 1900. [1. VI. bis 10. X.], nebst Ortsbeschreibg. u. den amtl. Preissätzen u. Nachweisen u. Führer durch das königl. Seebad Norderney. Mit Angabe der Hochflut u. der besten Badezeit, Fahrplänen, Reisewegen, Ausflügen, Ansichten, 1 neuen (farb.) Plane des Bades. 42. Jahrg. 32. (96 u. 47 S.) Norden, H. Braams. n. — 30
Vergl.: „Fluttabelle".

Jubiläumsgabe der Section München des deutschen u. österreichischen Alpen-Vereins. General-Versammlg. 8. - 11. Aug. 1894 in München. gr. 4. (12 Taf. m. 11 Bl. in Fksm. u. 1 Bl. Text.) München 894. In Mappe. Nicht im Handel.

Jubiläumsgabe der Leipziger Schülerwerkstatt. 1880 —1905. (62 S. m. Abbildgn.) 8. Leipzig (905). (A. Hahn.) n.n. 1.—

Jubiläumsgabe des Staatsanzeigers für Würtemberg. 1864—89. Stuttg. [1889]. V: *Wieland, Hnr., Paul Stälin, Jul. Hartmann & A. Freihofer.* (Heyd)

JUBILÄUMS-GEBETER, beym Besuch der vorgeschriebenen vier Kirchen. Ofen 1795. 16 S. - 12°

Emanuels Gmde. Bklyn. 1884-1909. Jubs-Gedenkblätter, 10.-13. Okt. Brooklyn, 1909.

Jubiläums-Gedenkschrift. Teil 1: Die Entwicklung des Schweizer Hotelier-Vereins 1882—1907; Teil 2: Statistik der Hotel-Industrie und des Fremdenverkehrs der Schweiz. Hrg. vom Zentralbureau des Sch' H'-V' in Basel = Souvenir du Jubilé. 1re Partie: Le Développement de la Société Suisse des Hôteliers 1882—1907; 2me Partie: Statistique de l'Industrie Hôtelière et du Mouvement des Etrangers de la Suisse. Edité par le Bureau central de la S' S' des H' à Bâle (*Umschlag:* Schweizer Hotelier-Verein, gegründet 1882, Centralsitz in Basel = Société Suisse des Hôteliers.... Jubiläum 1882—1907 Jubilé). [Mit Illustrationen und 2 Karten.] 76 S. 4. Basel, G. Böhm, [1907].

Jubiläums-Gruss an das Schweizerische Vereins-Sortiment Olten ... 1907 s. ([Bee]r, [Robert]).

Jubiläums-Hauptversammlung der Pensionsanstalt Deutscher Journalisten und Schriftsteller (Versicherungs-Verein auf Gegenseitigkeit) in München. Festakt am Donnerstag, den 9. Juli 1903 im Festsaal d. Kunstgewerbehauses in München. *(München 1903: G. Schuh & Co.)* (24 S.) 8° [F.] [03. 10367] 3

Bethlehem Ev Ch (Phila). Jubsheft z Erinng an die 25. jhr Jubelfeier der Deutsch Ev Ref Bethlehems Gemeinde. Phila. 1887.

Unser Jubiläumsjahr, 1882–1907. Hrsg. v. hess. Verband ländl. Genossenschaften. Cassel: Hess. Verband ländl. Genoss. 1907. (172, 115 S.) 8° [F.] [Sondert.:] Bericht über d. Feier d. 25jähr. Raiffeisen-Jubiläums unseres hess. Verbandsanw. G[eorg] Rexerodt. Hrsg. v. Verbandsausschuß. [07. 17908]

Jubiläums-Jahrbuch des Hausfreund-Kalenders (Separat-Ausg. ohne Kalendarium.) Hrsg. v. O. H. Th. Willkomm. (S. 31—103 m. Abbildgn.) 8. Zwickau (909). J. Herrmann. — 25

Höhere Forstlehranstalt Reichstadt. Jubiläums-Jahresschrift 1905. - Reichstadt 1905. 124, LXXXVII S., 11 Taf.

Jubiläums-Kaiser-Katalog, zur Feier d. 25jähr. Wiederbegründung d. deutschen Reiches am 18. Jan. 1896 u. d. Geburtstages d. Kaisers. 8. (8 S.) Frankenberg 896. C. Stange's Verl. — 15

Jubiläums-Kalender zum 100. Geburtsfeste der amerikanischen Republik, enth. einen geschichtl. Ueberblick der Ansiedelung und Gründung der Vereinigten Staaten, sowie der wichtigsten Ereignisse während ihres 100jähr. Bestehens, nebst Statistiken über Bevölkerung, Handel, Gewerbe, Ackerbau &. gr. 8. (72 S.) Chicago 876. (Philadelphia, Schäfer und Koradi.)

Historischer Jubiläums-Kalender 1682—1898 des k. u. k. Infanterie-Regimentes Leopold II. König der Belgier Nr. 27. Zusammengestellt anlässlich des 50jährigen Regierungs-Jubiläums Sr. kais. u. königl. Apost. Majestät Kaiser Franz Josef I.
1 Folio Blatt in 1 Rolle. Laibach 1898.

[F.] **Jubiläums-Katalog** der Deutschen Verlags-Anstalt in Stuttgart und Leipzig 1848—1898. M. zahlr. Bildn. *Stuttgart: Dtsch. Verl. Anst. (1898).* (1 Bl., XXXII S., 2 Bl., 238 S., 1 Bl., 4 Portr., 24 Portr.-Taf.) 1 Bd 8. [98. 8006]

Kleiner Jubiläums-Katechismus für das katholische Volk. Auf das Jahr 1886. | Mit Approbation des hochw. Capitels-Vicariats in Freiburg. Mit einem Titelbild. | (Fig.: *Papst-Wappen*. 45 × 37) Freiburg im Breisgau. 1886. | Herder'sche Verlagshandlung. Zweigniederlassungen in Straßburg, München und St. Louis, Mo. Wien I, Wollzeile 33. B. Herder, Verlag.
40 S., 136 × 90. Fig. neben Titel: *Christus resurgens*, 114 × 67. Société S. Jean l'Evangéliste. Tournai, Belgique.
Diöz.-B. Rottenburg.

Jubiläums-Katechismus, kleiner, für das katholische Volk. Auf das J. 1886. 1.—3. Aufl. 16. (40 S. mit 1 Titelbild.) Freiburg i. Br. 886, Herder'sche Verlagsh. — 15

Jubiläumsklänge. Die 800jähr. Jubelfeier der Universität Jena in Lied und Bild von P. O. Eta. 1. Aufl. (19 S.) 1858. und 2., verm. Aufl. 8. (28 S.) Weimar 859, Kühn. *

Jubiläumsklänge aus Jena. Ein Festgruß an alte und junge Jenenser von P. O. Eta. Jena 858. (Weimar, Kühn.) 8. (19 S.) n. 5 ngr.

Jubiläums-Commersbuch, jenaisches. Den deutschen Studenten zur 8. Jubelfeier der Universität Jena dedicirt von einem bemoosten Haupte. 32. (566 S.) Jena 858, Doebereiner. *

Jubiläums-Kunstausstellung 1898, veranst. v. d. Genossenschaft d. bild. Künstler Wiens. (Katalog) 12. (119 S. m. 2 Grundrissen.) Wien 898. (Leipzig, Literar. Anstalt, A. Schulze.) n. 1. 60; illustr. Ausg. (137 S. m. 2 Grundrissen, 96 Abb. u. 2 S.) n. 3. 50

— dasselbe. II. Thl.: 50 Jahre österreich. Malerei. 12. (149 S.) Ebd. 898. n. 1. 60

Jubiläums-Kunstausstellungs-Zeitung. Eigentümer und Hrsgbr.: Frz. Scherer. Illustrirtes Kunstblatt. Jahrg. 1888. ca. 40 Nrn. gr. 4. (à Nr. 16 S. mit litterarisch-belletr. Beilagen und Illustr.) Wien, Administration, Währing, Gürtelstr. 10. * 16 —
Vom 1. Jan. 1889 an heißt das Blatt „Internationale Kunstausstellungs-Zeitung".

Jubiläums-Landes-Ausstellung, bayer., Nürnberg 1906. (10 Bl. Ansichten.) qu. 16. Nürnberg, Vertriebsstelle der offiziellen Drucksachen der bayer. Jubiläums-Landes-Ausstellung. n. — 50

Jubiläums-Landes-Industrie-, Gewerbe- u. Kunst-Ausstellung, bayerische, Nürnberg 1906. (40 S. Abbildgn.) qu. gr. 8. Ebd. n. 2.—

Jubiläums- Landes- Industrie-, Gewerbe- und Kunstausstellung. Bayerische, Nürnberg 1906. Offizieller Bericht. (502 S 4 Pl) 4° Nürnberg 1907

Jubiläums- Landes- Industrie-, Gewerbe- und Kunstausstellung. Bayerische, Nürnberg 1906. Amtlicher Katalog für die Ausstellung des königlich bayerischen Staatsministeriums für Verkehrsangelegenh. (167 S) Nürnberg 1906

Jubiläums- Landes- Industrie-, Gewerbe- und Kunstausstellung. Bayerische, Nürnberg 1906. Sonderausstellung der Stadt Nürnberg. Offizieller Katalog der Verwaltungsabteilung. (99 S 1 T) Nürnberg 1906

Jubiläums-Landes-Industrie- Gewerbe- und Kunstausstellung Nürnberg 1906: Katal. f. d. Unterrichts-Ausstellg. (169 S 15 T) 4° München 1906

Jubiläumsnummer. Jubiläums-Nummer des Luzerner Tagblatt.... 1852—1901. Fünfzigster Jahrgang. 1. Januar 1901. [Mit Illustrationen.] [8 S.] fol. (Luzern, H. Keller.)

Beilage: Zinkographischer Abdruck des Tagblatt ...Nro 1. Donnerstag, den 1. Jänner 1852. Luzern. 4 S. 4.

Aargauische **Kantonsschule** (in Aarau). Jubiläumsprogramm. 100. Schuljahr: 1901/1902. Ausgegeben von ... Rektor ... Dr. Aug[ust] Tuchschmid, Prof. [Mit 2 Tafeln, 2 Tabellen und] Beilage. 91 + *Beilage* II + 79 S. 4. Aarau, H. R. Sauerländer & Co., 1902. [fr. 3. —]

Darin S. 61—91: (Winteler, J[ost].) Professor Dr. Jakob Hunziker. †

Beilage: Jubiläum der Aargauischen Kantonsschule am 6. Januar 1902. Vorträge und Reden.

Jubiläums-Publication der K.K. Central-Commission für Erforschung und Erhaltung der Kunst- und historischen Denkmale. Hrsg. unter d. Leitung d. Joseph Alexander Frh. v. Helfert. Red.: Karl Lind. Wien: K. K. Central-Commission; Braumüller in Comm. 1898. 69 S. 2°(4°) (10. 789 5

(F) **Wiener Jubiläumspunschkalender** für das Jahr 1909. 4n. Jahrg. Gr.-8°. (109 S.) K —.80
Wien: Perles 1908.

Jubiläumsreigen zur Hundertjahrfeier der Zugehörigkeit der Stadt Hof zur Krone Bayern, Lampion- u. Fackelreigen, geschritten zu Ehren Sr. Kgl. Hoh. des durchlauchtigsten Prinz. Leopold v. Bayern v. d. Hofer T. V. am 2. 7. 1910, Kl.-8°.

Jubiläums-Runde des großen Kurfürsten in d. Neujahrs-Nacht 1840. Von F. Förster. (Gedicht.) 16. (1¼ B.) Berlin, Heymann.

Jubiläums-Runde des grossen Kurfürsten in der Neujahrsnacht 1840. Berlin 1840. V: *Förster, Friedrich.* (GGr) (EE)

Jubiläumsschießen der Schützengesellschaft der Stadt Aarau zur 300jährigen Feier des Gesellenschießens vom 9.—11. Mai 1596. Protokoll des Gesellenschießens vom 9.—11. Mai 1596. Aarau, 1896.

Jubiläumsschrift

— (des Vereins f. Reformationsgeschichte). Mit Beiträgen v. W. Friedensburg, Otto Scheel, K. Bauer, Fritz Herrmann, K. Benrath, G. Kawerau, s. u. Schriften des Vereins für Reformationsgeschichte. Nr. 100.

Jubilaeumsschrift (H 100). M. Beitr. von W[alter] *Friedensburg* [u. a.] Leipzig 1910. 8°. *[Umschlagtit.]*
(Schriften d. Ver. f. Reformationsgesch. Jg 27, Stück 1—4.)

1881—1906. Jubiläumsschrift d. Telephon-Fabrik-Aktiengesellschaft vorm. J. Berliner, Hannover. — Hannover 1906: Jänecke. 55 S.

1878—1903. **Jubiläumsschrift** zum 25jährigen Bestehen des Kalisalzbergwerkes „Schmidtmannshall". [Mit Abb. u 2 Taf.] (Leipzig 1903: Brockhaus.) 43 S. 4°

Jubiläums-Schrift zur Feier des 50jährigen Bestandes der technischen Gesellschaft in Zürich. 1880.

— zur Feier des 100jährigen Bestehens der Anna Barbara v. Stetten'schen Töchter-Erziehungs- u. Unterrichts-Anstalt in Augsburg. (Von Scholt.) Mit 4 Portr. (97 S.) 8. Augsburg 905. J. A. Schlosser. n. 1. —

Jubiläumsschrift zur Feier des 1000jährigen Bestehens der Stadt Spremberg. Hrsg. vom Festcomité. 8., 9., 10. Juli 1893. *Spremberg: C. F. Saebisch (1893).* (V, 102, 6 S.) 8°

[Umschlagt.:] Illustrierte Jubiläumsschrift d. Festcomités z. 1000jähr. Bestehen Sprembergs.

[Sondert.] Chronik von Spremberg ... von Dr. Friedrich Wertsch.

Jubiläumsschrift zum 50jährigen Gedenken der Begründung der lokalistischen Lehre Max v. Pettenkofer's. I. Bd. 4. München, J. F. Lehmann's Verlag. n. 20. —

Die Entstehungsursachen der Gelsenkirchener Typhusepidemie v. 1901. Auf Grund der f. die Verhandlungen des Gelsenkirchener Prozesses erstatteten Sachverständigen-Gutachten dargestellt. Von Rud. Emmerich u. Frdr. Wolter. (265 S. m. Abbildgn. u. 2 Karten.) 906.

Jubiläumsschrift zum 50jähr. Gedenken der Begründung der lokalistischen Lehre Max v. Pettenkofers. II. Bd. 30,5×23,5 cm. München 910. J. F. Lehmann's Verl. 24. —

Die Hauptgrundgesetze der epidemiologischen Typhus- u. Choleraforschg. in Rücksicht auf die Pettenkofersche u. die Kochsche Auffassg. der Typhus- u. Choleragenese. Auf Grund e. vergleichend-epidemiolog. Betrachtg. e. grösseren Reihe v. Typhus- u. Choleraepidemien dargelegt. Von Frdr. Wolter. (XII, 338 S. m. Abb., 1 Taf. u. I Karte.)

Bd. I. Ebd. 906. 20. —.

Jubiläumsschrift der Görlitzer Handfertigkeitsschule anläßlich ihrer 25jährigen Wirksamkeit von 1881—1906. Hrgg. v. Verein für Handfertigkeit und Volksspiel zu Görlitz. (Görlitz. 1906.) 8°

North British and Mercantile Insurance Company. Jubiläumsschrift. 1809—1909.

Schweizerische Mobiliar-Versicherungs-Gesellschaft in Bern. Jubiläumsschrift, 1827—1877. Bern 1877.

Preußische Renten-Versicherungsanstalt. Eine Jubiläumsschrift zum 9. X. 1888, von *Hartung, Schlare, Stämmler.* Berlin 1888.

Jubiläums-Schrift der Firma Steinmetz & Lingner, Leipzig, 1885—1910. — (Leipzig-Neustadt 1910: Henze.) 31 Bl. quer-8°

Jubiläumsschrift der A.-G. Bernh. Stoewer, Stettin. 1858 bis 1908. — (Berlin: Eckstein [1908].) 34 S. 2° [Umschlagt.] (Dt. Industrie, dt. Kultur. 6, 2.)
Vgl. Jubiläumsfestschrift.

Gesang-Verein Concordia, Louisville. Goldenes Jubs Souvenir. 1856-1906, Aug 5, 1906. Louisville, 1906.

Die '**Jubiläumsstiftung** ehemaliger Realschüler', (gegr. 1899 bei Gelegenheit des 25jährigen Bestehens der Realschule zu Leisnig). *Leisnig (1900): H. Ulrich.* (S. 37—38.) 4°
Leisnig, R m. PG, OP 1900 (611)

Die **Jubiläums-Wallfahrt** von Cöln nach Rom z. Feier d. 50. Jahrestages d. Verkündigung d. Glaubenssatzes der Unbefleckten Empfängnis Mariä am 8. Dez. 1904. Bericht d. Pilgerkomitee's hrsg. von Domkapitular Dr. [Franz] Düsterwald in Cöln. (Mit 116 Ill. u. 1 Titelbilde.) Cöln: H. Theissing in Komm. 1905. (XIV, 448 S.) 8° [J.]

Jubiläums-Zeitung. Fest-Nummer zur Erinnerung an das 150jähr. Bestehen des Hamburgischen Correspondenten. Fol. (50 S. mit 1 Photolithogr.) Hamburg 881. (Gräfe.) *

Jubilé centenaire de la dédicace du temple de l'Église réformée française de Francofort s. M. 18 et 19 Septbr. 1892. gr. 8. (73 S.) Frankfurt a/M. 892. (A. Detloff.) n. 1. —

Jubilé cinquantenaire de la Grande Loge suisse Alpina à Zurich les 23 et 24 juin 1894. Berne 1894: Michel & Büchler. 60 S. 2 Taf. 8⁰
[Umschlagtit.:] 1844—1894. Jubilé cinquantenaire de la fondation de la Grande Loge suisse Alpina et de l'installation de son premier grand-maître [Elie Ducommun].
Bericht. Reden von E. Ducommun: Üb. die Entwicklung der Grloge Alpina, von G. Favon: Üb. Aufgabe u. Pflichten des Mrs. Anderer Bericht in: Al. 20 (1894) S. 92-93 (F.), abgedr. in: Bh. 37 (1894) S. 229—231 u. M. 12 (1894) S. 266.

Le **Jubilé** épiscopale de Sa Grandeur Mgr. Gaspard Mermillod, évêque de Lausanne et Genève, 1864—1889. In-18⁰. 165 p. Fribourg, Impr. et libr. de l'Oeuvre de St-Paul. 1890. 2 50

Jubilé séculaire, troisième, de la fondation de l'église réformée française de Francfort s/M. Discours prononcés à cette occasion, le 18 Mars 1854 par les pasteurs de cette église. Suivis de pièces justificatives. gr. 8. (VIII und 96 S. mit lithogr. Karte.) Francfort s. le M. 854, (Völcker.) *

Jubilum, Dulce, in coetu vere credentium de religione ... Baruthi 1717. V: *Raethel, Wolfgang Christoph.* (Fiker) »Neustadt 1717« (Adel)

Jubilum Nuptiale Serenissimis Neogamis D. Ludovico Ottoni S. R. J. S. in Salm, etc., et D. Albertinae Franciscae Joannae Catharinae Principi Nassoviae a Musis Embricensibus S. J. adornatum, anno 1700. V: *Des Bosses, Barthélemi.* (Jescorrections III, Sp. 430)

Jubilus Parnassi ab Apolline institutus ... S. l. 1756. V: *Heckermann, Jacob.* (so)

Jubin, Léon, médecin-vétérinaire à Porrentruy (Suisse): La fourbure du pied du cheval. Lyon 1908. 68 S. 8⁰. [22. V. 08.]
Bern. Vet.-med. Diss. 1907/08.

Jubin, M. N., die geistl. Ordensstifterinnen, s. Leben.

Jubisch, Max, Anleitung zur Zimmer-Gärtnerei. gr. 8. (93 S. mit 40 in den Text. gedr. Holzschn.-Abbild.) Kittlitz bei Löbau 880. (Löbau, Oliva. — Leipzig, H. Voigt.) *

— der rationelle Betrieb der Obstbaumschule u. Obstbaumpflege für mittel- u. norddeutsche Verhältnisse nach neuesten Beobachtungen u. praktischen Erfahrungen sachlich u. kurz dargestellt. gr. 16. (VI, 63 S.) Rötha 879. (Dresden, Kellberg.) cart. n. 1. —

Jubisch, M., s. Bibliothek gärtnerisch. Special-Culturen.

— Briefsteller für Gärtner. Anleitung zur Abfassung von Briefen, Eingaben, Verträgen, geschäftl. Mittheilungen etc., nebst einer Anleitung zur einfachsten gärtner. Buch- u. Rechnungsführung. gr. 8. (IV, 100 S.) Leipzig 879. H. Voigt. n. 1. 50

Jubisch, Max, Geschäfts-Correspondenz für Gärtner. Eine Mustersammlung aller vorkommenden schriftl. Arbeiten des Gärtners, als: Geschäftliche Briefe, Mitteilungen, Eingaben, Verträge, Contracte, Bürgschaften, Rechnungen, Quittungen, Schuldscheine, Telegramme etc. Zugleich eine Anleitung zur einfachsten gärtner. Buchhaltung. 2. (Titel-)Aufl. des Briefstellers für Gärtner. gr. 8. (III, 100 S.) Leipzig (879)888, H. Voigt. * 1 50

Jubisch, Max, Geschäfts-Correspondenz f. Gärtner. E. Mustersammlg. aller vorkomm. schriftl. Arbeiten d. Gärtners, als: Geschäftl. Briefe, Mittheilgn., Eingaben, Verträge, Contracte, Bürgschaften, Rechngn., Quittgn., Schuldscheine, Wechselkunde, Telegramme, Posttarif etc. Leitfaden f. Gärtnerlehranst., Winterabend- u. Fortbildungsschulen. Zugl. e. Anleitg. zur einfachsten gärtner. Buchhaltg. 3., verm. u. verb. Aufl. gr. 8. (VIII, 126 S.) Leipzig 897. H. Voigt. n. 1. 50

Jubisch, Max, Geschäfts-Correspondenz f. Gärtner. Eine Mustersammlg. aller vorkomm. schriftl. Arbeiten des Gärtners, als: Geschäftliche Briefe, Mittheilgn., Eingaben, Verträge, Kontrakte, Bürgschaften, Rechngn., Quittgn., Schuldscheine, Wechselkunde, Telegramme, Posttarif etc. Zugleich e. Anleitg. zur einfachsten gärtner. Buchhaltg. IV. verm. Aufl. gr. 8. (IV, 147 S.) Leipzig 902. H. Voigt. n. 1. 60

Jubisch, Max, Geschäftskorrespondenz u. Buchführung f. Gärtner. Eine Anleitg. zur Ausführg. der im gärtner. Handelsverkehr vorkomm. schriftl. Arbeiten, m. Berücksicht. des Post- u. Bahnverkehrs u. der Geschäftspropaganda. 5. Aufl., vollständig neu bearb. unter Mitwirkg. v. Rich. Stavenhagen. (IV, 169 S.) 8. Leipzig 908. H. Voigt. 1.80; geb. n 2. —

Jubisch, Max, üb. die Cultur einiger ertragsfähiger Fruchtbäume, als: Der Wallnussbaum, Hickorybaum, essbarer Kastanienbaum u. mähr. süsse Eberesche. 8. (35 S. m. 6 Abbildgn.) Löbau 893. (E. Oliva.) n.n. — 60

— über Cultur u. Verwerthung einiger sehr nützlicher u. ertragsfähiger Fruchtbäume u. Sträucher, als. Azarolbaum, Junibeere, Berberitze, japan. Dattelpflaume, Elzbeerbaum, Speierling, Beeren-Apfelbaum, japan. Weinbeere, Wachholder, Osagedorn u. Shallon-Bergthee. 8. (48 S. m. 4 Abbildgn.) Ebd. 893. n.n. — 60

Jubisch, Max, üb. Cultur u. Verwerthung der amerikanischen Brombeere, Quitte, Hagebutte u. Haselnuss. Mit e. Anh.: Castanea vesca japonica, essbare Castanie aus Japan u. Cissus mexicana, mexican. Knollenwein,
— die Cultur u. Treiberei der Erdbeere u. ihre Verwerthung,
— die Cultur der Himbeere, Feige, Maulbeere u. amerikan. Preiselbeere. Mit e. Anh.: Die Mandel,
— üb. die Cultur der Johannis- u. Stachelbeere u. ihre Verwendung,
— üb. Cultur u. Verwerthung der schwarzen Johannisbeere. Mit e. Anh.: Elaeagnus longipes (essbare Oelweide),
— üb. Cultur u. Verwerthung der Korneliuskirsche u. schwarzen Hollunderbeere (Sambucus nigra). Mit e. Anh.: Die Mispel,
s.: Bibliothek gärtnerischer Specialculturen.

Jubitz, Fr. (Wilh.), drei Blumensträuße für die lieben Kinder zur Belehrung und Unterhaltung gesammelt und gebunden für Schule und Haus. Der „Deutschen Lesestücke" 2., umgearb. und verm. Aufl. gr. 12. (XII und 292 S.) Nürnberg 818, Geiger.

Jubitz, Fr. Wilh., deutsche Lesestücke aus d. Geschichte d. Natur u. der Menschen, f. Knaben v. 7—9 Jahren bearb. 8. (15¼ B.) Nürnberg 836, Stein.

—— neue Lesestücke, z. Belehr. u. Unterhalt. f. Kinder bearb. 8. (17¼ B.) Nürnberg 839, Raw'sche Buchh.

Jubitz, Fr. Wilh., Lieder des Lenzes f. die singlustige Jugend, insbesondere latein. Schulen. 16. (5⅝ B.) Nürnberg 845, Recknagel.

Jubitz, J. Gto. Pius, Bildungsmethode, oder natürl., leichte u. sichere Methode, lesen, schreiben, rechnen u. Religion zu erlernen rc. 8. Nürnb. 815. Riegel u. W. 12 gr.

Jubitz, J. Gtlo. Pius, die Entstehung u. das Geschäfte d. theolog. Rationalismus. Gezeigt durch e. kurze katechet. Anwendung desselbig. auf d. in d. Apost. Glaubensbekenntniß enthalt. Hauptlehren. gr. 8. (6 B.) Schwabach 829, Weber. (Nürnberg, Stein.)

— geistl. Rede am letzten Abend des J. 1824, in d. Kirche zu St. Markt Schwand gehalten. gr. 8. Nürnb. 824. v. Ebner. 2 gr.

Juch —. Jubel-Laute. Zur Feier der Vermählung Sr. k. k. Apost. Majestät Franz Joseph I. Weihe in tiefster Ehrfurcht von — —. 8. (4 Blätter.) Wien. Druck von U. Klopf sen. und Alex. Eurich. 1854.

Juch, C. W., s. Juch, Karl Wilhelm

Juch, Georg Heinrich (Erfurt), De feudo sculte tico. Vom Schultzen=Lehn. Diss. jur. Präs. Christian Wildvogel. Jena (Müller) Aug. 1709. 32 Seiten. (6.20) 17064

— — Dasselbe. 1736. 36 S. (6.20) 17065

Juch, Herm. Paul, resp. J. A. **Tonnstedt**, Disp. sistens aegrotum apoplexia correptum et sanatum. 24 pp. Hal. 4°. 1749

Juch, Hermann Paul (Präs.), s. Bertram, August Friedrich: De circulatione sanguinis ...

Juch, Herm. Paul., resp. **Brenner**, De cardialgia. Hal. 4°. 1743

Juch, H. P., Diss. sistens casum de singulari memoriae imbecillitate ex febre maligna. Erf. 4°. 1731

Juch, Herm. Paul, Diss. de catarrho suffocativo. Erf. 4°. 1734

—, Diss. clavus pathologice et practice consideratus. Jen. 4°. 1743

Herm[annus] Paulus Juchius (Juch): De Constitutione litteratorum vel Cacochymica pituitosa, vel cachectica. [Resp.:] Georgius Wilhelmus Wirths. Erfordiae (1743:) Heringius. 17 S. 8°

Erfurt, Med. Diss. v. 29. Okt. 1743

Juch, Herm. Paul, resp. J. E. **Rauschenberg**, De convulsionibus. Erf. 4°. 1751

Juch, H. P., Diss. de convulsionibus. Erf. 4°. 1757

Juch, Herm. Paul, resp. C. Jos. **Kurz**, De ebrietate ejusque noxis praecavendis et tollendis. 24 pp. Erf. 4°. 1741

Herm[annus] Paulus Juchius (Juch): De Empyemate. [Resp.:] Ioh[annes] Christoph[orus] Hennick. Erfordiae (1749:) Hering. 24 S. 8°

Erfurt, Med. Diss. v. 4. Mai 1748

Juch, Herman Paul (Präs.), s. Glass, Ernst Bened.: De eo, quod justum est circa punctum honoris.

— [Praes.], s. Isaac, Ch. J.: De consuetudine ...

—, Diss. de lethargo. Erf. 4°. 1734

—, resp. J. G. **Hennimann**, Diss. facillima ac rectissima methodus curandi epilepsiam. Erf. 4°. 1741

Juch, H. P., Diss. Pathologia et therapia coxagrae. Erf. 4°. 1740

—, resp. **Cleemann**, Diss. dysuriae pathologia et therapia. Erf. 4°. 1742

Juch, Herm. Paul., resp. Jo. Chr. **Ortmann**, De phrenitide cognoscenda et curanda. 23 pp. Hal. 4°. 1742

Herm[annus] Paulus Iuch: De Pollutione. [Resp.:] Christianus Gotthold Schwencke (Schwencke). Erfordiae (1751:) Hering. 19 S. 8°

Erfurt, Med. Diss. v. 24. März 1751

Hermann Paul Juch

Selecta Remedia ac medicamenta externa contra inflammationes eorundemque prudens administratio. [Resp.:] Joh[annes] Gottliebius Grundmann. Erfordia (1751:) Hering. 28 S. 8°

Erfurt, Med. Diss. v. 21. Juni 1751

Juch, H. P., resp. **Granff**, Diss. de spasmo in genere. Erf. 4°. 1755

Herman[nus] Paulus Juch: De Trichomate sive plica sarmatiae endemia, ejusque medicina domestica. [Resp.:] [Jo]annes Ernestus Sander. [Er]fordiae (1737:) Hering. 27 S. 8°

Erfurt, Med. Diss. v. 9. Sept. 1737

Juch, J., Repertorium zu den Landtagsverhandlungen über die bayer. Civilprozeßordnung, s. Blätter für Rechtsanwendung.

—— verbesserte Wasch- u. Heizeinrichtungen. Ein Beitrag zur Abhülfe der Holznoth. 8. (1 B. u. 3 Taf. m. Abbildg.) Quedlinburg 812, Basse.

Juch, Julius (Subrektor) „Angaben und Betrachtungen über die Möglichkeit wo? und wie? in Haushaltungen und vielen Gewerben Brennholz erspart werden könne". 8 Seiten (= 4 Blätter). 4°. (Ohne D. u. O.) Schweinfurt, Progr. 1836/37

Juch, Jul. (Carl) Anleitung z. Ausführ. qualitat. chem.-analyt. Untersuchungen anorgan. Körper. Für Studirende d. Mediz., Pharmacie u. Chemie. Nach H. Rose's Handb. in Tabellenform ausgef. u. mit d. nothwend. Erläuter. vers. 2., unveränd. Ausg. gr. 8. (3 B., 1 Tab., Roy.-Fol. u. 1 Stnt., qu. Fol.) Augsburg 830, v. Jenisch u. Stage'sche Buchh.

Juch, Jul. (Carl), Anleitung zur Ausführung qualitat. chem. analyt. Untersuchn. organ. Körper. Für Studirende d. Medizin, Pharmacie u. Chemie. Nach H. Rose's „Handbuch" in Tabellenform ausgeführt u. mit d. nothwend. Erläuter. vers. gr. 8. (3 B., 1 Tab. Imp.-Fol. u. 1 Stnt. Fol.) Augsburg 833, v. Jenisch u. Stage'sche Buchh.

Juch, Jul. (Carl) die angewandte Chemie f. Leser aus allen Ständen, insbesond. f. Pharmazeuten, Fabrikanten, Manufakturisten u. Gewerbsmänner aller Art. In e. Reihe v. leichtverständl. Vorlesn. 2 Bde. (od. 6 Lfgn.) gr. 8. (47 B.) Augsburg 836—39, v. Jenisch- u. Stage'sche Buchh. Thlr.

Juch, Julius (Rektor) „Ueber die Erziehung der Thiere durch den Menschen". pg. 3—11. 4°. Morich'sche B.
Schweinfurt, Progr. 1847/48

Juch, Julius (kgl. Rektor) „Kurze Geschichte der Landwirthschafts- und Gewerbschule zu Schweinfurt von dem Jahre ihrer Begründung 1833 bis zum Bezuge des neuen Schulgebäudes 1855/56". pg. 3-10. 4°. Morich'sche B.
Schweinfurt, Progr. 1855/56

Juch, Julius „Die Hauptbedingnisse um gutes Bier zu brauen". pg. 3—7. 4°. Morich'sche B
Schweinfurt, Progr. 1840/41

Juch, J., die Hauptbedingnisse um gutes Bier zu brauen. Eine von der kgl. Regierung von Unterfranken u. Aschaffenburg wegen ihres gemeinnützigen Inhalts öffentlich empfohlene Methode zum Bierbrauen. 2. Aufl. 16. (1 B.) Würzburg 842, Etlinger'sche Vrlgsbuchh.

Juch, Julius „Die Thier-Seele in ihren Aeusserungen bei einigen unserer Hausthiere". pg. 3—12. 4°. Morich'sche B.
Schweinfurt, Progr. 1845/46

Juch, Julius (Subrector) „Einige Worte über den Zweck der Landwirtschafts- und Gewerbsschulen im Königreiche Bayern". pg. 17—24. 4°. Gedr. in der Morich'schen Buchdr.
Schweinfurt, Progr. 1835/36

Juch, Karl

— Aberglauben, Eigennutz, Kleinmuth! Eine Predigt gehalten zu Niederkirchen am Osterfeste 1832. Zweibrücken 1832. 16 S. 8.

Juch, Carl, Anleitung zur Ausarbeitung schriftlicher Aufsätze nebst einer Sammlung von Aufgaben. gr. 8. (IV und 90 S.) Gotha 850, Scheube. *

Juch, Carl, Anleitung zur Ausarbeitung schriftlicher Aufsätze nebst einer Sammlung von Aufgaben. 2. (Titel-)Ausg. gr. 8. (IV und 90 S.) Breslau (856)61, Leuckart. *

—— die deutsche Casuslehre. Ein Conferenzvortrag. gr. 8. (30 S.) Leipzig 856, Klinkhardt.

Juch, Carl, Lehre der teutschen Sprache. gr. 8. (XVI und 408 S.) Gotha 848, Gläser.

Juch, Carl, teutsche Sprachlehre. gr. 8. (24 B.) Gotha 843, Verlags-Comptoir.

Juch, Karl. Streben nach Wahrheit. Eine Predigt gehalten am 26. Februar 1832. Zweibrücken 1832. 8.

—— die politische und religiöse Wahrheit, s. Wahrheit.

Juch, Karl Wilhelm

— Abbildd. u. Beschreib. der Giftpflanzen, zum Gebrauch f. Schulen. 8 Blatt. 2e Aufl. Augsb., Schlosser. 3 ℔

— Abbild. u. Beschreibung giftiger Thiere, zum Gebr. für Schulen, in 3 Blätt. Augsb. ... 2e Aufl. 832. Schlosser. 8 gl

— Anleit. z. Färbekunst. 8. Münch. Lindauer. 807.

— kurze, doch gründl. Anleit. zur Schönschreiberei. 8. München 807. J. Lindauer. 5 gl

— Anleit. zur Pflanzenkenntniß, zum Gebrauch bei Vorlesungen in Lyceen. Mit 1 Kpf. 8. München 806. Lentner. 1 ℔

Juch, Karl. Wilh., Deutschlands vorzüglichste Bedürfnisse u. deren Surrogate. 1r Bd.
Auch unt. dem Titel:
Journal d. Technologie, Oekonomie u. Oekonomie-Wesens. 1s Hft. mit 5 K. gr. 8. Nürnb. Stein.

— Deutschlands vorzüglichste Bedürfnisse u. deren Surrogate. 1r Bd. Auch u. dem T.: Die europäische Zuckerfabrikation aus Runkelrüben, prakt. dargestellt. Mit 1 Kpf. 8. Augsb. 811. M. Rieger. 10 gl

Juch, Karl Wilh., Deutschlands vorzüglichste Bedürfnisse des Auslandes und deren Surrogate. Bd. 1. Mit Kupfern. Nürnberg 1812. 8.
A. u. d. T.: Journal d. Technologie, Oekonomie u. Oekonomie-Wesens. H. 1.

Juch, Karl Wilhelm: Europens vorzüglichere Bedürfnisse des Auslandes und deren Surrogate, botanisch und chemisch betrachtet... Heft 1, 100 S., gbd.

Nürnberg: Stein 1800

Juch, Carl Wilhelm. Beiträge zur Chemie, Ökonomie und Technologie. Nürnberg 1808. MV: *Späth, Joh. Leonhard* & *Hnr. Frdr. Aug. Stöckel.* (Ky)

— (J. L. Späth u. H. F. A. Stöckel,) Beiträge zur Chemie, Oekonomie u. Technologie. Mit 5 Kpf. 8. Nürnb. 808. Stein. 16 gl

— Encyklopädie der gesammten Naturgeschichte. Mit 1 Kpf. 8. Augsb. 810. v. Jenisch u. Stage. 1 ℔

— Ephemeriden, oder gemeinn. Blätter zur Verbreitung der nützl. Kenntnisse in der Chemie, Oekonomie, Fabrikwissenschaft u. s. w. 1r Bd. m. K. 8. Augsburg, Rieger. 817.

Juch, C. W., Ephemeriden, oder gemeinn. Blätter zur Verbreitung d. nützl. Kenntnisse in der Chemie, Oekonomie, Fabrikwissenschaft u. s. w. 2r Band. M. K. 8. Augsburg, Rieger. 817. Rthlr.
Auch unter dem Titel:
Miscellen oder gemeinnütz. Blätter. 1ste Forts.

Juch, Karl Wilhelm, s. Erhebung d. Kunstfleißes.

— das Ganze des Kartoffelbaues, oder Geschichte, vortheilhafter Anbau und Benutzung der Kartoffeln, mit Zusätzen eines aufmerksamen Kartoffelpflanzers. 8. Ulm, Stettinische Buchh. 818.

— — die Giftpflanzen, zur Belehrung für Jedermann beschrieben. 1s — 12s Heft. Mit illum. Kupf. gr. 4. Augsburg, Engelbrecht. (Sondersh., Voigt.) à Heft 16 Gr.

— die Giftpflanzen, zur Belehrung für Jedermann beschrieben. 12 Hefte. Mit 52 ill. Kpf. gr. 4. Augsb., Engelbrecht. 6 Rthlr. 16 Gr.

Juch, Karl Wilh., Die Giftpflanzen. Zur Belehrung für Jedermann. 12 Hefte. Mit 48 kolor. Taff. Augsburg, Sondershausen 1817. kl. Fol.

– s. H a n d b u c h der pharmaceut. Botanik.

[Juch (K. W.).] Handbuch der pharmaceutischen Botanik. Nuernberg, 180[0–]4. 2 vols. fol.

— Handbuch d. Chemie f. Fabrikanten, Künstler ꝛc. Nebst e. Anh. von der Färbekunst. 8. München 807. J. Lindauer. 1 Rthlr. 12 Gr.

Handbuch der Chemie für Fabrikanten . . . Nürnberg, 1807. 8vo.

Juch, Karl Wilh., († d. 9. März 1821.) gründl. Handbuch d. Apothekerkunst (Pharmacie) nach den neuesten Entdeckungen u. Ansichten systematisch zusammengestellt, nebst einem Anhange, die elegante Pharmacie betreffend. 8. Nürnb. 817. Stein. 1 Rthlr. 12 Gr.

— Handb. d. Pharmacie. 8. München: Lindauer 1809

— Handbuch d. Pharmacie, vorzügl. für Anfänger; nebst e. Anh. von Formeln, die elegante Pharmacie betreff. 8. München 810. J. Lindauer. 1 Rthlr. 4 Gr.

Juch, Karl Wilhelm: Ideen zu einer Zoochemie systematisch dargestellt. Mit Zusätzen...versehen von Joh(ann) Bartholomä Trommsdorff. Th.1, welcher eine Betrachtung der inponderabeln Materien enthält, 268 S., gbd.

Erfurt: Hennings 1800

Juch, K. W.: „Allgemeines Journal für Technologie, Oekonomie und Fabrikwesen", Nürnberg 1806—1808.

– s. J o u r n a l f. d. Druck-, Färbe- u. Bleichkunst.

– s. J o u r n a l, Neues, für die Indiennen- oder Baumwollendruckerei.

— der elegante Kaffeetisch, eine angenehme u. unterhalt. Lectüre f. Frauenzimmer, über Getränke u. Backwerke, z. Nutzen u. Vergnügen. Mit Kpf. 8. Nördl. 821. Beck. 14 Gr. Schrbp. 16 Gr.

— die Kunst der Essigbereitung. Ein nützl. Hausbedarf für Jedermann, in welchem gelehrt wird, wie Essig aller Art auf leichte und wohlfeile Weise ꝛc. zu bereiten. Nebst einer genauen Beschreibung d. neuesten Dampfapparats. 8. Nürnberg, Stein. 818.

Juch, Carl Wilh., die Kunst d. Essig-Bereitung. Nebst 1 Abbild. (qu. Fol.) u. Beschreib. d. zur Essigbereitung anzuwend. Dampfapparats. Neue Ausg. 8. (8 B.) Nürnberg 834, Stein.

— chemisches Kunstbuch des Parfumeurs, für alle, die sich mit Verfertigung der Luxuswaaren, die in dieses Geschäft einschlagen, abzugeben gedenken. 8. Pesth, Hartleben. 820.

– s. M a y e r, J. F. C.: Anweisung feine Liqueure zu verfertigen.

— Miscellen, od. gemeinnützige Blätter zur Verbreitung der nützl. Kenntnisse in der Chemie, Oekonomie, Pharmacie, Naturgeschichte ꝛc. Mit Kpf. 2e Fortsetzung. 8. Landsh. 820. Krüll. 20 Gr. (1e Fortsetzung, s. oben: Ephemeriden.)

Juch, Karl Wlh., vollst. u. populäre Naturlehre, zum Gebrauch f. mittlere Schulen. Mit 1 Kpf. 8. Augsb. 814. Rieger. 8 Gr.

– s. P a r m e n t i e r: Kunst d. Branntweinbrennens.

— Pharmacopoea Borussia, vide Pharmacopoea.

JUCH, CARL WILHELM.
System der antiphlogistischen Chemie nach den neuesten Entdeckungen entworfen. Nürnberg, 1803. 8vo.
Part: deals with theoretical chemistry. The work was not continued.

— System d. antiphlogist. Chemie, nach d. neuest. Entdeck. 1r Thl. gr. 8. Nrnb. Stein. 803.

— über den Tabak, vorzüglich etwas über dessen Geschichte, Kultur u. der dadurch hervorzubringenden Veredlung u. Fabrikation des Rauch- u. Schnupftabaks, nebst einer neuen Siegelmaschine, üb. die Fabrikation d. Tabakspfeifen ꝛc. 8. Augsb. 821. v. Jenisch u. Stage. 18 Gr.

— Taschenbuch der eleganten und bürgerl. Kochkunst. 8. Augsburg. (Leipzig, Müller.)

— dasselbe mit Kupf. Taschenform. Landshut, Krüll. 818.

— Verzeichniß e. Samml. chirurg. Instrumente u. Apparate. 8. Nürnb. 804. Stein. 2 Gr.

— d. Zuckerfabrikation aus Runkelrüben, s. oben: Deutschlands Bedürfnisse.

JUCH, CARL WILHELM
Europäische (Die) Zuckerfabrikation aus Runkelrüben. Augsburg, 1811.

— die Zuckerfabrikation aus Runkelrüben praktisch dargestellt, nebst Anleitung z. Benutzung d. Abgänge bei derselben zu Branntwein-, Essig- u. Kaffee-Surrogaten. 8. Augsb. Matth. Rieger. 811.

Juch, Otto, aus Hameln: Über Blutversorgung der Handwurzelknochen. *Göttingen 1901: L. Hofer.* (25 S.) 8°
Göttingen, Med. Diss. v. [8. Nov.] 1901

Juch, Otto, über Blutversorgung der Handwurzelknochen. Diss. gr. 8. (25 S.) Göttingen 901. (Vandenhoeck & Ruprecht.) n. — 80

Juch, V.: V e r h a l t e n der Oxysalizylsäure zu Oxydationsmitteln.
Separatabdruck aus: Sitzungsberichte d. Kais. Akad. d. Wiss. in Wien. Bd. 114. IIb. S. 411.

— Wilhelm (Werther/Westf.), De chlorosi. Diss. med. Bln. (Nietack) 12. V. 1838. 32 S. mit Biogr. (M.: J. Koenig.) (6.—) 17067
Oppon.: W. Elze, F. Schwarz, F. Kley. — Gew.: Ferd. Aug. zur Hellen.

Juch, Wilh., Dissertatio historico-moralis de modis probandi innocentiam aput veteres, ... resp. J. C. Hoë. Jenae 1709. 4. . . . . (D.)

Juchbald, Miß, die ungleichen Brüder; aus dem Engl. Mit Kpf. 8. Leipz., Joachim. 1 Rthlr.

— Dorifort's einfache Geschichte; aus dem Engl. 4 Thle. 8. Leipz. 798. Rein. 1 Rthlr. 12 Gr.

— eine einfache Geschichte; aus d. Engl. (v. D. M. Liebeskind). 4 Thle. 8. Leipz. 791. (Brockhaus). 1 Rthlr. 16 Gr.

Juchbald, Miß, ich will ihnen was erzählen. Schspl. in 5 A., aus d. Engl. 8. Zittau 792. Schöps. 8 Gr.

— Natur u. Kunst; e. Geschichte (aus d. Engl. von Seibel). 8. ... N. A. Leipz. 802. Hinrichs. 18 Gr.

Juchbald, wives as they were and Maids as they are. A Comedy in 5 acts. A new edit. with an italian translation, by Dr A. Montucci. — Auch u. d. T.: Mogli all' antica e fanciulle alla moda. 8. Leipz. 829. Fr. Fleischer. 1 …

Jüchen, Arnold Wilhelm von (Moers), Dissertat. inaug. differentias juris Romani & Germanici in Attiliana tutela. Präs. Johann Peter Ludewig. Halle (Christoph Andreas Zeitler) 8. IV. 1713. 52 S. mit Widm. v. Präs. (6.—) 17070

Jüchen, Aurel v., fröhliche Geistererscheinungen. 8. (V, 118 S. m. Abb.) Berlin 895. M. Böhm. Kart. 2. —

[J.] Aurel v. Jüchen. Fröhliche Geistererscheinungen. 2. Aufl. *Berlin: M. Böhm [1896?].* (3 Bl., 118 S.) 1 Bd 8.

Jüchen, Aurel v., chinesisches Raritäten-Cabinet s.: Gut Heil!

Jüchen, Aurel v., Deutschlands Turnerei, Festsp., m. Bild. a. d. Geschichte d. Turnkunst, Krefeld, 16 S., 8°.

Jüchen, Ch[arlotte] v.: An die Eltern unserer Schülerinnen. Duisburg-Ruhrort 1909: Jacke. S. 3—6. 4°
Duisburg-Ruhrort, Kaiserin Auguste Viktoria-S OP 1909 [231]
[S 09. 233

Juchhe nach Italia! Bern u. Genf 1859 s. [Bamberger, Ludwig].

Juchhe nach Italien. Bern 1859. V: *Bamberger, Ludwig.* (Bamberger, Erinnerungen 1899. S. 390 ff.) (Bamberger, Ges. Schriften. Bd. 3 [1895] Vorbem.) (Scheffer, die Preuss. Publ. i. J. 1859. Leipzig 1902. S. 11.) »nach Italia«. Frankfurt a. M. 1859. (Biogr. Jahrb. III, 113.)

Juchhe nach Italia! 1. Im Mai. 2. Im Juli. 3. Der Waffenstillstand von Villafranka. 7. Juli 1859. 8. (60 S.) Bern 859, Vogt's Verlag. *

Juchheirasasa! Die Preußen sind da! Nr. 1. (Probenummer.) Druck von G. Bernstein. (Mit 2 Illustrationen.) 2 Bl. 4.
Flugblatt. Berlin. 18. Juli 1849.

Juchheirasasa! Die Preußen sind da. 9 Nummern. Berlin 1849. 18. Juli bis 10. Sept. 4.

Juchheirasasa! Die Preußen sind da! (Humoristisch-satyr. Wochenschrift.) Jahrg. 1849. Juli — Decbr. 26 Nrn. (½ Bog.) Mit eingedr. Holzschn. gr. 4. Berlin, Eichenhauer. *

Juchler, Hans. Das Strafverfahren im Lande Appenzell bis zur Landesteilung im Jahre 1597. Diss. Jur. Bern. II + 144 S. 8. Arbon, Albert Schläpfer, 1905.

(Juchler, J[ohann] J[acob].) Kleine Kirchen-Chronik der Evangelischen Pfarrgemeinde Ober Utzwyl. Zur ersten Säcularfeier der Kirche zu O' U'. gefeiert am 28. October 1866 … 8. Trogen.

Jucht, Wilhelm, Assistent an der k. b. forstl. Versuchsanstalt München: Geschichte der Holzzoll- und Holzhandels-Gesetzgebung in Bayern. (Berlin: J. Springer) 1905. (VI, 69—183 S.) 8° ¶(n. Teil d. eingereichten Arbeit; erschien vollst. 1905 bei J. Springer in Berlin.)
München, Staatswirtsch. Fak., Ref. Endres, Diss. v. 31. Mai 1905
[Geb. 14. März 71 Eltmann, Unterfranken; Wohnort: München; Staatsangeh.: Bayern; Vorbildung: Gymn. Schweinfurt Reife Juli 90; Studium: Aschaffenburg forstl. H. 4, München 4 S.; Rig. 3. März 05.]

Jucht, Wilh., Geschichte der Holzzoll- u. Holzhandels-Gesetzgebung in Bayern. (VIII, 183 S.) gr. 8. Berlin 905. J. Springer. n. 4. —

Jüchtzer, C. Jul., Verzeichniss der im deutsch-franzoesischen Kriege von 1870 und 1871 bis zum Praeliminar-Friedensschlusse gefallenen und verstorbenen Offiziere und Mannschaften des XII. [koenigl. sächs.] Armee-Corps nach den amtl. Verlustlisten und sonst. oeffentl. Nachrichten bearb. Fol. (51 S.) Dresden 871, Arnoldische Buchh.

Jüchtzer, Jul., Handbuch der Kirchen-Statistik für das Königr. Sachsen. Neue Folge. 12. Ausg. Nach handschriftl. Angaben und amtl. Quellen bearb. gr. 8. (VIII, 318 S.) Dresden 882, Ramming'sche Buchdruckerei. **

Jüchtzer, Jul., Handbuch der Kirchen-Statistik für das Königr. Sachsen. Neue Folge. 13. Ausg. Nach handschriftl. Angaben und amtl. Quellen bearb. gr. 8. (VIII, 332 S.) Dresden 885, Ramming'sche Buchdr. ** 5 50
—— dass. — Neue Folge. 14. Ausg. Verzeichniß sämmtl. Geistlichen 2c. Sachsens incl. kirchl. Behörden. gr. 8. (VIII, 336 S.) Ebendas. 888. ** 6 —

—— Handbuch der Schul-Statistik für das Königr. Sachsen. Neue Folge. 12. Ausg. Nach handschriftl. Angaben und amtl. Quellen bearb. gr. 8. (VIII, 727 S.) Ebendas. 882. **

—— Handbuch der Schul-Statistik für das Königr. Sachsen, nach handschriftl. Angaben und amtl. Quellen bearb. Neue Folge. 13. Ausg. gr. 8. (VIII, 815 S.) Ebendas. 885. ** 6 50
—— dass. — Neue Folge. 14. Ausg. gr. 8. (VIII, 850 S.) Ebendas. 888. ** 8 —

Juck u. Schlau, die beiden Affen. Verse v. Onkel Franz, (farb.) Bilder v. Onkel Haase. (32 S.) 31×26 cm. Berlin (907). Globus Verlag. Kart. 1. 50

Juckel, Natalie, aus Lodz (Russ. Polen): Zur Kenntnis der Dioxychalkone. Bern. H. Spahr, 1911. 40 S. 8°.
[12. XII. 10.]
Bern. Phil. Diss. 1910/11.

Juckenack, Adolf

Juckenack, A., die Anstalten zur techn. Untersuchg. v. Nahrungs- u. Genussmitteln, s.: König, J.

— s.: Gesetze u. Verordnungen sowie Gerichtsentscheidungen betr. Nahrungs- u. Genussmittel u. Gebrauchsgegenstände.

Juckenack, Adolf [aus Hamm i/Westf.]: I. Die durch das Rösten hervorgerufenen Veränderungen der Bestandteile der Kaffeesamen. II. Studien über die Bestimmung des Coffeïns in den Samen der Kaffeepflanze und in den Theeblättern … (Aus d. Forschungsber. üb. Lebensmittel u. ihre Bezieh. z. Hyg. …) München, E. Wolff, 1897; 2 Bl., 26 S., 1 Bl. 4.
München, Phil. Fak., Inaug.-Diss. v. 1897

Juckenack, R., neuester illustr. Reise-Führer durch Südtirol usw., s.: Heimfelsen, J.

Jucker: Rückblick auf die histor. Möbelformen …, s. Ziegenhorn.

Jucker. Alb. Abd-el-Kader. Schauspiel. 8. (159 S.) Zür. 889, Meyer u. Zeller. * 1 60

Jucker, Albert: Kleines Andelfinger Geschicht-Buch, darinnen enthalten Alles das Jenige, so eynem Liebhaber der Landeshistory zuwüssen … nützlich ist …
Andelfingen 1881. 8°

Jucker, Armin, prakt. Arzt von Winterthur: Aus der medizinischen Universitätsklinik in Zürich. Direktor: Prof. Dr. H. Eichhorst. Beiträge zur Kenntnis des akuten und chronischen Pemphigus. Zürich 1907. 90 S. 8°. [3. V. 07.]
Zürich. Med. Diss. 1906/1907.

Jucker, Armin. Beiträge zur Kenntnis des akuten und chronischen Pemphigus. Diss. Med. Univ. Zürich. *Kopftitel:* Aus der medizinischen Universitätsklinik in Zürich. Direktor: Prof. Dr. H[ermann] Eichhorst. 90 S. 8. Zürich-Selnau, Gebr. Leemann & Co., 1907.

Jucker, Bendicht. Getreue ... Darstellung der während ... 33 Jahren den unterzeichneten B. J. von Deisswyl.... und seine Familie betroffenen Lebensbegebnisse.... Geweiht seinen Freunden ... und theilnehmendes Herzen. 8. Bern 1839.

(J[ucker], H[einrich].) Zurich's Ausgemeinden vor fünfzig und mehr Jahren. [SA.] 8. [Zürich 1900.] .

Jucker, H. Das Buch der Wunder oder einige Reflexionen bei Betrachtung d. grossen Buches der Welt. In-8^0, 15 S. Zürich-Fluntern, Selbstverlag des Verfassers. 1879.

— Das Buch der Wunder od. Zusammenstellung der bibl. Wunder des Alten u. Neuen Testaments für Gläubige und Ungläubige von einem ehemal. Lehrer des Kant. Zürich. In-8^0, 54 S. Zürich, ebendas. 1879.

— Erfahrungen u. Lebensanschauung eines ehemal. Lehrers im Kanton Zürich. In-8^0, 187 S. Ebendas. 1879. 3 —

[J.] Das Notariatswesen des Kantons Zürich. S. histor. Entwicklg u. Ausbildg. Von Dr. Heinrich **Jucker,** Rechtsanw. in Zürich. *Zürich: F. Schulthess 1898.* (IV, 99 S.) 1 Bd 8. (97. 6)379

[**Jucker**, Heinrich:] (Frischhans) Theilings Tod. Zur Ehrenrettung (Hans) Waldmanns. Vortrag, gehalten ... in Zürich, am 18. März 1889. SA. 8^0 [Zürich 1889.]

Jucker, H[einrich]. Todtenliste namhafter Schweizer vom Jahre 1900. 8 Bl.
Ausschnitt aus: Der Landbote. Winterthur, Geschw. Ziegler, 1901. No 1—8, Januar 1—10.

Jucker, J. Erziehungsspiegel. I. Schattenbilder nach Salzmanns Krebsbüchlein bearbeitet. In-8^0, 131 S. Zürich, Th. Schröter. 1882. 2 —

Jucker, J. Erziehungsspiegel. Erste Abtheilung: Schattenbilder. 2. Bändchen. Nach Salzmann's „Krebsbüchlein", bearbeitet u. vermehrt. In-12^0, 131 S. Romanshorn, J. Jucker. 1882. 1 —

Jucker, Joan. Henr., Symbola ad doctrinam de furto per effracturam commisso. Dissert. inaug. 8maj. (VIII und 24 S.) Turici 848, (Orell, Füssli et soc.) *

Jückstock, Rudolf, Referendar: Entstellung und Unterdrückung wahrer Tatsachen beim Betruge. Heidelberg 1909: Geier. VII, 63 S. 8°
Heidelberg, Jur. Diss. v. 13. Juli 1909, Ref. v. Lilienthal
[Geb. 2. März 86 Hamburg; Wohnort: Hamburg; Staatsangeh.: Hamburg; Vorbildung: Wilhelm-Gymn. Hamburg Reife M. 04; Studium: München 2, Berlin 2, Kiel 2 S.; Rig. 19. Mai 09.] [U 09. 1821

Juckuff, *Robert* Emil [app. Arzt aus Weissenfels]: Über die Verbreitungsart subcutan beigebrachter mit den Gewebssäften nicht mischbarer Flüssigkeiten im thierischen Organismus ... M. 2 Taf. (Aus: Arch. f. experiment. Pharmakol. u. Pathol., Bd XXXII.) Marburg, *Druck v. J. B. Hirschfeld in Leipzig,* 1893; 38 S., 1 Bl., 1 Taf. 8.
Marburg, Med. Fak., Inaug.-Diss. v. 8. Aug. 1893

Juckuff, Emil, Versuche z. Aufindung e. Dosirungsgesetzes. E. toxicologisch-mathemat. Studie gr. 8. (59 S. m. 1 Abb. u. 4 Taf.) Leipzig 895. F. C. W. Vogel. n. 2. —

JUCUNDA (ps.), Über den drolligen Beweis, daß Frauenzimmer keine Menschen sind. 1862. (Zwei Auflagen.) (l. c.)

JUCUNDA u. Gloriosa („Schwestern der Damen-Loge"), Das wahre Pantoffelregiment, oder die Kunst, sich den Gehorsam, die Liebe und Treue des Gatten auf ewig zu sichern. Eine Rede .... Nordhausen 1839. 12^0. (1 Mk. 80 Pfg. Adolf Weigel, 1907.)
Fehlt in Weller's Lex. Pseud.

Jucunde. Dramat. Taschenbuch f. 1836 v. Carl Blum. gr. 12. (17½ B. M. Bildn. d. Fräul. Charl. v. Hagn.) Berlin 835, Th. Enslin. *

Jucunde von Cassel. Eine Geschichte aus der Vendée. 1806. V: *Antraigues, Emilie d'.* (Zeitschr. f. Büch. N. F. 15, 1923, S. 112)

Jucunde v. Castel; e. Geschichte aus d. Vendée; aus d. Französ. von L. Th. Kosegarten. 2 Thle. 8. Neustrel. 802. 2e A. 806. Hinrichs in Leipz. 1 ℛ 16 g

Jucunde von Castel. Eine Geschichte aus der Vendee ... 2. ... Ausg. Leipzig 1806. V: *Kosegarten, Ludwig Theobald.* (EE)

Jucundi, Carli, s. Conrad, der arme.

Jucundissimus, Jucundus (Pseud.), s. Beer, Johann

JUCUNDUS VON WIEN: Der zum vollkommenen Vergnügen erzeigte Vatter. Das ist: Der Hochwürdigste / Hoch- und Wohlgeborne Herr / Herr Antonius Casimirus Des H. R. Reichs Graf von Thurn und Valle Saxina &c&c. Deren vereinigten Bistümer Belgrad, und Semendria höchstmeritirter Bischof / Coadjutor des Bistums zu Fünfkirchen &&. Als selber den ersten Tag May das erste mal vor dem Dom-Capitul / und Clero in die Dom-Kirchen solemniter eingeführet / und von der Cantzel als ein geistlicher Vatter zum Trost und Vergnügen seiner geistlichen Kindern gezeiget und vorgestellet worden. Von P. Fr. Jucundus Vien. Ord. Min. Capuc. der Zeit Dom-Prediger in Belgrad. Ofen 1732. Gedr. bey Johann Georg Nottenstein. (6 f.) 200 mmm

Jucundus Jocosus, Justus [Pseud.], s. Kosegarten, Friedrich Franz von

Jud, Balth. F.: Unser Hausfreund, der Hund. Die Wuthkrankheit und deren Entstehungsursache ... New York (1877). 45 S.

Jud B. F.: Die Wuthkrankheit u. deren Entstehungsursache ... Jersey City Heights, N. Y. (1877). 45 S. P.

Jud's, Heinr., praktische Anleitung zur Liqueur- und Branntwein-Fabrikation, sowie zur Wein- und Mostbereitung und Verbesserung von Getränken. 300 bewährte Rezepte zur vortheilhaften Herstellung von Spirituosen, Essenzen, Tincturen und der beliebtesten in- und ausländ. Luxus-Getränke aller Art. 7. verm. und verb. Aufl. 8. (IV, 117 S. mit 1 eingedr. Holzschn.) Luzern 875, Prell.

Jud, H: Praktische Anleitung zur Liqueur- und Branntwein-Fabrikation sowie zur Wein- und Mostbereitung und Verbesserung von Getränken. 7. Aufl Luzern (1881)

Jud, Jacob, Dr.: Poutro. Eine sprachgeographische Untersuchung. Braunschweig 1908. 28 S. und fünf Karten. 8°. S.-A. aus L. Herrigs Archiv für das Studium der neueren Sprachen und Literaturen. Bd. 120, Heft 1/2. [21. III. 08.]
Zürich. Phil. Hab.-Schr. 1. S. 1907,08.

Jud, Jacob. Poutro. Eine sprachgeographische Untersuchung (Habilitations-Schr. Phil. Univ. Zürich. Vorgelegt im Oktober 1907) von Dr. Jakob Jud. (Mit 5 Karten. Sonderabdruck aus L. Herrigs Archiv für das Studium der neueren Sprachen und Literaturen. Bd. 120, Heft 1/2.) II + 28 S. 8. Braunschweig, George Westermann, 1908.

Jud, Jacob, de Zumikon: Recherches sur la genèse et la diffusion des accusatifs en -ain et en -on (première partie). Halle-sur-Saale 1907. II + 115 S. 8°. [6. VII. 07.]
Zürich. Phil. Diss. I. S. 1906/1907.

Jud, Jacob. Recherches sur la genèse et la diffusion des accusatifs en -ain et en -on (1re partie). Thèse Phil. [I. Univ.] Zurich... par Jakob Jud de Zumikon. II + 115 p. 8. Halle-sur-Saale, Ehrhardt Karras, 1907.

Jud, Jak., die Zehnerzahlen in den romanischen Sprachen, s.: Aus romanischen Sprachen u. Literaturen.

Jud, Jos., das neue Seelengärtlein. Religiöse u. eth. Gedichte f. Schule u. Haus. Gesammelt v. J. 1.—3. Taus. (XVI, 596 S.) 8. Kempten (908). J. Kösel. 4.—; geb. 5. —

Jud, Karl. med. pract. in [und von] Lachen bei St. Gallen: Beitrag zur Lehre von der Lebensthätigkeit unzeitig geborener menschlicher Früchte. Bruggen J. Hauser Dr. 1893. 2 Bl., 59 S. 8°.
Zürich. Med. Diss. [v. 4. Jan. 1894].

Jud, Meinrad. Berichtserstattung von meiner Sendung nach Inspruggs, im August 1794. Seinem löbl. Bunde... überreicht. 8. *o. O.* Im May 1796.

Jud. Meinrad s. Brief (von M' J...) und Antwort....

Jud, Rupert, O. S. B., s.: Festgabe, Alois Knöpfler zur Vollendung des 60. Lebensjahres gewidmet.

Jud, Rupert (Hrsg.), s. Gronen, Raimund: Tagebuch eines Feldpaters.

— P. Johannes Klingl, O. S. B., kgl. geistl. Rat, Subprior u. ehem. Stadtpfarrvikar v. St. Bonifaz. Ein Lebensbild. (15 S. m. 1 Bildnis.) kl. 8. München 907. J. J. Lentner. — 20

— Trauerrede, geh. bei der Leichenfeier f. den hochw. Herrn P. Odilo Rottmanner, O. S. B. Dr. theol., in der Basilika des hl. Bonifatius in München am 12. IX. 1907. (4 S. m. 1 Bildnis.) gr. 8. Ebd. 907. — 15

Juda, oder der erschlagene Redliche . . . Leipzig 1791. V: *Ludwig, Christiane Sophie geb. Fritsche.* (Schl) (Adel) (MGT)

Juda, od. d. erschlagene Redliche, allen Menschenfr. gewidm. 8, Lpz. Graffs, 791.

Juda, oder der erschlagne Redliche, edlen Menschenfreunden gewidmet von der Verf. der Gemählde häuslicher Scenen, (C. S. Ludwig) zweyte Aufl. 8. Daselbst, 795. Gräff. 13 ggl.

Juda, oder der erschlagene Redliche. Geschichte einer jüdischen Familie; von Chr. Sophie Ludwig, geb. Fritsche. 3te Aufl. 8. Leipz. Hinrichs. 813.

Juda u. Israel als weltgeschichtl. Doppelgänger. V. Verf. d. „Meister Josephus". gr. 8. (27 S.) Berlin 897. W. Giese. n. 1. —

(Juda. Leo J. [1482-1542. Mit 1 Tafel].) Njbl. Chorh. Zürich 1789. 4. [Zürich.]
Verfasser: Salomon Klauser *oder* Johannes Schulthess.

Juda, A., der Bau der Eisenbahn-Brücke über die Save bei Brood, s.: Bock Edl. v. Nordenau, O.

Juda, Adolf, appr. Arzt a. Hagenow i. M.: Aus der medicinischen Klinik zu Rostock. Ueber das Delirium Tremens. Berlin 1905: M. Weinberg & Co. (39 S.) 8°
Rostock, Med. Fak., Ref. Martius, Diss. v. 10. Apr. 1905
[Geb. 17. Febr. 82 Hagenow; Wohnort: Hagenow; Staatsangeh.: Mecklenburg-Schw.; Vorbildung: Realgymn. Schwerin Reife O. 00, Ergänzungspr. Gymn. Parchim O. 01; Studium: Berlin 5, Rostock 4 S.; Coll. 22. Dez. 04; Approb. 15. Juli 04.]

Juda, David [aus Samotschin]: Die Beziehungen zwischen Aneurysmen und Tuberkulose ... Erlangen, Druck d. Univ.-Buchdr. v. E. Th. Jacob, 1892; 38 S., 1 Bl. 8.
Erlangen, Med. Fak., Inaug.-Diss. v. 26. Febr. 1892

Juda, Isidor (Samotschin, Prov. Posen), Halbseitige vasomotorische und secretorische Störungen bei Tabes dorsualis incipiens. Diss. med.-chir. Bln. (Gust. Schade [Otto Francke]) 9. VII. 1887. 36 S. mit Biogr. (5.—) 17068
Oppon.: Albert Gutkind, Theodor Sommerfeld, Emanuel Helmbach.

Juda, Isidor, halbseitige vasomotorische und secretorische Störungen bei Tabes dorsualis incipiens. Diss. Berlin 1887, Mayer & Müller. 8°. 35 S.

Juda, Leo: Der grössere catechismus. Wintherthur: Steiner 1836. 270 S. 8°

Judä, Leo, größerer Catechismus z. Belehrung d. Christenvolkes u. z. Begründ. d. Hoffnung, die da in uns ist, in erneuerter Form mit e. Vorw. hrsg. v. J. C. Grob. — A. u. d. T.: Catechismus, christl., klare u. einfältige Einleit. in den Willen u. in die Gnade Gottes, darin nicht nur die Jugend, sondern auch d. Aeltern unterrichtet werden, wie sie ihre Kinder in den Gebothen Gottes, in christl. Glauben u. rechtem Gebeth unterweisen mögen. 16. (19 B.) Winterthur 836, Steinerische Bh.

Judä, Leo, größerer Katechismus zur Belehrung des Christenvolks ꝛc., in erneuerter Form herausgeg. von J. K. Grob. 16. Zürich 836, Hanke. 6 *ngl* geb. 8½ *ngl*

Juda Leon, Beiträge zur Kritik der Reformbestrebungen in der Synagoge. 8. Stuttg. 841. (Tübingen, Fues.) n. 6¼ *ngl*

Juda Löb Ben Seb, Erklärung, s. Löb.

Judae, C., Geschichte d. christl. Kirche. Mit e. Vorr. v. Aug. Neander. (6 Lfgn.) gr. 8. (39⅛ B.) Berlin 838, Schroeder.

—— Geschichte d. Mäßigkeits-Gesellschaften. gr. 12. (1 B.) Berlin 837, Schroeder.

—— englische Grammatik. Nach Hamilton's Methode bearb. 8. (9½ B.) Berlin 838, Schroeder.

—— französische Grammatik. N. d. Methode d. Interlinearisten bearb. 8. (27 B.) Berlin 841, Stackebrandt. (Leipzig, Wienbrack.)

Judä, C., Französische Grammatik. Nach der Methode der Interlinearisten bearbeit. 8. 841. Halle, Goldiß'sche B. 5/6 ℔

Judae, C., französische Grammatik. Nach der Methode der Interlinearisten bearb. 2., verb. und verm. Aufl. 8. (XVI und 432 S.) Berlin 853, Nicolaische Buchh.

—— Lehrbuch der brandenburgisch-preußischen, deutschen und allgemeinen Geschichte für Bürger-Schulen. 2., verb. Aufl. gr. 8. (IV und 204 S.) Berlin 853, Nicolaische Buchh. *

—— Lehrbuch d. Religion f. evangel. Lehranstalten. (21½ B.) 8. Berlin 836, Schroeder.

—— Rede, am 3. August 1840 zur Erinnerung an d. hochsel. König Friedrich Wilhelm III. gehalten. gr. 8. (1 B.) Berlin Stackebrandt. (Leipzig, Wienbrack.)

—— Umriß d. christl. Kirchengeschichte f. höh. Bürgerschulen u. Gymnasien. 8. (5½ B.) Berlin 836, Schroeder.

Judae, Leo, s. Juda

Judäa, oder das Heilige Land in welchem die Hebräer oder Israeliten gewohnet haben, in seine zwölf Stämme eingetheilet; etc. Joh. Ulrich Stapff excudit Augusta Vind. Ohne M. 1 Bl.

Judaea, seu Palestina ob sacratissima Redemtoris vestigia hodie dicta Terra Sancta prout olim in duodecim Tribus divisa etc. Collecta ex Tabulis Guil. Sansony a Joh. Bapt. Homanno Norimbergae. 1: 750,000. 1 Bl.

Judaea capta oder die Zerstörung Jerusalems. Aus dem Engl. Mit einer Einleitung von W. Hoffmann. 8. (221 S.) Stuttgart 858, J. F. Steinkopf. Thlr.

Judaeo-Persica nach St.-Petersburger Handschriften mitgeteilt von Carl Salemann. I. Chudâidât ein jüdisch-buchârisches Gedicht. [MAP. VIIe Série. Tome XLII. No. 14.] St.-Pétersbourg 1897.

Judas [Sachliches Ordnungswort]

Judas apostolus illustratus. Lipsiae 1727. V: *Martinus, Sam.* (Myl)

JUDAS der Erzschelm. Ein politischer Roman aus dem Reiche der Todten. Mit satyr. Titelkupfer. (Ein zechender Mönch neben einem Weinfasse auf einem Sarge sitzend umarmt ein Frauenzimmer.) Straubingen u. Amberg (Leipzig, Weygand) 1786. 8°. (5 Mk., etw. fleckiges Expl., Paul Neubner, Köln, 1892.)

Seltene Satyre auf Ordens- u. Mönchswesen. Titel u. 382 Seiten. — Hier einige Capitel-Ueberschriften: 1. Der Bücherbrand zu Wien. 4. Judas der Erzschelm lebt das beste Leben von der Welt; nämlich: ein Domherrnleben. 5. J. d. E. geht ins Kloster, u. vertreibt den Nonnen die lange Weile. 6. Judas hilft Kezzer u. Heiden bekehren; wallfartet ad limina sanctorum, wird Ordensgrossmeister, stirbt u. wircket Mirackel. 9. Judas bestelt (!) den Porziunkulaablass zu predigen. 11. Die Sizilianische Vesper-Spizbübereien (sic) u. der heil. Jesuitenorden. 13. La Pucelle d'Orleans, u. Bussprediger, eine Jesuiterschule u. die Toleranz. 15. Judas lässt sich von Pater Gassner benediziren. 16. Richelieu und Pompadour.

Dieses Curiosum wird kurz in Ebeling's Gesch. d. komischen Litt. besprochen. E. kennt den Verfasser ebensowenig wie das Anon.-Lex.

Weller, fing. Druckorte, citirt: Straubingen und Augsburg (Walliser in Klagenfurt) 1786.

Judas Ischarioth. Ein dramat. Gedicht in fünf Abtheilungen. gr. 16. (IV und 164 S.) Berlin 851, Allgemeine deutsche Verlags-Anstalt. *

Judas Ischarioth. Christliche Studien eines Laien. 8. (73 S.) Leipzig 871, (Steinacker.) *

Judas Ischariot, der Verräther des Messias. Ein Gemälde seiner Herkunft u. seines Berufes, seines Sündenlebens, u. s. Todes rc. 8. München 826, Landsh., Weber.)

Judas Machabaeus, orationi magis quam armis confisus ... Viennae 1716. V: *Winter, Thomas.* (Jes)

Judas [Verfasser]

— der Brief, übersetzt v. Jh. Fr. Schumer. 4. Bresl. u. Leipz. 778. Gutsch. 5 ℛ

— der Brief, neu übers. u. erläutert von Fr. J. Hasse. 8. Jena 786. Cröker. 4 ℛ

Judae epistola, graece, s.aH K. A. *Haenlein.*

Judae *Epistola.* Graece. Commentario critico et annotatt. perpet. illustr. Haenlein. Erlang. 799. 8.

JUDAS (ps.), Der Judenfreund, oder auserlesene Anekdoten, Schwänke und Einfälle von den Kindern Israels, hrsg. (verfaßt) von —. (c. 1820?)
Harpf's in Königsberg i. Pr. Leihbibl.-Cat.

Judas, A. C., étude démonstrative de la langue phénicienne et de la langue libique. gr. 4. (238 S. m. 32 Taf. in 4. u. Fol.) Paris 847, Klincksieck. baar 8 ℔

(Judas Ischarioth): Neueste Beyträge zu der Geschichte der Jesuiten aus wahrhaften Urkunden gezogen. Hamburg 1781.

Judas Nazarei, v. alten u. neuen Gott, Glauben u. Lehre, hrsg. v. Ed. Kück, s. a. Neudrucke deutscher Litteraturwerke d. XVI. u. XVII. Jahrh.

Judas Nazarei: vom alten und neuen Gott, Glauben und Lehre (1521); hsg. v. Ed. Kück. Halle 1896. V: *Walt, Joach. v.* (Zuwachsverz. d. Bibliotheken in Zürich 1898 ff.)

Judaskuß, gallischer. Antwort auf Edm. Abouts Schrift: „Preußen im J. 1860." Lex.-8. (16 S.) Berlin 860, Haude und Spener'sche Buchh. **

Judaeus, s.: Baalschem, der, v. Michelstadt.

Judaeus, was müssen wir Juden thun? Zürich, Trüb'sche Buchhandlung (Schröter & Grisch), 1881. 12°. 57 S.

(Judäus.) Was sollen wir thun? In-8°, 64 S. Zürich, Trüb'sche Buchhandlung. 1881.

— s.: Welt, e. ungekannte.

[Hebr. u. Ant.] Öhel Ja'aqob. 'Jacobs Tempel'. Zsgst. u. hrsg. von Lasarre Judavics. T. 1. Berlin: Selbstverl. 1906. 8° A 13.1979

Judd, Carrie F., das Gebet des Glaubens. [Mit einigen Auslassungen aus dem Engl. übers.] (79 S.) 1881; 2. Aufl. 8. (88 S.) [Bonn 882, Schergens.] Gernsbach, Buchh. des christl. Colportage-Vereins. *

Judd, Carrie F., das Gebet des Glaubens. (Mit einigen Auslassgn. aus dem Engl. übers.) 8. Aufl. 12. (88 S.) Lichtenthal b. Baden-Baden 900. Christl. Kolportage-Verein. —60

Judd, Charles Hubbard: Ueber Raumwahrnehmungen im Gebiet des Tastsinnes ... (Aus: Wundt, Philos. Stud., Bd. XII Heft 2 u. 3.) Leipzig, W. Engelmann, 1896; 57 S. 8.
Leipzig, Phil. Fak., Inaug.-Diss. v. [30. Apr.] 1896

Judd, William B. [aus Pittston, U. S. A.]: Noah Porters Erkenntnislehre ... Jena, Druck v. B. Vopelius, 1897; 2 Bl., 59 S. 8.
Jena, Phil. Fak., Inaug.-Diss. v. [16. Mai] 1896

Judde, Claude

Judde, die Betrachtungen aus dem Exerzitien-Büchlein des heil. Ignatius in ihrem ganzen Umfange vorgetragen. Aus dem Französ. gr. 8. (518 S.) Regensburg 855, Pustet.

Judde, Betrachtungen für die 8 Exerzitientage welche der Ablegung oder Erneuerung der Ordens-Gelübde vorangehen. Aus dem Französ. gr. 16. (63 S.) Innsbruck 866, F. Rauch.

Judde, Claude, S. J., Betrachtungen f. die drei Exercitientage, welche der Ablegg. od. Erneuerg. der Ordens-Gelübde vorangehen. Aus dem Franz. 2. verb. Aufl. 12. (61 S.) Innsbruck 900. F. Rauch. —40; geb. in Leinw. n. —60

—— kleine Betrachtungen für Novizen an den Festen der heiligen Jungfrau angewendet auf die Tage an denen man communizirt. Aus dem Französ. gr. 16. (72 S.) Innsbruck 867, F. Rauch.

Judde, Claude. Exercitia spiritualia pro Religiosis . . . Augustae Vind. et Friburgi Brisg. 1752. V: *Gachet, Johann Baptist.* (Jes)

Judde, die großen Exerzitien. Aus dem Französ. frei bearb. von einem Mitglied des Kapuzinerordens. gr. 8. (VIII, 512 S.) Manz 885, Kirchheim. 4 20

—— Exerzitien für Ordensleute. Aus dem Französ. 8. (IV und 444 S.) Innsbruck 866, F. Rauch.

(F) P. Claude Judde S. J. Exercitien für Ordensleute. Nach dem französischen bearbeitet und mit Zusätzen versehen von Josef Maria Hillenkamp. Mit kirchlicher Approbation und Erlaubnis der Ordensobern. 2, verbesserte Auflage. Innsbruck. 1901. Rauch. 8°. XXII, 803 S. K 2.60

—— Unterweisung für junge Professoren an den höheren Lehranstalten. gr. 12. (118 S.) Regensburg 856, Pustet.

Judde, S. J., Vorträge üb. geistl. Themata. Aus d. Franz. des Abbé Lenoir-Duparc. (VIII, 388 S.) gr. 8. Regensburg 907. F. Pustet. 1.80; geb. in Leinw. 2. 60

Jude, der, eine Wochenschrift (hrsg. von *Gfr. Selig,* geb. 1722, † 1795), 9 Bde. Mit TVign. in Hlzschn. Bd. 1—7: Leipzig, aus der Rumpfischen Buchdruckerey, 1768 ff. Bd. 8: Bresslau, bey Gli. Löwe, 1777 (wohl Druckf. statt 1771: Zuschr. dat. Dressden, d. 31. Aug. 1771). Bd. 9: Leipzig, 1772. Verlegts Chrn. Frdr. Rumpf. 8°. Schönes Expl. in 9 weiss. Hpgmtbdn.
Cplte. Folge dieser geschätzten Encyclopädie d. jüdischen Religionswesens. I: 12 Bll., 432 S. II: 6 Bll., 396 S. III: 4 Bll., 400 S. IV: 8 Bll., 387 S. V: 8 Bll., 400 S. VI: 8 Bll., 400 S. VII: 8 Bll., 374 S. VIII: 8 Bll., 371 S. IX: 8 Bll., 400 S.

Jude, d., e. Wochenschr. 9 Bde. 8. Leipz. (Korn d. ält. in Bresl.) 777. Rthlr.

Jude, der; Schspl. 8. Wien 795. Wallishausser. 6 gr.

— der. Schspl. in 5 Aufz., nach d. Engl. (d. Cumberland v. ... Dengel). 8. Berl. 798. Leipz., Steinacker. 8 gr.

— Schsp. a. d. Engl. 8. Berlin, Hartmann. (a. Steinacker in Leipz.) 798.

— Schsp. in 5 A. a. d. Engl. d. Cumberland. 8. Königsberg, Nicolovius. 798.

Jude, der, period. Blätter f. Religion u. Gewissensfreiheit. In zwangl. Abthln. hrsg. v. G. Riesser. 1. u. 2. Bd. (Jahrg.) 1832, 33. à 26 Nrn. (Bog.) Mit Titlvign. gr. 4. Altona, (Hammerich.) à T.

Jude, der. Ein Journal für Gewissensfreiheit. In zwanglosen Heften herausgeg. von GABR. RIESSER. 1. Heft. Altona. 1835. (Mere udkom ikke).

Jude, der, ein Journal f. Gewissens-Freiheit. In zwangl. Heften hrsg. v. G. Riesser. 1. Hft. Mit Intelligenz-Blatt. gr. 8. (8 B.) Altona 835, Hammerich.

—— der, gezeichnet u. gestochen v. einem Juden. gr. 12. (2½ B.) Marburg 834, Elwert.

Jude, der. Trauerspiel in 2 Aufzügen. gr. 12. (34 S.) Kiel 818, Schröder und Comp. *

—— der, oder: Neigung und Pflicht. Ein Charakter- und Zeitgemälde aus dem vorigen Jahrhundert. Der reifern Jugend gewidmet von dem Verf.: „Die Kinder der Wittwe" (Ed. v. Ambach). 8. (184 S. und 1 Stahlst.) Regensburg 850, Manz.

Der Jude: 1887. New York, NY
Weekly Jewish paper, printed in German. Edited & published by S. Wiener.

Jude, Der. Zeitgemässe Betrachtung von einem katholischen Geistlichen ... Posen 1892. V: *Krzesinski*, *Bogumil.* (Berl)

Jude, der. Zeitgemässe Betrachtg. v. e. kathol. Geistlichen der Erzdiözese Gnesen-Posen. gr. 8. (20 S.) Posen 892. (J. Jolowicz.) n. — 50

Der Jude: 1895.
Weekly Jewish paper, printed in German. Title changed to JÜDISCHER ANZEIGER with no. 11.
New York, NY

Jude, der arme, wie ihn der große Demokrat Hr. Wilh. Maar besp.... (richt). Beleuchtet von keinem Juden. gr. 8. (15 S.) Hamburg 862, Falcke.

Jude, Der, mit dem Barte oder Lebensläufe eines Judenknaben. Wien 1848. V: *Jockel* [?] *Jockell, J. B.* [?]. (EB)

Jude, Der mit dem Barte, oder Lebensläufe eines Judenknaben. Aus den hinterlassenen Schriften eines Convertiten mit erläuternden Anmerkungen herausgegeben. Wien 1848. V: *Jokel* (*Jokell*), *Samuel* (*Johann*). (Oesterreichisches Jahrb. Hsg. von Freih. v. Helfert XI, 99—101.)

—— der, mit dem Barte, oder Lebensläufe eines Judenknaben. Aus den hinterlassenen Schriften eines Convertiten mit erläut. Noten hrsg. gr. 12. (314 S.) Wien 818, [Hölzel.]

—— der ewige, s. Hausfreund, leitmeritzer.

Der ewige Jude.

Curieuse Relationen ‖ Deren ‖ Die I. Von einem Zeit Christi Leiden zu Jerusalem ver | wahrt behaltenen Juden ‖ Die II. Von einem Zeit Christi Leiden stets herüm wallen ‖ den Juden . . . Zusammen XII Relationen: „Samt einem Anhang etlicher Relationen ‖ Von dem Pilatus-See bey Lucern in der Schweitz. ‖ Der Verwandschafft wegen Beysammen herausgegeben. 16 Bl.
Neubaur, Centralbl. 10, S. 258, Nr. XXXV.
Breslau, Hannover, Wien.

1694, o. O., 8°. 8 Bl. Mit Holzschnitt. Wie Neubaur Nr. 22.
Berlin.

1697, o. O., 8°. 24 Bl. Text wie Neubaur Nr. 22.
Dresden.

o. J., o. O., 8°. 23 Bl. Datum Refel, den 11. Martii Anno 1634.
Centralbl. f. Bibl. 10 (1893), S. 261, Nr. XLII.
Jena UB. S.: P. Hoffmann, Vierteljahrsschr. f. Litg. IV, 1 (1891), S. 125. 126.

1723, Frankfurt u. Leipzig, 8°.
Biltz,* Neuer deutscher Bücherschatz, 1895, Nr. 640.
Weller, Fingierte Druckorte I², S. 13.

1782*-85, Riga, Johann Friedrich Hartknoch, 8°.
In Reichhards Bibl. der Romane, Bd. VIII, S. 79—126. Bd. IX, S. 39—102. Bd. X, S. 111—165. Bd. XI, S. 8—99. Bd. XII, S. 83—140.

1793,* o. O. (aufs neue aufgelegt und gedruckt im Jahre 1793), 8°. 46 S. Mit Titelbild.
Berlin.

1795, o. O. u. Dr., 8°. 16 S.
Neubauer im Centr. 28 (1911), S. 506.
Stadtbibl. Zürich KZ 1551.

o. J.* (17. Jahrh.), o. O., 8°. 24 Bl. Mit Titelholzschnitt.
Centralbl. 10, S. 258 Nr. XXXVIII. In Neubaurs Besitz. (A. Bielefelds Hofbuchhandlung, Karlsruhe. Blätter für Bücherliebhaber, 1884, Nr. 115, S. 10 Nr. 190.

o. J., o. O., 8°. 24 Bl. Mit Holzschnitt.
Centralbl. f. Bibl. 10 (1893), S. 260, Nr. XXXIX.
Prag UB.

o. J., o. O., 8°. Wieder neugedruckt. 24 Bl. Mit Kupferstich. Datum Refel, den 11. Mertzen 1634.
Früher im Besitz des Herrn Joh. Roth in Erlangen.
Centralbl. f. Bibl. 10 (1893), S. 260, Nr. XL.

o. J., o. O., 8°. 23 Bl. Datum Revel, den 11. Martii Anno 1634. D. W. D. Chrysostomus Dudelaeus, Westphalus.
Centralblatt X, S. 261, Nr. XLI.
Kurländisches Provinzialmuseum zu Mitan. S.: Schiemann, Baltische Monatsschrift 31 (1884), S. 621.

o. J.,* o. O., 8°. Mit Bild des Juden. Text wie Neubaur Nr. 10.
Leipzig UB.

o. J.,* o. O., 8°. 23 Bl. Mit Titelholzschnitt.
München.

o. J. u. O., 8°. 24 Bl.
Hamburg, Stadtbibl., Tübingen.

o. J. u. O., 8°. 30 Seiten.
Hamburg, Stadtbibl.

o. J.* u. O., 8°. Mit Titelholzschnitt.
Darmstadt.

o. J., o. O., 8°. 40 S. Mit Titelholzschnitt.
Seite 34: „der gegenwärtige Ahasverus . . . ist 1794 Jahre alt . . .“
Neubaur 39 Centralbl. 10, Nr. XLIX.
Berlin, Dresden, Oeffentl. Bibl.

o. J., o. O., 8°. 46 S. Mit Titelholzschnitt.
Fürstl. Bibl. zu Wernigerode.

o. J., o. O. (gedruckt in diesem Jahr), 8°.
Brüssel.

o. J., Frankfurt u. Leipzig, 8°. 39 S. Mit Titelbild. Unterzeichnet Reval, den 11. Martii 1734. Im ganzen 9 zehnzeilige Strophen.
Neubaur, Centralbl. 10, S. 263, Nr. LII.
Hannover.

1827,* München, J. Lindauer, 8°.
Ein Volksbüchlein. Enthaltend die Geschichte des ewigen Juden, die Abenteuer der 7 Schwaben, nebst vielen andern erbaulichen und ergötzlichen Historien. Probeblätter für Volksfreunde hrsg. von L. Auerbacher.

1835, München, in der lit.-art. Anstalt, 8°.
Ein Volksbüchlein, I. Theil, enthaltend: Die Geschichten des ewigen Juden, die Abenteuer der 7 Schwaben nebst vielen anderen . . . Historien. Hrsg. Ludwig Auerbacher. 2. vermehrte und verbesserte Auflage.

1847, Simrock, Volksbücher, Bd. VI, S. 423—451.
Neubauer LIV, Centralbl. f. Bibl. 10, S. 264.

c. J. (1879), Leipzig, Philipp Reclam jun., 8°.
Ein Volksbüchlein von Ludwig Auerbacher . . . Aus dem Nachlaß vermehrt und mit einem Vorwort hrsg. von Joseph Sarreiter. Universalbibliothek Nr. 1291, 1292. 232 S.
Teil I. Die Geschichte des ewigen Juden etc.

o. J., Leipzig, Otto Wigand, 8°.
Volksbücher Bd. 52, Nr. 2, S. 17—21.
Centralbl. 10, S. 264, Nr. LVI.

— d. ewige, e. kom. Gesch. a. d. 18ten Jahrh. m. K. 8. Wien, Ant. Doll. (Liebeskind in Lpz. in Commiss.) 800.

Jude, Der ewige, eine historische Novelle der Vorzeit. Nach dem Engl. . . . Stuttg. 1829. V: *Croly, George.* (EE)

—— der ewige, eine histor. Novelle d. Vorzeit. N. d. Engl. Hrsg. v. Ludw. Storch. 3 Thle. 12. (35⅔ B.) Stuttgart 829, [Brodhag.]
Vgl. Salathiel.

Jude, Der ewige, und sein Liebling in München. München 1831. V: *Blaul, Friedrich.* (Soergel, Ahasver-Dichtungen. Leipzig 1905. S. 162.)

—— der ewige, u. sein Liebling in München. Eine Verklärung, skizzirt v. e. reisenden Maler. gr. 8. (2¾ B.) München 831, (Franz.)

Jude, Der ewige, in Monte Carlo [H. Heine]. Ein Wintermärchen von der Riviera. Dresden u. Leipzig 1892. V: *Königsbrun-Schaup, Franz von.* (Meyer, Fr., H. Heine-Bibliothek. Leipzig 1905. S. 153.)

—— der ewige, in Monte Carlo. Ein Wintermärchen v. der Riviera. 8. (112 S.) Dresd. 892, Pierson. * 2 —; geb. in Leinw. * 3 —

Jude, der, in Deutschlands Gegenwart. (1. Jahrg.) 1846. 52 Nrn. (Bog.) gr. 4. Hamburg 846, Hoffmann u. Campe. *

—— der, in Deutschlands Gegenwart. 2. Jahrg. 1847. 52 Nrn. (Bog.) gr. 4. Hamburg, Hoffmann und Campe. *
1. Jahrg. 1846. Ebendas. * 4 Thlr.

Jude, der, u. der Grieche. Posse, s. Lustspiele v. Jul. v. Voss. 5r Bd.

Jude, Der holländische. Eine wahre Geschichte: Der Freimüthige 1810, Nr. 247/54. V: *Heun, Carl* (ps. *H. Clauren*). Wiederholt in dessen »Erzählungen«, 4. Bd. Dresden 1819. (DARP)

—— ein, des 19. Jahrhunderts. Historisch-romantisches Charaktergemälde neuerer Zeit. 2 Bde. 8. (XII und 454 S.) Wien 850, (Gerold, Verlag.) *

—— u. Nichtjude, eine Erwiderung auf die Schriften der Triple-Allianz der Hrn. Docteren Holdheim, Salomon u. Frankfurter von einem Ungenannten. Lex.-8. (1½ B.) Amsterdam 842. (Hamburg, Berendsohn.) *

— **Sozialdemokratie, Militär,** s. a. Flugschriften, katholische, zur Wehr u. Lehr'.

Jude. Socialdemokratie. Militair. Skizze von einem Süddeutschen. Berlin, Germania, 1892, 16°, 32 S., 10 Pf. (Kath. Flugschr. zur Wehr u. Lehr'. Nr. 65.)

Jude. Sozialdemokratie. Militär. Eine sozialpolitische Skizze von einem Süddeutschen. (Katholische Flugschriften, Heft 65.) 16⁰. Berlin, Germania, 1893.

Jude, Der unsterbliche. Aus dem Lateinischen ins Deutsche übersetzt von M. M. Dreßden u. Leipzig 1702. V: *Thilo, Gottfried.* (Neubauer, Die Sage vom ewigen Juden. 2. A. Leipzig 1893. S. 21 u. 117.)

Der unsterbliche Jude, Aus dem Lateinischen ins Deutsche übersetzet Von M. M. Dreßden und Leipzig, Bey J. C. Miethen, 1702. 8⁰.

Jude, der, von Verona. Historischer Roman aus den J. 1846 bis 1849. Aus dem Italien. übers. 2 Bde. 8. (XXX und 1137 S.) Schaffhausen 855, Hurter'sche Buchh.

Jude, der, von Verona. Historischer Roman aus den J. 1846 bis 1849. Aus dem Italien. übers. 2 Bde. 2., verb. Aufl. 1857, und 3. Aufl. 8. (XXX und 1185 S.) Schaffhausen 859, Hurter'sche Buchh.

Jude, Der, von Verona. Historischer Roman aus den Jahren 1846—49. Aus dem Italienischen übersetzt. Schaffhausen 1865. 2. Aufl. 1857. 3. Aufl. 1859. V: *Bresciani, Antonio.* (margr)

Der immer in der Welt wandernde Jude, das ist: Bericht von einem Juden aus Jerusalem, Namens Ahasverus, welcher vorgibt, er sey bei der Kreuzigung Christi gewesen, und bisher durch die Allmacht Gottes beim Leben erhalten worden. Wie auch ein Bericht von den zwölf jüdischen Stämmen, was ein jeder Stamm dem Herrn Christo zur Schmach angethan und was sie dafür leiden müssen. Cöln am Rhein und Neuenburg. s. a. 8.

— **der, im Citat u. im Sprichwort. Ein Bädeker f. Anti- u. Philo-Semiten. Zusammengestellt v. Sally Simon Tilles. 8. (64 S.) Berlin 892. [P. Heichen.] Frankfurt a/O., Th. Heinrich. n. — 50**

Jude, W. H., krönt Ihn! u. andere Lieder aus der Erweckungs-Bewegung in Wales. Uebersetzung v. Frances S. R. Einzig berechtigte deutsche Ausg. (43 S.) Lex.-8. Neumünster (905). Vereinsbuchh. G. Ihloff & Co. n. 1. —

Judeich, Alb., die Grundentlastung in Deutschland. gr. 8. (V und 230 S.) Leipzig 863, Brockhaus. *

—— die Landrentenbank im Königr. Sachsen. gr. 8. (IV und 142 S.) Leipzig 862, B. Tauchnitz.
Aus: Zeitschrift für Rechtspflege und Verwaltung, besonders abgedruckt.

Judeich, Albert, die Rentensteuer im Königr. Sachsen. Nach Gesetzen und Entscheidungen dargestellt. gr. 8. (IV und 142 S.) Dresden 857, Meinhold und Söhne.

Judeich, Bruno, erreichte Ziele, s.: **Schramm-Macdonald, Hugo.**

Judeich, Edm., 1870. Zeit-Gedichte. gr. 8. (23 S.) Dresden 871, (Reinhardt.)

—— Erzählungen aus dem Rechtsleben. 1. Bdchn. 8. (121 S.) Dresden 868, Türk's Verlag. *

Judeich, Edm., aus zwei Jahrzehnten. Politische Gesänge. 8. (VIII und 69 S.) Dresden 866, (Weiske.) *

—— **Vortrag über das Recht der Schriftsteller und Künstler an ihren Werken.** Gehalten am 13. März 1867 zu Dresden. gr. 8. (29 S.) Dresden 867, (Burdach.) *

JUDEICH, Ewand (Tharandt): Über einen Fall von Endothelkrebs der bronchialen Lymphdrüse. (Titel nach der Urkunde)
25.7.1891 - Urk; Chr 1891/92,25
Diss. Ingolst.-Landsh.-Mchn.

JUDEICH, Friedrich: Aufgabe und Bedeutung der Forsteinrichtung für die gegenwärtige Forstwirthschaft. - Wien 1890. 21 S. -(Int. land-u. forstwirth. Congr. Wien 1890, H. 152)

Judeich, Friedr. Aufgabe u. Bedeutung der Forsteinrichtung f. die gegenwärtige Forstwirthschaft. Vortrag. gr. 8. (21 S.) Wien 890, (Frick). * 1 20

—— Forsteinrichtung, s. Handbuch der Forstwissenschaft.

JUDEICH, Friedrich: Die Forsteinrichtung. - Dresden 1871. 388 S. - 2. Aufl. ebd. 1874. XII, 404 S. - 3. Aufl. ebd. 1880. XII, 456 S. - 4. Aufl. ebd. 1885. XII, 514 S., 1 Kt. - 5. Aufl. ebd. 1893. XII, 544 S., 1 Kt. - 6. Aufl. Leipzig, Berlin 1904. XII, 575 S., 1 Kt. erg. v. Max Neumeister. - 8. Aufl. Berlin 1923. XII, 607 S., 1 Kt. erg. v. Max Neumeister

Judeich, Friedr., die Forsteinrichtung. 1. Aufl. (XII, 388 S.) 1871. *M.* 7., und 2. verb. Aufl. gr. 8. (XII, 404 S.) Dresden 874, Schönfeld's Verlag. *

Judeich, Friedr., die Forsteinrichtung. 3. sehr verm. und verb. Aufl. gr. 8. (XII, 456 S.) Dresden 879, Schönfeld's Verlag. *

Judeich, Friedr. [J. F.], die Forsteinrichtung. 4. verm. und verb. Aufl. gr. 8. (XII, 514 S. mit 1 Karte in Farbendr.) Dresden 885, Schönfeld. geb. * 10 —

Judeich, Frdr., die Forsteinrichtung. 5., verm. u. verb. Aufl. gr. 8. (XII, 544 S. m. 1 farb. Karte.) Dresden 893. G. Schönfeld's Verl. Geb. in Leinw. n. 10. —

Judeich, Frdr., die Forsteinrichtung. 6. ergänzte Aufl. v. Max Neumeister. (XII, 575 S. m. 1 farb. Karte.) gr. 8. Leipzig 904. [R. C. Schmidt & Co.] Berlin, P. Parey. Geb. in Leinw. n. 10. 50

Judeich, s.: Forst- u. Jagd-Kalender.

—— die Forstwirthschaft auf der Ausstellung zu Wien, s. a. Bericht, amtlicher, über die Wiener Weltausstellung im J. 1873.

JUDEICH, Fr.: Die Forstwirthschaft auf der Ausstellung zu Wien. Autorisierter Abdruck aus dem "Amtlichen Berichte über die Wiener Weltausstellung im Jahr 1873". Bd. II, H. 6 A: "Die Forstwirthschaft". - Braunschweig 1874. 77 S.

— zur Geschichte der Forstakademie Tharand während der 25 Jahre vom Sommerhalbj. 1866 bis zum Schluß d. Winterhalbj. 1890/91. Mit 1 Abbildg. d. Laboratoriums in Tharand. [Aus: „Tharander forstl. Jahrb."] gr. 8. (132 S.) Dresden 891. G. Schönfeld's Verl. n. 3. –

— zur Geschichte der Forstakademie Tharandt. 891. Jetzt: Berlin, P. Parey.

—— und H. Nitsche, Lehrbuch der mitteleuropäischen Forstinsektenkunde, mit einem Anhang: Die forstschädl. Wirbelthiere. Als 8. Aufl. von J. T. C. Ratzeburg, die Waldverderber und ihre Feinde in vollständ. Umarbeitung hrsg. 1. Abthl.: Ratzeburg's Leben. Einleitung. Allgemeiner Thl. gr. 8. (261 S. mit 1 Portr. Ratzeburg's, 3 color. Taf. und 106 Holzschn.) Wien 885, Hölzel. * 8 —

—— u. H. Nitsche, Lehrbuch der mitteleuropäischen Forstinsektenkunde m. e. Anh.: Die forstschädl. Wirbelthiere. Als 8. Aufl. v. Dr. J. T. C. Ratzeburg, die Waldverderber u. ihre Feinde in vollständ. Umarbeitg. hrsg. 2. Abthl. Specieller Thl., 1. Hälfte: Geradflügler, Netzflügler u. Käfer. Mit 3 color. Taf., 77 Textfig. u. 3 illustr. Bestimmungstaf. gr. 8. (S. 265—623.) Wien 889, Hölzel. * 10 —
1. Abthl. Ebd. 1885. * 8 —.

Judeich, J. F., u. H. Nitsche, Lehrbuch der mitteleuropäischen Forstinsektenkunde, m. e. Anh.: Die forstschädl. Wirbelthiere. Als 8. Aufl. v. J. T. C. Ratzeburg, die Waldverderber u. ihre Feinde in vollständ. Umarbeitg. hrsg. 3. Abth. Specieller Thl., Fortsetzg.: Hautflügler, v. den Schmetterlingen Tagfalter, Schwärmer, Spinner u. Anfang der Eulen. Mit 1 color. Taf. u. 84 Textfig. gr. 8. (S. 624—936.) Wien 893. E. Hölzel. n. 10. — (1—3.: n. 28. —)

— u. H. Nitsche, Lehrb. d. mitteleuropäischen Forstinsektenkunde. Als 8. Aufl. v. J. T. C. Ratzeburg, d. Waldverderber u. ihre Feinde in vollständ. Umarbeitg. hrsg. 4. (Schluss-)Abth. M. 1 color. Taf. u. 86 Textfig. gr. 8. (XXII u. S. 937—1421.) Wien 895. Berlin, Parey. n. 17. —

— dasselbe. 2 Bde. M. Ratzeburg's Bildn., 8 bunten Taf. u. 352 Textabb. gr. 8. (XXXII, XXII, 1421 S.) Berlin 895. P. Parey. Geb. in Leinw. n. 40. —

JUDEICH, J. Friedrich u. Heinrich NITSCHE (Hrsg.): Lehrbuch der mitteleuropäischen Forstinsektenkunde mit einem Anhang: Die forstschädlichen Wirbelthiere. - Wien 1885–1895. 4 Abt. i. 2 Bd. Insges. 1421 S. Als 8. Aufl. v. J. T. Ratzeburg: Die Waldverderber und ihre Feinde. - Abt. I: 1885. - Abt. II: 1889. - Abt. III: 1893. - Abt. IV: 1895. - Neuaufl. s. Karl Escherich: Die Forstinsekten Mitteleuropas

Judeich, H., ein Schulmeister-Märchen. Dramat. Scherz in 1 Aufzuge. 8. (34 S.) Dresden 888, (Morchel.) * 1 —

Judeich, Helene, Neugermanien. Zukunftsschwank in 2 Akten, aus dem J. 2075. (60 S.) 8. Dresden 903, Holze & Pahl. n. — 75

Judeich, Walth., Altertümer v. Hierapolis, s.: Humann, Carl.

Judeich, W., Die Stadt Athen im Altorthum v. C. Wachsmuth rec. S.-A. 1890. 88 S.

— Bericht üb. e. Reise im nordwestlichen Kleinasien. [Aus: „Sitzungsber. d. preuss. Akad. d. Wiss."] gr. 8. (25 S. m. 14 Abb.) Berlin 898. (G. Reimer.) n. 1. —

Judeich, Walther: Caesar im Orient. Kritische Übersicht der Ereignisse vom 9. August 48 bis October 47. Leipzig, Druck von F. A. Brockhaus, 1884. 8. 50 S.

Judeich, Walther, Caesar im Orient. Krit. Übersicht der Ereignisse vom 9. Aug. 48 bis Oktbr. 47. gr. 8. (VIII, 205 S. mit 1 Tab., 1 Karte und 4 Plänen.) Leipzig 885, Brockhaus. * 5 —

Judeich, W., Gargara und der Altar des idäischen Zeus. S.-A. 1901. 15 S. m. Abb. 4°. —.90

Judeich, Walther: Persien und Aegypten im IV. Jahrhundert v. Chr.... Marburg, Univ.-Buchdr. v. Joh. Aug. Koch, 1889, 2 Bl. + 14 S. + 1 Bl. 8°
Marburg, Phil. Fak., Hab.-Schr. v. 14. Dez. 1889

Judeich, Walth., kleinasiatische Studien. Untersuchungen zur griechisch-pers. Geschichte d. IV. Jahrh. v. Chr. gr. 8. (XII, 370 S.) Marburg i/H. 892. N. G. Elwert's Verl. n. 9. —

Topographie von Athen. Von Dr. Walther **Judeich,** Prof., Erlangen. Mit 48 Abb. u. 3 Pl. München. C. H. Beck 1905. (XI, 416 S.) 8°
= **Handbuch** d. klass. Altertums-Wissenschaft. Bd 3, Abt. 2, T. 2. [05. 8656

Judeich-Mierswa, Sidonie, Coeurbube, s. a. Kürschner's Bücherschatz.

Coeur-Bube. Roman von Sidonie Judeich-**Mierswa.** Mit Ill. von W. Roegge. Berlin-Leipzig: H. Hillger [1907]. (128 S.) 8° [5.]
= **Bücherschatz,** Kürschners. No 581. [08. 12033

Iš revoliucijinio **judėjimo** Maskolijoj. Tilsit: Saunus (1905). 16 S. 8°
[Aus d. russ. revolutionären Bewegung.] Aus: 'Ukininkas.'
(Tautiškosios politikos knygynėlis. Nr 4.)

Jüdel, Arthur [aus Berlin]: Verhandlungen über die Kurpfalz und die pfälzische Kurwürde vom Oktober 1641 bis Juli 1642. . . Halle a. S., Hofbuchdr. v. C. A. Kaemmerer & Co., 1890; 60 S., 1 Bl. 8°
Halle, Phil. Fak., Inaug.-Diss. v. 20. Nov. 1890

Jüdel, Max, & Co., A.-G: Einzel-Konstruktionen der Weichen- und Signal-Stellerei. Braunschweig 1903

Jüdel und Co.: Die centrale Signal- und Weichenstellung System Ruppell — Patent Büssing. Braunschweig (1883?)

Jüdell, G., über Conservirung des Fleisches, s. Mittheilungen und Auszüge aus dem ärztl. Intelligenzblatt.

—— die Vergiftung mit Blausäure und Nitrobenzol in forensischer Beziehung. gr. 8. (III, 110 S.) Erlangen 876, Besold.

Juden, Die. Ein Lustspiel in Einem Aufzuge. Stuttgart 1779. V: *Lessing, Gotthold Ephraim.* (Less 43)

Juden, die. Bürgerl. Scene in 1 A. 8. Wien 807. Wallishausser. 4 K

Juden, die. Eine Vertheidigungsschrift. Aus D'Israeli's political biography of Lord George Bentinck in's Deutsche übers. gr. 8. (25 S.) Leipzig 853. (Wien, Prandel und Meyer.)*

Juden, die. Von einem Christen. 1.—3. Aufl. gr. 8. (61 S.) Berlin 877, Grosser. *

Juden, über die, weder für, noch wieder sie. 8. Breslau, Barth.

Juden, der, Antheil am Verbrechen. Auf Grund der amtl. Statistik über die Thätigkeit der Schwurgerichte, in vergleich. Darstellung mit den christl. Confessionen. 1.—4. Aufl. [Ster.-Ausg.] gr. 8. (19 S.) Berlin 881, Heuße's Verlag. *

Juden, Die armen getäuschten, . . . Cöln [Hamb.] 1798. V: *Heynich, H.* (wr)

Juden, die, *statistisch und naturgeschichtlich betrachtet.* (S.-A. aus: „Oesterreich. Monatsschrift für Gesellschafts-Wissenschaft", Juli-Heft 1881.) *A. E.*: Druck . . . von Dr. M. Huttler, München. Cart.
Interess. antisemit. Schrift zunächst gegen Dr. S. Neumann's Beleuchtung der „Fabel von der jüdischen Masseneinwanderung" gerichtet.

Juden, Die, in Bezug auf das ihnen zu ertheilende oder vorzuenthaltende Bürgerrecht. Den Landständen des Königreichs Sachsen ehrerbietigst vorgelegt. Leipzig 1831. V: *Cunow*, *Martin*. (Nowack, Schles. Schriftst.-Lex. Bresl. 1836—43. IV, 13.)

Juden, die, in Bezug auf das ihnen zu ertheil. od. vorzuenthalt. Bürgerrecht. Den Landständen d. Königr. Sachsen ehrerb. vorgelegt. 8. (2 B.) Leipzig 831, Kollmann.

Juden, die, in Böhmen und ihre Stellung in der Gegenwart. gr. 8. (IV und 90 S.) Prag 863, Silber und Schenk. *

Juden, der, des Orients geheimnißvolles Buch zu Tiberias, u. die Ankunft d. Messias. Bekenntniß e. jüd. Archegon aus d. 6. Jahrh. Auf Veranlass. d. Trauerscene in Damaskus z. ersten Male a. d. Griech. übers. gr. 12. (1 B.) Augsburg 840, (Rieger'sche Buchh.)

— und Christen, über, e. Wort zur rechten Zeit am rechten Ort in Reime gezw. v. Hans Sachs d. jüng. 8. Berlin, Maurer. 804.

—— und Christen oder die Civilehe. Eine Geschichte aus Hamburg. Von Elisa v. .... 2 Bde. 8. (347 S.) Leipzig 852, Kollmann.

Juden, die, u. das Christenblut, s.: Sammlung deutsch-sozialer Flugschriften.

Juden, Die, in Deutschland . . . Berlin 1896. H: *Nathan*, *Paul*. (EB)

Juden, die, in Deutschland. I. gr. 4. Berlin 896. S. Cronbach. n. 3. —
D. Kriminalität d. Juden in Deutschland. Hrsg. v. d. Comité z. Abwehr antisemit. Angriffe in Berlin. (XX, 56 S.)

— dasselbe. II. D. Juden als Soldaten. Hrsg. v. d. Comite z. Abwehr antisemit. Angriffe in Berlin. gr. 4. (III, X, 167 S.) Ebd. 896. n. 5. —

Juden, die, in Deutschland. Von e. jüd. Deutschen. (77 S.) gr. 8. Berlin 911. K. Curtius. 1. —

Juden, die, in Deutschland, u. deren Aufnahme zu Reichs- u. Provinzial-Bürgern. 8. Heilbr. 803. Rausche. (W. Rauck in Leipz.) 4 ℋ

Juden, d., in Deutschl., u. der. Aufn. z. Reichs- u. Provinzial-Burgern. 8. Heilbronn, Rausche. (e. Sommer in Lpz. 803.

— üb. die, an Dohm, (v. F. v. Dieg.) 8. Dessau 783. Gelehrten-Buchhandl. 3 ℋ

Juden, Die, in der freyen Stadt Frankfurt und ihre Gegner. Im Julius 1816. O. O. V: *Börne*, *Ludwig*. (Holzmann. Börne. Berl. 1888.)

—— die Frankfurter, und die Aufsaugung des Volkswohlstandes. Eine Anklage wider die Agiotage und wider den Wucher. Von Germanicus. 1.—5. Aufl. gr. 8. (95 S.) Leipzig 880. (Frankfurt a. M., Germanicus-Verlag.) *

Juden, die, und ihre Gegner. Ein Wort zur Beherzigung für Wahrheitsfreunde, gegen Fanatiker. Deutschland, 1816. 8⁰. Cart.
32 S. m. d. Citat auf d. Tit . . . . Wir haben beide
Uns unser Volk nicht auserlesen. (Nathan d. Weise.)

Juden, Die, und ihre Gegner, ein Wort gegen Fanatiker. Deutschland [Frankfurt] 1816. V: *Friedrich*, *G.* (wr)

Juden, die, u. ihre Gegner, ein Wort f. Wahrheitsfreunde gegen Fanatiker. Deutschland. (Frankf. Voselli.) 816.

Die Juden im Heere. Hrsg. vom Verein z. Abwehr d. Antisemitismus Berlin.
Berlin: Ver. z. Abwehr d. Antisemitismus [1909]. 88 S. 8⁰

— die, im Heere. Hrsg. v. Verein zur Abwehr des Antisemitismus Berlin. (88 S.) 8. Berlin (W., Magdeburgerstraße 14) (910). Verein zur Abwehr des Antisemitismus. p — 40

— die, im Grossherzogt. Hessen, s. Veröffentlichungen des Bureaus f. Statistik der Juden. 6. Heft.

Juden, Die, im Grossherzogtum Hessen. Im Auftrag der Grossloge für Deutschland U. O. B'nei B'riss bearbeitet vom Bureau für Statistik der Juden. [Berlin 1909 V: *Ruppin*, *Arthur*. (Berl 1910, S. 505)

Juden, die, und das Judenthum, wie sie sind. Dargestellt aus ihren eigenen Schriften als die erklärten Feinde des Christenthums und der reinen Sittlichkeit, ihrer Geschichte, ihrer Schriften und der Erfahrung gemäß erkannt als offene und geheime Störer des bürgerlichen und moralischen Wohlstandes christlicher Staaten. 8. Frankfurt a. M., Hermann. 816.

— u. Junker. Eine Beleuchtg. des Spieler- u. Wucherei-Prozesses in Hannover. Von Germanicus. gr. 8. (50 S.) Leipzig 893. [G. Uhl.] H. Beyer. — 50

Anonym: „Die Juden in Lübeck", Frankfurt a. M. 1816. — Vorh. Com. Bibl. Hamburg.

— — die, in Lübeck. Frankfurt a. M., 8. Wilmans. 817.

Juden, die, in Mecklenburg im Kampfe um ihre staatsbürgerl. Rechte. Von einem Christen. 8. (12 S.) Lübeck 847. (Schwerin, Hildebrand.)

—— die, in Mecklenburg u. ihre Wortführer vor d. Richterstuhle d. öffentl. Meinung. 8. (2 B.) Neustrelitz 828, (Dümmler.)

—— die, u. d. öffentl. Meinung im Preuß. Staate. Mit besond. Rücksicht auf d. Preuß. Provinzialstände u. deren Bedeutung. Zur Erwieder. auf d. Schrift d. Hrn. Streckfuß: Ueber d. Verhältnisse d. Juden zu d. christl. Staaten. gr. 8. (14½ B.) Altona 833, Hammerich.

— die, und die Mission unter denselben in Polen, besond. abgedr. aus den Nachrichten von der Ausbreitung des Reiches Gottes unter Israel. 8. Basel 1837. Schneider. n. ⅛ ℳ

—— die, in der Musik. gr. 8. (19 S.) Berlin 881, Hentze's Verlag.
Aus: Die deutsche Wacht, besonders abgedruckt.

Juden, Die, in Oesterreich. Vom Standpunkte der Geschichte ... Leipzig 1842. V: *Wertheimer, Jos. Ritter v.* (WBL)

Juden, die, in Oesterreich. Vom Standpunkte der Geschichte, des Rechts u. des Staatsvortheils. In drei Büchern. 2 Bde. gr. 8. (43 B.) Leipzig 842. [Mayer.]

Juden, Die, in Oesterreich. Vom Standpunkte der Geschichte, des Rechts und des Staatsvortheils. Leipz. 1852. V: *Wertheimer, Joseph Ritter von.* (WFM) (WBL)

Die **Juden** in Oesterreich. Im Auftr. d. 'Verbandes d. Israelit. Humanitätsvereine B'nai B'rith f. Oesterreich' hergestellt. Hrsg. v. Bur. f. Statistik d. Juden. Berlin-Halensee: L. Lamm 1908. (160 S.) 8°
— **Veröffentlichungen** d. Bureaus f. Statistik d. Juden. H. 4. (08. 7730

—— die österreichischen. 8. (3¼ B.) Leipzig 844, Phil. Reclam jun.

Juden, die, im römischen Reiche. Geschildert v. e. Deutschen. gr. 8. (47 S.) Berlin 899. W. Giese. n. 1. —

— die. in **Rumänien** (v. Arth. Ruppin), s.: Veröffentlichungen des Bureaus f. Statistik der Juden. 5. Heft.

Juden, Die, in Russland. Hamb. 1844. V: *Simon, Louis* [?]. (CBH)

—— die, in Rußland. 12. (3½ B.) Hamburg 844, Hoffmann u. Campe.

— die, in **Russland.** Urkunden u. Zeugnisse russ. Behörden u. Autoritäten. Aus dem Russ. übers. von Aug. Scholz. gr. 8. (XIV, 248 S.) Berlin 900. Concordia. n. 3. —; geb. n. 4. —

Juden, sind sie der Handlung schädlich? 8. Frkft. Varrentrapp u. W. 804.

Die **Juden** als Soldaten. Hrsg. v. d. Comité z. Abwehr antisemit. Angriffe in Berlin. (Vorr.: P[aul] Nathan.) *Berlin: S. Cronbach 1896.* (2 Bl., x, 167 S.) 1 Bd 4.
— **Juden,** Die, in Deutschland. [II.] n. (97. 848

Juden, die, und der deutsche Staat. 1—3. Aufl. gr. 8. (64 S.) Berlin 861. [Posen, Jagielski.] *

— die, und der deutsche Staat. 1—3. Aufl. 861. (64 S.) — 4. umgearb. u. mit einem statistischen Anhange versehene Aufl. Berlin 862. Nicolai'sche Sorthdlg. gr. 8. (72 S.) n. 10 ngr.

— — 5. u. 6. umgearb. u. mit einem statistischen Anhange versehene Aufl. Hamburg 862. O. Meißner. gr. 8. (68 S.) n. 10 ngr.

—— die, und der deutsche Staat. 8. (Titel-)Aufl. (68 S.) 1877; 9. und 10. Aufl. gr. 8. (90 S.) Berlin 879, [Niendorf.] Verlagsh. Graf Behr. *

Juden, Die, und der deutsche Staat. Berlin 1877. V: *Niendorf, Marc Anton.* (CBH) V: *Nordmann, H.* (Kat. d. ständ. Bibl. Stuttg. 1907. S. 337.)

Juden, die, im deutschen Staats- und Volksleben. 1.—3. Aufl. 8. (49 S.) Frankfurt a. M. 878. (Dresden, v. Zahn's Verlag.) *
Aus: Deutsche Reichs-Post, besonders abgedruckt.

— Studenten, Professor. Frage- und Antwortspiel. Von J. H. M. 8. (52 S.) Leipzig 881, Vollrath.

—— die, in Ungarn und deren bevorstehende Emancipation. Von J. G. W. 8. (15 S.) Pest 866, Gebr. Lauffer. *

— üb. die, auf Veranlassung d. Posse: Unser Verkehr. 8. Königsb. Nicolovius. 815.

—— die, verlangen Emancipation! Soll man die Juden emancipiren? gr. 8. (15 S.) Pesth 848, (Emich.) *

Juden, Die, wie sie waren, sind — und bleiben werden. Eine getreue Charakter-Schilderung, Weck- und Warnungen für das Volk. 2. Aufl. 1848. V: *Endlich, Joh. Quirin* (?). (Oesterreichisches Jahrbuch. VII [1883]. S. 69.)

—— die, wie sie waren u. wie sie jetzt sind. Oder: Die Hindernisse, welche d. Verbesserung ihrer polit. Lage entgegenstehen. gr. 8. (4¾ B.) Constanz 840, (Emmerling'sche Buchh.)

Wir Juden – Betrachtungen und Vorschläge eines Bukowiner Juden. Zürich: Schmidt 1887

[F.] Die Juden und wir. Vortr. geh. am 19. Apr. 1895 in e. Mitglieder-Vers. des Parochial-Ver. d. St. Thomas-Gemeinde ... v. W. H. ... *Berlin: Dr. v. Funcke & Naeter 1895.* (1 Bl., 22 S.) 1 Bd 8. (96. 2426

— über den bürgerl. Zustand der, siehe Lamourette.

Juden, Zween redende, auf der heiligen Stiege bei den P. P. Minoriten in Wien. Von J. D. H. Wien 1784. V: *Hanner, Johann David.* (Bespr. Realzeitung 1784, Nr. 23, S. 376/377) (BIBLPORT)

Judenbad, Das, zu Audernach. Bonn 1853. V: *Braun.* (Tübz I, 21)

Juden-Baron, der. Bleichröder-Rothschild-Rakonitz. 8. (129 S.) Berlin o. J. Frankfurt a/O., Th. Heinrich. n. — 60

Judenbibliothek, zum Besten jüdischer und christlicher Armen. Leipz. 1786—87. V: *Schönemann, Frdr. Leber.* (KY) (MGT.

Judenbibliothek, z. Besten jüd. u. christl. Armen. 2 Stck. 8. Lpz. Barth. 787.

Judenbraut, die christliche, oder die Alte muß zahlen. Eine kom. Oper in 2 A. 8. Salzb. 793. Duyle. 2 gl.

Das **Judenbuch** der Scheffstraße zu Wien ⟨1389–1420⟩. Im Auftr. d. Hist. Komm. d. Israelit. Kultusgemeinde in Wien hrsg. von Dr. Artur Goldmann. Mit e. Schriftprobe. Wien & Leipzig: W. Braumüller 1908. (XLII, 148 S.) 8°
— **Quellen** u. Forschungen z. Geschichte d. Juden in Deutsch-Österreich. Bd 1. (08. 6932

Judenburg. Herausg. vom Verschönerungsvereine. Judenburg [1894]. V: *Grill*, C. & *M. Helff*. (JoanStyrA)

Judenburg. Hrsg. vom Judenburger Verschönerungsvereine. 8. (188 S. m. 6 Abbildgn. u. 1 farb. Karte.) Judenburg 894. Graz, Styria. u. 1. —

Judenchristentum, das, in der religiösen Volkserziehung d. deutschen Protestantismus v. e. christlichen Theologen. gr. 8. (VII, 182 S.) Leipzig 893. F. W. Grunow. n. 2. —

Judendebatte, die, im preußischen Abgeordnetenhause. Reden Sr. Exc. d. Hrn. v. Goßler u. der Hrn. Stöcker u. Rickert anläßlich der zweiten Berathg. d. Kultusetats am 20. u. 21. März 1890. gr. 8. (42 S.) Berl. 890, Aktiengesellschaft f. Druckerei u. Verlag. * — 40

Judenfeind, Der; ein Trauerspiel in einem Aufzug. Stendal 1780. V: *Bischoff*, *L. C. H.* (Ky) (MGT) (GGr)

Judenfeind, der. Tripl. (von L. C. H. Bischof). 8. Stendal 780. Franzen u. Gr. 2 gGr.

[F.] **Judenfeind-Hülsse,** *Georg Heinrich* [Prof. Dr.]: Die fehlerfrei definirten Erfindungen der Klasse 42 der Deutschen Patente. Chemnitz, Druck v. J. C. F. Pickenhahn & Sohn, *1893*; 3 66 S. 4.
Chemnitz, techn. Staatslehr-A. OP 1893

Judenfeind-Hülße, G. H., die fehlerfrei definirten Erfindungen der Klasse 42 der deutschen Patente. Eine Untersuchg. auf dem Gebiete d. deutschen Patentwesens. Progr. gr. 4. (66 S.) Chemnitz 893. M. Bülz. n. 2. 50

Judenfeind-Hülsse, Hermann, appr. Arzt, Unterarzt b. Inf.-Reg. No. 52: Ein Fall von Lues hereditaria mit besonderer Berücksichtigung der Gelenkaffektionen. (Berlin 1909: Ebering.) 34 S. 8°
Berlin, Med. Diss. v. 26. März 1909, Ref. Lesser
[Geb. 10. Sept. 83 Dresden; Wohnort: Cottbus; Staatsangeh.: Sachsen; Vorbildung: Gymn. Dresden-Neustadt Reife O. 03; Studium: Berlin K. W. A. 10 S.; Coll. 3. Febr. 09; Approb. 19. März 09.] [U 09. 59

Juden-Fibel, od. Anweis. die Judenschrift in ein paar Tagen lesen u. schreiben zu können. Von Se—tt. gr. 8. Hamb. 827, Nestler.

Judenflinten u. Juristenflinten. Kritische Beleuchtg. d. Prozesses Ahlwardt v. Faust. gr. 8. (16 S.) Berlin 892. (G. A. Dewald.) — 10

„Judenflinten"-Proceß, der. Sonderabdr. der stenograph. Berichte der „Neuen Deutschen Zeitg." üb die Verhandlgn. d. Kgl. Landgerichts I zu Berlin in der Beleidigungssache Isidor Löwe u. Kühne wider den Rektor Hermann Ahlwardt, Mitglied d. Deutschen Reichstags. gr. 8. (154 S.) Leipzig 892. Verlag der „Neuen Deutschen Zeitg." n. — 60

„Judenflinten-Prozess", der. Sonderabdr. der stenograph. Berichte der „Neuen Deutschen Zeitg." üb. die Verhandlgn. d. Kgl. Landgerichts I zu Berlin in der Beleidigungssache Löwe u. Kühne wider den Rector Ahlwardt. Leipzig 893.

Judenfrage, die. Ein offenes Sendschreiben an das deutsche Parlament in Frankfurt a. M. gr. 8. (38 S.) Clausthal 848, Schweigersche Buchh.

Judenfrage, die. Verhandlungen des preuß. Abgeordnetenhauses über die Interpellation des Abgeordneten Dr. Hänel am 20. und 22. Novbr. 1880. 1. und 2. Aufl. 8. (211 S.) Berlin 881, Moeser.
Aus: Amtliche stenographische Berichte des Hauses der Abgeordneten, besonders abgedruckt.

—— die. „Denkschrift" über die „Ursachen" eines erfolgten Uebertritts zur „christl." Kirche und die sich — aus denselben, wie auf Grundlage vorherrschend spezifisch „christl." Weltanschauung — ergebende „Veranlassung" für die „gebildeten" deutschen [insb. „ungläub."] Juden zur Ueberantwortung der künft. Generation an die „christl." Kirche. Von einem Offizier a. D. gr. 8. (XII, 98 S.) München 881, (Th. Ackermann.)

— Zur Lösung der Judenfrage. Briefwechsel zwischen e. christl. Pfarrer u. e. jüd. Lehrer im Großherzogt. Hessen. gr. 8. (40 S.) Darmstadt 894. C. F. Winter'sche Buchdr. n. — 25

—— die, im preußischen Abgeordnetenhause. Wörtlicher Abdr. der stenograph. Berichte vom 20. und 22. Novbr. 1880. 8. (206 S.) Breslau 880, Goerlich's Verlag.

Judenfrage, die, u. der Antisemitismus vor dem Richterstuhl der Menschlichkeit. 1.—5. Lfg. gr. 4. (S. 1—40.) Hamb. 890,91. (Lpz., Herm. Beyer.) à Lfg. — 10; — 50

Judenfrage, die, u. der Antisemitismus vor dem Richterstuhl der Menschlichkeit. Von Michel Wehrdich. 6. Lfg. gr. 4. (S. 41—48.) Hamburg 891. (Leipzig, H. Beyer.) — 10 (1—6.: — 60)

Judenfrage, Die, vor Hamburgs Erbgesessener Bürgerschaft . . . Hamb. 1843. V: *Cohn*, *Eduard*. (schr)

Judenfrage, die, vor Hamburgs erbgesessener Bürgerschaft. Von einem fremden Juden. gr. 8. (½ B.) Hamburg 813, Bödecker.

Freund, W. (Herausgeber, im Verein mit mehreren Gelehrten): „Zur Judenfrage in Deutschland. Vom Standpunkte des Rechts und der Gewissensfreiheit", Nebst einer Karte, 1. (einzige) Lieferung, Berlin 1843. — Vorh.: Com. Bibl. Hamburg.

Judenfrage, die, vor Gericht. Klage des deutsch-israelit. Gemeindebundes in Leipzig gegen Autor und Verleger der „Egon Waldegg'schen Judenfrage". Nach den Proceßacten veröffentlicht von R. v. Grumbkow. gr. 8. (IV, 33 S.) Dresden 883, v. Grumbkow.

—— die, vor dem preußischen Landtage. Wortgetreuer Abdr. der Verhandlungen im Abgeordnetenhause am 20. und 22. Novbr. 1880. gr. 8. (124 S.) Berlin 880, Steinitz und Fischer.

—— die, u. ihre Lösung. Von Philagathos. gr. 8. (25 S.) Neustadt O.-S. 890. (Gleiwitz, Raschdorff.) * — 50

Judenfrage, Die, und ihre Lösung. Objectiv dargestellt . . . Wien 1894. V: *Piwonka*, *Wilh. Ritter von*. (EB)

— die, u. ihre Lösung. Objectiv dargestellt u. einheitlich behandelt v. Wilh. *.* gr. 8. (VI, 104 S.) Wien 894. C. Vetter. n. 1. 20

Judenfrage, Die, im Herzogthum Meiningen . . . Gera 1845. V: *Köhler*, *Victor*. (EngJ)

Judenfrage, die, in Oesterreich, s.: Volksaufklärung.

Die Judenfrage in Österreich u. Europa. Von einem praktischen Standpunkte allseitig beleuchtet von Justus Anonymus. Wien, Mayer u. Co., 1860, gr. 8°, 31 S., 0,90 Mk.

Judenfrage, Die, vor dem Reichstage. . . . Budapest 1867. V: *Mezei, Mor.* [?] (Allgem. Ztg. Judenth. XXX (1867) No. 2 S. 32—33.)

—— die, in Rostock. gr. 8. (16 S.) Rostock 861, Leopold's Universitäts-Buchh.

Die Judenfrage in Rumänien. Eine Actensammlung, vorgelegt dem Brüsseler Congreß 'pro Armenia' v. 17. u. 18. Juli 1902. Wien: Oesterr. Wochenschrift (1902). (VIII, 103 S.) 8° [ß.] [03. 6049]

Unsere Judenfrage. Von e. Juden deutscher Kultur. Berlin: L. Lamm 1906. (35 S.) 8° [08. 4390]

—— die, im preußischen Volkshause. Abdr. der Verhandlung des Hauses der Abgeordneten über die Petition des Rabb. Sutro zu Münster. Aus dem stenograph. Berichte der 25. Sitzung am Mittwoch den 23. März 1859. Hrsg. und mit einigen krit. Anmerkungen versehen von Spinoza dem Jüngern. br. 8. (67 S.) Berlin 859, [Behrend.]

— die, im Preußischen Volkshause. Abdr. der Verhandlung des Hauses der Abgeordneten über die Petition des Rabb. Sutro zu Münster. Aus dem stenographischen Berichte der 25. Sitzung am Mittwoch den 23. März 1859. Herausg. u. mit einigen kritischen Anmerkungen versehen von Spinoza dem Jüngern. br. 8. (67 S.) Berlin 859. Falckenberg. 8. (67 S.) 6 ngr.

Judenfresser, der neue. gr. 12. (1 B.) Hamburg 841, Berendsohn. *

Judenfreund, der, oder auserles. Anekdoten, Schwänke u. Einfälle v. den Kindern Israels. Herausgeg. v. Judas Ascher. 8. Leipz. ... Baumgärtner. 18 K

Judenfreund: Der Judenfreund

① Eine Sammlung unterhaltender Erzählungen zur Übung der reinen deutschen Sprache, besonders den Frauenzimmern gewidmet ⑤ 1806 (1 Heft) ⑥ 8° ⑧ Basel: Wilhelm Haas ⑪ Bs: U ⑮ 6 Erzählungen in deutscher Sprache, aber mit hebräischen Lettern, die z. T. für diese Ausgabe speziell gegossen wurden. Da nur ein Heft vorliegt, läßt sich der Zeitschriften-Charakter nicht feststellen. Vielleicht eher das 1. Heft einer Schriftenreihe.

Juden-Galgen, Der. Von J. R. Wien [1848]. V: *Redlich, J.* (!) (Oest. Jahrbuch. VII, 72.)

Juden-Gesetz, das neue preußische, gegeben den 23. Juli 1847, publicirt den 5. Aug. 1847 nebst allen dazu gehörigen Ergänzungsgesetzen und einer Geschichte der Judengesetze in Preußen. 8. (31 S.) Berlin 847, Schepeler. Thlr. *

Judengesetzgebung, die preußische, m. besond. Berücksicht. der Landtagsverhandlungen v. 1847 üb. die Emancipation der Juden, s.: Antisemitismus, der, 2c.

Judengift!!! In Einzel-Dosen. Dosis Nr. 1: Die Verseuchg. d. deutschen Volkes durch die verjudete Presse. Von Joh. Sedinus. 8. (32 S.) Berlin 892. [P. Heichen.] Frankfurt a/O., Th. Heinrich. n. — 30

Judenhaß, der, und die Mittel zu seiner Beseitigung. Ein ernstes Mahnwort an unsere Zeit von Sulpicius. Wesentlich erweit. Sep.-Abdr. aus der „Allgemeinen Montagspresse". 1. und 2. Aufl. 8. (16 S.) Stuttgart 882. (Eßlingen, Mayer.) *

Judenhaß, der, u. die Mittel zu seiner Beseitigung. Ein ernstes Mahnwort an unsere Zeit von Sulpicius. Wesentlich erweiterter Sep.-Abdr. aus der „Allgemeinen Montagspresse". 2. Aufl. 8. (16 S.) Stuttgart 882. Eßlingen, Fröhner in Comm. n. — 25

Judenherrschaft, Die, von B—ch. Wien [1848]. 2. Aufl. V: *Bardach, J.* (?) (Oest. Jahrbuch. VII, 70.)

Judenhochzeit, die; oder Bernardon, der betrogene Rabbiner. Singsp. v. Kurz. 8. Wien, Trattner. 770.

Judenkirschen, frische, s. a. Hilarius.

Judenkirschen, frische, eine Samml. belust. Anekdoten, Einfälle, Schwänke u. Schnurren v. Juden u. Judengenossen. Hrsg. v. Justus Hilarius. Neue Folge. 1—4. (letzte) Lese. Mit ill. Kpfrn. (Karrikatn.) 1. Aufl. Meißen 828, 29. Neue Ausg. (Tit.) 16. Leipzig 835, Vetter u. Rostosky. [1. u. 2. (à 8 B. u. 6 Kpfr.) à 13 Gr., 3. (à 7¼ B. u. 7 Kpfr.) 15 Gr., 4. (à 8 B. u. 6 Kpfr.) 13 Gr.]

Judenkirschen, Frische und eingemachte. Eine Sammlung von Anekdoten . . . Germanien [Quedlinburg] 1811. 1812. H: *Basse, Gfr.* (Ky) (MGT)

Judenkirsche, frische u. eingemachte. 1s Bdch. 2te Aufl. 12. Quedlinb. Basse. 814. geh.

— — dasselbe. 2s u. 3s Bdch. 8. Ebend. (à 12 gr.)

Judenkirschen, enthalt. Anekdoten, Schnurren und Lächerlichkeiten von Juden und Judengenossen. 3te Aufl. 3 Bändchen. 8. Quedlinburg, Basse. 819.

Judenknabe, der, s. Bibliotheca normannica.

Judenknabe, der bekehrte. Eine Geschichte. 12. (12 S.) Berlin 894. Deutsche evangel. Buch- u. Tractat-Gesellschaft. n.n. — 5

Judenmord u. Christenliebe. Ein Kraftwörtchen von Te-Kio. (14 S.) gr. 8. Berlin (906). (W. Frey.) n. — 20

Judenprogrome, die, in Russland. Hrsg. im Auftrage des zionist. Hilfsfonds in London v. d. zur Erforschg. der Progrome eingesetzten Kommission. 2 Tle. (XV, 404 u. VII, 536 S.) Lex. 8. Köln 909. Jüdischer Verlag. 8. —

Judenreformation, über. 8. Augsb. 819. Bäumer. 5 K (a. bei Finsterlin in München). 2 K

Juden-Reformation (über). Bavaria, 1819. 8°. Cart.

44 S. Sehr seltene u. interess. antisemit. Schrift (in München gedruckt?), die sich höchst energisch gegen die Ertheilung der Staatsbürgerrechte an Juden ausspricht.

Judenreformator, der, od. wie können d. Juden vertilgt werden, ohne einem einzigen d. Kopf abzuschneiden. gr. 8. Hamb. 805. (Sander in Berl.) 18 K

Judenreformator, od. wie könn. d. Juden vertilgt werden, ohne einem Einzigen den Kopf abzuschneiden? gr. 8. Berl. Neue Societ. Buchh. 805.

Judenreformator, d., od., w. könn. d. Jud. vertilgt w., ohne einem einz. d. Kopf abzuschneid. gr. 8. Berl. Oehmigke d. j. 805.

Judenschaft, die, in der Klemme; Seitenstück zu: Unser Verkehr. — Und: die Dorfschule, 2 dramat. Possen, von C. F. Solbrig. gr. 8. Magdeburg, v. Schütz in Zerbst. 818.

Judenschauplatz, ein moralisch-evangelisches Exempelbuch. Berlin 1786—89. V: *Vieweg, Joh. Gotthilf.* (Ky)
Vgl. Jugendschauplatz.

Judenschauplatz, e moral.-geograph. Exempelbuch, (v. J. G. Vieweg). 3 Thle. 8. Berl. 786—89. Vieweg in Braunschw. 1 ₰ (1r Thl. A. u. d. T.: Weihnachtsgeschenk f. die Jugend.)

Judenspiegel oder 100 neuenthüllte, heutzutage noch geltende, den Verkehr der Juden mit den Christen betreffende Gesetze der Juden . . . 5. Aufl. Paderborn 1892. V: *Briemann, August.* (Berl)

Judenspiegel, der. Ein Bilderbuch f. Alle, besonders solche aus dem Stamme Ham u. Japhet. Mit Fleiß gesammelt u. erbaulich gestaltet v. Arius. Mit vielen Illustr. erster Künstler. Lex.-8. (VIII, 152 S.) Leipzig (901). Gautzsch, W. Malende Nachf. n. 2.—

— der. Eine Monatsschrift. Red.: Frdr. Poppe. Novbr. 1901—Oktbr. 1902. 12 Hfte. gr. 8. (à ca. 16 S.) Berlin, Verlag der „Deutschen Hochwacht". à Hft. n. — 10

Judenspiel, das Endinger, s. Neudrucke deutscher Litteraturwerke des XVI. und XVII. Jahrh.

Judenstaat, kein, sondern Gewissensfreiheit E Entgegng. auf Dr. Theodor Herzl's Schrift „Der Judenstaat" v. Vnibus Unitis. gr. 8. (18 S.) Wien 896 (Leipzig, Literar. Anstalt, A. Schulze.) n. — 50

— dasselbe, s. a.: F[illegible]

Judenstein, Der, oder Geschichte des Martertodes des unschuldigen Kindes Andreas von Rinn . . . Innsbruck [1826]. V: *Röggl, Alois.* (Margr)

Judenstein, der, oder Geschichte des Martertodes des unschuldigen Kindes Andreas v. Rinn. gr. 12. Innsbruck 835. (Landshut, Manz; Augsburg, Kollmann.) ¼ ₰

Judenstein, der, od. Geschichte des Martertodes des unschuldigen Kindes Andreas von Rinn. Zum Nutzen u. Vergnügen seiner Verehrer neuerzählt. 12. (7 B.) Innsbruck 845, Wagner'sche Buchh.

Juden-Sünden. Die Kunst reich zu werden. 8. (14 S.) München 894. Wenger's Verl. n. — 10

Judentaufe, eine seltene, und eine seltene Judenliebe. Zwei Geschichten aus dem vor. Jahrh. 16. (8 S.) Barmen 872, (Klein.) *
Aus: Oeser's „Graf Zinzendorf in der Wetterau", besonders abgedruckt.

Judenthum, das, das ist: Versuch einer Darstellung aller wesentlichen Glaubens-, Sitten- u. Cerimonial-Lehren heutiger Juden. Zum Gebrauch b. d. Elementar-Religionsunterrichte ihrer Jugend. Nebst e. Anhang f. Lehrer v. Pet. Beer. 2 Bde. 8. Prag, Enders.

Judenthum, altes und neues. Nebst Briefen eines Orthodoxen. gr. 8. (57 S.) Wien 852, [Hügel.]

Judenthum, altes u. neues. Nebst Briefen eines Orthodoxen. gr. 8. (57 S.) Wien 852, Jasper's Wwe. & Hügel. 9 ₰

Judenthum, das, und seine Aufgabe im neuen deutschen Reich. Sendschreiben an die deutschen Juden von einem Glaubensgenossen. gr. 8. (24 S.) Leipzig 871, (Leiner.) **

Judenthum, das, im eigenen Spiegel beleuchtet von einem Juden. gr. 8. (54 S.) Berlin 885, Bernhardi. * 1 —

Judentum, das, u. das einige wahre Christentum. gr. 8. (28 S.) Bremen 892, (Valett u. Comp.) * — 10
Aus: Einiges wahres Christentum, besonders abgedruckt.

Judenthum und Juden, üb., hauptsächl. in Rücks. ihr Einfl. a. bürgerl. Wohlst. 8. Nrnb. Raspe. 795.
Schreibp.

— u. Juden, über, hauptsächlich in Rücksicht ihres Einflusses auf bürgerl. Wohlstand. (Von Gr. Tr. v. Kortum.) 8. Nürnb. 795. Bauer u. R. 12 ₰ Schrbp. 16 ₰

Liberales Judentum. Monatsschrift f. d. relig. Interessen d. Judentums hrsg. von d. Vereinigung f. d. lib. Judentum in Deutschland unter d. Red. von Dr. Caesar Seligmann, Rabbiner. Jg. 1, H. 1. Frankfurt a. M. 1908: Voigt & Gleiber. 8⁰

Judenthum, Das, in der Maurerey, eine Warnung an alle deutschen Logen. O. O. 1816. V: *Ehrmann, Johann Christian.* (Kl) (SJL)

Judenthum, das, in der M — y, eine Warnung an alle Deutschen □ □. Im Jahr 5816. 8.

Judenthum, das moderne, und seine Erlösung. München 1878. Im Selbstverlag d. Verf. (Debit f. d. Buchh. Louis Finsterlin.) Gr. 8⁰. Cart. m. Lwdr.
122 S. 1. Der Wortführer der modernen Gesellschaft (der Modejude). 2. Der Oeffentl[illegible]meinungsfabrikant (der Pressjude). 3. Der Gesetzgebungsmonopolist (der Parlame[illegible]). 4. Der Hypothesengeschäftler (der Katederjude) u. der Seeligkeits[illegible]surrogat[illegible]feilbieter (der Kanzeljude). 5. Die Erlösung des mo[illegible]nen Judenthums, das Geistesjthum.

Judenthum, das, in Oesterreich u. die Wiener Presse. Von e. Oesterreicher. gr. 8. (IV, 36 S.) Hannover 893. A. Westen. n — 60

Judenthum, das, in Oesterreich u. die böhmischen Unruhen. 12. (6¼ B.) Leipzig 845, Engelmann. (Preßburg, Schaiba.) *

—— und Revolution. Drei Plaudereien. 1. und 2. Aufl. Lex.-8. (8 S.) Cassel 888. (Berlin, Höppner.) — 15
Aus: Reichsgeldmonopol, besonders abgedruckt.

Judenthum, das, in Börne's Schriften, s.: Universal-Bibliothek, jüdische.

Judentum, das, im Staate. 8. (46 S.) Berlin 884. (Leipzig, Matthies.)
Aus: Reichsbote, besonders abgedruckt.

Judenthum, das, und der Staat. Eine historisch-polit. Skizze zur Orientirung über die Judenfrage. Hrsg. und mit einem Vorworte versehen von Herm. Wagener. Lex.-8. (IV und 95 S.) Berlin 857, Heinicke.

— das, und die Tagespresse. Ein Mahnwort in ernster Stunde. Von Junius. gr. 8. (32 S.) Leipzig 879, Junge. *

Judenverfolgungen und Emancipation von den Juden. 2. Aufl. gr. 8. (51 S.) Münster 861, Aschendorff'sche Buchh.

Judenverfolgungen und Emancipation von den Juden. Münster, Aschendorff, 1879, gr. 8⁰, 2. Aufl. 40 Pf.

— die russischen. 15 Briefe aus Süd-Rußland. gr. 8. (61 S.) Frankfurt a. M. 882, Kauffmann.

Judenverfolgungen, die, in Rußland. Zwei Berichte des Times-Correspondenten. [Artikel vom 11. und 13. Jan. 1882.] gr. 8. (24 S.) Berlin 882, Gerschel.

Judenzeitung, allgemeine illustrirte. Redig. und hrsg. von Jos. Bärmann. August 1860 bis Juli 1861. 52 Nrn. (à 2 Bog. mit eingedr. Holzschn.) Fol. Pest. (Leipzig, C. L. Fritzsche.) *

— dass. — 2. und 3. Jahrg. 1861 und 1862. Redig. von Dav. Schwab. à Jahrg. 52 Nrn. (Bog.) Mit Beilagen. gr. 4. (Ebendas.) à Jahrg. *

Judersleben, Alfr., Verzeichnis der homöopathischen Arzneimittel u. ihrer Synonyma. (112 S.) kl. 8. Leipzig 894. Dr. W. Schwabe. 1. —

Judersleben, Franz Gustav (Auerbach / Vogtl.), De dilirio tremente. Diss. med. Jena (Schreiber & Co.) 18. IV. 1825. 20 S. (5.50) 17069
Gew.: Joh. Chn. u. Carl Wilhelm Stark, Wilh Carl Friedrich Succow.

Judex, Frau A., für die Gattin, | s. Eynatten, C. v.
— fürs Haus,
— für die Hausfrau,
— der tägliche Tisch,

Judex, M., Orden u. Ehrenzeichen Oesterreich-Ungarns. Nach authent. Quellen. 4., vollkommen ergänzte Aufl. (7 farb. Taf. m. V, 15 S. Text.) 8. Leipzig 904. M. Ruhl. n. 2. 50

Judex, M., Uniformen, Distinctions- und sonstige Abzeichen der gesammten k. k. österr.-ungar. Wehrmacht, sowie Orden und Ehrenzeichen Oesterreich-Ungarns in übersichtlicher Farbendarstellung mit erläuternder Beschreibung. Nach authent. Quellen zusammengestellt. Ausgeführt und hrsg. von Aug. Strasilla. 8. (VIII, 61 S. mit 25 Chromolithogr.) Troppau 884, Strasilla.

— Uniformen, Distinktions- u. sonstige Abzeichen der gesamten österreich.-ungarischen Wehrmacht. In übersichtl. Farben-Darstellg. m. erläut. Beschreibg. Nach authent. Quellen neu bearb. 4. Aufl. (24 [23 farb.] Taf. m. VIII, 67 S. Text.) 8. Ebd. 904. n. 4. —; geb. n. 5. —

Judex, M., Uniformen, Distinktions- u. sonstige Abzeichen der gesamten österreich.-ungarischen Wehrmacht. In übersichtl. Farben-Darstellg. m. erläut. Beschreibg. Nach authent. Quellen neu bearb. 5. Aufl. (24 [23 farb.] Taf. m. VIII, 79 S. Text.) 8. Leipzig 908. M. Ruhl. 4. —

Judex, Matth., das kleine Corpus doctrinae. Ein Katechismus aus Mecklenburg. Nach der rostocker Ausg. von 1565 wortgetreu hrsg. von C. M. Wiechmann. 16. (224 S.) Schwerin 865, (Stiller'sche Hofbuchh.) *

Judge, William Quin, s.a. Kinnavan, Bryan.

Judge, William Q. (Occultus), Ausbildung der Konzentration. (14 S.) gr. 8. Nürnberg (908). J. Th. Heller. — 25
Sonderabdr. a.: „The path“.

Die verräterische Bildergalerie. Das wandernde Auge. Von Bryan Kinnavan ⟨W[illiam] Q[uin] Judge⟩. Berlin: P. Raatz [1906]. (S. 21–41.) 8° [Umschlagt.]
— Bibliothek, Okkultistische. Bd 2. [c4. 4177

— Echos aus dem Orient. Ein allgemeiner Umriss der theosoph. Lehren. Nach der Point-Loma-Ausg. ins Deutsche übertr. (VI. 59 S.) gr. 8. Ebd. (906). 1. 50

Das Entwickeln der Konzentration. Okkulte Kräfte u. deren Aneignung. Von William Q. Judge. *Berlin: P. Raatz [1902].* (32 S.) 8°
— Strahlen, Theosophische. No 7. 8. [o3. 333

— Gespräche m. H. P. Blavatsky üb. Okkultismus. Soll man Hellsehen lehren?, s.a. Bibliothek, okkultistische. 4. Bd.

Judge, William Quin: Gespräche mit H. P. Blavatsky über Okkultismus. Soll man Hellsehen lehren? Aus d. Engl. Berlin: Raatz [1907]. 22 S. 8°
(Okkultistische Bibliothek. Bd. 4.)

H. P. Blavatskys Leben. Von William Q[uin] Judge. Berlin: P. Raatz [1904]. (27 S.) 8°
— Strahlen, Theosophische. No 15. 16. [o3. 6043

Judge, W. Q., das Meer der Theosophie. Aus dem Engl. übers. v. Ed. Herrmann. 8. (XII, 204 S.) Leipzig 894. W. Friedrich. n. 3. —

— Studien über die Bhagavad-Gita. Aus dem Engl. übertr. v. Conr. Joh. Glückselig. (IV, 105 S.) 8. Nürnberg 905. (J. Zeiser.) Geb. in Leinw, n. 2. —

— wie erlangt man occulte Kräfte? Aus dem Engl. übers. 3. Aufl. (32 S.) 8. Schweidnitz 904. P. Frömsdorf. n. — 20

— Wie erlangt man okkulte Kräfte? Aus dem Engl. übers. 4. Aufl. (23 S.) kl. 8. Lorch 910. K. Rohm. — 20

— die Yoga-Aphorismen des Patanjali. Eine Interpretation. Aus dem Engl. übers. (92 S.) 8. Berlin (905). P. Raatz. n. 2. —

The Book of Judges [Judices]. Critical edition of the Hebrew text printed in colors exhibiting the composite structure of the book. With notes by the Rev. G. F. Moore, Prof. in Andover Theol. Sem., Mass. *Leipzig: J. C. Hinrichs 1900.* (72 S.) 4°
— Books, The sacred, of the Old Testament. P. 7. [o3. 3034

Judicafest. 1867. [Gera 1867: Rudolph.] 1 Bl. 8° [Kopftit.]
2 Lieder ohne Noten: 1. „Befiehl du deine Wege“ usw. 157.

Zur Judicatur in der Währungsfrage. 8. (28 S.) Wien: Breitenstein 1891. —.30

Judices, s.a. Libri Josuae et Judicum.

Judices et Ruth annot. perpetua illustr., s. Er. F. C. Rosenmüller, Scholia in Vet. Test. Part. XI. Vol. II.

Richter [Iudices]. Ruth u. Bücher Samuelis übers. u. erkl. von D. W[ilhelm] Nowack, Prof. in Strassburg i. E. (In 2 T.) *Göttingen: Vandenhoeck & Ruprecht 19(00–)02.* (Getr. Pag.) 8°
— Handkommentar z. Alten Testament. Abt. 1, Bd 4. [o3. 330

Judicia de certamine litterario ab universitate Friderica Guilelma Berolinensi in annum 1843 (1844, 1845 u. s. f. bis 1876) instituto in solemnibus Friderici Guilelmi III Regis Beatissimi memoriae dedicatis d. 3. m. Aug. publice renuntiata ac novae quaestiones in annum 1844 (1845, 1846 u. s. f. bis 1877) eodem die promulgatae. (Berolini 1843-76). 34 Hefte 4° [Kopft.] * Regelmässig erschienen; im Umfang zwischen 7 und 12 Seiten schwankend.

Judicia de commissionibus litterariis universitatis [Berolinensis] d. 3. m. Augusti a. 1840 in senatu recitata. Berolini (1840). (S. III-X) 4°

Berlin, Ind. lect. W. S. 1840-41

[*Kopft.*] **Iudicia** quinque **ordinum** universitatis Fridericiae Gulielmiae Rhenanae de litt. certaminibus per a. 1842 et 43 institutis. [Accedunt quaestiones in a. 1843—44 propositae.] [Bonnae, typ. C. Georgii] (1843). 3 [vielm. 4] S. 4. ¶ D. Ergebnisse d. Preisbewerbung wie d. neuen Preisaufgaben auch im Ind. schol. 1843—44.

[*Kopft.*] **Ivdicia** qvinqve **ordinvm** de litt. certaminibvs anno acad. 1844—5 ab vniversitate Fridericia Gvilelmia Rhenana propositis. [Accedunt quaestiones in a. 1845—46 positae.] [Bonnae, typ. C. Georgii] (1845). 7 S. 4.

[*Kopft.*] **Ivdicia** qvinqve **ordinvm** de litt. certaminibvs anno acad. 1847—48 ab vniversitate Fridericia Gvilelmia Rhenana propositis. [Accedunt quaestiones in a. 1848-49 positae.] [Bonnae, typ. C. Georgii 1848.] 8 S. 4. ¶ D. Preisaufgaben auch im Ind. schol. 1848—49.

Ivdicia qvinqve **ordinvm** de litt. certaminibvs anno 1848 ad 49 in vniversitate Fridericia Gvilelmia Rhenana propositis. [Accedunt quaestiones in a. 1849—50 positae.] Bonnae, form. C. Georgii (1849). 8 S. 4.

Ivdicia qvinqve **ordinvm** de litt. certaminibvs anno 1850 ad 1851 [vielm. 1849—50] in vniversitate Fridericia Gvilelmia Rhenana propositis. [Accedunt quaestiones in a. 1850—51 positae.] Bonnae, form. C. Georgii (1850). 8 S. 4.

Ivdicia qvinqve **ordinvm** vniversitatis Fridericiae Gvilelmiae Rhenanae de litt. certaminibvs anni 1850—51 facta novaeqve qvaestiones anno 1851—1852 propositae. Bonnae, form. C. Georgii (1851). 7 S. 4.

Ivdicia qvinqve **ordinvm** vniversitatis Fridericiae Gvilelmiae Rhenanae de litt. certaminibvs anni 1851—1852 facta novaeqve qvaestiones anno 1852—1853 propositae. Bonnae, form. C. Georgii (1852). 8 S. 4.

Ivdicia qvinqve **ordinvm** vniversitatis Fridericiae Gvilelmiae Rhenanae de litt. certaminibvs anni 1852—1853 facta novaeqve qvaestiones anno 1853—1854 propositae. Bonnae, form. C. Georgii (1853). 8 S. 4.

Ivdicia qvinqve **ordinvm** vniversitatis Fridericiae Gvilelmiae Rhenanae de litt. certaminibvs anni 1853—1854 facta novaeqve qvaestiones anno 1854—1855 propositae. Bonnae, form. C. Georgii (1854). 7 S. 4.

Ivdicia qvinqve **ordinvm** vniversitatis Fridericiae Gvilelmiae Rhenanae de litt. certaminibvs a. 1854—1855 facta novaeqve qvaestiones a. 1855—1856 propositae. Bonnae, form. C. Georgi (1855). 8 S. 4.

Ivdicia qvinqve **ordinvm** vniversitatis Fridericiae Gvilelmiae Rhenanae de litt. certaminibvs a. 1855—1856 facta novaeqve qvaestiones a. 1856—1857 propositae. Bonnae, form. C. Georgii (1856). 8 S. 4.

Ivdicia qvinqve **ordinvm** vniversitatis Fridericiae Gvilelmiae Rhenanae de litt. certaminibvs a. 1856—1857 facta novaeqve qvaestiones a. 1857—1858 propositae. Bonnae, form. C. Georgii (1857). 8 S. 4.

Ivdicia qvinqve **ordinvm** vniversitatis Fridericiae Gvilelmiae Rhenanae de litt. certaminibvs a. 1857—1858 facta novaeqve qvaestiones a. 1858—1859 propositae. Bonnae, form. C. Georgi (1858). 8 S. 4.

Ivdicia qvinqve **ordinvm** vniversitatis Fridericiae Gvilelmiae Rhenanae de litt. certaminibvs a. 1858—1859 facta novaeqve qvaestiones a. 1859—1860 propositae. Bonnae, form. C. Georgi (1859). 8 S. 4.

Ivdicia qvinqve **ordinvm** vniversitatis Fridericiae Gvilelmiae Rhenanae de litt. certaminibvs a. 1859—1860 facta novaeqve qvaestiones a. 1860—1861 propositae. Bonnae, form. C. Georgi (1860). 7 Bl. 4.

Ivdicia qvinqve **ordinvm** vniversitatis Fridericiae Gvilelmiae Rhenanae de litt. certaminibvs a. 1860—1861 facta novaeqve qvaestiones a. 1861—1862 propositae. Bonnae, form. C. Georgi (1861). 8 S. 4.

Ivdicia qvinqve **ordinvm** vniversitatis Fridericiae Gvilelmiae Rhenanae de litt. certaminibvs a. 1861—1862 facta novaeqve qvaestiones a. 1862—1863 propositae. Bonnae, form. C. Georgi (1862). 7 S. 4.

Ivdicia qvinqve **ordinvm** vniversitatis Fridericiae Gvilelmiae Rhenanae de litt. certaminibvs a. 1862—1863 facta novaeqve qvaestiones a. 1863—1864 propositae. Bonnae, form. C. Georgi (1863). 8 S. 4.

Ivdicia qvinqve **ordinvm** vniversitatis Fridericiae Gvilelmiae Rhenanae de litt. certaminibvs a. 1863—64 facta novaeqve qvaestiones in a. 1864—65 propositae. Bonnae, form. C. Georgi (1864). 8 S. 4.

Ivdicia qvinqve **ordinvm** vniversitatis Fridericiae Gvilelmiae Rhenanae de litt. certaminibvs a. 1864—65 facta novaeqve qvaestiones in a. 1865—66 propositae. Bonnae, form. C. Georgi (1865). 8 S. 4.

Ivdicia qvinqve **ordinvm** vniversitatis Fridericiae Gvilelmiae Rhenanae de litt. certaminibvs a. 1865—1866 facta novaeqve qvaestiones a. 1866—1867 propositae. Bonnae, form. C. Georgi (1866). 8 S. 4.

Ivdicia qvinqve **ordinvm** vniversitatis Fridericiae Gvilelmiae Rhenanae de litt. certaminibvs a. 1866—1867 facta novaeqve qvaestiones a. 1867—1868 propositae. Bonnae, form. C. Georgi (1867). 8 S. 4.

Ivdicia qvinqve **ordinvm** vniversitatis Fridericiae Gvilelmiae Rhenanae de litt. certaminibvs a. 1867—1868 facta novaeqve qvaestiones a. 1868—1869 propositae. Bonnae, form. C. Georgi (1868). 8 S. 4.

Ivdicia qvinqve **ordinvm** vniversitatis Fridericiae Gvilelmiae Rhenanae de litt. certaminibvs a. 1868—1869 facta novaeqve qvaestiones a. 1869—1870 propositae. Bonnae, form. C. Georgi (1869). 8 S. 4.

Ivdicia qvinqve **ordinvm** vniversitatis Fridericiae Gvilelmiae Rhenanae de litt. certaminibvs a. 1869—1870 facta novaeqve qvaestiones a. 1870—1871 propositae. Bonnae, form. C. Georgi (1870). 8 S. 4.

Ivdicia qvinqve **ordinvm** vniversitatis Fridericiae Gvilelmiae Rhenanae de litt. certaminibvs a. 1870—1871 facta novaeqve qvaestiones a. 1871—1872 propositae. Bonnae, form. C. Georgi (1871). 8 S. 4.

Ivdicia qvinqve **ordinvm** vniversitatis Fridericiae Gvilelmiae Rhenanae de litt. certaminibvs a. 1871—1872 facta novaeqve qvaestiones a. 1872—1873 propositae. Bonnae, form. C. Georgi (1872). 8 S. 4.

Ivdicia qvinqve **ordinvm** vniversitatis Fridericiae Gvilelmiae Rhenanae de litt. certaminibvs a. 1872—1873 facta novaeqve qvaestiones a. 1873—1874 propositae. Bonnae, form. C. Georgi (1873). 8 S. 4.

Ivdicia qvinqve **ordinvm** vniversitatis Fridericiae Gvilelmiae Rhenanae de litt. certaminibvs a. 1873—74 facta novaeqve qvaestiones a. 1874—75 propositae. Bonnae, form. C. Georgi (1874). 8 S. 4.

Ivdicia qvinqve **ordinvm** vniversitatis Fridericiae Gvilelmiae Rhenanae de litt. certaminibvs a. 1874—75 facta novaeqve qvaestiones a. 1875—76 propositae. Bonnae, form. C. Georgi (1875). 8 S. 4.

Ivdicia qvinqve **ordinvm** vniversitatis Fridericiae Gvilelmiae Rhenanae de litt. certaminibvs a. 1875—76 facta novaeqve qvaestiones a. 1876—77 propositae. Bonnae, typ. C. Georgi (1876). 7 S. 4.

Ivdicia qvinqve **ordinvm** vniversitatis Fridericiae Gvilelmiae Rhenanae de litt. certaminibvs a. 1876—1877 facta novaeqve qvaestiones a. 1877—1878 propositae. Bonnae, typ. C. Georgi (1877). 7 S. 4.

Ivdicia qvinqve **ordinvm** vniversitatis Fridericiae Gvilelmiae Rhenanae de litt. certaminibvs a. 1877—1878 facta novaeqve qvaestiones a. 1878—1879 propositae. Bonnae, typ. C. Georgi (1878). 8 S. 4.

Ivdicia qvinqve **ordinvm** vniversitatis Fridericiae Gvilelmiae Rhenanae de litt. certaminibvs a. 1878—1879 facta novaeqve qvaestiones a. 1879—1880 propositae. Bonnae, typ. C. Georgi (1879). 8 S. 4.

Ivdicia qvinqve **ordinvm** vniversitatis Fridericiae Gvilelmiae Rhenanae de litt. certaminibvs a. 1879—1880 facta novaeqve qvaestiones a. 1880—1881 propositae. Bonnae, typ. C. Georgi (1880). 8 S. 4.

Ivdicia qvinqve **ordinvm** vniversitatis Fridericiae Gvilelmiae Rhenanae de litt. certaminibvs a. 1880—1881 facta novaeqve qvaestiones a. 1881—1882 propositae. Bonnae, typ. C. Georgi (1881). 8 S. 4.

Ivdicia qvinqve **ordinvm** vniversitatis Fridericiae Gvilelmiae Rhenanae de litt. certaminibvs a. 1881—1882 facta novaeqve qvaestiones a. 1882—1883 propositae. Bonnae, typ. C. Georgi (1882). 8 S. 4.

Ivdicia qvinqve **ordinvm** vniversitatis Fridericiae Gvilelmiae Rhenanae de litt. certaminibvs a. 1882—1883 facta novaeqve qvaestiones a. 1883—1884 propositae. Bonnae, typ. C. Georgi (1883). 10 S. 4.

Ivdicia qvinqve **ordinvm** vniversitatis Fridericiae Gvilelmiae Rhenanae de litt. certaminibvs a. 1883—1884 facta novaeqve qvaestiones a. 1884—1885 propositae. Bonnae, typ. C. Georgi (1884). 11 S. 4.

Ivdicia qvinqve **ordinvm** vniversitatis Fridericiae Gvilelmiae Rhenanae de litt. certaminibvs a. 1884—1885 facta novaeqve qvaestiones a. 1885—1886 propositae. Bonnae, typ. C. Georgi (1885). 10 S. 4.

Iudicia quinque ordinum universitatis Fridericiae Guilelmiae Rhenanae de litterarum certaminibus a. 1890—1891 facta novaeque quaestiones a. 1891—1892 propositae. Bonnae, typ. C. Georgi typogr. acad., *1891;* 8 S. 4°

Iudicia quinque ordinum Universitatis Fridericiae Guilelmiae Rhenanae de litterarum certaminibus anni 1899—1900 facta novaeque quaestiones anno 1900—1901 propositae. *Bonnae (1900): C. Georgi.* (7 S.) 4°

Iudicia quinque ordinum Universitatis Fridericiae Guilelmiae Rhenanae de litterarum certaminibus anni 1900—1901 facta novaeque quaestiones anno 1901—1902 propositae. *Bonnae (1901): C. Georgi.* (7 S.) 4°

Iudicia quinque ordinum Universitatis Fridericiae Guilelmiae Rhenanae de litterarum certaminibus anni 1901—1902 facta novaeque quaestiones anno 1902—1903 propositae. *Bonnae (1902): C. Georgi.* (7 S.) 4°

Iudicia theologor. Heidelbergens. et Argentinens. etc. 4. Frib. Wagner. 781.

Judicial-Kalender, s. Canzlei-, Judicial- oder Expeditions-Kalender.

Judicium oder das Gericht Gottes auf Erden. Wien 1876. V: *Donin, Ludwig.* (EB)

Judicium facultatis philosophicae Salzburgensis in causa Wiehrliana . . . in Weiterer Beleuchtung der Wiehrlischen Sache . . . O. O. 1782. V: *Schelle, Augustin.* (MGT)

Anonym: „Judicium, Ein, vnd gutachten Einer führnemen hochverständigen Person Uber der (sol) Frag Ob ein Furst (sol) oder Obrigkeit Jhre Vnterthanen die jenige Religion, welcher sie zugethan ist / anzunemen mit Gewalt vnd Schwerteszwang nöten vnd zwingen . . . .", o. O. u. J. — Vorh.: StB Nürnberg.

Anonymi judic. de *Sam. Maresii* Joanna Papissa restituta. 1703. 8°.
Bibl. Schwabii II. Lpz. 1785. p. 397. no. 15126 (Beibd. 3).

Orbis eruditi judicium De Caroli Linnæi M. D. Scriptis. Stockholm 1741. Berlin: W. Junk 1901. (8 Bl.) [Umschlagt.] = [Facsimile-Edition. No. 1.]

Judikate des Reichsgerichtes, des Verwaltungsgerichtshofes u. des Obersten Gerichtshofes in Sachen des Kultus, des Unterrichtes u. der Stiftgn. 2. Tl.: Unterrichtswesen, Stiftungswesen. 2. Bd., umfassend Entscheidgn. aus den J. 1900—1908. Hrsg. v. Jos. v. Braitenberg u. Benno Fritsch. (VIII, 226 S.) 8. Wien (I, Schwarzenbergstr. 5) 908. K. k. Schulbücher-Verl. Geb. in Leinw. nn 3. 50
1. Tl. u. 2. Tl. 1. Bd. u. d. T.: Fritsch, Benno, u. Leop. Graf Hartig, Judicate. (Wien, Hölder) 901. 902. 16. 60

Judikatenbuch des Verwaltungsgerichtshofes. V. Bd. 1. Abth. Finanzrechtlicher Thl. v. Heinr. Reißig. Die Judikate der J. 1894—1899. gr. 8. (XII, 272 S.) Wien 901. Manz. n. 5. 40; geb. n. 6. 60

Judikatenbuch des Verwaltungsgerichtshofes. V. Bd. 2. Abth. Administrative Rechtssachen v. Rud. Alter. Die Judikate der J. 1894—1901. (XXX, 784 S.) gr. 8. Wien 903. Manz. n. 15. —; geb. n. 16. 60

— dasselbe. VI. Bd. 1. Abtlg. Finanzrechtlicher Tl. v. Heinr. Reißig. Die Judikate der J. 1900—1903. (XIV, 377 S.) gr. 8. Ebd. 904. n. 8. —; geb. n. 9. 60

Judikatenbuch des Verwaltungsgerichtshofes. VI. Bd. 2. Abtlg. Administrative Rechtssachen v. Rud. Alter. Die Judikate der J. 1902—1908. 1.—5. Heft. (S. 1—400.) gr. 8. Wien 910. Manz. à Heft 1. 30

Judikatenbuch des Verwaltungsgerichtshofes. VII. Bd. 1. Abtlg. Finanzrechtlicher Tl. v. H. Reissig. Die Judikate der J. 1904—1905. (XIV, 319 S.) gr. 8. Wien, Manz. 1906. 5. 80; geb. 7. 10.

— dasselbe. VIII. Bd. 1. Abtlg. Finanzrechtlicher Tl. v. Heinr. Reißig. Die Judikate der J. 1906—1908. (XV, 380 S.) gr. 8. Ebd. 909. 6.80; geb. n 8. 10

Jüdin, die. Große Oper in fünf Acten. Nach dem Französ. des Eug. Scribe. Musik von Halévi. Für das k. k. Hofoperntheater in Wien eingerichtet. (Textbuch.) 8. (29 S.) Wien, Künast. ** — 50

Jüdin, die. oder Begebenheiten eines jüdischen Frauenzimmers, von ihr selbst beschrieben. 2 Thle. (in 1 Bde.). (Th. 2 m. d. Bemerk.' Aus dem Italiänischen [des Antonio Piazza] übersetzt.) Frankfurt u. Leipzig, 1770. Kl. 8°. Titel zu 1 gestemp. Eleg. Hfrzb.

Seltener jüdischer Abenteuer Roman. Den Namen des Verf. nennt der nuovo corriero letterario. Cir d. V. r d. Uebersetzers zu Th. 2.
I. 152 S. (m. drast. Titelkpf. u. Titel m. Vign.). II. 141 S.

Jüdin, die, od. Begebenheiten eines jüdischen Frauenzimmers. 8. Lindau 770. Otto. 12 gr

Jüdin, die bekehrte, e. Erzähl. v. Hrsg. d. Reise auf d. Postwagen. 12. (8¾ B.) Aachen 839, Cremersche Buchh.
Aus: Kleine wohlf. kathol. Bibliothek, besond. abgedruckt.

JÜDIN, Die Zum Christenthum neubekehrte, Oder, Verliebte und abgefallene Josebeth, In einer Wunder-wurdigen schönen Liebes-Geschichte. Mit vielen Vor diesem unbekannten, doch nachdencklichen Jüdischen Ceremonien der Curiosen Welt zu geziemender Ergötzung u. nothwendiger Wissenschafft an Tag gestellet. Getruckt Anno 1712 O. O 12°. (In Munchen: P. o. germ. 693.)
TKpf, Tit, 2 Bll. Vorr. u. 336 SS.
Zuerst gedr. Franckf 1680. 12°. — Nunmehro zum 3ten mahl mit nothiger Weiber-List, Männer zu erlangen vermehret und verbessert . . . . Dressden, Michael Gunther. 1688 (Nebst Kupfertitel.) 12°. Titel. 4 Bll, 299 S, 5 Kupfer (excl. Kpftit.) (In Dresden: Litt. Germ rec. C 1009m; auch in Leipzig, Univ.-Bibl.) — O O. 1702. 12°. (8 Mk, „nebst Anhang 20 Karten(-) Künste", L Rosenthal, 1906.) -- Eine Ausgabe mit der Jahrz. 1705 ist in Carlsruhe Qb 671) Sämmtlich rar!

Judith, Gesch. d. Urwelt, v. Gruber. 8. Weißenf. Severin. (a. Böse.) 796.

Judith, ein Roman; aus d. Engl. 2 Thle. 8. Erfurt u. Gotha 802. Hennings. 2 ₰ 16 gr

Judith. Schsp. v. H. v. Itzenloe. 12. Zürich, Orell, Füßly u. Comp. 809.

Judith. Eine bibl. Erzähl. Neu bearb. f. d. Volk u. d. Jugend. 12. (2 B. u. Titbild.) Leitmeritz 839, Medau.

Judith, z francuzkiego pana du bartas przełożona wierszem przez Rafała Leszczyńskiego Wojewody Bełzkiego. (1629.) Wydanie J. N. Bobrowicza. 8. Lipsk 841, Breitkopfa i Haertela. ½ ₰

Judith, (Jehudith,) das Buch, ins Deutsche übersetzt u. mit e. Commentar begl. von J. L. Bensef. 8. Wien 799.

Judith von Frankreich. Historische Erzählung . . . [Braunschw. 1832.] V: *Suhr, Agathe von geb. Nielsen.* (A)

Judith, Gemahlinn Ludwig des Frommen. Opera. Hamburg 1732. Ü: *Hamann, Johann Georg.* (schr)

Judith, Die heldenmüthige; ein Trauerspiel. Nürnberg 1771. V: *Pfaler, Isaac.* (will) (ky)

Judith u. Holofernes. Ein Drama in 5 Akten. 8. Zerbst, Füchsel. 817.

— u. Holofernes. Ein Drama in 5 Akten. 8. Zerbst 817. Kummer. 8 gr

Judith und Holofernes, in 1 A. (aufgeführt 13. März 1849). V: *Nestroy, Johann.* Vgl. N.s Werke 1 (1908), S. XC. (DARP)

Juditta. Ein episches Gedicht in 6 Abteilgn, v. *.*. 16. (64 S.) Glogau 893. C. Flemming. Geb. in Leinw. 1. 50

Juditta, ..., (Psdn.), s. Coopers sämmtl. Werke. 136—181 B.

Juds, H., Hilfsbüchlein f. den Rechenunterricht im Zahlenraum bis 1000 sowie für das Ziffferrechnen u. für das Rechnen m. gewöhnlichen u. Dezimalbrüchen. Eine Ergänzg. zu jedem Rechenwerk. 8. (24 S.) Berlin 899. Reuther & Reichard. n. — 20

Die Regelung der Lehrergehälter in Pommern nach dem Gesetz, betr. das Diensteinkommen der Lehrer u. Lehrerinnen an den öffentlichen Volksschulen, vom 3 März 1897 Dargest von H. Juds *Stettin: J Burmeister (1899).* (15 S.) 8° [Fu Ant] [illegible] 9

Juds, H., evangelisches Schulgesangbuch f. die Prov. Pommern, s.: Kurz, A. H.

Judson, Edward, Adoniram Judson. E. Apostel unt. d. Birmanen. E. Biographie v. s. Sohne. 8. (166 S. m. Abb. u. Bildn.) Hamburg 896. Cassel, Verlagshaus d. deutsch. Baptisten, vorm. J. G. Oncken Nachf. 1. 20; geb. in Leinw. 1. 80

Judt, Gert Dausab, s.: Missions-Traktate, rheinische.

Judt, J. M., die Juden als Rasse. Eine Analyse aus dem Gebiete der Anthropologie. Mit 24 Abbildgn., 1 Karte u. m. in den Text abgedr. Tab. Deutsche Ausg. (IV, 248 S.) gr. 8. Berlin (903). Köln, Jüdischer Verlag. n. 4. 50; geb. n. 5. 70

Judt, Josef: Aus der Kgl. Universitäts-Kinderklinik-München. Vorstand: Prof. Dr. M Pfaundler. Über die Säuglingssterblichkeit und Säuglingsernährung in München. München 1907: G. Birk & Co. (38 S., 1 Tab.) 8°
München, Med. Fak., Ref. v. Bollinger, Diss. v. 30. Juli 1907
[Geb. 5. Mai 82 Warschau; Wohnort. Warschau; Staatsangeh.. Rußland; Vorbildung: Gymn. Biala Reife Juni 02; Studium: Warschau 5, Bern 1, Munchen 4 S.; Rig. 30 Juli 07]

Jüdt, Friedrich Karl „Betrachtung derjenigen krummen Linien, welche die von einem leuchtenden Punkt ausgehenden Lichtstrahlen ohne Aberration wieder genau in einen Punkt zurückwerfen oder brechen". pg. 3—15. 4°. Mit einer Tafel. Stadtamhof, Joseph Mayr.
Regensburg, Progr. 1864/65

Jüdt, Karl

Jüdt, C., Aufgaben aus der Stereometrie und Trigonometrie. Für Gymnasien und Realschulen bearb. 2. verm. Aufl. 8. (57 S. mit 1 Stnt.) Ansbach 878, Seybold. cart.

Jüdt, K., Aufgaben aus der Stereometrie und Trigonometrie. Für Gymnasien und Realschulen bearb. 3. verm. Aufl. 8. (57 S. mit 1 Stnt.) Ansbach 881, Seybold's Buchh. cart.

Jüdt, K. Aufgaben aus der Stereometrie u. Trigonometrie. Für Gymnasien u. Realschulen bearb. 1. verm. Aufl. gr. 8. (63 S. m. 1 Taf.) Ansbach 891, Seybold. cart. [illegible] 80

Jüdt, K., Aufgaben a. d. Stereometrie u. Trigonometrie. F. Gymnasien i. Realschulen bearb. 5. Aufl. 8. (63 S. m. 1 Taf.) Ansbach 895. F. Seybold. Kart. n. — 80

Jüdt, K., Aufgaben aus der Stereometrie u. Trigonometrie. 6. verm. Aufl. 8. (65 S. m. 1 Taf.) Ansbach 900. F. Seybold. Kart. n. — 80

Jüdt, Karl „Das Klima von Ansbach". Eine meteorologische Untersuchung auf Grund 20jähriger Beobachtungsresultate. pg 3—17. 8°. Brügel.
Ansbach, Progr. 1898/99

Jüdt, C., Sammlung von Aufgaben aus der Stereometrie und Trigonometrie mit ihren Resultaten. 8. (47 S. mit 1 Stat.) Ansbach 872, Seubold. geb. *

Judtmann, v., s.a.Ehrenfels. — Hülfreich, Erdm.

Judtmann, üb. d. Wies. und Futterbau. Ein Buch für Oekonomen und Thierärzte. gr. 8. Lpz. Jacobäer. (a. Rehm in Wien.) 790.

Judtmann, (Jh. Mark. Ritter v. Ehrenfels,) üb. das Wiesen- u. Futterland. Ein Buch für Oekonomen u. Thierärzte. gr. 8. Leipz. 790. Jacobäer; (a. Rehm in Wien). 16 K

v. Juel, s. Karl v. Essen, Beschreibung.

Juel, Niels, der dänische Admiral, s. Ausland, das belletristische.

Juel, Niels, og hans Samtid. Et historisk Maleri fra den sidste Halvdeel af det 17 Aarhundrede. Af B. P. 2 Deelen. 8. Kjobenhavn 846. 47, Høst. n. 5 ₰ 6¼ ngr

Juel, Hans Oskar

Juel, H. O., s.: Studien, cytologische aus d. Bonner botan. Institut.

Juel, H. O., Studien üb. d. Entwicklungsgeschichte v. Saxifraga granulata, s.: Acta, nova, regiae societatis scientiarum Upsaliensis. Ser. IV. vol. I, 9.

Juel, H. O., die Tetradenteilung in der Samenanlage v. Taraxacum. Vorläufige Mitteilg. gr. 8. Stockholm 904. (Berlin, R. Friedländer & Sohn.) n. — 60
Sonderabdruck aus: „Arkiv f. botanik".

— die Tetradenteilungen bei Taraxacum u. anderen Cichorieen. (K. svenska vetenskaps-akademiens handlingar. 39. Bd. Nr. 4.) (21 S. m. 3 Taf.) 4. Uppsala 905. (Berlin, R. Friedländer & Sohn.) n.n. 2. 50

Juel-Hansen, Erna, d. Geschichte e. jungen Mädchens. Roman. Mit Genehmigg. d. Verf aus d. Dän. übers. v. Ernst Brausewetter. 8. (279 S.) Stuttgart 898. Deutsche Verlags-Anstalt. n. 2. 50; geb. n.n. 3. 50

— s.: Novellen, dänische.

Juel-Hansen, Erna, der Liebe Wege. Roman. Autoris. Uebersetzg. v. Mathilde Mann. 8. (237 S.) Breslau 899. Schles. Buchdruckerei x. n. 3. —; geb. n. 4. —

Juello, Jo., Apologia ecclesiae anglicanae. Huic novae edit accedit epistola celeberrima ad virum Nobilem D. Scipionem, Patricium Venetum, de Concilio Tridentino conscripta. 8. (13 B.) Cantabrigiae 838. (Lipsiae, T. O. Weigel.) *

Jufé. Isidor [aus Jassy in Rumaenien]: Ueber das Vorkommen von Aceton im Harn nach Chloroform-Narcose und bei reiner Fleischdiaet, sowie das Verhalten der Acetonurie bei Kindern .... Würzburg, Anton Boegler'sche Buchdr., 1886; 72 S. 8°.
Würzburg, Med. Fak., Inaug.-Diss. v. 1886.

Jufé, Isidor, über das Vorkommen von Aceton im Harn nach Chloroform-Narcose und bei reiner Fleischdiaet, sowie das Verhalten der Acetonurie bei Kindern. Diss. Würzburg 1886, Stahelsche Univ.-Buchh. 8°. 72 S.

Juffinger, Geo. Das Sclerom der Schleimhaut der Nase, d. Rachens, d. Kehlkopfes u. der Luftröhre. Klinisch-laryngolog. u. anatom. Untersuchgn. gr. 8. (108 S. m. 4 lithogr. Taf.) Wien 892, Deuticke. ₣ 4 —

Jug Anton: Johann Elias Schlegels „Trojanerinnen" und die antiken Quellen.
H. 1908 PN 2605 Diss. Wien, Univ.

Iuga, Georg: Die cyklischen Minimalflächen. *Strassburg i. E. 1898: C. & J. Goeller.* (39 S.) 8°
Strassburg, Math.-naturw. Diss. v. 1898

Juge, le bienfaisant. Comédie en 3 Act. p. Puységur. 8. Brsw. Pluchart. 806. •

le Juge, Paul

Juge, le, kurzer Abriß der Geschichte des Preußischen Staates (bis auf die heutige Zeit). Für Regimentsschulen. Völlig neu bearb. 5. Aufl. gr. 8. (IV, 61 S.) Hannover 893. Leipzig, Zuckschwerdt & Möschke n. — 50

Juge, le, kurzer Abriß d. Geschichte d. Preußischen Staates (bis auf d. heut. Zeit). Vornehml. f. Regimentsschulen. Völlig neu bearb. 7. Aufl. gr. 8. (IV, 61 S.) Leipzig 897. Zuckschwerdt & Co. n.n. — 50

Juge, le, kurzer Abriß der Geschichte des Preußischen Staates (bis auf die heutige Zeit). Vornehmlich f. Regimentsschulen. Völlig neu bearb. 8. Aufl. gr. 8. (68 S.) Leipzig 903. Zuckschwerdt & Co. n. — 60

Juge, le, kurzer Abriß der Geschichte des Preuß. Staates (bis auf die heutige Zeit). Vornehmlich f. Regimentsschulen. Völlig neu bearb. 9. verb. Aufl. (68 S.) 8. Berlin 909. Zuckschwerdt & Co. p nn — 80

— d. englische Heer, einschließl. d. Kolonialtruppen, in s. heut. Gestaltg. gr. 8. (VII, 141 S.) Ebd. 896. n. 4. —

— Das Heer der Vereinigten Staaten v. Amerika. (53 S.) 8. Berlin 907. Eisel's deutsche Centrale f. Militärwissenschaft. 1. 50

— kurzgefaßter Lehrstoff für Kapitulantenschulen. Ein Lern- u. Wiederholungsbuch f. den deutschen Soldaten. 2. Aufl. gr. 8. (88 S.) Berlin 900. R. Schröder. n. — 40

Jugel, Casp., Oeconomia, oder Unterr. v. d. Haushalt. 4. Halberst. 705. •

Jugel, Johann Gottfried

— Anl. z. d. vollkommn. Baukunst. m. K. 8. Berl. Rüdiger. 744.

Jugel, Jh. Gf., († im Mai 1786.) Beantwortung d. Preisfrage v. Arsenik. 8. Berl. 772. Himburg.

Gründlicher und deutlicher Begriff von dem ganzen Bergbau-Schmelzwesen und Markscheiden, in drey Hauptheile eingetheilet — von *Johann Gottfried Jugel*, der Wissenschaften Cultor. Berlin, zu finden bey Joh. Andreas Rüdiger. In 4. 284 Seiten, 13 Kupfertafeln. 1744.

— gründl. u. deutl. Begriff von dem ganzen Bergbau, Schmelzwesen u. Marktscheiden, in 3 Haupttheilen. 4. Berl. 743. Neue verb. u. verm. Aufl., unt. d. T.: Geometria subterranea, od. unterirdische Meßkunst der Berg- u. Grubengebäude ꝛc. Mit Kpf. gr. 8. Leipz. u. Wien 773. (Gr. Fleischer).

— hochnützl. Berg- und Schmelzbuch. 2 Thle. m. K. 8. Berl. Rudiger. 743.

— natürl. Berg-, Schmelz- u. Figirkunst. 3 Thle. 8. Wien 766. (Andrä ; u. W. Rauck in Leipz.)

— Berg-Schmelz- und Figirkunst, 3 Thle. 8. Wien. (Sommer, Lpz.) 766.

— die vollkommne Bergwerkskunst. 2 Thle. Mit Kpf. 8. Berl. 771, 72. N. Aufl. 785. Maurers B. 2 ₰

— Bericht v. Gold- und Silberdrathziehen. 8. Ebend 741.

— dicta philosophica, oder General-Physik dieser sichtbaren Welt von d. Generation aller Dinge aus d. wahren prima materia etc. 8. Bresl. 763. Meyer. 8 K

— Entdeck. d. verborgn. Schatzkammer d. Natur. gr. 8. Berl. Rottmann. 789.

JUGEL, JOHANN GOTTFRIED.
Freyentdeckte Experimental-Chymie oder Versuch den Grund natürlicher Geheimnisse durch die Anatomie und Zerlegungskunst, in dem astralischen, animalischen, vegetabilischen und mineralischen Reiche durch systematische Grundsätze, Lehrsätze, Beweise, Gegensätze, Gegenbeweise, Anmerkungen, Versuche, Erfahrungen und darauf folgende Schlüsse nebst dem deutlichen Naturbegriffe der metallischen Generation wie solche täglich in der Erde getrieben wird, durch eine lange Untersuchung, also vorzustellen, dasz es ein jeder Naturforschender einsehen und erkennen kann; In zwey Theile abgefasset, und zu jedermanns Nutzen und Vergnügen dem Drucke überlassen. Leipzig, verlegts Johann Paul Krausze, Buchhändler, 1766. pp. [xiv]-368, sm. 8vo. Illustrated title-page.

— freyentdeckte Experimentalchymie. 2 Thle. 8. Wien Krauß. 766.

Jugel (Johann Gottfried), Geometria subterranea oder unterirdische Messkunst der Berg- und Grubengebäude, insgemein die Markscheidekunst genannt. 3 Theile in 1 Band. Leipzig 1773. 4.

— Geometria subterran., od. unterirrd. Meßkunst. m. K gr. 8. Wien. (G. Fleischer, Lpz.) 773.

Geometria subterranea, oder unterirdische Messkunst der Berge und Grubengebäude, insg. mein die Markscheidekunst genannt. Zum Besten derer, die sich dieser Wissenschaft widmen wollen, nach einer sechs und dreyssigjährigen Bemühung herausgegeben, von *Johann Gottfried Jugel* — Leipzig, verlegts Johann Paul Kraus, Buchhändler in Wien. 4. 3 Alph. 6 Bog. 8 Kupfer. 1779.

— Gespräch zw. einem Philosoph. u. e. Bauer. 2 Thle. 4 Berl. Rüdiger. 744.

— mineralischer Hauptschlüssel, d. i. sonderbare Entdeckung aller seiner geheimen Röst- u. Schmelzarbeiten ꝛc. 2 Thle. 8. Zittau 753. Schöps.

Jugel, Johann Gottfried, s. Kunststücke, Sehr rare u. wahrhaft chemische.

Sehr rare und wahrhafte chymische experimentirte Kunststücke. Berlin, 1758–63. 3 vols., 8vo.

— Nachricht von d. wahren metallischen Samen, od. prima materia metallorum. 8. Zittau 754. Neue verm. Ausg. 787. Schöps.

— Offenbar. v. Magnet. 8. Berl. Maurer. 771.

— redend. Orakel in s. Natursprache, Geheimniß d. wirkend Natur. gr. 8. Wien, Krauß. 773.

— physica mystica et physica sacratiss. Offenbarung der unsichtbaren magnet. Anziehungskraft aller natürl. Dinge. gr. 8. Berl. 782. Rottmann.

Jugel, J. G., physica mystica et phys. sacra sacratiss. Offenbar. der magnet. Anziehungskraft. gr. 8. Ebend. 782. Rthlr.

— physica subterranea, oder Bewegungskraft der elementar. Wirkungen, die auf u. in unserm mineral. Erdboden verrichtet werden ꝛc. gr. 8. Berl. 783. Rottmann.

— Tract. v. Scheidung d. vier Elemente a. d. erst. Chaos. 8. Berl. Rüdiger. 744.

— Unterred. zw. d. fliegend. Mercur u. e. gem. Schmelzer. 8. Ebend. 745.

— Unterricht des annoch geheimen Röst-, Schmelz- u. Probewesens. 8. Zittau 754.

— Vorschlag, großer Herren Reichthum, u. ganzer Länder Flor u. Aufnahme durch den Bergbau zu befördern ꝛc. 8. Leipz. 776. Compt. f. Litt. 6 gr

— Vorschl. z. Beförd. des Bergbaues. 8. Regensb. Montag u. W. 784.

Jügel

Jugel's pocket-editions. Nr. 28 und 29, s. Macaulay's essays. — Titmarsh.

Jugel's Universal-Magazine and Monthly Miscellany containing selections from the Quarterly and Edinburgh Reviews, Blackwood's Magazine, the Foreign Quarterly Review and the Dublin University Magazine etc. Ed. by F. A. Catty. Nr. 1–6. Lex.-8. (65 B.) Frankfort o. M. 843, Jugel. à Hft. 1 Thlr. 10 Ngr. 6 Hefte

Jügel, F.: Darstellung der Kgl. Preuß. Infanterie ... s. Lieder, Friedrich

Jügel, F.: Darstellung der Kgl. Preuß. Cavallerie ..., s. Lieder, Friedrich.

Iügel, H., Dessins nouv. à. tricoter et à broder sur Canevas. 4. Lps. Leo. 810.

Jügel, H. u. Fr.

— acht neue Muster zur Strick- und Tapisserlearbeit. 4. Hamb. Campe. 804. (m. deutschen und französisch. Text.) illum.

Jügel, H., Stickmuster. 2 Hefte. Fol. Leipz. Gerh. Fleischer.

Jügel, H., Strickmuster. 16 Hft. Fol. Leipz., Fr. Fleischer. 2 ℛ

— große Strickmuster. 9 Lieferungen. Fol. Berlin. Schropp.

Jügel, Karl: Auch einige Worte an J. D. Passavant, als Erwiederung auf dessen Vertheidigungsschrift des Städel'schen Kunst-Instituts. Frankfurt am Main. 1849. 8°

Jügel, Carl, Erinnerungsblätter, s. Erinnerungsblätter.

LIEBE, Erste. Ein Blatt aus dem Lebens-Album eines Acht und Siebenzigers *(Carl Jügel)*. Für den Verfasser als Manuscript gedruckt. Darmstadt 1860. 8°.
Zahm. 385 SS. Selten! (6 Mk. Völcker.)

— Post- u. Eisenbahn-Karte v. Deutschland, s.: Hendschel.

Jügel's, Carl, Post- u. Reise-Karte von Deutschland und den Nachbarstaaten bis London, Paris, Montpellier, Florenz, Warschau, Kopenhagen; nach den neuesten u. zuverlässigsten Quellen bearbeitet von U. Hendschel, u. unter dessen Leitung gezeichnet u. gestochen von Jos. Back u. C. Sauter. 52½ Z. breit u. 45½ Z. hoch. Mit e. Anhange über die Extrapost-Taxen, Postillons-Trinkgelder u. Wagenmeister-Gebühren (in französ. Sprache), sowie e. Routen-Kärtchen von ganz Europa. Frankfurt a/M. 842, Jügel. Illum. Auf Leinwand in Etui n. 3 ℛ

Jügel, Karl. Post- und Reise-Karte von Deutschland und den Nachbarstaaten, bis London, Paris ... Gez. u. gest. von J. Bäck und C. Sauter. Frankfurt a. M., 1843. (Gr. Mus.; RPA.)
—, — Ebda. 1847. (1850), 1852, 1856. . . . . (Gr. Mus.)
—, — Neue sorgfältig rev. u. verb. Ausg. Frankfurt a. M., Jügel's Verlag, 1856. 6 kolor. Bll. in gr. Fol.
—, — Ebenda 1858; 59; 60; 62; 64. . . . . (Gr. Mus. 1864.)
—, — Bearb. v. Gen.-Post-Dir.-Secr. U. Hendschel. Neue sorgf. revid. u. verb. Ausg. Frankfurt a. M., Jügel's Verlag, 1863. gr. Fol. 6 Bll. Kpfrst. u. illum.
—, — Neue Ausg. Ebenda 1865, 66.
—, — Neue sorgf. revid. u. verb. Ausg. Ebenda 1867—69.

Jügel's, Carl, Post- und Reise-Karte von Deutschland und den Nachbar-Staaten bis London, Paris, Montpellier, Florenz, Warschau und Kopenhagen. Nach den neuesten und zuverlässigsten Quellen bearb. von U. Hendschel. (Neue sorgfältig revid. und vorb. Ausg.) 6 Blatt. Kpfrst. und ill. gr. Fol. Frankfurt a. M. 866, Jügel's Verlag.
Auf Leinw. und in Etui.

Jügel, Carl, das Puppenhaus, ein Erbstück in der Gontard'schen Familie. Bruchstücke aus den Erinnerungen und Familien-Papieren eines Siebenzigers. gr. 8. (V und 415 S. mit Lilli's und Jügel's Portr. in Stahlst.) Frankfurt a. M. 857, (Jügel's Verlag.) **

— Tableaux des Monnaies etc., s. Tableaux.

Jügel, Karl, s. A. Thorwaldson's Basreliefs.

Jügel, L., neue u. geschmackv. Muster z. Stricken u. Canevaunähen. 4. Nrnb. Campe. 805.

Jügelhaus, das, das neue Auditoriengebäude der Akademie f. Sozial- u. Handelswissenschaften zu Frankfurt a. M. u. die bei seiner Einweihg. am 21. X. 1910 gehaltenen Reden. (67 S. m. Abb. u. 11 Taf.) gr. 8. Jena 907. G. Fischer. 1.—

Jügelt's neue Theater-Bibliothek. 1.—3. Hft 12. Auma, A. Jügelt. n n. 3. 25
1. Die Schauspiel-Kandidatin. Lustspiel in 1 Aufzuge f. Vereine u. Gesellschaften. Von Heinr. Houben. (47 S.) 893. n. n —75
2. Des Räubers Umkehr. Schauspiel in 3 Aufzügen f. Vereine u. Gesellschaften. Von Heinr. Houben. (68 S.) 894. n. 1.—
3. Kerkerl (Ludwig Böhner.) Ein Künstler-Drama in 3 Aufzügen u. 1 Nachspiel v. J. Osc. Webel. (96 S.) 894. n. 1. 50; Geschenk-Ausg. n. 2. 50

Jügelt's neue Theater-Bibliothek, Fortsetzg., s.: Theater-Bibliothek.

Jugement de l'Académie de Berlin sur une Lettre de Leibnitz. 8. Dresd. Walth r. 752.

Jugement d'un écrivain protestant touchant le livre de Justinus Febronius. Leipzig 1771. V: *Feller, Franz Xaver.* (Notice sur la vie et les ouvrages de l'abbé Feller, S. 15) (Ch. Weidlich 1/365) (Bibliotheca Jos. Garampi Catalogus. Romae 1792. 2. Bd., S. 86) (BIBlPORT)

Jugement prononcé par la Cour suprême de Lucerne contre les membres de l'ex-conseil de guerre des VII Cantons. Du 26 Mai 1855. 8. Berne 1856.

Neu abgefaſste Methode die Geometrie von ſich ſelbſt zu erlernen. Erſter Band; durch vielen Fleiſs und Mühe aus den beſten Autoribus zuſammengetragen, und mit verſchiedenen neu erfundenen Aufgaben vermehret, nebſt einer vollſtändigen nirgend anderswo zu findenden Anweiſung vom Gebrauch des ſo nützlichen als nöthigen Proportionalzirkels verſehen, und mit ſehr vielen hierzu nöthigen accuraten Kupfertafeln gezieret von einem Liebhaber der Architectur und Mathematik K. P. und der *D. R. C.* von der *J.* und *Jugen.* Breslau, bey Joh. Friederich Korn, dem Aeltern, im Buchladen nächſt dem Königl. Oberzollamt 1780. 14 Bogen in 8. 26 Kupf.
1781. — 2ter Band, ebend. 16 u. 1 halber Bog. 48 Kpf. 8.
Allg. d. Bibl. Anh. zum 37-52. Bd IIte Abth. p. 406.

Jugend. Münchner illustr. Wochenschrift f. Kunst u. Leben. Hrsg.: Geo. Hirth. Red.: F. v. Ostini. 1.—4. Jahrg. 1896—1899. à 52 Nrn. (à ca. 20 S.) gr. 4. München, G. Hirth. à Jahrg. 12. —; einz. Nrn. — 30
Kann auch vierteljährlich bezogen werden.

Jugend. Münchener illustr. Wochenschrift f. Kunst u. Leben. Hrsg.: Geo. Hirth. Red.: F. v. Ostini, S. Sinzheimer, A. Matthäi, F. Langheinrich. Verantwortlich: S. Sinzheimer. 5.—8. Jahrg. 1900—1903. à 52 Nrn. gr. 4. (à ca. 16 S.) München, G. Hirth. à Jahrg. 14.—;
Liebhaber-Ausg. à Jahrg. 30. —

Jugend. Münchner illustr. Wochenschrift f. Kunst u. Leben. Hrsg.: Geo. Hirth. Red.: F. v. Ostini, S. Sinzheimer, A. Matthäi, F. Langheinrich. Verantwortlich: S. Sinzheimer. 9. u. 10. Jahrg. 1904 u. 1905. à 52 Nrn. (XVI, 1094 u. XVI, 1046 S.) 4. München [G. Hirth.] Verlag d. Jugend. à Jhrg. n. 14. —;
Liebhaber-Ausg. à Jhrg. n. 30. —

— dasselbe. Red.: F. v. Ostini, S. Sinzheimer, A. Matthäi, F. Langheinrich, K. Ettlinger. Verantwortlich: S. Sinzheimer. 11. Jahrg. 1906. 52 Nrn. (XII, 1152 S.) 4. München, Verlag der Jugend. n. 16. —; geb. n. 21. —

Jugend. Hrsg.: Geo. Hirth. Red.: F. v. Ostini, S. Sinzheimer, A. Matthäi, F. Langheinrich, K. Ettlinger. Verantwortl.: S. Sinzheimer. Jahrg. 1907—1910. 53, 53, 52 u. 52 Nrn. (IV, IV, 1242; IV, IV, 1244; IV, IV, 1284 u. IV, IV, 1302 S. m. z. Tl. farb. Abbildgn.) 30,5×23 cm. München, Verlag der Jugend.
à Jahrg. 16.—; in je 2 Leinw.-Bdn. à 10.50

Jugend. Jetzt: München, G. Hirth.

— die. Vorträge f. Jugendvereine. Hrsg. v. Volksverein f. das kathol. Deutschland. 1. Heft. (1.—15. Tausend) (168 S.) gr. 8. M.-Gladbach 909. 10. Volksvereins-Verl. 1.—

Jugend, die, Vorträge f. Jugendvereine. Hrsg. vom Volksverein f. das kathol. Deutschland. 1. Heft. (6–15. Taus.) (168 S.) gr. 8. M. Gladbach, Volksvereins-Verlag. 1910. 1.—

— and., e. Wochenbl. 8. Bützow 775. (Bödner in Schwerin) 20 ℔

All-Deutschlands **Jugend**. Unsern lieben Buben u. Mädchen gewidmet v. Deutschen Lehrer-Schriftstellerbund. Berlin & Leipzig: A. Anton & Co. 1907. (200 S.) 8° [F.] [07. 737]

Jugend, deutsche. Heroisches Trauerspiel in 3 Aufzügen. (Den Bühnen gegenüber Mscr.) gr. 8. (244 S.) Berlin 863, Hertz.

Jugend, deutsche. Illustrirte Monatshefte. Unter Mitwirkung von Friedr. Bodenstedt, Frz. Bonn, Isab. Braun, Th. Colshorn u. s. w. hrsg. von Jul. Lohmeyer. Mit Holzschn. und Orig.-Zeichnungen von H. Bürkner, Ludw. Burger, W. Camphausen, Feder Flinzer rc. Unter künstler. Leitung von Osc. Pletsch. 1.—3. Bd. à 6 Hefte. (October 1872—März 1874.) gr. 4. (à Heft 32 S. mit eingedr. Holzschn.) Leipzig, A. Dürr. à Bd. * M 6.; cart. *
geb. *

—— dass. — Illustrirte Monatshefte für Knaben und Mädchen. Unter Mitwirkung von V. Blüthgen, Fr. Bodenstedt, Fr. Bonn u. s. w. hrsg. von Jul. Lohmayer. Mit Holzschn. und Orig.-Zeichnungen von H. Bürkner, Ludw. Burger, W. Camphausen rc. Unter künstler. Leitung von Osc. Pletsch. 4. und 5. Bd. à 6 Hefte. [April 1873—März 1875. gr. 4. (à Heft 32 S. mit eingedr. Holzschn.) Ebendas. à Bd. * M 6.; cart. *
geb. *

Jugend, deutsche. Illustrirte Monatshefte für Knaben und Mädchen. Unter Mitwirkung von V. Blüthgen, Ferd. Bäßler, Fr. Bodenstedt rc. hrsg. von Jul. Lohmeyer. Mit Holzschn. nach Orig.-Zeichnungen von H. Bürkner, Ludw. Burger, W. Camphausen rc. Unter künstler. Leitung von Osc. Pletsch. 6.—15. Bd. à 6 Hefte. [April 1875—März 1880.] gr. 4. (à Heft $3^1/_2$—4 Bog. mit eingedr. Holzschn.) Leipzig, A. Dürr. à Bd. *
cart. à Bd. *
geb. à Bd. *

Jugend, deutsche. Illustrirte Monatshefte für Knaben und Mädchen. Unter Mitwirkung von V. Blüthgen, Fr. v. Bodenstedt, Frz. Bonn rc. hrsg. von Jul. Lohmeyer. Mit Holzschn. nach Orig.-Zeichnungen von H. Bürkner, Ludw. Burger, W. Camphausen rc. Unter künstler. Leitung von Osc. Pletsch. 16.—21. Bd. [April 1880—März 1883.] à Bd. 6 Hefte. (à Heft $3^1/_2$—4 Bog.) gr. 4. Leipzig, A. Dürr. à Bd. *
cart. à Bd. * M 7.; geb. *

—— dass. — Unter Mitwirkung von V. Blüthgen, Aug. Becker, Fel. Dahn rc. hrsg. von Jul. Lohmeyer. Mit Holzschn. nach Orig.-Zeichnungen von E. Baerwinkel, H. Bürkner, Ludw. Burger rc. Unter künstler. Leitung von Osc. Pletsch. 22.—25. Bd. [April 1883—März 1885.] à Bd. 6 Hefte. (à Heft $3^1/_2$—4 Bog.) gr. 4. Ebendas. à Bd. *
cart. à Bd. * M 7.; geb. *

Jugend, deutsche. Illustrierte Monatshefte für Knaben und Mädchen. Unter Mitwirkung von V. Blüthgen, Fel. Dahn, N. Falck rc. hrsg. von Jul. Lohmeyer. Unter künstler. Leitung von Osc. Pletsch. 26. Bd. [April—Septbr. 1885.] 6 Hefte. (à Heft $3^1/_2$—4 Bog. mit Holzschn. nach Orig.-Zeichnungen von C. Baerwinkel, H. Bürkner, Wilh. Camphausen rc.) gr. 4. Leipzig 885, A. Dürr. * 6 —
cart. * M 7.—.; geb. * 8 —

1.—15. Bd. sind auch in einer neuen Volksausgabe u. d. T.: Deutscher Jugendschatz, à Bd. cart. M 3.—. (Leipzig, A. Dürr), erschienen.

Jugend, deutsche. Illustrierte Monatshefte für Knaben und Mädchen. Hrsg. von Jul. Lohmeyer. Neue Folge. 1.—3. Bd. à Bd. 6 Hefte. (à Heft $3^1/_2$—4 Bog. mit farb. und schwarzen Illustr.) hoch 4. Berlin 885,86, Simion. à Heft *
Herabges. Pr. à Bd. cart. * M 3.—.; geb. *

—— dass. — Neue Folge. 4.—6. Bd. à Bd. 6 Hefte. (à Heft $3^1/_4$—$3^1/_2$ Bog. mit Illustr. und 1 Chromolithogr.) Lex.-8. Ebendas. 887,88. à Heft * 50 Pf. à Bd. *

—— dass. — Neue Folge. 7. Bd. 12 Hefte. gr. 8. (à Heft ca. 45 S. mit eingedr. Holzschn. und 1 Chromolithogr.) Stuttgart 888, Gebr. Kröner. à Heft * 40 Pf. *

Jugend, deutsche. Hrsg. v. Jul. Lohmeyer. Neue Folge. 8. Bd. 12 Hefte. gr. 8. (à Heft ca. 40 S. m. Illustr.) Stuttg. 889,90, [Gebr. Kröner.] Union. à Heft * — 40; * 4 80

—— dass. — Neue Folge. 9.—11. Bd. Oktbr. 1890—Septbr. 1893. à Jahrg. 24 Hefte. Lex.-8. (à Heft ca. 20 S. m. Textabbildgn. u. 1 Farbendr.) Hamb., Verlagsanstalt u. Druckerei. à Jahrg. * 6 —

—— dass. — Band-Ausg., s. Jugend-Album.

— **deutsche.** Lesebuch f. Bürgerschulen. Eigentum des Braunschweig. Pestalozzi-Vereins. 6 Tle. gr. 8. Braunschweig (A. Hafferburg). Geb. in Halbleinw. n. 6. 90
1. 2. Schulj. 2. Aufl. (VIII, 152 S.) 892. n. — 80
2. 3. Schulj. (VIII, 176 S.) 894. n. 1. —
3. 4. Schulj. (VII, 183 S.) 893. n. 1. 10
4. 5. Schulj. (VII, 223 S.) 893. n. 1. 20
5. 6. Schulj. (VIII, 224 S.) 894. n. 1. 20
6. 7. u. 8. Schulj. (XII, 372 S.) 895. n. 1. 60

— dasselbe. 6. Tl. nebst Anh. 6. bis 8. Schulj. gr. 8. (X, 876 S.) Ebd. 894. Geb. in Halbleinw. n. 1. 60

— **deutsche.** Lesebuch f. Bürgerschulen. Hrsg. vom braunschweig. Pestalozzi-Verein. 6 Tle. 8. Braunschweig, A. Hafferburg. Geb. n. 7. —
I. 2. Schulj. 5. Aufl. (VIII, 148 S.) 903. n. — 80
II. 3. Schulj. 6. Aufl. (VIII, 176 S.) 904. n. 1. —
III. 4. Schulj. 5. Aufl. (VII, 184 S.) 903. n. 1. 10
IV. 5. Schulj. 4. Aufl. (VII, 223 S.) 903. n. 1. 25
V. 6. Schulj. 3. Aufl. (VIII, 224 S.) 900. n. 1. 25
VI. 7. u. 8. Schulj. 3. verb. Aufl. (XII, 384 S.) 904. n. 1. 60

Jugend, deutsche. Lesebuch f. Bürgerschulen. Hrsg. vom braunschweig. Pestalozzi-Verein. 6. Tl. nebst Anh. 6.—8. Schulj. 4. Aufl. (VIII, 416 S.) 8. Braunschweig 905. A. Hafferburg. Geb. n. 1. 60

— **deutsche.** Lesebuch f. Volksschulen. Einfache Ausg. 1. Tl. Für Mittelklassen. Hrsg. v. braunschweig. Pestalozzi-Verein. gr. 8. (XI, 260 S.) Ebd. 897.
Geb. in Halbldr. n. 1. —

— **deutsche.** Lesebuch f. Volksschulen. Einfache Ausg. 1. Tl. B. Für Mittelklassen mehrklass. Schulen. Hrsg. vom braunschweig. Pestalozzi-Verein. gr. 8. (X, 311 S.) Braunschweig 902. A. Hafferburg. Geb. n. 1. 50

— dasselbe. Lesebuch f. Volksschulen. Einfache Ausg. Hrsg. v. braunschweig. Pestalozzi-Verein. 2 Tle. 8. Ebd. Geb. n. 2. 60
1. Für Mittelklassen. 3. verb. Aufl. (XII, 259 S.) 904. n. 1. —
2. Für Oberklassen. 3. verb. Aufl. (IX, 406 S.) 904. n. 1. 60;
m. Wiederholungsbuch. (IX, 525 S.) 904. n. 1. 80

— **deutsche.** Lesebuch f. Volksschulen. Einfache Ausgabe. 2 Tle. Hrsg. vom braunschweig. Pestalozzi-Verein. 8. Braunschweig, E. Appelhans & Co. Geb. nn 2. 80
I. Für Mittelklassen. 4. verb. Aufl. (XII, 259 S.) 906.
Geb. nn 1. —
II. Für Oberklassen. 4. durchgeseh. Aufl. Mit Wiederholungsbuch. (XI, 525 S.) 907. Geb. nn 1. 80

— **deutsche.** Illustr. Monatshefte. Geleitet v. Frz. Rudolf. Schriftleiter: Gust Feilhauer. 13.—15. Jahrg. 1896—1898. à 12 Hfte. (à ca. 26 S.) Lex.-8. Berlin, G. Nauck. à Jahrg. n. 4. —; kplt. geb. à n. 6. —
Jg. 1-12 unt. d. T.: Österreichs deutsche Jugend.

— deutsche. Illustrierte Monatshefte. Geleitet von Frz. Rudolf. Schriftleitung: Gust. Feilhauer. 16.—19. Jahrg. 1899—1902. à 12 Hfte. 4. (à ca. 26 S. m. Farbdr.) Berlin, G. Nauck. à Jahrg. n. 4.—; geb. à n. 6.—

— deutsche. Illustrierte Monatshefte. Geleitet v. Frz. Rudolf. Schriftleitung: Gust. Feilhauer. 20.—23. Jahrg. 1903—1906. à 12 Hefte. (21.—23.: VIII, 836; VIII, 358 u. VIII, 340 S. m. Abbildgn. u. je 12 Taf.) Lex.-8. Berlin, G. Nauck. à Jhrg. n. 4.—; geb. n. 6.—

— deutsche. Geleitet v. Frz. Rudolf. Schriftleitung: Gust. Feilhauer. 24. Jahrg. 1907. 12 Hefte. (312 u. 60 S. m. Abb. u. 12 Farbdr.) Lex. 8. Berlin, G. Nauck. 4.—; geb. 6.—

— dasselbe. Geleitet v. K. Neumann. Schriftleitg.: Gust. Feilhauer. 25.—27. Jahrg. 1908—1910. à 12 Hefte. (322 u. 52; VIII, 404 u. VIII, 400 S. m. je 12 meist farb. Taf.) Lex. 8. Ebd. à Jahrg. 5. 40

Jugend, Teutsche, in weiland Burschenschaften und Turngemeinden. Materialien zu dem verheißenen 1. Theil der Fragmente des Abentheurers Wit, gen. v. Dörring. Magdeburg 1828. V: *Wesselhöft, Robert.* (ADB 43, 552) (Erman u. Horn, Bibliogr. d. dtsch. Universitäten. 1. Leipz. u. Berl. 1904) (Pernwerth v. Bärnstein, Beitr. z. Gesch. u. Lit. d. deutsch. Studenth. Würzburg 1882.)

Jugend, teutsche, in weiland Burschenschaften u. Turngemeinden. — Materialien zu d. verheißenen 1. Theile d. Fragmente aus d. Leben d. Abentheurers Ferd. Joh. Wit, gen. v. Dörring. Mit Bezugnahme auf d. Hrn. Maj. v. Lindenfels freisinn. Bemerkn. üb. d. 2. Thl. dieser Fragmente. 8. (7¼ B.) Magdeburg 828, (Heinrichshofen.)

— deutsche, übe Pflanzenschutz! (Von Rhardt. Walth. Bauer.) 4. (4 S.) Zwenkau 900. (Leipzig, O. Wittrin.) n. — 20

Jugend, deutsche, übe Pflanzensch.! Ausg. A u B. (46 S 47 S) Gera 1901

Deutschlands Jugend. Schüler-Zeitung f. Knaben u. Mädchen. Hrsg.: Georg Gellert. Jg. 1, No 1. Berlin: Deutschlands Jugend 1905. 4° [8.] [05. 7805

Jugend, Felsheim's, und seine Fragmente. Mannheim 1784. V: *Kosche, Christian Traugott.* (Ky) (ML)

Jugend, Frederus, sein Aufenthalt in Wittenberg ... Stralsund 1837. V: *Mohnike, Glieb Chn Frdr.* (Ky)

— die freie. Freireligiöse Wochenschrift f. d. Kinder d. Volkes, hrsg. v. Bruno Wille. 1. Jahrg. Novbr. 1895 —Dezbr. 1896. 59 Nrn. gr. 8. (208 S.) Berlin (A. Hoffmann). n.n. 4. 50

— dasselbe. Wochenschrift f. d. Kinder d. Volkes. 2. Jahrg. 1897. 52 Nrn. (à 8 S.) gr. 8. Ebd. 3. 80

— dasselbe. Lesebuch f. d. Kinder d. Volkes. 3. Jahrg. 1898. 52 Hfte. (à 8 S.) gr. 8. Ebd. 3. 80

— die freie. Lesebuch f. die Kinder des Volkes. Im Auftrage der freireligiösen Gemeinde zu Berlin hrsg. von Bruno Wille. Schriftleitung: Bruno Wille. 4.—7. Jahrg. 1899—1902. à 4 Bde. (52 Hfte.) gr. 8. (à Hft. 8 S.) Berlin (A. Hoffmann). à Jahrg. 2. 60

— die freie. Lesebuch f. die Kinder des Volkes. Im Auftrage der freireligiösen Gemeinde zu Berlin hrsg. v. Bruno Wille. Schriftleitung: Bruno Wille. 8.—11. Jahrg. 1903—1906. à 4 Bde. à Jhrg. 52 Hefte. (à Bd. ca. 104 S.) gr. 8. Berlin (A. Hoffmann). à Jhrg. 2. 60

— die freie. Lesebuch f. die Kinder des Volkes. Im Auftrage der freireligiösen Gemeinde zu Berlin hrsg. v. Bruno Wille. Schriftleitung: Bruno Wille. 12.—14. Jahrg. 1907—1909. à 4 Bde. 52 Hefte. (à Bd. IV, 104 S.) gr. 8. Berlin (A. Hoffmann). à Jahrg. 2. 60

Jugend, die freie. Für Freidenker-Familien hrsg. im Auftrage der freireligiös. Gemeinde Berlin v. Bruno Wille. gr. 8. Berlin (A. Hoffmann). à Bd. — 75
Charakterstärke. (104 S.) (909.) — Darwin. (104 S.) (909.) — Eroberung d. Himmels. (104 S.) (910.) — Goethe u. Schiller. (104 S.) (909.)

— frohe. Hrsg. v. „Kind u. Kunst". Red.: A. Jaumann. April 1909—März 1910. 12 Nrn. (à ca. 16 S. m. Abb. u. farb. Taf.) gr. 8. Berlin, Brandus. 3. —
Erscheint nicht mehr.

—— fröhliche. Ein Bilderbuch für Mädchen und Knaben. Mit 53 Liedern und Reimen von G. Chr. Dieffenbach, sowie 17 neue Melodien dazu von Carl Aug. Kern. Farbendr. von Mühlmeister und Johler in Hamburg. Phototypie von C. Angerer und Göschl in Wien. gr. 4. (24 Bl. mit 40 schwarzen und farb. Bildern von B. Paul Mohn.) Bremen 886, Heinsius Nachf. cart.

—— dass. — Ein Bilderbuch mit 6 Farbdr.-Bildern von C. Offterdinger und Text in Versen von Vict. Blüthgen. gr. 4. (6 S. Text.) Stuttgart 888, F. Loewe.
Auf Leinw. mit Lack-Anstrich. geb.

— fröhliche. schmal 8. (12 S. m. Abb. u. 1 Farbendr.) Eßlingen 896. J. F. Schreiber. n. — 25

—— eines Genies. Schul-Humoreske von Ernst v. Lachenheim. 1. und 2. Aufl. 8. (V, 43 S. mit 6 Illustr.) Kaiserslautern 884, Fussinger.

Jugend

— gesunde. Zeitschrift f. Gesundheitspflege in Schule u. Haus. Organ des allgemeinen deutschen Vereins f. Schulgesundheitspflege. Im Auftrage des Vorstandes u. unter Mitwirkg. v. Fachhygienikern, Ärzten, Vertretern der höheren Lehranstalten u. Volksschulen, Technikern, Verwaltungsbeamten u. Nationalökonomen hrsg. durch Pabst, Griesbach, Schotten, Korman. Red.: Griesbach. 1. Jahrg. Mai 1901—April 1902. 6 Hfte. gr. 8. (IV, 256 S. m. Abb.) Leipzig, B. G. Teubner. n. 4.—

— dasselbe. 2. Jahrg. 1902. 6 Hfte. gr. 8. (IV, 338 S. m. Abb.) Ebd. n. 4.—

— gesunde. Zeitschrift f. Gesundheitspflege in Schule u. Haus. Organ des allgemeinen deutschen Vereins f. Schulgesundheitspflege. Im Auftrage des Vorstandes u. unter Mitwirkg. v. Fachhygienikern, Aerzten, Vertretern der höheren Lehranstalten u. Volksschulen, Technikern, Verwaltungsbeamten u. Nationalökonomen hrsg. v. Pabst, Griesbach, Korman, Schotten. Red.: Griesbach. 3. u. 4. Jahrg. 1903 u. 1904. à 6 Hefte. (IV, 338 u. IV, 236 S.) gr. 8. Leipzig, B. G. Teubner. à Jhrg. n. 4.—

— dasselbe. Im Auftrage des Vorstandes u. unter Mitwirkg. v. D. Finkler, F. A. Schmidt, A. Wingen hrsg. v. H. Selter, K. Roller. 5. u. 6. Jahrg. 1905 u. 1906. 6 bezw. 12 Hefte. (III, 296 u. 24 u. VIII, 284 S.) gr. 8. Ebd. à Jhrg. n. 4. —

— gesunde. Zeitschrift f. Gesundheitspflege in Schule u. Haus. Organ des allgemeinen deutschen Vereins f. Schulgesundheitspflege. Im Auftrag des Vorstandes u. unter Mitwirkg. v. D. Finkler, F. A. Schmidt, A. Wingen hrsg. v. H. Selter, K. Roller. 7. Jahrg. 6 Hefte. (272 S.) gr. 8. Leipzig 907. 08. B. G. Teubner. 4. —

— dasselbe. 8.—10. Jahrg. à 12 Hefte. (à Jahrg. VIII, 384 S.) gr. 8. Ebd. 908—10. à Jahrg. 5. —

Gesunde Jugend Jahrg. XI u. folg. siehe: VERHANDLUNGEN der XI. u. folg. Jahresversammlungen . . .

— dasselbe. IV.—VI. Jhrg. Ergänzungsheft. gr. 8. Ebd. n. 5. 50

IV. Verhandlungen der IV. Jahresversammlung des allgemeinen deutschen Vereins f. Schulgesundheitspflege am 2. u. 3. VI. 1903 in Bonn a. Rh. (XVI, 126 S.) 903. n. 1.50
V. Verhandlungen der VI. Jahresversammlung des allgemeinen deutschen Vereins f. Schulgesundheitspflege am 14. u. 15. VI. 1905 in Stuttgart. (112 S.) 905. n. 1. 60
VI. Verhandlungen der VII. Jahresversammlung des deutschen Vereins f. Schulgesundheitspflege am 6. u. 7. VI. 1906 in Dresden, hrsg. v. H. Selter u. K. Roller. (103 S.) 906. n. 2. 40

— dasselbe. 7. Jahrg. Ergänzungsheft. gr. 8. Ebd. 907. 2. 35

Verhandlungen der VIII. Jahresversammlung des deutschen Vereins f. Schulgesundheitspflege am 21. bis 23. V. 1907 in Karlsruhe, hrsg. v. H. Selter u. K. Roller. (171 S.)

— dasselbe. 8. Jahrg. Ergänzungsheft. gr. 8. Ebd. 908. 5.—; f. Abonnenten 4. —

Verhandlungen der IX. Jahresversammlung des allgem. deutschen Vereins f. Schulgesundheitspflege v. 9. bis 11. VI. 1908 in Darmstadt, hrsg. v. H. Selter u. K. Roller. (IV, 364 S.)

— goldene. Ein bewegl. Buch m. paſſ. Verſen f. Knaben u. Mädchen. gr. 4. (6 farb. Taf.) Fürth 894. (Leipzig, W. Opetz.) Kart. 1. 50

Jugend, d. immer grünende, od. Anweiſ., wie ſ. ſowohl Kinder, als Erwachſene in all. Bedienungen z. verhalt. h. 8. Frft. Eßlinger. 748.

Jugend, der, Hausſchatz. Ein Buch für die reifere Jugend und zum Vorleſen im häusl. Kreiſe. Mit fein ill. Bildern. gr. 8. (VIII und 484 S. mit 12 Stnt.) Stuttgart 855, Ed. Hallberger.

— der, Hausſchatz. Ein Buch für die reifere Jugend, ſowie zum Vorleſen im häusl. Kreiſe. Nach den beſten Quellen bearb. 3. verm. Aufl. gr. 8. (VIII, 496 S. mit 12 fein color. lithogr. Bildern.) [Stuttgart 877, Hofmann und Hohl.] Eßlingen, Schreiber.

— der, Heimgarten. Hrsg. v. Frdr. Arnold. Mit 24 farb. Vollbildern u. 286 Illuſtr. im Text. hoch 4. (VI, 384 S.) Stuttgart (899). C. Hoffmann. Geb. in Leinw. n. 8.—

Jugend Heinrichs V. Lſtſpl. in 3 A. 8. Wien 808. Wallishauſſer. 6 gr

Jugend Juenglingsjahre

Jugend, Jünglingsjahre und Alter eines Weltmannes; oder Lorimons interessanter Lebenslauf. 1814

s.a. Arnaud, Francois Thomas Marie de Baculard d'

Jugend, Jünglingsjahre u. Alter e. Weltmannes; nach d'Arnaud. 2 Bde. 8. Leipz. 814. (Nauck). 1 Rthlr 12 gr

Jugend, an die, bei d. Confirmation, (von J. Dav. Hartmann). 8. Halle 775. Waiſenhaus: B. 1 gr

Jugend, Lenzheims, ein Sittengemälde . . . Heidelberg 1794. V: *Bilderbeck, Ludwig Franz Freiherr von.* (Ky) »1792« (MGT) (EE)

Jugend, der, Lieb' u. Luſt, dargeſtellt in Bildern aus den 12 Monaten des Jahres. Ein neues ABC- u. Bilderbuch, als liebſtes Geſchenk f. gute, fleißige Kinder. Nach Originalzeichn. v. P. C. Geißler. 8. (1 B. u. 12 ill. Bild.) Nürnberg 842. [Lotzbeck.] Thlr.

Jugend, der, Lieb' u. Luſt, dargeſtellt in Bildern aus den zwölf Monaten des Jahres. Ein neues ABC- u. Bilderbuch, als liebſtes Geſchenk für gute, fleißige Kinder. Nach Originalzeichn. von P. C. Geißler. 8. (M. 12 illum. Bildern.) Nürnberg 842, Zeh. 1/3 Rthlr

Jugend, Die Gott und den Menschen liebende, oder andächtige Gebete . . . Constanz 1805. V: *Honsel, Joseph Augustin.* (MGT)

Jugend, der, Luſt. Bilderbuch mit kleinen Sprüchen und Verſen für kleine artige Kinder. 1. Aufl. (25 S. mit Abbild. in Steindr.) 1851. und 2. und 3. Aufl. qu. br. 8. (13 S. und 12 ill. Stnt.) Caſſel 852, Vollmann.

Jugend, der, Luſt und Lehre. Album für das reifere Jugendalter, hrsg. von Herm. Maſius. 4. und 5. Bd. Jahrg. 1860 und 1861. à Jahrg. 12 Lfgn. gr. 8. (à Lfg. ca. 48 S. mit 2 Stnt. in Tondr.) Glogau, Flemming's Verlag. à Lfg. à Jahrg.

Vgl.: Knaben, des, Luſt und Lehre.

Jugend, der, Luſt und Lehre. Album für das reifere Jugendalter, hrsg. von Herm. Maſius. 6.—9. Bd. Jahrg. 1862—65. à Jahrg. 12 Lfgn. gr. 8. (à Lfg. ca. 48 S. mit 2 Stnt. in Tondr.) Glogau, Flemming. à Lfg. 5½ Ngr. à Jahrg.

— der, Luſt u. Lehre. 1. u. 2. Hft. 8. Waldenburg i/Schl. 885. Georgi. à n. — 20

1. Zum Herzen. Märchen f. die weibl. Jugend v. M. Heimwald. (48 S. m. Titelbild.)
2. Das Waltarilied. Der Jugend erzählt von J. Schneider. (51 S. m. 1 Holzſchn.)

— luſtige. ſchmal Lex.-8. (12 S. m. z. Tl. farb. Bild.) Ebd. 898. Kart. n. — 35

MEINE Jugend. Aus den Memoiren eines österreichischen Officiers. (Priap. Roman.) Zürich. Pornographische Union (1897). Breit-kl. 8°. 64 S. Lat. Lett. (3 Mk. eine böhmische Firma, 1901.)

Verboten v. L.-G. Wien, 26. V. 1897. § 516.

— nationalliberale. Monatsſchrift des Reichsverbandes der Vereine der nationalliberalen Jugend. Hrsg.: Die Red.-Kommiſſion des Reichsverbandes der Vereine der nationalliberalen Jugend. Verantwortlich: Herm. Fiſcher. 1. Jahrg. 1901. 12 Nrn. gr. 4. (à ca. 12 S.) Köln (Zülpicher Platz 4), Verlag der nationallib. Jugend. 1. 20

— dasselbe. 2. Jahrg. 1902. 12 Nrn. gr. 4. (à ca. 12 S.) Ebd. n. 2. —

— nationalliberale. Monatsschrift des Reichsverbandes der Vereine der nationalliberalen Jugend. Verantwortlich: Paul Zimmermann. 3.—5. Jahrg. 1903—1905. à 12 Nrn. (à ca. 16 S.) gr. 4. Köln (Gereonsdriesch 7), Verlag der nationalliberalen Jugend. à Jhrg. n.n. 2. —
Die Jahrge. 3 u. 4 sind v. Herm. Fischer redig.

— nationalliberale. Monatsschrift d. Reichsverbandes der Vereine der nationalliberal. Jugend. Verantwortl.: Paul Zimmermann. 6. Jahrg. 1906. 12 Nrn. (192 S.) 32,5×24 cm. Köln (Gereonsdriesch 7), Geschäftsstelle des Reichsverbandes der Vereine der nationalliberalen Jugend. nn 2. —
Fortsetzung s.: Blätter, jungliberale.

—— der, Noth und Hülfe. Zur Geschichte der Jünglings-Vereine. 8. (64 S.) Berlin 861, (Beck.) *

Oesterreichs deutsche Jugend. Illustrirte Jugend- und Familienbibliothek geleitet von Franz Rudolf. Herausgegeben vom Deutschen Landeslehrervereine in Böhmen—Reichenberg. VI. Jahrg. 1889. Cplt. Mit zahlreichen Illustrationen. Lex.-8. (302 S.) In Lnwd. geb. 3.40
Wien: Sallmayer in Komm.

Oesterreichs deutsche Jugend. Monatshefte mit Bildern unter Leitung des Bürgerschullehrer Frz. Rudolf. 7. Jahrg. 1890. 12 Hefte. (2 B.) Lex.-8. In Comm. 2.40, pro Heft * —.20
Wien: Sallmayer.

Jugend, Oesterreichs deutsche. Monatshefte mit Bildern, geleitet von Franz Rudolf. VIII. Jahrg. 1891. Complet. 4. (302 S.) In eleg. Leinwandband geb. Ebda. 3.40

Jugend, Oesterreichs deutsche. Herausgegeben vom deutschen Landeslehrer-Vereine in Böhmen. IX. Jahrgang. 1892. Complet 4. (308 S.) In Leinwdbd. Ebda. * 3.40
— — X. Jahrg. 1893. 12 Hefte 4. Ebda.

Jugend, Oesterreichs deutsche. Illustrirte Jugend- und Familien-Bibliothek. Geleitet von Franz Rudolf. XI. Jahrgang. 1894. Complet. Kl.-4. (348 S.) In Lnwd. geb. In Comm. * 3.40
— — XII. Jahrgang. 1895. Zwölf Hefte. Kl.-4. Wien: Sallmayer In Comm. * 2.40, pro Semester 1.20

Jugend, Oesterreichs deutsche, Geleitet von Franz Rudolf. Herausgegeben vom deutschen Lehrer-Vereine in Böhmen. Mit vielen Illustrationen. XIII. Jahrg. 1896. Complet. 4. (344 S.) Eleg. in Lnwd. geb. In Comm. Wien: Sallmayer.

Jugend, Oesterreichs deutsche, Geleitet von Franz Rudolf. Herausgegeben vom deutschen Lehrer-Vereine in Böhmen. Mit vielen Illustrationen. XIV. Jahrg. 1897. 12 Hefte 4.
In Comm Wien: Sallmayer —.20

Jugend, Oesterreichs deutsche, Geleitet von Franz Rudolf. Herausgegeben vom deutschen Lehrer-Vereine in Böhmen. Mit vielen Illustrationen. XV. Jahrgang. 1898. Complet. 4. (328 S. und S. XXXVII—XL.) In elegantem Lnwdbd. In Comm. Wien: Sallmayer. 3.40

(F) Oesterreichs Deutsche Jugend. Geleitet von Franz Rudolf. XVIII. Jahrgang 1901. (1. Halbband.) Reichenberg. [1901.] Verlag des Deutschen Landeslehrervereines in Böhmen. [In Comm.] Sallmayer'sche Buchh. (Jul. Schellbach.) Lex.-8°. 312, XXIV S. mit 12 Tafeln. Geb. K 6.80

Österreichs deutsche Jugend. 25. Jahrg. 1903. Lex.-8°. Erscheint in 12 Nrn. kompl. K 4.80
Reichenberg: Sollor's Nachf.

(F) Österreichs deutsche Jugend. 26. Jahrg. 1909. Lex.-8°.
Wien: Sallmayer.

(F) Österreichs Deutsche Jugend. 1910. 27. Jahrg. I. Halbband. Gr.-8°. (ill. 200 S.) geb. K 3.40
Reichenberg: Sollor's Nachf.

Oesterreichs deutsche Jugend. Zur Feier des fünfzigjährigen Regierungsjubiläums Seiner Majestät unseres allergnädigsten Kaisers Franz Joseph I. 1848—1898. Verlag des deutschen Landes-Lehrervereines in Böhmen, Reichenberg. 1898. —.30

Jugend, Oesterreichs deutsche, Geleitet von Franz Rudolf. Festschrift 1848—1898. Mit vielen Illustrationen. 4. (40 S.) In Comm. * —.30
Wien: Sallmayer 1898.

Jugend, die rosige! Neues ABC-Buch zum Geschenk für gute Kinder. Mit 25 (lith. u. color.) Abbildgn. 8. (8 S.) Nürnberg 849, Renner & Co. 9 ℳ

— die singende Sammlung von 100 zwei-, drei- u. vierstimm. Liedern ernsten u. heitern Inhalts für Schule u. Haus. Hrsg. im Vereine m. mehrern Lehrern der Provinz v. Conr. Jos. Hampel. qu. gr. 8. (108 S.) Gleiwitz 848, Landsberger. n. 6 ngl

—— der, Sonntagslust. Beiblatt zum Kropper kirchl. Anzeiger. Hrsgbr.: Paulsen. 1.—5. Jahrg. 1880—1884. à Jahrg. 26 Nrn. (à Nr. ½ Bog.) gr. 4. Kropp, Buchh. „Eben-Ezer". à Jahrg.

—— der, Sonntagslust. Beiblatt zum Kropper kirchl. An- Anzeiger. Hrsgbr.: Paulsen. 6. Jahrg. 1885. 26 Nrn. (à Nr. ½ Bog.) gr. 4. Kropp, Buchh. „Eben-Ezer". *

—— dass. — 7.—9. Jahrg. 1886—1888. à Jahrg. 52 Nrn. (à Nr. ½ Bog.) gr. 4. Ebendas. à Jahrg. *

—— der, Sonntagslust. Beiblatt zum Kropper kirchl. Anzeiger. Redact.: G. Wagner. 10.—13. Jahrg. 1889—1892. à Jahrg. 52 Nrn. (à Nr. ½ Bog.) gr. 4. Kropp, Buchh. „Eben-Ezer". 10. Jahrg. * 1 20
11.—13. Jahrg. à * 1 60; 13. Jahrg. m. dem kirchl. Anzeiger * 3 60

— der, Sonntagslust. Beiblatt zum Kropper kirchl. Anzeiger. Red.: G. Wagner. 12.—14. Jahrg. 1891—1893. à 52 Nrn. (à ca. 1 Bog.) gr. 4. Kropp, Buchh. „Eben-Ezer". à Jahrg. n. 1. 60; m. dem kirchl. Anz. n. 3. 60

— dasselbe. Red.: Euchler. 15. Jahrg. 1894. 52 Nrn. (à ca. 1 Bog.) gr. 4. Ebd. n. 1. 60; m. dem kirchl. Anz. n. 3. 60

— der, Sonntagslust. Beiblatt z. Kropper kirchl. Anzeiger. Red.: Paulsen. 16.—19. Jahrg. 1895—1898. à 52 Nrn. (à 4 S.) gr. 4. Kropp, Buchh. „Eben-Ezer". à Jahrg. n. 1. 60; m. d. kirchl. Anzeiger n. 3. 60
Kann auch vierteljährlich bezogen werden.

— der, Sonntagslust. Beiblatt zum Kropper kirchl. Anzeiger. Red.: J. Paulsen. 20.—22. Jahrg. 1899—1901. à 52 Nrn. Fol. (à ca. 4 S.) Kropp, Buchh. „Eben-Ezer". à Jahrg. n. 1. 60; m. dem kirchl. Anzeiger à Jahrg. n. 3. 60

Jugend

— der, Spiel und Arbeit. Hrsg. von J. D. Georgens und J. M. v. Gayette Georgens, unterstützt durch die Mitwirkung von L. Erk, L. Burger, P. Meyerheim ꝛc. 1. Jahrg. 1878. 12 Hefte. (à 2 Bog. mit eingedr. Holzschn. und 1 Stnt. in Imp.-Fol.) Fol. Leipzig, Richter's Verlags-Anstalt. *
In Mappe 4.
Im Anschluß hieran erschien: Georgens, J. D., Mutter- und Kindergarten-Buch.

— der, Spiel und Beschäftigung. Illustrierte Zeitschrift für Spiel, Beschäftigung, Unterhaltung, Handfertigkeit und Hausfleiß. Unter Mitwirkung von Joh. P. Andersen, E. Brenning, Emil Fischer ꝛc. hrsg. von Hugo Elm. 1. und 2. Jahrg. Oktbr. 1883—Septbr. 1885. à Jahrg. 24 Nrn. (à Nr. 1½ Bog. mit Illustr.) gr. 4. Leipzig, Leipziger Lehrmittelanstalt von Dr. O. Schneider. à Jahrg.

— der, Spiel und Beschäftigung. Illustrierte Zeitschrift für Spiel, Beschäftigung, Unterhaltung, Handfertigkeit und Hausfleiß. Redig. von Vorbrodt. 3. Jahrg. 1886. 24 Nrn. (à Nr. 1½ Bog. mit Illustr.) gr. 4. Leipzig, Leipziger Lehrmittelanstalt von Dr. O. Schneider. *
Nicht weiter erschienen.

— der, Spiel u. Vergnügen im Freyen. 20 bunte Bilder nebst Reimen. qu. kl. 4. (20 ill. Stnt. u. 2¾ B. Text.) Eßlingen 844. [Schreiber u. Schill.] —

Jugend, Städtische, und Jugendhorte. Zürich 1897. V: *Fisler, Albert.* (Berl)

Jugend, Heinrich Stillings; eine wahrhafte Geschichte. Berlin 1777. V: *Jung, Joh. Hnr.* H: *Goethe, J. W.* (MGT)

Die Stenographierende **Jugend.** Im Auftr. d. Stenographenverbandes Stolze-Schrey geleitet von H. Coprian. Jg. 1. Berlin: Reh 1910. 8° [10. 17838

— die studierende, u. d. Alkoholfrage. Vorträge, geh. in d. Aula d. kgl. Universität München v. Bollinger, Buchner, M. Haushofer, unter d. Vorsitz v. M. von Pettenkofer. Hrsg. v. deutschen Verein geg. Missbrauch geist. Getränke, Zweigverein München. gr. 8. (24 S.) München 895. J. F. Lehmann's Verlag. n. — 40

Jugend, der, liebste Stunden. Neue Märchen und Geschichten für Knaben und Mädchen. Mit (4 lithogr.) Bildern in Oelfarbendr. nach Orig.-Zeichnungen von J. B. Sonderland. 8. (V, 167 S.) Wesel 870, Düms. cart. 3 —

— thierfreundliche. Erzählgn. a. d. Thierleben. Hrsg. v. Wiener Lehrerverein. Zusammengest. v. Hans Fraungruber. Illustr. v. Siebener-Club in Wien. 8. (183 S.) Wien 897. C. Graeser. Geb. in Leinw. n. 2. 40

— thierfreundliche. Erzählungen aus dem Thierleben. Hrsg. v. Wiener Lehrerverein. Zusammengestellt v. Hans Fraungruber. Illustr. v. Siebener-Club in Wien. 2. [Titel-]Aufl. 8. (183 S.) Wien (897). 898. C. Graeser & Co. Geb. in Leinw. n. 2. —

Für Unsere Jugend: Jahrgang 1—18, no. 8, Apr. 1889—Nov. 1906?

Monthly, issued as supplement to FREIDENKER, and to AMERIKANISCHE TURNZEITUNG. Sub-title: Beilage zum FREIDENKER und der AMERIKANISCHEN TURNZEITUNG. Continued as section of FREIDENKER, beginning with 1907; however, this paper was advertised, Dec. 29, 1907, to appear as separate publication, at subscription rate of 50 cents per year. Large quarto, each issue 4 pages; illustrated. Edited by Maximilian Grossmann [with H. H. Fick as associate editor], Apr. 1889—?; by F. W. Dodel, ?—Nov. 1906. Published by Freidenker Publishing Co.
Milwaukee, WI

Für unsere Jugend. Herausgegeben von Bernhard Wierth. Jahrgang 1898. 26 Nummern. Kl.-4. In Comm. 1.—, pro Semester —.50
Wien: Szelinski.

— unsere, unsere Zukunft! Ein Mahnruf an alle Freunde der Kirche u. des Vaterlandes. Zugleich Jahrbuch des ostdeutschen Jünglingsbundes auf 1900. Hrsg. vom Bundesvorstande. 8. (48 S. m. 1 Abb. u. 2 Bildnissen.) Berlin (Buchh. des ostdeutschen Jünglingsbundes). n. — 30
Vergl.: Jahrbuch des ostdeutschen Jünglingsbundes.

Für die Jugend des Volkes! Illustrirte Monatsschrift zur Bildung und Belehrung. Herausgegeben von den Volksschullehrern F. Mariner und A Martin. 1892. 8. (240 S.) In Lwd. geb. Wien: Lechner. 1.25

Für die Jugend des Volkes. Illustrirte Monatschrift zur Bildung und Belehrung. Redacteur: Konrad Süßmayer. IV. Jahrg. 1895. Zwölf Nummern. 8. Wien: Amonesta. 1.—

Für die Jugend des Volkes. Illustrirte Monatsschrift zur Bildung und Belehrung. Geleitet von dem Volksschullehrer Hans Fraungruber. V. Jahrgang. 1896. 2 Halbbände in einem Bande. 8. (288 S.) In Lnwd. geb. Wien: Amonesta.

Für die Jugend des Volkes. Illustrirte Monatsschrift zur Belehrung und Unterhaltung für Kinder im schulpflichtigen Alter. Herausgegeben vom Wiener Lehrer-Verein. Geleitet von dem Volks-Schullehrer Hans Gruber. VI. Jahrgang. 1. Hlbbd. 8. (288 S.) In Lnwd. geb. 1.50
VII. Jahrgang. 1898. 1. Heft. 8. (S. 1 bis 32.) Pro compl. 1.20, pro Heft apart 15
Wien: Reimann.

[F.] Für Jugend und Volk. Bd 1. *Berlin: Hilfsver. deutscher Lehrer 1896.* 8. [96. 307

— Wiener. Zeitschrift f. Literatur, Kunst u. sozial. Leben. Hrsg.: Alfons G. Herrlein. Red.: Karl Müller. 1. Jahrg. März 1907—März 1908. 18 Nrn. (à ca. 16 S. m. Taf.) 30,5×23 cm. Wien (II/2, Kurzbauergasse 1), Verwaltg. der Wiener Jugend. 6. —

Jugend, der, Wunderborn. Märchen, Erzählgn. u. Schauspiele f. Knaben u. Mädchen v. 7—12 Jahren. M. Beiträgen v. Karl Cassau, Maria Doberenz, Ant. Drath rc. hrsg. v. Karl Harald. M. 5 feinen Farbendr.-Bild. nach Aquarellen v. M. Hohneck u. E. Voigt. 4.—4½ Tauf. gr. 8. (192 S.) Wesel 898. W. Düms. Geb. 2. 50

— der, Wundergarten. Allerlei Märchen v. Klara Reichner, F. Goebel u. K. Zastrow. Mit 6 feinen Farbendr.-Bildern nach Aquarellen v. W. Schäfer. 1. u. 2. Aufl. 8. (119 S.) Wesel 887. 888. Düms. geb. 1. —

Jugend, der, Wunderhorn. Reim- u. Liederschatz aus d. Werken unserer Dichter, so wie aus dem Volksmunde für die verschied. Stufenjahre d. Kinderwelt gesammelt u. hrsg. Mit 12 Illustr. in Farbendruck. gr. 8. (X u. 254 S.) Nürnberg 851, Lotzbeck. 2⅓ ₰

Jugendabteilung, unsere. Von e. Pfarrer des Ravensberger Landes. (74 S.) kl. 8. Barmen-U. 907. Westdeutscher Jünglingsbund. Kart. — 60

Jugend-Akademie, oder Franz Rode der verständ. u. wackere Lehrer. Eine Quartalschrift als Lese-, Lehr- u. Unterhaltungsbuch für Knaben u. Jünglinge; zugleich ein Lehr- u. Leitfaden f. Schullehrer u. Privaterzieher. 2 Thle. (Hat auch den Tit.: der beliebte Lehrer rc.) 8. Regensb. 822. Daisenberger. 20 ₰

Jugend-Album. Blätter für den häuslichen Kreis, unter Mitwirkung von Gustav Schwab herausgegeben von Emma Niendorf. Mit Beiträgen von Aurelie; Dielitz; Thekla von Gumpert. . . u. a. Die Kunstbeilagen von O. Aschenbach; Otto Arnz; Ch. E. Böttcher; Des-Coudres; A. Flamm; Th. Hosemann; L. Richter; I. B. Sonderland und anderen. Stuttgart, E. Hallberger [1850]. IV, 380 S. mit vielen, meist handkolor. Lithographien u. Musikbeilagen. Gr.-8°. Blaugrauer Orlwd. m. Rv. 28.—
Sehr seltener erster Jahrgang des bekannten Jugendjahrbuchs. — Leicht benutzt, hie u. da unbedeut. gebräunt.

Jugend-Album. Blätter für Geist u. Gemüth unter Mitwirkung von Gust. Schwab hrsg. von Emma Niendorf. Mit Beiträgen von Aurelie; Grünewald; Thekla v. Gumpert; Fr. Güll; Frz. Hoffmann u. A. Die Kunstbeilagen von O. Achenbach; Otto Arnz u. A. 1. Jahrg. 1850. — Von Theodor Dielitz; Thekla v. Gumpert; Fr. Güll u. A. Mit Bildern u. Musikbeilagen. 2. Jahrg. 1851. — Von Aurelie; A. W. Grube; Fr. Güll u. A. Mit Bildern u. Musikbeilagen. (3.) Jahrg. 1852. (à Jahrg.) 12 Hfte. Lex. 8. (1: IV u. 386 S., 18 Bl. Gedichte, 12 Musikbeil. u. 21 lith. zum Thl. color. Taf. 2: VI u. 570 S., 12 Musikbeil. u. 24 lith. zum Thl. color. Taf. 3: . . . S. m. 12 Musikbeil. u. 24 lith. zum Thl. color. Taf. Stuttgart, Ed. Hallberger. (à Hft. ⅙ ₰ à Jahrg. 3 ₰) 9 ₰

Jugend-Album. Zur angenehmen und lehrreichen Unterhaltung im häuslichen Kreise. Mit Beiträgen von Mehreren. 1—3. Jahrg. 1850—52. à Jahrg. 12 Hefte. Mit Bildern und Musikbeilagen. (à Heft 40—48 S.) gr. 8. Stuttgart, E. Hallberger. à Jahrg.
Der 1. Jahrg. erschien u. d. T.: Blätter für Geist und Gemüth rc.

Jugend-Album. Blätter zur angenehmen und lehrreichen Unterhaltung im häusl. Kreise. Von Aurelie u. A. Mit vielen Bildern. (4—8.) Jahrg. 1853—56. à Jahrg. 12 Hefte. (à 48 S. mit 2 ill. Stnt.) Lex.-8. Stuttgart, Ed. Hallberger. à Jahrg.
1—3. Jahrg. 1850—52. Ebendas. à Jahrg. 3 Thlr.

Jugend-Album. Blätter zur angenehmen und lehrreichen Unterhaltung im häusl. Kreise. Von Aurelie, Adf. Bube, Mart. Claudius, Aug. Corrodi u. A. Mit vielen Bildern. 8—13. Jahrg. 1857—62. à Jahrg. 12 Hefte. (à 48 S. mit eingedr. Holzschn. und 2—3 theils ill. Stnt.) Lex.-8. Stuttgart, E. Hallberger. à Heft 6 Ngr.

Jugend-Album. Blätter zur angenehmen und lehrreichen Unterhaltung im häusl. Kreise. Von Aurelie, Karl Biernatzki, Adf. Bube, Mart. Claudius u. A. Mit vielen Bildern. (14.—17.) Jahrg. 1863—66. à Jahrg. 12 Hefte. (à 48 S. mit eingedr. Holzschn. und 2—3 theils ill. Stnt.) Lex.-8. Stuttgart, E. Hallberger. 14. und 15. Jahrg. à Heft 6 Ngr.; à Jahrg. 16. und 17. Jahrg. à Heft 5 Ngr.; à Jahrg.

Jugend-Album. Blätter zur angenehmen und lehrreichen Unterhaltung im häusl. Kreise von Aurelie, Karl Biernatzki, Adf. Bube rc. Mit color. und schwarzen Bildern. Neue Folge. 1. und 2. Bd. [Jahrg. 1868 und 1869.] gr. 8. (VIII, 538 S. mit 22 Stnt., wovon 8 in Tondr. und 14 color., und 3 Holzschntaf. in Tondr.; VIII, 552 S. mit eingedr. Holzschn., 21 Stnt., wovon 10 in Tondr. und 11 color., und 4 color. Holzschntaf.) Stuttgart 869,70, Nübling. à Jahrg. geb. 6 —

—— dass. — Von Aurelie, Karl Biernatzky, Adf. Bube, A. W. Grube, Frz. Kühn u. A. Mit prachtvollen color. und schwarzen (lithogr.) Bildern. 20.—24. Jahrg. Neue Folge. 3.—7. Bd. gr. 8. (à VIII, 530—575 S.) Stuttgart 871—75, Koch. à Jahrg. geb. 6 —

Jugend-Album. Blätter zur angenehmen und lehrreichen Unterhaltung im häusl. Kreise. Von Aurelie, Karl Biernatzky, A. W. Grube rc. 25. Jahrg. Neue Folge. 8. Bd. gr. 8. (VIII, 472 S. mit prachtvollen color. und schwarzen Bildern.) Stuttgart 876, Koch. geb.

—— dass. — Von Aurelie, Karl Büchner, A. W. Grube rc. Mit prachtvollen color. und schwarzen Bildern. 26.—28. Jahrg. Neue Folge. 9.—11. Bd. gr. 8. (VII, 479; VI, 488; VII, 470 S.) Ebendas. 877—79. geb. à Jahrg.

Jugend-Album. Blätter zur angenehmen und lehrreichen Unterhaltung im häusl. Kreise. Von Aurelie, Friedr. Büchner, A. W. Grube u. A. Mit feinen Bildern in Ton- und Farbendr. 29. und 30. Jahrg. Neue Folge. 12. und 13. Bd. gr. 8. (VII, 471; VII, 464 S.) Stuttgart 880,81, Koch. geb. à Jahrg.

Jugend-Album. Festgabe zur angenehmen und lehrreichen Unterhaltung im häusl. Kreise. Von Aurelie, A. Hummel, G. Jacquet rc. 31. und 32. Jahrg. gr. 8. (IV, 345 S. mit Bildern in Ton- und Farbendr.; 352 S. mit 12 Illustr.) Stuttgart 886,87, Süddeutsches Verlags-Institut. geb. à Jahrg. *

—— dass. — Von L. Würdig, R. Scipio, Wilh. Müller rc. 33. Jahrg. gr. 8. (IV, 348 S. mit 13 Vollbildern in Schwarz- und Farbendr. und zahlreichen Textillustr.) Ebendas. 888. geb. *
(Bis zum 30. Jahrg. [1881] bei Koch in Stuttgart erschienen.)

Jugend-Album. Festgabe zur angenehmen u. lehrreichen Unterhaltg. im häusl. Kreise. Von Wilh. Anthony, Karl Ruß, Heinrich Noë rc. Mit 12 Vollbildern in Schwarz- u. Farbendr. u. zahlr. Textillustr. 34. Jahrg. gr. 8. (III, 315 S.) Stuttg. 889, Süddeutsches Verlags-Institut. geb. * 5 —
Nicht weiter erschienen.

—— Weihnachtsgabe von Erzählungen und Gedichten für die liebe Jugend. Gesammelt von Johs. Maria Stöber. 1. und 2. Jahrg. 8. (V, 224; IV, 224 S. mit Illustr.) Wien 887,88, Verlag der „St. Norbertus"-Druckerei. geb. à Jahrg. *

Jugend-Album. Unterhaltg. f. Geist u. Gemüt d. Mädchen u. Knaben im Alter v. 10—15 Jahren. Unt. Mitwirkg. v. Karl Cassau, Mathilde Clasen-Schmid, Fel. Dahn rc. hrsg. v. Karl Harald. M. 10 feinen Farbendr.-Bild. v. Frz. Viza, E. W. Müller, E. Voigt u. W. Schäfer, vielen in d. Text gedr. Zeichngn. u. 5 Blumentaf. 4. u. 5. Tauf. gr. 8. (256 S.) Ebd. 898. Geb. in Leinw. 4. —

—— deutsches. Hrsg. v. Jul. Lohmeyer. 1. Bd. (Bandausg. der deutschen Jugend.) gr. 8. (IV, 384, XLVIII S. m. z. Tl. farb. Abbildgn.) Hamb. 891, Verlagsanstalt u. Druckerei. geb. * 7 —

Jugend-Album, deutsches. Hrsg. v. Jul. Lohmeyer. 1.—3. Bd. (Bandausg. der deutschen Jugend.) Mit z. Tl. farb. Abbildgn. gr. 8. (IV, 384 u. XLVIII S.; IV, 380 u. XLVIII S.; IV, 386 u. XLVI S.) Hamburg 892—894. Verlagsanstalt u. Druckerei. A.-G. Geb. in Leinw. à n. 7.

—— düsseldorfer, mit artist. Beiträgen von A. Dieffenbach, Th. Mintrop, R. Oppenheim rc. unter literar. Mitwirkung von Ludw. Bund, H. Becker, Ludw. Bechstein rc., redig. von R. Hocker. 1. Jahrg. 1856. gr. 4. (VIII und 72 S. mit 11 Lithochrom. und lithochrom. Titel.) Düsseldorf, Arnz und Comp. *

—— düsseldorfer, mit artist. Beiträgen von Hugo Becker, W. Camphausen, A. Dieffenbach, C. Hartmann, J. Hoegg, C. Hünten, R. Oppenheim, C. Schuback, G. Süß rc. unter literar. Mitwirkung von R. v. Biberegg, F. Binder, A. Bube rc. redig. von N(icol.) Hocker. 2—4. Jahrg. 1857—59. gr. 4. Düsseldorf, [Elkan und Comp.] [Jahrg. 1857 und 1858. (à VIII und 72 S. mit 11 Chromolithogr. und chromolithogr. Titel.) 1859. (III und 48 S. mit eingedr. Chromolithogr., 4 Stnt. und chromolithogr. Titel.)] à Jahrg. *
1. Jahrg. Ebendas. 1856. * 2 Thlr.
Ist nicht fortgesetzt worden.

—— neues. Eine Monatsschrift zur Belehrung und Unterhaltung in Wort und Bild, hrsg. von Frz. Wiedemann. 1. und 2. Bd. à 12 Lfgn. gr. 8. (à Lfg. 48 S. mit eingedr. Holzschn., Holzschntaf., Chromolithogr. und lithogr. Musikbeilagen in 8. und 4.) Neu-Ruppin [Leipzig] 868,69, Oehmigke's Verlag. à Lfg. * 50 Pf.; à Bd. geb. 6 —

— neues illustrirtes. Ein Jahrbuch zur Belehrg u. Unterhaltg. in Wort u. Bild. Hrsg. v. Frz. Wiedemann. 3. Jahrg. 1872. 12 Hfte. gr. 8. (1. Hft. 48 S. m. eingedr. Holzschn. u. 2 Steintaf., wovon 1 in Buntdr.) Leipzig 872. Oehmigke. à Hft. n. — 50; cplt. geb. 6. —

—— österreichisches, zur Erheiterung und Belehrung. Mit Beiträgen von A. Berger, Th. Blaschke, Wilh. Cappilleri rc. 3 Thle. in 1 Bde. Hrsg. von Ph. Brunner und M. Th. May. Zeichnungen von Hugo Ströhl, Karl Geiger u. a. 8. (IV, 150; 153; 136 S.) Wien 888, Perles. geb. *

Jugendalmanach a. d. Jahr . . . .
1820. 332 S. M. Kpf.
A. u. d. Titel: „Taschenbuch f. d. Jugend" erschienen.
Nürnberg. Goed. VIII, 101, 220.

Jugendalmanach auf das Jahr 1820. 1r Jahrg. Mit 7 Kpf. 12. Nürnb., Schrag. 1 ₰ 12 ggl. Hbg. Pr. 1 ₰

Jugendalmanach. M. 7 Kpfrt. (incl. 5 ill. — Wohlf. Ausg.) breit 12. (14 B.) Nürnberg 833, Schrag.

Jugend-Almanach, deutscher, 1844. Hrsg. v. Andr. Sommer. 1. Jahrg. gr. 16. (12⅝ B., 60 Holzschn. u. 2 Stahlst.) Leipzig 843, Teubner. *

—— deutscher. Ein Geschenk f. fleißige Kinder v. P. J. Beumer. 1. Jahrg. 2. Abthl. 8. (3 B. u. 4 Stnt.) Wesel 846, Bagel.
1. Abthl. s. Beumer, P. J.

— dramatischer; ein Geschenk f. Deutschlands Söhne u. Töchter. Mit 4 ill. Kpf. Augsb. ... Schlosser. 6 ggl

Jugend-Almanach, schleswig-holsteinischer, für 1852. Mit Beiträgen von Sophie Dethleffs, C. Schmarje, Heinrich u. A. m. Hrsg. von J. W. Th. Carstenn. 2. Jahrg. 16. (VI und 178 S.) Oldenburg 851. (Leipzig, Brauns.)

Jugendarbeit, die, in den Fabriken des badischen Oberlandes. 4° Schopfheim 1870

Jugendbände, Münchener. Nr. 1—3, 5 u. 6. gr. 8. München, C. Haushalter. Kart. à n. 1. 20
1. Erzählungen u. Dichtungen aus dem Leben der Tierwelt. (III, 73 S. m. 6 Abbildgn.) (901.)
2. Hänschens Weihnachtsfrüchte u. 8 andere kurze Erzählungen f. Knaben. (80 S. m. 11 Abbildgn.) (901.)
3. Knecht Ruprecht u. andere Legenden u. Märchen in kurzer Darstellung. (78 S. m. 16 Abbildgn.) (901.)
5. Midsommernacht. Kindersymphonie u. andere Aufführungen. Rätselspiele u. Gedichte. (IV, 68 S. m. 19 Abbildgn.) (901.)
6. Pflicht u. Liebe. Eine Erzählg. aus dem Burenkriege. Erlebnisse e. f. sein Vaterland kämpf. Burenknaben. Von Agnes Brauer. (109 S. m. 7 Abbildgn.) (902.)

Jugend-Bazar. Quelle belehr. Unterhaltung und nützl. Beschäftigung. Hrsg. von H. Th. Traut. 1. Jahrg. 1865. April bis Dezbr. 9 Nrn. (à 2 Bog. mit eingedr. ill. Holzschn.) hoch 4. Leipzig, Waldow. [Kunze.]

—— dass. — 2. und 3. Jahrg. 1866. und 1867. à Jahrg. 12 Nrn. (à 2 Bog. mit eingedr. und ill. Holzschn.) Ebendas. à Jahrg.

Jugend-Bazar. Quelle belehrender Unterhaltung und nützl. Beschäftigung. Hrsg. von H. Th. Traut. 4. Jahrg. 1868. 12 Nrn. (à 2 Bog. mit eingedr. und color. Holzschn.) hoch 4. Leipzig, Waldow. * 3 60

Jugendbeobachter, Der, zu Fortbildung des Geistes, Geschmacks und Herzens der Jugend. Hannover 1776—80. H (Bd. 1—5): *Müller, Wilhelm Christian.* II (Bd. 6): *Perschke, Christian Gottlieb.* (GGr) (MGT) (Adel) (Ky) (BGG)

Jugendbeobachter, der, z. Fortbildung des Geistes, Geschmacks u. Herzens der Jugend, (v. Geo. W. Müller). 5 Thle. 8. Hannov. 776—79. Hahn. 2 ₰ 12 ggl 6s Bdchn. (von Chr. G. Perschke). Ebd. 780. ...

Die Jugendbewegung. Hrsg. v. Preßverein d. Christl. Jugend. H. 1. Wien: Zentralstelle d. Christl. Jugend Österreichs; Wien & Leipzig: Kirsch in Komm. 1910. 8° [11. 6148

Jugendbewegung, die. Hrsg. v. Preßverein d. christl. Jugend. 1. u. 2. Heft. 16. Wien 910. H. Kirsch. à — 20
1. Geschichte der christl. Jugendbewegung. 1. Tl. (66 S.)
2. Dasselbe. 2. Tl. (51 S.)

Jugend-Bibel, neue, enth. die religiösen u. geschichtl. Urkunden d. Hebräer, mit sorgfältiger Auswahl f. die Jugend, übers. u. erläutert v. J. M. Jost. 1r Thl., d. 5 Bücher Moses. 8. Berl. 823. Trautwein. 1 ₰

Jugend-Bibelbund, der. 16. (20 S.) Gernsbach 885, Christl. Kolportage-Verein. *

Jugend-Bibelbund, der. Monatliche Briefe. Jahrg. 1900 u. 1901. à 12 Nrn. 12. (à ca. 4 S.) Gernsbach. (Lichtenthal bei Baden-Baden, Christl. Kolportage-Verein.) à Jahrg. — 50
Erscheint nicht mehr.

Jugendbibliothek, 1.—6. Bdchen. München 1818—26. II: *Hauber, Joh. Michael.* (MGT) »1818—32« (Ky)

Jugend-Bibliothek, (v. J. M. Hauber). Mit Kpf. 1r — 3r Bd. gr. 8. Münch. Giel. 1r Bd. Auch u. dem T.: Erzählungen aus der Welt- u. Menschengeschichte. 818. 2e A. 822. 3e Aufl. 827. 1 ₰ 2r Bd. Auch u. dem T.: Gemälde aus der Welt- u. Menschengeschichte. 819. 2e Aufl. 823. 1 ₰ 3r Bd. Auch unter d. Titel: Bildungs-Schule zur Belebung eines frommen Sinnes u. Wandels. 820. 2e Aufl. 823. 1 ₰

—— dass. — 1—3. Bd. 4., neu bearb. Aufl. gr. 8. Ebds. à Bd. 20 Ngr.
Auch unter den Titeln:
Bd. 1. Erzählungen aus der Welt- und Menschengeschichte zur Veredlung des Herzens. Gesammelt und hrsg. von J. M. Hauber. 4., durchgehends neu bearb. Aufl. (VI und 298 S. mit 1 Kpfr.) 852.
„ 2. Gemälde aus der Welt- und Menschengeschichte zur Veredlung des Herzens. Gesammelt und hrsg. von J. M. Hauber. 4., umgearb. und verm. Aufl. (VI und 282 S. mit 1 Kpfr.) 850.
„ 3. Bildungsschule zur Belebung eines frommen Sinnes und Wandels. Gesammelt und hrsg. von J. M. Hauber. 4., umgearb. und verm. Aufl. (VI und 282 S.) 851.

Jugend-Bibliothek, 4s Bdchen. A. u. d. T.: Sittenschule f. Erziehung f. Gott u. Vaterland. gr. 8. München 822, Giel.

Jugend-Bibliothek. Von J. M. Hauber. 4. Bd. 3., neu bearb., verm. Aufl. A. u. d. T.: Sittenschule zur Erziehung für Gott und Vaterland. Gesammelt und hrsg. von J. M. Hauber. 3., neu bearb., verm. Aufl. gr. 8. (VI und 290 S. mit 1 Kpfrt.) Lindau 853, Stettner.

— deff. 5s Bdchen. A. u. d. T.: moral. Schilderungen z. Belebung des Edelsinns u. d. Tugend. Mit 1 Kupf. gr. 8. München 824, Giel.

—— dass. — 5. Bd. 3., neu bearb., verm. Aufl. A. u. d. T.: Moralische Schilderungen zur Belebung des Edelsinnes und der Tugend. Gesammelt und hrsg. von J. M. Hauber. 3., neu bearb., verm. Aufl. gr. 8. (V und 282 S. mit 1 Kpfrt.) Ebds. 856.

— deff. 6s Bdchen. A. u. d. T.: Bilder des Lebens. Mit 1 Kpf. gr. 8. München 825, Giel.

—— Von J. M. Hauber. 6. Bd.: Bilder des Lebens in Geschichten. Gesammelt und hrsg. von J. M. Hauber. 3., neu bearb., verm. Aufl. gr. 8. (284 S. mit 1 Kpfr.) Lindau 862, Stettner.

— deff. 7s Bdchen. A. u. d. T.: Lesefrüchte. Geschichten u. Erzählungen f. Freunde d. Guten u. Schönen. Mit 1 Kpfr. gr. 8. München 826, Giel.

Jugend-Bibliothek. Von J. M. Hauber. 7. Bd. 3., neu bearb. verm. Aufl. A. u. d. T.: Lesefrüchte. Geschichten und Erzählungen für Freunde des Guten und Schönen. Gesammelt und hrsg. von J. M. Hauber. gr. 8. (V und 282 S. mit 1 Kpfr.) Lindau 857, Stettner. Thlr.

— deff. 8s u. letztes Bdchen. A. u. d. T.: Blüthengärtlein, enthalt. Erzählungen, Parabeln, Legenden u. Mährchen rc. gesammelt v. M. Hauber. 3e Aufl. gr. 8. Münch. 827, Giel.

—— dass. — 8. Bd. 4., neu bearb., verm. Aufl. A. u. d. T.: Blüthengärtlein. Eine Sammlung lehrreicher Erzählungen, Parabeln, Legenden und Mährchen zur Beförderung eines christlichreligiösen Sinnes. Hrsg. von J. M. Hauber. 4., neu bearb., verm. Aufl. gr. 8. (VI und 282 S. mit 1 Kpfrt.) Lindau 854, Stettner. Thlr.

Jugend-Bibliothek. Fortges. (u. hrsg.) v. Frz. Seraph. Häglsperger. 9. Bdchn. — A. u. d. T.: Der erzähl. Hausfreund. Ein Familien-Buch, zunächst f. d. reif. Jugend. M. 1 Kpfr. gr. 8. (17 B.) München 828, Giel.

—— Fortgesetzt von Frz. Seraph Häglsperger. 9. Bd. A. u. d. T.: Der erzählende Hausfreund. Ein Familienbuch, zunächst für die reifere Jugend. Gesammelt von Frz. Seraph Häglsperger. 3., neubearb., verm. Aufl. gr. 8. (VI und 282 S. mit 1 Kpfr.) Lindau 861, Stettner.

—— ders. 10. Bdchn. — A. u. d. T.: Lebensblüthen f. junge Freunde d. Christenthums. M. 1 Kpfr. gr. 8. (18 B.) Ebds. 829.

Jugend-Bibliothek. Fortges. (u. hrsg.) v. Frz. Seraph. Häglsperger. 11. Bdchn. — A. u. d. T.: Früchte aus d. Garten d. Geschichte. Zur Erbau., Belehr. u. Erquickung junger Christen. M. 1 Stndr. gr. 8. (18 B.) München 830, Giel. Thlr.

—— ders. 12. Bdchn. — A. u. d. T.: Neuer Spiegel f. Herz u. Leben. Eine Samml. belehr. Geschichten u. Erzähln. M. 1 Kpfr. gr. 8. (17¾ B.) Ebds. 831.

—— ders. 13. Bdchn. — A. u. d. T.: Winterrosen. Eine Samml. belehr. Geschichten u. Erzähln. M. 1 Kpfr. gr. 8. (18 B.) Ebds. 832.

— Fortgesetzt von Frz. S. Häglsperger. 14r Bd. A. u. d. T.: Frühlingsblumen. Eine Sammlung belehr. Geschichten und Erzählungen, herausg. von Häglsperger. Mit Titelkpfr. gr. 8. München 833. Giel. (Leipzig, Barth.) 1 ℛ

—— ders. 15 Bdchn. — A. u. d. T.: Sommerrosen. Eine Samml. belehr. Geschichten u. Erzähln. M. 1 Kpfr. gr. 8. (17½ B.) Ebds. 834.

—— ders. 16. Bdchn. — A. u. d. T.: Herbstblumen. Eine Samml. belehr. Geschichten u. Erzähln. M. 1 Kpfr. gr. 8. (18 B.) Ebds. 835.
1—8. Bdchn. (1. u. 8 Bdchn. 3. Aufl. 827; 2. u. 3. Bdchn. 2. Aufl. 823.) Ebendas. 1822—25. à 1 Thlr.

Jugend-Bibliothek. Fortges. v. Frz. Seraph. Häglsperger. 17—22. Bdchn. Jed. m. 1 Ttlkpfr. gr. 8. München, Giel. à 1 Thlr. Thlr.

A. u. d. Ttln.:

Bdchn. 17. Samenkörner f. Jugend u. Wohlfahrt. Eine Samml. belehr. Geschichten u. Erzähln., hrsg. v. Häglsperger. (18 B.) 836.
" 18. Hyacinthen. Lesefrüchte u. Originalien f. Freunde christl.-erbaul. Erzählungen. (18 B.) 837.
" 19. Osterglöcklein. Originalien u. Lesefrüchte f. Freunde christl.-erbaul. Erzähln. Hrsg. v. Häglsperger. (18 B.) 838.
" 20. Centifolien. Originalien u. Lesefrüchte f. Freunde christl.-erbaul. Erzähln. (18 B.) 839.
" 21. Distelblumen. (20¼ B.) 840.
" 22. Palmzweige. Originalien u. Lesefrüchte f. Freunde christl.-erbaul. Erzähln. Hrsg. v. Häglsperger. (18 B.) 841.
1—16. Bdchn. Ebendas. 1827—35. à 1 Thlr.

Jugend-Bibliothek. Hrsg. v. J. M. Hauber u. fortges. v. Frz. S. Häglsperger u. Ottm. Lautenschläger. 23—27. Bdchn. à Bdchn. 1 Kpfrst. gr. 8. (...B.) München. [Lindau, Stettner.]
A. u. d. Ttln.:

Bdchn. 23. Nachtviolen. Eine Samml. lehrreicher Geschichten u. Erzählungen. Hrsg. v. Häglsperger. 25 Ngr.
" 24. Lilien. Originalien u. Lesefrüchte f. Freunde christl.-erbaulicher Erzählungen. Hrsg. v. (O. Lautenschläger.) 25 Ngr.
" 25. Knospen. Hrsg. von Dems. 25 Ngr.
" 26. Grenadillen. Originalien u. Lesefrüchte rc. (18 B.) 847. 20 Ngr.
" 27. Sternblumen. Originalien rc. (17¼ B.) 847. 20 Ngr.
1—22. Bdchn. [Ebendas.] 1827—41. à Bdchn. 25 Ngr.

—— dass. Von J. M. Hauber. Neue wohlf. Ausg. 1—25. Bdchn. Mit 25 Kpfrn. 3. Aufl. gr. 8. Lindau 846, 47, Stettner. à Bdchn. 20 Ngr.

Jugend-Bibliothek. Hrsg. von J. M. Hauber und fortgesetzt von dem Verf. der Erzählungen des Priesters Ottmar rc. (Ottmar Lautenschlager.) 28. Bd. A. u. d. T.: Cyanen. Originalien und Lesefrüchte für Freunde christl. erbaulicher Erzählungen. Hrsg. von Ottmar Lautenschlager. gr. 8. (IV und 282 S. mit 1 Stahlst.) Lindau 850, Stettner.

—— dass. — 29. Bd. A. u. d. T.: Führungen Gottes. Eine Sammlung lehrreicher Erzählungen aus dem wirkl. Leben für die Jugend und ihre Freunde. Hrsg. von Ottmar Lautenschlager. gr. 8. (VI und 286 S. mit 1 Stahlst.) Ebds. 852.
1—27. Bd. Ebendas. 1827—47. 18 Thlr. 10 Ngr.

—— Von Ottmar Lautenschlager. 30. Bd. A. u. d. T.: Christenliebe und Christenmuth. Erzählungen und Geschichten zur Erheiterung, Belehrung und Erhebung der christl. Jugend. Hrsg. von Ottmar Lautenschlager. gr. 8. (VI und 298 S. mit 1 Stahlst.) Lindau 855, Stettner.
1—29. Bd. Ebendas. 1827—52. 19 Thlr.

—— Fortgesetzt von Ottmar Lautenschlager. 31. Bd. A. u. d. T.: Tugendspiegel. Eine Sammlung neuer lehrreicher Erzählungen für die reifere Jugend. Hrsg. von Ottmar Lautenschlager. gr. 8. (VI und 282 S. mit 1 Stahlst.) Lindau 858, Stettner.

—— dass. — Fortgesetzt von Ottmar Lautenschlager. 32. Bd. A. u. d. T.: Erholungsstunden. Eine Sammlung neuer lehrreicher Erzählungen für die reifere Jugend. Hrsg. von Ottmar Lautenschlager. gr. 8. (284 S. mit 1 Stahlst.) Ebendas. 866.

Jugendbibliothek

—— Auswahl lehrr. u. interessanter Stoffe aus d. Gesch., Geographie, Naturkunde rc. redig. v. J. M. Braun. 1. Bdchn. — A. u. d. T.: Die Vorzeit z. Kunde d. Sitten u. Gebräuche, vorzügl. im Mittelalter. 16. (10¼ B. u. Ttlkpfr.) Stuttgart 837, Köhler.

Jugendbibliothek

—— Hrsg. v. Gust. Nieritz, s. Nieritz.

— Hrsg. v. Gust. Nieritz. 8—13. Jahrg. 1847—1852. à 6 Bdchn. u. Weihnachtsbuch. 8. Berlin, (Leipzig) Simion. à Jahrg. n. 2 ₰

— dies. 14 u. 15. Thl. od. 8. Jahrg. 6 Bdchn. 8. 1. Die Bären von Augustusburg. Von G. Nieritz (161 S.) 2. Die glückliche Insel, oder: Armuth u. Reichthum. Von Ferd. Schmidt. (142 S.) 3. Die Hunnenschlacht. Von G. Nieritz. (144 S.) 4. Die Großmutter. Von G. Nieritz. (163 S.) 5. Die Deportirten in Australien. Von Amalie Winter. (156 S.) 6. Der Glücksschiffer. Von Heinr. Smidt. (126 S.) Ebd. 847. (à Thl. n. 1 ₰) n. 2 ₰

— dies. 16 u. 17. Thl. od. 9. Jahrg. 6 Bdchn. 8. 1. Der Hirtenknabe u. sein Hund, oder: Vergebet, so wird euch vergeben. Von G. Nieritz. (172 S.) 2. Die Elementargeister. Von G. Nieritz. (162 S.) 3. Die Anker-Schenke. Von Heinr. Smidt. (91 S.) 4. Des Königs Leibwache. Von G. Nieritz. (166 S.) 5. Nur grade durch! oder: Die Auswanderer nach Amerika. Von C. Mücke. (155 S.) 6. Das Testament. Von G. Nieritz. (166 S.) Berlin 849, (Leipzig) Simion. (à Thl. n. 1 ₰) n. 2 ₰

Jugend-Bibliothek. Herausgeg. von Gust. Nieritz. 18 u. 19. Thl. oder 10. Jahrg. 6 Bdchn. 8. 1. Das Vorbild, oder: der Maler unter den Wilden. Von Gust. Nieritz. (162 S.) 2. Die Ditmarscher u. ihr Voigt. Von Heinr. Smidt. (120 S.) 3. Das neue Aschenbrödel. Von Gust. Nieritz. (140 S.) 4. Vetter Christoph. Von L. Mielech. (118 S.) 5. Der Quäker. Von Gust. Nieritz. (166 S.) 6. Der Bauer u. der Fürst. Von H. Martineau. (178 S.) Ebd. 849. (à Thl. n. 1 ₰) n. 2 ₰

— dies. 20 u. 21. Thl. od. 11. Jahrg. 6 Bdchn. 8. 1. Der Richter, od.: Zürnet u. sündiget nicht. Von Gust. Nieritz. (171 S.) 2. Schneider u. Geiger. Von F. Michel. (135 S.) 3. Der Königstein, od.: Der neue Hiob. Von Gust. Nieritz. (158 S.) 4. Pompeji's letzte Tage. Von Gust. Nieritz. (168 S.) 5. Die Hausgenossen. Von Henriette Stieff. (172 S.) 6. Die beiden Schwestern, u.: Die gute Tochter. Von Gust. Nieritz. (130 S.) Ebd. 850. (à Thl. n. 1 ₰) n. 2 ₰

— dies. 22 u. 23. Thl. od. 12. Jahrg. 6 Bdchn. 8. 1. Die Ausgestoßene. Von Gust. Nieritz. (174 S.) 2. Die Nachbarn. Von Gust. Nieritz. (146 S.) 3. Die Bettler. Von F. Drenkhan. (156 S.) 4. Führe uns nicht in Versuchung. Von Gust. Nieritz. (160 S.) 5. Erlöse uns von dem Uebel. Von Gust. Nieritz. (188 S.) 6. Jacob u. seine Söhne. Von Gust. Nieritz. (142 S.) Ebd. 851. (à Thl. n. 1 ₰) n. 2 ₰

— dies. 24 u. 25. Thl. od. 13. Jahrg. 6 Bdchn. 8. 1. Störtebecker u. sein Sohn, od.: Stolz u. Liebe. Von Gust. Nieritz. (167 S.) 2. Gotthard u. sein Roß. Von F. Drenkhan. (110 S.) 3. Der Prinzenraub. Von Gust. Nieritz. (158 S.) 4. Der schwarze Musikant, od.: Schornsteinfeger u. Kapellmeister. Von Leop. Streich. (138 S.) 5. Traugott u. Hannchen. Von Gust. Nieritz. (148 S.) 6. Johann, od.: Durch Nacht zum Licht. Von Henriette Stieff. (136 S.) Berlin 852, Simion. (à Thl. n. 1 ₰) n. 2 ₰

— dies. Neue Ausg. (Mit color. Lith.) 25—66. Bdchn. 8. 25. Der Kunstpfeifer. Von W. Müller. (... S. m. 1 color. Lith.) 26 u. 27. Die Kartoffeln. Von F. A. Suder. 2 Thle. (1: ... S. m. 1 color. Lith. 2: ... S. m. 1 color. Lith.) 28. Georg Neumark u. die Gambe. Von G. Nieritz. (... S. m. 1 color. Lith.) 29. Der Schmied v. Ruhla. Von G. Nieritz. (... S. m. 1 color. Lith.) 30. Die Schlacht bei Leuthen. Von O. Ruppius. (... S. m. 1 color. Lith.) 31. Das Strandrecht. Von G. Nieritz. (... S. m. 1 color. Lith.) 32. Die kleinen Lazzaroni von Neapel. Von Amalie Winter. (... S. m. 1 color. Lith.) 33. Der kleine Eskimo u. die Trompete, od.: Wer ist mein Nächster? Von G. Nieritz. (... S. m. 1 color. Lith.) 34. Liebet euch unter einander. (... S. m. 1 color. Lith.) 35. Gustav Wasa, od.: König u. Bauer. Von G. Nieritz. (... S. m. 1 color. Lith.) 36. Drei Mütter zu einem Kinde. Von G. Nieritz. (... S. m. 1 color. Lith.) 37. Die Harzreise, od.: Der Herr führt die Seinen wunderbar. Von C. Mücke. (134 S. m. 1 color. Lith.) 38. Weihnachtsspenden. Von G. Nieritz. 2. Aufl. (155 S. m. 1 color. Lith.) 39. Der alte Krieger u. sein Sohn. Von Wilh. Müller. (122 S. m. 1 color. Lith.) 40. Die Steckenpferde, od.: des Verrathes Lohn. Eine Erzählung nach geschichtlichen Thatsachen. Von G. Nieritz. (152 S. m. 1 color. Lith.) 41. Valentin Düval, od.: Die Kunst, durch eigne Kraft glücklich zu werden. Eine wahre Geschichte. Von C. Mücke. (139 S. m. 1 color. Lith.) 42. Die Bären von Augustusburg. Eine Erzählung aus der sächs. Geschichte des 18. Jahrh. Von G. Nieritz. (161 S. m. 1 color. Lith.) 43. Die glückliche Insel, od.: Armuth u. Reichthum. Von Ferd. Schmidt. (142 S. m. 1 color. Lith.) 44. Die Hunnenschlacht. Eine geschichtl. Erzählung aus d. 10. Jahrh. Von G. Nieritz. (144 S. m. 1 color. Lith.) 45. Die Großmutter. Von G. Nieritz. (163 S. m. 1 color. Lith.) 46. Die Deportirten in Australien. Von Amalie Winter. (156 S. m. 1 color. Lith.) 47. Der Glücksschiffer. Eine Seemanns-Erzählung. Von Heinr. Smidt. (126 S. m. 1 color. Lith.) 48. Vöglein Roth u. Vöglein Blau. (78 S. m. 4 color. Lith.) 49. Der Hirtenknabe u. sein Hund, od.: Vergebet, so wird euch vergeben. Von G. Nieritz. (172 S. m. 1 color. Lith.) 50. Die Elementargeister. Von G. Nieritz. (162 S. m. 1 color. Lith.) 51. Die Anker-Schenke. Eine Erzählung von Heinr. Smidt. (91 S. m. 1 color. Lith.) 52. Des Königs Leibwache. Von G. Nieritz. (166 S. m. 1 color. Lith.) 53. Nur grade durch! od. die Auswanderer nach Amerika. Von C. Mücke. (155 S. m. 1 color. Lith.) 54. Das Testament. Von G. Nieritz. (166 S. m. 1 color. Lith.) 55. Das Vorbild, od.: Der Maler unter den Wilden. Von G. Nieritz. (162 S. m. 1 color. Lith.) 56. Die Ditmarscher u. ihr Voigt. Eine Marsch-Erzählung von Heinr. Smidt. (120 S. m. 1 color. Lith.) 57. Das neue Aschenbrödel. Von G. Nieritz. (140 S. m. 1 color. Lith.) 58. Vetter Christoph. Von L. Mielech. (118 S. m. 1 color. Lith.) 59. Der Quäker. Von G. Nieritz. (166 S. m. 1 color. Lith.) 60. Der Bauer u. der Fürst. Von H. Martineau. (178 S. m. 1 color. Lith.) 61. Der Richter, od.: Zürnet u. sündiget nicht. Von G. Nieritz. (171 S. m. 1 color. Lith.) 62. Schneider u. Geiger. Von F. Michel. (135 S. m. 1 color. Lith.) 63. Der Königstein, od.: Der neue Hiob. Von G. Nieritz. (158 S. m. 1 color. Lith.) 64. Pompeji's letzte Tage. Von G. Nieritz. (168 S. m. 1 color. Lith.) 65. Die Hausgenossen. Von Henriette Stieff. (172 S. m. 1 color. Lith.) 66. Die beiden Schwestern, u.: Die gute Tochter. Von G. Nieritz. (130 S. m. 1 color. Lith.) Berlin 847—52, Simion. à n. 1/3 ₰ (1—66: n. 22 ₰)

Jugendbibliothek. Herausg. von Gust. Nieritz. Neue Ausg. Leipzig, (853—58.) Voigt u. Günther. 8. Jedes Bdchn. mit 1 lith. Abbildg. in Farbendr. n. 10 ngr.
67. Bdchn.: Die Ausgestoßene. Eine Erzählung aus dem 14. Jahrh. Von Gust. Nieritz. (174 S.)
68. Bdchn.: Die Nachbarn. Von Gust. Nieritz. (146 S.)
69. Bdchn.: Die Bettler, und: Einer diene dem Andern. Von F. Drenkhan. (156 S.)
70. Bdchn.: Führe uns nicht in Versuchung, oder: Wer macht die Welt zum Jammerthal? Von Gust. Nieritz. (160 S.)
71. Bdchn.: Erlöse uns von dem Uebel. Von Gust. Nieritz. (188 S.)
72. Bdchn.: Jakob und seine Söhne, oder; die Macht des Gewissens. Von Gust. Nieritz. (142 S.)
73. Bdchn.: Störsteffen und sein Sohn, oder: Stolz und Liebe. Von Gust. Nieritz. (167 S.)
74. Gotthard und sein Roß. Von F. Drenkhan. (140 S.)
75. Bdchn.: Der Prinzenraub. Von Gust. Nieritz. (158 S.)
76. Bdchn.: Der schwarze Musikant oder: Schornsteinfeger und Kapellmeister. Von Leop. Streich. (138 S.)
77. Bdchn.: Traugott und Hannchen. Von Gust. Nieritz. (148 S.)
78. Bdchn.: Johanna oder durch Nacht zum Licht. Von Henriette Stieff. (136 S.)
79. Bdchn.: Die rothen Strümpfe. Eine Jugend-Erzählung von Gust. Nieritz. (165 S.)
80. Bdchn.: Paul's Tagebuch, oder: Große Leiden eines kleinen Dieners. Eine Jugend-Erzählung von Gust. Nieritz. (156 S.)
81. Bdchn.: Die Hussiten vor Naumburg. Eine geschichtliche Erzählung aus dem 15. Jahrh. von Gust. Nieritz. (157 S.)
82. Bdchn.: Edelmann und Bauersmann und: Scheiden und Wiederfinden. Zwei Erzählungen von Gust. Nie-Nieritz. (163 S.)
83. Bdchn.: Erdenglück und Erdennoth. Eine Erzählung von Gust. Nieritz. (154 S.)
84. Bdchn.: Hausmütterchen. Eine Erzählung von Mar. Oswald. (147 S.)
85. Bdchn.: Leier und Geige. Eine Erzählung von Gust. Nieritz. (138 S.)
86. Missolunghi. Eine geschichtliche Erzählung für die Jugend von Gust. Nieritz. (166 S.)
87. Bdchn.: Die Hütte am See. Eine Erzählung für die Jugend von Wilh. Frey. (117 S.)

— Herausg. von Gust. Nieritz. Leipzig, Voigt u. Günther. 8. Jeder Jahrg. n. 2 ₰.; einzelne Bdchn. à n. 10 ngr.

13. Jahrg. 1852: Gratiszugabe: Winterabend-Geschichten von H. C. Andersen. 853. — 2. Aufl. 856. 16. (99 S.) einzeln 15 ngr.

14. Jahrg. 1853:
1. Bdchn.: Die rothen Strümpfe. (Von Gust. Nieritz.) (165 S.)
2. Bdchn.: Paul's Tagebuch, oder: Große Leiden eines kleinen Dieners. (Von Gust. Nieritz.) (156 S.)
3. Bdchn.: Die Hussiten vor Naumburg. (Von Gust. Nieritz.) (157 S.)
4. Bdchn.: Edelmann und Bauersmann und: Scheiden und Wiederfinden. (Von Gust. Nieritz.) (163 S.)
5. Bdchn.: Erdenglück und Erdennoth. (Von Gust. Nieritz.) (154 S.)
6. Bdchn.: Hausmütterchen. (Von Mar Oswald.) (147 S.)

Weihnachts-Buch: Die Thierwelt in Jagdscenen und Charakterbildern. Für die reifere Jugend gesammelt u. herausg. von H. Kletke. Mit 6 (lith.) Zeichnungen von Th. Hosemann. (3 Bl., II, 239 S.) einzeln 22½ ngr.

15. Jahrg. 1854.
1. Bdchn.: Leier und Geige. (Von Gust. Nieritz.) (188 S.)
2. Bdchn.: Missolunghi. Eine geschichtliche Erzählung für die Jugend von Gust. Nieritz. (166 S.)
3. Bdchn.: Die Hütte am See. Eine Erzählung für die Jugend von W. Frey. (117 S.)
4. Bdchn.: Der Sonderling. Eine Erzählung für die Jugend von Gust. Nieritz. (148 S.)
5. Bdchn.: Des Königs Kind. Eine geschichtliche Erzählung für die Jugend. (Von Gust. Nieritz.) (174 S.)
6. Bdchn.: Der junge Deutsche in Amerika. Eine Erzählung für die Jugend von C. W. Oys. (170 S.)

Weihnachtsbuch: Der Lampenputzer (von Miß Cumming). Deutsch von Treumund Whelp (Ed. Belz.) 2 Bde. (V, 203; IV, 303 S.) einzeln 20 ngr.

16. Jahrg. 1855.
1. Bdchn.: Der Oheim. Eine Erzählung für die Jugend u. für Familienkreise von Gust. Nieritz. (128 S.)
2. Bdchn.: Das geraubte Kind. Erzählung von Caroline v. Göhren. (133 S.)
3. Bdchn.: Köhlerbub' und Küchenjunge. Eine geschichtliche Erzählung aus dem 15. Jahrh. von Gust. Nieritz. (166 S.)
4. Bdchn.: Der Eselsjunge oder „Freuet Euch, daß Euer Name im Himmel angeschrieben ist." Von Rosalie Koch. (165 S.)
5. Bdchn.: Seemannsleben. Von J. Huffschmidt. (135 S.)
6. Bdchn.: Die Türken vor Wien im J. 1683. Eine geschichtliche Erzählung für die Jugend von Gust. Nieritz. (169 S.)

Weihnachtsbuch: Mythen und Märchen aus dem deutschen Heidenthume. Von Dr. ***. (IV, 219 S.) einzeln 15 ngr.

17. Jahrg. 1856.
1. Bdchn.: Bruderliebe. Eine geschichtliche Erzählung aus dem 15. Jahrh. Für die Jugend von Gust. Nieritz. (163 S.)
2. Bdchn.: Christian Wohlgemuth oder der innere Beruf. Erzählung von Caroline v. Göhren. (130 S.)
3. Bdchn.: Stern, Stab und Pfeife. Von Gust. Nieritz. (161 S.)
4. Bdchn.: Die drei Invaliden oder: Die Sparbüchse. Von Gust. Nieritz. (155 S.)
5. Bdchn.: Alerei u. Aphaka oder die Kamtschadalen. Eine Erzählung für die Jugend u. ihre Freunde. Von Marie Roskowska. (133 S.)
6. Bdchn.: Die Eroberung Nischnois. Eine Erzählung für die Jugend rc. Von Marie Roskowska. (128 S.)

Weihnachtsbuch: Maedchenfreundschaft. Von Grace Aguilar. (VI, 420 S. u. 2 Holzschn.) einzeln n. 20 ngr. geb. n. 28 ngr.

18. Jahrg. 1857.
1. Bdchn.: Eine Thräne. Oder: Die Gefangenen Schamyls, des Tscherkessenhäuptlings. Von Gust. Nieritz. (154 S.)
2. Bdchn.: Der Waisenknabe und seine Nachkommen. Von F. v. M. (126 S.)
3. Bdchn.: Der Kerkermeister von Norwich, oder: Das siebente Gebot. Von Gust. Nieritz. (155 S.)
4. Bdchn.: Die Waise, oder: Eine gute That findet oft auf Erden schon ihren Lohn. Von Caroline v. Göhren. (84 S.)
5. Bdchn.: Graf Heinrich's Knappe. Eine geschichtliche Erzählung aus dem 13. Jahrh. Von F. Drenkhahn. (139 S.)
6. Bdchn.: Lingg von Linggenfeld. Ein deutscher Biedermann. Von Gust. Nieritz. (139 S.)

Weihnachtsbuch: Erziehungs-Resultate. Eine Erzählung für Mütter u. Töchter. Nach dem Engl.: Home Influences von Grace Aguilar. (VI, 529 S.) einzeln 1 ₰.

19. Jahrg. 1858.
1. Bdchn.: Der Galeerensclave. Eine geschichtliche Erzählung aus dem Anfange des 19. Jahrh. Für die Jugend von Gust. Nieritz. (131 S.)
2. Bdchn.: In Mitten der Nordsee. Erzählung für die Jugend von Marie Roskowska. (105 S.)
3. Bdchn.: Der Schiffscapitain. Eine Erzählung für Jung und Alt. Von Ferd. Schmidt. (128 S.)
4. Bdchn.: Potemkin oder Herr und Leibeigener. Eine Erzählung aus dem 18. Jahrh. von Gust. Nieritz. (150 S.)
5. Bdchn.: Guter Rath ist Geldes werth. Eine Erzählung für die Jugend von Friederike v. Marées. (112 S.)
6. Bdchn.: Prinzessin und Dienerin. Geschichtliche Erzählung aus dem 1. Viertel des 18. Jahrh. von Gust Nieritz. (104 S.)

Weihnachtsbuch: Der Alpensee. Dichtung von Charlotte Krug, geb. Schnorr v. Carolsfeld. (4 Bl., 91 S.) einzeln n. 25 ngr.

— Herausg. von Gust. Nieritz. Leipzig, Voigt & Günther: (Wesel, Bagel.) 8. Jeder Jahrg. von 6 Heften mit Weihnachtsbuch n. 2 ℛ;
einzelne Hefte mit color. Titelbild cart. à 10 ngr; geb. à $12\frac{1}{2}$ ngr

20. Jahrgang 1859.

1. Heft: Hundert oder Kaiser, Marschall u. Buchhändler. Eine geschichtliche Erzählung aus dem 19. Jahrhundert von Gust. Nieritz. (XII, 130 S.)
2. Heft: Mooniba oder Junger Herr u. Ochsenjunge. Eine Erzählung für die Jugend von Maria Roskowska. (136 S.)
3. Heft: Eloah oder das Schaf der Armen. Eine geschichtliche Erzählung aus der 2. Hälfte des 17. Jahrhunderts von Gust. Nieritz. (145 S.)
4. Heft: Wahres u. falsches Wohlthun. Eine Erzählung für die reifere Jugend von H. Kleinsteuber. (104 S.)
5. Heft: Glückswechsel. Eine Erzählung für die Jugend von Fr. Luckner. (87 S.)
6. Heft: Der König u. der Müller. Eine geschichtliche Erzählung aus der 2. Hälfte des 18. Jahrhunderts von Gust. Nieritz. (142 S.)

Weihnachtsbuch: Aus dem Morgenlande. Thiernovellen nach Bidpai von H. Jäde. (191 S.) einzeln n. 24 ngr

21. Jahrgang. 1860.

1. Heft: Die Unglückstage der Stadt Leyden. Geschichtliche Erzählung aus dem 16. Jahrhundert von Gust. Nieritz. (162 S.)
2. Heft: Aus dem Leben. Erzählung für die Jugend von B. Jacoby. (107 S.)
3. Heft: Die Pulververschwörung, oder: Die Brüder. Eine geschichtl. Erzählung von Gust. Nieritz. (172 S.)
4. Heft: Im Busch, oder: der dumme Hans. Eine geschichtliche Erzählung für die Jugend. Von Maria Roskowska. (114 S.)
5. Heft: Theodor Körner. Erzählung für die deutsche Jugend von F. Drenkhahn. (99 S.)
6. Heft: Der verlorene Sohn. Eine Erzählung von Gust. Nieritz. (167 S.)

22. Jahrgang 1861.

1. Heft: Der Quell des Glücks. Eine Erzählung für die Jugend von Gust. Nieritz. (146 S.)
2. Heft: Wohlthun trägt Zinsen. Eine Erzählung für die Jugend von Frz. Kühn. (118 S.)
3. Heft: Die rettende Glocke. Eine Erzählung aus dem 1. Viertel des 19. Jahrhunderts von Gust. Nieritz. (159 S.)
4. Heft: Die Rache. Der kleine irische Auswanderer. Das Rothkehlchen oder der Weihnachtsabend. Drei Erzählungen für die reifere Jugend von B. Jacobi. (99 S.)
5. Heft: Bilder aus dem Kinderleben. Erzählung für die Jugend von Caroline v. Göhren. (115 S.)
6. Heft: Wilhelm Tell. Eine geschichtliche Erzählung aus dem 14. Jahrhundert. Für die Jugend. Von Gust. Nieritz. (136 S.)

23. Jahrgang 1862.

1. Heft: Der Goldkoch, oder: Die Erfindung des Porzellans. Eine Erzählung für die Jugend. Nach geschichtlichen Quellen von Gust. Nieritz. (144 S.)
2. Heft: Lorens de Hahn. Eine Erzählung aus der Geschichte der Nordfriesen. Von Christian Saggau. (148 S.)
3. Heft: Der Bilderdieb. Eine wahre Erzählung für die Jugend. Von Gust. Nieritz. (167 S.)
4. Heft: Der Mayadar. Eine Erzählung für die Jugend. Von Maria Roskowska. (118 S.)
5. Heft: Verachte Niemand. Oder: der Aufruhr in Indien. Erzählung für die Jugend von Maria Roskowska. Fortsetzung der Erzählung „Der Mayadar." (133 S.)
6. Heft: Zwei Könige u. drei Bitten. Oder: Die gute alte Zeit. Eine geschichtliche Erzählung aus dem Schluß des 17. u. dem 1. Viertel des 18. Jahrh. Von Gust. Nieritz. (153 S.)

Weihnachtsbuch: Der Christabend. Festidyll von Frdr. Dörr. 2. Aufl. (2 Bl., 88 S.) einzeln n. 25 ngr

24. Jahrgang 1863.

1. Heft: Christoph Columbus. Geschichtliche Erzählung aus der 2. Hälfte des 15. Jahrhunderts. Von Gust. Nieritz. (140 S.)
2. Heft: Der Schatz. Eine Erzählung für die Jugend zur Erinnerung an die glorreiche Erhebung des deutschen Volkes gegen die französische Fremdherrschaft. Von F. Kühn. (145 S.)
3. Heft: Die Rosenmühle und Der kleine Samariter. Zwei Erzählungen für die Jugend von L. Kreutzer. (114 S.)
4. Heft: Deutschlands Erniedrigung u. Erhebung. Geschrieben zum 60jährigen Gedenktag der Leipziger Völkerschlacht. Von Gust. Nieritz. (150 S.)
5. Heft: In der Weihnachtszeit. Eine Erzählung für die Jugend. Von Sophie Verena. (202 S.)
6. Heft: Die Kinder der Wittwe. Eine Erzählung für die Jugend. Von Gust. Nieritz. (158 S.)

Weihnachtsbuch: Schloß Wartburg. In Liedern u. Romanzen gefeiert. Von Ludw. Bechstein. (VIII, 124 S.) einzeln n. 24 ngr

25. Jahrgang 1864.

1. Heft: Der Quarantainebrand. Eine Erzählung für die Jugend von Gust. Nieritz. (140 S.)
2. Heft: An der Bernsteinküste. Eine Erzählung für die Jugend. Von Marie Roskowska. (122 S.)
3. Heft: Unrecht Gut gedeiht nicht oder: der Segen der Arbeit. Erzählung für die Jugend u. das Volk von Wilh. Frey. (107 S.)
4. Heft: Der Lohn der Beharrlichkeit. Keine Dichtung. Von Gust. Nieritz. (140 S.)
5. Heft: Lehrer und Sänger oder: Die Wahl des Berufes. Erzählung für die Jugend von Carolina v. Göhren. — Der kleine Geiger. Von Gust. Nieritz. (123 S.)
6. Heft: Ein furchtbares Himmelfahrtsfest. Erzählung für die Jugend von Gust. Nieritz. (142 S.)

—— Hrsg. von Ferd. Schmidt. Mit Zeichnungen von Th. Hosemann und Fr. Lentze. 1. Jahrg. 4 Bde. gr. 16. Berlin 851, Krüger's Separat-Conto. à Bd. * 10 Ngr. *

Inhalt:

Bd. 1. Kriegsruhm und Vaterlandsliebe, oder: Der deutsche Jüngling unter Napoleons Fahnen. Eine Erzählung für die Jugend von Ferd. Schmidt. (164 S. und 1 Stnt.)
" 2. Janko der Maler. Eine Erzählung für Jung und Alt von Ferd. Schmidt. (153 S. und 1 Stnt.)
" 3. Richard's Fahrt nach dem heil. Lande. Ein histor. Gemälde aus der Zeit des ersten Kreuzzuges. Jung und Alt gewidmet von Ferd. Schmidt. Mit einem Vorworte von F. H. v. d. Hagen. (IV und 212 S. mit 1 Stnt. in Tondr.)
" 4. Erzählungen und Märchen. Hrsg. von Ferd. Schmidt. (178 S. und 1 Stnt. in Tondr.)

—— dass. — Hrsg. von Dems. 2. Jahrg. 1. und 2. Bd. gr. 16. Ebds. 852. à Bd. * 10 Ngr. *

Bd. 1. Der Christbaum. Eine Erzählung für Jung und Alt von Ferd. Schmidt. Mit einem Anhange: Weihnachten. Ein ländl. Gedicht von A. Merget. (171 S. und 1 Stnt.)
" 2. Herman und Thusnelda oder die Befreiung Germaniens von römischer Herrschaft. Ein geschichtl. Gemälde aus der deutschen Vorzeit. Für Jung und Alt. Von Ferd. Schmidt. Mit einem Vorwort von F. H. v. d. Hagen. (VIII und 162 S. mit 1 Stnt.)

—— hrsg. von Ferd. Schmidt. Mit (lithogr.) Zeichnungen von Th. Hosemann und Fr. Lentze. 2. Jahrg. 3. und 4. Bd. gr. 16. Berlin 852, K. W. Krüger. à Bd. * 10 Ngr. *

Inhalt:

Bd. 3. Schmidt, Ferd., Märchen und Erzählungen. (163 S. mit 1 Stnt.)
" 4. —— die Nibelungen. Eine Heldendichtung. Für die Jugend erzählt. (212 S. mit 1 Stnt.)

1. Jahrg. (4 Bde.) und 2. Jahrg. 1. und 2. Bd. Ebendas. 1851—52. * 2 Thlr. Vgl.: Schmidt's, Ferd., Jugend-Bibliothek.

Jugend-Bibliothek von Mor. Hezer. 2. Ausg. mit Orig.-Illustr. von Ludw. Richter. 1—4. Bdchn. br. 8. (255 S. mit 2 Holzschn.- und 2 Stnt.) Dresden 852—53, Meinhold und Söhne. à Bdchn. 6 Ngr.

Jugendbibliothek. Ein Lesebuch für die Oberclasse gehobener Volksschulen zusammengestellt von einem Lehrervereine. Langensalza 852, 53. Schulbuchhandlung. 8.

1. Abth. 1. Heft: Christus-Lehre in Beispielen u. Gleichnissen. 1. Heft. Christenthum. 852. (2 Bl., 96 S. u. 1 Lithogr.) 9 ngr
3. Abth. 1. Heft: Länder und Völker nach Reisebeschreibungen. 1. Heft. Nord- und Südpol. 852. (2 Bl., 96 S. u. 4 Lithogr.) 9 ngr
3. Abth. 2. Heft: Länder u. Völker ꝛc. 2. Heft. Rußland. (2 Bl., 96 S.) $7\frac{1}{2}$ ngr
3. Abth. 3. Heft.: Länder und Völker ꝛc. 3. Heft. Türkische Sitten und Gebräuche. (2 Bl., 96 S.) $7\frac{1}{2}$ ngr
3. Abth. 4. Heft: Länder und Völker ꝛc. 4. Heft. Nordamerika. (2 Bl., 124 S.) $7\frac{1}{2}$ ngr

—— Ein Lesebuch für die Oberklasse gehobener Volksschulen, s. Christus-Lehre. — Länder und Völker.

Jugendbibliothek

—— Festgeschenk für die reifere Jugend von M. C. Lichtenfeldt. 1—3. Bdchn. 8. Bunzlau 854, (Appun's Buchh.) *

Inhalt:

Bdchn. 1. Lichtenfeldt, M. C., der Mutter-Segen. (XIII und 95 S.) * 10 Ngr.
" 2. —— Helene, die edle Wohlthäterin. (Ein Charaktergemälde.) (175 S.) * 12 Ngr.
" 3. —— Ferdinand, der Ziegenhirt oder „Bleibe fromm und halte dich recht, denn solchen wird es zuletzt wohl gehen". (Psalm 37, 37.) (195 S.) * 12 Ngr.

Jugendbibliothek

—— bearb. von einem Vereine von Jugendfreunden. Hrsg. von J. Kettiger, F. Dula und G. Eberhard. 1. Serie. 7 Bdchn. 16. (à Bdchn. ca. 140 S. mit 1 Holzschntaf.) Frankfurt a. M. 862, Hamacher. à Bdchn. cart. * 8 Ngr. *

Inhalt:

1. Stufe. Für Knaben und Mädchen von 7 und 8 Jahren.
2. " Für Knaben und Mädchen von 9 und 10 Jahren.
3. " Für Knaben und Mädchen von 11 und 12 Jahren.
4. " Für Knaben von 13 und 14 Jahren.
4. " Für Mädchen von 13 und 14 Jahren.
5. " Für Knaben von 15 und 16 Jahren.
5. " Für Mädchen von 15 und 16 Jahren.

—— dass. — 2. Serie. 6 Bdchn. 16. (à Bdchn. ca. 140 S. mit 1 Holzschntaf.) Ebendas. 863. à Bdchn. cart. * 8 Ngr. *

—— dass. — 3. Serie. 6 Bdchn. 16. (à Bdchn. ca. 140 S. mit 1 Holzschntaf.) Ebendas. 864. à Bdchn. cart. 8 Ngr.

—— dass. — 4. Serie. 6 Bdchn. 16. (à Bdchn. ca. 140 S. mit 1 Stnt.) Ebendas. 865. à Bdchn. cart. 8 Ngr.

—— dass. — 1. Serie 5. und 6. Bdchn., 2. Serie 10.—12. Bdchn. und 3. Serie 13.—17. Bdchn. 16. (à Bdchn. ca. 140 S. mit 1 Stnt.) Ebendas. 867,68. à Bdchn. 6 Ngr.

Jugendbibliothek. 1. Bd. 4 Hefte: Die Falkenhöhle am Delaware. Eine Erzählung aus Pennsylvanien zu der Zeit des Nordamerikan. Freiheitskrieges. Für die Jugend bearb. von Th. Bade. br. 8. (221 S. mit 4 ill. Stnt.) Altona 864, Verlagsbureau. à Heft 7½ Ngr.

—— dass. — 2. Bd.: Moritz von Nassau oder: die Belagerung der Bergveste Schloß Welbasch. Eine Erzählung aus der Zeit des niederländ. Freiheitskrieges. Für die Jugend bearb. von Th. Bade. br. 8. (VI und 272 S. mit 6 ill. Kpfrn.) Ebendas. 866. cart

Jugend-Bibliothek. 2. Serie: Biographien. 5. und 6. Bd. 16. Neu-Ruppin [Leipzig] 868, Oehmigke's Verlag. à Bd. cart. (M 1,75.) * 1 80

Inhalt:

Bd. 5. Niedergesäß, Rob., Prinz Eugen und das Ende der Türkennoth. (187 S. mit 4 lithogr. und color. Bildern nach Zeichnungen von C. Rechlin.)
" 6. Wiedemann, Frz., Pombal, ein großer Mann seiner Zeit. Historische Erzählung für die reifere Jugend. (159 S. mit 4 lithogr. und color. Bildern.)

—— Unter Mitwirkung hervorragender Schulmänner hrsg. von Joh. Geo. Rothaug. 1. Abthl.: für Kinder von 7—10 Jahren. 1.—8. Bdchn. 8. Prag 884, Tempsky. — Leipzig, Freytag. geb. à Bdchn. *

Inhalt:

Bdchn. 1. Riha, Ernst, Engelschön und Immertreu. — König Holzbein. [Zwei Feenmärchen.] Mit 4 Abbild. von Jul. Meister. (32 S.)
" 2. Piletschka, Joh., Märchenschatz aus den mährischen Karpathen. Mit 2 Abbild. von Jul. Meister. (67 S.)
" 3. Moißl, Konr., das Geschenk der Zwerge. Ein Märchen in 2 Thln. Mit 4 Abbild. von Jul. Meister. (52 S.)

—— dass. — 2. Abthl.: für Kinder von 10—12 Jahren. 1.—4. Bdchn. 8. Ebendas. geb. à Bdchn. *

Inhalt:

Bdchn. 1. Hahn, Otto, wider Pest und Halbmond. Eine Erzählung aus der Zeit der Türkenbelagerung Wiens im J. 1683. Mit 5 Abbild. von Jul. Meister. (68 S.) 883.
" 2. Thomas, Ferd., Peter K. Rosegger. Lebensbild eines Dichters aus dem Volke. Nach dessen Schriften bearb. Mit 4 Abbild. von Jul. Meister. (64 S.) 883.
" 3. Petritsch, Fanny, Wolfgang und Nannerl. Mozart's Kindheit. Mit 4 Abbild. von Jul. Meister. (72 S.) 883.
" 4. Nürnberger, Hedwig, im Bergwerke zu Schemnitz oder ehrlich währt am längsten. Mit 4 Abbild. von Jul. Meister. (76 S.) 884.

—— dass. — 3. Abthl.: für Kinder von 12—15 Jahren. 1.—5. Bdchn. 8. Ebendas. geb. à Bdchn. *

Inhalt:

Bdchn. 1. Hahn, Otto, die österreich. ungarische Nordpol Expedition. Mit 5 Abbild. von Jul. Meister. (84 S.) 883.
" 2. Kopetzky, Frz., Heinrich Ernst Rüdiger Graf v. Starhemberg, der Vertheidiger der Stadt Wien im J. 1683. Mit 4 Abbild. Jul. Meister. (88 S.) 884.
" 3. Rothaug, Joh. Geo., Walhalla. Ein Sagenkranz aus dem german. Götterhimmel. Mit 5 Abbild. von Jul. Meister. (91 S.) 883.
" 4. Schirmer, Wilh., Maximilian, Kaiser von Mexico. Mit 4 Abbild. von Jul. Meister. (54 S.) 883.
" 5. Willomitzer, Jos., ein deutsch-österreichischer Eskimo. Erlebnisse Heinr. W. Klutschka's, eines Theilnehmers der letzten Franklin-Aufsuchungs-Expedition. Nach dessen mündl. und schriftl. Mittheilungen geschildert. Mit 4 Illustr. von Jul. Meister und 1 (eingedr.) Übersichtskärtchen. (87 S.) 884.

Jugendbibliothek. Unter Mitwirkung hervorragender Schulmänner hrsg. von Joh. Geo. Rothaug. 3. Abthl. für Kinder von 12—15 Jahren. 6.—11. Bdchn. 8. Prag, Tempsky. geb. à Bdchn. *

Inhalt:

Bdchn. 6. Holzner, Willib., Muth und Kindesliebe. Eine Erzählung aus dem 30jähr. Kriege. (67 S. mit 4 Abbild.) 885.
" 7. Sann, Hans v. der, die Schlacht bei St. Gotthard. Eine Erzählung aus der Zeit der Türkenkriege im 17. Jahrh. (83 S. mit 4 Abbild.) 885.
" 8. Jerusalem, Wilh., Alexander des Großen Leben und Thaten. (78 S. mit 1 Titelbild.) 886.
" 9. Hahn, Otto, ein nachgeborener Sprosse des Hauses Habsburg. (90 S. mit 3 Abbild.) 886.
" 10. Aus bewegter Zeit. Eine Ferienerinnerung, erzählt von Konr. Moißl. (68 S. mit Abbild.) 886.
" 11. Herr Walther von der Vogelweide. Ein Lebensbild für die Jugend auf Grundlage fremder und eigener Forschung entworfen von F. M. Wendt. (72 S. mit 3 Abbild.) 887.

1., 2. und 3. Abthl. 1.—5. Bdchn. Ebendas. 1883—85. * M 9.60.

Jugendbibliothek. 1. u. 2. Bdchn. gr. 16. Augsb., Literar. Institut v. Huttler. à Bdchn. * — 25

1. Blauer, Alph. Der brave Toni. — Die kleine Kunstreiterin. (51 S. m. e. Abbild.) 890.
2. —— Juliana Peutinger. — Lilly. (53 S.) 891.

[J.] Jugend-Bibliothek [d. Christl. Zeitschriftenvereins]. [No] 1 – [18]. *Berlin: Christl. Zeitschriftenver. 1896.* 8. [98 9563]

Jugend-Bibliothek. Nr. 1—16. 12. Berlin 896. Schriftenvertriebs-Anstalt. In farb. Umschlag n. 3.05

1. In Gottes Hand. Von B. Geering-Ehlersch. (21 S.). n. — 15
2. Schuld u. Sühne. Von B. Geering-Ehlersch. (16 S.) n. — 10
3. Treue Obhut. Von H. Braun. (15 S.) n. — 10
4. Durch Nacht z. Licht. Von E. Schmidt. (32 S.) n. — 15
5. Der wilde Fritz. Von C. Hildebrand. (40 S.) n. — 25
6. Richard Ohnefurcht, d. kleine Normanenfürst. Von M. Grabl. (158 S.) n. — 50; in Leinw. kart. n. — 60
7. D. Forsthaus. Von A. Stegmund. (48 S.) n. — 20
8. D. Weihnachtsreise. Von F. Westphal. (23 S.) n. — 20
9. Weihnachtslicht. Von M. S. Haycraft. Berechtigte Übersetzg. a. d. Engl. (40 S.) n. — 20
10. Bruderliebe. Von H. Braun. (23 S.) n. — 15
11. D. Felsenkirche in Oberstein. Von C. Rhiem. (16 S.) n. — 15
12. Stille Nacht. Von Emma Vilmar. (21 S.) n. — 15
13. Alexander Mentschikoff, der Günstling Peters des Großen. Von H. Braun. (24 S.) n. — 15
14. Die Eichenhöferin. Von M. Rickmeyer. (32 S.) n. — 15
15. Wunderliche Leute. Von M. Rickmeyer. (24 S.) n. — 15
16. Peter d. Holzschnitzer. Von Morley Chester. (56 S.) n. — 20

Jugend-Bibliothek. 1.—13. Bd. 8. (Mit je 1 Vollbild.) Stuttgart. Reutlingen, R. Bardtenschlager. à — 40; in farb. Umschlag à — 50; kart. à — 60; geb. m. je 8 Vollbildern à 1.20

1. Die Belagerung v. Wien. Eine Geschichte aus dem Jahre 1683. Dem Volke u. der Jugend erzählt. Von W. O. v. Horn. (124 S.) (900.)
2. Durch die Wüste. Eine Geschichte, dem Volke u. der Jugend erzählt. Von W. O. v. Horn. (128 S.) (900).
3. Vormund u. Mündel. Eine Geschichte aus der Vorzeit. Der Jugend u. dem Volke erzählt. Von W. O. v. Horn. (120 S.) (900.)
4. Die Eroberung v. Konstantinopel durch die Türken im J. 1453. Eine Geschichte, dem Volke u. der Jugend erzählt. Von W. O. v. Horn. (98 S.) 900.
5. Das Leben u. die Thaten Hans Joachim v. Zietens. Der Jugend u. dem Volke erzählt. Von W. O. v. Horn. Neu bearb. v. Alfr. Bredow. (128 S.) (901.)
6. Was aus e. armen Hirtenbüblein werden kann. Eine Geschichte, dem Volke u. der Jugend erzählt. Von W. O. v. Horn. (111 S.) (901.)
7. Von Einem, der das Glück gesucht. Eine wahre Geschichte, d. Volke u. d. Jugend erzählt. Von W. O. v. Horn. (107 S.) (901.)
8. Ein Ostindienfahrer. Eine Geschichte, dem Volke u. der Jugend erzählt. Von W. O. v. Horn. (136 S.) (901.)
9. Die Burenfamilie v. Klaarfontein. Eine Geschichte aus dem Burenleben im Kaplande Südafrikas, der Jugend u. dem Volke erzählt. Von W. O. v. Horn. (136 S.) (901.)

10. Deutsche Volksbücher. Von Gust. Schwab. Neu durchgesehen v. Johs. Mayer. 1. Bd.: Der gehörnte Siegfried. Die Schildbürger. (110 S.) 902.
11. Dasselbe. 2. Bd.: Dr. Faust. Der arme Heinrich. (128 S.) (902.)
12. Ein treues Chinesenmädchen. Für die reifere Jugend erzählt. Von Ernst Neumann. (152 S.) (902).
13. Deutsche Volksbücher. Von Gust. Schwab. Neu durchgesehen v. Johs. Mayer. 3. Bd.: Höhle Xa Xa. Herzog Ernst. (120 S.) (902.)

Jugend-Bibliothek. 14.—17. Bd. 8. Reutlingen (904). R. Bardtenschlager. Kart. à — 60

14. Der Brand von Moskau. Ein Geschichtsbild f. die deutsche Jugend u. das Volk. Von W. O. v. Horn. (96 S. m. Titelbild.)
15. Ein Kongo-Neger. Eine Geschichte aus Sankt Domingo, der deutschen Jugend u. dem Volke erzählt. Von W. O. v. Horn. (96 S. m. Titelbild.)
16. Schwab's, Gust., deutsche Volksbücher. Neu durchgesehen v. Johs. Mayer. 3. Bd.: Höhle Xa Xa. Herzog Ernst. (120 S. m. Titelbild.)
17. Dasselbe. 4. Bd.: Genoveva. Die schöne Magelone. Griseldis. (128 S. m. Titelbild.)

—— des griechischen und deutschen Alterthums. Hrsg. von Friedr. Aug. Eckstein. 1—27. Lfg. 8. Halle 861, Buchh. des Waisenhauses. à Lfg. 5 Ngr. *

Inhalt:

Lfg. 1—9. (1—3. Thl.) Carl Friedr. Becker's Erzählungen aus der alten Welt für die Jugend. Hrsg. von Friedr. Aug. Eckstein. 1—3. Thl. 9. Aufl. 2., unveränd. Abdr. (894 S. mit 15 Stahlst.)

„ 10—12. (4. Thl.) Die Geschichte der Perserkriege nach Herodot für die Jugend von F. J. Günther. 3. Aufl. (XXIV und 327 S.) Einzeln * 18 Ngr.

„ 13—15. (5. Thl.) Die Geschichte der Messenischen Kriege, nach Pausanias erzählt von Gust. Friedr. Hertzberg. 2., durchgeseh. Aufl. (X und 164 S.) Einzeln 24 Ngr.

„ 16—18. (6. Thl.) Der Feldzug der zehntausend Griechen. Nach Xenophon's Anabasis dargestellt von G. F. Hertzberg. (XIV und 428 S. mit 1 lithogr. und ill. Karte von H. Kiepert in qu. gr. 4.) Einzeln cplt. cart. 1 Thlr.

„ 19—27. (7—9. Thl.) Erzählungen aus der alten deutschen Welt für Jung und Alt von C. W. Osterwald. 2. Aufl. Unveränd. Abdr. 1. Thl.: Gudrun. (XII und 194 S.) Einzeln 20 Ngr. — 2. Thl.: Siegfried und Kriemhilde. (III und 244 S.) Einzeln 24 Ngr. — 3. Thl.: Walther von Aquitanien. Dietrich und Ecke. (VIII und 184 S.) Einzeln 20 Ngr.

—— des griechischen und deutschen Alterthums. Hrsg. von Friedr. Aug. Eckstein. 28.—51. Lfg. 8. Halle, Buchh. des Waisenhauses. à Lfg. * 5 Ngr. *

Inhalt:

Lfg. 28—30. (10. Bd.) Erzählungen aus der alten deutschen Welt für Jung und Alt von K. W. Osterwald. 4. Thl.: König Rother. — Engelhard. 2. Aufl. (VIII und 240 S.) Einzeln 25 Ngr.

„ 31—36. (11. und 12. Bd.) dass. — 5. und 6. Thl.: Parzival. 2 Bdchn. 2., unveränd. Abdr. (XV und 595 S.) 862—67. Einzeln 2 Thlr.

Lfg. 37—39. (13. Bd.) Erzählungen aus der alten deutschen Welt für Jung und Alt von K. W. Osterwald. 7. Thl.: Erzählungen aus dem Kreise der longobardischen und der Dietrichs-Sage. König Ortnit. Dietrich und seine Gesellen. Alpharts Tod. Die Ravennaschlacht. (VIII und 277 S.) 863. Einzeln 20 Ngr.

„ 40—42. (14. Bd.) Die asiatischen Feldzüge Alexanders des Großen. Nach den Quellen dargestellt von G. F. Hertzberg. 2 Thle. 1. Thl. (XII und 414 S.) 863. Einzeln cart. 1 Thlr.

„ 43—48. (15. und 16. Bd.) —— dass. — 2. Thl. (VIII und 539 S. mit 1 lithogr. und ill. Karte von G. Kiepert in qu. Fol.) 864. Einzeln cart. * 1 Thlr. 2 Ngr.

„ 49—51. (17. Bd.) Erzählungen aus der alten deutschen Welt für Jung und Alt von K. W. Osterwald. 8. Thl.: Beowulf, Iwein, Wieland der Schmied. (VIII und 246 S.) 867. Einzeln cart. 22½ Ngr.; geb. 27½ Ngr.

1.—27. Lfg. Ebendas. 1861. * 4 Thlr. 15 Ngr.

—— dass. — 1.—3. 7. und 8. Bd. 8. Ebendas. 865. cart.

Inhalt:

Bd. 1—3. Karl Friedr. Becker's Erzählungen aus der alten Welt für die Jugend. 3 Thle. 10., unveränd. Aufl. (XVIII und 892 S. mit 15 Stahlst.) 864. 2 Thlr. 20 Ngr.

„ 7. 8. Erzählungen aus der alten deutschen Welt für Jung und Alt von K. W. Osterwald. 1. Thl.: Gudrun. 3. Aufl. (XII und 194 S.) 20 Ngr., 2. Thl.: Siegfried und Kriemhilde. 3. Aufl. 865. (243 S.) 24 Ngr.

—— des griechischen und deutschen Alterthums. Hrsg. von Friedr. Aug. Eckstein. I.—XVIII. Bd. 8. Halle, Buchh. des Waisenhauses. 38 95

Inhalt:

I—III. Becker's, Karl Fr., Erzählungen aus der alten Welt für die Jugend. 13. verb. Aufl. Hrsg. von Herm. Masius. 3 Thle. 874. cart. ℳ 6.
 Thl. 1. Odysseus von Ithaka. (IV, 224 S. mit 1 Stahlst. und 4 Holzschn.)
 „ 2. Achilleus. (258 S. mit 1 Stahlst. und 4 Holzschn.)
 „ 3. Kleinere Erzählungen. (VIII, 214 S. mit 1 Stahlst. und 4 Holzschn.)

IV. Günther, F. J., die Geschichte der Perserkriege nach Herodot. 3. Aufl. (XXIV, 327 S.) 861. cart. ℳ 3.

V. Hertzberg, Gust. Friedr., die Geschichte der Messenischen Kriege nach Pausanias erzählt. 3. durchgeseh. Aufl. (X, 130 S.) 875. cart. * ℳ 1,80.

VI. —— der Feldzug der 10000 Griechen nach Xenophon's Anabasis dargestellt. 2. Aufl. (420 S. mit 1 lithogr. und color. Karte von Kiepert in qu. Fol.) 870. cart. ℳ 3.

VII—IX. —— die asiatischen Feldzüge Alexanders des Großen. Nach den Quellen dargestellt. 2., durchgeseh. Aufl. 2 Thle. (VIII, 319; 410 S. mit 1 lithogr. und color. Karte in qu. Fol.) 875. cart. * ℳ 6.

X—XVII. Osterwald, K. W., Erzählungen aus der alten deutschen Welt für Jung und Alt. 8 Thle.
 Thl. 1. Gudrun. 4. Aufl. (XVI, 160 S. mit 2 Holzschn. nach Zeichnungen von Jul. Immig.) 873. cart. ℳ 2.
 „ 2. Siegfried und Kriemhilde. 4. Aufl. (VIII, 192 S. mit 2 Holzschn. nach Zeichnungen von Jul. Immig.) 874. cart. ℳ 2.50.
 „ 3. Walter von Aquitanien. Dietrich und Ecke. 3. Aufl. (VIII, 159 S.) 875. cart. ℳ 2.
 „ 4. König Rother. Engelhard. 3. Aufl. (VIII, 192 S.) 876. cart. ℳ 2.
 „ 5. 6. Parcival. 2 Bde. 4. durchgeseh. Aufl. (VI, 224; VI, 244 S.) 876. * ℳ 4.
 „ 7. Erzählungen aus dem Kreise der longobardischen und der Dietrichs-Sage: König Ortnit. Dietrich und seine Gesellen. Alpharts Tod. Die Ravennaschlacht. 2. neudurchgeseh. Aufl. (VIII, 228 S.) 875. cart. ℳ 2.
 „ 8. Beowulf. Iwein. Wieland der Schmied. (VIII, 246 S.) 867. cart. ℳ 2,25.

XVIII. Thukydides Reden und Urkunden aus dem peloponnesischen Kriege übers. mit dem Wichtigsten aus der Kriegsgeschichte von Karl Beck. (X, 246 S.) 871. ℳ 2,40.; geb. ℳ 3.

Jugend-Bibliothek des griechischen u. deutschen Alterthums. Hrsg. von Frdr. Aug. Eckstein. 4., 10., 11. u. 17. Bd. 8. Halle 877. Buchhandlung d. Waisenhauses. n. 9. 75

4. Die Geschichte der Perserkriege, nach den Quellen erzählt von Gust. Frdr. Hertzberg. (An Stelle von J. F. Günther's Werk.) (XII, 307 S.) n. 3. —
10. Erzählungen aus der alten deutschen Welt für Jung u. Alt von K. W. Osterwald. 1. Thl.: Gudrun. 5. Aufl. Mit 2 Holzschn.-(Taf.) nach Zeichngn. von Jul. Immig. (XVI, 159 S.) n. 2. —
11. Erzählungen aus der alten deutschen Welt für Jung u. Alt von K. W. Osterwald. 2. Thl.: Siegfried u. Krimhilde. 5. Aufl. Mit Zeichngn. von Jul. Immig (in Holzschn.). (190 S.) n. 2. 50
17. — dasselbe. 8. Thl.: Beowulf. Iwein. Wieland der Schmied. 2. Aufl. (VIII, 200 S.) n. 2. 25

— d. griechischen u. deutschen Altertums. Hrsg. v. Frdr. Aug Eckstein. 6. Bd. 8. Halle 894. Buchh. d. Waisenhauses. 3. 60; geb. in Leinw. 4. 20

Der Feldzug der 10000 Griechen. Nach Xenophons Anabasis dargestellt v. G. F. Hertzberg. 3., durchgeseh. Aufl. (XII, 420 S.)

Jugendbibliothek d. Auslandes. Ins Deutsche übers. v. e. Vereine prakt. Erzieher, u. herausg. v. G. Friederich. 16—116 Bdchn. Mit ill. Kpf. 16. Hanau 826 u. 27. Edler. (à 4 gr) 1 ₰ 12 gr 108—116 Bdchn. A. u. d. T.: F. Sanguin, Auswahl der schönsten arabischen Mährchen aus Tausend u. eine Nacht. Aus d. Französ. v. F. Hoffmann. 1r u. 2r Thl. Mit 4 ill. Kpf. 16. Ebd. 828. (à 4 gr) 14 u. 15 Bdchn. A. u. d. T.: Dramen. Aus d. Französ. des H. Berquin übers. v. K. F. Meurer. 2 Thle. mit 4 Steindr. 829. (à 4 gr) Alle 15 Bdchn. 2 ₰ 12 gr

—— des Auslandes. In d. Deutsche übers. v. e. Vereine prakt. Erzieher, u. hrsg. v. G. Friederich. 10—13. Bdchn. — A. u. d. T.: J. F. Sanguin, Auswahl d. schönsten arab. Mährchen a. Tausend u. eine Nacht. A. d. Franz. v. F. Hoffmann. 4 Thle. 16. (28½ B. u. 4 ill. Kpfr.) Hanau 828, Edler. à 4 Gr.

—— ders. 14. u. 15. Bdchn. — A. u. d. T.: Dramen. A. d. Franz. d. H. Berquin, übers. v. K. F. Meurer. 2 Thle. 16. (15 B. u. 4 Stndr.) Ebds. 828. à 4 Gr.
1—9. Bdchn. Ebendas. 1826, 27. à 4 Gr.

—— des Auslandes. In gewählten Uebersetzungen hrsg. von Leop. Fürstedler. 1—8. Bdchn. 12. Wien 842, 43. [Pichlers sel. Wtwe.] à Bdchn. * 10 Ngr.

A. u. d. Ttln.:

Bdchn. 1—3. u. 6—8. Sämmtl. Werke der Mad. Guizot. Aus d. Franz. übertr.

Bdchn. 1. Mutter u. Tochter. Nebst mehreren andern Erzählungen. (6¾ B. u. Ttlbld.) 842.
„ 2. Der Pfarrer von Arnstein. Nebst mehr. andern Erzählungen. (5 B. u. Ttlbld.) 842.
„ 3. Caroline, od. ein Unglück u. seine Folgen. Die Heilung der Hochmüthigen. Erzählungen. Beide von der Universität zu Paris angenommene Werke. (6 B. u. Ttlbld.) 842.
„ 4. Geschichte eines Louisd'ors. (5 B. u. 1 Holzschn.) 843.
„ 5. Skaramuz. Nebst anderen Erzählungen. (5 B. u. 1 Holzschn.) 843.
„ 6. Die umgeworfene Kutsche. Nebst anderen Erzählungen. (5½ B. u. 1 Holzschn.) 843.
„ 4., 5. Conrad Haselbaums Abenteuer. Aus d. Franz. des Louis Desnoyers übertr. (1. u. 2. Bdchn.) (12 B.) 843.

— des Auslandes. In gewählten Uebersetzungen herausgeg. von Leop. Fürstedler. 1.—8. Bdchn. — A. u. d. T.: Sämmtliche Werke der Mad. Guizot. Aus d. Französ. übertr. 1.—6. Bdchn. — Mutter u. Tochter. — Der Pfarrer v. Arnstein. — Die Heilung der Hochmüthigen. — Conrad Haselbaums Abenteuer. Aus d. Französ. d. Louis Desnoyers übertr. 1. 2. Bdchn. — Geschichte eines Louisd'ors. — Skaramuz. Nebst andern Erzählungen. — Die umgeworfene Kutsche. Nebst andern Erzählungen. Wien 842—844, Tauer u. Sohn. à n. ⅓ ℛ

Jugend-Bibliothek, in einer Auswahl vorzüglicher engl. Jugendschriften in deutscher Uebersetzung; für Kinder religiöser Erziehung aus allen Ständen. 1—7. (Bdchn.) 18. Augsburg 850—52, Kollmann'sche Buchh. Thlr.

Inhalt:

(Bdchn.) 1. Schneeglöckchen, die Ungetaufte; oder: Geschichte der dreifachen Taufe. Eine Erzählung für die Jugend aus dem Engl. (VI und 123 S.) 6 Ngr.
„ 2. Adam, der kleine Gärtner, oder: Das Frohnleichnamsfest. Margaretha Leslie, oder: Der lebende Rosenkranz. Requiescat in pace, oder: Die arme Wittwe. (70 S.) 4 Ngr.
„ 3., 4. Das Blumengärtlein. Festgeschichten. 2 Thle. (318 S.) 15½ Ngr.
„ 5. Die kleinen Italiener, oder: Die verlornen Kinder auf den St. Bernhardt. Helenens Traum. Eine Erzählung aus dem Ardenner-Walde. Keine Tugend ohne Kampf, kein Kampf ohne Lohn. (74 S.) 4 Ngr.
„ 6. Erzählungen über die 7 Tugenden von Agnes M. Stewart. (176 S.) 6 Ngr.
„ 7. Verlust und Wiederfinden. Die Wallfahrt der kleinen Anna, oder: Der Rosenzweig. Esther, oder: Die beiden Mütter. (104 S.) 4 Ngr.

—— dass. — 1. (Bdchn.): Schneeglöckchen, die Ungetaufte; oder: Geschichte der dreifachen Taufe. Eine Erzählung für die Jugend aus dem Engl. 2. Aufl. 18. (VI und 123 S.) Ebds. 855.

—— in einer Auswahl vorzüglicher englischer und französischer Jugendschriften in deutscher Uebersetzung; für Kinder religiöser Erziehung aus allen Ständen. 8—12. (Bdchn.) 18. Augsburg 853—55, Kollmann'sche Buchh.

Inhalt:

Bd. 8. Erzählungen über die 8 Seligkeiten von Agnes M. Stewart. (153 S.) 6 Ngr.
„ 9. Marie oder Schloß Kahlburg. Aus dem Französ. (79 S.) 4 Ngr.
„ 10. Geschichte eines Marb'or in drei Erzählungen. Aus dem Französ. (96 S.) 4 Ngr.
„ 11., 12. Dramaika. Eine indian. Erzählung. (292 S.) 10 Ngr.

1—7. Bdchn. Ebendas. 1850—52. 1 Thlr. 9½ Ngr.

Jugend-Bibliothek. In einer Auswahl vorzügl. engl. Jugendschriften in deutscher Uebersetzung; für Kinder religiöser Erziehung aus allen Ständen. 1. und 4.—8. Bdchn. 12. Regensburg, Manz.

Inhalt:

Bdchn. 1. Schneeglöckchen, die Ungetaufte oder Geschichte der dreifachen Taufe. 3. Aufl. (132 S.) 883. 60 Pf.
„ 4. Das Blumengärtlein. Festgeschichten. 2. Thl.: Der Aschermittwoch. — Das Fest Mariä Verkündigung. — Die Charwoche. — Ostern. — Mimi's Grab, oder: Die Bittwoche. — Das Pfingstfest. 2. Aufl. (176 S.) 877. 80 Pf.
„ 5. Die kleinen Italiener, oder: Die verlorenen Kinder auf dem St. Bernhard. — Helenen's Traum. — Eine Erzählung aus dem Ardenner-Wald. — Keine Tugend ohne Kampf, kein Kampf ohne Lohn. 2. Aufl. (72 S.) 877. 40 Pf.
„ 6. Stewart, Agnes M., Erzählungen über die sieben Tugenden. Demuth, oder: Agnes Neville und die Ausstellung. — Freigebigkeit, oder: der wohlthätige Kaufmann. — Keuschheit, oder: die barmherzige Schwester. — Sanftmuth, oder: Emilie Herbert und das Opfer der Leidenschaft. — Mäßigkeit, oder: Eduard Ashton. — Brüderliche Liebe, oder: die Schwestern. — Fleiß, oder: Rosa Villiers und ihre träge Freundin. 2. Aufl. (176 S.) 881. 60 Pf.
„ 7. Verlust und Wiederfinden. — Die Wallfahrt der kleinen Anna, oder der Rosenzweig. — Esther, oder die beiden Mütter. 2. Aufl. (112 S.) 883. 40 Pf.
„ 8. Stewart, Agnes M., Erzählungen über die acht Seligkeiten. 2. Aufl. (151 S.) 881. 60 Pf.

Jugendbibliothek in e. Auswahl vorzügl. engl. Jugendschriften in deutscher Übersetzg. f. Kinder religiöser Erziehg. aus allen Ständen. 8—10. Bdchn. 12. Regensburg, Verlags-Anstalt. 1.40

8. Erzählungen üb. die acht Seligkeiten v. Agnes M. Stewart. 2. Aufl. (154 S.) 884. — 60
9. Marie od. Schloß Kahlburg. Eine Erzählg. f. Kinder, aus dem Franz. 2. Aufl. (80 S.) 885. — 40
10. Geschichte e. Maxdor in drei Erzählungen Aus dem Franz. 2. Aufl. (96 S.) 886. — 40

— in e. Auswahl vorzügl. engl. u. französ. Jugendschriften in deutscher Übersetzg. f. Kinder religiöser Erziehung aus allen Ständen. (I. Serie.) 3., 11. u. 12. Bdchn. 12. Regensburg 887. Verlags-Anstalt. 1.70

3. Das Blumengärtlein. Festgeschichten. 1. Tl. (3. Aufl.) (168 S.) — 80
11. 12. Orawalka. Eine indian. Erzählg. 2. Aufl. (294 S.) — 90

—— in einer Auswahl vorzüglicher englischer Jugendschriften in deutscher Uebersetzung, für Kinder religiöser Erziehung aus allen Ständen. II. Serie. 1—6. (Bdchn.) 18. Augsburg, Kollmann'sche Buchh.

Inhalt:

Bdchn. 1. Das Kind der elysäischen Felder. — Reich und Arm oder: Lady Adele und die mürrische Mary. Zwei Erzählungen. (128 S.) 859. 6 Ngr.
„ 2. Böse Reden, oder des armen Handwerkers Töchterlein. Eine Erzählung für die Jugend. (132 S.) 859. 7 Ngr.
„ 3., 4. Willy Burk, oder: der Waisenknabe in Amerika. Eine Erzählung für die Jugend. (292 S.) 860. 10 Ngr.
„ 5. Das Christfest oder Gott führt die Seinen wunderbar. — Das Königthum eines Tages oder das Fest der unschuldigen Kinder. Zwei Erzählungen für die Jugend aus dem Französ. und Engl. (124 S.) 861. 6 Ngr.
„ 6. Das Auge des Gotteshauses oder Agnes das Tyrolermädchen. — Der Kinder-Bittgang oder der Veilchenkranz. — Der St. Niklasabend. Drei Erzählungen für die Jugend. (180 S.) 861. 7½ Ngr.

7. Bdchn.: O'hara Blake, oder: Der verlorne Erbe. Die Rosenkränze. Die beiden Freunde. Antonio. Vier Erzählungen für die Jugend. (178 S.) 7½ ngr.
8. Bdchn.: Johanna, oder: die belohnte Treue. Der Blasius-Segen. Die beiden Bernharde. Drei Erzählungen für die Jugend. (170 S.) 7½ ngr.

— in einer Auswahl deutscher, wie auch vorzüglicher englischer u. französischer Jugendschriften in deutscher Uebersetzung für Kinder religiöser Erziehung aus allen Ständen. II. Serie. 9. u. 10. Bdchn. Augsburg, Kollmann'sche Buchh. 18. 9¾ ngr.

9. Bdchn. Lenel. — Die Frau des Färbers. — Der junge Piccarde. Drei Erzählungen für die Jugend. (102 S.) 865. 3¾ ngr.
10. Bdchn. Das Stücklein Zucker. — Memorare. — Die kleine Mama. — Der Brief der Mutter. — Julitta. Fünf Erzählungen für die Jugend. (161 S.) 869. 6 ngr.

—— in einer Auswahl deutscher, wie auch vorzüglicher englischer und französischer Jugendschriften in deutscher Uebersetzung für Kinder religiöser Erziehung aus allen Ständen. 2. Serie. 10. Bdchn.: Das Stücklein Zucker. — Memorare. — Die kleine Mama. — Der Brief der Mutter. — Julitta. Fünf Erzählungen für die Jugend. 16. (164 S.) Augsburg 869, Kollmann'sche Buchh. [Regensburg, Manz.] — 60

— dasselbe. II. Serie. 1., 2., 5., 11. u. 12. Bdchn. 12. Ebd. 887—890. 3. 50

1. Das Kind der Elysäischen Felder. Reich u. arm, oder Lady Adela u. die mürrische Mary. 2 Erzählgn. f. die Jugend aus dem Engl. 2. Aufl. (131 S.) — 60
2. Böse Reden, oder des armen Handwerkers Töchterlein. Eine Erzählg. f. die Jugend aus d. Engl. 2. Aufl. (132 S.) — 70
5. Das Christfest, oder Gott führt die Seinen wunderbar. Das Königtum e. Tages, oder das Fest der unschuldigen Kinder. 2 Erzählgn. f. die Jugend aus dem Franz. u. Engl. 2. Aufl. (130 S.) — 60
11. Leben des jungen Dominikus Savio, Zögling d. Oratoriums des hl. Franz v. Sales. Eine Erzählung f. die Jugend zur Aufmunterg. u. Aneiferg. In das Deutsche übertr. v. e. Verehrerin des Autors Don Bosco. (192 S.) — 80
12. Markgräfin Agnes, oder das wunderthät. Bild von Burgau. Eine Erzählg. aus den Zeiten der Kreuzzüge von e. kathol. Priester. (160 S.) — 80

Jugendbibliothek

—— belehrende u. unterhaltende. Unter Mitwirkung anderer Schriftsteller hrsg. v. Aug. Lüben u. Carl Heinemann. I. u. 2. Thl. à 6 Bdchn. 8. Aschersleben 844, 45, Laue. à Thl. *

—— dass. 3. Thl. Neue Folge. 1—4. Bdchn. 8. Ebds. 846, 47. [1. (10½ B.) 2. (10 B.) 3. (10½ B.) 4. (10 B.) à * 10 Ngr.]*

— zur Bildung des Geistes u. Herzens, herausg. v. H. Nebau. 12 Bdchn. Mit 12 Steindr. 8. Hechingen 831. Hofbuchhandl. Subscr.-Pr. 4 ℛ 12 ℊ 1s Bdchn. (Rest 2s—12s).

— zur Bildung des Geistes u. Herzens, von Heinr. Nebau. 1s—5s Bdchn. 2e Aufl. Mit 5 Steindr. 8. Augsburg 833. (2s—4s Bdchn. 3e verb. Aufl. 840.) v. Jenisch u. Stagesche B. (à 3/8 ℛ) 1 7/8 ℛ — 1s Bdchn. A. u. d. T.: Auserlesene Parabeln. 3e Aufl. 8. Ebd. 840. 1/3 ℛ — 4s u. 5s Bdchn. A. u. d. T.: Auserlesene Erzählungen. Zur Bildung des Geistes u. Herzens. 2 Bdchn. Mit 2 Steindr. 8. Ebd. 833, 34. 1 ℛ — 6s Bdchn. A. u. d. T.: Auserlesene Schauspiele. 8. Ebd. 834. 3/8 ℛ — 7s Bdchn. A. u. d. T.: Auserlesene Dichtungen. Mit 1 Steindr. 8. Ebd. 834. 3/8 ℛ — 8s Bdchn. Auserlesene Lieder. Mit 1 Steindr. 8. Ebd. 834. 3/8 ℛ — 9s Bdchn. A. u. d. T.: Auserlesene Sinngedichte, Sprüche, Räthsel, Charaden u. Witzgeschichten. Mit Titelkpfr. 8. Ebd. 834. 3/8 ℛ — 10s Bdchn. A. u. d. T.: Auserlesene Beispiele des Guten. Mit Titelkpfr. 8. Ebd. 834. 3/8 ℛ — 11s Bdchn. Lebensbeschreibungen und Charakterzüge. Mit Titelkpfr. 8. Ebd. 834. 3/8 ℛ — 12s Bdchn. Schilderungen merkwürd. Gegenden u. Naturgegenstände. Mit Titelkpfr. 8. Ebd. 834. 3/8 ℛ (Alle 12 Bdchn. 4½)

Jugend-Bibliothek zur Bildung des Geistes u. Veredlung des Herzens. 1.—9. Bdchn. 8. (126, IV. 300, 302 u. 262 S.) Ebds. à 10 kr. 1863.

Jugend-Bibliothek zur Bildung des Geistes u. Veredlung des Herzens. 10.—30. Bdchn. 8. (133, 152, 102, 279, 146, 134, 115, 122, 214, 104, 133, 214, 154, 130, 115, 107, 97, 148, 156, 327, 84, 83, 96, 189, 80, 160, 142, 138, 118, 390, IV. 377 S.) Prag, Silber & Schenk. 1864.

—— zur Bildung und Unterhaltung, s. Jugend-Bibliothek, unterhaltende, lehrreiche.

— zur Bildung u. Unterhaltung. Erzählungen interessanter Reisebegebenheiten u. Abentheuer in fremden Zonen. Zur Belehrung in geograph., naturhistor. u. völkergeschichtl. Hinsicht. [Mit dem Umschlagstitel: Unterhaltende, lehrreiche Jugend-Bibliothek.] Jahrg. 1850. 6 Lfgn. gr. 16. 1 u. 2. Die Manilla-Galleone. Originalerzählung für die Jugend v. Phil. Körber. Mit 1 Stahlst. (184 S.) 3—5. Ferdinand Mendez Pinto's Reise in Indien. Für die Jugend bearb. v. Phil. Körber. Mit 1 Stahlst. (224 S.) 6. Dr. Friedrich's Rundreise durch den Indischen Archipel. Nach den Papieren eines holländ. Schiffsarztes für die Jugend bearb. v. Phil. Körber. Mit 1 Stahlst. (158 S.) Nürnberg, Lotzbeck. (à ¼ ℛ) 1½ ℛ

— dies. Jahrg 1851. 6 Lfgn. gr. 16. 1 u. 2. Jakob u. Eduard Jefferson's Reise nach Californien. Von Phil. Körber. (202 S. m. 1 Stahlst. u. 2 color. Lith.) 3 u. 4. El-Dorado. Schilderung einer Reise nach Californien's Goldminen im Jahre 1848 von Phil. Körber. Mit 3 (lith. u.) color. Bildern. (192 S.) 5 u. 6. Feodor Golowin's Verbannung nach Sibirien. Unterhaltende u. belehrende Erzählung für die Jugend. v. Phil. Körber. Mit 1 Stahlst. u. 2 (lith. u.) color. Bildern. (112 S.) Capitain John Roß's zweite Nordpolexpedition in den J. 1829 bis 1833. Für die Jugend bearb. v. Phil. Körber. Mit 3 (lith. u.) color. Bildern. (120 S.) Nürnberg, Lotzbeck. (à ¼ ℛ) 1½ ℛ

— christliche. Hrsg. u. verlegt v. dem Hauptverein f. christl. Erbauungsschriften. 1—6. Bd. gr. 16. Berlin 874. Hauptverein f. christl. Erbauungsschriften. n. 4. 60

1. Allerlei für's Kindervolk. 6 Geschichten f. große u. kleine Kinder. Von M. Meisner. (64 S. m. 1 Chromolith.) n. — 70
2. Die Großmutter. Erzählg. f. die reifere Jugend v. Auguste Kinderlieb. (67 S. m. 1 Chromolith.) n. — 70
3. Fido u. die Geschwister im Buchwalde. Erzählung f. die reifere Jugend v. Auguste Kinderlieb. (96 S. m. 1 Chromolith.) n. — 80
4. Naemi u. Salli Rubens od. Glaubenswege. Erzählung f. die reifere Jugend v. Auguste Kinderlieb. (90 S. m. 1 Chromolith.) n. — 80
5. Engelschutz. Erzählung f. die reifere Jugend v. Auguste Kinderlieb. (108 S.) n. — 80
6. Adventszeit u. Weihnachtsfreud'. Eine Erzählg. f. die Jugend v Annette Weditz. (102 S.) n. — 80

Jugend-Bibliothek, christliche. Hrsg. u. verlegt von dem Haupt-Verein für christliche Erbauungsschriften. 7—13. Bd. gr. 16. Berlin 878—80. Hauptverein für christliche Erbauungsschriften. cart. n. 6. 40
(1—13.: n. 11. —)

7. Berg-Grete u. ihr Vater. Eine Erzählung für die reifere Jugend von Auguste Kinderlieb. (208 S.) n. 1. 60
8. Bilder aus dem Kinderleben. Kleine Erzählungen für die Jugend von Annette Weditz. (112 S.) — 90
9. Aus der Fremde zur Heimath. Eine Erzählung für die reifere Jugend von Bertha Sauer. (128 S.) — 90
10. Die schwarze Stutzuhr oder: In Noth hilft Gott. Eine Erzählung f. die reifere Jugend von Bertha Sauer. (100 S.) — 75
11. Hütte-Hannes, od.: das Kästchen im Fließ. Eine Erzählung für die reifere Jugend von Bertha Sauer. (100 S.) — 75
12. Bilder aus dem Kinderleben. 2. Thl. Kleine Erzählungen für die Jugend von Annette Weditz. (132 S.) — 90
13. Margerys Weihnachtsgeschenk. Von Ruth Elliott. (64 S.) — 60

— christliche. 14. u. 15. Bd. 12. Berlin, Hauptverein f. christl. Erbauungsschriften. cart. n.n. 1. 30

14. Bilder aus dem Kinderleben. 3. Thl. Kleine Erzählgn. f. die Jugend v. Annette Weditz. (104 S.) 882. — 90
15. Himmelsschlüssel. Eine Erzählg. f. junge Mädchen von Else v. Manteuffel. (63 S.) 885. n n. — 40

— christliche. 16. Bd. gr. 16. Berlin (899). Hauptverein f. christl. Erbauungsschriften. Kart. n. — 40
Durch Gottes Schule. Eine Erzählg. Von M. Meisner. (64 S.)

Jugend-Bibliothek, deutsche, s. Schmidt, Ferd.

—— deutsche, begründet durch Ferd. Schmidt, fortgeführt (von Bd. 62 an) durch Jul. Lohmeyer und Ferd. Schmidt. 1. und 2., 5., 7., 10. und 11., 15.—21., 25.—27., 30., 32. und 33., 35., 37., 40.—43., 45., 62.—64., 66. und 67., 72. und 73. Bdchn. 12. Kreuznach und Leipzig, Voigtländer's Verlag. à Bdchn. * geb. à Bdchn. *

Inhalt:

Bdchn. 1. Schmidt, Ferd., Kriegsruhm und Vaterlandsliebe. Eine Erzählung. 4. Aufl. (148 S. mit 4 Abbild.) 887.

„ 2. —— Janko, der Maler. Eine Erzählung für Jung und Alt. 7. Aufl. (141 S.) 888.

„ 5. —— die Nibelungen. Eine Heldendichtung. Für Jung und Alt erzählt. 8. und 9. Aufl. (208; 190 S. mit 4 Illustr.) 885,87.

„ 7. —— die Türken vor Wien. Ein histor. Gemälde. 7. Aufl. (108 S. mit 3 Abbild.) 888.

„ 10. —— der Christbaum. Eine Erzählung. Als Anhang: Weihnachten. Ein ländl. Gedicht von A. Merget. 7. Aufl. (166 S. mit 4 Abbild.) 888.

„ 11. —— der Köhler und die Prinzen. Der schönste Weihnachtsbaum. Zwei Erzählungen. 7. Aufl. (158 S. mit 4 Abbild.) 883.

„ 15. —— Gudrun. Eine Erzählung aus der deutschen Heldenzeit. Für Jung und Alt. 6.—8. Aufl. (110 S. mit 4 Illustr.) 886,87.

„ 16. —— Robinson. Nach Defoe erzählt. 4. Aufl. (96 S. mit 7 Abbild.) 888.

Bdchn. 17. Schmidt, Ferd., Wilhelm Tell. Ein geschichtl. Gemälde. 8. Aufl. (94 S. mit 3 Abbild.) 888.

„ 18. —— Maiblumen. Kleinere Erzählungen und Märchen. 7. Aufl. (123 S. mit 4 Abbild.) 888.

„ 19. —— Friedrich der Große bis zu seiner Thronbesteigung. Ein histor. Gemälde. 8. Aufl. (226 S. mit 4 Abbild.) 888.

„ 20. —— Götter und Helden. Erzählungen aus der griech. Vorzeit. 6. Aufl. (115 S. mit 4 Abbild.) 888.

„ 21. —— Heroen-Geschichten aus der griechischen Vorzeit, erzählt. 6. Aufl. (107 S. mit 4 Abbild.) 888.

„ 25. —— aus der Jugendzeit des Großen Kurfürsten. Ein histor. Gemälde. 6. Aufl. (159 S. mit 4 Abbild.) 887.

„ 26. —— Oranienburg und Fehrbellin. Ein histor. Gemälde aus der Regierungszeit des Großen Kurfürsten. 6. Aufl. (156 S. mit 4 Abbild.) 887.

„ 27. —— Schiller. Ein Lebensbild für Jung und Alt. 8. Aufl. (160 S. mit 3 Abbild.) 888.

„ 30. —— Walther und Hildegunde. Der Rosengarten. Zwei Heldensagen. Für Jung und Alt erzählt. 6. Aufl. (93 S. mit 2 Illustr.) 886.

„ 32. —— die Frithjof-Sage. Erzählt. 6. Aufl. (89 S. mit 4 Illustr.) 886.

„ 33. —— Goethes Jugend- und Jünglingszeit. Ein Lebensbild für Jung und Alt. 5. Aufl. (148 S. mit 3 Abbild.) 888.

„ 35. —— Deutsche Kriege. 1864. 1866. 1870—71. 1. Bd.: 1864. 1866. 1.—4. Aufl. der Neubearbeitung. (139 S. mit 1 Illustr.) 886,87.

„ 37. —— Benjamin Franklin. Ein Lebensbild für Jung und Alt. 4. Aufl. (128 S. mit Bildnis.) 888.

„ 40. —— Heinrich Pestalozzi. Ein Lebensbild. 4. Aufl. (131 S. mit Bildnis.) 888.

„ 41. —— Gewalt und List Frankreichs gegen Deutschland seit 300 Jahren. Geschichtsbilder. 4. Aufl. (125 S. mit Titelbild.) 887.

„ 42. —— Deutsche Kriege 1864. 1866. 1870—71. 2. Bd. 1.—4. Aufl. der Neubearbeitung. (139 S. mit 1 Illustr.) 886,87.

„ 43. —— die glückliche Insel oder Reichthum und Armuth. 4. Aufl. (127 S. mit Titelbild.) 888.

„ 45. —— Moses Mendelssohn. Ein Lebensbild. 3. Aufl. (115 S. mit Portr.) 886.

„ 62. Wildenradt, Joh. v., Geschichte und Dichtung. Vier Erzählungen. 2. Aufl. (160 S. mit 6 Abbild.) 888.

„ 63. Frey, Adf., Erzählungen aus Sage und Geschichte. 2. Aufl. (145 S. mit 5 Abbild.) 883.

„ 64. Fischer, Wilh., Lust und Lehre. Fünf Erzählungen für die Jugend. 2. Aufl. (188 S. mit 10 Holzschn.) 883.

„ 66. 67. Grube, A. W., Tier- und Jagdgeschichten. Schilderungen für junge Leser. 2. Aufl. (291 S. mit 16 Holzschn.) 888.

„ 72. Schalk, Gust., Heldenfahrten. Erzählungen aus Deutschlands Vorzeit. 1. und 2. Aufl. (168 S. mit 1 Titelbild.) 886,88.

„ 73. Rieser, M., Ferienstunden. Erzählungen für junge Mädchen. 1. und 2. Aufl. (162 S. mit 1 Titelbild.) 886,88.

—— deutsche, begründet v. Ferd. Schmidt, fortgeführt [v. Bd. 62 an] v. Jul. Lohmeyer u. Ferd. Schmidt. 1., 3.—7., 9.—11., 13., 14., 16., 17., 19., 23., 25., 27., 29., 32., 36., 39., 42., 47., 50.—53., 60., 64., 66.—71. Bd. 12. Lpz. 889—92. [Voigtländer.] Geibel u. Brockhaus. à Bd. * — 75; geb. à Bd. * 1 —

1. Schmidt, Ferd. Kriegsruhm u. Vaterlandsliebe. Eine Erzählg. aus den Befreiungskriegen. 5. Aufl. (148 S. m. 4 Abbildgn.)
3. Richard's Fahrt nach dem heiligen Lande. 8. Aufl. (172 S. m. 4 Abbildgn.)
4. Schmidt, Ferd. Herman u. Thusnelda. Ein geschichtl. Gemälde aus der deutschen Vorzeit. 8. Aufl. Mit 3 Abbildgn. (119 S.); 9. Aufl. Mit 3 Abbildgn. (117 S.)
5. —— Die Nibelungen. Eine Heldendichtg. 10. Aufl. (160 S. m. 4 Bildern.)
6. —— Herder als Knabe u. Jüngling. 10. Aufl. (148 S.)
7. —— Die Türken vor Wien. Ein histor. Gemälde. 8. Aufl. Mit 3 Abbildgn. (109 S.); 9. Aufl. Mit 3 Abbildgn. (108 S.)
9. —— Jazzo. Erzählung aus dem Wendenkriege. 6. Aufl. (III, 106 S. m. 3 Abbildgn.)
10. —— Der Christbaum. Als Anh.: Weihnachten. Ein ländl. Gedicht v. A. Merget. 8. Aufl. (III, 166 S.)
11. —— Der Köhler u. die Prinzen. Der schönste Weihnachtsbaum. 8. Aufl. Mit 3 Abbildgn. (III, 158 S.); 9. Aufl. Mit 4 Abbildgn. (158 S.)
13. Johann Gottlieb Fichte. Ein Lebensbild. 6. Aufl. (86 S. u. 4 Abbildgn.)
14. Epheuranken. Erzählungen u. Märchen. 7. Aufl. (123 S. u. 4 Abbildgn.)
16. Schmidt, Ferd. Robinson. Nach Defoe erzählt. 5. u. 6. Aufl. (III, 96 S. m. 7 Abbildgn.)
17. Wilhelm Tell. Ein geschichtl. Gemälde. Mit 3 Abbildgn. 10. Aufl. (94 S.)
19. Schmidt, Ferd. Friedrich der Große bis zu seiner Thronbesteigung. Ein histor. Gemälde. 9. u. 10. Aufl. Mit 4 Abbildgn. (226 S.)
23. —— Nala u. Damajanti. Sakuntala. 2 Erzählgn. aus dem Indischen. 5. Aufl. (108 S. m. 4 Abbildgn.)
25. Aus der Jugendzeit des Großen Kurfürsten. Ein histor. Gemälde. Mit 4 Abbildgn. 8. Aufl. (159 S.)
27. Schiller. Ein Lebensbild. Mit 3 Abbildgn. 9. Aufl. (160 S.)
29. Der Kaufmann von Venedig. — Macbeth. Mit 2 Abbildgn. 4. Aufl. (100 S.)
32. Die Frithjof-Sage. Mit 4 Abbildgn. 8. Aufl. (89 S.)
36. Schmidt, Ferd. Georg Washington. Ein Lebensbild. 5. Aufl. (III, 147 S. m. 3 Abbildgn.)
39. Ernst Moritz Arndt. Ein Lebensbild. Mit 4 Abbildgn. 7. Aufl. (122 S.)
42. Schmidt, Ferd. Deutsche Kriege 1864. 1866. 1870—71. 2. Bd.: Der deutsch-französische Krieg 1870—71. 6. Aufl. (139 S.)
47. Gotthold Ephraim Lessing. Ein Lebensbild. Mit 4 Abbildgn. 4. Aufl. (122 S.)
50. Schmidt, W. Eriwulf. Eine Erzählg aus der Zeit der Völkerwanderg. 3. Aufl. (130 S. m. 4 Abbildgn.)
51. Willys, A. A. Schweizer Helden. Histor. Erzählg. aus der Zeit Karls des Kühnen. Mit 3 Abbildgn. 3. Aufl. (163 S.)
52. Wickede, Fr. C. v. Amerikanische Jagd- u. Reiseabenteuer. 3. Aufl. (100 S. m. 4 Abbildgn.)
53. —— Indianer-Geschichten. Sagen u. Erzählgn. 3. Aufl. (95 S. m. 4 Abbildgn.)
60. Pfleiderer, Rud. Albrecht Dürer. Ein deutsches Künstlerleben. 2. Aufl. Mit 4 Abbildgn. (III, 156 S.)
64. Fischer, Wilh. Lust u. Lehre. Erzählgn. Mit 10 Abbildgn. 3. Aufl. (188 S.)
66. 67. Grube, A. W. Tier- u. Jagdgeschichten. Schildergn. f. junge Leser. 3. Aufl. (290 S. m. 16 Holzschn.) geb. in 1 Bd. * 2 80.
68. 69. Köppen, Fed. v. Kämpfe u. Helden. Schildergn. aus der deutschen Geschichte. 2. Aufl. (327 S. m. 18 Holzschn.); 3. Aufl. (325 S. m. 17 Abbildgn.) geb. in 1 Bde. * 2 80.
70. 71. Osterwald, Wilh. Sang u. Sage. Erzählgn. aus Deutschlands Vorzeit. 2. Aufl. (355 S. m. 7 Holzschn.); 3. Aufl. (354 S. m. 7 Abbildgn.) geb. in 1 Bde. * 2 80.

Jugend-Bibliothek, deutsche, begründet v. Ferd. Schmidt, fortgeführt [v. Bd. 62 an] durch Jul. Lohmeyer u. Ferd. Schmidt. 1., 2., 4.—7., 9.—11., 15.—21., 23., 25.—27., 33., 35.—37., 40.—43., 60., 62.—64., 66., 67., 72., 73. Bd. 12. Leipzig 887—890. [Voigtländer.] Geibel & Brockhaus. à n. — 75; geb. à n. 1. —

Inhaltsübersicht in alphabet. Ordnung:

Fischer, W., Lust u. Lehre. 5 Erzählgn. f. die Jugend. Mit 10 Holzschn. 2. Aufl. (188 S.) (Bd. 64.)
Frey, A., Erzählungen aus Sage u. Geschichte. Mit 5 Abbildgn. 2. Aufl. (145 S.) (Bd. 63.)
Grube, W., Tier- u. Jagdgeschichten. Schilderungen f. junge Leser. Mit 16 Holzschn. 2. Aufl. (291 S.) (Bd. 66. 67.)
Merget, A., Weihnachten, s.: Schmidt, F., Christbaum.
Pfleiderer, R., Albrecht Dürer. Ein deutsches Künstlerleben. 2. Aufl. Mit 4 Abbildgn. (III, 156 S.) (Bd. 60.)
Rieser, M., Ferienstunden. Erzählungen f. junge Mädchen. Mit e. Titelbild. 2. Aufl. (162 S.) (Bd. 73.)
Schalk, G., Heldenfahrten. Erzählgn. aus Deutschlands Vorzeit. Mit e. Titelbild. 2. Aufl. (168 S.) (Bd. 72.)
Schmidt, Ferd., der Christbaum. Eine Erzählung. Als Anh.: Weihnachten. Ein ländl. Gedicht v. A. Merget. Mit 4 Abbildgn. 8. Aufl. (166 S.) (Bd. 10.)
— Benjamin Franklin. Ein Lebensbild f. Jung u. Alt. 4. Aufl. Mit Bildnis. (128 S.) (Bd. 37.)
— Friedrich d. Große bis zu seiner Thronbesteigung. Ein histor. Gemälde. Mit 4 Abbildgn. 9. Aufl. (226 S.) (Bd. 19.)
— Gewalt u. List Frankreichs gegen Deutschland seit 300 Jahren. Geschichtsbilder. 4. Aufl. (125 S. m. Titelbild.) (Bd. 41.)
— Goethe's Jugend- u. Jünglingszeit. Ein Lebensbild f. Jung u. Alt. 5. Aufl. Mit 3 Abbildgn. (148 S.) (Bd. 33.)
— Götter u. Helden, Erzählungen aus der griech. Vorzeit. Mit 4 Abbildgn. 6. Aufl. (115 S.) (Bd. 20.)
— Gudrun. Eine Erzählung aus der deutschen Heldenzeit. Für Jung u. Alt. 8. Aufl. Mit 3 Abbildgn. (110 S.) (Bd. 15.)
— Herder als Knabe u. Jüngling. Für Jung u. Alt erzählt. 10. Aufl. (148 S.) (Bd. 6.)
— Herman u. Thusnelda. Ein geschichtl. Gemälde aus der deutschen Vorzeit f. Jung und Alt. 8. Aufl. Mit 3 Abbildungen. (119 S.) (Bd. 4.)
— Heroen-Geschichten aus der griech. Vorzeit. Mit 4 Abbildgn. 6. Aufl. (107 S.) (Bd. 21.)
— Janko, der Maler. Eine Erzählung f. Jung u. Alt. 7. Aufl. (141 S.) (Bd. 2.)
— Jazzo. Erzählg. aus dem Wendenkriege. 6. Aufl. (III, 106 S. m. 3 Abbildgn.) (Bd. 9.)
— die glückliche Insel oder Reichthum u. Armuth. Mit Titelbild. 4. Aufl. (127 S.) (Bd. 43.)
— aus der Jugendzeit des Großen Kurfürsten. Ein histor. Gemälde. Mit 4 Abbildgn. 6. Aufl. (159 S.) (Bd. 25.)
— der Köhler u. die Prinzen. Der schönste Weihnachtsbaum. 2 Erzählgn. Mit 3 Abbildgn. 8. Aufl. (158 S.) (Bd. 11.)
— Deutsche Kriege 1864. 1866. 1870—71. 1. Bd.: 1864. 1866. 2. u. 3. Aufl. der Neubearbeitg. (139 S.) (Bd. 35.)
— dasselbe. 2. Bd.: 1870—71. 6. Aufl. (139 S.) (Bd. 42.)
— Kriegsruhm u. Vaterlandsliebe. Eine Erzählg. Mit 4 Abbildgn. 5. Aufl. (148 S.) (Bd. 1.)
— Maiblumen. Kleinere Erzählungen u. Märchen. 7. Aufl. Mit 4 Abbildgn. (123 S.) (Bd. 18.)
— Nala u. Damajanti. Sakuntala. 2 Erzählgn. aus dem Indischen. 5. Aufl. (108 S. m. 4 Abbildgn.) (Bd. 23.)
— die Nibelungen. Eine Heldendichtung. Für Jung u. Alt. Mit 4 Abbildgn. 10. Aufl. (160 S.) (Bd. 5.)
— Oranienburg und Fehrbellin. Ein histor. Gemälde aus der Regierungszeit d. Großen Kurfürsten. Mit 4 Abbildgn. 6. Aufl. (156 S.) (Bd. 26.)
— Heinrich Pestalozzi. Ein Lebensbild. Mit Bildnis. 4. Aufl. (131 S.) (Bd. 40.)
— Robinson. Nach Defoe f. Jung u. Alt erzählt. 5. Aufl. (III, 96 S. m. 7 Abbildgn.) (Bd. 16.)
— Schiller. Ein Lebensbild f. Jung u. Alt. 8. Aufl. Mit 3 Abbildgn. (160 S.) (Bd. 27.)
— Wilhelm Tell. Ein geschichtl. Gemälde. Mit 3 Abbildungen. 8. Aufl. (94 S.) (Bd. 17.)
— die Türken vor Wien. Ein histor. Gemälde. Mit 3 Abbildgn. 8. Aufl. (109 S.) (Bd. 7.)
— Georg Washington. Ein Lebensbild f. Jung u. Alt. 5. Aufl. (III, 147 S. m. 3 Abbildgn.) (Bd. 36.)
Wildenradt, J. v., Geschichte u. Dichtung. 4 Erzählgn. Mit 6 Abbildgn. 2. Aufl. (160 S.) (Bd. 62.)

— **deutsche**, hrsg. v. Jul. Lohmeyer u. Ferd. Schmidt. 8., 13., 14., 16., 17., 19., 25., 27., 29., 32., 34., 39., 47., 50.—53., 64., 66.—71. Bd. 12. Leipzig, Geibel & Brockhaus. à Bd. n. — 75; à Doppelbd. n. 1. 50; geb. in Leinw. à Bd. n. 1. —; à Doppelbd. n. 2. —

Inhaltsübersicht in alphabetischer Ordnung:

Bonnell, W., Heinrich I., der Begründer deutschen Königtums, u. seine Gemahlin Mathilde. Mit 4 Abbildgn. v. Hans Mützel. 2. Aufl. (III, 151 S.) 892. (34. Bd.)
Fischer, Wilh., Lust u. Lehre. 5 Erzählgn. f. die Jugend. 3. Aufl. (188 S. m. 10 Abbildgn.) 891. (64. Bd.)
Grube, A. W., Tier- u. Jagdgeschichten. Schilderungen f. junge Leser. 3. Aufl. (290 S. m. 16 Holzschn.) 891. (66. 67. Bd.)
Köppen, Fedor v., Kämpfe u. Helden. Schilderungen aus der deutschen Geschichte. 4. Aufl. (327 S. m. 17 Abbildgn.) 891. (68. 69. Bd.)
Osterwald, Wilh., Sang u. Sage. Erzählgn. aus Deutschlands Vorzeit. 3. Aufl. (355 S. m. 1 Farbendr. u. 17 Holzschn.) 891. (70. 71. Bd.)
Schmidt, Ferd., Ernst Moritz Arndt. Ein Lebensbild. 7. Aufl. (122 S. m. 4 Illustr.) 891. (39. Bd.)
— Epheuranken. Erzählgn. u. Märchen. Eine Gabe f. die Jugend. 7. Aufl. (IV, 123 S. m. 4 Abbildgn.) 891. (14. Bd.)
— Johann Gottlieb Fichte. Ein Lebensbild f. Jung u. Alt. 6. Aufl. (86 S. m. 4 Abbildgn.) 891. (13. Bd.)
— Friedrich der Große bis zu seiner Thronbesteigung. Ein histor. Gemälde. 10. Aufl. (226 S. m. 4 Abbildgn.) 891. (19. Bd.)
— die Frithjof-Sage. 8. Aufl. (89 S. m. 4 Abbildgn.) 891 (32. Bd.)
— aus der Jugendzeit des Großen Kurfürsten. Ein histor. Gemälde. 8. Aufl. (159 S. m. 4 Abbildgn.) 891. (25. Bd.)
— der Kaufmann von Venedig. Macbeth. Zwei Erzählgn. f. Jung u. Alt. 4. Aufl (100 S. m. 2 Abbildgn.) 891. (29. Bd.)
— Gotthold Ephraim Lessing. Ein Lebensbild. 4. Aufl. (122 S. m. 4 Abbildgn.) 891. (47. Bd.)
— Richard's Fahrt nach dem hl. Lande. Ein histor. Gemälde. 8. Aufl. (172 S. m. 4 Abbildgn.) 891. (3. Bd.)
— Robinson. Nach Defoe f. Jung u. Alt erzählt. 6. Aufl. (III, 96 S. m. 7 Abbildgn.) 891. (16. Bd.)
— Schiller. Ein Lebensbild f. Jung u. Alt. 9. Aufl. (160 S. m. 3 Abbildgn.) 891. (27. Bd.)
— Wilh. Tell. Ein geschichtl. Gemälde. 10. Aufl. (95 S. m. 3 Abbildgn.) 891. (17. Bd.)
Schmidt, W., Eriwulf. Eine Erzählg aus der Zeit der Völkerwanderg. 3. Aufl. (130 S. m. 4 Abbildgn.) 891. (50. Bd.)
Wickede, Fr. C. v., amerikanische Jagd- u. Reise-Abenteuer. 3. Aufl. (100 S. m 4 Abbildgn.) 891. (52. Bd.)
— Indianer-Geschichten. Sagen u. Erzählgn. 3. Aufl. (95 S. m. 4 Abbildgn.) 891. (53. Bd.)
Willys, A. A., Schweizer Helden. Historische Erzählg. aus der Zeit Karls des Kühnen. 3. Aufl. (143 S. m. 8 Illustr.) 891. (51. Bd.)

— **deutsche**, hrsg. von Jul. Lohmeyer u. Ferd. Schmidt. Bd. 11, 14. 18, 19/19 a, 26, 27, 32, 38, 41, 44, 45, 51, 52, 58, 59, 63, 66, 67 u. 70—73. 12. Berlin 902. Neufeld & Henius. à — 75; geb. in Leinw. à 1. —

Inhaltsübersicht in alphabetischer Ordnung:

Fern, Ludw., arabische Erzählungen. Für die Jugend ausgewählt. Mit 8 Abbildgn. 3. Aufl. (258 S.) (Bd. 58. 59.)
Frey, Adf., Erzählgn. aus Sage u. Geschichte. Mit 5 Abbildgn. 4. Aufl. (III, 145 S.) (Bd. 63.)
Grube, A. W., Tier- u. Jagdgeschichten. Schildergn. f. junge Leser. Mit 16 Holzschn. 5. Aufl. (291 S.) (Bd 66. 67.)
Osterwald, Wilh., Sang u. Sage. Erzählgn. aus Deutschlands Vorzeit. Mit 7 Abbildgn. 4. Aufl. (355 S.) (Bd. 70. 71.)
Rieser, M., Ferienstunden. Erzählgn. f. junge Mädchen. Mit e. Titelbild. 4. Aufl. (III, 162 S.) (Bd. 73.)
Schalk, Gust., Heldenfahrten. Erzählungen aus Deutschlands Vorzeit. Mit e. Titelbild. 4. Aufl. (III, 168 S.) (Bd. 72.)
Schmidt, Ferd., Epheuranken. Erzählungen u. Märchen. Eine Gabe f. die Jugend. Mit 4 Abbildgn. 8. Aufl. (IV, 123 S.) (Bd. 14.)
— Friedrich der Große bis zu seiner Thronbesteigg. Ein histor. Gemälde. Mit 4 Abbildgn. 11. Aufl. (226 S.) (Bd. 19. 19a.)
— die Frithjof-Sage. Mit 4 Abbildgn. 9. Aufl. (89 S.) (Bd. 32.)
— Gewalt u. List Frankreichs gegen Deutschland seit 300 Jahren. Geschichtsbilder. Mit Titelbild. 6. Aufl. (124 S.) (Bd. 41.)
— Alexander v. Humboldt. Ein Lebensbild f. Jung u. Alt. Mit 4 Abbildgn. 6. Aufl. (147 S.) (Bd. 38.)
— der Köhler u. die Prinzen. — Der schönste Weihnachtsbaum. 2 Erzählgn. f. Jung u. Alt hrsg. Mit 4 Abbildgn. 11. Aufl. (III, 158 S.) (Bd. 11.)
— Maiblumen. Kleinere Erzählgn. u. Märchen. Mit 4 Abbildgn. 9. Aufl. (III, 123 S.) (Bd. 18.)
— Moses Mendelssohn. Ein Lebensbild. Mit 4 Abb. 5. Aufl. (115 S.) (Bd. 45.)
— Oberon. Erzählt f. Jung u. Alt. 6. Aufl. (III, 115 S.) (Bd. 44.)
— Oranienburg u. Fehrbellin. Ein histor. Gemälde aus der Regierungszeit des Großen Kurfürsten. Mit 4 Abbildgn. 9. Aufl. (156 S.) (Bd. 26.)
— Schiller. Ein Lebensbild f. Jung u. Alt. Mit 3 Abbildgn. 11. Aufl. (160 S.) (Bd. 27.)
Wickede, Fr. C. v., amerikanische Jagd- u. Reise-Abenteuer. Mit 4 Abbildgn. 4. Aufl. (100 S.) (Bd. 52.)
Willys, A. A., Schweizer Helden. Historische Erzählg. aus der Zeit Karls des Kühnen. Mit 8 Abbildgn. 4. Aufl. (143 S.) (Bd. 51.)

— **deutsche**, hrsg. v. Jul. Lohmeyer u. Ferd. Schmidt. 1.—5. 7. 9. 12. 15.—17. 19.—21. 25. 26. 29. 30. 33. —35. 37. 42. 43. 46. 48. 49. 60.—62. 64.—69. 72. u. 74.—76. Bd. 12. Berlin, Neufeld & Henius. à — 75; geb. in Leinw. à 1. —

Bonnell, W., Heinrich I., der Begründer deutschen Königtums, u. seine Gemahlin Mathilde. Mit 4 Abbildgn. v. Hans Mützel. Neue Rechtschreibg. 3. Aufl. (III, 151 S.) (904.) (Bd. 34.)
Fern, Ludw., die Alchemisten. Historische Erzählg. f. die Jugend. Mit 4 Abbildgn. 5. Aufl. (128 S.) (905.) (Bd. 48.)
Fischer, Wild., Lust u. Lehre. 5 Erzählgn. f. die Jugend. Mit 16 Abbildgn. Neue Rechtschreibg. 4. Aufl. (VIII, 188 S.) (904.) (Bd. 64.)
Grube, A. W., Tier- u. Jagdgeschichten. Schilderungen f. junge Leser. Mit 16 Holzschn. Neue Rechtschreibg. 6—8. Aufl. (à 288 S.) (903. 905.) (Bd. 66. 67.) Pracht-Ausg. geb. 2. 50
Jahnke, Herm., Jürgen Wullenweber v. Lübeck. Ein Bild aus der Geschichte der deutschen Hansa. Illustriert v. Hans Mützel. Neue Rechtschreibung. 3. Aufl. (III, 154 S.) (903.) (Bd. 74.)
Ihnken, Betty, Kolumbus, der große Entdecker. Ein Lebensbild. Illustriert v. Fel. Schmidt. Neue Rechtschreibg. 3. Aufl. (III, 188 S.) (906.) (Bd. 76.)
Köppen, Fedor v., Kämpfe u. Helden. Erzählungen aus der deut. Geschichte. Mit 17 Abbildgn. Neue Rechtschreibg. 5. Aufl. (326 S.) (903.) (Bd. 68. 69.)
Lohmeyer, Jul., bunter Strauß. Erzählungen, Märchen u. Erinnerungsblätter. Mit 6 Abbildgn. 4. Aufl. (III, 147 S.) (905.) (Bd. 65.)
Palm, R., unter deutscher Flagge. Mit 4 Abbildgn. Neue Rechtschreibg. 6. Aufl. (100 S.) (901.) (Bd. 49.)
Pfleiderer, Rud., Albrecht Dürer. Ein deutsches Künstlerleben. Mit 4 Abbildgn. Neue Rechtschreibg. 4. Aufl. (III, 156 S.) (906.) (Bd. 60.)
Schalk, Gust., Heldenfahrten. Erzählungen aus Deutschlands Vorzeit. Mit 1 Titelbild. 5. Aufl. (III, 168 S.) (905.) (Bd. 72.)
Schmidt, Ferd., Benjamin Franklin. Ein Lebensbild f. Jung u. Alt. Mit Bildnis. 7. Aufl. (128 S.) (905.) (Bd. 37.)
— Goethes Jugend- u. Jünglingszeit. Ein Lebensbild f. Jung u. Alt. Mit 3 Abbildgn. Neue Rechtschreibg. 8. Aufl. (148 S.) (904.) (Bd. 33.)
— Götter u. Helden. Erzählungen aus der griech. Vorzeit. Mit 4 Abbildgn. Neue Rechtschreibg. 8. Aufl. (120 S.) (903.) (Bd. 20)
— Gudrun. Eine Erzählg. aus der deutschen Heldenzeit. Für Jung u. Alt. Mit 2 Abbildgn. Neue Rechtschreibg. 15. u. 16. Aufl. (à 132 S.) (903. 905.) (Bd. 15.)
— Herman u. Thusnelda. Ein geschichtl. Gemälde aus der deut. Vorzeit f. Jung u. Alt. Mit 5 Abbildgn. Neue Rechtschreibg. 12. u. 13. Aufl. (118 S.) (903. 905.) (Bd. 4.)
— Heroen-Geschichten aus der griechischen Vorzeit. Mit 4 Abbildgn. Neue Rechtschreibg. 6. Aufl. (112 S.) (905.) (Bd. 21.)
— Janko der Maler. Eine Erzählg f. Jung u. Alt. Neue Rechtschreibg. 8. Aufl. (143 S.) (905.) (Bd. 2.)
— Jazzo. Erzählung aus dem Wendenkriege. Mit 3 Abbildgn. Neue Rechtschreibg. 8. Aufl. (96 S.) (903.) (Bd. 9.)
— die glückliche Insel od. Reichtum u. Armut. Mit 4 Abbildgn. Neue Rechtschreibg. 6. Aufl. (128 S.) (903.) (Bd. 43.)
— Kaiser Joseph II. Ein Lebensbild. Mit 4 Abbildgn. Neue Rechtschreibg. 6. Aufl. (128 S.) (903.) (Bd. 46.)
— aus der Jugendzeit des Großen Kurfürsten. Ein histor. Gemälde. Mit 4 Abbildgn. Neue Rechtschreibg. 10. Aufl (160 S.) (903.) (Bd. 25.)
— der Kaufmann v. Venedig. Macbeth. 2 Erzählgn. f. Jung u. Alt. Mit 2 Abbildgn. Neue Rechtschreibg. 5. Aufl (103 S.) (904.) (Bd. 29.)
— deutsche Kriege. 1864. 1866. 1870—71. 1. Bd. 1864. 1866. Mit 2 Abbildgn. Neue Rechtschreibg. 4. Aufl. (139 S.) (904.) (Bd. 35.)
— dasselbe. 2. Bd.: Der Deutsch-französ. Krieg 1870—71. Mit 2 Abbildgn. Neue Rechtschreibg. 9. Aufl. (139 S.) (906.) (Bd. 42.)
— Kriegsruhm u. Vaterlandsliebe. Eine Erzählg. aus den Befreiungskriegen. Mit 4 Abbildgn. Neue Rechtschreibg. 7. Aufl. (145 S.) (904.) (Bd. 1.)
— Mozart. Der Schiffsjunge. Haseline. Das Bahnwächterhäuschen. 4 Erzählgn. u. Märchen. Für Jung u. Alt hrsg. Mit 4 Abbildgn. Neue Rechtschreibg. 9. Aufl. (112 S.) (905.) (Bd. 12.)
— die Nibelungen. Eine Heldendichtg. Für jung u. alt erzählt. Mit 4 Abbildgn. Neue Rechtschreibg. 16. u. 17. Aufl. (à 141 S.) (903. 905.) (Bd. 5.)
— Oranienburg u. Fehrbellin. Ein histor. Gemälde aus der Regierungszeit des Großen Kurfürsten. Mit 4 Abbildgn. Neue Rechtschreibg. 10. Aufl. (160 S.) (906.) (Bd. 26.)
— Richards Fahrt nach dem hl. Lande. Erzählung. Mit 4 Abbildgn. Neue Rechtschreibg. 10. Aufl. (164 S.) (905.) (Bd. 3.)
— Robinson nach Defoe. Für Jung u. Alt erzählt. Mit 7 Abbildgn. Neue Rechtschreibg. 8. Aufl. (104 S.) (903.) (Bd. 16.)
— Wilhelm Tell. Ein geschichtl. Gemälde. Mit 3 Abbildgn. Neue Rechtschreibg. 12. Aufl. (96 S.) (903.) (Bd. 17.)
— die Türken vor Wien. Ein histor. Gemälde. Für Jung u. Alt erzählt. Mit 3 Abbildgn. Neue Rechtschreibg. 11. Aufl. (117 S.) (904.) (Bd. 7.)
— Walther u. Hildegunde. Der Rosengarten. Zwei Heldensagen. Für Jung u. Alt erzählt. Mit 2 Abbildgn. Neue Rechtschreibg. 9. Aufl. (119 S.) (906.) (Bd. 30.)
— Hans Joachim v. Zieten. Ein Lebensbild. Illustriert v. Fel. Schmidt. Neue Rechtschreibg. 3. Aufl. (140 S.) (903.) (Bd. 75.)
Schneegans, M., Kloster u. Abt. Ein Kulturbild aus der Zeit vor der Reformation. Zur Erinnerg. an Johannes Trithemius, Abt v. Sponheim. Mit 4 Holzschn. nach alten Originalen. Neue Rechtschreibung. 4. Aufl. (III, 156 S.) (904.) (Bd. 61.)
Sturm, Hugo, Andreas Hofer u. der Tiroler Freiheitskampf im J. 1809. Ein Geschichtsbild aus der Zeit deutscher Uneinigkeit. Mit 4 Abbildgn v. Hans Mützel. Neue Rechtschreibg. 4. Aufl. (168 S.) (906.) (Bd. 19.)
Wildenradt, Joh. v., Geschichte u. Dichtung. 4 Erzählgn. Mit 6 Abb. Neue Rechtschreibg. 4. Aufl. (141 S.) (905.) (Bd. 62.)

Jugendbibliothek, deutsche, hrsg. v. Jul. Lohmeyer u. Ferd. Schmidt. 4.—6., 8., 10., 13., 15., 17., 19., 22., 23., 25., 27., 31., 33., 36., 40., 54., 66., 67., 72., 77., 79., 82. u. 88. Bd. kl. 8. Berlin, Neufeld & Henius. à — 75; geb. in Leinw. à 1. —

Fern, Ludw., Manfred v. Tarent. Eine histor. Erzählg. f. die Jugend. Mit 3 Abb. Neue Rechtschreibg. 3. Aufl. (102 S.) (907.) (54. Bd.)
Fischer-Wermelskirchen, Wilh., Heimat u. Fremde. 4 Erzählgn. Mit 4 Abbildgn. Neue Rechtschreibg. (107 S.) (907.) (88. Bd.)
Grube, A. W., Tier- u. Jagdgeschichten. Schilderungen f. junge Leser. Mit 16 Holzschn. Neue Rechtschreibg. 9. Aufl. (288 S.) (907.) (66. 67. Bd.)
Schalk, Gust., Heldenfahrten. Erzählungen aus Deutschlands Vorzeit. Mit 1 Titelbild. 6. Aufl. (III, 168 S.) (907.) (72. Bd.)
Schmidt, Ferd., der Christbaum. Eine Erzählg. f. Jung u. Alt. Als Anh.: Weihnachten. Ein ländl. Gedicht v. A. Merget. Neue Rechtschreibg. 11. Aufl. (135 S.) (907.) (10. Bd.)
— Johann Gottlieb Fichte. Ein Lebensbild f. jung u. alt. Mit 3 Abb. Neue Rechtschreibg. 7. Aufl. (112 S.) (907.) (13. Bd.)
— Gellert. Ein Lebensbild. Mit Bildnis. Neue Rechtschreibg. 8. Aufl. (110 S.) (907.) (31. Bd.)
— Goldregen. Erzählgn. u. Märchen. Mit 3 Abb. Neue Rechtschreibg. 9. Aufl. (128 S.) (907.) (22. Bd.)
— Goethes Jugend- u. Jünglingszeit. Ein Lebensbild f. Jung u. Alt. Mit 3 Abb. Neue Rechtschreibg. 9. Aufl. (148 S.) (908.) (33. Bd.)
— Gudrun. Eine Erzählg. aus der deutschen Heldenzeit. Für Jung u. Alt. Neue Rechtschreibg. 17. u. 18. Aufl. (132 S. m. 3 Vollbildern.) (907. 10.) (15. Bd.)
— Herder als Knabe u. Jüngling. Für Jung u. Alt erzählt. Mit 4 Abb. Neue Rechtschreibg. 12. Aufl. (148 S.) (907.) (6. Bd.)
— Herman u. Thusnelda. Ein geschichtl. Gemälde aus der deutschen Vorzeit f. Jung u. Alt. Mit 3 Abb. Neue Rechtschreibg. 14. u. 15. Aufl. (118 S.) (907. 09.) (4. Bd.)
Schmidt, Ferd., aus der Jugendzeit des Großen Kurfürsten. Ein histor. Gemälde. Mit 4 Abb. Neue Rechtschreibg. 11. Aufl. (160 S.) (909.) (25. Bd.)
— Karl der Große. Ein Lebensbild. Mit 4 Abb. 8. Aufl. (144 S.) (907.) (77. Bd.)
— Martin Luther. Ein Lebensbild. Mit 4 Abb. 3. Aufl. (167 S.) (907.) (79. Bd.)
— Nala u. Damajanti. Sakuntala. 2 Erzählgn. aus dem Ind. Mit 4 Abb. Neue Rechtschreibg. 6. Aufl. (128 S.) (907.) (23. Bd.)
— Die Nibelungen. Eine Heldendichtg. Für jung u. alt erzählt. Mit 4 Abb. Neue Rechtschreibg. 18. Aufl. (144 S.) (907.) (5. Bd.)
— Oswin od. Die Schule des Lebens. — Otrik. Ein Zeitbild aus den Wendenkriegen. 2 Erzählgn. Mit 4 Abb. 6. Aufl. (128 S.) (907.) (8. Bd.)
— Heinrich Pestalozzi. Ein Lebensbild f. Jung u. Alt. Mit 4 Abb. Neue Rechtschreibg. 5. Aufl. (138 S.) (907.) (40. Bd.)
— Schiller. Ein Lebensbild f. jung u. alt. Mit 3 Abb. Neue Rechtschreibg. 12. Aufl. (142 S.) (908.) (27. Bd.)
— Wilh. Tell. Ein geschichtl. Gemälde. 13. Aufl. (96 S. m. 3 Vollbildern.) (910.) (17. Bd.)
— Georg Washington. Ein Lebensbild f. jung u. alt. Mit 4 Abb. Neue Rechtschreibg. 7. Aufl. (159 S.) (907.) (36. Bd.)
Sturm, Hugo, Andreas Hofer u. der Tiroler Freiheitskampf im J. 1809. Ein Geschichtsbild aus der Zeit deutscher Uneinigkeit. Mit 4 Abb. (Vollbildern) v. Hans Mützel. Neue Rechtschreibg. (5. Aufl.) (108 S.) (910.) (19. Bd.)
Wolbe, Eug., Berthold Auerbach. Ein Lebensbild. Mit 4 Abbildgn. Neue Rechtschreibg. (144 S.) (907.) (82. Bd.)

— **deutsche.** 1. u. 2. Bd. gr. 16. Berlin 893. W. Gebauer. à n. — 20
1. Der Bund der schwarzen Ritter. Eine Erzählg. aus dem 13. Jahrh. v. F. G. Franz. (80 S.)
2. Neue Märchen v. F. G. Franz. (93 S.)

Jugend- u. Hausbibliothek, deutsche. Deutsche Art. Werden u. Wachsen hervorrag. deutscher Männer, v. diesen selbst erzählt. 1. u. 2. Bd. 8. Leipzig (J. Klinkhardt). Geb. in Leinw. n.n. — 90
1. Arndt. Die Brüder Grimm, Rietschel. Bearb. v. Stößner. Hrsg. vom sächs. Pestalozziverein. (141 S.) (904.)
2. Wolfgang v. Goethe. Bearb. v. Stößner. Mit 7 Vollbildern. Hrsg. vom sächs. Pestalozziverein. (136 S.) (905.)

Jugend- und Volksbibliothek, deutsche, s. Niedergesäß, Rob.

Jugend- und Volksbibliothek, deutsche. 1.—15. Bdchn. Mit je 1 Holzschntaf. gr. 16. Stuttgart 865—67, J. F. Steinkopf. à Bdchn. cart. 7½ Ngr.
Inhalt:
Bdchn. 1. Deutsche Lieder zur deutschen Geschichte. Mit kurzen Erläuterungen. (136 S.)
„ 2. Stöber, Karl, Geschichten des Pfarrers Siebentisch. (128 S.)
„ 3. Wild, Fr. K., der Seidenweber. Erhard Daubitz. Aus der Belagerung von Nördlingen 1634. Zwei Erzählungen. (152 S.)
„ 4. Caspari, K. H., alte Geschichten aus dem Spessart. 3. Aufl. (144 S.)
„ 5. —— „Zu Straßburg auf der Schanz." Dorfsagen. 3. Aufl. (112 S.)
„ 6. Edelsteine deutscher Gedichte und Lieder. (132 S.)
„ 7. Grube, A. W., Blicke in's Seelenleben der Thiere. (107 S.)
„ 8. Wild, Karl, Criminalgeschichten aus älterer und neuer Zeit, gesammelt aus authent. Quellen und erzählt. (147 S.)
„ 9. Stöber, K., Geschichten von der Altmühl. (132 S.)
„ 10. Seebilder. (140 S.)
„ 11. Grube, A. W., Scharnhorst's Leben und Wirken. (109 S. mit 1 Stahlst.)
„ 12. —— General Gneisenau. (109 S. mit 1 Stahlst.)
„ 13. Frommel, Em., aus der Familien-Chronik eines geistlichen Herrn. Erzählungen. (109 S.)
„ 14. Märdter, F., die blitzende Legion. Eine Erzählung aus dem 2. und 3. Jahrh. der christl. Kirche. (118 S.)
„ 15. Wild, Karl, Lebensbilder aus verschiedenen Zeiten der christlichen Kirche. Drei Erzählungen. (139 S.)

Jugend- und Volksbibliothek, deutsche. 4., 5., 13., 16.—50. Bdchn. gr. 16. Stuttgart, J. F. Steinkopf. cart. à Bdchn.
Inhalt:
Bdchn. 4. Caspari, K. H., alte Geschichten aus dem Spessart. 3. Aufl. 1869, und 4. Aufl. (144 S. mit 1 Holzschntaf.) 872.
„ 5. —— „Zu Straßburg auf der Schanz." Dorfsagen. 4. Aufl. 1869, und 5. Aufl. (112 S. mit 1 Holzschntaf.) 872.
„ 13. Frommel, Emil, aus der Familienchronik eines geistlichen Herrn. Erzählungen. 2. Aufl. (111 S. mit 1 Holzschntaf.) 871.
„ 16. Aesops und anderer weiser Meister Fabelschatz. Gesammelt und größtentheils frei erzählt von K. W. (140 S. mit 1 Holzschntaf.) 869.
„ 17. Schott, Th., Hugenottengeschichten. (138 S. mit 1 Holzschntaf.) 869.
„ 18. Grube, A. W., Abraham Lincoln, der große Staatsmann und edle Menschenfreund. Eine biograph. Skizze. (130 S. mit Portr. in Holzschn.) 869.
„ 19. Pressel, Paul, Christoph, Herzog zu Württemberg. (146 S. mit Portr. in Holzschn.) 869.
„ 20. Frommel, Emil, der Heinerle von Lindelbronn, ein Künstler aus dem Volk. 1. Aufl. 1869, und 2. Aufl. (160 S. mit 1 Holzschntaf.) 871.
„ 21. Grube, A. W., aus der Alpenwelt der Schweiz. (116 S. mit 1 Holzschntaf.) 869.
„ 22. Stöber, K., der Mühlarzt nebst anderen Geschichten. 2. Aufl. (128 S. mit 1 Holzschntaf.) 870.
„ 23. Roland Leicht. Eine Erzählung nach dem Engl. (142 S. mit 3 Holzschntaf.) 869.
Bdchn. 24. Beutelspacher, Friedr., Erzählungen eines alten Jägers. (136 S. mit 2 Holzschntaf.) 869.
„ 25. Frommel, Emil, aus vergangenen Tagen. Ein Suppl. zur „Familienchronik". Erzählungen. (108 S. mit 1 Holzschntaf.) 870.
„ 26. Jaus, Adf., Juda. Erzählung aus der Zeit der Zerstörung von Jerusalem durch Titus. (114 S. mit 1 Holzschntaf.) 871.
„ 27. Stöber, K., Möhren. Nebst andern Erzählungen. 2. Aufl. (126 S. mit 1 Holzschntaf.) 871.
„ 28. Schubert, G. H. v., bei Gott ist kein Ding unmöglich. Robert der Soldat. Zwei Erzählungen. 4. Aufl. (114 S. mit 1 Holzschntaf.) 871.
„ 29. Glökler, J. P., Johannes Kepler, der Astronom. Ein Lebensbild. (136 S. mit 1 Holzschntaf.) 871.
„ 30. Frommel, Emil, in 2 Jahrhunderten. Freud und Leid im Leben einer alten Pfarrerin. (123 S. mit 1 Holzschntaf.) 871.
„ 31. Flammberg, Gfried., der Vogelsteller vom Eschlipptal. Eine Erzählung. (132 S. mit 1 Holzschntaf.) 871.
„ 32. Grube, A. W., der welsche Nachbar. Lebensbilder aus dem großen Kriege von 1870—71. Nach wahrheitsgetreuen Dokumenten geschildert. (134 S. mit 1 Holzschntaf.) 871.
„ 33. Schott, Thdr., Savonarola. Ein Lebensbild aus Italien. (124 S. mit 1 Holzschntaf.) 871.
„ 34. Schubert, G. H. v., acht Erzählungen für meine jungen Freunde. 3. Aufl. (120 S. mit 1 Holzschntaf.) 871.
„ 35. Stöber, Karl, das Elmthäli. Nebst weiteren Erzählungen. 3. Aufl. (115 S. mit 1 Holzschntaf.) 871.
„ 36. Flammberg, Gfried., vom treuen Kunrat, eine wahr Geschicht aus der Zeit des Böhmerkarls gezogen aus einer verbronnenen Straßburger Handschrift und dem dütschen Volk erzählt. (120 S. mit 1 Holzschntaf.) 872.
„ 37. Glökler, J. P., der Patriot Joh. Jak. Moser. Ein Lebensbild aus dem 18. Jahrh. (151 S. mit 1 Holzschntaf.) 872.
„ 38. Guntlsberg, Marie, eine Deutsche im Osten. (116 S. mit 1 Holzschntaf.) 872.
„ 39. Wießner, Herm., wild gewachsen. Eine Geschichte aus dem Leben, für das Volk erzählt. (152 S. mit 1 Holzschntaf.) 872.
„ 40. Frommel, Emil, „O Straßburg, du wunderschöne Stadt." Aus der Belagerung von Straßburg, ein Immergrün des deutschen Volkes. 1. Aufl. 1872, und 2. Aufl. (128 S.) 875.
„ 41. Blaul, Fr., alte und neue Geschichten. (120 S. mit 1 Holzschntaf.) 873.

- 42. Hoffmann, Ernst, die Schwaben an der Marne. Zwei Erzählungen. (122 S. mit 2 Holzschntaf.) 873.
- 43. Rebe, Maria, am Eichstein. Eine Erzählung aus dem Aargau. (146 S. mit 1 Holzschntaf.) 873.
- 44. Thelemann, Otto, Franz v. Sickingen, der letzte Ritter. Sein Leben und seine Thaten. (120 S. mit 1 Holzschntaf.) 873.
- 45. Weitbrecht, G., Johann Friedrich Flattich, Pfarrer in Münchingen. Ein Lebensbild aus dem 18. Jahrh. (110 S. mit 1 Holzschntaf.) 874.
- 46. Blaul, Friedr., Glaubenstreue oder die Wallonen in der Pfalz. Erzählung. (136 S.) 874.
- 47. Grube, A. W., Napoleons Kriegszug nach Moskau im J. 1812. Ein Geschichtsbild. (116 S.) 874.
- 48. Stöber, Karl, der Schneider von Gastein. 4. Aufl. Kleinere Erzählungen. (136 S.) 874.
- 49. Weitbrecht, G., Dr. David Livingstone, der Missionair und Reisende. (146 S.) 874.
- 50. Wießner, Herm., verlorene Söhne. Geschichten aus dem Gefängniß, für das Volk erzählt. (143 S.) 874.

Jugend- und Volksbibliothek, deutsche. 4., 5., 7., 11.—13., 18., 20.—22., 28., 34., 40., 51—75. Bdchn. Mit je 1 Holzschntaf. gr. 16. Stuttgart, J. F. Steinkopf. cart. à Bdchn.

Inhalt:

- Bdchn. 4. Caspari, K. H., alte Geschichten aus dem Spessart. 5. Aufl. (144 S.) 876.
- 5. —— „Zu Straßburg auf der Schanz". Dorfsagen. 6. Aufl. (112 S.) 874.
- 7. Grube, A. W., Blicke in das Seelenleben der Thiere. 2. Aufl. (112 S.) 877.
- 11. —— Scharnhorst's Leben und Wirken. 2. Aufl. (107 S. mit 1 Stahlst.) 877.
- 12. —— General Gneisenau. 2. Aufl. (110 S. mit 1 Stahlst.) 877.
- 13. Frommel, Emil, aus der Familien-Chronik eines geistlichen Herrn. Erzählungen. 3. Aufl. (111 S.) 878.
- 18. Grube, A. W., Abraham Lincoln. Eine biograph. Skizze. 2. verm. Aufl. (132 S.) 878.
- 20. Frommel, Emil, der Heinerle von Lindelbronn. Ein Künstler aus dem Volk. Erzählung. 3. Aufl. (160 S.) 876.
- 21. Grube, A. W., aus der Alpenwelt der Schweiz. 2. Aufl. (12[illegible] S.) 877.
- 22. Stöber, K., der Mühlarzt, nebst anderen Geschichten. 3. Aufl. (128 S.) 877.
- 28. Schubert, G. H. v., bei Gott ist kein Ding unmöglich. Robert der Soldat. Zwei Erzählungen. 5. Aufl. (114 S.) 876.
- 34. —— acht Erzählungen für meine jungen Freunde. 4. Aufl. (120 S.) 877.
- 40. Frommel, Emil, „O Straßburg, du wunderschöne Stadt". Aus der Belagerung von Straßburg, ein Immergrün des deutschen Volkes. 3. Aufl. (128 S.) 876.
- 51. Flammberg, Gfried., Bilihild. Eine Erzählung aus dem 8. Jahrh. (168 S.) 875.
- 52. Frommel, Emil, aus dem untersten Stockwerk. Ein Supplement zur „Familienchronik eines geistl. Herrn". 1. und 2. Aufl. (140 S.) 875. 78.
- Bdchn. 53. Rebe, Marie, Andreas König. Eine Geschichte aus dem Elsaß. (140 S.) 875.
- 54. Schubert, G. H. v., der ungleiche Sohn und der gleichartige Enkel. Der Krüppel von Rottenstein. Zwei Erzählungen. 3. Aufl. (96 S.) 875.
- 55. Weitbrecht, G., Dr. Christian Gottlob Barth nach seinem Leben und Wirken geschildert. (131 S.) 875.
- 56. Blaul, Friedr., der Stiefsohn. Erzählung für die Jugend und das Volk. 2. Aufl. (110 S.) 876.
- 57. Die Rückkehr der Waldenser. Nach der von Henry Arnaud 1710 hrsg. Histoire de la rentrée des Vaudois bearb. von (G. Flammberg). Nebst einem Lebensabriß von H. Arnaud und 1 (lithogr.) Karte der Waldenserthäler (in gr. 4.). (91 S.) 876.
- 58. Merz, Heinr., Luise, Königin von Preußen. (108 S.) 876.
- 59. Schubert, G. H. v., drei Erzählungen. [Die Ausreißer. Ein Stückchen aus meiner Jugendgeschichte. Schuld und Strafe. (Aus: Jugendblätter.)] 3. Aufl. (136 S.) 876.
- 60. Wießner, Herm., Fabrikant oder Meister? Eine Geschichte aus dem Leben, für das Volk erzählt. (128 S.) 876.
- 61. Adelberg, H., Jean Marteilh. Ein Bekenner auf den Galeeren. Nach den „Mémoires d'un Protestant" bearb. (148 S.) 877.
- 62. Paulus, J., Zoraide. Eine Erzählung aus dem heil. Lande. (132 S.) 877.
- 63. Pichler, L., Konrad Widerhold, der Kommandant von Hohentwiel. (150 S.) 877.
- 64. Spieß, Phpp., Bis zum Feierabend. Eine Handwerkergeschichte aus dem alten Stuttgart. (108 S.) 877.
- 65. Willms, Agnes, das Kind der Krabbenfrau. Eine Erzählung aus dem Holsteinischen. (140 S.) 877.
- 66. Flammberg, Gfried., ein deutscher Mann. Eine wahre Geschichte. Nebst einem Anhang: Brombeeren. (124 S.) 878.
- 67. Müller, C. W., Aus der Irre. Eine Geschichte aus dem großen Kriege. (144 S.) 878.
- 68. Weitbrecht, G., der Freiherr vom Stein. (132 S.) 878.
- 69. Wild, Fr. K., Aus dem Leben und aus Büchern. Erzählt für Alt und Jung. 2. Aufl. (119 S.) 878.
- 70. Willms, Agnes, die Böcklenburg. Eine Erzählung aus der Geschichte der Dithmarser Bauernschaft. (104 S.) 878.
- 71. Bonnet, J., das Grafenschloß in den Sevennen. Eine Erzählung aus den Hugenottenkriegen. (120 S.) 879.
- 72. Frommel, Emil, Johann Abraham Strauß. Ein westfäl. Pfarroriginal. Aus den nachgelassenen Papieren seines Adjunkten dargestellt. (106 S.) 879.
- 73. Müller, C. W., ein altes Bild. Erzählung. (118 S.) 879.
- 74. Pichler, Luise, der Schreckenstag von Weinsberg. Eine Erzählung aus dem Bauernkriege. (122 S.) 879.
- 75. Spieß, Phpp., der Krankenhauspförtner. Eine Geschichte. (103 S.) 879.

Jugend- und Volksbibliothek, deutsche. 20., 25., 30., 32., 35., 72., 76.—100. Bdchn. Mit je 1 Holzschntaf. 12. Stuttgart, J. F. Steinkopf. cart. à Bdchn.

Inhalt:

- Bdchn. 20. Frommel, Emil, der Heinerle von Lindelbronn. Ein Künstler aus dem Volk. Erzählung. 4. Aufl. (160 S.) 880.
- Bdchn. 25. Frommel, Emil, aus vergangenen Tagen. Ein Suppl. zur „Familienchronik". Erzählungen. 3. Aufl. (108 S.) 882.
- 30. —— in zwei Jahrhunderten. Freud und Leid im Leben einer alten Pfarrerin. 3. Aufl. (123 S.) 883.
- 32. Grube, A. W., der welsche Nachbar. Lebensbilder aus dem großen Kriege von 1870—71, nach wahrheitsgetreuen Dokumenten geschildert. 2. Aufl. (128 S.) 883.
- 35. Stöber, Karl, das Elmthäli, nebst weiteren Erzählungen. 5. Aufl. (115 S.) 880.
- 72. Frommel, Emil, Johann Abraham Strauß. Ein westfälisches Pfarroriginal. Aus den nachgelassenen Papieren seines Adjunkten dargestellt. 2. Aufl. (106 S.) 883.
- 76. —— Dr. Aloys Henhöfer. Ein süddeutsches Pfarroriginal. (139 S. mit Portr. in Holzschn.) 880.
- 77. Merz, Heinr., Albrecht Dürer, der große deutsche Künstler. (151 S.) 880.
- 78. Rebe, Maria, Silber-Adel. — In dritter Classe. Zwei Elsässer Erzählungen. (126 S.) 880
- 79. Schubert, Ghilf. Heinr. v., Herbstrosen. Erzählungen. (110 S.) 880.
- 80. Zeller, M., Gotthilf Heinr. v. Schuberts Jugendgeschichte. Aus schriftl. Quellen und aus den Erinnerungen der Familie. Mit Schuberts Bildniß im 28. Lebensjahre nach dem Oelgemälde von Gerh. v. Kügelgen. (131 S.) 880.
- 81. Barth, Chrn. Glob., vier Erzählungen. (128 S.) 880.
- 82. Gotthelf, Jerem., Schweizer-Geschichten. (119 S.) 880.
- 83. Schubert, Ghilf. Heinr. v., nach der Abendglocke. Erzählungen. (119 S.) 880.
- 84. Spieß, Ph., der Wichse-Fabrikant. Erzählung. (118 S.) 880.
- 85. Weitbrecht, Rich., der Prophet von Siena. Eine Erzählung aus dem Zeitalter der Reformation. (112 S.) 880.
- 86. Paulus, J., Judas der Galiläer. Eine Erzählung aus der Zeit der Geburt Christi. (116 S.) 880.
- 87. Schubert, Ghilf. Heinr. v., grüne Blätter. Ausgewählte Erzählungen. (124 S.) 880.
- 88. Stöber, Wilh., Scherz und Ernst. Erzählungen. (127 S.) 880.
- 89. Weitbrecht, G., Dreisam. Erzählungen. (118 S.) 880.
- 90. Zeller, M., Dr. Gotthilf Heinr. v. Schubert's Tagewerk und Feierabend. Aus schriftl. Quellen und aus dem Munde der Familie dargestellt. (126 S.) 880.
- 91. Barth, C. G., der Negerkönig Zamba. Eine Sklavengeschichte. Nach dem Engl. 3. Aufl. (112 S.) 883.
- 92. Bauer, Ludw., Karl Theodor Körner's Leben, dem Volke und der Jugend geschildert. (125 S.) 883.
- 93. Braun, Friedr., Martin Luther im deutschen Lied. Altes und Neues. (138 S.) 883; 2. Aufl. (11[illegible] S.) 884.
- 94. Paulus, J., die Hochzeit zu Kana. (111 S.) 8[illegible].
- 95. Spieß, Phpp., der Klostervogt von Lichtenstern. Erzählung aus dem 17. Jahrh. (113 S.) 883.
- 96. Barth, C. G., Lebensbilder: Der Bernhardsliebs. — Die Geschichte vom Sternwirt. — Die vier Brüder. — Der Sacktuchhändler. Vier Erzählungen. 3. Aufl. (141 S.) 884.
- 97. Hofacker, Ludw., deutscher Rätselschatz. Altes und Neues. (128 S.) 881.
- 98. Klee, Ghold., langobardische Sagen und Geschichten. (130 S.) 881.
- 99. Paulus, J., Herodias. Eine Erzählung aus der Zeit Christi. (120 S.) 881.
- 100. Weitbrecht, G., von der Blockhütte zum Präsidentenpalast. Lebensgeschichte James Garfields. (120 S.) 884.

Jugend- und Volksbibliothek, deutsche. Nr. 1, 5, 13, 20, 27 und 28, 40, 52, 101—120. 16. (Mit je 1 Titelbild.) Stuttgart, J. F. Steinkopf. cart. à Nr. — 75

Inhalt:

- Nr. 1. Deutsche Gedichte zur deutschen Geschichte. Mit kurzen Erläuterungen. 2. sehr verm. Aufl., besorgt von G. Klee. (141 S.) 888.
- 5. Caspari, K. H., „Zu Straßburg auf der Schanz". Dorfsagen. 6. Aufl. (110 S.) 886.
- 13. Frommel, Emil, aus der Familien-Chronik eines geistlichen Herrn. Erzählungen. 4. Aufl. (111 S.) 888.
- 20. —— der Heinerle von Lindelbronn. Ein Künstler aus dem Volk. Erzählung. 5. Aufl. (160 S. mit 1 Titelbild.) 887.
- 27. Stöber, K., Möhren. Nebst anderen Erzählungen. 3. Aufl. (126 S.) 888.
- 28. Grube, A. W., Napoleons Kriegszug nach Moskau im J. 1812. Ein Geschichtsbild. 2. Aufl. (113 S.) 888.
- 40. Frommel, Emil, O Straßburg, Du wunderschöne Stadt! Alte und neue, freudvolle und leidvolle, fremde und eigene Erinnerungen eines Feldpredigers vor Straßburg im J. 1870. 3. Aufl. (126 S.) 885.
- 52. —— aus dem untersten Stockwerk. Ein Supplement zur „Familienchronik eines geistl. Herrn". 3. Aufl. (139 S.) 858.
- 101. Eberhardt-Bürck, Adelheid, Maria, die Kleidermacherin. (141 S.) 885.
- 102. Der arme Mann im Tockenburg. Eine wahre Geschichte aus dem Schweizerland, für jung und alt hrsg. von Ghold. Klee. (115 S.) 885.
- 103. Kübler, Th., General Gordon, der Held und Christ. Sein Leben, erzählt. (115 S.) 885.
- 104. Paulus, J., der Jüngling zu Nain. (120 S.) 885.
- 105. Stöber, W., Altes und Neues aus den Altmühlbergen. [Der Schulmeister von Zimmern. Der Krücken-Mattes. Einer von unsere Leut'.] (141 S.) 885.
- 106. Alte deutsche Märlein und Schwänke, ergötzlich und lehrreich zu lesen. Zumeist aus Schriftstellern des 15. und 16. Jahrh. ausgezogen und bearb. von Ghold. Klee. (117 S.) 886.
- 107. Paulus, J., Barabbas. Eine Erzählung aus der Zeit Christi. (136 S.) 886.
- 108. Stöber, W., ein Held im Kirchenrock. Aus dem Leben des Pfarrers Veit v. Berg, geboren zu Baudenbach am 22. Mai 1612, gestorben zu Uehlfeld am 4. Juni 1675. (124 S.) 886.
- 109. Strehle, J., die Brüder. Erzählung. (117 S.) 886.
- 110. Viator, V. M., Lucius. Eine Erzählung aus altchristl. Zeit. (116 S.) 886.

111. Barth, C. G., fünf Erzählungen. [Das Rettungshaus auf dem Arlberge. Der seltsame Appetit. Die Schatzgräber. Das Rubinenkreuz. Das Concilium Nepomucenum.] (144 S.) 887.
112. Gans, Emil A. G., David. Eine bibl. Erzählung. (140 S.) 887.
113. Gotthelf, Jeremias, der Knabe des Tell. Eine Erzählung, für die Jugend und das Volk bearb. von Ghold. Klee. (141 S.) 887.
114. Hofacker, L., Johannes Brenz und Herzog Ulrich von Württemberg. Lebensbild aus der Reformationszeit. (112 S.) 887.
115. Klee, Ghold., eines deutschen Volkes Ruhm und Untergang. Erzählungen aus dem großen Gotenkriege. [535—555.] (113 S.) 887.
116. Gotthelf, Jeremias, Dursli oder der heilige Weihnachtsabend. Eine Erzählung, für die Jugend und das Volk bearb. von Ghold. Klee. (121 S.) 888.
117. Liebrecht, M., ein Bettelkind. Erzählung. (132 S.) 888.
118. Paulus, J., aus Nacht zum Licht. Erzählung aus der Zeit der Apostel. (126 S.) 888.
119. Traub, Thdr., Gustav Wasa, ein Befreier, König und Reformator. (116 S.) 888.
120. Weitbrecht, G., Kaiser Wilhelm I. (144 S. mit 3 Bildnissen.) 888.

Jugend- u. Volksbibliothek, deutsche. Nr. 2, 4, 8, 9, 16, 20, 23, 24, 35, 40, 48, 49 u. 121—140. 12. (Mit je 1 Titelbild.) Stuttg. 889—92, J. F. Steinkopf. cart. à Nr. — 75

2. Stöber, Karl. Geschichten d. Pfarrers Siebentisch. 3. Aufl. (128 S.)
4. Caspari, K. H. Alte Geschichten aus dem Spessart. 6. u. 7. Aufl. (144 S.)
8. Kriminalgeschichten aus älterer u. neuerer Zeit. Nach den Quellen erzählt v. K. Wild. 2. Aufl. (147 S.)
9. Stöber, Karl. Geschichten v. der Altmühl. 3. Aufl. (132 S.)
16. Aesop's u. anderer weiser Meister Fabelschatz. 2. Aufl. (149 S.)
20. Frommel, Emil. Der Heinerle v. Lindelbronn. Ein Künstler aus d. Volk. Erzählg. 6. Aufl. (160 S.)
23. Roland Leicht. Lebensgeschichte e. Londoner Straßenjungen. Frei nach dem Engl. 2. Aufl. (122 S.)
24. Beutelspacher, Friedr. Erzählungen e. alten Jägers. 2. Aufl. (137 S.)
35. Stöber, Karl. Das Elmthäli. Nebst weiteren Erzählungen. 6. Aufl. (116 S.)
40. Frommel, Emil. O, Straßburg, du wunderschöne Stadt! Alte u. neue, freudvolle u. leidvolle, fremde u. eigene Erinnerungen e. Feldpredigers vor Straßburg im J. 1870. 4. Aufl. (128 S.)
48. Stöber, Karl. Der Schneider v. Gastein. 5. Aufl. Kleinere Erzählgn. (136 S.)
49. Weitbrecht, G. Dr. David Livingstone, der Missionar u. Reisende. 2. Aufl. (148 S. m. 1 Kärtchen.)
121. Frommel, Emil. Aus goldenen Jugendtagen. Fortsetzung d. „Untersten Stockwerks". (113 S.)
122. Alcock, D. Kreuz u. Krone. Lebens- u. Leidensgeschichte e. Hugenotten. Autoris. Uebertragg. v. F. Mürdter. (119 S.)
123. Frohnmeyer, Imm. Bilder aus der französischen Revolution. (141 S.)
124. Drei Erzählungen aus dem deutschen Mittelalter. [Der gute Gerhard v. Köln Otto m. dem Barte. Junker Helmbrecht der Bauernsohn.] In Versen v. Ghold. Klee. (121 S.)
125. Paulus, J. Maria. Eine Erzählg. aus der Zeit der Zerstörg. Jerusalems. (129 S.)
126. Burk, Alb. Der blinde Heinrich. Eine Erzählg. (114 S.)
127. Heinrich, E. Friedrich Friesen u. die Lützower. Bilder aus den deutschen Freiheitskriegen. (153 S.)
128. Klee, Ghold. Wunderliche Schicksale d. armen Simplex. Eine wahre Geschichte aus der Zeit d. 30jähr. Krieges, der Jugend u. dem Volk erzählt. (152 S.)
129. Paulus, J. Der Brand v. Rom. Erzählg. aus den Zeiten der Apostel. (144 S.)
130. Titelius, M. Treue Herzen. Drei Erzählgn. 1. Eine fromme Pfarrjungfer. Ein Bild aus dem 30jähr. Krieg. 2. Im Korbwagen. 3. Treu bis in den Tod. (133 S.)
131. Berthold, Helene. Die Kinder d. Geächteten. Geschichtl. Erzählg. aus dem alten Schlesien. (153 S.)
132. Caspari, K. H. Der Schulmeister u. sein Sohn. Eine Erzählg. aus dem 30jähr. Kriege. 11. Aufl. (151 S.); 12. Aufl. (149 S.)
133. Frohnmeyer, L. Generalfeldmarschall Graf Helmut v. Moltke. (135 S.)
134. Paulus, J. Viktoria. Eine Erzählg. aus der Kirche der Katakomben. (131 S.)
135. Titelius, M. Ohne Heimat. Drei Erzählgn. 1. Die neue Mutter. 2. Der Markt zu Ravensburg. 3. Die Waisenkinder. (142 S.)
136. Berthold, Helene. Das Testament. Ein Stück Leben aus der guten alten Zeit. (136 S.)
137. Caspari, Carl Heinr. Christ u. Jude. Eine Erzählg. aus dem 16. Jahrh. f. das deutsche Volk in Stadt u. Land. (214 S.)
138. (Rebe, Marie.) Johann Friedrich Oberlin, Pfarrer im Steinthal. Sein Leben u. Wirken. (149 S.)
139. Paulus, J. Perpetua. Eine Märtyrergeschichte aus der Christengemeinde in Karthago. (127 S.)
140. Weitbrecht, G. Umwege u. Abwege. Zwei Erzählgn. (136 S.)

Jugend- u. Volksbibliothek, deutsche. Nr. 1, 4, 9, 13, 20, 27, 47, 49, 52, 111—130. 12. (Mit je 1 Titelbild.) Stuttgart 887—890. J. F. Steinkopf. cart. à — 75

Inhaltsübersicht in alphabet. Ordnung:

Alcock, D., Kreuz u. Krone. Lebens- u. Leidensgeschichte e. Hugenotten. Autoris. Uebertragg. v. F. Mürdter. (119 S.) (Nr. 122.)
Barth, C. G., Fünf Erzählungen. [Das Rettungshaus auf dem Arlberge. Der seltsame Appetit. Die Schatzgräber. Das Rubinenkreuz. Das Concilium Nepomucenum.] (144 S.) (Nr. 111.)
Burk, A., der blinde Heinrich. Eine Erzählg. (114 S.) (Nr. 126.)
Caspari, K. H., alte Geschichten aus dem Spessart. 6. Aufl. (144 S.) (Nr. 4.)
Frommel, E., aus der Familien-Chronik e. geistlichen Herrn. Erzählungen. 4. Aufl. (111 S.) (Nr. 13.)
— der Heinerle v. Lindelbronn. Ein Künstler aus dem Volk. Erzählung. 6. Aufl. (160 S. m. 1 Titelbild.) (Nr. 20.)
— aus goldenen Jugendtagen. Fortsetzung d. „Untersten Stockwerks". (113 S.) (Nr. 121.)
— aus dem untersten Stockwerk. Ein Supplement zur „Familienchronik e. geistl. Herrn". 3. Aufl. (139 S.) (Nr. 52.)
Frohnmeyer, Bilder aus der französischen Revolution. (141 S.) (Nr. 123.)
Gans, E. A. G., David. Eine bibl. Erzählg. (140 S.) (Nr. 112.)
Gotthelf, J., Dursli oder der heil. Weihnachtsabend. Eine Erzählung, f. die Jugend u. das Volk bearb. v. Ghold. Klee. (121 S.) (Nr. 116.)
— der Knabe d. Tell. Eine Erzählg., f. die Jugend u. das Volk bearb. v. Ghold. Klee. (141 S.) (Nr. 113.)
Grube, A. W., Napoleon's Kriegszug nach Moskau im J. 1812. Ein Geschichtsbild. 2. Aufl. (113 S.) (Nr. 28.)
Heinrich, E., Friedrich Friesen u. die Lützower. Bilder aus den deutschen Freiheitskriegen. (153 S.) (Nr. 127.)
Hofacker, L., Johannes Brenz u. Herzog Ulrich v. Württemberg. Lebensbild aus der Reformationszeit. (112 S.) (Nr. 114.)
Klee, G., drei Erzählungen aus dem deutschen Mittelalter. [Der gute Gerhard v. Köln. Otto mit dem Barte. Junker Helmbrecht der Bauernsohn.] In Versen. (121 S.) (Nr. 124.)
— deutsche Gedichte zur deutschen Geschichte. Mit kurzen Erläutergn. 2., verm. Aufl., besorgt v. G. Klee. (141 S.) (Nr. 1.)
— wunderliche Schicksale d. armen Simplex. Eine wahre Geschichte aus der Zeit d. 30jähr. Krieges, der Jugend u. dem Volk erzählt. (152 S.) (Nr. 128.)
— eines deutschen Volkes Ruhm u. Untergang. Erzählungen aus dem großen Gotenkriege. [535—555.] (113 S.) (Nr. 115.)
Liebrecht, M., ein Bettelkind. Erzählung. (132 S.) (Nr. 117.)
Paulus, J., der Brand von Rom. Erzählung aus den Zeiten der Apostel. (144 S.) (Nr. 129.)
— Maria. Eine Erzählg. aus der Zeit der Zerstörung Jerusalems. (129 S.) (Nr. 125.)
— aus Nacht zum Licht. Erzählung aus der Zeit der Apostel. (126 S.) (Nr. 118.)
Stöber, K., Geschichten v. der Altmühl. 3. Aufl. (132 S.) (Nr. 9.)
— Möhren. Nebst anderen Erzählgn. 3. Aufl. (126 S.) (Nr. 27.)
Titelius, M., treue Herzen. Drei Erzählgn. 1. Eine fromme Pfarrjungfer. Ein Bild aus dem 30jähr. Krieg. 2. Im Korbwagen. 3. Treu bis in den Tod. (133 S.) (Nr. 130.)
Traub, Th., Gustav Wasa, e. Befreier, König u. Reformator. (116 S.) (Nr. 119.)
Weitbrecht, G., Dr. David Livingstone, der Missionar u. Reisende. 2. Aufl. (148 S. m. 1 Kärtchen.) (Nr. 49.)
— Kaiser Wilhelm I. Mit 3 Bildnissen. (144 S.) (Nr. 120.)

— deutsche, Nr. 2, 4, 8, 12, 14—17, 20, 23, 24, 31, 35, 36, 39, 40, 48, 52, 100, 113, 131—150. 12. (Mit je 1 Titelbild.) Stuttgart, J. F. Steinkopf. Kart. à 75

Inhaltsübersicht in alphabetischer Ordnung:

Aesop's u. anderer weiser Meister Fabelschatz. 2. Aufl. (23 S.) 892. (Nr. 16.)
Berthold, Helene, die Kinder d. Geächteten. Geschichtliche Erzählg. aus dem alten Schlesien. (153 S.) 891. (Nr. 131.)
— das Testament. Ein Stück Leben aus der guten alten Zeit. (136 S.) 892. (Nr. 136.)
Beutelspacher, Frdr., Erzählungen e. alten Jägers. 2. Aufl. (137 S.) 892. (Nr. 24.)
Brüschweiler-Wilhelm, J., Benjamin Franklin. Lebensgeschichte e. Nordamerikaners. Nach den neuesten Quellen bearb. (136 S.) 893 (Nr. 141.)
Burk, Alb., Meister Bernhard od. im Feuer bewährt. Erzählg. aus der Geschichte der Hugenotten. (134 S.) 893. (Nr 142.)
F Caspari, K. Hr., Christ u. Jude. Eine Erzählg. aus dem 16. Jahrh. f. das deutsche Volk in Stadt u. Land. (214 S.) 892. (Nr. 137.)
— alte Geschichten aus dem Spessart. 7. Aufl. (144 S.) 892. (Nr. 4.)
— Schatzkästlein v. Erzählgn. aus „Geistliches u. Weltliches". I. (128 S.) 893. (Nr. 145.)
— dasselbe. II. (S. 129—256.) 894. (Nr. 146.)
— der Schulmeister u. sein Sohn. Eine Erzählg. aus dem 30jähr. Kriege. 12. Aufl. (149 S.) 892. (Nr. 132.)
Flamm berg, Gfr., vom treuen Kunrat, e. wahre Geschicht aus der Zeit des Böhmenkarls, gezogen aus e. verbronnenen Straßburger Handschrift u. dem dütschen Volk erzählt. 2. Aufl. (120 S.) 894. (Nr. 36.)
Flammberg, Gfr., der Vogelsteller vom Eschlipptal. Eine Erzählg. 2. Aufl. (132 S.) 891. (Nr. 31.)
Frohnmeyer, L., Generalfeldmarschall Graf Helmut v. Moltke. (135 S.) 891. (Nr. 133.)
Frommel, Emil, der Heinerle v. Lindelbronn. Ein Künstler aus dem Volk. Erzählg. 7. Aufl. (160 S.) 891. (Nr. 20.) Geb. in Leinw. n. 1. 50
— aus dem untersten Stockwerk. Ein Suppl. zur Familienchronik e. geistl. Herrn". 4. Aufl. (137 S.) 894. (Nr. 52.) Geb. in Leinw. n. 1. 50
— O, Straßburg, du wunderschöne Stadt! Alte u. neue, freudvolle u. leidvolle, fremde u. eigene Erinnergn. e. Feldpredigers vor Straßburg im J. 1870. 4. Aufl. (128 S.) 892. (Nr. 40.)
Gotthelf, Jerem., der Knabe des Tell. Eine Erzählg. f. die Jugend u. das Volk bearb. v. Ghold. Klee. (2. Aufl.) (141 S.) 894. (Nr. 113.)
Grube, A. W., General Gneisenau. 3. Aufl. (110 S.) 893. (Nr. 12.)
Hackenschmidt, K., alte u. neue Geschichten aus dem Elsaß. (128 S.) 894. (Nr. 147.)
Heinrich, E., General Bülow v. Dennewitz. Ein Held der deutschen Befreiungskriege. (155 S.) 894. (Nr. 148.)
Roland Leicht. Lebensgeschichte e. Londoner Straßenjungen. Frei nach dem Engl. 2. Aufl. (122 S.) 892. (Nr. 23.)
Mürdter, F., die blitzende Legion. Eine Erzählg. aus dem 2. u. 3. Jahrh. der christl. Kirche. 2. Aufl. (118 S.) 893. (Nr. 14.)
Paulus, J., Perpetua. Eine Märtyrergeschichte aus der Christengemeinde in Karthago. (127 S.) 892. (Nr. 139.)
— Viktoria. Eine Erzählg. aus der Kirche der Katakomben. (131 S.) 891. (Nr. 131.)
(Rebe, Maria), Johann Friedrich Oberlin, Pfarrer im Steinthal. Sein Leben u. Wirken. (149 S.) 892. (Nr. 138.)
Schlatter, Dora, Kampf überall. 8 Erzählgn. für's Volk. (146 S.) 893. (Nr. 143.)
Schott, Th., Hugenottengeschichten. Anna du Bourg. Zwei Bibeln. 2. Aufl. (138 S.) 891. (Nr. 17.)
Stöber, Karl, das Elmthäli. Nebst weiteren Erzählgn. 8. Aufl. (116 S.) 892. (Nr. 35.)
— Geschichten d. Pfarrers Siebentisch. 8. Aufl. (128 S.) 892. (Nr. 2.)
— der Schneider v. Gastein. 5. Aufl. Kleinere Erzählgn. (136 S.) 892. (Nr. 48.)

Titelius, M., ohne Heimat. Drei Erzählgn. 1. Die neue Mutter. 2. Der Markt zu Ravensburg. 3. Die Waisenkinder. (142 S.) 891. (Nr. 135.)
— wo ist mein Vaterland? Mutter Roselte in dem Aufstand der Wends. 2 Erzählgn. (115 S.) 893. (Nr. 144.)
Weitbrecht, G., von der Blockhütte zum Präsidentenpalast. Lebensgeschichte James Garfields. 2. Aufl. (120 S.) 893. (Nr. 100.)
— Kämpfe u. Siege. 3 Erzählgn. (160 S.) 894. (Nr. 160.)
— Umwege u. Abwege. Zwei Erzählgn. (136 S.) 892. (Nr. 140.)
Wießner, Herm., wild gewachsen. Eine Geschichte aus dem Leben, f. das Volk erzählt. 2. Aufl. (149 S.) 893. (Nr. 34.)
Wild, K., Kriminalgeschichten aus älterer u. neuerer Zeit. Nach den Quellen erzählt. 2. Aufl. (147 S.) 892. (Nr. 8.)
— Lebensbilder aus verschiedenen Zeiten der christlichen Kirche. 3 Erzählgn. 2. Aufl. (139 S.) 894. (Nr. 15.)
Yonge, der kleine Herzog od. Richard ohne Furcht. Nach dem Engl. v. C. M. Yonge. 3. Aufl. Mit 7 Zeichngn. v. Maler Benus, in Holz geschnitten v. Bürkner. (147 S.) 894. (Nr. 150.)

— — deutsche. 6., 10., 11., 19., 26., 32.—34., 38., 40., 43., 45., 46., 47., 54., 71., 121., 122., 151.—170. Bdchn. 12. Stuttgart, J. F. Steinkopf. Kart. à — 75

Inhaltsübersicht in alphabetischer Ordnung:

Alcock, D., Kreuz u. Krone. Lebens- u. Leidensgeschichte e. Hugenotten. Autor. Übertragg. v. F. Mürdter. 2. Aufl. (119 S.) 895. (Nr. 122.)
Blaul, Frdr., Glaubenstreue od. d. Wallonen in d. Pfalz. Erzählg. 3. Aufl. (136 S.) 898. (Nr. 46.)
Bonnet, J., d. Grafenschloß in d. Sevennen. E. Erzählg. aus d. Hugenottenkriegen. 2. Aufl. (120 S.) 898. (Nr. 71.)
Edelsteine deutscher Gedichte u. Lieder. 2., neu bearb. Aufl. (128 S.) 896. (Nr. 6.)
Frommel, Emil, aus gold. Jugendtagen. Fortsetzg. d. „Untersten Stockwerks“. 2., verm. Aufl. (137 S.) 896. (Nr. 121.)
Geb. in Leinw. n. 1.50
— O Straßburg, du wunderschöne Stadt! Alte u. neue, freudvolle u. leidvolle, fremde u. eig. Erinnergn. e. Feldpredigers vor Straßburg im J. 1870. 5. Aufl. (128 S.) 898. (Nr. 40.)
Geb. in Leinw. n. 1.50
Gräpp, L. W., d. Fischerhütte am Eriesee. Weiße u. Indianer in Nordamerika. Geschichtl. Erzählg. (142 S. m. Titelbild.) 898. (Nr. 166.)
Grube, A. W., der welsche Nachbar. Lebensbilder a. d. großen Kriege v. 1870—71, nach wahrheitsgetreuen Urkunden geschild. 3. Aufl. (128 S.) 895. (Nr. 32.)
— Napoleons Kriegszug nach Moskau im J. 1812. Ein Geschichtsbild. 3. Aufl. (113 S.) 895. (Nr. 47.)
— Scharnhorst's Leben u. Wirken. 3. Aufl. (107 S.) 895. (Nr. 11.)
Guntlsberg, Marie (M. Hesse), eine Deutsche im Osten. 2. Aufl. (116 S.) 898. (Nr. 38.)
Hoffmann, P., Johannes Arndt in Braunschweig. Geschichtl. Erzählg. a. d. 1. Hälfte d. 17. Jahrh. (136 S.) 895. (Nr. 151.)
— Paulus Gerhard, d. große geistl. Sänger Deutschlands. Geschichts- u. Lebensbild aus d. Zeiten d. 30 jähr. Krieges erzählt. (140 S.) 895. (Nr. 156.)
Jauß, Adf., Juda. Erzählung a. d. Zeit d. Zerstörg. d. Jerusalem durch Titus. 2. Aufl. (124 S.) 895. (Nr. 26.)
Klee, Gthld., Leben u. Taten Joachim Nettelbecks, d. Bürgers v. Kolberg, v. ihm selbst beschrieben. Für jung u. alt bearb. (141 S. m. Titelbild.) 897. (Nr. 161.)
— fünf Erzählungen. (124 S.) 895. (Nr. 152.)
— vom Hirtenknaben z. Professor. — Aus Thomas Platters Leben (1499–1582), v. ihm selbst beschrieben. Für jung u. alt bearb. (119 S. m. Titelbild.) 898. (Nr. 167.)
Lenk, Margarete, im fernen Westen. Deutsche Ansiedler in Nordamerika. E. wahre Erzählg. (133 S.) 893. (Nr. 157.)
Paulus, Wilh., Paul Warnefrit. Erzählg. a. d. Zeit Karls des Großen. (137 S.) 895. (Nr. 153.)
Pressel, Paul, Christoph, Herzog zu Württemberg. 2. Aufl. (141 S.) 898. (Nr. 19.)
Rebe, Maria, am Eichstein. E. Erzählg. aus d. Aargau. 2. Aufl. (146 S.) 898. (Nr. 43.)
Schlatter, Dora, im Dienst des Nächsten. 10 Erzählungen. (131 S.) 895. (Nr. 154.)
Schott, Thdr., Savonarola. E. Lebensbild aus Italien. 2. Aufl. (124 S.) 898. (Nr. 33.)
Schubert, G. H. v., acht Erzählungen f. meine jungen Freunde. 5. Aufl. (120 S.) 898. (Nr. 34.)
— der ungleiche Sohn u. d. gleichart. Enkel. D. Krüppel v. Rottenstein. 6 kleinere Erzählgn. 7., stark verm. Aufl. (128 S.) 896. (Nr. 54.)
Seebilder. 2. Aufl. (128 S.) 898. (Nr. 10.)
Steurich, E., Groß-Friedrichsburg. D. großen Kurfürsten deutsche Kolonie in West-Afrika. Geschichtl. Erzählg. (144 S.) 896. (Nr. 158.)
Stöber, Karl, Dürrenstein. Nebst weiteren Erzählgn. Mit Bildern v. L. Richter u. R. Yelin. Neue Aufl. (160 S.) 896. (Nr. 160.)
— Gertraud. Nebst 8 weiteren Erzählgn. (150 S. m. Abb.) 898. (Nr. 168.)
— Die Kirche. Nebst weiteren Erzählgn. M. Bild. v. L. Richter u. R. Yelin. Neue Aufl. (159 S.) 897. (Nr. 163.)
— Sabina, d. Bleicherin. D. Buch d. Armen. 23 Erzählgn. Mit Bildern v. A. Karst u. R. Yelin. Neue Aufl. (166 S.) 896. (Nr. 159.)
— der Tag im Graben. Nebst weit. Erzählgn. Mit Bildern v. L. Richter u. R. Yelin. Neue Aufl. (159 S.) 897. (Nr. 162.)
— der gute Wald. Nebst 13 weit. Erzählgn. (160 S. m. Abb.) 898. (Nr. 169.)
Titelius, M., eigene Wege. Erzählg. nach Familienpapieren. (120 S.) 895. (Nr. 155.)
Weitbrecht, G., Fürst Bismarck. (147 S. m. Abb.) 898. (Nr. 170.)
— Johann Friedrich Flattich, Pfarrer in Münchingen. Ein Lebensbild aus d. 18. Jahrh. 2., verm. Aufl. (128 S.) 895. (Nr. 45.)
— Menschenwege u. Gotteswege. Zwei Erzählgn. aus alter u. neuer Zeit. (138 S. m. Titelbild.) 897. (Nr. 164.)
Willms-Wildermuth, Agnes, Friedrich Perthes, ein deutscher Buchhändler u. Patriot. (164 S. m. Titelbild.) 897. (Nr. 165.)

Jugend- u. Volksbibliothek, deutsche. 5., 7., 21., 25., 29., 30., 42., 47., 58., 76., 91., 117. u. 171.—190. Bdchn. (Mit je 1 Titelbild.) 12. Stuttgart, J. F. Steinkopf. Kart. à — 75; in Bibliotheksbd. à n. — 90

Inhaltsübersicht in alphabetischer Ordnung:

Barth, C. G., der Negerkönig Zamba. Eine Sklavengeschichte. Nach dem Engl. 4. Aufl. (142 S.) 900. (Bd. 91.)
Caspari, K. H., „Zu Straßburg auf der Schanz“. Dorfsagen. 8. Aufl. (110 S.) 900. (Bd. 5.)
Friis, J. A., Lajla oder Von Finnmarken. Nordische Schildergn. Autoris. Uebertragg. aus dem Norweg. v. Th. Traub. (189 S.) 901. (Bd. 181.)
Frohnmeyer, L., Johannes Kepler, der große Astronom. Ein Lebensbild, neu bearb. (112 S.) 902. (Bd. 29.)
— Generalfeldmarschall Graf Albrecht v. Roon. (142 S.) 899. (Bd. 171.)
— Georg Washington, d. große Amerikaner. (129 S.) 911. (Bd. 182.)
Frommel, Emil, Dr. Aloys Henhöfer. Ein süddeutsches Pfarroriginal. 2. Aufl. (137 S.) 899. (Bd. 76.)
— in zwei Jahrhunderten. Freud u. Leid im Leben e. alten Pfarrerin. 5. Aufl. (121 S.) 900. (Bd. 30.)
— aus vergangenen Tagen. Ein Nachtrag z. „Familienchronik“. Erzählungen. 5. Aufl. (108 S.) 902. (Bd. 25.)
Grube, A. W., aus der Alpenwelt der Schweiz. 3. Aufl. (122 S.) 900. (Bd. 21.)
— Blicke ins Seelenleben der Tiere. 3. verm. Aufl. (122 S.) 900. (Bd. 7.)
Grube, A. W., Napoleons Kriegszug nach Moskau im J. 1812. Ein Geschichtsbild. 4. Aufl. (113 S.) 900. (Bd. 47.)
Hebel's, J. P., Schatzkästlein ausgew. Erzählungen. (Mit 18 Bildern v. W. Roegge.) (124 S.) (902.) (Bd. 186.)
Hoffmann, Ernst, die Schwaben an der Marne. 2 Erzählgn. 2. Aufl. (122 S.) 902. (Bd. 42.)
Klee, G., Fürst Blücher. Leben u. Taten des tapferen Marschall Vorwärts. (172 S. m. Titelbild.) 902. (Bd. 187.)
— Diener d. Kreuzes unter unsern heidnisch. Vorfahren. Lebensbilder aus der deutschen Frühzeit. (108 S.) 900. (Bd. 176.)
Liebrecht, M., ein Bettelkind. Erzählung. (Neue Aufl.) (132 S.) 899. (Bd. 117.)
Merz, Heinr., Luise, Königin v. Preußen. 2. Aufl. (106 S.) 899. (Bd. 58.)
Spieß, Phpp., Kriegs- u. Friedensbilder. Erzählungen. (143 S.) 899. (Bd. 172.)
Spindler, Karl, Frimunde od. Die Normannen in Grönland. Erzählung aus der Mitte des 14. Jahrh. (138 S. m. Titelbild.) 902. (Bd. 188.)
Steurich, E., der Kommandant von Arguin, Kapitän Jan Wynen. Eine Kolonialgeschichte aus der Zeit König Friedrich Wilhelms I. v. Preußen. (165 S.) 901. (Bd. 183.)
— Sturmflut. Eine Erzählg. aus Mönchguts Vergangenheit. (133 S.) 900. (Bd. 177.)
— Swantewits Fall. Die Eroberg. v. Rügen durch die Dänen 1168. Geschichtl. Erzählg. (134 S. m. Titelbild.) 902. (Bd. 189.)
— Jan Wynen, der Schiffsjunge des Großen Kurfürsten. Geschichtliche Erzählg. (121 S.) 899. (Bd. 173.)
Stöber, Wilh., Dorfgeschichten v. der Altmühl. (125 S.) 900. (Bd. 178.)
Titelius, M., die Geschwister. Zwei Erzählgn. (1. Die Geschwister. 2. Die treue Schwester. (138 S.) 899. (Bd. 174.)
Turobius, Bernh., König Heinrich. Eine Erzählg. aus der Vergangenheit d. Reichsstadt Eßlingen. (150 S.) 901. (Bd. 184.)
— die Letzte ihres Stammes. Eine Geschichte v. der Wende des 17. Jahrh. (135 S.) 900. (Bd. 179.)
Weitbrecht, G., aus Stadt u. Land. Erzählungen. (144 S.) 900. (Bd. 180.)
Wießner, Herm., der Heldensäbel. Eine Soldatengeschichte aus großen Zeiten. (144 S.) 901. (Bd. 185.)
— Irrfahrten. (Verlaufen. — Vergondelt.) Ernstes u. Heiteres. (122 S. m. Titelbild.) 902. (Bd. 190.)
— Wilhelm Zorn. Ein Lebensbild aus dem Zuchthause. (133 S.) 899. (Bd. 175.)

— — deutsche. 3. 7. 9. 20. 27. 32. 35. 40. 47. 52. 71. 82. 103. 108. 113. 122. 132. 137. 138. 157. u. 191. —210. Bdchn. 12. Stuttgart, J. F. Steinkopf. Kart. à — 75; in Bibliotheksbd. à n. — 90; geb. in Leinw. à n. 1. —

Alcock, D., Kreuz u. Krone. Lebens- u. Leidensgeschichte e. Hugenotten. Autoris. Uebertragg. v. F. Mürdter. 3. Aufl. (119 S. m. Titelbild.) 903. (122. Bdchn.)
Bidlingmaier, Frdr., zu den Wundern des Südpols. Erlebnisse auf der deutschen Südpolar-Expedition 1901—1903. (158 S. m. Abbildgn.) 905. (201. Bdchn.)
Bonnet, J., das Grafenschloß in den Sevennen. Eine Erzählg. aus den Hugenottenkriegen. 3. Aufl. (120 S. m. Titelbild.) 904. (71. Bdchn.)
Caspari, Carl Heinr., Christ u. Jude. Eine Erzählg. aus dem 16. Jahrh. f. das deutsche Volk in Stadt u. Land. (Neue Aufl.) (214 S. m. Titelbild.) 902. (137. Bdchn.)
— der Schulmeister u. sein Sohn. Eine Erzählg. aus dem 30jähr. Kriege. 15. u. 16. Aufl. (151 S. m. Titelbild.) 902, 906. (132. Bdchn.)
Dorsch, Paul, elsäßische Wanderfahrten. Wörther u. andere Erinnergn. (161 S. m. Titelbild.) 903. (191. Bdchn.)
Dorsch, Tony, Bruder Johannes. Erzählung aus der Hohenstaufenzeit. (159 S. m. Titelbild.) 903. (192. Bdchn.)

Frommel, Emil, der Heinerle v. Lindelbronn. Ein Künstler aus dem Volk. Erzählung. 10. Aufl. (158 S. m. Titelbild.) 904. (20. Bdchn.)
— aus dem untersten Stockwerk. Ein Suppl. zur „Familienchronik e. geistl. Herrn". 6. Aufl. (135 S. m. Titelbild.) 905. (52. Bdchn.) Geb. in Leinw. n. 1. 50
— o Straßburg, du wunderschöne Stadt! Alte u. neue, freudvolle u. leidvolle, fremde u. eigene Erinnergn. e. Feldpredigers vor Straßburg im J. 1870. 6. Aufl. (123 S. m. Titelbild.) 904. (40. Bdchn.)
Gotthelf, Jerem., der Knabe des Tell. Eine Erzählg., f. die Jugend u. das Volk bearb. v. Ghold. Klee. Mit Titelbild v. E. Rittmeyer. 3. Aufl. (141 S.) 904. (113. Bdchn.)
— Schweizer-Geschichten. 2. Aufl. (124 S. m. Titelbild.) 905. (82. Bdchn.)
Grube, A. W., Blicke in das Seelenleben der Tiere. 4. verm. Aufl., hrsg. v. J. Kammerer. (149 S. m. Titelbild.) 905. (7. Bdchn.)
— der welsche Nachbar. Lebensbilder aus dem großen Kriege von 1870—71, nach wahrheitsgetreuen Urkunden geschildert. 4. Aufl. (123 S. m. Titelbild.) 906. (33. Bdchn.)
— Napoleons Kriegszug nach Moskau im J. 1812. Ein Geschichtsbild. 5. Aufl. (114 S. m. Titelbild.) 906. (47. Bdchn.)
Haardt, J., der Götterbote. — Zum hl. Grab. 2 Erzählgn. (171 S. m. Titelbild.) 901. (196. Bdchn.)
— ich hatt' e. Kameraden! Tante Salome. 2 Erzählgn. (178 S. m. Titelbild.) 906. (206. Bdchn.)
Hoorn-Cremer, M. v., „Unter seinem Schirmen". — Glauben u. Wirken. 2 Erzählgn. (161 S. m. Titelbild.) 901. (197. Bdchn.)
Kübler, Th., General Gordon, der Held u. Christ. Sein Leben erzählt. 2. Aufl. (116 S. m. 1 Bildnis.) 903. (103. Bdchn.)
Lange, Heinr., klar zum Gefecht. Bilder aus der deutschen Seekriegsgeschichte. (160 S. m. Titelbild.) 905. (203. Bdchn.)
— verschlungene Wege. Erzählung. (129 S. m. Titelbild.) 903. (193. Bdchn.)
Lenk, Margarete, im fernen Westen. Deutsche Ansiedler in Nordamerika. Eine wahre Erzählg. 3. Aufl. (133 S. m. Titelbild.) 905. (187. Bdchn.)
Liliencron, A. v., nach Südwestafrika. Erlebnisse aus dem Hererokrieg nach Briefen v. Mitkämpfern. (161 S. m. Titelbild.) 906. (208. Bdchn.)
Neeff, Adf., Ludwig Uhland. Ein Lebensbild. (161 S. m. 1 Bildnis.) 904. (198. Bdchn.)
Oberlin, Johann Friedrich, Pfarrer im Steinthal. Sein Leben u. Wirken. Mit Oberlins Bildnis. 2. Aufl. (149 S.) 903. (138. Bdchn.)
Rebe, Maria, unter e. Dach. (152 S. m. Titelbild.) 906. (207. Bdchn.)
Spörlin, Margar., der alte Eli. Eine einfache Geschichte aus dem elsäß Volksleben. (153 S. m. Titelbild.) 906. (209. Bdchn.)
— der Kaisersberger Doktor u. andere Geschichten. Aus den elsäss. Lebensbildern. (V, 152 S. m. 2 Vollbildern.) 905. (202. Bdchn.)
Steurich, E., wie e. Bauernjunge e. Edelmann u. General wurde. Aus dem Leben des Generals Henniges v. Treffenfeld. (147 S. m. Titelbild.) 903. (194. Bdchn.)
— am Nonnenloch. Eine Erzählg. aus der Franzosenzeit nach den Aufzeichngn. des Mönchguter Pfarrers Magister J. A. Odebrecht. (148 S. m. Titelbild.) 904. (199. Bdchn.)
Stöber, Karl, das Elmthäli. Nebst weiteren Erzählgn. 8. verm. Aufl. (160 S. m. Abbildgn.) 902. (35. Bdchn.)
— Geschichten v. der Altmühl. Nebst weiteren Erzählgn. 5. Aufl. (158 S. m. Abbildgn.) 904. (9. Bdchn.)
— ein Held im Kirchenrock. Aus dem Leben des Pfarrers Veit v. Berg, geboren zu Baudenbach am 22. V. 1612, gestorben zu Uehlfeld am 4. VI. 1675. 3. Aufl. (124 S. m. Titelbild.) 906. (108. Bdchn.)
— Möhren. Nebst weiteren Erzählgn. 5. Aufl. (157 S. m. 3 Vollbildern.) 905. (27. Bdchn.)
Turovius, Bernh., die letzte Burg des Kreuzes im Morgenland. Eine geschichtl. Erzählg. aus dem Beginn des 16. Jahrh. (133 S. m. Titelbild.) 906. (210. Bdchn.)
Wießner, Herm., das Darsemoor. Eine Erfindergeschichte aus Stadt u. Land. (162 S. m. Titelbild.) 904. (200. Bdchn.)
— falsch gemünzt. Eine Geschichte aus der Seelsorge. (157 S. m. Titelbild.) 903. (195. Bdchn.)
— ein Gefreiter. Eine Kriegs- u. Siegsgeschichte. (164 S. m. Titelbild.) 905. (205. Bdchn.)
Wild, Fr. K., der Seidenweber. Erhard Daublz. Aus der Belagerg. v. Nördlingen 1634. 2 Erzählgn. 3. Aufl. (164 S. m. Titelbild.) 906. (3 Bdchn.)
Winter, C., die Himmelsgasse im Mühlental. Des Glückes Geheimnis. 2 Erzählgn. (158 S. m. Titelbild.) 905. (204. Bdchn.)

— — **deutsche.** 11. 12. 16. 20. 30. 45. 52. 58. 63. 64. 74. 92. 108. 120. 121. 132. 133. 150. 161. u. 211.—230. Bdchn. kl. 8. Stuttgart, J. F. Steinkopf.

Aesop's u. anderer weiser Meister Fabelschatz. 3. Aufl. (149 S. m. 2 Vollbildern.) 908. (Bd. 16.) Kart. — 75; geb. — 95
Bauer, Ludw., Theodor Körners Leben. Dem Volk u. der Jugend geschildert. 2. Aufl. (144 S. m. Titelb.) 907. (Bd. 92.) Geb. in Leinw. 1.—; erh. Pr. 1. 20
Beyer, L., Rani Mohani, e. indische Heldenfrau. Historische Erzählg. (158 S. m. Titelbild.) 909. (Bd. 221.) Geb. in Leinw. 1. 20
Caspari, K. H., d. Schulmeister u. sein Sohn. Eine Erzählg. aus d. 30jähr. Kriege. 18. Aufl. (151 S. m. Titelbild.) 910. (Bd. 132.) Kart. — 75; in Halbldr. — 95
Fricke, Karl, John Paton, der Apostel der neuen Hebriden. (154 S. m. Titelbild.) 910. (Bd. 226.) Geb. in Leinw. 1. 20
Frohnmeyer, L., Generalfeldmarschall Graf Helmut v. Moltke. 3. Aufl. (135 S. m. 1 Bildnis.) 908. (Bd. 133.) Kart. — 75; geb. — 95

Frommel, Emil, der Heinerle v. Lindelbronn. Ein Künstler aus dem Volk. Erzählung. 11. Aufl. (155 S. m. Titelbild.) 907. (Bd. 20.) Geb. in Leinw. 1.—; erh. Pr. 1. 20; Geschenkausg. 1. 50
— In 2 Jahrhunderten. Freud u. Leid im Leben e. alten Pfarrerin. 6. Aufl. (118 S. m. Titelbild.) 909. (Bd. 30.) Geb. in Leinw. od. Halbldr. 1.—; erh. Pr. 1.20; fein geb. 1.50
— Aus goldnen Jugendtagen. Fortsetzung des „Untersten Stockwerks". 4. Aufl. (141 S. m. Titelbild.) 907. (Bd. 121.) Geb. in Leinw. 1.—; erh. Pr. 1. 20; Geschenkausg. 1. 50
— Aus dem untersten Stockwerk. Ein Suppl. zur „Familienchronik e. geistl. Herrn". 7. Aufl. (133 S. m. Titelbild.) 909. (Bd. 52.) Geb. in Leinw. od. Halbldr. 1.—; erh. Pr. 1. 20; fein geb. 1. 50
Grube, A. W., General Gneisenau. 4. Aufl. (110 S. m. 1 Bildnis.) 907. (Bd. 12.) Kart. — 75; geb. — 95
— Scharnhorst's Leben u. Wirken. 4. Aufl. (107 S. m. 1 Bildn.) 907. (Bd. 11.) Kart. — 75; geb. — 95
Klee, Ghold., Abenteuer u. Taten Joachim Nettelbecks, des Bürgers v. Kolberg, v. ihm selbst erzählt. Für jung u. alt bearb. 2. Aufl. (141 S. m. Titelbild.) 909. (Bd. 161.) Kart. — 75; geb. in Halbldr. — 95
Koelsch, Adf., biologische Spaziergänge durch die Kleintier- u. Pflanzenwelt. (145 S. m. Abb.) 908. (Bd. 216.) Geb. in Leinw. 1.—; erh. Pr. 1. 20
— Mit Vögeln u. Fischen auf Reisen. (185 S. m. Titelbild.) 910. (Bd. 227.) Geb. in Leinw. 1. 20
Lange, Heinr., unter Segeln u. Dampf. Seegeschichten aus alter u. neuer Zeit. (160 S. m. Titelbild.) 908. (Bd. 217.) Geb. in Leinw. 1.—; erh. Pr. 1. 20
Liliencron, A. v., bis in das Sandfeld hinein. Afrikanisches Zeitbild bis zum Schluß des J. 1904 nach Briefen v. Mitkämpfern u. m. Benützg. der Veröffentlichgn. des Generalstabs. (149 S. m. Titelbild.) 908. (Bd. 218.) Geb. in Leinw. 1.—; erh. Pr. 1. 20
— Der Entscheidungskampf am Waterberg. Nach Briefen von Mitkämpfern u. m. Benützg. der Veröffentlichgn. des Generalstabs. (143 S. m. Titelbild.) 907. (Bd. 211.) Geb. in Leinw. 1.—; erh. Pr. 1. 20
Marquardsen, Anna, Sonnenaufgang. Eine Geschichte aus d. Zeit vor 100 Jahren. (128 S. m. Titelbild.) 910. (Bd. 228.) Geb. in Leinw. 1. 20
Merz, Heinr., Luise, Königin v. Preußen. 3. Aufl. (107 S. m. Titelbild.) 908. (Bd. 58.) Kart. — 75; geb. — 95
Neeff, Adf., unter dem großen König. Charakterzüge u. Schildergn. aus dem Leben u. Lager Friedrichs II. (128 S. m. Titelbild.) 909. (Bd. 222.) Geb. in Leinw. 1. 20
Pichler, Luise, der Schreckenstag v. Weinsberg. Eine Erzählg. aus dem Bauernkrieg. 2. Aufl. (126 S. m. Titelbild.) 908. (Bd. 74.) Geb. in Leinw. 1.—; erh. Pr. 1.20
— Konrad Widerhold, d. Kommandant v. Hohentwiel. 2. Aufl. (148 S. m. Titelbild.) 908. (Bd. 63.) Geb. in Leinw. 1.—; erh. Pr. 1. 20
Salbert, K., das Geheimnis des Lebens. (131 S. m. Abb.) 908. (Bd. 219.) Geb. in Leinw. 1.—; erh. Pr. 1. 20
Spieß, Philipp, bis zum Feierabend. Eine Handwerkergesch. aus dem alten Stuttgart. 2. Aufl. (116 S. m. Titelbild.) 908. (Bd. 64.) Geb. in Leinw. 1.—; erh. Pr. 1. 20
Spindler, Karl J., Fru Gildrun. Erzählung. (144 S. m. Titelbild.) 909. (Bd. 223.) Geb. in Leinw. 1. 20
— Nordlicht. Erzählung. (138 S. m. Titelbild.) 907. (Bd. 212.) Geb. in Leinw. 1.—; erh. Pr. 1. 20
Spörlin, Margar., der Pelzrock u. andere Geschichten. Aus d. elsäss. Lebensbildern. (158 S. m. Titelbild.) 907. (Bd. 213.) Geb. in Leinw. 1.—; erhöh. Pr. 1. 20

Steurich, E., die Stralsunder. Geschichtliche Erzählg. (144 S. m. Titelbild.) 909. (Bd. 224.) Geb. in Leinw. 1. 20
Stöber, W., ein Held im Kirchenrock. Aus dem Leben des Pfarrers Veit v. Berg, geb. zu Baudenbach am 22. V. 1612, gest. zu Uehlfeld am 4. VI. 1675. 4. Aufl. (124 S. m. Titelbild.) 910. (Bd. 108.) Geb. — 75; in Halbldr. — 95
Tesch, Alb., Friedrich Ludwig Jahn, der deutsche Turnvater. (139 S. m. 1 Bildnis.) 907. (Bd. 214.) Geb. in Leinw. 1.—; erh. Pr. 1. 20
Thoma, Albr., der Lindenschmied. Erzählung. (153 S.) 909. (Bd. 225.) Geb. in Leinw. 1. 20
Turovius, Bernh., d. Syndikus v. Dilsburg. Eine Erzählg. aus dem 18. Jahrh. (129 S. m. Titelbild.) 910. (Bd. 229.) Geb. in Leinw. 1. 20
— Von hüben u. drüben. 2 Erzählgn. (Harte Köpfe. — Der Stammbaum.) (140 S. m. Titelbild.) 908. (Bd. 220.) Geb. in Leinw. 1.—; erh. Pr. 1. 20
Weitbrecht, G., Johann Friedrich Flattich, Pfarrer in Münchingen. Ein Lebensbild aus dem 18. Jahrh. 3. Aufl. (128 S. m. Titelb.) 909. (Bd. 45.) Kart. — 75; geb. in Halbldr. — 95
— Kaiser Wilhelm I. 2. Aufl. (160 S. m. 1 Bildnis.) 907. (Bd. 120.) Geb. in Leinw. 1.—; erh. Pr. 1. 20
Winter, C., ein Überzähliges u. andere Geschichten. (143 S.) 907. (Bd. 215.) Geb. in Leinw. 1.—; erh. Pr. 1. 20
Woissin, Magn., die Belagerg. v. Woldegk. (121 S. m. Titelb.) 910. (Bd. 230.) Geb. in Leinw. 1. 20
Yonge, C. M., der kleine Herzog od. Richard ohne Furcht. Nach dem Engl. 4. Aufl. Mit 7 Zeichngn. v. Maler Venus, in Holz geschn. v. Prof. Bürkner. (157 S.) 908. (Bd. 150.) Geb. in Leinw. 1.—; erh. Pr. 1. 20

—— dramatisch-deklamatorische. Mit Beiträgen von Agatho, H. Fürst, F. Hundt ꝛc. 1.—13. Heft. gr. 16. Chicago, Mühlbauer und Behrle. à Heft

Inhalt:

Heft 1. Agatho, die schönste Blume. Polylog. — Thiele, A. J., die Unversöhnlichen. Scherz in 1 Akt. (31 S.) 876.
" 2. Thiele, A. J., Bauernpfiffe über Advokatenkniffe. Scherz in 2 Akten. (36 S.) 876.
" 3. Agatho, die Edelsteine. Polylog. — Die Vogelorgel. Posse in 3 Akten. Von B. (24 S.) 876.
" 4. Jessing, J., der kleine Martyrer. Der Gastwirth. (27 S.) 876.
" 5. Hammer, B., der Aufstand der Colonien. Polylog zur Centennial-Feier. — Agatho, das Tausgeschenk. Drama in 3 Akten mit Gesang. (40 S.) 876.
" 6. Der Schwabenstreich. Posse in 2 Akten. Von B. S. — Gründlich curirt. Posse in 1 Akt. [Nachspiel zur Vogelorgel.] Von B. S. (38 S.) 877.
" 7. Thiele, A. J., ein neuer Schüler. Posse in 1 Akt. — Der erste Schultag. Dialog für 2 kleine Knaben. — Die Kartoffeln kosten nichts. Geschrieben für einen Schüler der untersten Klasse. — Hansel und Grethel oder der kleine Gernegroß. Komisches Singspiel mit Musikbegleitung. (28 S.) 877.
" 8. Grätzer, M., des Großvaters Namensfest. In 2 Akten. — Der Franzos in Dummlingen. Posse in 1 Akt. (45 S.) 878.
" 9. Agatho, der Schulstreit. Polylog für Knaben. — Wem gebührt die Ehre? Polylog für Mädchen. (31 S.) 878.
" 10. —— die arme Maienkönigin. Melodrama in 2 Akten. Mit musikal. Beilage. (28 S.) 878.
" 11. —— zum Namensfeste einer Ordensschwester und Lehrerin. Polylog für 5 Mädchen. — Die beiden Schwestern. Polylog für 7 Mädchen. Most beautiful. Polylogue for eight girls. (30 S.) 878.
" 12. —— der Weihnachtstraum. Melodrama mit Deklamation und Bildern. — Der Weihnachtsbaum. Ein Weihnachtsspiel für Mädchen. (52 S.) 878.
" 13. —— Wunderschön oder der Brillentanz. Kleine Posse mit Gesang in 3 Akten. (24 S.) 878.

—— dramatisch-deklamatorische. Mit Beiträgen von Agatho, H. Fürst, F. Hundt ꝛc. 14.—17. Heft. gr. 16. Chicago 883,84, Mühlbauer und Behrle. à Heft

Inhalt:

Heft 14. Minnie Burton's secret. A drama in 6 acts for girls. — The beautiful blue meadow. A dialogue for 9 girls. (35 S.)
" 15. Fürst, Helena E., Blumenwahl und Blumenopfer zu Marias Krönungsfeier. Eine kleine dramatische Scene für Mädchen in 1 Akt. (24 S.)
" 16. —— Amerikanischer Blüthenstrauß. Eine Auswahl heiterer Deklamationen für Knaben und Mädchen. (40 S.)
" 17. —— das verkehrte Lieschen. Lustspiel in 3 Akten. Personen: 7 Mädchen. (39 S.)

—— dramatisch-deklamatorische. 18.—23. Heft. 12. Chicago 892, Mühlbauer u. Behrle. 8 30

18. Waldvogel, Dietr. Der Ferkelpeter. Ein Märchenspiel. (30 S.) — 60.
19. Geisterspuk u. Aberglaube. Schwank in 2 Akten. Für deutsch-amerikan. Jugendbühnen bearb. v. Bonav. Hammer. (22 S.) — 60.
20. Herr u. Diener. Schwank in 5 Scenen. Für deutsch-amerikan. Jugendbühnen bearb. v. Bonav. Hammer. (23 S.) — 60.
21. 22. Hammer, Bonav. Prologe, Gratulationen u. Gelegenheits-Gedichte. (64 S.) 1 25.
23. Columbus. Schauspiel in 5 Aufzügen. Für deutsch-amerikan. Jugendbühnen bearb. v. Bonav. Hammer. (62 S.) 1 25.

1.—17. Heft. Ebd. 1876—84. à — 75.

Jugend- u. Volksbibliothek, geschichtliche. 1. Bdchn. gr. 8. Regensburg, Verlagsanstalt vorm. G. J. Manz. n. 1. —; geb. in Leinw. n. 1. 35

Wiederherstellung des katholischen Bekenntnisses in Deutschland. Von Herm. Eickenberger. (VIII, 148 S.) 904.

Jugend- u. Volksbibliothek, geschichtliche. 2.—38. Bd. 8. Regensburg, Verlagsanstalt vorm. G. J. Manz. à 1. 20; geb. in Leinw. à n 1. 70

Bals, Heinr., Ägypten u. seine Kultur. Für die Jugend u. das Volk dargest. Mit 28 Illustr. (VIII, 148 S.) 908. (Bd. 10.)
— Die Türken u. ihre Kriege gegen d. Christen. Für d. Jugend u. das Volk bearb. Mit 16 Illustr. (152 S.) 910. (Bd. 28.)
Beer, Lor., Italiens nation. Einigg. Cavour. Mit 32 Illustr. (VII, 365 S.) 910. (Bd. 29. 30.)
Brentano, Hanny, Friedrich Barbarossa. Mit 15 Illustr. (185 S.) 908. (Bd. 19.)
Etermann, Adf., Napoleon Bonaparte. Mit 29 Illustr. (191 S.) 910. (Bd. 27.)
Elsner, Salesius, O. F. M., die dtsch. Frauenwelt im Mittelalter. Mit 31 Illustr. (XII, 143 S.) 910. (Bd. 25.)
Englert, Seb., d. Bauernkrieg 1525. Die Erhebg. in Schwaben u. Franken. Mit 25 Illustr. (VII, 180 S.) 910. (Bd. 31.)
Fäh, Adf., die Kunst des Mittelalters. Mit 58 Illustr. (VII, 135 S.) 909. (Bd. 26.)
Falk, Frz., Schule, Unterricht u. Wissenschaft im Mittelalter. Mit 23 Illustr. (VIII, 97 S.) 907. (Bd. 4.)
Fuchs, Karl, Österreichs Befreiungskrieg 1809. Mit 26 Illustr. (XV, 202 S.) 908. (Bd. 17.)
Gloning, Marian, S. O. Cist., Ferdinand III., der Heilige, König v. Castilien u. León, u. die Wiedereroberg. Spaniens. Mit 19 Illustr. (XII, 216 S. m. 1 Stammtaf.) 910. (Bd. 32.)
Kellner, K., die Zeit der Verfolgungen. Mit 16 Illustr. (155 S.) 908. (Bd. 15.)
Kemper, J., die Femgerichte. Mit 17 Illustr. (VII, 121 S.) 909. (Bd. 24.)
— Hexenwahn u. Hexenprozesse in Deutschland. Mit 13 Illustr. (VIII, 168 S.) 908. (Bd. 16.)
— Mexiko unter Kaiser Maximilian I. Mit 13 Illustr. (VIII, 161 S.) 907. (Bd. 7.)
Landersdorfer, S., O. S. B., Arabien u. seine Kultur. (XII, 163 S. m. 31 Abb. u. 1 farb. Kartenskizze.) 911. (Bd. 37.)
Landmann, Karl Ritter v., die deutsche Erhebg. im J. 1813. Mit 17 Illustr. (VIII, 145 S.) 907. (Bd. 3.)
— Kurfürst Max Emanuel. Mit 17 Illustr. (VIII, 187 S.) 908. (Bd. 14.)
— Ludwig XIV. u. seine Zeit. (VIII, 152 S. m. 21 Abb. u. 1 Vollbild.) 911. (Bd. 36.)
Meier, Gabr., O. S. B., der hl. Benedikt u. sein Orden. Mit 13 Illustr. (161 S.) 907. (Bd. 5.)
— Das Kloster St. Gallen. Ein Beitrag zur Kulturgeschichte. Mit 17 Illustr. (145 S.) 908. (Bd. 21.)
Nießen, Jos., Bonifatius od. der Sieg des Christentums bei den Deutschen. Mit 11 Illustr. (142 S.) 907. (Bd. 8.)
Oberle, Wilh., die französische Revolution v. J. 1789—1795. Mit 49 Illustr. (VIII, 265 S.) 908. (Bd. 11, 12.)
Riesch, H., Savonarola u. seine Zeit. Mit 16 Illustr. (VII, 149 S.) 908. (Bd. 18.)
Roth, F. W. E., Sozialismus u. Literatur vor Ausbruch der großen französischen Revolution. (VIII, 121 S. m. 16 Abb.) 910. (Bd. 34.)
Schlager, Patricius, O. S. F., die deutschen Franziskaner u. ihre Verdienste um die Lösg. d. soz. Frage. Mit 12 Illustr. (XVI, 188 S.) 907. (Bd. 6.)
Steinberger, Alfons, Rudolf v. Habsburg u. Albrecht v. Österreich. Mit 10 Illustr. (129 S.) 907. (Bd. 9.)
— Kaiser Otto I. der Große. Mit 11 Illustr. (132 S.) 908. (Bd. 20.)
— Schwere Tage. Historische Begebenheit aus der Zeit d. span. Erbfolgekrieges. (144 S. m. 14 Abb.) 911. (Bd. 35.)
— Kaiserin Theophano. Ein Lebensbild aus der 2. Hälfte des 10. Jahrh. (96 S. m. 10 Abb.) 911. (Bd. 38.)
Streit, Rob., O. M. J., die Portugiesen als Pfadfinder nach Ostindien. Mit 20 Illustr. (VIII, 120 S.) 909. (Bd. 22.)
Weber, Alfr., die Ausbreitung des Protestantismus. (VIII, 162 S. m. 81 Abb.) 910. (Bd. 33.)
— Luther u. das Luthertum. Mit 28 Illustr. (VIII, 179 S.) 908. (Bd. 23.)
Widmann, Sim. Pet., die Bartholomäusnacht des J. 1572. Mit 16 Illustr. (V, 132 S.) 908. (Bd. 13.)
— Die Ursachen der großen franz. Revolution. Mit 20 Illustr. (VIII, 134 S.) 907. (Bd. 2.)

Jugendbibliothek, Historische, für das reifere Alter. Leipzig 1846—47. V: *Becker, Gottfried Wilh.* (Ky)

—— historische f. das reifere Alter. 1—4. Bd. 16. Leipzig 846, 47, Thomas.

A. u. d. Ttln.:

Bd. 1. Geschichte des Kaisers Napoleon, v. *r. (13³/₄ B. u. 6 ill. Kpfr.) 20 Ngr.
" 2. Geschichte Friedrichs des Großen, v. *r. (20³/₄ B. u. 6 ill. Kpfr.) 1 Thlr.
" 3. Der 30jährige Krieg u. seine Helden, v. *r. (26³/₄ B. u. 6 ill. Kpfr.) 1 Thlr. 10 Ngr.
" 4. Geschichtsbilder aus der Frauenwelt. Von Carl Ramshorn. (23³/₄ B. u. 6 ill. Kpfr.) 1 Thlr. 10 Ngr.

—— historische, für das reifere Alter. 4 Bde. 2. (wohlf.) Aufl. 16. Leipzig 851, Thomas. *

Inhalt:

Bd. 1. Geschichte des Kaisers Napoleon. Für die Jugend reiferen Alters bearb. von *r. (VIII und 314 S.) Einzeln mit 6 ill. Kpfrn. 1 Thlr.
" 2. Geschichte Friedrichs des Großen. Für die Jugend reiferen Alters bearb. von *r. (VIII und 321 S.)
" 3. Der dreißigjährige Krieg und seine Helden. Für die Jugend reiferen Alters bearb. von *r. (VIII und 420 S.)
" 4. Geschichtsbilder aus der Frauenwelt von Carl Ramshorn. (V und 374 S.)

—— historisch-mythologisch-geographische, f. d. Jugend u. nichtgelehrte Welt bearb., v. Verf. d. heil. Geschichte. 1. u. 2. Bd. — A. u. d. T.: Erdbeschreibung d. alten Welt. Nach Herodot, Tacitus, Strabo, Ptolemäus, Plinius, Mannert, d'Anville, Heeren, Ritsch u. A. 2 Thle. Jeder m. 6 Stahlst. Lex.-8. (17 u. 15³/₄ B.) Pforzheim 841. [Stuttgart, Scheible, Rieger u. Sattler.] à ³/₄ Thlr. 1¹/₂ Thlr., hrbgs. Pr.

Lehrer Jachts Stenographische Jugend-Bibliothek. Bd 1. *Berlin: F. Schulze [1899].* 8° [Text in Stolze-Schrey'scher Stenogr.] [illegible]

—— illustrirte, enth. das Wichtigste aus Geschichte, Weltkunde, Naturgeschichte, Naturlehre und Erdkunde. (Aus dem Lesebuch von Bumüller und Schuster.) 12. (820 S. mit 237 Illustr. in Holzschn.) Freiburg im Br. 867, Herder'sche Verlagsh. *
Velinp. cart. *

—— illustrirte, enth. das Wichtigste aus Geschichte, Weltkunde, Naturgeschichte, Naturlehre und Erdkunde. 2. revid. Aufl. 8. (639 S. mit 237 Illustr. in eingedr. Holzschn. und 4 Holzschntaf.) Freiburg im Br. 872, Herder'sche Verlagsh. *
geb. *
Feine Ausg. *
geb. *

Aus: Lesebuch von Bumüller und Schuster, besonders abgedruckt.

— illustrirte, enth. das Wichtigste aus Geschichte, Welt kunde, Naturgeschichte, Naturlehre u. Erdkunde. Mit 237 Illustr. (in eingedr. Holzschn. u. Holzschntaf.) 2. rev Aufl. [Aus: „Bumüller u. Schuster, Lesebuch."] 8. (VI, 182, 87, 222, 104 u. 216 S.) Freiburg i/Br. 875. Herder. n. 2. 40; in Halbleder geb. n. 3. 40; Ausg. auf feinem Pap. n. 3. —; in Leder geb. n. 5. —

—— illustrierte, im Anschlusse an das Lesebuch von J. Bumüller und J. Schuster in 2 Bdn. neu bearb. 8. Freiburg i. Br. 888, Herder'sche Verlagsh. geb. à Bd. *ℳ 4.—. * 8 —

Inhalt:

Bd. 1. Naturgeschichte, bearb. von B. Plüß. (1886.) — Naturlehre, bearb. von Max Wildermann. (1887.) (XI, 376; XI, 150 S.)
" 2. Erdkunde. Neu bearb. — Weltkunde, neu bearb. von A. Jakob. (1886.) (VII, 343; III, 183 S.)

— illustrirte, hrsg. v. Thdr. Weyler. 1.—7. Bdchn. 8. Berlin, Bruer & Co. à n. —25

1. Prinzessin Ilse. Ein Märchen aus dem Harzgebirge v. Marie Petersen. (40 S.) 891.
2. Yvon u. Finette. Romantische Erzählg. aus der Bretagne. Frei bearb. nach Ed. Laboulaye. (44 S.) 891.
3, 4. Die Reise um die Erde in 80 Tagen. Für die Jugend bearb. nach Jul. Verne. (III, 122 S.) 891.
5. Die Eisjungfrau. Ein Märchen v. H. Ch. Andersen. (67 S. m. 2 Abbildgn.). 892.
6. Tagebuch e. armen Fräuleins. Von Marie Nathusius. (92 S.) 893.
7. Ausgewählte Märchen v. Ludw. Bechstein. (52 S.) 893.

Jugendbibliothek, Illustrirte. Zur Unterhaltung und Belehrung für die gesammte Jugend. Von Moriz Bermann. I. Jahrgang. 1890. Nr. 2 bis 13. 16. Wien:J.L.Bondi 1891. à —.05

Jugend- und Hausbibliothek, illustrirte. 1. Serie. Neue gänzlich umgestaltete Aufl. Kosmos für die Jugend. 1. Gruppe 4., 5., 7., 9. und 10. Bd. gr. 8. Leipzig, Spamer. à Bd. *
geb. à Bd. *

Inhalt:

Bd. 4. Seltsame Geschichten oder was Alles in Wirklichkeit vorkommt. Der Kreislauf des Wassers vom Quell bis zum Meere. Der reiferen Jugend geschildert in Ozeanfahrten und Wanderungen auf dem Festlande. Von M. O. Mohl. (X, 196 S. mit über 80 Text-Illustr., 5 Tonbildern und 1 color. Titelbilde in Holzschn.) 871.
" 5. Das Kleid der Erde oder Wanderungen durch die grüne Natur. Mit seinen jugendlichen Freunden unternommen von Karl Müller von Halle. 2. verb. und verm. Aufl. (X, 230 S. mit 250 in den Text gedr. Illustr., 4 Tonbildern und 1 Buntdruckbilde.) 873.
" 7. Thiergeschichten für die Jugend. Unsere lieben Hausfreunde in Heimat und Fremde; Was sie uns nützen und womit sie uns erfreuen. In Charakterzügen, Schilderungen und Anekdoten aus der Thierwelt für die Jugend von Hermann Wäsche. I. (X, 230 S. mit 125 Text-Abbild., 3 Tonbildern und buntem Titelbilde in Holzschn.) 871.
" 9. Das Buch der Thierwelt. I. Die Thiere der Fremde; Erzählungen von der Lebensweise, den Sitten und Gewohnheiten, sowie von ihrem Verhältniß zur Natur der Thiere. Hrsg. von A. B. Reichenbach. 4. wesentlich verm. und verb. Aufl. Hrsg. unter Benutzung von Beiträgen von Karl Müller von Karl Kloß. (VIII, 232 S. mit 200 Text-Abbild. in eingedr. Holzschn., 5 Tonbildern und 1 bunten Titelbilde.) 873.
" 10. —— dass. — II. Die Thiere der Fremde; Erzählungen von der Lebensweise und dem Seelenleben der Thiere, sowie von ihrem Verhältniß zum Menschen, mit besond. Rücksicht auf Jagd, Fang, Zähmung und Abrichtung. Von A. B. Reichenbach. 4. wesentlich verm. und verb. Aufl., hrsg. von Karl Kloß. (VI, 234 S. mit 120 Text-Abbild., 4 Tonbildern und 1 bunten Titelbilde.) 873.

—— —— illustrirte. Neue Folge. Welt der Jugend. 2. Gruppe. Nr. 2. gr. 8. Leipzig 868, Spamer. * 20 Ngr.; cart. *

Inhalt:

Böttger, Karl, Sprache und Schrift. Das Lautdenken für Ohr und Auge. Freunden der Literatur und Sprachwissenschaft insbesond. der studirenden Jugend gewidmet. (VIII und 134 S. mit eingedr. Holzschn.)
Vgl.: Welt der Jugend.

—— —— dass. — Neue Folge. Welt der Jugend. 2. Gruppe. Nr. 2. gr. 8. Ebendas. 870. *ℳ 2.; cart. *

Inhalt:

Sprache und Schrift. Das Lautdenken für Ohr und Auge. Freunden der Literatur und Sprachwissenschaft, insbesond. der studir. Jugend gewidmet von Karl Böttger. 2. verm. Aufl. (151 S. mit zahlreichen Alphabetentaf., fremden Schriftproben und in den Text gedr. Abbildungen in Holzschn.)
Vgl.: Kinderbuch, das illustr. goldene.

—— —— dass. — 2. Serie. 1.—3., 5.—14. Bd. gr. 8. Ebendas. *ℳ 55.; geb. *

Inhalt:

Bd. 1. Der erste und älteste Robinson. Robinson Crusoë des Aelteren Reisen, wunderbare Abenteuer und Erlebnisse. Begleitet von einer Geschichte der Robinsonaden und einer Lebensskizze des Daniel de Foë, Verf. des ältesten Robinson von C. F. Lauckhard. Pracht-Ausg. 3. Aufl. 1869, und 4. verb. umgearb. Aufl. (XVIII, 230 S. mit 1 bunten Titelbilde, 5 Tonbildern und 90 in den Text gedr. Abbild. in Holzschn. nach Zeichnungen von F. H. Nicholson u. A.) 872. *ℳ 3.; geb. *ℳ 4.
" 2. Deutsches Flottenbuch oder das neue illustrirte Seemannsbuch. Fahrten und Abenteuer zur See im Krieg und Frieden. Mittheilungen über das Wissenswürdigste aus der Schiffahrtskunde, sowie aus dem Seeleben. Ursprünglich bearb. von Major R. v. Berndt, in 3. Aufl. verb. von Heinr. Smidt. 4. gänzlich umgearb. Aufl. (X, 312 S. mit mehr als 150 Text-Abbild., sowie 4 Tonbildern und 1 bunten Titelbild.) 874. *ℳ 5.; cart. *ℳ 6.
" 3. Der Skalpjäger. Robinson's Erlebnisse, Abenteuer und Fahrten in Mexiko. Natur- und Sittenschilderungen aus dem mittelamerikan. Jagd-, Kriegs-, Reise- und Waldleben. Hrsg. von Th. Bade und Franz Otto. 4. verb. Aufl. (VIII, 239 S. mit mehr als 100 Text-Abbild., 4 Tonbildern und 1 bunten Titelbilde.) 874. *ℳ 4,50.; geb. *ℳ 5,50.
" 5. Lo-u-Pa-vo, der Sohn der Wölfin. Abenteuer, Natur- und Sittenschilderungen, Kriegs- und Friedensbilder aus dem Reiche der Mitte. Ursprünglich hrsg. von Johs. Ziethen. Neu bearb. von Ed. Hinze. 2. verm. und verb. Aufl. (VIII, 316 S. mit 100 Text-Abbild., 4 Tonbildern und 1 Buntbilde.) 874. *ℳ 4,50.; geb. *ℳ 5,50.
" 6. Ein Weltfahrer, oder Erlebnisse in vier Welttheilen. Jugend-Schicksale, Reisen und Entdeckungen von Elisha Kent Kane, dem Nordpolfahrer. Unter Benutzung der besten amerikan. Quellen hrsg. von J. G. Kutzner. 2. verm. Aufl. (VIII, 295 S. mit 1 Buntbilde, 5 Tonbildern und 100 Text-Abbild.) 874. *ℳ 4,50.; geb. *ℳ 5,50.
" 7. 8. Der große König und sein Rekrut. Lebensbilder aus der Zeit des siebenjähr. Krieges. Unter theilweiser Benutzung eines histor. Romans von A. H. Brandrupp, für Volk und Heer, insbesondere für die reifere Jugend bearb. von Franz Otto. 4. durchgeseh. Aufl. 2 Thle. (XXIII, 208; V, 176 S., mit 8 Ton- und Buntbildern sowie 120 in den Text gedr. Illustr. in Holzschn.) 873. (*ℳ 5.) *ℳ 5,50.; geb. (*ℳ 6.) *ℳ 7.
Bd. 9. Der Burggraf und sein Schildknappe. Lebensbilder aus der Zeit des ersten Kurfürsten von Brandenburg des Gründers der Macht Preußens. Historische Erzählung für Jugend und Volk von Rich. Roth. (XXVI, 336 S. mit 75 Text-Illustr., 4 Tonbildern und 1 bunten Titelbild.) 873. *ℳ 6.; geb. *ℳ 7.
" 10. Aus Moltke's Leben. Unterm Halbmonde. Histor. Erzählung aus der Zeit der Wanderjahre eines deutschen Kriegshelden während seines Aufenthaltes im osman. Reiche. Der vaterländ. Jugend und dem deutschen Volke erzählt von Osk. Höcker. (XIV, 296 S. mit über 80 Text-Illustr. in Holzschn., 4 Tonbildern und 1 Titelbilde, nach Zeichnungen von A. Kretschmer u. A.) 873. (*ℳ 3,50.) *ℳ 4.; geb. (*ℳ 4,50.) *ℳ 5.
" 11. 12. Der alte Derfflinger und sein Dragoner. Lebensbilder vornehmlich aus den alten Tagen des Franzosenkrieges von Rathenow, Fehrbellin und Stettin. Histor. Erzählung für Volk und Heer, insbesondere für die vaterländ. Jugend bearb. von Geo. Hiltl. 2 Thle. (VI, 210; VIII, 216 S., mit 8 Tonbildern und etl. 120 Text-Illustr.) 872. *ℳ 6.; geb. *ℳ 7.
" 13. Aus dem Tabakskollegium und der Zopfzeit oder wie man vor 150 Jahren lebte und es trieb. Historische Erzählung aus der Regierungszeit des Königs Friedrich Wilhelm I. von Preußen. Für das deutsche Volk und die reifere Jugend. Unter Benutzung der Erzählung von M. Ant. Niendorf „der König ein Maler" hrsg. von Franz Otto. Ein Vorläufer zu der histor. Erzählung „Der große König und sein Rekrut". Von Franz Otto. (X, 310 S. mit 70 Text-Abbild. in eingedr. Holzschn., 4 Tonbildern und 1 bunten Titelbilde, nach Zeichnungen von Alb. Kretschmer.) 872. *ℳ 5.; geb. *ℳ 6.
" 14. Kaiser-König und Papst. Historische Erzählung aus der Periode der großen Kämpfe zwischen weltl. und geistl. Macht. Unter theilweiser Anlehnung an F. D. Guerrazzi's „Battaglia di Benevento" geschrieben für Volk und Jugend von Rich. Roth. Mit einer Einleitung und einem Schlußwort von Franz Otto. (496 S. mit 150 Textvignetten und 4 Tonbildern von Nicola Sanesi und Joh. Schönberg.) 874. *ℳ 7.; geb. *ℳ 8.

—— —— dass. — 3. Serie. 1.—6., 9.—11. Bd. gr. 8. Leipzig, Spamer. *ℳ 43; geb. * 52 50

Inhalt:

Bd. 1. 2. Hellas. Das Land und Volk der alten Griechen. Bearb. für Freunde des klass. Alterthums, insbesondere für die deutsche Jugend, von Wilh. Wägner. 2 Bde. 3. verm. und verb. Aufl. (X, 364 S. mit 4 Tonbildern nach Orig.-Zeichnungen von H. Leutemann u. A., sowie mit 100 in den Text gedr. Abbild.; VI, 321 S. mit 3 Tonbildern und 2 Tontaf. nach Orig.-Zeichnungen von H. Leutemann u. A., sowie mit 100 in den Text gedr. Abbild. und 1 chromolithogr. Karte in qu. gr. 4.) 873. *ℳ 9.; geb. *ℳ 12.
" 3—5. Rom. Anfang, Fortgang, Ausbreitung und Verfall des Weltreiches der Römer. Für Freunde des klass. Alterthums, insbesond. für die deutsche Jugend. Bearb. von Wilh. Wägner. 2. verb. Aufl. 3 Bde. (XII, 320 S. mit 100 Text-Abbild. in Holzschn., 2 Tonbildern, 1 Frontispice nebst 1 Titelbilde in Holzschn. von H. Leutemann sammt chromolithogr. Karte des alten Italien in hoch 4.; VI, 398 S. mit 140 Text-Abbild., 5 Tonbildern, 1 Frontispice nebst 1 Titelbilde nach Zeichnungen von H. Leutemann u. A. in Holzschn.; VIII, 416 S. mit 7 Tonbildern nach Orig.-Zeichnungen von H. Leutemann u. A. in Holzschn., sowie mit 185 in den Text gedr. Abbild., 1 Plane von Rom in Holzschn. und 1 Karte des röm. Weltreichs in Chromolithogr.) 868—71. (*ℳ 13,50.) *ℳ 15.; geb. (*ℳ 16,50.) *ℳ 18.

8. Erzählungen aus dem Alterthum oder vor tausend und abertausend Jahren. I. Das alte Wunderland der Pyramiden. Geographische, geschichtl. und kulturhistor. Bilder aus der Vorzeit, der Periode der Blüte, sowie des Verfalls des alten Aegyptens. Von Karl Oppel. 3. verm. und verb. Aufl. (X, 342 S. mit 170 Text-Abbild. in eingedr. Holzschn., 10 Ton- und Buntdruckbildern, 1 Hieroglyphen-Alphabete, 1 Karte des Thales von Piom, sowie 1 Vogelschauplane der Denkmäler im Nilthale. Nach Zeichnungen von C. F. Klimsch u. A.) 875. *ℳ 6.; geb. *ℳ 7.

• 9. Illustrirte Mythologie. Göttersagen und Kultusformen der Hellenen, Römer, Aegypter, Inder und Perser. Dargestellt für Freunde des Alterthums, insbesondere für die reifere Jugend, von Herm. Göll. 2. stark verm. Abdr. 1872. *ℳ 3. — Illustrirte Mythologie. Göttersagen und Kultusformen der Hellenen, Römer, Aegypter, Inder, Perser und Germanen. Nebst Zusammenstellung der gebräuchlichsten Symbole und allegor. Bilder. Für Freunde des Alterthums, insbesondere für die reifere Jugend. Von Herm. Göll. 3. verm. und verb. Aufl. (XII, 392 S. mit über 300 in den Text gedr. Illustr. in Holzschn. und 4 Tonbildern, nach Zeichnungen von C. F. Klimsch, H. Leutemann u. A.) 874. *ℳ 4.; geb. *ℳ 5.

10. Vaterländisches Ehrenbuch. Große Tage aus Preußens und Deutschlands Geschichte. Gedenkbuch an die glorreichen J. 1813 bis 1815. Hrsg. von Ed. Große und Franz Otto. 3. gänzlich umgearb. Aufl. 3 Abthlgn. in 1 Bde. (XIV, 364 S. mit 10 Tonbildern in Holzschn. sowie 200 in den Text gedr. Illustr. in Holzschn.) 870. (*ℳ 4.) *ℳ 4,50.; cart. (*ℳ 4,50.) *ℳ 5.; geb. (*ℳ 5.) *ℳ 5.50.

Bd. 11. Das große Jahr 1870. Neues vaterländ. Ehrenbuch. Große Tage aus Deutschlands neuester Geschichte. Ein Gedenkbuch an die wichtigsten Ereignisse des nationalen Krieges im Jahre der deutschen Einigung. Hrsg. von Dof. Höcker und Franz Otto. (X, 464 S. mit zahlreichen Text-Illustr., Tonbildern und buntem Titelbild.) 871. (*ℳ 4.) *ℳ 4,50.; cart. (*ℳ 4,50.) *ℳ 5.

Jugend- und Hausbibliothek, illustrirte. Neue Folge. Neues Soldatenbuch. 4 Bde. gr. 8. Leipzig, Spamer. *
cart. *
geb. in 2 Bdn. *

Inhalt:

Bd. 1. Die Welt in Waffen von der Urzeit bis zur Gegenwart. I. Heldenzeit, Ritterthum und Kriegswesen im Alterthum und Mittelalter bis zur Verbreitung der Feuerwaffen. Von Major K. G. v. Berneck. An Stelle von R. v. Berndt's illustr. Soldatenbuch. 3. Aufl. (VIII, 240 S. mit 120 Text-Abbild., 1 Buntbilde und 5 Tonbildern in Holzschn.) 869. *ℳ 4.; cart. *ℳ 4,50.

• 2. —— dass. — II. Kriegswesen und Kriegsführung in der neuern Zeit, vom 30jährigen Kriege bis zum Schlusse der deutschen Befreiungskriege. Von Major K. G. v. Berneck. An Stelle von R. v. Berndt's illustr. Soldatenbuch. 3. Aufl. (VIII, 326 S. mit 150 Text-Abbild., 1 Buntbilde und 2 Tonbildern in Holzschn.) *ℳ 5.; cart. *ℳ 5,50. — 1. und 2. Bd. geb. in 1 Bd. *ℳ 10.

3. Die Welt in Waffen im 19. Jahrh. I. [An Stelle von R. v. Berndt's illustr. Soldatenbuch.] 3. Aufl. Geschichts- und Kriegsbilder aus fünf Jahrzehnten (1816—1860). Unter Mitwirkung von Hauptm. F. C. Schubert, hrsg. von Major a. D. F. v. Köppen. (XXXIV, 304 S. mit 140 Text-Abbild., 1 color. Titelbilde und 5 color. Bl. europäischer Heerestypen.) 871. *ℳ 5,50.; cart. *ℳ 6.; geb. *ℳ 6,50.

• 4. —— dass. — II. Geschichts- und Kriegsbilder aus der alten und neuen Welt, im siebenten Jahrzehnt [1861 – 1870]. Unter Mitwirkung von Major K. G. v. Berneck hrsg. von Major a. D. F. v. Köppen. (XVI, 402 S. mit 150 Text-Abbild., 1 bunten Titelbilde, 5 color. Bl. europäischer Heerestypen nach Zeichnungen von A. Beck, sowie 24 Portr. deutscher Heerführer auf 4 Tontaf. in Holzschn.) — 2., stark verm. Ausg. bis zum Ende des deutsch-französ. Krieges [1871]. (XVI, 518 S. mit 180 Text-Abbild. in Holzschn., 1 bunten Titelbilde, 5 color. Bl. europ. Heerestypen nach Zeichnungen von A. Beck, sowie 24 Portr. deutscher Heerführer auf 4 Tontaf.) 872. *ℳ 5,50.; cart. *ℳ 6.; geb. *ℳ 6.50.

3. und 4. Bd. auch vereinigt u. d. T.: Kriegswesen und Kriegführung im 19. Jahrh. geb. in 1 Bd. *ℳ 12.

Jugend- u. Hausbibliothek, illustrirte. 4. Serie. 3—6. Bd. gr. 8. Leipzig 871—74. Spamer. n. 19. —; geb. n. 21. 50

3. u. 4. Die Welt in Waffen im 19. Jahrh. I. u. II. [An Stelle von R. v. Berndt's illustr. Soldatenbuch.]

3. Geschichts- u. Kriegsbilder aus fünf Jahrzehnten — 1816—1860 — Unter Mitwirkg. v. F. C. Schubert, hrsg. von F. v. Köppen. Mit 140 Text-Abbildgn., e. (color.) Titelbilde u. 5 color. Bl. europäischer Heerestypen. 3. Aufl. (XXXIV, 304 S.) n. 5. 50; geb. n. 6. —

4. Geschichts- u. Kriegsbilder aus der alten u. neuen Welt, im 7. Jahrzehnt bis zum Ende d. deutsch-französ. Krieges [1871]. Unter Mitwirkg. von K. G. v. Berneck, hrsg. von F. v. Köppen. 2., stark verm. Ausg. Mit 180 Text-Abbildgn. in (Holzschn.), e. bunten Titelbilde, 5 kolor. Blatt europ. Heerestypen nach Zeichngn. v. A. Beck, sowie 24 Porträts deutscher Heerführer auf 4 Tontaf. (XVI, 518 S.) n. 6. —; geb. n. 7. —

5. u. 6. Unsere Vorzeit. Nordisch-germanische Götter u. Helden. In Schildergn. f. Jugend u. Volk v. Wilh. Wägner. 2. Ausg 1. Göttersagen. 2. Heldensagen. Mit 140 Text-Abbildgn. (eingedr. Holzschn.) sowie 5 Tondruckbildern nach Zeichngn. v. W. Engelhard, Karl Ehrenberg, F. W. Heine u. A. (XIX, 483 S.) n. 7. 50; geb. n. 8, 50; Pracht-Ausg. n. 10. 50; geb. n. 12. —

—— —— dass. — 6. Serie. 1. und 2. Bd. br. 8. Ebendas. à Bd. *ℳ 4.; cart. * 4 50

Inhalt:

Bd. 1. Illustrirtes Spielbuch für Knaben. 1001 unterhalt. und anreg. Belustigungen, Spiele und Beschäftigungen für Körper und Geist, im Freien sowie im Zimmer. Hrsg. von Herm. Wagner. 3. verb. und verm. Aufl. (X, 368 S. mit über 500 Text-Abbild. in Holzschn., sowie 1 chromolithogr. Titelbilde.) 870.

• 2. Der gelehrte Spielkamerad. Anleitung für kleine Physiker, Chemiker, Botaniker und Naturfreunde zum Experimentiren, zur Anlage von Pflanzen-, Stein-, Muschel- ꝛc. Sammlungen, sowie zur Pflege der Hausthiere und des Hausgartens, von Herm. Wagner. Ein Supplement zum „Spielbuch für Knaben“. 2. verb. und verm. Aufl. (XII, 236 S. mit 222 eingedr. Text-Abbild., 6 Abtheilungs-Frontispicen in Holzschn. und 1 lithogr. Buntbilde.) 871.

– — dasselbe. 10. Serie. 1. Bd., 2. Bd 2. Abth., 4. u. 5. Bd. gr. 8. Ebend. 873. n. 9. 25; geb. n. 11. 75

I. Große Herrscher u. Kriegsfürsten im 18. u. 19. Jahrh. In Lebens- u. Geschichtsbildern der Jugend u. dem deutschen Volke vorgeführt v. Frz. Otto. Enth.: Die Geschichte vom alten Fritz. Kaiser Josef II., der Menschenfreund auf dem Throne.. Der neue Cäsar. Mit 12 Ton- u. Buntbildern u. 170 Text-Abbildgn. (in Holzschn.) (X, 466 S.) n. 3 50; geb. n. 4. 50

II. 2. Der Menschenfreund auf dem Throne. Leben u. Wirken d. edlen Kaisers Josef d. Zweiten. Unter Benutzg. e. Lebensskizze v. W. Wargner dem Volke u. der Jugend erzählt v. Frz. Otto. Mit 30 Text-Illustr. (in Holzschn.), 2 Tonbildern u. e. Titelbilde. (VI, 88 S.) n. — 75; geb. n. 1. 25

IV. Pantheon. Große Menschen u. denkwürdige Ereignisse aus der Geschichte aller Zeiten u. Völker. Vier große Bürger, die Wohlthäter u. Helden ihres Volkes. George Washington u. Benjamin Franklin, Gründer der nordamerikan. Union, Friedrich Wilhelm v. Steuben, Organisator der nordamerikan. Streitkräfte, Abraham Lincoln, Wiederhersteller der großen transatlant. Republik. Lebensläufe in aufsteig. Linie der Jugend u. dem Volke erzählt v. Frz. Otto u. H. Schramm. Mit 50 Text-Illustr. (in Holzschn.) 4 Tonbildern sowie 2 Buntbildern. (XLVIII, 186 S.) n. 2. 50;

V. Pantheon. Große Menschen u. denkwürd. Ereignisse aus der Geschichte aller Zeiten u. Völker. Deutsche Dichter- u. Wissensfürsten im XVIII. u. XIX. Jahrh. In Lebensbildern f. die deutsche Jugend u. das Volk. In Verbindg. m. Otto Banck, H. Birnbaum, M. O. Mohl ꝛc. hrsg. v. Frz. Otto. Inhalt: Winckelmann u. Lessing. Klopstock u. Herder. Goethe u. Schiller. Alex. v. Humboldt. Leopold v. Buch. Karl Ritter. Mit 60 Text-Illustr., e. Frontispice, e. Buntbild u. 5 Tonbildern. (XX, 254 S.) n. 2. 50; geb. n. 3. —

—— —— dass. — Auf hohen Thronen. Große Herrscher und Kriegsfürsten im 18. und 19. Jahrh. In Lebens- und Geschichtsbildern der Jugend und dem deutschen Volke vorgeführt von Franz Otto. gr. 8. (X, 466 S. mit 12 Ton- und Buntbildern und 170 Text-Abbild. in Holzschn.) Ebendas. 873. (*ℳ 3,50.) *ℳ 4.; geb. (*ℳ 4,50.) * 6 —

Inhalt:

Die Geschichte vom alten Fritz. Kaiser Josef II., der Menschenfreund auf dem Throne. Der neue Cäsar.

Diese drei Biographien sind auch einzeln erschienen.

—— —— illustrirte. 10. Serie. Pantheon. Große Menschen und denkwürd. Ereignisse aus der Geschichte aller Zeiten und Völker. Deutsche Dichter- und Wissensfürsten im XVIII. und XIX. Jahrh. In Lebensbildern für die deutsche Jugend und das Volk. In Verbindung mit Otto Banck, H. Birnbaum, M. O. Mohl, S. Steinhard, W. Wägner, Aug. Werner hrsg. von Franz Otto. 1. Bd. gr. 8. (XX, 254 S. mit 60 Text-Illustr., 1 Frontispice, 1 Buntbild und 5 Tonbildern.) Leipzig 873, Spamer. *ℳ 2,50.; geb. * 8 —

Inhalt:

Winckelmann und Lessing. Klopstock und Herder. Goethe und Schiller. Alex. v. Humboldt. Leopold v. Buch. Karl Ritter.

Als Einzel-Abdruck erschien: Alexander von Humboldt. * 75 Pf.; cart. *ℳ 1,25.

—— —— dass. — Tugendhafte und große Bürger der Alten und Neuen Welt. In Lebens- und Geschichtsbildern der Jugend und dem Volke vorgeführt. Hrsg. von Franz Otto und Hugo Schramm. 1. Bd. gr. 8. (XLVIII, 186 S. mit 50 Text-Illustr. in Holzschn., 4 Tonbildern sowie 2 Buntbildern.) Ebendas. 873. (*ℳ 2,50.) *ℳ 3.; geb. (*ℳ 3.) * 4 —

Inhalt:

Vier große Bürger, die Wohlthäter und Helden ihres Volks. George Washington und Benjamin Franklin, Gründer der nordamerikan. Union; Friedrich Wilhelm v. Steuben, Organisator der nordamerikan. Streitkräfte; Abraham Lincoln, Wiederhersteller der großen transatlant. Republik. Lebensläufe in aufsteig. Linie der Jugend und dem Volke erzählt.

—— —— dass. — Der Jugend Lieblings-Märchenschatz. Familienbuch der schönsten Haus- und Volksmärchen, Sagen und Schwänke aus aller Herren Länder. In Verbindung mit E. Diethoff, H. Jäger, C. Busch, H. E. Stötzner, Elise und Dorothea Waldner hrsg. von Franz Otto. 1.—3. Aufl. Mit 110 Text-Abbild. (in eingedr. Holzschn.), 8 Tonbildern und 1 bunten Titelbilde. Nach Zeichnungen von L. Bechstein, R. Kretschmer, B. Mörlins, L. Eckell, A. Toller, F. Waibler u. A. gr. 8. (XIV, 496 S.) Leipzig 874, Spamer. *ℳ 5.; geb. *

Jugend-Bibliothek, israelitische, begründet v. E. Flanter. 2. u. 4.—6. Bd. 8. Berlin, M. Poppelauer. Geb. n. 4.—
2. „Horeb". Dichtungen f. Schule u. Haus. Von Gust. Jacobsohn. (99 S.) (896.) n. 1.—
4. 1. Frei. 2. Hermann. Erzählgn. Von E. Flanter. (74 S.) (898.) n. 1.—
5. Festgrüße zu Chanukah, Purim u. Rausch Jaschonoh. Gedichte f. Schule u. Haus, gesammelt v. E. Flanter. (62 S.) 900. n. — 80
6. Hillel, der Babylonier. Eine Erzählg. aus jüd. Vorzeit f. jung u. alt. Von J. Herzberg. (III, 128 S.) 902. n. 1.20

Jugendbibliothek, israelitische. 7. Bd. 8. Berlin (906). M. Poppelauer. Geb. 1.—
Aus d. Zelten Jakobs. Für die jüd. Jugend. Von E. Flanter. (88 S. m. Abb.)

—— israelitische, s. Volks- und Jugendbibliothek.

Jugend- und Schulbibliothek, israelitische, s. Schul- und Jugendbibliothek.

Jugend-Bibliothek, katholische. Für die heranreifende christl. Jugend. Hrsg. v. mehren kathol. Geistlichen u. Lehrern. 1—4. Bdchen. 12. (28⅜ B.) Aachen 840, 47, Kneuertz. à * 5 Ngr. Thlr. *
Bdchn. 1. Die Irokesische Jungfrau. Eine Erzählung aus der Kirchengesch. N. d. Franz. bearb. v. K. Deutschmann. Mit 1 Kpfr.
» 2. Die neubekehrte Familie. Eine kath. Erzählung a. d. Engl. d. Mary G. Edgar frei nacherzählt. v. J. L. M. Brühl.
» 3., 4. Die Eroberung des heil. Grabes. Dem Franz. frei nacherzählt. 1. u. 2. Bdchn.

Jugendbibliothek, katholische, 1. u. 2. Bdchn. 8, Kempten, Kösel. n. 1.90; geb. in Halbleinw. n. 2.30; in Leinw. n. 2.90
1. Das Wiedersehen im Felde. Eine Erzählg. f. die Jugend v. Herm. Koneberg. 2. Aufl. (VIII, 112 S. m. 1 Titelbild.) 891. n. 1.—; geb. in Halbleinw. n. 1.30; in Leinw. n. 1.60
2. Der rote Hahn auf Burg Marstetten. Eine sozialgeschichtl. Novelle aus dem Bauernkrieg v. Gust. Zelle. (70 S. m. Textbildern u. 1 Photolith.) 893. n. — 90; geb. in Halbleinw. n. 1.10; in Leinw. n. 1.40

— dasselbe. 3.—8. Bdchn. 8. (Mit je 2 [1 farb.] Lichtdr.) Ebd. à n. — 60; geb. in Halbleinw. à n. — 80; in Leinw. à. n.n. 1.10
3. Die französische Revolution. Für die Jugend u. das Volk hrsg. v. Joh. Hart. (65 S.) 893.
4. Der Kripples-Verl. Eine Erzählg. aus Schwaben, f. die Jugend u. das Volk geschrieben v. Florian Wengenmayr. (70 S.) 894.
5. Die hl. Weihnachtszeit u. ihre Feier. Ein Büchlein f. die liebe Jugend, hrsg. v. Jos. Pötsch. (65 S.) 894.
6. Das ärmste Kind. Orig.-Erzählg. von Armand v. Elz. (59 S.) 894.
7. Himmlische Liebe. Eine Künstler- u. Reisenovelle aus der Gegenwart v. Florian Wengenmayr. (68 S.) 894.
8. Das Leben der hl. Elisabeth. Ein Büchlein f. die liebe Jugend, bearb. v. Hugo Wehner. (64 S.) 894.

Jugend-Bibliothek, katholische. 4. Bdchn. 8. Kempten 908. J. Kösel. n. — 60; geb. n. — 80
Der Kripples-Verl. Eine kulturhistor. Erzählg. aus Schwaben. Von Florian Wengenmayr. Mit 1 (2) Farbenlichtdr. u. 6 Ansichten nach Aufnahmen des Verf. 2. Aufl. (VIII, 93 S.)

— katholische, hrsg. v. Konr. Kümmel. 9.—20. Bdchn. 8. Kempten, J. Kösel. n. 12.25; Einbde. in Halblwd. à n. — 20; in Leinw. à n. — 60
9. Der Engel d. Blinden. E. Erzählg. f. d. reifere Jugend u. d. Volk v. Florian Wengenmayr. (68 S. m. 1 farb. u. 1 Lichtdr.-Taf.) 896. n. — 60
10. Erholungsstunden. 4 Erzählgn. f. d. reif. Jugend u. d. Volk v. Margot Londka. (1. D. weiße u. d. schwarze Sklavin. 2. D. kleine Wilde. 3. D. Himmelstraum. 4. D. Franzosenkind.) (197 S. m. 2 Vollbild. in Farbenlichtdr., sow. 3 Illustr. in Tonlichtdr.) 895. n. 1.70
11. Dreimal hoch d. Eisenbahn! E. Erzählg. f. d. reif. Jugend u. d. Volk v. Florian Wengenmayr. (63 S. m. 1 Titelbilde in Farbenlichtdr. u. 1 Tondr.-Bilde.) 895. n. — 60
12. Ein verlorenes Lebensglück. D. Jugend u. d. christl. Volke n. Begebnissen aus d. Leben erz. v. Herm. Koneberg, O. S. B. M. 1 Titelbilde in Farbendr. u. 1 Tondr.-Bilde. 2., verb. Aufl. (VIII, 139 S.) 896. 1.10
13. Zufriedenheit macht glücklich. E. Erzählg. f. d. reif. Jugend u. d. Volk v. W. Robbert. M. 1 Titelbilde in Farbenlichtdr. (56 S.) 896.
14. E. Reise in d. Heimat d. sel. Nikolaus v. Flüe, [illegible] aufricht. Gottes- u. wahrer Vaterlandsliebe v. [illegible] born. M. 1 Titelbilde in Farbenlichtdr. u. 1 Tondr[illegible] (54 S.) 896. [illegible]
15. Lourdes-Rosen. Erzählgn. f. d. reif. Jugend u. d. Volk. (1. Bernadette, d. Hirtenmädchen v. Lourdes. — 2. D. Wunder v. Lourdes.) Von. Jos. Scholtes. (208 S. m. Abb. u. 2 Lichtdr.) 897. 1.70
16. E. Leben d. Unschuld u. Buße od. d. drei hl. Schutzpatrone d. Jugend: 1. [illegible] Kostka; 2. Aloysius v. Gonzaga; 3. Johannes [illegible] f. d. heranwachs. Jugend u. d. Volk erz. Von [illegible] Scholtes. M. 1 Vollbilde in Farbenlichtdr., sow. 2 [illegible] in Tonlichtdr. (54, 56 u. 61 S.) 896. 1.60
17. Gottes Führen. Erzählg. f. d. reif. Jugend u. d. Volk. Von Redentis. M. e. [illegible] bilde in Farbenlichtdr. u. e. Tondruck-Bilde. (35 S.) [illegible] — 90; m. d. 16. Bdchn. in 1 Leinw.-Bd. n. 3.—
18. Büchlein f. d. Jugend. Enth. d. Legende v. Placidus, das Märchen v. Marienkind, d. Volkssagen v. Untersberg, nebst vielen and. erbaul. u. ergötzl. Historien. Von Ludw. Aurbacher. 2., neu durchgeseh. Aufl. M. 1 Vorwort v. Jos. Sarreiter. M. e. Titelbilde in Farbenlichtdr. u. 2 Tondr.-Bildern. (204 S.) 898. 1.60
19. Bilder aus d. Mädchenleben. 4 Erzählgn. Von Anna Benfey-Schuppe. M. e. Titelbilde in Farbenlichtdr. u. e. Tondruck-Bilde. (61 S.) 898. — 70
20. D. hl. Kirchenlehrer Augustinus. E. Büchlein f. d. reifere Jugend. Von Hugo Weber. M. e. Titelbilde in Farbenlichtdr. u. e. Tondr.-Bilde. (72 S.) 898. — 75; m. d. 18. Bdchn. in 1 Leinw.-Bd. n. 3.—

— katholische. Hrsg. von Konr. Kümmel. 1. u. 21.—25. Bdchn. 8. Kempten, J. Kösel. 6.80; geb. in Halbleinw. n. 8.—
1. Das Wiedersehen im Felde. Eine Erzählg. f. die Jugend. Von Herm. Koneberg. 3. Aufl. Mit 1 Titelbilde in Photolith. (VIII, 104 S.) 901. 1.—; geb. n. 1.20
21. „Die Gouvernante kommt!" Erzählg f. die Jugend. Von Marianna v. Biegeleben. Mit 1 Tondr.-Bilde. — Die Wachspuppe. Erzählung f. die Jugend. Von Marianna v. Biegeleben. Mit 2 farb. Vollbildern v. L. Hoffmann. (39 u. 42 S.) 899. — 80; geb. n. 1.—
22. Ein Knabenleben. Erzählg. Von Marianna v. Biegeleben. Mit Vollbild in einfachem Lichtdr. v. L. Hoffmann. (78 S.) 899. — 80; geb. n. 1.—; (18—22 in 1 Leinw.-Bd. n. 3.—)
23. Erlebtes u. Erdachtes. 4 Erzählungen f. die reifere Jugend. (1. Ein Spatzenmärchen. — 2. Die weiße Katze. — 3. Auf der Flucht. — 4. Ein Tag aus dem Leben zweier Geschwister.) Von J. Remo. Mit 4 Vollbildern in Lichtdr. v. L. Hoffmann. (188 S.) 900. 1.50; geb. n. 1.70
24. Viertens: „Du sollst Vater u. Mutter ehren". Eine Erzählg. f. die reifere Jugend. Von Berta Akermann-Haßlacher. Mit 2 Vollbildern in Farbenlichtdr. u. einfachem Lichtdr. (100 S.) 900. 1.20; geb. n. 1.40; (23 u. 24 in 1 Leinw.-Bd. n. 3.—)
25. Reise, neue, in meinem Zimmer. Wegweiser f. Marienkinder, errichtet v. e. Marienkinde. Aus dem Franz. übers. v. Rosa Schilling. Mit 1 Vollbilde in Farbenlichtdr. u. 3 Textillustr. (176 S.) 900. 1.50; geb. n. 1.70

Jugendbibliothek

— deutscher Classiker. Gesammelt, geordnet u. mit Erläuterr. versehen von Fr. K. Bruckner. 1r Bd. Erzählungen, Fabeln u. Parabeln. gr. 12. Neustadt a. d. Haardt 831. Christmann. (Leipz., Michelsen). 16 ℊ

—— deutscher Classiker. Gesammelt, angeord. u. mit Erläutern. versehen v. Friedr. Konr. Bruckner. 2 Bde. gr. 12. Neustadt a. d. Haardt, Christmann.
Bd. 1. Erzählungen, Fabeln, Parabeln. 1. u. 2. Aufl. (à 18 B.) 831, 34. à 16 Gr.
» 2. Beschreibungen u. Schilderungen, Briefe, beschreib. Gedichte, Idyllen, Balladen u. Romanzen ꝛc. (18¼ B.) 834. 16 Gr.

—— deutscher Classiker. Mit Erläutern. 1. Bd. Erzählungen, Parabeln, Fabeln. 3. Aufl. Hrsg. v. Friedr. Konr. Bruckner. gr. 12. (18 B.) Neustadt a. d. Haardt 837, Gottschick.
2. Bd. Ebendas. 1834. 16 Gr.

—— deutscher Classiker. Gesammelt, angeordnet u. mit Erläuterungen versehen von Fr. Konr. Bruckner. 1. Bd. 4. Aufl. gr. 12. Neustadt a. d. H. 841, Gottschick. 1/2 ℛ

—— deutscher Classiker. Ausgewählte Sammlung aus d. Werken deutscher Prosaiker u. Dichter v. Haller bis auf die neueste Zeit. Hrsg. v. F. Orelli. 5 Bde. (19 Lfgn.) gr. 16. Coesfeld 843—47, Riese's Verl. [1. (31 1/4 B.) 2. (30 1/8 B.) 3. (27 1/4 B.) 4. (27 3/8 B.) 5. (27 1/4 B.) à Bd. 20 Ngr.] à Lfg.
Bd. 1., 3., 5. Prosaische Abtheilung. 1—3. Bd.
" 2., 4. Poetische Abtheilung. 1. u. 2. Bd.

—— deutscher Classiker. Ausgewählte Sammlung aus den Werken deutscher Prosaiker und Dichter von Haller bis auf die neueste Zeit. Nebst einem Abriß der deutschen Literaturgeschichte mit kurzen Biographien und Proben der früheren Jahrhunderte. Hrsg. von F. Orelli. Poetische Abtheilung. 6 Bde. — Prosaische Abtheilung. 13 Bde. und Supplementbd. gr. 16. [Halle] 843—49, Riese. *

—— dass. Illustrationen dazu 1. Lfg. 16. (4 Bl.) Ebds. 846.*

—— klassische. Eine Sammlung der vorzüglichsten Kinder- und Jugendschriften für Haus und Schule. Unter Mitwirkung von G. Steinacker und M. Zille ausgewählt, durchgesehen und hrsg. von Max Moltke. 1.—3. Lfg.: Campe's Robinson. Ein Lesebuch für Kinder. Neue durchgeseh. Aufl. gr. 16. (VIII und 260 S. mit 1 Holzschntaf.) Leipzig 867,68, Gebhardt. à Lfg. * 2 1/2 Ngr. *

—— klassische. Eine Sammlung der vorzüglichsten Kinder- und Jugendschriften für Schule und Haus. Unter Mitwirkung von G. Steinacker und M. Zille ausgewählt, durchgesehen und hrsg. von Max Moltke. 2.—7. Bd. gr. 16. Leipzig, Gebhardt's Verlag. * 6 —
Inhalt:
Bd. 2—4. Becker's, Karl Friedr., Erzählungen aus der alten Welt für die Jugend. 3 Thle. 1. Thl. Ulysses von Ithaka. Eine Erzählung nach Homer's Odyssee. Neue durchgeseh. Ausg. (218 S. mit 1 Titelbilde von H. Leutemann.) — 2. Thl. Achilles. Eine Erzählung nach Homer's Iliade. Neue durchgeseh. Aufl. (260 S. mit 1 Titelbilde von H. Leutemann.) — 3. Thl. Kleinere griechische Erzählungen nach Virgil, Apollonius Rhodius und anderen Dichtern der Alten. Neue durchgeseh. Ausg. (222 S. mit 1 Titelbilde von H. Leutemann.) 868—74. In Lfgn. à * 25 Pf. * ℳ 3.
" 5—7. Lossius, Kasp. Friedr., Gumal und Lina. Eine Geschichte für Kinder zum Unterricht und Vergnügen, besonders um ihnen die ersten Religionsbegriffe beizubringen. Neue durchgeseh. Ausg. 3 Thle. (163; 170; 148 S., mit 3 Holzschntaf.) 869. * ℳ 2.70.; cart. * ℳ 3.

— kleine, 6 Bdchn. 8. Memming. (Hamb., Meder u. Müller). Mit schwarz. Kpf. 6 ℛ Mit ill. Kpf. 8 ℛ (Einzeln a. u. folg. Titeln: Blumen u. Dornenstücke. 1 ℛ Dankbarkeit. 1 ℛ Dichtung u. Wahrheit. 1 ℛ Freude u. Schmerz. 1 ℛ Gemälde aus d. Jugendwelt. 1 ℛ Liebe u. Rechtschaffenheit. 1 ℛ)

— kleine, 6 Bändchen. 8. Memmingen. (Wien, Tendler und Comp.) Mit schwarzen Kupfern. 6
Mit illum. à 1 Rthlr. 8 Gr. 8

Jugendbibliothek, kleine, von Weiße, Starke, Salzmann rc. u. a. herausg. v. J. Glatz. 3 Thle. 16. Fürth. (Campe, Nürnb.) 805.

— kleine, zur belehrenden u. bildenden Unterhaltung, von Therese Berger u. Dr. Zerrenner. 16 Bdchn. 8. Halle 840, Kümmel. 3/8 ℛ fein Pap. geb. in Leinwand 3/4 ℛ Schrbp. geb. in Leinwand 7/8 ℛ

—— kleine, v. Therese Berger u. Zerrenner, s. a. Berger, Th.

—— kleine. Aus dem reichen Schatze deutscher class. Literatur gesammelt von F. Orelli. 6 Bdchn. (Mit 6 Stnt. in Tondr.) 16. Halle 850, Riese.
Inhalt:
Bd. 1. Erzählungen. (IV und 156 S.)
" 2. Mährchen. (IV und 155 S.)
" 3. Unterhaltungen aus der Geschichte und dem Leben denkwürd. Menschen. (III und 156 S.)
" 4. Darstellungen aus der Naturgeschichte und Geographie. (III und 156 S.)
" 5. Fabeln und erzählende Gedichte. (V und 151 S.)
" 6. Lieder und Räthsel. (VI und 122 S.)

— kleine. Nr. 1—24. 12. (à 32 S.) Styrum 890. Spaarmann. à — 10
1. Die schwimmende Insel. Eine Erzählung aus dem Indianerleben v. J. Norden.
2. Die Goldquelle in den Felsenbergen. Von J. Norden.
3. Der dankbare Indianer. Eine Erzählg. v. J. Norden.
4. Unter Seeräubern. Eine Erzählg. v. J. Norden.
5. Auf der See gerichtet. Eine Erzählg. v. J. Norden.
6. Ein Wiedersehen auf dem Schlachtfelde. Eine Erzählung von Rich. Heinrich.
7. Unter den Goldsuchern. Eine Erzählg. v. Rich. Norden.
8. Das Soldatenkind. Eine Erzählg. v. J. Norden.
9. Entlarvt. Eine Erzählg. aus den Wildnissen Amerikas von Rich. Norden.
10. Der falsche Prinz. Ein Märchen v. W. Hauff.
11. Der Räuber Orbasan. Ein Märchen v. W. Hauff.
12. Der Hirschgulden. Ein Märchen v. W. Hauff.
13. Der Zwerg Nase. Ein Märchen v. W. Hauff.
14. In der Sahara. Eine Erzählg. v. J. Norden.
15. Der geheimnisvolle Koch. Eine Seegeschichte v. J. Norden.
16. Der Kolonist. Eine Erzählg. aus den Urwäldern Amerikas v. Wilh. Heinrich.
17. Die grüne Eidechse. Eine Erzählung aus den Urwäldern von Amerika v. W. Frey.
18. Anselmo od. in muselmännischer Sklaverei. Eine Erzählung nach Chr. v. Schmid.
19. Die Gefangenen unter den Schawanesen. Eine Erzählg. aus den Urwäldern Amerikas v. Rich. Norden.
20. Die rettende Uniform. Eine Erzählg. aus der Wildnis von Afrika v. Rich. Norden.
21. Vom Sturme verschlagen. Eine Erzählg. v. den Fidji-Inseln v. P. Grundmann.
22. An der Indianergrenze. Eine Erzählung aus dem Leben der Ansiedler v. P. Grundmann.
23. Lono, der Negerkönig. Eine Erzählg. aus d. Innern Afrikas v. W. Frey.
24. Auf der Prärie. Eine Erzählg. aus dem fernen Westen von S. Grundmann.

— kleine. Nr. 25—96. gr. 16. (à 32 S.) Styrum, A. Spaarmann. à n. — 10
Inhaltsübersicht in alphabetischer Ordnung:
Foehse, Ludw., die verlassene Farm. Eine amerikan. Erzählg. 893. (Nr. 90.)
— um Freiheit u. Leben. Eine Erzählg. aus dem deutschen Afrika. 892. (Nr. 56.)
— das Geheimnis des Kilimandscharo. Eine deutsch-ostafrikan. Erzählg. 893. (Nr. 87.)
— das „Geisterschiff". Erzählg. 892. (Nr. 69.)
— der springende Jaguar. Eine Erzählg. 892. (Nr. 72.)
— der Indianer-Aufstand. Eine Erzählg. 892. (Nr. 71.)
— die Indianerprinzessin. Eine Erzählg. aus dem fernen Westen. 892. (Nr. 70.)
— der Indianerturm. Eine Erzählg. 893. (Nr. 85.)
— der Inselkönig. Eine Indianer-Erzählg. 892. (Nr. 57.)
— Ituri, der afrikanische Zwergkönig. Eine Erzählg. aus dem dunkelsten Afrika f. die Jugend. 891. (Nr. 48.)
— der Kampf am Saringo-See. Eine Erzählg. aus Ostafrika. 893. (Nr. 91.)
— König Kitafu. Eine ostafrikan. Erzählg. 891. (Nr. 47.)
— der König der Geächteten. Eine Erzählg. aus Amerika. 892. (Nr. 68.)
— lebendig begraben. Eine Erzählg. aus den Goldminen Kaliforniens. 892. (Nr. 61.)
— Locksley, der Führer der Freischützen im Sheriffswalde. Eine Erzählg. 892. (Nr. 83.)
— die Piraten von Pangani. Eine ostafrikan. Erzählg. f. die Jugend. 891. (Nr. 45.)
— die Reise nach dem Mars. Eine höchst seltsame Geschichte. 892. (Nr. 62.)
— der Schatz d. Häuptlings. Eine Indianer-Erzählg. 892. (Nr. 59.)
— die Schatzkammern der Inkas. Eine Erzählg. 893. (Nr. 94.)
— die „rote Schlange". Eine Indianer-Erzählg. 892. (Nr. 73.)
— die Schmuggler. Eine Erzählg. aus den Kolonien. 893. (Nr. 96.)
— der unterirdische See. Eine wahrheitsgetreue wunderbare Erzählg. 892. (Nr. 65.)
— der Sieg der Wahehes in Deutsch-Ostafrika. Eine Erzählg. 893. (Nr. 89.)
— die Sklavenjäger. Eine Erzählg. aus Deutsch-Ostafrika. 893. (Nr. 86.)
— der Sohn der Freiheit. Eine Indianer-Erzählg. 892. (Nr. 60.)
— die Strandräuber. Eine ostafrikan. Erzählg. 892. (Nr. 58.)
— im Thal d. Todes. Eine ostafrikan. Erzählg. f. die Jugend. 891. (Nr. 43.)
— eine rettende That. Eine Erzählg. aus Deutsch-Ostafrika. 892. (Nr. 79.)
— die Totenpost. Eine Erzählg. aus Amerikas Vergangenheit. 893. (Nr. 92.)
— die Totenvögel v. Kilwa. Eine ostafrikan. Erzählg. 892. (Nr. 49.)

— der Ueberfall d. Fort Hunton. Eine Indianer-Erzählg. 892. (Nr. 74.)
— der Verrat im Königshause der Inkas. Eine Erzählg. 893. (Nr. 93.)
— der Wagogo-Häuptling. Eine Erzählg. aus Deutsch-Ostafrika. 893. (Nr. 88.)
— der Waldkönig. Eine Indianer-Erzählg. 892. (Nr. 62.)
— die Zerstörung v. Bagamoyo. Eine Erzählg. f. die Jugend. 891. (Nr. 44.)
Gärtner, Geo., ein Abenteuer in den Goldminen Eine Erzählg. aus weiter Ferne. 891. (Nr. 46.)
— Bu-Said, die Geißel der arabischen Sklavenjäger. Erzählg. 892. (Nr. 82.)
— das verborgene Goldthal. Eine Erzählg. aus dem Goldlande 892. (Nr. 80.)
— die schwarze Hand. Eine Erzählg. 892. (Nr. 81.)
— der „schwimmende Kirchhof". Eine Seegeschichte. 892. (Nr. 84.)
Gillwald, Alb., Abenteuer auf der Löwenjagd. Eine Erzählg. aus Afrika. 891. (Nr. 40.)
— im Lager der Zulu-Kaffern. Eine Erzählg. nach Thatsachen. 891. (Nr. 25.)
— ein Opferfest der Hindus. Eine Erzählg. nach Thatsachen. 893. (Nr. 95.)
— der Schatz im Andreasberge. Nach Musäus f. die Jugend bearb. 891. (Nr. 26.)
— der Scheich v. Tuat. Eine Erzählg. aus dem Beduinen-Leben. 891. (Nr. 37.)
— der Sohn der Witwe. Eine Erzählg. aus dem nordamerik. Bürgerkrieg. 891. (Nr. 27.)
Grundmann, J., in den Felsenhöhlen d. Kolorado. Eine Erzählg. aus dem wilden Westen. 892. (Nr. 76.)
— die „blutige Faust". Eine Erzählg. aus den Prärien d. Westens. 892. (Nr. 78.)
— die Goldmine in den Black-Hills. Eine Erzählg. aus dem Stromgebiet d. Missouri. 892. (Nr. 75.)
— die beiden Trapper. Eine Erzählg. aus den Wildnissen Amerikas. 892. (Nr. 77.)
Grundmann, P., an der Frontera. Eine Erzählg. aus Süd-Amerika. 892. (Nr. 64.)
— Fort Laramie. Eine Erzählg. aus den Kriegen der Weißen gegen die Indianer. 892. (Nr. 67.)
— Lucon, der Kazike der Manguelos. Eine Erzählg. aus den Pampas. 892. (Nr. 63.)
— aus den Pampas. Eine Erzählg. aus Süd-Amerika. 891. (Nr. 39.)
— der Pelzjäger. Eine Erzählg. aus dem Westen Amerikas. 892. (Nr. 66.)
Hauff, W., Almansor. Eine morgenländ. Erzählg. 891. (Nr. 38.)
Swift. Gullivers Reise nach Lilliput. Der Jugend erzählt nach Jonathan Swift. 891. (Nr. 36.)
Waldheim, R., im letzten Augenblick. Eine Erzählg. aus dem Arkansas. 891. (Nr. 41.)
— der Bootsmann. Eine Geschichte aus dem Westen. 893. (Nr. 51.)
— John Harward, der Pedlar. Eine Erzählg. aus dem Westen. 891. (Nr. 33.)
— der Kundschafter. Eine Erzählg. aus dem amerikan. Bürgerkriege. 891. (Nr. 42.)
— der Pelzjäger. Eine Erzählg. aus Kanada. 891. (Nr. 34.)
— der „Seeteufel". Eine Erzählg. aus dem südamerikan. Befreiungskampfe. 892. (Nr. 60.)
— auf der Station. Eine Erzählg. aus Ostafrika. 891. (Nr. 32.)
— der Wüstenräuber. Eine Erzählg. aus Ost-Afrika. 891. (Nr. 35.)
Wernick, Carl, die Deadwoodkutsche. Eine Erzählg. f. die Jugend. 891. (Nr. 31.)
— die Deserteure an der Sklavenküste. 892. (Nr. 54.)
— die Goldmine. Eine Erzählg. f. die Jugend. 891. (Nr. 30.)
— eine Gorilla-Jagd. 892. (Nr. 55.)
— das Grab d. Medizinmannes. Eine Erzählg. f. die Jugend. 891. (Nr. 28.)
— der Sohn d. Häuptlings. Eine interessante Erzählg. f. die Jugend. 891. (Nr. 29.)
Wernick, E., eine Sklavenjagd in Afrika. 892. (Nr. 53.)

— **kleine.** Nr. 97—114. 12. (à 32 S.) Styrum 895. A. Spaarmann. à n. — 10

97. D. Naukluft od. Hendrik Witboi. E. deutsch-ostafrikan. Erzählg. v. Ludw. Foehse.
98. D. Gespenst v. Korea. E. Erzählg. a. d. chinesisch-japan. Kriege. Von Ludw. Foehse.
99. D. Gefangene. E. Erzählg. a. d. chinesisch-japan. Kriege. Von Ludw. Foehse.
100. D. Verschwörg. z. Peking. E. Erzählg. a. d. chinesisch-japan. Kriege. Von Ludw. Foehse.
101. D. Geheimniß d. alten Hauses. E. Erzählg. v. Ludw. Foehse.
102. Wingook, d. Adler d. Berge. E. Indianer-Erzählg. v. Ludw. Foehse.
103. D. Nachtrufer am Missouri. E. Indianer-Erzählg. v. Ludw. Foehse.
104. Im Präriebrand. E. Indianer-Erzählg. v. Ludw. Foehse.
105. D. Zauberer im Cheyennendorfe. E. Indianer-Erzählg. v. Ludw. Foehse.
106. D. Wunderland. E. Indianer-Erzählg. v. Ludw. Foehse.
107. D. Ausbruch a. d. Reservation. E. Indianer-Erzählg. von Ludw. Foehse.
108. D. Einsiedler am S. Antonia-Peak. E. Indianer-Erzählg. v. Ludw. Foehse.
109. Belkturn, d. Räubersultan am Rufu. E. Erzählg. f. d. Jugend v. Ludw. Foehse.
110. Ein schwarzer Zauberer. E. Erzählg. f. d. Jugend v. Ludw. Foehse.
111. Masiwi od. d. Insel d. Verschworenen. E. deutschpatriot. Erzählg. v. Ludw. Foehse.
112. In d. Wildnis. Deutsch-ostafrikan. Erzählg. v. Ludw. Foehse.
113. Der Sturz d. Waheheseste. Deutsch-ostafrikan. Erzählg. v. Ludw. Foehse.
114. Das Heldenmädchen v. Kilwa. E. deutschostafrikan. Erzählg. v. Ludw. Foehse.

Jugendbibliothek, Laumann'sche. Hrsg. v. Freunden christl. Jugend. 1.—7. Lfg. 12. (à 65 S. m. Abbildgn.) Dülmen, A. Laumann. à Lfg. n. — 25; je 3 Lfgn. in 1 Leinw.-Bd. geb. n. 1. —

1. Wie Einer sein Glück findet. Angelika. Von Karl Reginaldus. (64 S. m. Abbildgn.) 893.
2. Die Gebrüder Hachelmann. (Eine Dorfgeschichte.) Von Karl Reginaldus. 893.
3. Im Mühlengrunde. (Eine Dorfgeschichte.) Von W. Suerland. 894.
4. 5. Fridolins Rheinfahrt. 2 Thle. Von Rhold. Herwig. 894.
6. Guckkastenbilder. Von F. Meinhold. 894.
7. Wunderbare Wege. Von B. Reyeg. (64 S.) 894.

Jugend-Bibliothek, Laumann'sche. Hrsg. v. Freunden christl. Jugend. 8.—15. Lfg. 12. (à ca. 61 S. m. Abb.) Dülmen, A. Laumann. à — 25

8. D. neue Bürgermeister v. Bergthal od. v. Irrtum z. Wahrheit. Von Karl Reginaldus. 894.
9. Er sucht s. Mutter. Von Armand v. Elz. 894.
   7.—9. Lfg. als III. Bd. geb. in Leinw. n. 1. —
10. D. Traum d. Königssohnes od. d. größte Wunder d. Welt. E. dichter. Legende. Von Karl Reginaldus. 894.
11. Was e. alter Apfelbaum erzählte. Von F. Meinhard. 894.
12. D. drei Goldsucher. Von Rhold. Herwig. 895.
13. Der kleine Kreuzfahrer. E. Erzählg. a. d. Kinderkreuzzügen. Von Joh. Pet. Manel. 895.
14. Ferienwanderung. Von B. Reyeg. 895.
15. Leonhard Werner. E. Erzählg. a. d. Volksleben. — Scheiden u. Wiedersehen. Nach wahren Begebenheiten erzählt. Von J. Dierkesmann. 898.

— **Laumann'sche.** Hrsg. v. Freunden christl. Jugend. 16.—20. Lfg. 12. Dülmen, A. Laumann. à — 25

16. 17. Treue um Treue. Eine Erzählg. f. die Jugend. Von Ferd. Goebel. — Aus dem Leben eines berühmten Mannes. Der Jugend erzählt. Von Ferd. Goebel. (128 S.) 899.
18. Der Köhlersepp. Von Karl Werls. (64 S.) 901.
19. 20. Marketenermut. Eine Erzählg. aus d. Zeit der Freiheitskriege. Von J. Dierkesmann. Der deutschen Jugend gewidmet. — Bildschnitzer, der, u. sein Patenkind. — Gesundheit ist kostbarer als Reichtum. (128 S.) (902.)

— **Laumann'sche.** Hrsg. v. Freunden christl. Jugend. 21. u. 22. Lfg. 12. Dülmen, A. Laumann. à — 25

21. Das Opfer e. Priesters. Erzählung. Von B. Kiesler. — Aus dem Leben des Jugendschriftstellers Christoph v. Schmid. Von Rhold. Herwig. (64 S.) 903.
22. Die entlarvte Kartenschlägerin. (Eine heitere Geschichte.) Von Hugo Wehner. — Eine wahre Begebenheit aus dem Siegkreise. (64 S.) 904.

— **Laumann'sche.** Hrsg. v. Freunden christl. Jugend. 23.—36. Lfg. kl. 8. Dülmen, A. Laumann. à — 25

Dröder, von Kanada zur deutschen Heimat. (Reiseskizzen.) (44 S. m. Abb.) 906. (Lfrg. 23.)
Dulla, Kornelia, Märchen. (128 S. m. 6 Abb.) 906. (Lfrg. 25. 26.)
— dasselbe. 2. Bdchn. (64 S. m. 3 Abb.) 906. (Lfrg. 27.)
Fuß, Maria, das Findelkind. — Hereingefallen. (64 S. m. Abbildgn.) 909. (Lfrg. 33.)
Kraume, J., der Laufbursche. (64 S. m. Abb.) 909. (Lfrg. 36.)
Schmetz, Hub., am Spinnrad der Zeit. Erzählungen f. die Jugend u. das Volk. (127 S. m. Abb.) 909. (Lfrg. 34. 35.)
Schmid's, Christoph v., Jugend. Von ihm selbst erzählt. (64 S.) 906. (Lfrg. 24.)
Thamm, Paul, Müller Sausewind u. andere naturgeschichtl. Märchen. (I. Sammlg.) (64 S.) 908. (Lfrg. 28.)
— Am Waldteiche u. andere naturgeschichtliche Märchen. (II. Sammlg.) (128 S.) 908. (Lfrg. 29. 30.) (Lfg. 28—30 in 1 Leinw.-Bd. 1.—.)
Weltumsegelung, meine. Aus e. Tagebuch. (128 S. m. Abbildgn.) 909. (Lfrg. 31. 32.)

—— **moralische**, in franz., ital., engl. u. deutscher Sprache, z. Belehr. u. Unterhalt. 1—4. Lfg. qu. 16. (31 B.) Zweibrücken 838, Ritter. à ⅙ Thlr.

Jugend- u. Volksbibliothek, naturwissenschaftliche. 1.—5. Bdchn. 8. Regensburg, Verlagsanstalt vorm. G. J. Manz. n. 7. 10; geb. in Leinw. n.n. 9. 60

1. Der Weltbau u. sein Meister. Von Jos. Niessen. Mit 11 Illustr. (VIII, 159 S.) 901. n. 1. 50; geb. n. 2. —
2. Im Reiche der Blumen. Von Jos. Niessen. Mit 30 Illustr. (180 S.) 902. n. 2. —; geb. n. 2. 50
3. Treue Freunde in Haus u. Hof. Unsere Haustiere in Wort u. Bild. Von Heinr. Bals. Mit 19 Illustr. (155 S.) 902. n. 1. 20; geb. n.n. 1. 70
4. Kunsthandwerker im Tierreich. Von Jos. Niessen. Mit 38 Illustr. (171 S.) 902. n. 1. 20; geb. n.n. 1. 70
5. Lustige Musikanten in Feld u. Wald. Unsere Singvögel in Wort u. Bild. Von Heinr. Bals. Mit 17 Illustr. (152 S.) 902. n. 1. 20; geb. n.n. 1. 70

— — naturwissenschaftliche. 6.—36. Bdchn. 8. Ebd. n. 41.60; geb. in Leinw. n.n. 57.40
Bals, Heinr., Krieg u. Frieden im Tierreiche. Mit 14 Illustr. (158 S.) 904. (12. Bdchn.) n. 1.20; geb. n.n. 1.70
— das Staatswesen u. Staatsleben im Tierreiche. Mit 18 Illustr. (156 S.) 904. (8. Bdchn.) n. 1.20; geb. n.n. 1.70
Bendel, Joh., Gewerkfleiß im Insektenstaat. Mit 15 Illustr. (148 S.) 905. (20. Bdchn.) n. 1.20; geb. n.n. 1.70
— Vogelpolizei. Mit 25 Illustr. (150 S.) 904. (15. Bdchn.) n. 1.20; geb. n.n. 1.70

— Vogelwanderleben. Mit 14 Illustr. (144 S.) 904. (9. Bdchn.) n. 1.20; geb. n.n. 1.70
— Wetterpropheten. Mit 29 Illustr. (166 S.) 904. (7. Bdchn.) n. 1.20; geb. n.n. 1.70
Borgmann, Rich., lichtscheues Gesindel. Mit 29 Illustr. (VIII, 140 S.) 905. (21. Bdchn.) n. 1.20; geb. n.n. 1.70
Dierks, W., unsere Nahrungsmittel vor Gericht. Mit 22 Illustr. (175 S.) 904. (13. Bdchn.) n. 1.20; geb. n.n. 1.70
Engeln, Wilh., im Telegraphen- u. Telephonbureau. Mit 20 Illustr. (173 S.) 903. (6. Bdchn.) n. 1.20; geb. n.n. 1.70
— aus dem Wunderreiche der Elektrizität. Mit 20 Illustr. (VIII, 172 S.) 904. (14. Bdchn.) n. 1.20; geb. n.n. 1.70
Familler, Ig., Gärten der Unterwelt. Eine Geschichte der Erde. Mit 47 Illustr. (XII, 170 S. m. 1 farb. Karte.) 906. (25. Bdchn.) n. 1.20; geb. n.n. 1.70
Handmann, R., S. J., Mikroskopische Bilder aus der höher organisierten Tierwelt. Mit 125 Illustr. u. 4 Taf. (261 S.) 906. (32. Bdchn.) n. 2.40; geb. n.n. 3.—
— aus der kleinen Welt. I. Das Mikroskop u. seine Anwendg. im allgemeinen. Mit 52 Illustr. (130 S.) 905. (18. Bdchn.) n. 1.20; geb n.n. 1.70
— dasselbe. II. Mikroskopische Bilder aus dem Zellleben u. der niederen Tier- u. Pflanzenwelt. Mit 100 Illustr. u. 5 Fig.-Taf. (244 S.) 906. (27. Bdchn.) n. 2.40; geb. n.n. 3.—
Handmann, R., S. J., aus der kleinen Welt. III. Mikroskopische Bilder aus d. höher organisierten Pflanzenwelt. Mit 117 Illustr. (240 S.) 906. (28. Bdchn.) n. 2.40; geb. n.n. 3.—
Hofbauer, Herm., C. Ss. R., Königin Sonne u. ihr Hofstaat. Mit 36 Illustr. (147 S.) 906. (24. Bdchn.) n. 1.20; geb. n.n. 1.70
Hofinger, L., Kampf ums Dasein im Pflanzenreiche. Mit 74 Illustr. (123 S.) 906. (33. Bdchn.) n. 1.20; geb. n.n. 1.70
Hower, Heinr., aus der Welt des Wassertropfens. Mit 30 Illustr. (VIII, 172 S.) 906. (26. Bdchn.) n. 1.20; geb. n.n. 1.70
Jäger, Vital, O. S. B., ein unübertroffener Bildhauer. I In der Gebirgswelt Tirols. Mit 23 Illustr. u. 2 Karten. (132 S.) 906. (29. Bdchn.) n. 1.20; geb. n.n. 1.70
Killermann, Seb., leuchtende Pflanzen u. Tiere. Mit 25 Illustr. (148 S.) 905. (22. Bdchn.) n. 1.20; geb. n.n. 1.70
Knauer, Frdr. K., die Tierwelt unserer Süßwasser-Aquarien. Mit 30 Illustr. (160 S.) 905. (23. Bdchn.) n. 1.20; geb. n.n. 1.70
Kollbach, Karl, aus der Alpenwelt. Mit 12 Illustr. (154 S.) 906. (34. Bdchn.) n. 1.20; geb. n.n. 1.70
Neureuter, Frz., auf der Fuchsjagd Ein Bild aus dem Tierleben der Heimat. Mit 20 Illustr. (164 S.) 905. (17. Bdchn.) n. 1.20; geb. n.n. 1.70
— die Wanderungen der Pflanzen. Ein Kapitel aus dem Leben der Pflanzenwelt. Mit 45 Illustr. (118 S.) 904. (10. Bdchn.) n. 1.20; geb. n.n. 1.70
— die Wanderungen der Tiere. Ein Kapitel aus dem Leben der Tierwelt. Mit 15 Illustr. (168 S.) 906. (31. Bdchn.) n. 1.20; geb. n.n. 1.70
Niessen, Jos., Blumenlese aus meinem biologischen Herbar. Mit 80 Illustr. (224 S.) 904. (11. Bdchn.) n. 2.—; geb. n.n. 2.50
— am Meeresstrande. Mit 23 Illustr. (181 S.) 906. (30. Bdchn.) n. 1.20; geb. n.n. 1.70
Schmitz, H., S. J., das Leben der Ameisen u. ihrer Gäste. Anleitung zur Beobachtung der in Deutschland heim. Arten. Mit 46 Illustr. (191 S.) 906. (35. Bdchn.) n. 1.20; geb. n.n. 1.70
Ullamer, Joh. Alf., in der Heuernte. Ausflüge auf die heim. Wiesen. Mit 32 Illustr. (160 S.) 904. (16. Bdchn.) n. 1.20 geb. n.n. 1.70
— unschuldig Verurteilte in Tier- u. Pflanzenwelt. Mit 23 Illustr. (181 S.) 905. (19. Bdchn.) n. 1.20; geb. n.n. 1.70
Wald, Karl, Lebensbäume. Die wichtigsten Vertreter der Palmenwelt u. deren Nutzen für den Menschen. Mit 20 Illustr. (159 S.) 906. (36. Bdchn.) n. 1.20; geb. n.n. 1.70
1.—5. Bdchn. Ebd. 901. 902. n. 7.10; geb. n.n. 9.00.

Jugend- u. Volksbibliothek, naturwissenschaftliche. 3.—5. u. 37.—56. Bdchn. 8. Regensburg, Verlagsanstalt vorm. G. J. Manz. 28.50; geb. in Leinw. n 40.40
Bals, Heinr., aus der niedern Tierwelt des Meeres. Mit 19 Illustr. (XVI, 134 S.) 909. (52. Bdchn.) 1.20; geb. n 1.70
— Treue Freunde in Haus u. Hof. Unsere Haustiere in Wort u. Bild. 2., verb. Aufl. Mit 19 Illustr. (160 S.) 908. (3. Bdchn.) 1.20; geb. n 1.70
— Lustige Musikanten in Feld u. Wald. Unsere Singvögel in Wort u. Bild. 2., verb. Aufl. (151 S. m. 17 Abb.) 909. (5. Bdchn.) —90; geb. n 1.70
Bendel, Joh., Blumenmärchen u. Pflanzenlegenden. Mit 19 Illustr. (158 S.) 909. (51. Bdchn.) 1.20; geb. n 1.70
— Der Gesang des Vogels. Mit 28 Illustr. (162 S.) 907. (38. Bdchn.) 1.20; geb. n 1.70
Boode, Eduard, die Natur im Spätherbst u. ihr Eindruck auf den Menschen. Mit 22 Illustr. (181 S.) 907. (37. Bdchn.) 1.20; geb. n 1.70
— Die Sängerin der Nacht. Mit 17 (Umschlag: 16) Abb. (VII, 327 S.) 909. (49. 50. Bdchn.) 2.40; geb. n 3.40
Filek, E. v., die vulkanischen Erscheingn. Gemeinverständlich dargestellt. Mit 22 Illustr. (166 S.) 907. (39. Bdchn.) 1.20; geb. n 1.70
Handmann, R., S. J., aus der kleinen Welt des unbelebten Stoffes. Mit 67 Illustr. u. 2 Farbenbildern. (VIII, 191 S.) 907. (45. Bdchn.) 2.40; geb. 3.—
Jäger, Vital, ein unübertroffener Bildhauer. II. Auf dem Flugrade durch Nordtirol. Mit 26 Illustr., 18 Profilen u. Karten. (VIII, 150 S.) 909. (52. Bdchn.) 1.20; geb. n 1.70
— dasselbe. III. Eine Perle der Alpenländer. Mit 40 Landschaftsbildern, 13 Profilen u. Karten. (VII, 265 S.) 910. (55. 56. Bdchn.) 2.40; geb. n 3.40
Knauer, Frdr., das Süßwasser-Aquarium. Seine Herstellg., Einrichtg., Besetzg. u. Instandhaltg. Mit 88 Illustr. (VII, 308 S.) 907. (40. 41. Bdchn.) 2.40; geb. n 3.40
— Das Terrarium. Seine Herstellg., Einrichtg., Bepflanzg., Besetzg. u. Instandhaltg. Mit 38 Orig.-Illustr. u. 4 Tab. (VIII, 137 S.) 909. (54. Bdchn.) 1.20; geb. n 1.70
— Unsere heimischen Nattern u. Ottern. Mit 10 Vollbildern, 23 Textbildern u. 2 Tab. (VIII, 152 S.) 908. (48. Bdchn.) 1.20; geb. n 1.70
Müller, F. K. D., Altes u. Neues v. Monde. Mit 21 Illustr. (138 S.) 907. (42. Bdchn.) 1.20; geb. n 1.70
Musmacher, Christoph, das Wasser im Dienste d. Menschen. Mit 75 Illustr. (VII, 139 S.) 908. (47. Bdchn.) 1.20; geb. n 1.70
Neureuter, Frz., Land-, Wasser- u. Lufttiere. Ein Kapitel üb. den Körperbau der Tiere. Mit 61 Illustr. (175 S.) 908. (46. Bdchn.) 1.20; geb. n 1.70
Niessen, Jos., Kunsthandwerker im Tierreich. 2., verm. u. verb. Aufl. Mit 38 Illustr. (164 S.) 907. (4. Bdchn.) 1.20; geb. n 1.70
Rechtschmied, Fr., die Biene, ihr Leben u. ihre Pflege. Mit 40 Illustr. (VIII, 167 S.) 907. (43. Bdchn.) 1.20; geb. n 1.70
Wald, Karl, Waldpoesie. Wanderungen durch den deutschen Wald. Mit 37 Illustr. (164 S.) 907. (44. Bdchn.) 1.20; geb. n 1.70

Jugendbibliothek

—— neue, s. Rümpler, C.

Jugend-Bibliothek, neue. Eine Samml. ausgewählter Erzählungen, Auszüge aus Reisebeschreibungen, Biographien u. merkwürd. Begebenheiten. Herausgeg. v. L. Mildenburg. 16 Bdchen. 8. Leipz 825. Müller.

—— neue, e. Samml. v. Orig.-Aufsätzen, Reisebeschreibn., Biographien, Aphorismen aus Klassikern, Gedichte ꝛc. f. d. jugendl. Alter. Gewählt u. eingerichtet v. Fr. Heldmann. 9—12. Bdchn. Mit Kpfrn. 16. Darmstadt 828, Leske. à
1—8. Bdchn. Ebendas. 1827. à 8 Gr.

— neue, e. Samml. v. Original-Aufsätzen, Reisebeschreibungen ꝛc., s. Heldmann.

—— neue. Von E. Arnald. 1.—4. Bdchn. 8. Berlin, Rücker und Püchler. [Bernhardi.] à Bd. ℳ 1. 4 —
Inhalt:
Bdchn. 1. Arnald, E., von Wusterhausen nach Potsdam oder König und Schneider. Erzählung aus der guten alten Zeit für die Jugend und deren Freunde. (II, 84 S.) 869.
" 2. —— der Sohn des Wilddiebs. Erzählung für die Jugend und deren Freunde. (II, 91 S.) 869.
" 3. —— der Findling. Erzählung aus der Zeit des siebenjähr. Krieges für Jung und Alt. (92 S.) 869.
" 4. —— wie die Saat, so die Ernte, oder zwei Freunde. Erzählung aus der Jetztzeit für Jung und Alt. (102 S.)

—— neue. Hrsg. von Ferd. Schmidt. 1.—6. Bd. Mit je 1 Holzschntaf. 8. [Wittenberg, Herrosé's Verlag.] Berlin, Th. Hofmann. cart. à Bd. *
Inhalt:
Bd. 1. Schmidt, Ferd., Karl der Große. Ein Lebensbild. (120 S.) 878.
" 2. —— Kaiser Wilhelm. Ein Lebensbild. (136 S.) 878.
" 3. —— Martin Luther. Ein Lebensbild. (127 S.) 879.
" 4. Sturm, Hugo, Bonifacius. Ein Bild seines Lebens und Wirkens. (99 S.) 879.
" 5. Jahnke, Herm., Jürgen Wullenweber von Lübeck. Ein Bild aus der Geschichte der deutschen Hansa. (120 S.) 879.
" 6. Bonnell, W., Heinrich I., der Begründer deutschen Königthums, und seine Gemahlin Mathilde. (112 S.) 879.

—— neue, hrsg. von Ferd. Schmidt. 1.—10. Bd. 8. (Mit je 1 Holzschntaf.) [Berlin 880, Th. Hofmann.] Leipzig, J. Lehmann. cart. à Bd. *

Inhalt:

Bd. 1. Schmidt, Ferd., Karl der Große. Ein Lebensbild. Neue Ausg. (120 S.)
" 2. —— Kaiser Wilhelm. Ein Lebensbild. Neue Ausg. (136 S.)
" 3. —— Martin Luther. Ein Lebensbild. Neue Ausg. (127 S.)
" 4. Sturm, Hugo, Bonifacius. Ein Bild seines Lebens und Wirkens. Neue Ausg. (100 S.)
" 5. Jahnke, Herm., Jürgen Wullenweber von Lübeck. Ein Bild aus der Geschichte der deutschen Hansa. Neue Ausg. (120 S.)
" 6. Bonnell, W., Heinrich I., der Begründer deutschen Königthums, und seine Gemahlin Mathilde. Neue Ausg. (112 S.)
" 7. Schmidt, Ferd., Hans Joachim v. Zieten. Ein Lebensbild. (128 S.)
" 8. —— Fürst Blücher v. Wahlstatt. Ein Lebensbild. (123 S.)
" 9. Sturm, Hugo, Andreas Hofer und der Tiroler Freiheitskampf im J. 1809. Ein Geschichtsbild aus der Zeit deutscher Uneinigkeit. (124 S.)
" 10. Jahnke, Herm., August Borsig, der Lokomotivenkönig. Ein Bild seiner Schöpfungen und seines Lebens. Für jung und alt nach der Natur, mündl. und schriftl. Mitteilungen dargestellt. (143 S.)

Nicht weiter erschienen.

— neue, begründet v. Ferd. Schmidt. 1.—14. Bd. 12. Leipzig, Geibel & Brockhaus. à n. — 75; geb. in Leinw. à n. 1. —

1. Karl der Große. Ein Lebensbild. Von Ferd. Schmidt. Illustr. v. Fel. Schmidt. 2. Aufl. (III, 136 S.) 893.
2. Kaiser Wilhelm I. Ein Lebensbild. Von Ferd. Schmidt. Illustr. v. Fel. Schmidt u. H. Mützel. 2. Aufl., neu bearb. u. ergänzt v. H. Jahnke. (III, 179 S.) 893.
3. Martin Luther. Ein Lebensbild. Von Ferd. Schmidt. Illustr. v. Fel. Schmidt. 2. Aufl. (III, 155 S.) 893.
4. Bonifacius. Ein Bild seines Lebens u. Wirkens. Von Hugo Sturm. Illustr. v. Fel. Schmidt. 2. Aufl. (III, 122 S.) 893.
5. Jürgen Wullenweber v. Lübeck. Ein Bild aus der Geschichte der deutschen Hansa. Von Herm. Jahnke. Illustr. v. Hans Mützel. 2., neubearb. Aufl. (III, 164 S.) 893.
6. Hans Joachim v. Zieten. Ein Lebensbild. Von Ferd. Schmidt. Illustr. v. Fel. Schmidt. 2. Aufl. (III, 141 S.) 893.
7. Fürst Blücher v. Wahlstatt. Ein Lebensbild. Von Ferd. Schmidt. Illustr. v. Fel. Schmidt. 2. Aufl. (III, 162 S.) 893.
8. Andreas Hofer u. der Tiroler Freiheitskampf im J. 1809. Ein Geschichtsbild aus der Zeit deutscher Uneinigkeit. Von Hugo Sturm. Illustr. v. Hans Mützel. 2. Aufl. (III, 168 S.) 893.
9. August Borsig, der Lokomotivenkönig. Ein Bild seiner Schöpfgn. u. seines Lebens. Für jung u. alt nach der Natur, nach mündl. u. schriftl. Mitteilgn. dargestellt v. Herm. Jahnke. Illustr. v. Hans Mützel. 2., neu bearb. Aufl. (III, 201 S.) 893.
10. Kolumbus, der große Entdecker. Ein Lebensbild. Von Betto Ihnken. Illustr. v. Fel. Schmidt. (III, 188 S.) 893. In Irisbd. n. 2. —
11. Graf Helmuth v. Moltke. Ein Lebensbild f. Jung u. Alt von Fed. v. Köppen. Illustr. v. Rich. Knötel. (VIII, 131 S.) 894. In Irisbd. n. 1. 50
12. 13. Fürst Bismarck u. seine Zeit. Ein Volksbuch f. Jung u. Alt von Fed. v. Köppen. Illustr. v. Fel. Schmidt. (IV, 270 S.) 894. In Irisbd. n. 2. 50
14. König Albert u. das Haus Wettin. Von Fed. v. Köppen. Illustr. v. Rich. Knötel. (III, 148 S.) 894. In Irisbd. n. 1. 50

F.

— neue, begründet v. Ferd. Schmidt. 7. u. 8. Bd. 8. Berlin (902). Neufeld & Henius. à — 75; geb. in Leinw. à 1. —

7. Fürst Blücher von Wahlstatt. Ein Lebensbild. Von Ferd. Schmidt. Illustr. v. Fel. Schmidt. 3. Aufl. (IV, 162 S.)
8. Andreas Hofer u. der Tiroler Freiheitskampf im J. 1809. Ein Geschichtsbild aus der Zeit deutscher Uneinigkeit. Von Hugo Sturm. Illustr. v. Hans Mützel. 3. Aufl. (III, 168 S.)

— neue, begründet v. Ferd. Schmidt. 15. Bd. 12. Leipzig 896. Geibel & Brockhaus. n. — 75; geb. in Leinw. n. 1. —; in Irisbd. n. 1. 50

Unser Fritz u. s. Vetter Friedrich Karl. Von Fed. v. Köppen. Illustr. v. Karl Schmidt. (III, 147 S.)

—— neue. Erzählungen von J. Bonnet, L. Würdig, El. Ebeling. 1.—4. Bd. 8. (275; 284; 284; 280 S. mit je 6 color. Stat.) Mülheim 879, Bagel's Verlagsh. cart. à Bd. 2 —

—— neue. Erzählungen von J. Bonnet, L. Würdig, E. Ebeling. 5.—16. Bd. Mit je 5—6 Chromolithogr. 8. Mülheim, Bagel's Verlagsh. cart. à Bd. Einzelne Erzählungen cart. à

Inhalt:

Bd. 5. Würdig, Ludw., jede gute That findet ihren Lohn. — Murrinsel. Zwei Jugenderzählungen. (95 S.) — Würdig, Ludw., Das Portrait des Vaters. Erzählung für die Jugend und das Volk. (96 S.) — Würdig, Ludw., die Geschwisterkinder, oder: Verschiedene Wege. — Wohlthun trägt Zinsen. Zwei Erzählungen. (96 S.) 880.
" 6. Bonnet, J., der Spielmann und sein Sohn. Eine Volks- und Jugenderzählung. (96 S.) — Bonnet, J., Eine Jagd nach dem Glück. Eine Volks- und Jugenderzählung. (94 S.) — Würdig, Ludw., Hildebrandts Fried, oder: Unrecht Gut gedeihet nicht. Eine Jugend- und Volkserzählung. (94 S.) 880.
" 7. Bonnet, J., die Goldsucher. Eine Volks- und Jugenderzählung aus der kalifornischen Goldregion. (91 S.) — Würdig, Ludw., unter den Wilden, oder: Der alte Gott lebt noch. Eine Jugend- und Volkserzählung. (96 S.) — Würdig, Ludw., der Pflegesohn des Invaliden. — Arme und reiche Leute, oder: Fürchte dich nicht, ich bin mit dir! Zwei Jugend- und Volkserzählungen. (96 S.) 880.
" 8. Würdig, Ludw., der Schwadronsjunge, oder: Vivat Fridericus rex! Eine Jugend- und Volkserzählung aus der Zeit des siebenjähr. Krieges. (94 S.) — Ebeling, Elisabeth, und B. Filhés, ein Sonnenstrahl, oder: Ein glücklicher Weihnachtsabend. Die Kunstreiter. Nur ein Sperling. Drei Erzählungen. (95 S.) — Würdig, Ludw., Vetter Gottlieb, oder: Selig sind die Barmherzigen. Eine Jugend- und Volkserzählung. (91 S.) 880.
" 9. Würdig, Ludw., in den Kasematten Küstrins. — Durch Nacht zum Licht. Zwei Erzählungen. (96 S.) — Würdig, Ludw., Hurra, jung Preußenblut! Eine Jugend- und Volkserzählung. (95 S.) — Würdig, Ludw., Mit Gott für König und Vaterland! oder: Bei Leipzig an der Pleiße. Eine Jugend- und Volkserzählung. (96 S.) 881.
" 10. Würdig, Ludw., der dankbare Negerknabe. Episode aus dem letzten amerikan. Krieg. — Stolz und Demut, oder: So leb' denn wohl, du teures Haus. Zwei Jugend- und Volkserzählungen. (93 S.) — Würdig, Ludw., Menschenliebe und Bürgertreue, oder: Die Hussiten vor Naumburg. Eine Jugend- und Volkserzählung aus der ersten Hälfte des 15. Jahrh. (96 S.) — Zastrow, Karl, Heideröschen. Eine Erzählung für die reifere Jugend. (96 S.) 881.
" 11. Würdig, Ludw., der treue Leibpage, oder: Prinz Eugenius, der edle Ritter. Eine Jugend- und Volkserzählung. (95 S.) — Würdig, Ludw., Burggraf Friedrich von Nürnberg, oder: Verloren und wiedergefunden. Geschichtliche Erzählung für jung und alt, mit teilweiser Benutzung einiger Mitteilungen aus Klödens Werk: „Die Quitzows und ihre Zeit“. (96 S.) — Würdig, Ludw., Brandenburgische Herzen, oder: Hie Pommern! Hie Brandenburg! Eine Erzählung aus der Zeit des ersten brandenburg. Kurfürsten mit teilweiser Benutzung einer Mitteilung aus Klödens Werk: „Die Quitzows und ihre Zeit“. (93 S.) 882.
" 12. Kaiser, W., bleib im Land und nähre dich redlich. Eine Erzählung aus dem Seeleben für die Jugend. (93 S.) — Seydel, C., die Dankbarkeit eines Indianers. Eine Erzählung aus dem Leben an der Grenze. (112 S.) — Seydel, C., Talekah, der weiße Häuptling, oder: Des Herrn Güte währet ewiglich. Eine Erzählung aus dem Indianer-Gebiet. (96 S.) 882.
" 13. Würdig, Ludw., der alte Blücher und sein Pate Leberecht. Für Jugend und Volk erzählt. (96 S.) — Würdig, Ludw., der Franzosenjunge, oder: Nettelbecks Schützling. Erzählung für die Jugend aus der Zeit der Belagerung Kolbergs im J. 1807. (95 S.) — Würdig, Ludw., Schallmeiers Hubert, oder: Vaterlands- und Fürstenliebe. Eine Jugend- und Volkserzählung. (96 S.) 883.
14. Müller, Karl, der Prärie-Doktor, oder: Schicksale eines deutschen Knaben unter den Indianern. — Der Findling, oder: Niemandsland. Zwei Erzählungen für Volk und Jugend. (95 S.) — Müller, Karl, feurige Kohlen. Eine Indianer-Geschichte. — Der Sohn des Kunstreiters, oder: Die beste Wahl. Zwei Erzählungen für Volk und Jugend. (96 S.) — Müller, Karl, die Hand am Pflug und Gott im Herzen, oder: Der blinde Passagier. — Die jungen Auswanderer, oder: Hans und Hinnerk. Zwei Erzählungen für Volk und Jugend. (96 S.) 883.
Bd. 15. Müller, Karl, die Opal-Grube, oder: Halte Gott vor Augen und im Herzen. Abenteuer zweier jungen Deutschen in Honduras. — Aus dem Goldsucher-Leben. Nach den Erlebnissen eines jungen Deutschen in Guatemala. Zwei Erzählungen für Volk und Jugend. (94 S.) — Müller, Karl, der junge Auswanderer. Eine Geschichte aus dem fernen Westen. (96 S.) — Würdig, Ludw., Kreuz und Halbmond. Eine Jugend- und Volkserzählung. (94 S.) 881.
" 16. Würdig, Ludw., Handwerk hat goldenen Boden, oder: Durch Krieg zum Frieden. Eine Jugend- und Volkserzählung. (96 S.) — Würdig, Ludw., Fürst und Zigeuner, oder: Gott führt die Seinen. Eine Jugend- und Volkserzählung. (92 S.) — Würdig, Ludw., bis übers Weltmeer, oder: Vergeben und vergessen! Eine Jugend- und Volkserzählung. (95 S.) 884.

— neue. Nr. 825—836. 8. (Mit je 1 Chromolith.) Mülheim 881. 82. Bagel. cart. à — 60

825. In den Kasematten Küstrins. Durch Nacht zum Licht. 2 Erzählungen von L. Würdig. (96 S.)
826. Hurra, jung Preußenblut! Eine Jugend- u. Volkserzählung von L. Würdig. (95 S.)
827. Mit Gott für König u. Vaterland! oder: Bei Leipzig an der Pleiße. Eine Jugend- u. Volkserzählung von L. Würdig. (96 S.)
828. Der dankbare Negerknabe. Episode aus dem letzten amerikanischen Krieg. Stolz u. Demut oder: So leb' denn wohl, du teures Haus. 2 Jugend- u. Volkserzählungen von L. Würdig. (92 S.)
829. Menschenliebe u. Bürgertreue oder die Hussiten vor Naumburg. Eine Jugend- u. Volkserzählung aus der 1. Hälfte des 15. Jahrhunderts von L. Würdig. (96 S.)
830. Heideröschen. Eine Erzählung für die reifere Jugend von Karl Zastrow. (96 S.)
831. Der treue Leibpage oder Prinz Eugenius der edle Ritter. Eine Jugend- u. Volkserzählung von L. Würdig. (95 S.)
832. Burggraf Friedrich v. Nürnberg oder verloren u. wiedergefunden. Geschichtliche Erzählung für jung u. alt, mit teilweiser Benutzung einiger Mitteilungen aus Klödens Werk: „Die Quitzows u. ihre Zeit" von L. Würdig. (96 S.)
833. Brandenburgische Herzen oder: Hie Pommern! Hie Brandenburg! Eine Erzählung aus der Zeit des ersten brandenburgischen Kurfürsten mit teilweiser Benutzung einer Mitteilung aus Klödens Werk: „Die Quitzows u. ihre Zeit" von L. Würdig. (93 S.)
834. Bleib im Land u. nähre dich redlich. Eine Erzählung aus dem Seeleben für die Jugend von W. Kaiser. (93 S.)
835. Die Dankbarkeit eines Indianers. Eine Erzählung aus dem Leben an der Grenze von C. Seydel. (112 S.)
836. Talekah, der weiße Häuptling oder des Herrn Güte währet ewiglich. Eine Erzählung aus dem Indianer-Gebiet von C. Seydel. (96 S.)

— neue. Nr. 837—851. 8. Mülheim 883—85. Bagel. à n. — 50; cart. à — 60; Schulausg. cart. à n. — 50

837. Der alte Blücher u. sein Pate Leberecht. Für Jugend u. Volk erzählt v. L. Würdig. (96 S.)
838. Der Franzosenjunge od. Nettelbecks Schützling. Erzählung f. die Jugend aus der Zeit der Belagerg. Kolbergs im J. 1807 v. L. Würdig. (95 S.)
839. Schallmeiers Hubert od. Vaterlands- u. Fürstenliebe. Eine Jugend- u. Volks-Erzählung v. L. Würdig. (96 S.)
840. Der Prärie-Doktor od. Schicksale e. deutschen Knaben unter den Indianern. Der Findling od. Niemandsland. 2 Erzählgn. f. Volk u. Jugend v. Karl Müller. (95 S.)
841. Feurige Kohlen. Eine Indianer-Geschichte. Der Sohn d. Kunstreiters od. die beste Wahl. 2 Erzählgn. f. Volk u. Jugend v. Karl Müller. (96 S.)
842. Die Hand am Pflug u. Gott im Herzen od. der blinde Passagier. Die jungen Auswanderer od. Hans u Hinnerk. 2 Erzählgn. für Volk u. Jugend v. Karl Müller. (96 S.)
843. Die Opal-Grube od. halte Gott vor Augen u. im Herzen. Abenteuer zweier jungen Deutschen in Honduras. — Aus dem Goldsucher-Leben. Nach den Erlebnissen e. jungen Deutschen in Guatemala. 2 Erzählgn. f. Volk u. Jugend v. Karl Müller. (94 S.)
844. Der junge Auswanderer. Eine Geschichte aus dem fernen Westen v. Karl Müller. (96 S.)
845. Kreuz u. Halbmond. Eine Jugend- u. Volkserzählg. v. L. Würdig. (94 S.)
846. Handwerk hat goldenen Boden od. durch Krieg zum Frieden. Eine Jugend- u. Volkserzählg. v. L. Würdig. (96 S.)
847. Fürst u. Zigeuner od. Gott führt die Seinen. Eine Jugend- u. Volkserzählg. v. L. Würdig. (92 S.)
848. Bis übers Weltmeer od. vergeben u. vergessen! Eine Jugend- u. Volkserzählg. v. L. Würdig. (95 S.)
849. Schill u. seine 11 Offiziere od. das Heldengrab zu Wesel. Eine vaterländ. Erzählg. f. Jugend u. Volk v. L. Würdig. (93 S.)
850. O Straßburg, o Straßburg, du wunderschöne Stadt! Eine Jugend- u. Volkserzählg. v. L. Würdig. (95 S.)
851. Diesseit u. jenseit d. Oceans od. Vater, Sohn u. Enkel. Eine Jugend- u. Volks-Erzählg. v. L. Würdig. (94 S.)

Jugendbibliothek, neue. Nr. 849—854. (Schulausg.) 8. (Mit je 1 Chromolithogr.) Mülheim 885—88, Bagel. à Nr. * — 50
Mit Farbendr.-Umschlag à Nr. — 60

Inhalt:

Nr. 849. Würdig, L., Schill und seine 11 Offiziere oder das Heldengrab zu Wesel. Eine vaterländ. Erzählung für Jugend und Volk. (93 S.)
„ 850. —— O Straßburg, o Straßburg, du wunderschöne Stadt! Eine Jugend- und Volkserzählung. (95 S.)
„ 851. —— Diesseits und jenseits des Oceans oder Vater, Sohn und Enkel. Eine Jugend- und Volks-Erzählung. (94 S.)
„ 852. Müller, Karl, Sioux-Kit oder Im fernen Westen. Eine wahre Indianergeschichte. Vom Scherenschleifer zum Papuakönig. Abenteuer eines jungen Deutschen. Zwei Erzählungen. (96 S.)
„ 853. Würdig, L., die Storkows, oder vom Rhein bis zum Rhein. Eine Jugend- und Volkserzählung. (95 S.)
„ 854. —— durch Nacht zum Licht oder Bruder und Schwester. Eine Jugend- und Volkserzählung. (96 S.)

—— neue. Nr. 1—12. 8. Styrum 888, Spaarmann. à Nr. — 50

Inhalt:

Nr. 1. Heinrich, M., unter Korsaren oder die Tochter des Israeliten. Eine Erzählung. (80 S.)
„ 2. Norden, J., der verfehmte Kolonist. Eine Erzählung. (80 S.)
„ 3. Frey, W., der Student von Dublin. Erzählung. (80 S.)
„ 4. Heinrich, M., die Tochter des Revolutionärs oder: In den Urwald geflüchtet. Eine Erzählung. (79 S.)
„ 5. Frey, W., die Meuterei der Iren. Eine Seegeschichte. (80 S.)
„ 6. Höcker, O., das Gesetz der Prärie. Erzählung aus dem Indianerleben. (96 S.)
„ 7. —— Kriegsadler, der Pawnee-Häuptling. Erzählung aus dem Indianerleben. (95 S.)
„ 8. Hoffmann, F., wenn die Not am höchsten, ist die Hilfe am nächsten oder die Silbergruben von Baxter-Hill. (96 S.)
„ 9. Warnbeck, R., Seleka, der Afrikaner, oder die Rache des Negers. Eine Erzählung für die Jugend. (96 S.)
„ 10. Kruse, E., der Indianer-Anwalt, oder der Pächter-Aufstand von Mapleton. Eine Erzählung aus der Mitte dieses Jahrhunderts. Für die Jugend bearb. (96 S.)
„ 11. Hoffmann, F., Taubenfeder, die weiße Indianerin. Erzählung. (96 S.)
„ 12. Waldheim, R., die Goldsucher oder der Farmer von Red-Maple. Eine Erzählung aus dem Westen. (96 S.)

—— neue deutsche, hrsg. von Aug. Schrader. 1. und 2. Bd. gr. 16. Leipzig 856, Naundorf.

Inhalt:

Bd. 1. Schrader, Aug., die beiden Waisen. (IV und 190 S. mit 4 ill. Stahlst.) 24 Ngr.
„ 2. —— Bilder aus Indien. (223 S. mit 4 ill. Stnt.) 27 Ngr.

—— neue deutsche. Eingeleitet durch ein Vorwort von Gust. Plieninger. 1.—22. Bdchn. 16. Mit je 1 Titelkpfr., Holzschntaf. Stuttgart, Nisch. [Hoffmann und Hohl.] cart. à Bdchn. — 75

Inhalt:

Bdchn. 1. Nieritz, Gust., die Pflegetochter. Der reiche Mann und das Nadelöhr. Erzählungen. (140 S.) 871.
„ 2. Biernatzki, Karl, Old Brown, der Sklavenfreund. Der Häuptling Ulivu. Erzählungen. (123 S.) 871.
„ 3. Ohly, Emil, aus dem Jugendleben berühmter Künstler: Zwei Monate aus Correggio's Jugend. Vier Bilder aus Beethoven's Knabenjahren. Sieben Bilder aus Palestrina's Jugendleben. (124 S.) 871.
„ 4. Nieritz, Gust., der Kaufmann von Venedig. Erzählung. [Frei nach Shakespeare.] (103 S.) 871.
„ 5. Mai, Louise, das Bild der Mutter. Die Preisvertheilung. Erzählungen. (124 S.) 871.
Bdchn. 6. Nieritz, Gust., der Kuhhirte von Oggersheim. (Histor. Erzählung.) Wenn die Noth am größten, ist Gottes Hülfe am nächsten. (119 S.) 872.
„ 7. Ohly, Emil, das Büchlein vom großen Kaiser Wilhelm. Der lieben deutschen Jugend dargebracht. (130 S.) 872.
„ 8. —— das Büchlein vom großen deutschen Kanzler Bismarck. (135 S.) 872.
„ 9. Proschko, Isidor, ein Menschenfreund. Der Sohn der Pyrenäen. Die zwei feindl. Brüder. Erzählungen. (90 S.) 872.
„ 10. Strickland, Jane, die Gesandtentochter als Sclavin. Erzählung aus dem wirkl. Leben. (98 S.) 872.
„ 11. Nieritz, Gust., des Reichthums Noth. Erzählung. (90 S.) 873.
„ 12. Müller, Wilh., der große Krieg und das deutsche Reich. (163 S.) 873.

" 13. Knighton, W., aus dem Leben eines indischen Königs. Von einem Augenzeugen. Aus dem Engl. (106 S.) 873.
14. Ohly, Emil, das Büchlein vom deutschen Kronprinzen. Der lieben deutschen Jugend auf den Weihnachtstisch. (116 S.) 873.
15. Nieritz, Gust., die Vergeltung. Erzählung. (121 S.) 873.
6. 17. Grube, A. W., Blicke ins menschliche Kulturleben. 1. und 2. Bdchn. (77; 74 S.) 873.
18. Nieritz, Gust., wie Gott mich führt, so will ich gehen. Großmutter und Enkel. Erzählungen. (115 S.) 874.
19. Plieninger, Gust., die Geschwister von Marienthal. Erzählung. 4. Aufl. (80 S.) 874.
20. Proschko, Isidor, Peter in der Luft. Historische Erzählung. 3. Aufl. (84 S.) 874.
21. Parley, Peter, der sibirische Zobeljäger. Erzählung. Nach dem Engl. 3. Aufl. (99 S.) 874.
22. Ohly, Emil, das Büchlein vom Prinzen Friedrich Karl. (102 S.) 874.

Jugend-Bibliothek, neue deutsche. Eingeleitet durch ein Vorwort von Gust. Plieninger. 23.—36. Bdchn. Mit je 1 Titelbild (in Holzschn.). gr. 16. [Stuttgart, Hofmann und Hohl.] Eßlingen, Schreiber. cart. à Bdchn.

Inhalt:

Bdchn. 23. Nieritz, Gust., die Armenkaserne. Der Arbeit Segen. Zwei Erzählungen. (133 S.) 875.
" 24. Die Kukuksburg. Erzählung vom Verf. der „Geschwister v. Marienthal". 3. Aufl. (96 S.) 875.
" 25. Ohly, Emil, Aus dem Leben berühmter Künstler. (106 S.) 876.
" 26. Knighton, W., Im Urwald. Nach dem Engl. (107 S.) 875.
" 27. Würdig, L., ein Zuave. Erzählung. (91 S.) 877.
" 28. Müller, Karl, die Zerstörung von Heidelberg im J. 1693. Eine histor. Erzählung für die Jugend. (110 S.) 877.
" 29. Nieritz, Gust., die Kahlköpfe. — Ehrgeiz und Geldgeiz. Erzählungen. (112 S.) 877.
" 30. Würdig, L., 1813 und 1870 oder alte und junge Garde. Eine Erzählung. (88 S.) 877.
" 31. Erzählungen vom Verf. der „Geschwister v. Marienthal". [Die Neujahrsnacht. — Die Schlacht bei Torgau. — Der unbekannte Wohlthäter. — Das Marienbild.] 3. Aufl. (109 S.) 877.
" 32. Mai, Luise, Zu früh oder der Professorssohn. Erzählung. (119 S.) 877.
" 33. Nieritz, Gust., Kurze Lust, lange Pein. Die verhängnißvolle Nacht. Erzählungen. (117 S.) 877.
" 34. Schubert, G. H. v., Züge aus dem Leben von Johann Friedr. Oberlin, gewesenen Pfarrer im Steinthal. 10. Aufl. (VIII, 124 S.) 873.
" 35. Die Gesellschaft auf dem Rigi. Erzählung vom Verf. der „Geschwister v. Marienthal". 2. Aufl. (93 S.) 878.
" 36. Nieritz, Gust., ein Weihnachtslied. Ein Freund in der Not. Zwei Erzählungen. (107 S.) 873.

Jugend- und Hausbibliothek, neue. Mit zahlreichen in den Text gedr. Abbildungen, ill. Bildern, Karten rc. 2. Serie. 2. und 3. Bd. br. 8. Leipzig 855—56, Spamer. [Bd. 2. * 1 Thlr. 10 Ngr., 3. * 1 Thlr. 15 Ngr.] *

Inhalt:

Bd. 2. Das illustrirte Seemannsbuch. Fahrten und Abenteuer zur See im Krieg und Frieden. In Mittheilungen über das Wissenswürdigste aus der Schifffahrtskunde und dem Seeleben. Hrsg. von R. v. Berndt. (VIII und 256 S. mit 150 theils ill. Bildern rc. in Holzschn.)
" 3. Der Scalpjäger. Abenteurer-Fahrten im Westen oder der amerikanische Robinson, Erlebnisse, Natur- und Sittenschilderungen aus dem amerikan. Jagd-, Kriegs-, Reise- und Waldleben. Hrsg. von Th. Bade. (VIII und 264 S. mit vielen Tonbildern nach Originalzeichnungen von H. Leutemann, sowie mit 100 in den Text gedr. Abbildungen, 1 ill. Titelbilde, Frontispice rc. in Holzschn.)

Vorstehendes bildet eine Fortsetzung des in demselben Verlage erschienenen: Illustrirten goldenen Kinderbuches. Vgl. Dieses.

" 3. Bd.: Der Scalpjäger. Robinson's Erlebnisse, Abenteuer und Fahrten im Westen Amerika's. Natur- u. Sittenschilderungen aus dem amerikan. Jagd-, Kriegs-, Reise- u. Waldleben. Herausgeber: Th. Bade. 857. — 2. verb. Aufl. Mit 5 Tonbildern nach Originalzeichnungen von H. Leutemann u. A., sowie mit 100 in den Text gedr. Abbildgn., 1 (color.) Titelbilde rc. (in Holzschn.) 858. (VIII, 264 S.) n. 1 ₰. 15 ngr.

Jugend- und Hausbibliothek, neue. Mit vielen Tonbildern, zahlreichen in den Text gedr. Abbilld., ill. Bildern, Karten rc. 2. Serie. 3—11 Bd., 3. Serie. 1—8. Bd., 4. Serie. 1—4. Bd., 5. Serie. 1. und 2. Bd. br. 8. Leipzig, O. Spamer.

Inhalt:

Serie 2. Bd. 3. Der Scalpjäger. Robinson's Erlebnisse. Abenteuer und Fahrten im Westen Amerika's. Natur- und Sittenschilderungen aus dem amerikan. Jagd-, Kriegs-, Reise- und Waldleben. Hrsg. von Th. Bade. 2., verb. Aufl. (VIII und 264 S. mit 5 Tonbildern in Holzschn. nach Originalzeichnungen von H. Leutemann u. A. sowie mit 100 in den Text gedr. Abbild. in Holzschn., 1 ill. Titelbilde in Holzschn. rc.) 858. * 1 Thlr 15 Ngr.; cart. * 1 Thlr. 20 Ngr.; geb. * 2 Thlr.
" 2. " 4. Die Busch-Jäger. Abenteurer-Fahrten im Süden Afrika's. Erlebnisse, Natur- und Sittenschilderungen aus dem afrikan. Jagd-, Kriegs-, Reise- und Wüstenleben. Hrsg. von J. G. Chr. Frz. Otto. Illustrirt durch L. Hofmann, A. Toller u. A. (X und 374 S. mit 5 Tonbildern in Holzschn., wovon 1 ill., und 130 in den Text gedr. Abbild. in Holzschn.) 858. * 1 Thlr. 20 Ngr.; cart. * 2 Thlr.; geb. * 2 Thlr. 10 Ngr.

" 4. Bd.: Die Buschjäger. Abenteurer-Fahrten im Süden Afrika's. Erlebnisse, Natur- u. Sittenschilderungen aus dem afrikanischen Jagd-, Kriegs-, Reise- u. Wüstenleben. Herausg. von J. G. Ch. Fr. Otto. Illustrirt durch L. Hofmann, A. Toller u. A. Mit 5 Tonbildern (Holzschn.) u. 130 in den Text gedr. Abbildgn. (Holzschn.). 857. (X, 374 S.) n. 1 ₰. 20 ngr.

Fortsetzung von: Kinderbuch, illustr. goldenes.

Serie 2. Bd. 5. Lou-Payo der Wolfssohn. Abenteuer, Natur- und Sittenschilderungen, Kriegs- und Friedensbilder aus dem Reiche der Mitte. Mit Benutzung von W. Dalton's Wolfsboy hrsg. von Johs. Ziethen. (VI und 306 S. mit 6 Tonbildern in Holzschn., wovon 1 ill., und 100 in den Text gedr. Abbild. in Holzschn.) 859. * 1 Thlr. 15 Ngr.; cart. * 1 Thlr. 20 Ngr.; geb. * 2 Thlr.
" 2. " 6. Ein Weltfahrer oder Erlebnisse in vier Erdtheilen. Jugend, Schicksale, Reisen und Entdeckungen von Elisha Kent Kane, dem Nordpolfahrer. Unter Benutzung der besten amerikan. Quellen hrsg. von J. G. Kutzner. (VIII und 300 S. mit 6 Tonbildern und 100 in den Text gedr. Abbild. in Holzschn.) 860. * 1 Thlr. 15 Ngr.; geb. * 1 Thlr. 20 Ngr.
" 2. " 7. Der große König und sein Rekrut. Lebensbilder aus der Zeit des 7jähr. Krieges. Unter theilweiser Benutzung eines histor. Romans von A. H. Brandrupp, für Volk und Heer, insbesondere die vaterländ. Jugend bearb. von J. G. Chr. Frz. Otto. 2. Abdr. (XXXIV und 384 S. mit 10 Ton- und Buntdruckbildern, sowie 125 in den Text gedr. Illustr. in Holzschn.) (861)62. * 1 Thlr. 15 Ngr.; geb. * 1 Thlr. 25 Ngr.

2. Serie. 9. Bd. Robinson Crusoe's des Aelteren Reisen, wunderbare Abenteuer u. Erlebnisse. Begleitet von einer Geschichte der Robinsonaden u. einer Lebensskizze des Daniel de Foe, Verf. des ältesten Robinson, von C. F. Lauckhard. Prachtausg. 3. verb. Aufl. Mit 1 bunten Titelbilde, 5 Tonbildern u. 90 in den Text gedr. Abbildgn. Nach Zeichngn. von J. H. Nicholson in Holz geschn. (XX, 254 S.) 868. n. 1 ₰; geb. 1 ₰ 10 ngr

2. Serie. 11. Bd. Andree, Rich., wirkliche u. wahrhaftige Robinsonaden, Fahrten u. Reiseerlebnisse aus allen Zonen. Für die reifere Jugend, sowie für gebildete Familienkreise. Pracht Ausg. (XXXVIII, 222 S. mit 1 Titelbilde in Holzschn. u. Tondr., 6 Tonbildern u. 90 in den Text gedr. Abbildgn. Nach Zeichnungen von Van Dargent u. A.) 868. n. 1 ₰ 15 ngr; geb. n. 1 ₰ 25 ngr

3. Serie. 1. 2. Bd. Wägner, Wilh., Hellas. Das Land u. Volk der alten Griechen. Bearb. für Freunde des klass. Alterthums, insbesond. für die deutsche Jugend. 2 Bde. 2. Aufl. (XIV, 664 S.
" 3. " 1. Hellas. Das Land und Volk der alten Griechen. Bearb. für Freunde des klassischen Alterthums, insbesondere für die deutsche Jugend von Wilh. Wägner. 1. Bd. (XII und 304 S. mit 5 Tonbildern in Holzschn. nach Originalzeichnungen von H. Leutemann u. A. sowie mit 130 in den Text gedr. Abbild. in Holzschn.) 859. * 1 Thlr. 15 Ngr.; geb. * 2 Thlr.
" 3. " 2. —— dass. — 2. Bd. (IX und 246 S. mit 5 Tonbildern in Holzschn. in br. 8., qu. 4. und qu. Fol. sowie 82 in den Text gedr. Abbild. nach Originalzeichnungen von H. Leutemann u. A. nebst 1 lithogr. Karte des alten Griechenlands in gr. 4.) 859. * 1 Thlr. 15 Ngr.; geb. * 2 Thlr.
" 3. " 3. Rom. Anfang, Fortgang, Ausbreitung und Verfall des Weltreiches der Römer. Für Freunde des klassischen Alterthums, insbesondere für die deutsche Jugend. Bearb. von Wilh. Wägner. (In 3 Bdn.) 1. Bd. (XII und 318 S. mit 8 Tonbildern nach Originalzeichnungen, sowie mit 100 in den Text gedr. Abbild. in Holzschn., nebst 1 Karte in Kpfrst. in Fol.) (861)62. * 1 Thlr. 15 Ngr.; geb. * 1 Thlr. 25 Ngr.
" 4. " 1. Vorbilder der Vaterlandsliebe, des Hochsinns und der Thatkraft. Charakter-Gemälde aus der Jugendzeit und dem Wirken berühmter Helden, Dichter, Gelehrten rc. In Verbindung mit mehreren Jugendschriftstellern hrsg. von M. Schlimpert. 1. (Bd.) (VIII und 240 S. mit 75 in den Text gedr. Abbild. in Holzschn., 1 ill. Titelbilde, sowie 2 Tonbildern in Holzschn.) 859. * 1 Thlr.; geb. * 1 Thlr. 10 Ngr.
" 4. " 2. —— dass. — 2. (Bd.) In Verbindung mit M. Schlimpert, G. Schuhmann, Herm. Wagner rc. hrsg. von J. G. Chr. Frz. Otto. (VI und 222 S. mit 60 in den Text gedr. Abbild. in Holzschn., 1 ill. Titelbilde in Holzschn., sowie 3 Tonbildern in Holzschn.) 860. * 1 Thlr.; geb. * 1 Thlr. 10 Ngr.
" 4. " 3. Das Buch berühmt gewordener Kinder. Lebensbilder aus der Jugendzeit und den Entwickelungsjahren merkwürdiger Menschen. Für die heranwachsende Jugend im Alter von 11—14 Jahren. In Verbindung mit M. Schlimpert, G. Schuhmann, W. Wägner u. A. hrsg. von J. G. Chr. Frz. Otto. 1. (Bd.) (VIII und 210 S. mit 60 in den Text gedr. Abbild. in Holzschn., 1 ill. Titelbilde in Holzschn., sowie 3 Tonbildern in Holzschn.) 860. * 1 Thlr.; geb.
" 4. Das Buch merkwürdiger Kinder. Lebensbilder aus der Jugendzeit und den Entwickelungsjahren berühmt gewordener Menschen. Für die heranwachsende Jugend im Alter von 12—14 Jahren. In Verbindung mit L. Hüttner, C. F. Lauckhard, M. Schlimpert rc. hrsg. von Franz Otto. II. 2. verb. Aufl. (VIII, 208 S. mit 60 in den Text gedr. Abbild., 1 color. Titelbilde und 2 Tonbildern in Holzschn.) 869. * M 4.; cart. * M 4.50.
" 4. " 4. —— dass. — 2. (Bd.) In Verbindung mit L. Hüttner, M. Schlimpert, G. Schuhmann, W. Wägner u. A. hrsg. von J. G. Chr. Frz. Otto. (VIII und 208 S. mit 60 in den Text gedr. Abbild., 1 Titelbilde, sowie 2 Tonbildern in Holzschn.) (861)62. * 1 Thlr.; cart. * 1 Thlr. 10 Ngr.
" 5. " 1. H. Wagner's Entdeckungs-Reisen in Haus, Hof und Stube. 1. Entdeckungs-Reisen in der Wohnstube. (VIII und 160 S. mit vielen Abbild., sowie 5 Tonbildern in Holzschn.) (861)62. * 15 Ngr.; cart. * 20 Ngr.
" 5. " 2. —— dass. — 2. (Bd.) (VIII und 166 S. mit vielen Abbild., sowie 4 Tonbildern in Holzschn.) (861)62. * 15 Ngr.; cart. * 20 Ngr.

Jugend- und Hausbibliothek, neue. Mit vielen Tonbildern, zahlreichen in den Text gedr. Abbild., ill. Bildern, Karten ꝛc. 2. Serie 2. 3. 7. 8. und 11. Bd., 3. Serie 1. 2. 4. 6.—9. Bd., 4. Serie 1. 3. 5. Bd., 5. Serie 1—6. Bd., 6. Serie 1.—3. Bd. gr. 8. Leipzig, Spamer.

Inhalt:

Serie 2. Bd. 2. Berndt, M. v., deutsches Flottenbuch oder das neue illustrirte Seemannsbuch. Fahrten und Abenteuer zur See in Krieg und Frieden. In Mittheilungen über das Wissenswürdigste aus der Schifffahrtskunde, sowie aus dem Seeleben. 3., umgearb. und stark verm. Aufl., hrsg. von Heinr. Smidt. (X und 372 S. mit mehr als 200 in den Text gedr. Abbild., so wie 8 Bunt- und Tondruckbildern in Holzschn.) 863. * 1 Thlr. 15 Ngr.; geb. * 1 Thlr. 20 Ngr.

„ 2. „ 3. Bade, Th., der Scalpjäger. Erlebnisse, Abenteuer und Fahrten im Westen Amerika's, Natur- und Sittenschilderungen aus dem amerikan. Jagd-, Kriegs-, Reise- und Waldleben. 3. Aufl. (VIII und 264 S. mit 5 Tonbildern nach Orig.-Zeichnungen von H. Leutemann u. A. sowie mit 100 in den Text gedr. Abbild., 1 Titelbilde in Holzschn. ꝛc.) 863. * 1 Thlr. 20 Ngr.; geb. * 2 Thlr.

„ 2. „ 7. Otto, Frz., der große König und sein Rekrut. Lebensbilder aus der Zeit des 7jähr. Krieges. Unter theilweiser Benutzung eines histor. Romans von A. H. Brandrupp, für Volk und Heer, insbesondere für die vaterland. Jugend bearb. 2 Thle. 3. Aufl. (XXXVII und 351 S. mit 8 Ton- und Buntdruckbildern, sowie 120 in den Text gedr. Illustr. in Holzschn.) 866. * 1 Thlr. 20 Ngr.; geb. * 2 Thlr.

„ 2. „ 8. Der erste und älteste Robinson. Robinson Crusoë des Aelteren Reisen, wunderbare Abenteuer und Erlebnisse. Neu bearb. von Ludw. Hüttner. Eingeführt durch eine Geschichte der Robinsonaden sowie eine Lebensskizze von Daniel de Foe, dem Verf. des ältesten Robinson, von C. F. Lauckhard. Prachtausg. 1. Aufl. 1863. und 2., verb. Aufl. (XX und 256 S. mit 1 bunten Titelbilde, 5 Tonbildern und 90 in den Text gedr. Abbild. in Holzschn.) 866. * 1 Thlr.; cart. * 1 Thlr. 10 Ngr.

„ 2. „ 11. Andree, Rich., wirkliche und wahrhaftige Robinsonaden, Fahrten und Reiseerlebnisse aus allen Zonen. Für die reifere Jugend, sowie für gebildete Familienkreise. Pracht-Ausg. (XXXVIII und 222 S. mit 1 Titelbilde in Holzschn. und Tondr., 6 Tonbildern und 90 in den Text gedr. Abbild. Nach Zeichnungen von Van Dargent u. A.) 868. * 1 Thlr. 15 Ngr.; geb. * 1 Thlr. 25 Ngr.

„ 3. „ 1. 2. Wägner, Wilh., Hellas. Das Land und Volk der alten Griechen. Bearb. für Freunde des klass. Alterthums, insbesond. für die deutsche Jugend. 2 Bde. 2. Aufl. (XIV und 664 S. mit 1 chromolithogr. Karte in qu. 4. und 8 Tonbildern nach Orig.-Zeichnungen in 8. und qu. 4. von H. Leutemann u. A., sowie mit 270 in den Text gedr. Abbild. in Holzschn.) 867. * 3 Thlr.; geb. * 4 Thlr.

„ 3. „ 4. —— Rom. Anfang, Fortgang, Ausbreitung und Verfall des Weltreiches der Römer. Für Freunde des klass. Alterthums, insbesond. für die deutsche Jugend. 2. Bd. (VI und 394 S. mit 6 Tonbildern nach Orig.-Zeichnungen, sowie mit 110 in den Text gedr. Abbild. in Holzschn. nebst 1 Plane von Rom in Kpfrst. in gr. 4.) 862. * 1 Thlr. 15 Ngr.; geb. * 1 Thlr. 25 Ngr.

3. Serie. 3. 4. Bd. Rom. Anfang, Fortgang, Ausbreitung u. Verfall des Weltreiches der Römer. Für Freunde des klass. Alterthums insbesond. für die deutsche Jugend. Bearb. von Wilh. Wägner. 2. verb. Aufl. 2 Bde. Mit 240 Text-Abbildgn. (in Holzschn.), 7 Tonbildern, 1 Frontispice, nebst 1 Titelbilde (in Holzschn.) von H. Leutemann sammt (chromolith.) Karte des alten Italien (in hoch 4.). (XII, 330 S. u. VI, 393 S.) n. 3 ₰; geb. n. 5 ₰ 20 ngr.

„ 3. „ 6. Oppel, Karl, das alte Wunderland der Pyramiden. Geographische, geschichtl. und kulturhistor. Bilder aus der Vorzeit, der Periode der Blüte sowie des Verfalls des alten Aegyptens. 1. Aufl. 1863. * 1 Thlr. 20 Ngr., geb. * 2 Thlr. und 2., verm. und verb. Aufl. (XIV und 312 S. mit 160 in den Text gedr. Abbild. in Holzschn., 10 Ton- und Buntdruckbildern in Holzschn., 1 Karte des Thales von Biom, sowie einem Vogelschau-Plane der Denkmäler im Nilthale in Holzschn. Nach Zeichnungen von C. F. Klimsch u. A.) 868. * 1 Thlr. 25 Ngr.; geb. * 2 Thlr. 5 Ngr.

„ 3. „ 7. Armin, Th., das alte Mexiko und die Eroberung Neuspaniens durch Ferd. Cortez. Nach W. Prescott und Bernal Diaz, sowie unter Benutzung der Schriften von Alex. v. Humboldt ꝛc. (XVI und 376 S. mit über 120 in den Text gedr. Abbild., 6 Tonbildern, 1 Frontispice, sowie 1 Karte von Anahuac in Holzschn.) 865. * 1 Thlr. 20 Ngr.; geb. * 2 Thlr.

„ 3. „ 8. —— das heutige Mexiko. Land und Volk unter Spaniens Herrschaft, so wie nach erlangter Selbständigkeit. Unter Benutzung der zuverlässigsten und neuesten Quellen hrsg. (XII und 428 S. mit 150 in den Text gedr. Abbild., nebst 6 Tonbildern in Holzschn.) 865. * 1 Thlr. 20 Ngr., geb. * 2 Thlr.

„ 3. „ 9. Göll, Herm., illustrirte Mythologie. Göttersagen und Kultusformen der Hellenen, Römer, Aegypter und Inder. Dargestellt für Freunde des Alterthums, insbesond. für die reifere Jugend. (VIII und 292 S. mit 1 Titelbilde in Tondr. und 150 in den Text gedr. Illustr. in Holzschn. Nach Zeichnungen von C. F. Klimsch, H. Leutemann u. A.) 867. * 1 Thlr. 15 Ngr.; geb. * 1 Thlr. 25 Ngr.

Serie 4. Bd. 1. Schlimpert, M., und Frz. Otto, Vorbilder der Vaterlandsliebe, des Hochsinns und der Thatkraft. Charakter-Gemälde aus der Jugendzeit und dem Wirken berühmter Helden, Dichter, Gelehrten ꝛc. In Verbindung mit mehreren Jugendschriftstellern hrsg. 1. 2., verb., gänzlich umgearb. Aufl. (VI und 268 S. mit 70 in den Text gedr. Abbild., 1 Titelbilde, sowie 2 Tonbildern in Holzschn.) 866. * 1 Thlr.; geb. * 1 Thlr. 10 Ngr.

„ 4. „ 3. Otto, Frz., das Buch merkwürdiger Kinder. Lebensbilder aus der Jugendzeit und den Entwickelungsjahren merkwürd. Menschen. Hrsg. in Verbindung mit C. F. Lauckhard, M. Schlimpert, O. Schulzmann, W. Wägner ꝛc. 2., verb. Aufl. 1. (VIII und 190 S. mit 50 in den Text gedr. Abbild., 1 Titelbilde, sowie 3 Tonbildern in Holzschn.) 865. * 1 Thlr.; cart. * 1 Thlr. 10 Ngr.

„ 4. „ 5. Grosse, Ed., und Frz. Otto, Wohlthäter der Menschheit. Vorbilder des Hochsinns, der Thatkraft und christl. Denkungsart. Hrsg. in Verbindung mit Th. Armin, C. F. Lauckhard, K. L. F. Mezger ꝛc. (IX und 229 S. mit 75 in den Text gedr. Abbild., 1 Titelbilde, sowie 2 Tonbildern in Holzschn.) 865. * 1 Thlr.; geb. * 1 Thlr. 10 Ngr.

„ 5. „ 1. Wagner, H., Entdeckungs-Reisen in der Wohnstube. Mit seinen jungen Freunden unternommen. 2., verm. und verb. Aufl. (VIII und 163 S. mit vielen Abbild. sowie mehreren [5] Tonbildern in Holzschn.) 865. * 15 Ngr.; cart. * 20 Ngr.

„ 5. „ 2. —— Entdeckungsreisen in Haus und Hof. Mit seinen jungen Freunden unternommen. 2., verm. und verb. Aufl. (VIII und 168 S. mit 100 in den Text gedr. Abbild., 4 Buntdruck- und Tonbildern in Holzschn.) 865. * 15 Ngr.; cart. * 20 Ngr.

„ 5. „ 3. —— Entdeckungsreisen in Wald und auf der Heide. Mit seinen lieben jungen Freunden und Freundinnen unternommen. 1. Aufl. 1863. und 2., verm. und verb. Aufl. (VIII und 192 S. mit 130 eingedr. Abbild., 2 Buntdr.- und 2 Tonbildern in Holzschn. und einer Extrabeilage von getrockneten Moosen.) 865. * 20 Ngr.; cart. * 25 Ngr.

„ 5. „ 4. —— Entdeckungsreisen in Feld und Flur. Mit seinen lieben jungen Freunden und Freundinnen unternommen. 1. Aufl. 1863. und 2., verm. und verb. Aufl. (VIII und 164 S. mit 110 eingedr. Abbild., 2 Buntdr.- und 3 Tonbildern in Holzschn.) 865. * 20 Ngr.; cart. * 25 Ngr.

„ 5. „ 5. —— Entdeckungsreisen in der Heimath. 1. Im Süden. Eine Alpenreise. Mit seinen jungen Freunden und Freundinnen unternommen. (VIII und 164 S. mit 110 Abbild., 2 Tondr.- und 1 bunten Titelbilde in Holzschn.) 865. * 20 Ngr.; cart. * 25 Ngr.

„ 5. „ 6. —— dass. — II. Stadt und Land. Naturgeschichtliche Streifzüge in Mitteldeutschland mit seinen jungen Freunden unternommen. (V und 192 S. mit 100 Abbild., 3 Tondr.- und 1 bunten Titelbilde in Holzschn.) 866. * 20 Ngr.; cart. * 25 Ngr.

„ 6. „ 1. —— Illustrirtes Spielbuch für Knaben. 1001 unterhalt. und anregende Belustigungen, Spiele und Beschäftigungen für Körper und Geist, im Freien sowie im Zimmer. 1. und 2., unveränd. Aufl. (X und 366 S. mit über 500 Text-Abbild., sowie 1 Titelbild in Holzschn.) 861. * 1 Thlr. 10 Ngr.; cart. * 1 Thlr. 15 Ngr.

„ 6. „ 2. —— der gelehrte Spielkamerad oder der kleine Naturforscher, Thierfreund und Sammler. Anleitung für kleine Physiker, Chemiker, Botaniker und Naturfreunde zum Experimentiren, zur Anlage von Pflanzen-, Stein-, Muschel- ꝛc. Sammlungen sowie zur Pflege der Hausthiere und des Hausgartens. Ein Suppl. zum „Spielbuch für Knaben." (XIV und 230 S. mit über 200 Text-Abbild., 6 Abtheilungs-Frontispicen sowie 1 Titelbild in Holzschn.) 865. * 1 Thlr. 10 Ngr.; cart. * 1 Thlr. 15 Ngr.

„ 6. „ 3. Leske, Marie, illustrirtes Spielbuch für Mädchen. 1001 unterhalt. und anreg. Belustigungen, Spiele und Beschäftigungen für Körper und Geist, im Freien so wie im Zimmer. Nebst einem Anh.: 500 allerlei Kurzweil und Kurzweil. Allerlei für Jung und Alt. Zur gesell. Unterhaltung an langen Winterabenden. (VIII und 384 S. mit über 500 Text-Abbild., 4 Buntdruckbildern nebst 1 Titelbilde in Holzschn.) 865. * 1 Thlr. 10 Ngr.; cart. * 1 Thlr. 15 Ngr.

6. Serie. 4. Bd. Illustrirtes Spielbuch für Knaben. 1001 unterhalt. u. anreg. Belustiggn., Spiele u. Beschäftiggn. für Körper u. Geist, im Freien sowie im Zimmer. Hrsg. von Herm. Wagner. 3., verb. u. verm. Aufl. Mit über 500 Text-Abbildgn. (in Holzschn.), sowie e. (chromolithogr.) Titelbilde. (X, 368 S.) 870. n. 1 ₰ 10 ngr; cart. n. 1 ₰ 15 ngr.

Jugendbibliothek

—— neue illustrirte. 1.—4. Bdchn. 8. Leipzig 874, Hirt und Sohn. cart. *

Inhalt:

Bdchn. 1. Thalheim, L. Erinnerungen eines Kaninchens. Für liebenswürdige kleine Mädchen von 5—8 Jahren. Frei nach dem Französischen. (IV, 188 S. mit 18 Holzschntaf.) cart. * ℳ 3.

Bdchn. 2. Der kleine Hausirer, oder Ehrlich währt am längsten. Eine Geschichte aus dem Elsaß für das Alter von 10—14 Jahren von L. D. (214 S. mit 18 Holzschntaf.) * ℳ 3.

„ 3. Die kleinen Pächter, oder treue Arbeit findet immer ihren Lohn. Von L. D. (240 S. mit 12 Holzschntaf.) * ℳ 3,50.

„ 4. Die Fischerstochter, oder Bleibe im Lande und nähre dich redlich. Die Geschichte einer Näherin für Mädchen von 10 bis 14 Jahren. Von L. D. (264 S. mit vielen Illustr. in eingedr. Holzschn.) cart. * ℳ 3,50.

Jugend-Bibliothek, neue illustrirte. 5.—14. Bdchn. Mit vielen Illustr. 8. Leipzig, Hirt und Sohn. cart.

Inhalt:

Bdchn. 5. Kummer, Paul, die Mutterliebe der Thiere. Der reiferen Jugend geschildert. (VIII, 359 S.) 875. ℳ 2,50.; cart. ℳ 3,50.

" 6. Thalheim, Louise, Deutschland, Deutschland über Alles. Eine patriot. Erzählung für die Jugend. (IV, 184 S.) 875. ℳ 2,25.; cart. ℳ 3.

" 7. Devrient, Louise, die Geschwister von San Domingo. Frei nach Julie Gouraud. Für Mädchen von 12—15 Jahren. (III, 233 S.) 875. ℳ 2,25.; cart. ℳ 3.

" 8. Auguste [Auguste Danne], Im Forsthaus. Erzählung für die Jugend. (VI, 208 S.) 875. ℳ 2,25.; cart. ℳ 3.

" 9. Wedell, Heinr. v., Pompeji und die Pompejaner. Auf Grundlage von M. Monnier's Werk erweitert und nach den neuesten Forschungen berichtigt. (IV, 224 S. mit 21 Kunstbeilagen in Holzschn. und Farbendr. und 1 Stadtplan in Holzschn. und in qu. 4.) 877. ℳ 2,50.; cart. ℳ 3,50.

" 10. Hirt's Theater für die Jugend. Leicht ausführbare Stücke für verschiedene Altersstufen von Auguste [Danne], Agnes Franz, Clementine Helm, Louise Thalheim und Ottilie Wildermuth. Mit (3 chromolithogr.) Costümbildern: Deutsche Volkstrachten nach Alb. Kretschmer. (V, 208 S.) 877. ℳ 2.; cart. ℳ 3.

" 11. Arnold, Rob., Am heiligen Nil. Aegypten vom Anfang seiner Kultur bis auf den Khedive „Ismail Pascha". Der reifen Jugend und allen Gebildeten geschildert. (XII, 286 S. mit vielen Illustr. in eingedr. Holzschn., 1 Chromolithogr. und 1 lithogr. Uebersichtskarte.) 878. ℳ 2,50.; cart. ℳ 3,50.

" 12. Schoene, Emma, Weihnachtsgabe. Erzählungen für die Jugend von 12 bis 14 Jahren. Mit vielen Illustr.: Die Holzschnitte nach Orig.-Zeichnungen von H. Bürkner, H. Heubner, C. Römer und Thon, die Chromolithogr. von C. Leineweber. (271 S. mit Holzschntaf. und 3 Chromolithogr.) 878. ℳ 2,50.; cart. ℳ 3,50.

" 13. Helm, Clementine, Siebenmeilenstiefeln. Erzählungen für die reifere Jugend. Mit vielen Illustr. (Holzschntaf.) nach Orig.-Zeichnungen von Wold. Friedrich, J. G. Fuellhaas und C. Römer. (245 S.) 878. ℳ 2,50.; cart. ℳ 3,50.

" 14. Claudius, Mart. [M. Petzel], Rheinsagen, der reiferen Jugend erzählt. Mit vielen Illustr. (Holzschntaf.) von C. Römer und L. Venus. (208 S.) 879. ℳ 2.; geb. ℳ 3.

1.—4. Bdchn. Ebendas. 1874. cart. (ℳ 13.) ℳ 9.

Jugend- u. Volksbibliothek, neue illustrirte. 1—9. Hft. 8. Stuttgart 875. Levy & Müller. à n. — 20

1. Der deutsch-französische Krieg v. 1870 u. 1871. Von Einem, der dabei gewesen. 1. Hft. Der Verlauf d. Krieges. (36 S.)
2. Bilder aus dem Leben der Säugethiere. Von Ph. M. J. Paulus. Nr. 1. Die Waldmenschen u. Gibbon od. die menschenähnl. Affen. (31 S.)
3. M. Johann Friedrich Flattich, Pfarrer zu Münchingen. Ein Sokrates unserer Zeit. Eine Sammlg. der schönsten u. interessantesten Züge aus Flattich's Leben vom Urenkel Flattich's, Ph. Paulus. (36 S.)
4. Die Civil-Ehe innerhalb der evangelischen Christenheit. Von Chr. Palmer. (32 S.)
5. Unser schwäbischer Untergrund u. das Stuttgarter Bohrloch. Von Osk. Fraas. (36 S.)
6. Das heilige Land, nach eigener Anschauung. Von J. Paulus. I. Die Ebenen u. Gewässer d. heil. Landes. (32 S. m. 2 Holzschntaf.)
7. Bilder aus dem Leben der Säugethiere. Von Ph. M. J. Paulus. II. Die geschwänzten od. thierähnl. Affen der alten Welt. (32 S.)
8. Die Kindersterblichkeit m. besond. Berücksicht. Württembergs. Von Otto Oesterlen. (31 S.)
9. König Friedrich Wilhelm IV. Ein geschichtl. Charakterbild v. Wilh. Hoffmann. (32 S.)

cf.: Volksbibliothek, neue illustrirte.

Jugendbibliothek

— neue, für Unterhaltung, Belehrung u. Pflege frommen Sinnes. Gewidmet der christlichen Jugend u. deren Freunden. 1—8. Bd. Regensburg 866,67. Coppenrath. Jeder Bd. 11¼ ngr.

1. Bd. Die Perle von Genua oder Lohn kindl. Liebe u. Treue. Von dem Verf.: „Die Kinder der Wittwe." 4., verb. Aufl. (VI, 191 S. mit 1 Stahlst.)
2. Bd. Die Mauren in Valencia, oder: Der ewigen Liebe Schützlinge. Eine Erzählung aus den Zeiten der Mauren in Spanien. Von dem Verf. der „Glocke der Andacht." 3., verb. Aufl. (VI, 183 S. mit 1 Stahlst.)
3. Bd. Die Orgel zu St. Paul, oder: das Blinden-Institut. Eine Geschichte aus dem bürgerl. Leben für die reifere Jugend. Von dem Verf. der „Glocke der Andacht." 3., verb. Aufl. (167 S. mit 1 Stahlst.)
4. Bd. Gottfried v. Bouillon oder die Eroberung des heil. Grabes. Ein histor. Gemälde aus den Zeiten der Kreuzzüge. Von dem Verf. „Die Kinder der Wittwe." (Ed. v. Ambach.) 3. Aufl. (163 S. mit 1 Stahlst.)
5. Bd. Zwei Brüder aus dem Volke. Eine Erzählung für die reifere Jugend. Von Ludw. Mittermaier. 4. verb. Aufl. Mit (1) Stahlst. (219 S.)
6. Bd. Die Kinder der Wittwe, oder der Herr hilft auf dem schuldlos Leidenden u. demüthigt die Sünder bis zur Erde. Eine Erzählung für die reifere Jugend. (Von E. v. Ambach.) Mit e. Vorworte begleitet vom Verf. der „Glocke der Andacht." 4. verb. Aufl. Mit (1) Stahlst. (116 S.)
7. Bd. Des Prager Goldschmieds Töchterlein, oder die Schweden in Böhmen. Ein Zeitgemälde aus dem 17. Jahrh. Der reiferen Jugend gewidmet von dem Verf. „Die Kinder der Wittwe." (E. v. Ambach.) 3. Aufl. Mit (1) Stahlst. (180 S.)
8. Bd. Oliver Cromwell oder eine Nacht im Sarge. Eine Erzählung für die reifere Jugend von dem Verf. „Die Kinder der Wittwe." (E. v. Ambach.) Mit 1 Stahlst. 3. Aufl. (139 S.)

— neue, f. Unterhaltung, Belehrung u. Pflege frommen Sinnes. Gewidmet der christl. Jugend u. deren Freunden. 9—12. Bd. 8. Regensburg 870—72. Coppenrath. à 1. 15

9. Der Abtrünnige, o. d. Menschen Höchstes ist sein Glaube. Eine Erzählg. aus den Zeiten der Kreuzzüge f. die reifere Jugend v. Ludw. Mittermaier. 3. Aufl. Mit Stahlst. (VI, 176 S.)
10. Der Fall der Zackenburg od. Sieg der Tugend üb. das Laster. Eine Erzählg. f. die Jugend u. christl. Volk v. dem Verf. der „Zwei Brüder aus dem Volke." (Mittermaier.) Mit Stahlst. (212 S.)
11. Die Waisen aus Neapel od. fürchtet euch nicht. — Ich bin bei euch. Eine Erzählg. f. die reifere Jugend v. dem Verf. der „Glocke der Andacht." 4. Aufl. Mit Stahlst. (IV, 180 S.)
12. Verbrechen aus Habsucht, od.: Die stumme Anklage d. Grabes. Ein charakterist. Gemälde unserer Zeit. Der gesammten edlen Lesewelt, namentlich der reiferen Jugend gewidmet v. dem Verf. der „Kinder der Wittwe." 2. Aufl. Mit Stahlst. (197 S.)

Jugend-Bibliothek, neueste, s. Sommer, J. G.

—— neueste, e. Samml. moral. Erzähln., Reisebeschreibn., Biographien, Gedichte rc. f. d. jugendl. Alter. Hrsg. v. F. G. Funke. 1. u. 2. Bdchn. 1., u. 2., verb. Aufl. (à 24½ B.) 8. Augsburg 831, 32, v. Jenisch u. Stage'sche Buchh. à 16 Gr.

—— ders. 3. Bdchn. — A. u. d. T.: Erzählungen u. Fabeln f. d. Jugend v. J. L. G. Walther. 1., u. 2., verb. Aufl. (à 10½ B.) 8. Ebds. 831. à

—— ders. 4. Bdchn. — A. u. d. T.: Helden- u. Sittengemälde aus alter u. neuer Zeit. Ein unterhalt. u. belehr. Leseb. f. d. Jugend v. Gabr. Eith. 1., u. 2., verb. Aufl. (à 15¼ B.) 8. Ebds. 832. à

—— ders. 5. Bdchn. — A. u. d. T.: Lebensgeschichte e. italien. Bilderhändlers. Ein Leseb. z. Belehr. u. Unterhaltung f. d. reif. Jugend v. J. L. G. Walther. 1., u. 2., verb. Aufl. (à 16½ B.) 8. Ebds. 832. à

—— ders. 6. Bdchn. — A. u. d. T.: Parabeln u. Parabelartiges. Nebst e. Anh. vermischter Gedichte u. Aufsätze. Für Knaben u. Mädchen hrsg. v. Aug. Gebauer. 1., u. 2., verb. Aufl. (à 12½ B.) 8. Ebds. 832. à

—— ders. 7. Bdchn. — A. u. d. T.: Moral. Erzählungen u. Gedichte z. Bildung d. jugendl. Geistes u. Herzens. Hrsg. v. F. G. Funke. 1., u. 2., verb. Aufl. (à 11 B.) 8. Ebds. 832. à

—— ders. 8. Bdchn. — A. u. d. T.: Schlachtengemälde aus d. Periode d. griech. u. röm. Freistaates. Ein histor. Leseb. f. d. Jugend u. ihre Freunde, v. G. Eith. 1., u. 2., verb. Aufl. (à 15 B.) 8. Ebds. 833. à

Jugend-Bibliothek, neueste, e. Sammlung moral. Erzählungen rc. 9. Bdchn. — A. u. d. T.: Vaterländ. Wanderungen, od. Schilderungen d. schönsten u. merkwürd. Gegenden Deutschlands. Zur belehr. Unterhalt. d. wanderlust. Jugend hrsg. v. Heinr. Tegner. 1. Bdchn. M. 3 ill. Kpfr. 8. (16¼ B.) Augsburg 834, v. Jenisch u. Stage'sche Buchh. Thlr.

—— ders. 10. Bdchn. — A. u. d. Titn.: Neueste Jugend-Bibliothek. Neue Folge. 1. Bdchn. — Der 25. August, od. das doppelte bayer. Nationalfest am Geburts- u. Namenstage Sr. Maj. d. Königs Ludwig I. v. Bayern. Od. d. ausführl. Geschichte v. Bayern, von e. Schuljugend in unterhalt. Gesprächen vorgetr. Ein schönes u. nützl. Lese- u. Preisbuch f. uns. vaterländ. Schuljugend. Mit e. genealog. Uebersicht d. Wittelsbach-pfälz. u. Königl.-Hauses Bayern (1 B. Fol.), v. Jos. Wernhard. gr. 8. (12 B.) Ebds. 834.

—— ders. 11. Bdchn. — N. Folge. 2. Bdchn. — A. u. d. T.: Züge u. Hauptbegebenheiten aus d. allgem. Geschichte, besond. d. europ. Menschheit. Ein Hand- u. Leseb. f. alle Stände, vorzügl. f. Deutschlands heranwachs. Jugend, v. Joh. v. Gott Steinle. gr. 8. (18¾ B.) Ebds. 834.

— neueste, zur Bildung des Geistes u. Herzens, herausgeg. v. H. Rebau. 3. verb. u. verm. Aufl. 7. Bdchn. — A. u. d. T.: Heilige Sagen, Mährchen u. Legenden. Mit 1 Stahlst. 8. Augsburg 841 u. 42, v. Jenisch u. Stage'sche Buchh. ⅜ ℔

—— neueste, s. Rebau, H.

Jugendbibliothek

—— oesterreichische. Hrsg. unter Mitwirkung mehrerer Pädagogen und Kinderfreunde. 1. Jahrg. 1874. 12 Hefte. (à 2 Bog.) gr. 8. Wien, Lechner's Verlag. *

—— österreichische. Hrsg. unter Mitwirkung mehrerer Pädagogen und Kinderfreunde. 2. und 3. Jahrg. 1875 und 1876. à Jahrg. 12 Hefte. (à 2 Bog. mit eingedr. Holzschn.) gr. 8. Wien, (Lechner's Verlagsh.) à Jahrg. *

—— dass. — Redact.: Karl Rauch. 4.—6. Jahrg. 1877—1879. à Jahrg. 12 Hefte. (à 2 Bog. mit eingedr. Holzschn.) gr. 8. (Ebendas.) à Jahrg. *

—— österreichische. Hrsg. unter Mitwirkung mehrerer Pädagogen und Kinderfreunde. Redact.: Karl Rauch. 7. und 8. Jahrg. 1880 und 1881. à Jahrg. 12 Hefte. (à Heft 2 Bog. mit eingedr. Holzschn.) gr. 8. Wien, (Lechner's Verlag.) à Jahrg. *

—— dass. — Redact.: Karl Rauch. 9.—11. Jahrg. 1882—1884. à Jahrg. 24 Hefte. (Bog. mit eingedr. Holzschn.) gr. 8. (Ebendas.) à Jahrg. *

—— österreichische. Redact.: Alois v. Näckler. 12. und 13. Jahrg. 1885 und 1886. à Jahrg. 24 Hefte. (Bog. mit eingedr. Holzschn.) gr. 8. Wien, (Lechner's Verlag.) à Jahrg. * 4 —

Jugend- u. Volksbibliothek, patriotische. 1. Bd. gr. 8. Wien 890. Verlag „Austria", Drescher & Co. cart. n. 3. 40

Oesterreichs Kaiser Franz Josef I. Sein Leben u. Streben. Ein Volksbuch f. Jugend u. Erwachsene v. W. Wächtler. 2., verm. Aufl. (III, 169 S. m. Abbildgn.)

Jugendbibliothek

—— rheinische. Eine Sammlung v. Erzählungen. Hrsg. in Verbindung m. mehreren Lehrern u. Geistlichen. v. J. L. Becqueray. 1. u. 2. Bdchn. 16. Coblenz, Reiff. à

Bdchn. 1. Joseph, od. die Einsiedelei am Rheine. Erzählung v. J. L. Becqueray. (9⅝ B. u. 1 Stahlst.) 845.
" 2. Graf Ulrich von Buchhorn od. der heil. Schleier zu St. Gallen von Dems. (9⅝ B. u. 1 Stahlst.) 847.

Jugendbibliothek, Salzburger. 1. Bändchen. Inh.: Josef Schwarzbach, Die letzten Tage von Juvavum. Historische Erzählung aus dem 6. Jahrhunderte. 12. (81 S.) Cart. —.50
—— 2. Bändchen. Inhalt: Josef Schwarzbach, Salzburg von Hand zu Hand. Historische Erzählung aus den Jahren 1800—1801. 12. (83 S.) Cart. —.50
—— 3. Bändchen. Inhalt: Josef Schwarzbach, Erzählungen. 12. (63 S.) Cart. —.50
—— 4. Bändchen. Inhalt: Josef Schwarzbach, Erzählungen. 12. (92 S.) Cart. —.50
Salzburg: Pustet 1895.

—— für Schule und Haus. Hrsg. von Th. Eckardt. 1.—12. Heft. 4. (Mit je 4 Chromolithogr.) Eßlingen 882, Schreiber. cart. à Heft *

Inhalt:
Heft 1. Pape, Paul, Hermann, der Befreier der Deutschen. Bilder von Ant. Meßner. (10 S.)
" 2. Rothkäppchen. Bilder nach C. Häberlin. (8 S.)
" 3. Kopetzky, Fr., Rudolf von Habsburg. Bilder von R. Schulmeister. (10 S.)
" 4. Schneewittchen. Bilder nach C. Häberlin. (8 S.)
" 5. Käppel, C., das Ritterwesen. Bilder von Ant. Meßner. (16 S.)
" 6. Hertrich, Fr., Siegfried. Bilder von R. Schulmeister. (32 S.)
" 7. Boßköhler, R., Friedrich Wilhelm, der große Kurfürst. Bilder von Osk. Schulz. (12 S.)
" 8. Petrowitz, M., Marco, der serbische Königssohn. Bilder von Fr. Kollarz. (10 S.)
" 9. Dornröschen. Bilder nach C. Häberlin. (6 S.)
" 10. Mehl, Herm., Schwäbische Sagen. Bilder von R. Haug. (8 S.)
" 11. Binstorfer, Doctor Faust. Bilder von Ant. Meßner. (14 S.)
" 12. Bremer Stadtmusikanten. Bilder von C. Schlitt. (6 S.)

— des katholisch. Schulvereines f. Österreich. I. Jahrg. 1901. 1. u. 2. Hft. gr. 16. Wien, Buchh. des kathol. Schulvereines f. Oesterreich. à n. — 20
1. Unter dem Banner der Boeren. — An Gottes Segen ist alles gelegen. Zwei Erzähl[g]n. Von Hans Kappert. (71 S.)
2. Kleine Opfer. Von E. v. Handel-Mazzetti. — Der Retter. Von Joh. Nep. Vogl. (40 S.)

Jugendbibliothek, Schweizerische. 4 Bdchn. 12. Zürich, Fr. Schulthess. pr. Bdchn. 1871. 1. —

Jugend-Bibliothek, stenographische. Hrsg. v. E. Ahnert. 1—13. Bd. Autographie v. A. Schöttner. kl. 8. Wolfenbüttel, Heckner. n.n. 3. —
1. Jacinto-Prärie, die. (23 S.) 904. n.n. — 25
2. Haus, das, Gruit van Steen. — Steffen Martens Schillerfeier. — Unverhofftes Glück. (24 S.) 904. n.n. — 25
3. Zeppelins, Graf, Ritt in Feindesland. — Aus den Feldzugserinnerungen e. Reservisten. — Die Rosen v. Gorze. (15 S.) 904. n.n. — 20
4. Ratsherr, der stumme. (16 S.) 904. n.n. — 20
5. Kilometer, 210, in der Stunde. (16 S.) 904. n.n. — 20
6. Als ich das erste Mal auf dem Dampfwagen sass. — Eine Winternacht auf der Lokomotive. (23 S.) 905. n.n. — 25
7. Von der See I. 1. Die beiden „Iltis". 2. Seemannslos. 3. Eddystone. 4. Begegnung auf See. (24 S.) 905. n.n. — 25
8. Schauspiel, deutsches, zu Venedig. — Die unheimliche Trauung. — Der Dachs auf Lichtmess. (32 S.) 905. n.n. — 30
9. Heim, der Berliner Arzt. Herzog u. Schneider. Wie Admiral de Ruyter den Spott bestrafte. Meister Pfriem. (16 S.) (905.) n.n. — 20
10. Von Ems nach Berlin. Unsere Feldgeistlichen. Die verlorene Fahne. (16 S.) (905.) n.n. — 20
11. Rietschels Knabenjahre. (16 S.) (905.) n.n. — 20
12. 1. Wie Deutschland Kolonien erwarb. 2. Die Eingeborenen in Kamerun. 3. Auf Samoa. 4. Tierleben in Ostafrika. 5. Das Gefecht bei Gross-Nabas. (24 S.) (905.) n.n. — 25
13. Abenteuer zu Wasser u. zu Lande I. (24 S.) (906.) n.n. — 25

— stenographische. Hrsg. v. E. Ahnert. Autogr. v. A. Schöttner. 14.—20. Bd. kl. 8. Wolfenbüttel, Heckner. nn 2. 05
Durch Asiens Wüsten. (Von Sven Hedin.) Auf Reisen im Himalaja. Von Kurt Boeck.) (32 S.) 908. (Bd. 18.) nn — 30.
Handel u. Wandel. Erzählgn. aus der Kaufmannswelt. (32 S.) 907. (Bd. 17.) nn — 30
Im Zeichen des Verkehrs. (24 S.) (907.) (Bd. 14.) nn — 25
Kügelgen, Wilh. v., Jugenderinnergn. e. alten Mannes. I. Autogr. v. A. Schöttner. (64 S.) (909.) (Bd. 19. 20.) Geb. — 75
Seiler, der, v. Fürfeld u. andere Geschichten. (23 S.) 907. (Bd. 16.) nn — 25
Von d. See. II: Heimkehr. (16 S.) (907.) (Bd. 15.) nn — 20

— stenographische, z. Unterhaltung u. Belehrung. Hrsg. v. Lehrerverein Gabelsberger in Dresden. Red. v. Walth. Röthig. 1.—3. Jahrg. 1908—1910. à 12 Nrn. (à 8 autogr. S.) 8. Dresden, B. G. Teubner. à Jahrg. 1. —

—— unterhaltende, interessanter Reisen zu Wasser u. zu Land in d. Länder u. Meere d. heißen Zone. Zur Belehr. in geograph., naut. u. naturhistor. Hinsicht. 1. u. 2. Bd. (à 4 Lfgn.) 16. Nürnberg, Zeh'sche Buchh. à L. ¼ Thlr.
A. u. d. Titn.:
Bd. 1. Der Matrose, od. Schicksale u. Abentheuer eines durch Seelenverkäuferei auf e. Ostindienfahrer gerathenen Jünglings, in d. Kriegsjahren 1805—1807. Vom Verf. d. jungen Seefahrers. (24 B. u. 1 col. Abbild.) 841.
" 2. Der Steuermann, od. Reise-Begebenheiten bei d. ersten Fahrt d. jungen Gottfr. Walter auf d. neuen Schiffe „Freundschaft." Vom Verf. d. jungen Seefahrers. (24 B. u. 1 Stahlst.) 842.

—— unterhaltende, interessanter (Erzählungen, nebst) Reisen zu Wasser u. zu Lande in die Länder u. Meere fremder Zonen. 3. Bd. Das Eismeer, Indien u. die Südsee. Drei unterhaltende u. belehrende Erzählungen f. d. Jugend. v. Phil. Körber. In 4 Lfgn. 16. (20 B. u. 3 Stahlst.) Nürnberg 843. [Lotzbeck.] à Lfg. 7½ Ngr.

—— dass. 4. Bd. 6 Lfgn. 16. Ebds. 844, 45. à Lfg. 7½ Ngr.
Lfg. 1., 2. Der Negerhändler. Von Phil. Körber. (12 B. u. 1 Stahlst.)
" 3., 4. Toussaint l'Ouverture oder der Negeraufstand in Hayti. Nach Theod. Mügge bearb. v. Phil. Körber. (12 B. u. 1 Stahlst.)
" 5., 6. Richard Phantom, der kleine Schiffbrüchige. Nach Wilson bearb. von Phil. Körber. (12 B. u. 1 Stahlst.)

—— dass. (5. Bd.) Jahrg. 1845. 6 Lfgn. 16. Ebds. à L. 7½ Ngr.
Lfg. 1., 2. Der Missionair. Eine Originalerzählg. v. Phil. Körber. (12 B. u. 1 Stahlst.)
" 3. Die Ansiedler v. Phil. Körber. (6 B.)
" 4., 5. Spix u. Martius Reise v. Phil. Körber. (12 B. u. 1 Stahlst.)
" 6. Le Vaillant Reise in Afrika. (6 B.)

—— dass. (6. Bd.) Jahrg. 1846. 6 Lfgn. 16. Ebds. à L. 7½ Ngr.
Lfg. 1., 2. Die Schiffbrüchigen v. Phil. Körber. (12 B. u. 1 Stahlst.)
" 3., 4. A. v. Humboldt's Reisen in Amerika. Reise in Neu-Andalusien v. Phil. Körber. (12½ B. u. 1 Stahlst.)
" 5., 6. Dampier's Leben u. Reise um die Welt. (11¼ B. u. 1 Stahlst.)
1. u. 2. Bd. [Ebendas.] 1841, 42. 2 Thlr.

—— unterhaltende lehrreiche. Erzählungen interessanter Reisebegebenheiten und Abentheuer in fremden Zonen zu Wasser und zu Land. Jahrg. 1847. 6 Lfgn. gr. 16. Nürnberg, Lotzbeck. à Lfg. 7½ Ngr.
Lfg. 1., 2. Karsten Niebuhr's Reise nach Arabien und den umliegenden Ländern. Erzählung nach dem Originalwerk bearb. von Phil. Körber. (212 S. und 1 Stahlst.)
" 3., 4. Lord Macartney's Gesandschaftsreise nach China, bearb. von Phil. Körber. (164 S. und 1 Stahlst.)
" 5., 6. Das Wiedersehen unter den Palmen. Georg und Wilhelm Denis Schicksale. Erzählung von Phil. Körber. (184 S. und 1 Stahlst.)

—— dass. — Jahrg. 1849. 7 Lfgn. gr. 16. Ebds. à Lfg. 7½ Ngr.
Lfg. 1., 2. Phocion. Geschichte einer Fahrt nach dem indischen Archipel. Nach den Papieren eines holländ. Schiffsarztes bearb. von Phil. Körber. (VIII und 232 S. mit 1 Stahlst.)
" 3. Wilhelm Isbrands, genannt Bontekoe, Reisen in den indischen Meeren, von Phil. Körber. (110 S. und 1 Stahlst.)
" 4., 5. Engelbert Kämpfer's Reise nach Japan von Phil. Körber. (144 S. und 1 Stahlst.)
" 6., 7. Der fliegende Holländer. Unterhaltende Erzählung nach einer holländ. Sage von Phil. Körber. (2?? S. und 1 Stahlst.

Jugend-Bibliothek, unterhaltende lehrreiche. Erzählungen interessanter Reisebegebenheiten und Abentheuer in fremden Zonen zu Wasser und zu Land. — A. u. d. T.: Jugendbibliothek zur Bildung und Unterhaltung. Erzählungen interessanter Reisebegebenheiten und Abentheuer in fremden Zonen. Zur Belehrung in geograph., naturhistor. und völkergeschichtl. Hinsicht. Jahrg. 1850. 6 Lfgn. Ebds. à Lfg. 7½ Ngr. Thlr.
Lfg. 1., 2. Die Manilla-Galleone. Original-Erzählung für die Jugend von Phil. Körber. (184 S. und 1 Stahlst.)
" 3—5. Ferdinand Mendez Pinto's Reise in Indien. Für die Jugend bearb. von Phil. Körber. (224 S. und 1 Stahlst.)
" 6. Dr. Friedrich's Rundreise durch den Indischen Archipel. Nach den Papieren eines holländ. Schiffsarztes für die reifere Jugend bearb. von Phil. Körber. (1?? S. und 1 Stahlst.)

—— dass. — Jahrg. 1851. 6 Lfgn. gr. 16. Ebds. à Lfg. 7½ Ngr.
Lfg. 1., 2. Jakob und Eduard Jefferson's Reise nach Californien. Von Phil. Körber. (232 S. mit 1 Stahlst. und 2 ill. Stnt.)
" 3., 4. El-Dorado. Schilderung einer Reise nach Californien's Goldminen im J. 1849 von Phil. Körber. (182 S. und 3 ill. Stnt. in Tondr.)
" 5. Feodor Golowin's Verbannung nach Sibirien. Unterhaltende und belehrende Erzählung für die Jugend von Phil. Körber. (112 S. mit 1 Stnt. und 2 ill. Stnt. in Tondr.)
" 6. Capitain John Roß's zweite Nordpolexpedition in den J. 1829 bis 1833. Für die Jugend bearb. von Phil. Körber. (120 S. mit 3 ill. Stnt. in Tondr.)
Jahrg. 1848 der unterhalt. Jugend-Bibliothek ist nicht erschienen.

Jugend- und Volksbibliothek, s. Volks- und Jugendbibliothek.

Jugend- u. Volksbibliothek. 16 Bdchen. 18. Aachen 834. Roschütz u. Comp. ⅛ ℛ

Jugend- und Volksbibliothek. 1. Heft: Der arme David aus Rösnitz. Eine Erzählung für die Jugend. Von J. Främck. 8. (100 S.) Leobschütz 856(57,) Weilshäuser.

Jugend- u. Volksbibliothek. Nr. 1—12, 14—19 u. 21—24. 12. (à 64 S.) Berlin 893. Friedrichs & Co. à — 25
1. Die Kindesräuber der Prairie. Erzählg. aus dem Staate Jowa v. Wilh. Marterstеig.
2. Die Rache der Apachen. Erzählg. v. B. A. Frey.
3. Ein schwarzer Teufel. Eine Erzählg. aus dem Pflanzerleben v. B. A. Frey.
4. Am Marterpfahl. Erzählg. aus dem nordamerikan. Freiheitskrieg v. Ant. Groll.
5. Unter malayischen Seeräubern. Einer wahren Begebenheit nacherzählt v. Ew. Aug. Krönig.
6. Der Liebling des Indianers. Eine Erzählg. aus Nebraska v. R. Walter.
7. Die Reise um die Welt in 80 Tagen. Frei nach Jules Verne v. Rich. Kroue.
8. Die geheimnißvolle Insel. Eine Erzählg. v. Helm. Schläger.
9. Unter caraibischen Menschenfressern. Erzählg. v. Berthold Schummrich.
10. Onkel Toms Hütte. Eine Erzählg. aus dem Pflanzerleben v. Hugo Schönemann.
11. Das Ende der Bären-Indianer. Eine Erzählg. aus Arkansas v. Wilh. Marterstеig.
12. Die Aftpiraten des Höllenschiffes. Eine Erzählg. aus den westind. Gewässern v. Balduin Walder.
14. Nena Sahib. Eine Geschichte aus dem Mahratten-Aufstand in Ostindien v. Rich. Elsner.
15. Das Gift des Irokesen. Eine Erzählg. aus Canada v. Rich. Hartwig.
16. Schinderhannes. Von Ernst Köhler.
17. Der graue Wolf, der Häuptling d. Commanchen. Erzählg v. B. A. Frey.
18. Lebendig begraben. Eine Geschichte aus den sibir. Bergwerken v. Ernst Walter.
19. Die Meuterei v. Lahore. Eine Erzählg. v. M. Schmank.
21. Die Goldgräber v. Mexiko. Erzählg. v. Wilh. Marterstеig.
22. Unter Henkershand beim König v. Uganda. Eine Geschichte aus den Negerstaaten Central-Afrika's v. M. Pollmann.
23. Ein indianisches Gottesgericht. Eine Geschichte aus den Indianeraufständen v. [illegible] Silbereling.
24. Der letzte der Mohikaner. Eine Erzählg. aus den Jagdgründen des Missouri v. Ernst Momolz.

— — dasselbe. Nr. 13, 20, 27, 29, 31, 32, 34, 35, 39, 42, 43 u. 46. 12. (à ca. 32 S.) Ebd. 893. à — 15
13. Die Heldin der „blauen Berge". Eine Erzählg. v. Wald. Hesse.
20. Eine Tigerjagd in Birma. Erzählg. aus Hinter-Indien v. Otto Scholz.
27. Eine Schreckensnacht auf der Pacific-Bahn. Erzählg. v. Rob. Waldmann.
29. 100 Tage im ewigen Eis. Eine Erzählg. aus den Polarmeeren v. Ernst Haltmann.
31. Der junge Engländer. Märchen v. Wilh. Hauff.
32. Das kalte Herz. Märchen v. Wilh. Hauff. (63 S.)
34. Die neuen Robinsons. Eine Erzählg. aus dem Stillen Ocean v. Max Salvator.
35. Die Geschichte v. der abgehauenen Hand. Märchen v. Wilh. Hauff.
39. Der trojanische Krieg. Erzählg., nach Homer, bearb. v. Hugo Bornemann.
42. Zwerg Nase. Erzählg. v. Wilh. Hauff.
43. Die Sage vom Hirschgulden. Märchen v. Wilh. Hauff.
46. Fatme's Errettung. Märchen v. Wilh. Hauff.

Jugend- u. Volksbibliothek Fortsetzg. s.: Indianer- u.

Jugend- u. Volksbibliothek. Nr. 1—19. gr. 16. Münster, Regensberg. à Nr. n. — 20
1—4. Kapitän. Erzählung. Von Frau v. Manteuffel. Aus dem Franz. übers. (236 S.) (903.)
5—7. Erlebnisse auf der Flucht aus Sibirien. (Nach dem Poln.) Von Rufin Piotrowski. (181 S.) (903.)
8—10. Unterm Strohdach. Von M. v. Campfranc. Von der französ. Akademie preisgekrönt. Genehmigte Übertragg. aus dem Franz. (186 S.) (903.)
11—13. Aus dem Leben. Kleine Erzählgn. Von Lisbeth Winckelsett-Rumbrook. (191 S.) 905.
14—16. Der kleine Lord. Von Frances Hodgson Burnett. Aus dem Engl. übers. v. Hans Willy Mertens. (215 S.) (905.)
17—19. Am Winterfeuer. Erzählungen. Von Heim. Hirschfeld. (163 S.) (906.) Geb. n. 1. —

Jugend- u. Volksbibliothek. Nr. 20—23. kl. 8. Münster, Regensberg. à — 20
Lose Blätter. Erzählungen. Von Justus. (220 S.) Geb. 1. 20

---- wissenschaftliche, bearb. v. einer Gesellschaft Gelehrter. 1—4., 8—10. u. 15. Bdchn. gr. 12. Tübingen 831, Bähr. 2 Thlr. 16 Gr., Blnp.

Thl. 1. Naturlehre, (od. d. Ganzen) 1. u. 2. Bdchn.
A. u. d. T.:
Naturlehre f. d. Jugend beiderlei Geschlechts. Bearb. v. J. H. M. Poppe. 1. u. 2. Bdchn. M. 5 Stnt. (19⅔ B.) à 8 Gr., Blnp. 14 Gr.

„ 2. Naturgeschichte, (od. d. Ganzen) 3. u. 4. Bdchn.
A. u. d. T.:
Naturgeschichte f. d. Jugend beiderlei Geschlechts. Bearb. v. H. Rebau. 1. u. 2. Bdchn. Mit Abbild. (auf 14 lith. Taf.) (15 B.) à 8 Gr., Blnp. 14 Gr.

„ 3. Technologie, (od. d. Ganzen) 8—10. Bdchn.
A. u. d. T.:
Technologie f. d. Jugend beiderlei Geschlechts. Bearb. v. P. H. C. Julii. 1—3. Bdchn. M. 8 Stnt. (21½ B.) à 8 Gr., Blnp. 14 Gr.

„ 5. Weltgeschichte, (od. d. Ganzen) 15. Bdchn.
A. u. d. T.:
Weltgeschichte f. d. reif. Jugend. Bearb. v. C. Fr. Bilfinger. 1. Bdchn. (7½ B.) à 8 Gr., Blnp. 14 Gr.

— wohlfeilste deutsche. Ausgewählte Sammlung der besten deutschen Sagen, Mährchen u. Erzählungen. Hrsg. v. W. Keschnitz. 1. Jahrg. 12 Lfgn. 16. (... S. m. . color. Lith.) Schw. Hall 851, Nitzschke. 1 ₰ 6 ngl — 2. Jahrg. 3 Bde. 16. (à Bd. 256 S. m. 1 Lith.) Ebd. à Bd. 12 ngl

— wohlfeilste deutsche. Ausgewählte Sammlung der besten deutschen Sagen, Mährchen u. Erzählungen. Herausg. von W. Keschnitz. 2. Jahrg. 4. Bd. Schw. Hall (853.) (Stuttgart) Nitzschke. 16. (221 S. u. 1 color. Lithogr.) 12 ngr

Jugendbibliotheken. Jugend- und Volksbibliotheken. 2. Nachtrag zum Katalog, hrg. im Auftrag der Direktion des Unterrichtswesens des Kantons Bern von der Jugendschriftenkommission. 30 S. 8. Bern, Neukomm & Zimmermann, 1904.

Jugendbilder. Zur Belehrung, Unterhaltung und Rettung der Jugend zugerichtet von P. E. H. Salzburg 1873—77. V: *Hager, Edmund.* (Hr)

Jugendbildersaal. 16—20. Bdchn. Mit ill. (28) Kpf. gr. 16. Augsb. 832. Schlosser. 20 K

Jugend-Bildersaal, mit illum. Kupfern. 1—20. Bdchn. gr. 16. (27 B. u. 28 Kpfrt.) Augsburg 834, Schlosser.
A. u. d. Tln.: 8–14. Bdchn. Buch d. Affen, od. vierhänd. Säugethiere rc. — 15–17. Bdchn. Rosa von Tannenburg. Schausp. in 2 Aufz. Nach Chr. Schmids Erzähl. f. d. Jugend bearb. v. J. Woller. — 18–20. Bdchn. Die Beatushöhle. Schausp. mit Ges. In 4 Aufz. Nach d. bekannten Erzähl. gleichn. Tit. f. d. Jugend bearb. v. J. Weller.

Jugendbildner, der kathol., e. pädagog. Zeitschr. Im Vereine mit mehr. Pädagogen hrsg. v. Christ, Görlich, Grundey, Haucke, Lange, Nitschke, Sauer, Schnabel, Thiel, Wagner u. Wolff. 1. u. 2. Jahrg. 1839 u. 40. à 12 Hfte. 8. Breslau, Max u. Komp. à J.

Jugendbildner, der katholische. Eine pädagogische Zeitschrift. Im Vereine m. mehreren Pädagogen hrsg. von E. Barthel, Christ, Grundrey, Lange, Sauer u. A. 5—7. Jahrg. 1843—45. à 12 Hfte. gr. 8. Breslau, Max u. Komp. à J.

—— dass. Hrsg. v. E. Barthel unter Mitwirkung v. L. Kellner. 8. u. 9. Jahrg. 1846, 47. à 12 Hfte. gr. 8. Breslau, Leuckart. à J. *
1–4. Jahrg. 1839–42. Breslau, Max u. Komp. à J. 2 Thlr.

Jugendbildner, der katholische, eine pädagogische Zeitschrift. Unter Mitwirkung von L. Kellner u. A. hrsg. von E. Barthel. 10. Jahrg. 1848. 12 Hefte. (à 4 Bog.) gr. 8. Breslau, Leuckart. *

Jugendbildungsbestrebungen, die, in Leipzig, Stadt- u. Landbezirk. Bericht üb. das Geschäftsj. 1908/09. (40 S.) 8. Leipzig 909. Leipziger Buchdruckerei. —25

Jugendblatt: Jahrgang 1—17, Jan. 1900 – Dec. 1916
Lutheran monthly. Organ of Die Deutsche Evangelisch-Lutherische Synode von Iowa. Sub-title: Ein Monatsblatt zur Unterhaltung und Belehrung der evangelisch lutherischen Jugend. Dated also at Chicago, Ill. Published by the Publikations-Komitee der Synode. Quarto, each issue 20—24 pages, paged continuously.
Waverley, IA

Jugendblatt: 1900–1936
Vol 1, No. 1 (Jan. 1900) to Vol. 37, No. 12 (Dec. 1936)
Johannes Becker, Waverly, Ia., Jan. 1900 to June 1903; George Weng, Waverly, Ia., July 1903 to Dec. 1922; George Weng, Chicago, Ill., Jan. 1923 to Dec. 1930; J. Bodensieck, Columbus, Ohio, Jan. 1931 to Dec. 1936
Waverley, IA

Jugendblatt. Hrsg. v. der evangelisch-luther. Synode v. Jowa u. a. St. Red.: J. Becker. 1.—3. Jahrg. 1900—1902. à 12 Nrn. 4. (à ca. 12 S. m. Abb.) Waverly, Jowa. Chicago, Wartburg Publishing House. à Jhrg. n. 2.—

Jugendblatt. Hrsg. v. der evangelisch-luther. Synode v. Jowa u. a. St. 7. Jahrg. 1903—1906. à 12 Nrn. (à ca. 12 S. m. Abbildgn.) Lex.-8. Waverly, Jowa. Chicago, Wartburg Publishing House. à Jhrg. n. 2.—
Jhrg. 4 ist v. J. Becker, Jhrgge. 5 u. 6 v. G. Weng redig.

Jugendblatt. Hrsg. v. der evangel.-luther. Synode v. Jowa u. a. St. Red.: G. M. Weng. 8.—10. Jahrg. 1907—1909. à 12 Nrn. (à ca. 16 S. m. Abb.) Lex. 8. Waverly Jowa. Chicago, Wartburg Publishing House. à Jahrg. nn 2.—

Jugend-Blätter. Monatschr. z. Förderung wahr. Bildung. Hrsg. v. C. G. Barth u. L. Hänel. 1—13. Halbjahr. (1—3. 2., verb. Aufl.) Juli—Dec. 1836 u. 1837—42. à 12 Hfte. (Mit viel. Holzschn.) 4. Stuttgart, J. F. Steinkopf. à Halbj.

—— dass. 4. Bd. 1838. 1. Halbjahr. 2., verb. Aufl. 4. (29½ B. m. Holzschn.) Ebds. 841.

Jugend-Blätter. Monatsschrift zur Förderung wahrer Bildung. Herausgegeben von Dr. C. G. Barth und L. Hänel. 7.—18. Band (= Juli 1839 bis Dezember 1844). Stuttgart, Steinkopf, 1839/44. Mit zahlreichen Holzschnittillustr. Gr.-8°. Hldrbd. d. Z. 25.—
Seinerzeit sehr geschätzte Zeitschrift m. Beiträgen v. Barth, G. H. v. Schuberth, G. H. Zeller, Aug. Burckhardt u. v. a. — Nicht kollationiert, scheint aber vollständig. Hie u. da etwas fleckig, Einbände berieben u. teilw. etwas beschäd.

—— Monatschrift z. Förderung wahrer Bildung. Hrsg. v. C. G. Barth u. L. Hänel. 14—23. Bd. od. Jahrg. 1843—47. à J. 12 Hfte. (à Hft. 5 B.) Mit Holzschn. 4. Stuttgart, J. F. Steinkopf. à J. *
1–13. Bd. 1836–42. Ebendas. à Bd. 1 Thlr.

Jugend-Blätter. Monatschrift zur Förderung wahrer Bildung. Redig. von C. G. Barth. 24—33. Bd. der ganzen Folge oder Jahrg. 1848—52. à Jahrg. 12 Hefte. (à 5 Bog. mit eingedr. Holzschn.) 4. Stuttgart, J. F. Steinkopf. à Jahrg.

Jugend-Blätter. Monatschrift zur Förderung wahrer Bildung. Redig. von C. G. Barth. (3. Serie Bd. 4—9., oder Bd. 34—39. der ganzen Folge.) Jahrg. 1853—55. à Jahrg. 12 Hefte. Mit eingedr. Holzschn. 4. Stuttgart, J. F. Steinkopf. à Jahrg.

—— dass. — Redig. von Dems. Jahrg. 1856. 12 Hefte mit eingedr. Holzschn. Ebds.

Jugend-Blätter. Monatschrift zur Förderung wahrer Bildung. Redig. von C. G. Barth. Jahrg. 1857—61. à Jahrg. 12 Hefte. (à Heft 80 Sp. mit eingedr. Holzschn.) 4. Stuttgart, J. F. Steinkopf. à Jahrg. Thlr.

Jugend-Blätter. Monatschrift zur Förderung wahrer Bildung. Redact.: C. G. Barth. Jahrg. 1862. 12 Hefte. (à 80 Sp. mit eingedr. Holzschn.) 4. Stuttgart 862, J. F. Steinkopf.

—— dass. — Begründet von C. G. Barth, fortgesetzt von H. Gundert. Jahrg. 1863—67. à Jahrg. 12 Hefte. (à Heft 80 Sp. mit eingedr. Holzschn.) 4. Ebendas. à Jahrg.

Jugend-Blätter. Monatsschrift zur Förderung wahrer Bildung. Begründet von C. G. Barth, fortgesetzt von H. Gundert. Jahrg. 1868—1874. à 12 Hefte. (à 80 Sp. mit eingedr. Holzschn.) 4. Stuttgart, J. F. Steinkopf. à Jahrg.

Jugend-Blätter. Monatsschrift zur Förderung wahrer Bildung. Begründet von C. G. Barth, fortgesetzt von H. Gundert. Jahrg. 1875—1879. à Jahrg. 12 Hefte. (à 80 Sp. mit eingedr. Holzschn.) 4. Stuttgart, J. F. Steinkopf. à Jahrg.

Jugendblätter. Begründet von C. G. Barth, fortgesetzt von H. Gundert. Jahrg. 1880 und 1881. à Jahrg. 12 Hefte. (à Heft 5 Bog. mit eingedr. Holzschn.) 4. Stuttgart, J. F. Steinkopf. à Jahrg.
—— dass. — Hrsg. von G. Weitbrecht. Jahrg. 1882—1884. à Jahrg. 12 Hefte. (à Heft 4 Bog. mit eingedr. Holzschn.) 4. Ebendas. à Jahrg.

Jugendblätter. Hrsg. von G. Weitbrecht. 50.—53. Jahrg. 1885—1888. à Jahrg. 12 Hefte. (à Heft 4 Bog. mit eingedr. Holzschn.) 4. Stuttgart, J. F. Steinkopf. à Jahrg.

Jugendblätter. Hrsg. v. G. Weitbrecht. 54.—57. Jahrg. 1889—1892. à Jahrg. 12 Hefte. (à Heft 4 Bog. m. eingedr. Holzschn.) 4. Stuttg., J. F. Steinkopf. à Heft * — 25; à Jahrg. 3 —; geb. * 4 —

Jugendblätter. Hrsg. v. G. Weitbrecht. 56.—59. Jahrg. 1891—1894. à 12 Hfte. (4 Bog. m. eingedr. Holzschn.) Stuttgart, J. F. Steinkopf. à Jahrg. n. 3. —; einzelne Hfte à n. — 25; à Jahrg. geb. n. 4. —

Jugendblätter. Hrsg. v. G. Weitbrecht. 60.—63. Jahrg. 1895—1898. à 12 Hfte. (à ca. 4 Bog. m. Holzschn.) 4. Ebd. 3. —; einz. Hfte. — 25 (kplt. geb.: n. 4. —)

Jugendblätter. Hrsg. v. G. Weitbrecht. 64.—67. Jahrg. 1899—1902. à 12 Hfte. 4. (à ca. 82 S. m. Abb.) Stuttgart, J. F. Steinkopf. à Jahrg. 3. —; geb. in Leinw. n. 4. —

Jugendblätter. Hrsg. v. K. Weitbrecht. 68.—71. Jahrg. 1903—1906. à 12 Hefte. (à Jhrg. II, 380 S. m. Abbildgn.) Lex.-8. Stuttgart, J. F. Steinkopf. à Jhrg. n. 3.; geb. in Leinw. 1903 u. 1904 à n. 4. —; 1905 u. 1906 à n. 4. 50

Jugendblätter. Hrsg. v. K. Weitbrecht. 72.—76. Jahrg. Oktbr. 1906—Septbr. 1911. à 12 Hefte. (à Jahrg. IV, 388 S. m. Abb. u. je 12 Taf.) Lex. 8. Stuttgart, J. F. Steinkopf. à Jahrg. 4. —

Jugendblätter. Hrsg. von Jos. Kaiser. 1. Bd. 1—4. Hft. gr. 8. (17⅛ B. u. 4 Stnt.) Wien 844. (Mayer u. Comp.)

Jugend-Blätter, deutsche. Redig. von Petermann. 1. Jahrg. 1861. 26 Nrn. (Bog. mit eingedr. Holzschn.) gr. 4. Leipzig, (Klinkhardt.) Thlr. *

—— deutsche. Redact.: Karl Petermann. 2.—7. Jahrg. 1862—67. à Jahrg. 26 Nrn. (Bog. mit eingedr. Holzschn.) gr. 4. Leipzig, (Klinkhardt.) à Jahrg.

—— deutsche. Mit Illustr. Redig. von Karl Petermann. Eigenthum des Sächsischen Pestalozzivereins. 8.—14. Jahrg. 1868—1874. à 26 Nrn. (Bog.) gr. 4. Leipzig, Klinkhardt. à Jahrg.

—— deutsche. Mit Illustr. (in eingedr. Holzschn.). Redact.: Karl Petermann. 15.—19. Jahrg. 1875—1879. à Jahrg. 26 Nrn. (Bog.) gr. 4. Leipzig, Klinkhardt. à Jahrg. *

—— deutsche. Mit Illustr. (in eingedr. Holzschn.). Redact.: Karl Petermann. 20. und 21. Jahrg. 1880 und 1881. à Jahrg. 26 Nrn. (Bog.) gr. 4. Leipzig, Klinkhardt. à Jahrg.
—— dass. — Redact.: Ernst Weber. 22.—24. Jahrg. 1882—1884. à Jahrg. 26 Nrn. (Bog.) gr. 4. Ebendas. à Jahrg.

—— deutsche. Redact.: Ernst Weber. 25.—28. Jahrg. 1885—1888. à Jahrg. 26 Nrn. (Bog. mit Illustr. in eingedr. Holzschn.) gr. 4. Leipzig, Klinkhardt. à Jahrg. *

—— deutsche. Mit Illustr. (in eingedr. Holzschn.). Redact.: Bruno Müller. 29.—32. Jahrg. 1889—1892. à Jahrg. 26 Nrn. (Bog.) gr. 4. Lpz., (Klinkhardt). à Jahrg. * 3 —
Vgl.: Schulzeitung, sächsische.

— deutsche. Mit Illustr. (in eingedr. Holzschn.). Red.: Bruno Müller. 31.—34. Jahrg. 1891—1894. à 26 Nrn. (Bog.) gr. 4. Leipzig, (J. Klinkhardt). à Jahrg. n. 3. —

— deutsche. M. Illustr. Red.: Bruno Müller. 35.—38. Jahrg. 1895—1898. à 26 Nrn. (Bog.) gr. 4. Leipzig (J. Klinkhardt). à Jahrg. n. 3. —
Kann auch vierteljährlich bezogen werden. — Zugleich Gratisbeilage zur „Sächsischen Schulzeitung".

— deutsche. Mit Illustr. Red.: Bruno Müller. 39.—41. Jahrg. 1899—1901. à 26 Nrn. gr. 4. (à ca. 8 S.) Leipzig (J. Klinkhardt). à Jahrg. n. 3. —

— dasselbe. Mit Bilderschmuck. Schriftleiter: Arth. Hammer. 42. u. 43. Jahrg. 1902 u. 1903. à 26 Nrn. gr. 4. (à ca. 8 S.) Ebd. à Jahrg. n. 3. —

— deutsche. Mit Bilderschmuck. Eigentum des sächs. Pestalozzi-Vereins. Hrsg. zur Förderg. seiner wohltätigen Zwecke. Schriftleiter: Arth. Hammer. 44.—46. Jahrg. 1904—1906. à 26 Nrn. (à Jhrg. 208 S.) Lex.-8. Leipzig (J. Klinkhardt). à Jhrg. n. 3. —

— deutsche. Mit Bilderschmuck. Eigentum des sächs. Pestalozzi-Vereins. Hrsg. zur Förderg. seiner wohltät. Zwecke. Schriftleiter: Arth. Hammer. 47. Jahrg. 1907. 26 Nrn. (à ca. 8 S.) Lex. 8. Leipzig (J. Klinkhardt). 3. —
Erscheint nicht mehr.

Jugendblätter

—— Düsselthaler. Organ für christl. Jugendbildung und Erziehung. Unter Mitwirkung einer größeren Anzahl von Pädagogen und Jugendfreunden hrsg. von A. Natorp und Imhäusser. Jahrg. 1869—1874. à 26 Nrn. (Bog.) gr. 8. Barmen, (Klein. — Wiemann.) à Jahrg. *

—— Düsselthaler. Organ für christl. Jugendbildung und Erziehung. Unter Mitwirkung einer größeren Anzahl von Pädagogen und Jugendfreunden hrsg. von A. Natorp und W. Imhäusser. Jahrg. 1875. 26 Nrn. (Bog.) gr. 8. Barmen, Wiemann. *
Nicht weiter erschienen.

Illustrierte Jugenblätter: Band 1—33, 1885—1917?

Monthly. Follows Der Pilger. Merged with Der Jugend-Freund. Circulation: 1900, 15,000 (est.). Published by The Pilger Publishing House.
Reading, PA

—— illustrierte. 1.—4. Jahrg. 4. (à Jahrg. ca. 150 S.) Reading, Pa. 885—88, Pilger Buchh. à Jahrg.

— illustrierte. Monatsschrift f. unsere Jugend. 7.—10. Jahrg. 1891—1894. à 12 Nrn. (1½ Bog.) hoch 4. Reading, Pa., Pilger-Buchh. à Jahrg. n. 2. —

— illustrirte. Monatsschrift f. unsere Jugend. 11.—14. Jahrg. 1896—1898. à 12 Nrn. (à ca. 12 S.) hoch 4. Reading, Pa., Pilger-Buchh. à Jahrg. n. 2.—

— illustrirte. Monatsschrift f. unsere Jugend. 15. Jahrg. 1899. 12 Nrn. hoch 4. (à ca. 12 S.) Reading, Pa., Pilger-Buchh. n. 2.—

— illustrirte schweizerische, zur Unterhaltung u. Belehrg. Unter Mitwirkg. v. H. Brunnhofer, J. Bucher, E. Buß rc. hrsg. v. O. Sutermeister u. H. Herzog. 1. u. 2. Jahrg. 1873 u. 1874. à 12 Hfte. (2 B. m. eingedr. Holzschn.) gr. 8. Aarau, Christen. n. 4.—

Jugend-Blätter, illustrirte, zur Unterhaltung und Belehrung. Unter Mitwirkung von H. Brunnhofer, J. Bucher, E. Buß rc. hrsg. von O. Sutermeister und H. Herzog. 3. Jahrg. 1875. 12 Hefte. (à 2 Bog. mit eingedr. Holzschn. und Holzschntaf.) gr. 8. Aarau, Sauerländer's Verlag. *

— dass. — Unter Mitwirkung zahlreicher Jugendfreunde hrsg. von O. Sutermeister und H. Herzog. 4.—7. Jahrg. 1876—1879. à Jahrg. 12 Hefte. (à 2 Bog. mit eingedr. Holzschn. und Holzschntaf.) gr. 8. Ebendas. à Jahrg. *

— illustrirte, zur Unterhaltung und Belehrung. Unter Mitwirkung zahlreicher Jugendfreunde hrsg. von O. Sutermeister und H. Herzog. 8.—12. Jahrg. 1880—1884. à Jahrg. 12 Hefte. (à Heft 2 Bog. mit eingedr. Holzschn. und Holzschntaf.) gr. 8. Aarau, Sauerländer's Verlagsh. à Jahrg. *

— dass. — zur Unterhaltung und Belehrung. Unter Mitwirkung zahlreicher Jugendfreunde hrsg. von O. Sutermeister und H. Herzog. 13.—17. Jahrg. 1885—1889. à Jahrg. 12 Hefte. (à Heft 2 Bog. mit eingedr. Holzschn. und Holzschntaf.) gr. 8. Aarau, Sauerländer's Verlag. à Jahrg. * M 4.—; geb. *

— illustrirte, zur Unterhaltung u. Belehrung. Unter Mitwirkg. zahlreicher Jugendfreunde hrsg. v. O. Sutermeister u. H. Herzog. 17.—20. Jahrg. 1889—1892. à Jahrg. 12 Hefte. (à Heft 2 Bog. m. Holzschn. u. Holzschntaf.) gr. 8. Aarau, Sauerländer u. Comp. à Jahrg. * 4 —; geb. * 5 40

Jugendblätter, illustrirte, zur Unterhaltung und Belehrung. Unter Mitwirkung zahlreicher Jugendfreunde hrsg. von *O. Sutermeister* u. *H. Herzog.* 21. Jahrg. 1893. (12 Hefte.) Heft 1. Gr. in-8°. 32 S. Aarau, H. R. Sauerländer & Co. Jährlich 5 —

Jugendblätter, illustrirte, zur Unterhaltung und Belehrung. Unter Mitwirkung zahlreicher Jugendfreunde hrsg. von *O. Sutermeister* u. *H. Herzog.* 22. Jahrg. 1894. (12 Hefte.) Heft 1. Gr. in-8°. 32 S. Aarau, H. R. Sauerländer & Co. Jährlich 5 —

Jugendblätter, illustr., zur Unterhaltung und Belehrung. Unter Mitwirkung zahlreicher Jugendfreunde hrsg. von *O. Sutermeister* und *H. Herzog.* 23. Jahrg. 1895. 12 Hefte. Gr. in-8°. Heft 1. 34 S. Aarau, H. R. Sauerländer & Co. Jährlich 5 —

Jugendblätter, illustrierte, zur Unterhaltung u. Belehrung. Unter Mitwirkung zahlreicher Jugendfreunde hrsg. von *O. Sutermeister* u. *E. Herzog.* 24. Jahrg. 1896. 12 Hefte. Gr. in-8°. Aarau, H. R. Sauerländer & Co. Jährlich 5 —

Jugendblätter, illustrierte, zur Unterhaltung u. Belehrung. Unter Mitwirkung zahlreicher Jugendfreunde herausg. von *O. Sutermeister* u. *E. Herzog.* 25. Jahrg. 1897. 12 Hefte. Gr. in-8°. Aarau, H. R. Sauerländer & Co. Jährlich 5 —

— illustr., zur Unterhaltg. u. Belehrg. Unt. Mitwirkg. zahlreicher Jugendfreunde hrsg. v. O. Sutermeister u. H. Herzog. Jahrg. 1896—1898. à 12 Hfte. (à 2 Bog.) gr. 8. Aarau, H. R. Sauerländer & Co. à Jahrg. n. 4.—

— illustrierte, zur Unterhaltung u. Belehrung. Unter Mitwirkg. zahlr. Jugendfreunde hrsg. v. O. Sutermeister. Jahrg. 1899—1901. à 12 Hfte. gr. 8. (à ca. 32 S.) Aarau, H. R. Sauerländer & Co. à Jahrg. n. 4.— Erscheinen nicht mehr.

Jugendblätter

— neue. Jahrbuch f. das deutsche Haus. 1911. 3. Jahrg.: Lenzbotschaft. Hrsg.: Der sächs. Pestalozzi-Verein. Bearb.: Ernst Thiene. Zeichnungen u. Buchschmuck v. Fel. Elßner, Geo. Erler u. Otto Kubel. (96 S. m. 1 Farbdr.) 8. Dresden (910). C. C. Meinhold & Söhne. Geb. 1.75

— österreichische. Hrsg. von S. Heller und A. Chr. Jessen. Jahrg. 1872. April—Dezbr. 18 Nrn. (Bog.) gr. 16. Wien, Pichler's Wwe. und Sohn.

— dass. — Jahrg. 1873. 24 Hefte. (Bog.) gr. 8. Ebendas. *

Jugendblätter, österreichische, für Lust und Lehre. 12 Hefte. kl. 8. (à 24 S.) Wien, Dirnböck's V. (Georg Draudt). 2 fl. Mit Postversendung 2 fl. 20 kr.
1870.

Jugendblätter

— für christliche Unterhaltung und Belehrung. Unter Mitwirkung von mehreren Jugendfreunden hrsg. von Isabella Braun. 1—3. Jahrg. 1855—57. à Jahrg. 12 Hefte. Mit ill. Stnt. Lex.-8. Stuttgart, Gebr. Scheitlin. à Jahrg.

— für christliche Unterhaltung und Belehrung. Unter Mitwirkung von mehreren Jugendfreunden hrsg. von Isabella Braun. (4—8.) Jahrg. 1858—62. à Jahrg. 12 Hefte. Lex.-8. (à Heft ca. 48 S. mit ill. Stnt.) Stuttgart, Gebr. Scheitlin.

— für christliche Unterhaltung und Belehrung. Unter Mitwirkung von mehreren Jugendfreunden hrsg. von Isabella Braun. (9.—12.) Jahrg. 1863—66. à Jahrg. 12 Hefte. Lex.-8. (à Heft ca. 48 S. mit 1 Chromolithogr.) Stuttgart, Gebr. Scheitlin. à Jahrg.

— dass. — (13. und 14.) Jahrg. 1867 und 1868. à Jahrg. 12 Hefte. Lex.-8. (à Heft 48 S. mit Chromolithogr.) München, Braun und Schneider. à Jahrg.

— für christliche Unterhaltung und Belehrung. Unter Mitwirkung von mehreren Jugendfreunden hrsg. von Isabella Braun. 15.—20. Jahrg. 1868—1874. à 12 Hefte. Lex.-8. (à Heft 48 S., mit Holzschntaf. und Chromolithogr.) München, Braun und Schneider. à Heft 40 Pf.; à Jahrg. 4 80
geb. à Jahrg. 5 50

— für christliche Unterhaltung und Belehrung. Unter Mitwirkung von mehreren Jugendfreunden hrsg. von Isabella Braun. 21.—25. Jahrg. 1875—1879. à Jahrg. 12 Hefte. (à 3 Bog. mit 1 Holzschntaf. und 1 Chromolithogr.) Lex.-8. München, Braun und Schneider. à Heft * 35 Pf.; à Jahrg. *

—— für christliche Unterhaltung und Belehrung. Unter Mitwirkung von mehreren Jugendfreunden hrsg. von Isabella Braun. [26.—30.] Jahrg. 1880—1884. à Jahrg. 12 Hefte. (à Heft 3 Bog. mit eingedr. Holzschn. und 1 Chromolithogr.) gr. 8. München, Braun und Schneider. à Heft *
à Jahrg. !

—— für christliche Unterhaltung und Belehrung. Unter Mitwirkung von mehreren Jugendfreunden gegründet von Isabella Braun. [31.—34.] Jahrg. 1885—1888. à Jahrg. 12 Hefte. (à Heft 3 Bog. mit eingedr. Holzschn. und 1 Chromolithogr.) gr. 8. München, Braun und Schneider.
à Jahrg. * M 4.20.; geb. *
à Heft *

— f. christliche Unterhaltung u. Belehrung. Unter Mitwirkg. von mehreren Jugendfreunden gegründet von Isabella Braun. [33. — 35.] Jahrg. 1887 — 1889. à 12 Hfte. (3 B. m. eingedr. Holzschn. u. 1 Chromolith.) gr. 8. München, Braun & Schneider.
à Jahrg. n. 4. 20; à Hft. n. — 35

Jugendblätter für Unterhaltung u. Belehrg., gegründet v. Isabella Braun. Unter Mitwirkg. vieler Jugendfreunde hrsg. v. Isabella Hummel. Mit je 6 Bildern in Farbendr. u. vielen Illustr. in Holzschn. Jahrg. 1889—1892. [35.—38. Jahrg.] gr. 8. (à Jahrg. VIII, 576 S.) Münch., Braun u. Schneider. geb. in Leinw. à Jahrg. * 5 50
Auch in 12 Heften à * — 35
Ermäßigter Preis: Jahrg. 1867—1885 geb. à * 2 60.

— f. Unterhaltung u. Belehrung, gegründet v. Isabella Braun. Unter Mitwirkg. vieler Jugendfreunde hrsg. v. Isabella Hummel. Mit je 6 Bildern in Farbendr u vielen Illustr. in Holzschn. Jahrg. 1891 1894. [37.—40. Jahrg.] gr. 8. (à ca. VIII, 576 S.) München, Braun & Schneider. Geb. in Leinw. à Jahrg. n. 5. 50;
auch in 12 Hftn. à n. — 35

— f. Unterhaltg. u. Belehrg., gegr. v. Isabella Braun. Unt. Mitwirkg. vieler Jugendfreunde hrsg. v. Isabella Hummel. Jahrg. 1895—1898. [41.—44. Jahrg.] gr. 8. (à ca. VIII, 576 u. 48 S. m. Holzschn. u. Farbendr.) München, Braun & Schneider. à Jahrg. geb. in Leinw. n. 5. 50; auch in 12 Hftn. à n. — 35

— f. Unterhaltung u. Belehrung, gegründet v. Isabella Braun. Unter Mitwirkg. vieler Jugendfreunde hrsg. v. Isabella Hummel. Jahrg. 1899. (45. Jahrg.) gr. 8. (VIII, 576 u. 48 S. m. Holzschn. u. 6 Farbdr.) München, Braun & Schneider. Geb. in Leinw. n. 5. 50

— dasselbe, gegründet v. Isabella Braun. Red.: Isabella Hummel. 46.—49. Jahrg. 1900—1903. (Oktbr. 1899—Septbr. 1903.) Nebst Beilage: Der kleine Thierfreund. 7.—10. Jahrg. à 12 Hfte. gr. 8. (à ca. 48 u. 8 S. m. Abbildgn. u. Farbdr.) München, C. Haushalter.
à Jahrg. n. 4. 20; geb. à n. 5. —

— gegründet v. Isabella Braun. Schriftleitung: Loth. Meilinger. 50.—53. Jahrg. 1903/04—1906/07. (Oktbr. 1903—Septbr. 1907.) à 12 Hefte. (à Jhrg. VI, 432 S. m. z. Tl. farb. Abbildgn. u. 24 Farbdr.) gr. 8. München, Verlag der Jugendblätter. à Jhrg. n. 4. 20; geb. 5. —

— gegründet v. Isabella Braun. Schriftleitg.: Loth. Meilinger. Mit der Beilage: Blumenpost. Eine Monatsschrift f. Blumenkultur. Hrsg. v. G. Wirth. 54.—57. Jahrg. 1907/08—1910/11. (Oktbr. 1907—Septbr. 1911.) à 12 Hefte. (à Jahrg. VIII, 432 S. m. z. Tl. farb. Abb. u. Taf.) gr. 8. München, Verlag der Jugendblätter.
à Jahrg. 4.20; geb. à 5. —
Der Ladenpreis der Bde. 49—52 ist aufgehoben.

Jugendblümchen, e. Bilderb. f. Kinder. m. K. 8. Leipzig, P. F. Vogel. 808.

Jugendblümchen, ein Bilderbuch f. Kinder guter Art. 2te Aufl. m. 47 Abbild. 8. Leipz. Paul Vogel.

Jugend=Blümchen, ein Bilderbuch f. Kinder guter Art. 3e Aufl. Mit 45 color. Abbildd. 8. Lpz., 824, P. Vogel.

Jugendblümchen, ein Bilderbuch für Kinder guter Art. Mit 45 color. Abbildd. 8. Leipz. 808. 4e verb. Aufl. Mit 45 ill. Abbild. kl. 8. 827. Serig. 12 K

Jugendblüthen, s. Gissot, Soph.

Jugendblüthen, v. G***. 8. Wien, Kaulfuß. 797.

Jugendblüthen, hamburger. Unterhaltende u. belehrende Blätter z. Bildung des Herzens u. des Geistes. 1—3. Jahrg. 1843—45. gr. 8. (à 26 B. od. 52 Nrn.) Hamburg, Tramburg's Erb. à 3.

Jugendborn. Gedichte u. Deklamationen f. die christl. Jugend. (192 S. m. Titelbild.) 8. Stuttgart (904). Christliches Verlagshaus. Geb. in Leinw. n. — 70

Jugend-Born. Monatsschrift f. Sekundar- u. obere Primarschulen, als Beigabe zum Lesebuch, hrsg. v. G. Fischer u. J. Reinhart. Mai 1909—Juni 1911. à Jahrg. 12 Nrn. (à ca. 16 S.) 8. Aarau, H. R. Sauerländer & Co.
à Jahrg. 1. 20

Jugendborn (H. 3/9 ff.: Der Fahrende Schüler). Monatsschrift f. moderne Jugend-Bestrebungen in Deutschland, offizielles Organ d. Deutschen Wandervogels' (H. 1–3) u. d. Brandenburger Union. Jg. 1. Charlottenburg: Adler-Dr. 1910.11. 8°

Jugendbote, der. Ein Monatsblatt für alle Jünglinge und Jungfrauen in Stadt und Land, welche etwas Besseres suchen. Red.: Ph. Paulus. 1. Jahrg. Juli—Decbr. 1856. —2. Jahrg. Jan.—Juni 1857. à 6 Nrn. (à ½ Bgn.). Ludwigsburg, Riehm. 8. Jeder Jahrg. n. 4 ngr.

Jugend=Bote, der. Redig. von E. Alberti und J. F. Dücker. 1.—3. Jahrg. 1869—1871. à 52 Nrn. (Bog.) gr. 8. Neustadt i. H., Ehlers.
Jahrg. 1869. * 6 —
Jahrg. 1870. * 5 —
Jahrg. 1871. * 4 80

Der Jugendbote: 1903–1906. St. Louis, MO
An Ev. Luth. S. S. journal edited by Rev. R. Newmarker.

Der Jugend-Bote: 1910–1914. Chicago, IL
Monthly.

Jugendbriefe, ungedruckte, des Wandsbecker Boten. Mitgeteilt von Carl Redlich. 4. (23 S.) Hamburg 881, O. Meissner. *

Jugendbrunnen. Erzählungen f. die Jugend v. J. Benndorf, Fr. Dornblüth, O. Glaubrecht u. a. (234 S. m. Abbildgn. u. 10 Farbdr.) gr. 8. Leipzig (903). E. Kempe.
Geb. in Leinw. 3. —

Jugendbuch, deutsches. Begründet u. hrsg. v. Wilh. Kotzde. 1. u. 2. Bd. (à 185 S. m. Abb. u. 5 farb. Vollbildern.) 8. Mainz (909. 10). J. Scholz. Geb. in Leinw. à 3. —

Jugendbuch f. Stadt u. Land, s.: Landjugend, die.

Jugendbuch für Stadt und Land. Ein Jahrbuch zur Unterhaltung und Belehrung. Hrg. von Heinrich Sohnrey. Mit Buchschmuck und Bildern von F[ranz] Müller-Münster. Jahrg. 10. 176 S. 8. Berlin, Deutsche Landbuchh., 1906. [geb. M. 1.50]

Jugendbücher, Brandus'sche. Hrsg. v. Kind u. Kunst. 8. Berlin, Brandus.

Buchner, Eberh., Fips u. Strudelchen. Hurzelpurzel u. die andern Zwerge. Bilder v. Rich. Flockenhaus. (125 S. m. farb. Titelbild.) (909.) Geb. in Leinw. 2. 20

Kölling, Elisab., Puppenschneiderei. Die Puppenschneiderei auf Grundlage des Gestaltens. (51 u. VI S. m. Abb.) (909.) Kart. 1.25; geb. 1. 60

Reuter, Fritz, aus Unkel Bräsigs Welt. Der Jugend dargereicht v. Marx Möller. Bilder v. Max Tilke. (VI, 108 S.) (909.) Geb. in Leinw. 2. 20

— bunte. Hrsg. v. der freien Lehrervereinigg. f. Kunstpflege in Berlin. 1.—24. Heft. 8. Reutlingen, Enßlin & Laiblin. à — 10

Ali Baba u. die 40 Räuber. Ein Märchen aus 1001 Nacht. Mit Bildern v. A. Schmidhammer. (32 S.) (910.) (18. Heft.)

Amicis, Edmondo de, von den Apenninen zu den Anden. Mit Bildern v. A. Schmidhammer. (31 S.) (910.) (7. Heft.)

Diebsgeschichten. Mit Bildern v. G. A. Stoedel. (32 S.) (910.) (6. Heft.)

Eulenspiegel, Till. 28 Schwänke f. die Jugend ausgewählt. Mit Bildern v. Arpad Schmidhammer. (48 S.) (910.) (11. Heft.)

Frey, Jak., in höchster Not. Erzählung. Mit Bildern v. G. A. Strödel. (32 S.) (910.) (19. Heft.)

Gerstäcker, Frdr., die Nacht auf dem Walfisch. Im Red River. Erzählungen. Mit Bildern v. A. Schmidhammer. (32 S.) (910.) (22. Heft.)

Grimm, der treue Johannes u. andere Märchen. Mit Bildern v. G. A. Stroedel. (48 S.) (910.) (1. Heft.)

Hahn, G. v., die Prinzessin auf dem Drachenberge u. andere griechische Märchen. (48 S. m. Abb.) (910.) (21. Heft.)

Heiberg, Herm., Knabenstreiche u. andere Erzählungen. Mit Bildern v. Gg. A. Stroedel. (32 S.) (910.) (17. Heft.)

Irving, Washington, das Vermächtnis des Mauren u. andere Alhambrasagen. Mit Bildern v. A. Schmidhammer. (32 S.) (910.) (23. Heft.)

Justus, Th., in Sturmesfluten. Erzählg. Mit Bildern v. G. A. Stroedel. (31 S.) (910.) (4. Heft.)

Krügel, Gertr., vom Feuervogel u. d. grauen Wolf u. andere russische Märchen. Nach alten Volksmärchen erzählt. Mit Bildern v. Otto Gebhardt. (48 S.) (910.) (10. Heft.)

Musäus, Mären vom Rübezahl. Bearb. u. hrsg. (32 S. m. Abb.) (910.) (13. Heft.)

Reinick, R., Hans Lustig u. andere Erzählgn. (32 S. m. Abbildgn.) (910.) (12. Heft.)

— Die Waldmühle u. andere Märchen. Mit Bildern v. Otto Gebhardt. (48 S.) (910.) (20. Heft.)

Schwab, Gust., Herkules Heldentaten. Gekürzt hrsg. Mit Bildern v. A. Schmidhammer. (32 S.) (910.) (9. Heft.)

— Herzog Ernst. (47 S. m. Abb.) (910.) (14. Heft.)

— Die Streiche der Schildbürger. Bearb. u. hrsg. (32 S. m. Abb.) (910.) (8. Heft.)

Schwaben, die sieben. Mit 1 Titelbilde v. Arpad Schmidhammer u. 12 Zeichngn. v. Ludw. Richter. (32 S.) (910.) (24. Heft.)

Sindbad der Seefahrer. Ein Märchen aus 1001 Nacht. (32 S. m. Abb.) (910.) (5. Heft.)

Spyri, Johanna, der Toni v. Kandergrund. Erzählung. Mit Bildern v. Otto Gebhardt. (31 S.) (910.) (2. Heft.)

Tiermärchen, lustige. Mit Bildern v. Otto Gebhardt. (32 S.) (910.) (15. Heft.)

Volkmann-Leander, R. v., Pechvogel u. Glückskind u. andere Märchen. Mit Bildern v. Otto Gebhardt. (31 S.) (910.) (3. Heft.)

Wieland der Schmied. Kaiser Otto m. dem Barte. 2 deutsche Heldensagen. Mit Bildern v. Otto Gebhardt. (32 S.) (910.) (16. Heft.)

Jugendbücher, österreichische. Nr. 1—6. kl. 8. Teschen (906). K. Prochaska. à n. — 42

1. Der Held wider Willen. Erzählung aus dem J. 1645. Von W. du Nord. [Aus dem Bande der Kollektion Prochaska: „Aus der Kaiserstadt".] (72 S.)
2. Serdar Tungus. Erzählung. Von Konr. v. Zdekauer. [Aus dem Bde. der Kollektion Prochaska: „Von der Adria".] (79 S.)
3. Junker Reinmars Irrfahrten. Erzählung. Von A. Groner. [Aus dem Bde. d. Kollektion Prochaska: „In Ritterburgen".] (91 S.)
4. Der Fürst der Musik. Erzählung aus dem Leben Josef Haydns. — Almenrausch u. Edelweiß. Eine Künstlergeschichte aus Tirol. Von F. Zöhrer. [Aus dem Bde. der Kollektion Prochaska: „Oesterr. Künstlerbuch".] (67 S.)
5. Der geheime Gang. Erzählung. Von A. Groner. [Aus dem Bde. der Kollektion Prochaska: „Burggeheimnisse".] (71 S.)
6. Der alte Dalmatiner. Erzählung. Von A. Groner. [Aus dem Bde. der Kollektion Prochaska: „Nordlandsgeschichten".] (80 S.)

Jugendbücher, Stuttgarter. 1.—11. Bd. 8. Stuttgart, Union. 18.50; geb. in Leinw. 26. 60

Gast, Gust., Sven v. Hedins abenteuerliche Reise durch Tibet. Auf Grund v. Hedins Werk „Abenteuer in Tibet" d. Jugend u. dem Volke erzählt. Mit 4 (Voll-)Bildern. (202 S.) (909.) (Bd. 9.) 1.50; geb. 2. 20

Hauff, Wilh., Märchen. Mit 6 Abb. v. E. Zimmer. (432 S.) (907.) (Bd. 2.) 2.50; geb. 3. 40

Hoffmann, Frz., ein armer Knabe. Erzählg. Mit 4 Abb. v. Max Vogel. (147 S.) (907.) (Bd. 5.) 1.—; geb. 1. 60

— Der Mensch denkt u. Gott lenkt. Erzählg. Mit 4 Abb. v. Emil Bachrach-Barée. (139 S.) (907.) (Bd. 4.) 1.—; geb. 1. 60

Meißner, H., James Cook od. Dreimal um die Erde. Ein Lebensbild f. die reifere Jugend. Neubearb. v. Gust. Gast. Mit (Text- u. Voll-)Bildern v. Fritz Bergen u. 3 (eingedr.) Karten. (410 S.) (910.) (Bd. 11.) 2.50; geb. 3. 40

Metterhausen, O., im Kampf ums Neuland in Südwest. Eine Erzählg. a. d. Hereroaufstande. Mit 4 Abb. v. H. Grobet. (168 S.) (907.) (Bd. 1.) 1.—; geb. 1. 60

Reuper, Jul., Andreas Hofer u. seine Getreuen. Geschichtl. Erzählg. f. die reifere Jugend. Mit 4 Bildern. (198 S.) (908.) (Bd. 6.) 1.50; geb. 2. 20

Schmid, Herm., der Dommeister v. Regensburg. Das Bombardement v. Schärding. Alte Geschichten aus Bayern. Für die Jugend hrsg. v. Ludw. Bencker. Mit 4 Bildern. (188 S.) (908.) (Bd. 7.) 1.50; geb. 2. 20

— Der Jägerwirt v. München. Erzählung aus der bayr. Geschichte. Für die Jugend hrsg. v. Ludw. Bencker. Mit 4 Bildern. (202 S.) (908.) (Bd. 8.) 1.50; geb. 2. 20

Schwab's, Gust., deutsche Volksbücher. Für die Jugend neu hrsg. v. Rich. Berg. Mit 5 Abb. v. E. Zimmer. 1. Bd. (361 S.) (907.) (Bd. 3.) 2.—; geb. 2. 80

— dasselbe. Mit 5 Abbild. v. H. Grobet. 2. Bd. (420 S.) (909.) (Bd. 10.) 2.50; geb. 3. 40

Jugendbücherei. Nr. 1—39. 8. Graz, Styria. 9.75; geb. in Leinw. 16. 20

Arand, C., Immergrün. Erzählungen. Mit 4 Illustr. 2. Aufl. (128 S.) (907.) (Nr. 3—5.) — 75; geb. [2. Bd.] n 1. 10

Baunard, Louis, Romana v. Todi. Berechtigte Übertragg. v. Paula v. Quaglio. Mit 1 Einschaltbilde. (50 S.) (908.) (Nr. 26.) — 25; geb. [14. Bd.] — 60

Brandis-Zelion, Emma v., drei Schulkameradinnen. Erzählung f. die Jugend. Mit 4 Einschaltbildern. (134 S.) (909.) (Nr. 31—33.) — 75; in 1 Bd. geb. [16. Bd.] 1. 10

Brederis, Ant. v., das Glöcklein v. Abendreute. Erzählung f. die Jugend. Mit 6 Einschaltbildern. (108 S.) (908.) (Nr. 19. 20.) — 50; geb. [10. Bd.] — 90

Gebhardt, F., das Sonnwendfest u. andere Märchen. Mit 2 Einschaltbildern. (56 S.) (908.) (Nr. 9.) — 25; geb. [5. Bd.] — 60

Gerhard, C., immer höher hinauf! Erzählungen f. d. Jugend. Mit Bild. (100 S.) (908.) (Nr. 23. 24.) — 50; geb. [12. Bd.] — 90

— In harter Schule. Erzählung. Mit 4 Illustr. 2. Aufl. (91 S.) (907.) (Nr. 1. 2.) — 50; geb. [1. Bd.] — 90

— Wachsen u. Werden. Erzählungen f. die Jugend. Mit Bild. (92 S.) (908.) (Nr. 21. 22.) — 50; geb. [11. Bd.] — 90

Huschak, Frz., die Kuenringe. Geschichtliche Erzählg. aus der Zeit des letzten Babenbergers. Mit 4 Illustr. (116 S.) (907.) (Nr. 6. 7.) — 50; geb. [3. Bd.] n — 90

Kermaria, Yvonne, die Geschwister. Eine Erzählg. f. die Jugend. Berechtigte Übertragg. v. C. Schertel. Mit 3 Vollbildern. (61 S.) (908.) (Nr. 12. 13.) — 50; geb. [7. Bd.] — 90

Krall, Ant., Tierschutz. Ein Lesebüchlein f. groß u. klein in Gedichten u. Geschichten. (52 S.) (908.) (Nr. 14.) — 25; geb. [8. Bd.] — 60

Mancke, Maria, als der Flieder blühte! Neue Sagen f. die heranwachs. Jugend. Mit 2 Einschaltbildern u. 7 Text-Illustr. 2., verb. Aufl. (123 S.) (908.) (Nr. 28—30.) — 75; Nr. 27—30 in 1 Bd. geb. [15. Bd.] 1. 10

— Was die rote Suse erzählt. Neue Märchen f. die heranwachsende Jugend. Mit 3 Illustr. 2., verb. Aufl. (48 S.) (908.) (Nr. 27.) — 25

Oerting, Karl S., der Gefangene des Khan. Christian Holms Abenteuer in Indien. Berechtigte Übertragg. aus dem Dän. von Frdr. v. Kaenel. Mit 5 Einschaltbildern. (181 S.) (909.) (Nr. 36—39.) 1.—; geb. [18. Bd.] 1. 35

Proschko, Hermine, ins Herz getroffen u. andere Erzählgn. Mit 4 Einschaltbildern. (105 S.) (909.) (Nr. 34. 35.) — 50; geb. [17. Bd.] — 90

Römer, F., Treue gewinnt. Nach Walter Scott frei erzählt. Mit 6 Einschaltbildern. (221 S.) (908.) (Nr. 15—18.) 1.—; geb. [9. Bd.] 1. 35

Schaal, Johs., Wenzel Rost. Durch dunkle Gänge zu neuem Leben. Erzählung f. jung u. alt. Mit 1 Vollbilde. (46 S.) (908.) (Nr. 25.) — 25; geb. [13. Bd.] — 60

Silesia, der Krautschneider aus dem Montafon. Ein Lebensbild, f. die Jugend gezeichnet. Mit 2 Einschaltbildern. (61 S.) (908.) (Nr. 8.) — 25; geb. [4. Bd.] — 60

Weil, Mathilde, Märchen u. Sagen. Mit 3 Vollbildern. (72 S.) (908.) (Nr. 10. 11.) — 50; geb. [6. Bd.] — 90

Jugendbücherei, deutsche. Hrsg. v. d. vereinigten deutschen Prüfungsausschüssen f. Jugendschriften. Nr. 1—45. 8. Berlin, H. Hillger. à Nr. — 10

Andersen, H. Chr., Däumelinchen. Ole Luk-Oie. Die wilden Schwäne. Mit (farb.) Umschlagzeichng. v. Ludw. Berwald. (31 S.) (910.) (Nr. 45.)
— Der Reisekamerad. Die kleine Seejungfer. Mit Umschlagzeichng. v. Ludw. Berwald. (32 S.) (909.) (Nr. 21.)
Cooper, J. F., der letzte Mohikaner. 1. Tl.: Der Überfall auf der Felseninsel. Mit Umschlagzeichng. v. E. Fiedler. (32 S.) (910.) (Nr. 36.)
— dasselbe. 2. Tl.: Auf dem Kriegspfade. Mit Umschlagzeichng. v. E. Fiedler. (32 S.) (910.) (Nr. 37.)
— Der Pfadfinder. I. Auf dem Oswego. (31 S.) (909.) (Nr. 10.)
— dasselbe. II. Der Kampf auf den Tausendinseln. Mit Umschlagbild v. E. Fiedler. (63 S.) (909.) (Nr. 11. 12.)
Defoe, Daniel, Robinson Crusoe. Mit Umschlagzeichng. v. Osk. Theuer. (96 S.) (909.) (Nr. 16—18.)
Drachmann, Holger, u. Johs. Wilda, die Fluten kommen! 2 Seegeschichten. Mit Umschlagzeichnung v. Berth. Clauss. (30 S.) (910.) (Nr. 38.)
Eulenspiegel, Till. Mit Umschlagzeichng. v. R. E. Stübner. (32 S.) (910.) (Nr. 31.)
Filchner, Wilh., in Tibet gefangen. [Aus: „Das Rätsel d. Matschu".] Mit Umschlagzeichng. v. Osk. Roick. (32 S.) (910.) (Nr. 43.)
Fischer, Wilhelm, der Greifenprinz. Das Haus der Wichtel. Mit Umschlagbild v. R. E. Stübner. (32 S.) (909.) (Nr. 19.)
Fleck's, Förster, Gefangenschaft in Rußland 1812—1814. Mit Umschlagzeichng. v. Rich. Knötel. (32 S.) (910.) (Nr. 40.)
— Kriegsfahrt in Rußland 1812. Mit Umschlagzeichng. v. Rich. Knötel. (32 S.) (910.) (Nr. 39.)
Gerstäcker, Friedrich, der Schiffszimmermann. (32 S.) (909.) (Nr. 3.)
Grimm, Jakob, Waltharilied u. andere Sagen. Mit Umschlagzeichng. v. R. E. Stübner. (32 S.) (910.) (Nr. 23.)
Hauff, Wilh., das Gespensterschiff u. andere Geschichten. Mit Umschlagzeichng. v. R. E. Stübner. (31 S.) (910.) (Nr. 30.)
— Das kalte Herz. (32 S.) (909.) (Nr. 8.)
Hebbel, Friedrich, eine Nacht im Jägerhause u. andere Erzählungen. (32 S.) (909.) (Nr. 9.)
Heiberg, Hermann, Knabenstreiche. — Sundermann, Friedrich, der Wolf. Eine Erzählung beim warmen Ofen. — Nettelbeck, Joachim, Jugendjahre. Seiner eigenen Lebensbeschreibung entnommen. Mit Umschlagzeichng. v. Berthold Clauß. (32 S.) (910.) (Nr. 34.)
Kipling, Rudyard, Rikki-Tikki-Tavi. Wee Willie Winkie. [Aus: „Dschungelbuch".] Mit Umschlagzeichng. v. Ludw. Berwald. (32 S.) (910.) (Nr. 44.)
Kniest, Philipp, in der Hölle. Im Eise. Mit Umschlagbild v. E. Fiedler. (30 S.) (909.) (Nr. 20.)
Köster, Herm. L., Reineke Fuchs. Nach Simrocks Bearbeitg. in Prosa übertr. Mit Umschlagzeichnung v. Ludw. Berwald. (32 S.) (910.) (Nr. 42.)
Liliencron, Detlev v., drei Kriegsnovellen. Eine Sommerschlacht. Unter flatternden Fahnen. Der Narr. (31 S.) (909.) (Nr. 1.)
— Umzingelt. Der Richtungspunkt. Mit Umschlagzeichnung. v. Ludwig Berwald. (32 S.) (910.) (Nr. 25.)
Luftreisen. Selbstberichte bekannter Ballonfahrer. Mit Umschlagzeichng. v. Berthold Clauß. (32 S.) (910.) (Nr. 32.)
Nansen, Fridtjof, auf der Nordpolfahrt. I. Mit Schlitten u. Kajak. (32 S.) (910.) (Nr. 28.)
— dasselbe. II. Im Winterlager. Mit Umschlagzeichng. v. Berthold Clauß. (32 S.) (910.) (Nr. 29.)
Nettelbeck, Joachim, Jugendjahre, s.: Heiberg, Herm., Knabenstreiche.
Nylander, John William, der fliegende Holländer. Bussy. 2 Erzählgn. aus dem Seemannsleben. [Aus: „Seevolk".] Mit Umschlagzeichng. v. Ludwig Berwald. (32 S.) (910.) (Nr. 41.)
Perfall, Anton v., Jack. (64 S.) (909.) (Nr. 5. 6.)
Rosegger, Pet., u. Hans Aanrud, aus den Bergen. Erzählungen. Mit Umschlagzeichng. v. Berth. Clauß. (31 S.) (910.) (Nr. 35.)
Schmitthenner, Adolf, d. Frühglocke. (32 S.) (909.) (Nr. 7.)
Schwab, Gustav, das Schloß in der Höhle Xa Xa. Mit Umschlagzeichng. v. Ludw. Berwald. (32 S.) (909.) (Nr. 14.)
Sealsfield, Charles, der Kampf um das Blockhaus. (32 S.) (909.) (Nr. 2.)
— In der Prärie verirrt. — Zschokke, Heinrich, die Nacht in Brczwezmcisl. Mit Umschlagzeichng. v. E. Fiedler. (32 S.) (910.) (Nr. 24.)
Sundermann, Frdr., der Wolf, s.: Heiberg, Hermann, Knabenstreiche.
Swift, Jonathan, Gullivers Reise zu den Zwergen im Lande Liliput. Mit Umschlagzeichng. v. E. Fiedler. (32 S.) (910.) (Nr. 26.)
— Gullivers Reise zu d. Riesen im Lande Brobdingnag. Mit Umschlagzeichng. v. E. Fiedler. (32. S.) (910.) (Nr. 27.)
Thompson, Ernest Seton, Tito. Die Geschichte einer Präriewölfin. Mit Umschlagzeichng. v. R. E. Stübner. (30 S.) (909.) (Nr. 13.)
Tolstoj, Leo, gefangen im Kaukasus. (28 S.) (909.) (Nr. 4.)
Werner, Reinhold v., eine erste Seereise. Mit Umschlagzeichng. v. Berthold Clauß. (32 S.) (910.) (Nr. 33.)
Wilda, Johannes, bei der Glockenboje. Mit Umschlagzeichng. v. Otto Delling. (32 S.) (909.) (Nr. 22.)
Zahn, Ernst, die Geschwister. Der Geiß-Christeli. Mit Umschlagbild v. Erich Gützlaff. (31 S.) (909.) (Nr. 15.)
Zschokke, Heinrich, die Nacht in Brczwezmcisl, s.: Sealsfield, Charles, in der Prärie verirrt.

Jugendbücherei, farbig illustrierte. Nr. 1—26. gr. 8. Leipzig, E. Kempe. n. 20. —

Inhaltsübersicht in alphabetischer Ordnung:

Andreae, J., eine Reise m. d. Lohnkutscher. Erinnergn. aus d. J. 1866. Erzählgn. Für d. Jugend im Alter von 9—15 Jahren. 8. (32 S. m. 3 Bild.) 896. (Nr. 8.) n. — 40
Auf d. Jahrmarkt. Erzählgn. u. Gedichte. F. d. Jugend im Alter von 7—12 Jahren. 4. (16 S. m. 4 Bildern.) 896. (Nr. 19.) n. — 40
Augusti, Brig., Hans im Glück. Das vierte Gebot. Erzählgn. Für d. Jugend im Alter von 10—16 Jahren. 8. (32 S. m. 3 Bildern.) 896. (Nr. 2.) n. — 40
Brandstädter, Herm., hindurch zum Ziel. M. d. Preise ausgezeichn. Erzählg. f. d. Jugend. M. 6 Farbendr.-Bildern. 8. (III, 154 S.) 898. (Nr. 23.) n. 2. —
Buchwald, Bertha, in Gottes Namen. Erzählg. Für d. Jugend im Alter von 9—15 Jahren. 8. (32 S. m. 4 Bildern.) 896. (Nr. 3.) n. — 40
Froschlust. Märchen u. Gedichte. Für die Jugend im Alter von 7—12 Jahren. 4. (16 S. m. 4 Bild.) 896. (Nr. 14.) n. — 40
Gesellschaft, bunte. Erzählgn. u. Lieder. Für d. Jugend im Alter von 7—12 Jahren. 4. (16 S. m. 4 Bildern.) 896. (Nr. 15.) n. — 40
Grabi, M., Verrat u. Treue. M. d. 1. Preise ausgezeichn. Erzählg. aus d. Freiheitskriegen f. d. Jugend, u. and. Erzählgn. 8. (III, 154 S. m. 6 Farbdr.) 898. (Nr. 21.) n. 2. —
Grimm, Jac., u. Wilh. Grimm, Kinder- u. Hausmärchen. Für d. Jugend gesammelt. M. 12 feinen Farbdr.-Bildern. 8. (IV, 250 S.) 898. (Nr. 22.) n. 2. —
Helmstaedt, A., Ferientage bei Tante Sophie. Soschas Briefe an Hildegard. Erzählg. Für d. Jugend im Alter von 10—15 Jahren. 8. (38 S. m. 3 Bildern.) 896. (Nr. 5.) n. — 40
Heyn, H., die Freunde. Erzählg. F. d. Jugend im Alter von 9—15 Jahren. 8. (31 S. m. 4 Bildern.) 896. (Nr. 10.) n. — 40
Hofmann, Else, Ivonne. Pensionsgeschichten f. die Jugend. M. 6 Farbendr.-Bild. 8. (III, 161 S.) 898. (Nr. 24.) n. 2. —
— die böse Sieben. Eine Pensionsgeschichte. Für die Jugend im Alter von 12—15 Jahren. 8. (32 S. m. 4 Bildern.) 896. (Nr. 1.) n. — 40
Hündchen, unsere. Erzählgn. u. Gedichte. Für die Jugend im Alter von 7—12 Jahren. 4. (16 S. m. 4 Bildern.) 896. (Nr. 18.) n. — 40
In Feld u. Flur. Erzählgn. u. Gedichte. F. d. Jugend im Alter von 7—12 Jahren. 4. (16 S. m. 4 Bildern.) 896. (Nr. 12.) n. — 40
Koboldgeschichten. Märchen u. Gedichte. Für d. Jugend im Alter von 7—12 Jahren. 4. (16 S. m. 4 Bildern.) 896. (Nr. 16.) n. — 40
Linden, A., die Tochter d. Ungarnherzogs. M. d. Preise ausgezeichn. Erzählg. f. d. Jugend. M. 6 Farbendr.-Bildern. 8. (III, 164 S.) 898. (Nr. 25.) n. 2. —
Lobedan, Helene, Roswita v. Gandersheim. E. Erzählg. aus alten Tagen. Für die Jugend im Alter von 9—15 Jahren. 8. (32 S. m. 3 Bildern.) 896. (Nr. 6.) n. — 40
Osterhase, der. Erzählgn. u. Gedichte. Für die Jugend im Alter v. 7—12 Jahren. 4. (16 S. m. 4 Bildern.) 896. (Nr. 20.) n. — 40
Thoring, K., ein Abenteuer in Korsika u. and. Erzählgn. Für die Jugend im Alter von 9—15 Jahren. 8. (32 S. m. 3 Bildern.) 896. (Nr. 7.) n. — 40
— das Felsenburgers Töchterlein u. and. Erzählgn. Für die Jugend im Alter von 10—15 Jahren. 8. (32 S. m. 4 Bildern.) 896. (Nr. 4.) n. — 40
Vogelstimmen. Erzählgn. u. Gedichte. Für d. Jugend im Alter v. 7—12 Jahren. 4. (16 S. m. 4 Bildern.) 896. (Nr. 17.) n. — 40
Weihnachtszeit! Schönste Zeit! Für d. Jugend im Alter von 7—12 Jahren. 4. (16 S. m. 4 Bildern.) 896. (Nr. 11.) n. — 40
Winterfreuden. Erzählgn. u. Gedichte. F. d. Jugend im Alter von 7—12 Jahren. 4. (16 S. m. 4 Bildern.) 896. (Nr. 13.) n. — 40
Zastrow, Carl, Trotzköpfchens Großthaten. Erzählg. aus d. deutsch-französ. Kriege für die Jugend. Und Anderes. Mit 6 Farbendr.-Bildern. 8. (III, 154 S.) 898. (Nr. 26.) n. 2. —
Ziegler, H. v., ein Fliedersträußchen. D. Kinder im Walde. Von Rob. Reinick. Erzählgn. f. d. Jugend im Alter von 9—15 Jahren. 8. (29 S. m. 2 Bildern.) 896. (Nr. 9.) n. — 40

Jugendbücherei, neue israelitische, „Saron". Belehrendes u. Unterhaltendes aus alter u. neuer Zeit. Hrsg. v. J. Herzberg. 8. Leipzig, M. W. Kaufmann.

Herzberg, J., Hermon. Erzählgn. aus Talmud u. Midrasch. Für die israelit. Jugend bearb. (91 S.) (907.) Geb. 1. 50
— dasselbe. Sagen u. Legenden. Fabeln u. Parabeln aus d. rabbin. Schriften. (Neue Folge.) Für die israelit. Jugend bearb. (94 S.) (907.) Geb. 1. 50
— Moses Mendelssohn. Ein Lebensbild f. die israelit. Jugend. Hrsg. unter Mitwirkg. der Jugendschriften-Kommission, der Großloge f. Deutschland VIII U. O. B. B. (110 S. m. 1 Taf.) (907.) Geb. 1. 50

— Sulamit. Jüdische Dichtgn. aus alter u. neuer Zeit. Für die reifere israelit. Jugend zusammengest. u. hrsg. (128 S.) (907.) Geb. 1. 50
— dasselbe. (Neue Folge.) (119 S.) (907.) Geb. 1. 50
Philippson, Ludw., die drei Nationen. Erzählung. Für die israelit. Jugend hrsg. v. J. Herzberg. (82 S.) (907.) Geb. 1. 50
Treitel, Leop., Rahab, die Seherin v. Jericho. Erzählg. m. bibl. Hintergrund f. jung u. alt. (48 S.) (909.) Geb. 1. —

Jugend- u. Volksbücherei, thüringische. Hrsg. v. Arth. Wiegand. 1.—4. Bd. 8. Jena, H. W. Schmidt. 7.30; geb. in Leinw. 9. 30
Häcker, Clara, der Türkenhof. Eine Geschichte aus der Zeit der Türkenkriege. Mit 3 ganzseit. Bildern. (150 S.) 908. (Bd. 3.) 1.80; geb. 2. 30
Matthias, Willi, zwei Jene. Eine Erzählg. aus der thüring. Vergangenheit. Mit 3 ganzseit. Bildern v. H. Holbein. (135 S.) 909. (Bd. 4.) 2.—; geb. 2. 50
Wiegand, Arth., Katharina v. Schwarzburg. Mit 3 ganzseit. Bildern. (68 S.) 909. (Bd. 2.) 1.—; geb. 1. 50
— Die Thüringer im Kriege v. 1870/71. Mit 7 ganzseit. Bildern. (X, 227 S.) 908. (Bd. 1.) 2.50; geb. 3. —

Jugend-Bücherei des Vereins katholischer deutscher Lehrerinnen. kl. 8. Münster, Alphonsus-Buchh. Geb. à n. — 80
Alfred u. Annie. Eine Erzählung aus der Regierungszeit der Königin Elisabeth. Von C. Märzfeld. 2. Aufl. Für die Oberstufe. (160 S. m. 1 Abbildg.) 907.
Burgschimmelchen. Eine Erzählung für die lieben Kleinen. Von Aenne Mey. 3. Aufl. Für die Unterstufe. (160 S.) 907.
Schwarzwaldkinder. Erzählung. Von Carola v. Eynatten. 2. Aufl. Für die Mittelstufe. (160 S. m. 1 Abbildg.) 907.

— d. Vereins katholischer Lehrerinnen. kl. 8. Münster, Alphonsus-Buchh. Geb. in Leinw., à Bdchn. — 80
Eynatten, Carola v., Klein-Carolta. (157 S.) (11. Bdchn.) 910.
Hilden, Anna, Großmamas Plagegeister. (160 S.) (10. Bdchn.) 910.
Korte, Th., Trude Friedwald. Erzählung f. Kinder. (160 S.) (908.)
Pagés, Helene, Marthas Ferien. Hrsg. im Auftrage des Vereins kathol. deutscher Lehrerinnen. (164 S.) 907.

Jugend- u. Volksbücherei, (illustrierte). Hrsg.: Kathol. Lehrerverband d. Deutschen Reiches, Prov. Rhld. 1.—11. Bd. 8. Cöln, J. Kratz & Co. Geb. in Leinw. 18. 80
Andersen's Märchen. Für die Jugend ausgewählt v. Jgn. Kneipen. Mit 28 Illustr. v. L. Tröndle. (182 S.) (909.) (Bd. 5.) nn 1.10; geb. 1. 80
Bremenkamp, G., Auslese aus d. Sagenschatze Rheinlands f. die Jugend. Bearb. v. der Jugendschriften-Kommission des kath. Lehrerverbandes, Prov. Rheinland. (Mit 72 Illustr.) (158 S.) (909.) (Bd. 1.) 1.60; geb. 2.50; erm. Pr. 1.25; geb. 2.—
Hauff, Wilh., Märchen. Auswahl f. die Jugend. (163 S. m. Bildnis.) (910.) (Bd. 10.) Geb. 1. 50
Heitzer, Lor., schlagende Wetter. Empor um jeden Preis. 2 Erzählgn. aus dem Volksleben. Mit 11 Illustr. (127 S.) (909.) (Bd. 2.) 1.50; geb. 2.30; erm. Pr. 1.10; geb. 1. 80
Hoffmann, E. T. A., Meister Martin, der Küfner, u. seine Gesellen. Erzählung. Illustrierte Ausg. f. das Volk m. e. Geleitwort v. Fr. Brückner. (91 S.) (910.) (Bd. 9.) Geb. 1. —
Pesch, Joh., Blütenlese aus dem Paradiesesgarten. Eine Sammlg. d. schönsten Legenden. Mit 10 Illustr. v. L. Tröndle. (183 S.) (910.) (Bd. 6.) Geb. 1. 80
Schmetz, Hub., die Jungfrau v. Orleans. Zur Seligsprechg. v. Jeanne d'Arc. Für die reifere Jugend u. das Volk. Mit 9 Illustr. u. 1 (eingedr.) Kartenskizze. (135 S.) (909.) (Bd. 7.) Geb. 1. 80
Schott, Ant., nur e. Leineweber. Erzählung. (141 S.) (910.) (Bd. 11.) Geb. 2. —
Stifter, Adalb., bunte Steine. Granit, Bergkristall, Katzensilber. (157 S. m. Bildnis.) (910.) (Bd. 8.) Geb. 1. 50
Stumpen, St., Märchen u. Erzählungen aus Tausend u. e. Nacht. Für die Jugend ausgewählt u. bearb. (Buchschmuck v. L. Tröndle.) (137 S.) (909.) (Bd. 4.) 1.10; geb. 1. 80
Wildermuth, O., vier Erzählgn. (Der Peterli v. Emmental. — Eine Königin. — Der Sandbub'. — Schwarze Treue.) Neue illustr. Ausg. f. die Jugend ausgewählt u. bearb. v. Rich. Ohler. (174 S.) (909.) (Bd. 3.) 1.50; geb. 2.30; erm. Pr. 1.10; geb. 1. 80

Jugend-Bücher-Schatz. Im Verein m. W. T. Stead, Leiter d. Review of Reviews, hrsg. v. Theo. Stroefer. Nr. 1—6. 8. Nürnberg 897. Th. Stroefer. Geb. à — 60; je 2 Nrn. in 1 Bd. à 1. 20; je 3 Nrn. in 1 Bd. à 1. 80; 6 Nrn. in 1 Bd. 3. 60
1. Das häßliche junge Entlein u. and. Märchen. Von Hans Chrn. Andersen. Uebers. v. H. Krüger. M. 6 farb. Bild. u. 55 Text-Illustr. (62 S.)
2. D. Froschkönig u. and. Märchen. Von Brüder Grimm. M. 6 farb. Bild. u. 57 Text-Illustr. (63 S.)
3. D. Geschichte v. d. Rotkehlchen. D. Engl. nacherz. v. Mathilde Speyer. M. 6 farb. Bild. u. 58 Text-Illustr. (64 S.)
4. Karnickel's Abenteuer (Umschlag v. Onkel Remus). D. Engl. nacherz. v. E. Reichenbach. M. 6 farb. Bild. u. 128 Text-Illustr. (61 S.)
5. Reineke der Fuchs. Für d. Jugend bearb. v. A. Ninneberg. M. 3 farb. Vollbild. u. 138 Text-Illustr. (64 S.)
6. Aesop's Fabeln. Für d. Jugend bearb. v. Hel. Binder. M. 6 farb. Bild. u. 217 Text-Illustr. (64 S.)

Jugendbücherschatz, der. Eine Sammlg. ausgewählter Jugendschriften zu bill. Preisen. 1. u. 2. Bd. 8. Langensalza, J. Beltz. Geb. in Leinw. à 1. 50
Hedin, Sven, Entdeckungen u. Abenteuer in Tibet. Für die Jugend ausgewählt m. 6 (Voll-)Bildern. (95 S.) (Bd. 1.) (910.)
Hodann, Valerie, Heldenkämpfe. Erzählungen aus d. nord. Altertum. (128 S.) (Bd. 2.) (910.)

Jugendbühne, die, s. Bischoff, Ottobald.

Jugendbühne, die. Schauspiele für Mädchen zur Aufführung bei Schul- u. Familienfesten, hrsg. von Ottobald Bischoff. Nr. 1. 2. 14—22. 8. Leipzig 877—82. Wöller. 6. 30
1. Die Schlacht bei Sedan, od. Konfusion ohne Ende. Lustspiel in 1 Akt von Ottobald Bischoff. 2. Aufl. (36 S.) — 60
2. Der Raubmörder. Posse in 1 Akt von Ottobald Bischoff. 2. Aufl. (19 S.) — 40
14. Trinchen von Gantersheim. Lustspiel in 2 Aufzügen von E. Biller. (46 S.) n. — 60
15. Fräulein Müller. Lustspiel in 1 Aufzug von Elisabeth Malbranc. (50 S.) n. — 70
16. Prosit Neujahr! Posse mit Gesang in 1 Akt von Ottobald Bischoff. (20 S.) — 45
17. Die arme Näherin. Schauspiel in 1 Akt von Elisabeth Malbranc. (26 S.) n. — 50
18. Der reiche Onkel aus Amerika. Lustspiel in 1 Aufzug von Elisabeth Malbranc. (28 S.) n. — 50
19. Ueberlistet! Schwank in 1 Aufzuge von E. Biller. (32 S.) n. — 60
20. Onkel Martin, od. Heimkehr aus der Fremde. Schauspiel in 1 Aufzuge von Bertha Vogel. (34 S.) n. — 60
21. Aschenbrödel. Feerie mit Gesang in 2 Aufzügen von Ottobald Bischoff. (43 S.) — 60
22. Prinzessin u. Bäuerin. Feerie m. Gesang in einem Vorspiel in 2 Akten von M. H. Bischoff. (53 S.) — 75

— dasselbe. Nr. 4. 8. Ebend. 886. — 80
Das neue Dienstmädchen oder e. ungemütlicher Kaffee. Lustspiel in 2 Aufzügen v. Ottobald Bischoff. 2. Aufl. (60 S.)

Jugendbühne, die. Schauspiele f. Mädchen zur Aufführg. bei Schul- u. Familienfesten, hrsg. v. Ottobald Bischoff. Nr. 12 u. 13. 8. Leipzig 876. Wöller. à — 60
12. Wer reist mit? Schauspiel in 1 Akt v. Bertha Vogel. (36 S.)
13. Mütterchens Geburtstag. Lustspiel in 2 Akten v. Elisabeth Malbranc. (40 S.)

Jugendbühne, die. Schauspiele f. Mädchen zur Aufführg. bei Schul- u. Familienfesten, hrsg. v. Ottobald Bischoff. Nr. 23—27. 8. Leipzig 884—86. Wöller. n. 3. 10
23. Schwerhörig. Schwank in 1 Akt v. Ottobald Bischoff. (23 S.) n. — 50
24. Schneewittchen. Dramatisiertes Volksmärchen in 3 Bildern v. M. H. Bischoff. (41 S.) — 65
25. Die Erbin der Tante. Lustspiel in 2 Akten, frei nach dem Engl. v. F. W. G. (40 S.) — 60
26. Ein seltsames Testament. Lustspiel in 1 Akt, frei nach dem Franz. v. Ottobald Bischoff. (33 S.) — 60
27. Bettelprinzeßchen. Schauspiel in 2 Akten v. M. H. Bischoff. (45 S.) — 75

Jugendbühne, die. Schauspiele f. Mädchen zur Aufführg. bei Schul- u. Familienfesten, hrsg. von O. Bischoff. Nr. 28. 8. Leipzig 887. Wöller. — 60 (1—28: 16. 75)
Das Urteil d. Paris. Schwank in 1 Akt v. M. H. Bischoff. (26 S.)

Jugendbühne, die. Schauspiele f. Mädchen zur Aufführg. [illegible] u. Familienfesten, hrsg. v. Ottob. Bischoff. [illegible] v. C. Crome-Schwiening. Nr. 29—34. [illegible] J. T. Wöller. n. 3. 90
[illegible] Lustspiel in [illegible] Aufzuge v. C. Crome-Schwiening. [illegible] 892. n. —50
[illegible] Schauspiel in 2 Akten v. C. Crome-Schwiening. (32 S.) 892. n. —60
[illegible] in 2 Akten m. Gesang u. e. Vorspiel [illegible] Schmidt. (26 S.) 894. n. —[illegible]
[illegible] Lustspiel f. Mädchen in 1 Aufzuge v. C. Crome-Schwiening (24 S.) 894. n. [illegible]
[illegible] des Glücks. Märchen in 5 Akten u. e. Schlußapotheose v. Otto Schmidt. (47 S.) 894. n. [illegible]
[illegible] der Königin. Historisches Genrebild in 1 Aufzuge f. Mädchen v. C. Crome-Schwiening. (24 S.) 894. n. —60

Jugend-Bühne, die. Schauspiele f. Mädchen z. Aufführg. bei Schul- u. Familienfesten, hrsg. v. Ottob. Bischoff. Nr. 35 u. 36. 8. Leipzig 895. J. T. Wöller. n. 1. 10
[illegible] Weihnachtsbäume. Weihnachtsspiel v. Therese Haupt. (25 S.) n. —50
36. Die neue Miß. Lustsp. in 1 Aufz. v. C. Crome-Schwiening. (24 S.) n. —60

Jugendbühne, die. Schauspiele f. Mädchen zur Aufführg. [illegible] u. Familienfesten, hrsg. v. Ottob. Bischoff. Nr. 37—46. 8. Leipzig, J. T. Wöller. n. 5. —
37. Das gestörte Abendessen. Schwank in e. Aufzuge. Von F. v. Minra. (20 S.) 899. n. —50
[illegible] Die weiße Rose. Blumenmärchen in 1 Akt. Von C. Crome-Schwiening. (20 S.) 899. n. —50
[illegible] Die vier Elemente. Dramatischer Scherz f. junge Mädchen. [illegible] v. Minra. (1[illegible] S.) 899. n. —40
[illegible] Margarete. Lustspiel in e. Akt f. Mädchen. Von C. Crome-Schwiening. (25 S.) 899. n. —60
[illegible] Lustspiel in e. Aufzuge. Von F. v. Minra. (26 S.) 899. n. —6[illegible]
42. Der Spiegel der Erkenntnis. Ein Märchen f. junge Mädchen. Von C. Crome-Schwiening. (32 S.) (901.) n. —70
[illegible] rechten Ort. Lustspiel in 1 Akt. Von F. v. Minra. (2[illegible] S.) (901.) n. —60
44. Das Recht des Herzens. Lustspiel f. junge Mädchen in 1 Aufzuge. Von C. Crome-Schwiening (28 S.) (901.) n. —60
45. Tropfköpfchen. Ein Spiel in Versen f. junge Mädchen. Von C. Crome-Schwiening. (20 S.) (901.) n. —50

Jugend-Bühne

[illegible] u. heitere Theaterstücke f. d. Jugend, hrsg. v. Sophie v. Adelung. 1.—7. Bdchn. 8. Ravensburg, O. Maier. Kart. Subskr.-Pr. à n. —60; Einzelpr. à n. —80
1. Heinrich v. Eichenfels. Schausp. in 3 Aufzgn. Nach d. Erzählg. v. Chrph. v. Schmid bearb. Von Sophie v. Adelung. — Die Schneckenvroni. Lustsp. in 5 Aufzgn. Von Sophie v. Adelung. — Der Größte. Chines. Drama. Von Olga v. Adelung. (64 S.) 896.
2. Der Lumpensammler. Schausp. in 3 Aufzgn. Erzählg. von Thekla v. Gumpert, im Einverständnis m. d. Verf. u. m. Genehmigg. d. Verlagsbuchhdlg. v. Carl Flemming in Glogau bearb. v. Sophie v. Adelung. — Die Maikönigin. Lustsp. in 4 Aufzgn. Von Cornelie Sauter. (64 S.) 896.
3. Rosa v. Tannenburg. Schausp. in 2 Aufzgn. Frei nach Chrph. v. Schmid f. d. Bühne bearb. v. E. Henle. — D. Blumenkörbchen. Schausp. in 2 Aufzgn. Frei nach Chrph. v. Schmid's Erzählg. D. Blumenkörbchen f. d. Bühne bearb. v. E. Henle. — Das Johanniskäferchen. Schausp. in 1 Aufz. Frei nach Chrph. v. Schmid f. d. Bühne bearb. v. E. Henle. (58 S.) 896.
4. Der kleine Schornsteinfeger. Schausp. in 3 Aufzgn. Von B. Ulmen. — D. verirrte Idylle. Lustsp. in 2 Aufzgn. Von Gertrud Jacobi. — Das graue Fräulein auf Scharfenstein. Hessische Volkssage. Lustsp. in 5 Aufzgn. Von Sophie v. Adelung. (64 S.) 897.
5. Etwas f. d. Marionetten. — Wenn d. Weihnachtsbaum zum letzten Male brennt. E. Sylvestersp. m. Gesang. Von Jul. Lohmeyer. — D. verzauberte Königssohn. Märchen in [illegible] Aufzgn. Nach d. Märchen v. M. Thovanez in „Fürs Haus“. [illegible] Genehmigg. d. Verf. u. d. Verlages. Von Sophie v. Adelung. — Schwan, kleb an! E. Märchenkomödie in 3 Akten. Von Jul. Lohmeyer. (64 S.) 897.
6. Die Hopfenblüten. Schausp. in 4 Akten, nach Chrph. v. Schmid bearb. Von Sophie v. Adelung. — Und das ist ganz gewiß! Lustsp. in 1 Aufz. nach d. Engl. v. Maria Edgeworth bearb. Von Olga v. Adelung. (52 S.) 898.
7. Das stumme Kind. Schausp. in 3 Aufzgn. Nach d. gleichnam. Erzählg. v. Chrph. v. Schmid bearb. v. B. Ulmen. — Jungfer Lottchen Meienbusch. Lustsp. in 3 Aufzgn. nach d. Erzählg. von Maria v. Nathusius. (Für d. reif. Jugend.) Von Sophie v. Adelung. (60 S.) 898.

— dasselbe. Ernste u. heitere Theaterstücke f. die Jugend, hrsg. von Sophie v. Adelung. 9. Bdchn. 8. Ebd. (905). Kart. n. —80
Für Hochzeit u. Polterabend. Aufführungen bei Hochzeiten, Silber- u. Goldhochzeiten f. die Jugend. Von Frida v. Kronoff. (70 S.)

Deutsche Jugend-Schaubühne. Sammlung leicht aufführbarer Schau- u. Lustspiele f. d. Jugend. Inscenirt u. hrsg. von Edmund Wallner. Heft 1. (H. 2 ff.: **Jugend-Bühne.**)
Berlin: F. Bloch (H. 1 ursprünglich: Erfurt: F. Bartholomäus) [1898] 8°

Jugend-Bühne. 1.–4. Hft. [illegible] à n. [illegible]
1. Johannistag, e. Sommermärchen. [illegible] (Neue [Titel-]Ausg.) (23 S.) [illegible]
2. Der [illegible] Preisgekrönte [illegible] in [illegible] Von E. Ebeling. (Neue [Titel-]Ausg. aus: „E., [illegible]“.) (33 S.) (870.)
3. D. Sylvesterabend. Lustsp. in 1 Aufz. Von E. Ebeling. (Neue [Titel-]Ausg. aus: „E., Mummenschanz“.) (S. 33–66.) (870.)
4. Jahres Abschied. E. kleine Aufführg. [illegible]. Von Marie Julling. (13 S.)

— die. Schauspiele f. Knaben zur Aufführg. bei Schul- u. Familienfesten, begründet von C. Crome-Schwiening. Nr. 1—4. 8. Leipzig, J. T. Wöller. à n. —75
1. Der kleine Tartuffe. Lustspiel in 1 Aufzuge. Von C. Crome-Schwiening. (28 S.) (903.)
2. Im Knaben-Pensionat. Lustspiel in 1 Aufzuge. Von C. Crome-Schwiening. (30 S.) (903.)
3. Die kleinen Weltreisenden. Ein Spiel in 1 Aufzuge für Knaben. Von C. Crome-Schwiening. (32 S.) (903.)
4. Der Trotzkopf. Lustsp. in 1 Akt. Von Fel. Renker. (30 S.) (903.)

— die. Schauspiele f. Mädchen u. Knaben zur Aufführg. bei Schul- u. Familienfesten, begründet von C. Crome-Schwiening. Nr. 1—3. 8. Ebd. à n. —75
1. Lilli's Geburtstag. Ein Lustspiel. Von C. Crome-Schwiening. (30 S.) (903.)
2. Das Märchen der Großmama. Ein Bühnenspiel f. die reifere Jugend. Von C. Crome-Schwiening. (29 S.) (903.)
3. Tausch u. Täuschung. Lustspiel in 1 Aufzuge. Von C. Crome-Schwiening. (32 S.) (903.)

Jugendbühne. Festspiele u. Gelegenheitsaufführgn. f. die Jugend. 8. Bdchn. 8. Ravensburg (905). O. Maier. Kart. n. —80
Aufführungen f. Weihnachten, Neujahr u. Frühlingsfeste, Anh.: Weihnachtslieder, Neujahrswünsche. Von Frida v. Kronoff. (61 S.)

— Nr. 1 u. 2. 8. Leipzig, G. Richter. à —60
Kaiser, Marie, Muttersegen. Weihnachtsspiel in 1 Akt f. Mädchen. (16 S.) (909.) (Nr. 2.)
Rhenanus, Jakobus, wohltätige Kinder od. Genoveva. Eine Weihnachtskomödie in 1 Akt f. Kinder. (16 S.) (909.) (Nr. 1.)

Jugendbühne. Nr. 1—5. 11. 8. Berlin-Zehlendorf, Mathilde Zimmer-Haus. à —60
Klemm, Johanna, ein moderner Paris. Spiel in 1 Aufzug. (22 S.) 910. (Nr. 5.)
Müffelmann, Hedw., Arm m. Armen. Ein Spiel f. Töchterheime. (48 S.) 909. (Nr. 3.)
— Aus eigener Kraft. Dramatische Szene in 2 Tln. f. die Mädchenbühne. (32 S.) 909. (Nr. 1.)
— Sneewittchen. Dramatisiertes Märchen f. Kinder. (29 S.) 909. (Nr. 2.)
Nicolaus, Margar., obenauf. Einakter f. die Jugendbühne. (43 S.) 910. (Nr. 4.)

— (Eine Sammlg. v. Festspielen u. Jugendaufführgn. f. Schulen u. Vereine, hrsg. v. E. H. Bethge.) 1.—5. Heft. 8. Langensalza, J. Beltz. 3. 25
Bethge, Ernst Heinr., unt. Blumen u. Bäumen. Ein Jugendspiel aus dem Leben der Prinzessin Luise. (28 S.) 910. (Heft 3.) —50
— Die Gutsherrin v. Paretz. Ein Kranzspiel aus dem Leben der Königin Luise. (40 S.) 910. (Heft 4.) —75
— Fröhliche Weihnachten! Lieder u. Reime, Geschichten u. Reigen, zu e. Weihnachtsfeier f. Schulen u. gesell. Veranstaltgn. zusammengestellt. (24 S.) 910. (Heft 1.) —50
Maaß, R., Gott grüß d. Handwerk. Ein Gesellenstücklein a. d. Zeit der Zünfte. (29 S.) 910. (Heft 5.) 1. —
Wegener, Ernst, Heil, Kaiser, Dir! Eine Kaisers-Geburtstagsfeier f. Schulen u. Vereine. Nebst e. Anh.: Kaisers Geburtstag, v. Wilh. Osw. Richter. (21 S.) 910. (Heft 2.) —50

Jugendbühne. Berndeutsche Jugendbühne. [Heft 1.] 8. Aarau, H. R. Sauerländer & Co., 1902. [fr. –.60]

s. Dietzi, Hedwig.

G. Danner's Deutsche Jugendbühne. No. [illegible] Mühlhausen i. Th., G. Danner [1891]. 8°.

Jugend- u. Volksbühne. Hrsg.: Paul Matzdorf. Mitarbeiter: Vikt. Blüthgen, G. P. S. Cabanis, Gust. Falke u. a. 1.—88. u. 91.—105. Heft. gr. 8. Leipzig, A. Strauch. à 1.—

Barth, Marie Luise, deutsche Frauen, deutsche Treue. Gedächtnisfeier f. Königin Luise v. Preußen. (24 S.) (910.) (Heft 81.)

Siegesfeier. Patriotisches Festspiel f. Volksbühnen. (19 S.) (908.) (Heft 19.)

Beeg, Marie, deutsche Jugend. Vaterländ. Schauspiel in 4 Aufzügen f. die Jugend. (16 S.) (909.) (Heft 34.)

Bertelmann, Heinr., Acker u. Ähren. Ein Erntefestspiel. (15 u. Musikbeilage 3 S.) (910.) (Heft 59.)

— Deutschlands Ströme. Ein vaterländ. Festspiel f. d. Jugend. (19 S.) (909.) (Heft 30.)

— Lenzfeier. Inmitten der Frühlingsnatur od. im Zimmer aufzuführen. Mit Notenbeilage. (16 u. 2 S.) (908.) (Heft 16.)

— Schul-Entlassungsfeier (e. Volksschule). (15 S.) (909.) (Heft 41.)

— Waldfeier. Mit Notenbeilage. (16 u. 1 S.) (908.) (Heft 15.)

— Der Zaunkönig u. der Bär. Märchenspiel in 3 Aufzügen. (16 S.) (910.) (Heft 72.)

Bertram, F., zurückgefunden. Einaktiges Weihnachtsspiel m. eingeflocht., altschles. Christkindelspiel. (32 S.) (910.) (Heft 91.)

Blüthgen, Vikt., Kinderscenen f. Haus u. Schule. (21 S.) (907.) (Heft 10.)

Buchholz, Eva, Märchenbilder. Mit Gesang u. verbind. Dichtg. (28 S.) (909.) (Heft 65.)

Cabanis, George Paul Sylvester, Bruder Wind. Ein Märchenspiel. (23 S.) (910.) (Heft 76.)

— Fehrbellin 18. VI. 1675. Ein Bild aus der Geschichte der Mark Brandenburg. Schülerfestspiel. (16 S.) (908.) (Heft 18.)

— Des Meisters v. Nazareth letzte Tage. Passions-Festspiel f. die Volksbühne. Angeregt u. m. der Auswahl der begleit. Gesänge verseh. durch Paul Matzdorf. (54 S.) (910.) (Heft 77. 78.)

— Großmutter Sonne od. „Du lernst in Deinem Leben nichts!“ Kleines Märchenspiel f. Kinder. (20 S.) (909.) (Heft 47.)

Ehr, Glieb. (Elisab. Goercke), Frühlingsfestspiel. In 2 Bildern. (24 S. m. 1 Abb.) (909.) (Heft 62.)

— Weihnachtsfestspiel. (Mit leb. Bildern.) (13 u. Musikbeilage 3 S.) (909.) (Heft 61.)

Eschen, M. v. (Mathilde v. Eschstruth), Frühling. Ein Blumenspiel. (12 S.) (909.) (Heft 53.)

Ewald, Fritz, Einst u. Jetzt. Märchenspiel in 1 Aufzuge. (16 S.) (909.) (Heft 32.)

Falke, Gust., Winter u. Frühling. Ein szen. Scherzchen (Umschlag: Spiel) f. Kinder. (12 S.) (909.) (Heft 56.)

Gamm, Hedw., Christfeier bei St. Peter. Nikolaus- od. Weihnachtsfestspiel. (14 S.) (909.) (Heft 44.)

Gebhardt, Florentine, das Erntefest-Spiel. Aufführung f. die Jugend landl. Kreise. (14 S.) (909.) (Heft 52.)

— Huldigung deutscher Städte. Ein Festspiel zu Kaisers Geburtstag. (12 S.) (910.) (Heft 85.)

— Was der Wald erzählt. Märchenspiel f. die Jugendbühne. (18 S.) (910.) (Heft 64.)

Genenncher, H., moderne Räuber. Volksstück in 2 Akten. (15 S.) (909.) (Heft 50.)

Goercke, Elisab., Schneewittchens Ostern. Märchenspiel in 2 Aufzügen. (22 u. Musikbeilage 8 u. 2 S.) (910.) (Heft 94. 95.)

Graeble, Herm., der Rattenfänger v. Hameln. Märchen in 3 Akten. (35 S.) (907.) (Heft 2.)

Hartmann, Ph., der deutsche Rhein. Schülerfestspiel m. Gesängen u. verbind. Dialog. Ausg. f. 3stimm. Chor. (16 u. Notenbeilage 7 S.) (908.) (Heft 25.)

Heide, Osk. v. der, Kalif Storch. Ein Märchenspiel nach dem gleichnam. Märchen v. Hauff. (16 S.) (909.) (Heft 51.)

— Der gestiefelte Kater. Märchenspiel in 4 Aufzügen. (18 S.) (909.) (Heft 35.)

Hoffmann, Charlotte Valeska, „deutsche Volkslieder“. Aufführung m. Gesang u. Reigentanz f. 16 Kinder. Musik v. G. Winter. Op. 76. (18 S. m. 17 Fig.) (910.) (Heft 97. 98.)

Hoepfner, Hedw., die Heinzelmännchen. Dramat. Märchenspiel in 3 Aufzügen. (30 u. Musikbeil. 3 S.) (910.) (Heft 100. 101.)

— Die Sterntaler. Märchenspiel. (13 S.) (909.) (Heft 48.)

Horlebeck, Alfr., Deutschlands blaue Jungen zur See. Flottenfestspiel. (31 S.) (909.) (Heft 68.)

Ille-Beeg, Marie, 1. Kasperl als Frühlingsbote. 2. Kasperl u. der Pelzmärtel. (24 S.) (910.) (Heft 105.)

— Nach der Prüfung. Dramat. Szene f. Schüler e. Oberklasse. (16 S.) (909.) (Heft 40.)

— Was wollt ihr werden? Abschiedsfeier in e. Mädchenschule od. e. Institut. Dramat. Aufzug. (20 S.) (909.) (Heft 39.)

— Johanna Weiskirch, George P. S. Cabanis, Marie Luise Barth, im Kranze froher Feste. Szenen f. Familienfeiern. (22 S.) (909.) (Heft 60.)

Kästner, M., Christkind auf der Fahrt. Ein Weihnachtssingspiel f. Kinder der Mittelklassen. Musik v. G. Winter. (8 u. 15 S.) (910.) (Heft 75.)

Lambeck, Anita, ein Volksfest in Parez. Ein Traum. (22 S.) (910.) (Heft 103.)

Lehn, Emma, Königin Luise u. Napoleon Bonaparte. König Wilhelm I. u. Kaiser Napoleon III. (20 S.) (907.) (Heft 9.)

Matzdorf, Paul, Aschenbrödel. Märchenoper, f. die Jugendbühne eingerichtet. (16 u. Musikbeilage 2 S.) (909.) (Heft 37.)

— Dornröschen. Märchenspiel in 4 Akten. Mit Notenbeilage. (22 u. 4 S.) (908.) (Heft 21. 22.)

— Fahnenweihe. Festspiel f. [illegible] (Heft 99.)

— Germania. Festspiel m. Reigentänzen. (24 S.) (910.) [illegible]

— Hänsel u. Gretel. Märchenspiel, nach der [illegible] Oper bearb. Mit Notenbeilagen. [illegible] (30 S.) (907.) (Heft 3.)

— O wandern, wandern meine Lust. Ein fröhl. Wanderspiel in 3 Aufzügen m. Notenbeigaben. (20 u. 6 S.) (910.) (Heft 82.)

— Rübezahl als Knecht Ruprecht. Goldmarie u. Pechmarie. (9 u. 6 S.) 8. (907.) (Heft 1.)

— Schneewittchens Weihnacht u. Der Hirten Weihnachtsfreude. (32 S.) (907.) (Heft 4.)

— Das tapfere Schneiderlein. Ein lust. Märchenstück in 4 Aufzügen. Wir Sechse kommen durch die ganze Welt. Groteskes Märchenspiel in 4 Aufzügen. (29 S.) (908.) (Heft 17.)

— Siebenschön. Märchenspiel, f. die Jugendbühne eingerichtet. (16 u. Musikbeilage 1 S.) (909.) (Heft 38.)

— Deutsche Weihnacht vor 1000 Jahren. (16 S.) (910.) (Heft 74.)

— Weihnacht in der Waldklause u. Der Weihnachtsstern u. die Weisen. 2 Festspiele. (23 S. u. Notenbeilagen 2 u. 2 S.) (908.) (Heft 14.)

— Die drei Wünsche. Märchenspiel in 2 Akten. — Der kleine Däumerling. Märchenspiel in 2 Akten. (16 S.) (909.) (Heft 57.)

Meller, Clara, Kuno Frosch v. Unkenstein will Honig sammeln. Lustspiel in 1 Aufzug. (16 S.) (909.) (Heft 63.)

— Spulemann in Aengsten. Lustspiel in 1 Aufzug. (16 S.) (910.) (Heft 79.)

Michel, O. H., unverhoffte Weihnachtsfreude. Ein [illegible] Festspiel f. Knaben u. Mädchen. (16 S.) (910.) (Heft 88.)

Mücke, Else, Heulsuse. Ein Märchenspiel in 4 Bildern. (28 S.) (909.) (Heft 26.)

Münich, Alfr., Märchenreigen. (18 S.) (910.) (Heft 70.)

Nicolaus, Margar., Rumpelstilzchen. Nach dem Märchen v. Grimm in Szene gesetzt. (18 S.) (909.) (Heft 45.)

Plothow, Anna, Kaisergeburtstagsfeier der Blumen. Festspiel. Das deutsche Lied. Ein Festspiel zu Kaisers Geburtstag. Mit Notenbeilage. (22 u. 1 S.) (908.) (Heft 20.)

Rave, Thdr., Genoveva. Dramat. Märchen in 3 Aufzügen. (16 u. Musikbeilage 2 S.) (909.) (Heft 42.)

Reinicke, Ludw., Jungdeutschlands Siegesfeier. Ein patriot. Festspiel. (23 S.) (908.) (Heft 28.)

Reuter, Fritz, Fru Pastern up det „Rangdewuh“ u. de Feldszenisch bearb. v. Paul Matzdorf. (16 S.) (909.) (Heft 83.)

Risch, Paul, auf der Turnfahrt. Ein Wechselspiel f. Turner. (12 S.) (907.) (Heft 6.)

— König Mauserich. Jugend-Singspiel nach e. Tiroler Sage. (20 u. Musikbeilage 4 S.) (909.) (Heft 31.)

— Die Musterung. Ein lust. Turnermärchen. (14 S.) (909.) (Heft 29.)

— Turnmeister Jahn 1811. Ein Festspiel f. Turner. (18 S.) (907.) (Heft 5.)

Roßberg, Fritz, Kultur u. Arbeit. Soziales Schauspiel in 3 Akten. (29 S.) (909.) (Heft 67.)

Sachs, Hans, der Kuhdieb. Dorfkomödie. Bearb. v. M. Herrmann. (14 S.) (908.) (Heft 27.)

Schanz, Pauline, u. Frida Schanz, Szenen u. Gedichte z. Familienfeiern. (30 S.) (906.) (Heft 49.)

— — Weihnachtsdichtgn. Einzelszenen, Deklamationen u. Gesamtspiele f. Schule u. Haus. (27 S.) (908.) (Heft 13.)

Schaumberger, Heinr., eine Weihnacht auf dem Lande. Altes Spiel, bearb. v. Paul Matzdorf. Musik v. G. Winter. Op. 77. (14 u. Musikbeilage 6 S.) (910.) (Heft 104.)

Schmidt, B., zum ersten Mal auf Urlaub. — Manöverleiden u. -Freuden. (24 S.) (910.) (Heft 84.)

Schneidbeck, Freiwillige vor! (1813.) Schauspiel in 4 Aufzügen. (55 S.) (909.) (Heft 45. 46.)

Selbst ist der Mann! Von den Kindern im Dorfe [illegible] (Mark) selbst eingerichtete szen. Spiele. Hrsg. v. Paul Matzdorf. (22 S. m. Fig.) (909.) (Heft 58.)

Stamer-Caspari, Auguste, im Reich d. Lüfte. Huldigungsspiel f. Zeppelin. — Nebst e. Vortrag: Ferd. Graf Zeppelin, v. Heinr. Stamer. (24 S.) (910.) (Heft 80.)

Unbescheid, Herm., Graf Zeppelin. Für Schüleraufführungen, patriot. Feste etc. Komposition v. Geo. Striegler. Ausg. f. gemischten Chor. (18 u. 12 S.) (910.) (Heft 68. 69.)

— u. Geo. Striegler, Bismarcks letzter Traum. Deklamation u. Gesang. Zugleich e. Auswahl patriot. Lieder im Volkston f. dreistimm. Frauen- od. Kinderchor sowie gemischten Chor. Dichtung v. U., Komposition v. St. (15 u. 12 S.) (908.) (Heft 11. 12.) Kart.

— — Die Kaiserproklamation. Deklamation u. Gesang. Zugleich e. Auswahl patriot. Lieder im Volkston f. dreistimm. Frauen- od. Kinderchor sowie gemischten Chor. Dichtg. v. U. Komposition v. St. (11 u. 15 S.) (907.) (Heft 7. 8.)

Wandrey, Otto, Rotkäppchen. Dramatisiertes Märchen in 2 Aufzügen. (14 S.) (910.) (Heft 92.)

— Schneeweißchen u. Rosenrot. Dramatisiertes Märchen in 3 Aufzügen. (22 S.) (910.) (Heft 102.)

— Die drei Wünsche. Dramatisiertes Märchen in 1 Aufzuge. (14 S.) (910.) (Heft 93.)

Weiskirch, Johanna, kleine Kinder-Aufführungen. (22 S.) (910.) (Heft 96.)

— „Und du sollst mein Herr sein!“ Einakter. (22 S.) (910.) (Heft 73.)

— Vater u. Sohn. (15 S.) (909.) (Heft 33.)

Worm, Fritz, in Treue fest. Dramatische Bilder a. d. Leben e. Missionars. (21 S.) (910.) (Heft 86. 87.)

Wróblewska, Mia, der Froschprinz u. die Rockenfee. Märchenspiel in 3 Bildern. (22 S.) (910.) (Heft 71.)

Zingel, Rud. Ewald, Schneewittchen. Märchen-Szenen, gedichtet v. Thdr. Storm, in Musik gesetzt f. Kinderstimmen u.

Kinderchor m. leichter Begleitg. des Pianoforte. 8 Kinder (7 Zwerge u. Schneewittchen). Für alle Kinderfestlichkeiten u. Schulaufführgn. in Pensionaten, Instituten, Familie u. Haus, Polterabend, Hochzeit usw. geeignet. (26 S.) (908.) (Heft 23. 24.)
— Winter u. Frühling. Ein szen. Scherzchen f. Kinder v. Gust. Falke, in Musik gesetzt v. Z. (24 S.) (909.) (Heft 54. 55.)
Die Hefte 89 u. 90 sind noch nicht erschienen.

Jugendbund-Lieder. Anh. zu den „Reichs-Liedern". Textausg. (16 S.) kl. 8. Friedrichshagen (905). Jugendbund-Verlag. n. — 10

Jugend-Chronik, hrsg. v. C. Courtin, s. Chronique pour la jeunesse.

Jugenderheiterungen, eine sorgfältig ausgewählte Samml. prosa. Aufsätze u. Gedichte verschied. Inhaltes, zur Weckung u. Belebung d. sittl.-relig. Gefühls, so wie z. Schärfung u. Berichtigung d. Urtheils üb. d. wichtigsten Erscheinn. im gesell. Leben, hrsg. v. e. prakt. Schulmanne. 1. Bd. 1. u. 2. Hft. Jed. m. 1 Musikbeil. 8. (à 5 B.) Köln 835, 36, Lumscher. (?) à H. 5 Gr.

Jugenderholungen. Beyträge zu angenehm-nützl. Beschäftigung in den Freystunden. 1r — 3r Bd. Jeder in 3 Heften. gr. 8. Magdeburg, Rubach. 819 — 820. à 1 Rthlr. 12 Gr. Rthlr.

Jugenderholungen. Beyträge zu angenehm nützlichen Beschäftigungen ... Magdeburg 1819—21. H: *Wagner, Hnr. Ludwig* & *Frdr. Aug. Winkelmann.* (MGT)

Jugend-Erholungen, neue. Beiträge zu nützlichen u. angenehmen Beschäftigungen in den Freistunden. Deutschlands Söhnen u. Töchtern gewidmet. Im Verein mit mehr. Schriftstellern, Erziehern u. Jugendfreunden hrsg. von C. B. Hinz. 1. Bd. 3 Hfte. gr. 8. (18 B. u. 4 Taf. Abbild.) Berlin 845, Rubach.

Jugenderinnerungen aus der ersten Hälfte des 19. Jahrhunderts. [Zürich 18??] V: *Schulthess-Meyer, Friedrich.* (zuwzür 1910)

Jugend-Erinnerungen

Jugend-Erinnerungen aus dem Leben eines häßlichen Mädchens. Von der Verf. von John Halifax". 1870

s.a. Mulock, Dinah Maria [Verf.]

Jugend-Erinnerungen aus dem Leben eines häßlichen Mädchens. Von der Verf. von „John Halifax". Aus dem Engl. von Hausig-Klorin. Autorisirte Ausg. 1. Aufl. 1869. *M* 3., und 2. Aufl. 8. (242 S.) Berlin 870, Heinersdorff. [Frankfurt a. M., Schwelm.] (*M* 2,50.) 1 50

Jugenderinnerungen eines alten Mannes. Berlin 1870. V: *Kügelgen, Wilh. v.* H: *Nathusius, Phil.* (klüpfel) (Berl)

— eines alten Mannes [Wilhelm v. Kügelgen]. 1.—7. Abdr. 8. (VIII, 498 S.) Berlin 870—74, Hertz. * 6 —

Jugenderinnerungen eines alten Mannes. [Wilhelm v. Kügelgen.] 8. und 9. Abdr. 8. (VIII, 498 S.) Berlin 876,79, Hertz.

Jugenderinnerungen eines alten Mannes [Wilh. v. Kügelgen]. 10. und 11. Aufl. (Volks-Ausg.) 8. (VIII, 498 S.) Berlin 882,83, Hertz. *M 3.; geb. *

Jugenderinnerungen eines alten Mannes [Wilhelm v. Kügelgen.] 12. und 13. Aufl. 8. (VIII, 498 S.) Berlin 885,87, Besser'sche Buchh. (Wilh. Hertz). *M 3.—.; geb. *

Jugenderinnerungen e. alten Mannes [Wilh. v. Kügelgen]. 14. Aufl. (VIII, 498 S.) 890; 15. Aufl. 8. (VIII, 498 S.) Berl. 892, Hertz. * 3 —; geb. * 4 —

Jugenderinnerungen e. alten Mannes (Wilhelm. v. Kügelgen). 18. Aufl. (Volksausg.) 8. (VIII, 498 S.) Berlin 898. Besser. n. 3. —; geb. in Leinw. n. 4. —

— dasselbe. Geschenkausg. 8. (VIII, 511 S.) Berlin 898. R. Wöpke. n. 2. —; geb. n.n. 2. 50

Jugenderinnerungen e. alten Mannes (Wilh. v. Kügelgen). Orig.-Ausg. 19.—22. Aufl. gr. 8. (à VIII, 498 S.) Stuttgart 899—903. J. G. Cotta Nachf. n. 1. 80; geb. in Leinw. n. 2. 40

— dasselbe. Geschenkausg. Mit dem Bildnis des Verf. u. e. ausführl. Vor- u. Nachwort. 3. Aufl. 8. (XVI, 532 S.) Leipzig 901. R. Wöpke. n. 2. —; geb. in Leinw. n. 2. 50; in Halbfrz. n. 4. 20

Jugenderinnerungen e. alten Mannes (Wilh. v. Kügelgen). Orig.-Ausg. 23. Aufl. (VIII, 498 S.) gr. 8. Stuttgart 903. J. G. Cotta Nachf. n. 1. 80; geb. in Leinw. n. 2. 40

— dasselbe. Geschenkausg. Mit dem Bildnis des Verf. u. e. ausführl. Vor- u. Nachwort. 5. [Titel-]Aufl. (XVI, 532 S.) 8. Stuttgart. [901] 904. Ch. Belser. n. 2. —; geb. in Leinw. n. 2. 50; in Liebhaberhalbfrz. n. 4. 20

Jugenderinnerungen e. alten Mannes. (Wilhelm v. Kügelgen.) Geschenkausg. Mit 1 Photograv. u. 16 Abbildgn. nach Gemälden, Zeichngn. u. Stichen u. e. ausführl. Vor- u. Nachwort. 6. Aufl. (XVI, 532 S.) 8. Stuttgart (907). Ch. Belser. 2.—; geb. in Leinw. 2.50; in Liebhaberhalbfrz. 4. 20

— dasselbe, s.: Bibliothek der Gesamtlitteratur.

— dasselbe, s.: Universal-Bibliothek.

JUGENDERINNERUNGEN, Meine, als Vicarius der schönen Helena. Babylon, Don Juan Casanova, o. J. (ca. 1880). Kl. 8°. 60 S.
[E. IV, 450.]

MEINE Jugenderinnerungen als Vicarius der schönen Helene (einer Kaufmannsfrau). (Aus d. Französ.) Chicago. Gedr. auf Kosten guter Freunde (c. 1895). Kl. breit-12°. 104 S. (4 Mk. eine böhm. Firma, 1901.)
Bereits selten gewordenes Sotadicum! — Verboten vom L.-G. Wien, 28. April 1895. § 516.

— eines Sachsen. 1836 bis 1856. gr. 8. (V, 194 S.) Dresden 888, Hackarath. *M 4.—.; geb. *

— e. alten Sachsen. 1836—1856. gr. 8. (V, 194 S.) Dresden 888. Hackarath. n. 4. —; geb. n. 5. —

Jugenderinnerungen eines alten Schulmeisters. Aarau 1887
s.a. Hunziker, Jacob).

Jugenderinnerungen eines alten Schulmeisters. In Aargauer Mundart. Aarau 1887. V: *Gysi, A.* (BSchwLk V, 10c)

— eines alten Schulmeisters. In Aargauer Mundart. 8. (55 S.) Aarau 887, Sauerländer's Verlag. *

— e. deutschen Theologen (Jul. Thikötter). 8. (V, 278 S.) Bremen 894. M. Heinsius Nachf. n. 4. —; geb. n. 5. —

Jugendeselelen. (80 S.) 8. Leipzig 904. Modernes Vorlagsbureau. n. 1. 50

Jugendfehler. Lstspl. in 5 Akt. Wien ... K. Haas. 6 g(

Jugendfehler, Die. Ein Originallustspiel in 5 Aufz. . . . Wien 1794. V: *Weidmann, Paul.* (Jahrb. d. Grillparzer-Ges. XIII.)

Jugendfeind, der, und seine Bekämpfung nach der Schrift und nach eigenen Erfahrungen. Von einem Jugendfreunde. 16. (20 S.) Berlin 884, Deutsche Evangel. Buch- und Tractat-Gesellschaft. *

JUGENDFEINDE oder Pfarrer Friedne, der Kinderfreund. [Holzschnittvign.] Mit Genehmigung des churfürstl. geistl. Raths. München, 1797. Zu finden in des churfürstl. geistl. Raths deutschen Schulfonds-Bücherverlage am Rindermarkte. 3 Bl. 167 S. u. 1 Frontispiz (d. Pfarrer inmitten v. Kindern u. Müttern), Jos. HAUBER del., SCHLEICH sc. Kl.-8°. Schwarzverzierter rosa Pappbd. d. Z. 20.—
Selten! Teilw. in Dialogform abgef. Belehrungen. — Schönes Ex.

Jugend-Ferien-Zeitung. Organ f. die reif. Jugend. Red.: Clara Willrath-Schelper. Jahrg. 1910/1911. 4 Nrn. (à ca. 16 S. m. Abb.) 32,5×24 cm. Dresden-Deuben, Klio-Verlag. (Nur direkt.) à — 10

Jugendfest, Das, in Brugg am 19. Juli 1842 . . . Aarau [1842]. V: *Rauchenstein, Rudolph.* (ABJP)

Jugend-Festnummer des „Isarblech" zum 25. Stiftungsfest (d. Vereins jüng. Buchhändler „Palm" in München). gr. 4. (24 S. m. Abbildgn.) München 899. Verein jüng. Buchhändler „Palm". — 75

Jugend-Freud und Lust, ein neues Bilderbuch mit 12 lehrreichen Erzählungen. 4. (12 ill. Stnt. mit Text.) Fürth 858, Löwensohn. *

Jugendfreude. Ein Sonntagsblatt für die Kinderwelt. 1. Jahrg. 1878. 52 Nrn. (à ½ Bog.) 4. Stuttgart, Belser'sche Verlagsh. *
— dass. — Hrsgbr.: R. Lauxmann. 2. Jahrg. 1879. 52 Nrn. (à ½ Bog. mit eingedr. Holzschn.) 4. Ebendas. *

Jugendfreude. Ein Sonntagsblatt für die Kinderwelt. Hrsgbr.: R. Lauxmann. 3.—7. Jahrg. 1880—1884. à Jahrg. 52 Nrn. (à Nr. ½ Bog. mit eingedr. Holzschn.) hoch 4. Stuttgart, Belser'sche Verlagsh. à Jahrg. *

Jugendfreude. Ein Sonntagsblatt für die Kinderwelt. Hrsgbr.: R. Lauxmann. 8.—11. Jahrg. 1885—1888. à Jahrg. 52 Nrn. (à Nr. ½ Bog. mit eingedr. Holzschn.) hoch 4. Stuttgart, Belser'sche Verlagsh. à Jahrg. *

Jugendfreude. Ein Sonntagsblatt f. die Kinderwelt. Begründet u. bis 1891 hrsg. v. Rich. Lauxmann, fortges. v. R. Lauxmann. 12.—15. Jahrg. 1889—1892. à Jahrg. 52 Nrn. (à Nr. ½ Bog. m. eingedr. Holzschn.) hoch 4. Stuttg., Belser. à Jahrg. * 2 —
Vom 13. Jahrg. ab auch à Jahrg. in 12 Heften * 2 40

Jugendfreude. Ein Sonntagsblatt f. die Kinderwelt. Begründet v. Rich. Lauxmann, fortgeführt v. R. Lauxmann. 14.—17. Jahrg. 1891—1894. à 52 Nrn. (½ Bog. m. eingedr. Holzschn.) hoch 4. Stuttgart, Ch. Belser. à Jahrg. n. 2.—; in 12 Hftn. n. 2.40

Jugendfreude. E. Sonntagsblatt f. d. Kinderwelt. Begr. v. Rich. Lauxmann, fortgef. v. R. Lauxmann. 18.—21. Jahrg. 1895—1898. à 52 Nrn. (à 4 S. m. Abb.) hoch 4. Stuttgart, Ch. Belser. à Jahrg. n. 2.—; kplt. geb. in Leinw. n. 3.—
Auch in 12 Monatsheften für n. 2.40 zu beziehen.

— Ein Sonntagsblatt f. die Kinderwelt. Begründet v. Rich. Lauxmann, fortgeführt v. R. Lauxmann. 22.—25. Jahrg. 1899—1902. à 52 Nrn. gr. 4. (à 4 S. m. Abbildgn.) Stuttgart, Ch. Belser. à Jahrg. n. 2.—; geb. in Leinw. à Jahrg. n. 3.—

Jugendfreude. Ein Sonntagsblatt f. die Kinderwelt. Begründet von Rich. Lauxmann, fortgeführt von R. Lauxmann. 26.—29. Jahrg. 1903—1906. à 52 Nrn. (IV, 208; IV, 208; IV, 212 u. IV, 208 S. m. Abbildgn.) Lex.-8. Stuttgart. Ch. Belser. à Jhrg. n. 2.— geb. in Leinw. n. 3.—

Jugendfreude. Ein Sonntagsblatt f. die Kinderwelt. Begründet v. Rich. Lauxmann, fortgeführt v. R. Lauxmann. 30.—33. Jahrg. 1907—1910. à 52 Nrn. (à Jahrg. 208 S. m. Abb.) Lex. 8. Stuttgart, Ch. Belser. à Jahrg. 2.—; geb. in Leinw. 3.—

— Ausgewählte Jugendschriften, hrsg. v. Mart. Weber. 1. Serie. 1.—6. Bd. 8. Frankfurt a/M. 894. A. Foesser Nachf. Kart. à n. 1. 25
1. Weihnachtsbuch. Hrsg. v. Mart. Weber. (IV, 112 S. m. Abbildgn. u. 3 Taf.) 894.
2. Für brave Kinder. Ausgewählte Sprüche, Märchen u. Erzählgn. Hrsg. v. Mart. Weber. (IV, 112 S. m. 3 Farbendr.) 894.
3. Rosa v. Tannenburg. Erzählg. von Chrph. v. Schmid. In neuer Bearbeitg. hrsg. v. Mart. Weber. (IV, 132 S. m. 3 Taf.) 895.
4. Genovefa. Erzählg. von Chrph. v. Schmid. In neuer Bearbeitg. hrsg. v. Mart. Weber. (IV, 98 S. m. 3 Taf.) 894.
5. Ausgewählte Märchen v. Gebrüder Grimm. In neuer Bearbeitg. hrsg. v. Mart. Weber. (IV, 120 S. m. 3 Farbendr.) 894.
6. Aus fernen Welten. Hrsg. v. Mart. Weber. (IV, 112 S. m. 3 Taf.) 894.

Jugendfreude. Nr. 1—12. 16. (à 12 S. m. 3 Farbdr.) Konstanz (899). C. Hirsch. à n. — 05

— Zeichenbuch. (16 S. m. Abbildgn. ohne Text, m. Pausen.) qu. 16. Hannover (903). A. Molling & Co. — 15

Jugendfreude. Eine Gabe f. die Jugend m. Erzählgn., Gedichten u. vielen Bildern. I. u. II. Bd. Hrsg. v. Johs. Blanke. (à 128 S.) 8. Konstanz (908. 09). Christl. Buch- u. Kunstverlag C. Hirsch. Kart. à — 50

Jugendfreuden, eine Monatsschrift f. Kinder. 4 Jahrgänge. 8 Bde m. 8 K. 8. Leipz. Weygand. 789 — 792.

— e. Monatsschr. für Kind. 5 Jahrg. 8. Weissenf. Severin. 788—92.

— — dass. 4 Jahrg. 8 Bde. m. K. 8. Weissenf. Böse. (à 1 Rthlr. 6 gr. jetzt 12 gr.)

Jugendfreuden, oder kleine Aufsätze über Natur, Menschenleben und Religion. Augsburg 1795. V: *Essich, Johann Gottfried.* (Ky) (MGT)

Jugendfreuden, oder kleine Aufsätze über Natur, Religion und Menschenleben. 3 Thle. 8. Augsburg, A. Rieger. 796.

[illegible]freunden. Bilderbuch für Kinder, welche anfangen lesen [illegible]. Mit 24 color. Bildern. qu. 8. [illegible]

Jugendfreuden. Bilderbuch mit 10 bewegl. chromolithogr. Bildern. gr. 4. (10 Bl. Text.) Fürth 885, Schaller und Kirn geb.
geb. mit Goldpressung und innerem Titelbild

Jugendfreuden zu allen Zeiten. Unzerreißbares Leinwandbilderbuch. 4. (16 color. Stnt.) Nürnberg 870, Koenecke. geb. * 1 80

Jugendfreund, d., 3 Thle. 8. Ofen, Univers. Bchhdl.

Jugendfreund. Hrsg. u. Verleger Gustav Hugo Günther. [illegible]

Jugendfreund, Der, oder moralische Erzählungen. Augsburg 1792. V: *Simon, Ernst Heinrich.* (Ky) (MGT)

— od. moral. Erzähl. rc. 8. Augsb. Wolf. 792.

— d., v. Kreymann und Meller, 2 Stk. 8. Alt. Hammerich. [illegible]

Jugendfreund, der. Eine Anleitung vernünftig u. gut zu werden. Für junge Leute beiderlei Geschlechts von 10—15 Jahren. 12. Leipz. Sommer. 811.

Jugendfreund, Der. Ein Lehr- und Lesebuch für die obere Klasse der Volksschulen. München 1814. (2. Aufl. [nicht angegeben]) 1819. V: *Maier, Alois.* (EB) (Hdschr. Mitth. von Friedrich Müller, München.)

— der, ein Lehr- und Lesebuch für die obere Classe der Volksschulen. 8. Landshut, Krüll. 820.

— der, ein Lehr- u. Lesebuch f. d. obere Klasse d. Volksschulen. 8. München 823, (Landshut, Krüll.)

— der, ein Lehr- u. Lesebuch f. d. obere Klasse der Volksschulen. 8. München 820 u. 24. (Landsh., Krüll). 9 gl.

Jugendfreund, der, (e. relig. Zeitschr. f. d. Jugend.) 1829. 12 Hfte. Mit Vign. 16. Basel, Schneider.

— der. Ein Wochenblatt zur angenehmen Belehrung, Bildung u. Erziehung d. Jugend beiderlei Geschlechts. Begonnen [illegible]; fortgesetzt von C. F. Beck. 1r—4r Jahrg. à 4 Bde. 1832—1835 .. Wien. (Leipzig, Fr. Fleischer.) [illegible]

Jugendfreund, der, hrsg. v. Wald u. Schultz. 1. Jahrg. 1837. 26 Nrn. (½ Bog.) gr. 8. Flensburg, Korte Jessen. *

Der Jugendfreund. Hrsg. zum Besten der Kleinkinder-Schule in Flensburg v. [Jasper] Wald und [Hinrich Nicolaus] Schultz. [illegible] Flensburg [illegible] 1839. 8°.

Jugendfreund, der, Herausgeg. zum Besten der Kleinkinder-Schulen in Flensburg von [Jasp.] Wald und [Hinr. Nic.] Schultz. 3. Jahrg. Nr. 53—78. Flensburg. 1840. [o: 1839—40]. [Der udkom tre Aargange. 1838—40].

— der, e. Auswahl v. poet. Erzähln., Parabeln u. Denksprüchen, aus Deutschlands Klassikern gezogen. Für Kinder v. 8—12 Jahren berechnet. 16. (9 B. u. 12 Bild.) Wesel 838, Bagel.

Jugendfreund, der, (od. unterhalt. Belehrn. aus d. Gebiete d. Länder- u. Völkerkunde, d. Naturgeschichte, Physik, Chemie, d. Künste u. Gewerbe,) hrsg. v. G. Schilling. 1. Jahrg. 1841. In halbmonatl. Lfg. à 1½ Bog. Text u. ¼ Bog. ausgem. Abbildn. 4. Breslau, H. Richter. Thlr.

Jugendfreund, der. Eine Auswahl d. angenehmsten u. lehrreichsten Erzählungen u. Parabeln rc. zur Weckung u. Erhaltung wahrer Elternliebe u. ein. edlen Herzens. 2., verm. Aufl. 16. (6⅓ B. u. 2 Stnt.) Crefeld 844, Klein. Thlr.

— der, eine monatl. Zeitschrift f. die reifere Jugend. 1—4. Jahrg 1844—47. 8. à 12 Nrn. (Bog.) Winterthur. (Literarisches Comptoir.) à J. 15 Ngr.

Der Jugend-Freund: Band 1—75, no. 5, June 16, 1842—Mar. 1919. [illegible] Allentown, PA

Jugend-Freund. Ein Blatt für die Familie, Schule und Kirche — für Kinder, Eltern und Lehrer. Hrsg. von S. K. Brobst. Jahrg. 1850—52. à 36 Nrn. (Bog.) gr. Fol. Philadelphia, (E. Schäfer und Koradi.) à Jahrg. *

Jugend-Freund. Redig. und hrsg. von Brobst. 12—14. Bd. oder Jahrg. 1858—60. à 12 Nrn. (Bog. mit eingedr. Holzschn.) gr. Fol. Allentown, Pa. (Philadelphia, Schäfer und Koradi.) à Bd. * 20 Ngr.
Die spätern Bände erschienen unter dem Titel: Jugendfreund und Christen-Bote, vgl. dieses.

— der. Wochenschrift für Geist und Gemüth. Redig. von F. F. Kohlert jun. Jahrg. 1850. Juli—Decbr. 26 Nrn. (à ½ Bog.) gr. 8. Teterow 851. (Schwerin, Hildebrand.) *

— der. Zeitschrift zur angenehmen und nützl. Unterhaltung für jugendliche Leser. Redig. von Alex. Franz. 1. Jahrg. Octbr.—Decbr. 1850. 3 Nrn. und 2. Jahrg. 1851. 12 Nrn. gr. 8. Berlin, Lindow. à Nr. 3 Ngr.

— der. Wochenschrift zur Unterhaltung und Belehrung. Erzählungen, Geschichte, Geographie, Naturgeschichte und Miscellen enthaltend. Jahrg. 1854. 26 Nrn. (½ Bog.) br. gr. 8. Mainz, Wirth und Comp.

Jugendfreund. Lesebuch für Mittelclassen. Hrsg. von H. F. Wunderlich, C. H. Kröger, F. Poppe und M. Bücking. 1. Aufl. (240 S.) 1873, und 2. verm. Aufl. 8. (270 S.) Oldenburg 874, Stalling's Verlag. * — 80

Jugendfreund. Lesebuch für Mittelclassen. Hrsg. von H. F. Wunderloh, C. H. Kröger, F. Poppe, M. Bücking. 3. Aufl. (270 S.) • 80 Pf.; 4. verm. Aufl. 8. (302 S.) Oldenburg 876, Stalling's Verlag.

Lesebuch für Mittelklassen. Hrsg. von H. F. Wunderloh, C. H. Kröger, F. Poppe und M. Bücking. 5. und 6. verm. Aufl. 8. (310 S.) Oldenburg 881,84, G. Stalling.

Jugendfreund. Lesebuch für Mittelklassen. Hrsg. von H. F. Wunderloh, C. H. Kröger, F. Poppe und M. Bücking. 7. Aufl. 8. (310 S.) Oldenburg 887, G. Stalling.

Jugend-Freund. Unter Mitwirkung von Lehrern und Jugendfreunden. 1. Jahrg. 1883. 52 Nrn. (à Nr. ½ Bog.) gr. 8. Zürich, Schröter
Nicht weiter erschienen

Jugendfreund. Wochenschrift f. die Jugend von 10 bis 16 Jahren. Hrsg. v. Max Hübner. 1. Jahrg. Oktbr. 1892—Septbr. 1893. 52 Nrn. (Bog. m. 1 Abbild.) gr. 8. Bresl., Goerlich. 3 —
Auch in Monatsheften à — 30

Jugendfreund. Illustr. Blätter zur Unterhaltg. u. Belehrg. Hrsg. v. Max Hübner. 1.—3. Bd. Oktbr. 1892—März 1894. à Bd. 26 Nrn. (à ca. 1 Bog. m. Abbildg.) gr. 8. Breslau, F. Goerlich. Vierteljährlich n. — 75; in Monatsheftn. n. — 75

— dasselbe. 4. Bd. Apr.—Septbr. 1894. 26 Nrn. (à ca. 1 Bog. m. Abbildg.) gr. 8. Ebd. Vierteljährlich — 60, in Monatsheftn. — 60

— dasselbe. 5. Bd. Oktbr. 1894—März 1895. 24 Nrn. (à ca. 1 Bog. m. Abbildgn.) gr. 8. Ebd. 1. —; in Monatsheftn. 1. —

Jugendfreund. Illustr. Blätter z. Unterhaltg. u. Belehrg. Hrsg. v. Max Hübner. 6.—9. Bd. Oktbr. 1895—Septbr. 1899. à 24 Nrn. (à ca. 12 S.) gr. 8. Breslau, F. Goerlich. à Jahrg. 1. —
Auch in 12 Monatsheftn. zu demselben Preise zu beziehen.

— der. Illustr. Monatsschrift f. Kinder. Unt. Mitarbeit v. Fr. Autenrieth, W. Bader, F. Berthold u. a. hrsg. v. Bruno Mehmke. 9.—11. Jahrg. 1895—1897. à 13 Hfte (à ca. 2 Bog.) gr. 8. Stuttgart (M. Holland). à Hft. n. — 10

— dasselbe. 12. Jahrg. 1898. 52 Nrn. (à ca. 4 S. m. Abb.) Lex.-8. Ebd. à n. 1. —
Erscheint auch in 13 Lfgn. à n. — 10.

— der. Hrsg. v. B. Mehmke. 13.—16. Jahrg. 1899—1902. à 52 Nrn. Lex.-8. Stuttgart (Holland & Josenhans). à Jahrg. n. 1. —; auch in je 13 Hftn. à n. — 10

Jugendfreund, der. Hrsg. v. B. Mehmke. 17.—19. Jahrg. 1903—1905. 52 Nrn. (à Jahrg. 208 S. m. Abbildgn.) Lex.-8. Stuttgart (Holland & Josenhans). à Jhrg. n. 1. —

— dasselbe. Illustr. Monatsschrift f. Kinder. Unter Mitarbeit von H. Berthold, Amanda M. Blankenstein, E. Engelhardt u. a. hrsg. v. B. Mehmke. 20. Jahrg. 1906. 52 Nrn. (208 S. m. Abbildgn.) Lex.-8. Ebd. n. 1. —; auch in 13 Heften à — 10

Jugendfreund, der. Hrsg. v. B. Mehmke. 21.—24. Jahrg. 1907—1910. à 52 Nrn. (à Jahrg. II, 208 S. m. Abb.) Lex. 8. Stuttgart, (Holland & Josenhans). à Jahrg. 1. —

Jugendfreund. Eine Gabe für Knaben u. Mädchen zur Unterhaltg. u. Belehrg. Mit Beiträgen v. Helene Binder, Emmy Giehrl, Auguste Horst rc. Ausgestattet m. vielen farb. u. schwarz. Illustr. (1. u. 2. Bd.) 8. (à 160 S.) Nürnberg (900. 901). Th. Stroefer. Kart. à 1.50; geb. à 2. —

— der. Ernst u. Scherz für's Kinderherz. 1.—4. Heft. (à 12 S. m. z. Tl. farb. Abbildgn.) gr. 4. Konstanz 906. C. Hirsch. à n. — 50

—— der berliner, eine Samml. v. Erzähln. f. d. Jugend beiderlei Geschlechts. 1—3. Bdchn. Jed. m. 1 Titlkpfr. 8. (13½, 16 u. 13½ B.) Berlin 837, 38, 40, G. Gropius. (?) à * ⅚ Thlr. *

—— der berliner. Eine Sammlung v. Erzählungen f. d. Jugend beiderlei Geschlechts. 8. Berlin, Winckelmann u. Söhne. [1. (13½ B. u. 6 ill. Bild.) 2. (16 B. u. 6 ill. Bild.) 844, 3. (13½ B. u. 6 ill. Bild.) 45. à 20 Ngr.]

—— der berliner. Eine Sammlung von Erzählungen für die Jugend beiderlei Geschlechts. 4. Bdchn. 8. (III und 187 S. mit 6 lithogr. und ill. Bildern in Tondr.) Berlin 858, Winckelmann und Söhne.
1—3. Bdchn Ebendas. 1844,45. à Bdchn. * 20 Ngr.

Jugendfreund, Der, zur Bewahrung der Unschuld zu Beförderung der sittlichen Güte . . . Leipzig u. Merseb. 1817. V: *Schwarz, Johann Georg.* (Ky) (MGT)

Jugendfreund, Der, zur Bewahrung der Unschuld . . . Leipzig u. Merseburg 1817. H: *Ernesti, Johann Heinrich Martin.* (NN XIV, 1026)

— der, zu Bewahrung d. Unschuld, zu Beförderung d. sittl. Güte u. d. Lebensfreuden. Ein Hausbedarf rc. (v. J. G. Schwarz11.). Mit e. Anh. v. Dr. Lehre. Herausg. v. Jh. H. Mt. Ernesti. 8. Lpz. u. Merseb. 817. E. Klein. 12 gr

Jugend-Freund und Christen-Bote. Redakt. und Hrsgbr.: Brobst. 7. und 8. Bd. oder Jahrg. 1853 und 1854. à Jahrg. 26 Nrn. (Bog.) gr. Fol. Allentown. (Philadelphia, Schäfer und Koradi.) [7. Bd. * 1 Thlr. 10 Ngr., 8. * 1 Thlr.] *

—— und Christen-Bote. Redig. und hrsg. von Brobst. 9—11. Bd. oder Jahrg. 1855—57. à Jahrg. 26 Nrn. (Bog. mit eingedr. Holzschn.) gr. Fol. Allentown. (Philadelphia, Schäfer und Koradi.) à Bd. * 1 Thlr. *
Die Fortsetzung erschien unter dem Titel: Jugendfreund, vgl. dieses.

Der Christliche Jugend Freund: Jahrgang 1–46, Jan. 1878–Dec. 1923

Monthly, 1878–96, weekly, Mar.? 1896–1923. Organ of Amisch Mennoniten-Dienerschaft. Sub-title: Bestimmt für die Sonntag-Schule und Familie, Jan. 1878–80, 2) Ein Monatliches Blatt für Kinder, 1881–Apr.? 1896, 3) Illustrirtes Wochenblatt für die Sonntag-Schule und den Familienkreis, Apr. 18? 1896–1923.
Place of publication varies: Scottdale, Pa., 1908–23. With 1924 removed to Winnipeg, Canada. Size varies from octavo to large quarto; each issue 4–8 pages. Edited by Samuel Gingerich, Jan. 1878–1881 (Imprint for first volume: Herausgegeben von Samuel Gingerich, Amisch, Johnson County, Iowa); by M. D. Wenger, 1882–93; by John Horsch, 1894–May 1895; by Abram B. Kolb, Oct. 1895–1896; by John H. Landes, 1897–Feb. 1898?; by G. G. Wiens, Aug. 28, 1898–Sept. 1903; by M. B. Fast, Apr. 10, 1905–Oct. 1909?; by C. B. Wiens, Nov. 6, 1909–1922?; no editor named in 1923. Published by Die Mennonitische Verlagshandlung in Elkhart, 1878–Mar.? 1896; by Mennonite Publishing Co., Apr.? 1896–1907; by Mennonitische Publikations-Behörde, 1908–23.
Elkhart, IN

Der Christliche Jugendfreund: 1892?–1900?

Semi-monthly. Organ of Evangelische Protestantische Kirche von Nord-Amerika. Large quarto, each issue 4 pages; illustrated.
Cincinnati, OH

Jugendfreund, christlicher. Altes und Neues zur Förderung religiöser u. sittlicher Bildung. Hrsg. in Verbindung mit andern Jugendfreunden von *G. Kaiser*, Pfarrer in St. Fiden bei St. Gallen, und *J. A. Helbling*, Seminarlehrer in Rorschach. III. Jahrg. 1880. In-8°. 4 Hefte à 4 Bogen. St. Gallen. J. J. Sonderegger. Per Jahr 3 —

Deutsch-Amerikanischer Jugendfreund: Jahrgang 1–2, Oct. 1882–1883)

Monthly, Oct 1882–Mar.? 1883; semi monthly, Mar. 1883. Sub title: Illustrirte Zeitschrift zur Unterhaltung und Belehrung der deutschen Jugend Amerika's und für den Familienkreis. Herausgegeben unter Mitwirkung mehrerer Mitglieder des deutsch amerikanischen Lehrerbundes. There is also a subtitle given in announcements: Illustrirte Zeitschrift für Knaben und Mädchen und den Familienkreis. Large quarto, each issue 16 pages; illustrated, including covers. Edited by M. Tilling, & published by M. Tilling & Co.
New York, NY

Deutsch-Amerikanischer Jugend-Freund: 1890–1915)

Juvenile monthly. Organ of Deutsche Evangelische Synode von Nord-Amerika. Circulation: 1895, 3800; 1905, 4600. Quarto, each issue 20–32 pages. Edited by the Rev. G. Eisen, 1890–1915; published by A. G. Tonnies, 1890–97; by Eden Publishing House, 1898–1915.
St. Louis, MO

Jugendfreund, Der Deutsche. Ein Geschenk für die Jugend ... Berlin 1818. V: *Heinemann, Jeremias.* (Ky)

Jugendfreund, der deutsche. Ein Geschenk für die Jugend beyderley Geschlechts. 2 Bde. Berlin, Bureau f. Literatur und Kunst. 818.

— der deutsche. Ein Geschenk für die Jugend beiderlei Geschlechts. (Von J. Heinemann.) 2 Bde. Berl. 818. Heinemann.

— der deutsche, eine Monatschrift für die Jugend, herausg. v. Karl Berger. 1r–6r Jahrg.? ... 7r u. 8r Jahrg. 1838 und 1839. Mit Abbildd. gr. 8. Kandern (u. Lörrach) Gebr. Gutsch. (à n. 2 ₰) 4 ₰

— der deutsche. Zeitschrift für Unterhaltung u. Veredlung der Jugend, hrsg. v. e. Vereine v. Kinderfreunden. (4.) Jahrg. 1819. 12 Hfte. gr. 8. (à 48 S. m. 2 schw. u. 1 col. Lithogr.) Ebd. 2 ₰

Vorh. unt. d. T.: Jugendfreund, Deutscher.

— der deutsche, Zeitschrift für Unterhaltung u. Veredlung der Jugend, hrsg. von Frz. Hoffmann. (5–7.) Jahrg. 1850–1852. à 12 Hfte. gr. 8. (à 48 S. m. 2 schw. u. 1 col. Lith.) Ebd. à Jahrg. 2 ₰

— der deutsche. Zeitschrift für Unterhaltung und Veredlung der Jugend, herausg. von Frz. Hoffmann. (8–11.) Jahrg. 1853–56. à 12 Hefte (à 3 Bgn. m. 3 lith. Abbildgn.). Stuttgart, Schmidt u. Spring. gr. 8. Jeder Jahrg. 2 ₰

—— der deutsche, Zeitschrift für Unterhaltung und Veredlung der Jugend, hrsg. von Frz. Hoffmann. (9–12.) Jahrg. 1854–1857. à Jahrg. 12 Hefte. (à 48 S. mit 2 schwarzen und 1 ill. Stnt.) gr. 8. Stuttgart, Schmid und Spring. à Jahrg.

1–8. Jahrg. 1846–53. Ebendas. à Jahrg. * 2 Thlr.

—— der deutsche. Zeitschrift für Unterhaltung und Veredlung der Jugend, hrsg. und redig. von C. A. Schmidt. (13.) Jahrg. 1858. 12 Hefte. (à 48 S. mit 2 ill. und 1 schw. Stnt.) gr. 8. Stuttgart 858, Schmidt und Spring.

— — herausg. u. redig. von C. A. Schmidt. (13. u. 14.) Jahrg. 1857 u. 58. à 12 Hefte (à 3 Bgn. u. 2 schwarzen u. 1 color. Lithogr.) Ebend. Jeder Jahrg. 2 ₰.

—— der deutsche. Zur Bildung des jugendl. Geistes und Herzens unter Mitwirkung von mehreren Geistlichen und Lehrern hrsg. von Heinr. Rebau. 1. Jahrg. 1850. 12 Hefte. (à 64 S.) Mit bildl. Darstellungen. 8. Tübingen, Verlag christlicher Schriften.

—— der deutsche. Unterhaltende und belehrende Blätter zur Beförderung deutscher Sitte und Gesinnung. Hrsg. und redig. von Heinr. Rey. 1. Jahrg. 1861. 52 Nrn. (½ Bog.) gr. 4. Hamburg, (Jowien.) *

Jugendfreund, der deutsche. Unterhaltende und belehrende Blätter zur Beförderung deutscher Sitte und Gesinnung. Hrsg. und redig. von Heinr. Rey. 2. und 3. Jahrg. 1862 und 1863. à Jahrg. 52 Nrn. (½ Bog.) gr. 8. Hamburg, (Jowien.) à Jahrg. †

— der deutsche. Illustrierte Wochenschrift f. die Jugend. Verantwortlich: Rich. Honetz. 1. Jahrg. Oktbr. 1909–Dezbr. 1910. (800 S.) 30,5×23,5 cm. Wien, [G. Szelinski & Co.] H. Goldschmiedt. 10.—

—— der teutsche, z. Unterhalt. u. Belehr. f. d. Jugend beider Geschlechter. Hrsg. v. Heinr. Rebau. 4 Bdchn. 3., durchgängig verb. Orig.-Aufl. 8. (33⅓ B. u. 1 Stnt.) Gmünd 835. [Freudenstadt, Dillenius.]

— der teutsche, zur Unterhaltung u. Belehrung für die Jugend beider Geschlechter. Herausg. v. H. Rebau. 4 Bdchn. 3e durchgängig verb. Orig.-Aufl. Mit 1 Steindr. 8. Gmünd 835. Gebr. Raach. (Leipzig, Franke.) 1⅔ ₰

Jugendfreund, der Deutsche, s. Rebau.

— Deutscher; Zeitschrift für Unterhaltung u. Veredlung der Jugend; herausgeg. von Frz. Hoffmann. (1. Jahrg.) 1846. 24 Numm. Mit 36 Abbild. gr. 8. Stuttgart 845, Schmidt u. Spring. Jedes Quartal ½ ₰

—— deutscher; Zeitschrift f. Unterhaltung u. Veredlung der Jugend; hrsg. v. Frz. Hoffmann. 1. u. 2. Jahrg. 1846 u. 1847. à 12 Hfte. (à Hft. 3 B. u. 3 schw. u. ill. Kpfr.) gr. 8. Stuttgart, Schmidt u. Spring. à 3.

Jugendfreund, Deutscher, Forts. s.:
Jugendfreund, Der deutsche, und:
Jugendfreund, Der neue deutsche.

Jugendfreund, dramatischer, s. Schmidt, F. L.

—— der, als Erzähler u. Lehrer. In zwanglosen Heften, je 1 Bog. hrsg. v. Fr. Lucas. 1. Jahrg. 1846. 30 Hfte. gr. 8. Sudenburg-Magdeburg. [Schönebeck, Koch.] *

Jugendfreund, Der, in angenehmen und lehrreichen Erzählungen ... Quedlinburg 1788–93. H: *Plato, Christian Carl.* (ML) »1788–95« (Ky) (MGT) (Adel)

— der, in angenehmen und lehrreichen Erzählungen. 6 Theile in 2 Bänden. Wohlf. Ausg. 8. Quedlinburg, Ernst. 818.

— der, in angenehmen u. belehrenden Erzähll. (v. Chr. K. Plato). 6 Bdchn. 8. Quedlinb. 788–95. Ernst. 2 ₰ 12 ℊ Wohlfeile Ausg. 6 Thle. in 2 Bdchn. 8. Ebd. 818. 2 ₰ (vergl. auch Historienbuch, nützliches. 3 Thle.)

—— d., f. Geist u. Herz, d. deutschen Jugend geweiht. Ges. u. hrsg. v. einigen Geistlichen u. Jugendfreunden. 8. (5⅓ B.) Rorschach 845. [Koch.]

— — Hamburgischer ꝛc. s. a. Prätzel.

— Hamburgischer, herausg. von K. G. Prätzel. 1r Bd. 8. Hamb. Perthes u. B. 816.

—— historischer, od. Darstellung aus d. Leben merkwürd. Personen. (Von Meinhold.) 1. u. 2. Aufl. . . . 3. Ausg. 8. (9¾ B.) Kitzingen 842. [Nürnberg, Zeh'sche Buchh.]

— israelitischer, hrsg. v. E. Flanter. 1.—4. Jahrg. 1895—1898. à 24 Nrn. (Bog.) gr. 8. Berlin (W. Latte) à Jahrg. n. 4. —
Kann auch vierteljährlich bezogen werden.

— israelitischer, hrsg. v. E. Flanter. 5.—8. Jahrg. 1899—1902. à 24 Hfte. gr. 8. (à ca. 12 S.) Berlin (M. Poppelauer). à Jahrg. n. 4. —

— israelitischer, hrsg. v. E. Flanter. 9. u. 10. Jahrg. 1903 u. 1904. à 24 Hefte. (à ca. 12 S.) gr. 8. Berlin, (M. Poppelauer.) à Jhrg. n. 4. —
Fortsetzung, s.: Jung Israel.

Jugendfreund, Der katholische. Ein Lesebuch für die . . . Volksschulen. 2. Aufl. Heiligenstadt 1857. V: *Kellner, Lor.* (Ky)

—— der katholische. Ein Lesebuch für die oberen Klassen und Abthlgn. der Volksschulen. (Von L. Kellner.) 2., umgearb. Aufl. 8. (VIII und 296 S.) Heiligenstadt 857, (Delion.) *

Katholischer Jugend-Freund : 1877–1952:
Bi-weekly, 1877–78; weekly, 1879–81; semi-monthly, 1882–84, monthly, 1885–87; semi-monthly, 1885–95, weekly, 1896–98; monthly, 1899–1952. Roman Catholic juvenile paper, published in English and German, 1882–1952. Issued in monthly parts, 1881–84. German edition of [illegible]. Dated also at New York. Circulation: 1880, 4250; 1900, 20,000; 1913, 22,500; 1923, 21,000; 1931, 15,300. Quarto, later small folio. Edited & published by A. J. Thiele & C. M. Stager, 1877–92, by Anton Helmich [Hellmich?], 1893–97; by August Benz, 1900–05; edited by Bruno Buchmann, 1906–08?, published by German Catholic Orphans Asylum, 1906; by August Benz, 1907–19; by Angel Guardian Orphanage, 1920–52.
Chicago, IL

— d. kleine, m. Weiße's Protr. u. K. gr. 8. Wien, Gelfinger.

—— der kleine. Ein Lesebuch für untere und mittlere Klassen kathol. Elementarschulen. Vom Verf. der „Schreib- und Lesefibel." 8. (160 S.) Paderborn 867, Junfermann'sche Buchh. *

—— münchener. Redakt.: Joh. B. Fürg. Jahrg. 1852 und 1853. à Jahrg. 52 Nrn. (Bog. mit eingedr. Holzschn.) gr. 8. München, (Finsterlin.) à Jahrg. *
Die Fortsetzung erschien unter dem Titel:
— — Eine illustrirte Wochenschrift zur Erbauung, Belehrung und Erheiterung. Herausg. von Joh. Bapt. Fürg. (5—14. Bd.) Jahrg. 1854—58. à 12 Liefgn. oder 52 Nrn. (à 1 Bgn. mit Holzschn. im Text.) Ebend. Lex.-8. Jeder Bd. n. 24 ngr.

— Münchener. Eine illustrirte Wochenschrift zur Erbauung, Belehrung und Erheiterung. Herausg. von Joh. Bpt. Fürg. 15—16. Bd. (Jahrg. 1859 u. 60.) à Jahrg. 12 Liefgn. oder 52 Nrn. (à 1 Bgn. m. Holzschn.) München, J. A. Finsterlin in Comm. Lex.-8. Jeder Bd. n. 24 ngr.

— — 19—24. Bd. oder Neue Folge 1—6. Bd. (Jahrg. 1861—63.) à Jahrg. 52 Nrn. (à 1 Bgn. mit Holzschn.) München, Weiß. gr. 8. Jeder Bd. n. 16 ngr.

—— dass. — Redact.: Kasp. Braun und Friedr. Schneider. Neueste Folge. 1. und 2. Bd. (Der älteren Folge 24. und 25. Bd.) à Bd. 26 Nrn. (Bog. mit eingedr. Holzschn.) hoch 4. München 863, Braun und Schneider. à Bd. 22½ Ngr.

— — Red.: Kasp. Braun und Frdr. Schneider. Neueste Folge 1. u. 2. Bd. à 26 Nrn. (à 1 Bgn. m. Holzschn.) München 863, 64. Braun & Schneider. 4. Jeder Bd. n. 22½ ngr.

—— musikalischer, s. Erk, L., und A. Jakob.

— musikalischer 1r Hft. Münch. Giel. 813.

— der neue, ein lehrreiches Bilderbuch. Mit viel. Kpf. N. A. 16. Nürnb. 816. Campe. 2 ℛ Pbg. Pr. 1 ℛ 12 gℊ

—— der neue. 1.—4. Heft. gr. 8. (à Heft 32 S.) Bremen 886, Verlag des Tractathauses. à Heft [illegible]

—— der neue. 1.—5. Heft. 1. u. 2. Aufl. 4. (à Heft 32 S. m. Illustr.) Brem. 890,91, Verlag d. Tractathauses. à Heft [illegible] 10

JUGENDFREUND, DER NEUE DEUTSCHE, Zeitschrift für Unterhaltung und Veredlung der Jugend, herausgegeben von einem Vereine von Kinderfreunden. Jahrgang 1849. Mit 24 schwarzen und 12 colorirten Bildern. Stuttgart, Schmidt & Spring, 1849. 572 S. Gr.-8°. Illustr. Or.-Karton. 22.—
Erzählungen von Friedr. Hoffmann, Nieritz u. a., Abhandlungen über geschichtliche, naturkundliche u. a. Themata, mit schönen, z. T. handkolorierten Abbildungen von Kostümen, Schmetterlingen, Pflanzen, Jagden, Bergwerken etc. — Der Einbandrücken stark beschäd. Besitzerstempel der Prinzessin Marie zu Anhalt a. d. Titel.

Vorh. unt. d. T.: Jugendfreund, Deutscher.

— der neue deutsche, zur Unterhaltung u. Belehrung d. Jugend hrsg. v. Frz. Hoffmann. (4.) Jahrg. 1849. 1 u. 2. Bdchn. (1: 160 S. m. 3 Stahlst. 2: 158 S. m. 3 Stahlst.) Wriezen, Weiße. (à Bdchn. ¼ ℛ) ½ ℛ

—— der neue deutsche, Zeitschrift für Unterhaltung und Veredlung der Jugend, hrsg. von Frz. Hoffmann. (3—8.) Jahrg. 1848—53. à Jahrg. 12 Hefte. (à Heft 48 S. mit 2 schw. und 1 ill. Stnt.) gr. 8. Stuttgart, Schmidt und Spring. à Jahrg.
(1. und 2.) Jahrg. 1846 und 1847. Ebendas. à Jahrg. 2 Thlr.

—— der neue deutsche, für Unterhaltung und Veredlung der Jugend, hrsg. von Frz. Hoffmann. (14—16.) Jahrg. 1859—61. à Jahrg. 12 Hefte. Mit vielen Abbild. gr. 8. (Jeder Jahrg. IV und 572 S. mit 8 Stahlst. und 20 Stnt. in Tondr., wovon 16 ill.) Stuttgart, Schmidt und Spring. à Jahrg.

—— der neue deutsche, für Unterhaltung und Veredlung der Jugend, hrsg. von Frz. Hoffmann. (17. und 18.) Jahrg. 1862 und 1863. à Jahrg. 12 Hefte. Mit vielen Abbild. gr. 8. (à Jahrg. IV und 572 S. mit 8 Stahlst. und 20 Stnt. in Tondr., wovon 17 ill.) Stuttgart, Schmidt und Spring. à Jahrg.
Fortsetzung s.: Hoffmann, Frz.

— neuer deutscher. Zur Unterhaltg. u. Belehrg. der Jugend. Begründet v. Frz. Hoffmann im J. 1846. 65. Bd. (IV, 572 S. m. Abbildgn. u. zum Tl. farb. Taf.) gr. 8. Leipzig (910). Schmidt & Spring. Geb. in Leinw. 6. —
Die früheren Bände s.: Hoffmann, Frz.

Jugendfreund, Neuer, oder Ernst und Scherz . . . Hamb. 1800. V: *Heyse, Joachim Caspar Andreas.* »Hamb. 1800—2« (Ky)

— neuer, oder Erzählungen, Gespr. Anekdot. und Fabeln. 4 Bdchn. 8. Hamburg, Hoffmann. 800. (1s u. 2s 1 Rthlr. 12 gr. 3s u. 4s 2 Rthlr.)

— neuer, oder Ernst u. Scherz, in lehrreichen Erzählungen, Gesprächen, Anekdoten u. Fabeln (v. Jh. Chr. A. Heyse). 4 Bdchn. 8. Hamb. 800—2. Campe. 3 ℛ 12 gℊ

— neuer. Erzählungen für Knaben und Mädchen von 10 bis 12 Jahren von A. Schoppe, E. Feige und and. Verfassern. 8. (190 S. mit 6 lithogr. und ill. Bildern.) Berlin 864, Winckelmann und Söhne. cart.

— norddeutscher. Unter Mitwirkung von L. Bechstein, O. v. Berndt, Ida Baudissin, Amely Bölte, Friedr. Gerstäcker u. A. hrsg. von Hans Wachenhusen. 1. Bd. 10 Hefte. (à ca. 40 S. mit eingedr. Holzschn. und 1 ill. Stnt.) gr. 8. Berlin Haupt-Expedition der Monats-Rosen. à Heft 5 Ngr.

Jugendfreund, österreichischer. Hrsg. vom Verein der Kinderfreunde in Wien. 1. Jahrg. Mit 6 Illustr. (Holzschntaf.). 8. (IV, 300 S.) Wien 878. Braumüller. geb. n. 6. —

— der, f. Schule u. Haus. 1. Aufl. (22⅛ B.) 837. * ⅛ Thlr., 2. A. . . . , 3. Ausg. 8. (25 B.) Gütersloh 841, Bertelsmann. *

Jugendfreund, der, für Schule und Haus. 3. Ausg. 8. Gütersloh 841, Bertelsmann. n. ¼ ℛ — 4. Aufl. 8. Ebend. 844. ¼ ℛ

Der JUGENDFREUND für Schule und Haus. 6. Aufl. mit Stereotypen. Gütersloh, C. Bertelsmann. Erfurt [ca. 1825]. 390 S. Mit vielen zweistimmigen Melodien. Kl.-8°. Pappband der Zeit (benutzt). — Sprüche, Fabeln, Rätsel, Erzählungen, Lieder. 9.—

— der, für Schule und Haus. 12. Aufl. mit Ster. 8. (310 S.) Gütersloh 856, Bertelsmann.
mit Liedern und Melodien (80 S.)

Jugendfreund, d. schweizerische, s. Büren. Rthlr.

— der schweizerische, e. unterhalt. u. belehr. Halbjahrsschr. f. d. gebild. Jugend beiderlei Geschlechts, hrsg. v. Eman. Friedr. Zehender. 1. u. 2. Jahrg. 1838 u. 39. à 3 Lfg. gr. 8. Bern, Dalp. à * 1⅓ Thlr. *

— der schweizerische, ein Buch z. Unterhaltung u. Belehrung der gebild. Jugend beiderlei Geschlechts, hrsg. v. Eman. Friedr. Zehender. 3. Bdchn. 1842. gr. 8. (8½ B. u. 1 Stnt.) Bern 842, Dalp. *

1. u. 2. Bdchn. Ebendas. 1838, 39. * 2 Thlr. 15 Ngr.

Jugendfreund: Schweizerischer Jugendfreund
① Eine Zeitschrift für das reifere Alter (Untertitel des Heftumschlages) ④ verschmolzen mit der Zeitschrift »Seeblätter« (Wädenswil) zu: »Schweizer Bildungsfreund« (nicht aufgenommen) ⑤ Januar 1854—Dezember 1854 ⑥ 8° ⑦ Monatsblatt ⑧ Pfäffikon (Zh): J. U. Zwingli ⑩ J. K. Bär, Zürich; H. R. Rüegg, Küsnacht ⑪ die Herausgeber ⑫ radikal; für eine »republikanische« Jugenderziehung ⑭ Zh: Z; Be: L.

— schweizerischer. Illustr. Lesebuch f. d. Oberstufe der Volksschule. gr. 8. (XIV, 559 S.) Zürich 900. F. Schultheß. Kart. n.n. 2. 10; geb. in Leinw. n.n. 2. 30; in Halbfrz. n.n. 2. 50

Jugendfreund. Schweizerischer Jugendfreund. Illustriertes Lesebuch für die Oberstufe der Volksschule. 2. Aufl. XVIII + 559 S. 8. Zürich, Schulthess & Co., 1901. [geb. fr. 2. 70]

— der unterhaltende u. belehrende, für Kinder v. 8—12 Jahren. Nebst 2 Musikbeil. 8. Schmalkalden 823, Varnhagen.

— der wandernde, e. lehrr. Unterhaltungsb. f. alle Stände. 1. Thl. gr. 8. (25⅛ B. u. Bildn. v. Joh. Casp. Horner.) Zürich 841, Orell, Füßli u. Comp.

— der wandernde, ein lehrreiches Unterhaltungsbuch f. alle Stände. 2. Thl. Mit Jacquard's Bildn. gr. 8. (25⅛ B.) Zürich 842, Orell, Füßli u. Comp.

1. Thl. Ebendas. 1841. 25 Ngr.

— d. Wiener, v. Claß, Bredetzky, Guillaume und Unger. 2 Bdr. m. Kupf. und Mus. gr. 8. Wien, Rehm. 805.

Jugendfreunde, die,. Schsp. v. Kirpal. 8. Prag, Herrl. (Joachim in Lpz.) 795.

Jugendfreunde, die Beiden, ein Gemälde aus d. christl. Gemüthswelt. (v. Ferd. Herbst.) gr. 12. Lpz. 827, Leich.

Jugendfreund-Kalender, christlicher, auf d. Jahr 1899 3. Jahrg. (1.—125. Taus.) 12. (64 S. m. Abb. u 1 Farbdr.) Konstanz, C. Hirsch. — 15

Jugendfreund-Kalender, christlicher, auf d. J. 1903. 7. Jahrg. 12. (64 S. m. Abb. u. 1 Farbdr.) Konstanz, C. Hirsch. — 15

Jugendfreundkalender. Christlicher J'-K' auf das Jahr unseres Herrn 1904 u. 1905. ... [*je* Mit Illustrationen und 1 Tafel.] *je* IV + 64 S. 8. [*je* fr. —. 20]

... 1904. Jahrg. 8. Konstanz ... *und* Emmishofen ..., Carl Hirsch.
... 1905. Jahrg. 9. Emmishofen, Ct. Thurgau, Evangelische Buchh.

Jugendfreundkalender. Christlicher J'-K' auf das Jahr unseres Herrn 1907. Jahrg. 11. [Mit Illustrationen und 1 Tafel.] IV + 80 S. 8. Emmishofen, Evangelische Buchh. ⟨Carl Hirsch & Johannes Blanke⟩. [fr. —. 20]

Jugendfreundkalender. Christlicher J'-K' auf das Jahr unseres Herrn 1908. Jahrg. 12. [Mit Illustrationen und 1 Tafel.] IV + 64 S. 8. Emmishofen ⟨Kt. Thurgau⟩, Evangelische Buchh. Carl Hirsch & Johannes Blanke. [fr. —. 30]

Jugendfreundkalender. Christlicher J'-K' auf das Jahr unseres Herrn 1909. Jahrg. 13. [Mit Illustrationen und 1 Tafel.] IV + 64 S. 8. Emmishofen, Evangelische Buchh. Carl Hirsch & Johannes Blanke. [fr. —. 20]

Jugendfreundkalender. Christlicher J'-K' auf das Jahr unseres Herrn 1910. Jahrg. 14. [Mit Illustrationen und 1 Tafel.] IV + 64 S. 8. Emmishofen, Evangelische Buchh. ⟨Carl Hirsch & Johannes Blanke⟩. [fr. —. 20]

Jugendfreund-Kalender, christlicher, auf d. J. 1911. 15. Jahrg. (64 S. m. Abbildgn. u. 1 Taf.) 8. Konstanz, Christl. Buch- u. Kunstverlag C. Hirsch. — 15

Jugendfrüchte, Brünnerische, der ersten lateinischen Classe in Uebersetzungsübungen einiger aus dem Phaedrus gewählten Fabeln. Brünn 1780. V: *Hanzely, Joseph Carl.* (GGr VII/10, Nr. 4/3) (WBL VII/343) (BiblPort)

Jugendfrüchte von der zweiten Grammatik des kurfürstlichen Schulhauses. München 1779. V: *Gerhartinger, Franz von Paula.* (Ky)

— 8. Münch. Erdz. (Lindauer.) 779.

Jugendfrüchte des K. K. Theresianums. Wien 1772—75. H (I. III): *Denis, Joh. Nep. Cosmas Michael.* H (II): *Burkard (Burckard), Jos.* [?] (Jes) »1771—73« (ML)

Jugendfrüchte des k. k. Theresianums; herausgeg. (von Mich. Denis). 3 Stcke. 8. Wien 771—73. (Heubner).

Jugendfreuude des K. K. Theresianums. 3 Stck. 8. Wien, Kurzbock. 772–75.

Jugendführer, der, enthaltend lehrreiche u. unterhalt. Erzählungen zur Erweckung d. sittl. Gefühls u. der Lebensweisheit. 2 Thle. 2e Aufl. 8. Dresd. 814. Hilscher. 2 ℛ

Jugendführer, der, od.: Unterweisungen auf d. Wege d. Heils f. Jünglinge u. Jungfrauen — auch f. Eltern zu beherzigen. 3 Abthln. 1. Aufl. (10¼ B.) 836., 2., verm. A. (12⅛ B.) 838. u. 3., verm. A. gr. 8. (12¼ B.) Münster 841, Coppenrathsche Buchh. à

Jugendführer, der, Auswahl von kleinen Erzählungen u. Geschichten für Kinder. Mit 6 color. Bildern. gr. 8. Wien 842, Bermann u. Sohn. geb. 1 ℛ

Jugend-Führer der internationalen Ausstellung f. Musik- u. Theaterwesen, Wien 892. Anleitung zur Besichtigg. der Ausstellg. m. besond. Rücksichtnahme auf die Jugend. Hrsg. v. der Ausstellungscommission. 8. (44 S.) Wien 892. (Leipzig, Literar. Anstalt A. Schulze.) — 30

Jugendführer, der neue, ein nützliches und angenehmes ABC- Buchstab.- und Lesebilderbuch für die Jugend. Mit 128 Abbild. nebst deutsch-französ., und ungarisch. Benennungen. gr. 8. Pesth, Müller. 820. Druckp.

Jugend-Fürsorge, die. Centralorgan f. die gesamten Interessen d. Jugendfürsorge, m. besond. Berücksicht. der Waisenpflege, der einschläg. Gebiete des Armenwesens, sowie der Fürsorge für die schulentlassene Jugend. Unter Mitwirkg. zahlreich. Pädagogen, Ärzte, Juristen, Vertreter der Kirche u. Mitglieder der Parlamente, der Staats- u. Kommunalbehörden hrsg. v. Frz. Pagel. 1.—3. Jahrg. 1900—1902. à 12 Hfte. gr. 8. (à ca. 64 S.) Berlin, Nicolai's Verl. à Jahrg. n. 10.—

Jugendfürsorge, die. Centralorgan für die gesamten Interessen der Jugendfürsorge, m. besond. Berücksicht. der Waisenpflege, der einschläg. Gebiete des Armenwesens, sowie der Fürsorge für die schulentlassene Jugend. Unter Mitwirkg. zahlr. Pädagogen, Aerzte, Juristen, Vertreter der Kirche u. Mitglieder der Parlamente, der Staats- u. Kommunalbehörden hrsg. v. Frz. Pagel. 4.—6. Jahrg. 1903—1905. à 12 Hefte. (à Jahrg. II, 768 S.) Lex.-8. Berlin [Nicolai's Verl.] Verlage d. Jugendfürsorge. n. 10.—

Jugendfürsorge, die. Centralorgan f. die gesamten Interessen der Jugendfürsorge, m. besond. Berücksicht. der Waisenpflege, der einschläg. Gebiete des Armenwesens, sowie der Fürsorge f. die schulentlassene Jugend. Hrsg. v. F. Pagel. 7. Jahrg. 1906. 12 Hefte. (1. Heft. 64 S.) Lex.-8. Berlin, Deutscher Centralverein f. Jugendfürsorge. 10. —; einzelne Hefte 1. —

— die. Zentralorgan f. die gesamten Interessen der Jugendfürsorge, der Kinder- u. Jugendwohlfahrt, m. besond. Berücksicht. der Waisenpflege, der einschläg. Gebiete des Armenwesens, sowie der Fürsorge f. die schulentlassene Jugend. Unter Mitwirkg. zahlreicher Pädagogen, Ärzte, Juristen, Vertreter der Kirche u. Mitglieder der Parlamente, der Staats- u. Kommunalbehörden hrsg. v. Frz. Pagel. 8.—11. Jahrg. 1907—1910. à 12 Hefte. (à 64 S.) Lex. 8. Berlin, Verlag der Jugendfürsorge. à Jahrg. 10. —

Jugendfürsorge. Bericht über den 1. schweizerischen Informationskurs in Jugendfürsorge 31. August bis 12. September 1908 in Zürich, veranstaltet von der schweizerischen Gesellschaft für Schulgesundheitspflege. (Redaktion: Dr. F[riedrich] Zollinger und Heinrich Hiestand.) [Mit 1 Tabelle.] 832 S. 8. Zürich, Zürcher & Furrer, 1908. [fr. 15.—]

[Sep.-Ausg. von: Jahrbuch der Schw' Ges' für Schulges'. Jahrg. 9. 1908, Teil 2.]

Jugendgabe. Erzählungen f. die Kinderwelt. 1.—14. Hft. 12. (à Hft. ca. 82 S.) Basel 886—890. Spittler. à Hft. n. — 20

Jugendgabe. Erzählgn. f. die Kinderwelt. Nr. 15—20. 12. (à 82 S.) Basel, Jaeger & Kober. à n. — 20

15. 6 Erzählgn. v. Maria Gerner. (32 S.) 891.
16. 4 Erzählgn. v. Maria Liebrecht. (32 S.) 892.
17. 3 Erzählgn. v. Caroline Rhiem. (33 S.) 893.
18. Eine Frage. Irmgards Schülerin. Der kleine Stiefelputzer. Von Caroline Rhiem. 893.
19. Doktor Binders Pflegesohn od. in des rechten Vaters Hand. Von A. L. Die alte Uhr. Frei nach dem Dän. v. C. A. 893.
20. Die zwei Geburtstagskinder. Arm u. Reich. Von Amanda M. Blankenstein. 893.

Jugendgabe. Erzählungen für die Kinderwelt. XVII. In-16°. 38 S. Basel, Jäger & Kober. 1893.

*** Liebesopfer. — Wie Gertrud das Fürchten verlernte. — Ein Dornbusch als Lebensretter. Drei Erzählungen von C. Riehm.

Jugend-Gabe, kleine, mit Bildern (in Holzschn.) 1. Bdchn. für Kinder von 4 bis 7 Jahren. 6 Hefte. 16. (192 S.) Schaffhausen 849—52, Schalch. à Heft 2 Ngr.

—— dass. — 2. Bdchn. für Kinder von 7 bis 10 Jahren. 1—4. Heft. 16. (S. 1—128.) Ebds. 849—52. à Heft 2 Ngr.

Jugend-Gabe, kleine, mit Bildern (in Holzschn.) 2. Bdchn. für Kinder von 7 bis 10 Jahren. 5—8. Heft. 16. (S. 129—256.) Schaffhausen 853, Schalch. à Heft * 2 Ngr. *

—— dass. — 3. Bdchn. für die reifere Jugend. 1—4. Heft. 16. (S. 1—128.) Ebds. 849—52. à Heft 2 Ngr.

—— dass. — 3. Bdchn. für die reifere Jugend. 5—8. Heft. 16. (S. 129—256.) Ebds. 855. à Heft * 2 Ngr. *

Bdchn. 1. (6 Hefte.) 2. Bdchn. Heft 1—4. und Bdchn. 3. [illegible] 1849—52. à Heft * 12 Ngr.

Kleine Jugend-Gabe mit Bildern. III. Bändchen, für die reifere Jugend. Schaffhausen, J. F. Schalch. O. J. [ca. 1860]. VIII S. (inkl. Titel mit reizender Umrahmung) und 256 S. mit vielen Textillustr. teilweise zaghaft ankoloriert. 12°. Einfaches altes Halbleinenbändchen. 12.—

Kleine Erzählungen aus der Schweizer-Geschichte, Beschreibungen fremder Länder, Biographien, Erfindungen usw. — Vereinz. winzige Flecken.

Jugend-Garten, ein Monat-Blättchen f. die liebe Jugend. Herausgeg. v. Pfarrer S. Scheler. Jahrg. 1824. 2 Thle. 12. Ebnat. (St. Gallen, Huber u. Comp.)

Jugendgarten. Ein Unterhaltungsblatt f. d. Jugend. Hrsg. v. G. Härtter u. G. Steiner. 1—3. Bd. à 6 Hfte. kl. 4. (à H. 2 B.) Stuttgart 841, 42, (Beck u. Fränkel.) *

—— dass. — hrsg. v. G. Härtter u. A. Fischer. 4. Bd. 6 Hfte. Lex.-8. (à H. 2 B. u. 1 ill. Stnt.) Stuttgart 842, Hallberger'sche Vrlsbuchh.

Jugendgarten, der. Blätter für die deutsche Jugend und ihre Freunde. Redig. von Th. Schmidt. Jahrg. 1858. Juli bis Septbr. 13 Nrn. (Bog.) Mit Beilagen. hoch 4. Meißen, Sächs. Verlags-Schulbuchh. (Leipzig, Mittler.) *

Ist nicht fortgesetzt worden.

Jugendgarten, der. Eine Festgabe für die deutsche Jugend. Hrsg. von Ottilie Wildermuth. 1. und 2. Bd. Mit 8 farb. und 8 Tondr.-Bildern. gr. 8. (VI, 415; VI, 376 S.) Stuttgart 876, 77, Gebr. Kröner. cart. à Bd. ℳ 6.; geb. à

— dass. — Gegründet von Ottilie Wildermuth. 3.—5. Bd. Mit 8 farb. und 8 Tondr.-Bildern. gr. 8. (VI, 431; VI, 452; VI, 432 S.) Ebendas. 878, 79. cart. à Bd. geb. à Bd.

Jugendgarten, der. Eine Festgabe für die deutsche Jugend. Gegründet von Ottilie Wildermuth. 6.—9. Bd. Mit je 8 farb. und 12 Tondr.-Bildern.) gr. 8. (VI, 476; VI, 501; VI, 405; VI, 417 S.) Stuttgart 881—84, Gebr. Kröner. cart. à Bd. ℳ 6.; geb.

Jugendgarten, der. Eine Festgabe für die Jugend [Knaben und Mädchen]. Gegründet von Ottilie Wildermuth. 10.—13. Bd. gr. 8. (VI, 427; VI, 412; VI, 421; VI, 414 S. mit farb. und Tondr.-Bildern.) Stuttgart 885—88, Gebr. Kröner. cart. à Bd. ℳ 6.—.; geb.

Jugendgarten, der. Eine Festgabe f. Knaben u. Mädchen. Gegr. v. Ottilie Wildermuth. Fortgef. v. ihren Töchtern Agnes Willms u. Adelheid Wildermuth. 11.-17. Bd. Mit je 8 farb. u. 12 Tondr. Bildern, sowie zahlreichen Text-Illustr. gr. 8. (VI, 437; VI, 398; VI, 431; VI, 434 S.) Stuttg. 889—92, Union. cart. à Bd. 6 — geb. in Leinw. à Bd. 6 75

Jugendgarten, der. Eine Festgabe f. Knaben u. Mädchen. Gegründet v. Ottilie Wildermuth. Fortgeführt v. ihren Töchtern Agnes Willms u. Adelheid Wildermuth. 16.—19. Bd. Mit je ca. 8 farb. u. 12 Tondr.-Bildern, sowie zahlreichen Text-Illustr. gr. 8. (à ca. VI, 434 S.) Stuttgart 891—894. Union. Kart. à 6. —; geb. in Leinw. à 6. 75

Jugendgarten, der. E. Festgabe. Gegr. v. Ottilie Wildermuth. Fortgef. v. ihren Töchtern Agnes Willms u Adelheid Wildermuth. 20.—23. Bd. M. ein- u. mehrfarb. Illustr. gr. 8. (à ca. VI, 436 S.) Stuttgart 89[illegible]—898. Union. Geb. in Leinw. à 6. 7[illegible]

Jugendgarten, der. Eine Festgabe f. Mädchen. 24.—27. Bd. Mit über 200 ein- u. mehrfarb. Abbildgn. gr. 8. (à VI, 442 S.) Stuttgart (899—902). Union. Geb. in Leinw. à 6. 75

Jugendgarten, der. Eine Festgabe f. junge Mädchen. Erzählungen ernsten u. heiteren Inhalts, Gedichte, Unterweisgn. aus Natur, Haus u. Geschichte, Beschäftiggn., Sport u. Spiele. 28.—31. Bd. gr. 8. Stuttgart, Union. Geb. in Leinw. à 4. 50

28. (VI, 289 S. m. Abbildgn. u. 8 Farbdr.) (903.) — 29. (VII, 298 S. m. 150 ein- u. mehrfarb. Abbildgn.) (904.) — 30. (VIII, 287 S. m. 158 ein- u. mehrfarb. Abbildgn.) (905.) — 31. (VIII, 298 S. m. 179 ein- u. mehrfarb. Abb.) (906).

Jugendgarten, der. Eine Festgabe f. junge Mädchen. Erzählungen ernsten u. heiteren Inhalts, Gedichte, Unterweisgn. aus Natur, Haus u. Geschichte, Beschäftiggn., Sport u. Spiele. 32.—35. Bd. (à VIII, 288 S. m. 152, 134, 142 u. 148 ein- u. mehrfarb. Abbild.) 8. Stuttgart (907—10). Union. Geb. in Leinw. à 5. —

— d. deutsche, im Verein mit mehreren Freunden d. Jugend, herausgeg. v. Verf. d. Lebensbilder. 1r Jahrg. 826. 12 Hefte, mit Vign. gr. 8. Heilbronn, Drechsler.

Jugendgarten, der deutsche, e. Samml. auserles. Erzähln., belehr. Aufsätze, Gedichte ꝛc. Zur Belehr. u. Unterhalt. f. d. Jugend beiderlei Geschlechts v. 8 bis 14 Jahren. 2 Bde. gr. 8. (51½ B.) Heilbronn 834, Drechsler.
Erschien bereits Ebendas. 1826. als Zeitschrift.

—— deutscher, s. Fischer, J. A.

Jugend-Gartenlaube. Illustrierte Zeitschrift zur Unterhaltg. u. Belehrg. Redact.: Alb. Richter. 1. Jahrg. 1892. 24 Hefte. (à Heft 1½ Bog. m. Farbendr.) 8. Nürnb., Verlag d. Kinder-Gartenlaube. 4 —

—— dass. — Bandausg. 1 u. 2. Bd. 8. (à Bd. 288 S. m. 48 Chromolithogr.) Ebd. 892. à Bd. 2 50
Frühere Jahrge. s. u. d. T.: Kinder-Gartenlaube.

— dasselbe. Red.: Eug. Mayer. 3.—6. Bd. Jahrg. 1893. 1894. à 24 Hfte. (1½ Bog. m. Farbendr.) 8. Ebd. à Jahrg. n. 4. —

Jugend-Gartenlaube. Illustr. Zeitschrift z. Unterhaltg. u Belehrg. Red.: Eug. Mayer. 7.—12. Bd. Jahrg. 1895—1897. à 24 Hfte. (à ca. 2 Bog. m. z. Tl. farb. Abb.) 8. Nürnberg. Leipzig, E. Kempe. à Jahrg. 4. —; geb. in Leinw. à Bd. 2. 50; einz. Nrn. — 25

Jugend-Gartenlaube. Illustr. Zeitschrift z. Unterhaltg. u. Belehrg. Hrsg.: Otto Albrecht. 13. u. 14. Bd. Jahrg. 1898. 24 Nrn. (à ca. 2 Bog. m. z. Tl. farb. Abb.) Leipzig, E. Kempe. 4. —; geb. in Leinw. à Bd. 3. —; einz. Nrn. — 25
Kann auch vierteljährlich bezogen werden.

Jugend-Gartenlaube. Farbig illustr. Zeitschrift z. Unterhaltg. u. Belehrung der Jugend, unter Mitwirkg. v. P. Benndorf, Vict. Blüthgen, Geo. Bötticher ꝛc. u. anderen hervorragend. Schriftstellern u. Künstlern hrsg. v. Otto Albrecht. Red.: Alban v. Hahn. 15.—22. Bd. Jahrg. 1899—1902. à 24 Nrn. 8. (à Bd. ca. 288 S.) Leipzig, E. Kempe. à Jahrg. 4. —; geb. in Leinw. à Bd. 3. —

Jugend-Gartenlaube. Farbig illustr. Zeitschrift zur Unterhaltg. u. Belehrg. der Jugend, unter Mitwirkg. von P. Benndorf, Vict. Blüthgen, Geo. Bötticher etc. u. anderen hervorrag. Schriftstellern u. Künstlern hrsg. von Otto Albrecht. Red.: Alban v. Hahn. 23.—28. Bd. Jahrg. 1903—1905. à 24 Nrn. (à Bd. IV, 288 S. m. Abb. u. 12 Farbdr.) 8. Leipzig, E. Kempe. Geb. in Leinw. à Bd. 3. —
Erscheint nicht mehr.

Jugend-Gesänge für Schule und Kirche. Olmütz, 1857. A. Halauska's Universitäts-Buchdruckerei. (36 S. 8.)

Eine Jugendgeschichte. Jünglingen zur Warnung und Aufmunterung. | Heft 240. Hamburg 1881. Verlag der Evangelischen Buchhandlung der Niedersächsischen Gesellschaft. Brennerstraße 51.
Kol: Druck von Ad. Kircher in Braunschweig.
12 S., 164 × 100.
Priv.-Bes.

Jugendgeschichte, die, e. Arbeiterin, v. ihr selbst erzählt. Mit einführ. Worten v. A. Bebel. 1—5. Taus. (V, 93 S.) 8. München, E. Reinhardt. 1909. 1. —: geb. in Leinw. 1. 80.

Die Jugendgeschichte einer Arbeiterin von ihr selbst erzählt. [Verf.: Adelheid Popp.] Mit einführenden Worten von August Bebel. München: Reinhardt 1909. V, 93 S. 8°
(Lebensschicksale. Bd 1.)
[illegible]

Jugendgeschichte, die, e. Arbeiterin, s. a. „Lebensschicksale" 1. Bd.

— dasselbe, 3. Aufl., s.: Popp, Adelh.

Jugendgeschichte, Augustinus, aus seinen Bekenntnissen gezogen ... München 1800. V: *Stickl, Franz Xav.* (Ky)

(Jugendgeschichte. Aus der J' Rudolf Collins, 1499[–1578].) Njbl. s. [Schinz, Johann Heinrich].

Jugend- u. Ehestands-Geschichte eines Onaniten, nebst den sichersten Mitteln, unfruchtbare Ehen fruchtbar zu machen. Ingleichen gutgemeinte Erinnerungen an Eltern, Jünglinge und Mädchen. 8. Lpz. Joachim.

JUGEND und Ehestands-Geschichte eines Onaniten, nebst den sichersten Mitteln, unfruchtbare Ehen fruchtbar zu machen. (c. 1805.)
War in einem alten Leihbibl.-Cat.

Jugendgeschichte, Erste, Jesu; samt Beylage und Register zu der Geschichte der drei letzten Lebensjahre Jesu. Zürich 1774. V: *Hess, Johann Jacob.* (CLzür Forts. III) (zuwzür)

Zur **Jugend-** und **Erziehungs-Geschichte** des Königs Friedrich Wilhelm IV. von Preußen und des Kaisers und Königs Wilhelm I. Hrsg. von Georg Schuster. T. 1. *Berlin: A. Hofmann & Co. 1904.* 8°
= Texte u. Forschungen z. Geschichte d. Erziehung u. d. Unterr. in d Ländern deutscher Zunge. 8.
= Mitteilungen d. Gesellschaft f. deutsche Erziehungs- u. Schulgeschichte. Beihefte. 3.

Jugend-Geschichte, die, unseres Herrn Jesu Christi. Kundgegeben durch einen vom Herrn Selbst dazu erwählten Knecht und Schreiber im dem J. 1813 ff. Mit einem Vorwort versehen und zum Druck befördert durch Chas. F. Zimpel. Lex.-8. (X und 278 S.) Stuttgart 852, (Schweizerbart'sche Vrlgsb.) *

Jugendgeschichte. J. K. L. Jugendg'. von ihm selbst beschrieben ... 1816 s. Leu, J. C.

Jugendgeschichte e. Landpredigers, s. Selbstbiographie.

Jugendgeschichte zweyer Liebenden zur Beherzigung junger Leute ... Kempten 1786. V: *Ludwig, Johannes.* (MGT) »1786–87« (Ky)

Jugendgeschichte zweyer Liebenden zur Beherzigung junger Leute, m. K. 2 Thle. (2r Thl. a. unt. d. Tit.: Ehestandsbegebenheiten.) 8. Kempten, Dannheimer. 786–87.

Jugendgeschichte berühmter Männer ... Halle 1777. V: *Sturm, Christoph Christian.* (Ky) (ML)

Jugendgeschichte ber. Männer, e. Leseb. f. d. Jugend. 8. Halle, Hemmerde. 777.

— berühmter Männer; ein Lesebuch f. die Jugend, (von C. C. Sturm). 8. Halle 777. Schwetschke u. S. 10 gr.

Jugendgeschichte Napoleon Bonaparte's. N. Aufl., mit Portr. 8. Leipz., Hinrichs. 7 gr.

Jugendgeschichte, Des Sächsischen Kapellmeisters Johann Gottlieb Naumann, in sprechenden Zügen dargestellt ... Dresden 1844. V: *Schubert, Gotthelf Heinrich von.* (ADB)

Jugendgeschichte, Conrad Pellikan's. [Zürich] 1795. V: *Hess, Salomon.* (zürKL)

Jugendgesetzgebung, Neueste englische. Children Act 1908. Übers. von Ernst *Rosenfeld.* Berlin 1909. 8⁰.
(Zeitschrift f. Jugendwohlfahrt, hrsg. von *Lindenau.* Jg. 1, H. 3, Beil.)

Jugend-Glück. (Ausgestanzt.) schmal Fol. (14 S. m. z. Tl. farb. Bild.) Eßlingen 896. J. F. Schreiber. Kart. n. — 80

Jugendgruppen und soziale Hilfsarbeit. Berichte, erstattet i. e. Konferenz i. Heidelberg a. 7. Okt. 1910. Zus.gest. i. Auftr. d. Berliner Mädchen- u. Frauengruppen f. soz. Hilfsarbeit v. Alice Salomon. (Berlin 1910: Imberg & Lefson.)

Jugendgruß! Ein buntes Jahrbuch. Hrsg. von E[lisabeth] **Ebeling.** Berlin: A. Engel [1901]. (34 S.) 4° [06. 4810

Jugendgrüsse. Lieder und Gedichte zur Feier des 25jährigen Bestehens des bischöflichen Collegium Ludgerianum zu Münster. Münster 1874. H: *Bautz, Josef.* (Rass 1881, S. 9) (Zeitschr. f. Büch. N. F. 15, 1923, S. 112)

Jugendgrüße. Lieder und Gedichte zur Feier des 25jähr. Bestehens des bischöfl. Collegium Ludgerianum zu Münster. gr. 8. (XVI, 135 S.) Münster 874, Niemann. * 2 —

Jugendhain, deutscher. Illustr. Jahrb. f. Knaben u. Mädchen. Erzählgn, Märchen, Sagen, Schildergn. aus dem Gebiete d. Natur-, Länder- u. Völkerkunde, Gedichte, Rätsel u. s. w. Bearb. v. Thdr. Schäfer. 4. (III, 200 S.) Dresden 897. C. C. Meinhold & Söhne.
Geb. in Leinw. 3. 50

— dasselbe. (2. Bd.) 4. (III, 174 S.) Ebd. 898.
Geb. in Leinw. 3. 50

Jugendhain, deutscher. 3. u. 4. Jahrg. Illustr. Jahrbuch f. Knaben u. Mädchen. Erzählungen, Märchen, Sagen, Schilderungen aus dem Gebiete der Natur-, Länder- u. Völkerkunde. Gedichte, Rätsel u. s. w. Bearb. v. Thdr. Schäfer. hoch 4. (III, 176 u. III, 156 S.) Dresden 899. 901. C. C. Meinhold & Söhne. Geb. in Leinw. à 3. 50

Jugend-Halle des In- und Auslandes. Eine Sammlung der vorzüglichsten sowohl deutschen, als auch engl., französ. und italien. Erzählungen in deutscher Bearbeitung für Deutschlands Söhne und Töchter. (Neue Titel-Ausg.) Von J. C. Schmid. 1—4. Bd. Mit 4 Stahlst. 8. Augsburg 850, Schlosser's Buchh. à Bd. 6¼ Ngr. Thlr.
Bd. 1. Die Heimath in Amerika. Eine Erzählung aus der neuesten Zeit (80 S.)
" 2. Der Maler von Köln. (107 S.)
" 3. Die Christnacht des Geizigen. (76 S.)
" 4. Ludolfo Colu, oder das Diamantenkreuz. (76 S.)

Jugendharfe. Eine Sammlg. 3- u. 4stimm. Lieder f. die reifere Jugend. (VIII, 192 S.) 8. Stuttgart (905.) Christl. Verlagshaus. Kart. n. 1. 50; geb. in Leinw. n. 2. —

Jugendheim
v. Für's Heim.

Jugendheim, das. Ein Jahrbuch zur Unterhaltg. u. Belehrg., hrsg. v. Ernst Evers u. Ulr. Meyer. Lex. 8. (V, 328 S. m. Textillustr. u. 4 Farbendr.) Berl. 892, Buchh. d. Berl. Stadtmission. geb. * 4 50

Jugendheim. Nr. 25—31. 12. Cassel, J. G. Oncken Nachf. Geb. n. 4. 15

25. Durch e. Lied gewonnen. Dem Engl. nacherzählt. Von A. Steen. (109 S. m. Titelbild.) (900.) — 60
26. Thaten, tapfere, jugendlicher Helden. Gute Beispiele f. die liebe Jugend. (105 S. m. Abbildgn.) 900. — 75
27. Dauphin, Ludwig XVII., König v. Frankreich od.: Der kleine Gefangene. Von Emmy v. Feilitzsch. (59 S. m. Abbildgn.) (900.) n. — 50
28. Hink, Peter, od.: Wie e. Lahmer zum Himmelreich tüchtig wurde. Autoris. Übersetzg. von Emmy v. Feilitzsch. — Gregor m. dem Leierkasten. Autoris. Übersetzung von Anna Steen. (109 S. m. 2 Vollbildern.) (901.) — 60
29. Teuer erkauft. Aus d. Engl. — Zwei Weihnachtsgeschichten für die lieben Kinder. Von Anna Steen. — Der Stechpalmenzweig. — Ein Vöglein bringt Brot. Frei nach dem Engl. 2. Aufl. — Drei Weihnachtsabende e. verlorenen u. wiedergefundenen Sohnes. Von A. Steen. Frei nach dem Engl. 2. Aufl. (30, 40 u. 32 S. m. Abb.) (901.) n. — 50
30. Eine gefangene Nachtigall od. die Geschichte e. Waise. Von A. Steen. Dem Engl. v. Lilly Watson nacherzählt. Für die reifere Jugend. (112 S. m. Abbildgn.) 901. — 60
31. Samoset, der Indianerhäuptling. Eine Erzählg. f. die Jugend. Von Anna Steen. (64 S. m. Titelbild.) (902.) — 60

Jugendheim. Nr. 32—35. kl. 8. Kassel, J. G. Oncken Nachf. Geb. n. 2. 10

32. Der kleine Graf od. Weißer als Schnee. Von Heather Grey. Frei nach dem Engl. von Caroline v. Feilitzsch. (107 S. m. 2 Abbildgn.) (903.) n. — 60
33. Der mißglückte Versuch od.: Aus Gnaden seelig. Von L. Harnisch. Autoris. Uebersetzg. (83 S. m. Titelbild.) (904.) n. — 50
34. Der gelöste Bann. Eine Weihnachtsgeschichte. Von L. Harnisch. Autoris. Uebersetzg. (72 S.) (904.) n. — 50
35. Weltklugheit od. Glaubenseinfalt? Eine Erzählg. f. jung u. alt. Von M. v. Panitza. (60 S. m. Titelbild.) (904.) n. — 50

Jugendheim. Nr. 36—46. kl. 8. Kassel, J. G. Oncken Nachf. Geb. in Leinw. 7. 65

Düsterhoff, Klara, Erwin, der Missionarssohn. Erzählung f. jung u. alt. (94 S. m. 1. Abb.) (909.) (Nr. 41.) Geb. — 75
Feilitzsch, B. v., Gretchens Weihnachtsfest. — Feilitzsch, Emmy v., Gold u. Weihrauch. Frei nach dem Engl. (62 S. m. Abbildgn.) (909.) (Nr. 43.) Geb. — 60
Feilitzsch, Emmy, v., die Kronenhofjugend. Aus dem Engl. (78 S.) (910.) (Nr. 46.) Geb. — 75
— Lieschens Hauptmann. Eine Erzählg. f. jung u. alt. (112 S. m. Abbildgn.) (909.) (Nr. 42.) Geb. — 75
Fischer's, des alten, Fund. Mit Erlaubnis des Hrsg. der Pettmann popular stories übers. v. Lina Harnisch. (91 S. m. 1 Abbildg.) (906.) (Nr. 37.) Geb. — 60
Le Feuvre, Amy, Einspännerchen. Frei nach dem Engl. von Emmy v. Feilitzsch. (116 S.) (909.) (Nr. 44.) Geb. — 75
Mittmann, Line, Hans Friedleins Myrtenstöcklein. Frei nach dem Engl. (82 S. m. 1 Abb.) (906.) (Nr. 36.) Geb. — 60
Panitza, M. v., Adlersflug. Erzählung f. die reifere Jugend. (103 S.) (907.) (Nr. 38.) Geb. — 75
— In der Sturmflut des Lebens. Erzählung f. alt u. jung. (61 S. m. Titelbild.) (910.) (Nr. 45 [ohne Nrn.-Bezeichng.].) Geb. — 60
Schneider, Carl, der Held v. Uganda. Leben u. Wirken des Pioniermissionars Alexander Mackay. (127 S. m. Abbildgn. u. 1 Bildnis.) 908. (Nr. 39.) Geb. — 75
Strauß, Alfr., Heini v. Santen. Aus dem Leben e. Waisenknaben. Eine Erzählg. f. die Jugend. (120 S.) (908.) (Nr. 41.) Geb. — 75

—— deutsches. Zeitschrift zur Unterhaltg. u. Belehrg. f. die deutsche Jugend. Hrsg. v. K. Dorenwell. Nebst Beilage: Für fleißige Hände. 1. Jahrg. 1891. 1.—3. Quartal. 18 Hefte. (à Heft 1½ Bog. m. Abbildgn.) Lex.-8. Braunschw., Appelhans u. Pfenningstorff. * 3 — geb. * 3 50

Nicht weiter erschienen.

„**Jugendheimat**". Jahrbuch für die Jugend zur Unterhaltung und Belehrung hrsg. unter Mitwirkung vieler Jugendfreunde von Hermine Proschko. 1.—3. Jahrg. 1887—1889. gr. 8. (399; 404; 400 S. mit color. und schwarzen Abbild.) Graz, Leykam. à Jahrg. *

Jugendheimat. Jahrbuch f. die Jugend zur Unterhaltg. u. Belehrg. Hrsg. unter Mitwirkg. vieler Jugendfreunde v. Hermine Proschko. Mit je 5 Orig.-Farbenbildern u. vielen schwarzen Orig.-Zeichngn. sowie anderen Abbildgn. 4.—6. Jahrg. gr. 8. (396; 414; IV, 414 S.) Graz 890—92, „Leykam". geb. in Leinw. à Jahrg. * 6 —

Jugendheimat. Jahrbuch f. die Jugend zur Unterhaltg. u. Belehrg. Hrsg. unter Mitwirkg. vieler Jugendfreunde v. Hermine Proschko. Mit je 1 Orig.-Deckenbild v. Alois Greil, 5 Orig.-Farbenbildern u. vielen schwarzen Orig.-Zeichngn. v. Emilie Proschko, Alois Greil, Ernst Peßler u. Geo. Weineiß, sowie anderen Abbildgn. 6.—9. Jahrg. gr. 8. (IV, 414; VI, 400; VI, 400; VI, 399 S.) Graz 892—895. Verlag „Leykam". Geb. in Leinw. à Jahrg. n. 6.

Jugendheimat. Jahrbuch f. d. Jugend z. Unterhaltg. u. Belehrg. Hrsg. unt. Mitwirkg. vieler Jugendfreunde v. Hermine Proschko. M. [illegible] Orig.-Deckenbild v. Alois Greil, 5 Orig.-Farbenbild. u. vielen schwarzen Orig.-Zeichngn. v. Emilie Proschko, Alois Greil, Ernst Peßler, sowie and. Abb. 10. Jahrg. gr. 8. (VI, 389 S.) Graz 896. Wien, St. Norbertus. Geb. in Leinw. n. 6. —

— dasselbe. M. je e. Orig.-Deckenbild, 5 Orig.-Farbenbild. u. vielen schwarzen Orig.-Zeichngn., sow. and. Abb. 11. u. 12. Jahrg. gr. 8. (VI, 403 u. 412 S.) Wien 897. 98. St. Norbertus. Geb. in Leinw. à n. 6. —

Jugend-Heimgarten, der. Schriftleiter: Frdr. Arnold. 1. Jahrg. Oktbr. 1898—Septbr. 1899. 24 Nrn. (Bog. m. Abb. u. Taf.) Lex.-8. Stuttgart, C. Hoffmann. 7. 20; einz. Nrn. — 30

Der Jugend-Herold : Jahrgang 1–30, no. 10, Jan. 1889–Oct. 1918.

Monthly. Sub-title: 1) Organ deutscher Jugendvereine Nordamerikas, Jan.–Dec. 1889; 2) Organ des Allgemeinen Jugendbundes. Title varies: Der Jugend-Herold, Jan. 1889–1909; Vereins-Herold, Jan. 1910–Oct. 1918. Followed by [illegible]. Octavo, each issue 16–32 pages, illustrated; includes music. Circulation: [illegible]. Edited by J. C. Haselhuhn, Jan. 1889–1890?; by Peter Ritter, 1891?–1894; by the Rev. Walter Rauschenbusch, 1895–Apr. 1897; by the Rev. F. W. C. Meyer, Apr. 1897–1912; by G. Fetzer, 1912–1914?; by the Rev. F. W. C. Meyer, 1915?–Oct. 1918. Published by Publikationsverein der Deutschen Baptisten-Gemeinden Nordamerikas [also as German Baptist Publication Society] Cleveland, OH

Jugend-Hilfe, die. Für Christen u. d. [illegible] Zur Förderung d. Seelenpflege uns. Jugend. [illegible] Jugend-Bundes f. entschied. Christentum. [illegible]: [illegible] Mithrsg.: Girkon, Paul, Blecher, Winter. 1. u. 2. Jahrg. 1897—1898. à 12 Nrn. (Bog.) gr. 4. [Kassel, E. Röttger.] Bielefeld, Prediger Blecher. à Jahrg. n.n. 1. —

Jugend-Hilfe, die, hrsg. durch den Vorstand vom Jugend-Bund f. entschiedenes Christentum. Mit Beilage: Lichtstrahlen zum Schriftverständnis. Schriftleiter: F. Blecher. 3.—6. Jahrg. 1899—1902. à 24 Nrn. gr. 4. (à ca. 58 S. m. Abbildgn.) Friedrichshagen-Berlin, Jugendbund-Verlag. 1. 50

Die Jahrgge. 3 u. 4, v. Paul, bezw. Brockes redig., erschienen noch in Bielefeld.

Jugend-Hilfe, die. Monatsschrift des Jugendbundes f. entschiedenes Christentum. Hrsg. vom deutschen Verband des Jugendbundes (E. V.). Mit vierteljährl. Beilage: Lichtstrahlen zum Schriftverständnis. Schriftleiter: F. Blecher. 7.—10. Jahrg. 1903—1906. à 24 Nrn. (168, 176, 276 u. 252 S. m. Abbildgn. u. 216, 224, 324 u. 316 S. in gr. 8.) gr. 4. Friedrichshagen-Berlin, Jugendbund-Verlag. à Jhrg. n. 1. 50

Jugend-Hilfe, die. Monatsschrift des Jugendbundes f. entschiedenes Christentum. Hrsg. vom deutschen Verband des Jugendbundes f. entschiedenes Christentum. Mit vierteljährl. Beilage: Lichtstrahlen zum Schriftverständnis. Schriftleitung: F. Blecher. 11.—14. Jahrg. 1907—1910. à 12 Nrn. (176, 160, 168 u. 168 S.) Lex. 8. Friedrichshagen, Jugendbund-Verlag. à Jahrg. 1. 50

Jugendhold, C. G. H., Bilder-Syllabir- u. Lesebuch f. den ersten Unterricht in nützl. Kenntnissen zu Hause u. in d. Schule. Neue m. 24 Abbildgn. (in Oelfarben) gezierte Ausg. gr. 12. (7⅙ B. u. 1 Bl. Vorschriften.) Gotha 842, Henningssche Bh.

Jugendhold, Friedr., Fabelbuch, s. Fabelbuch.

Jugendhort. Red.: M. C. Neumann. 1. Jahrg. 1890. 26 Nrn. ($^1/_2$ B. m. Abbildgn.) gr. 8. Düsseldorf, Schwann. n. 1. 20

Jugendhort. Red.: M. C. Neumann. 2. Jahrg. 1891. 1. u. 2. Quartal. 12 Nrn. (à ca. $^3/_4$ Bog. m. Abbildgn.) gr. 8. Düsseldorf, Schwann. n. — 60

— dasselbe. 2. Jahrg. 1891. 3. u. 4. Quart. 13 Nrn. (à ca. $^3/_4$ Bog. m. Abbildgn.) gr. 8. Dülmen, A. Laumann. n. — 60

— dasselbe. 3.—5. Jahrg. 1892—1894. à 26 Nrn. (à ca. $^3/_4$ Bog. m. Abbildgn.) gr. 8. Ebd. à Jahrg. n. 1. 20

Jugendhort. Illustr. Wochenschrift f. d. kathol. Jugend. Red.: M. C. Neumann. 6.—9. Jahrg. 1895—1898. à 52 Nrn. (à 8 S.) gr. 8. Dülmen, A. Laumann. à Jahrg. n. 1. 40
Kann auch vierteljährlich bezogen werden.

Jugendhort. Illustr. Wochenschrift f. die kathol. Jugend. Red.: M. C. Neumann. 10.—13. Jahrg. 1899—1902. à 52 Nrn. gr. 8. (à ca. 8 S.) Dülmen, A. Laumann. à Jahrg. n. 1. 40

Jugendhort. Illustrierte Wochenschrift f. die kathol. Jugend. Red.: M. C. Neumann. 14.—17. Jahrg. 1903—1906. à 52 Nrn. (à 8 S.) gr. 8. Dülmen, A. Laumann. à Jhrg. n. 1. 40

Jugendhort. Illustrierte Wochenschrift f. die kathol. Jugend. Red.: Frz. Dinkelmann. 18.—21. Jahrg. 1907—1910. à 52 Nrn. (à 8 S.) gr. 8. Dülmen, A. Laumann. à Jahrg. 1. 40

Jugendhort. 1—10. 8. Berlin, Verlag Jugendhort. à n. — 60; kart. à n. — 80

Bechstein, Ludw., Märchenbuch. Für die Jugend ausgewählt u. m. Berücksicht. der neuen Rechtschreibg. durchgesehen von Ernst Arndt. Mit 8 ganzseit. Bildern von Ernst Zimmer. (96 S.) (905.) (Bd. 1.)
Beecher-Stowe, Harriet, Onkel Toms Hütte. Für die Jugend neu bearb. u. m. Berücksicht. der neuen Rechtschreibg. hrsg. von Ulr. Mentzel. Mit 8 ganzseit. Bildern von Ernst Zimmer. (96 S.) (905.) (Bd. 8.)
Campe, Joach. Heinr., Robinson. Für die Jugend neu bearb. u. m. Berücksicht. der neuen Rechtschreibg. hrsg. v. Frz. Göhe. Mit e. Textbild v. W. R. Bombach, sowie 8 ganzseit. Bildern v. Ernst Zimmer. (93 S.) (905.) (Bd. 2.)
Grimm, Jak. u. Wilh. Grimm, deutsche Sagen, gesammelt. Für die Jugend ausgewählt u. m. Berücksichtigg. der neuen Rechtschreibg. bearb. v. Aug. Döring. Mit 8 ganzseit. Bildern v. Eug. Hanetzog. (96 S.) (905.) (Bd. 3.)
Hauff, Wilh., schönste Märchen. Für die Jugend ausgewählt u. m. Berücksicht. der neuen Rechtschreibg. bearb. von Aug. Döring. Mit 8 ganzseit. Bildern v. Eug. Hanetzog. (96 S.) (905.) (Bd. 4.)
Hebel, J. P., aus dem Schatzkästlein. Für die Jugend ausgewählt u. m. Berücksicht. der neuen Rechtschreibg. bearb. v. Thdr. Schumann. Mit 8 ganzseit. Bildern v. Eug. Hanetzog. (96 S.) (905.) (Bd. 5.)
Horn, W. O. v. (Wilh. Oertel), der alte Fritz. Für d. Jugend bearb. u. m. Berücksicht. der neuen Rechtschreibg. hrsg. von Frz. Göhe. Mit 8 ganzseit. Bildern v. Eug. Hanetzog. (112 S.) (905.) (Bd. 6.)
Musäus, J. K. A., Rübezahl. 5 Legenden. Für die Jugend bearb. u. m. Berücksicht. der neuen Rechtschreibg. hrsg. von Ernst Arndt. Mit 8 ganzseit. Bildern v. Eug. Hanetzog. (96 S.) (905.) (Bd. 7.)
Schwab, Gust., edle Frauen. 3 Sagen aus den deutschen Volksbüchern. Für die Jugend ausgewählt u. m. Berücksicht. der neuen Rechtschreibg. bearb. v. Thdr. Schumann. Mit 8 ganzseit. Bildern v. Eug. Hanetzog. (92 S.) (905.) (Bd. 10.)
— deutsche Heldensagen. Für die Jugend ausgewählt u. m. Berücksicht. der neuen Rechtschreibg. bearb. v. Ulr. Mentzel. Mit 8 ganzseit. Bildern v. Eug. Hanetzog. (94 S.) (905.) (Bd. 9.)

Jugendjahre, die, ein Gesellschaftsspiel. Mit 1 ill. Kpft., nebst deutscher u. französ. Erklärung. Wien, Müller. 1 ꝑ

Jugendjahre. Erzählungen, Beschreibungen u. Charakterschilderungen für Knaben von 10—13 Jahren. Aus dem Engl. von Gust. Holting. 8. (Mit 8 color. Bildern. Berlin 845, Winckelmann u. Söhne. geb. $1^1/_4$ ꝑ

Jugendjahre des Predigers Augusti, eines ehemal. Israeliten. [2ter. Ausg.] 4. Aufl. Hrsg. von der Wupperthaler Traktat Gesellschaft. 8. (32 S.) Barmen 883, (Wiemann.)

Jugendjahre, Bonapartes, bis zum Anfange seines Commandos in Italien. Deutsch von P. Engelhardt. Leipz. 1800. V: *Bourgoing, Jean Franç. de.* (Ky) (Pr)

Jugendjahre, Johannes Freudenreichs und Anna Maria Albrechtin erste. Ein Kinderroman ... Augsburg 1784. V: *Ludwig, Johannes.* (Ky) (MGT)

Jugendjahre, Friedrich Wilhelm des Grossen, Kurfürsten von Brandenburg. Mit dessen Originalbriefen ... Berlin 1853. H: *Raumer, Gg. Wilh. v.* (Ky)

Jugendjahre, Ulrich Hegners. Winterthur 1855. V: *Ziegler, Jacob Melchior.* (Cat. d. Stadtbibl. Zürich. Zürich 1864—97.)

Jugendjahre, Marianens, eine Erziehungsgeschichte unserer Tage. Stockholm 1809. V: *Claudius, Gg. Carl.* (BGE IV³, 410)

JUGENDJAHRE Mariannens. Stockholm (Stiller in Rostock) 1809.
Weller, fing. Druckorte.

Jugendjahre, Johann Schmidgall's. Eine Erzählung für Christenkinder ... Stuttgart 1836. 2. Aufl. 1848. V: *Barth, Chn Glob.* (Ky)

Jugendkalender für das Jahr ... hrsg. v. ... G[otthold] E[manuel] F[riedrich]) Seidel u. ... [Johann Georg Christian] Bauer ... Mit Kupfertaf. ([von] A[mbrosius] Gabler, [gest. v.] P[aul] W[olfgang] Schwarz) ... Nürnberg: J. E. Seidel [1804]. 8°
1805: [1804.] XVI S., 6 Bl., 160 S., 2 Bl., 1 Titelkupf., 6 Kupfertaf.

Jugend-Kalender, herausgeg. von [illegible] Bauer u. J. Wolf, auf d. J. [illegible] 8. Sulzb., v. Seidel. (à 1 [illegible])

Jugend-Kalender 1854. Herausgegeben von M. Trentschensky in Wien. 4. (12 Blatter.) Druck von L. Singer.

Jugend-Kalender für 1863. Jahrbuch für die Jugend und Familie. Redig. von W. P. Frey. 1. Jahrg. gr. 8. (159 S. mit 4 lithogr. und ill. Bildern.) Wien 863, Förster und Bartelmus. cart. *

— Ein täglicher Führer für die reifere Jugend. Auf die J. 1864 und 1865. gr. 8. (à 48 S.) Zürich, (Höhr.) 1864. *
1865. *

Jugendkalender für 1871. Ein täglicher Führer für die reifere Jugend. 52 Stn. 8. Zürich, in Commission bei S. Höhr. —. 40

Jugend-Kalender für das J. 1876. 1. und 2. Aufl. 16. (61 S. mit eingedr. Holzschn.) Basel, Spittler. *
— dass. — für die J. 1877 und 1878. 16. (à 61 S. mit eingedr. Holzschn.) Ebendas. à Jahrg. *
Nicht weiter erschienen.

Jugendkalender für 1885. Album zur Erheiterung und Belehrung. Mit Beiträgen von Wilh. Cappilleri, J. Fischer, R. Gailhofer etc. Hrsg. von Ph. Brunner und M. Th. May. Zeichnungen von Hugo Ströhl, Karl Geiger u. A. (1. Jahrg.) gr. 8. (XVI, 156 S.) Wien, Perles. geb. *

Jugend-Kalender f. d. J. 1901. Mit Beiträgen v. Frida Schanz, R. Schmidt-Cabanis, Vict. Blüthgen u. vielen Anderen. 100 Illustr. etc. v. Fed. Flinzer, Fritz Reiß, Carl Gehrts u. a., sowie 1 Notenstück. 8. (176 S.) Leipzig, A. Stein. Kart. n. — 50

(F) Jugend-Kalender für das Jahr 1901. Mit Beiträgen von: Frida Schanz, Victor Blüthgen etc. etc. 100 Illustrationen etc. von Fedor Flinzer, Fritz Reiss u. a, sowie 1 Notenstück. 15. bis 20. Tausend. Wien. Lechner & Sohn. Gr.-8°. 176 S. Cart. K 1.—

Jugend-Kalender, christlicher, für die J. 1876—1880. 32. (à ca. 77 S. mit eingedr. Holzschn.) Bremen, Verlag des Tractathauses. Jahrg. 1876—1879 à **
Jahrg. 1880 **

—— christlicher, für die J. 1881—1885. 32. (à Jahrg. ca. 80 S. mit eingedr. Holzschn.) Bremen, Verlag des Tractathauses. à Jahrg. **

Jugend-Kalender, christlicher, f. d. J. 1890—1893. 16.—19. Jahrg. 16. (à Jahrg. ca. 50 S. m. Illustr.) Brem., Verlag d. Tractathauses. à Jahrg. — 15

Jugendkalender, christlicher, f. d. J. 1894. 20. Jahrg. 16. (64 S. m. Bildern.) Bremen, Verlag d. Traktathauses. n. — 15

Jugendkalender, Deutscher. Hg.: H. Bürkner, R. Reinick, Otto Roquette, L. Bechstein.
1847. M. Holzschn.
1848. M. Holzschn. (4 L. Richter) H.-B. 1456/59.
1849. M. Holzschn. (1 L. Richter) H.-B. 1552
1850. M. Holzschn. (3 L. Richter) H.-B. 1656/58.
1851. M. Holzschn.
1852. M. Holzschn.
1853. M. Holzschn.
1854. M. Holzschn.
1855. M. Holzschn.
1856. M. Holzschn.
1857. M. Holzschn.
1858. M. Holzschn. (1 L. Richter) H.-B. 2801.
Leipzig.

Jugendkalender, deutscher f. 1847. Mit Geschichten u. Liedern v. Berthold Auerbach, Hermann Kurtz, R. Reinick u. A. u. m. Holzschn. nach Zeichnungen v. Lorenz Frölich. Hrsg. v. Hugo Bürkner. 4. (7 B.) Leipzig 846, Georg Wigand. *

Jugendkalender, deutscher, für 1848—53. Geschichten und Reime von R. Reinick. Mit Holzschn. nach Originalzeichn. von dresdner Künstlern. Hrsg. von (R. Reinick und) Hugo Bürkner. 4. (à Jahrg. 48 S.) Leipzig, G. Wigand. à Jahrg. * 15 Ngr. *
Jahrg. 1847. Ebendas. * 15 Ngr.

Jugend-Kalender, deutscher. Neue Folge 1. und 2. Jahrg. 1854 und 1855. Hrsg. von L. Bechstein und H. Bürkner. 4. (72 und 64 S. mit eingedr. Holzschn.) Leipzig, G. Wigand. à Jahrg. *

Jugend-Kalender, deutscher, von Otto Roquette und Hugo Bürkner. 10. Jahrg. 1858. 4. (52 S. mit eingedr. Holzschn.) Leipzig, G. Wigand. *
Ist nicht fortgesetzt worden.

Jugend-Kalender, deutscher. 32. (64 S.) Würzburg 874, Gebr. Scheiner. — 15

—— deutscher. Hrsg. von der Redaction des Daheim. 1. Jahrg. 1874. gr. 8. (148 S. mit eingedr. Holzschn.) Bielefeld, Velhagen und Klasing. cart. * 2 —
—— dass. — Hrsg. von O. Klasing und F. Flinzer. 2. Jahrg. 1875. Lex.-8. (98 S. mit eingedr. Holzschn.) Ebendas. cart. * 2 —

— f. d. J. 1903. gr. 16. (64 S. m. Abbildgn.) Berlin, Schriftenvertriebsanstalt. — 15
Vergl.: Kinderkalender.

Jugend-Kalender, deutscher, f. d. J. 1907. (64 S. m. Abbildgn.) kl. 8. Berlin, Schriftenvertriebsanstalt. — 15

Jugend-Kalender, deutscher. 1911. (64 S. m. Abbildgn.) kl. 8. Berlin, Schriftenvertriebsanstalt. — 15

—— deutscher, neues Aufgabenbuch für 1885. (1. Jahrg.) 16. (127 S.) Hildburghausen, Gadow und Sohn. *

Jugendkalender, deutscher, nebst Aufgabenbuch für 1886—1889. 16. (142; 142; 172; 180 S. mit Bildern.) Hildburghausen, Gadow und Sohn. cart. à Jahrg. *

—— deutscher, nebst Aufgabenbuch f. 1890—1893. 6.—9. Jahrg. gr. 16. (181; 190; 192; 190 S. m. je 1 Bildnis.) Hildburgh., Gadow u. Sohn. cart. à Jahrg. * — 30

— deutscher, nebst Aufgabenbuch f. 1895. 11. Jahrg. 12. (208 S. m. 1 Bildnis.) Hildburghausen, F. W. Gadow & Sohn. Kart. n. — 30

Jugend-Kalender, deutscher, nebst Aufgabenbuch f. 1899. 15. Jahrg. 12. (192 S. m. 1 Karte u. 1 Bildn.) Hildburghausen, F. W. Gadow & Sohn. Kart. n. — 30

— deutscher, nebst Aufgabenbuch für 1902—1903. 18. Jahrg. 12. (238 S. m. 1 Bildnis.) Hildburghausen, F. W. Gadow & Sohn. Kart. n. — 30

— deutscher, nebst Aufgabenbuch für 1903—1904. 19. Jahrg. (234 S. m. 1 Bildnis.) 12. Hildburghausen, F. W. Gadow & Sohn. Kart. n. — 40
Erscheint nicht mehr.

Jugendkalender, deutsch-österreichischer, nebst Aufgabenbuch für das Schuljahr 1887—88. 16. (113 S.) Gablonz 887, Rössler. cart. *

— deutsch-österreichischer, nebst Aufgabenbuch für das Schulj. 1888—1889. Zusammengestellt von M. Mautner. 2. Jahrg. 16. (112 S. m. 1 Bild.) Gablonz a/N., Rössler. cart. n. — 50

Jugend-Kalender, Onkel Eberhard's, 1870. Mit Holzschnitten und Zinkographien. 8° (170 S.) Wien: Fromme. 1869.

Evangelischer Jugendkalender für das Schuljahr 1910 bis 1911. 1. Jahrg. 8°. K 1.—
Prag: Calve.

— evangelischer, f. d. Schulj. 1910/1911. Hrsg. v. Frz. Müller u. Rich. Roßbach. 1. Jahrg. (63 S. u. Schreibkalender m. eingedr. Bildnissen.) 16. Wien, Th. Daberkow. Geb. 1. —

—— illustrirter, auf das Schaltj. 1876. Von Ernst Weber. gr. 8. (XVI, 160 S. mit eingedr. Holzschn.) Dresden, Meinhold und Söhne. cart. *
Nicht weiter erschienen.

—— illustrierter, für 1886. Album zur Erheiterung und Belehrung. Mit Beiträgen von Wilh. Cappilleri, J. Fischer, R. Gailhofer rc. Hrsg. von Ph. Brunner und M. Th. May. Zeichnungen von Hugo Ströhl, Karl Geiger u. A. 2. Jahrg. gr. 8. (XVI, 158 S.) Wien, Perles. geb. *

—— dass. — für 1887. — Mit Beiträgen von Adrian Berger, Therese Blaschke, Ph. Brunner rc. Hrsg. von M. Th. May. 3. Jahrg. gr. 8. (XVI, 136 S. mit Orig.-Zeichnungen erster Künstler.) Ebendas. geb. *

—— immerwährender. Ein Festbüchlein für brave Kinder. 16. (6½ B.) Ulm 846. [Gebr. Nübling.]

— Lübbener, f. 1886. 16. (20 S.) Lübben, Volger. cart. — 30

—— musikalischer. Hrsg. v. Frz. Kaim. 1. u. 2. Jahrg. 1892 u. 1893. gr. 16. (XVIII S., Schreibkal., 53 S.; 154, 52 S. m. Titelbild, 1 Bildnis u. 1 Musikbeilage.) Münch., Stahl sen. geb. à Jahrg. 1 —

— musikalischer. Hrsg. v. Frz. Kaim. 3. Jahrg. 1894. gr. 16. (124 u. 35 S. m. Titelbild, 2 Bildnissen u. 1 Musikbeilage.) München, E. Stahl sen. Geb. 1. —

— Posener, hrsg. v. Thdr. Krausbauer. 1909. (92 S. m. Abb. u. Wandkalender.) kl. 8. Lissa, O. Eulitz. — 20

Jugend-Katechismus über die Grundfesten des Glaubens. Aus dem Franz. übersetzt. 12. Mainz. Frankfurt a. M., Streng. 779.

Jugendklänge. Liederbuch f. sangesfrohe Schüler. Enth. 123 Lieder nach bekannten Melodien. Hrsg. von e. Schulmanne. Essen: Fredebeul & Koenen 1899. (78 S.) 8°

Jugendklänge. Liederbuch f. die sangesfrohe Jugend. Enth. Lieder nach bekannten Melodien. 16. (98 S.) Essen 900. Fredebeul & Koenen. — 15

Jugendklubs. Leitfaden f. Begründer u. Leiter von Jugendvereinigungen. *Berlin: C. Heymann 1903.* (IV, 64 S.) 8° [F.]
— Schriften d. Zentralstelle f. Arbeiter-Wohlfahrtseinrichtungen. No 23.

Jugendklubs. Leitfaden f. Begründer u. Leiter von Jugendvereinigungen. 2. verm. u. verb. Aufl. *Berlin: C. Heymann 1904.* (77 S.) 8° [F.]
— Schriften d. Zentralstelle f. Arbeiter-Wohlfahrtseinrichtungen. No 23. [04. 14670

Jugend-Konfirmierten-Bund für Entschiedenes Christentum. Verfassung und Winke. Friedrichshagen bei Berlin: Blecher [1902]. (20 S.) 8° [F.] [03.10380

Jugend-Konfirmierten-Bund f. entschiedenes Christentum. Verfassung u. Winke. (20 S.) gr. 8. Friedrichshagen-Berlin (902). Jugendbund-Verlag. n. — 30

Jugend-Conversations-Lexicon. Encyclopäd. Universal-Bibliothek des Allgemein-Wissenswürdigsten. Hrsg. v. e. Gesellschaft Gelehrten u. Jugendfreunden m. ein. Vorw. v. J. M. Münch. 1. Lfg. (A—Antipater.) 16. (4 B.) Augsburg 844, Schlosser's Buchh.

Jugendkraft. Zeitschrift f. Schüler höherer Lehranstalten. Red.: Bruno Mehmke. 1. Jahrg. Dezbr. 1909—Novbr. 1910. 12 Nrn. (II, 200 S. m. Abbildgn.) Lex. 8. Stuttgart, Holland & Josenhans. 3. 50

Jugendland. Ein Buch für die junge Welt und ihre Freunde. Unter Mitwirkung zahlreicher Künstler, Dichter u. Dichterinnen aus allen Ländern deutscher Zunge hrg. von Heinrich Moser und Ulrich Kollbrunner. Band 1. Für Kinder bis zum Alter von acht Jahren. 1. Aufl. [Illustriert.] 64 S. 4. Zürich-München *etc.*, Gebrüder Künzli, [19]01. [geb. fr. 6. —]

Jugendland. Ein Buch für die junge Welt und ihre Freunde. Unter Mitwirkung zahlreicher Künstler, Dichter und Dichterinnen aus allen Ländern deutscher Zunge hrg. von Heinrich Moser und Ulrich Kollbrunner. Band 2. Für Kinder von acht bis zwölf Jahren. [Illustriert.] 64 S. 4. Zürich-München *etc.*, Gebrüder Künzli, [1902]. [geb. fr. 6. —]

Jugendland. Ein Buch für die junge Welt und ihre Freunde. Unter Mitwirkung zahlreicher Künstler, Dichter und Dichterinnen aus allen Ländern deutscher Zunge hrg. von Heinrich Moser und Ulrich Kollbrunner. Band 3. Für die reifere Jugend bestimmt. [Illustriert.] 64 S. 4. Zürich, München, *etc.*, Gebrüder Künzli, [1903]. [geb. fr. 6. —, M. 5. —]

Jugendland. Halbmonatsschrift f. d. kaufmänn. u. gewerbl. Jugend. Hrsg. v. Emil Ritter. 1. Jahrg. April 1906—März 1907. 24. Hefte. (à ca. 16 S. m. je 1 Kunstbeilage.) Lex.-8. Elberfeld, Wuppertaler Aktien-Druckerei. n. 3. —
Erscheint nicht mehr.

Jugendland. Verantwortlich: Paul Beer. 1. Jahrg. April 1910—März 1911. 12 Nrn. (à ca. 16 S.) kl. 8. Lissa, O. Eulitz. — 40

Jugendlaube. Bibliothek f. die Jugend. Hrsg. v. Hermine Proschko. 1.—11. Bdchn. gr. 16. (Mit je 1 Bild.) Graz, Verlag „Leykam". Kart. à n. — 70

1. Bilder aus Habsburgs Chronik zur sechshundertjährigen Erinnerungsfeier d. Todestages d. großen Stammvaters Kaiser Rudolf I. v. Habsburg (15. Juli 1291) v. Isidor Proschko. (VI, 100 S.) 892.
2. Aus Österreichs Lorbeerhain. Drei Erzählgn. aus dem Leben dreier lorbeergekrönter edler Kinderfreunde von Hermine Proschko. (III, 80 S.) 892.
3. Märchenstrauß. Fünf Märchen. Hrsg. v. Hermine Proschko. (III, 98 S.) 892.
4. Aus eigener Kraft. Lebensbilder bedeut. Österreicher unserer Zeit v. Helene Stökl. (V, 96 S.) 891.
5. Aufwärts! Zwei Erzählgn. v. Konr. Molzl. (V, 99 S.) 892.
6. Naturwunder in Österreich Ungarn. Wanderungen durch das Vaterland v. Wilh. Krenth. (VI, 98 S.) 893.
7. In Freud' u. Noth. Erzählgn. aus ernsten u. heiteren Tagen v. Hermine Proschko. (V, 94 S.) 892.
8. Die Weltreisen Ida Pfeiffers, erzählt v. Helene Stökl. (100 S.) 893.
9. 10. Vor dem Arlberg. Natur, Geschichte, Sagen u. Legenden. Von Jos. Wichner. (V, 144 S. m. 1 Titelbild.) 894.
11. Unser Theater. 3 Stücke f. die Jugend. Das Perlenconcert. Dramatisches Bild in 1 Aufzuge v. Hermine Proschko. Die geheimnisvolle Beute. Lustspiel in 1 Aufzuge v. Ferd. Zöhrer. Künstlerlist. Lustspiel in 1 Aufzuge v. Ferd. Zöhrer. (V, 85 S.)

Jugendlaube. Bibliothek f. d. Jugend. Hrsg. v. Hermine Proschko. 12. Bdchn. 12. (M. Titelbild.) Graz [illegible] Wien, St. Norbertus. Kart. n. — 70
[illegible] Erzählgn. von Hermine Proschko. 1. Valentin [illegible] Duval. 2. Aus aller Noth geholfen. 3. Das Bild [illegible] Heiden. (III, 99 S.)

— dieselbe. 13.—17. Bdchn. 12. Wien, St. Norbertus. Kart. à Bdchn. n. — 70
[illegible] Aus unserem Vaterlande. Landschafts- u. Sittenbilder, Geschichten u. Sagen aus Österreich-Ungarn v. Ferd. Zöhrer. (V, 163 S.) 89[illegible].
[illegible] E. Held aus d. Heide. Vaterländische Erzählg. Von Max Strebinger. M. Titelbild v. Alois Grell. (V, 109 S.) 897.
16. Lorbeersträußchen. Erzählgn. aus d. Leben berühmter vaterländ. Künstler. Von Hermine Proschko. M. Titelbild v. Alois Grell. (V, 106 S.) 897.
17. Unj. Kaisers gold. Jubelfest. E. Festbüchlein f. Österreichs Jugend zum glorreichen 50jähr. Regierungsjubiläum des Kaisers Franz Josef I. (1848—1898.) Von Hermine Proschko. M. 6 Abb. nach Orig.-Photographien. (VII, 112 S.) 898.
Geb. in Leinw. n. 1. 50

Jugendlaube. Bibliothek f. die Jugend. Hrsg. v. Hermine Proschko. 18. Bdchn. kl. 8. Wien, St. Norbertus. Kart. — 70
Unseres Kaisers diamantenes Jubelfest. Ein Festbüchlein f. Österreichs Jugend zum glorreichen 60jähr. Regierungsjubiläum Sr. Maj. des Kaisers Franz Josef I. (1848—1908). Von Hermine Proschko. Mit Bildern v. Emilie Proschko u. anderen Abbildgn. (112 S.) 908.

Jugendleben oder Franz und Rosamunde. Zwei moral. Erzählungen nach dem Englischen von Amalia Schoppe. Heidelb. 1829. V: *Edgeworth*, *Maria*. (GGr IX, 421)

Jugendleben. Unterhaltende und lehrreiche Erzählungen für die liebe Jugend. 1. Serie. 6 Bdchn. 8. Regensburg 872, Pustet. à Bdchn. — 80
compl. cart. 6 60
Inhalt:
Bdchn. 1. Salesius, M., vier Lebensbilder. Treu gezeichnet. (184 S.)
 " 2. —— Erinnerungen an die Heimath. (156 S.)
 " 3. —— Licht- und Schattenseiten des Lebens. Originalerzählungen, welche auf Wahrheit beruhen. (247 S.)
 " 4. Lehmann, M., Wohlthun trägt Zinsen. Eine Familiengeschichte für die liebe Jugend. (156 S.)
 " 5. —— Neddy Connor, oder aus dem Leben eines armen Irländers. Eine Erzählung aus dem Volksleben in Irland. (199 S.)
 " 6. —— der Waldmeister von Falkenstein. Eine Erzählung aus der Zeit des 30jähr. Krieges. (132 S.)

— dass. — 2. Serie. 6 Bdchn. 8. Ebendas. 873. à Bdchn. — 80
compl. cart. 6 60
Inhalt:
Bdchn. 1. Lehmann, M., Aurel Däumling, oder: Ehrlich währt am längsten. Eine Erzählung für die liebe Jugend. (127 S.)
 " 2. —— Arthur Graf von Chully. Eine Erzählung aus der Zeit der französ. Revolution. (147 S.)
 " 3. —— der Waldbauer. Eine Erzählung aus dem Volksleben. (159 S.)
 " 4. —— betrogene Betrüger. Eine Erzählung aus der Gegenwart für die liebe Jugend. (142 S.)
 " 5. Salesius, M., Gottvertrauen. Originalerzählungen. (151 S.)
 " 6. —— die Vorsehung leitet Alles. Eine Erzählung für Jugend und Alter. 2. umgearb. Aufl. (184 S.)

[illegible]. Unterhaltende und lehrreiche Erzählungen für die [illegible]. 3. Serie. [illegible] Bdchn. gr. 16. Regensburg 874. à Bdchn. — 80
compl. cart. 6 60
Inhalt:
Bdchn. 1. Lehmann, M., der gute Gerhard. (IV, 163 S.)
 " 2. —— bunte Blüthen. (155 S.)
 " 3. —— Herr Waldhorst. (159 S.)
 " 4. —— arme Virginie. (183 S.)
 " 5. 6. Arundell, M. C. v., Rachel. Eine Geschichte aus dem Leben. 2 Thle. (188; 197 S.)

Jugendleben. Unterhaltende und lehrreiche Erzählungen für die Jugend. 4. Serie. 6 Bdchn. 8. Regensburg 876, Pustet. à Bdchn. 90 Pf.; compl. cart.
Inhalt:
Bdchn. 1—3. Paul, M., Erzählungen aus dem Engl. (131; 126; 127 S.)
 " 4. 5. Claudia, M., Erzählungen aus dem Engl. (159; 131 S.)
 " 6 Lehmann, M., wilde Rosen. Zwei Erzählungen für die Jugend. (166 S.)

—— dass. — 5. Serie. 6 Bdchn. 8. Ebendas. à Bdchn. 90 Pf.; compl. cart.
Inhalt:
Bdchn. 1. 2. Scheicher, Jos., Am Erkerfenster. Novellenkranz für Jung und Alt. 2 Bdchn. (184; 167 S.) 879.
 " 3. Herchenbach, Wilh., die thebäische Legion. Historische Erzählung. (150 S.) 879.
 " 4. Lehmann, M., Albrecht von Hohenberg. Eine Rittergeschichte für die Jugend. (128 S.) 880.
 " 5. —— Jung Werner. Eine Erzählung aus der Zeit des Bauernkrieges. (134 S.) 880.
 " 6. —— Judith. Eine Erzählung aus der Zeit der Christenverfolgung zur Stärkung des Glaubens. (113 S.) 880.

Jugendleben. Unterhalt. u. lehrreiche Erzählgn. f. d. liebe Jugend. 7. Serie. 6 Bdchn. 12. Regensburg, F. Pustet. à — 90; geb. in Halbldr. à n. 1. 10
1. Der Schütze v. [illegible]. Eine Erzählg. aus d. Zeit des Bauernkrieges v. [illegible] Lehmann. ([illegible] S.) 881.
2. Dora. E. [illegible] v. Connaser. F. d. reifere Jugend erzählt v. M. Lehmann. ([illegible] S.) 881.
3. Arme u. reiche [illegible] aus Savoyen v. M. Lehmann. ([illegible])
4. D. alte [illegible]. [illegible] aus d. Riesengebirge v. M. Lehmann. ([illegible])
5. [illegible] aus d. Leben v. M. Lehmann. ([illegible])
6. [illegible] a. d. Zeit der Christenverfolgn. v. M. Lehmann. ([illegible])

Jugendleben. Unterhalt. u. lehrreiche Erzählgn. f. d. liebe Jugend. 1. Serie. 1. Bdchn. 12. Regensburg 896. F. Pustet. — 90
Zwei Töchter. Eine Erzählg. aus d. bad. Schwarzwalde v. M. Lehmann. 2., durchgeseh. Aufl. (224 S.)

— dasselbe. 2. Serie. 2., 4. u. 5. Bdchn. 8. Ebd. à — 90
2. Arthur Graf v. Chully. Eine Erzählg. aus d. Zeit d. franz. Revolution. Von M. Lehmann. 2., durchgeseh. Aufl. (152 S.) 898.
4. Betrogene Betrüger. E. Erzählg. aus d. Gegenwart f. die liebe Jugend. Von M. Lehmann. 2., durchgeseh. Aufl. (144 S.) 898.
5. Ein verlorenes Leben. Eine Novelle aus d. Bergen Tirols. D. reifsten Jugend u. d. Volke dargeboten v. M. Lehmann. (Neuer Abdr.) (161 S.) 896.

Jugendleben. Unterhaltende u. lehrreiche Erzählgn. f. die liebe Jugend. I. Serie. 6. Bdchn. kl. 8. Regensburg 906. F. Pustet. n. — 90; geb. n. 1. 10
Der Waldmeister v. Falkenstein. Eine Erzählg. aus der Zeit des 30jähr. Krieges. Von M. Lehmann. 3. Aufl. (134 S.)

Jugendleben. Unterhaltende u. lehrreiche Erzählgn. f. die liebe Jugend. I. Serie. 2. u. 5. Bdchn. kl. 8. Regensburg, F. Pustet. à Bdchn. — 90; geb. n 1. 10
2. Des eigenen Glückes Schmied. Eine Erzählg. aus dem Nekar- u. Eyachtale. Eine Gabe an die Jugend u. das Volk. Von M. Lehmann. (Neue Aufl.) (160 S.) 910.
5. Neddy Connor, od. Aus dem Leben e. armen Irländers. Eine Erzählg. aus dem Volksleben in Irland. Von M. Lehmann. (Neue Aufl.) (212 S.) 910.

— dasselbe. V. Serie. 3. Bdchn. kl. 8. Ebd. — 90; geb. n 1. 10
Die thebäische Legion. Historische Erzählg. Von Wilh. Herchenbach. 2. Aufl. (160 S.) 910.

Jugendleben Felician Zaremba's. Basel 1858. V: *Kalinowa-Zaremba, Felician Mart. v.* H: *Hosenhans, J. J.* (R-N)

Jugendlehrer, s. Nöding.

Jugendlehrer, der, e. Samml. moral.=, wissenschaftl.= u. techn.=belehr. Erzähln., Gedichte, Anekdoten u. Räthsel. Hrsg. unt. Redact. v. J. G. Knie, Gh. G. Scholz u. Ferd. Koska. 1. u. 2. Bd. à 12 Hfte. 1. (à H. 2 B. u. 6 Stnt.) Brieg 837—39, Schwartz. à Bd.

Jugend- und Volkslektüre. Organ der Zentral-Jugendschriften-Kommission des Kath. Lehrerverbandes d. Dt. Reiches. Hrsg. von S. Bator, Rektor. Jg. 1–3. Thorn: Zentral-Jugendschriften-Kommission 1903–05. 8° [illegible]

Jugendlesebücher, fremdsprachliche, illustrierte. Hrsg. v. Fr. Wittmann, G. Schmidt u. Loney Chisholm. 1.—6. Bd. kl. 8. Heidelberg, Carl Winter. Kart. à 1. —
Defoe, Dan., Robinson Crusoe. Hrsg. v. John Lang. Illustriert v. W. B. Robinson. (XI, 114 S. m. 3 Farbdr.) (909.) (Bd. 2.)
Hood, Robin, stories. Hrsg. v. H. E. Marshall. Illustriert v. A. S. Forrest. (VI, 122 S. m. 6 Farbdr.) (909.) (Bd. 3.)
Perrault, Charles, Contes de fées. Hrsg. v. G. Schmidt, illustr. v. K. Heilig. (IV, 96 S. m. 6 Farbdr.) 909. (Bd. 1.) Kart. 1. —
Récits du moyen âge. Hrsg. v. G. Schmidt, illustr. v. Fr. Hein. (IV, 77 S. m. 6 Farbdr.) (910.) (Bd. 6.)
Shakespeare, Stories. Hrsg. v. Jeanie Lang. Illustr. v. N. M. Price u. a. (XI, 144 S. m. 8 Farbdr.) (909.) (Bd. 4.)
Swift, Jonath., Gulliver's travels. Hrsg. v. John Lang. Illustriert v. F. M. B. Blaikie. (IX, 116 S. m. 8 Farbdr.) (909.) (Bd. 5.)

Deutsche **Jugend- und Volkslesehalle.** Monatsschrift f. d. Angelegenheiten d. Jugend- u. Volkslitteratur. Hrsg. u. verlegt unter Mitw. prakt. Schulmänner von L[udwig] Wiegand, Hilchenbach. Jg. 1. (Hilchenbach: L. Wiegand 1900.) 8° [F.] [illegible]

Jugend Leuchter [illegible] Chicago, Ill.
[illegible]

Jugendliebe, oder das Kloster in der Sierra=Morena, von F. W. Gilling. 8. Leipzig, Kollmann. 820.

Jugendliebe der Gräfin Maria Aurora Königsmark. Ein Zeitbild aus der zweiten Hälfte des 17. Jahrhunderts von dem Verfasser der »Johanna«. Hamburg 1863. V: *Valett, Bertha.* (Mitth. Dr. G. Herzfeld. Berlin 7. IV, 1910.) (Brü)

Jugendliebe der Gräfin Maria Aurora Königsmark. Ein Zeitbild aus der 2. Hälfte des 17. Jahrh. von der Verf. der „Johanna." 2 Bde. 8. (455 S.) Hamburg 863, Hoffmann und Campe.

JUGENDLIEDER. Text und Melodie. Psalm 8,3 — Matth. 21,16. Im Auftrag der Pastoral-Conferenz herausgegeben. Strassburg, 188[illegible]. Druck und Verlag von J. H. Ed. Heitz. 8°

Jugend-Liederbuch, s.: [illegible]

Jugend-Liederbuch. Hrsg. v. [illegible] Turnverlag Leipzig. Leipzig o. J. 1907 u. 1912, je 32 [illegible] 16. 3 Bde.

Jugend=Liederbuch. Hrsg. v. der Zentralstelle f. die arbeit. Jugend Deutschlands, Berlin. (128 S. m. 2 Fig.) 16. Berlin (909). Buchh. Vorwärts. Geb. in Leinw. — 30

Jugendliteratur, Deutsche. Von einem Schulmanne 1878. Leipzig. V: *Esser, Geheim-R. Dr.* (Kussell XVI, II, 2, 2545)

Jugendliteratur, deutsche, und Methodik des deutschen Unterrichts in katechetischer Form. Für Solche, welche sich auf die Rectorats- oder Schulvorst.-herinnen-, auf die Lehrer- oder Lehrerinnen-Prüfung für Mittelschulen, beziehungsweise höhere Töchterschulen oder für Volksschulen vorbereiten, und zum Privatstudium. Von einem Schulmanne. gr. 16. (VIII, 156 S.) Leipzig 878, Lesimple's Verlag. cart.

Jugend-Literatur, katholische. 1.—12. Bdchn. kl. 8. Aachen, A. Jacobi & Co. à — 10
Gold u. Bettelkleid. — Der Stolz e. Gemeinde. (48 S.) (910) (6. Bdchn.)
Gegen alles Erwarten. — Aus der Kindheit e. bayerischen Fürsten. (48 S. m. 1 Bildnistaf.) (910). (3. Bdchn.)
Gerettet. — Glück u. Unfriede. (31 S.) (910). (10. Bdchn.)
Gut gemacht, Herr Doktor!" (46 S.) (910). (1. Bdchn.)
Hat es geholfen? — 2 Jugendfreunde. (54 S.) (910). (8. Bdchn.)
Segen e. guten Tat. — Geschichte e. Rheinfahrt. (40 S.) (910) (5. Bdchn.)
Seligkeit auf Erden, wo bist du zu finden? — 2 Meßdiener. (40 S.) (910). (9. Bdchen.)
Spuk, Geistererscheinungen u. Geisterelnwirkungen. — Eine verworrene Geschichte. (48 S.) (910). (11. Bdchn.)
Umsonst? (40 S.) (910) (2. Bdchn.)
Unrecht, unverdientes. (42 S.) (910). (7. Bdchn.)
Warum ich die Knaben so gern habe. — Die Macht e. Kindes. (28 S.) (910). (12. Bdchn.)
Wer hätte das gedacht? (57 S.) (910). (4. Bdchn.)

Jugend- und Volks-Litteratur, die. Ein Ratgeber und Wegweiser. Hrsg. von G. Wälterineister. 1. und 2. Jahrg. 1886 und 1887. à Jahrg. 12 Nrn. (Bog.) gr. 8. Aachen, Barth. à Jahrg. [illegible]
[illegible] weiter erschienen.

Jugendlust. Eine Auswahl beliebter Jugend- u. Volkslieder für Schule u. Haus. Herausg. von einem prakt. Schulmanne. (Ausg. in Ziffern.) 854. — 2. Aufl. Friedberg 855. Scriba. 12. (36 S.) n. 2 ngr.

Jugendlust. Eine Auswahl beliebter Jugend- und Volkslieder für Schule und Haus. Hrsg. von einem prakt. Schulmanne. (Ausg. in Noten.) 12. (36 S.) Ebds. 856. *

Jugendlust. Eine Auswahl beliebter Jugend- und Volks-Lieder für Schule und Haus . . . 4. Aufl. Friedberg 1869. V: *Schmitt, Joh.* (Ky)

Jugendlust. Eine Auswahl beliebter Jugend- und Volkslieder für Schule und Haus. Hrsg. von einem pract. Schulmanne [J. Schmitt]. 4. Aufl. [Ausg. in Ziffern.] 8. (36 S.) Friedberg 869, Scriba. * — 20

— Ein Bilderbuch für folgsame Kinder. qu. 8. (8 ill. Stnt. mit Text.) Stuttgart 863, Nitzschke. cart.

Jugendlust. qu. 8. (8 col. Stnt.) Stuttgart 875, Nitzschke. cart.

Jugendlust. Bilderbuch für artige Kinder. 8. (16 ill. Stnt. mit Text.) Stuttgart 867. Fischhaber.

— Eine Wochenschrift zur Belehrung und Unterhaltung für die Jugend. Hrsg. vom Hauptausschusse des bayer. Lehrer=Vereins. Redig. von J. Breuning unter Mitwirkung bewährter Jugendschriftsteller. Jahrg. 1876. 39 Nrn. und Jahrg. 1877—1879. à Jahrg. 52 Nrn. (à ½ Bog. mit eingedr. Holzschn.) Lex.=8. Nürnberg. (Fürth, Kühl.) à Jahrg. *

— Eine Wochenschrift zur Belehrung und Unterhaltung für die Jugend. Hrsg. vom Hauptausschusse des bayer. Lehrer-Vereins. Redig. von J. Breuning, unter Mitwirkung bewährter Jugendschriftsteller. Jahrg. 1880–1884. à Jahrg. 52 Nrn. (à Nr. ½ Bog. mit eingedr. Holzschn.) Lex. 8. Nürnberg. (Fürth, Kühl's Buchh.) à Jahrg. +

Jugend-Lust. Eine Wochenschrift zur Belehrung und Unterhaltung für die Jugend. Hrsg. vom Hauptausschusse des bayer. Lehrer-Vereins. Redig. von J. Breuning, unter Mitwirkung bewährter Jugendschriftsteller. Jahrg. 1885—1887. à Jahrg. 52 Nrn. (à Nr. 1/2 Bog. mit eingedr. Holzschn.) Lex.-8. Nürnberg, (Korn'sche Buchh.) à Jahrg. **

—— dass. — Redig. von Frz. Dittmar, unter Mitwirkung bewährter Jugendschriftsteller. Jahrg. 1888. 52 Nrn. (à Nr. 1/2 Bog. mit eingedr. Holzschn.) Lex.-8. (Ebendas.) **

Jugend-Lust. Eine Wochenschrift zur Belehrg. u. Unterhaltg. der Jugend. Hrsg. vom Hauptausschusse d. bayer. Lehrer-Vereins. Redig. v. Seb. Düll. Jahrg. 1889 u. 1890. à Jahrg. 52 Nrn. (à Nr. 1/2 Bog. m. eingedr. Holzschn.) Lex.-8. Nürnb., (Korn). à Jahrg. * 2 80
Auch in 12 Heften à ** — 25

— dasselbe. 16. Jahrg. Octbr. 1890—Septbr. 1891. 52 Nrn. (1/2 B.) Lex.-8. Ebd. n.n. 2. 80; in 12 Hftn. à n.n. — 20
Nr. 1—13 d. 16. Jahrg. sind zugleich Nr. 40—52 d. 15. Jahrg.

Jugendlust. Illustrierte Wochenschrift, hrsg. vom Hauptausschuß d. bayr. Lehrervereins, geleitet v. Seb. Düll. 17.—19. Jahrg. Oktbr. 1891—Septbr. 1894. à 52 Nrn. (1/2 Bog.) Lex.-8. Nürnberg, (Fr. Korn). à Jahrg. n.n 2. 80; in 12 Hftn. à n.n. — 20

Jugendlust. Illustr. Wochenschrift, hrsg. v. Hauptausschuß d. bayer. Lehrervereins, geleitet v. Seb. Düll. 20.—24. Jahrg. Oktbr. 1894—Septbr. 1899. à 52 Nrn. (à 8 S.) Lex.-8. Nürnberg (F. Korn). à Jahrg. n.n. 2. 80
Erschien auch in je 12 Hftn. à n.n. — 20.

— Illustr. Wochenschrift, hrsg. vom Hauptausschuß des bayerisch. Lehrervereins, geleitet v. Seb. Düll. 25.—28. Jahrg. Oktbr. 1899—Septbr. 1903. à 52 Nrn. gr. 8. (à ca. 8 S.) Nürnberg (F. Korn). à Jahrg. n. 2. 80; auch in 12 Hftn. à n.n. — 20

— Illustrierte Wochenschrift, hrsg. vom Hauptausschuß d. bayer. Lehrervereins, geleitet von Seb. Düll. 29.—32. Jahrg. Oktbr. 1903—Septbr. 1907. à 52 Nrn. (à ca. 8 S.) Lex.-8. Nürnberg, (F. Korn). à Jhrg. n.n. 2. 60

— Illustr. Wochenschrift m. jährlich 6 Kunstbeilagen, hrsg. v. Hauptausschuß des bayer. Lehrervereins, geleitet v. Seb. Düll. 33.—36. Jahrg. Oktbr. 1907—Septbr. 1911 à 52 Nrn. (à Jahrg. ca. 500 S. m. je 12 farb. Taf.) Lex. 8. Nürnberg, F. Korn. à Jahrg. nn 2. 60; geb. 3. —

Jugendlust. Ein Büchlein für die Kleinen mit 12 color. (eingedr. Holzschn.-)Bildern. 2 Serien. 16. (à Serie 24 S.) Bremen 882, Verlag des Tractathauses. cart. à Serie * 30 Pf. *

Jugendlust: 1891? Reading, PA
Published by The Pilger Publishing House.

— ein Bilderbuch auf Leinwand. 12 fein lackierte Bildertafeln m. sinn. Verschen. 4. (2 S. illustr. Text.) Eßlingen 895. J. F. Schreiber, Geb. n. 2. —

Jugendlust. Fol. (16 S. m. z. Tl. farb. Abbildgn.) Reutlingen (901). Enßlin & Laiblin. 1. 25; auf Pappe (8 S. m. farb. Abbildgn.) geb. 2. —

— Heitere dramat. Spiele f. Töchterschulen, Pensionate u. Mädchenvereine. 1. Bdchn. 8. (153 S.) Regensburg 901. J. Habbel. n. 1. 20; geb. in Leinw. n. 1. 50

— Heitere dramat. Spiele f. Töchterschulen, Pensionate u. Mädchenvereine. 2. Bdchn. (165 S.) 8. Regensburg (903). J. Habbel. n. 1. 20; geb. in Leinw. n. 1. 50

Jugendlust. Heitere dramat. Spiele f. Töchterschulen, Pensionate u. Mädchenvereine. 3. u. 4. Bdchn. kl. 8. Regensburg, J. Habbel. à 1. 20; geb. in Leinw. à 1. 50
3. (131 S.) 906.
4. Rumpelstilzchen, Schneewittchen, Zigeunermärchen. (100 S.) 908.

— Nr. 1 u. 2. 8. (à 16 S. m. je 1 Titelbild.) Kassel 902 J. G. Oncken Nachf. à — 15
1. Hänschens erstes Weihnachtsgeschenk. — Enttäuscht u. doch beglückt od.: Wie Ilm ein fleischernes Herz bekam.
2. Schutzmann, der, u. die Puppe. Eine Weihnachtsgeschichte. — Heimgekommen.

Jugendlust. Malbuch. (24 S. m. z. Tl. farb. Abbildgn.) 8. Hannover (903). A. Molling & Co. — 25

—— im Freien. qu. 16. (12 lithogr. und color. Taf.) Nürnberg 869, Koenecke. cart. — 50
Auf Leinwd. 1 —

Jugend-Missionsblatt. Hrsg.: Stursberg. 1.—5. Jahrg. 1898—1902. à 12 Nrn. 4. (à ca. 4 S. m. Abb.) Neukirchen. Missionsbuchh. Stursberg & Co. à Jahrg. n. — 20

Jugend-Missionsblatt. Hrsg.: Stursberg. 6.—9. Jahrg. 1903—1906. à 12 Nrn. (à Jahrg. 48 S. m. Abbildgn.) gr. 8. Neukirchen, Missionsbuchh. Stursberg & Co. à Jhrg. — 20; in buntem Umschlag — 25; kart. — 50

Jugend-Missionsblatt. Hrsg.: Stursberg u. seit 1910: Paschen. 10.—13. Jahrg. 1907—1910. à 12 Nrn. (à 4 S. m. Abbildgn.) gr. 8. Neukirchen, Missionsbuchh. Stursberg & Co. à Jahrg. — 18; in buntem Umschlag — 25; kart. — 50

Jugend-Moden-Album u. reichhaltiges Wäsche-Buch. Ergänzungsheft zum grossen Favorit-Moden-Album. 2. Ausg. (60 S. m. Abbildgn.) gr.-4. Dresden (906). Internationale Schnittmanufaktur. n. — 40

Jugend-Oelblatt. Redact.: Jul. v. Gemmingen. 1. Jahrg. 1882. 12 Nrn. (à Nr. 1/4 Bog.) kl. 4. Gernsbach, Christl. Colportage-Verein. *

Jugend-Oelblatt, das. Organ d. deutschen Zweiges des allgemeinen Jugend-Bibelbundes. Red.: Jul. v. Gemmingen. 2—5. Jahrg. 1883—1886. à 12 Hfte. à 4 Nrn. (1/2 B. m. eingedr. Holzschn.) kl. 4. Gernsbach, Christl. Colportage-Verein. à Jahrg. n. 1. 20

Jugend-Oelblatt, das. Organ des deutschen Zweiges des allgemeinen Jugend-Bibelbundes. Red.: Jul. v. Gemmingen. 6.—9. Jahrg. 1887—1890. à 12 Hfte. à 4 Nrn. (1/2 B. m. eingedr. Holzschn.) kl. 4. Gernsbach, Christl. Colportage-Verein. à Jahrg. n.n. 1. 20

Jugend-Oelblatt, das. Organ d. deutschen Zweiges d. allgemeinen Jugend-Bibelbundes. Red.: Jul. v. Gemmingen. 10.—13. Jahrg. 1891—1894. à 12 Hfte. à 4 Nrn. (1/2 Bog. m. eingedr. Holzschn.) kl. 4. Gernsbach, (Christl. Colportage-Verein). à Jahrg. n.n. 1. 20

Jugend-Oelblatt, das. Organ d. deutschen Zweiges des allgem. Jugend-Bibelbundes. Red.: Jul. v. Gemmingen. 14.—17. Jahrg. 1895—1898. à 12 Hfte. à 4 Nrn. kl. 4. (à Hft. 16 S. m. Abb.) Gernsbach (Lichtenthal bei Baden-Baden, Christl. Colportage-Verein.) à Jahrg. n.n. 1. 20

Jugend-Oelblatt. Organ des deutschen Zweiges des allgemeinen Jugend-Bibelbundes. Red.: Jul. v. Gemmingen. 18.—21. Jahrg. 1899—1902. 12 Hfte. à 4 Nrn. kl. 4. (à ca. 16 S. m. Abbildgn.) Lichtenthal b. Baden-Baden. (Christl. Kolportage-Verein). à Jahrg. n.n. 1. 55

Jugend-Oelblatt. Organ des deutschen Zweiges des allgemeinen Jugend-Bibelbundes. Schriftleitung: Jul. v. Gemmingen. 22.—25. Jahrg. 1903—1906. à 12 Hefte zu 4 Nrn. (à ca. 16 S. m. Abbildgn.) 8. Baden-Baden, (Christl. Kolportage-Verein). à Jhrg. n.n. 1. 55

Jugend-Oelblatt. Organ des deutschen Zweiges des allgem. Jugend-Bibelbundes. Schriftleitg.: Jul. v. Gemmingen. 26.—29. Jahrg. 1907—1910. à 12 Hefte zu 4 Nrn. (à Jahrg. 48 S. m. Abbildgn.) 8. Baden-Baden (Christl. Kolportage-Verein.) à Jahrg. nn 1. 55

Jugendperlen. Sammlung illustr. Erzählgn. f. die kathol. Jugend u. das Volk. Hrsg. v. der Hermann-Hubertus-Stiftg. 1.—26. Bd. 8. Bochum, Verlag der Hermann-Hubertus-Stiftung. Geb. in Bibliotheksbd. à 1. 40; in Leinw. à 2. —; 1. Serie, 1.—11. Bd, 15. —; bzw. 20. —; 2. Serie, 12.—26. Bd.. 20. —; bzw. 28. —; zusammenbezogen 45. —

Bals, Heinr., Bilder aus dem Tier- u. Pflanzenreiche. (231 S. m. 24 Bildern.) (903.) (Bd. 15.)
Busch, K., Reiseerlebnisse auf den deutschen Besitzungen in der Südsee. Der deutschen Jugend gewidmet. (155 S. m. 8 Bildern u. 1 Kartenskizze.) (903.) (Bd. 21.)
— in der Schule des Lebens. Eine Erzählg. f. die Jugend. (160 S. m. 4 Bildern.) (902.) (Bd. 9.)
Donner, Wilh., Aniza, das Zigeunerkind. Erzählung f. die liebe Jugend. Mit e. Anh. (152 S. m. 8 Bildern.) (903.) (Bd. 24.)
— in den Urwäldern Brasiliens od. Sieg der christlichen Liebe. Eine Erzählg. f. die Jugend. Anh. m. Erklärg. (124 S. m. 8 Bildern.) (903.) (Bd. 13.)
Dransfeld, Hedw., die Seeschwalben. Erzählung f. die Jugend. (171 S. m. 4 Bildern.) (902.) (Bd. 10.)
Helden, Else v. der, Sonntags-Geschichten. (173 S. m. 3 Bildern.) (903.) (Bd. 23.)
Hellingen, Erika, Tropfen aus dem Märchenborn. (165 S. m. 3 Bildern.) (903.) (Bd. 22.)
Holschen, Gerh., der Engel der Familie. (168 S. m. 8 Bildern.) (903.) (Bd. 16.)
— Heideröschen. Eine Erzählg. f. die reifere Jugend u. das Volk. (156 S. m. 8 Bildern.) (903.) (Bd. 20.)
Holschen, Gerh., des Helden Sohn. Eine Erzählg. aus der Zeit der deutschen Freiheitskriege. Preisgekrönte Jugendschrift. (228 S. m. 4 Bildern. (902.) (Bd. 1.)
— Henry's Schwur. (196 S. m. 4 Bildern.) (902.) (Bd. 4.)
— der König des Tempels od. Ein Königssohn in seiner Märtyrerkron. Nach geschichtl. Quellen bearb. (195 S. m. 4 Bildern.) (902.) (Bd. 3.)
— Licht u. Schatten im Reiche der Mitte. (155 S. m. 18 Bildern.) (902.) (Bd. 11.)
— Waltrud, die letzte Drude vom Drengau. Eine Erzählg. aus der Zeit der hl. Ida v. Herzfeld. (166 S. m. 3 Bildern.) (903.) (Bd. 12.)
— u. K. Kamp, Volldampf voraus. I. Bd. Bilder aus dem deutschen Kriegsschiffswesen. (163 S. m. 12 Bildern.) (903.) (Bd. 25.)
— — dasselbe. II. Bd. Bilder aus dem deutschen Handelsschiffswesen. (196 S. m. 19 Bildern.) (903.) (Bd. 26.)
Kemper, Jos., der rote Adler im weißen Felde. Erzählung m. geschichtl. Hintergrunde aus den Tagen des Großen Kurfürsten. (181 S. m. 3 Bildern.) (903.) (Bd. 14.)
— Buschiri, der Feind der deutschen Kolonieen, od. der Aufstand in Ostafrika im J. 1888. Eine Erzählg. f. die Jugend. (179 S. m. 0 Bildern.) (902.) (Bd. 6.)
— der Sohn der Heide. Eine Erzählg. f. die Jugend. (147 S. m. 4 Bildern.) (902.) (Bd. 5.)
Kottsiepe, Rob., der Berggeist v. Hohensyburg. Geschichten u. Sagen aus alter u. neuer Zeit. Für die Jugend bearb. (116 S. m. 8 Bildern. (902.) (Bd. 2)
Steinbach, Ant., der Teufelstrank. Belehrende Erzählgn. üb. den Alkohol u. seine Gefahren. Gesammelt u. bearb. I. Tl. Für die Jugend. (202 S. m. 3 Bildern.) (903.) (Bd. 17.)
— dasselbe. II. Tl. Für jung u. alt. (191 S. m. 3 Bildern.) (903.) (Bd. 18.)
— dasselbe. III. Tl. Für die reifere Jugend u. das Volk. (199 S. m. 3 Bildern.) (903.) (Bd. 19.)
— u. Th. Steinbach, neue Märchen u. Geschichten. Der lieben Jugend zur Lust u. Lehr erzählt. 2 Tle. (179 u. 141 S. m. 5 bezw. 4 Bildern.) (902.) (Bd. 7. 8.)

Jugendphantasien v. F. Walther, m. e. Vorrede v. J. G. C. Maaß. 8. Halle, Ruff. 801.

Jugendphilosophie zur Aufklärung des Verstandes u. Besserung d. Herzens; von e. Gesellschaft Jugendfreunde unter Aufsicht J. L. Thelen herausgeg. 8. Köln 785—87. (Vom Juli 1785 an monatl. 1 Heft.)

Der Jugend Pilger: 1870–1914.
Monthly, 1870–74; semi-monthly, 1874–1914. Organ of Die Vereinigte Brüder in Christo. Circulation: 1875, 2300. Edited by the Rev. Wilhelm Mittendorf, 1870–95; by the Rev. Edward Lorenz, 1896–1900; by the Rev. H. J. Fischer, 1901–14.
Other editors: The Rev. Ezekiel Licht, the Rev. William J. Shuey; the Rev. W. R. Funk; Eugen Schaefler.
Published by The Publishing House of the United Brethren in Christ Church, 1870–1914.
Dayton, OH

Jugend-Post: Jahrgang 1–12, Sept. 27, 1884–1895.
Weekly. No issues printed Oct. 5–31, 1884. Quarto, each issue 8 pages; illustrated. Edited & published by W. W. Coleman, 1884–95; published by The Herold Co., 1896–1902.
Milwaukee, WI

Jugendpost. Red.: Vict. Laverrenz; f. Österreich: Jos. Fischer. 3. Jahrg. Oktbr. 1910—Septbr. 1911. 52 Hefte. (à ca. 32 Sp. m. Abbildgn.) Lex. 8. Berlin, Verlag d. Jugendpost. 5. 20

Jugendpost, deutsche. Unter ständ. Mitwirkg. v. Schriftstellern Gust. Hoecker, Aug. Trinius u. e. großen Anzahl namhafter Pädagogen, Jugendschriftsteller u. -Schriftstellerinnen hrsg. v. Hacks u. O. Boehm. Schriftleiter: i. V. Jos. Berger. 3. Jahrg. 1905. 52 Nrn. (à ca. 8 S.) gr. Fol. Görlitz, Görlitzer Vereinsdruckerei. n. 4. —

Jugendpost, musikalische. Red.: C. Haaß. 1. Jahrg. 1886. 24 Nrn. (B. m. Illustr. u. Musikbeilagen.) gr. 8. Köln, P. J. Tonger. n. 4. —

Jugendpost, musikalische. Red.: C. Haaß. 2. Jahrg. 1887. 23 Nrn. (B. m. Illustr. u. Musikbeilagen.) gr. 8. Köln, P. J. Tonger. n. 4. —

— dasselbe. Red.: L. Heilborn. 3.—5. Jahrg. 1888—1890. à 24 Nrn. (B. m. Illustr. u. Musikbeil.) gr. 8. Stuttgart, Grüninger. à Jahrg. n. 4. —

Jugendpost, musikalische. 6. Jahrg. 1891. 24 Nrn. (Bog. m. Illustr. u. Musikbeilagen.) gr. 8. Stuttgart, C. Grüninger. n. 4. —

— dasselbe. 7.—9. Jahrg. 1892—1894. à 24 Nrn. (Bog. m Illustr. u. Musikbeilagen.) gr. 8. Ebd. à Jahrg. n. 6. — s.: Monatshefte, musikalische.

Jugendpost, musikalische. 10.—13. Jahrg. 1895—1898. à 24 Nrn. (Bog. m. Abb. u. Musikbeil. 4 S.) gr. 8. Stuttgart, C. Grüninger. à Jahrg. n. 6. —; einz. Nrn. n. — 80

Jugendpost, musikalische. Red.: Camilla Jay. 14. Jahrg. 1899. 24 Nrn. gr. 8. (à ca. 16 S. m. Abbildgn. u. Musikbeilagen.) Stuttgart, C. Grüninger. n. 6. —

— dasselbe, s. a. Monatshefte, musikalische.

Neuer **Jugendpsalter**. Eine Sammlung auserwählter Lieder z. Gebr. in Sonntagsschulen ... Neue, rev. u erw. Ausg. mit vierstimm. Notensatz. Bremen: Traktathaus [um 1905]. IV, 319 S. 8°

Jugendrecht u. Jugendgericht, s.: Kultur-Parlament, das.

Jugendröschen, eine Blumenlese von Erzählungen, mit K. 8. Nürnb. Stein. 815.

Jugendrosen. Ein Bilderbuch mit lehrreichen Erzählungen. 2e Aufl. Nürnb. 815. Stein. 1 fl 8 kr. (NB. Beide haben vielleicht einen andern Titel bekommen, da sie in des Verlegers Katalog nicht mehr zu finden sind.)

Jugendruf. Zeitschr. f. die werktät. Jugend. Schriftleitung: [illegible] 1. Jahrg. Novbr. 1910—Oktbr. 1911. 24 Nrn. (à ca. 12 S. m. Abbildgn.) Lex. 8. Breslau, Priebatsch. à Nr. —10

Jugend-Rundschau. Hrsg.: Otto Fritz. Oktbr. 1909—Septbr. 1910. 52 Nrn. (à ca. 20 S. m. Abbildgn.) Lex. 8. Karlsruhe, G. Braun'sche Hofbuchdr. 4.—

— dasselbe. Wochenschrift zur Pflege der staatsbürgerl. Erziehg. der dtschn. Jugend. Hrsg.: Otto Fritz. 3. Jahrg. Oktbr. 1910—Septbr. 1911. 52 Nrn. (à ca. 16 S. m. Abbildgn.) Lex. 8. Lahr, M. Schauenburg. 6.—

Jugendsang. Liederbuch f. ältr. Schüler f. Marsch u. Rast. gr. 16. (III, 84 S.) Stuttgart 899. A. Lung. Kart. n. —40

Jugendsänger, der, enthalt. 39 zwei-, drei- u. vierstimmige Lieder nach Original-Melodieen für Schule, Haus u. Leben, mit besond. Rücksicht auf kathol. Schulen. Herausgeg. von [illegible] Mart. Kerren. 1. Heft. 16. Werl u. Arnsberg 846. (Leipzig, Müller.) (4) n. ¼ ℳ

[illegible] Paulinus-Druckerei. [illegible] 60

[illegible] katholischen Schulen u. Familien. (16 [illegible] 889 [illegible]

[illegible] mittleren [illegible] katholischer Elementarschulen, sowie f. ein [illegible]

[illegible] Knaben u. Jünglinge in kathol. Schulen u. Vereinen. [illegible]

Der Jugendsänger, E. Samml. d. beliebtesten u. bewährtesten Lieder, ein-, zwei- u. dreistimmig f. Schule u. Leben, n. Turnliedern, Kommers- u. [illegible] gesamm. u. hrsg. v. F. Schulte, Ausg. II ohne Ziffernoten, [illegible] 1890. 128 S., 16.

Jugendschatz. Neues Jahrbuch f. d. Jugend z. Unterhaltg u. Belehrg, hrsg. v. Otto Heinrichs. 1. Jahrg. Mit 20 Voll-Bild. in reich. Farbendr. u. zahlr. Bild. im Texte. gr. 8. (VI, 400 S.) Münster 896. Aschendorff. n. 5.—; geb. n. 6.60

— dasselbe. 2. Jahrg. Mit 12 Voll-Bildern in reichem Farbendr. u. üb. 100 Bildern im Texte. gr. 8. (IX, 383 S.) Ebd. 897. Geb. n. 5.50

— dasselbe. 3. Jahrg. Mit 12 Voll-Bildern in reichem Farbendr. u. zahlr. Bild. im Texte. gr. 8. (IX, 388 S.) Ebd. 898. n. 5.—; geb. n. 5.50
(1.—3. geb., zusammen bezogen: 15.—)

Jugendschatz. Deutsche Dichtungen, gesammelt von [illegible] Mit 175 Illustrationen von [illegible] Lex. 8. (VII, 316 S.) In [illegible] 6.—
[illegible]

Jugend-Schatz. Hrsg. v. Frz. Rudolf. 1. Bd. 8. (81 S. m. Abb. u. 1 Farbdr.) Reichenberg 898. (Wien, Sallmayer'sche Buchh.) Geb. in Leinw. n.n. 1.20

— 2. Frz. Rudolf. Hrsg. vom deutschen Landeslehrervereine in Böhmen. 2. Bd. (80 S. m. 1 Farbdr.) 8. Reichenberg. (Wien, Sallmayer'sche Buchh.) Geb. in Leinw. 1.20

— Eine Sammlg. guter Jugendschriften, hrsg. v. deutschen Landeslehrerverein in Böhmen. Der ganzen Sammlg. 3.—6. Bdchn. kl. 8. Reichenberg, P. Sollors Nachf. Geb. in Leinw. 6.50

Grillparzer, Frz., der arme Spielmann. Hrsg. v. Rdf. Klinger. Buchschmuck v. Ad. Schnabel. (76 S.) 910. (6. Bdchn.) Geb. in Leinw. 1.20

Grimm, Brüder, Märchen. Zusammengestellt v. Fr. Wiesberger. Mit Bildschmuck v. Willi Dachauer. (132 S.) 910. (5. Bdchn.) Geb. in Leinw. 2.20

Sachs, Hans, Schwänke. Sprachlich erläut. v. Ad. Wildner. Buchschmuck v. Ad. Schnabel. (126 S.) (910.) (4. Bdchn.) Geb. in Leinw. 1.40.

Stevens, Frank, Ausflüge ins Ameisenreich. (147 S. m. 12 Abb. u. 2 Taf.) (910). (3. Bdchn.) Geb. in Leinw. 1.70

Jugendschatz. 1. Bdchn. kl. 8. Linz, Preßverein. Geb. in Leinw. n. —60

Maßliebchen. Eine Reihe v. Erzählgn. f. Kinder u. Kinderfreunde. Von Heinr. Schwarz, O. S. B. Aus dem literar. Nachlasse hrsg. (64 S. m. Bildnis.) 905.

Jugendschatz. 2.—5. Bdchn. kl. 8. Linz, Preßverein. Geb. in Leinw. à —50

Schwarz, Heinr., O. S. B., Diamanten u. Perlen. Eine Reihe v. Erzählgn. f. Kinder u. Kinderfreunde. Aus dem literar. Nachlasse hrsg. (51 S. m. Titelbild.) 909. (5. Bdchn.)
— Himmelsschlüsseln. Eine Reihe v. Erzählgn. f. Kinder und Kinderfreunde. Aus dem literar. Nachlasse hrsg. (59 S. m. Titelbild.) 907. (4. Bdchn.)
— Schneeglöckchen. Eine Reihe v. Erzählgn. f. Kinder u. Kinderfreunde. Aus dem literar. Nachlasse hrsg. (64 S. m. 1 Vollbild.) 905. (2. Bdchn.)
— Aus der Tierwelt. Eine Reihe v. Erzählgn. f. Kinder und Kinderfreunde. Aus dem literar. Nachlasse hrsg. (63 S. m. Titelbild.) 906. (3. Bdchn.)

Jugendschatz, deutscher. Mit der Beilage: Gesundheitspflege und Jugenderziehung. Redig. von W. Hasenclever und B. Geiser. 1. Jahrg. 1879. 52 Nrn. (à ¾ Bog.) gr. 8. Leipzig, Thiele.

— deutscher. Mit der Beilage: Gesundheitspflege und Jugenderziehung. Redig. von W. Hasenclever und B. Geiser. 2. Jahrg. 1880. 52 Nrn. (à Nr. ¾ Bog.) gr. 8. Ebendas.
Nicht weiter erschienen.

Jugendschatz, deutscher. Ein Festgeschenk für die reifere Jugend. Lex.-8. (119 S.) [Leipzig 880.] Gera, Fink. cart.

Jugendschatz, deutscher. Ein Festgeschenk für die reifere Jugend. Lex.-8. (119 S.) Leipzig 880. Stuttgart, Dietz. 1.—; cart. 1.20

— deutscher. Orig.-Erzählungen für Mädchen und Knaben im Alter von 10—13 Jahren. 1.—5. Bdchn. Mit je 1 Titelbilde in Buntdr. (1. Jahrg.) 8. Kattowitz 883, Siwinna. cart. à Bdchn. — 75 Pf.; cart. in 1 Bd.

Inhalt:

Bdchn. 1. Sprengel, Clementine, Lita, die Waise. — Ein Familienleben. Zwei Erzählungen. (137 S.)
- 2. — im Dachstübchen. — Vormund und Mündel. — Magdalena. — In der Dämmerstunde. Vier Erzählungen. (101 S.)
- 3. — Stiefmütterchen. — Die Zwillinge. — Ein Weihnachtsabend. Drei Erzählungen. (78 S.)
- 4. Grosse, Kurd, Dolores. — Im Pfarrdorf. Zwei Erzählungen. (135 S.)
- 5. Reichner, Klara, der rote Hof. — Die Schulfahrt eines Kindes. Zwei Erzählungen. (104 S.)

— dass. — 6.—10. Bdchn. Mit je 1 Titelbilde in Buntdr. (2. Jahrg.) 8. Ebendas. 884. cart. à Bdchn. cart. in 1 Bd.

Inhalt:

Bdchn. 6. Grosse, Kurd, Onkel Puff. Erzählung für Kinder. (111 S.)
- 7. Reichner, Klara, Gisela, das kleine Erdbeermädchen oder Wohlthun bringt Segen. — Die Schiffbrüchigen oder ein Affe als Lebensretter. Zwei Erzählungen. (131 S.)
- 8. Frey, H. M., ein wahres Weihnachtsgeschichtchen. — Aus eiserner Zeit. — Wilhelm Behrend. Drei Erzählungen für Kinder. (71 S.)
- 9. Sprengel, Clementine, zwei häßliche Menschen. — Zur Musik berufen. — In der Johannisnacht. — Erika. Vier Erzählungen für Kinder. (103 S.)
- 10. — aus Heimath und Fremde. — Käthchen. — Die ersten werden die Letzten und die Letzten die ersten sein. Drei Erzählungen für Kinder. (161 S.)

Jugendschatz, deutscher. Orig.-Erzählungen für Knaben und Mädchen im Alter von 10—13 Jahren. 11.—19. Bdchn. 8. (Mit je 1 Chromolithogr.) Kattowitz, Siwinna.
cart. à Bdchn. *

Inhalt:

Bdchn. 11. Frey, H. M., Sonnenwende oder die Macht des Gebets. Harte Jugend — frohes Alter. Des Hauses Ehre. (71 S.) 885.
- 12. Sprengel, Clementine, Parterre und Kellerwohnung. Irma's Tagebuch. Der Zukunftsspiegel. Herr Ruprecht. Vier Erzählungen. (141 S.) 885.
- 13. Gerzabek, Anna v., die Geschwister von Eschenweiler. Erzählung. (107 S.) 885.
- 14. Grosse, Kurd, Ludwig oder aus eigener Kraft. Erzählung. (92 S.) 885.
- 15. Reichner, Klara, Aschenbrödel oder der Onkel aus Amerika. Erzählung. (112 S.) 885.
- 16. Frey, H. M., Rechtthun bringt Segen. Das Sedan-Fest. Ein Weihnachts-Abend. Drei Erzählungen für Kinder. (84 S.) 886.
- 17. — Louise. Das Pfarrhaus. Die Töchter des Professors. Der Sieg des Kreuzes. Vier Erzählungen für Kinder. (74 S.) 886.
- 18. —— Pierre de Fouché. Fröhliche Ostern. Zwei Erzählungen für Kinder. (104 S.) 888.
- 19. Gerzabek, Anna v., Apollonia. Die Betteltante. Zwei Erzählungen für Kinder. (111 S.) 888.

1.—10. Bdchn. Ebendas. 1883,84. à * 75 Pf.; je 5 Bdchn. geb. in 1 Bd. * ℳ 3.75.

Jugendschatz, deutscher. Orig.-Erzählgn. f. Knaben u. Mädchen. 20. Bdchn.: Die wilde Katze v. Reinsberg. Erzählg. v. Clementine Sprengel. 8. (113 S. m. 1 Farbendr.) Kattowitz 890, Siwinna.
cart. * — 75

—— dass. — s. Jugend, deutsche.

— goldener, zur Unterhaltung u. Belehrung. Mit Beiträgen v. Helene Binder, Emmy Giehrl, Auguste Horst u. a. 2 Bde. (à 96 S. m. z. Tl. farb. Abbildgn.) 8. Nürnberg (909). Th. Stroefer. Kart. à 1.50; in 1 Bd. geb. 2. —

—— illustrirter deutscher. Eine Festgabe für Knaben, Jünglinge, Mädchen und Jungfrauen. gr. 8. (IV, 226 S.) Leipzig 887, E. Thiele. * ℳ 2.—.; geb. *

Jugendschatz, illustrirter deutscher. Eine Festgabe f. Knaben, Jünglinge, Mädchen u. Jungfrauen. (Von Wilh. Hasenclever.) 2. Aufl. gr. 8. (IV, 226 S. m. Abbildgn.) Leipzig 893. E. Thiele. Kart. n.n. 1. 75;
geb. in Leinw. n.n. 2. 50

— illustrirter schweizerischer. Ein Kinderbuch zur Unterhaltg. u. Belehrg. f. das 4. bis 12. Altersjahr. Enth. kleinere u. grössere Kinderliedchen, Gebete, Sprüche, Rätsel, Gedichte, Gespräche, Erzählgn., Beschreibgn., Sagen u. Märchen in Mundart u. Schriftsprache. Unter Mitwirkg. e. Reihe v. Jugendschriftstellern gesammelt u. hrsg. v. Konr. Gachnang. 4. (V, 234 S.) Zürich 893. J. Meier-Merhart. Geb. n. 4. --

Jugend-Schaubühne, Deutsche, s. Jugend-Bühne.

Jugendschauplatz; ein moralisch-geographisches Exempelbuch . . . Berlin 1786—89. V: *Vieweg, Joh. Gfr.* (MGT)
Vgl. Judenschauplatz.

Jugendschauplatz, e. moral. geogr. Exempelbuch. 5 Thle. 8. Berl. (Vieweg in Brschwg.) 786-89.

JUGENDSCHICKSALE der Gräfin Sophie v. Stackelberg, einer Frau von gutem Ton. Leipzig, Weygand, 1789. 8°. (1/3 Rthl.)

Jugendschrift, baltische. Illustr. Monatsheft. Red. u. Hrsg.: Victoria v. Herzack. 5. Jahrg. 1902. 12 Hfte. gr. 4. (à ca. 24 S. m. Taf.) Riga, Jonck & Poliewsky.
Postfrei n. 8. —
Vgl. Jugendschriften, Balt.

Jugendschrift, baltische. Illustriertes Monatsheft. Red. u. Hrsg.: Viktoria v. Herzack. Red.: J. v. Herzack. 6. u. 7. Jahrg. 1903 u. 1904. à 12 Hefte. (à Jhrg. 298 S.) gr. 4. Riga. Jonck & Poliewsky. à Jhrg. n. 6. —;
erm. Pr. 3. 50

Erscheint nicht mehr.

Jugendschriften. Hrsg. v. oberösterreich. Lehrerverein zugunsten f. Hilfsfonds. D. ganzen Sammlg. 1. u. 2. Bd. 12. (Mit je 1 Titelbild.) Linz, J. Wimmer (durch Schworella & Heick in Wien). Geb. in Leinw. à n. — 80
1. Vincenz, d. Köhlerbub. Eine Geschichte aus d. steier. Bergen. Von Ludw. Pauer. (102 S.) 895.
2. Erzählungen. Von Karl Achleitner. (95 S.) 896.

Jugendschriften. Hrsg. vom oberösterreich. Lehrerverein. 3.—5. Bd. (Mit je 1 Titelbild.) Linz, E. Mareis.
Geb. in Leinw. n. 3. --
3. Sonntagsfreude. Gesammelte Erzählgn. Von Rob. Schwarz. (64 S.) 898. n. 1. —
4. Von den Apenninen zu den Anden. Erzählg. f. die Jugend aus „Herz". Von Edmondo de Amicis. Ausg. f. österr. Schülerbücher., bearb. v. Fr. Wiesenberger. (53 S.) 900. n. 1.—
5. Bergkrystall. Erzählung aus „Bunte Steine". Von Adb. Stifter. 1.—4. Taus. (83 S.) 900. n. 1. —

— dasselbe. Hrsg. vom Lehrerhausverein in Oberösterreich. Der ganzen Sammlg. 6.—13. Bd. 12. Ebd.
Geb. in Leinw. n.n. 8. —
6. Das kalte Herz. Von Wilh. Hauff. Bildschmuck v. O. E. Lau. Ausg. f. österr. Schülerbüchereien, bearb. v. Fr. Wiesenberger. (77 S.) 900. n.n. 1. —
7. 8. Märchen. Von Brüder Grimm. Bildschmuck v. Alex. Pock. 1. Auswahl. Für österr. Schülerbüchereien ausgewählt von Fr. Wiesenberger. (144 S.) 900. n.n. 2. —
9. Ernstes u. Heiteres f. d. Jugend. Von Fr. Wiesenberger. Für österreich. Schülerbüchereien ausgewählt. 1.—5. Taus. (108 S.) 901. n.n. 1. —
10. Katzensilber. Erzählung aus „Bunte Steine". Von Adb. Stifter. Bildschmuck v. Alex. Pock. Für die Jugend ausgew. v. Fr. Wiesenberger. 1.—5. Taus. (101 S.) 901. n.n. 1.—
11. 12. Märchen. Von Brüder Grimm. Bildschmuck v. Alex. Pock. 2. Auswahl. Für die Jugend ausgew. v. Fr. Wiesenberger. 1.—6. Taus. (174 S.) 901. n. 2. —
13. Aus Natur u. Leben. Erzählgn., Beschreibgn., Märchen u. Lieder. Für die Jugend ausgewählt. Von Fr. Wiesenberger. Bildschmuck von Alex. Pock. 1.—6. Taus. (116 S.) 901. n. 1. —

— Hrsg. vom Lehrerhausverein f. Oberösterreich. Der ganzen Sammlg. 1., 2. u. 14.—28. Bdchn. kl. 8. Linz, Lehrerhausverein f. Oberösterreich.
Geb. in Leinw. à n.n. — 85
Andersen, H. C., Märchen. 1. Auswahl. Mit 17 Bildern v. Oswald Grill. Für die Jugend ausgewählt v. Fr. Wiesenberger. (99 S.) 903. (18. Bdchn.)
— dasselbe. 2. Auswahl für die Jugend v. Fr. Wiesenberger. Mit 18 Bildern v. Osw. Grill. (141 S.) 905. (27. u. 28. Bdchn.)
Brentano, Klem., Gockel, Hinkel u. Gackeleia. Ein Märchen. Mit 18 Bildern v. Alex. Pock. Für die Jugend ausgewählt v. Fr. Wiesenberger. (140 S.) 906. (24. u. 25. Bdchn.)
Hauff, Wilh., die Karawane. Mit 15 Bildern v. Fr. Müller-Münster. Für die Jugend ausgewählt v. Fr. Wiesenberger. (174 S.) 904. (22. u. 23. Bdchn.)
Immendörffer, Benno, Poldl. Eine Erzählg. aus der Zeit der Türkenkriege. Einbd. u. Bildschmuck vom Verf. (158 S.) 902. (15. u. 16. Bdchn.)
Pauer, Ludw., Vinzenz, der Köhlerbub. Eine Erzählg. aus den steir. Bergen. Bildschmuck v. Alex. Pock. 2. Aufl. (103 S.) 902. (1. Bdchn.)
Petersen, Marie, Prinzessin Ilse. Ein Märchen aus dem Harzgebirge. Für die Jugend ausgewählt v. Fr. Wiesenberger. Mit 16 Bildern v. Ernst Liebermann. (62 S.) 904. (2. Bdchn.)
Tritt an die Stelle v. Achleitner, K., Erzählgn.
Schwab, Gust., die Schildbürger. Alte deutsche Schwänke. Mit 22 Bildern v. Gust. Moest. Für die Jugend ausgewählt von Fr. Wiesenberger. (78 S.) 905. (26. Bdchn.)
Stelzhamer, Frz., im Walde. Eine Erzählg. u. andere Dichtungen. Als Festschrift zur Feier des 100. Geburtsjahres f. die Jugend ausgewählt u. m. e. kurzen Lebensbeschreibg. des Dichters versehen v. Fr. Wiesenberger. (98 S. m. Bildnis.) 902. (14. Bdchn.)
Stifter, Adalb., Granit. Eine Erzählg. aus „Bunte Steine". Bildschmuck v. Karl Staudinger. Für die Jugend ausgewählt v. Fr. Wiesenberger. (63 S.) 902. (17. Bdchn.)
Wiesenberger, Fr., Robinson. Nach Robinson Crusoe v. Dan. de Foe f. die Jugend bearb. Mit 26 Bildern v. Fr. Müller-Münster. (185 S.) 903. (19.—21. Bdchn.)

— Hrsg. vom Lehrerhausverein f. Oberösterreich. Der ganzen Sammlg. 29., 46., 49.—52. u. 54.—56. Bdchn. kl. 8. Linz, Lehrerhausverein f. Oberösterreich.
Geb. in Leinw. nn 28. 60
Aurbacher, Ludw., Abenteuer der sieben Schwaben. Deutsche Volksschwänke, gesammelt u. nacherzählt. Bildschmuck v. Otto Kubel. Für die Jugend ausgewählt v. Fr. Wiesenberger. (73 S.) 908. (43. Bdchn.) Geb. nn — 85
Brentano, Klem., das Märchen v. dem Rhein u. dem Müller Radlauf. Für die Jugend bearb. v. Christian Touaillon. Bildschmuck v. Frz. Wacik. (116 S. m. 7 Farbdr.) 909. (50. Bdchn.)
Geb. 2. 55

Fischer, Wilh., das Licht im Elendhause. Erzählung. Für die Jugend ausgewählt v. Jos. Freudenthaler. Bildschmuck v. Frz. Wacik. (109 S.) 909. (51. Bdchn.) Geb. 2.55

Gerstäcker, Frdr., der Schiffszimmermann. Eine Erzählung. Bildschmuck v. Frz. Kuna. Für die Jugend ausgewählt von Fr. Wiesenberger. (88 S.) 908. (41. Bdchn.) Geb. nn — 85

— Das Wrack. Erzählung. Für die Jugend ausgewählt v. Fr. Wiesenberger. (81 u. II S.) 908. (46. Bdchn.) Geb. nn — 85

Grohmann, Alfr., das Lied der Nibelungen. (125 S.) 910. (56. Bdchn.) Geb. — 85

Hebel, Jos. Pet., Geschichtenbuch. Aus dem Schatzkästlein des rhein. Hausfreundes. Für die Jugend ausgewählt v. Fr. Wiesenberger. Mit Bildschmuck v. Wilh. Roegge. (102 S.) 908. (42. Bdchn.) Geb. nn — 85

Hoffmann, E. T. A., Nußknacker u. Mausekönig. Ein Märchen. Für die Jugend ausgewählt v. Fritz Holzinger. Mit Bildern v. Max Liebenwein. (138 S.) 909. (52. Bdchn.) Geb. 2.20

Kleist, Heinr. v., Michael Kohlhaas. Eine Erzählung. Bildschmuck v. Ernst Liebermann. Für die Jugend ausgewählt v. Fr. Wiesenberger. (177 S.) 908. (29. 30. Bdchn.) Geb. nn 1. 70

Reinick, Rob., Erzählungen u. Gedichte. Bildschmuck v. Max Liebenwein. Für die Jugend ausgewählt v. Fr. Wiesenberger. (120 S.) 909. (49. Bdchn.) Geb. 2. 15

Schwab, Gust., Herzog Ernst. Eine alte deutsche Sage. Bildschmuck v. Wilh. Roegge. Für die Jugend ausgewählt v. Fr. Wiesenberger. (104 S.) 906. (31. Bdchn.) Geb. nn — 85

— Die vier Heymonskinder. Eine alte Sage, aus den deutschen Volksbüchern wiedererzählt. Für die Jugend ausgewählt v. Frz. Wiesenberger. (194 S.) 907. (39. 40. Bdchn.) Geb. nn 1. 70

— u. Jak. Grimm, germanische Urkraft u. Tatenlust. Zwei Sagen aus alter deutscher Heldenzeit. (Der gehörnte Siegfried v. Sch. — Waltharilied v. G.) Bildschmuck v. Remig. Geyling. Für die Jugend ausgewählt v. Frz. Wiesenberger. (100 S.) 907. (34. Bdchn.) Geb. nn — 85

Stevens, Frank, die Reise ins Bienenland. Mit zahlreichen Illustr. u. 1 Farbendr.-Taf. (159 S.) 908. (44. 45. Bdchn.) Geb. nn 1. 70

Stifter, Adalb., Kalkstein u. Heidedorf. Zwei Erzählgn. Bildschmuck v. G. Brzezowsky u. E. Dworsky. Für die Jugend ausgewählt v. Fr. Wiesenberger. (156 S. m. farb. Vollbildern.) 907. (35.—37. Bdchn.) Geb. nn 2. 55

Swift, Jonathan, Gullivers Reise nach Lilliput. Bilder v. Alex. Pock. Für d. Jugend ausgewählt v. Fr. Wiesenberger. (140 S.) 910. (54. Bdchn.) Geb. 1. 30

Vogl, Joh. Nepom., Gedichte. Lieder, Sagen u. Balladen. Bildschmuck v. Wilh. Roegge. Für die Jugend ausgewählt v. Fr. Wiesenberger. (106 S.) 907. (38. Bdchn.) Geb. nn — 85

Wiesenberger, Frz., Ernstes u. Heiteres. (Eine Auswahl kleiner Dichtgn. f. die Jugend.) Für d. Jugend ausgewählt. Bildschmuck v. Grete Brzezowsky. 2., verm. Aufl. (161 S.) 906. (32. 33. Bdchn.) Geb. nn 1. 70

— u. Fritz Holzinger, kleines Schnattermäulchen. Kinderverse u. Sprechreime, f. Schule u. Haus gesammelt. Bildschmuck v. Hans Hammer. (120 S.) 910. (55. Bdchn.) Geb. nn 1. 70

Jugendschriften. Hrsg. vom Verlag der Jugendblätter. 1.—3. Bd. kl. 8. München (906). Verlag der Jugendblätter. Kart. n. 1. 50

1. Droste-Hülshoff, Annette v., eine Auswahl aus ihren Gedichten f. die Jugend. Eingeleitet u. erläutert v. Laur. Kiesgen. (112 S. m. Bildnis.) n. — 50
2. 3. Geschichten u. Lieder m. Bildern. Von Frz. Pocci. Eine Auswahl. Zusammengestellt v. Thalhofer. (128 S.) n. 1. —

Jugendschriften. Hrsg. vom Verlag der Jugendblätter. 4. u. 5. Bd. kl. 8. München, Verlag der Jugendblätter. Kart. 1. —

Stifter, Adalb., Bergkristall. Katzensilber. 3 Erzählgn. IV. Altersstufe. (116 u. 124 S.) (907). (Bd. 5.) Kart. — 50

— Granit, Kalkstein, Bergmilch. 3 Erzählgn. V. Altersstufe. (64, 117 u. 56 S.) (907). (Bd. 4.) Kart. — 50

Jugendschriften, baltische. Illustr. Monatsheft. Hrsg.: Arn. Plates. 1. Jahrg. 1898. 12 Hfte. (à ca. 28 S.) gr. 4. Riga (bei der Petri-Kirche), E. Plates. n. 7. —; einz. Hfte. — 75

Vgl. Jugendschrift, Balt.

Jugendschriften, deutsche. Hrsg. v. der Jugend- u. Volksschriften-Kommission des kathol. Lehrerverbandes Brandenburg-Pommern. 1.—4. Bd. kl. 8. Berlin, Verlag der Sonntagsglocken. Geb. in Leinw. à 1. 10

Kühnlein, Heinr., Sulzfelder Leute. Geschichten aus meiner Frankenheimat. 1. Bdchn. (118 S.) (909.) (Bd. 4.)

Neunert, Hans, und dräut d. Winter noch so sehr. Erzählg. f. die Jugend. (109 S.) (908.) (Bd. 2.)

Strecker, Geo., Himmelslicht. Neue Märchen u. Sagen f. jung u. alt. 3. Folge. Mit 7 Vollbildern v. Alb. Scholz. (119 S.) (908.) (Bd. 3.)

— Wunderspiegel. Neue Märchen u. Sagen. 2. Folge. Mit 26 Zeichngn. v. A. Scholz. 2. Aufl. (130 S.) (908.) (Bd. 1.)

(Friedrich) Ebbeckes Jugendschriften in schlichter Darstellung. 2. Aufl. Bd 1. Lissa i. P.: F. Ebbecke [1904]. 8°

Jugendschriften, empfehlenswerte. Hrsg. v. den vereinigten deutschen Prüfungsausschüssen f. Jugendschriften. (51 S.) gr. 8. Leipzig 904. E. Wunderlich. n. — 60

Jugendschriften, 600, beurteilt v. der Jugendschriften-Kommission d. schlesischen Provinzial-Lehrervereins. Nebst e. Anh.: Verzeichnis behördlich empfohlener Jugendschriften als Grundstock f. Schülerbibliotheken. gr. 8. (XVIII, 133 S.) Breslau 893. Priebatsch. n. 1. 20

Jugendschriften, illustrirte. Eine Sammlung der neuesten u. besten Unterhaltungsschriften f. die deutsche Jugend. Hrsg. v. A. Diezmann. M. viel. Holzschn. 1—5. Bd. 8. Leipzig, Teubner. à Bd. 22½ Ngr.

A. u. d. Ttln.:

Bd. 1. Abenteuer des Hans Däumling. Nach P. J. Stahl v. A. Reclam. M. 160 Holzschn. nach Bertall. (8 B.) 845.
" 2., 3. Geschichte eines Nußknackers nach A. Dumas. M. 238 Holzschn. nach Zeichn. v. Bertall. 2 Bde. (17¼ B.) 846.
" 4. Bohnenschatz u. Erbsenblüthe. Der Engel Redlich. Geschichte von Holzmann's Hunde. Nach Charl. Nodier. M. 120 Holzschn. (8 B.) 845.
" 5. Die Stiftung d. Gräfin Bertha, nach A. Dumas. M. 150 Holzschn. nach Zeichn. v. Bertall. (8½ B.) 845.

Jugendschriften, illustrirte. Französ.-deutsche Ausg. Livres illustrés pour les enfants. Vol. 1—5. Mit viel. Holzschn. 8. Leipzig, Teubner. à Bd. 24 Ngr. Thlr.

A. s. l. trs.:

Vol. 1. Nouvelles et seules véritables aventures de Tom Pouce. — Neue u. allein wahre Abenteuer des Hans Däumling. M. 160 Holzschn. (8⅝ B.) 845.
" 2., 3. Histoire d'un casse noisette. — Geschichte eines Nußknackers. 2 Bde. m. 238 Holzschn. nach Bertall. (21 B.) 846.
" 4. Trésor de fèves et fleur des pois etc. — Bohnenschatz u. Erbsenblüthe. — D. Engel Redlich. — Gesch. v. Holzmann's Hunde. Nach Ch. Nodier. M. 120 Holzschn. nach Tonny Johannot. (9⅝ B.) 846.
" 5. Fondation de la comtesse Berthe. — Die Stiftung d. Gräfin Bertha. Mit 150 Holzschn. nach Bertall. (10¼ B.) 846.

— illustrierte, aus der Mission der Brüdergemeine. Hrsg. v. Th. Bechler. Nr. 1—4. 12. Herrnhut, Missionsbuchh. à n. — 10

1. Graf Zinzendorf, der Stifter der Brüdermission. Der Jugend erzählt. Von Th. Bechler. (32 S. m. Abb.) (900.)
2. Eine Karawanenreise ins Innere Afrikas. Der Jugend erzählt. Von Th. Bechler. (28 S.) (901.)
3. Gefahrvolle Begegnungen zwisch. Mensch u. Tier. Erzählgn. f. die Jugend. Von Th. Bechler. (23 S.) (901.)
4. Im Kampf mit der Tierwelt. Erzählungen f. die Jugend. Von Th. Bechler. (24 S.) (901.)

— illustrierte, aus der Mission der Brüdergemeine. Hrsg. v. Th. Bechler. Nr. 1 u. 3—8. kl. 8. Herrnhut, Missionsbuchh. à n. — 10

1. Graf Zinzendorf, der Stifter der Brüdermission. Der Jugend erzählt. Von Th. Bechler. 2. Aufl. (31 S.) (903.)
3. Im Kampf m. der Tierwelt. Erzählungen f. die Jugend. Von Th. Bechler. 2. Aufl. (24 S.) (903.)
4. Gefahrvolle Begegnungen zwischen Mensch u. Tier. Erzählgn. f. die Jugend. Von Th. Bechler. 2. Aufl. (24 S.) (903.)
5. Karpik, der Eskimoknabe in England, od.: Wie es zur Taufe des ersten Labrador-Eskimo kam. Von Th. Bechler. (32 S.) (903.)
6. Am australischen Strand. Von Th. Bechler. (32 S.) (903.)
7. Bischof Spangenberg im Dienste der Mission. Von Th. Bechler. (32 S. m. Abbildgn.) (904.)
8. Simoni, der Nikaknabe in Deutsch-Ostafrika. (32 S.) 908.

— illustrierte, aus der Mission der Brüdergemeine. Hrsg. v. Th. Bechler. Nr. 9—11. kl. 8. Herrnhut, Missionsbuchh. à — 10

Bechler, Th., aus der Heimat in die Heimat. Von d. Reise zweier Missionskinder. Nach Mitteilgn. der Missionare O. Heinke u. H. Francke. (32 S.) 908. (Nr. 10.)

— Jubelfest in Rama auf der Moskitoküste. Auf Grund v. Mitteilgn. v. Missionar Br. F. Weinstein u. seiner Gattin erzählt. (32 S.) 910. (Nr. 11.)

— Erste Weihnachtsfeste in Deutsch-Ostafrika. Auf Grund v. Mitteilgn. d. Missionars Tr. Bachmann. (31 S.) 908. (Nr. 9.)

— Münchener. Nr. 1—20. kl. 8. München, Münchener Volksschriftenverlag. à n. — 15; je 5 Nrn. in 1 Leinw.-Bd. geb. n. 1.85

Amicis, Edmondo de, von den Apenninen zu den Anden. Erzählung. Aus dem Ital. (46 S.) (906.) (Nr. 20.)
Andersen, H. C., der Reisekamerad u. andere Märchen. (112 S.) (906.) (Nr. 14. 15.)
Bauberger, Wilh., die Beatushöhle. Erzählung. (123 S.) (905.) (Nr. 9. 10.)
Colomb, J., Kamerads Wanderungen. Erzählung. Aus dem Franz. übers. v. Pia Rainer. (56 S.) (906.) (Nr. 16.)
Conscience, Heinr., der Bahnwärter. Erzählung. Aus dem Fläm. (78 S.) (905.) (Nr. 1.)
Gerstäcker, Frdr., wie der Christbaum entstand. Ein Märchen. (123 S.) (905.) (Nr. 4. 5.)
Grimm, Gebrüder, Hänsel u. Gretel u. andere Märchen. (64 S.) (905.) (Nr. 7.)
Handel-Mazzetti, Baronin E. v., ich mag ihn nicht. — Vom König, den Dracheneiern u. der Prinzessin Caritas. (48 S.) (906.) (Nr. 13.)
Harten, Angelika, Swanhilde Das Märchen vom braven Hirtenbüblein. Lügenliesel. (64 S.) (906.) (Nr. 17.)
Hauff, Wilh., das kalte Herz. Ein Märchen aus dem Schwarzwald. (60 S.) (905.) (Nr. 2.)
Horn, W. O. v., von den zwei Savoyarden-Büblein. Erzählg. (104 S.) (906.) (Nr. 18. 19.)
Lingen, Ernst, die alte Kommode. Erzählung. (58 S.) (906.) (Nr. 11.)
Mügge Thdr., Sam Wiebe. Ein Lebensbild aus den Marschen. (48 S.) (905.) (Nr. 8.)
Reinick, Rob., Spitzenchristel u. andere Erzählungen. (64 S.) (905.) (Nr. 3.)
— die Wurzelprinzessin u. andere Märchen. (64 S.) (906.) (Nr. 12.)
Schmid, Christoph v., Ludwig, der kleine Auswanderer. Erzählung. (80 S.) (905.) (Nr. 6.)

Jugendschriften, Münchener. Jetzt: München u. Kevelaer, Münch. Jugend- u. Volksschriften-Verlag. Erh. Pr. à — 20; je 5 Nrn. in 1 Bibliotheksbd. n. 1.60; in Salonbd. n. 1.75.

— **Münchener. Nr. 21—25. kl. 8. München. Kevelaer, Butzon & Bercker. à — 15; je 5 Nrn. in 1 Lw.-Bd. 1.60**

Ali Baba u. die 40 Räuber u. and. Märchen aus 1001 Nacht. (104 S.) (907.) (Nr. 22. 23.)
Maidorf, Marianne, Künstlerkind. — Der tapfere Italienerjunge. 2 Erzählgn. (72 S.) (907.) (Nr. 24.)
Proschko, Hermine, die Nachtigall u. andere Erzählungen. (63 S.) (907.) (Nr. 25.)
Smidt, Heinr., das Kind der Hallig. Erzählung. (58 S.) (907.) (Nr. 21.)

Jugendschriften, neue, von Tante Amanda. 1. Bdchn.: Das Glück der Entbehrung. Eine Erzählung für die Jugend. 12. (157 S. mit 2 Stnt. in Tondr.) Berlin 854, J. A. Wohlgemuth. *

[Neue **Jugendschriften**. 1. 2.] Hamburg: Agentur d. Rauhen Hauses [um 1900] 8° [F.] [illegible]

Jugend- u. Volksschriften, neue. 1.—4. Bd. 8. Köln. Bonn, A. Ahn. 12.50

Blumberger, Frdr., Altkreuznach. Roman aus d. Nahetal. (273 S.) (907.) (Bd. 1.) 2.50; geb. 3.50
— Neue Fabeln, Parabeln u. Erzählgn. f. die Jugend. (VII, 215 S.) (908.) (Bd. 4.) 2.—; geb. 3.—
Cüppers, Ad. Jos., im Banne der Wiedertäufer. Roman aus dem 16. Jahrh. 2. Aufl. (342 S.) (907.) (Bd. 2.) 4.—; geb. n 5.—
Eschelbach, Hans, Erzählgn. Mit Bildern v. A. Sieberath, J. Schönbrunner, J. van Taak u. R. Rucktäschl. 3.—5. Taus. (VIII, 350 S.) 908. (Bd. 3.) 4.—

— **vaterländische. 1.—25. Bd. kl. 8. Berlin, Verlag Jugendhort. Geb. in Leinw. à 1.—**

Höcker, Gust., Andreas Hofer u. der Tirolerkrieg v. 1809. Der deutschen Jugend erzählt. (VII, 150 S. m. 4 Vollbildern.) (910.) (7. Bd.)
— Theodor Körner, d. Sänger u. Held v. Lützows wilder Jagd. Der deutschen Jugend erzählt. (VII, 138 S. m. Titelbild.) (910.) (21. Bd.)
— Arnold v. Winkelried, der Held v. Sempach. Ein Geschichts- u. Kulturbild aus dem 14. Jahrh. (VII, 135 S. m. 3 Vollbildern.) (910.) (22. Bd.)
Köppen, Fed. v., Hohenzollern u. Brandenburg. Vaterländ. Geschichten. (VII, 87 S. m. 4 Vollbildern.) (910.) (4. Bd.)
— Das alte Ordensland. Bilder aus der Geschichte des deutschen Ordens in Preußen. (VII, 80 S. m. 4 Vollbildern.) (910.) (11. Bd.)
Köppen, Frdr. v., Blücher. Ein Lebensbild f. die deutsche Jugend. (VIII, 279 S. m. 4 Vollbildern.) (910.) (14. 15. Bd.)
Kühn, Frz., der Burggraf v. Nürnberg. Eine Erzählg. f. d. Jugend. (IV, 89 S. m. 3 Vollbildern.) (910.) (10. Bd.)
— Derfflinger. Eine Erzählg. f. die Jugend. (119 S. m. 4 Vollbildern.) (910.) (23. Bd.)
— Nettelbeck. Eine Erzählg. f. die Jugend. (122 S. m. 4 Vollbildern.) (910.) (25. Bd.)
— Scharnhorst. Eine Erzählg. f. die deutsche Jugend. (91 S. m. 4 Vollbildern.) (910.) (20. Bd.)
— Ferdinand v. Schill. Eine Erzählg. f. die deutsche Jugend. (168 S. m. 4 Vollbildern.) (910.) (24. Bd.)
— Seydlitz. Eine Erzählg. f. die Jugend. (176 S. m. 4 Vollbildern.) (910.) (13. Bd.)
Nover, Jak., Hermann der Cherusker u. die Freiheitskämpfe der Germanen gegen Rom. (VII, 138 S. m. Titelbild.) (910.) (8. Bd.)
— Wilhelm Tell u. die Freiheitskämpfe der Schweiz. (VII, 146 S. m. 4 Vollbildern.) (910.) (6. Bd.)
Oehlke, Alfr., der Freiherr vom Stein. Ein Zeit- u. Lebensbild. (VII, 123 S. m. 4 Vollbildern.) (910.) (16. Bd.)
Ohorn, Ant., an Weimars Musenhofe. Geschichtliche Erzählg. f. die Jugend. (VII, 130 S. m. 4 Vollbildern.) (910.) (3. Bd.)
— Karlsschüler u. Dichter. Geschichtliche Erzählg. f. d. deutsche Jugend. (VII, 136 S. m. 4 Vollbildern.) (910.) (1. Bd.)
— Schiller u. Goethe. Geschichtliche Erzählg. f. die Jugend. (V, 131 S. m. 4 Vollbildern.) (910.) (2. Bd.)
Schrader, Ferd., Friedrich d. Große u. d. siebenjährige Krieg. (120 S. m. 4 Vollbildern.) (910). (12. Bd.)
Sonnenburg, Ferd., der schwarze Herzog. Erzählung. (VII, 124 S. m. Titelbild.) (910.) (19. Bd.)
— Der Hirtenknabe vom Spessart. Eine Erzählg. f. d. deutsche Jugend. (VII, 128 S. m. 4 Vollbildern.) (910.) (17. Bd.)
— Der Kapitän v. Westerland. Eine Erzählg. f. die deutsche Jugend. (VII, 131 S. m. 3 Vollbildern.) (910.) (9. Bd.)
Würdig, L., Gustav Adolf in Deutschland. Geschichtliche Erzählg. (VII, 115 S. m. 4 Vollbildern.) (910.) (5. Bd.)
— König Friedrich Wilhelm I. u. Kronprinz Friedrich. Nach den besten Quellen f. jung u. alt bearb. (VII, 122 S. m. 4 Vollbildern.) (910.) (18. Bd.)

Jugend- und Volksschriften. (Hrsg. von [Peter] Altscheffel, Oberrealschullehrer.) Bdch. 1. *Saarbrücken: C. Schmidtke 1903.* 8° [F.] [illegible]

Jugend- u. Volksschriften. 1. Bdchn. 12. Saarbrücken, C. Schmidtke. n. — 85

Eismaschine u. Bierbrauerei, leicht verständlich beschrieben. Von L. Altpeter. (47 S. m. 1 Abbildg.) 903.

Jugendschriften, welche sich vorzüglich als Prämienbücher für Zöglinge der k. k. Militär-Bildungsanstalten eignen dürften. Vorräthig in *L. W. Seidels* Buchhdl. *Wien* 1858-59. *A. Schweiger*. 16 S., 8°.

Zur **Jugendschriftenfrage**. Eine Sammlung von Aufsätzen u. Kritiken. Mit d. Anh.: Empfehlenswerthe Bücher f. d. Jugend m. charakterisierenden Anm. Hrsg. von d. Vereinigten deutschen Prüfungs-Ausschüssen f. Jugendschriften. *Leipzig: E. Wunderlich 1903.* (IV, 144 S.) 8° [illegible]

Jugend- u. Volksschriften-Katalog. Hrsg. im Namen der schweiz. gemeinnütz. Gesellschaft v. der beauftragten Specialkommission. gr. 8. (122 S.) Zürich 892. E. Leemann. n. — 60

Jugendschriften-Rundschau, österreichische, hrsg. v. der Gesellschaft Lehrmittel-Zentrale in Wien u. geleitet v. Jul. Fischer. 1. u. 2. Jahrg. 1904/1905 u. 1906 à 6 Nrn. (II, 67 u. 58 S.) Lex.-8. Tetschen, O. Henckel. à Jahrg. n.n. 1.25

Jugendschriften-Rundschau, österreichische. Hrsg. v. d. Vereinigg. deutsch-böhm. Jugendschriften-Prüfungsausschüsse u. v. Salzburger Jugendschriften-Prüfungsausschüsse. Geleitet v. Jul. Fischer. 8. Jahrg. 1907. 6 Nrn. (48 S.) Lex. 8. Tetschen, O. Henckel. nn 1.25

— dasselbe. Gegründet v. Otto Henckel. Organ d. Verbandes der deutschösterreich. Jugendschriften-Prüfungsausschüsse. Geleitet v. Jul. Fischer. Hrsg. v. deutschen Landeslehrerverein in Böhmen. Schriftleiter: Hardo F. Rosenberg. 4.—6. Jahrg. 1907—1910. à 6 Nrn. (IV, 48; IV, 52 u. IV, 72 S.) Lex. 8. Reichenberg, P. Sollors Nachf. à Jahrg. 1.—

Jugendschriften-Verzeichnis der Abteilung für Schülerbibliotheken des allgemeinen schles.-holst. Lehrervereins. 4. Aufl. Kiel. 1891. 8°

Jugendschriften-Verzeichniß, erstes kritisches. Hrsg. vom pädagog. Vereine in Berlin. gr. 8. (35 S.) Berlin 864, Geelhaar.

—— dass. — 2. und 3. kritisches. Hrsg. vom pädagog. Vereine in Berlin. gr. 8. (40 und 48 S.) Ebendas. 865,67. à * *

Jugendschriften-Verzeichniß, kritisches. Hrsg. vom pädagog. Vereine in Berlin. 2. Aufl. [Stark verm. Gesammtausg. des 1., 2. und 3. krit. Jugendschriften-Verzeichnisses.] 8. (144 S.) Berlin 870, Geelhaar. * 1 50

—— kritisches. Hrsg. vom pädagog. Verein in Wien. 16. (IV und 90 S.) Wien 867, Beck'sche Universitäts-Buchh. *

Jugendschriften-Warte. Organ der vereinigten Jugendschriften-Ausschüsse v. Augsburg, Berlin, Breslau, Cassel, Coburg, Dresden, Frankfurt a/M., Gotha, Hamburg, Hildesheim, Königsberg i. Pr., Nordhausen, Wiesbaden, Zerbst. Leiter: Paul Ziegler. 1. Jahrg. Aug.—Dezbr. 1893. 6 Nrn. gr. 4. (24 S.) Berlin, (W. & S. Loewenthal). n. — 60

— dasselbe. 2. Jahrg. 1894. 12 Nrn. (½ Bog.) gr. 4. Ebd. n. 1. —

Jugendschriften-Warte. Organ d. verein. deutschen Prüfungsausschüsse f. Jugendschriften v. Augsburg, Berlin, Breslau etc. Red.: Paul Ziegler. 3. Jahrg. 1895. 12 Nrn. (à ca. 4 S.) gr. 4. Berlin (W. & S. Löwenthal). n. 1. —

— dasselbe. 4. Jahrg. 1896. 12 Nrn. (à ca. 4 S.) gr. 4. Berlin (Hamburg, C. Boysen). n. 1. 20; einz. Nrn. n. — 10

Jugendschriften-Warte. Organ der vereinigten deutschen Prüfungs-Ausschüsse für Jugendschriften. Verantwortl. Redakteur: Heinrich Wolgast. Jg. 5 ff. Hamburg. 1897 ff. Beilage zur Schleswig-Holsteinischen Schulzeitung.

— dasselbe. Hrsg. v. Hamburger Prüfungsausschuss f. Jugendschriften, i. V.: Fr. v. Borstel. Red.: Heinr. Wolgast. 5. u. 6. Jahrg. 1897—1898. à 12 Nrn. (à ca. 4 S.) gr. 4. Ebd. à Jahrg. n. 1. 20
Hrsg. d. 6. Jahrg. war C. A. Hellmann.

Jugendschriften-Warte. Organ der vereinigten deutsch. Prüfungs-Ausschüsse f. Jugendschriften. Hrsg. vom Hamburger Prüfungsausschuss für Jugendschriften. Red.: Heinr. Wolgast. 7.—10. Jahrg. 1899—1902. à 12 Nrn. gr. 4. (à ca. 4 S.) Hamburg (Leipzig, E. Wunderlich.) à Jahrg. n. 1. 20

Jugendschriften-Warte. Organ der vereinigten deutschen Prüfungs-Ausschüsse f. Jugendschriften. Hrsg. vom Hamburger Prüfungsausschuss f. Jugendschriften i. V.: Herm. L. Köster. Red.: Heinr. Wolgast. 11.—14. Jahrg. 1903—1906 à 12 Nrn. (à Jahrg. 48 S.) gr. 4. Hamburg (Leipzig, E. Wunderlich.) à Jhrg. n. 1. 20

Jugendschriften-Warte. Organ der vereinigten deutschen Prüfungsausschüsse f. Jugendschriften. Begründet 1893 v. Paul Ziegler. Hrsg. v. Hamburger Prüfungsausschuss f. Jugendschriften i. A.: Hans Brunckhorst. Red.: Heinr. Wolgast. 15.—18. Jahrg. 1907—1910. à 12 Nrn. (à Jahrg. 48 S.) 31×22,5 cm. Hamburg. Leipzig, E. Wunderlich. à Jahrg. 1. 20

Jugend-Segen! Oder Einführung des jungen Christen in das Heiligthum des kathol. Gottesdienstes. Ein Lehr-, Gebet- und Gesangbüchlein, der kathol. Jugend gewidmet von einem Pfarrer der Erzdiöcese Freiburg. gr. 12. (VI und 174 S.) Villingen 853, Förderer.

Jugendspiegel. 1) unterhaltende Erzählungen ein. Mutter f. ihre Kinder. 2) Geschichte u. Begebenheiten einer Fliege, von ihr selbst beschrieben, aus d. Engl. 8. Heidelberg, Engelmann. 814.

Jugendspiegel. Aus dem Englischen. 8. Heidelberg. 814. Ist jetzt Verlag von Hermann in Frankfurt a. M.

Jugendspiegel, e. Reihe kleiner Erzählungen. 8. Landshut 827, Krüll.

Jugendspiegel. Eine Reihe kleiner Erzählungen. Von dem Verfasser der lehrreichen Erzählungen für die Jugend. 2e sehr verb. u. verm. Aufl. Mit Titelkpfr. 8. Landsh. 834. Krüll. 5/6

Jugendspiegel. Eine Reihe kleiner Erzähln. Von d. Verf. d. „lehrr. Erzählungen f. d. Jugend." 2., sehr verb. u. verm. Aufl. Mit Ttlkpfr. 8. (6 B.) Landshut 834. [Regensburg, Manz.]

Jugendspiegel. Eine Reihe kleiner Erzählungen. Von dem Verf. der lehrreichen Erzählungen für die Jugend. 3., verb. und verm. Aufl. 8. (127 S. mit 1 Ttlkpfr.) Regensburg 856, Manz.

— oder: Lehrreiche Erzählungen, allen Eltern, Kindern u. Dienstboten geweiht vom Verfasser der armen Hirtenfamilie. 1e u. 2e Lfrg. gr. 12. Passau 837, 39. Winkler. (à ¼ [illegible]) [illegible]

Jugendspiegel, oder: lehrreiche Erzählungen, allen Eltern, Kindern u. Dienstboten geweiht v. Verfasser der armen Hirtenfamilie. 3. Liefg. gr. 8. Passau 842, Pleuger. (Pustet's Buchh.) ¼ ℛ — 1. u. 2. Liefg. 1837, 39. (à ¼ ℛ) ½ ℛ

Jugendspiegel. Neue Kinderbücher. Hrsg. v. Helene Rieß u. Eugenie Hoffmann. 1. Bdchn. 8. Wien 905. H. Heller & Co. n. — 20
7 Märchen. (Der Mund der Wahrheit.) Von C. W. Th. Fischer. — Der Engel. Von Gerh. Ouckama Knoop. — Die Lebensgeschichte e. Schulbuchs. Eine Jugendarbeit v. Ellen Key. — Froschprinzessin Quakuschka. Nach e. russ. Volksmärchen v. Elisab. Rona-Sklarek. — Was aus Aschenbrödels Schuh geworden ist. Nach dem Engl. v. Eugenie Hoffmann. — Die Aepfel. Von Helene Rieß. — König Jan. Ein afrikan. Märchen. Uebers. v. E. Lewinsky.) Mit 25 Bildern nach Orig.-Federzeichngn. v. Pauline Ebner. (61 S.)

Jugendspiegel, Fortsetzg., s.: Kinderbücher, neue.

Jugendspiegel aus Gotthold's zufälligen Andachten von Chrn. Scriver, mit einem Anh. von Gebeten für Confirmirte von Chrph. Stähelin. Neu hrsg. von einem evangel. Geistlichen. 8. (80 S.) Stuttgart 862, Belser'sche Verlagsh.

Jugendspiegel für fleißige Kinder. 4. (8 color. Stnt.) Alt-Gersdorf 874, Deckart. cart. — 80

Jugendspiegel f. fleißige Kinder. 4. (8 color. Steintaf.) Alt-Gersdorf 874. Meißen, Schlimpert. — 80

Jugendspiegel f. Kinder v. 4—8 Jahren. 4. (24 color. Bl. in Holzschn. mit Text.) Stuttgart 848, Schulz. 21 ℊℊ

Jugendspiegel für Kinder von 4—8 Jahren. 4. (24 ill. Bl. in Holzschn. mit Text.) Stuttgart 850, Schulz.

JUGENDSPIEGEL, Neu polirter und wohlgeschliffener. Mainz 1715.
Wagenseil, Unterhaltungsbuch etc. Bd. I. Nrnb. 1837. 8°. p. 204 (ohne Formats- u. Quellen-Angabe).

Die deutsche Jugend- und Volksspielbewegung in Oberschlesien, Ihre Entwicklung v. 1900—1904 u. ihre weiteren Ziele. Kattowitz (O.-Schl.) 1905 Gr.-8°.

Die deutsche Jugend- und Volksspielbewegung in Oberschlesien im Jahre 1905. Hrsg. v. d. Vorstande d. Oberschlesischen Spielverbandes. Kattowitz 1906. 63 S.

Jugendspiele, s.: Vorträge, volksthümliche, d. allg. n.=d. Volksbildungsvereins.

Jugendspiele. Zur Erholung und Erheiterung. 1. Thl. Knabenspiele. 8. (107 S. und 4 ill. Kpfr.) Tilsit 848, Sommerfeld.

—— dass. — 2. Thl. Mädchenspiele. 8. (93 S. und 4 ill. Kpfr.) Ebds. 848.

Jugend=Spiele. — All Sorts of Games. — Divertissements de tout genre. — Allerlei vermaak. 4 Hefte. qu. 16. (à 8 color. Stnt.) Stuttgart 875, G. Weise. à Heft 20 Pf.

Jugendspiele. Stabreigen, Spring- und Barrenübungen. Mit einem Stabreigenliede. An der schweizer. Turnlehrerversammlung in Zürich praktisch und theoretisch dargestellt. gr. 8. (40 S. mit 7 Fig.) Zürich 886, Orell, Füssli und Comp., Verlag. * 1 50

Jugendspiele. Stabreigen, Spring- u. Barrenübungen. Mit e. Stabreigenliede u. 7 Fig. An der schweiz. Turnlehrerversammlung in Zürich praktisch u. theoretisch dargestellt. gr. 8. (40 S.) Zürich 887. Orell Füssli Verl. n. 1. 50

Jugendspiele, Zürich, 40 S., 8°.
1. Schurter, H., Jugendspiele, Referat, S. 3—20.
2. Spalinger, J., Jugendspiele in Beziehung z. Schulturnen, S. 21—28.
3. Müller, J. J., Stabreigen zu f. Liede: Herbstgesang, S. 29—35 u. 38—40.
4. Ziegler, Karl, Spring- u. Barrenübungen, S. 35—37.

Jugendspiele. Eine Sammlung alter u. neuer Spiele für Knaben u. Mädchen f. das Freie u. f. das Zimmer. (64 S.) 82. Leipzig (906). S. Schnurpfeil. n. — 10

Jugendspiele f. jede Jahreszeit im Freien u. im Zimmer, f. Knaben u. Mädchen jeden Alters. Nebst e. Anh.: Rätsel, sinn. Fragen u. Aufgaben m. ihren Auflösgn. enth. Hrsg. v. L. F. C. Neuejte, verb. u. verm. Aufl. v. A. K. Durchges. v. Val. Schürger. 4. (V, 118 S. m. Abb.) Regensburg 896. F. v. Stokar. Geb. 1. 50; in Prachtbd. 2. —

Jugend-Spiele, die, in den vier Jahreszeiten. Dargestellt in Bildern und Versen. qu. 12. (24 S. mit eingedr. ill. Stnt.) Frankfurt a. M. 856, Krebs-Schmitt. *

Jugendspiele für muntere Knaben. Schönstes Bilderbuch mit 12 ill. Bildern. 4. (12 Stnt.) Fürth 860, Löwensohn.

Ueber Jugend- u. Volksspiele. Mitteilungen des Zentralausschusses zur Förderung der Jugend- u. Volksspiele in Deutschland. Herausgeg. von Em. v. Schenckendorff u. F. A. Schmidt. Hannover-Linden: Manz & Langer 1892.

Jugend- und Volksspiele, Breslau 1904, 14 S., 8°.

Jugend- und Volksspiele in Deutschland, Dresden 1891, 3 S., 4°.

Deutscher Jugendsport in Bild und Wort. Ein Lexikon für junge Sportsfreunde. Hrsg. v. R. Nordhausen. Leipzig 1909. 850 S. m. Abb.

Jugendstreiche u. Altersbelustigungen, od.: Scherz u. Ernst, Wahrheit u. Dichtung. Von e. Veteran (Joh. Friedr. Dietrich). 2 Thle. 8. (29½ B.) Meißen 829, [Klinkicht u. Sohn.]

Jugendstreiche und ihre Folgen. 8. (8 color. Stnt. mit Text.) Reutlingen 873, Enßlin und Laiblin. [Stuttgart, Neugebauer und Votteler.] (60 Pf.) — 45

Jugendstreiche, Kater Murr's. Berlin 1843. V: *Poland, Louis.* (Ky)

JUGENDSÜNDEN. (Zahme Gedichte.) Berlin, Nicolai, 1800. 8°. Titel. 1 Bl., 136 S. (1 Mk. 50 Pfg., unbeschn., Baer & Co., 1894; 6 Mk. C. G. Boerner, Lpz., 1907.)

Jugendsünden. 8. Leipz. 800. (Nauck). 20 Ŋ

Jugendsünden. 8. Berl. (Sommer in Lpz.) 800.

Jugendsünden. Lemgo 1827. V: *Greverus, Joh. Paul Ernst.* (EE)

Jugendsünden. Gedichte e. jungen Livländers. (A. Z.) 8. (VII, 152 S.) Dresden 897. E. Pierson. n. 2. 50; geb. n. 3. 50

JUGENDSÜNDEN u. Ausschweifungen, oder Geständnisse meiner Verirrungen. Eine wahre Geschichte. Leipzig, literar. Central-Comptoir, 1820. 8°. Selten!
Anzeige der Verlagsfirma.

Jugend-Tage. Gedichte v. N. G. H. 8. (XVI, 288 S.) Berlin 882. Plahn. n. 4. —; geb. m. Goldschn. n. 5. 50

Jugendtage zweier nassischer Dorfgenossen. *Barmen: Missionshaus 1901.* (16 S.) 8° [J.]
— Missionstraktate, Kleine. No 36.

Jugendtage, meine. Eine Erzählung. Aus d. Engl. Mit e. Vorwort v. Alb. Knapp. gr. 12. Tübing. 834. Osiander. ⅔ ℳ

Jugend-Tempel, die, des Gut-Templer-Ordens. Basel 1892. 4 S.

Jugend-Theater. Mit 63 Abb. Hrsg. von d. Red. d. Guten Kameraden. 3. Aufl. *Stuttgart, Berlin, Leipzig: Union [1899].* (127 S.) 8° [J.]
— Taschenbücher, Illustrierte, f. d. Jugend. 0. [00. 3978

Jugendtheater, belehrendes und unterhaltendes. Eine Sammlung von Schau- und Lustspielen für das reifere Alter. Hrsg. von Rob. Schiff, J. Neumann u. A. 1—4. Bdchn. gr. 16. Leipzig, H. Fritzsche. Zusammen
Auch unter den Titeln:
Bdchn. 1. Die Aehrenleserin. Schauspiel in 1 Aufz. (und:) Rübezahl. Lustspiel in 1 Aufz. (92 S. und 2 ill. Kpfr.) 847. * 10 Ngr.
" 2. Die Stunden der Andacht. Schauspiel in 2 Aufz. von J. Neumann. Die bestrafte Schwärmerin. Lustspiel in 2 Aufz. Nach Raupach's Schleichhändlern bearb. von Rob. Schiff. (104 S. mit 2 ill. Kpfrn.) 847. 12 Ngr.
" 3. Ein Jeder erhält seinen verdienten Lohn. Lustspiel in 3 Aufz. Bearbeitung des Schillerschen Parasiten für die reifere Jugend von Rob. Schiff. (92 S. und 1 ill. Kpfr.) 848. 12 Ngr.
" 4. Der Neujahrsabend. Ein Schauspiel für Familienzirkel. In 2 Aufzügen. Von J. Neumann (Satori). (82 S. und 1 ill. Stnt.) 7½ Ngr.

Jugend- und Familientheater, belehrendes und unterhaltendes. Eine Sammlung von Schau- u. Lustspielen. Herausg. von J. Neuman (Satori) und Rob. Schiff. 2. (Titel-)Ausg. Mit 6 color. Kpfrn. Leipzig 855. H. Fritzsche. 16. (2 Bl., 92, 104, 92, 82 S.) n. 1 ℳ

Jugend- und Schul-Theater, s. Abendunterhaltungen, lehrreiche.

Jugend- und Schul-Theater zur Uebung im Vortrag und Schärfung des Gedächtnisses, wie zur belehrenden Unterhaltung. Für Jugend- und Familienkreise, Bildungs- und Erziehungs-Anstalten, Schul-Bibliotheken rc. Eigenes und Fremdes. Hrsg. von Gall Morel. 1.—3. Bdchn. 2. Aufl. 8. Regensburg 875, Volks- und Jugendschriften-Verlag. cart. à Bdchn. ℳ 1,20.
Inhalt:
Bdchn. 1. Morel, Gall, Benno. — Die ungleichen Brüder. (VIII, 193 S.)
" 2. —— der Befreite. — Irinv. — Zwei Freunde. (163 S.)
" 3. —— Blind geladen. — Der Hausfriede. — Der Taubstumme. (149 S.)

Jugend- und Schul-Theater zur Uebung im Vortrag und Schärfung des Gedächtnisses, wie zu belehrender Unterhaltung. Für Jugend- und Familienkreise, Bildungs- und Erziehungs-Anstalten, Schul-Bibliotheken ɪc. Hrsg. von dem Verf. der „Uhrenhändler vom Schwarzwalde" ɪc. 1.—3. Bdchn. 8. [Regensburg 883.] Straubing, Volks- und Jugendschriften-Verlag. cart. à Bdchn.

Inhalt:

Bdchn. 1. Fernando. — Tief in Schulden. — Der Hermeskopf. — Heinrich v. Eichenfels. — Das blaue Wunder. (146 S.)
„ 2. Die verkannte Tochter. — Der Nachtwächter. — Der Alchimist. — Der Bärenwirth. — Des Vaters Bild. (139 S.)
„ 3. Der stumme Zeuge. — Ein Opfer der Freundschaft. — Der Räuberhauptmann. — Das Schützenfest. — Der g'scheidte Damian. (117 S.)

—— dass. — Hrsg. von dem Verf. des „Uhrenhändlers vom Schwarzwalde" ɪc. 4. und 5. Bdchn. 2. Aufl. 8. Ebendas. cart. à Bdchn. ℳ 1,20.

Inhalt:

Bdchn. 4. Der Unbekannte. — Der blinde Knabe. — Ludwig, der kleine Auswanderer. (154 S.)
„ 5. Kaiser Max auf der Martinswand. — Das Johanniskäferchen. — Der Kanarienvogel. (148 S.)

Jugend- und Schultheater zur Uebung im Vortrag und Schärfung des Gedächtnisses wie zu belehrender Unterhaltung. Für Jugend- und Familienkreise, Bildungs- und Erziehungsanstalten, Schulbibliotheken ɪc. ɪc. Hrsg. von dem Verf. „Der Uhrenhändler vom Schwarzwalde". 4. und 5. Bdchn. 8. Straubing 885, Volks- und Jugendschriften-Verlag. cart. à Bdchn. 1 20

Inhalt:

Bdchn. 4. Der Unbekannte. — Der blinde Knabe. — Ludwig, der kleine Auswanderer. 2. Aufl.
„ 5. Kaiser Max auf der Martinswand. — Das Johanniskäferchen. — Der Kanarienvogel.

1.—3. Bdchn. Ebendas. 1883. à ℳ 1.20.

Jugend- und Schul-Theater zur Uebung im Vortrag und Schärfung des Gedächtnisses wie zur belehrenden Unterhaltung. Für Jugend- und Familienkreise, Bildungs- und Erziehungs-Anstalten, Schul-Bibliotheken ɪc. Eigenes und Fremdes. Hrsg. von Wilh. Kammerer. 6.—11. Bdchn. 8. Regensburg, Volks- und Jugendschriften-Verlag. cart.

Inhalt:

Bdchn. 6. Kammerer, Wilh., Vertrau auf Gott und laß ihn walten. — Der Vetter. — Das Zauberhorn. (107 S.) 875. cart. ℳ 1.
„ 7. —— das Kirchweihfest. — Die Ostereier. — Ein Schulfest. (164 S.) 876. cart. ℳ 1.20.
„ 8. —— Geschwisterliebe. — Der Pflegesohn. — Die Waldkapelle. — Gestörtes Stillleben. (130 S.) 877. cart. ℳ 1.20.
„ 9. —— Rothkäppchen. — Tom. — Das stumme Kind. — Die feindlichen Brüder. (133 S.) 878. cart. ℳ 1,20.
„ 10. —— Gehorsam über Alles. — Das Glöckchen. — Er ist verrückt. — Das große Loos. (146 S.) 878. cart. ℳ 1,20.
„ 11. —— der Geizhals. — Bruder Unsinn. — Die Wallfahrt. — Der Holzhacker. (163 S.) 879. cart. ℳ 1,20.
„ 12. —— das Zauberschloß. — Vater und Söhne. — Der Vampyr. — Johann, der muntere Seifensieder. (145 S.) 879. cart. ℳ 1,20.

Jugendthorheit. Gedichte zweier Freunde. Basel 1891. 2. Aufl. V: ***Beurmann, Emil*** **& . . . (Franz Brümmer, Lex. d. dtsch. Dichter des 19. Jhdt. 6. Aufl. Leipz. 1913ff. I, 220/221) (Hdschr. Mitth. von Friedrich Müller, München.)**

Jugendthorheit. Gedichte zweier Freunde. 2. Aufl. Mit 37 Orig.-Illustr. von *C. Amiet, F. Baur, E. Beurmann, E. Dill, H. Emenegger, K. Jauslin, H. Lendorff, Th. Preiswerk, H. Sandreuter, F. Schider, F. Völlmy, A. Wagen, J. Wagner.* In-8°. 120 S. Basel, Sallmann & Bonacker, 1891. 4 —, gebd. 5 —

Jugend-Umzug. Zürich. Sechseläuten 1884. 7 S., mit Illustrationen. 1 —

Jugend-Universum. Monatsschrift f. Knaben zur Pflege eigentät.Selbsterziehg. Geleitet v. F. A. Müller. 3. Jahrg. 1908. 12 Hefte. (à ca. 16 S. m. Abbildgn.) 32×24 cm. Frankfurt a/M., H. Ehrentraut. 4. —

Jugendunterhaltungen. Eine Sammlung von Erzählungen, Beschreibungen, Anleitungen zu Beschäftigungen ɪc. veranstaltet von einigen Freunden der Jugend. 1r Bd. in 6 Lfrgg. Mit 18 Steindr. gr. 16. Berlin 837. Burmeister u. Stange. 1 ℛℳ

—— dess. — neue Ausg., s. Knapp, Ad., Theodor in seinen Mußestunden.

Jugend-Unterhaltungen, Geschichten, Erzähln. u. Fabeln, f. Knaben u. Mädchen z. Unterhalt. u. Belehr. 12. (4½ B. u. 8 col. Bild.) Aachen 838, Hensen u. Comp.

Jugendunterhaltungen z. nützl. Selbstbeschäft. u. Belehr. 8. Quedlb. Ernst. 803.

Jugendvereine u. Gewerkschaften. Briefe an e. christl. Jüngling. (135 S.) 8. Rixheim 906. (Straßburg, F. X. Le Roux & Co.) — 60
Sonderabdr. a. d. Straßburger „Kathol. Vereinsbl."

Jugendvorträge, nationale, veranstaltet v. d. Ortsgruppe Karlsruhe des deutschen Ostmarken-Vereins. 1. Jahrg. 1910. 4 Hefte. 8. Leipzig, B. G. Teubner. à — 40; in 1 Bd. geh. 1. 20

Lang, Karl, die Ausbreitg. des Deutschtums nach Osten. (20 S. m. 1 farb. Kartenskizze.) (Heft 4.)
Ott, Karl, die neuzeitliche Entwicklung der deutschen Sprache. (20 S.) (Heft 2.)
Pfeffer, Pet., Grundzüge der nationalen u. staatlichen Entwicklung Deutschlands. (20 S.) (Heft 1.)
Rieger, Gust., die neuzeitliche Ausbreitung des Deutschtums üb. See. (Mit e. Anh.: Statistische Übersichten, zusammengestellt v. Kreßmann.) (18 u. 15 S.) (Heft 3.)

Nationale Jugendvorträge, veranstaltet von der Ortsgruppe Karlsruhe d. dtsch. Ostmarkenvereins, Leipzig u. Berlin, 8°. 4 Bde.

1. Jg. 1910:

1. Pfeffer, Peter, Grundzüge d. nationalen u. staatl. Entwicklung Deutschlands.
2. Ott, Karl, Die neuzeitliche Entwicklung d. dtschn. Sprache.
3. Rieger, Gustav, Die neuzeitliche Ausbreitung d. Deutschtums über See.
4. Lang, Karl, Die Ausbreitung d. Deutschtums nach Osten.
5. Anhang: Kreßmann, Albert, Statistische Übersichten.

2. Jg. 1911:

1. Fritsch, Otto, Baukunst im dtschn. Osten.
2. Keller, Ernst, Vaterlandsliebe — Vaterlandspflichten.
3. Berger, Fritz, Kultur u. Nationalität.
4. Krukenberg, Elsbeth, Die dtsche. Familie.

Jugend-Wanderungen. Aus meinen Tagebüchern . . . Stuttgart 1835. V: *Pückler-Muskau, Hermann Ludwig Heinrich Fürst zu.* (EngG) (Ky) (EE) (BrMm)

Jugend-Wanderungen. Aus meinen Tagebüchern; für mich und andere. Vom Verf. der Briefe e. Verstorbenen (Fürsten Pückler). 8. Stuttgart 836. Hallberger. 2 ℛℳ

Jugendwanderungen, kleine, e. Bilderbuch f. Kinder. Mit 26 ill. Kpft. 8. Leipz. 808. P. F. Vogel. 1 ℛℳ 16 gr

Jugendwart, der. Monatsschrift f. Schüler gewerbl., kaufmännischer u. ländl. Fortbildungsschulen. Schriftleiter: Mehner. 1. u. 2. Jahrg. Oktbr. 1909—Septbr. 1911. à 12 Nrn. (I. Jahrg. 576 S. m. Abb.) gr. 8. Braunschweig, E. Appelhans & Co. à Jahrg. 4. —

Jugendwarte, stenographische. Red.: E. Mollenhauer. 8. Jahrg. 1901. 12 Nrn. 12. (à ca. 8 autogr. S.) Breslau. Liegnitz, Dr. v. Kunowski. n. 1. —

Jugendwarte, stenographische. Red. v. E. Mollenhauer. 5. Jahrg. 1903. 12 Nrn. (96 S.) gr. 8. Liegnitz, Dr. v. Kunowski. n.n. 1.—

— dasselbe. Organ der Schülervereine des Bundes f. Nationalstenographie. Red. v. E. Mollenhauer. Schriftleiter der Vereinsberichte: A. Schaper. 6.—8. Jahrg. 1904—1906. Mit Beilage: Stenographische Blätter. 7.—9. Jahrg. à 12 Nrn. (à Jahrg. 96 S. u. 96 autogr. S.) gr. 8. Ebd. à Jhrg. n. 1. 60; ohne Beilage n.n. 1.—

Jugendwarte, stenographische. Organ der Schülervereine des Bundes f. Nationalstenographie. Red.: E. Mollenhauer. Schriftleiter der Vereinsberichte: Behling. 9. u. 10. Jahrg. 1907 u. 1908. Mit Beilage: Stenographische Blätter. 10. u. 11. Jahrg. à 12 Nrn. (à ca. 8 S. u. 8 autogr. S.) gr. 8. Liegnitz, Dr. v. Kunowski. à Jahrg. nn 1.60; ohne Beilage nn 1.—
Erscheint nicht mehr.

Jugendwehr und Turnen in ihrem Werth für die Wehrhaftmachung der Jugend. Dresden 1876. V: *Pezolt, Ludwig.* (EB)

Jugendwehr und Turnen in ihrem Werth für die Wehrhaftmachung der Jugend. Eine Antwort auf die Bestrebungen des Abgeordneten Schöffel, die Jugendwehren in Oesterreich einzuführen. Hrsg. vom Salzburger Turnverein. 8. (34 S.) Salzburg 876, (Dieter.)

Jugendwehr-Verein, Bericht des Vorstandes, erstattet in der am 17. 3. 1864 anberaumten 2. ordentl. Hauptversammlung, Frankfurt a. M. 1864, 14 S., kl.-8°.

Jugendwelt. Eine Zeitschrift für Geist und Herz. 1. Jahrg. Juli—Dec. Basel 1825. H: *Krey, A. L.* (MGT) *Krey, E. Ch. G.* (Ky)

Jugend-Welt. Eine Zeitschrift f. Geist u. Herz. 1r Jahrg. 1825 July—Decbr. 30 Nummern, gr. 8. Bas., Schweighäuser.

Jugendwelt, die. Unzerreißbares Leinwand-Bilderbuch für Kinder. gr. 16. (16 ill. Stut.) Nürnberg 862, Geißler. *

Jugendwelt, die. Wochenschrift zur Bildung des Herzens u. Geistes. 1. Jahrg. 1877. 52 Nrn. (B.) gr. 8. Barmen, Jugendwelt-Expedition. n. 4.—

Jugendwelt, die. Wochenschrift zur Bildung des Herzens und Geistes. 1. Jahrg. 1877. 52 Nrn. (Bog.) gr. 8. Barmen, Möllenhoff. *

—— dass. — Hrsg. von W. Kaiser. 2. Jahrg. 1878. 52 Nrn. (Bog.) gr. 8. Barmen, Expedition. *
Nicht weiter erschienen.

Jugendwelt, die. Illustr. Unterhaltungsblatt f. Jugend u. Familie. Verantwortlich: E. Ungerer v. d. Osten; f. Oesterreich: Heinr. Schellbach. 2. Jahrg. 1910. 52 Nrn. (à ca. 20 S.) Lex. 8. Stuttgart, Jugendwelt-Verlag. à Nr. — 15
Vergl.: Kinderwoche, die.
Erscheint nicht mehr. Firma erloschen.

(F) Die Jugendwelt. Illustriertes Unterhaltungsblatt für Jugend und Familie. 2. Jahrg. 1910. 4°. 1. Heft K —.20
Wien: Sallmayer 1910.

Jugendwohlfahrt. 1. Leipzig & Berlin: Teubner 1909. 8°

Jugendzeit. 6 (farb.) Kinderbilder. 4. Toplitz 890. Willner & Pick. n. 2. 50; einzelne Blätter à — 60

'Aus der **Jugendzeit**'. Deutsche Volkslieder in Bildern von Arpad Schmidhammer. Berlin: Fischer & Franke [1901]. (24 Bl.) 8° [Umschlagt. F.]
— **Jungbrunnen**. 20. [05. 12086

Aus der **Jugendzeit**. Mit 27 Ill. von R. Cossmann, J. Kuhn-Regnier, E. Kunolt, O. Lagemann, H. Leiter. Berlin: G. E. Nagel [1903]. (62 S.) 8° [F.]
— **Bibliothek**, Nagel's, illustrierter Humoresken. 8. [06. 3478

Aus der **Jugendzeit**. Lieder- u. Kommersbuch fürs Deutsche Haus. Bd 1, H. 1. Berlin & Leipzig: W. Vobach & Co. [1904]. 8° [Ant. u. F.]
(Beilage zu d. Liederheften d. 'Musik-Mappe'.) [07. 1834

Jugendzeit, frohe. Unzerreißbares Bilderbuch. 4. (12 farb. Taf. m. eingedr. Text.) Stuttg. 889, G. Weise. cart. 2 50

Jugendzeit, frohe. 4. (12 farb. Bl. m. eingedr. Text.) Stuttgart 896. G. Weise. Kart. 1.—

Jugendzeit, fröhliche. (16 S. m. z. Tl. farb. Abbildgn.) Fol. Reutlingen (908). Enßlin & Laiblin. n. — 80; auf Pappe. (8 S. m. farb. Abbildgn.) Geb. n. — 90

[F.] Aus goldener **Jugendzeit**. Kleine Erzählgn u. Märchen f. liebe Kinder. M. 3 Farbendruckbildern. *Mülheim a. d. R.: J. Bagel [1895].* (79 S., 2 Taf.) 1 Bd 8. [96. 713

Aus der **Jugendzeit** eines alten Pastors, hrsg. von Prof. D. [Johann] Fr[iedrich] Hashagen, Rostock. Wismar: H. Bartholdi 1906. (VIII, 320 S.) 8° [F.] [05. 14684

Jugendzeit, der, glückliche Tage. Mit 12 lithogr. und ill. Abbild. qu. 8. Nürnberg 849, Renner und Comp.

— **goldene Zeit.** (8 Bl. m. farb. Abbildgn.) gr. 4. Ebd. (908). n. — 60; auf Pappe. (8 S. m. farb. Abbildgn.) Geb. n. — 90

— **schöne Zeit.** gr. 4. (12 S. m. z. Tl. farb. Abb.) Konstanz 897. C. Hirsch. — 75

Jugendzeitung. 2 Thle. 8. Kehl, Müller. 783. Rthlr.

Jugend-Zeitung: Band 1–2, Nov. 4, 1843 – Nov. 22, 1845.
Fortnightly. Quarto, each issue 4 pages, printed on excellent rag paper. Edited & published by Carl Weitershausen. Printed by J. G. Backofen.
Pittsburgh, PA

Jugend-Zeitung, allgem., f. Deutschlands Söhne u. Töchter z. Belehr. u. Unterhalt. Hrsg. von d. Verf. d. christl. Familien-Tempels etc. 1. Jahrg. 1840. Oct. — 1841. Sept. Lex.-8. ($6^1/_4$ B. u. 12 Blätt. Abbild.) Augsburg, Schlosser's Buchh. $^1/_2$ Thlr., col.

— Dessauische, s. Becker.

Jugendzeitung, Deutsche, eine Zeitschrift für die Unterhaltung und Bildung . . . Frankfurt a. M. 1800. H: *Trimolt, Joh. Glieb.* (Ky)

— deutsche, e. Zeitschrift f. die Unterhaltung u. Bildung unserer vaterländ. Jugend herausgeg. von e. Gesellschaft Erzieher. 1r Jahrg. in 12 Heften, (v. J. G. Trimolt). gr. 8. Frankf. a. M. 800. Mohr in Heidelb. 3 ₰ 12 ℛ

— deutsche. E. Zeitschr. f. d. Unterh. und Bild. uns. vaterl. Jug. herausg. v. e. Gesellsch. Erzieher. 1r Jahrg. in 12 Hft. gr. 8. Frkft. Mohr. 802.

Jugendzeitung, deutsche, Blaetter z. Belehr. u. Unterhalt. a. d. Reiche d. Natur u. d. Gebiete d. Künste u. Wissenschaften. Hrsg. v. J. C. Schneemann. 1—3. Jahrg. 1832—34. à 12 Hfte. (à 1 Bog. u. 2 Stndr.) gr. 4. Dresden, (Arnold.) à J. 1 Thlr., ill.

JUGENDZEITUNG, DEUTSCHE. Blätter zur Belehrung und Unterhaltung aus dem Gebiete der Natur und Kunst. Deutschlands Söhnen und Töchtern gewidmet. Herausgegeben von J. C. SCHNEEMANN. II. Jahrgang mit 24 lithographierten Abbildungen. Dresden, in der Expedition der deutschen Jugendzeitung. 1833. 196 Spalten. Gr.-4°. Pappbd. d. Z. 20.—
Die Bilder bringen Tiere, Ansichten, technische Spiele, Luftballons, Kostüme usw. Inhalt: Naturwissenschaftliches, Gedichte, Biographien, Geschichten, Rätsel etc. — Wenige Fleckchen. Einband etwas berieben.

Jugend-Zeitung, deutsche. 4—6. Jahrg. 1835—37. Neue Folge. Thaler-Magazin z. Belehr. f. d. Jugend u. Unterhalt. f. Erwachsene. Hrsg. v. J. C. Schneemann. à 12 Nrn. (Bog.) Jede m. 2 Stnt. Nebst d. Beiblättern: Feierstunden. — Der Tausendkünstler. — Der Turnplatz f. jeden Stand u. jedes Alter. gr. 4. Dresden u. Leipzig, Arnoldische Buchh. à J. * 1 Thlr., ill. Thlr. *
1—3. Jahrg. 1832—34. Ebendas. à J. * 1 Thlr., ill. * 2 Thlr.

—— dies. (mit d. Zusatz:) zur Belehr. u. Unterhalt. f. d. Jugend u. f. Erwachsene. Redig. v. J. C. Schneemann. 7—11. Jahrg. 1838—42. à 12 Lfgn. mit Abbildn. Nebst Gratisblättern: Deutscher Turnplatz f. Geist u. Herz. — Omnibus f. Verstand, Scharfsinn u. Witz. gr. 4. Meißen, Goedsche. à J. * 1⅓ Thlr., ill. *
Beilage hierzu, s. Taendel-Blaetter.

Jugendzeitung, deutsche, zur Belehrung u. Erheiterung f. d. Jugend u. für Erwachsene. Redig. u. hrsg. v. J. C. Schneemann. 12—16. Jahrg. 1843—47. à J. 12 Lfgn. Mit Abbild. u. d. Gratisblatte: Locomotive f. Verstand, Scharfsinn u. Witz. gr. 4. Meißen, Goedsche. à J. * 1 Thlr. — M. ill. Abbild. à *
1—11. Jahrg. 1832—42. Dresden, Arnoldische Buchh. à Jahrg. * 1 Thlr. Mit ill. Abbild. à * 2 Thlr.

Jugendzeitung, deutsche. Hrsgbr.: J. C. Schneemann. 17—21. Jahrg. 1848—52. à Jahrg. 12 Lfgn. (Bog.) Mit Stnt. und Gratisblatt: Lokomotive für Verstand, Scharfsinn und Witz. à Jahrg. 12 Nrn. (à ¼ Bog.) gr. 4. Meißen, Goedsche'sche Buchh. à Jahrg.
Mit ill. Abbildungen à Jahrg.

—— deutsche. Wochen-Schrift zur Bildung des Herzens und Geistes, redig. und hrsg. von Julin-Fabricius. 4. Jahrg. 1856. 52 Nrn. (Bog.) Lex.-8. Hamburg, (Th. Riemeyer. - Kittler.) *
Jg.1-3 unt.d.T.:Jugendzeitung, Norddeutsche.

Jugend-Zeitung, deutsche. Wochen-Schrift zur Bildung des Herzens und Geistes, redig. und hrsg. von Julin-Fabricius. 5. und 6. Jahrg. 1857 und 1858. à Jahrg. 52 Nrn. (Bog.) Lex.-8. Hamburg, (Th. Riemeyer.) (Kittler.) [5. Jahrg. * 2 Thlr. 12 Ngr., 6. * 2 Thlr. 20 Ngr.] *

—— dass. — 7. und 8. Jahrg. 1859 und 1860. à Jahrg. 52 Nrn. (Bog.) Lex.-8. Hamburg. Leipzig, (Wagner.) à Jahrg. *

—— dass. — 9. Jahrg. 1861. Redig. von C. G. T. Henrichsen. 52 Nrn. (Bog.) Lex.-8. Ebendas. *

Jugendzeitung, deutsche. Wochenschrift zur Bildung des Herzens und Geistes. Begründet von Julin-Fabricius. Redig. und hrsg. von Thdr. Henrichsen. 10.—14. Jahrg. 1862—66. à Jahrg. 52 Nrn. (Bog.) Lex.-8. Hamburg, Expedition. à Jahrg

Deutsche Jugend-Zeitung: 1875-? Elmira, Ont.
Monthly. Sunday School paper. Editor: J. Salinger.

Deutsche Jugend-Zeitung: 1888?—1890?
Juvenile fortnightly. Quarto, each issue 12 pages. Circulation: 1890, 1200. Edited by Josef Hampl, & published by Betz & Hampl, 1888—90.
Kansas City, MO

Jugend-Zeitung, deutsche. Hrsg. u. red. v. Paul Riebel. 1. Jahrg. Aug. 1893—Juli 1894. 24 Nrn. (½ Bog.) gr. 8. Berlin, M. Rudolp. Vierteljährlich -- 60

Jugend-Zeitung, germanische. Illustrierte Wochenschrift für Jugend und Haus. Redact.: Carl A. Krüger. 1. Jahrg. 1880. 25 Nrn. (à Nr. 1—1½ Bog. mit eingedr. Holzschn.) gr. 4. Danzig, Art.
Nicht weiter erschienen.

Jugendzeitung und Jahrbuch nebst den Beilagen auf die Jahre 1779/1786. Wesel 1779—86. H: *Hüther, Nicol.* (Ky) (MGT)

— u. Jahrbuch, nebst d. Beilagen, (v. N. Hüther) auf d. J. 1779—86. 13 Bdchn. gr. 8. Wesel, ... à Jahrg. 2 ℳ

— u. Jahrbuch nebst d. Beyl. a. d. J. 1782—785. 4. 12 Stck. gr. 8. Wesel. (Jg. à 2 Rthlr.)

—— illustrirte. Red. L. Meyer. 1. u. 2. Jahrg. 1846 u. 47 à 52 Nrn. (Bog.) Fol. Leipzig, Otto Wigand. à J. *

—— illustrirte. 3. Jahrg. 1848. Redig. von L. Meyer und 4. Jahrg. 1849. redig. von Ferd. Schmidt. à Jahrg. 12 Hefte. Lex.-8. Leipzig, O. Wigand. à Jahrg. *
1. und 2. Jahrg. 1846 und 1847. Ebendas. à Jahrg. * 3 Thlr. 10 Ngr.

Jugend-Zeitung, illustrirte. Hrsgbr. und Redact.: Herm. Heller. 1. Jahrg. 1878. 52 Nrn. (Bog. mit eingedr. Holzschn.) Imp.-4. Wien, Gorischek's Universitäts-Buchh.
Jg.2 s.:Jugendzeitung, Neue illustr.

- illustrirte, zur Belehrung u. Unterhaltung. Hrsg. v. Aug. Krebs. 1. Jahrg. 1894. 62 Nrn. (Bog.) gr. 8. Berlin, Neue Berliner Verlags-Anstalt, Aug. Krebs. n. 2.40

—— illustrirte, zur belehrenden Unterhaltung für die deutsche Jugend. Unter Mitwirkung mehrerer prakt. Schulmänner und Jugendschriftsteller hrsg. von Ph. Jac. Beumer. Jahrg. 1862. 10 Hefte. (à 4 Bog. Mit 30 Steinzeichnungen. 4. Wesel, Bagel.

— neue, herausgeg. von J. C. Lolz. Mit Kpf. Jahrg. 1810—820. 4. Leipz., Mag. f. Ind. u. Litt. à 3 ℳ 33 ℳ f. 1821—823, unter folgendem Titel: Zeitung, neue, für die Jugend. 1r—3r Jahrg. gr. 4. Ebd. (à J. 6 ℳ) 18 ℳ Hbg. Pr. 9 ℳ

—— neue, zur Belehr. u. Unterhalt. d. reif. Jugend. Hrsg. v. L. Jung. (1.) Jahrg 1830. 6 Hfte. M. 24 Kpfr. u. Vign. 4. Halberstadt. [Leipzig, Schreck.]

Jugend-Zeitung, neue deutsche. Zur Belehrung und Unterhaltung für die heranwachsende Jugend und für Erwachsene, Hrsg. von C. G. Holzmüller. 1—3. Jahrg. 1858—60. à Jahrg. 12 Lfgn. (1—1½ Bog. mit 1 Stnt. oder eingedr. Holzschn.) Dresden, (Zeh.) [1. Jahrg. * 1 Thlr., 2. und 3. Jahrg. à * 24 Ngr.] Thlr. *

—— neue illustrirte. Hrsgbr. und Redact.: Herm. Heller. 2. Jahrg. 1879. 52 Nrn. (Bog. mit eingedr. Holzschn.) Wien, (Manz'sche Hofbuchh.)
Jg.1 unt.d.T.:Illustr.Jugendzeitung.

—— neue illustrirte. Suppl. der „Wiener Hausfrauen-Zeitung". Redig. von H. Heller. 3. Jahrg. 1880. 52 Nrn. (Bog. mit eingedr. Holzschn.) 4. Wien, (Perles.) *
Nicht weiter erschienen.

—— new-yorker. Mit ill. Bildern als Beilagen. Hrsg. von B. A. Stecher. 1. Jahrg. Octbr. 1860 bis Septbr. 1861. 24 Nrn. (½ Bog.) gr. 8. New-York. (Philadelphia, Schäfer und Koradi.) *

Jugendzeitung, norddeutsche. Wochenschrift zur Bildung des Herzens und Geistes für die heranwachsende deutsche Jugend beiderlei Geschlechts, redig. und hrsg. von Julin-Fabricius. 1—3. Jahrg. 1853—55. à Jahrg. 52 Nrn. (Bog.) Lex.-8. Hamburg, (Kittler.) [1. und 2. Jahrg. à 4 Thlr., 3. Jahrg. ** 3 Thlr.]
Die Fortsetzung erschien unter dem Titel:
Deutsche Jugendzeitung.

Jugend-Zeitung, Stenographische, herausg. v. Prof. Franz Scheller u. Vinc. Zwierzina. 8. I. Jahr. 1881. (12 Hefte à ½ Bogen.) 1 fl. Wien: V. Zwierzina.

Jugler. Die Bergwerksverwaltung des Hannoverschen Oberharzes seit 1837 und der Ernst August Stollen. Berlin. 1851.

Jugler. Ueberblick der gegen. Verhältnisse des Königreichs Hannover nach ihren Beziehungen für die technische Anwendung. (Aus d. Zeitschr. d. Architekten- und Ingenieur-Vereins für das Königreich Hannover. Vol. I.) Hannover. 1855. 4.

Jugler, die Wassersäulenmaschine zu Lautenthal am Harz. Fol. (10 S. mit 3 lithogr. Zeichnungen.) Hannover 853, Gebr. Jänecke.
Aus: Notiz-Blatt des Architekten- und Ingenieur-Vereins, Bd. 3. Heft 1, besonders abgedruckt.

Jugler, August

Jugler, A., das 25jährige Dienst-Jubiläum des Stadtdirectors Hermann Rasch in Hannover am 21. Febr. 1879. gr. 8. (47 S. mit 2 lithogr. Abbild.) Hannover 879, Rümpler. *

— das 25jährige Dienst-Jubiläum des Stadtdirectors Hermann Rasch in Hannover am 21. Febr. 1879. Mit 2 (lith.) Abbildungen. gr. 8. (47 S.) Hannover 880. Rümpler? n. 1. —

— die Eilenriede in alter Zeit. Ein Culturbild aus Hannovers Vergangenheit. Mit 2 (chromolithogr.) Karten der Eilenriede. gr. 8. (69 S.) Hannover 884, Klindworth. geb.

— der Raubmörder Jaspar Hanebuth. Ein Lebensbild aus dem 30jähr. Kriege. Nach den Kriminal-Akten. 8. (35 S.) Hannover 880, Hahn'sche Buchh.

Jugler, Aug., Sommerfrische. Reise-Erinnerungen. 12. (VII, 134 S.) Hannover 886, Schmorl und v. Seefeld. * 1 —
geb. * 2 —

Jugler, Aug., aus Hannovers Vorzeit. Ein Beitrag zur deutschen Cultur-Geschichte. Mit 23 photolith. Abbildgn. (in gr. 8. u. qu. Fol.) u. 8 (eingedr.) Holzschn. Lex.-8. (X, 380 S.) Hannover 876. Rümpler. n. 10. —

Jugler, Aug., aus Hannovers Vorzeit. Ein Beitrag zur deutschen Cultur-Geschichte. 2. (Titel-)Ausg. gr. 8. (X, 380 S. mit 23 photolithogr. Abbild. und 8 Holzschn.) Braunschweig 883, Sattler. *M* 6.; geb.

Jugler, C. A., Succinctam admirandorum magneticorum historiam suppoditat. 20 pp. Jen. 4°.
1744

Jugler, Ferdinand, aus Hannover: Entstehungsgeschichte, Bereich und Organisation der richterlichen Gewalt des früheren Deutschen Bundes. (Unter Berücks. d. Rechtes früherer Bünde.) *Marburg 1904: (Heppeler & Meyer, Gießen.)* (60 S.) 8° [J.]
Marburg, Jur. Diss. v. [25. Juli] 1904

Jugler, Ferd., die allgemeine Gewerbe-Ausstellung der Prov. Hannover für das J. 1878. Im Auftrage und unter Mitwirkung des Vorstandes der Ausstellungskommission bearb. Lex.-8. (VIII, 180, 260 S. mit 6 Stat., 6 Lichtdr. und 1 chromolithogr. Plan.) Hannover 880, (Klindworth.) cart.

Jugler, Johann Bernhard August (Dothen/Tautenburg), An omnis legati translatio involvat ademtionem. Quaestio jur. controv. Präs. D. Christian Heinr. Breuning. Lpz. (Langenheim) 3. IV. 1773. 8 S. (4.50) 17137

Jugler, Johann Friedrich

— — ΑΝΔΡΑΠΟΔΟΚΑΠΗΛΕΙΟΝ, sive de nundinatione servorum apud veteres liber singularis historico-juridicus, ex quo lucem capere possunt auctorum loca complura. — Accedit medicus Romanus servus sexaginta solidis aestimatus (Sive tractatus de veterum medicorum nominibus functionibus et vili conditione, prorsus aliena ab arte statuque recentioris aevi medicorum doctissimorum clarissimorumque virorum. Leyden Juli 1671 u. 12. II. 1681) rarissimum nostris in oris opusculum. Lpz. (Jo. Georg Loewe) 1741. 4 Bl., 166 S., 5 Bl. (8.—) 17140
Gew.: Christian Gottlieb v. Holtzendorf (Baernstein, Lichtenau).

Iugler, Joh. Frid.: Ἀνδραποδοκαπηλεῖον. Sive de nundinatione servorum apud veteres liber singularis histor.-iur. Acc. Medicus Romanus servus sexaginta solidis aestimatus. Lipsiae 1742.

— J. Fr., de nundinatione servorum. Lips. 741. 8. 4 gr. Ed. nov. cui acc. Medicus Romanus servus sexaginta solidis aestimatus. Lips. 748. 8.

— Beiträge zur jurist. Biographie, oder Nachr. von d. Leben u. Schriften verstorbener Rechtsgelehrten. 6 Thle. gr. 8. Leipz. 773—80. Kummer. 5 xf 4 K

— bibliothecae hist. liter. sel. vide Struve.

Jugleri, J. F., Supplementa et emendationes ad Struvii bibl. litterariam ed. Köcher. Jen. 804. F. I. 8. 21 gr.

— supplement. et emendat. ad bibliothecam lit. Struvio-Juglerianam etc., ed. H. F. Köcher. Fasc. I. 8 maj. Jena 805. (Schmid). 21 gr.

— supplem. et emendat. ad Bibliothec. lit. Struvio-Iuglerian etc. ed. H. F. Koechler. Fasc. I. 8. maj. Ienae, Stahl. 805.

— — Dissertatio epistolica de interdictione studiorum quam primo saeculo a condita academia equestri Luneburgensi fere transacto. Lüneburg (Schmid) Sept. 1755. 23 S. (5.—) 17147

— — u. (Respond.) **Christian Friedrich Geier** (Sausedelitz), Dubia de sectione debitorum apud Romanos interpretationi Bynkershoekianae opposita Lpz. (Langenheim) 21. IV. 1741. 56 S. (6.80) 17141
Gew.: Joseph Anton Gabaleon Graf v. Wackerbarth (Zabeltitz).

— — Epistola gratulatoria in qua etiam de concinnando lexico jure consultorum non nihil disseritur ad virum Augustinum a Leyser. o. O. 21. X. 1741. 4 Bl. (3.50) 17143

— — Viro Johanni Jacobo Mauritio, praepotentium Hollandiae ordinum in circulo inferioris Saxoniae ministro ad capessendum splendidissimum munus praesidis generalis, militiae praefecti, et omnium collegiorum directoris in provincia Indiae Occidentalis, Surinamum dicta, mense Aprili 1742 Hamburgo discedenti summam animi pietatem atque demissionem declarat, et de eruditione Theodorae, Augustae, paucis praefatur. Hamburg (König). 14 S. (4.—) 17144

— Johann Friedrich, Viro clarissimo doctissimoque, Christiano Valerio Weidlingio, s. ministerii candidato, supremos in philosophia honores gratulatur, et de illicito ridiculoque disputandi fervore ad L. VI. §. l. c. de postul. quaedam disserit. Lpz. (Trog) 1738. (3.—) 17138

— — De principum personarumque illustrium funebribus imaginariis. Commentat. histor. — Edita ad conservandam memoriam Johannis Martini Jugleri, philos. magistri et sacerdotis Wetteburgensis parentis desideratissimi. Lüneburg (Joh. Wilh. Schmid) 1755. 20 S. mit genealog. Biogr. J. M. J.'s. (Pegau; M.: M. Bergmann.) (6.50) 17148

— — Judex sedens ex antiquitate derivatus. Commentatio brevis, rectori academiae Lipsiensis magn. domino Johanni Erhardo Kappio, eloqu. prof. publ. ordin. reliqu. demisse consecrata. Lpz. (Langenheim) Mai 1738. 16 S. (4.50) 17139

— — De litteris credentialibus legatorum. Diss. histor. Lpz. (Langenheim) 11. X. 1741. 24 S. (5.—) 17142

Gew.: Clemens Samuel Lipstorp, Conrad Widow (beide Hamburg).

Jugler, Jo. Fr., († d. 9. Jan. 1791.) histor. Nachr. von d. nächtl. Beerdigungen, als ein Denkmal d. Liebe rc. 8. Hannov. 757. Schmidt. 4 gr

Jugler, J. F., histor. Nachrichten von nächtl. Beerdigungen. Lüneb. 1757. 8.

— — Oratio de Ciceronomania eruditorum, recitata publice, quum in illustri gymnasio Weissenfelsensi juris naturalis, politices, eloquentiae et historiae litterariae professionem ordinariam auspicaretur. Weissenfels (Richter) 24. IX. 1744. 26 S. (5.—) 17145

— — De poesi Ciceronis ex historia litteraria disserit simulque ad audiendam orationem qua juris naturalis, politices, eloquentiae et historiae litterariae professionem ordinariam in illustri ad Salam Augusteo clement. sibi demandatam . . invitat. Weissenfels 24. IX. 1744. Lpz. (Langenheim). 16 S. (4.—) 17146

Jugler, Johann Friedrich, s. Reinoldi, B. H.: opuscula.

Jugler, J. F., de ritu tangendi evangelia in jurejurando. Luneb. 1728. 4.

– s. Scheidt, Chr. L.: commentatio.

Jugler, Johann Heinrich

— kl. Aufsätze medicin. Inhalts. 8. Stendal 795. Franzen u. Gr. 10 gr

Jugler, Johann Heinrich, s. Bang, F. L.: Auswahl.

— bibliotheca opthalm. spec. I. 8. Dessau, Gel. Handl. 783.

Jo. Henr. Jugler bibliothecae ophthalmicae specimen I. Hamburg. 1783. 8. — *Redit in* Ejusd. Opuscula bina medico litteraria, alterum specim. biblioth. ophthalm. primum, recensens auctores, qui usque ad Q. Sereni Sammonici aetatem in medicina oculari unquam claruere, alterum de collyriis veterum variisque eorum differentiis. Lips. et Dessav. (1784.) 1785. 8.

— de collyriis veterum etc. 8. Dessau 784. Gelehrt.-B. 2 gr

Jo. Henr. Jugler de collyriis veterum, variisque eorum differentiis diss. inaug. Bützow 1784. 8. — *Redit in* Ejusd. Opusc. bina. Lips. et Dessav. (1784.) 1785. 8.

— verm. Gedichte und Auff. 8. Lpz. Kummer. 788.

– s. Hippocrates: De visu libellus.

Jugler, Jo. Hnr., († 1814.) Nachtrag zu der Concurrenzschrift: Wie können billige Preise d. Apothekerwaaren rc. erhalten u. gesichert werden? 8. Hannov. 798. Hahn; (a. Franzen u. Gr. in Stendal). 5 gr Nachtrag. 8. Ebd. 798.

— opuscula bina medico-liter. 8. Dess. Gel. Handlung. 784.

— opuscula bina medico-liter. 8. Dessau 785. Gelehrten-Buchh. 6 gr

Gekronte Preisschrift über die von der churfürstlichen Akademie nützlicher Wissenschaften zu Erfurt aufgegebene Frage: Ist es nothwendig und ist es möglich, beide Theile der Heilkunst, die Medicin und die Chirurgie, sowohl in ihrer Erlernung als Ausübung, wieder zu vereinigen? Welches waren die Ursachen ihrer Trennung, u. welches sind die Mittel ihrer Wiedervereinigung? Von Johann Heinrich Jugler. .. Erfurt: Beyer & Maring 1799. 348 S. 8

— ist es nothwendig u. möglich, beide Theile der Heilkunst, d. Medicin u. Chirurgie, wieder zu vereinigen? Eine Preisschrift. gr. 8. Erfurt 799. (Otto). 14 gr

Repertorium über das gesamte Medicinalwesen in den braunschweig- lüneburgischen Churlanden. Ges. u. hrsg. von Johann Heinrich Jugler. Hannover: Helwing 1790. VIII, 236 S. 8

— Repertorium f. das Neueste aus der Staatsarzneiwissenschaft u. innern prakt. Heilkunde. 1r Jahrg. zu 4 Heften u. 2r Jahrg. 1r Thl. 8. Braunschw. 801, 2. Reichard. (Vogler in Potsd.)

– s. Rolle, J.: Über Harnruhr.

Wie ich mich beym Brunnentrinken habe ärgern müssen. Wer mich nicht lesen will, der kanns ja bleiben lassen. (Vf.: *J. H. Jugler.*) Rotterdam bey J. F. Eber auch in allen Wein- u. Bierschenken, 1776. 8°. (3 Mk. Georg Lissa, Berlin, 1892; 6 Mk. Jos. Baer & Co., Frf. a. M., 1894.) Seltene humoristische Schrift. Nicht im Anon.-Lex.

Jugler, Johann Martin

— M. Jo. Martin (Pegau), Dissertat. de prudente diffidentia. Präs. Christian Röhrensee. Wittbg. (Gerdes) 10. III. 1706. 28 Bl. mit Widm. v. Präs. (7.—) 17149

Jugler, Jos. Heinr., Leipzig u. seine Universität im 18. Jahrh. Aufzeichnungen des Leipziger Studenten J. aus dem J. 1779, hrsg. v. Frdr. Zarncke. Mit Titelbild, Plan v. Leipzig u. Karte der Umgegend. 2. [Titel-]Ausg. (v.: Leipzig u. seine Universität vor 100 Jahren.) (XII, 180 S.) 8. Leipzig [879] 909. Breitkopf & Härtel. 1. —

Jugoviz, A., illustr. Führer auf der Bahnlinie Eisenerz-Vordernberg, den steierischen Erzberg u. Umgebung. Illustr. v. A. Heilmann u. Ph. Koller. 3. Aufl. gr. 8. (VI, 102 u. 11 S. m. 5 Taf. u. Karten.) Wien 894. (Schworella & Heick.) Kart. n. 2. 60

Jugoviz, Anton. Collection der wichtigsten Materialien u. Erzeugnisse der Kärntner Montan-Industrie (Weltausstellung Philadelphia 1876). Klgft., Leon, 1876. 19 S.

Jugoviz, Rud[olf] Ant[on]. Wald und Weide in den Alpen. 1. Einführender Teil. Ein Beitrag zum Ausgleiche der Spannungen zwischen Forst- und Landwirtschaft in den österreichischen Alpenländern. Mit einem Titelbilde [Tafel] und mit 42 Abbildungen im Texte [und auf 1 Tafel]. II + XII + 98 S. 4. Wien, Wilhelm Frick, 1908. [M. 5. —]

Juhász, Jos., das Richard Wagner-Theater in Italien. Erinnerung an die Aufführungen des „Ring des Nibelungen". 2. Aufl. 8. (50 S.) Berlin 885, Zipf. * 1 —

Juhász gen. Schäfer, Jos., der Ring des Nibelungen. Erinnerung an die 100 Aufführungen des Richard Wagner-Theaters. Briefe und Reden Rich. Wagner's, Recensionen der bedeutendsten deutschen Zeitungen, geschichtl. Ueberblick der 100 Aufführungen aus dem Ring des Nibelungen. gr. 8. (136 S.) Darmstadt 883, (Hoffmann's Buchh.)

Juhász, P., und Siegmund, H., chemische Analyse der Mineralquelle zu Vöslau, s. Siegmund, H.

Juhl, B. N., A B C og forste Læsebog. gr. 8. (80 S.) Flensburg 870, Westphalen. * 35 Pf.; geb. * — 55

—— og D. A. Noiesen, Læsebog for Over- og Mellemklasser i Slesvigs danske Skoler. 1. Oplag. (VIII, 462 S.) 868. geb. ℳ 2., og 2. Oplag. Med et Anh. af W. Schröder. gr. 8. (VII, 431 S.) Ebendas. 875. geb. * 2 25

Juhl, B. N., og D. A. Noiesen, Laesebog for Over- og Mellemklasser i Slesvigs danske Skoler. 3. Oplag. gr. 8. (IX, 323 S.) Flensburg 883, Westphalen. geb. *

Juhl, Christian Leth, über die Wirkung des Cocaïn auf den Wehenschmerz. Diss. München 1887, A. Buchholz. 8⁰. 37 S.

JUHL, Christian Leth (Tyrstrup): Ueber die Wirkung des Cocain auf den Wehenschmerz.- München: Wolf 1887. 37 S.
25.2.1887 - Chr 1886/87,12; Jv 1886/87,187
Diss. Ingolst.-Landsh.-Mchn.

Juhl, Eduardus: De numeri pluralis usu Homerico. Halis Saxonum 1879: Karras. 53 S. 8°
Halle-Wittenberg, Phil. Diss. v. 25. [vielmehr: 29.] Jan. 1879
Geb. Sondershausen 26. 3. 1856. V.

Juhl, Ernst (Hrsg.), s. Camera - Kunst.

Juhl, Ernst, Camera-Kunst. Eine internationale Sammlung v. Kunst-Photographien der Neuzeit. Unter Mitwirkung v. Fritz Loescher hrsg. (VIII, 107 S. m. Abbildgn. u. 19 Taf.) gr. 4. Berlin 903. G. Schmidt. Kart. n. 4. 50; geb. n. 5. 50

Juhl, Ernst, internationale Kunst-Photographien. 1. u. 2. Bd. à 6 Hfte. Fol. (à 60 Taf. u. 5 S. Text.) Halle 900. 901. W. Knapp. In Mappe à n. 10. —; einzelne Hfte. à 1. 50

— s.: Rundschau, photographische

JUHL, Valentin (Tyrstrup): Untersuchungen über das Absorptionsvermögen der menschlichen Haut für zerstäubte Flüssigkeiten.- Leipzig: Hirschfeld 1884. 12 S.
6.6.1883 - Urk (Titel: De cutis humanae absorbendi facultate.); Chr 1883/84,13
Diss. Ingolst.-Landsh.-Mchn.

Juhler J. J.: Ueber die Umbildung d. *Aspergillus oryzae* in einen Saccharomyceten. Jena 1895. (3) S. (Særtr.). P.

Jühling, Johannes

Jühling, J., die Inquisition. Enthüllungen aus den geheimen Kerkern der Mönchs- u. Nonnenklöster u. des Hl. Offizium. (IV, 419 S. m. Abbildgn.) gr. 8. Dresden 903. Leipzig, H. R. Dohrn. n. 4. —

Die Tiere in der deutschen Volksmedizin alter und neuer Zeit. Mit e. Anh. von Segen etc. von Johannes Jühling. Nach den in d. Kgl. Bibliothek zu Dresden vorhand. gedr. u. ungedr. Quellen. Mit e. Geleitworte von Hofr. Dr. med. (M[ax]) Höfler. *Mittweida: Polytechn. Buchh. (1900).* (355 S.) 8° [J.] [illegible]

Deutsch-Ostafrikanische Gesellschaft. — Allgemeine Auskunft für den Auswanderer in die Deutsch-Ostafrikanische Kolonie Usagara. Von F. JÜHLKE und CARL PETERS. Berlin, im April 1885. (Druck von F. Hoffschläger in Berlin.) 8°.

Jühlke, Ferdinand

— Fortschritte d. landwirthschaftl. Gartenbaues in d. letzten zehn Jahren. Mit 1 lith. Taf. 8. Berlin, 1854. Bosselmann. 1. —

Jühlke, F., Fortschritte des landwirthschaftlichen Gartenbaues während der letzten zehn Jahre. 8. (III und 322 S. mit 1 Stnt. in Fol.) Berlin 854, K. Wiegandt. *
Aus: Stegnitz, G., das Buch der Fortschritte auf dem gesammten Gebiete der Landwirthschaft, besonders abgedruckt.

Jühlke, F., die botanischen Gärten mit Rücksicht auf ihre Benutzung und Verwaltung. Ein Commentar zu den „Bemerkungen über die Führung von botan. Gärten, welche zum öffentl. Unterricht bestimmt sind. Von L. C. Treviranus." gr. 8. (16 S.) Hamburg 849, Kittler.

—— Gartenbuch für Damen. Praktischer Unterricht in allen Zweigen der Gärtnerei, besonders in der Cultur, Pflege, Anordnung und Unterhaltung des ländl. Hausgartens. gr. 8. (X und 399 S. mit 51 eingedr. Holzschn. und lithogr. Titel.) Berlin 856(57,) Bosselmann. *

Jühlke, F., Gartenbuch für Damen. Praktischer Unterricht in allen Zweigen der Gärtnerei, besond. in der Kultur, Pflege, Anordnung und Unterhaltung des ländl. Hausgartens. (2. Aufl.) 8. (VII und 472 S. mit 60 eingedr. Holzschn. und 1 lithogr. Gartenplan.) Berlin 865, Wiegand und Hempel. geb. *

Jühlke, F., Gartenbuch für Damen. Praktischer Unterricht in allen Zweigen der Gärtnerei besonders in der Kultur, Pflege, Anordnung und Unterhaltung des ländl. Hausgartens. 3. durchgeseh. Aufl. gr. 8. (VIII, 516 S. mit 60 eingedr. Holzschn. und mit einem Gartenplan.) Berlin 874, Wiegandt, Hempel und Parey. geb. * 8 —

Jühlke, F. Gartenbuch f. Damen. Prakt. Unterricht in allen Zweigen der Gärtnerei, besonders in der Kultur, Pflege, Anordg. u. Unterhaltg. d. ländl. Hausgartens. 4. neubearb. Aufl. Mit 256 in den Text gedr. Abbildgn. gr. 8. (VIII, 524 S.) Berl. 889, Parey. geb. * 8 —

—— Jahresbericht und Mittheilungen des Gartenbau-Vereins für Neuvorpommern und Rügen, f. Jahresbericht.

—— die königl. Landesbaumschule und Gärtnerlehranstalt zu Potsdam. Geschichtliche Darstellung ihrer Gründung, Wirksamkeit und Resultate nebst Cultur-Beiträgen. gr. 8. (III, 220 S. mit eingedr. Holzschn. und 12 Stnt., wovon 3 in Buntdr., in gr. 8. und qu. gr. 4.) Ebendas. 872. * 9 —

Jühlke, Ferd., Mittheilungen über einige Gärten des österreichischen Kaiserstaates. gr. 8. (49 S.) Hamburg 861, Kittler. *

Jühlke, Herbert, Hülfsarzt an d. Irrenanst. bei Schleswig: Ein Fall von Ileus, bedingt durch Verwachsungen der Därme untereinander. *Greifswald 1902: J. Abel.* (37 S.) 8°
Greifswald, Med. Diss. v. 9. Dez. 1902

Jühlke, Karl, die Erwerbung des Kilima-Ndscharo-Gebiets. gr. 8. (33 S.) Köln 886. (Berlin, Walther und Apolant.) * — 50
Aus: Kölnische Zeitung, besonders abgedruckt.

Jühnde [Schlagwort]

Jühnde, s.: Geologische Karten. Preussen. 91.

Juillard, A. Emploi et signification de la préposition kata dans Thucydide. In-8°. 132 p. Berne. Thèse. 1894.

Juillard-Weiss, H., Josué Dollfus. (Biographies alsaciennes.) (8 S. m. Abbildgn. u. 3 Taf.) gr. 4. Strassburg 903. J. Noiriel. n. 4. —
Sonderabdruck aus: „Revue alsacienne illustrée".

Juillerat. Edmond: Relations entre le Malm du Jura central et celui du canton d'Argovie. [Avec une planche.] Genève 1907. 72 S. 8°. S.-A. aus „Archives des sciences phys. et nat., t. 23 Janvier 1907."
Bern. Phil. Diss. 1906/1907.

Juin, f. a. Giugno, Carl.

Juin, Carl, (Giugno) und Louis Flerx: III. Buch, I. Capitel: s. Theater-Repertoir, Wiener.

Juin, Karl: Die Bürgermeisterwahl in Krähwinkel, s. Theater-Repertoir, Wiener.

Juin, Karl [Giugno]. E. S. S. od. die Ausstaffirung, f. Theater, neues Wiener.

– E. S. S., s. Theater-Repertoir, Wiener.

Juin, Karl u. P. J. Reinhard: Die Ehre des Hauses, s. Theater-Repertoir, Wiener.

– Freundschaftsdienste, s. Theater-Repertoir, Wiener.

Juin, Carl, Ein Fuchs, f.: Theater-Repertoir.

Juin, (Giugno), Carl —, Gastrollen, oder: Der Arzt einer Prima Donna. Lustspiel in 1 Aufzuge. 8. (28 S.) Wien. Gedruckt bei M. Lell. 1854.

Juin, Karl u. P. J. Reinhard: Ein alter Corporal, s. Theater-Repertoir, Wiener.

Juin, Carl, Ein Schmetterling; f.: Theater-Repertoir, Wiener.

Juin, Carl, u. Louis Flerx, Servus, Herr Stutzerl, f.: Theater, neues Wiener.

Juin, Karl u. L. Flerx: Servus Herr Stutzerl, s. Theater-Repertoir, Wiener.

Juin, Carl, Der Dämon des Zweifel, f.: Theater-Repertoir, Wiener.

Juin, Carl u. Louis Flerx, Ein Stillleben auf dem Lande; f.: Theater-Repertoir, Wiener.

Juin, Karl u. L. Flerx: Ein Florentiner Strohhut, s. Theater-Repertoir, Wiener.

Juin, C., der Teufel auf Erden, f. Theater, neues Wiener.

– Das Vorhängeschloß, s. Theater-Repertoir, Wiener.

Juin, C., } f.: Theater-Repertoir, Wiener.
— ein Zimmerherr,

– Des Teufels Zopf, s. Theater-Repertoir, Wiener.

Juist. Kleiner Führer für Badegäste, nebst Flut-Tabelle, Fahrplänen, Taxen, Baderegeln, Ausflügen. Saison 1885. 32. (VIII, 72 S.) Norden 885, Soltau. * — 40
—— dass. — Saison 1886. 12. (4 S. mit Illustr.) Norden, Braams. ** — 25

Jukel, Gerschon: Aus d. Kgl. chirurg. Universitätsklinik Königsberg i. Pr. Dir. Prof. Dr. E. Lexer. Ueber die Einklemmung des Leistenhodens im Leistenkanal. Königsberg i. Pr. 1906: O. Kümmel. (29 S.) 8°
Königsberg, Med. Fak., Ref. Lexer, Diss. v. 15. Dez. 1906
[Geb. 23. Mai 82 Brest-Litowsk, Rußland; Wohnort: Königsberg; Staatsangeh.: Rußland; Vorbildung: Gymn. Grodno Reife Juni 01; Studium: Königsberg 10 S.; Rig. 29. Nov. 06.]

Juker, J., Erziehungsspiegel. 1. Bdchn.: Schattenbilder. Nach Salzmann's „Krebsbüchlein" umgearb. und verm. 16. (107 S.) Romanshorn 881, Juker's Buchh.

—— dass. — 1. Bdchn.: Schattenbilder. Nach Salzmann's „Krebsbüchlein" bearb. (Neue Ausg.) 16. (131 S.) Zürich 883, Schröter. cart.

Jukes, Andrew. Die Namen Gottes in der heil. Schrift. Eine Offenbarg. Seiner Natur u. Seiner Beziehgn. Aufzeichngn. e. Reihenfolge v. Vorlesgn. Mit Erlaubnis d. Verf. ins Deutsche übertr. 8. (VI, 279 S.) Gernsbach i. B. 891, Christl. Kolportage-Verein. * 1 60

Jukes, Andrew, die Opfergesetze nach 3. Mose 1—7. Betrachtet als Vorbild der mannigfachen Sitten, die sich in der Darbringung des Leibes Jesu Christi finden. (Aus dem Engl. übers.) gr. 8. (IV, 161 S.) Neumünster 899. Vereinsbuchh. G. Ihloff & Co. n. 1.25; geb. n. 2. —

— Pharisäismus u. selbstverleugnende Liebe. Einige Gedanken üb. Spaltgn. u. über die Möglichkeit ihrer Heilg. (Joh. 17, 15—19; 20, 21—23; Röm. 15, 1—7; 1. Cor. 9, 19—23). gr. 8. (16 S.) Kassel (900). (E. Röttger.) n. — 25

Jukes, Andrew, die Vorbilder der Genesis, kurz betrachtet als Offenbarung der Entwickelung der menschl. Natur. (XXVIII, 379 S.) 8. Neumünster 906. Vereinsbuchh. G. Ihloff & Co. Geb. in Leinw. n. 10. —

Ju-Kiao-Li, od. die beiden Basen; e. chinesisch. Roman; übers. von Abel-Rémusat. Mit e. Vergleichung der chines. u. europ. Romane als Vorrede; aus d. Französ. 4 Bde. gr. 12. Stuttg. 827. (Brodhag). 4 ß 18 gr

Ju-Kiao-Li, od. die beiden Basen; ein chinesischer Roman, übers. v. Abel-Rémusat. Mit einer Vergleichung d. chines. u. europ. Romane als Vorrede. Aus d. Französ. 4 Bde. gr. 12. Stuttg. 827, Frankh.

— dass. übers. v. K. Geib, ist in d. Damenbibl. enthalt.

Jukichi, Inouye. Der japanisch-chinesische Krieg in kurzer Darstellung Deutsch von C. Birndt. 8. Dresden u Leipzig 1895.

Jukna, Geo., über Condurangin. Inaugural-Dissertation. gr. 8. (136 S.) Dorpat 888, (Karow.) * 2 —

Jukna, Georg, aus Curland, Ueber Condurangin. Diss. Dorpat. 8°. 134 pp.

Abgedruckt in: Arbeiten des pharmakologischen Institutes in Dorpat. Herausgegeben von Prof. Dr. R. Kobert. Bd. IV. Stuttgart, Ferdinand Enke. 1890.

FSC
www.fsc.org
MIX
Papier | Fördert
gute Waldnutzung
FSC® C083411

Kolibri 360 GmbH
Ferdinand-Jühlke-Straße 7
99095 Erfurt, Deutschland
produktsicherheit@kolibri360.de